科学出版社“十三五”普通高等教育本科规划教材
首届辽宁省教材建设奖高等教育类优秀教材

高等数学基础

（第二版）
（下册）

主　编　王立冬　吴新星　张春福　焦丽欣
副主编　赵英翠　蒋　杰　王　楠　白　婧
主　审　刘　满

科学出版社
北　京

内 容 简 介

本书是以高等学校高等数学本科课程教学大纲和少数民族预科教育一年制数学教学大纲为依据，在首届辽宁省教材建设奖高等教育类优秀教材《高等数学基础》的基础上修订编写而成.

本书着眼素质教育，注重数学内容、思维之间内在的联系，条理、结构、脉络清晰，注重培养学生数学思维能力，便于教学. 在教材内容选取和讲述上，本着从简单到复杂、从特殊到一般的原则，力求深入浅出，难易结合，易教易学. 本书分上、下两册，上册主要内容包括：函数、极限、连续函数、导数与微分、微分中值定理与导数的应用、不定积分；下册主要内容包括：定积分、定积分的应用、微分方程、二元函数微积分、无穷级数. 为了增加可读性与趣味性，同时还增加了一些数学思维方法、数学家简介及解题常见方法，兼顾本科、预科各个层次学生学习状况，配备习题.

本教材主要供普通高校本科经管类学生、预科生以及高职高专院校的学生学习使用，也可供学生自学和教师教学参考用书.

图书在版编目(CIP)数据

高等数学基础：全二册/王立冬等主编. —2 版. —北京：科学出版社，2022.8

科学出版社“十三五”普通高等教育本科规划教材

ISBN 978-7-03-072222-5

Ⅰ. ①高… Ⅱ. ①王… Ⅲ. ①高等数学-高等学校-教材 Ⅳ. ①O13

中国版本图书馆 CIP 数据核字(2022) 第 077236 号

责任编辑：张中兴 梁 清 孙翠勤／责任校对：邹慧卿

责任印制：赵 博／封面设计：蓝正设计

科学出版社出版

北京东黄城根北街 16 号

邮政编码：100717

http://www.sciencep.com

保定市中画美凯印刷有限公司印刷

科学出版社发行 各地新华书店经销

*

2018 年 9 月第 一 版 开本：787×1092 1/16

2022 年 8 月第 二 版 印张：32 1/2

2025 年 9 月第十一次印刷 字数：771 000

定价：89.00 元（上下册）

（如有印装质量问题，我社负责调换）

目录

第七章　定积分 …… 1

第一节　定积分——求总量的数学模型 …… 1

第二节　定积分的性质 …… 9

第三节　积分上限函数与微积分基本公式 …… 17

第四节　定积分的换元积分法和分部积分法 …… 27

第五节*　反常积分 …… 35

复习题七 …… 42

课外阅读 (七) …… 45

第八章　定积分的应用 …… 48

第一节　建立求总量模型的简便方法——微元法 …… 48

第二节　定积分在几何学上的应用 …… 50

第三节*　定积分在物理学上的应用 …… 62

第四节*　定积分在经济学中的应用 …… 67

复习题八 …… 71

课外阅读 (八) …… 72

第九章*　微分方程 …… 74

第一节　微分方程的基本概念 …… 74

第二节　一阶微分方程 …… 76

第三节　二阶常系数线性微分方程 …… 85

复习题九 …… 91

课外阅读 (九) …… 92

第十章*　二元函数微积分 …… 97

第一节　解析几何——数形结合的数学模型 …… 97

第二节　二元函数微分学——一元函数微分学的推广 …… 110

第三节　二元函数积分学——一元函数积分学的推广 …… 126

复习题十 …… 136

课外阅读 (十) …… 137

第十一章　无穷级数 …… 143

第一节　数项级数——特殊的函数项级数 …… 143

第二节　幂级数——特殊的函数项级数 …… 153

第三节　泰勒级数及其应用 …… 159

复习题十一 …… 166

课外阅读 (十一) …… 168

参考文献 …… 174

第七章

定 积 分

Definite Integral

积分有两个基本问题: 不定积分和定积分. 定积分是积分学的一个基本概念, 和不定积分之间既有区别, 又有联系. 而不定积分是一元函数微分的逆运算, 同时也是计算定积分的工具. 本章先从几个实际问题引出定积分的概念, 然后讨论它的性质和计算方法, 最后讨论反常积分, 至于定积分的应用将在第八章中讨论.

第一节 定积分——求总量的数学模型

Definite Integral—Mathematical model of total quantity

一、 引例 Citing example

定积分的概念起源于计算诸如由曲线所围成平面图形的面积、变速直线运动的路程、变力做功等问题, 它是一种计算具有可加性整量的方法. 下面我们就通过求曲线所围图形的面积等上述实际问题, 引入定积分的概念.

1. 曲线所围图形的面积

在现实生活中, 经常遇到计算各种曲线所围图形的面积问题. 这是一个未知求面积问题, 根据我们解决问题常用的基本思路就是通过类比的思想, 把未知转化为已知. 所谓类比思考, 就是把未知与已知类似的事物进行比较, 把已知解决问题的思想方法推广到未知当中去, 而已知求面积问题我们只会求直线所围图形面积的问题. 现回忆求直线所围图形面积的方法, 首先求出最简单的直线所围图形的面积, 即三角形的面积和矩形面积, 然后再把任意直线多边形图形的面积用分割的方法转化为三角形的面积来求得 (图 7-1).

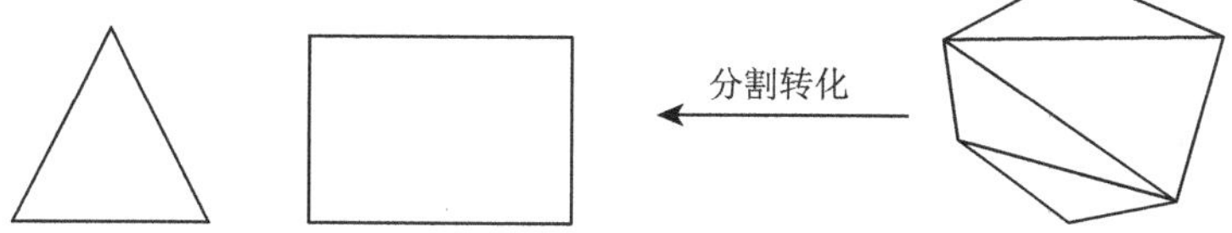

图 7-1

现在我们要计算由曲线所围图形的面积, 需要用计算由直线段所围成图形方法. 首先必须找到具有类似于三角形和矩形功能的曲线所围成图形, 即应具备两个方面: 一是最简单, 二是任何一个曲线所围图形都可用该种简单图形所表示.

把由直线所围最简单图形三角形和矩形的一个边换成曲线, 显然可得最简单曲线所围封闭图形, 曲边三角形和曲线梯形, 见图 7-2. 并且从图 7-3 可看出任何一个曲线所围图形都可用曲边三角形和曲边梯形表示出来. 而曲边三角形是曲边梯形的特殊情形, 故只要能计算出曲边梯形的面积, 就可求出由曲线所围图形的面积. 这就是为什么所有高等数学教材中, 在引进定积分的概念时, 只求曲边梯形的面积的原因.

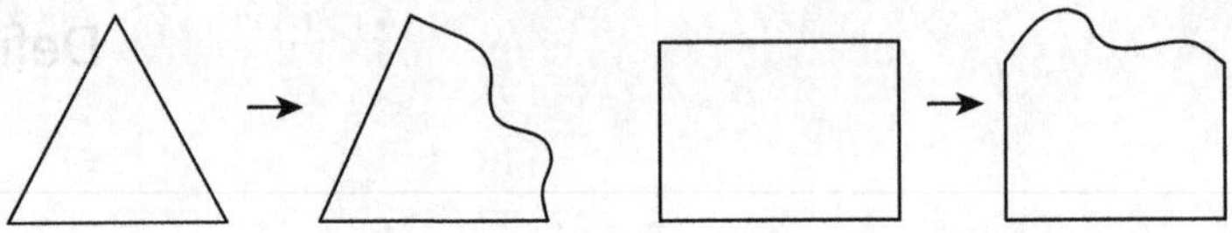
图 7-2

设函数 $f(x)$ 在 $[a,b]$ 上连续, 且 $f(x)\geqslant 0$, 称由曲线 $y=f(x)$, 直线 $x=a, x=b(b>a)$ 和 $y=0$ 围成的平面图形为**曲边梯形** (curvilinear trapezoid)(图 7-4).

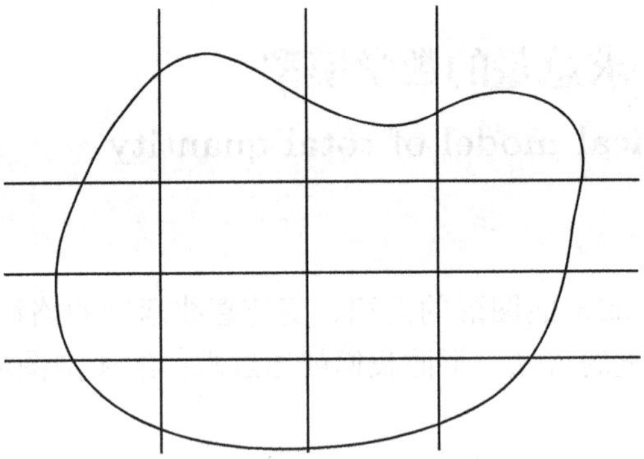
图 7-3

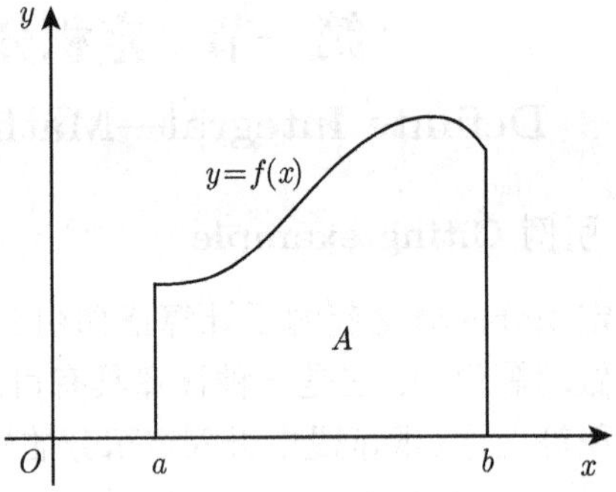

图 7-4

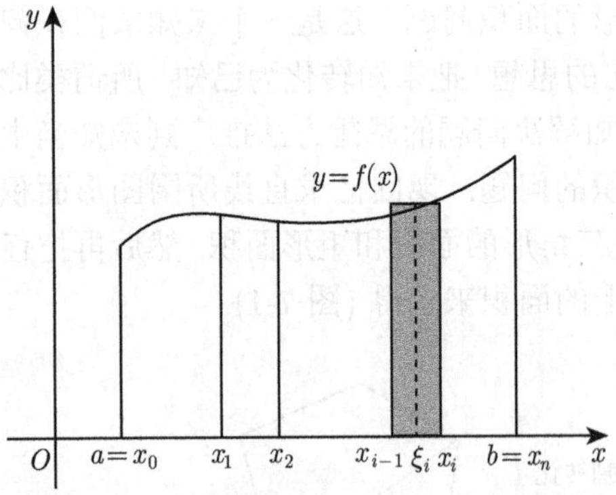

图 7-5

如何求曲边梯形的面积? 具体思想是: 将曲边梯形分成许多小竖条 (图 7-5), 即小曲边梯形, 每一小曲边梯形的面积用相应的矩形的面积来代替, 把这些矩形的面积加起来就得到曲边梯形面积 A 的近似值. 当小竖条分得越细时, 近似程度就越好, 具体方法如下.

(1) 分割: 在 $[a,b]$ 中任意插入 $n-1$ 个分点,

$$a=x_0<x_1<x_2<\cdots<x_{i-1}<x_i<\cdots<x_{n-1}<x_n=b,$$

把区间 $[a,b]$ 分割成 n 个小区间

$$[x_0,x_1],\quad [x_1,x_2],\quad \cdots,\quad [x_{i-1},x_i],\quad \cdots,\quad [x_{n-1},x_n],$$

各小区间的长度依次为

$$\Delta x_1=x_1-x_0,\quad \Delta x_2=x_2-x_1,\quad \cdots,\quad \Delta x_i=x_i-x_{i-1},\quad \cdots,\quad \Delta x_n=x_n-x_{n-1}.$$

(2) 近似代替: 经过每一个分点作平行于 y 轴的直线段, 把曲边梯形分成 n 个窄的小曲边梯形, 设它们的面积依次为 $\Delta A_i(i=1,2,\cdots,n)$, 在第 i 个小区间 $[x_{i-1},x_i]$ 上任取一点 $\xi_i\in[x_{i-1},x_i](i=1,2,\cdots,n)$, 用以 Δx_i 为底, $f(\xi_i)$ 为高的矩形的面积 $f(\xi_i)\Delta x_i$ 近似代替第 i 个小曲边梯形的面积 ΔA_i, 即 $\Delta A_i\approx f(\xi_i)\Delta x_i(i=1,2,\cdots,n)$.

(3) 求和: 把这些矩形的面积 $f(\xi_i)\Delta x_i(i=1,2,\cdots,n)$ 相加, 用其和近似地表示曲边梯形的面积 A, 即

$$A=\sum_{i=1}^{n}\Delta A_i\approx\sum_{i=1}^{n}f(\xi_i)\Delta x_i.$$

(4) 求极限: 由于划分越细, 用矩形的面积和 $\sum\limits_{i=1}^{n}f(\xi_i)\Delta x_i$ 代替曲边梯形的面积 A 就越精确, 记 $\lambda=\max\{\Delta x_1,\Delta x_2,\cdots,\Delta x_i,\cdots,\Delta x_n\}$, 当 $\lambda\to 0$(这时分段数无限增多), 即 $n\to\infty$ 时, 上式右端取极限, 其极限值就为曲边梯形的面积 A,

$$A=\lim_{\lambda\to 0}\sum_{i=1}^{n}f(\xi_i)\Delta x_i.$$

2. 变力沿直线所做的功

设物体在一个与位移平行的常力 (力的大小和方向都不变)F 作用下, 沿力的方向移动了距离 s, 则力 F 对物体所做的功是 $W=Fs$.

若物体在变力 F 的作用下沿 Ox 轴运动, 力 F 的方向不变, 始终沿 Ox 轴 (也称力 F 为平行力), 力 F 的大小是位移 x 的连续函数 $F=F(x)$. 当物体在变力 $F(x)$ 的作用下, 沿 Ox 轴从点 a 移动到点 b(图 7-6), 求变力 $F(x)$ 所做的功 W.

图 7-6

这是一个物理问题, 可以转换为一个几何问题, 根据数学解决问题的思路, 如果能将该问题转化为求曲边梯形面积问题, 则问题就获得解决. 现在我们用类比的方法来说明该问题, 若 $F(x)=C$, 即 $F(x)$ 为常量, 则问题就转化为求矩形的面积 $c(b-a)$. 若 $F(x)$ 为曲线, 这问题就是求曲边梯形的面积, 见图 7-7.

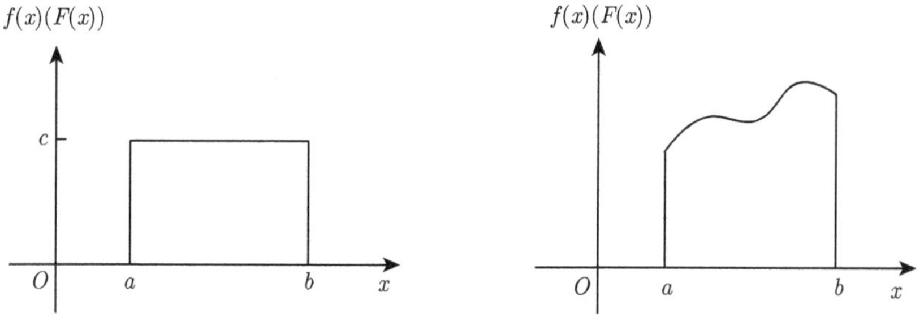

$F(x)=C$ 为常量　　$F(x)$为变化的量

图 7-7

现在我们将上述坐标系中 $f(x)$ 轴用 $F(x)$ 表示, 则若 $F(x)=F_0$, 即力为不变力时问

题就转化为求矩形的面积 $F_0(b-a)$, 若 $F(x)$ 是变力, 则问题就转化为求曲边梯形的面积, 到此问题转化为已知.

3. 变速直线运动的路程

设某物体作直线运动, 已知速度 $v(t)$ 是时间间隔 $[T_1,T_2]$ 上的一个连续函数, 且 $v(t)\geqslant 0$, 求物体在这段时间 $[T_1,T_2]$ 内所经过的路程.

总体思路: 把整段时间分割成若干小段, 每小段上速度看作不变, 求出各小段的路程再相加, 便得到路程的近似值, 最后通过对时间的无限细分求得路程的精确值, 具体做法如下.

(1) 分割: 在 $[T_1,T_2]$ 中任意插入 $n-1$ 个分点,

$$T_1=t_0<t_1<t_2<\cdots<t_{i-1}<t_i<\cdots<t_{n-1}<t_n=T_2,$$

把区间 $[T_1,T_2]$ 分割成 n 个小区间

$$[t_0,t_1],\quad [t_1,t_2],\quad \cdots,\quad [t_{i-1},t_i],\quad \cdots,\quad [t_{n-1},t_n],$$

各小区间的长度依次为

$$\Delta t_1=t_1-t_0,\quad \Delta t_2=t_2-t_1,\quad \cdots,\quad \Delta t_i=t_i-t_{i-1},\quad \cdots,\quad \Delta t_n=t_n-t_{n-1}.$$

(2) 近似代替: 在第 i 个小时间间隔 $[t_{i-1},t_i]$ 上任取一点 $\tau_i\in[t_{i-1},t_i](i=1,2,\cdots,n)$, 以 τ_i 点的速度 $v(\tau_i)$ 作为平均速度, 用 $v(\tau_i)$ 与第 i 个小时间间隔 Δt_i 的乘积 $v(\tau_i)\Delta t_i$ 近似代替第 i 个小时间间隔内物体走过的路程 Δs_i, 即

$$\Delta s_i\approx v(\tau_i)\Delta t_i\quad (i=1,2,\cdots,n).$$

(3) 求和: 把这些小时间间隔内走过的路程 $\Delta s_i(i=1,2,\cdots,n)$ 相加, 用其和近似地表示物体在时间 $[T_1,T_2]$ 内所经过的路程 s, 即

$$s=\sum_{i=1}^{n}\Delta s_i\approx\sum_{i=1}^{n}v(\tau_i)\Delta t_i.$$

(4) 取极限: 由于时间间隔分得越细, 用 $\sum\limits_{i=1}^{n}v(\tau_i)\Delta t_i$ 代替物体在时间 $[T_1,T_2]$ 内所经过的路程 s 就越精确, 记 $\lambda=\max\{\Delta t_1,\Delta t_2,\cdots,\Delta t_i,\cdots,\Delta t_n\}$, 当 $\lambda\to 0$(这时分段数无限地增多), 即 $n\to\infty$ 时, 上式右端取极限, 其极限值就为物体在时间 $[T_1,T_2]$ 内所经过的路程 s 的精确值, 即

$$s=\lim_{\lambda\to 0}\sum_{i=1}^{n}v(\tau_i)\Delta t_i.$$

也可类似于变力沿直线所做功的做法, 将其转化为求曲边梯形的面积.

上面的三个例子从表面上看一个是几何问题, 两个是物理问题, 是三个不同的实际问题. 但是解决的方法是相同的, 都是对一个函数在一个区间上分割、近似代替、求和、取极限的过程, 从而抽象出定积分的定义.

二、 定积分的定义 Concept of definite integral

定义 1 设 $f(x)$ 在闭区间 $[a,b]$ 上有界, 在 $[a,b]$ 中任意插入 $n-1$ 个分点,

$$a=x_0<x_1<x_2<\cdots<x_{i-1}<x_i<\cdots<x_{n-1}<x_n=b,$$

把区间 $[a,b]$ 分割成 n 个小区间 $[x_0,x_1],[x_1,x_2],\cdots,[x_{i-1},x_i],\cdots,[x_{n-1},x_n]$, 各小区间的长度依次为 $\Delta x_1=x_1-x_0,\Delta x_2=x_2-x_1,\cdots,\Delta x_i=x_i-x_{i-1},\cdots,\Delta x_n=x_n-x_{n-1}$, 在每个小区间 $[x_{i-1},x_i]$ 上任取一点 ξ_i $(x_{i-1}\leqslant\xi_i\leqslant x_i)$, 作函数值 $f(\xi_i)$ 与小区间长度 Δx_i 的乘积 $f(\xi_i)\Delta x_i(i=1,2,\cdots,n)$, 并作和式

$$S_n=\sum_{i=1}^{n}f(\xi_i)\Delta x_i,$$

记 $\lambda=\max\{\Delta x_1,\Delta x_2,\cdots,\Delta x_n\}$, 如果不论对 $[a,b]$ 怎样的分法, 也不论在小区间 $[x_{i-1},x_i]$ 上点 ξ_i 怎样取法, 只要当 $\lambda\to 0$ 时, 和式 S_n 总趋于确定的极限 I, 那么称函数 $f(x)$ 在区间 $[a,b]$ 上可积 (integrable), 称这个极限 I 为函数 $f(x)$ 在区间 $[a,b]$ 上的定积分 (definite integral), 记为 $\int_a^b f(x)\mathrm{d}x$, 即

$$\int_a^b f(x)\mathrm{d}x=I=\lim_{\lambda\to 0}\sum_{i=1}^{n}f(\xi_i)\Delta x_i,$$

其中 $f(x)$ 叫做被积函数, $f(x)\mathrm{d}x$ 叫做被积表达式, x 叫做积分变量, a 叫做积分下限 (lower limit), b 叫做积分上限 (upper limit), $[a,b]$ 叫做积分区间 (integrating range).

前三个例子就可以用定积分表示为

(1) 曲边梯形的面积 $A=\int_a^b f(x)\mathrm{d}x$;

(2) 变力沿直线所做的功 $W=\int_a^b F(x)\mathrm{d}x$;

(3) 变速直线运动的路程 $s=\int_{T_1}^{T_2} v(t)\mathrm{d}t$.

说明 (1) 可积函数是极限这个工具把函数分出具有特殊性态的新的函数类, 定积分是一种特殊的极限, 这种极限既不同于数列极限, 也不同于函数的极限. 它是一种复杂的和式极限, 其复杂和式的构成由于区间 $[a,b]$ 的分法 $[x_{i-1},x_i]$, $i=1,2,\cdots,n$ 有无穷多种, 且对每一个分法, 取点 $\xi_i\in[x_{i-1},x_i]$, $i=1,2,\cdots,n$ 也有无穷多种取法, 故对于任意的分法 $[x_{i-1},x_i],i=1,2,\cdots,n$ 和任意取点 $\xi_i\in[x_{i-1},x_i]$ 的积分和式 $\sum\limits_{i=1}^{n}f(\xi_i)\Delta x_i$ 也有无穷多个值. 但对于任意的分法 $[x_{i-1},x_i]$, $i=1,2,\cdots,n$ 和任意取点 $\xi_i\in[x_{i-1},x_i]$ 的积分和 $\sum\limits_{i=1}^{n}f(\xi_i)\Delta x_i$ 在 $\lambda=\max\limits_{1\leqslant i\leqslant n}\{\Delta x_i\}$ 趋于 0 时的极限是存在且相等的.

(2) 定义中对区间 $[a,b]$ 上的函数 $f(x)$ 的定积分 $\int_a^b f(x)\mathrm{d}x=\lim\limits_{\lambda\to 0}\sum\limits_{i=1}^{n} f(\xi_i)\Delta x_i$ 中的 $\lambda\to 0$ 是指对积分区间 $[a,b]$ 无限细分. 当积分区间 $[a,b]$ 无限细分时, 小区间 $[x_{i-1},x_i]$, $i=1,2,\cdots,n$ 的个数 n 一定趋于 ∞; 但反过来, 当小区间 $[x_{i-1},x_i]$, $i=1,2,\cdots,n$ 的个数 $n\to\infty$ 时, 并不能保证积分区间 $[a,b]$ 无限细分.

(3) 决定 $f(x)$ 在区间 $[a,b]$ 上的积分和 $\sum\limits_{i=1}^{n} f(\xi_i)\Delta x_i$ 的值, 具有四个因素: ① 函数 $f(x)$; ② 区间 $[a,b]$; ③ 区间 $[a,b]$ 的分法; ④ $\xi_i\in[x_{i-1},x_i]$ 的取法. 因此 $\lim\limits_{\lambda\to 0}\sum\limits_{i=1}^{n} f(\xi_i)\Delta x_i$ 存在时, 积分 $\int_a^b f(x)\mathrm{d}x$ 是一个数值, 且该数值与区间 $[a,b]$ 的分法及 ξ_i 的取法无关, 仅与被积函数及积分区间有关, 而与积分变量的字母无关, 即

$$\int_a^b f(x)\mathrm{d}x=\int_a^b f(t)\mathrm{d}t=\int_a^b f(u)\mathrm{d}u.$$

(4) 规定: 当 $a=b$ 时, $\int_a^b f(x)\mathrm{d}x=0$; 当 $a>b$ 时, $\int_a^b f(x)\mathrm{d}x=-\int_b^a f(x)\mathrm{d}x$.

三、 可积的条件 Integrable condition

在定积分的概念中, 和式 $\sum\limits_{i=1}^{n} f(\xi_i)\Delta x_i$ 称为 $f(x)$ 的积分和 **(integral sum)**. 如果 $f(x)$ 在区间 $[a,b]$ 上的定积分存在, 则称 $f(x)$ 在区间 $[a,b]$ 上可积, 否则称 $f(x)$ 在区间 $[a,b]$ 上**不可积** (non integrable).

对于一个定积分来说, 有这样一个问题: 函数在区间 $[a,b]$ 上满足怎样的条件时, $f(x)$ 在区间 $[a,b]$ 上一定可积? 对此问题, 我们不作证明, 只给出结论.

定理 1 设 $f(x)$ 在区间 $[a,b]$ 上连续, 则 $f(x)$ 在区间 $[a,b]$ 上可积.

定理 2 设 $f(x)$ 在区间 $[a,b]$ 上有界, 且只有有限个间断点, 则 $f(x)$ 在区间 $[a,b]$ 上可积.

当 $f(x)$ 在 $[a,b]$ 上可积时, $\lim\limits_{\lambda\to 0}\sum\limits_{i=1}^{n} f(\xi_i)\Delta x_i$ 的存在就不依赖于区间 $[a,b]$ 的分法, 也不依赖于 ξ_i 的取法, 这时积分和的极限只与被积函数 $f(x)$ 和积分区间 $[a,b]$ 有关. 故在 $f(x)$ 可积的条件下, 我们用定义来求 $f(x)$ 在 $[a,b]$ 上的定积分时, 只要取一个对于求积分和极限较为容易的特殊分法和特殊取点即可.

例 1 利用定积分的定义计算定积分 $\int_0^1 x^2\mathrm{d}x$.

解 因函数 $f(x)=x^2$ 在 $[0,1]$ 上连续, 故可积. 从而定积分的值与区间 $[0,1]$ 的分法及 ξ_i 的取法无关. 为便于计算 (图 7-8), 将 $[0,1]n$ 等分,

$$\left[0,\frac{1}{n}\right],\left[\frac{1}{n},\frac{2}{n}\right],\cdots,\left[\frac{i-1}{n},\frac{i}{n}\right],\cdots,\left[\frac{n-1}{n},1\right],$$

取每个小区间的右端点为 ξ_i, 则 $\xi_i = \dfrac{i}{n}(i=1,2,\cdots,n)$, 且 $\lambda = \Delta x_i = \dfrac{1}{n}$,

$$\begin{aligned}\lim_{\lambda\to 0}\sum_{i=1}^{n} f(\xi_i)\Delta x_i &= \lim_{\lambda\to 0}\sum_{i=1}^{n}\xi_i^2\Delta x_i\\ &= \lim_{n\to\infty}\sum_{i=1}^{n}\left(\frac{i}{n}\right)^2\cdot\frac{1}{n}\\ &= \lim_{n\to\infty}\frac{1}{n^3}\sum_{i=1}^{n} i^2,\end{aligned}$$

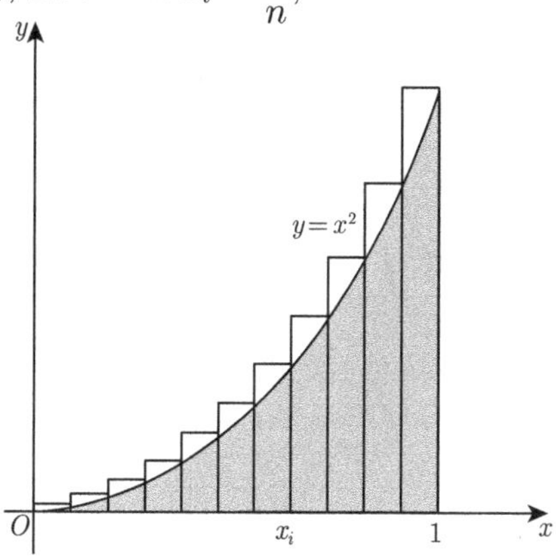

图 7-8

于是当 $\lambda\to 0$ 时, 即 $n\to\infty$ 时, 有 $\int_a^b f(x)\mathrm{d}x = A$,

$$\begin{aligned}\int_0^1 x^2\mathrm{d}x &= \lim_{\lambda\to 0}\sum_{i=1}^{n} f(\xi_i)\Delta x_i = \lim_{n\to\infty}\frac{1}{n^3}\sum_{i=1}^{n} i^2 = \lim_{n\to\infty}\left[\frac{1}{n^3}(1^2+2^2+\cdots+n^2)\right]\\ &= \lim_{n\to\infty}\left[\frac{1}{n^3}\cdot\frac{n(n+1)(2n+1)}{6}\right] = \lim_{n\to\infty}\left[\frac{1}{6}\left(1+\frac{1}{n}\right)\left(2+\frac{1}{n}\right)\right] = \frac{1}{3}.\end{aligned}$$

四、 定积分的几何意义 Geometric significance of definite integral

设 $f(x)$ 在闭区间 $[a,b]$ 上连续.

(1) 若在闭区间 $[a,b]$ 上 $f(x)\geqslant 0$, 则定积分 $\int_a^b f(x)\mathrm{d}x$ 表示由曲线 $y=f(x)$, 直线 $x=a$, $x=b(b>a)$ 以及 x 轴所围成的平面图形 (图 7-9) 的面积 A.

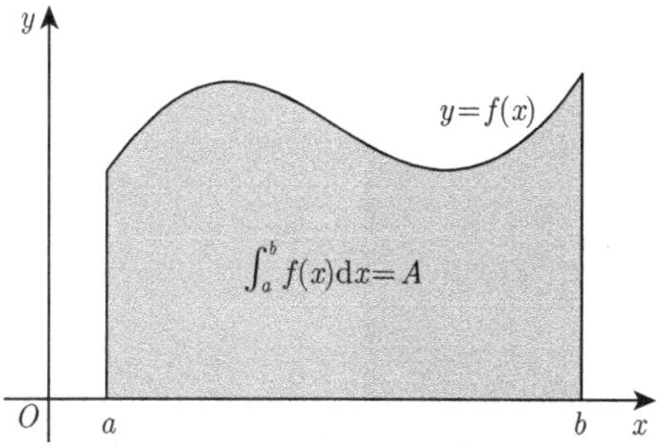

图 7-9

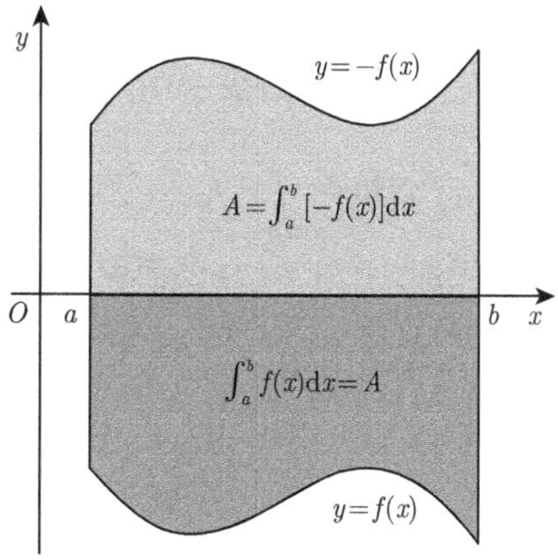

图 7-10

(2) 若在闭区间 $[a,b]$ 上 $f(x)\leqslant 0$, 则积分和 $\sum\limits_{i=1}^{n} f(\xi_i)\Delta x_i$ 中的 $f(\xi_i)\leqslant 0(i=1,2,\cdots,n)$. 乘积 $f(\xi_i)\Delta x_i$ 为第 i 个小矩形面积的相反数. 于是由曲线 $y=f(x)$, 直线 $x=a$,

$x=b(b>a)$ 及 x 轴所围成的平面图形 (图 7-10) 的面积 A 为

$$A=\lim_{\lambda\to0}\sum_{i=1}^{n}[-f(\xi_i)\Delta x_i]=-\lim_{\lambda\to0}\sum_{i=1}^{n}f(\xi_i)\Delta x_i=-\int_a^b f(x)\mathrm{d}x,$$

即定积分 $\int_a^b f(x)\mathrm{d}x$ 表示曲线围成的平面图形的面积的负值,

$$\int_a^b f(x)\mathrm{d}x=-A.$$

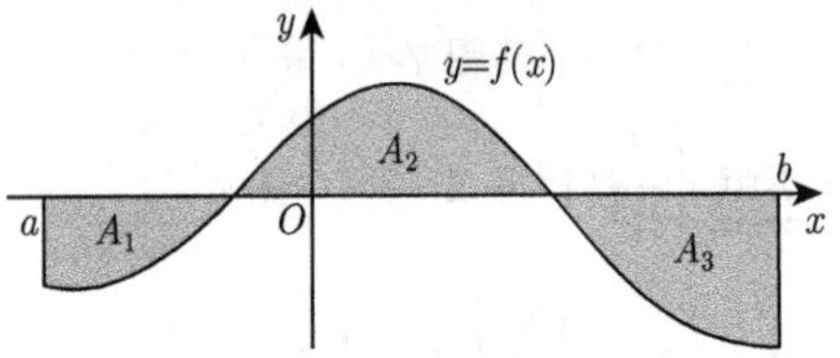

图 7-11

(3) 若在闭区间 $[a,b]$ 上 $f(x)$ 有正值也有负值, 则定积分 $\int_a^b f(x)\mathrm{d}x$ 表示介于曲线 $y=f(x)$, 直线 $x=a$, $x=b(b>a)$ 和 x 轴之间所围成的各部分平面图形的面积的代数和, 其中在 x 轴上方的部分取正号, 在 x 轴下方的部分取负号. 如图 7-11 所示, 有

$$\int_a^b f(x)\mathrm{d}x=-A_1+A_2-A_3.$$

例 1 的定积分 $\int_0^1 x^2\mathrm{d}x$ 表示抛物线 $y=x^2$, 直线 $x=1$ 和 x 轴围成的平面图形的面积.

例 2 利用定积分的几何意义, 计算下列定积分:

(1) $\int_0^a \sqrt{a^2-x^2}\mathrm{d}x(a>0)$; (2) $\int_{-1}^1 x^3\mathrm{d}x$.

解 (1) 定积分 $\int_0^a \sqrt{a^2-x^2}\mathrm{d}x$ 表示上半圆周 $y=\sqrt{a^2-x^2}$ 与两坐标轴围成的图形在第一象限部分 (图 7-12) 的面积, 则

$$\int_0^a \sqrt{a^2-x^2}\mathrm{d}x=\frac{\pi a^2}{4}.$$

(2) 定积分 $\int_{-1}^1 x^3\mathrm{d}x$ 表示曲线 $y=x^3$ 与 $x=1$, $x=-1$, 以及 x 轴所围成面积的代数和 (图 7-13), 因为曲线 $y=x^3$ 关于坐标原点对称, 所以在第一象限和在第三象限围成的面积相等, 故

$$\int_{-1}^1 x^3\mathrm{d}x=0.$$

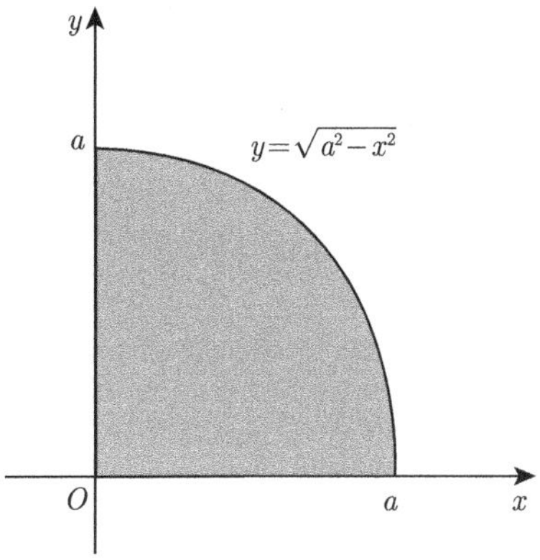

图 7-12

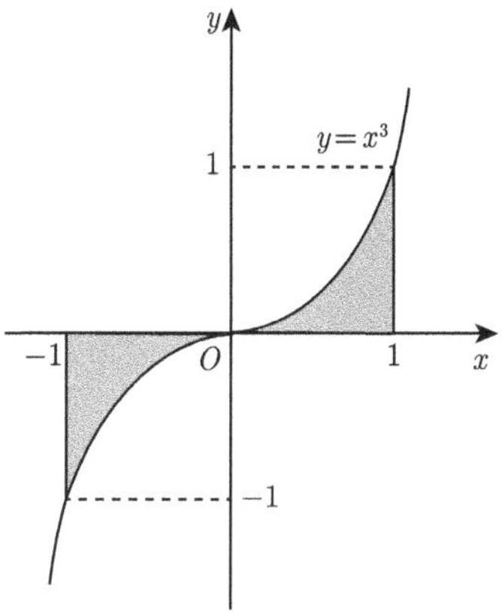

图 7-13

习 题 一

1. 利用定积分的定义, 试求下列定积分:

(1) $\int_0^1 2x\mathrm{d}x$; (2) $\int_0^1 \mathrm{e}^x\mathrm{d}x$.

2. 利用定积分的几何意义, 计算下列定积分:

(1) $\int_0^{2\pi} \sin x\mathrm{d}x$; (2) $\int_{-1}^1 |x|\,\mathrm{d}x$;

(3) $\int_{\frac{\sqrt{2}}{2}}^1 \sqrt{1-x^2}\mathrm{d}x$; (4) $\int_{-1}^1 \ln(x+\sqrt{1+x^2})\mathrm{d}x$.

3. 利用定积分表示下列极限:

(1) $\lim\limits_{n\to\infty}\frac{1}{n}\left[\sin\frac{\pi}{n}+\sin\frac{2\pi}{n}+\cdots+\sin\frac{(n-1)\pi}{n}\right]$;

(2) $\lim\limits_{n\to\infty}\frac{1}{n}\left[\ln\left(1+\frac{1}{n}\right)+\ln\left(1+\frac{2}{n}\right)+\cdots+\ln\left(1+\frac{n-1}{n}\right)\right]$.

第二节 定积分的性质

Properties of definite integral

一、 定积分的性质 Properties of definite integral

直接用定积分的定义求积分和的极限的方法计算定积分是很不方便的, 在很多情况下是难以求出的, 为了更进一步讨论定积分的理论与计算, 本节介绍定积分的性质. 根据定积分的定义, 我们在此重申下列两点:

(1) 定积分是一个数, 它仅取决于被积函数及积分上、下限, 与积分变量采用什么符号无关, 即

$$\int_a^b f(x)\mathrm{d}x=\int_a^b f(t)\mathrm{d}t=\int_a^b f(u)\mathrm{d}u.$$

(2) 规定: 当 $a=b$ 时, $\int_a^b f(x)\mathrm{d}x=0$; 当 $a>b$ 时, $\int_a^b f(x)\mathrm{d}x=-\int_b^a f(x)\mathrm{d}x$.

下面我们讨论定积分的性质. 在下列各性质中, 均假设所讨论的定积分是存在的, 且积分上、下限的大小, 如无特别说明, 均不加限制.

性质 1 函数的和 (差) 的定积分等于它们的定积分的和 (差), 即

$$\int_a^b [f(x) \pm g(x)]\mathrm{d}x = \int_a^b f(x)\mathrm{d}x \pm \int_a^b g(x)\mathrm{d}x.$$

证明
$$\begin{aligned}\int_a^b [f(x) \pm g(x)]\mathrm{d}x &= \lim_{\lambda\to 0}\sum_{i=1}^{n}[f(\xi_i) \pm g(\xi_i)]\,\Delta x_i \\ &= \lim_{\lambda\to 0}\sum_{i=1}^{n} f(\xi_i)\Delta x_i \pm \lim_{\lambda\to 0}\sum_{i=1}^{n} g(\xi_i)\Delta x_i \\ &= \int_a^b f(x)\mathrm{d}x \pm \int_a^b g(x)\mathrm{d}x.\end{aligned}$$

性质 1 可推广到有限个函数代数和的积分.

性质 2 被积函数的常数因子可以提到积分号的外面, 即

$$\int_a^b kf(x)\mathrm{d}x = k\int_a^b f(x)\mathrm{d}x \quad (k \text{ 为常数}).$$

证明
$$\begin{aligned}\int_a^b kf(x)\mathrm{d}x &= \lim_{\lambda\to 0}\sum_{i=1}^{n} kf(\xi_i)\Delta x_i \\ &= k\lim_{\lambda\to 0}\sum_{i=1}^{n} f(\xi_i)\Delta x_i = k\int_a^b f(x)\mathrm{d}x.\end{aligned}$$

说明 性质 1 和性质 2 可组合成定积分的线性性质

$$\int_a^b [k_1 f(x) + k_2 g(x)]\mathrm{d}x = k_1\int_a^b f(x)\mathrm{d}x + k_2\int_a^b g(x)\mathrm{d}x,$$

其中 k_1, k_2 是常数, 并且 $k_1^2 + k_2^2 \neq 0$.

性质 3 若将积分区间分成两部分, 则 $f(x)$ 在整个区间上的定积分, 等于它在这两部分区间上的定积分的和, 即设 $a < c < b$, 则

$$\int_a^b f(x)\mathrm{d}x = \int_a^c f(x)\mathrm{d}x + \int_c^b f(x)\mathrm{d}x.$$

证明 因为函数 $f(x)$ 在区间 $[a, b]$ 上可积, 所以不论 $[a, b]$ 怎样分, 积分和的极限总是不变的. 当 $a < c < b$ 时, 我们在分区间时, 可以使 c 始终作为一个分点 (图 7-14), 那么, $[a, b]$ 上的积分和等于 $[a, c]$ 上的积分和加上 $[c, b]$ 上的积分和, 即

$$\sum_{[a,b]} f(\xi_i)\Delta x_i = \sum_{[a,c]} f(\xi_i)\Delta x_i + \sum_{[c,b]} f(\xi_i)\Delta x_i.$$

令 $\lambda \to 0$, 上式两端同时取极限得

$$\int_a^b f(x)\mathrm{d}x = \int_a^c f(x)\mathrm{d}x + \int_c^b f(x)\mathrm{d}x.$$

对于 $f(x) \geqslant 0$ 的情形, 图 7-15 是性质 3 的直观几何表示.

推论 1　对于数轴上任意三点 a, b, c, 恒有

$$\int_a^b f(x)\mathrm{d}x = \int_a^c f(x)\mathrm{d}x + \int_c^b f(x)\mathrm{d}x.$$

图 7-14

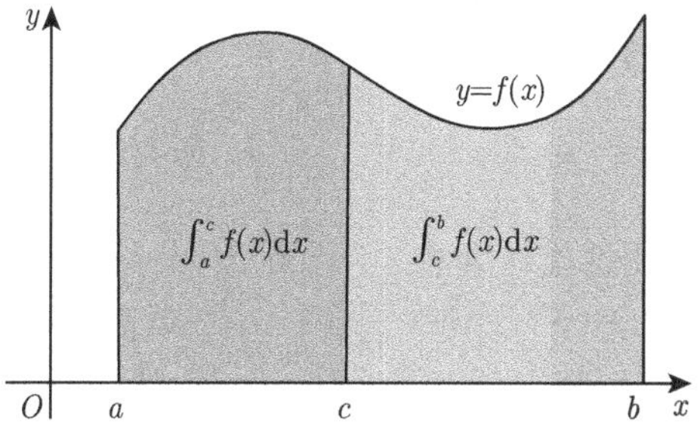

图 7-15

事实上, 若 c 在区间 $[a, b]$ 之外, 不妨设 $a < b < c$, 则由性质 3 有

$$\int_a^c f(x)\mathrm{d}x = \int_a^b f(x)\mathrm{d}x + \int_b^c f(x)\mathrm{d}x,$$

即

$$\int_a^b f(x)\mathrm{d}x = \int_a^c f(x)\mathrm{d}x - \int_b^c f(x)\mathrm{d}x = \int_a^c f(x)\mathrm{d}x + \int_c^b f(x)\mathrm{d}x.$$

说明　性质 3 表明定积分对积分区间具有可加性, 因此该性质称为区间可加性.

性质 4　若在 $[a, b]$ 上 $f(x) \equiv 1$, 则 $\displaystyle\int_a^b 1\mathrm{d}x = \int_a^b \mathrm{d}x = b - a$.

由定积分的几何意义可知, 定积分 $\displaystyle\int_a^b \mathrm{d}x$ 表示直线 $y = 1$, $x = a$, $x = b$ 以及 x 轴围成的面积, 即底为 $b - a$, 高为 1 的矩形的面积 (图 7-16).

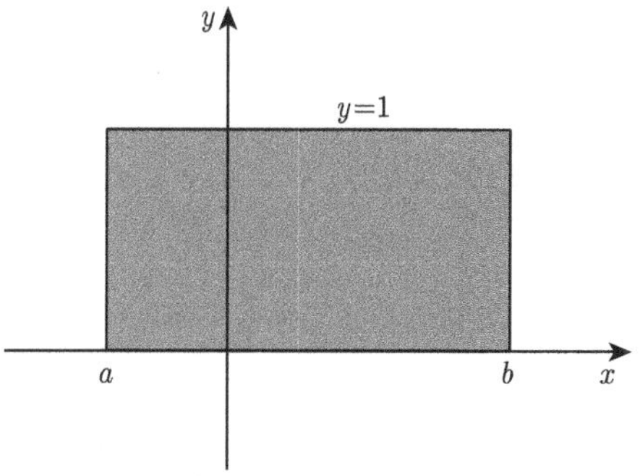

图 7-16

性质 5　若函数 $f(x)$ 在区间 $[a, b]$ 上可积, 且 $f(x) \geqslant 0$, 则

$$\int_a^b f(x)\mathrm{d}x \geqslant 0.$$

证明　因为 $f(x) \geqslant 0$, 所以 $f(\xi_i) \geqslant 0 (i = 1, 2, \cdots, n)$, 而 $\Delta x_i > 0 (i = 1, 2, \cdots, n)$, 于是

$$\sum_{i=1}^{n} f(\xi_i)\Delta x_i \geqslant 0,$$

再由极限的保号性得

$$\int_a^b f(x)\mathrm{d}x = \lim_{\lambda\to 0}\sum_{i=1}^{n} f(\xi_i)\Delta x_i \geqslant 0.$$

推论 2 若在区间 $[a,b]$ 上有 $f(x)\leqslant g(x)$, 则

$$\int_a^b f(x)\mathrm{d}x \leqslant \int_a^b g(x)\mathrm{d}x.$$

证明 设 $h(x)=g(x)-f(x)$, 因为在区间 $[a,b]$ 上有 $f(x)\leqslant g(x)$, 所以 $h(x)\geqslant 0$. 再由性质 5 有

$$\int_a^b h(x)\mathrm{d}x = \int_a^b [g(x)-f(x)]\mathrm{d}x \geqslant 0,$$

再利用性质 1 可得

$$\int_a^b f(x)\mathrm{d}x \leqslant \int_a^b g(x)\mathrm{d}x.$$

例 1 比较积分值 $\int_0^{-2}\mathrm{e}^x\mathrm{d}x$ 和 $\int_0^{-2}x\mathrm{d}x$ 的大小.

解 当 $x\in[-2,0]$ 时, $\mathrm{e}^x > x$, 所以 $\int_{-2}^{0}\mathrm{e}^x\mathrm{d}x > \int_{-2}^{0}x\mathrm{d}x$. 于是

$$\int_0^{-2}\mathrm{e}^x\mathrm{d}x < \int_0^{-2}x\mathrm{d}x.$$

推论 3 若函数 $f(x)$ 在区间 $[a,b]$ 上可积, 则

$$\left|\int_a^b f(x)\mathrm{d}x\right| \leqslant \int_a^b |f(x)|\mathrm{d}x \quad (a<b).$$

证明 因为在区间 $[a,b]$ 上, $-|f(x)|\leqslant f(x)\leqslant |f(x)|$, 所以由推论 1 及性质 2 得

$$-\int_a^b |f(x)|\mathrm{d}x \leqslant \int_a^b f(x)\mathrm{d}x \leqslant \int_a^b |f(x)|\mathrm{d}x,$$

即

$$\left|\int_a^b f(x)\mathrm{d}x\right| \leqslant \int_a^b |f(x)|\mathrm{d}x.$$

性质 6 设 M 及 m 分别是函数 $f(x)$ 在区间 $[a,b]$ 上的最大值和最小值, 则

$$m(b-a) \leqslant \int_a^b f(x)\mathrm{d}x \leqslant M(b-a).$$

证明 因为 M 及 m 分别是函数 $f(x)$ 在区间 $[a,b]$ 上的最大值和最小值, 即 $m \leqslant f(x) \leqslant M$, 再由推论 1 得

$$m\int_a^b \mathrm{d}x \leqslant \int_a^b f(x)\mathrm{d}x \leqslant M\int_a^b \mathrm{d}x,$$

即

$$m(b-a) \leqslant \int_a^b f(x)\mathrm{d}x \leqslant M(b-a).$$

对于 $f(x) \geqslant 0$ 的情形, 性质 6 中的不等式所表示的三部分面积关系如图 7-17 所示.

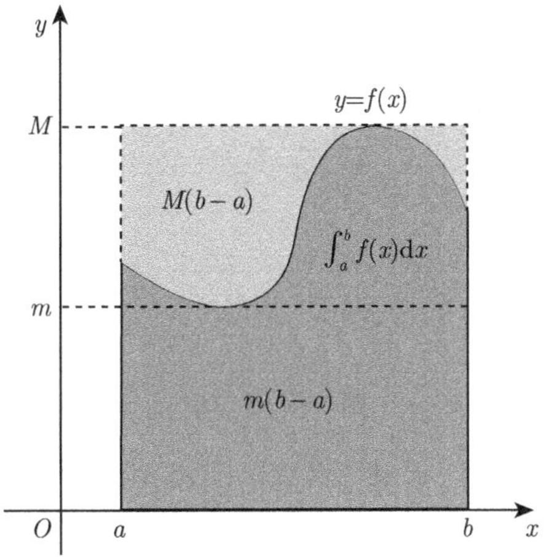

图 7-17

说明 性质 6 说明根据被积函数在积分区间上的最大值和最小值, 可以估计积分值的大致范围, 故性质 6 称为积分估值定理.

例 2 估计积分 $\int_{\frac{\pi}{4}}^{\frac{\pi}{2}} (1+\sin^2 x)\mathrm{d}x$ 值的范围.

解 因为 $f(x)=1+\sin^2 x$ 在区间 $\left[\frac{\pi}{4},\frac{\pi}{2}\right]$ 上单调递增, 故

$$\frac{3}{2} \leqslant 1+\sin^2 x \leqslant 2,$$

所以

$$\frac{3\pi}{8} \leqslant \int_{\frac{\pi}{4}}^{\frac{\pi}{2}} (1+\sin^2 x)\mathrm{d}x \leqslant \frac{\pi}{2}.$$

性质 7 (积分中值定理) 如果函数 $f(x)$ 在闭区间 $[a,b]$ 上连续, 则在 $[a,b]$ 上至少存在一个点 ξ, 使得

$$\int_a^b f(x)\mathrm{d}x = f(\xi)(b-a).$$

证明　因为函数 $f(x)$ 在闭区间 $[a,b]$ 上连续, 所以函数 $f(x)$ 在区间 $[a,b]$ 上有最大值 M 和最小值 m, 根据性质 6 得

$$m(b-a)\leqslant\int_a^b f(x)\mathrm{d}x\leqslant M(b-a),$$

即

$$m\leqslant\frac{\int_a^b f(x)\mathrm{d}x}{b-a}\leqslant M.$$

又函数 $f(x)$ 在闭区间 $[a,b]$ 上连续, 由连续函数的介值性定理可知, 在 $[a,b]$ 上至少存在一个点 ξ, 使得

$$\frac{\int_a^b f(x)\mathrm{d}x}{b-a}=f(\xi),$$

从而有

$$\int_a^b f(x)\mathrm{d}x=f(\xi)(b-a).$$

说明　性质 7 表明, 当 $f(x)\geqslant 0$ 时, 积分中值定理具有简单的几何意义, 即总存在一个高为 $f(\xi)$, 底为 $b-a$ 的矩形, 使得该矩形的面积等于 $\int_a^b f(x)\mathrm{d}x$ 所表示的曲边梯形的面积 (图 7-18). 因此称 $f(\xi)$ 为曲边梯形的平均高度, 而称 $\frac{\int_a^b f(x)\mathrm{d}x}{b-a}$ 为函数 $f(x)$ 在区间 $[a,b]$ 上的积分平均值 (integral mean).

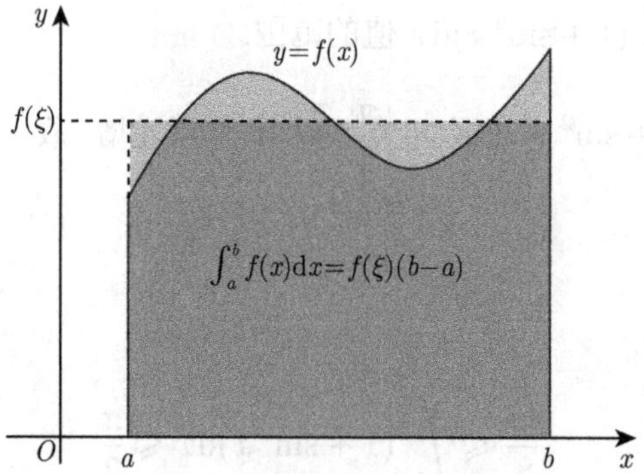

图 7-18

例 3　求极限 $\lim\limits_{n\to\infty}\int_n^{n+a}x\sin\frac{1}{x}\mathrm{d}x(a\neq 0)$.

解　由积分中值定理, 有

$$\int_n^{n+a} x\sin\frac{1}{x}\mathrm{d}x = a\xi\sin\frac{1}{\xi}\quad (\xi \text{ 介于 } n \text{ 与 } n+a \text{ 之间}),$$

所以当 $n\to\infty$ 时, $\xi\to+\infty$, 于是

$$\lim_{n\to\infty}\int_n^{n+a} x\sin\frac{1}{x}\mathrm{d}x = \lim_{\xi\to+\infty}\left(a\xi\sin\frac{1}{\xi}\right) = a.$$

例 4 设 $f(x)$ 在 $[0,1]$ 上可微, 且满足 $f(1)=2\int_0^{\frac{1}{2}} xf(x)\,\mathrm{d}x$, 证明存在 $\xi\in(0,1)$, 使得

$$f(\xi)+\xi f'(\xi)=0.$$

分析 注意要证明的结论中 $f(\xi)+\xi f'(\xi)$ 正好是被积函数 $xf(x)$ 在 ξ 处的导数值. 设 $F(x)=xf(x)$, 进而结论是证明函数 $F(x)$ 在 $(0,1)$ 内存在驻点 ξ. 通过类比, 可以证明 $F(x)$ 满足罗尔定理条件, 而连续性与可导性, 容易获得. 但显然函数值 $F(0)=0$, $F(1)=f(1)$ 不一定相等. 然而已知条件中 $f(1)=2\int_0^{\frac{1}{2}} xf(x)\mathrm{d}x$, 可以利用积分中值定理, 将其表示为被积函数在某点 $\eta\in\left[0,\frac{1}{2}\right]$ 处的值, 即

$$f(1)=2\int_0^{\frac{1}{2}} xf(x)\mathrm{d}x=\eta f(\eta)=F(\eta),$$

因此 $F(x)$ 在 $[0,1]$ 的子区间 $[\eta,1]$ 上满足罗尔定理.

证明 由于 $f(x)$ 在 $[0,1]$ 上可微, 则 $xf(x)$ 在 $\left[0,\frac{1}{2}\right]$ 连续, 进而根据积分中值定理可知, 存在 $\eta\in\left[0,\frac{1}{2}\right]$, 使得

$$2\int_0^{\frac{1}{2}} xf(x)\mathrm{d}x = 2\times\frac{1}{2}\eta f(\eta)=\eta f(\eta).$$

设 $F(x)=xf(x)$, 则 $F(x)$ 在 $[\eta,1]$ 上连续, 在 $(\eta,1)$ 内可导, 并且

$$F(1)=f(1)=2\int_0^{\frac{1}{2}} xf(x)\,\mathrm{d}x=\eta f(\eta)=F(\eta).$$

根据罗尔定理可知, 存在 $\xi\in(\eta,1)\subset(0,1)$, 使 $F'(\xi)=0$, 即

$$f(\xi)+\xi f'(\xi)=0.$$

二、 函数在区间上的平均值 Average value of function on interval

“平均值”这一概念, 在实际问题中经常遇到, 例如, 平均年龄、平均温度、平均高度等. 一般地, 我们把 n 个数值 $y_1, y_2, \cdots, y_n$ 的算术平均值

$$\overline{y} = \frac{y_1 + y_2 + \cdots + y_n}{n}$$

定义为这 n 个数的平均值. 这是离散情况下求平均值的方法. 但在实际应用中, 有时需要求一个连续变量的平均值. 例如, 求一昼夜的平均温度; 在一段时间的平均功率等. 为此, 我们需要讨论连续函数 $f(x)$ 在区间 $[a,b]$ 上的平均值的定义及计算方法.

第一步 把区间 $[a,b]n$ 等分, 分点为

$$a = x_0 < x_1 < x_2 < \cdots < x_{n-1} < x_n = b.$$

每个小区间的长度都为 $\Delta x = \frac{b-a}{n}$, 各分点处的函数值分别为

$$f(x_0), f(x_1), f(x_2), \cdots, f(x_{n-1}), f(x_n).$$

第二步 在每个小区间右端点的函数值的平均值为

$$\overline{y}_n = \frac{f(x_1) + f(x_2) + \cdots + f(x_n)}{n} = \frac{1}{n}\sum_{i=1}^{n} f(x_i).$$

显然, 可用 $\overline{y}_n$ 近似表示 $f(x)$ 在区间 $[a,b]$ 上所取得的一切值的平均值.

第三步 若 n 越大, 所取得的分点就越多, $\overline{y}_n$ 的值就越能比较精确地表示 $f(x)$ 在区间 $[a,b]$ 上的平均值, 因此我们称

$$\overline{y} = \lim_{n\to\infty} \frac{1}{n}\sum_{i=1}^{n} f(x_i)$$

为函数 $f(x)$ 在区间 $[a,b]$ 上的平均值 (the average value of the function $f(x)$ on the interval $[a,b]$).

因为函数 $f(x)$ 在区间 $[a,b]$ 上连续, $\Delta x_i = \frac{b-a}{n} (i = 1, 2, \cdots, n)$ 相等, 所以由定积分定义

$$\lim_{n\to\infty} \frac{1}{n}\sum_{i=1}^{n} f(x_i) = \lim_{n\to\infty} \frac{1}{n\Delta x_i}\sum_{i=1}^{n} f(x_i)\Delta x_i = \lim_{n\to\infty} \frac{1}{b-a}\sum_{i=1}^{n} f(x_i)\Delta x_i = \frac{\int_a^b f(x)\mathrm{d}x}{b-a},$$

于是, 连续函数 $f(x)$ 在区间 $[a,b]$ 上的平均值为

$$\overline{y} = \frac{\int_a^b f(x)\mathrm{d}x}{b-a}.$$

实际上, 此处 $\overline{y}$ 便是积分中值定理中的 $f(\xi)$, 这就是说, 闭区间 $[a,b]$ 上连续函数 $f(x)$ 的平均值一定存在.

习 题 二

1. 比较定积分的大小:

(1) $\int_0^1 x^2\mathrm{d}x$ 与 $\int_0^1 x^3\mathrm{d}x$;　　(2) $\int_3^4 (\ln x)^2\mathrm{d}x$ 与 $\int_3^4 (\ln x)^3\mathrm{d}x$;

(3) $\int_0^1 \mathrm{e}^x\mathrm{d}x$ 与 $\int_0^1 \mathrm{e}^{x^2}\mathrm{d}x$;　　(4) $\int_0^{\frac{\pi}{2}} x\mathrm{d}x$ 与 $\int_0^{\frac{\pi}{2}} \sin x\mathrm{d}x$.

2. 估计定积分值的范围:

(1) $\int_1^4 (x^2+1)\mathrm{d}x$;　　(2) $\int_0^{\pi} (1+\sin x)\mathrm{d}x$;

(3) $\int_0^2 \mathrm{e}^{x^2-x}\mathrm{d}x$;　　(4) $\int_0^1 \frac{x^2+3}{x^2+2}\mathrm{d}x$;

(5) $\int_0^1 \sqrt{2x-x^2}\mathrm{d}x$;　　(6) $\int_0^{\pi} \frac{1}{3+\sin^3 x}\mathrm{d}x$.

3. 证明: $\lim\limits_{n\to\infty}\int_0^{\frac{1}{2}} \frac{x^n}{1+x}\mathrm{d}x = 0$.

4. 设函数 $f(x)$ 在 $[0,1]$ 上连续, 在 $(0,1)$ 内可导, 且 $k\int_{1-\frac{1}{k}}^{1} f(x)\mathrm{d}x = f(0)$, $k>1$. 证明: 存在 $\xi\in(0,1)$, 使 $f'(\xi)=0$.

5. 设 $f(x)$ 在 $[a,b]$ 上连续, 证明:

(1) 若在 $[a,b]$ 上, $f(x)\geqslant 0$, 且 $\int_a^b f(x)\mathrm{d}x=0$, 则在 $[a,b]$ 上 $f(x)\equiv 0$;

(2) 若在 $[a,b]$ 上, $f(x)\geqslant 0$, 且 $f(x)$ 不恒等于零, 则 $\int_a^b f(x)\,\mathrm{d}x>0$.

第三节 积分上限函数与微积分基本公式

Functions with upper limit of primitive function and fundamental theorem of calculus

第一节已经给出了定积分的定义, 如果用定义来计算定积分, 那将是十分困难的. 因此寻求一种计算定积分的有效方法便成为积分学发展的关键. 不定积分作为原函数的概念与定积分作为积分和的极限的概念是完全不相干的两个概念. 但是, 牛顿和莱布尼茨不仅发现而且找到了这两个概念之间存在着的深刻的内在联系, 即所谓的“微积分基本定理”, 并由此巧妙地开辟了求定积分的新途径——牛顿-莱布尼茨公式. 从而使积分学与微分学一起构成变量数学的基础学科——微积分学. 牛顿和莱布尼茨也因此作为微积分学的奠基人而被载入史册.

一、 变速直线运动中位置函数与速度函数之间的联系 Relationships between position function and velocity function in variable speed linear motion

有一物体在一直线上运动, 在这直线上取定原点、正方向及长度单位, 使它成一数轴. 设时刻 t 时物体所在位置为 $s(t)$, 速度为 $v(t)$(为了讨论方便, 可以设 $v(t)\geqslant 0$).

由第一节知道: 物体在时间间隔 $[T_1,T_2]$ 内经过路程可以用速度函数 $v(t)$ 在 $[T_1,T_2]$ 上的积分

$$\int_{T_1}^{T_2} v(t)\mathrm{d}t$$

来表示; 另一方面, 这段路程又可以通过位置函数 $s(t)$ 在区间 $[T_1,T_2]$ 上的增量 $s(T_2)-s(T_1)$ 来表达. 由此可见, 位置函数 $s(t)$ 与速度函数 $v(t)$ 之间有如下关系:

$$\int_{T_1}^{T_2} v(t)\mathrm{d}t = s(T_2)-s(T_1). \tag{1}$$

因为 $s'(t)=v(t)$, 即位置函数 $s(t)$ 是速度函数 $v(t)$ 的原函数, 所以式 (1) 表示, 速度函数 $v(t)$ 在区间 $[T_1,T_2]$ 上的定积分等于 $v(t)$ 的原函数 $s(t)$ 在区间 $[T_1,T_2]$ 上的增量

$$s(T_2)-s(T_1).$$

上述从变速直线运动的路程这个特殊问题中得出来的关系, 是否具有普遍性呢? 如果有, 其被积函数应该满足什么条件呢? 这就是我们下面所要讨论的问题. 事实上, 如果函数 $f(x)$ 在区间 $[a,b]$ 上连续, 那么 $f(x)$ 在区间 $[a,b]$ 上的定积分就等于 $f(x)$ 的原函数 (设为 $F(x)$) 在区间 $[a,b]$ 上的增量.

二、 积分上限函数及其导数

The function of the upper limit of the integral and its derivative

我们已知道定积分是一个实数值, 且是满足一定条件的实数. 根据以往求满足一定条件的数值时, 我们用的是函数思想, 即把数值与一类具有特殊性质的函数建立联系. 构造辅助函数方法, 根据上面具体实例, 首先给定的被积函数 $f(x)$ 应在区间 $[a,b]$ 上具有连续性, 由连续必然可积和连续函数在其子区间上连续的特点, 我们可构造如下积分变上限函数, 具体构造如下:

设函数 $f(x)$ 在区间 $[a,b]$ 上连续, 并且设 x 为 $[a,b]$ 上的一点, 现在来考察 $f(x)$ 在区间 $[a,x]$ 上的定积分

$$\int_a^x f(x)\mathrm{d}x.$$

由于 $f(x)$ 在区间 $[a,x]$ 上仍旧连续, 因此这个定积分存在, 这时 x 既表示定积分的上限, 又表示积分变量. 因为定积分与积分变量的记法无关, 所以为了明确起见, 可以把积分变量改用其他符号, 例如用 t 表示, 则上面的定积分可以写成

$$\int_a^x f(t)\mathrm{d}t.$$

当上限 x 在区间 $[a,b]$ 上任意变动时, 对于每一个取定的 x 值, 定积分有一个对应值, 所以它在 $[a,b]$ 上定义了一个函数, 记作 $\Phi(x)$, 即

$$\Phi(x)=\int_a^x f(t)\mathrm{d}t \quad (a\leqslant x\leqslant b), \tag{2}$$

称该函数为积分上限函数 (functions with upper limit of integral) 或称为变上限积分 (variable upper bound integral). 几何上它表示图 7-19 中阴影部分的面积.

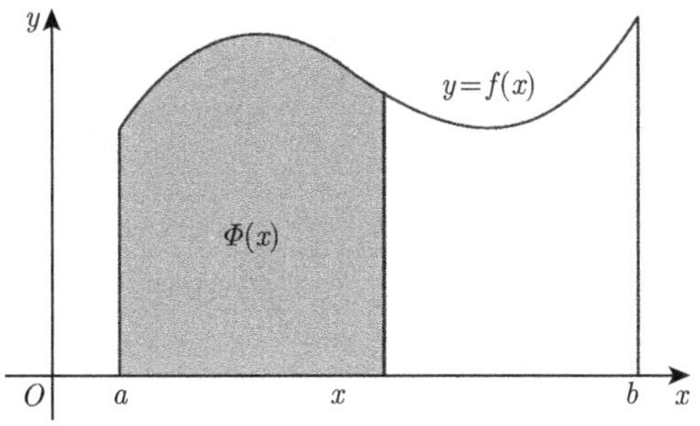

图 7-19

说明 对于积分上限函数 $\Phi(x)=\int_a^x f(t)\mathrm{d}t$, 就积分变量 t 而言它是 $f(t)$ 在区间 $[a,x]$ 上的定积分; 就积分上限 x 而言是一个以 x 为自变量的函数, 因此积分上限 x 是积分上限函数的自变量.

例如, 函数 $f(t)=t^2$ 在区间 $[0,2]$ 上连续, 我们可以定义在区间 $[0,2]$ 上的积分上限函数 $\Phi(x)=\int_0^x t^2\mathrm{d}t,\ x\in[0,2]$. 显然在 $x=1$ 处的函数值 $\Phi(1)=\int_0^1 t^2\mathrm{d}t=\dfrac{1}{3}$ 是 $f(t)=t^2$ 在区间 $[0,1]$ 上的定积分.

又如函数 $\Phi(x)=\int_0^x (x-t)^2\mathrm{d}t$, 从定积分角度来看, 积分变量是 t, 被积函数 $f(t)=(x-t)^2$ 是关于 t 的一元二次函数, 此时 x 相对于积分变量 t 而言是常数, 因此

$$\int_0^x (x-t)^2\mathrm{d}t=\int_0^x (x^2-2xt+t^2)\mathrm{d}t=x^2\int_0^x \mathrm{d}t-2x\int_0^x t\mathrm{d}t+\int_0^x t^2\mathrm{d}t.$$

于是

$$\Phi(x)=x^2\int_0^x \mathrm{d}t-2x\int_0^x t\mathrm{d}t+\int_0^x t^2\mathrm{d}t,$$

这说明 $\Phi(x)=\int_0^x (x-t)^2\mathrm{d}t$ 是由积分上限函数 $\int_0^x \mathrm{d}t$, $\int_0^x t\mathrm{d}t$ 及 $\int_0^x t^2\mathrm{d}t$ 构成, 也是一个积分上限函数.

积分上限函数 $\Phi(x)=\int_a^x f(t)\mathrm{d}t$ 具有如下重要性质.

定理 1 如果函数 $f(x)$ 在区间 $[a,b]$ 上连续, 则积分上限函数

$$\Phi(x)=\int_a^x f(t)\mathrm{d}t$$

在 $[a,b]$ 上可导, 且导数为

$$\Phi'(x)=\frac{\mathrm{d}}{\mathrm{d}x}\int_a^x f(t)\mathrm{d}t=f(x)\quad(a\leqslant x\leqslant b). \tag{3}$$

证明 若 $x\in(a,b)$, 设 x 处取得增量 Δx, 其绝对值足够小, 使得 $x+\Delta x\in(a,b)$, 则 $\varPhi(x)$(图 7-20 中 $\Delta x>0$) 在 $x+\Delta x$ 处的函数值为

$$\varPhi(x+\Delta x)=\int_a^{x+\Delta x}f(t)\,\mathrm{d}t,$$

由此得函数的增量

$$\begin{aligned}\Delta\varPhi=\varPhi(x+\Delta x)-\varPhi(x)&=\int_a^{x+\Delta x}f(t)\mathrm{d}t-\int_a^x f(t)\,\mathrm{d}t\\&=\int_a^x f(t)\mathrm{d}t+\int_x^{x+\Delta x}f(t)\mathrm{d}t-\int_a^x f(t)\mathrm{d}t=\int_x^{x+\Delta x}f(t)\mathrm{d}t.\end{aligned}$$

再应用积分中值定理, 即有等式

$$\Delta\varPhi=\int_x^{x+\Delta x}f(t)\mathrm{d}t=f(\xi)\Delta x,$$

其中 ξ 介于 x 与 $x+\Delta x$ 之间. 上式两端同时除以 Δx, 得函数增量与自变量增量的比值

$$\frac{\Delta\varPhi}{\Delta x}=f(\xi),\tag{4}$$

由于 $f(x)$ 在 $[a,b]$ 上连续, 而 $\Delta x\to0$ 时, $\xi\to x$, 所以

$$\lim_{\Delta x\to0}f(\xi)=\lim_{\xi\to x}f(\xi)=f(x).$$

于是

$$\lim_{\Delta x\to0}\frac{\Delta\varPhi}{\Delta x}=\lim_{\Delta x\to0}f(\xi)=f(x),$$

即函数 $\varPhi(x)$ 的导数存在, 并且 $\varPhi'(x)=f(x)$. 若 $x=a$, 取 $\Delta x>0$, 则同理可证 $\varPhi'_+(a)=f(a)$; 若 $x=b$, 取 $\Delta x<0$, 则同理可证 $\varPhi'_-(b)=f(b)$.

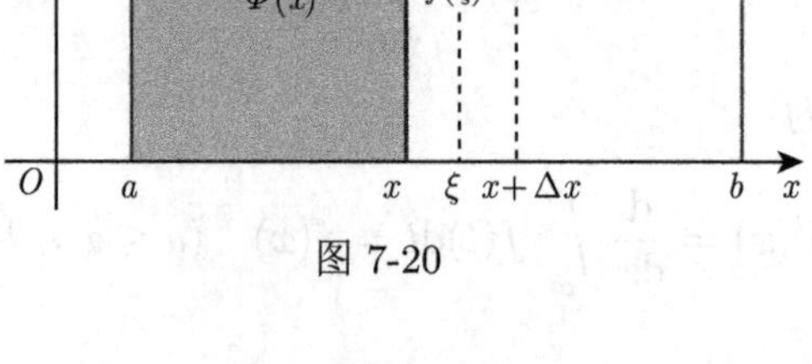

图 7-20

这个定理指出了一个重要结论: 对连续函数 $f(x)$ 取变上限 x 的定积分然后求导, 其结果还为 $f(x)$ 本身. 联想到原函数的定义, 就可以从定理 1 可知 $\Phi(x)$ 是连续函数 $f(x)$ 的一个原函数. 于是得到如下的原函数的存在定理.

定理 2 如果函数 $f(x)$ 在区间 $[a,b]$ 上连续, 则函数

$$\Phi(x)=\int_a^x f(t)\mathrm{d}t$$

是 $f(x)$ 在 $[a,b]$ 上的一个原函数.

该定理的重要意义是: 一方面肯定了连续函数的原函数是存在的, 另一方面初步地揭示了积分学中的定积分与原函数之间的联系. 因此, 通过原函数来计算定积分成为可能.

例 1 求下列函数的导数:

(1) $\displaystyle\int_0^x \frac{t\sin t}{1+\cos^2 t}\,\mathrm{d}t$; (2) $\displaystyle\int_0^{\sqrt{x}} \cos t^2\mathrm{d}t$;

(3) $\displaystyle\int_{2x}^1 \sin(1+t^2)\mathrm{d}t$; (4) $\displaystyle\int_{x^2}^{x^3} \frac{\mathrm{d}t}{\sqrt{1+t^2}}$.

解 (1) $\displaystyle\frac{\mathrm{d}}{\mathrm{d}x}\int_0^x \frac{t\sin t}{1+\cos^2 t}\,\mathrm{d}t=\frac{x\sin x}{1+\cos^2 x}$.

(2) 设 $u=\sqrt{x}$, 则 $F(u)=\displaystyle\int_0^u \cos t^2\mathrm{d}t$, 即 $\displaystyle\int_0^{\sqrt{x}} \cos t^2\mathrm{d}t$ 可以看成关于 u 为中间变量的复合函数, 根据复合函数的求导法则, 有

$$\frac{\mathrm{d}}{\mathrm{d}x}\int_0^{\sqrt{x}} \cos t^2\mathrm{d}t=\frac{\mathrm{d}}{\mathrm{d}u}\int_0^u \cos t^2\mathrm{d}t\cdot\frac{\mathrm{d}u}{\mathrm{d}x}=\cos u^2\cdot\frac{1}{2\sqrt{x}}=\frac{\cos x}{2\sqrt{x}}.$$

(3) 因为

$$\int_{2x}^1 \sin(1+t^2)\mathrm{d}t=-\int_1^{2x} \sin(1+t^2)\mathrm{d}t,$$

所以

$$\frac{\mathrm{d}}{\mathrm{d}x}\int_{2x}^1 \sin(1+t^2)\mathrm{d}t=-\frac{\mathrm{d}}{\mathrm{d}x}\int_1^{2x} \sin(1+t^2)\mathrm{d}t=-\sin(1+4x^2)\cdot 2=-2\sin(1+4x^2).$$

(4) 因为

$$\int_{x^2}^{x^3} \frac{\mathrm{d}t}{\sqrt{1+t^2}}=\int_a^{x^3} \frac{\mathrm{d}t}{\sqrt{1+t^2}}-\int_a^{x^2} \frac{\mathrm{d}t}{\sqrt{1+t^2}},$$

所以

$$\frac{\mathrm{d}}{\mathrm{d}x}\int_{x^2}^{x^3} \frac{\mathrm{d}t}{\sqrt{1+t^2}}=\frac{3x^2}{\sqrt{1+x^6}}-\frac{2x}{\sqrt{1+x^4}}.$$

例 2 求极限 $\displaystyle\lim_{x\to 0}\frac{\displaystyle\int_0^{x^2}\ln(1+2t)\mathrm{d}t}{x^4}$.

解 $\lim\limits_{x\to 0}\dfrac{\int_0^{x^2}\ln(1+2t)\mathrm{d}t}{x^4}=\lim\limits_{x\to 0}\dfrac{2x\cdot\ln(1+2x^2)}{4x^3}=\lim\limits_{x\to 0}\dfrac{2x\cdot 2x^2}{4x^3}=1.$

现在我们已经知道积分上限函数, 是高等数学中给出的一类新函数. 根据高等数学研究的主要对象是函数这个主题, 自然积分上限函数是这门课程研究的重点之一. 按照这门课程研究问题所使用的主要方法之一——分类法, 我们在教材中是使用极限这一工具把函数按照是否连续、是否可导、是否可积进行分类的, 并且给出了每一类函数所具有的性质. 这样以后再遇到新的函数时, 我们首先要判断它是哪一类的, 是哪一类的就应具备该类的特性. 那么现在给出的这类新函数——积分上限函数, 自然想到要判断它是哪一类的. 如何判断是哪一类的呢? 本书或其他高等数学教材都直接指明了, 它属于可导类函数, 为什么呢? 我们现在分析如下, 通过前面讨论可知, 连续类、可导类、可积类有下列包含关系, 如图 7-21 所示. 从该关系可看出, 只要证明积分上限函数是可导的, 则它一定是连续的、可积的, 它就应该具备可导函数、连续函数、可积函数所有的性质, 所以所有高等数学教材中都只证明了积分上限的函数是可导的 (定理 1).

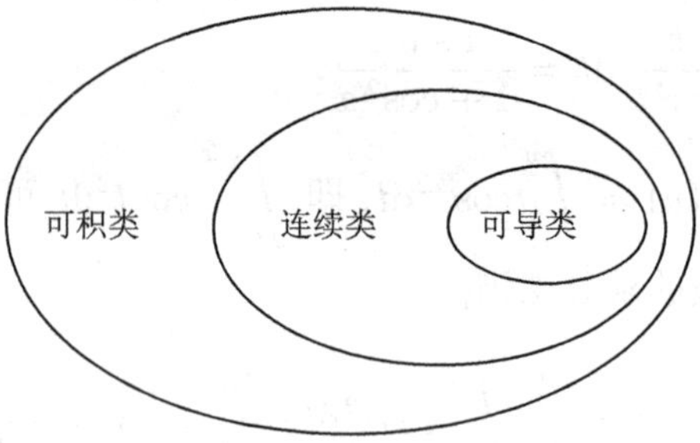

图 7-21

利用复合函数的求导法则及定积分区间的可加性可以得到如下公式:

(1) 若函数 $f(x)$ 在区间 $[a,b]$ 上连续, 函数 $u(x),v(x)$ 可导, 并且 $a\leqslant u(x),v(x)\leqslant b$, 则 $\Phi(x)=\int_a^{v(x)}f(t)\mathrm{d}t$ 可导, 且

$$\frac{\mathrm{d}}{\mathrm{d}x}\left(\int_a^{v(x)}f(t)\mathrm{d}t\right)=f[v(x)]\cdot\frac{\mathrm{d}}{\mathrm{d}x}v(x);$$

(2) 若函数 $f(x)$ 在区间 $[a,b]$ 上连续, 函数 $u(x)$, $v(x)$ 可导, 并且 $a\leqslant u(x)$, $v(x)\leqslant b$, 则 $\Phi(x)=\int_{u(x)}^{b}f(t)\mathrm{d}t$ 可导, 且

$$\frac{\mathrm{d}}{\mathrm{d}x}\left(\int_{u(x)}^{b}f(t)\mathrm{d}t\right)=-f[u(x)]\cdot\frac{\mathrm{d}}{\mathrm{d}x}u(x);$$

(3) 若函数 $f(x)$ 在区间 $[a,b]$ 上连续, 函数 $u(x),v(x)$ 可导, 并且 $a\leqslant u(x)$, $v(x)\leqslant b$,

则 $\Phi(x)=\int_{u(x)}^{v(x)}f(t)\mathrm{d}t$ 可导, 且

$$\frac{\mathrm{d}}{\mathrm{d}x}\left(\int_{u(x)}^{v(x)}f(t)\mathrm{d}t\right)=f[v(x)]\cdot\frac{\mathrm{d}}{\mathrm{d}x}v(x)-f[u(x)]\cdot\frac{\mathrm{d}}{\mathrm{d}x}u(x);$$

(4) 若 $f(x)$ 在区间 $[a,b]$ 上连续, 函数 $u(x),v(x)$ 可导, $a\leqslant v(x)\leqslant b$, 则 $\Phi(x)=\int_{a}^{v(x)}u(x)\cdot f(t)\mathrm{d}t$ 可导, 且

$$\frac{\mathrm{d}}{\mathrm{d}x}\left(\int_{a}^{v(x)}u(x)\cdot f(t)\mathrm{d}t\right)=\frac{\mathrm{d}}{\mathrm{d}x}u(x)\cdot\int_{a}^{v(x)}f(t)\mathrm{d}t+u(x)\cdot f[v(x)]\cdot\frac{\mathrm{d}}{\mathrm{d}x}v(x).$$

说明　由于 $\Phi(x)=\int_{a}^{v(x)}u(x)\cdot f(t)\mathrm{d}t$, 所以

$$\begin{aligned}\frac{\mathrm{d}}{\mathrm{d}x}\left(\int_{a}^{v(x)}u(x)\cdot f(t)\mathrm{d}t\right)&=\frac{\mathrm{d}}{\mathrm{d}x}\left[u(x)\int_{a}^{v(x)}f(t)\mathrm{d}t\right]\\&=\frac{\mathrm{d}}{\mathrm{d}x}u(x)\cdot\int_{a}^{v(x)}f(t)\mathrm{d}t+u(x)\cdot\frac{\mathrm{d}}{\mathrm{d}x}\int_{a}^{v(x)}f(t)\mathrm{d}t\\&=\frac{\mathrm{d}}{\mathrm{d}x}u(x)\cdot\int_{a}^{v(x)}f(t)\mathrm{d}t+u(x)\cdot f[v(x)]\cdot\frac{\mathrm{d}}{\mathrm{d}x}v(x).\end{aligned}$$

公式 (4) 说明, 对于变限 (变上限或变下限) 积分求导数时, 若定积分的被积函数中含有 x 的式子, 应该想办法把含有 x 的式子移出被积函数.

例 3　求函数 $\int_{0}^{x}(1+t^2)\mathrm{e}^{t^2-x^2}\mathrm{d}t$ 的导数.

解　由于函数 $\int_{0}^{x}(1+t^2)\mathrm{e}^{t^2-x^2}\mathrm{d}t$ 被积函数中含有变量 x, 因此应该将 x 移出被积函数. 因为

$$\int_{0}^{x}(1+t^2)\mathrm{e}^{t^2-x^2}\mathrm{d}t=\int_{0}^{x}(1+t^2)\mathrm{e}^{t^2}\cdot\mathrm{e}^{-x^2}\mathrm{d}t=\mathrm{e}^{-x^2}\cdot\int_{0}^{x}(1+t^2)\mathrm{e}^{t^2}\mathrm{d}t,$$

所以

$$\begin{aligned}\frac{\mathrm{d}}{\mathrm{d}x}\left(\int_{0}^{x}(1+t^2)\mathrm{e}^{t^2-x^2}\mathrm{d}t\right)&=\frac{\mathrm{d}}{\mathrm{d}x}\left(\mathrm{e}^{-x^2}\cdot\int_{0}^{x}(1+t^2)\mathrm{e}^{t^2}\mathrm{d}t\right)\\&=-2x\mathrm{e}^{-x^2}\cdot\int_{0}^{x}(1+t^2)\mathrm{e}^{t^2}\mathrm{d}t+\mathrm{e}^{-x^2}\cdot(1+x^2)\mathrm{e}^{x^2}\\&=-2x\mathrm{e}^{-x^2}\cdot\int_{0}^{x}(1+t^2)\mathrm{e}^{t^2}\mathrm{d}t+x^2+1.\end{aligned}$$

通过例 3 我们可以再次看出, 关于被积函数内含有 x 的积分上限函数的求导问题, 想法很简单, 将被积函数中含变量 x 的部分想办法移出被积函数, 进而转化为已知类型进行求导.

例 4 设奇函数 $f(x)$ 在 $(-\infty,+\infty)$ 内连续且单调增加, 证明: 函数

$$F(x)=\int_0^x (x-3t)f(t)\mathrm{d}t$$

在 $[0,+\infty)$ 上单调减少.

证明 由于 $f(x)$ 是连续的奇函数, 所以 $f(0)=0$, 且 $F(x)$ 在 $[0,+\infty)$ 上可导. 又函数 $f(x)$ 单调增加, 从而 $x>0$ 时, $f(x)\geqslant f(0)=0$. 则当 $x>0$ 时,

$$\begin{aligned}F'(x)&=\left[\int_0^x (x-3t)f(t)\mathrm{d}t\right]'=\left[x\int_0^x f(t)\mathrm{d}t-3\int_0^x tf(t)\mathrm{d}t\right]'\\&=\int_0^x f(t)\mathrm{d}t+xf(x)-3xf(x)=\int_0^x f(t)\mathrm{d}t-2xf(x)\\&=xf(\xi)-2xf(x)\quad(\text{积分中值定理}, 0\leqslant\xi\leqslant x)\\&=x[f(\xi)-f(x)]-xf(x)\leqslant 0.\end{aligned}$$

所以 $F(x)$ 在 $[0,+\infty)$ 上单调减少.

三、 牛顿–莱布尼茨公式 Newton-Leibniz formula

现在我们根据定理 2 来证明一个重要定理, 它给出了用原函数计算定积分的公式.

定理 3 若函数 $F(x)$ 是连续函数 $f(x)$ 在区间 $[a,b]$ 上的一个原函数, 则

$$\int_a^b f(x)\mathrm{d}x=F(b)-F(a). \tag{5}$$

公式 (5) 称为牛顿–莱布尼茨 (Newton-Leibniz) 公式.

证明 已知函数 $F(x)$ 是连续函数 $f(x)$ 的一个原函数, 又根据定理 2 知道, 积分上限的函数 $\varPhi(x)=\int_a^x f(t)\mathrm{d}t$ 也是 $f(x)$ 的一个原函数. 于是这两个原函数之差 $\varPhi(x)-F(x)$ 在 $[a,b]$ 上必定是某一个常数 C(第六章第一节定理 2), 即

$$\varPhi(x)-F(x)=C\quad(a\leqslant x\leqslant b),$$

或

$$\int_a^x f(t)\mathrm{d}t=F(x)+C.$$

令 $x=a$, 得 $\int_a^a f(t)\mathrm{d}t=F(a)+C$, 即 $0=F(a)+C$, 故 $C=-F(a)$, 因此

$$\int_a^x f(t)\mathrm{d}t = F(x) - F(a).$$

令 $x = b$, 得

$$\int_a^b f(t)\mathrm{d}t = F(b) - F(a).$$

将上式积分变量 t 改为 x 的公式 (5), 于是定理得证.

为了方便, 以后把 $F(b) - F(a)$ 记成 $F(x)|_a^b$ 或 $[F(x)]_a^b$, 于是式 (5) 又可写成

$$\int_a^b f(x)\mathrm{d}x = F(x)|_a^b.$$

公式 (5) 进一步揭示了定积分与被积函数的原函数或不定积分之间的联系. 它表明: 一个连续函数在区间 $[a, b]$ 上的定积分等于它的任一原函数在区间 $[a, b]$ 上的增量. 这就给定积分提供了一个有效而简便的计算方法, 大大简化了定积分的计算. 通常, 公式 (5) 也叫做微积分基本公式.

下面我们举几个应用公式 (5) 来计算定积分的简单例子.

例 5 求下列定积分:

(1) $\displaystyle\int_{-1}^1 \frac{\mathrm{d}x}{1+x^2}$; (2) $\displaystyle\int_0^\pi \sin x\mathrm{d}x$;

(3) $\displaystyle\int_1^4 \frac{1}{x}\mathrm{d}x$; (4) $\displaystyle\int_0^{\frac{\pi}{4}} \frac{\mathrm{d}x}{\cos^2 x}$.

解 (1) $\displaystyle\int_{-1}^1 \frac{\mathrm{d}x}{1+x^2} = \arctan x|_{-1}^1 = \arctan 1 - \arctan(-1) = \frac{\pi}{4} - \left(-\frac{\pi}{4}\right) = \frac{\pi}{2}$.

(2) $\displaystyle\int_0^\pi \sin x\mathrm{d}x = (-\cos x)|_0^\pi = -[\cos\pi - \cos 0] = 1 + 1 = 2$.

(3) $\displaystyle\int_1^4 \frac{1}{x}\mathrm{d}x = \ln x|_1^4 = \ln 4 - 0 = 2\ln 2$.

(4) $\displaystyle\int_0^{\frac{\pi}{4}} \frac{\mathrm{d}x}{\cos^2 x} = \tan x|_0^{\frac{\pi}{4}} = \tan\frac{\pi}{4} - \tan 0 = 1 - 0 = 1$.

例 6 求定积分 $\displaystyle\int_0^2 |x-1|\mathrm{d}x$.

解 因为 $|x-1| = \begin{cases} 1-x, & x \leqslant 1, \\ x-1, & x > 1, \end{cases}$ 所以

$$\int_0^2 |x-1|\mathrm{d}x = \int_0^1 (1-x)\mathrm{d}x + \int_1^2 (x-1)\mathrm{d}x = \left(x - \frac{x^2}{2}\right)\Big|_0^1 + \left(\frac{x^2}{2} - x\right)\Big|_1^2 = 1.$$

例 7 求定积分 $\displaystyle\int_0^\pi \sqrt{1+\cos 2x}\mathrm{d}x$.

解 $\int_0^{\pi}\sqrt{1+\cos 2x}\mathrm{d}x=\int_0^{\pi}\sqrt{2\cos^2 x}\mathrm{d}x=\sqrt{2}\int_0^{\pi}|\cos x|\,\mathrm{d}x$

$$=\sqrt{2}\left(\int_0^{\frac{\pi}{2}}\cos x\mathrm{d}x-\int_{\frac{\pi}{2}}^{\pi}\cos x\mathrm{d}x\right)=\sqrt{2}\left(\sin x|_0^{\frac{\pi}{2}}-\sin x|_{\frac{\pi}{2}}^{\pi}\right)$$

$$=2\sqrt{2}.$$

习 题 三

1. 求下列函数的导数:

(1) $\int_0^x \sin \mathrm{e}^t\mathrm{d}t$;　　(2) $\int_0^{x^2}\mathrm{e}^{-t^2}\mathrm{d}t$;

(3) $\int_{\sin x}^{\cos x}\cos(\pi t^2)\,\mathrm{d}t$;　　(4) $\int_0^x xf(t)\,\mathrm{d}t$, 其中 $f(x)$ 是连续函数.

2. 求由 $\int_0^y \mathrm{e}^t\mathrm{d}t+\int_0^x \cos t\mathrm{d}t=0$ 所决定的隐函数对 x 的导数 $\frac{\mathrm{d}y}{\mathrm{d}x}$.

3. 求由参数表达式 $x=\int_0^t \sin u\mathrm{d}u, y=\int_0^t \cos u\mathrm{d}u$ 所给定的函数 y 对 x 的导数 $\frac{\mathrm{d}y}{\mathrm{d}x}$.

4. 求下列极限:

(1) $\lim\limits_{x\to 0}\frac{\int_0^x \arctan t\mathrm{d}t}{x^2}$;　　(2) $\lim\limits_{x\to+\infty}\frac{\int_0^x(\arctan t)^2\mathrm{d}t}{\sqrt{1+x^2}}$;

(3) $\lim\limits_{x\to 0}\frac{\int_0^x \sin t\mathrm{d}t}{x^2}$;　　(4) $\lim\limits_{x\to 0}\frac{\int_{\cos x}^1 \mathrm{e}^{-t^2}\mathrm{d}t}{x^2}$.

5. 求下列函数的定积分:

(1) $\int_{-1}^8\left(\sqrt[3]{x}+\frac{1}{x^2}\right)\mathrm{d}x$;　　(2) $\int_{-\frac{1}{\sqrt{3}}}^{\sqrt{3}}\frac{1}{1+x^2}\mathrm{d}x$;

(3) $\int_{-\frac{1}{2}}^{\frac{1}{2}}\frac{\mathrm{d}x}{\sqrt{1-x^2}}$;　　(4) $\int_0^1|2x-1|\mathrm{d}x$;

(5) $\int_0^{2\pi}|\sin x|\,\mathrm{d}x$;　　(6) $\int_0^{\frac{\pi}{4}}\tan^2 x\mathrm{d}x$.

6. 设 $f(x)=\begin{cases}x+1, & x\leqslant 1,\\ \frac{1}{2}x^2, & x>1,\end{cases}$ 求 $\int_0^2 f(x)\,\mathrm{d}x$.

7. 设 $f(x)$ 连续, 且 $f(x)=x+2\int_0^1 f(t)\mathrm{d}t$, 求 $f(x)$.

8. 设 $f(x)$ 在 $[a,b]$ 上连续且 $f(x)>0$, $F(x)=\int_a^x f(t)\mathrm{d}t+\int_b^x\frac{1}{f(t)}\mathrm{d}t$, 证明:

(1) $F'(x)\geqslant 2$;　　(2) $F(x)=0$ 在 (a,b) 内有且只有一个根.

9. 设 $f(x)=\begin{cases}x^2, & 0\leqslant x\leqslant 1,\\ 2-x, & 1<x\leqslant 2,\end{cases}$ 求 $\Phi(x)=\int_0^x f(t)\mathrm{d}t(0\leqslant x\leqslant 2)$.

10. 设 $f(x)=\begin{cases}x+1, & x<0,\\ x, & x\geqslant 0,\end{cases}$ $F(x)=\int_{-1}^x f(t)\mathrm{d}t$, 讨论 $F(x)$ 在 $x=0$ 处的连续性与可导性.

第四节 定积分的换元积分法和分部积分法

Integral methods of substitution and method of integration by part for definite integral

根据微积分学的基本公式, 求定积分 $\int_a^b f(x)\mathrm{d}x$ 的问题可以转化为求被积函数 $f(x)$ 在区间 $[a,b]$ 上的原函数 $F(x)$ 的增量 $F(b)-F(a)$ 问题, 即求被积函数 $f(x)$ 在区间 $[a,b]$ 上的一个原函数 $F(x)$. 而在求不定积分时, 可以应用换元法和分部积分法求原函数 $F(x)$, 所以求定积分也有相应的换元积分法和分部积分法.

一、 定积分的换元积分法 Integral methods of substitution for definite integral

由于不定积分 $\int f(x)\mathrm{d}x$ 是 $f(x)$ 的原函数, 因此, 当函数 $f(x)$ 在积分区间 $[a,b]$ 上连续时, 按牛顿-莱布尼茨公式, 有

$$\int_a^b f(x)\mathrm{d}x=\left[\int f(x)\mathrm{d}x\right]_a^b.$$

据此, 由不定积分的换元公式即可得到定积分的换元公式.

不定积分第一换元法的公式为

$$\int f[\varphi(x)]\,\varphi'(x)\mathrm{d}x=\int f(t)\mathrm{d}t|_{t=\varphi(x)},$$

因此, 当 $f[\varphi(x)]$, $\varphi'(x)$ 在 $[a,b]$ 上连续时, 有

$$\begin{aligned}\int_a^b f[\varphi(x)]\varphi'(x)\mathrm{d}x&=\left[\int f(t)\mathrm{d}t\,\Big|_{t=\varphi(x)}\right]_a^b\\&=\left[\int f(t)\mathrm{d}t\right]_{\varphi(a)}^{\varphi(b)}=\int_{\varphi(a)}^{\varphi(b)}f(t)\mathrm{d}t,\end{aligned}$$

这便是定积分的第一换元积分公式. 若记 $\varphi(a)=\alpha$, $\varphi(b)=\beta$, 则上式为

$$\int_a^b f[\varphi(x)]\varphi'(x)\mathrm{d}x=\int_\alpha^\beta f(t)\mathrm{d}t. \tag{1}$$

公式 (1) 表明, 用 $\varphi(x)=t$ 把原来的积分变量 x 换成新变量 t 时, 原来的积分限要换成新变量 t 的积分限, 然后计算新的定积分.

例 1 求定积分 $\int_0^{\frac{\pi}{2}}\cos^5 x\sin x\mathrm{d}x$.

解 设 $t=\cos x$, 则 $\mathrm{d}t=-\sin x\mathrm{d}x$, 且当 $x=0$ 时, $t=1$; 当 $x=\dfrac{\pi}{2}$ 时, $t=0$. 于是

$$\int_0^{\frac{\pi}{2}}\cos^5 x\sin x\mathrm{d}x=\int_1^0 t^5(-\mathrm{d}t)=\int_0^1 t^5\mathrm{d}t=\frac{1}{6}t^6\Big|_0^1=\frac{1}{6}.$$

说明 在例 1 的解法中, 如果不明显地写出新变量 t, 那么定积分的上、下限就不要改变. 现在用这种记法写出计算过程如下:

$$\int_0^{\frac{\pi}{2}} \cos^5 x \sin x \mathrm{d}x = -\int_0^{\frac{\pi}{2}} \cos^5 x \mathrm{d}\cos x = -\left[\frac{\cos^6 x}{6}\right]_0^{\frac{\pi}{2}} = \frac{1}{6}.$$

例 2 求定积分 $\displaystyle\int_1^{\mathrm{e}^3} \frac{\mathrm{d}x}{x\sqrt{\ln x + 1}}$.

解 令 $t = \ln x + 1$, 则 $\mathrm{d}t = \dfrac{1}{x}\mathrm{d}x$, 且当 $x = 1$, $t = 1$; 当 $x = \mathrm{e}^3$ 时, $t = 4$. 于是

$$\int_1^{\mathrm{e}^3} \frac{\mathrm{d}x}{x\sqrt{\ln x + 1}} = \int_1^4 \frac{\mathrm{d}t}{\sqrt{t}} = 2\sqrt{t}\big|_1^4 = 2.$$

说明 例 2 中如果不明显写出新变量 t, 则定积分的上、下限就不要变, 重新计算如下:

$$\int_1^{\mathrm{e}^3} \frac{\mathrm{d}x}{x\sqrt{\ln x + 1}} = \int_1^{\mathrm{e}^3} \frac{\mathrm{d}(\ln x + 1)}{\sqrt{\ln x + 1}} = 2\sqrt{\ln x + 1}\big|_1^{\mathrm{e}^3} = 2.$$

例 3 求定积分 $\displaystyle\int_0^R x\sqrt{R^2 - x^2}\mathrm{d}x$.

解 由于 $x\mathrm{d}x = \dfrac{1}{2}\mathrm{d}(x^2) = -\dfrac{1}{2}\mathrm{d}(R^2 - x^2)$. 所以

$$\begin{aligned}\int_0^R x\sqrt{R^2 - x^2}\mathrm{d}x &= -\frac{1}{2}\int_0^R \sqrt{R^2 - x^2}\mathrm{d}(R^2 - x^2) \\ &= -\frac{1}{2}\cdot\frac{2}{3}\left[(R^2 - x^2)^{\frac{3}{2}}\right]_0^R = -\frac{1}{3}(0 - R^3) = \frac{R^3}{3}.\end{aligned}$$

例 4 求定积分 $\displaystyle\int_0^{\pi} \sqrt{\sin^3 x - \sin^5 x}\mathrm{d}x$.

解 因为 $\sqrt{\sin^3 x - \sin^5 x} = |\cos x| \cdot (\sin x)^{\frac{3}{2}}$, 所以

$$\begin{aligned}\int_0^{\pi} \sqrt{\sin^3 x - \sin^5 x}\mathrm{d}x &= \int_0^{\pi} |\cos x| \cdot (\sin x)^{\frac{3}{2}}\mathrm{d}x \\ &= \int_0^{\frac{\pi}{2}} \cos x \cdot (\sin x)^{\frac{3}{2}}\mathrm{d}x - \int_{\frac{\pi}{2}}^{\pi} \cos x \cdot (\sin x)^{\frac{3}{2}}\mathrm{d}x \\ &= \int_0^{\frac{\pi}{2}} (\sin x)^{\frac{3}{2}}\mathrm{d}(\sin x) - \int_{\frac{\pi}{2}}^{\pi} (\sin x)^{\frac{3}{2}}\mathrm{d}(\sin x) \\ &= \frac{2}{5}(\sin x)^{\frac{5}{2}}\Big|_0^{\frac{\pi}{2}} - \frac{2}{5}(\sin x)^{\frac{5}{2}}\Big|_{\frac{\pi}{2}}^{\pi} = \frac{4}{5}.\end{aligned}$$

说明 如果忽略 $\cos x$ 在 $\left[\dfrac{\pi}{2}, \pi\right]$ 上非正, 而按

$$\sqrt{\sin^3 x-\sin^5 x}=\cos x\cdot(\sin x)^{\frac{3}{2}}$$

计算, 将导致错误.

把公式 (1) 反过来使用, 即用变换 $t=\varphi(x)$ 把公式 (1) 右端化为左端, 即得与不定积分第二换元积分法相应的定积分换元公式

$$\int_{\alpha}^{\beta} f(t)\mathrm{d}t=\int_{a}^{b} f[\varphi(x)]\varphi'(x)\mathrm{d}x.$$

如果把记号 α,β,t 依次与 a,b,x 交换, 则上式记为

$$\int_{a}^{b} f(x)\mathrm{d}x=\int_{\alpha}^{\beta} f[\varphi(t)]\varphi'(t)\mathrm{d}t.$$

我们把上述结果叙述成下面定理.

定理 1 设函数 $f(x)$ 在闭区间 $[a,b]$ 上连续, 函数 $x=\varphi(t)$ 满足条件:

(1) $\varphi(\alpha)=a,\ \ \varphi(\beta)=b$, 且 $a\leqslant\varphi(t)\leqslant b$;

(2) $\varphi(t)$ 在 $[\alpha,\beta]$(或 $[\beta,\alpha]$) 上具有连续导数, 则有

$$\int_{a}^{b} f(x)\mathrm{d}x=\int_{\alpha}^{\beta} f[\varphi(t)]\varphi'(t)\mathrm{d}t. \tag{2}$$

公式 (2) 称为定积分的换元公式.

证明 由假设知, 上式两边的被积函数都是连续的. 因此, 不仅上式两边的定积分都存在, 而且由第三节定理 2 知, 被积函数的原函数也都存在. 所以, (2) 式两边的定积分都可应用牛顿-莱布尼茨公式. 假设 $F(x)$ 是 $f(x)$ 的一个原函数, 则

$$\int_{a}^{b} f(x)\mathrm{d}x=F(b)-F(a).$$

另外, $\Phi(t)=F[\varphi(t)]$ 可看作是由 $F(x)$ 与 $x=\varphi(t)$ 复合而成的一个原函数. 因此由复合函数求导法则, 得

$$\Phi'(t)=\frac{\mathrm{d}F}{\mathrm{d}x}\cdot\frac{\mathrm{d}x}{\mathrm{d}t}=f(x)\varphi'(t)=f[\varphi(t)]\varphi'(t).$$

这表明 $\Phi(t)$ 是 $f[\varphi(t)]\varphi'(t)$ 的一个原函数, 因此有

$$\int_{\alpha}^{\beta} f[\varphi(t)]\varphi'(t)\mathrm{d}t=\Phi(\beta)-\Phi(\alpha).$$

又由 $\Phi(t)=F[\varphi(t)]$ 及 $\varphi(\alpha)=a,\varphi(\beta)=b$, 可知

$$\Phi(\beta)-\Phi(\alpha)=F[\varphi(\beta)]-F[\varphi(\alpha)]=F(b)-F(a).$$

说明 定积分的换元公式与不定积分的换元公式很类似. 但是, 在应用定积分的换元公式时应注意以下两点:

(1) 用 $x=\varphi(t)$ 把变量 x 换成新变量 t 时, 积分限也要换成相应于新变量 t 的积分限, 且上限对应于上限, 下限对应于下限;

(2) 求出 $f[\varphi(t)]\varphi'(t)$ 的一个原函数 $\Phi(t)$ 后, 不必像计算不定积分那样再把 $\Phi(t)$ 变换成原变量 x 的函数, 而只要把新变量 t 的上、下限分别代入 $\Phi(t)$ 然后相减就行了.

例 5 求定积分 $\int_0^a \sqrt{a^2-x^2}\mathrm{d}x\ \ (a>0)$.

解 令 $x=a\sin t$, 则 $\mathrm{d}x=a\cos t\mathrm{d}t$, 且当 $x=0$ 时, $t=0$; 当 $x=a$ 时, $t=\frac{\pi}{2}$. 由换元积分公式得

$$\begin{aligned}\int_0^a \sqrt{a^2-x^2}\mathrm{d}x &= a^2\int_0^{\frac{\pi}{2}}\cos^2 t\mathrm{d}t = a^2\int_0^{\frac{\pi}{2}}\frac{1+\cos 2t}{2}\mathrm{d}t\\ &= \frac{a^2}{2}\int_0^{\frac{\pi}{2}}(1+\cos 2t)\mathrm{d}t = \frac{a^2}{2}\left(t+\frac{1}{2}\sin 2t\right)\Bigg|_0^{\frac{\pi}{2}} = \frac{\pi a^2}{4}.\end{aligned}$$

说明 根据定积分的几何意义, $\int_0^a \sqrt{a^2-x^2}\mathrm{d}x$ 的值为圆 $x^2+y^2=a^2$ 面积 πa^2 的 $\frac{1}{4}$, 与本题得到相同的结果.

例 6 求定积分 $\int_0^8 \frac{1}{1+\sqrt[3]{x}}\mathrm{d}x$.

解 令 $t=\sqrt[3]{x}$, 则 $x=t^3, \mathrm{d}x=3t^2\mathrm{d}t$, 当 $x=0$ 时, $t=0$; 当 $x=8$ 时, $t=2$. 从而

$$\begin{aligned}\int_0^8 \frac{1}{1+\sqrt[3]{x}}\mathrm{d}x &= \int_0^2 \frac{1}{1+t}3t^2\mathrm{d}t = 3\int_0^2 \frac{t^2-1+1}{1+t}\mathrm{d}t = 3\int_0^2\left(t-1+\frac{1}{1+t}\right)\mathrm{d}t\\ &= 3\left[\frac{t^2}{2}-t+\ln(1+t)\right]_0^2 = 3\ln 3.\end{aligned}$$

例 7 证明: 若 $f(x)$ 在 $[-a,a]$ 上连续, 则

(1) $\int_{-a}^a f(x)\mathrm{d}x = \int_0^a [f(x)+f(-x)]\mathrm{d}x$;

(2) 当 $f(x)$ 为偶函数时, 有 $\int_{-a}^a f(x)\mathrm{d}x = 2\int_0^a f(x)\mathrm{d}x$;

(3) 当 $f(x)$ 为奇函数时, 有 $\int_{-a}^a f(x)\mathrm{d}x = 0$.

证明 (1) 因为 $\int_{-a}^a f(x)\mathrm{d}x = \int_{-a}^0 f(x)\mathrm{d}x + \int_0^a f(x)\mathrm{d}x$, 并且对等式右端第一项积分 $\int_{-a}^0 f(x)\mathrm{d}x$, 令 $x=-t$, 有

$$\int_{-a}^0 f(x)\mathrm{d}x = -\int_a^0 f(-t)\mathrm{d}t = \int_0^a f(-t)\mathrm{d}t = \int_0^a f(-x)\mathrm{d}x,$$

所以

$$\int_{-a}^{a} f(x)\mathrm{d}x = \int_{-a}^{0} f(x)\mathrm{d}x + \int_{0}^{a} f(x)\mathrm{d}x = \int_{0}^{a} f(-x)\mathrm{d}x + \int_{0}^{a} f(x)\mathrm{d}x$$
$$= \int_{0}^{a} [f(x) + f(-x)]\mathrm{d}x.$$

(2) 若 $f(x)$ 为偶函数, 即 $f(-x) = f(x)$, 则由 (1) 得

$$\int_{-a}^{a} f(x)\mathrm{d}x = \int_{0}^{a} [f(x) + f(-x)]\mathrm{d}x = 2\int_{0}^{a} f(x)\mathrm{d}x.$$

(3) 若 $f(x)$ 为奇函数, 即 $f(-x) = -f(x)$, 则由 (1) 得

$$\int_{-a}^{a} f(x)\mathrm{d}x = \int_{0}^{a} [f(x) + f(-x)]\mathrm{d}x = 0.$$

奇函数、偶函数的这一积分性质有明显的几何意义 (图 7-22).

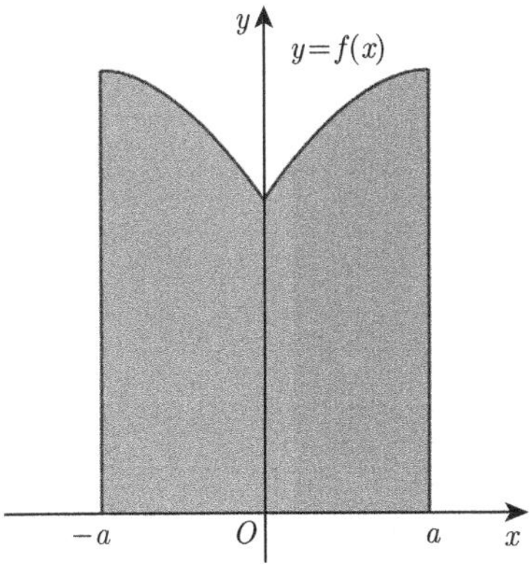

(a)

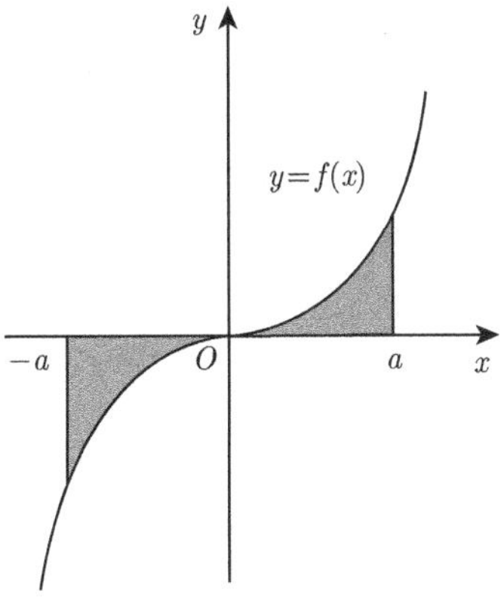

(b)

图 7-22

例 8 求定积分 $\int_{-1}^{1} (|x| + \sin x)x^2\mathrm{d}x$.

解 因为积分区间关于原点对称, 且 $|x|x^2$ 为偶函数, $\sin x \cdot x^2$ 为奇函数, 所以

$$\int_{-1}^{1} (|x| + \sin x)x^2\mathrm{d}x = \int_{-1}^{1} |x|x^2\mathrm{d}x = 2\int_{0}^{1} x^3\mathrm{d}x = 2 \cdot \left.\frac{x^4}{4}\right|_0^1 = \frac{1}{2}.$$

例 9 证明: $\int_{0}^{\frac{\pi}{2}} \sin^n x\mathrm{d}x = \int_{0}^{\frac{\pi}{2}} \cos^n x\mathrm{d}x$ (其中 n 是正整数).

证明 设 $x = \frac{\pi}{2} - t$, 则 $\mathrm{d}x = -\mathrm{d}t$, 当 $x = 0$ 时, $t = \frac{\pi}{2}$; 当 $x = \frac{\pi}{2}$ 时, $t = 0$. 于是

$$\int_{0}^{\frac{\pi}{2}} \sin^n x\mathrm{d}x = -\int_{\frac{\pi}{2}}^{0} \sin^n \left(\frac{\pi}{2} - t\right) \mathrm{d}t = \int_{0}^{\frac{\pi}{2}} \cos^n t\mathrm{d}t = \int_{0}^{\frac{\pi}{2}} \cos^n x\mathrm{d}x.$$

说明 本例对外层函数 n 次幂函数可作推广, 设 $f(x)$ 在 $[0,1]$ 上连续, 则

$$\int_0^{\frac{\pi}{2}} f(\sin x)\mathrm{d}x = \int_0^{\frac{\pi}{2}} f(\cos x)\mathrm{d}x.$$

例 10 设 $f(x)=\begin{cases}\dfrac{1}{1+\mathrm{e}^x}, & x\geqslant 0,\\ \dfrac{1}{1+x^2}, & x<0,\end{cases}$ 计算定积分 $\displaystyle\int_0^2 f(x-1)\mathrm{d}x$.

解 令 $x-1=t$, 则 $\mathrm{d}x=\mathrm{d}t$, 且当 $x=0$ 时, $t=-1$; 当 $x=2$ 时, $t=1$. 于是

$$\begin{aligned}\int_0^2 f(x-1)\mathrm{d}x &= \int_{-1}^1 f(t)\mathrm{d}t = \int_{-1}^0 \frac{1}{1+t^2}\mathrm{d}t + \int_0^1 \frac{1}{1+\mathrm{e}^t}\mathrm{d}t\\ &= \arctan t\big|_{-1}^0 + \int_0^1 \frac{\mathrm{e}^{-t}}{\mathrm{e}^{-t}+1}\mathrm{d}t = \frac{\pi}{4} - \int_0^1 \frac{1}{\mathrm{e}^{-t}+1}\mathrm{d}(\mathrm{e}^{-t}+1)\\ &= \frac{\pi}{4} - \ln(\mathrm{e}^{-t}+1)\big|_0^1 = 1+\frac{\pi}{4}+\ln 2-\ln(1/\mathrm{e}+1).\end{aligned}$$

在有些积分中, 被积函数的原函数不易求出, 但利用定积分的换元法可以方便地算出定积分的值, 这也是定积分换元法的独特之处.

例 11 求定积分 $\displaystyle\int_0^{\frac{\pi}{4}} \ln(1+\tan x)\mathrm{d}x$.

解 令 $x=\dfrac{\pi}{4}-t$, 则 $\mathrm{d}x=-\mathrm{d}t$, 且当 $x=0$ 时, $t=\dfrac{\pi}{4}$; 当 $x=\dfrac{\pi}{4}$ 时, $t=0$. 于是

$$\begin{aligned}\int_0^{\frac{\pi}{4}} \ln(1+\tan x)\mathrm{d}x &= -\int_{\frac{\pi}{4}}^0 \ln\left[1+\tan\left(\frac{\pi}{4}-t\right)\right]\mathrm{d}t = \int_0^{\frac{\pi}{4}} \ln\left(1+\frac{1-\tan t}{1+\tan t}\right)\mathrm{d}t\\ &= \int_0^{\frac{\pi}{4}} [\ln 2-\ln(1+\tan t)]\mathrm{d}t = \frac{\pi}{4}\ln 2 - \int_0^{\frac{\pi}{4}} \ln(1+\tan t)\mathrm{d}t,\end{aligned}$$

所以

$$\int_0^{\frac{\pi}{4}} \ln(1+\tan x)\mathrm{d}x = \frac{\pi}{8}\ln 2.$$

二、 定积分的分部积分法 Method of integration by part for definite integral

设函数 $u(x), v(x)$ 在区间 $[a,b]$ 上具有连续导数, 按不定积分的分部积分法, 有

$$\int u(x)v'(x)\mathrm{d}x = u(x)v(x) - \int u'(x)v(x)\mathrm{d}x.$$

从而

$$\int_a^b u(x)v'(x)\mathrm{d}x = \left[u(x)v(x) - \int u'(x)v(x)\mathrm{d}x\right]_a^b,$$

即

$$\int_a^b u(x)v'(x)\mathrm{d}x = [u(x)v(x)]_a^b - \int_a^b u'(x)v(x)\mathrm{d}x,$$

或简记为

$$\int_a^b u(x)\mathrm{d}v(x) = [u(x)v(x)]_a^b - \int_a^b v(x)\mathrm{d}u(x).$$

这就是定积分的分部积分公式. 公式表明原函数已经求出的部分可以先用上、下限代入, 而不必等到全部原函数求出后再代入上、下限.

例 12 求定积分 $\int_0^1 x\mathrm{e}^{-x}\mathrm{d}x$.

解 $\int_0^1 x\mathrm{e}^{-x}\mathrm{d}x = -\int_0^1 x\mathrm{d}(\mathrm{e}^{-x}) = -\left[(x\mathrm{e}^{-x})\Big|_0^1 - \int_0^1 \mathrm{e}^{-x}\mathrm{d}x\right]$

$$= -\left[(\mathrm{e}^{-1}-0) + \int_0^1 \mathrm{e}^{-x}\mathrm{d}(-x)\right]$$

$$= -\left(\mathrm{e}^{-1} + \mathrm{e}^{-x}\Big|_0^1\right) = -[\mathrm{e}^{-1} + (\mathrm{e}^{-1}-1)] = 1-2\mathrm{e}^{-1}.$$

例 13 求 $\int_0^1 \arctan x\mathrm{d}x$.

解 设 $u=\arctan x$, $\mathrm{d}v=\mathrm{d}x$, 则 $\mathrm{d}u=\dfrac{\mathrm{d}x}{1+x^2}$, $v=x$, 于是

$$\int_0^1 \arctan x\mathrm{d}x = (x\arctan x)\Big|_0^1 - \int_0^1 \frac{x\mathrm{d}x}{1+x^2} = \frac{\pi}{4} - \frac{1}{2}\int_0^1 \frac{\mathrm{d}(1+x^2)}{1+x^2}$$

$$= \frac{\pi}{4} - \frac{1}{2}\left[\ln(1+x^2)\right]\Big|_0^1 = \frac{\pi}{4} - \frac{1}{2}\ln 2.$$

例 14 求 $\int_0^4 \mathrm{e}^{\sqrt{x}}\mathrm{d}x$.

解 设 $\sqrt{x}=t$, 则 $\mathrm{d}x=2t\mathrm{d}t$, 且当 $x=0$ 时, $t=0$; 当 $x=4$ 时, $t=2$. 于是

$$\int_0^4 \mathrm{e}^{\sqrt{x}}\mathrm{d}x = 2\int_0^2 t\mathrm{e}^t\mathrm{d}t = 2\int_0^2 t\mathrm{d}\mathrm{e}^t = 2(t\mathrm{e}^t)\Big|_0^2 - 2\int_0^2 \mathrm{e}^t\mathrm{d}t$$

$$= 4\mathrm{e}^2 - 2\mathrm{e}^t\Big|_0^2 = 2(\mathrm{e}^2+1).$$

例 15 导出 $I_n = \int_0^{\frac{\pi}{2}} \sin^n x\mathrm{d}x$($n$ 为非负整数) 的递推公式.

解 易见 $I_0 = \int_0^{\frac{\pi}{2}} \mathrm{d}x = \dfrac{\pi}{2}$, $I_1 = \int_0^{\frac{\pi}{2}} \sin x\mathrm{d}x = 1$, 当 $n \geqslant 2$ 时,

$$I_n = \int_0^{\frac{\pi}{2}} \sin^n x\mathrm{d}x = -\int_0^{\frac{\pi}{2}} \sin^{n-1} x\mathrm{d}\cos x$$

$$
\begin{aligned}
&= \left(-\sin^{n-1} x \cos x\right)\Big|_0^{\frac{\pi}{2}} + (n-1)\int_0^{\frac{\pi}{2}} \sin^{n-2} x \cos^2 x \mathrm{d}x \\
&= (n-1)\int_0^{\frac{\pi}{2}} \sin^{n-2} x (1-\sin^2 x)\mathrm{d}x \\
&= (n-1)\int_0^{\frac{\pi}{2}} \sin^{n-2} x \mathrm{d}x - (n-1)\int_0^{\frac{\pi}{2}} \sin^{n} x \mathrm{d}x, \\
&= (n-1)I_{n-2} - (n-1)I_n,
\end{aligned}
$$

从而得到递推公式

$$
I_n = \frac{n-1}{n} I_{n-2}.
$$

反复用此公式直到下标为 0 或 1, 得

$$
I_n = \begin{cases} \dfrac{2m-1}{2m}\cdot\dfrac{2m-3}{2m-2}\cdot\cdots\cdot\dfrac{5}{6}\cdot\dfrac{3}{4}\cdot\dfrac{1}{2}\cdot\dfrac{\pi}{2}, & n=2m, \\ \dfrac{2m}{2m+1}\cdot\dfrac{2m-2}{2m-1}\cdot\cdots\cdot\dfrac{6}{7}\cdot\dfrac{4}{5}\cdot\dfrac{2}{3}, & n=2m+1, \end{cases}
$$

其中 m 为自然数.

说明 根据例 9 的结果, 有

$$
\int_0^{\frac{\pi}{2}} \sin^n x \mathrm{d}x = \int_0^{\frac{\pi}{2}} \cos^n x \mathrm{d}x = \begin{cases} \dfrac{2m-1}{2m}\cdot\dfrac{2m-3}{2m-2}\cdot\cdots\cdot\dfrac{5}{6}\cdot\dfrac{3}{4}\cdot\dfrac{1}{2}\cdot\dfrac{\pi}{2}, & n=2m, \\ \dfrac{2m}{2m+1}\cdot\dfrac{2m-2}{2m-1}\cdot\cdots\cdot\dfrac{6}{7}\cdot\dfrac{4}{5}\cdot\dfrac{2}{3}, & n=2m+1, \end{cases}
$$

其中 I_n 为非负整数, 称其为沃利斯 (Wallis) 公式.

习 题 四

1. 计算下列定积分:

(1) $\displaystyle\int_0^{\pi} \cos^4 x \sin x \mathrm{d}x$;

(2) $\displaystyle\int_1^{\mathrm{e}} \frac{1+\ln x}{x}\mathrm{d}x$;

(3) $\displaystyle\int_{-1}^{1} \frac{x\mathrm{d}x}{\sqrt{5-4x}}$;

(4) $\displaystyle\int_0^{4} \frac{x+2}{\sqrt{2x+1}}\mathrm{d}x$;

(5) $\displaystyle\int_0^{1} x^2\sqrt{1-x^2}\mathrm{d}x$;

(6) $\displaystyle\int_0^{\sqrt{2}} \sqrt{2-x^2}\mathrm{d}x$;

(7) $\displaystyle\int_1^{\sqrt{3}} \frac{\mathrm{d}x}{x^2\sqrt{1+x^2}}$;

(8) $\displaystyle\int_0^{1} t\mathrm{e}^{-t^2}\mathrm{d}t$;

(9) $\displaystyle\int_0^{\pi} \sqrt{\sin^2 x - \sin^4 x}\mathrm{d}x$;

(10) $\displaystyle\int_0^{1} \frac{\mathrm{d}x}{\mathrm{e}^x+\mathrm{e}^{-x}}$.

2. 设 $f(x) = \begin{cases} x\mathrm{e}^{-x^2}, & x \geqslant 0, \\ \dfrac{1}{1+\cos x}, & -1 < x < 0, \end{cases}$ 求 $\displaystyle\int_1^4 f(x-2)\mathrm{d}x$.

3. 讨论函数 $y=\int_0^x te^{-t^2}dt$ 的极值点与拐点.

4. 利用函数的奇偶性计算下列定积分:

(1) $\int_{-5}^{5}\frac{x^3\sin^2 x}{x^4+2x^2+1}dx$;　　(2) $\int_{-\frac{1}{2}}^{\frac{1}{2}}\frac{(\arcsin x)^2}{\sqrt{1-x^2}}dx$;

(3) $\int_{-1}^{1}\frac{2x^2+x\cos x}{1+\sqrt{1-x^2}}dx$;　　(4) $\int_{-2}^{2}\frac{x+|x|}{2+x^2}dx$.

5. 计算下列定积分:

(1) $\int_1^{e}x\ln x dx$;　　(2) $\int_0^1 x\arctan x dx$;

(3) $\int_0^{\frac{1}{2}}\arcsin x dx$;　　(4) $\int_1^{e}\sin(\ln x)dx$;

(5) $\int_{\frac{1}{e}}^{e}|\ln t|dt$;　　(6) $\int_0^{\frac{\pi}{4}}\frac{x}{1+\cos 2x}dx$;

(7) $\int_0^{\frac{\pi}{2}}x^2\sin x dx$;　　(8) $\int_0^1\frac{xe^x}{(1+x)^2}dx$.

6. 已知 $f(x)$ 连续且满足方程 $f(x)=xe^{-x}+2\int_0^1 f(t)dt$, 求 $f(x)$.

7. 设 $f(x)$ 在 $[a,b]$ 上连续, 证明 $\int_a^b f(x)dx=(b-a)\int_0^1 f[a+(b-a)x]dx$.

8. 证明 $\int_0^1 x^m(1-x)^n dx=\int_0^1 x^n(1-x)^m dx$.

9. 若 $f(t)$ 连续且为奇函数, 证明 $\int_0^x f(t)dt$ 是偶函数; 若 $f(t)$ 连续且为偶函数, 证明 $\int_0^x f(t)dt$ 是奇函数.

10. 证明 $\int_0^{\frac{\pi}{2}}\frac{\sin^3 x}{\sin x+\cos x}dx=\int_0^{\frac{\pi}{2}}\frac{\cos^3 x}{\sin x+\cos x}dx$, 并求出积分值.

11. 若 $f''(x)$ 在 $[0,\pi]$ 连续, $f(0)=2$, $f(\pi)=1$, 证明: $\int_0^{\pi}[f(x)+f''(x)]\sin x dx=3$.

第五节* 反 常 积 分

Improper integral

前面的定积分有两个前提：一个是积分区间是有限的, 另一个是被积函数是有界的. 但在某些实际问题中, 常常需要突破这两个前提条件. 因此在定积分的计算中, 也要研究无穷区间上的积分和无界函数的积分. 这两类积分统称为反常积分 (improper integral) 或广义积分 (generalized integral), 相应地, 前面的定积分则称为正常积分 (proper integral) 或常义积分.

先考虑两个几何问题. 我们知道, 由曲线 $y=\frac{1}{x^2}$, x 轴及直线 $x=1$, $x=b(b>1)$ 所围成的平面图形 (图 7-23) 的面积是

$$S=\int_1^b\frac{1}{x^2}dx=-\left.\frac{1}{x}\right|_1^b=1-\frac{1}{b},$$

它是上限 b 的函数.

很自然地, 将 $b\to+\infty$ 时, $\int_1^b \frac{1}{x^2}\mathrm{d}x$ 的极限定义为曲线 $y=\frac{1}{x^2}$, x 轴及直线 $x=1$, 所围成所界定、伸展到无穷远的平面图形的面积, 并把极限

$$\lim_{b\to+\infty}\int_1^b \frac{1}{x^2}\mathrm{d}x=1$$

理解为函数 $y=\frac{1}{x^2}$ 在无穷区间 $[1,+\infty)$ 上的反常积分, 且将上述极限记为

$$\int_1^{+\infty}\frac{1}{x^2}\mathrm{d}x.$$

类似地, 我们规定介于曲线 $y=\frac{1}{\sqrt{x}}(0\leqslant x\leqslant 1)$, 直线 $x=1$ 及 y 轴之间的上半平面内区域 (图 7-24) 的面积为

$$S=\lim_{\varepsilon\to0^+}\int_\varepsilon^1\frac{1}{\sqrt{x}}\mathrm{d}x,$$

其中被积函数 $y=\frac{1}{\sqrt{x}}$ 在区间 $(0,1]$ 上无界. 将上式理解为函数 $y=\frac{1}{\sqrt{x}}$ 在区间 $(0,1]$ 上的瑕积分, 且记为

$$\int_0^1\frac{1}{\sqrt{x}}\mathrm{d}x.$$

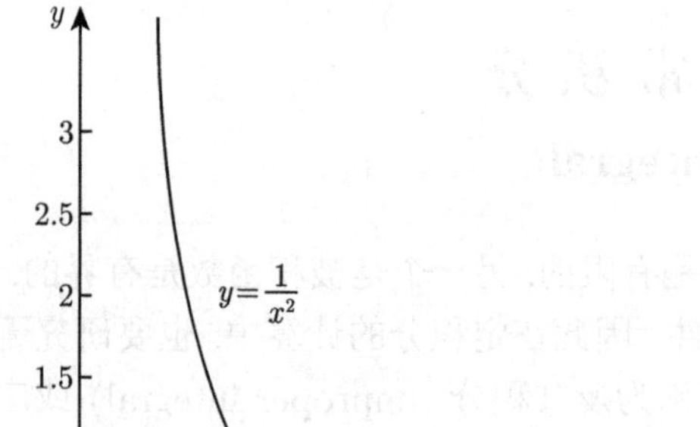

图 7-23

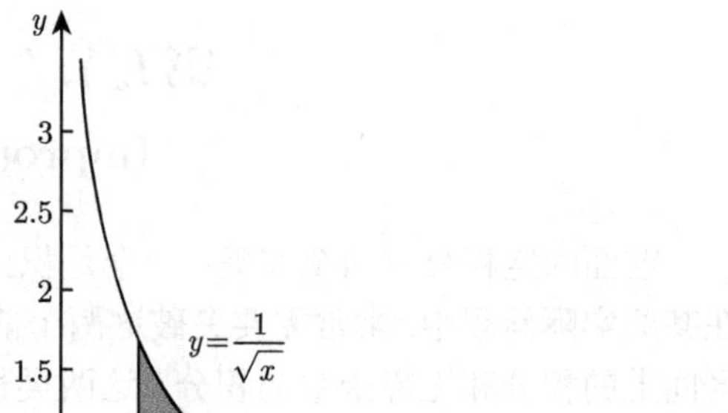

图 7-24

下面对无穷积分和瑕积分分别进行讨论.

一、 无穷积分 (无穷限的反常积分) Improper integrals of infinite limit

定义 1 设对于任何大于 a 的实数 b, 函数 $f(x)$ 在 $[a,b]$ 上可积, 则称极限

$$\lim_{b\to+\infty}\int_a^b f(x)\mathrm{d}x$$

为 $f(x)$ 是无穷区间 $[a,+\infty)$ 上的反常积分 (improper integral), 或广义积分, 记为

$$\int_a^{+\infty} f(x)\mathrm{d}x,$$

即

$$\int_a^{+\infty} f(x)\mathrm{d}x=\lim_{b\to+\infty}\int_a^b f(x)\mathrm{d}x.$$

当此极限存在时, 则称反常积分 $\int_a^{+\infty} f(x)\mathrm{d}x$ 收敛, 否则称反常积分 $\int_a^{+\infty} f(x)\mathrm{d}x$ 发散.

类似地, 设对于任何小于 b 的实数 a, 函数 $f(x)$ 在 $[a,b]$ 上可积, 则称极限

$$\lim_{a\to-\infty}\int_a^b f(x)\mathrm{d}x$$

为 $f(x)$ 是无穷区间 $(-\infty,b]$ 上的反常积分 (improper integral), 或广义积分, 记为

$$\int_{-\infty}^{b} f(x)\mathrm{d}x,$$

即

$$\int_{-\infty}^{b} f(x)\mathrm{d}x=\lim_{a\to-\infty}\int_a^b f(x)\mathrm{d}x.$$

当此极限存在时, 则称反常积分 $\int_{-\infty}^{b} f(x)\mathrm{d}x$ 收敛, 否则称反常积分 $\int_{-\infty}^{b} f(x)\mathrm{d}x$ 发散.

设函数 $f(x)$ 在 $(-\infty,+\infty)$ 内的任意子区间 $[a,b]$ 上可积, 则规定

$$\int_{-\infty}^{+\infty} f(x)\mathrm{d}x=\int_{-\infty}^{c} f(x)\mathrm{d}x+\int_{c}^{+\infty} f(x)\mathrm{d}x,$$

其中 c 为任一有限数. 反常积分 $\int_{-\infty}^{+\infty} f(x)\mathrm{d}x$ 收敛的充要条件是 $\int_{-\infty}^{c} f(x)\mathrm{d}x$ 与 $\int_{c}^{+\infty} f(x)\mathrm{d}x$ 同时收敛.

上述反常积分统称为无穷限的反常积分 (improper integral of infinite limit), 或无穷积分 (infinite integral).

例 1 计算反常积分 $\displaystyle\int_0^{+\infty}\frac{\mathrm{d}x}{1+x^2}$.

解 $\displaystyle\int_0^{+\infty}\frac{\mathrm{d}x}{1+x^2}=\lim_{b\to+\infty}\int_0^b\frac{\mathrm{d}x}{1+x^2}=\lim_{b\to+\infty}\arctan x\Big|_0^b=\lim_{b\to+\infty}\arctan b=\frac{\pi}{2}.$

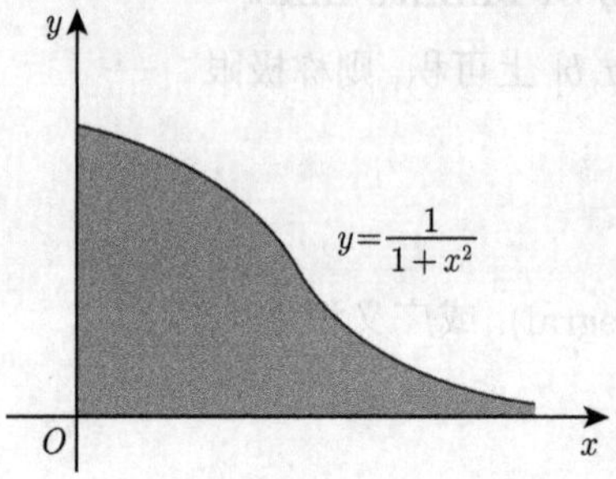

图 7-25

反常积分 $\int_0^{+\infty}\frac{\mathrm{d}x}{1+x^2}$ 的几何意义是位于曲线 $y=\frac{1}{1+x^2}$ 下方, x 轴上方以及 y 轴右方, 并向右延伸至无穷的阴影部分的面积且面积为 $\frac{\pi}{2}$(图 7-25).

定理 1 设 $F(x)$ 为 $f(x)$ 在 $[a,+\infty)$ 上的一个原函数. 若 $\lim\limits_{x\to+\infty}F(x)$ 存在, 则反常积分

$$\int_a^{+\infty}f(x)\mathrm{d}x=\lim_{x\to+\infty}F(x)-F(a);$$

若 $\lim\limits_{x\to+\infty}F(x)$ 不存在, 则反常积分 $\int_a^{+\infty}f(x)\mathrm{d}x$ 发散.

证明 因为

$$\int_a^b f(x)\mathrm{d}x=F(b)-F(a),$$

所以极限 $\lim\limits_{b\to+\infty}\int_a^b f(x)\mathrm{d}x$ 与 $\lim\limits_{b\to+\infty}F(b)$(即 $\lim\limits_{x\to+\infty}F(x)$) 同时存在或不存在. 因此当 $\lim\limits_{x\to+\infty}F(x)$ 存在时,

$$\int_a^{+\infty}f(x)\mathrm{d}x=\lim_{x\to+\infty}F(x)-F(a);$$

当 $\lim\limits_{x\to+\infty}F(x)$ 不存在时, $\int_a^{+\infty}f(x)\mathrm{d}x$ 发散.

如果记 $F(+\infty)=\lim\limits_{x\to+\infty}F(x)$, $[F(x)]_0^{+\infty}=F(+\infty)-F(a)$, 则有, 当 $F(+\infty)$ 存在时,

$$\int_a^{+\infty}f(x)\mathrm{d}x=[F(x)]_0^{+\infty}=F(+\infty)-F(a);$$

当 $F(+\infty)$ 不存在时, 反常积分 $\int_a^{+\infty}f(x)\mathrm{d}x$ 发散.

类似地, 若在 $(-\infty,b]$ 上, $F'(x)=f(x)$, 则当 $F(-\infty)$ 存在时,

$$\int_{-\infty}^b f(x)\mathrm{d}x=[F(x)]_{-\infty}^b=F(b)-F(-\infty);$$

当 $F(-\infty)$ 不存在时, 反常积分 $\int_{-\infty}^b f(x)\mathrm{d}x$ 发散.

若在 $(-\infty,+\infty)$ 上, $F'(x)=f(x)$, 则当 $F(-\infty)$ 和 $F(+\infty)$ 都存在时,

$$\int_{-\infty}^{+\infty}f(x)\mathrm{d}x=[F(x)]_{-\infty}^{+\infty}=F(+\infty)-F(-\infty);$$

当 $F(-\infty)$ 和 $F(+\infty)$ 至少有一个不存在时, 反常积分 $\int_{-\infty}^{+\infty} f(x)\mathrm{d}x$ 发散.

因此, 例 1 计算过程可叙述为

$$\int_0^{+\infty} \frac{\mathrm{d}x}{1+x^2} = [\arctan x]_0^{+\infty} = \frac{\pi}{2}.$$

例 2 讨论反常积分 $\int_{-\infty}^{1} \frac{x}{1+x^2}\mathrm{d}x$ 的敛散性.

解 $\int_{-\infty}^{1} \frac{x}{1+x^2}\mathrm{d}x = \frac{1}{2}\int_{-\infty}^{1} \frac{\mathrm{d}(1+x^2)}{1+x^2} = \frac{1}{2}\ln(1+x^2)\Big|_{-\infty}^{1} = -\infty$, 所以该反常积分发散.

例 3 计算反常积分 $\int_0^{+\infty} t\mathrm{e}^{-pt}\mathrm{d}t$($p$ 是常数, 且 $p>0$ 时收敛).

解
$$\int_0^{+\infty} t\mathrm{e}^{-pt}\mathrm{d}t = -\frac{1}{p}\int_0^{+\infty} t\mathrm{d}\mathrm{e}^{-pt} = -\frac{1}{p}t\mathrm{e}^{-pt}\Big|_0^{+\infty} + \frac{1}{p}\int_0^{+\infty} \mathrm{e}^{-pt}\mathrm{d}t$$
$$= -\frac{1}{p}t\mathrm{e}^{-pt}\Big|_0^{+\infty} - \frac{1}{p^2}\mathrm{e}^{-pt}\Big|_0^{+\infty} = -\frac{1}{p}\lim_{t\to+\infty} t\mathrm{e}^{-pt} + 0 - \frac{1}{p^2}(0-1) = \frac{1}{p^2}.$$

说明 其中不定式 $\lim\limits_{t\to+\infty} t\mathrm{e}^{-pt} = \lim\limits_{t\to+\infty} \frac{t}{\mathrm{e}^{pt}} = \lim\limits_{t\to+\infty} \frac{1}{p\mathrm{e}^{pt}} = 0.$

例 4 讨论反常积分 $\int_1^{+\infty} \frac{1}{x^p}\mathrm{d}x$ 的敛散性.

解 (1) 当 $p=1$ 时, $\int_1^{+\infty} \frac{1}{x^p}\mathrm{d}x = \int_1^{+\infty} \frac{1}{x}\mathrm{d}x = \ln x|_1^{+\infty} = +\infty$;

(2) 当 $p \neq 1$ 时, $\int_1^{+\infty} \frac{1}{x^p}\mathrm{d}x = \frac{x^{1-p}}{1-p}\Big|_1^{+\infty} = \begin{cases} +\infty, & p<1, \\ \frac{1}{p-1}, & p>1. \end{cases}$

因此, 当 $p>1$ 时, 反常积分 $\int_1^{+\infty} \frac{1}{x^p}\mathrm{d}x$ 收敛, 其值为 $\frac{1}{p-1}$; 当 $p \leqslant 1$ 时, 反常积分 $\int_1^{+\infty} \frac{1}{x^p}\mathrm{d}x$ 发散.

二、 瑕积分 (无界函数的反常积分) Improper integrals of unbounded function

下面再把定积分推广到无界函数的情形.

如果函数 $f(x)$ 在点 a 的任一邻域 (或左半邻域, 或右半邻域) 内都无界, 那么 a 称为函数 $f(x)$ 的瑕点 (也称无界间断点), 无界函数的反常积分也称为瑕积分.

定义 2 设函数 $f(x)$ 在 $[a,b)$ 上连续, $x=b$ 为 $f(x)$ 的是瑕点, 且对任意正数 $\varepsilon(<b-a)$, $f(x)$ 在 $[a,b-\varepsilon]$ 上可积, 称极限 $\lim\limits_{\varepsilon\to0^+}\int_a^{b-\varepsilon} f(x)\mathrm{d}x$ 为无界函数 $f(x)$ 在 $[a,b)$ 上的反常积分 (或瑕积分), 记为 $\int_a^b f(x)\mathrm{d}x$, 即

$$\int_a^b f(x)\mathrm{d}x = \lim_{\varepsilon\to 0^+}\int_a^{b-\varepsilon} f(x)\mathrm{d}x.$$

若极限 $\lim\limits_{\varepsilon\to 0^+}\int_a^{b-\varepsilon} f(x)\mathrm{d}x$ 存在, 则称反常积分 $\int_a^b f(x)\mathrm{d}x$ 收敛; 若极限 $\lim\limits_{\varepsilon\to 0^+}\int_a^{b-\varepsilon} f(x)\mathrm{d}x$ 不存在, 则称反常积分 $\int_a^b f(x)\mathrm{d}x$ 发散.

类似地, 设函数 $f(x)$ 在 $(a,b]$ 上连续, $x=a$ 为 $f(x)$ 的为瑕点, 且对任意正数 $\varepsilon(<b-a)$, $f(x)$ 在 $[a+\varepsilon,b]$ 上可积, 称极限 $\lim\limits_{\varepsilon\to 0^+}\int_{a+\varepsilon}^{b} f(x)\mathrm{d}x$ 为无界函数 $f(x)$ 在 $[a,b)$ 上的反常积分 (或瑕积分), 记为 $\int_a^b f(x)\mathrm{d}x$, 即

$$\int_a^b f(x)\mathrm{d}x = \lim_{\varepsilon\to 0^+}\int_{a+\varepsilon}^{b} f(x)\mathrm{d}x.$$

若极限 $\lim\limits_{\varepsilon\to 0^+}\int_{a+\varepsilon}^{b} f(x)\mathrm{d}x$ 存在, 则称反常积分 $\int_a^b f(x)\mathrm{d}x$ 收敛; 若极限 $\lim\limits_{\varepsilon\to 0^+}\int_{a+\varepsilon}^{b} f(x)\mathrm{d}x$ 不存在, 则称反常积分 $\int_a^b f(x)\mathrm{d}x$ 发散.

若函数 $f(x)$ 在 $[a,c)$, $(c,b]$ 内连续, $x=c$ 为 $f(x)$ 的瑕点, 则规定

$$\int_a^b f(x)\mathrm{d}x = \int_a^c f(x)\mathrm{d}x + \int_c^b f(x)\mathrm{d}x.$$

反常积分 $\int_a^b f(x)\mathrm{d}x$ 收敛的充要条件是 $\int_a^c f(x)\mathrm{d}x$ 与 $\int_c^b f(x)\mathrm{d}x$ 同时收敛.

同样可把微积分基本公式应用到这类反常积分的计算中来.

定理 2 设 $F(x)$ 为 $f(x)$ 在 $(a,b]$ 上的一个原函数, 若 $\lim\limits_{x\to a^+} F(x)$ 存在, 则反常积分

$$\int_a^b f(x)\mathrm{d}x = F(b) - \lim_{x\to a^+} F(x) = F(b) - F(a^+);$$

若 $\lim\limits_{x\to a^+} F(x)$ 不存在, 则反常积分 $\int_a^b f(x)\mathrm{d}x$ 发散.

证明与无穷区间上的反常积分的情形类似, 这里从略. 仍用记号 $[F(x)]_{a^+}^b$ 表示 $F(b)-F(a^+)$, 从而形式上仍有

$$\int_a^b f(x)\mathrm{d}x = [F(x)]_a^b = F(b) - F(a^+).$$

类似地, 若在 $[a,b)$ 上, $F'(x)=f(x)$, 则当 $\lim\limits_{x\to b^-} F(x)$ 存在时, 反常积分

$$\int_a^b f(x)\mathrm{d}x = [F(x)]_a^b = F(b^-) - F(a);$$

当 $\lim\limits_{x \to b^-} F(x)$ 不存在时, 反常积分 $\int_a^b f(x)\mathrm{d}x$ 发散.

例 5　计算反常积分 $\int_0^a \frac{\mathrm{d}x}{\sqrt{a^2-x^2}}\ (a>0)$.

解　因为 $\lim\limits_{x \to a^-} \frac{1}{\sqrt{a^2-x^2}} = +\infty$, 所以 a 为瑕点.

$$\int_0^a \frac{\mathrm{d}x}{\sqrt{a^2-x^2}} = \left[\arcsin\frac{x}{a}\right]_0^a = \frac{\pi}{2}.$$

反常积分 $\int_0^a \frac{\mathrm{d}x}{\sqrt{a^2-x^2}}$ 的几何意义是：位于 $y=\frac{1}{\sqrt{a^2-x^2}}$ 下方, x 轴上方, 直线 $x=0$ 与 $x=a$ 之间的图形的面积 (图 7-26).

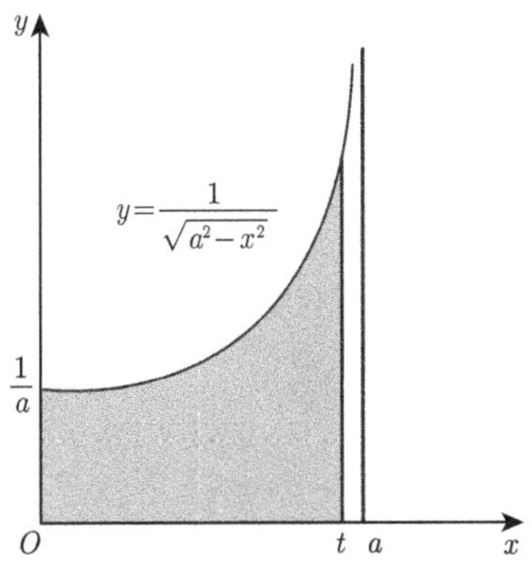

图 7-26

例 6　讨论反常积分 $\int_{-1}^1 \frac{1}{x^2}\mathrm{d}x$ 的敛散性.

解　被积函数 $f(x)=\frac{1}{x^2}$ 在区间 $[-1,1]$ 上除 $x=0$ 外连续, 且 $\lim\limits_{x\to 0}\frac{1}{x^2}=+\infty$. 由于

$$\int_{-1}^0 \frac{1}{x^2}\mathrm{d}x = \left[-\frac{1}{x}\right]_{-1}^0 = +\infty,$$

即广义积分 $\int_{-1}^0 \frac{1}{x^2}\mathrm{d}x$ 发散, 所以广义积分

$$\int_{-1}^1 \frac{1}{x^2}\mathrm{d}x = \int_{-1}^0 \frac{1}{x^2}\mathrm{d}x + \int_0^1 \frac{1}{x^2}\mathrm{d}x$$

发散.

说明　一般而言, 判断无穷区间上的反常积分, 一目了然, 而瑕积分与定积分容易混淆. 例 6 中如果忽略了 $\frac{1}{x^2}$ 在 $x=0$ 处无界而按定积分计算, 则有错误结果,

$$\int_{-1}^1 \frac{1}{x^2}\mathrm{d}x = -\left.\frac{1}{x}\right|_{-1}^1 = -1-1=-2.$$

另外, 定积分的计算方法与性质, 不能随意地直接应用到反常积分中, 否则会出错. 如

$$\int_{-\infty}^{+\infty} \frac{x}{1+x^2}\mathrm{d}x$$

是发散的, 若此积分是对称区间上的奇函数, 就会得出此积分为零的错误结果.

例 7　讨论反常积分 $\int_0^1 \frac{1}{x^q}\mathrm{d}x(q>0)$ 的敛散性.

证明　被积函数在积分区间上有瑕点 $x=0$.

(1) 当 $q=1$ 时, $\int_0^1 \frac{1}{x^q}\mathrm{d}x=\int_0^1 \frac{1}{x}\mathrm{d}x=\ln x|_0^1=+\infty$;

(2) 当 $q\neq 1$ 时, $\int_0^1 \frac{1}{x^q}\mathrm{d}x=\left.\frac{x^{1-q}}{1-q}\right|_0^1=\begin{cases}+\infty, & q>1,\\ \frac{1}{1-q}, & 0<q<1.\end{cases}$

因此, 当 $0<q<1$ 时, 反常积分 $\int_0^1 \frac{1}{x^q}\mathrm{d}x$ 收敛, 其值为 $\frac{1}{1-q}$; 当 $q\geqslant 1$ 时, 反常积分 $\int_0^1 \frac{1}{x^q}\mathrm{d}x$ 发散.

习　题　五

1. 判断下列反常积分的敛散性:

(1) $\int_1^{+\infty} \frac{\mathrm{d}x}{x^4}$;

(2) $\int_0^{+\infty} \mathrm{e}^{-x}\mathrm{d}x$;

(3) $\int_0^{+\infty} \sin x\mathrm{d}x$;

(4) $\int_{-\infty}^0 \frac{\mathrm{e}^x}{1+\mathrm{e}^x}\,\mathrm{d}x$;

(5) $\int_{-\infty}^{+\infty} \frac{1}{x^2+2x+2}\,\mathrm{d}x$;

(6) $\int_1^{+\infty} \frac{1}{x(1+x^2)}\,\mathrm{d}x$;

(7) $\int_{-1}^1 \frac{1}{x}\,\mathrm{d}x$;

(8) $\int_0^1 \frac{\ln x}{x}\,\mathrm{d}x$;

(9) $\int_0^1 \frac{x}{\sqrt{1-x^2}}\,\mathrm{d}x$;

(10) $\int_{-\frac{\pi}{2}}^{\frac{\pi}{2}} \frac{1}{\cos^2 x}\,\mathrm{d}x$.

2. 计算积分 $\int_1^{+\infty} \frac{\arctan x}{x^2}\,\mathrm{d}x$.

3. 已知 $\lim\limits_{x\to\infty}\left(\frac{1+x}{x}\right)^{ax}=\int_{-\infty}^a t\mathrm{e}^t\mathrm{d}t(a>0)$, 求常数 a.

4. 当 λ 为何值时, 反常积分 $\int_2^{+\infty} \frac{\mathrm{d}x}{x(\ln x)^\lambda}$ 收敛? 当 λ 为何值时, 该反常积分发散?

复习题七

1. 填空题

(1) 设 $f(x)$ 为连续函数, 则 $\int_2^3 f(x)\mathrm{d}x+\int_3^1 f(u)\mathrm{d}u+\int_1^2 f(t)\mathrm{d}t=$________;

(2) $\lim\limits_{x\to 0}\frac{\int_0^x \sin^2 t\mathrm{d}t}{x^3}=$________;

(3) 函数 $F(x)=\int_1^x (1-\ln\sqrt{t})\mathrm{d}t(x>0)$ 的单调减少区间为________;

(4) 已知 $\int_0^1 f(x)\mathrm{d}x=1, f(1)=0$, 则 $\int_0^1 xf'(x)\mathrm{d}x$________;

(5) 设 $f(x)$ 在 $(-\infty,+\infty)$ 上连续, 且 $\lim\limits_{x\to+\infty} f(x)=1$, a 为常数, $\lim\limits_{x\to+\infty}\int_x^{x+a} f(x)\mathrm{d}x=$________.

2. 选择题

(1) 在下列积分中, 其值为 0 的是 (　　).

(A) $\int_{-1}^{1}|\sin 2x|\,\mathrm{d}x$　(B) $\int_{-1}^{1}\cos 2x\mathrm{d}x$　(C) $\int_{-1}^{1}x\sin x\mathrm{d}x$　(D) $\int_{-1}^{1}\sin 2x\mathrm{d}x$

(2) 定积分 $\int_{-1}^{1}x^{2012}(\mathrm{e}^x-\mathrm{e}^{-x})\mathrm{d}x$ 的值为 (　　).

(A)0　(B) $2002!\left(\mathrm{e}-\dfrac{1}{\mathrm{e}}\right)$　(C) $2003!\left(\mathrm{e}-\dfrac{1}{\mathrm{e}}\right)$　(D) $2001!\left(\mathrm{e}-\dfrac{1}{\mathrm{e}}\right)$

(3) 设 $f(x)=\int_0^{\sin x}\sin t^2\mathrm{d}t$, $g(x)=x^3+x^4$, 则当 $x\to 0$ 时, $f(x)$ 是 $g(x)$ 的 (　　) 无穷小量.

(A) 等价　(B) 同阶但非等价　(C) 高阶　(D) 低阶

(4) 设 $\varPhi(x)=\int_0^x\sin(x-t)\mathrm{d}t$, 则 $\varPhi'(x)$ 等于 (　　).

(A) $\cos x$　(B) $-\sin x$　(C) $\sin x$　(D) 0

(5) 设 $f(x)$ 在 $[a,b]$ 上非负, 在 (a,b) 内 $f''(x)>0$, $f'(x)<0$.

$$I_1=\frac{b-a}{2}[f(b)+f(a)],\quad I_2=\int_a^b f(x)\mathrm{d}x,\quad I_3=(b-a)f(b),$$

则 I_1, I_2, I_3 的大小关系为 (　　).

(A) $I_1\leqslant I_2\leqslant I_3$　(B) $I_2\leqslant I_3\leqslant I_1$　(C) $I_1\leqslant I_3\leqslant I_2$　(D) $I_3\leqslant I_2\leqslant I_1$

3. 估计积分 $\int_{\pi/4}^{\pi/2}\dfrac{\sin x}{x}\mathrm{d}x$ 的值的范围.

4. 求极限:

(1) $\lim\limits_{x\to a}\dfrac{x}{x-a}\int_a^x f(t)\mathrm{d}t$, 其中 $f(x)$ 连续;　(2) $\lim\limits_{x\to 0}\dfrac{\int_{2x}^{0}\mathrm{e}^{-t^2}\mathrm{d}t}{\mathrm{e}^x-1}$;

(3) $\lim\limits_{n\to\infty}\dfrac{1}{n}\sum\limits_{i=1}^{n}\sqrt{1+\dfrac{i}{n}}$;　(4) $\lim\limits_{n\to\infty}\sum\limits_{k=1}^{n}\dfrac{n}{n^2+3k^2}$.

5. 设函数 $y=y(x)$ 由方程 $\int_0^{y^2}\mathrm{e}^{-t}\mathrm{d}t+\int_x^0\cos t^2\mathrm{d}t=0$ 所确定, 求 $\dfrac{\mathrm{d}y}{\mathrm{d}x}$.

6. 设 $F(x)=\int_0^x\mathrm{e}^{-\frac{t^2}{2}}\mathrm{d}t$, $x\in(-\infty,+\infty)$, 求曲线 $y=F(x)$ 在拐点处的切线方程.

7. 设 $f(x)$ 连续, 且满足 $\int_0^{x^2(1+x)}f(t)\mathrm{d}t=x$, 求 $f(2)$.

8. 设 $f(x)$ 在 $(-\infty,+\infty)$ 内连续, 且 $f(x)>0$. 证明函数 $F(x)\dfrac{\int_0^x tf(t)\mathrm{d}t}{\int_0^x f(t)\mathrm{d}t}$ 在 $(0,+\infty)$ 内为单调增加函数.

9. 设 $f(x)$ 和 $g(x)$ 均为 $[a,b]$ 上的连续函数, 证明：至少存在一点 $\xi\in(a,b)$, 使

$$f(\xi)\int_\xi^b g(x)\mathrm{d}x=g(\xi)\int_a^\xi f(x)\mathrm{d}x.$$

10. 求下列函数的导数:

(1) $\dfrac{\mathrm{d}}{\mathrm{d}x}\displaystyle\int_0^x \sin(x-t)^2\mathrm{d}t$;

(2) $\dfrac{\mathrm{d}}{\mathrm{d}x}\displaystyle\int_0^x tf(x^2-t^2)\mathrm{d}t$, 其中 $f(x)$ 是连续函数.

11. 已知 $f(x)=x^2-x\displaystyle\int_0^2 f(x)\mathrm{d}x+2\int_0^1 f(x)\mathrm{d}x$, 求 $f(x)$.

12. 求下列定积分:

(1) $\displaystyle\int_0^3 \frac{\mathrm{d}x}{(1+x)\sqrt{x}}$;

(2) $\displaystyle\int_0^{\pi}(\sin^2 x-\sin^3 x)\mathrm{d}x$;

(3) $\displaystyle\int_{-\sqrt{2}}^{\sqrt{2}}\sqrt{8-2x^2}\mathrm{d}x$;

(4) $\displaystyle\int_0^1 \frac{\ln(1+x)}{(2-x)^2}\mathrm{d}x$.

13. 证明 $\displaystyle\int_x^1 \frac{\mathrm{d}u}{1+u^2}=\int_1^{\frac{1}{x}}\frac{\mathrm{d}u}{1+u^2}(x>0)$.

14. 设 $f(x)$ 在 $[0,2a]$ 上连续, 则 $\displaystyle\int_0^{2a} f(x)\mathrm{d}x=\int_0^a[f(x)+f(2a-x)]\mathrm{d}x$.

15. 设 $f(x)$ 是以 π 为周期的连续函数, 证明:

$$\int_0^{2\pi}(\sin x+x)f(x)\,\mathrm{d}x=\int_0^{\pi}(2x+\pi)f(x)\mathrm{d}x.$$

16. 设 $\displaystyle\int_0^{\pi}\frac{\cos x}{(x+2)^2}\mathrm{d}x=A$, 求 $\displaystyle\int_0^{\frac{\pi}{2}}\frac{\sin x\cos x}{x+1}\,\mathrm{d}x$.

17. 设 $f(x),g(x)$ 在区间 $[-a,a]$ $(a>0)$ 上连续, $g(x)$ 为偶函数, 且 $f(x)$ 满足条件

$$f(x)+f(-x)=A \quad (A\ 为常数).$$

(1) 证明: $\displaystyle\int_{-a}^a f(x)g(x)\mathrm{d}x=A\int_0^a g(x)\mathrm{d}x$;

(2) 利用 (1) 结论计算定积分 $\displaystyle\int_{-\frac{\pi}{2}}^{\frac{\pi}{2}}|\sin x|\arctan \mathrm{e}^x\mathrm{d}x$.

18. 设 $f(x)$ 是以 T 为周期的连续函数, 证明对任意实数 a, 有

$$\int_a^{a+T} f(x)\mathrm{d}x=\int_0^T f(x)\mathrm{d}x.$$

并计算 $\displaystyle\int_0^{100\pi}\sqrt{1-\cos 2x}\mathrm{d}x$.

19. 设 $f(x)$, $g(x)$ 都是 $[a,b]$ 上的连续函数, 且 $g(x)$ 在 $[a,b]$ 上不变号, 证明: 至少存在一点 $\xi\in[a,b]$, 使下列等式成立

$$\int_a^b f(x)g(x)\mathrm{d}x=f(\xi)\int_a^b g(x)\mathrm{d}x.$$

这一结果称为积分第一中值定理.

20. 已知 $\displaystyle\int_0^{+\infty}\frac{\sin x}{x}\mathrm{d}x=\frac{\pi}{2}$, 求 $\displaystyle\int_0^{+\infty}\frac{\sin^2 x}{x^2}\mathrm{d}x$.

21. 判断积分 $\displaystyle\int_{2/\pi}^{+\infty}\frac{1}{x^2}\sin\frac{1}{x}\mathrm{d}x$ 的收敛性.

22. 判断积分 $\displaystyle\int_0^3 \frac{\mathrm{d}x}{(x-1)^{2/3}}$ 的收敛性.

课外阅读（七）

一、课程思政简述

定积分概念中的多元一体思想

定积分的定义也体现了多元一体的思想. 求曲边梯形面积问题、变力沿直线做功问题以及变速直线运动求路程问题等, 这些问题虽然都是不同学科领域的不同的问题, 具有不同的现实意义, 具有差异性, 但是都可以抽象出函数关系, 并且归结为用分割—近似—求和—取极限的方法去解决, 最终产生了求总量的数学模型——定积分的概念. 定积分的概念体现了多元聚为一体, 一体容纳多元的思想. 不同的实际问题（求曲边梯形面积问题、变力沿直线做功问题以及变速直线运动求路程问题等）即为多元, 提炼出了定积分的概念, 即为一体, 而定积分的概念能够应用于解决更广泛的实际问题. 多元一体的思想正是体现于此.

二、数学思维方法简介

1. 分解思维

当在处理一个问题时, 若是处理起来特别的复杂, 那么我们可以将这个问题拆分成许多个子问题. 这些子问题常常都是易于解决的小问题, 而且彼此之间也常常具有独立性, 这样我们就能够非常便捷地找到这些子问题的解决思路和相应方法, 问题也就迎刃而解, 这也是复杂问题简单化的常用处理方式.

2. 类比思维

何谓类比, 类比是以比较为基础的. 人类认识事物一般是从区分开始的, 而要区分事物, 首先就要比较. 爱因斯坦曾说, 知识不能单从经验中得出来, 而是从理智的发明同观察到的事实二者的比较中得出. 科学上的许多重大发现, 就是用比较思维的成果. 比较是确定事物同异关系的思维过程和方法. 比较思维方法是确定研究对象之间共同点和不同点的一种逻辑方法. 它可以在异类对象之间进行, 也可在同类对象之间进行, 还可在同一对象的不同方面、不同部分之间进行. 通过对两个对象或两类对象进行比较. 找出它们的相同点和相似点, 在此基础上, 把一个或一类对象的已知属性推演到另一个或另一类对象中去. 类比中的“类”表示类似、相似、类推、比拟等含义. “比”表示通过比较来发现其中的相似点. 类比常常被用于理解新的理论和定义, 一个真正令人满意的科学解释必须将不熟悉的东西“还原”为已经熟悉的东西, 也就是说当一个新的理论问题出现时, 必须通过类比用人们已熟悉的理论去理解说明新提出的理论问题. 定积分概念就是通过类比思维、分解思维等思维方法提炼而成.

在现实生活中, 我们经常遇到计算各种曲线所围图形的面积问题. 这是一个未知求面积问题, 根据我们解决问题常用的基本思路就是通过类比的思想, 把未知转化为已知. 所谓类比思考, 就是把未知与已知类似的事物进行比较, 把已知解决问题的思想方法推广到未知当中去, 而已知求面积问题我们只会求直线所围图形面积的问题. 现回忆求直线所围图形面积的方法, 首先求出最简单的直线所围图形的面积, 即三角形的面积和矩形面积, 然后再把任意直线多边形图形的面积用分割的方法转化为三角形的面积来求得.

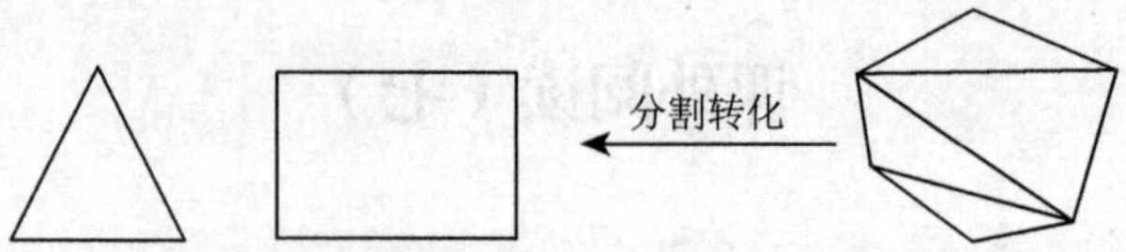

现在我们要计算由曲线所围图形的面积, 需要计算由直线段所围成图形的方法. 我们首先必须找到具有类似于三角形和矩形功能的曲线所围成的图形, 即应具备两个方面：一是最简单；二是任何一个曲线所围图形都可用该种简单图形所表示.

由直线所围成的最简单的图形即三角形和矩形把一个边换成曲线, 显然可得最简单的曲线所围成的封闭图形曲边三角形和曲边梯形, 如图.

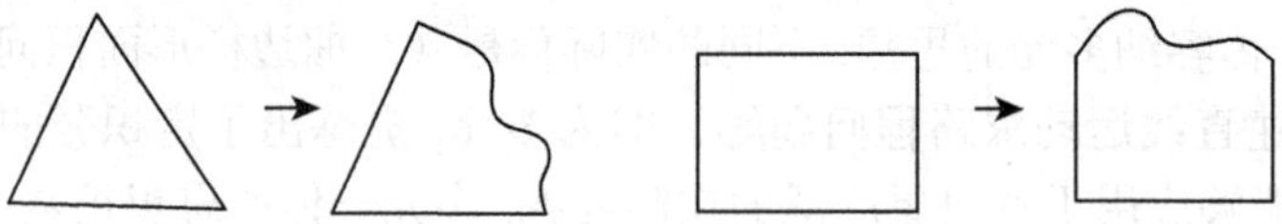

并且从图中可看出任何一个曲线所围成的图形都可用直线围成的简单图形曲边三角形和曲边梯形表示出来.

而曲边三角形是曲边梯形的特殊情形, 故只要能计算出曲边梯形的面积, 就可求出由曲线所围图形的面积. 这就是为什么在所有高等数学教材中, 在引入定积分的概念时, 只求曲边梯形的面积的原因. 而求曲边梯形的面积, 就要利用分解思维通过分割–近似代替–求和–取极限来实现.

三、数学家简介

牛顿 (Isaac Newton, 1643—1727), 英国数学家、物理学家、天文学家、自然哲学家和炼金术士, 被誉为人类历史上最伟大的科学家之一. 他的万有引力定律在人类历史上第一次把天上的运动和地上的运动统一起来, 为“日心说”提供了有力的理论支持, 使得自然科学的研究最终挣脱了宗教的枷锁. 牛顿还发现了太阳光的颜色构成, 并且制作了世界上第一架反射望远镜. 他在 1687 年 7 月 5 日发表的《自然哲学的数学原理》里提出的万有引力定律以及牛顿运动定律是经典力学的基石.

大多数现代历史学家都相信, 牛顿与莱布尼茨独立发展出了微积分学, 并为之创造了各自独特的符号. 据牛顿周围的人所述, 牛顿要比莱布尼茨早几年得出他的方法, 但在 1693 年以前他几乎没有发表任何内容, 并直至 1704 年他才给出了其完整的叙述. 其间, 莱布尼茨已在 1684 年发表了他的方法的完整叙述. 此外, 莱布尼茨的符号和“微分法”被欧洲大陆全面地采用, 大约在 1820 年以后, 英国也采用了该方法. 莱布尼茨的笔记本记录了他的思想从初期到成熟的发展过程, 而在牛顿已知的记录中只发现了他最终的结果. 牛顿声称他一直不愿公布他的微积分学, 是因为他怕被人们嘲笑. 牛顿与瑞士数学家丢勒 (Nicolas Fatio de Duillier) 的联系十分密切, 后者一开始便被牛顿的引力定律所吸引. 1691 年, 丢勒打算编写一个新版本的牛顿《自然哲学的数学原理》, 但从未完成它. 在 1694 年这两个人之间的关系冷却了下来. 在那个时候, 丢勒还与莱布尼茨交换了几封信件.

在 1699 年初, 皇家学会 (牛顿也是其中的一员) 的其他成员们指控莱布尼茨剽窃了牛顿的成果, 争论在 1711 年全面爆发了. 牛顿所在的英国皇家学会宣布, 一项调查表明了牛顿才是真正的发现者, 而莱布尼茨被斥为骗子. 但在后来, 发现该调查评论莱布尼茨的结语是由牛顿本人书写的, 因此该调查遭到了质疑. 这导致了激烈的牛顿与莱布尼茨的微积分学论战, 并破坏了牛顿与莱布尼茨的生活, 直到后者在 1716 年逝世. 这场争论在英国和欧洲大陆的数学家间划出了一道鸿沟, 并可能阻碍了英国数学至少一个世纪的发展.

牛顿的一项被广泛认可的成就是广义二项式定理, 它适用于任何幂. 他发现了牛顿恒等式、牛顿法, 分类了立方面曲线 (两变量的三次多项式), 为有限差理论作出了重大贡献, 并首次使用了分式指数和坐标几何学得到丢番图方程的解. 他用对数趋近了调和级数的部分和 (这是欧拉求和公式的一个先驱), 并首次有把握地使用幂级数和反转幂级数. 他还发现了 π 的一个新公式.

莱布尼茨 (Leibniz, 1646—1716), 德国数学家、哲学家. 研究领域涉及法学、力学、光学、语言学等 40 多个领域, 被誉为十七世纪的亚里士多德. 在数学上最重要的贡献是和牛顿先后独立地发明了微积分.

1665 年牛顿创立了微积分, 莱布尼茨在 1673—1676 年间也发表了微积分思想的论著. 以前, 微分和积分作为两种数学运算、两类数学问题, 是分别加以研究的. 只有莱布尼茨和牛顿将积分和微分真正沟通起来, 明确地找到了两者内在的直接联系——微分和积分是互逆的两种运算. 而这是微积分建立的关键所在.

然而关于微积分创立的优先权, 在数学史上曾掀起了一场激烈的争论. 实际上, 牛顿在微积分方面的研究虽早于莱布尼茨, 但莱布尼茨成果的发表则早于牛顿. 1684 年, 莱布尼茨在《教师学报》上发表的论文《一种求极大极小的奇妙类型的计算》, 是最早的微积分文献. 这篇简短论文内容并不丰富, 说理也比较含糊, 但却有着划时代的意义. 1687 年, 牛顿在《自然哲学的数学原理》的第一版和第二版也写道: "十年前在我和最杰出的几何学家莱布尼茨的通信中, 我表明我已经知道确定极大值和极小值的方法、作切线的方法以及类似的方法, 但我在交换的信件中隐瞒了这方法 ······ 这位最卓越的科学家在回信中写道, 他也发现了一种同样的方法. 并诉述了他的方法, 它与我的方法几乎没有什么不同, 除了他的措词和符号而外"(但在第三版及以后再版时, 这段话被删掉了).

牛顿从物理学出发, 运用集合方法研究微积分, 其应用上更多地结合了运动学, 造诣高于莱布尼茨. 莱布尼茨则从几何问题出发, 运用分析学方法引进微积分概念、得出运算法则, 其数学的严密性与系统性是牛顿所不及的.

莱布尼茨认识到好的数学符号能节省思维劳动, 运用符号的技巧是数学成功的关键之一. 因此, 他所创设的微积分符号远远优于牛顿的符号, 这对微积分的发展有极大影响. 1713 年, 莱布尼茨发表了《微积分的历史和起源》一文, 总结了自己创立微积分学的思路.

第八章

定积分的应用

Application of Definite Integral

定积分在自然科学和实际生活中有着广泛的应用，有许多实际问题最后都可以归结为定积分问题．本章主要讲定积分的应用，如定积分在几何学、物理学、经济学中的应用．本章在讨论定积分的应用之前，先介绍利用定积分解决实际问题时所用的方法—微元法．

第一节　建立求总量模型的简便方法——微元法

Establishing a simple method to calculate the total quantity model—infinitesimal method

先回顾第七章第一节中讨论过的求曲边梯形面积的几个步骤．

(1) 分割：用一组分点将区间 $[a,b]$ 任意分成长度为 $\Delta x_i(i=1,2,\cdots,n)$ 的 n 个小区间．相应地把曲边梯形分割成 n 个窄曲边梯形，第 i 个窄曲边梯形的面积为 ΔA_i，于是 $A=\sum\limits_{i=1}^{n}\Delta A_i$．

(2) 作近似代替：计算 ΔA_i 的近似值 $\Delta A_i\approx f(\xi_i)\Delta x_i(x_{i-1}\leqslant\xi_i\leqslant x_i)$．

(3) 求和：得 A 的近似值 $A\approx\sum\limits_{i=1}^{n}f(\xi_i)\Delta x_i$．

(4) 取极限：得 A 的精确值 $A=\lim\limits_{\lambda\to 0}\sum\limits_{i=1}^{n}f(\xi_i)\Delta x_i=\int_a^b f(x)\mathrm{d}x(f(x)\geqslant 0)$．

在上述问题中注意到以下几点：

(1) 所求量 (面积 A) 与区间 $[a,b]$ 有关；

(2) 所求量对于区间 $[a,b]$ 具有可加性．如果把区间分成多个小区间，则所求量相应地分成许多部分量 (如 ΔA_i)，而所求量等于所有部分量之和 $\left(\text{如 } A=\sum\limits_{i=1}^{n}\Delta A_i\right)$；

(3) 以 $f(\xi_i)\Delta x_i$ 近似代替部分量 ΔA_i 时，它们只相差一个 Δx_i 的高阶的无穷小；

(4) 在满足上述条件后，所求量 A 即可表示为定积分 $A=\int_a^b f(x)\mathrm{d}x$．

在引出 A 的积分表达式的四个步骤中，主要是第 (3) 步，得到 ΔA_i 的近似值 $f(\xi_i)\Delta x_i$，

使得

$$A=\lim_{\lambda\to 0}\sum_{i=1}^{n}f(\xi_i)\Delta x_i=\int_a^b f(x)\mathrm{d}x.$$

为了简便, 省略下标 i, 用 ΔA 表示任一小区间 $[x,x+\mathrm{d}x]$ 上窄曲边梯形的面积, 取 $[x,x+\mathrm{d}x]$ 的左端点 x 为 ξ, 以 $f(x)$ 为高、$\mathrm{d}x$ 为底的矩形的面积 $f(x)\mathrm{d}x$ 作为 ΔA 的近似值 (图 8-1), 即

$$\Delta A\approx f(x)\mathrm{d}x,$$

上式右端 $f(x)\mathrm{d}x$ 叫做面积微元, 事实上就是面积微分, 记作

$$\mathrm{d}A=f(x)\mathrm{d}x.$$

则 $A=\displaystyle\int_a^b f(x)\mathrm{d}x.$

一般地, 在实际问题中, 将所求量 U (**总量**) 表示为定积分的方法称为**微元法** (infinitesimal method), 其主要步骤如下:

(1) 由分割写出微元: 根据具体问题, 选取一个积分变量, 例如, x 为积分变量, 并确定它的变化区间 $[a,b]$, 任取 $[a,b]$ 的一个区间微元 $[x,x+\mathrm{d}x]$, 求出相应于这个区间微元上部分量 ΔU 的近似值, 即求出所求总量 U 的**微元**

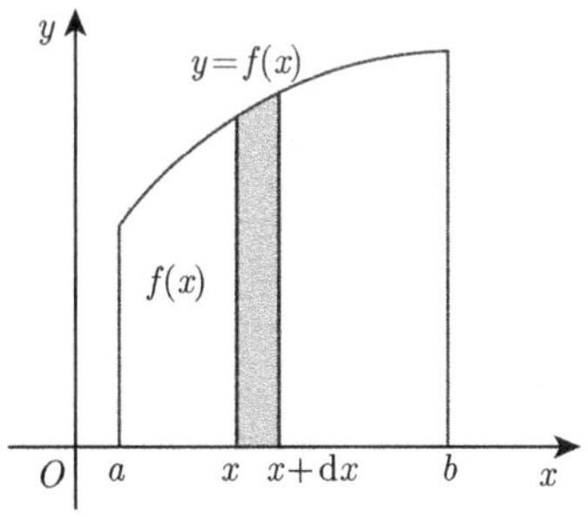

图 8-1

$$\mathrm{d}U=f(x)\mathrm{d}x.$$

(2) 由微元写出积分: 根据 $\mathrm{d}U=f(x)\mathrm{d}x$ 写出表示总量 U 的定积分

$$U=\int_a^b \mathrm{d}U=\int_a^b f(x)\mathrm{d}x.$$

应用微元法解决实际问题时, 应注意如下两点:

(1) 所求总量 U 关于区间 $[a,b]$ 应具有可加性, 即如果把区间 $[a,b]$ 分成许多部分区间, 则 U 相应地分成许多部分量, 而 U 等于所有部分量 ΔU 之和. 这一要求是由定积分概念本身所决定的;

(2) 使用微元法的关键是正确给出部分量 ΔU 的近似表达式 $f(x)\mathrm{d}x$, 即使得

$$f(x)\mathrm{d}x=\mathrm{d}U\approx\Delta U.$$

在通常情况下, 要检验 $\Delta U-f(x)\mathrm{d}x$ 是否为 $\mathrm{d}x$ 的高阶无穷小并非易事, 因此, 在实际应用中要注意 $\mathrm{d}U=f(x)\mathrm{d}x$ 的合理性.

第二节　定积分在几何学上的应用

Applications of definite integral in geometry

一、平面图形的面积 Area of plane figure

1. 直角坐标系下平面图形的面积

根据定积分的几何意义，我们知道，当 $f(x) \geqslant 0$ 时，$\int_a^b f(x)\mathrm{d}x$ 表示曲线 $y=f(x)$ 及直线 $x=a, x=b(a<b)$ 与 x 轴所围成的曲边梯形的面积.

若曲线 $y=f(x)$ 位于曲线 $y=g(x)$ 的上面，则由这两条曲线以及直线 $x=a$, $x=b(a<b)$ 之间图形的面积微元 (图 8-2 中阴影部分) 为 $\mathrm{d}A=[f(x)-g(x)]\mathrm{d}x$，则此图形的面积为

$$A=\int_a^b [f(x)-g(x)]\mathrm{d}x. \tag{1}$$

类似地，若曲线 $x=\psi(y)$ 位于曲线 $x=\varphi(y)$ 的右边，则由这两条曲线以及直线 $y=c$, $y=d(c<d)$ 所围成平面图形 (图 8-3) 的面积为

$$A=\int_c^d [\psi(y)-\varphi(y)]\mathrm{d}y. \tag{2}$$

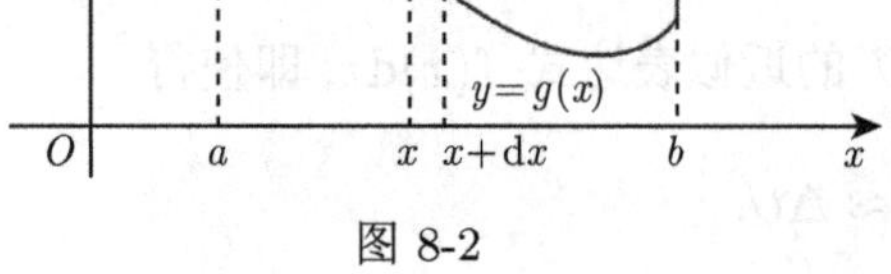

图 8-2

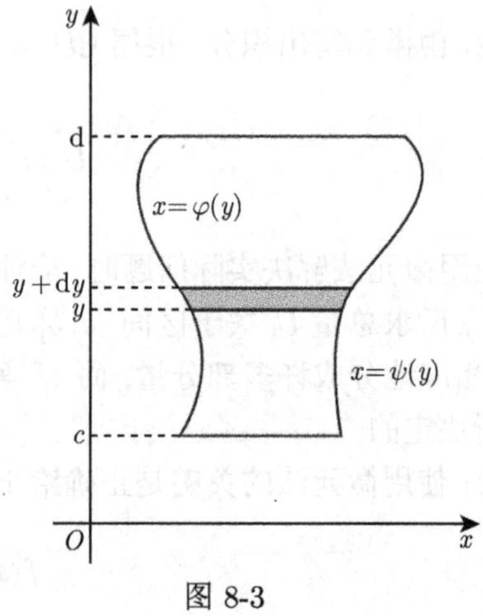

图 8-3

我们很容易从定积分的几何意义得出公式 (1) 和 (2). 为了熟悉微元法，下面我们用微元法推导公式 (1).

第一步，不难看出平面图形 (图 8-2) 位于直线 $x=a$, $x=b(a<b)$ 之间，选 x 作为积分变量，则 $x\in[a,b]$.

第二步, 在 $[a,b]$ 上任取一小区间 $[x,x+\mathrm{d}x]$, 相应于该小区间的平面图形可以近似地看作以 $f(x)-g(x)$ 为高, 以 $[x,x+\mathrm{d}x]$ 为底的小矩形 (图 8-2 中阴影部分), 从而得到面积微元

$$\mathrm{d}A=[f(x)-g(x)]\mathrm{d}x.$$

第三步, 以 $[f(x)-g(x)]\mathrm{d}x$ 为被积表达式, 在 $[a,b]$ 上作定积分得

$$A=\int_a^b[f(x)-g(x)]\mathrm{d}x.$$

例 1　求正弦曲线 $y=\sin x$ 在区间 $[0,\pi]$ 上的一段与 x 轴所围成的平面图形的面积.

解　画出平面图形的草图 (图 8-4).

选 x 作为积分变量, 将平面图形投影在 x 轴上, 得 $x\in[0,\pi]$. 根据公式 (1), 这里 $g(x)=0$(即 x 轴), 所求面积为

$$A=\int_0^\pi \sin x\mathrm{d}x=-\cos x|_0^\pi=2.$$

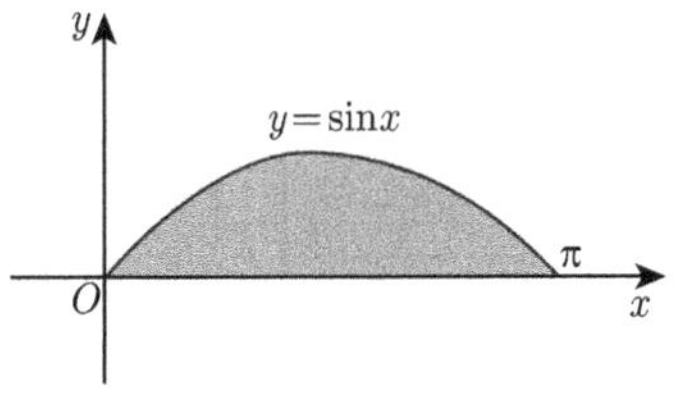

图 8-4

例 2　求曲线 $y=x^2-1$ 与 $y=7-x^2$ 所围成平面图形的面积.

解　画出平面图形的草图 (图 8-5).

解方程组 $\begin{cases} y=x^2-1, \\ y=7-x^2, \end{cases}$ 得两曲线的交点为 $(-2,3)$, $(2,3)$.

选 x 为积分变量, 则 x 的变化范围是 $[-2,2]$, 任取其上的一个区间微元 $[x,x+\mathrm{d}x]$, 则可得到相应面积微元

$$\mathrm{d}A=[(7-x^2)-(x^2-1)]\mathrm{d}x=2(4-x^2)\mathrm{d}x.$$

从而所求平面图形的面积为

$$A=2\int_{-2}^2(4-x^2)\mathrm{d}x=4\int_0^2(4-x^2)\mathrm{d}x=\frac{64}{3}.$$

例 3　求由 $y^2=2x$ 和 $y=x-4$ 所围成的图形的面积.

解　画出平面图形的草图 (图 8-6).

解方程组 $\begin{cases} y^2=2x, \\ y=x-4, \end{cases}$ 得它们的交点为 $(2,-2)$, $(8,4)$.

选 y 为积分变量, 则 y 的变化范围是 $[-2,4]$, 任取其上的一个区间微元 $[y,y+\mathrm{d}y]$, 则可得到相应面积微元

$$\mathrm{d}A=\left(y+4-\frac{y^2}{2}\right)\mathrm{d}y.$$

于是所求平面图形的面积

$$A=\int_{-2}^{4}\mathrm{d}A=\int_{-2}^{4}\left(y+4-\frac{y^2}{2}\right)\mathrm{d}y=18.$$

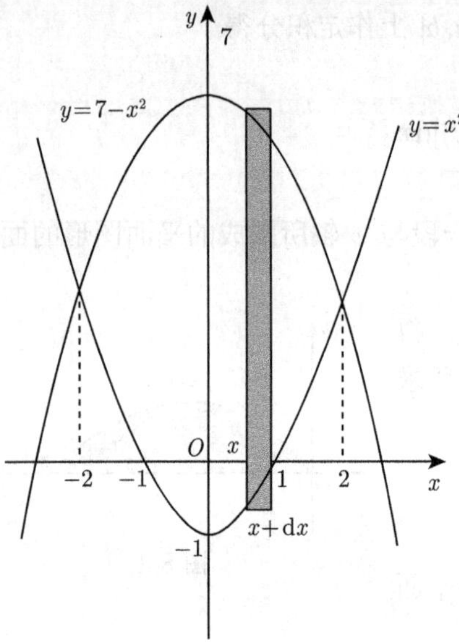

图 8-5

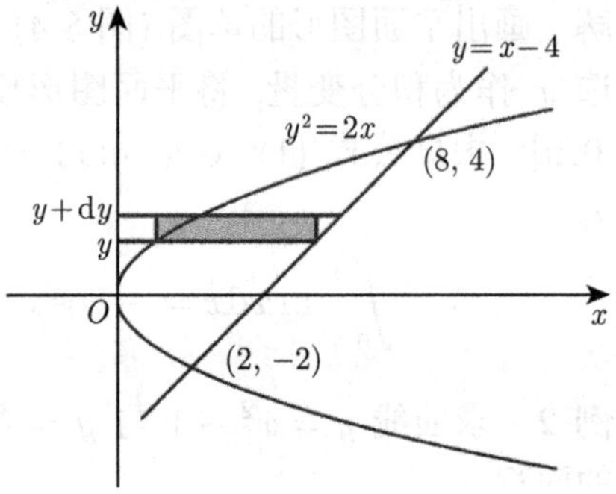

图 8-6

说明 本题若选 x 为积分变量, 则计算过程将会复杂很多. 从图 8-7 可知, 当 x 在区间 $[0,2]$ 上变化时, 面积微元是

$$\mathrm{d}A=[\sqrt{2x}-(-\sqrt{2x})]\mathrm{d}x,$$

当 x 在区间 $[2,8]$ 上变化时, 面积微元是

$$\mathrm{d}A=[\sqrt{2x}-(x-4)]\mathrm{d}x.$$

从而得所求面积是

$$A=\int_{0}^{2}[\sqrt{2x}-(-\sqrt{2x})]\mathrm{d}x+\int_{2}^{8}[\sqrt{2x}-(x-4)]\mathrm{d}x=18.$$

因此, 在实际应用中, 应根据具体情况合理地选择积分变量以达到简化计算的目的.

例 4 求由曲线 $xy=1$ 及直线 $y=x$, $y=2$ 所围成的平面图形的面积.

解 画出平面图形的草图 (图 8-8).

曲线 $xy=1$ 及直线 $y=x$, $y=2$ 之间的交点为 $\left(\frac{1}{2},2\right)$, $(1,1)$, $(2,2)$.

选 y 为积分变量, 则 y 的变化范围是 $[1,2]$, 任取其上的一个区间 $[y,y+\mathrm{d}y]$, 则可得到相应面积微元

$$\mathrm{d}A=\left(y-\frac{1}{y}\right)\mathrm{d}y.$$

于是所求平面图形的面积

$$A=\int_1^2 \mathrm{d}A=\int_1^2\left(y-\frac{1}{y}\right)\mathrm{d}y=\left[\frac{y^2}{2}-\ln y\right]_1^2=\frac{3}{2}-\ln 2.$$

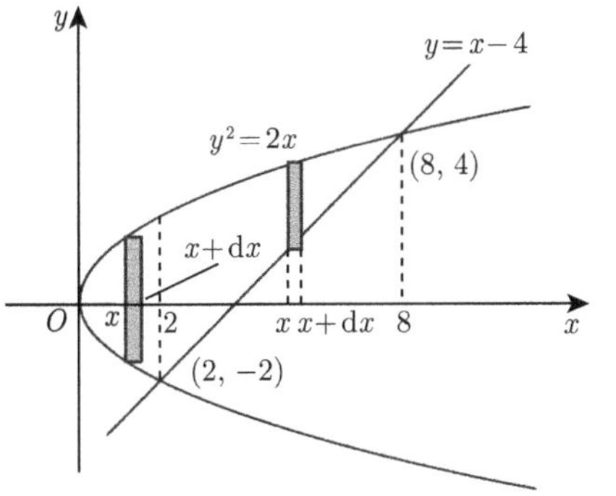

图 8-7

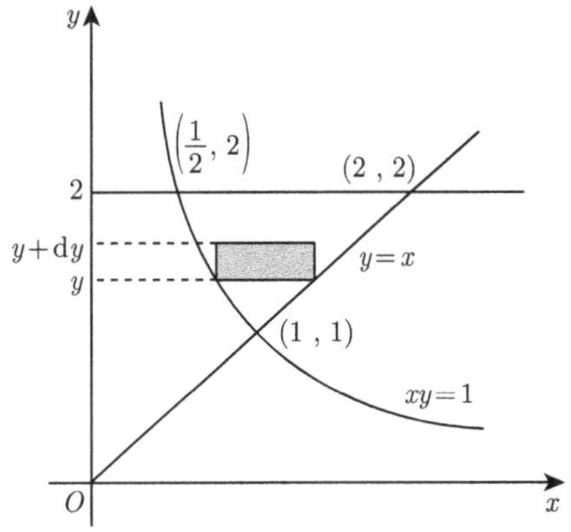

图 8-8

例 5　求椭圆 $\dfrac{x^2}{a^2}+\dfrac{y^2}{b^2}=1$ 所围成的面积.

解　画出平面图形的草图 (图 8-9). 根据椭圆的参数方程

$$\begin{cases} x=a\cos t, \\ y=b\sin t. \end{cases}\quad t\in[0,2\pi]$$

应用定积分的微元法, 由 $x=a\cos t$ 得, 当 $x=0$ 时, $t=\dfrac{\pi}{2}$; 当 $x=a$ 时, $t=0$. 在第一象限, x 为积分变量, 则 $x\in[0,a]$, 于是面积微元为

$$\mathrm{d}A_1=y\mathrm{d}x.$$

又由椭圆的对称性可知, 椭圆的面积 $A=4A_1$, 即

$$A=4\int_0^a y\mathrm{d}x=4\int_{\frac{\pi}{2}}^0 b\sin t\mathrm{d}(a\cos t)=4ab\int_0^{\frac{\pi}{2}}\sin^2 t\mathrm{d}t=\pi ab.$$

例 6　求由摆线

$$\begin{cases} x=a(t-\sin t), \\ y=a(1-\cos t) \end{cases}\quad (a>0, 0\leqslant t\leqslant 2\pi)$$

的一拱与 x 轴所围成的平面图形 (图 8-10) 的面积.

解　由图形关于直线 $x=\pi a$ 对称, 可得所求面积

$$A=2A_1,$$

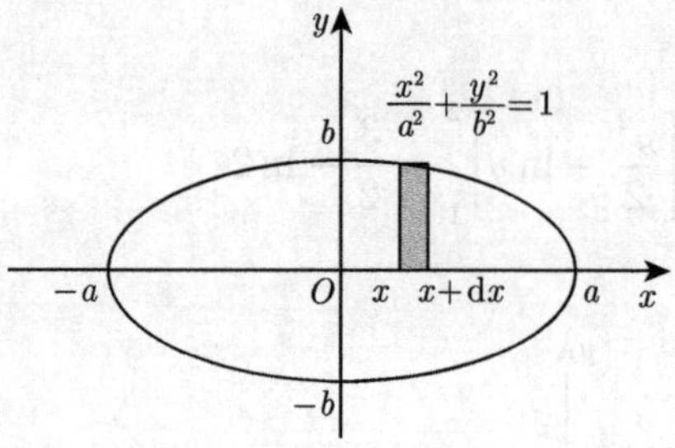

图 8-9

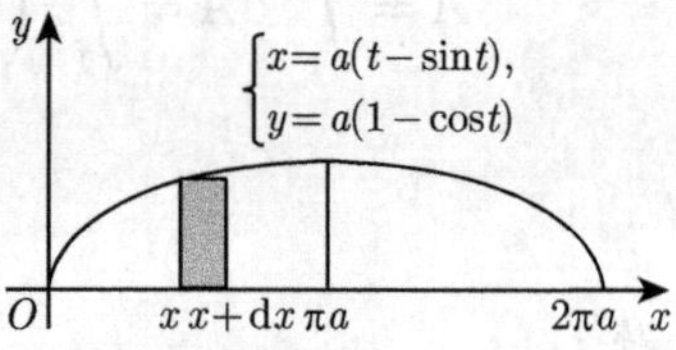

图 8-10

其中 A_1 是直线 $x=\pi a$ 左边部分平面图形的面积. 由公式 (1) 得

$$A=2\int_0^{\pi a} y\mathrm{d}x.$$

利用摆线的参数方程作变量代换, 令 $x=a(t-\sin t)$, 则 $y=a(1-\cos t)$, $\mathrm{d}x=a(1-\cos t)\mathrm{d}t$, 且当 $x=0$ 时, $t=0$; 当 $x=\pi a$ 时, $t=\pi$. 所以

$$\begin{aligned}A&=2\int_0^{\pi a} y\mathrm{d}x=2\int_0^{\pi} a(1-\cos t)\cdot a(1-\cos t)\mathrm{d}t\\&=2a^2\int_0^{\pi}(1-\cos t)^2\mathrm{d}t=8a^2\int_0^{\pi}\sin^4\frac{t}{2}\mathrm{d}t\\&=16a^2\int_0^{\frac{\pi}{2}}\sin^4 u\mathrm{d}u=16a^2\cdot\frac{3}{4}\cdot\frac{1}{2}\cdot\frac{\pi}{2}=3\pi a^2.\end{aligned}$$

2. 极坐标系下平面图形的面积

设曲线的极坐标方程为 $r=r(\theta)$, 且 $r(\theta)\geqslant 0$ 连续. 下面来求 $r=r(\theta)$ 与射线 $\theta=\alpha$ 和 $\theta=\beta(\alpha<\beta)$ 所围成的曲边扇形的面积 A(图 8-11).

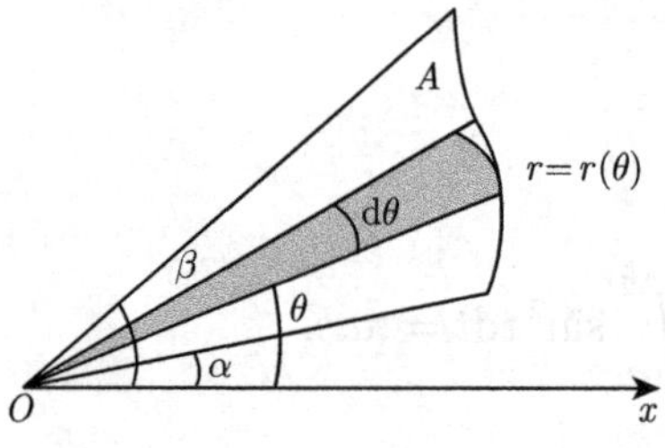

图 8-11

在 $[\alpha,\beta]$ 上任取一个子区间 $[\theta,\theta+\mathrm{d}\theta]$, 则对应的小曲边扇形的面积 ΔA 就近似地等于以 $r(\theta)$ 为半径的小圆扇形的面积

$$\Delta A\approx \mathrm{d}A=\frac{1}{2}[r(\theta)]^2\mathrm{d}\theta.$$

于是所求曲边扇形的面积

$$A=\frac{1}{2}\int_{\alpha}^{\beta} r^2(\theta)\mathrm{d}\theta. \tag{3}$$

例 7　求双纽线 $r^2=a^2\cos 2\theta$ 所围平面图形的面积.

解　画出平面图形的草图 (图 8-12), 由对称性及公式 (3) 得

$$A=4\int_0^{\frac{\pi}{4}}\mathrm{d}A=4\int_0^{\frac{\pi}{4}}\frac{1}{2}a^2\cos 2\theta\mathrm{d}\theta=a^2.$$

例 8　求心形线 $r=a(1+\cos\theta)$ 所围平面图形的面积 $(a>0)$.

解　画出平面图形的草图 (图 8-13), 由对称性及公式 (3) 得

$$\begin{aligned}A&=2\int_0^{\pi}\mathrm{d}A=a^2\int_0^{\pi}(1+2\cos\theta+\cos^2\theta)\mathrm{d}\theta\\&=a^2\left(\frac{3\theta}{2}+2\sin\theta+\frac{1}{4}\sin 2\theta\right)\Bigg|_0^{\pi}=\frac{3}{2}\pi a^2.\end{aligned}$$

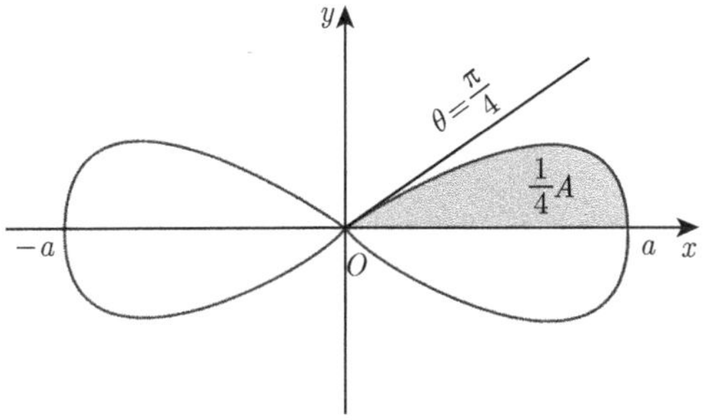

图 8-12

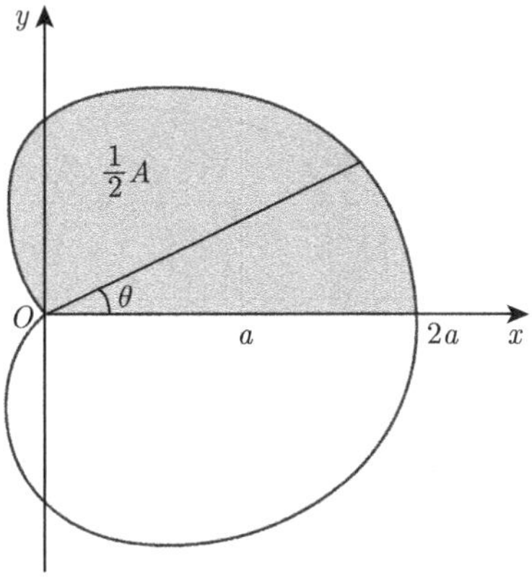

图 8-13

二、 立体的体积 Volume of solid

早在我国南北朝时期, 数学家祖暅 (祖冲之的儿子) 在计算球体积时, 发现: 若两个立体在同一高度处横截面面积相等, 则这两个立体的体积相等. 17 世纪意大利数学家卡瓦列利 (Cavalieri) 也提出了类似的原理, 而微积分的创立彻底改变了解决这类问题的方法. 下面我们将讨论两类特殊的立体的体积.

1. 旋转体的体积

旋转体就是由一个平面图形绕着平面内一条直线旋转一周而成的立体. 这条直线叫做**旋转轴**. 圆柱、圆锥、圆台、球体可以分别看成是由矩形绕它的一条边、直角三角形绕它的直角边、直角梯形绕它的直角腰、半圆绕它的直径旋转一周而成的立体, 所以它们都是旋转体.

上述旋转体都可以看作是由连续曲线 $y=f(x)$, 直线 $x=a,x=b$ 及 x 轴所围成的曲边梯形绕 x 轴旋转一周而成的立体.

选 x 为积分变量, 它的变化区间为 $[a,b]$, 相应于 $[a,b]$ 上的任一小区间 $[x,x+\mathrm{d}x]$ 的窄曲边梯形绕 x 轴旋转而成的薄片的体积近似等于以 $f(x)$ 为底半径、以 $\mathrm{d}x$ 为高的扁圆柱体的体积 (图 8-14), 即体积微元

$$\mathrm{d}V=\pi[f(x)]^2\mathrm{d}x.$$

于是旋转体的体积

$$V=\pi\int_a^b[f(x)]^2\mathrm{d}x.$$

用类似的方法可以推出: 由曲线 $x=\varphi(y)$ 和直线 $y=c, y=d(c<d)$ 及 y 轴所围成图形, 绕 y 轴旋转一周所成的旋转体 (图 8-15) 的体积为

$$V=\pi\int_c^d[\varphi(y)]^2\mathrm{d}y.$$

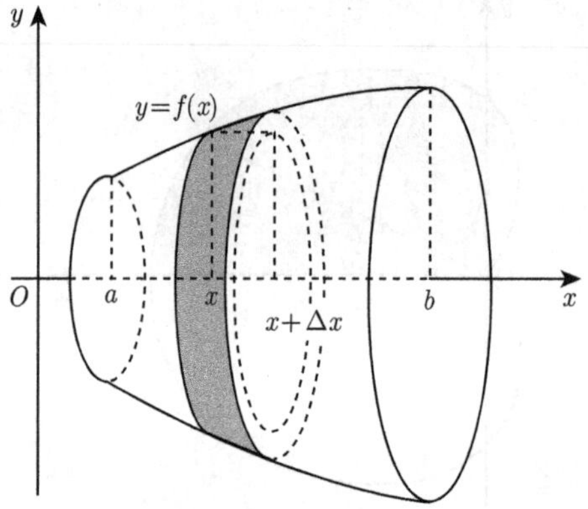

图 8-14

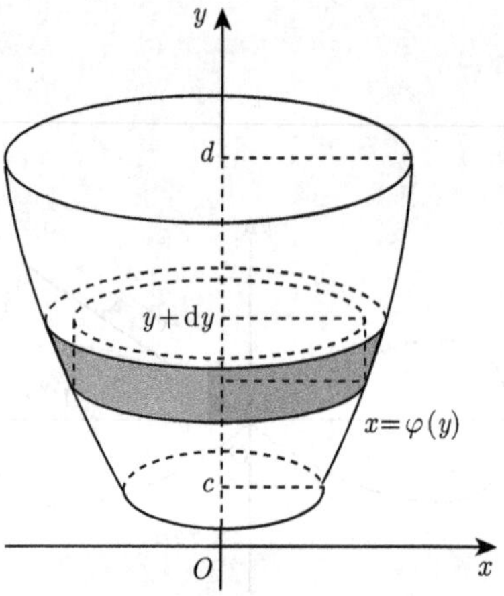

图 8-15

例 9 连接坐标原点 O 及点 $P(h,r)$ 的直线、直线 $x=h$ 及 x 轴围成一个直角三角形, 将它绕 x 轴旋转构成一个半径为 r, 高为 h 的圆锥体, 计算圆锥体的体积.

解 取 x 轴为旋转轴, 建立如图 8-16 所示的坐标系, 则过原点 O 及点 $P(h,r)$ 的直线方程为 $y=\dfrac{r}{h}x$. 选 x 为积分变量, 它的变化区间为 $[0,h]$. 圆锥体中相对应于 $[0,h]$ 上的任一小区间 $[x,x+\mathrm{d}x]$ 的薄片的体积近似等于以 $\dfrac{r}{h}x$ 为底半径、$\mathrm{d}x$ 为高的扁圆柱体的体积, 即体积微元

$$\mathrm{d}V=\pi\left(\frac{r}{h}x\right)^2\mathrm{d}x,$$

所求体积

$$V=\int_0^h\pi\left(\frac{r}{h}x\right)^2\mathrm{d}x=\frac{\pi r^2}{h^2}\left[\frac{x^3}{3}\right]_0^h=\frac{\pi hr^2}{3}.$$

例 10 计算由椭圆 $\dfrac{x^2}{a^2}+\dfrac{y^2}{b^2}=1$ 围成的平面图形绕 x 轴旋转而成的旋转椭球体 (图 8-17) 的体积.

解 该旋转体可视为由上半椭圆 $y=\dfrac{b}{a}\sqrt{a^2-x^2}$ 及 x 轴所围成的图形绕 x 轴旋转而成的立体.

选 x 为积分变量, 其变化区间为 $[-a,a]$, 任取其上一区间微元 $[x,x+\mathrm{d}x]$, 相应于该区间微元的小薄片的体积, 近似等于底半径为 $\dfrac{b}{a}\sqrt{a^2-x^2}$, 高为 $\mathrm{d}x$ 的扁圆柱体的体积, 即体

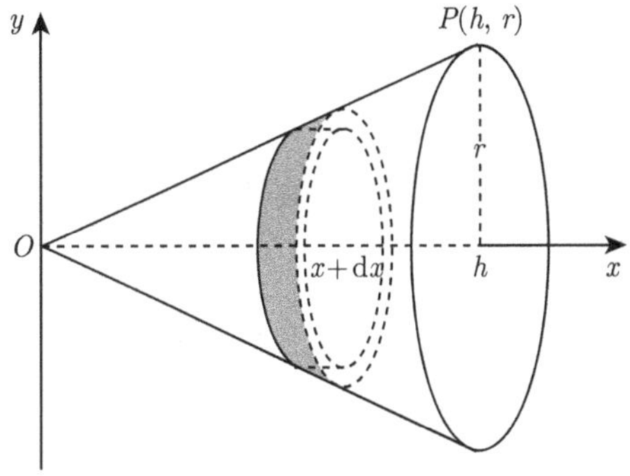

图 8-16

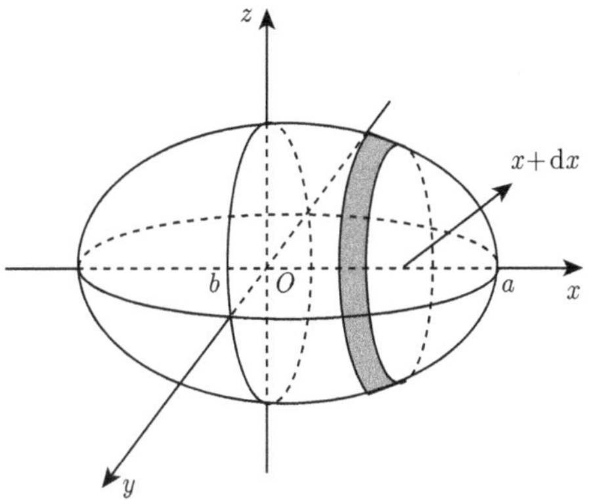

图 8-17

积微元

$$\mathrm{d}V=\pi\frac{b^2}{a^2}(a^2-x^2)\mathrm{d}x,$$

故所求旋转椭球体的体积为

$$V=\int_{-a}^{a}\mathrm{d}V=\int_{-a}^{a}\pi\frac{b^2}{a^2}(a^2-x^2)\mathrm{d}x=2\pi\frac{b^2}{a^2}\int_0^a(a^2-x^2)\mathrm{d}x$$

$$=2\pi\frac{b^2}{a^2}\left(a^2x-\frac{x^3}{3}\right)\bigg|_0^a=\frac{4}{3}\pi ab^2.$$

特别地, 当 $a=b=R$ 时, 可得半径为 R 的球体的体积 $V=\frac{4}{3}\pi R^3$.

例 11 求由曲线 $y=x^2$ 及 $y=2-x^2$ 所围成的图形分别绕 x 轴和 y 轴旋转而成的旋转体的体积.

解 画出由曲线 $y=x^2$ 及 $y=2-x^2$ 所围成的图形的草图 (图 8-18). 曲线 $y=x^2$ 及 $y=2-x^2$ 的交点坐标分别为 $(-1,1)$ 及 $(1,1)$.

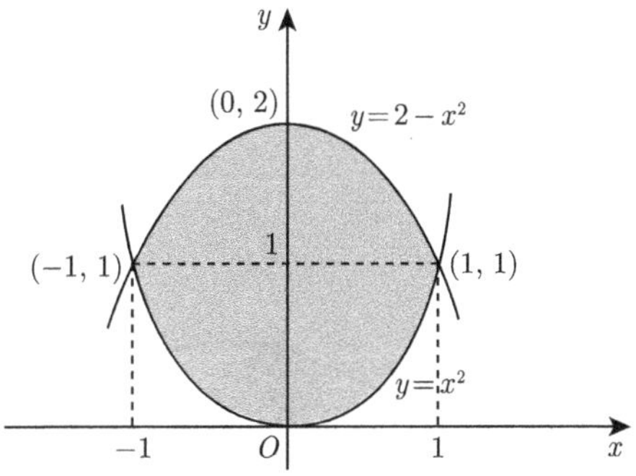

图 8-18

曲线 $y=x^2$ 及 $y=2-x^2$ 所围成的图形绕 x 轴旋转所成旋转体, 其体积微元是

$$\mathrm{d}V=\pi[(2-x^2)^2-(x^2)^2]\mathrm{d}x.$$

并且由于图形关于 y 轴对称, 所以绕 x 轴旋转所成旋转体体积为

$$V_x=2\pi\int_0^1[(2-x^2)^2-x^4]\mathrm{d}x=8\pi\left(x-\frac{1}{3}x^3\right)\bigg|_0^1=\frac{16}{3}\pi.$$

曲线 $y=x^2$ 及 $y=2-x^2$ 所围成的图形绕 y 轴旋转所成旋转体的体积, 可以看作是由曲线 $x=\sqrt{y}$, 直线 $y=1$ 及 y 轴围成的图形, 和由曲线 $x=\sqrt{2-y}$, 直线 $y=1$ 及 y 轴

围成的图形分别绕 y 轴旋转所成旋转体体积之和. 而由曲线 $x=\sqrt{y}$, 直线 $y=1$ 及 y 轴围成的图形绕 y 轴旋转所成旋转体的体积微元是

$$\mathrm{d}V=\pi(\sqrt{y})^2\mathrm{d}y=\pi y\mathrm{d}y;$$

由曲线 $x=\sqrt{2-y}$, 直线 $y=1$ 及 y 轴围成的图形绕 y 轴旋转所成旋转体的体积微元是

$$\mathrm{d}V=\pi(\sqrt{2-y})^2\mathrm{d}y=\pi(2-y)\mathrm{d}y.$$

于是曲线 $y=x^2$ 及 $y=2-x^2$ 所围成的图形绕 y 轴旋转所成旋转体的体积为

$$\begin{aligned}V_y&=\pi\int_0^1(\sqrt{y})^2\mathrm{d}y+\pi\int_1^2(\sqrt{2-y})^2\mathrm{d}y=\pi\int_0^1 y\mathrm{d}y+\pi\int_1^2(2-y)\mathrm{d}y\\&=\pi\left(\frac{1}{2}y^2\right)\Big|_0^1+\pi\left(2y-\frac{1}{2}y^2\right)\Big|_1^2=\pi.\end{aligned}$$

2. 平行截面面积为已知的立体的体积

从计算旋转体体积的过程可以看出, 如果一个立体不是旋转体, 但知道该立体上垂直于一定轴的各个截面的面积, 那么, 这个立体的体积也可以用定积分来计算.

如图 8-19 所示, 取上述定轴为 x 轴, 并设该立体在过点 $x=a, x=b$ 且垂直于 x 轴的两个平面之间, 以 $A(x)$ 表示过点 x 且垂直于 x 轴的截面面积, 假定 $A(x)$ 为 x 的已知的连续函数. 这时, 取 x 为积分变量, 它的变化区间为 $[a,b]$; 立体中相应于 $[a,b]$ 上的任一小区间 $[x,x+\mathrm{d}x]$ 的一薄片的体积, 近似等于以 $A(x)$ 为底面积、以 $\mathrm{d}x$ 为高的扁圆柱体的体积, 体积微元

$$\mathrm{d}V=A(x)\mathrm{d}x.$$

以 $A(x)\mathrm{d}x$ 为被积表达式, 在闭区间 $[a,b]$ 上作定积分, 于是所求立体的体积为

$$V=\int_a^b A(x)\mathrm{d}x.$$

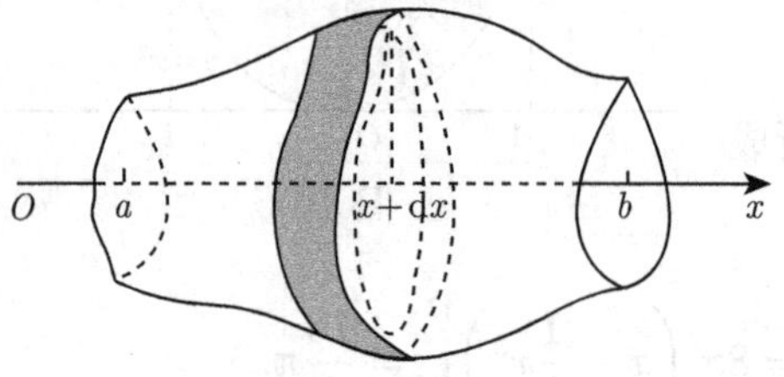

图 8-19

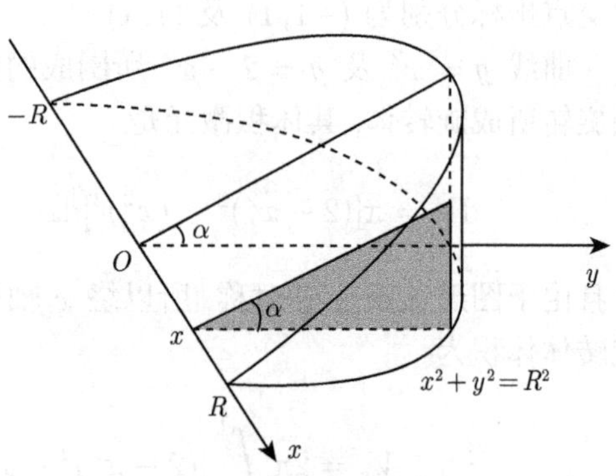

图 8-20

例 12　一平面经过半径为 R 的圆柱体的底圆中心, 并与底面交成角 α (图 8-20), 计算这平面截圆柱体所得立体的体积.

解　截面面积 $A(x)=\frac{1}{2}(R^2-x^2)\tan\alpha$, 体积微元 $\mathrm{d}V=A(x)\mathrm{d}x$, 所求体积

$$V=\frac{1}{2}\int_{-R}^{R}(R^2-x^2)\tan\alpha dx=\frac{2}{3}R^3\tan\alpha.$$

三、 平面曲线的弧长 Plane curve of arc length

我们知道, 圆的周长可以利用圆的内接正多边形的周长当边数无限增多时的极限来确定. 现在用类似的方法来建立平面的连续曲线弧长的概念, 从而应用定积分来计算弧长.

设 A, B 是曲线弧上的两个端点. 在弧 AB 上依次任取分点 $M_0,M_1,M_2,\cdots,M_{i-1},M_i,\cdots,M_n=B$, 并依次连接相邻的分点得一内接折线 (图 8-21). 当分点的数目无限增加且每个小段 $\overline{M_{i-1}M_i}$ 都缩向一点时, 如果此折线的长 $\sum\limits_{i=1}^{n}|M_{i-1}M_i|$ 的极限存在, 则称此极限为曲线弧 AB 的**弧长 (arc length)**, 并称此曲线弧 AB 是可求长的.

对光滑的曲线弧①, 我们有如下结论:

定理 1　光滑的曲线弧是可求长的.

1. 直角坐标方程表示的平面曲线的弧长

设函数 $y=f(x)$ 在区间 $[a,b]$ 上有一阶连续导数, 求此光滑曲线的弧长 s.

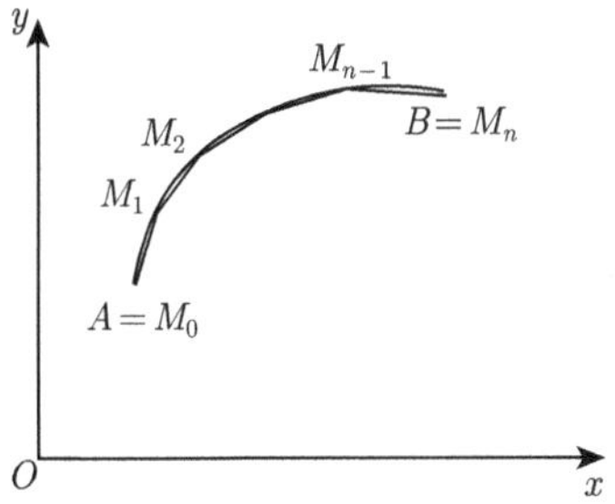

图 8-21

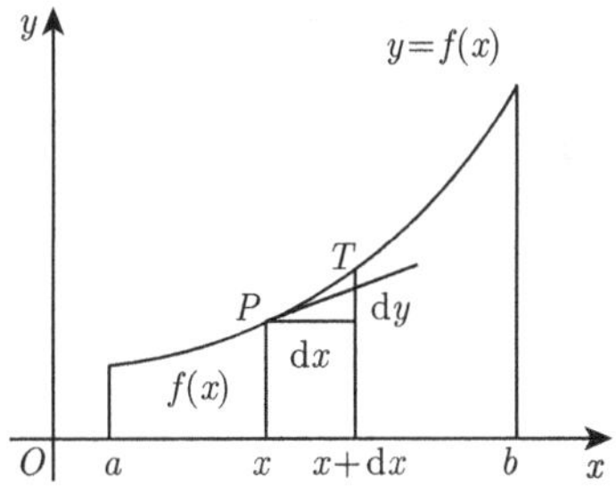

图 8-22

如图 8-22 所示, 取 x 为积分变量, 它的变化区间为 $[a,b]$, 任取其上一区间 $[x,x+\mathrm{d}x]$, 相应于该区间上的一小段弧的长度近似等于该曲线在点 $(x,f(x))$ 处的切线上相对应的一小段的长度. 而切线上相对应小段的长度为

$$PT=\sqrt{(\mathrm{d}x)^2+(\mathrm{d}y)^2}=\sqrt{1+(y')^2}\mathrm{d}x.$$

从而得到弧长微元 (弧微分) 为

$$\mathrm{d}s=\sqrt{1+y'^2}\mathrm{d}x.$$

所求光滑曲线的弧长为

$$s=\int_a^b\sqrt{1+y'^2}\mathrm{d}x\quad(a<b).$$

① 当曲线上每一点处都有切线, 且切线随切点的移动而连续移动, 这样的曲线称为光滑曲线.

例 13 求曲线 $y=\dfrac{2}{3}x^{\frac{3}{2}}$ 上相应于 x 从 0 到 8 的一段弧的长度.

解 因为 $y'=x^{\frac{1}{2}}$, 弧长微元为

$$\mathrm{d}s=\sqrt{1+(y')^2}\mathrm{d}x=\sqrt{1+x}\mathrm{d}x,$$

所求弧长为

$$s=\int_0^8\sqrt{1+(y')^2}\mathrm{d}x=\int_0^8\sqrt{1+x}\mathrm{d}x=\left[\frac{2}{3}(1+x)^{\frac{3}{2}}\right]_0^8=17\frac{1}{3}.$$

2. 参数方程表示的平面曲线的弧长

如果曲线弧 L 由参数方程 $\begin{cases}x=\varphi(t),\\ y=\psi(t)\end{cases}$ $(\alpha\leqslant t\leqslant\beta)$ 给出, 其中 $\varphi(t),\psi(t)$ 在 $[a,b]$ 上具有一阶连续导数, 则弧长微元

$$\mathrm{d}s=\sqrt{(\mathrm{d}x)^2+(\mathrm{d}y)^2}=\sqrt{[\varphi'(t)]^2+[\psi'(t)]^2}\mathrm{d}t,$$

所求光滑曲线的弧长

$$s=\int_\alpha^\beta\sqrt{[\varphi'(t)]^2+[\psi'(t)]^2}\mathrm{d}t\quad(\alpha<\beta).$$

例 14 求摆线 $\begin{cases}x=a(t-\sin t),\\ y=a(1-\cos t)\end{cases}$ $(a>0,0\leqslant t\leqslant 2\pi)$ 一拱的弧长.

解 由于 $x'(t)=a(1-\cos t),y'(t)=a\sin t$. 由弧长计算公式, 得

$$\begin{aligned}s&=\int_0^{2\pi}\sqrt{[x'(t)]^2+[y'(t)]^2}\mathrm{d}t=\int_0^{2\pi}a\sqrt{2(1-\cos t)}\mathrm{d}t\\&=2a\int_0^{2\pi}\left|\sin\frac{t}{2}\right|\mathrm{d}t=4a\int_0^{2\pi}\left|\sin\frac{t}{2}\right|\mathrm{d}\frac{t}{2}\overset{u=\frac{t}{2}}{=}4a\int_0^{\pi}|\sin u|\,\mathrm{d}u=4a\int_0^{\pi}\sin u\mathrm{d}u\\&=-4a\cos u|_0^{\pi}=8a.\end{aligned}$$

3. 极坐标方程表示的平面曲线的弧长

如果曲线由极坐标方程 $r=r(\theta)(\alpha\leqslant\theta\leqslant\beta)$ 给出, 其中 $r(\theta)$ 在 $[\alpha,\beta]$ 上具有连续导数, 此时可把极坐标方程化为参数方程

$$\begin{cases}x=r(\theta)\cos\theta,\\ y=r(\theta)\sin\theta\end{cases}\quad(\alpha\leqslant\theta\leqslant\beta),$$

并注意到

$$\mathrm{d}x=[r'(\theta)\cos\theta-r(\theta)\sin\theta]\mathrm{d}\theta,\quad \mathrm{d}y=[r'(\theta)\sin\theta-r(\theta)\cos\theta]\mathrm{d}\theta,$$

代入弧长微元得

$$PT=\sqrt{(\mathrm{d}x)^2+(\mathrm{d}y)^2}.$$

则所求光滑曲线的弧长为

$$s=\int_\alpha^\beta \sqrt{r^2(\theta)+[r'(\theta)]^2}\mathrm{d}\theta.$$

例 15　求心形线 $r=a(1+\cos\theta)$ 的周长.

解　此心形线关于极轴对称.

$$\begin{aligned}s&=2\int_0^\pi \sqrt{[a(1+\cos\theta)]^2+(-a\sin\theta)^2}\mathrm{d}\theta=2a\int_0^\pi \sqrt{2(1+\cos\theta)}\mathrm{d}\theta\\&=4a\int_0^\pi \cos\frac{\theta}{2}\mathrm{d}\theta=8a\sin\frac{\theta}{2}\Big|_0^\pi=8a.\end{aligned}$$

习　题　二

1. 求下列曲线所围图形的面积:

(1) $y=8-2x^2$ 与 $y=0$;　　(2) $y=\sqrt{x}$ 与 $y=x$;

(3) $y=x^2$ 与 $y=2x+3$;　　(4) $y=\dfrac{1}{x}, y=x$ 与 $x=2$;

(5) $y=\ln x$, y 轴与 $y=\ln a$, $y=\ln b(b>a>0)$;

(6) $y=\mathrm{e}^x, y=\mathrm{e}^{-x}$ 与 $x=1$.

2. 曲线 $y=x^2$ 在 $(1,1)$ 处的切线与 $x=y^2$ 所围成图形的面积.

3. 求下列极坐标表示的曲线所围图形的面积:

(1) $r=2a\cos\theta$;　　(2) $r=2a(2+\cos\theta)$;

(3) $r=3\cos\theta$ 与 $r=1+\cos\theta$ 所围图形的公共部分.

4. 求下列已知曲线所围成的图形, 按指定的轴旋转所产生的旋转体的体积:

(1) $y=x^2, x=y^2$, 分别绕 x, y 轴;

(2) $y=x^3, x=2, y=0$, 分别绕 x, y 轴;

(3) $y=x$, $x=2$, $y=\dfrac{1}{x}$, 分别绕 x, y 轴;

(4) $y=0$, $x=\dfrac{\pi}{2}$, $y=\sin x$, 分别绕 x, y 轴.

5. 计算由摆线 $\begin{cases}x=a(t-\sin t),\\ y=a(1-\cos t)\end{cases}$ $(a>0, 0\leqslant t\leqslant 2\pi)$ 的一拱, 直线 $y=0$ 所围成的图形分别绕 x 轴和 y 轴旋转而成的旋转体的体积.

6. 求以半径为 R 的圆为底、平行且等于底圆直径的线段为顶、高为 h 的正劈锥体的体积 (图 8-23).

7. 求曲线 $y=\ln x$ 上相应于 $\sqrt{3}\leqslant x\leqslant\sqrt{8}$ 的一段弧的长度.

8. 已知星形线的参数方程为 $\begin{cases}x=a\cos^3 t,\\ y=a\sin^3 t\end{cases}$ $(a>0)$, 试求: (1) 它所围的面积; (2) 它绕 x 轴旋转而成的旋转体的体积; (3) 全长.

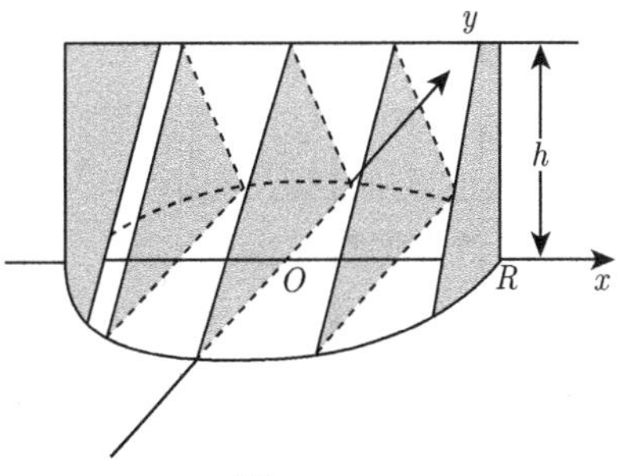

图 8-23

9. 求极坐标系下曲线 $r=a\left(\sin\dfrac{\theta}{3}\right)^3$ $(a>0,0\leqslant\theta\leqslant 3\pi)$ 的长.

10. 证明: 由平面图形 $0\leqslant a\leqslant x\leqslant b,0\leqslant y\leqslant f(x)$ 绕 y 轴旋转所得旋转体的体积为

$$V=2\pi\int_a^b xf(x)\mathrm{d}x.$$

第三节* 定积分在物理学上的应用

Applications of definite integral in physics

一、 变力沿直线所做的功 Work done by variable force

从物理学知道, 如果物体在直线运动的过程中有一个常力作用在这个物体上, 且 F 的方向与运动的方向一致, 那么当物体有位移 S 时, 力 F 对物体所做的功为

$$W=F\cdot S.$$

如果物体在运动的过程中所受的力是变化的, 那么这就是变力做功问题.

设物体在变力 $F(x)$ 的作用下, 求沿 x 轴由 a 移动到 b 所做的功. 这里假设 $F(x)$ 在 $[a,b]$ 上连续, 在 $[a,b]$ 上任取一子区间 $[x,x+\mathrm{d}x]$, 相应的功为 ΔW, 由于 $F(x)$ 连续, 故在小区间 $[x,x+\mathrm{d}x]$ 内也可以近似地看作恒力 $F(x)$ 做功, 移动的位移为 $\mathrm{d}x$, $\Delta W\approx \mathrm{d}W=F(x)\mathrm{d}x$, $\mathrm{d}W$ 为功的微元, 于是 $F(x)$ 在 $[a,b]$ 上所做的功为

$$W=\int_a^b F(x)\mathrm{d}x.$$

例 1 现有一弹簧拉长 0.02 m 用 9.8 N 的力, 求把弹簧拉长 0.10 m 所做的功.

解 根据胡克定理, 有 $F(x)=kx$, 弹簧拉长 0.02 m 用 9.8 N 的力, 即 $9.8=0.02k$, 解得 $k=490$, 于是 $F(x)=490x$. 在 $[0,0.10]$ 上任取一子区间 $[x,x+\mathrm{d}x]$, 将长度为 $\mathrm{d}x$ 的小段弹性恢复力看作是恒力 $F(x)$, 弹簧拉长 $\mathrm{d}x$, 则功的元素为

$$\mathrm{d}W=F(x)\mathrm{d}x=490x\mathrm{d}x,$$

在 $[0,0.10]$ 上积分, 得弹簧拉长 0.10 m 所做的功为

$$W=\int_0^{0.10}F(x)\mathrm{d}x=\int_0^{0.10}490x\mathrm{d}x=490\times\left.\frac{x^2}{2}\right|_0^{0.10}=2.45(\mathrm{J}).$$

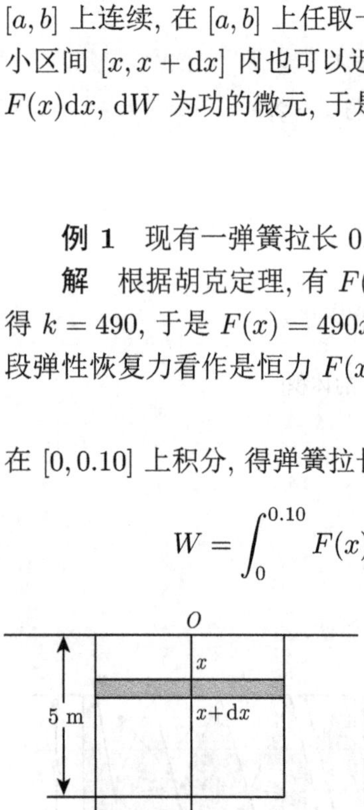

图 8-24

例 2 一圆柱形蓄水池高为 5 m, 底半径为 3 m, 池内盛满了水. 问要把池内的水全部吸出, 需做多少功?

解 建立如图 8-24 所示的坐标系, 取 x 为积分变量, $x\in[0,5]$, 任取一小区间 $[x,x+\mathrm{d}x]$, 这一薄层水的重力为 $9.8\pi\cdot 3^2\mathrm{d}x\mathrm{kN}$, 功微元为

$$\mathrm{d}W=88.2\pi\cdot x\cdot\mathrm{d}x.$$

所求功为

$$W=\int_0^5 88.2\pi\cdot x\cdot\mathrm{d}x=88.2\pi\left.\left(\frac{x^2}{2}\right)\right|_0^5\approx 3462(\mathrm{kJ}).$$

二、 水压力 Water pressure

从物理学知道, 在液体深为 h 处的压强为 $p=\rho h$, 这里 ρ 为液体的比重. 如果将一面积为 A 的平板水平放置在液体深为 h 处, 那么平板一侧所受液体的压力为 $P=p\cdot A$.

如果平板铅直地放置在液体中, 由于深度不同处得压强 p 不相等, 因此平板一侧所受的液体的压力就不能用上述方法计算. 下面举例说明它的计算方法.

例 3　有一等腰形闸门, 其上底长 10m, 下底长 6m, 高为 20m, 该闸门所在的平面与水平面垂直, 且上底与水平面相齐, 求该闸门一侧所受到的静水压力.

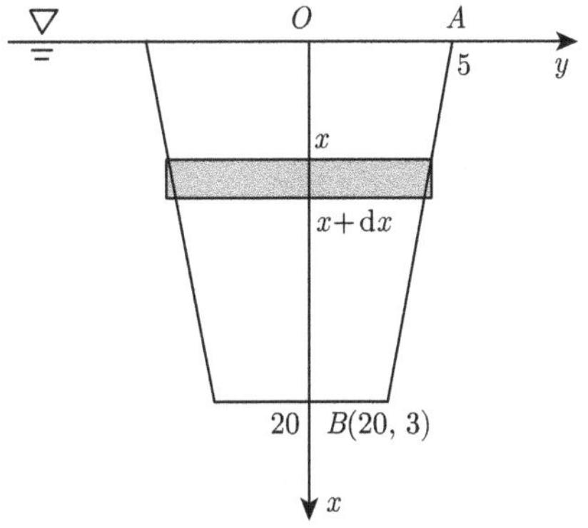

图 8-25

解　建立坐标系 (图 8-25), 则直线段 AB 的方程为

$$y=5-\frac{x}{10}.$$

任取 $[0,20]$ 上一子区间 $[x,x+\mathrm{d}x]$, 该子区间所对应的闸门上的水平细条可近似地看作是宽度为 $2y$, 高为 $\mathrm{d}x$ 的小矩形, 其上各点到水面距离可近似地看作 x, 于是细条所受水的压力的微元为

$$\mathrm{d}P=\rho gx\cdot 2y\mathrm{d}x=2\rho gx\left(5-\frac{x}{10}\right)\mathrm{d}x.$$

于是所求静水压力为

$$P=\int_0^{20}\mathrm{d}P=\int_0^{20}2\rho gx\left(5-\frac{x}{10}\right)\mathrm{d}x=\frac{44}{3}\times 10^6(\mathrm{N}),$$

其中 $\rho=10^3\mathrm{kg/m^3}$.

三、 引力 Gravity

从物理学知道, 质量分别为 m_1,m_2, 相距为 r 的两质点的引力的大小为

$$F=G\frac{m_1m_2}{r^2},$$

其中 G 为引力常数, 引力的方向沿着两质点的连线方向.

如果将其中一质点换为一物体, 而物体可视为质点构成, 其上的各质点的距离不同, 引力的方向也是变化的, 所以不能直接用上面的公式来计算引力. 当物体有不同的几何形状时, 就涉及不同的处理方法, 这里就最简单情形举例说明引力的计算方法.

例 4　假设有一长度为 l、线密度为 ρ 的均匀细棒, 在其中垂线上距棒 a 单位处有一质量为 m 的质点 M, 试计算该棒对质点 M 的引力.

解　建立坐标系 (图 8-26), 取 y 为积分变量, $y\in\left[-\frac{l}{2},\frac{l}{2}\right]$, 任取一微元 $[y,y+\mathrm{d}y]$, 小段与质点的距离为 $r=\sqrt{a^2+y^2}$, 小段对质点的引力 $\Delta F\approx k\frac{m\rho\mathrm{d}y}{a^2+y^2}$, 水平方向的分

力微元

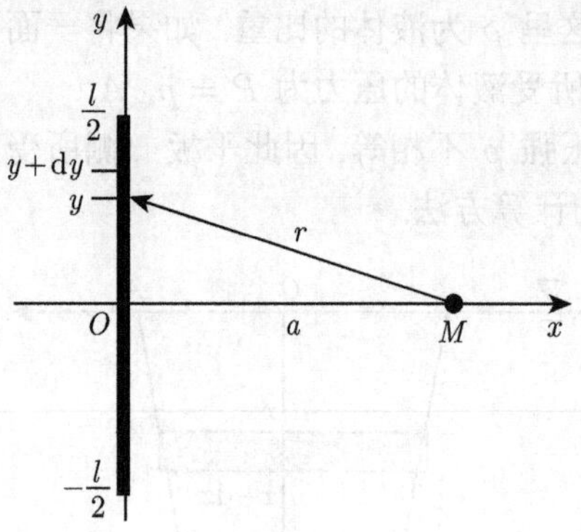

图 8-26

$$\mathrm{d}F_x = -k\frac{am\rho\mathrm{d}y}{(a^2+y^2)^{\frac{3}{2}}},$$

水平方向分力为

$$F_x = -\int_{-\frac{l}{2}}^{\frac{l}{2}} k\frac{am\rho\mathrm{d}y}{(a^2+y^2)^{\frac{3}{2}}} = \frac{-2km\rho l}{a(4a^2+l^2)^{\frac{1}{2}}},$$

由对称性, 在铅直方向分力为

$$F_y = 0.$$

四、 平均功率 Average power

根据第七章第二节定义了连续函数 $f(x)$ 在区间 $[a,b]$ 上的平均值为

$$\overline{y} = \frac{\int_a^b f(x)\mathrm{d}x}{b-a}. \tag{1}$$

我们可以应用这一平均值概念讨论物理学中的平均功率、平均压强等基本量.

通常我们看到白炽灯灯泡上印有 40W 的字样, 是表示通过交流电时, 消耗在灯泡上的平均功率是 40W. 怎样计算平均功率呢？下面我们给以说明.

若直流电流 I 流经电阻 R 时, 消耗在电阻 R 上的功率是

$$P = I^2R.$$

因为电流不变, 功率也不变, 因此在 T 时间内消耗在电阻上的功是

$$W = PT = I^2RT.$$

但是, 当随着时间变化的交流电流 $i(t)$ 流过电阻时, 消耗的功率

$$P = i^2R = P(t)$$

也随时间改变. 计算 T 时间内消耗的功时, 用平均功率 $\overline{P}$ 和时间 T 的乘积表示, 即

$$W = \overline{P}T.$$

那么, 怎样计算平均功率 $\overline{P}$ 呢？

若交流电流 $i(t)$ 的变化周期是 T, 功率 $P(t)$ 在区间 $[0,T]$ 上的平均值叫做**平均功率** (average power). 利用求函数平均值的公式, 得

$$\overline{P} = \frac{\int_0^T P(t)\mathrm{d}t}{T} = \frac{\int_0^T i^2R\mathrm{d}t}{T},$$

其中 $\int_0^T i^2R\mathrm{d}t$ 表示在 T 时间内消耗在电阻 R 上的功, 再除以 T, 表示在单位时间内所消耗的功, 即就是平均功率.

具体地, 设交流电流 $i(t)=I_m\sin\omega t$, 其中 I_m 表示电流的最大值, 周期 $T=\dfrac{2\pi}{\omega}$, 代入上式求定积分, 得

$$\overline{P}=\frac{\int_0^T i^2R\mathrm{d}t}{T}=\frac{\int_0^{\frac{2\pi}{\omega}} I_m^2\cdot\sin^2\omega t\cdot R\mathrm{d}t}{\frac{2\pi}{\omega}}=\frac{I_m^2R\omega\int_0^{\frac{2\pi}{\omega}}\sin^2\omega t\mathrm{d}t}{2\pi}$$

$$=\frac{I_m^2R\omega}{2\pi}\int_0^{\frac{2\pi}{\omega}}\frac{1-\cos 2\omega t}{2}\mathrm{d}t=\frac{I_m^2R}{2\pi}.$$

例 5　已知 220 伏交流电的电压 $V(t)=V_m\sin\omega t$, 其中电压幅值 $V_m=220\sqrt{2}$ 伏, 角频率 $\omega=100\pi$. 若电阻为 R (单位：欧姆), 求电流经过电阻 R 的平均功率.

解　由于直流电流 I 流经电阻 R 时, 消耗在电阻 R 上的功率是

$$P=I^2R.$$

因为电流不变, 功率也不变, 因此在 T 时间内消耗在电阻上的功是

$$W=PT=I^2RT.$$

但对于交流电来说, 电流 $i(t)$ 不是常数, 从而通过电阻 R 所消耗的功率是时间 t 的函数. 因此在一个周期时间 T 内的平均功率是

$$\overline{P}=\frac{W}{T},$$

其中 W 是时间 T 内的所消耗的功.

设在区间 $[0,T]$ 上, 取时间间隔 $\mathrm{d}t$, 那么在 $\mathrm{d}t$ 内所消耗的功是

$$\Delta W\approx\mathrm{d}W=i^2(t)R\mathrm{d}t.$$

由欧姆定律 $I=\dfrac{V}{R}$, 所以

$$\mathrm{d}W=\frac{V^2(t)}{R}\mathrm{d}t,$$

因此平均功率是

$$\overline{P}=\frac{W}{T}=\frac{\int_0^T\frac{V^2(t)}{R}\mathrm{d}t}{T}=\frac{50\int_0^{\frac{1}{50}}[220\sqrt{2}\sin(100\pi t)]^2\mathrm{d}t}{R}$$

$$=\frac{484\times10^4}{R}\int_0^{\frac{1}{50}}\frac{1-\cos(200\pi t)}{2}\mathrm{d}t=\frac{242\times10^4}{R}\cdot\frac{1}{50}=\frac{220^2}{R}$$

(由于上述平均功率的值相当于 220 伏直流电在电阻 R 上消耗的功率, 因此把 $V(t)=220\sqrt{2}\cdot\sin(100\pi t)$ 伏的交流电称为 220 伏交流电).

例 6 若一定质量的理想气体, 在等温条件下, 其体积由 V_a 膨胀到 V_b, 求这过程中压强的平均值.

解 一定质量的理想气体, 在等温条件下, 压强 $p=\dfrac{k}{V}$(k 是常数). 由题意可知, 要求 $p=\dfrac{k}{V}$ 在区间 $[V_a,V_b]$ 上的平均值, 由公式 (1) 得

$$\overline{p}=\frac{\displaystyle\int_{V_a}^{V_b}\frac{k}{V}\mathrm{d}V}{V_b-V_a}=\frac{k}{V_b-V_a}\ln\frac{V_b}{V_a}.$$

习 题 三

1. 设 40 牛的力使弹簧从自然长度 10 cm 拉长成 15 cm, 问需要做多大的功才能克服弹性恢复力, 将伸长的弹簧从 15 cm 处再拉长 3 cm?

2. 把一个带 $+q$ 电量的点电荷放在 r 轴上坐标原点处, 它产生一个电场, 这个电场对周围的电荷有作用力. 由物理学知道, 如果一个单位正电荷放在这个电场中距离原点为 r 的地方, 那么电场对它的作用力的大小为

$$F=k\frac{q}{r^2}\quad (k\text{ 是常数}).$$

当这个单位正电荷在电场中从 $r=a$ 处沿 r 轴移动到 $r=b$ 处时, 计算电场力 F 对它所做的功.

3. 设有一圆锥形蓄水池, 深 15m, 口径 20m, 盛满水, 现将该水池中的水吸出池外, 问需做功多少?

4. 设有一直径为 20m 的半球形水池, 池内蓄满水, 若要把水抽尽, 问至少做多少功.

5. 在底面积为 S 的圆柱形容器中盛有一定量的气体. 在等温条件下, 由于气体的膨胀, 把容器中的一个活塞 (面积为 S) 从点 a 处推移到 b 处. 计算在移动过程中, 气体压力所做的功.

6. 一个横放着的圆柱形水桶, 桶内盛有半桶水, 设桶的底半径为 R, 水的比重为 γ, 计算桶的一端面上所受的压力.

7. 高 100cm 的铅直水闸, 其形状是上底宽 200cm, 下底宽 100cm 的梯形, 当水深 50cm 时, 求水闸上的压力.

8. 设有一长度为 l, 线密度为 ρ 的均匀细棒, 在与棒的一端垂直距离为 a 的单位处有一质量为 m 的质点 M, 试求这细棒对质点 M 的引力.

9. 求下列函数在给定区间上的平均值:

(1) $y=\sin x$, $[0,\pi]$;　　(2) $y=x\mathrm{e}^x$, $[0,1]$.

10. 已知交流电电压 $V=V_m\sin\omega t$ 经半波整流后的电压在一个周期内的表达式为

$$V=\begin{cases}V_m\sin\omega t, & 0\leqslant t\leqslant\dfrac{\pi}{\omega},\\ 0, & \dfrac{\pi}{\omega}<t\leqslant\dfrac{2\pi}{\omega},\end{cases}$$

求半波整流后的电压在一定周期内的平均值.

11. 已知交流电电压 $V=V_m\sin\omega t$ 经全波整流后的电压为 $V=V_m|\sin\omega t|$, 求全波整流后的电压在一个周期内的平均值.

第四节* 定积分在经济学中的应用

Applications of definite integral in economics

一、由边际函数求原经济函数

Find the original economic function from the marginal function

在经济学中，把一个函数的导函数称为它的边际函数. 因此在经济问题中，由边际函数求原来的经济函数，可用积分来解决.

已知某一经济函数 $F(x)$(如需求函数 $Q(P)$、总成本函数 $C(x)$、总收入函数 $R(x)$ 和利润函数 $L(x)$ 等)，它的边际函数就是它的导数 $F'(x)$. 作为导数 (微分) 的逆运算，若对已知的边际函数 $F'(x)$ 求不定积分，则可求得**原经济函数** (original economic function)

$$F(x)=\int F'(x)\mathrm{d}x,$$

也利用所给的条件可以通过定积分

$$F(x)-F(x_0)=\int_{x_0}^{x} F'(x)\mathrm{d}x.$$

即

$$F(x)=\int_{x_0}^{x} F'(x)\mathrm{d}x+F(x_0),$$

求得原经济函数.

例 1 已知某产品生产 x 件时，边际成本 $C'(x)=2+x$(元/件)，固定成本 200 元. (1) 求其成本函数；(2) 求产量为多少时，平均成本最低.

解 (1) 由已知条件得

$$C'(x)=2+x,\quad C(0)=200.$$

因此生产 x 件商品的总成本为

$$C(x)=\int_0^x C'(t)\mathrm{d}t+C(0)=\int_0^x(2+t)\mathrm{d}t+200=2x+\frac{1}{2}x^2+200(\text{元}).$$

(2) $\overline{C}(x)=2+\dfrac{1}{2}x+\dfrac{200}{x}$, $\overline{C}'(x)=\dfrac{1}{2}-\dfrac{200}{x^2}$. 令 $\overline{C}'(x)=0$，得 $x_1=20(x_2=-20$ 舍). 因此，$\overline{C}(x)$ 仅有一个驻点 $x_1=20$，再由实际问题可知 $\overline{C}(x)$ 有最小值. 故当产量为 20 件时，平均成本最低.

例 2 设生产某产品的固定成本为 60，产量为 x 单位时的边际收入函数为

$$R'(x)=100-2x,$$

边际成本函数为

$$C'(x) = x^2 - 14x + 111.$$

(1) 求总收益函数、总成本函数、总利润函数;

(2) 求当产量为多少时利润最大并求最大利润.

解 (1) 总收益函数

$$R(x) = \int_0^x (100 - 2t)\mathrm{d}t = 100x - x^2,$$

总成本函数

$$C(x) = \int_0^x (t^2 - 14t + 111)\mathrm{d}t + C(0) = \frac{1}{3}x^3 - 7x^2 + 111x + 60,$$

总利润函数

$$L(x) = R(x) - C(x) = 100x - x^2 - \left(\frac{1}{3}x^3 - 7x^2 + 111x + 60\right)$$
$$= -\frac{1}{3}x^3 + 6x^2 - 11x - 60.$$

(2) 令 $L'(x) = R'(x) - C'(x) = 0$, 得 $x_1 = 1, x_2 = 11$. 又因为

$$L''(x) = R''(x) - C''(x) = -2 - 2x + 14 = 12 - 2x,$$

于是 $L''(1) = 10 > 0$, $L''(11) = -10 < 0$, 所以当 $x = 11$ 时利润最大, 最大利润为

$$L(x) = -\frac{1}{3} \times 11^3 + 6 \times 11^2 - 11 - 60 \approx 111.3.$$

例 3 设生产某种机器的固定成本为 1.2 万元, 每月生产 x 台的边际成本为

$$C'(x) = 0.6x - 0.2(\text{万元}),$$

每台售价为 1.6 万元, 问每月生产多少台时利润最大, 最大利润是多少?

解 设总成本函数、总收益函数、总利润函数分别为 $C(x)$, $R(x)$, $L(x)$, 则

$$C(x) = \int_0^x (0.6t - 0.2)\mathrm{d}t + C(0) = 0.3x^2 - 0.2x + 1.2,$$

$$R(x) = 1.6x,$$

$$L(x) = R(x) - C(x) = 1.6x - (0.3x^2 - 0.2x + 1.2) = -0.3x^2 + 1.8x - 1.2.$$

令 $L'(x) = -0.6x + 1.8 = 0$, 得 $x = 3$, 又因 $L''(3) = -0.6 < 0$, 所以每月生产 3 台时利润最大, 最大利润为

$$L(3) = -0.3 \times 3^2 + 1.8 \times 3 - 1.2 = 1.5(\text{万元}).$$

二、资本现值与投资问题 Capital value and investment issues

设有 P 元货币, 若按年利率 r 作连续复利计算, 则 t 年后的价值为 Pe^{rt} 元; 反之, 若 t 年后要有货币 P 元, 则按连续复利计算, 现应有 Pe^{-rt} 元, 称此为**资本现值** (present value of capital).

我们设在时间区间 $[0,T]$ 内 t 时刻的单位时间收入为 $f(t)$, 称此为**收入率** (income rate), 若按年利率 r 作连续复利计算, 则在时间区间 $[t,t+\Delta t]$ 内的收入现值为 $f(t)\mathrm{e}^{-rt}\mathrm{d}t$. 按照定积分的微元法的思想, 则在 $[0,T]$ 上得到的总收入现值为

$$y=\int_0^T f(t)\mathrm{e}^{-rt}\mathrm{d}t,$$

若收入率 $f(t)=a$(a 为常数), 称其为**均匀收入率** (average income rate), 若年利率 r 也为常数, 则总收入的现值为

$$y=\int_0^T a\mathrm{e}^{-rt}\mathrm{d}t=a\cdot\frac{-1}{r}\,\mathrm{e}^{-rt}\Big|_0^T=\frac{a}{r}(1-\mathrm{e}^{-rT}).$$

例 4 现对某企业给予一笔投资 A, 经测算, 该企业在 T 年中可以按每年 a 元的均匀收入率获得收入, 若年利润为 r, 试求:

(1) 该投资的纯收入贴现值;

(2) 收回该笔投资的时间为多少?

解 (1) 求投资纯收入的贴现值: 因收入率为 a, 年利润为 r, 故投资后的 T 年中获总收入的现值为

$$y=\int_0^T a\mathrm{e}^{-rt}\mathrm{d}t=\frac{a}{r}(1-\mathrm{e}^{-rT}),$$

从而投资所获得的纯收入贴现值为

$$R=y-A=\frac{a}{r}(1-\mathrm{e}^{-rT})-A.$$

(2) 求收回投资的时间: 收回投资, 即为总收入的现值等于投资,

$$\frac{a}{r}(1-\mathrm{e}^{-rT})=A,$$

于是

$$T=\frac{1}{r}\ln\frac{a}{a-Ar}.$$

即收回投资的时间为

$$T=\frac{1}{r}\ln\frac{a}{a-Ar}.$$

例如, 若对某企业投资 $A=800$(万元), 年利率为 5%, 设在 20 年中的均匀收入率为 $a=200$(万元/年), 则有投资回收期为

$$T=\frac{1}{0.05}\ln\frac{200}{200-800\times0.05}=20\ln1.25\approx4.46(\text{年}).$$

由此可知, 该投资在 20 年中可得纯利润为 1728.2 万元, 投资回收期约为 4.46 年.

运用定积分解决实际问题, 一方面要熟悉常用的计算公式 (如平面图形的面积公式、旋转体体积公式、弧长、路程、功等), 另一方面更重要的是掌握微元法的基本思想.

首先, 定积分的微元法的理论基础是什么? 即能够使用定积分微元法求解的量应该具备的条件是:

(1) 总量具有可加性. 即总量是定义在某一区间上的, 当将区间进行分割时, 总量被分成小区间上的部分量, 总量等于小区间上部分量的和. 面积、体积、弧长、路程、功等量具有区间可加性.

(2) 部分量的近似值具有线性性. 定积分是积分和式 $\sum\limits_{i=1}^{n} f(\xi_i)\Delta x_i$ 的极限, $f(\xi_i)\Delta x_i$ 是部分量的近似值, 是关于 Δx_i 的线性函数. 即部分量的近似值必须能表示为定义在区间上的某一函数 $f(x)$ 在小区间上一点 ξ_i 的值 $f(\xi_i)$ 与小区间长度 Δx_i 的乘积 (Δx_i 的线性函数).

当总量具有以上两个性质时, 一般可以用定积分的微元法来求解.

其次, 实施定积分微元法的步骤. 定积分计算某个量是用某个函数 $F(x)$ 在区间上的增量 $F(b)-F(a)=\int_a^b f(x)\mathrm{d}x$ 来表示的, 通常的四个步骤是: 细分、近似代替、求和、取极限. 实施定积分的微元法一般也遵循这四个步骤:

(1) 细分区间 $[a,b]$ 为 n 个小区间;

(2) 求部分量的近似值 $f(\xi_i)\Delta x_i$;

(3) 作和式 $\sum\limits_{i=1}^{n} f(\xi_i)\Delta x_i$;

(4) 取极限 $\lim\limits_{\lambda\to 0}\sum\limits_{i=1}^{n} f(\xi_i)\Delta x_i$, 得到 $\int_a^b f(x)\mathrm{d}x$.

也可以归纳提炼为两步: 求出 $F(x)$ 的微分式 (微元), $dF(x)=f(x)\mathrm{d}x$(由 $f(\xi_i)\Delta x_i$ 抽象得出); 求微分式的积分, $\int_a^b f(x)\mathrm{d}x=F(b)-F(a)\left(\text{由}\lim\limits_{\lambda\to 0}\sum\limits_{i=1}^{n} f(\xi_i)\Delta x_i\text{得到}\right)$. 微元法就是求微元得到积分的方法. 对于应用问题, 找出微分式 $f(x)\mathrm{d}x$ 是最关键的, 其次是确定积分区间.

定积分应用的方法和技巧主要是指微元法的方法与技巧, 这要求我们对具体问题有相当的了解, 通过几何、物理、经济概念找到最合适的微元; 其次是利用对称性、奇偶性、周期性等概念, 将积分变得尽可能简单.

习 题 四

1. 某企业生产 x 吨产品时的边际成本为 $C'(x)=\dfrac{1}{50}x+30$(元/吨, 且固定成本为 900 元, 试求产量为多少时平均成本最低?

2. 若一企业生产某产品的边际成本是产量 x 的函数 $C'(x)=2\mathrm{e}^{0.2x}$, 固定成本 $C_0=90$, 求总成本函数.

3. 已知某产品生产 x 件时, 边际成本 $C'(x)=0.4x-12$(元/件), 固定成本 200 元.

(1) 求其成本函数;

(2) 若此种商品的售价为 20 元且可全部售出, 求其利润函数 $L(x)$, 并求产量为多少时所获得的利润最大.

4. 某种商品的成本函数 $C(x)$(万元), 其边际成本为 $C'(x)=1$, 边际收益是生产量 x(百台) 的函数, 即 $R'(x)=5-x$.

(1) 求生产量为多少时, 总利润最大?

(2) 从利润量最大的生产量又生产了 100 台, 总利润减少了多少?

5. 已知对某商品的需求量是价格 P 的函数, 且边际需求 $Q'(P)=-4$, 该商品的最大需求量为 80(即 $P=0$ 时, $Q=80$), 求需求量与价格的函数关系.

6. 现购买一栋别墅价值 300 万元, 若首付 50 万元, 以后分期付款, 每年付款数目相同, 10 年付清, 年利率为 6%, 按连续复利计算, 问每年应付款多少? ($\mathrm{e}^{-0.6}\approx 0.5448$)

7. 有一个大型投资项目, 投资成本为 $A=10000$ 万元, 投资年利率为 5%, 每年的均匀收入率为 $a=2000$ 万元, 求该投资为无限期时的纯收入的贴现值 (或称为投资的资本价值).

复习题八

1. 填空题

(1) 曲线 $y=x^3-5x^2+6x$ 与 x 轴所围成的图形的面积 $A=$__________;

(2) 曲线 $y=\dfrac{\sqrt{x}}{3}(3-x)$ 上相应于 $1\leqslant x\leqslant 3$ 的一段弧长 $s=$__________.

2. 选择题

设在区间 $[a,b]$ 上, $f(x)>0$, $f'(x)>0$, $f''(x)<0$. 令

$$A_1=\int_a^b f(x)\mathrm{d}x,\quad A_2=f(a)(b-a),\quad A_3=\frac{1}{2}[f(a)+f(b)](b-a),$$

则有 (　　).

(A) $A_1<A_2<A_3$　　(B) $A_2<A_1<A_3$　　(C) $A_3<A_1<A_2$　　(D) $A_2<A_3<A_1$

3. 求抛物线 $y=-x^2+4x-3$ 及其在点 $(0,-3)$ 和 $(3,0)$ 处的切线所围成的图形的面积.

4. 求曲线 $y=-x^3+x^2+2x$ 与 x 轴所围成的图形的面积.

5. 求位于曲线 $y=\mathrm{e}^x$ 下方, 该曲线过原点的切线的左方以及 x 轴上方之间的图形的面积.

6. 求由曲线 $\rho=a\sin\theta$, $\rho=a(\sin\theta+\cos\theta)$ $(a>0)$ 所围图形公共部分的面积.

7. 如图 8-27 所示, 从下到上依次是三条曲线: $y=x^2$, $y=2x^2$ 和 C. 假设曲线 $y=2x^2$ 上的任一点 P, 所对应的面积 A 和 B 恒相等, 求曲线 C 的方程.

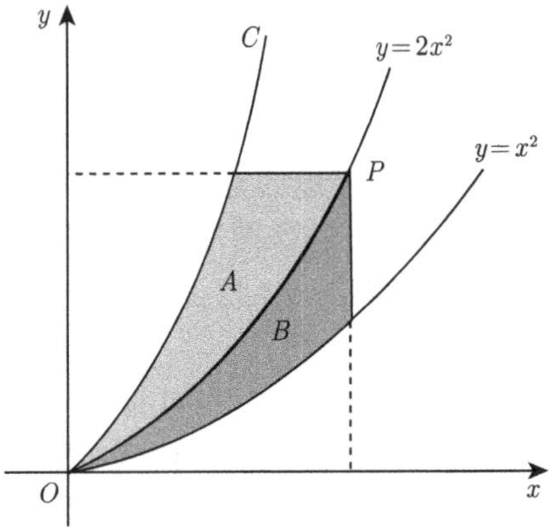

图 8-27

8. 求抛物线 $y=\dfrac{1}{2}x^2$ 被另外一条抛物线 $y=-x^2+\dfrac{3}{2}$ 所截下的有限部分的弧长.

9. 求由曲线 $y=x^{\frac{3}{2}}$, 直线 $x=4$ 及 x 轴围图形绕 y 轴旋转而成的旋转体的体积.

10. 求圆盘 $(x-2)^2+y^2\leqslant 1$ 绕 y 轴旋转而成的旋转体的体积.

11. 求由下列已知曲线所围成的图形, 按指定的轴旋转所产生的旋转体的体积:

(1) $y=\mathrm{e}^x$ 与 $x=1, y=1$ 所围成的图形, 分别绕 x 轴, y 轴;

(2) $x^2+(y-5)^2\leqslant 16$, 绕 x 轴.

12. 求曲线 $y=4-x^2$ 及 $y=0$ 所围成的图形绕直线 $x=3$ 旋转所得旋转体的体积.

13. 设抛物线 $L: y=-bx^2+a(a>0,b>0)$, 确定常数 a, b 的值, 使得

(1) L 与直线 $y=x+1$ 相切;

(2) L 与 x 轴所围图形绕 y 轴旋转所得旋转体的体积最大.

14. 证明: 正弦线 $y=a\sin x(0\leqslant x\leqslant 2\pi)$ 的弧长等于椭圆

$$\begin{cases} x=\cos t, \\ y=\sqrt{1+a^2}\sin t \end{cases} \quad (0\leqslant t\leqslant 2\pi)$$

的周长.

15. 将直角边各为 a 及 $2a$ 的直角三角形薄板垂直地浸入水中, 斜边朝下, 直角边的长边与水面平行, 且该边到水面的距离恰等于该边的边长, 求薄板所受的侧压力.

16. 已知生产某产品 x 单位时的边际收入为 $R'(x)=100-2x$(元/单位), 求生产 40 单位时的总收入及平均收入, 并求再增加生产 10 个单位时所增加的总收入.

17. 已知某产品的边际收入 $R'(x)=25-2x$, 边际成本 $C'(x)=13-4x$, 固定成本为 $C_0=10$, 求当 $x=5$ 时的毛利和纯利.

18. 已知需求函数 $D(Q)=(Q-5)^2$ 和消费函数 $S(Q)=Q^2+Q+3$,

(1) 求平衡点;

(2) 求平衡点处的消费者剩余;

(3) 求平衡点处的生产者剩余.

课外阅读（八）

一、数学思维方法简介

整体与局部转换思维

整体, 反映了问题的结构特征; 局部, 则显示出了问题更多的细节. 因此, 在处理问题中, 要适时地将整体与部分相互转换, 既要观察局部内容的形式, 又要发掘、理解整体结构的实质; 既要局部重点分析, 又要全面地考虑所有条件; 既要局部调节, 又要整体控制. 例如, 我们常运用的割与补、添与减等就是具体的运用局部与整体相互转换的典型.

纵观重积分问题的整体特征, 进行全方位审视; 然后再转到局部即化整为零进行研究, 再研究特殊情形、特殊图形; 最后又积零为整, 将所讨论的特殊情形、特殊图形的有关概念、性质进行归纳小结, 又回到整体上审视这部分内容. 这就是教材编排中的“整体—局部—整体”相互转换思想.

在数学解题中, 有时也可将某问题看作一个整体, 注意问题的整体结构和结构的改造, 并且在研究其整体形式、结构或作整体处理（代换、变形等）中, 也注意其某特殊局部, 这是我们解题的一种重要转换思想, 特别是当涉及复杂的计算与繁琐的讨论时, 若考虑其细节从局部入手, 思路将豁然开朗, 这是发现解决问题的捷径.

二、数学家简介

祖暅 (zu geng), 字景烁, 是我国南北朝时代南朝的数学家、天文学家祖冲之的儿子. 历任太府卿等职. 受家庭的影响, 尤其是父亲的影响, 他从小就热爱科学, 对数学具有特别浓厚的兴趣, 祖冲之在 462 年编制的《大明历》就是在祖暅三次建议的基础上完成的. 《缀术》一书经学者们考证, 有些条目就是祖暅所作. 祖暅终生读书专心致志, 因走路时思考问题所以闹出了许多笑话. 祖暅原理是关于球体体积的计算方法, 这是祖暅一生最有代表性的发现.

祖冲之去世后, 祖暅在梁朝天监三年（公元 504 年）、八年、九年先后三次上书, 建议采用他父亲编制的《大明历》, 终于使父亲的遗愿得以实现. 祖暅的主要工作是修补编辑他父亲的数学著作《缀术》. 他运用祖暅原理和由他创造的开立圆术, 发展了他父亲的研究成果, 巧妙地证得球的体积公式. 他求得这一公式比意大利数学家卡瓦列利要早一千多年. 祖暅还有不少其他科学发现, 例如肯定北极星并非真正在北天极, 而要偏离一度多等等. 算得这些结果, 同他丰富的数学知识是分不开的.

由于家学渊源, 祖暅从小钻研数学. 祖暅有巧思入神之妙, 当他读书思考时, 十分专一, 即使有雷霆之声, 他也听不到. 有一次, 他边走路边思考数学问题, 走着走着, 竟然撞了对面过来的仆射徐勉. 徐勉是朝廷要人, 倒被这位年轻小子碰得够呛, 不禁大叫起来, 这时祖暅方才醒悟.

祖暅提出了一条原理: “幂势既同, 则积不容异”. 这里的 “幂” 指水平截面的面积, “势” 指高. 这句话的意思是: 两个等高的几何体若在所有等高处的水平截面的面积相等, 则这两个几何体的体积相等. 这个原理很容易理解, 取一摞书或一摞纸张堆放在水平桌面上, 然后用手推一下以改变其形状, 这时高度没有改变, 每页纸张的面积也没有改变, 因而这摞书或纸张的体积与变形前相等.

祖暅不仅首次明确提出了这一原理, 还成功地将其应用到球体积的推算. 我们把这条原理称为祖暅原理. 祖暅原理在西方文献中称为 “卡瓦列利原理”, 1653 年, 意大利数学家卡瓦列利独立提出, 对微积分的建立有重要影响. 以长方体体积公式和祖暅原理为基础, 可以求出柱、锥、台、球等的体积.

第九章

微 分 方 程

Differential Equation

微分方程——描述事物局部平衡关系的数学模型. 微分方程是在微积分的基础上发展起来的. 它是从微观入手, 通过变量与变化率的关系研究客观世界物质运动的数学模型, 因而是从局部出发窥知全局的有效的数学工具, 是人类探索世界奥妙的有力武器. 正像列宁所指出的: "自然界的统一性显示在关于各种现象领域的微分方程式的'惊人的类似'中". 例如 1846 年, 德国天文学家伽勒根据法国数学家勒维烈和英国数学家亚当斯提供的微分方程的解答, 用天文望远镜按图索骥发现了海王星, 被誉为显示微分方程威力的佳话. 微分方程在物理学、化学、生物学、经济学、考古学、心理学等范围广泛的自然科学、社会科学中都得到极有价值的应用.

本章只介绍微分方程的一般概念, 一阶、二阶微分方程的解法及其应用.

第一节　微分方程的基本概念

Basic concepts of differential equation

下面我们通过两个具体的例子来说明微分方程的基本概念.

例 1　一曲线上各点的切线斜率等于该点横坐标的两倍, 且过点 $(1,2)$, 求此曲线方程.

解　设所求曲线方程为 $y=f(x)$, $M(x,y)$ 为该曲线上任意一点, 依题意, 在局部任意一点处有

$$\frac{\mathrm{d}y}{\mathrm{d}x}=2x, \tag{1}$$

这是一个含有导数的等式.

方程 (1) 两端对 x 积分, 得

$$y=\int 2x\mathrm{d}x+C,$$

即

$$y=x^2+C \quad (C\text{ 为任意常数}). \tag{2}$$

由于曲线过点 $(1,2)$, 故把 $x=1, y=2$ 代入 (2) 式, 可求得 $C=1$. 于是所求的曲线方程为

$$y=x^2+1. \tag{3}$$

例 2　以初速度 v_0 垂直上抛一物体, 设此物体的运动只受重力影响, 试求它所经过的路程 s 与时间 t 的函数关系.

解　以上抛物体处为原点建立垂直向上的路程轴 s, 设 $s = f(t)$, 则物体运动的加速度为 $\frac{\mathrm{d}^2s}{\mathrm{d}t^2}$. 因物体所受地球引力的方向与路程轴的方向相反, 所以物体所受的外力为 $F = -mg$, 其中 g 为重力加速度, 于是根据牛顿运动第二定律有

$$m\frac{\mathrm{d}^2s}{\mathrm{d}t^2} = -mg,$$

即

$$\frac{\mathrm{d}^2s}{\mathrm{d}t^2} = -g. \tag{4}$$

这是一个含有未知函数二阶导数的等式. 两边对 t 积分, 得

$$\frac{\mathrm{d}s}{\mathrm{d}t} = -g\int \mathrm{d}t = -gt + C_1. \tag{5}$$

再对 t 积分一次, 得

$$s = -\frac{1}{2}gt^2 + C_1t + C_2. \tag{6}$$

由题设可知, $t = 0$ 时, $\frac{\mathrm{d}s}{\mathrm{d}t} = v_0$, $s = 0$. 分别代入 (5) 和 (6) 式, 得

$$v_0 = 0 + C_1, \quad 0 = 0 + 0 + C_2,$$

由此解得 $C_1 = v_0$, $C_2 = 0$. 于是便求得路程 s 与时间 t 的函数关系

$$s = v_0t - \frac{1}{2}gt^2. \tag{7}$$

从以上两个例子可以看出, 许多实际问题的解决首先要在局部范围内找出含变量变化率—导数的等式, 然后通过积分找出变量间的函数关系. 为了便于讨论这类问题, 以下给出微分方程的定义和有关概念.

定义 1　含有自变量、未知函数以及未知函数的导数 (或微分) 的方程叫做**微分方程** (differential equation). 有时简称为**方程**. 如 (1) 和 (4) 都是微分方程.

未知函数为一元函数的微分方程叫做**常微分方程 (ordinary differential equation)**. 上面的两个例子都是常微分方程.

微分方程所包含的未知函数的最高阶导数的阶数称为**微分方程的阶** (order of differential equation). 如 (1) 是一阶微分方程, (4) 是二阶微分方程.

满足微分方程的函数叫做**微分方程的解** (solution of differential equation). 即把此函数代入微分方程后, 使该方程成为恒等式.

如果微分方程的解中含有任意常数, 且任意常数的个数与微分方程的阶数相同, 那么, 这样的解叫做微分方程的**通解** (general solution)(或**一般解**). 例如 (2) 是 (1) 的通解, (6) 是 (4) 的通解.

在通解中, 若指定任意常量取某定值, 或利用已知条件求出任意常数值所得的解叫做**特解** (special solution). 如 (3) 是 (1) 的特解, (7) 是 (4) 的特解. 确定特解的条件叫做**初始条件** (initial condition). 如例 2 中

$$s(0) = 0, \quad \frac{\mathrm{d}s}{\mathrm{d}t}\Big|_{t=0} = v_0$$

就是方程 (4) 的初始条件.

通解的形式一般是含有 x, y 和任意常数的方程, 在几何上, 它通常表示平面上具有某种共同性质的无穷多条曲线. 这些曲线的全体叫做**积分曲线族**. 特解则表示曲线族中某一条特定的曲线. 例如微分方程 (1) 的通解 $y = x^2 + C$ 表示一族抛物线, 这些抛物线上对应于同一横坐标的那些点处的切线的斜率均等于该横坐标的两倍. 而特解 $y = x^2 + 1$ 只表示通过点 $(1, 2)$ 的一条抛物线.

第二节　一阶微分方程

First-order differential equation

一、 可直接积分的微分方程 Differential equation with direct integral

一阶微分方程的一般形式为

$$y' = f(x, y).$$

我们只研究形如

$$y' = f(x)$$

的一阶微分方程, 这是最简单的一阶微分方程, 它的解可通过直接积分而求得, 称为**可直接积分的微分方程**.

顺便提及, 形如

$$y^{(n)} = f(x)$$

的 n 阶微分方程的解也可通过逐次直接积分而求得, 也称为**可直接积分的微分方程**. 求解时每积分一次, 添加一个任意常数.

例 1　求微分方程 $y'' = \sin x$ 的通解.

解　方程 $y'' = \sin x$ 的两边对 x 积分一次, 得

$$y' = \int \sin x \mathrm{d}x,$$

即

$$y' = -\cos x + C_1.$$

再积分一次, 得

$$y = -\sin x + C_1 x + C_2.$$

现考虑一阶微分方程的其他类型及其求解方法.

二、 可分离变量的微分方程 Differential equation with separable variables

例 2 已知一向量场中每一点处的向量垂直于向径, 求此向量场.

解 建立如图 9-1 所示的坐标系.

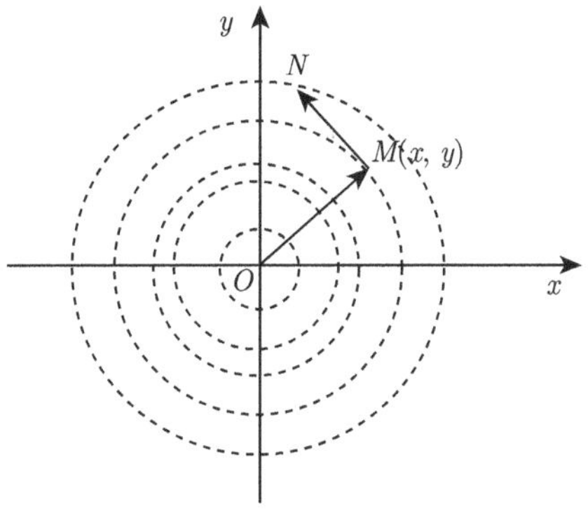

图 9-1

设 $M(x,y)$ 为向量场 $y=f(x)$ 中任意一点. 由题设条件可知, 在点 $M(x,y)$ 的局部, 向量 $\overrightarrow{MN}$ 垂直于向径 $\overrightarrow{OM}$, 即向量场 $y=f(x)$ 在点 M 处的切线 MN 垂直于线段 OM, 显然它们的斜率互为负倒数, 于是有 $\dfrac{\mathrm{d}y}{\mathrm{d}x}=-\dfrac{x}{y}$. 该方程右端包含变量 x 和 y, 不能直接积分, 做如下变形:

$$y\mathrm{d}x=-x\mathrm{d}y,$$

使左端仅含有变量 y, 右端仅含有变量 x. 这一步骤称为**分离变量**. 于是, 两端同时积分, 得

$$\frac{y^2}{2}=-\frac{x^2}{2}+\frac{C^2}{2}.$$

化简得

$$x^2+y^2=C^2.$$

该积分曲线族是以原点为圆心, 任意常数 $C(C\geqslant 0)$ 为半径的同心圆, 它就是所求满足题设条件的向量场.

由本例可知, 我们可以根据实物的局部特征建立微分方程, 而后通过解微分方程把握实物的整体变化规律.

例 3 碳 14 是放射性物质, 衰变速度与该物质的含量成比例. 设在时刻 $t=0$ 时, 其含量为 m_0, 求碳 14 在任意时刻 t 的含量 $m(t)$.

解 碳 14 的衰变速度就是质量 $m=m(t)$ 对时间 t 的导数 $\dfrac{\mathrm{d}m}{\mathrm{d}t}$, 从而由题设条件可建立微分方程

$$\frac{\mathrm{d}m}{\mathrm{d}t}=-km.$$

其中 $k>0$, 为衰变比例常数, 等式右端的负号是由于 $m(t)$ 随时间 t 的增加而减少.

将上述方程分离变量后, 得

$$\frac{\mathrm{d}m(t)}{m(t)}=-k\mathrm{d}t.$$

两端积分, 得

$$\ln|m(t)|=-kt+C_1,$$

即

$$m(t)=\pm \mathrm{e}^{-kt+C_1}=\pm \mathrm{e}^{C_1}\mathrm{e}^{-kt}.$$

记 $C=\pm \mathrm{e}^{C_1}$, 于是方程的通解为

$$m(t)=C\mathrm{e}^{-kt}.$$

由初始条件可得

$$m_0=C\mathrm{e}^0=C,$$

所以 $m(t)=m_0\mathrm{e}^{-kt}$(事实上, 这是碳 14 含量的函数模型).

由 $m(t)=m_0\mathrm{e}^{-kt}$, 可推算出碳 14 的半衰期约为 5730 年. 由于对地质学和考古学做出杰出贡献而获得 1960 年诺贝尔化学奖的 W. F. Libby, 根据古人洞穴中古人穿过的草鞋的放射性碳只是活着的同种草放射性碳的四分之一（高层大气中有放射性碳, 氧化成 CO_2 后被植物吸收, 于是植物体内有了放射性碳）, 推算出人类大约是于 11460(= 5730 × 2) 年以前冰河期末期从东半球迁徙到阿拉斯加的. 进而推断, 那时白令海峡的水面比现在要窄, 不然那时古人不可能由西伯利亚步行通过白令海峡迁徙到阿拉斯加这块新大陆.

以上两例中的微分方程都可以写成两个变量及其导数 (或微分) 分别分离在等式两边的形式.

一般地, 形如

$$\frac{\mathrm{d}y}{\mathrm{d}x}=f(x)g(y) \tag{1}$$

的方程称为**可分离变量的微分方程**. 当 $g(y)\neq 0$ 时, (1) 可写成变量分离的形式

$$\frac{\mathrm{d}y}{g(y)}=f(x)\mathrm{d}x. \tag{2}$$

这种类型的微分方程的解法, 只需对 (2) 两端求积分即可.

例 4 求微分方程 $\dfrac{\mathrm{d}y}{\mathrm{d}x}=2xy$ 的通解.

解 这是可分离变量的方程. 分离变量后得

$$\frac{\mathrm{d}y}{y}=2x\mathrm{d}x.$$

两端积分, 得

$$\ln|y|=x^2+C_1,$$

从而

$$|y|=\mathrm{e}^{x^2+C_1}=\mathrm{e}^{C_1}\mathrm{e}^{x^2},$$

即

$$y = \pm e^{C_1} e^{x^2}.$$

因 $\pm e^{C_1}$ 仍是任意常数, 把它记作 $C(\neq 0)$, 于是可得方程的通解

$$y = Ce^{x^2}.$$

又, 经检验 $y=0$ 也是方程的解, 于是将上式中的任意常数 C 扩充到可以取零, 便得方程的通解 $y = Ce^{x^2}$. 以后为了运算方便起见, 可把 $\ln|y|$ 写成 $\ln y$, 只要注意最后得到的任意常数 C 可取任意实数就行了.

例 5　求微分方程 $y\ln x\mathrm{d}x + x\ln y\mathrm{d}y = 0$ 的通解.

解　这是可分离变量的方程. 分离变量并积分, 得到

$$\int \frac{\ln x}{x}\mathrm{d}x + \int \frac{\ln y}{y}\mathrm{d}y = C_1.$$

因此原方程的通解为

$$\ln^2 x + \ln^2 y = 2C_1,$$

或

$$\ln^2 x + \ln^2 y = C \quad (C = 2C_1).$$

三、 齐次微分方程 Homogeneous differential equation

形如

$$\frac{\mathrm{d}y}{\mathrm{d}x} = f\left(\frac{y}{x}\right)$$

的方程称为**齐次微分方程**. 如方程

$$\frac{\mathrm{d}y}{\mathrm{d}x} = \frac{x+y}{x-y}, \quad \frac{\mathrm{d}y}{\mathrm{d}x} = \frac{2xy}{x^2+y^2},$$

可以分别化为

$$\frac{\mathrm{d}y}{\mathrm{d}x} = \frac{1+\frac{y}{x}}{1-\frac{y}{x}} \quad 和 \quad \frac{\mathrm{d}y}{\mathrm{d}x} = \frac{2\frac{y}{x}}{1+\left(\frac{y}{x}\right)^2},$$

因而都是齐次微分方程. 在齐次微分方程 $\frac{\mathrm{d}y}{\mathrm{d}x} = f\left(\frac{y}{x}\right)$ 中, 引进新的未知函数 $u = \frac{y}{x}$, 就可化为可分离变量的方程. 具体做法见下例.

例 6　解方程 $\begin{cases} \dfrac{\mathrm{d}y}{\mathrm{d}x} = \dfrac{y}{x} + \tan\dfrac{y}{x}, \\ y|_{x=1} = \dfrac{\pi}{6}. \end{cases}$

解　这是一个带有初始条件的齐次微分方程. 带初始条件的微分方程问题称为微分方程的**初值问题**, 或**柯西问题**.

首先求通解. 令 $u=\dfrac{y}{x}$, 则

$$y=ux,\quad \frac{\mathrm{d}y}{\mathrm{d}x}=u+x\frac{\mathrm{d}u}{\mathrm{d}x},$$

于是原方程变为

$$x\frac{\mathrm{d}u}{\mathrm{d}x}=\tan u.$$

分离变量, 得

$$\cot u\mathrm{d}u=\frac{\mathrm{d}x}{x}.$$

两边积分, 得

$$\ln\sin u=\ln x+\ln C,$$

即

$$\sin u=Cx.$$

以 $u=\dfrac{y}{x}$ 代回, 则方程的通解为

$$\sin\frac{y}{x}=Cx.$$

其次求特解. 注意到初始条件 $y|_{x=1}=\dfrac{\pi}{6}$, 求得 $C=\dfrac{1}{2}$. 于是原方程的特解为

$$\sin\frac{y}{x}=\frac{1}{2}x.$$

四、 一阶线性微分方程 First-order linear differential equation

关于未知函数及其导数都是一次的一阶微分方程称为**一阶线性微分方程**. 它的一般形式是

$$\frac{\mathrm{d}y}{\mathrm{d}x}+P(x)y=Q(x). \tag{3}$$

当 $Q(x)\equiv 0$ 时, 方程 (3) 变为

$$\frac{\mathrm{d}y}{\mathrm{d}x}+P(x)y=0. \tag{4}$$

方程 (4) 称为方程 (3) 对应的**齐次线性方程**. 而当 $Q(x)\neq 0$ 时, 方程 (3) 称为**非齐次线性方程**.

我们首先研究齐次线性方程的解法, 而后研究非齐次线性方程的解法.

1. 齐次线性方程

齐次线性方程 (4) 是可分离变量的方程, 可改写成

$$\frac{\mathrm{d}y}{y}=-P(x)\mathrm{d}x.$$

两边积分, 得

$$\ln y=-\int P(x)\mathrm{d}x+\ln C=\ln \mathrm{e}^{-\int P(x)\mathrm{d}x}+\ln C,$$

于是齐次线性方程 (4) 的通解为

$$y=C\mathrm{e}^{-\int P(x)\mathrm{d}x}\quad (C\ 为任意常数). \tag{5}$$

2. 非齐次线性方程

非齐次线性方程 (3) 与对应的齐次方程 (4) 相似, 于是猜想方程 (3) 的通解也具有 (5) 的形式. 但若不改动 (5), 则它一定不是非齐次方程 (3) 的通解. 这样我们把 (5) 中的任意常数 C 变易为 x 的函数 $C(x)$, 即设想方程 (3) 具有形如

$$y=C(x)\mathrm{e}^{-\int P(x)\mathrm{d}x} \tag{6}$$

的解, 其中 $C(x)$ 为待定函数. 将其代入方程 (3) 来确定函数 $C(x)$, 便得到方程 (3) 的解.

为此, 对 (6) 求导数, 有

$$\frac{\mathrm{d}y}{\mathrm{d}x}=C'(x)\mathrm{e}^{-\int P(x)\mathrm{d}x}-P(x)C(x)\mathrm{e}^{-\int P(x)\mathrm{d}x}. \tag{7}$$

将 (6) 和 (7) 代入方程 (3) 并化简, 得

$$C'(x)\mathrm{e}^{-\int P(x)\mathrm{d}x}=Q(x),$$

即

$$C'(x)=Q(x)\mathrm{e}^{\int P(x)\mathrm{d}x}.$$

继而得

$$C(x)=\int Q(x)\mathrm{e}^{\int P(x)\mathrm{d}x}\mathrm{d}x+C.$$

把 $C(x)$ 代入 (6), 便得非齐次线性方程 (3) 的通解

$$y=\mathrm{e}^{-\int P(x)\mathrm{d}x}\left[\int Q(x)\mathrm{e}^{\int P(x)\mathrm{d}x}\mathrm{d}x+C\right]. \tag{8}$$

这里所用的方法称为**拉格朗日常数变易法**, 简称**常数变易法**.

通解 (8) 是二项之和: $C\mathrm{e}^{-\int P(x)\mathrm{d}x}$ 是对应的齐次线性方程 (4) 的通解; $y=\mathrm{e}^{-\int P(x)\mathrm{d}x}\cdot\int Q(x)\mathrm{e}^{\int P(x)\mathrm{d}x}\mathrm{d}x$ 是原非齐次线性方程 (3) 的一个特解 (令 $C=0$, 可由通解 (8) 得到).

亦即, 非齐次线性方程 (3) 的通解可表示为它的一个特解与它对应的齐次方程 (4) 的通解之和的形式.

例 7 求方程 $x^2\mathrm{d}y+(2xy-x+1)\mathrm{d}x=0$ 的通解.

解 首先辨别方程的类型. 该方程的导数 y' 与未知函数 y 都是一次的, 所以它是线性方程. 现在把它改写成一般形式

$$\frac{\mathrm{d}y}{\mathrm{d}x}+\frac{2}{x}y=\frac{x-1}{x^2},$$

这是非齐次线性方程.

其次求通解. 因为

$$\mathrm{e}^{\int P(x)\mathrm{d}x}=\mathrm{e}^{\int\frac{2}{x}\mathrm{d}x}=\mathrm{e}^{\ln x^2}=x^2,\quad \mathrm{e}^{-\int P(x)\mathrm{d}x}=\mathrm{e}^{-\int\frac{2}{x}\mathrm{d}x}=\mathrm{e}^{-\ln x^2}=\frac{1}{x^2},$$

$$\int Q(x)\mathrm{e}^{\int P(x)\mathrm{d}x}\mathrm{d}x=\int\frac{x-1}{x^2}\cdot x^2\mathrm{d}x=\int(x-1)\mathrm{d}x=\frac{1}{2}x^2-x.$$

故由公式 (8) 得通解

$$y=\frac{1}{x^2}\left(\frac{1}{2}x^2-x+C\right),$$

即

$$y=\frac{1}{2}-\frac{1}{x}+\frac{C}{x^2}.$$

例 8 求证伯努利方程

$$\frac{\mathrm{d}y}{\mathrm{d}x}+P(x)y=Q(x)y^n,$$

可用变量代换化为线性方程.

解 当 $n=0$ 或 $n=1$ 时, 伯努利方程就是线性方程. 当 $n\neq 0,1$ 时, 作代换 $z=y^{1-n}$, 从而

$$\frac{\mathrm{d}z}{\mathrm{d}x}=(1-n)y^{-n}\frac{\mathrm{d}y}{\mathrm{d}x},$$

就化为线性方程

$$\frac{\mathrm{d}z}{\mathrm{d}x}+(1-n)P(x)z=(1-n)Q(x).$$

学习微分方程的目的在于应用微分方程的理论去解决科学研究和生产实践中的问题, 因此, 需要学会建立微分方程这一类数学模型的方法. 其主要方法有

(1) **直接“翻译”法**——在局部范围内, 直接将问题中所给的变量与变化率之间的关系用数学式子表示出来.

(2) **间接“翻译”法**——在局部范围内, 根据有关学科的知识, 分析所研究的变量必须服从的规律, 然后将此规律翻译成微分方程.

(3) **微元法**——运用微积分的基本思想对问题直接进行具体分析. 将从整体上看是变化着的量加以“细分”, 使之转化为从局部上可相对地看作是不变的量, 然后依据工程技术、自然科学、社会科学等领域中的有关定律、法则等规律, 利用微分概念建立微分方程.

例 9　人口模型——对某国人口总数发展趋势的一种估算.

人口问题是一个很复杂的生物学和社会学问题, 用数学方法来研究它, 也是一种尝试. 这里我们介绍一个简略的数学模型.

设 $P(t)$ 表示某一国家在时间 t 的人口总数. 再设 $r = r(t, P)$ 表示出生率与死亡率之差. 如果不考虑移民等问题, 那么人口的变化率 $\dfrac{\mathrm{d}P}{\mathrm{d}t}$ 等于 r 与 P 的乘积, 即

$$\frac{\mathrm{d}P}{\mathrm{d}t} = rP. \tag{9}$$

最简单的情形是假设 r 等于常数 $a(> 0)$, 于是得

$$\frac{\mathrm{d}P}{\mathrm{d}t} = aP. \tag{10}$$

再考虑初始条件 $P(t_0) = P_0$, 容易求得初值问题

$$\begin{cases} \dfrac{\mathrm{d}P}{\mathrm{d}t} = aP, \\ P(t_0) = P_0 \end{cases}$$

的解为

$$P(t) = P_0\mathrm{e}^{a(t-t_0)}. \tag{11}$$

它表明, 在上述假设下, 人口总数是按照指数规律增长的. 这也就是马尔萨斯人口论的理论依据.

后来, 人们通过实验又提出新的假设, 对公式 (11) 作了改进. 若采用改进后的公式, 则可预测该国人口发展的趋势.

例 10《埃莫斯 (Emmaus) 的信徒们》曾被著名艺术史专家鉴定为维米尔的真迹. 第二次世界大战中, 比利时解放后, 追捕纳粹党徒, 1945 年 5 月 29 日三流画家米格伦 (H. A. van Meageren) 因通敌罪被捕. 米格伦供认卖给法国的《埃莫斯的信徒们》是自己伪造的赝品, 但当时人们认为他的供词是假的, 目的是逃脱通敌的罪责. 该画当时已被 Rembradt 协会以 17 万美金买去. 米格伦说他对自己在艺术界的名气太小极为不满, 于是临摹了这幅名画, 以显示他比三流画家强. 究竟这幅画是原作还是伪作呢? 直到 1967 年, 卡内基–梅隆大学的科学家们用数学建模的方法无可置疑地证实了该名画确实为伪造品.

我们知道画家用白铅做的颜料绘画, 而白铅中含有两种放射性元素铅 210(^{210}Pb) 和镭 226(^{226}Ra), 存留在绘画中的这两种元素随着时间的推移会发生衰变, 于是, 我们可建立如下的数学模型.

设 $y(t)$ 是白铅中 ^{210}Pb 的含量, $r(t)$ 是 t 时刻每分钟每克白铅中 ^{226}Ra 的衰变数量, 则有

$$\begin{cases} \dfrac{\mathrm{d}y}{\mathrm{d}t} = -\lambda y + r(t), \\ y(t_0) = y_0. \end{cases}$$

^{226}Ra 的半衰期约为 1600 年, 而我们的问题所涉及的真伪名画时间间隔仅 300 年左右, 故可设 $r(t)$ 为一常数 r, 上述方程就变为

$$\begin{cases} \dfrac{\mathrm{d}y}{\mathrm{d}t} = -\lambda y + r, \\ y(t_0) = y_0. \end{cases} \tag{12}$$

(12) 的第一个式子两端乘积分因子 $\mathrm{e}^{\lambda t}$, 得

$$\frac{\mathrm{d}(\mathrm{e}^{\lambda t}y)}{\mathrm{d}t} = r\mathrm{e}^{\lambda t},$$

将上式从 t_0 到 t 积分

$$\int_{t_0}^{t} \mathrm{d}[\mathrm{e}^{\lambda t}y(t)] = r\int_{t_0}^{t} \mathrm{e}^{\lambda t}\mathrm{d}t,$$

得

$$\mathrm{e}^{\lambda t}y(t) - \mathrm{e}^{\lambda t_0}y(t_0) = \frac{r}{\lambda}(\mathrm{e}^{\lambda t} - \mathrm{e}^{\lambda t_0}),$$

即

$$y(t) = \frac{r}{\lambda}[1 - \mathrm{e}^{-\lambda(t-t_0)}] + \mathrm{e}^{-\lambda(t-t_0)}y(t_0). \tag{13}$$

上式中的 y 和 r 可以用仪器分析测得.

下面先计算 λ. 令 $N(t)$ 表示放射性铅的原子数, 则有

$$\begin{cases} \dfrac{\mathrm{d}N}{\mathrm{d}t} = -\lambda N, \\ N(t_0) = N_0. \end{cases}$$

解此方程, 又知 ^{210}Pb 的半衰期约为 22 年, 故得 $\lambda = \dfrac{\ln 2}{22}$.

再计算 λy_0. 由 (13) 式得

$$\lambda y_0 = \lambda y(t)\mathrm{e}^{\lambda(t-t_0)} - r[\mathrm{e}^{\lambda(t-t_0)} - 1].$$

如果名画是原作, 已有 300 年的历史, 所以 $t - t_0 = 300$, 又由放射性元素的衰变过程可以测知 ^{226}Ra 的衰变率 $\lambda = 0.8$, ^{210}Pb 的衰变率 $\lambda y = 8.5$, 将其代入上式, 便得每克白铅每分钟衰变的原子数为

$$\lambda y_0 = 8.5\mathrm{e}^{300\lambda} - 0.8(\mathrm{e}^{300\lambda} - 1) = 98050.$$

但实际上每克白铅每分钟衰变的原子数不会超过 100 个, 计算结果与此悬殊, 说明 $t - t_0 = 300$ 是不可能的, 这就用数学的方法证明了此幅名画是伪造的.

第三节 二阶常系数线性微分方程

Second-order linear differential equation with constant coefficients

二阶微分方程的一般形式为

$$y''=f(x,y,y'). \tag{1}$$

本节只讨论二阶线性微分方程.

一、二阶线性微分方程 Second-order differential equation

二阶线性微分方程的一般形式为

$$y''+p(x)y'+q(x)y=f(x). \tag{2}$$

当 $f(x)\equiv 0$ 时, 方程 (2) 变为

$$y''+p(x)y'+q(x)y=0. \tag{3}$$

方程 (3) 称为方程 (2) 所对应的**齐次线性方程**. 当 $f(x)\neq 0$ 时, 方程 (2) 称为**二阶非齐次线性方程**.

关于二阶齐次线性方程 (3) 的解有如下定理.

定理 1 (叠加原理) 若函数 $y_1(x)$ 和 $y_2(x)$ 是二阶齐次线性方程 (3) 的两个解, 则

$$y=C_1y_1+C_2y_2 \tag{4}$$

也是方程 (3) 的解, 其中 C_1,C_2 是任意常数.

证明 将 (4) 式代入 (3) 式左端, 得

$$\begin{aligned}&[C_1y_1''+C_2y_2'']+p(x)[C_1y_1'+C_2y_2']+q(x)[C_1y_1+C_2y_2]\\=&C_1[y_1''+p(x)y_1'+q(x)y_1]+C_2[y_2''+p(x)y_2'+q(x)y_2].\end{aligned}$$

由于 y_1 与 y_2 是方程 (3) 的解, 上式右端方括号中的表达式都等于零, 因而整个式子等于零, 所以 (4) 式是方程 (3) 的解.

定理 2 若函数 $y_1(x)$ 和 $y_2(x)$ 是齐次线性方程 (3) 的两个解, 且 $\dfrac{y_1}{y_2}\neq$ 常数, 则

$$y=C_1y_1+C_2y_2 \quad (C_1,C_2\text{ 是任意常数})$$

是方程 (3) 的通解.

证明从略.

例如, 方程 $y''+y=0$ 是二阶齐次线性方程, 容易验证, $y_1=\cos x$ 与 $y_2=\sin x$ 是所给方程的两个解, 且 $\dfrac{y_1}{y_2}=\dfrac{\cos x}{\sin x}=\cot x\neq$ 常数, 所以 $y=C_1\cos x+C_2\sin x$ 是方程 $y''+y=0$ 的通解 (C_1,C_2 是任意常数).

定理 3 若 y^* 是二阶非齐次线性方程 (2) 的任意一个特解, 而 $C_1y_1+C_2y_2$ 是对应二阶齐次线性方程 (3) 的通解, 则

$$y=C_1y_1+C_2y_2+y^* \tag{5}$$

是二阶非齐次线性方程 (2) 的通解.

证明 将 (5) 式代入 (2) 式左端, 得

$$\begin{aligned}&[(C_1y_1+C_2y_2)''+y^{*\prime\prime}]+p(x)[(C_1y_1+C_2y_2)'+y^{*\prime}]+q(x)[(C_1y_1+C_2y_2)+y^*]\\=&[(C_1y_1+C_2y_2)''+p(x)(C_1y_1+C_2y_2)'+q(x)(C_1y_1+C_2y_2)]+[y^{*\prime\prime}+p(x)y^{*\prime}+q(x)y^*].\end{aligned}$$

由于 $C_1y_1+C_2y_2$ 是方程 (3) 的解, y^* 是方程 (2) 的解, 可知上式右端第一个方括号内的表达式等于零, 第二个方括号内的表达式等于 $f(x)$. 这样 $y=C_1y_1+C_2y_2+y^*$ 使 (2) 的两端恒等, 即 (5) 式是非齐次方程 (2) 的通解.

定理 3 指出了二阶非齐次线性方程 (2) 的通解也是与一阶非齐次线性方程的通解类似的结构.

比如, 方程 $y''+y=x^2$ 是二阶齐次线性方程. 已知 $C_1\cos x+C_2\sin x$ 是对应齐次方程 $y''+y=0$ 的通解, 易知, $y^*=x^2-2$ 是所给方程的一个特解, 因此

$$y=C_1\cos x+C_2\sin x+x^2-2$$

是所给方程的通解.

二、 二阶常系数线性微分方程

Second-order differential equation with constant coefficients

二阶常系数线性微分方程的一般形式为

$$y''+py'+qy=f(x), \tag{6}$$

其中 p,q 是常数. $f(x)$ 称为非齐次项. 当 $f(x)\neq 0$ 时, (6) 称为**二阶常系数非齐次线性方程**. 当 $f(x)\equiv 0$ 时, 方程 (6) 变为

$$y''+py'+qy=0. \tag{7}$$

(7) 成为 (6) 对应的**二阶常系数齐次线性方程**.

1. 二阶常系数齐次线性方程的解法

根据微分方程 (7) 的特点以及指数函数 $y=\mathrm{e}^{\lambda x}$ 的特性, 我们容易猜想方程 (7) 有如下形式的特解:

$$y=\mathrm{e}^{\lambda x}, \tag{8}$$

其中 λ 是待定常数. 把 (8) 代入 (7), 得

$$(\lambda^2+p\lambda+q)\mathrm{e}^{\lambda x}=0.$$

由于 $e^{\lambda x} \neq 0$, 于是得到一个关于 λ 的二次代数方程

$$\lambda^2 + p\lambda + q = 0, \tag{9}$$

叫做常系数齐次线性方程 (7) 的**特征方程**. 而它的根

$$\lambda_{1,2} = \frac{-p \pm \sqrt{p^2 - 4q}}{2},$$

叫做方程 (7) 的**特征根**.

下面分三种情形来考察方程方程 (7) 的通解.

(1) 特征方程有两个相异实根: $\lambda_1 \neq \lambda_2$. 这时方程 (7) 有两个特解

$$y_1 = e^{\lambda_1 x} \quad 和 \quad y_2 = e^{\lambda_2 x}.$$

因 $\dfrac{y_1}{y_2} = e^{(\lambda_1 - \lambda_2)x} \neq$ 常数, 所以方程 (7) 的通解为

$$y = C_1 e^{\lambda_1 x} + C_2 e^{\lambda_2 x}.$$

(2) 特征方程有两个相等的实根: $\lambda_1 = \lambda_2$. 这时方程 (7) 有一个特解

$$y_1 = e^{\lambda_1 x}.$$

为了得到方程 (7) 的通解, 还需求出另一个特解 y_2, 并且要求 $\dfrac{y_1}{y_2} \neq$ 常数. 为此设 $\dfrac{y_1}{y_2} = u(x)$, 即 $y_2 = e^{\lambda_1 x}u(x)$, 其中 $u(x)$ 是一个特定的函数. 由于

$$y_2' = (u'(x) + \lambda_1 u(x))e^{\lambda_1 x},$$

$$y_2'' = (u''(x) + 2\lambda_1 u'(x) + \lambda_1^2 u(x))e^{\lambda_1 x},$$

将 y_2, y_2' 和 y_2'' 代入方程 (7), 得

$$[u''(x) + (2\lambda_1 + p)u'(x) + (\lambda_1^2 + p\lambda_1 + q)u(x)]e^{\lambda_1 x} = 0.$$

因为 $e^{\lambda_1 x} \neq 0$, 所以

$$u''(x) + (2\lambda_1 + p)u'(x) + (\lambda_1^2 + p\lambda_1 + q)u(x) = 0.$$

又因为 λ_1 是特征方程 (9) 的重根, 从而 $\lambda_1^2 + p\lambda_1 + q = 0$ 且 $2\lambda_1 = -p$, 于是得

$$u''(x) = 0.$$

解得 $u(x) = C_1 x + C_2$. 为方便计, 不妨取 $u(x) = x$, 代入 $y_2 = e^{\lambda_1 x}u(x)$, 便得微分方程 (7) 的另一个特解 $y_2 = xe^{\lambda_1 x}$. 从微分方程 (7) 的通解为

$$y = C_1 e^{\lambda_1 x} + C_2 x e^{\lambda_1 x},$$

即

$$y=(C_1+C_2x)\mathrm{e}^{\lambda_1 x}.$$

(3) 特征方程有一对共轭复根: $\lambda_1=\alpha+\beta\mathrm{i}$, $\lambda_2=\alpha-\beta\mathrm{i}(\beta\neq 0)$. 这时, 方程 (7) 有两个复数形式的特解

$$y_1=\mathrm{e}^{(\alpha+\beta\mathrm{i})x},\quad y_2=\mathrm{e}^{(\alpha-\beta\mathrm{i})x}.$$

为了得到实数形式的特解, 由欧拉公式, 可得

$$y_1=\mathrm{e}^{(\alpha+\beta\mathrm{i})x}=\mathrm{e}^{\alpha x}(\cos\beta x+\mathrm{i}\sin\beta x),\quad y_2=\mathrm{e}^{(\alpha-\beta\mathrm{i})x}=\mathrm{e}^{\alpha x}(\cos\beta x-\mathrm{i}\sin\beta x).$$

利用叠加原理可以推出

$$\frac{y_1+y_2}{2}=\mathrm{e}^{\alpha x}\cos\beta x,\quad \frac{y_1-y_2}{2\mathrm{i}}=\mathrm{e}^{\alpha x}\sin\beta x,$$

都是方程 (7) 的通解

$$y=\mathrm{e}^{\alpha x}(C_1\cos\beta x+C_2\sin\beta x).$$

综上所述, 求二阶常系数齐次线性微分方程 $y''+py'+qy=0$ 的通解的步骤如下:

(1) 写出微分方程的特征方程 $\lambda^2+p\lambda+q=0$;

(2) 求出特征方程的两个根 λ_1 和 λ_2;

(3) 根据特征方程的两个根的不同情形, 按照表 1 求出微分方程的通解.

表 1　二阶常系数齐次线性微分方程 $y''+py'+qy=0$ 的通解

特征方程 $\lambda^2+p\lambda+q=0$ 的两个根 λ_1,λ_2	微分方程 $y''+py'+qy=0$ 的通解
两个不相等的实根 λ_1,λ_2	$y=C_1\mathrm{e}^{\lambda_1 x}+C_2\mathrm{e}^{\lambda_2 x}$
两个相等的实根 $\lambda_1=\lambda_2$	$y=(C_1+C_2x)\mathrm{e}^{\lambda_1 x}$
一对共轭复根 $\lambda_{1,2}=\alpha\pm\beta\mathrm{i}$	$y=\mathrm{e}^{\alpha x}(C_1\cos\beta x+C_2\sin\beta x)$

例 1　求方程 $y''-y'-2y=0$ 的通解.

解　特征方程 $\lambda^2-\lambda-2=0$. 求得两个不相等的特征根 $\lambda_1=-1,\lambda_2=2$. 从而求得两个特解 $y_1=\mathrm{e}^{-x}$ 与 $y_2=\mathrm{e}^{2x}$, 故通解为

$$y=C_1\mathrm{e}^{-x}+C_2\mathrm{e}^{2x}.$$

例 2　求方程 $y''-6y'+9y=0$ 的通解.

解　特征方程 $\lambda^2-6\lambda+9=0$. 求得两个相等的特征根 $\lambda_1=\lambda_2=3$. 于是得通解

$$y=(C_1+C_2x)\mathrm{e}^{3x}.$$

例 3　求方程 $y''-6y'+13y=0$ 的通解.

解　特征方程 $\lambda^2-6\lambda+13=0$. 它有一对共轭复根 $\lambda_{1,2}=3\pm 2\mathrm{i}$. 于是得通解

$$y=\mathrm{e}^{3x}(C_1\cos 2x+C_2\sin 2x).$$

2. 二阶常系数非齐次线性方程的解法

由定理 3 可知, 二阶常系数非齐次线性方程 $y''+py'+qy=f(x)$ 的通解等于它的一个特解与对应齐次方程 $y''-6y'+9y=0$ 的通解之和.

关于求对应齐次方程的通解的问题, 前面已经得到解决. 至于如何求非齐次方程的特解 y^*, 则要看右端 $f(x)$ 是什么类型的函数. 以下只就最常见的两种函数类型进行讨论.

(1) 当 $f(x)=P_m(x)\mathrm{e}^{\lambda x}$ 时, 其中 λ 是常数, $P_m(x)$ 是 x 的一个 m 次多项式, 则设二阶常系数非齐次线性微分方程具有形如

$$y^*=x^kQ_m(x)\mathrm{e}^{\lambda x}$$

的特解, 其中 $Q_m(x)$ 是待定的 m 次多项式, k 是常数, k 按照 λ 不是特征方程的根、是特征方程的单根或是特征方程的重根依次取 0, 1 或 2.

例 4 解微分方程 $y''-5y'+6y=x\mathrm{e}^{2x}$.

解 对应齐次方程的特征方程 $\lambda^2-5\lambda+6=0$ 有两个不相等的特征根 $\lambda_1=2,\lambda_2=3$, 于是对应齐次方程的通解为

$$\overline{y}=C_1\mathrm{e}^{2x}+C_2\mathrm{e}^{3x}.$$

由于 $f(x)$ 呈 $P_1(x)\mathrm{e}^{\lambda x}$ 型, $\lambda=2$ 是特征方程的单根, 所以可令原方程的特解为

$$y^*=x(ax+b)\mathrm{e}^{2x}.$$

代入方程, 得

$$-2ax+2a-b=x,$$

比较系数, 得

$$\begin{cases}-2a=1,\\ 2a-b=0,\end{cases}$$

解得 $a=-\dfrac{1}{2},b=-1$. 于是求得原非齐次方程的一个特解为

$$y^*=-x\left(\frac{1}{2}x+1\right)\mathrm{e}^{2x}.$$

从而, 所给方程的通解为

$$y=C_1\mathrm{e}^{2x}+C_2\mathrm{e}^{3x}-\frac{1}{2}x\left(x+2\right)\mathrm{e}^{2x}.$$

(2) 当 $f(x)=\mathrm{e}^{\alpha x}[P_m(x)\cos\beta x+P_n(x)\sin\beta x]$ 时, 其中 α,β 为常数, $P_m(x)$ 与 $P_n(x)$ 分别为 x 的 m 次与 n 次多项式, 则二阶常系数非齐次线性微分方程的特解可设为

$$y^*=x^k\mathrm{e}^{\alpha x}[A_l(x)\cos\beta x+B_l(x)\sin\beta x],$$

其中 $A_l(x),B_l(x)$ 是 l 次多项式, $l=\max\{m,n\}$, 而 k 按 $\alpha\pm\beta\mathrm{i}$ 不是特征方程的根、是特征方程的根依次取 0 或 1.

特别地, 当 $f(x)=A\mathrm{e}^{\alpha x}\cos\beta x$ 或 $B\mathrm{e}^{\alpha x}\sin\beta x$ 时, 可设特解为

$$y^*=x^k\mathrm{e}^{\alpha x}[D_1\cos\beta x+D_2\sin\beta x],$$

其中 D_1,D_2 为待定常数, k 的取值方法同上.

例 5　解微分方程 $y''-2y'+5y=\mathrm{e}^x\sin 2x$.

解　特征方程和特征根分别为

$$\lambda^2-2\lambda+5=0,\quad \lambda_{1,2}=1\pm 2\mathrm{i}.$$

于是齐次方程的通解为

$$\overline{y}=\mathrm{e}^x(C_1\cos 2x+C_2\sin 2x).$$

因为 $f(x)=\mathrm{e}^x\sin 2x$, $\alpha\pm\beta\mathrm{i}=1\pm 2\mathrm{i}$ 是特征方程的根, 故令特解为

$$y^*=x^k\mathrm{e}^x(D_1\cos 2x+D_2\sin 2x),$$

其中 D_1,D_2 为待定系数, 将 y^* 代入原方程, 可得

$$\mathrm{e}^x\sin 2x=\mathrm{e}^x(-4D_1\sin 2x+4D_2\cos 2x),$$

解得

$$D_1=-\frac{1}{4},\quad D_2=0.$$

于是

$$y^*=-\frac{1}{4}x\mathrm{e}^x\cos 2x.$$

即得非齐次方程的通解

$$y=\mathrm{e}^x(C_1\cos 2x+C_2\sin 2x)-\frac{1}{4}x\mathrm{e}^x\cos 2x.$$

综上所述, 求二阶常系数非齐次线性方程

$$y''+py'+qy=f(x)$$

通解的步骤如下:

(1) 由特征根法求出对应齐次方程的通解 $\overline{y}$;

(2) 按非齐次项 $f(x)$ 的类型和特征根的情况依据表 2 求非齐次方程的特解 y^*;

表 2　二阶常系数齐次线性微分方程 $y''+py'+qy=f(x)$ 的通解

$f(x)$ 的类型	特征根	特解形式
$f(x)=P_m(x)\mathrm{e}^{\lambda x}$	λ 不是特征根	$y^*=Q_m(x)\mathrm{e}^{\lambda x}$
	λ 是 k 重特征根	$y^*=x^kQ_m(x)\mathrm{e}^{\lambda x},k=1,2$
$f(x)=\mathrm{e}^{\alpha x}[P_m(x)\cos\beta x+P_n(x)\sin\beta x]$	$\alpha\pm\beta\mathrm{i}$ 不是特征根	$y^*=\mathrm{e}^{\alpha x}[A_l(x)\cos\beta x+B_l(x)\sin\beta x]$
		$l=\max\{m,n\}$
	$\alpha\pm\beta\mathrm{i}$ 是特征根	$y^*=x^k\mathrm{e}^{\alpha x}[A_l(x)\cos\beta x+B_l(x)\sin\beta x]$

(3) 写出非齐次方程的通解: $y=\overline{y}+y^*$.

例 6 求方程 $y''+4y'+4y=\cos 2x$ 的通解.

解 特征方程为 $\lambda^2+4\lambda+4=0$, 有相等的特征根 $\lambda_1=\lambda_2=-2$, 因此对应齐次方程的通解为

$$\overline{y}=(C_1+C_2x)\mathrm{e}^{-2x},$$

因 $\pm 2\mathrm{i}$ 不是特征根, 故特解为

$$y^*=D_1\cos 2x+D_2\sin 2x.$$

将 y^* 代入原方程并比较两边同类项的系数, 得 $D_1=0, D_2=\dfrac{1}{8}$, 从而

$$y^*=\frac{1}{8}\sin 2x.$$

于是原方程的通解为

$$y=(C_1+C_2x)\mathrm{e}^{-2x}+\frac{1}{8}\sin 2x.$$

复习题九

1. 求下列微分方程的通解:

(1) $(1+y)\mathrm{d}x+(x-1)\mathrm{d}y=0$;　　(2) $\tan y\mathrm{d}x-\cot x\mathrm{d}y=0$;

(3) $\dfrac{\mathrm{d}y}{\mathrm{d}x}=\mathrm{e}^{x-y}$;　　(4) $xy\mathrm{d}x+\sqrt{1-x^2}\mathrm{d}y=0$.

2. 求下列微分方程满足所给出初始条件的特解:

(1) $(1+\mathrm{e}^x)yy'=\mathrm{e}^x, y|_{x=0}=1$;　　(2) $x\mathrm{d}y+2y\mathrm{d}x=0,\ y|_{x=2}=1$.

3. 求下列齐次方程的通解或特解:

(1) $xy'=\sqrt{x^2-y^2}+y$;　　(2) $y'=\dfrac{x}{y}+\dfrac{y}{x}, y|_{x=1}=2$;

(3) $x\mathrm{d}y=y(1+\ln y-\ln x)\mathrm{d}x$.

4. 求下列一阶线性微分方程的通解或特解:

(1) $y'+2y=4x^2, y|_{x=0}=4$;　　(2) $y'+2xy=\mathrm{e}^{-x^2}$;

(3) $y'-y\tan x=\sec x, y|_{x=0}=0$;　　(4) $y'=\dfrac{1}{y^2-2x}$.

5. 已知一曲线通过原点, 并且它在点 (x,y) 处的切线斜率等于 $2x+y$, 求该曲线.

6. 一质点运动的加速度 a 是时间 t 的函数 $a=1.2t$, 并且当 $t=0$ 时 $s=0$, $t=5$ 时 $s'=14$, 求质点运动方程.

*7. 解下列常系数齐次线性微分方程:

(1) $y''+y'-2y=0$;　　(2) $3y''+2y'=0$;

(3) $y''+6y'+13y=0$;　　(4) $y''-4y=0$.

*8. 求下列常系数非齐次线性微分方程的通解:

(1) $y''+2y'+y=2$;　　(2) $y''-4y'+4y=x^2$;

(3) $y''+3y'=3x\mathrm{e}^{-3x}$;　　(4) $y''+2y'+5y=\mathrm{e}^{-x}\sin 2x$.

课外阅读（九）

一、课程思政简述

微分方程的解法中蕴含的多元一体思想

如果一阶微分方程能化成

$$f(x)\mathrm{d}x = g(y)\mathrm{d}y$$

的形式, 那么称原方程为可分离变量的微分方程. 求解这一类方程式, 可以利用分离变量法求解：先分离变量, 再两边积分, 最后求不定积分, 得到通解.

所有可分离变量的微分方程组成一个整体, 每个微分方程因函数不同积分方法不同, 具有差异性. 但是它们都统一到一种类型的微分方程中——可分离变量的微分方程, 体现了共同性、整体性和一致性.

形如 $\dfrac{\mathrm{d}y}{\mathrm{d}x} = f\left(\dfrac{y}{x}\right)$ 的齐次微分方程经过变换化为可分离变量方程；形如 $\dfrac{\mathrm{d}y}{\mathrm{d}x} + P(x)y = Q(x)$ 一阶齐次非线性微分方程的解法, 首先要解该方程对应的齐次方程, 而解一阶齐次线性微分方程就是求解可分离变量方程；伯努利微分方程经过变换可化为一阶齐次非线性微分方程, 利用分离变量法去求解. 这几种不同类型的微分方程具有差异性, 呈多样化的特点, 视为多元. 上述几种不同的微分方程都可以转化为可分离变量微分方程去求解, 视为一体.

二、数学思维方法简介

数学与创造

1. 何谓创造

数学中常常提到发现、发明、创造这些概念, 那么它们各是什么含义呢？辞海的解释是：有的事物或规律, 经过探索、研究才开始知道, 叫做发现；创造新的事物, 首次创新的制作方法叫做发明；做出前所未有的事物叫做创造. 可见发明就是创造.

数学中的成果具有客观性, 因而把数学上的新成果说成发现是对的；又因为数学成果是数学家的巧妙构思, 所以把数学新成果说成发明也对的. 在数学中, 发明、发现都是创造.

一般来说, 创造是指发现新事物、揭示新规律、获得新成果、建立新理论、提出新方法、研制新技术、开发新产品、作出新成绩、解决新问题等.

创造分为原始创造和继承性创造. 基本上不依赖于或较少依赖既有成果的、前所未有的、具有社会价值和社会意义的首创性创造叫原始创造；在前人已经建立了重要成果的基础上所做的发展性或改进性的创造叫做继承性创造. 此外, 对于学生来讲, 还存在着一种再现性创造, 即个体在学习过程中, 按照科学家解决问题的方式模仿或设计、并且对于个体具有教育意义的创造. 荷兰数学教育学家弗赖登塔尔将这种创造称为“再发现”, 美国心理学家布鲁纳将这种创造称为“发现法”.

2. 数学创造性思维

数学创造过程中的思维称为数学创造性思维. 数学创造性思维既与逻辑思维有关, 又与非逻辑思维有关, 其本质是将逻辑思维、形象思维以及直觉思维合理地、协调地综合起来应用, 其特点是新颖独特、突破常规、灵活变通. 具体说来, 数学创造性思维更多地运用逻辑思维中的归纳、类比, 形象思维中的表象、直觉、想象以及直觉思维中的直觉 (包括美学直觉)、灵感. 这些思维具有探求新知识、提出新观念、构建新方法、给出新模型等发现、创新的功能, 但这些发现、创新的思维过程也离不开概念、判断、推理形式的逻辑思维. 有一些新模型的建立, 特别是在建立描述事物局部平衡关系的数学模型时, 经常用到微分方程的思想.

3. 数学创造性思维的心理机制

数学创造性思维的心理机制包括递进的三个方面：创造诱因、信息储备、有效思维, 在此基础上便可产生创造结果.

创造诱因, 是指能诱发思维主体产生创造意识的各种因素, 形成新颖的问题情境, 从而进行有目的的思维活动, 这些诱因有创造欲望、猜想等.

信息储备, 是指思维主体形成问题情境时的相关知识储备, 足以形成最佳知识结构, 从而推动新问题的解决.

有效思维, 是指思维主体使用有关知识时有效地采用各种思维方式, 特别是有效地综合运用形象思维、发散思维和直觉思维 (包括美学直觉) 等.

在数学创造性思维机制形成过程中, 归纳、类比、想象、猜想、直觉、灵感等起着主导作用.

三、数学家简介

约翰 · 伯努利 (Johann Bernoulli, 1667—1748), 瑞士数学家, 是尼古拉 · 伯努利 (Nikolaus Bernoulli, 1623—1708) 的第三个儿子, 雅格布 · 伯努利的弟弟. 幼年他父亲像要求雅格布一样, 试图要他去学经商, 他认为自己不适宜从事商业, 拒绝了父亲的劝告. 1683 年进入巴塞尔大学学习, 1685 年通过逻辑论文答辩, 获得艺术硕士学位. 接着他攻读医学, 1690 年获医学硕士学位, 1694 年又获博士学位. 约翰在巴塞尔大学学习期间, 怀着对数学的热情, 跟其哥哥雅格布秘密学习数学, 并开始研究数学. 两人都对无穷小数学产生了浓厚的兴趣, 他们首先熟悉了莱布尼茨的不易理解的关于微积分的简略论述. 正是在莱布尼茨的思想影响和激励下, 约翰走上了研究和发展微积分的道路.

1691 年, 约翰在《教师学报》上发表论文, 解决了雅格布提出的关于悬链线的问题. 这篇论文的发表, 使他加入了惠更斯、莱布尼茨和牛顿等数学家的行列. 当年秋, 约翰到达巴黎. 在巴黎期间他会见了洛必达, 并于 1691—1692 年间为其讲授微积分. 二人成为亲密的朋友, 建立了长达数十年之久的通信联系. 洛必达以后成为法国最有才能的数学家之一. 此间约翰写了世界上第一本关于微积分的教科书, 积分学部分于 1742 年出版, 微分学部分直到 1924 年才出版.

1693 年, 约翰开始与莱布尼茨建立了通信联系, 信中就一些数学问题交换意见. 约翰是莱布尼茨的忠实拥护者, 以至被卷入了莱布尼茨与牛顿关于微积分优先权的争论, 他极力为莱布尼茨辩护, 并猛烈地批评甚至嘲笑英国人. 1695 年, 约翰获得荷兰格罗宁根大学数学教授的职务. 他接受职务后, 工作特别努力, 一面认真教学, 一面在微积分方面做出了许多新的贡献. 1705 年, 约翰的哥哥雅格布去世, 他去巴塞尔大学继任数学教授的职务, 致力于数学教学, 直到 1748 年去世.

约翰由于长期的教学活动和他对数学的贡献, 受到当时科学界的高度评价. 1699 年被选为巴黎科学院的国外院士; 1701 年被接受为柏林科学协会 (即后来的柏林科学院) 的会员; 1712 年被选为英国皇家学会的会员; 1724 年被选为意大利波伦亚科学院的国外院士; 1725 年被选为彼得堡科学院的国外院士. 他还在巴塞尔担任名誉官职, 是地方教育委员会的成员, 成为当时巴塞尔的知名人物.

约翰由于在力学、天体力学、流体力学方面的研究成果, 曾分别于 1724 年、1730 年和 1735 年三次获得巴黎科学院的奖赏. 特别是 1735 年与他的儿子丹尼尔 · 伯努利共同完成的关于行星轨道理论的获奖文章, 受到人们的高度重视.

约翰生活在 17 世纪下半叶到 18 世纪上半叶. 这一时期数学上最突出的成就就是微积分的发明与发展. 由微积分的创立, 又产生了数学的一些重要分支, 如微分方程、无穷级数、微分几何、变分法等. 18 世纪数学家的主要任务是致力于这些学科分支的发展, 而要完成这些任务, 首先必须发展、完善微积分本身. 约翰就是一个对微积分和与其相关的许多数学分支都做过重要贡献的人, 是 18 世纪分析学的重要奠基者之一.

约翰首先使用 “变量” 这个词, 并且使函数概念公式化. 1698 年他从解析的角度提出了函数的概念. 约翰对一些具体函数进行过研究, 除一般的代数函数外, 他还引入了超越函数, 即三角函数、对数函数、指数函数、变量的无理数次幂函数及某些用积分表达的函数. 指出对数函数是指数函数的反函数. 约翰对微积分的贡献主要是对积分法的发展. 他曾采用变量替换来求某些函数的积分, 在 1699 年的《教师学报》上给出了用变量替换计算积分, 约翰还提出了现在微积分中的一个著名定理——洛必达定理 (或法则). 这个定理是由他的学生洛必达在 1696 年编写的一本非常有影响的微积分教材《无穷小分析》中引入的, 后称为洛必达法则. 这个法则实际上是 1694 年约翰给洛必达的信中告诉洛必达的. 1742 年, 约翰出版了他的著作《积分学教程》, 在这本书中约翰汇集了他在微积分方面的研究成果, 他不仅给出了各种不同的积分方法的例子, 还给出了曲面的求面积, 曲线的求长和不同类型的微分方程的解法, 使微积分更加系统化. 这部著作成为微积分学发展中的一本重要著作, 在当时对于推动微积分的发展和普及微积分的知识都起了积极的作用.

微积分的迅速发展和应用, 必然导致了微分方程这门新学科的诞生. 其实微分方程的发展是与微积分的发展交织在一起的, 约翰在这方面也是一位开拓者. 此外, 约翰还在数学其他方向和物理学做出了重要的贡献.

约翰 · 伯努利是 17—18 世纪在欧洲有影响的数学家. 约翰在他的科学生涯中, 采用通信等方式与其他科学家建立了广泛的联系, 交流学术成果, 讨论和辩论一些问题, 这是他学术活动的一大特点. 他与 110 位学者有通信联系, 进行学术讨论的信件大约有 2500 封, 这大大促进了学术的发展. 约翰一生另一特点是致力于教学和培养人才的工作, 他培养出一批出色的数学家, 其中包括 18 世纪数学界中心人物欧拉, 这不能不说是约翰 · 伯努利的功绩之一.

四、解题方法流程图

1. 一阶微分方程通解的解题方法流程图

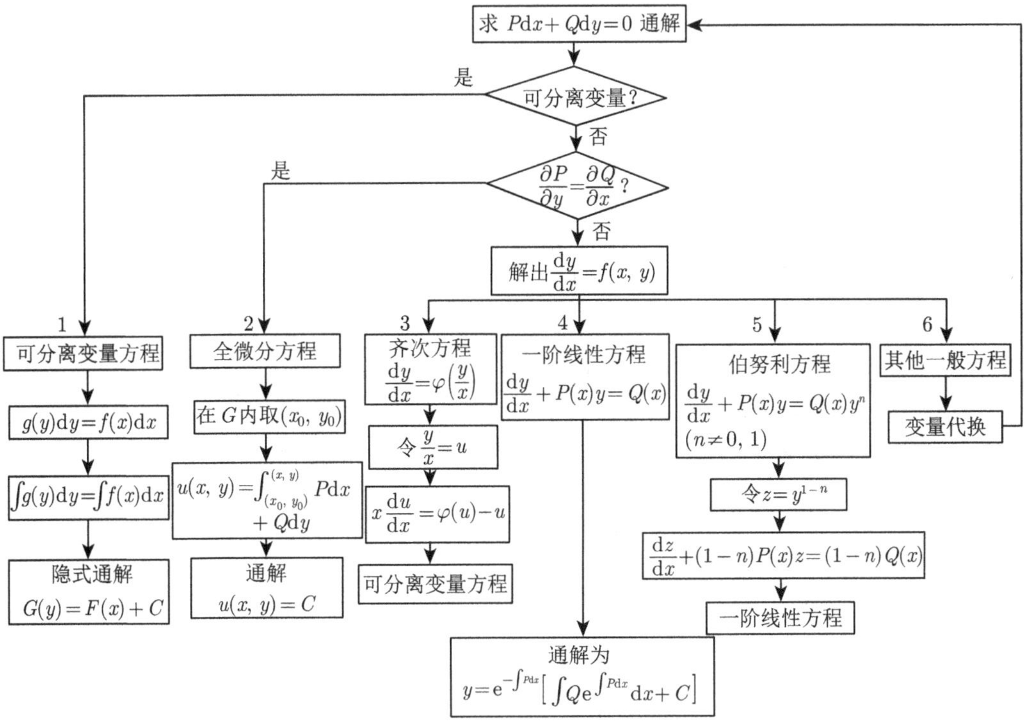

2. 二阶常系数非齐次线性微分方程通解的解题方法流程图

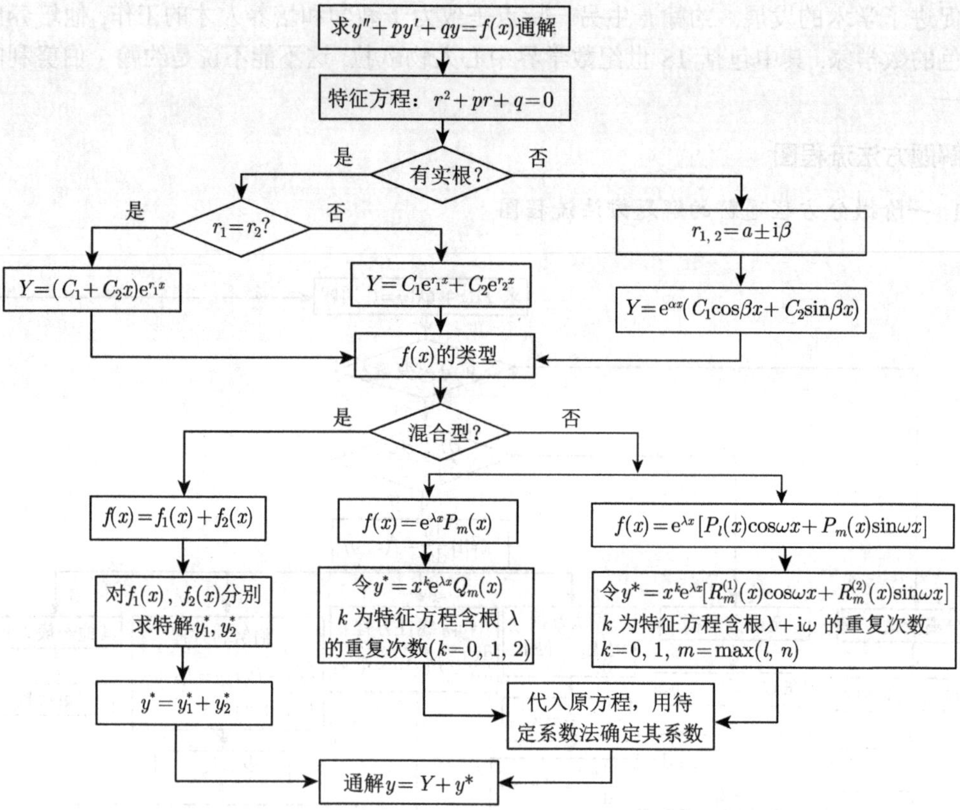

第十章

二元函数微积分

Calculus of two variables

前面我们研究了一元函数微积分，然而现实世界中客观事物是复杂的，往往可抽象出多元函数，因而需要研究多元函数的微积分．多元函数的微积分比一元函数的微积分要复杂得多，它们二者有紧密的联系，但也有本质上的区别．二元函数的微积分与三元以上的多元函数的微积分之间没有本质上的区别，所以我们在本章主要介绍二元函数的微积分．

研究二元函数的微积分需要了解一些空间解析几何的有关知识，所以我们在第一节介绍空间解析几何的基本概念．类比于一元函数微积分，我们在第二节简单介绍二元函数的极限与连续性，第三、四、五节简单介绍了二元函数微分学，第六节介绍二元函数积分学，主要介绍二重积分的概念与计算．

第一节　解析几何——数形结合的数学模型

Analytic Geometry—Mathematical Model of Combination of Number and Shape

解析几何的诞生是数学发展史上革命性的变革，恩格斯给予了极高的评价，把笛卡儿的变数称为“数学中的转折点”．可见，解析几何的诞生，是从常量数学进入变量数学的里程碑．解析几何是用代数的方法研究几何图形性质的一门学科，它的最大特征是将数学的两个基本研究对象——数与形，结合起来．我们在中学已学过平面解析几何，它可解决平面的数形结合问题，要解决空间的数形结合问题，就需要把着眼点从平面延拓到空间．这就是空间解析几何所需要研究的问题，并且解析几何是多元函数微积分的预备知识．

一、 解析几何的思想方法 Analytic geometry thinking method

笛卡儿梦寐以求的新几何，是把代数和几何两者的优点结合起来全然无它们的缺点的坐标几何．他充分认识到“代数在提供广泛的方法论方面，高出希腊人的几何方法，他同时强调代数的一般性，以及他把推理程序机械化和把解题工作量减小的价值．他看到代数作为一门普遍的科学方法的潜力”．这种用优化的代数方法研究几何问题的思想，是坐标几何的基本思想．

要用代数方法研究几何图形，必须沟通代数与几何之间的联系，而代数与几何各自压缩到最基本的概念，分别是数和点．于是，首先要建立数和点之间的联系．大家知道，根据电影票上的排号数就能找到确切的座位. 说清向东走几千米, 再向北走几千米, 就会明白落脚点的方位. 类似的事件处处可见、时时触及, 但我们司空见惯, 却熟视无睹. 唯独哲学家笛卡儿能见微知著, 由平凡的简单事理升华到理性思维, 悟出用数表示点的位置的方法. 这种用一个数 (或一组有顺序的数) 来确定直线上 (或平面上, 或空间里) 各点间相对位置的方法, 叫做坐标法. 坐标法是解析几何的基本方法.

如何用数表示点的位置呢? 这就需要有一种联结数与点的空间位置的特定数学结构, 这种结构就是坐标系.

我们已经知道的数轴是直线上的坐标系. 设 M 是数轴上给定的一点, 则点 M 所对应的数 x 称为该点的坐标. 在平面上, 有公共原点、互相垂直并且有相同长度单位的两条数轴构成平面笛卡儿直角坐标系, 其中一条数轴叫做 x 轴, 另一条数轴叫做 y 轴. 通常把 x 轴放置在水平线位置, 自然 y 轴便占据铅垂线位置. 两条数轴的公共点叫做坐标系的**原点**, 坐标系所在的平面称为坐标平面, 设 M 是坐标平面上给定的一点, 过点 M 分别作 x 轴和 y 轴的垂线, 垂足分别为 P 和 Q. 那么 P, Q 在 x 轴和 y 轴上所对应的数 x 和 y, 分别叫做点 M 的横坐标和纵坐标.

有了坐标系这种数学特定结构, 就产生了坐标法, 有了坐标法就可以把数和点结合起来、统一起来, 从而实现数和点一一对应, 这种以坐标法为基础, 把数看成点, 反之把点看成数的观念, 是解析几何的第一个基本观念.

在笛卡儿之前, 由于二元方程 $F(x,y)=0$ 一般都有无穷多组解, 因而被看作是不确定的、无意义的. 然而, 笛卡儿把方程中的 x, y 看作横坐标和纵坐标, 每一组解 (x,y) 都对应着平面上的一个点. 于是方程 $F(x,y)=0$ 的解集就对应于坐标平面上的点集, 这一点就是平面曲线, 表明二元方程对应平面曲线.

在 16 世纪之前, 平面曲线被看作纯粹静止的几何图形, 随着科学的发展, 曲线被看作动点的轨迹, 如开普勒的行星绕日轨迹、伽利略的抛物线轨迹等, 都是动点轨迹的实例. 于是, 笛卡儿把曲线上的任意一点看作动点, 点动成线要受某种几何条件的约束, 于是动点的流动坐标 x, y 之间的关系就通过约束条件转化为二元代数方程 $F(x,y)=0$, 表明平面曲线对应于二元方程.

这种以坐标法为基础, 把方程与曲线结合起来、统一起来, 把方程看作曲线, 反之把曲线看作方程的观念, 是解析几何的第二个基本观念.

解析几何的第一个基本观念能把点转化成数, 第二个基本观念能把曲线转化成方程, 从而可以用代数方法来研究几何图形的形状和性质, 实现几何的 "算术化". 这在数学发展史上是一场革命, 反之, 根据这两个基本观念, 又可以使数和方程得到直观的几何解释, 从而又促进了代数的发展.

根据解析几何的第二个基本观念, 曲线上的点变动时, 其坐标也在变动, 从而方程 $F(x,y)=0$ 的解 x 和 y 以往被看作孤立静止的常量, 而现在则成了变量, 于是那时生产活动、商业交往、军工制造、天文观测等领域中广泛接触的变量便进入了数学, 变量所遵从的普遍规律——辩证法也随之进入了数学, 导致了变量数学的诞生, 推动了科学的繁荣、社会的进步、文化的昌盛.

二、 空间解析几何的几个主要问题 Some main problems of analytic geometry in space

空间解析几何的研究对象是空间平面、曲线和曲面, 研究的方法是代数方法. 本小节首先介绍把有序数组与空间点统一起来的数学结构——空间直角坐标系. 在此基础上再介绍如何把最简单的空间平面和曲线表示为代数形式, 以及如何用代数方法研究常见的二次曲面.

1. 有序数组与空间点相统一的特定数学结构——空间直角坐标系

我们知道, 数轴是实数与直线上的点相统一的特定数学结构, 平面直角坐标系是二元有序数组与平面上的点相统一的特定数学结构. 类似地, 我们可以建立三元有序数组与空间点相统一的特定数学结构, 这就是空间直角坐标系.

设 O 是现实空间适当选定的一点, 过 O 作具有公共原点、两两相互垂直并且具有相同长度单位的数轴, 这种特定结构叫做空间笛卡儿直角坐标系. O 叫做**原点**, 三条轴分别叫做 x **轴** (横轴)、y **轴** (纵轴)、z **轴** (竖轴), 统称为坐标轴. 一般地把 x 轴和 y 轴放置在水平面上, 而 z 轴沿铅垂线, 它们的正方向通常符合右手法则, 即右手的四指从 x 轴正向旋转 $90°$ 指向 y 轴的正向时, 拇指指向 z 轴的正向 (图 10-1).

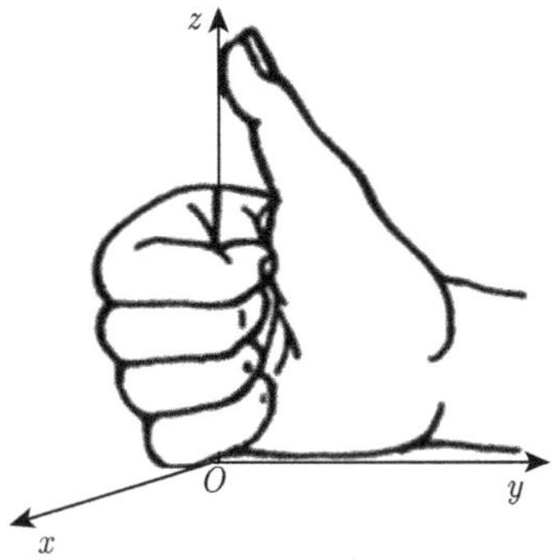

图 10-1

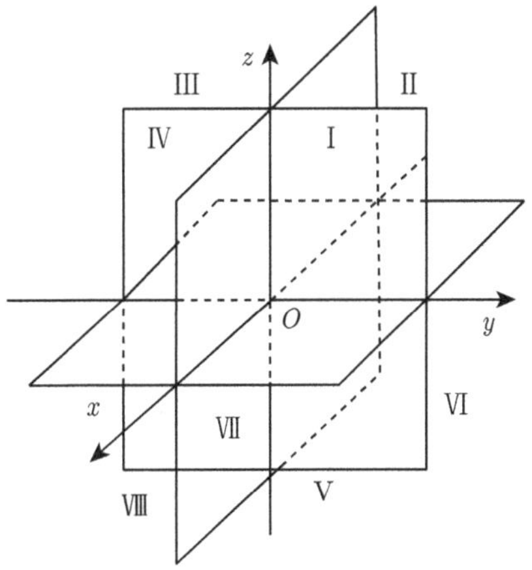

图 10-2

三条坐标轴中的任意两条能确定一个平面, 这样确定的三个平面统称为坐标平面, 依所生成的轴的符号分别记成 xOy 面、yOz 面、zOx 面, 三个坐标平面把空间分割成八个部分, 分别叫做第一卦限, 第二卦限, $\cdots$, 第八卦限 (图 10-2).

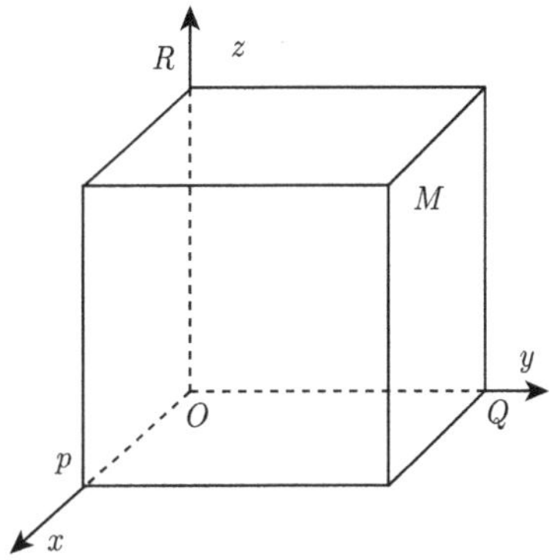

图 10-3

如图 10-3, 设 M 为空间一已知点, 过点 M 分别作 x 轴、y 轴、z 轴的垂直平面, 设它们与这些轴的交点依次为 P, Q, R, 这三点在对应轴上的坐标依次为 x, y, z. 于是点 M 唯一地确定了一个三元有序数组 (x, y, z); 反之, 设 (x, y, z) 为一个已知的三元有序数组, 把这些数依次作为 x 轴、y 轴和 z 轴上的点的坐标, 则有确定的点 P,Q,R 相对应, 过这三点作所在轴的垂直平面, 其交点 M 就是有序数组 (x,y,z) 唯一确定的点. 这样, 通过空间直角坐标系, 空间的点 M 与三元有序数组 (x,y,z) 成一一对应, 因而我们可以把空间点看成三元有序数组, 反之, 也可以把三元有序数组看成空间点. 于是就把点和数结合起来、统一起来了, 这样的数 x,y,z 分别叫做点 M 的横坐标、纵坐标和竖坐标, 统称为点 M 的坐标, 点 M 记作 $M(x,y,z)$. 比如原点记作 $O(0,0,0)$, P, Q, R 点分别记作 $P(x,0,0)$, $Q(0,y,0)$ 以及 $R(0,0,z)$.

例 1 设 M 点在第二卦限, 并且到三个坐标面的距离均为 2, 点 M 及 M' 关于 xOy 平面对称. 写出点 M 及 M' 的坐标.

解 因为点 M 在第二卦限, 并且到三个坐标面的距离均为 2, 所以点 M 的坐标为 $(-2,2,2)$, 即有 $M(-2,2,2)$. 因为点 M 及 M' 关于 xOy 平面对称, 所以点 M' 在第六卦限, 因而点 M' 的坐标为 $(-2,2,-2)$, 即有 $M'(-2,2,-2)$.

例 2 已知两点 $M_1(x_1,y_1,z_1)$ 和 $M_2(x_2,y_2,z_2)$, 求这两点间的距离.

解 如图 10-4, 过点 M_1 和 M_2 分别作三个坐标轴的垂面, 得一以线段 M_1M_2 为对角线的长方体, 显然,

$$\begin{aligned}|M_1M_2|^2 &= |M_1N|^2+|NM_2|^2\\ &= |M_1P_1|^2+|M_1P_2|^2+|NM_2|^2\\ &= |A_1A_2|^2+|B_1B_2|^2+|NM_2|^2,\end{aligned}$$

而

$$|A_1A_2|=|x_2-x_1|,\quad |B_1B_2|=|y_2-y_1|,\quad |NM_2|=|z_2-z_1|.$$

所以

$$|M_1M_2|^2=|x_2-x_1|^2+|y_2-y_1|^2+|z_2-z_1|^2,$$

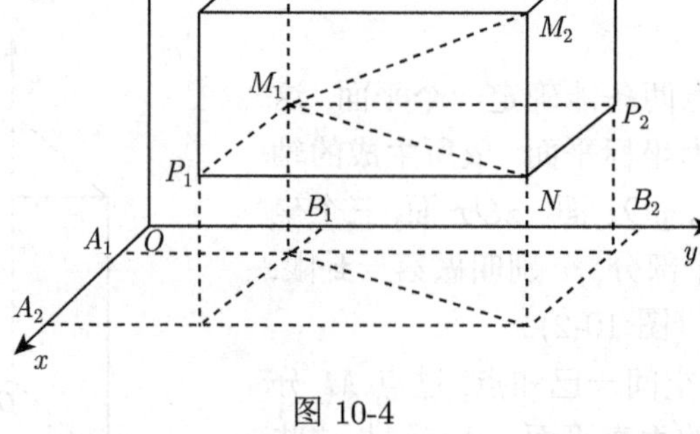

图 10-4

于是点 $M_1(x_1,y_1,z_1)$ 和 $M_2(x_2,y_2,z_2)$ 之间的距离为

$$|M_1M_2|=\sqrt{|x_2-x_1|^2+|y_2-y_1|^2+|z_2-z_1|^2}. \tag{1}$$

若 $M_1(x_1, y_1, z_1)$ 与原点重合, $M_2(x_2, y_2, z_2)$ 记作 $M(x, y, z)$, 则点 $M(x, y, z)$ 到原点 O 的距离为

$$|OM| = \sqrt{x^2 + y^2 + z^2}. \tag{2}$$

(1) 与 (2) 都叫做两点间的距离公式.

2. 空间曲面与代数方程

与平面解析几何中平面曲线与方程的对应关系一样, 在空间解析几何中也存在曲面与方程的对应关系.

如果曲面 S 上任意一点的坐标都满足方程 $F(x, y, z) = 0$, 而不在曲面 S 上的点的坐标都不满足该方程, 那么方程 $F(x, y, z) = 0$ 叫做曲面 S 的方程, 而曲面 S 叫做该方程的图形 (图 10-5).

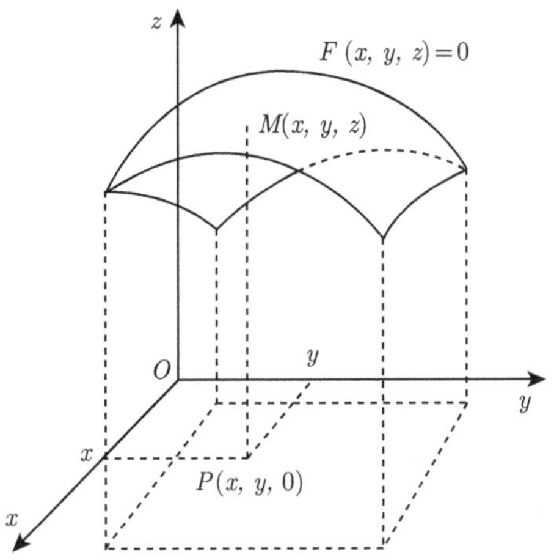

图 10-5

借助于空间直角坐标系把曲面与三元方程统一起来可以解决关于曲面的两类基本问题: 一是把曲面看成点的几何轨迹, 建立这个曲面的方程; 二是由已知的三元方程, 研究它所表示的曲面的图形和性质.

现在我们只介绍第一类基本问题, 第二类基本问题将在本节第四部分介绍.

在空间解析几何中, 曲面被看作符合某种几何条件的点的轨迹, 求曲面方程的关键是找几何条件, 由此导出曲面上的动点的流动坐标之间的关系, 即得所求的方程.

例 3　求到 xOy 平面的距离为 $c(c \geqslant 0)$ 的点的几何轨迹.

解　由中学几何知识可知, 所求点的几何轨迹是位于 xOy 平面两侧、并且到该平面距离为 c 的两个平行平面. 如图 10-6, 设 $M(x, y, z)$ 为所求平面上的任意一点, 过 M 作 xOy 平面的垂线, 则交点为 $P(x, y, 0)$, 于是几何条件为

$$|MP| = c.$$

由距离公式 (1), 得

$$\sqrt{(x - x)^2 + (y - y)^2 + (z - 0)^2} = c.$$

两边平方, 得

$$z^2 = c^2, \quad 即\ |z| = c.$$

于是, 所求平面上的点都应满足方程 $z = c$, 或 $z = -c$.

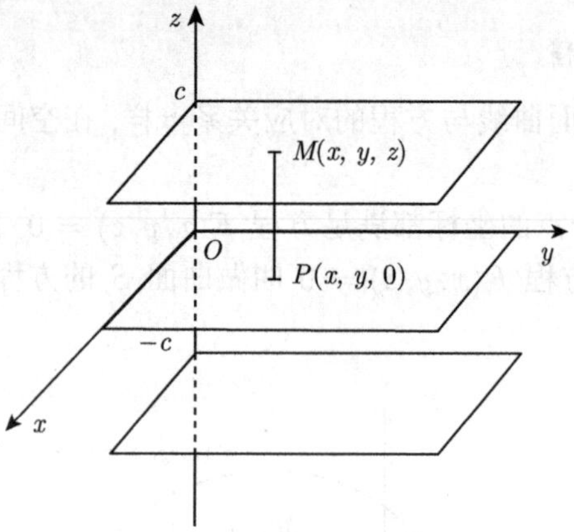

图 10-6

显然, 不在所求平面上的点都不满足该方程. 所以所求的平面有两个: xOy 平面上方的平行平面为 $z = c$, xOy 平面下方的平行平面为 $z = -c$.

特别地, 当 $c = 0$ 时, 得 xOy 坐标平面的方程 $z = 0$.

用与此例类似的方法可知, 位于 yOz 坐标平面前面, 并且距离为 $a(a \geqslant 0)$ 的平行平面的方程为 $x = a$, yOz 坐标平面的方程为 $x = 0$; 位于 zOx 坐标平面左面, 并且距离为 $b(b \geqslant 0)$ 的平行平面的方程为 $y = -b$, zOx 坐标平面的方程为 $y = 0$.

例 4 已知两点 $M_1(-1, 0, 2)$ 和 $M_2(2, -2, 0)$, 求线段 M_1M_2 的垂直平分面的方程.

解 由中学几何知识可知, 所求的平面是到两点 M_1 和 M_2 距离相等的点的几何轨迹. 设 $M(x, y, z)$ 为所求平面上的任意一点, 则几何条件为

$$|MM_1| = |MM_2|,$$

由距离公式 (1) 得

$$\sqrt{(x+1)^2 + (y-0)^2 + (z-2)^2} = \sqrt{(x-2)^2 + (y+2)^2 + (z-0)^2}.$$

两边平方、化简, 得

$$3x - 2y - z - 2 = 0.$$

显然, 不在平分面上的点的坐标不满足该方程, 于是该方程就是线段 M_1M_2 垂直平分面的方程.

观察例 3 和例 4, 由归纳概括可知平面方程的一般形式是

$$Ax + By + Cz + D = 0, \tag{3}$$

其中 A, B, C, D 都是常数, 且 A, B, C 不同时为零. 因此平面又叫做一次曲面.

前面用观察法概括出平面的一般方程 (3). 我们知道, 数学科学与其他科学不同, 在数学科学中, 通过直观得到的结论不一定靠得住, 其正确性尚需经过严格的逻辑证明, 现借用数学中抽象出的向量知识作一理论推导.

如图 10-7 所示, 设 π 是笛卡儿直角坐标系中过已知点 $M_0(x_0,y_0,z_0)$ 且法向量为 $\boldsymbol{n}=(A,B,C)$ 的平面, 求该平面的方程.

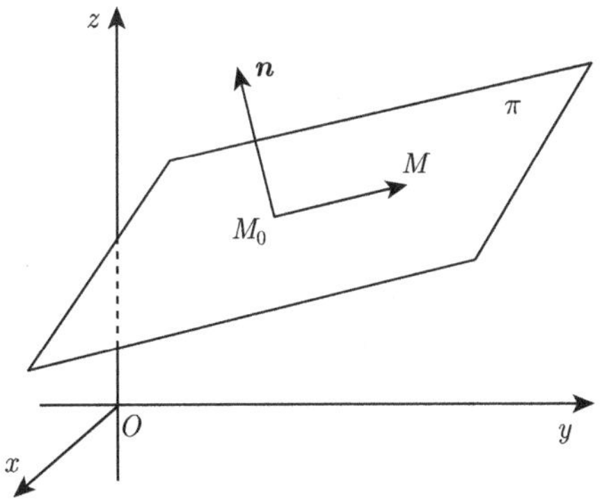

图 10-7

设 $M(x,y,z)$ 为平面 π 上任意一点, 作向量 $\overrightarrow{M_0M}$, 显然 $\boldsymbol{n}\perp\overrightarrow{M_0M}$. 于是得平面 π 的向量方程

$$\boldsymbol{n}\cdot\overrightarrow{M_0M}=0.$$

已知 $\boldsymbol{n}=A\boldsymbol{i}+B\boldsymbol{j}+C\boldsymbol{k}$, 又易知 $\overrightarrow{M_0M}=(x-x_0)\boldsymbol{i}+(y-y_0)\boldsymbol{j}+(z-z_0)\boldsymbol{k}$, 所以

$$(A\boldsymbol{i}+B\boldsymbol{j}+C\boldsymbol{k})[(x-x_0)\boldsymbol{i}+(y-y_0)\boldsymbol{j}+(z-z_0)\boldsymbol{k}]=0,$$

化简得

$$Ax+By+Cz-(Ax_0+By_0+Cz_0)=0,$$

令 $-(Ax_0+By_0+Cz_0)=D$, 即得平面 π 的方程

$$Ax+By+Cz+D=0.$$

例 5　求以已知点 $M_0(x_0,y_0,z_0)$ 为球心、R 为半径的球面方程.

解　显然球面是动点到定点距离等于定长的点的轨迹. 设 $M(x,y,z)$ 为球面上任意一点, 则几何条件为

$$|MM_0|=R.$$

于是有

$$\sqrt{(x-x_0)^2+(y-y_0)^2+(z-z_0)^2}=R.$$

两边平方, 得

$$(x-x_0)^2+(y-y_0)^2+(z-z_0)^2=R^2. \tag{4}$$

这就是以点 $M_0(x_0,y_0,z_0)$ 为球心、R 为半径的球面方程.

当 M_0 与原点重合时, (4) 变成

$$x^2+y^2+z^2=R^2. \tag{5}$$

这是以原点为球心, 以 R 为半径的球面方程 (图 10-8), 上半球面和下半球面的方程分别为

$$z=\sqrt{R^2-x^2-y^2}, \quad z=-\sqrt{R^2-x^2-y^2}.$$

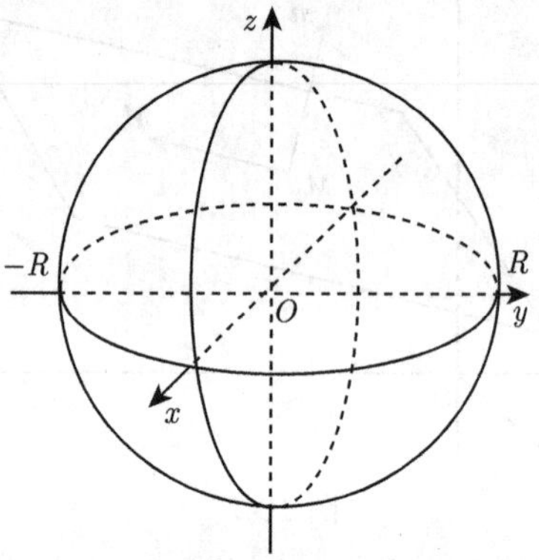

图 10-8

由此例可知, 球面方程是含坐标 x,y,z 的二次方程. 一般地, 由二次方程表示的曲面叫做二次曲面.

三、 空间直线与代数方程 Lines in space and algebraic equation

在空间解析几何中, 直线可以看作两个互不平行的平面的交线. 设平面 π_1 和 π_2 的方程分别为 $A_1x+B_1y+C_1z+D_1=0$ 和 $A_2x+B_2y+C_2z+D_2=0$, 它们的交线为直线 L(图 10-9), 那么直线 L 上的任意一点的坐标应同时满足这两个平面的方程, 即应满足方程组

$$\begin{cases} A_1x+B_1y+C_1z+D_1=0, \\ A_2x+B_2y+C_2z+D_2=0, \end{cases} \tag{6}$$

反过来, 如果点 M 不在直线 L 上, 那么它不可能同时在 π_1 和 π_2 平面上, 所以它的坐标不满足方程组 (6). 方程组 (6) 是直线方程 (通常叫做直线的一般式方程).

例 6 求坐标轴方程.

解 因为 x 轴可以看作是 xOy 平面与 zOx 平面的交线, 所以 x 轴的方程为

$$\begin{cases} y=0, \\ z=0. \end{cases}$$

同理 y 轴和 z 轴的方程分别为

$$\begin{cases} x=0, \\ z=0 \end{cases} \quad 和 \quad \begin{cases} x=0, \\ y=0. \end{cases}$$

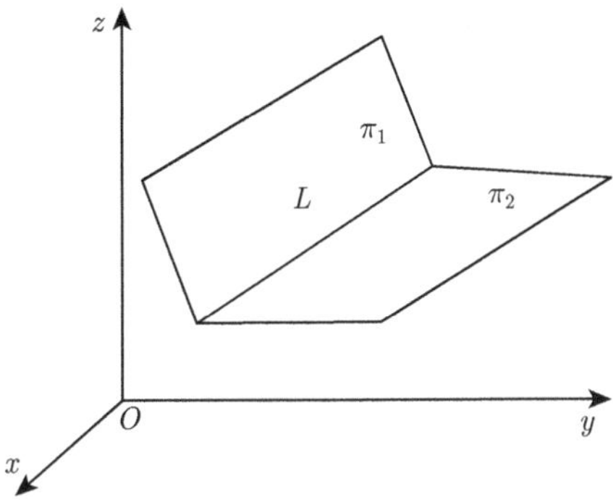

图 10-9

类似地, 空间曲线被看作两曲面的交线.

例 7 求 xOy 平面与球面 $x^2+y^2+z^2=R^2$ 的交线.

解 所求的交线是 xOy 平面上以 O 为圆心, 以 R 为半径的圆. 由方程组得交线方程

$$\begin{cases} x^2+y^2+z^2=R^2, \\ z=0, \end{cases}$$

得交线方程

$$\begin{cases} x^2+y^2=R^2, \\ z=0. \end{cases}$$

应当注意, 这是在空间直角坐标系中圆的方程. 若在平面直角坐标系中, 同一个圆其方程变成

$$x^2+y^2=R^2.$$

四、 用代数方法研究常见二次曲面

The common quadric surface is studied by algebraic method

本节解决关于曲面的第二个基本问题, 即已知二次方程 $F(x,y,z)=0$, 用代数方法研究它所表示的曲面的几何图形和性质.

首先介绍截痕法. 用一组平行平面去截某曲面, 得一组截痕曲线, 通过截痕曲线的形状和性质研究某曲面的形状和性质, 这种方法称为截痕法.

1. 椭球面

形如

$$\frac{x^2}{a^2}+\frac{y^2}{b^2}+\frac{z^2}{c^2}=1 \tag{7}$$

的方程所表示的曲面叫做椭球面, 其标准方程是 (7) 式.

我们结合截痕法, 用代数方法研究方程 (7) 所表示的曲面的图形和性质.

(1) 因为方程含流动坐标 x,y,z 的项均为平方项, 所以图形对称于三个坐标平面、坐标轴和原点.

(2) 因为方程左边各项非负, 所以

$$\frac{x^2}{a^2} \leqslant 1, \quad \frac{y^2}{b^2} \leqslant 1, \quad \frac{z^2}{c^2} \leqslant 1,$$

即 $|x| \leqslant a, |y| \leqslant b, |z| \leqslant c$.

可见图形在以平面 $x = \pm a, y = \pm b$ 和 $z = \pm c$ 所围成的长方体内.

(3) 用平面 $Ax + By + Cz + D = 0$ 截曲面, 得空间曲线

$$\begin{cases} \dfrac{x^2}{a^2} + \dfrac{y^2}{b^2} + \dfrac{z^2}{c^2} = 1, \\ Ax + By + Cz + D = 0. \end{cases}$$

当 $A = B = D = 0, C = 1$ 时, 得

$$\begin{cases} \dfrac{x^2}{a^2} + \dfrac{y^2}{b^2} + \dfrac{z^2}{c^2} = 1, \\ z = 0, \end{cases}$$

它表示 xOy 平面上的交线为椭圆.

当 $A = B = 0, C = 1$ 时, 令 $h = -D$, 得

$$\begin{cases} \dfrac{x^2}{a^2} + \dfrac{y^2}{b^2} + \dfrac{z^2}{c^2} = 1, \\ z = h, \end{cases}$$

表示平面 $z = h$ 上的交线也是椭圆. 当 $|h|$ 由小变大接近于 c 时, 椭圆逐渐变小, 最后变成一点.

当 $h = c$ 时, 得 $\dfrac{x^2}{a^2} + \dfrac{y^2}{b^2} = 0$, 此时椭圆缩为一点 $(0, 0, c)$.

当 $|h| > c$ 时, $\dfrac{x^2}{a^2} + \dfrac{y^2}{b^2} = 1 - \dfrac{z^2}{c^2} < 0$, 方程无实解, 表示平面 $z = h$ 与曲面无交点.

由以上讨论不难想到, 从 xOy 平面向上沿 z 轴正方向, 曲面由一层层收缩着的椭圆叠累而成. 同理可以得知, 取面沿 x 轴和 y 轴正向与沿 z 轴正向的形状相仿. 由对称性可知, 方程 (7) 所表示的曲面图形如图 10-10 所示, 称为椭球面.

椭球面与三个坐标轴的交点称为顶点, a, b, c 分别叫做长半轴、中半轴和短半轴 (这里假设 $a \geqslant b \geqslant c$). 当 $a = b = c = R$, 椭球面方程 $\dfrac{x^2}{a^2} + \dfrac{y^2}{b^2} + \dfrac{z^2}{c^2} = 1$ 变为球面方程 $x^2 + y^2 + z^2 = R^2$.

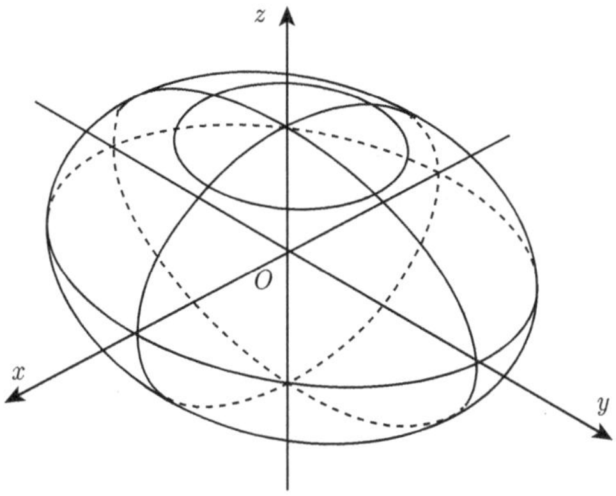

图 10-10

2. 抛物面

先介绍椭圆抛物面. 形如

$$\frac{x^2}{a^2}+\frac{y^2}{b^2}=z \tag{8}$$

的方程所表示的曲面叫做椭圆抛物面, 其标准方程为 (8) 式.

用平面 $z=h$ 去截曲面, 当 $h>0$ 时, 截痕为椭圆

$$\begin{cases}\dfrac{x^2}{a^2h}+\dfrac{y^2}{b^2h}=1,\\ z=h,\end{cases}$$

h 变小, 椭圆变小, 当 $h=0$ 时椭圆缩为一点, 即原点. 当 $h<0$ 时, 显然截面与曲面无交点.

用平面 $y=h$ 去截曲面, 截痕为抛物线

$$\begin{cases}x^2=a^2\left(z-\dfrac{h^2}{b^2}\right),\\ y=h.\end{cases}$$

同理, 用平面 $x=h$ 去截曲面, 截痕也为抛物线

$$\begin{cases}y^2=b^2\left(z-\dfrac{h^2}{a^2}\right),\\ x=h.\end{cases}$$

由上可知, 方程 (8) 所表示的曲面图形如图 10-11 所示, 称为椭圆抛物面.

当 $a=b$ 时, 方程 $x^2+y^2=a^2z$ 所表示的曲面叫做旋转抛物面.

再介绍双曲抛物面. 形如

$$\frac{x^2}{a^2}-\frac{y^2}{b^2}=z \tag{9}$$

的方程所表示的曲面叫做双曲抛物面 (或马鞍形面), 其标准方程为 (9) 式.

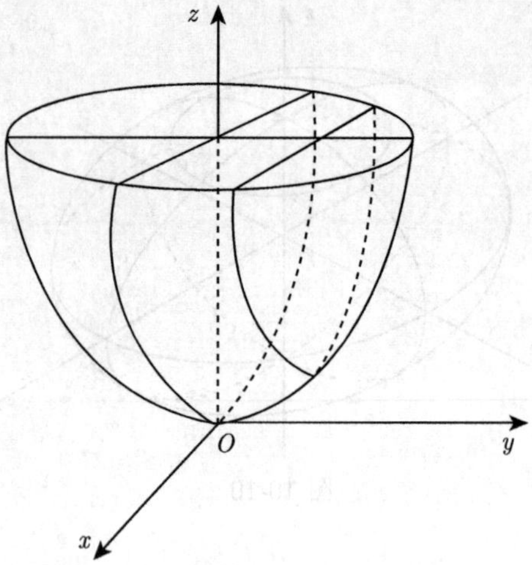

图 10-11

同理可用截痕法研究双曲抛物面的形状, 如图 10-12 所示.

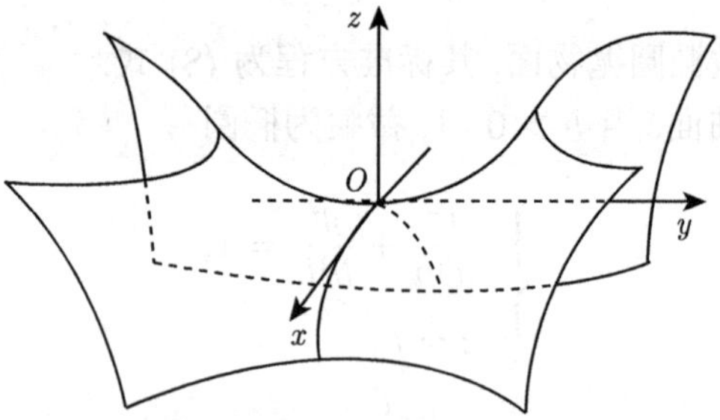

图 10-12

3. 柱面

如图 10-13 所示, 设 L 是坐标平面 xOy 上的一条已知曲面, 称为准线. 直线 AB 过曲

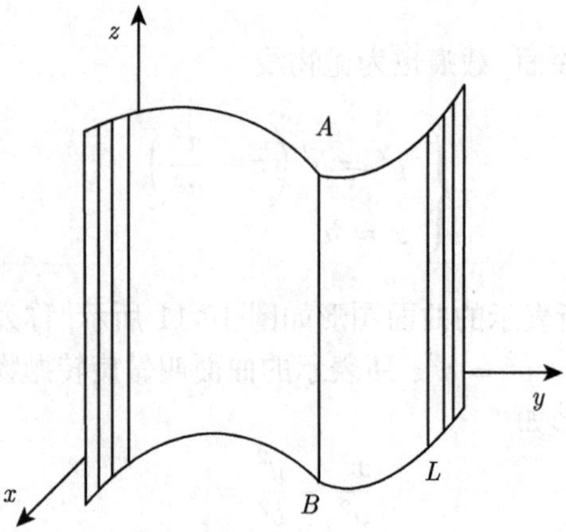

图 10-13

线 L 且与 z 轴平行, 称为母线, 令母线 AB 沿准线 L 平行于 z 轴移动, 这样形成的曲面称为柱面. 不同类型的准线可生成不同类型的柱面.

形如

$$\frac{x^2}{a^2}+\frac{y^2}{b^2}=1 \tag{10}$$

的方程所表示的曲面叫做椭圆柱面, 其标准方程为 (10) 式.

该方程缺少竖坐标 z, 表明用任何平面 $z=h$ 截曲面都得到相同的椭圆, 于是方程 (10) 所表示的曲面形状如图 10-14 所示. 当 $a=b=R$ 时, 是圆柱面.

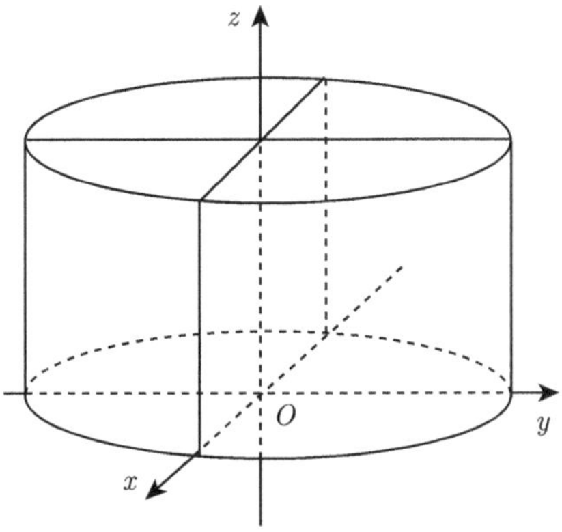

图 10-14

类似地, 方程 $y^2=2x$ 所表示的曲面叫做抛物柱面, 如图 10-15 所示.

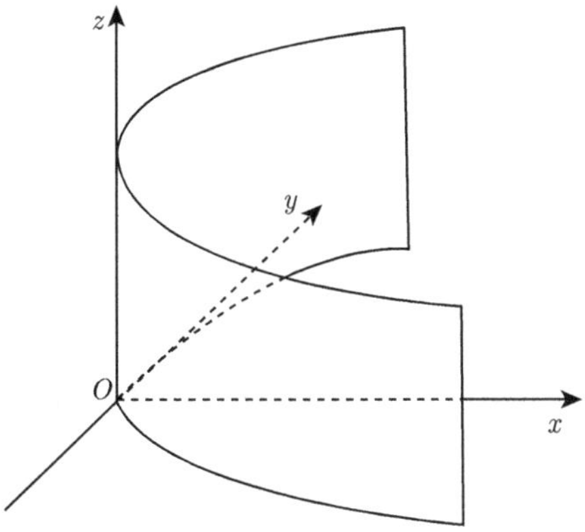

图 10-15

五、 坐标系与空间概念的拓展

Expansion of coordinate system and space concepts

1. 各种坐标系

把数和点统一起来的特定数学结构除数轴、平面直角坐标系和空间直角坐标系外, 还有因研究问题的对象和适用范围不同而构建的各种其他坐标系. 比如在高等数学中还有平面上的极坐标系, 空间中的柱面坐标系和球面坐标系. 在其他数学分支中还有些坐标系, 在地理学中有地理坐标系, 在天文学中有天文坐标系等. 各种坐标系的引入, 是坐标几何在不同领域得到广泛应用的结果.

2. 空间概念的拓展

我们赖以生存的现实空间, 就是一种欧氏空间, 有前后、左右、上下三个独立的方向, 在这个空间建立直角坐标系后, 则三元有序数组 (x, y, z) 与点 M 一一对应, 这句话还可以说成, 点 M 须且只需三个独立坐标 x, y, z 来表示. 独立坐标的个数叫做空间的维数, 因此现实空间又称为三维欧氏空间, 或三维空间. 三维空间的几何图形与含有三个独立变量的方程相对应. 同理, 平面和直线分别叫做二维空间和一维空间. 二维空间或一维空间的几何图形分别与含有两个或一个独立变量的方程相对应.

在有些问题中, 未知数的个数是 4 个, 5 个, $\cdots$, n 个, 甚至是无穷个. 例如要确定人造地球卫星的位置, 除三个变量 x, y, z 外, 还有时间变量 t, 这四个独立变量的变化范围叫做四维空间.

三维及三维以下的空间, 我们的感官可以感知. 然而高于三维的空间则不是感官所能直接感知的, 只能凭借思维去想象. 为了便于理解和叙述, 我们借用现实空间的术语, 因而需要把空间概念加以拓展. 如果一个问题含有 n 个独立变量, 那么我们就把这 n 个有序变量组的变化范围叫做 n 维空间, 该问题就说成是一个 n 维空间的问题. n 个有顺序的数组叫做 n 维空间的点, 含 n 个独立变量的方程叫做 n 维超曲面.

在数学科学和自然科学中, 常常根据变量所表示的对象给空间取相应的名称. 比如, 若 n 个独立变量确定的对象是向量, 则这样的向量集合就叫做 n 维向量空间, 类似地有 n 维多项式空间等.

空间概念不仅可以拓展到自然科学中, 而且还可以拓展到社会科学、艺术创作等许许多多的领域中. 比如文学家、艺术家所说的 "创作空间", 就涉及文艺理论、文艺批评、文艺政策、出版事业等多维变元.

第二节　二元函数微分学——一元函数微分学的推广

Differential calculus of function of two variables —Extension of differential calculus of functions of one variable

在第四章中, 我们介绍了一元函数沿 x 轴方向的变化率与函数值的微小变化, 即导数与微分. 作为推广, 本章将介绍二元函数沿两个坐标轴方向的变化率以及沿任何方向的函数值的微小变化, 即偏导数和全微分. 研究二元函数的偏导数、全微分及其应用的部分称为二元函数微分学. 一元和二元函数的微分学既有联系又有区别, 学习时要把握这一规律.

一、 二元函数的概念、极限和连续性

The concept, limit and continuity of functions of two variables

在第一至三章我们研究了函数概念、函数的连续性的问题. 这些函数有一个共同的特

点, 即只有一个自变量. 但实际问题中所遇到的大量函数不只是一个自变量, 有的是两个、三个, 甚至是达到百个、千个或者更多. 我们把具有两个自变量的函数叫做二元函数, 具有 n 个自变量的函数叫做 n 元函数. 而二元和二元以上的函数叫做多元函数. 自然, 我们先前熟悉的具有一个自变量的函数叫做一元函数.

本小节研究二元函数的概念、极限和连续性.

1. 二元函数的概念

定义 1 设在某一变化过程中, 存在三个变量 x, y 和 z. x, y 的变化范围记作 D. 如果对于 D 中的任一组值 x, y, 通过对应法则 f, 变量 z 有唯一确定的值与之对应, 则称 z 为 x 和 y 的二元函数, 记作

$$z = f(x, y),$$

x 和 y 叫做自变量, D 叫做函数的定义域.

对于 $(x_0, y_0) \in D$, 对应的值记作 $z_0 = f(x_0, y_0)$, 称它为当 $x = x_0, y = y_0$ 时的函数值. 全体函数值的集合

$$M = \{z | z = f(x, y), (x, y) \in D\}$$

称为函数的值域.

二元函数的定义, 表明了这个函数模型的结构. 它由定义域 D, 对应法则 f 和值域 M 三个要素构成. 定义域和对应法则是主导要素, 值域是派生要素. 这一模型, 如同一部机器, 把 D 中的任一原材料 (x, y) 输入 $f(\ )$, 便能产生实数 $z \in M$, 如图 10-16 所示.

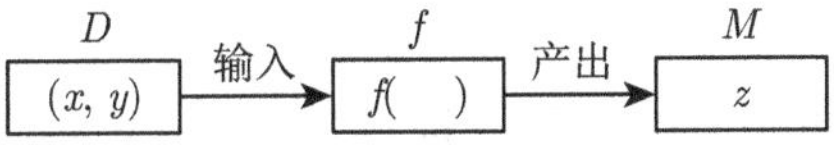

图 10-16

通常二元函数的定义域是 xOy 平面的一部分. 这种由一条或几条曲线所围成的平面部分称为区域. 围成区域的曲线称为区域的**边界**. 包含边界的区域称为闭区域, 不包含边界的区域称为开区域. 若某区域能包含在一个以原点 O 为圆心, 以 R 为半径的圆内, 则该区域称为有界区域, 否则称为无界区域.

为了解决实际问题的需要, 必须求出二元函数的定义域, 其方法与一元函数相仿.

例 1 求二元函数 $z = \ln[(x-1)(y+2)]$ 的定义域.

解 显然应有

$$(x-1)(y+2) > 0,$$

于是, 应有

$$x - 1 > 0, y + 2 > 0 \quad 或 \quad x - 1 < 0, y + 2 < 0,$$

即

$$x > 1, y > -2 \quad 或 \quad x < 1, y < -2.$$

所以, 所给函数的定义域是满足上列两组条件中任一组的一切 (x, y) 所组成的无界开区域 (图 10-17).

同理, 不难求得二元函数 $z=\sqrt{1-x^2-y^2}$ 的定义域, 其为 xOy 平面上以原点为圆心, 以 1 为半径, 并且包括圆周的圆面, 是有界闭区域.

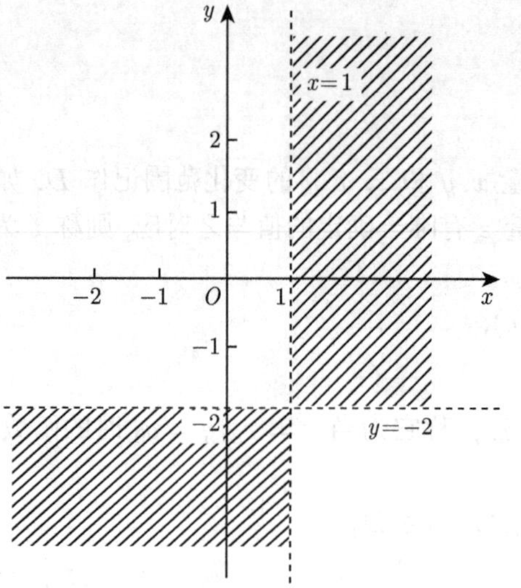

图 10-17

我们知道, 对于一元函数 $y=f(x)$, 当点 x 在某区间内变动时, 点 $M(x,y)$ 的集合构成平面曲线 $y=f(x)$. 类似地, 对于二元函数 $z=f(x,y)$, 当点 (x,y) 在平面区域 D 内变动时, 点 $M(x,y,z)$ 的集合构成空间曲面 $z=f(x,y)$. 例如, 函数 $z=1-x-y$ 的图形是一张平面; 函数 $z=x^2+y^2$ 的图形是一个旋转抛物面.

2. 二元函数的极限

我们知道, 极限概念是一元函数中许多重要概念的理论基础, 在二元函数中, 极限概念也起着同样重要的作用, 因此, 我们先来研究二元函数的极限概念, 为此首先介绍邻域概念.

设 $P_0(x_0,y_0)$ 和 $P(x,y)$ 分别是区域 D 的定点和动点. 它们之间的距离记作 ρ. 把满足条件

$$0\leqslant\rho=\sqrt{(x-x_0)^2+(y-y_0)^2}<\delta\quad(\delta>0)$$

的一切点 (x,y) 的集合叫做点 P_0 的圆邻域, 简称为邻域. 设函数 $z=f(x,y)$ 在点 $P_0(x_0,y_0)$ 的某一邻域内有定义, $P(x,y)$ 是该邻域内的任意一点. 如果点 $P(x,y)$ 无论沿任何路径、以任何方式无限趋近于点 $P_0(x_0,y_0)$ 时, $f(x,y)$ 无限趋近于常数 A, 那么说 A 是函数 $f(x,y)$ 当 $P(x,y)\to P_0(x_0,y_0)$ 时的极限 (图 10-18). 与一元函数的极限类似, 我们给出二元函数极限的定量描述.

定义 2 设二元函数 $z=f(x,y)$ 在点 $P_0(x_0,y_0)$ 的邻域内有定义 (在 $P_0(x_0,y_0)$ 处可以无定义), 如果对于任意整数 ε(不管它有多小), 总存在相应正数 δ, 使得满足 $0<\rho<\delta$ 的一切点 $P(x,y)$, 能使 $|f(x,y)-A|<\varepsilon$ 恒成立, 则称二元函数 $f(x,y)$ 当 $P\to P_0$ 时以数 A 为极限, 也称函数 $f(x,y)$ 在点 $P_0(x_0,y_0)$ 有极限. 记作

$$\lim_{(x,y)\to(x_0,y_0)}f(x,y)=A,\quad\text{或}\quad f(x,y)\to A\quad(P(x,y)\to P_0(x_0,y_0)).$$

这里 $P\to P_0$ 即 $\rho\to 0$. 该定义又称为二元函数极限的 “ε-δ” 定义.

应该注意, 点 $P(x,y)$ 趋近于点 $P_0(x_0,y_0)$ 的方式是多种多样的, 它不仅可以沿着点 P_0 的直线趋近于点 P_0, 而且还可以沿着过点 P_0 的任意曲线趋近于 P_0. 因此, 只有当点 $P(x,y)$ 无论从任意路径趋近于点 P_0 时, 函数 $f(x,y)$ 都有极限 A, 才称它的极限存在. 如果有一个路径不存在, 或者至少有两个路径极限存在, 但极限值不相等, 都称函数极限不存在. 可见二元函数的极限比一元函数的极限要复杂得多.

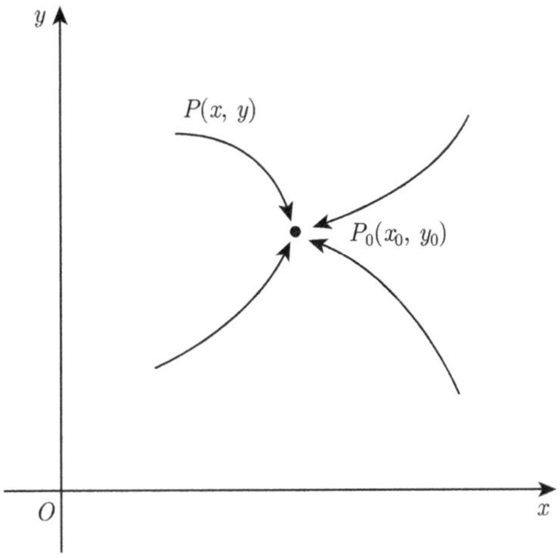

图 10-18

例 2　讨论二元函数

$$f(x,y)=\begin{cases}\dfrac{xy}{x^2+y^2}, & x^2+y^2\neq 0,\\ 0, & x^2+y^2\neq 0\end{cases}$$

在点 $O(0,0)$ 处是否存在极限.

解　令 $y=kx(k\neq 0)$, 则

$$\frac{xy}{x^2+y^2}=\frac{kx^2}{x^2+k^2x^2}=\frac{k}{1+k^2}.$$

因此, 当点 $P(x,y)$ 沿过点 $O(0,0)$ 的直线 $y=kx$ 趋近于 $O(0,0)$ 时, $f(x,y)$ 趋近于 $\dfrac{k}{1+k^2}$. 这一数值不是定值, 它随 $y=kx$ 的斜率 k 的改变而改变, 也就是说, 点 $P(x,y)$ 沿着不同的路径趋于 $O(0,0)$ 时, 极限值也不同. 根据极限定义可知, 所给函数在点 $O(0,0)$ 不存在极限.

3. 二元函数的连续性

与一元函数类似, 研究二元函数的变化率等问题需要研究二元函数的连续性, 为此, 我们先来介绍增量概念.

设有二元函数

$$z=f(x,y),\quad (x,y)\in D,$$

当点 P 由点 $P_0(x_0,y_0)$ 变到 $P(x,y)$ 时, 自变量 x 和 y 分别有增量 Δx 和 Δy, 即有 $\Delta x=x-x_0,\Delta y=y-y_0$, 或 $x=x_0+\Delta x,y=y_0+\Delta y$. 因而相应地函数 $z=f(x,y)$ 有增量

$$\Delta z=f(x_0+\Delta x,y_0+\Delta y)-f(x_0,y_0).$$

于是, 与一元函数类似, 我们可以给出二元函数连续的精确描述.

定义 3　设二元函数 $z=f(x,y)$ 在点 $P_0(x_0,y_0)$ 的某邻域内有定义. 若

$$\lim_{(x,y)\to(x_0,y_0)} f(x,y)=f(x_0,y_0),$$

则称函数 $f(x,y)$ 在点 $P_0(x_0,y_0)$ 处连续.

二元函数 $z=f(x,y)$ 连续的定义还可以叙述为

定义 4　若二元函数 $z=f(x,y)(x,y)\in D$ 在点 $P_0(x_0,y_0)\in D$ 的增量 Δz 满足

$$\lim_{(\Delta x,\Delta y)\to(0,0)} \Delta z=0,$$

则称函数 $f(x,y)$ 在点 $P_0(x_0,y_0)$ 处连续.

粗略地讲, 就是当自变量变化很小时, 函数值的变化也很小.

如果函数 $f(x,y)$ 在其定义域 D 内每一点都连续, 则称函数 $f(x,y)$ 在 D 内连续. 类似于一元初等函数的概念, 对应地也有二元初等函数的概念. 同样二元初等函数在其定义的区域上都是连续的.

直观上, 连续函数 $z=f(x,y)$ 的图形是一张无孔无缝的致密曲面.

二元函数在一点 $P_0(x_0,y_0)$ 处的极限和连续性之间的关系十分紧密, 差别仅在于点 P_0 处是否有定义. 因此, 它们有几乎完全相同的运算法则. 一元函数极限的运算法则 (和、差、积、商等)、一元连续函数的运算法则和性质, 以及函数、极限与无穷小量之间的关系等都可以类推到二元函数上来, 不再复述.

二、 偏导数和全微分 Partial derivative and Total differential

在登山赏景时会碰到这样的问题: 如果只沿东西方向有一条山路, 那么山坡的陡峭程度如何呢? 一元函数的导数可以回答这一问题; 如果沿东西和南北方向有两条山路, 那么这些山坡的陡峭程度又如何呢? 这就需要用二元函数的偏导数来解决. 其他实际问题中也存在类似的问题.

一元函数 $y=f(x)$ 的定义域在 x 轴上, 其导数 $y'=f'(x)$ 表示因变量 y 沿 x 轴方向的变化率. 因为二元函数的定义域是平面区域, 因而函数 $z=f(x,y)$ 存在着沿两个坐标轴方向的变化率问题, 也存在着沿任意方向改变量的问题. 本小节将研究这两个问题.

1. 偏导数——沿坐标轴方向的变化率

1) 偏导数的定义

当固定 $y=y_0$ 时, 二元函数 $z=f(x,y)$ 变成了关于 x 的一元函数 $z=f(x,y_0)$, 当 x 在点 x_0 处有增量 Δx 时, 函数 $f(x,y_0)$ 沿 x 轴方向有增量

$$\Delta_x z=f(x_0+\Delta x,y_0)-f(x_0,y_0),$$

称为函数 z 沿 x 轴方向的偏增量. 同理, 沿 y 轴方向有偏增量

$$\Delta_y z=f(x_0,y_0+\Delta y)-f(x_0,y_0).$$

当 x,y 同时有增量 $\Delta x,\Delta y$ 时, 则函数 z 有

$$\Delta z=f(x_0+\Delta x,y_0+\Delta y)-f(x_0,y_0).$$

显然沿 x 轴方向的变化率可以按一元函数的导数定义来求, 即若极限

$$\lim_{\Delta x\to 0}\frac{\Delta_x z}{\Delta x}=\lim_{\Delta x\to 0}\frac{f(x_0+\Delta x,y_0)-f(x_0,y_0)}{\Delta x}$$

存在, 则称该极限值为函数 $f(x,y)$ 在点 $P_0(x_0,y_0)$ 处关于 x 的偏导数, 记作

$$\left.\frac{\partial z}{\partial x}\right|_{(x_0,y_0)}=f'_x(x_0,y_0)=\lim_{\Delta x\to 0}\frac{\Delta_x z}{\Delta x}=\lim_{\Delta x\to 0}\frac{f(x_0+\Delta x,y_0)-f(x_0,y_0)}{\Delta x}.$$

同理, 不难写出函数 $f(x,y)$ 在点 $P_0(x_0,y_0)$ 关于 y 的偏导数

$$\left.\frac{\partial z}{\partial y}\right|_{(x_0,y_0)}=f'_y(x_0,y_0)=\lim_{\Delta y\to 0}\frac{\Delta_y z}{\Delta y}=\lim_{\Delta y\to 0}\frac{f(x_0,y_0+\Delta y)-f(x_0,y_0)}{\Delta y}.$$

由偏导数的概念可知, 求二元函数 $z=f(x,y)$ 关于 x(或 y) 的偏导数时, 只需把 $f(x,y)$ 中的变量 y(或 x) 看作常量, 运用关于 x(或 y) 的一元函数求导法即可.

例 3 求 $z=x^2\sin 2y$ 的偏导数.

解 把 y 看作常数, 对 x 求导数, 得

$$\frac{\partial z}{\partial x}=2x\sin 2y.$$

把 x 看作常数, 对 y 求导数, 得

$$\frac{\partial z}{\partial y}=2x^2\cos 2y.$$

一般来说, $\dfrac{\partial z}{\partial x},\dfrac{\partial z}{\partial y}$ 仍是 x,y 的二元函数, 称为函数 $z=f(x,y)$ 的偏导函数, 简称偏导数.

例 4 求 $z=x^2+3xy+y^2$ 在点 $(1,2)$ 处的偏导数.

解 首先求偏导数

$$\frac{\partial z}{\partial x}=2x+3y,\quad \frac{\partial z}{\partial y}=3x+2y,$$

于是得

$$\left.\frac{\partial z}{\partial x}\right|_{(1,2)}=8,\quad \left.\frac{\partial z}{\partial y}\right|_{(1,2)}=7.$$

2) 偏导数存在与连续的关系

我们知道, 对于一元函数 $y=f(x)$, 若它在某点可导, 则它在该点必连续. 但是对二元函数来说, 即使各偏导数都存在, 也不能保证它在该点连续. 例如在例 2 中我们已经知道函数

$$f(x,y)=\begin{cases}\dfrac{xy}{x^2+y^2}, & x^2+y^2\neq 0,\\ 0, & x^2+y^2\neq 0\end{cases}$$

在点 $(0,0)$ 处极限不存在, 因而在 $(0,0)$ 处不连续. 但根据定义可知函数 $f(x,y)$ 在点 $(0,0)$ 处存在关于 x 和 y 的偏导数, 即

$$\left.\frac{\partial z}{\partial x}\right|_{(0,0)}=f'_x(0,0)=\lim_{\Delta x\to 0}\frac{\Delta_x z}{\Delta x}=\lim_{\Delta x\to 0}\frac{\Delta x\cdot 0-0}{\Delta x}=0,$$

同理 $\left.\dfrac{\partial z}{\partial x}\right|_{(0,0)}=f'_y(0,0)=0$, 说明偏导数存在并不能保证二元函数的连续性.

3) 偏导数的几何意义

从几何意义上看, 二元函数 $z=f(x,y)$ 在点 $P_0(x_0,y_0)$ 处的偏导数 $f'_x(x_0,y_0)$ 是曲面 $z=f(x,y)$ 上的曲线 $z=f(x,y_0)$ 在对应于 P_0 点处的切线对 x 轴的斜率 (图 10-19). 同理 $f'_y(x_0,y_0)$ 是曲面 $z=f(x,y)$ 上的曲线 $z=f(x_0,y)$ 在对应于 P_0 点处的切线对 y 轴的斜率. 联系到登山问题, 若能建立适当的坐标系, 写出山高 z 随点 (x,y) 变化的函数 $z=f(x,y)$, 则偏导数 $f'_x(x,y), f'_y(x,y)$ 就反映了山坡在不同点处的陡峭程度.

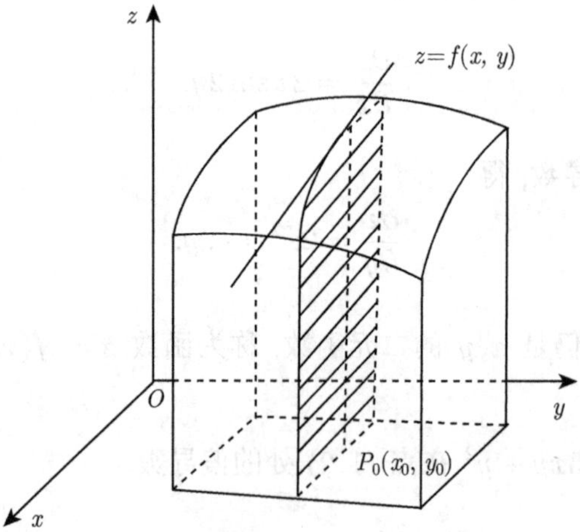

图 10-19

4) 偏导数的经济意义

偏导数的概念在经济理论中有着广泛的应用. 下面以成本函数为例, 说明偏导数的经济意义.

设某工厂生产 x 个单位 A 种产品、y 个单位 B 种产品, 其总成本 $C=f(x,y)$ 称为联合成本函数. 偏导数 $\dfrac{\partial C}{\partial x}$ 称为关于 A 种产品的边际成本. 它是当 B 种产品的产量固定时,

联合成本关于 x 的边际成本. 类似地, $\dfrac{\partial C}{\partial y}$ 称为关于 B 种产品的边际成本. 例如, 设总成本 C 以元为单位, 若 $\dfrac{\partial C}{\partial y}=5$, 则表示当 A 种产品的生产水平固定时, B 种产品再生产一个单位的成本约为 5 元.

例 5　设某工厂生产 A,B 两种型号的台灯, 已知生产 x 只 A 型台灯和生产 y 只 B 型台灯的联合成本函数 $C(x,y)=0.06x^2+7x+15y+100$(元), 求当 $x=100,y=50$ 时的边际成本 $\dfrac{\partial C}{\partial x},\dfrac{\partial C}{\partial y}$, 并解释其的经济意义.

解　$\dfrac{\partial C}{\partial x}=0.12x+7,\ \dfrac{\partial C}{\partial y}=15,\ \left.\dfrac{\partial C}{\partial x}\right|_{(100,50)}=19,\ \left.\dfrac{\partial C}{\partial y}\right|_{(100,50)}=15.$

这表明, 当 B 型台灯产量保持在 50 只时, A 型台灯产量从 100 只增加到 101 只, 总成本约增加 19 元. 由于 $\dfrac{\partial C}{\partial y}$ 是个常数, 所以对于所有生产水平, 关于 B 型台灯边际成本综上为 15 元.

5) 高阶偏导数

已知二元函数 $z=f(x,y)$ 在区域 D 内的偏导数

$$\frac{\partial z}{\partial x}=f'_x(x,y),\quad \frac{\partial z}{\partial y}=f'_y(x,y),$$

一般说来, 偏导数仍是 x,y 的二元函数, 如果偏导函数仍然存在偏导数, 则把新得到的偏导数称为二元函数 $z=f(x,y)$ 的二阶偏导数. 原来的偏导数则称为一阶偏导数. 二元函数 $z=f(x,y)$ 有下列四个二阶偏导数, 它们的含义及记号分别是

$$\frac{\partial}{\partial x}\left(\frac{\partial z}{\partial x}\right)=\frac{\partial^2 z}{\partial x^2}=f''_{xx}(x,y);\quad \frac{\partial}{\partial y}\left(\frac{\partial z}{\partial x}\right)=\frac{\partial^2 z}{\partial x\partial y}=f''_{xy}(x,y);$$

$$\frac{\partial}{\partial x}\left(\frac{\partial z}{\partial y}\right)=\frac{\partial^2 z}{\partial y\partial x}=f''_{yx}(x,y);\quad \frac{\partial}{\partial y}\left(\frac{\partial z}{\partial y}\right)=\frac{\partial^2 z}{\partial y^2}=f''_{yy}(x,y).$$

特别地, 第 2 个和第 3 个偏导数称为二阶混合偏导数.

二阶及二阶以上的偏导数称为高阶偏导数.

例 6　求二元函数 $z=x^3y^2-3xy^3-xy+1$ 的二阶偏导数.

解　先求出函数 z 的两个一阶偏导数

$$\frac{\partial z}{\partial x}=3x^2y^2-3y^3-y,\quad \frac{\partial z}{\partial y}=2x^3y-9xy^2-x.$$

再求二阶偏导数

$$\frac{\partial^2 z}{\partial x^2}=6xy^2,\quad \frac{\partial^2 z}{\partial y^2}=2x^3-18xy,$$

$$\frac{\partial^2 z}{\partial x\partial y}=6x^2y-9y^2-1,\quad \frac{\partial z}{\partial y\partial x}=6x^2y-9y^2-1.$$

从上面的式子看到

$$\frac{\partial^2 z}{\partial x\partial y}=\frac{\partial^2 z}{\partial y\partial x}.$$

该式表明二阶混合偏导数与 x,y 求导次序无关. 然而, 由特例归纳出的这一结论是否具有一般性呢? 关于这个问题, 我们有下述定理, 证明从略.

定理 1　如果函数 $z=f(x,y)$ 的二阶混合偏导数 $f''_{xy}(x,y)$ 与 $f''_{yx}(x,y)$ 都在区域 D 内连续, 则

$$f''_{xy}(x,y)=f''_{yx}(x,y).$$

我们一般遇到的二阶混合偏导数都满足上述条件, 所以求混合偏导数不必讨论其连续性, 只需对 x,y 按任一次序求一个混合偏导数就行了.

2. 全微分——估计全增量的数学模型

一元函数 $y=f(x)$ 的微分 $\mathrm{d}y$ 是估计函数增量 Δy 的数学模型. 类似地, 二元函数 $z=f(x,y)$ 在点 $P_0(x_0,y_0)$ 的增量 Δz 的估计, 也有类似的数学模型.

与一元函数可微的概念类似, 我们介绍二元函数可微的概念.

定义 5　设二元函数 $z=f(x,y)$ 在区域 D 内有定义, 在 D 中取点 (x_0,y_0) 和 $(x_0+\Delta x,y_0+\Delta y)$($\Delta x$ 及 Δy 不同时为 0), 若函数 $z=f(x,y)$ 的增量能表示成

$$\Delta z=A\Delta x+B\Delta y+o(\rho),\tag{1}$$

其中 A 和 B 与 Δx 和 Δy 无关, $o(\rho)$ 是关于 $\rho(=\sqrt{(\Delta x)^2+(\Delta y)^2})$ 的高阶无穷小量, 则二元函数 $z=f(x,y)$ 在点 $P_0(x_0,y_0)$ 处可微. $A\Delta x+B\Delta y$ 称为 Δz 的线性主部. Δz 的线性主部称为二元函数 $z=f(x,y)$ 在点 $P_0(x_0,y_0)$ 处的全微分, 记作

$$\mathrm{d}z=A\Delta x+B\Delta y.\tag{2}$$

显然有

$$\Delta z=\mathrm{d}z+o(\rho).\tag{3}$$

下面我们介绍可微与偏导数存在的关系.

定理 2　若函数 $z=f(x,y)$ 在点 $P_0(x_0,y_0)$ 处可微, 则该函数在点 $P_0(x_0,y_0)$ 处存在偏导数, 并且

$$\mathrm{d}z\big|_{(x_0,y_0)}=f'_x(x_0,y_0)\mathrm{d}x+f'_y(x_0,y_0)\mathrm{d}y,\tag{4}$$

或

$$\mathrm{d}z\big|_{(x_0,y_0)}=\frac{\partial z}{\partial x}\Big|_{(x_0,y_0)}\mathrm{d}x+\frac{\partial z}{\partial y}\Big|_{(x_0,y_0)}\mathrm{d}y.\tag{5}$$

证　根据题设条件, 有 (1) 式

$$\Delta z=A\Delta x+B\Delta y+o(\rho).$$

当 $\Delta y=0$ 时, 上式转化为

$$\Delta_x z=A\Delta x+o(|\Delta x|),$$

于是

$$\lim_{\Delta x\to 0}\frac{\Delta_x z}{\Delta x}=\lim_{\Delta x\to 0}\left[A+\frac{o(|\Delta x|)}{\Delta x}\right]=A,$$

即

$$A=f'_x(x_0,y_0).$$

同理可得

$$B=f'_y(x_0,y_0).$$

因而

$$\mathrm{d}z\left|_{(x_0,y_0)}\right.=f'_x(x_0,y_0)\Delta x+f'_y(x_0,y_0)\Delta y.$$

特别地, 当 $z=f(x,y)=x$ 时, 因此时 $f'_x(x,y)=1, f'_y(x,y)=0$, 故有 $\mathrm{d}x=\Delta x$. 同理有 $\mathrm{d}y=\Delta y$. 表明自变量的微分与自变量的增量相等. 这是由 (1) 式出发推出了 (4) 式, 定理得证.

函数 $z=f(x,y)$ 在任意点 $(x,y)\in D$ 的全微分表达式为

$$\mathrm{d}z=\frac{\partial z}{\partial x}\mathrm{d}x+\frac{\partial z}{\partial y}\mathrm{d}y, \tag{6}$$

或

$$\mathrm{d}z=f'_x(x,y)\mathrm{d}x+f'_y(x,y)\mathrm{d}y. \tag{7}$$

例 7　求二元函数 $z=x^2\sin 2y$ 在任意点 (x,y) 以及点 $(1,0)$ 处的全微分.

解　函数 $z=x^2\sin 2y$ 在任意点 (x,y) 处的全微分

$$\mathrm{d}z=2x\sin 2y\mathrm{d}x+2x^2\cos 2y\mathrm{d}y.$$

又因 $f'_x(1,0)=2x\sin 2y\left|_{(1,0)}\right.=0, f'_y(1,0)=2x^2\cos 2y\left|_{(1,0)}\right.=2$, 故有

$$\mathrm{d}z\left|_{(1,0)}\right.=2\mathrm{d}y.$$

我们知道, 对于一元函数来说, 可微与可导是等价的, 但对于二元函数来说, 可微与偏导数的存在并不是等价的. 定理 2 只表明, 二元函数若可微, 则偏导数存在. 然而, 偏导数存在却不能保证二元函数可微, 还需要更强的条件, 即有偏导数存在且连续则可微.

对于一元函数来说, 可微则连续. 这一结论对二元函数也成立, 即

设函数 $z=f(x,y)$ 在点 $P_0(x_0,y_0)$ 处可微, 则它在该点连续.

略证　显然, 当 $\Delta x\to 0,\Delta y\to 0$ 时,

$$\Delta z=A\Delta x+B\Delta y+o(\rho)\to 0.$$

由函数 $z=f(x,y)$ 在点 $P_0(x_0,y_0)$ 可微的定义 (3) 及微分表达式 (4) 可知

$$\Delta z\approx \mathrm{d}z=f'_x(x_0,y_0)\mathrm{d}x+f'_y(x_0,y_0)\mathrm{d}y.$$

这就是二元函数的微分估计二元函数增量的数学模型, 举例略.

三、复合函数微分法 Differentiation of composite functions

1. 复合函数的概念

与一元函数情形类似, 多元函数也常以复合形式出现, 它们都有实际背景. 例如一个国家的公民素质与义务教育和社会精神文明教育有关, 而学校义务教育又与师资素质、办学条件有关, 社会精神文明教育又与社会法制教育、伦理道德教育等多种因素有关, 本节将从数学的角度介绍二元复合函数的概念.

设函数 $z=f(u,v)$, 通过中间变量 $u=\varphi(x,y)$ 和 $v=\phi(x,y)$, 表示成自变量 x,y 的函数

$$z=f(\varphi(x,y),\phi(x,y)),$$

则该函数称为 x,y 的复合函数, 其复合关系的结构简图如图 10-20 所示.

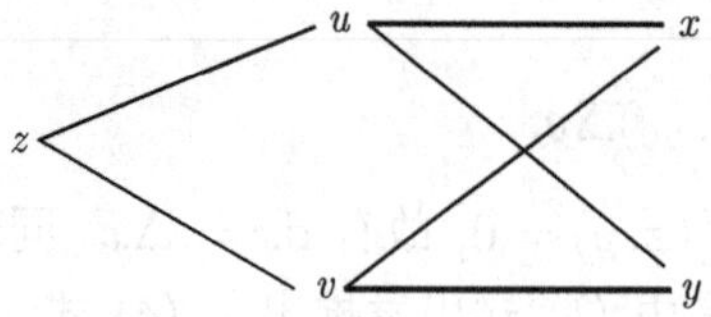

图 10-20

二元复合函数是刻画变量相依关系的更为复杂的一种数学模型, 模型结构如图 10-21 所示. 这种二元复合函数是复合函数中最基本的形式, 称为基本复合函数. 其他形式的二元复合函数将在后面简要介绍.

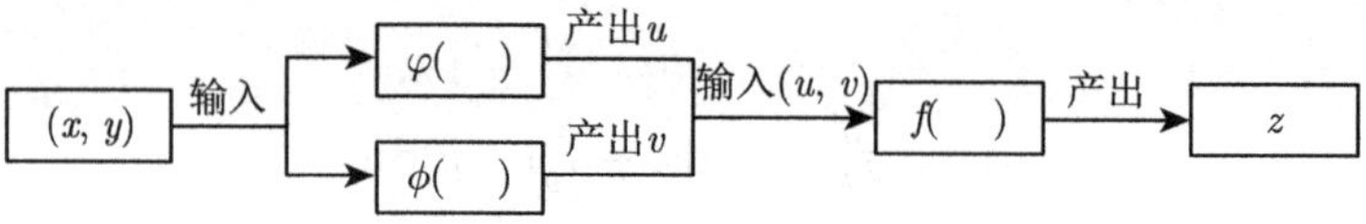

图 10-21

2. 求复合函数偏导数的链式法则

1) 求基本复合函数偏导数的链式法则

如果函数 $u=\varphi(x,y)$ 及 $v=\phi(x,y)$ 在点 (x,y) 有连续偏导数, 函数 $z=f(u,v)$ 有连续偏导数, 那么复合函数 $z=f(\varphi(x,y),\phi(x,y))$ 在点 (x,y) 存在对 x,y 的偏导数, 且有链式法则

$$\begin{cases}\dfrac{\partial z}{\partial x}=\dfrac{\partial z}{\partial u}\dfrac{\partial u}{\partial x}+\dfrac{\partial z}{\partial v}\dfrac{\partial v}{\partial x},\\[2ex]\dfrac{\partial z}{\partial y}=\dfrac{\partial z}{\partial u}\dfrac{\partial u}{\partial y}+\dfrac{\partial z}{\partial v}\dfrac{\partial v}{\partial y}.\end{cases}\tag{8}$$

证明从略.

我们知道, 一元复合函数的导数, 等于函数对中间变量的导数与中间变量对自变量的导数的乘积. 二元基本复合函数对某一个自变量的偏导数的表达式, 也有相应的乘积. 但因有两个中间变量, 所以表示式是由两个乘积项之和组成的. 又因为有两个自变量, 相应地在式 (8) 中就有两个式子.

初学时, 为避免错漏, 可先画出复合函数的结构简图, 找出函数经中间变量到自变量的路径. 一般地, 函数到某自变量有几条路径, 就表明函数对该自变量的偏导数 (或导数) 表示式有几项, 而每一条路径有几条连线连接而成, 就表明该项有几个偏导数 (或导数) 的乘积.

例 8　求 $z=\mathrm{e}^{xy}\sin(x+y)$ 的偏导数.

解　令 $u=xy, v=x+y$, 则 $z=\mathrm{e}^{u}\sin v$. 于是

$$\frac{\partial z}{\partial x}=\frac{\partial z}{\partial u}\frac{\partial u}{\partial x}+\frac{\partial z}{\partial v}\frac{\partial v}{\partial x}=\mathrm{e}^{u}\sin v\cdot y+\mathrm{e}^{u}\cos v\cdot 1=\mathrm{e}^{xy}[y\sin(x+y)+\cos(x+y)],$$

$$\frac{\partial z}{\partial y}=\frac{\partial z}{\partial u}\frac{\partial u}{\partial y}+\frac{\partial z}{\partial v}\frac{\partial v}{\partial y}=\mathrm{e}^{u}\sin v\cdot x+\mathrm{e}^{u}\cos v\cdot 1=\mathrm{e}^{xy}[x\sin(x+y)+\cos(x+y)].$$

2) 求其他几种常见复合函数偏导数的链式法则

(i) 设函数 $u=\varphi(x)$ 和 $v=\phi(x)$ 在点 x 可微, 函数 $z=f(u,v)$ 在对应点 (u,v) 有连续偏导数, 求复合函数 $z=f(\varphi(x),\phi(x))$ 对 x 的导数. 这种复合函数的结构简图如图 10-22 所示, 对 x 求导的链式法则为

$$\frac{\mathrm{d}z}{\mathrm{d}x}=\frac{\partial z}{\partial u}\frac{\mathrm{d}u}{\mathrm{d}x}+\frac{\partial z}{\partial v}\frac{\mathrm{d}v}{\mathrm{d}x}. \tag{9}$$

由于这种复合函数 $z=f(\varphi(x),\phi(x))$ 是 (通过中间变量) 关于 x 的一元函数, 故仍采用一元函数的导数符号 $\frac{\mathrm{d}z}{\mathrm{d}x}$, 并称 $\frac{\mathrm{d}z}{\mathrm{d}x}$ 为函数 z 对 x 的全导数. 从结构简图可知, 从 z 到 x 有两条路径, 故 z 对 x 的导数表示式有两项, 而每一条路径有两条连线连接, 故每一项有两个偏导数 (或导数) 的乘积. 于是有公式 (9).

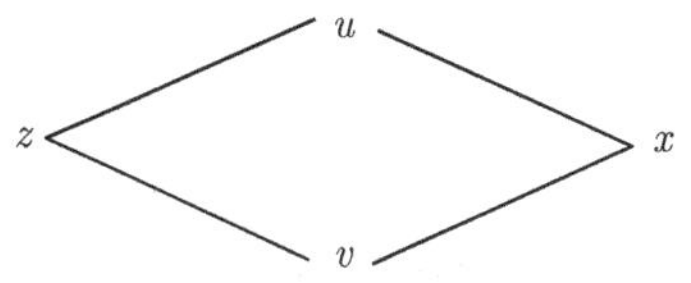

图 10-22

例 9　已知 $z=\sin\frac{x}{y}, x=\mathrm{e}^{t}, y=t^{2}$, 求 $\frac{\mathrm{d}z}{\mathrm{d}t}$.

解　因为

$$\frac{\mathrm{d}z}{\mathrm{d}t}=\frac{\partial z}{\partial x}\frac{\mathrm{d}x}{\mathrm{d}t}+\frac{\partial z}{\partial y}\frac{\mathrm{d}y}{\mathrm{d}t},\quad \frac{\partial z}{\partial x}=\frac{1}{y}\cos\frac{x}{y},\quad \frac{\partial z}{\partial y}=-\frac{x}{y^{2}}\cos\frac{x}{y},\quad \frac{\mathrm{d}x}{\mathrm{d}t}=\mathrm{e}^{t},\quad \frac{\mathrm{d}y}{\mathrm{d}t}=2t,$$

所以

$$\frac{\mathrm{d}z}{\mathrm{d}t}=\left(\frac{1}{y}\cos\frac{x}{y}\right)\mathrm{e}^{t}+\left(-\frac{x}{y^{2}}\cos\frac{x}{y}\right)(2t)=\frac{(t-2)\mathrm{e}^{t}}{t^{3}}\cos\frac{\mathrm{e}^{t}}{t^{2}}.$$

(ii) 设函数 $u=\varphi(x,y)$ 在点 (x,y) 处有连续偏导数, 函数 $z=f(u)$ 在对应点 u 处有连续偏导数, 则复合函数 $z=f(\varphi(x,y))$(结构简图如图 10-23 所示) 有偏导数

$$\begin{cases}\dfrac{\partial z}{\partial x}=\dfrac{\mathrm{d}z}{\mathrm{d}u}\dfrac{\partial u}{\partial x},\\[2ex] \dfrac{\partial z}{\partial y}=\dfrac{\mathrm{d}z}{\mathrm{d}u}\dfrac{\partial u}{\partial y}.\end{cases} \tag{10}$$

例 10　已知 $z=\sin u, u=x^{y}$, 求 $\frac{\partial z}{\partial x}, \frac{\partial z}{\partial y}$.

解 $\dfrac{\partial z}{\partial x}=\dfrac{\mathrm{d}z}{\mathrm{d}u}\dfrac{\partial u}{\partial x}=\cos u\cdot yx^{y-1}=yx^{y-1}\cos x^y$, $\dfrac{\partial z}{\partial y}=\dfrac{\mathrm{d}z}{\mathrm{d}u}\dfrac{\partial u}{\partial y}=\cos u\cdot x^y\ln x=x^y\ln x\cos x^y$.

(iii) 类似地, 由函数 $u=\varphi(x,y)$ 与函数 $z=f(x,u)$ 构成的复合函数 $z=f(x,\varphi(x,y))$ (结构简图如图 10-24 所示) 有偏导数

$$\begin{cases}\dfrac{\partial z}{\partial x}=\dfrac{\partial f}{\partial x}+\dfrac{\partial f}{\partial u}\dfrac{\partial u}{\partial x},\\[2mm] \dfrac{\partial z}{\partial y}=\dfrac{\partial f}{\partial u}\dfrac{\partial u}{\partial y}.\end{cases}\tag{11}$$

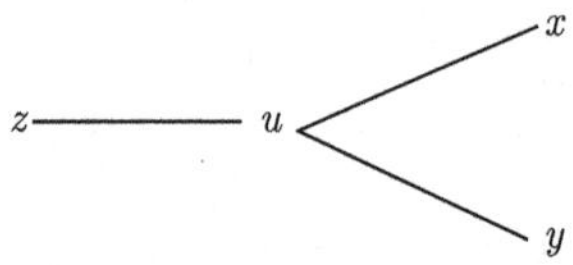

图 10-23

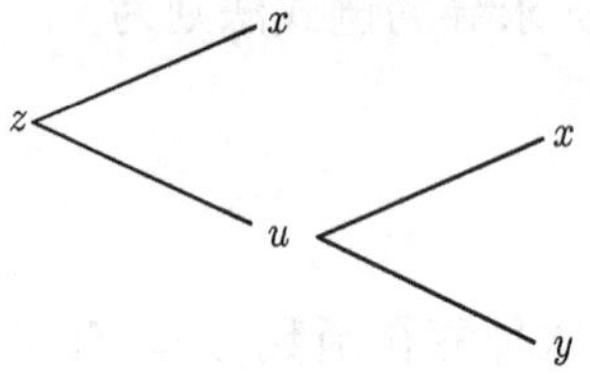

图 10-24

注意 上式中 $\dfrac{\partial z}{\partial x}$ 与 $\dfrac{\partial f}{\partial x}$ 是有区别的, $\dfrac{\partial z}{\partial x}$ 是把 $z=f(x,\varphi(x,y))$ 中 y 看作常量, z 对 x 的偏导数, 而 $\dfrac{\partial f}{\partial x}$ 是把 $f(x,u)$ 中的 u 看作常量而对 x 的偏导数. $\dfrac{\partial z}{\partial y}$ 与 $\dfrac{\partial f}{\partial y}$ 也有类似的区别.

例 11 已知 $z=\ln u+\mathrm{e}^x, u=x^2+y^2$, 求 $\dfrac{\partial z}{\partial x},\dfrac{\partial z}{\partial y}$.

解 $\dfrac{\partial z}{\partial x}=\dfrac{\partial f}{\partial x}+\dfrac{\partial f}{\partial u}\dfrac{\partial u}{\partial x}=\mathrm{e}^x+\dfrac{1}{u}\cdot 2x=\mathrm{e}^x+\dfrac{2x}{x^2+y^2}$, $\dfrac{\partial z}{\partial y}=\dfrac{\partial f}{\partial u}\dfrac{\partial u}{\partial y}=\dfrac{1}{u}\cdot 2y=\dfrac{2y}{x^2+y^2}$. 其中 $\dfrac{\partial z}{\partial x},\dfrac{\partial z}{\partial y}$ 是把 x,y 看作自变量, 而 $\dfrac{\partial f}{\partial x},\dfrac{\partial f}{\partial u}$ 是把 x,u 看作中间变量.

四、偏导数的一个应用——二元函数极值 An application of partial derivatives—Extremum of functions of two variables

1. 二元函数极值的定义及其求法

在与二元函数有关的实际问题中也存在着求最大值和最小值的问题, 我们首先介绍极值概念, 与一元函数的极值类似, 我们有

定义 6 设函数 $z=f(x,y)$ 在点 $P_0(x_0,y_0)$ 的某个邻域内有定义, 如果对于该邻域内异于 P_0 的任意一点 $P(x,y)$, 恒有

$$f(x,y)\leqslant f(x_0,y_0)\quad(\text{或 } f(x,y)\geqslant f(x_0,y_0)),$$

则称 $f(x_0,y_0)$ 为函数 $z=f(x,y)$ 的极大值 (或极小值), $P_0(x_0,y_0)$ 称为极大值点 (或极小值点). 极大值、极小值统称为函数的极值. 极大点、极小点统称为极值点.

与一元函数求极值点的方法类似, 我们可以利用偏导数来求二元函数的极值.

定理 3(极值存在的必要条件) 设函数 $z=f(x,y)$ 在点 $P_0(x_0,y_0)$ 处的偏导数存在, 且极值为 $f(x_0,y_0)$, 则

$$\begin{cases} f'_x(x_0,y_0)=0, \\ f'_y(x_0,y_0)=0. \end{cases} \tag{12}$$

证明 不妨设 $f(x_0,y_0)$ 为极大值, 故有

$$f(x,y)\leqslant f(x_0,y_0),$$

这里的 $P(x,y)$ 是点 $P_0(x_0,y_0)$ 的某一邻域内异于 P_0 的任一点. 特别地, 在该邻域内取点 $P(x,y_0), x\neq x_0$, 有

$$f(x,y_0)\leqslant f(x_0,y_0)$$

现在 $f(x,y_0)$ 是关于 x 的一元函数, 且在 $x=x_0$ 处取得极大值, 因而由费马定理则有

$$f'_x(x_0,y_0)=0.$$

类似地, 可以证明

$$f'_y(x_0,y_0)=0.$$

同理可以证明 $f(x_0,y_0)$ 是极小值的情形.

满足方程 (12) 式的点 $P_0(x_0,y_0)$ 称为函数 $f(x,y)$ 的驻点 (或稳定点). 定理 3 告诉我们, 函数的极值点必是驻点, 但是驻点不一定是极值点. 例如函数 $z=xy,(x,y)\in\mathbf{R}^2$, 原点 $O(0,0)$ 是该函数的驻点, 但不是它的极值点. 其实, 因为

$$f'_x(x,y)=y,\quad f'_y(x,y)=x,\quad f'_x(0,0)=0,\quad f'_y(0,0)=0,$$

故原点 $O(0,0)$ 是函数 $z=xy$ 的驻点. 但是 xOy 平面上原点 $O(0,0)$ 的某邻域内存在异于 $O(0,0)$ 的点 $P(x,y)$, 使得当 x,y 同号时, $z=xy>0$; 当 x,y 异号时, $z=xy<0$. 而函数在点 $O(0,0)$ 处的值 $f(0,0)=0$, 故原点 $O(0,0)$ 不是函数 $z=xy$ 的极值点.

如何判断驻点是函数的极值点呢? 我们有下述判定定理, 证明从略.

定理 4(极值的充分条件) 设函数 $z=f(x,y)$ 在点 $P_0(x_0,y_0)$ 的某一邻域内有连续的一阶和二阶偏导数, 且

$$f'_x(x_0,y_0)=0,\quad f'_y(x_0,y_0)=0.$$

令 $A=f''_{xx}(x_0,y_0), B=f''_{xy}(x_0,y_0), C=f''_{yy}(x_0,y_0), \varDelta=AC-B^2$, 则

(1) 当 $\varDelta>0$ 时, 若 A(或 C) >0, 则 $f(x_0,y_0)$ 为极小值, $P_0(x_0,y_0)$ 为极小点; 若 A(或 C) <0 则 $f(x_0,y_0)$ 为极大值, $P_0(x_0,y_0)$ 为极大点.

(2) 当 $\varDelta<0$ 时, $f(x_0,y_0)$ 不是极值, 没有极值点.

(3) 当 $\varDelta=0$ 时, 此法不能判定.

例 12 已知函数 $f(x,y)=3axy-x^3-y^3(a>0)$, 求该函数的极值与极值点.

解 $f'_x(x,y)=3ay-3x^2, f'_y(x,y)=3ax-3y^2$. 求解方程组

$$\begin{cases} 3ay-3x^2=0, \\ 3ax-3y^2=0. \end{cases}$$

得驻点 $(0,0)$ 及 (a,a). 因

$$A=f''_{xx}=-6x, \quad B=f''_{xy}=3a, \quad C=f''_{yy}=-6y,$$
$$\Delta=AC-B^2=36xy-9a^2,$$

在点 $(0,0)$ 处, $\Delta=-9a^2<0$, 故 $f(x,y)$ 在点 $(0,0)$ 处无极值, 而在点 (a,a) 处, $\Delta=27a^2>0$, 且 $A=-a<0$, 因而 $f(a,a)=a^3$ 为极大值, (a,a) 为极大点.

与一元函数类似, 极大、极小值与最大、最小值既有区别又有联系. 在实际应用中, 通常可以根据实际问题的性质, 便能断定函数 $f(x,y)$ 在 D 内能取最大值或最小值. 如果该函数在 D 内只有一个驻点, 那么这个驻点的函数值就是该函数在 D 上的最大值或最小值.

例 13 欲做一只无盖长方体盒子, 容积为 32cm^2, 问长、宽、高各为多少时, 才能使用料最省?

解 设盒子的长、宽、高分别是 $x,y,z(\text{cm})$. 因为 $xyz=32$, 所以用料面积为

$$S=xy+2xz+2yz=xy+2(x+y)\frac{32}{xy}.$$

从而归结为求二元函数的最小值问题. 由

$$\begin{cases} S'_x=y-\dfrac{64}{x^2}=0, \\ S'_y=x-\dfrac{64}{y^2}=0. \end{cases}$$

解得唯一驻点 $(4,4)$. 根据问题的实际意义, S 确实存在最小值, 而 S 在定义域内又只有一个驻点, 因此可以断定, 当盒子的长、宽均为 4cm, 高为 2cm 时用料最省.

例 14 某工厂生产甲、乙两种产品, 单价分别是 10 元和 9 元, 生产甲产品 x 个, 生产乙产品 y 个, 总费用为

$$F(x,y)=400+2x+3y+0.01(3x^2+xy+3y^2)(\text{元}).$$

问两种产品的产量各是多少时利润最大?

解 由题意得利润函数

$$L(x,y)=10x+9y-F(x,y).$$

现在求使 $L(x,y)$ 取得最大值的 x,y. 为此, 求 $L(x,y)$ 关于 x,y 的偏导数, 并令其等于 0, 得

$$\begin{cases} \dfrac{\partial L}{\partial x}=10-F'_x(x,y)=0, \\ \dfrac{\partial L}{\partial y}=9-F'_y(x,y)=0. \end{cases}$$

而 $F'_x(x,y)=2+0.01(6x+y), F'_y(x,y)=3+0.01(x+6y)$. 所以有

$$\begin{cases} 6x+y=800, \\ x+6y=600. \end{cases}$$

解得 $x=120, y=80$, 即得唯一驻点 $M(120,80)$, 由于

$$A=\left.\frac{\partial^2 L}{\partial x^2}\right|_M=-F''_{xx}|_M=-0.06,\quad B=\left.\frac{\partial^2 L}{\partial x\partial y}\right|_M=-F''_{yx}|_M=-0.01,$$

$$B=\left.\frac{\partial^2 L}{\partial y^2}\right|_M=-F''_{yy}|_M=-0.06,\quad \Delta=AC-B^2=0.0035>0.$$

又因 $A<0$, 故 $L(120,80)$ 为最大值. 即当产品甲生产 120 个, 乙生产 80 个时, 利润最大.

2. 条件极值: 拉格朗日乘数法

上面所讨论的求函数极值的问题, 对于自变量, 除限制在函数的定义域内之外, 没有其他附加条件, 所以称这类极值问题为无条件极值. 但是在许多实际问题中, 我们还常常会遇到自变量受到附加条件约束的另一类极值问题, 我们称这类极值问题为条件极值.

一般地, 求函数 $z=f(x,y)$ 在附加条件 $\varphi(x,y)=0$ 下的条件极值, 其基本思想是将它转化为无条件极值来求解, 具体方法有下面两种:

(1) 从条件方程 $\varphi(x,y)=0$ 中解得 $y=y(x)$, 然后将它代入函数 $z=f(x,y)$ 中, 于是求上述条件极值的问题便转化为求 $z=f(x,y(x))$ 的无条件极值问题.

如例 13, 我们也可以把它看作是求函数 $S=xy+2xz+2yz$ 在附加条件 $xyz=32$ 下的条件极值. 像例 13 的求解方法, 就是此种解法. 但是一般情况下, 从条件方程中解出一个变量是较困难的, 有时甚至是不可能的. 为此, 我们有必要介绍另一种求条件极值的方法.

(2) 拉格朗日乘数法

用拉格朗日乘数法求解上述条件极值的步骤如下 (证明略):

第一步, 先构造拉格朗日函数

$$F(x,y,\lambda)=f(x,y)+\lambda\varphi(x,y),$$

其中待定常数 λ 称为拉格朗日乘数.

第二步, 求 $F(x,y,\lambda)$ 的三个偏导数, 且令它们为零, 得方程组

$$\begin{cases} F'_x=f'_x+\lambda\varphi'_x=0, \\ F'_y=f'_y+\lambda\varphi'_y=0, \\ F'_\lambda=\varphi(x,y)=0. \end{cases}$$

第三步, 解方程组, 求得驻点 (x_0,y_0) 至于是否为极值点, 可根据实际问题的性质来判定.

例 15　用拉格朗日乘数法求解例 2.

解　拉格朗日函数 $F(x,y,z,\pi)=xy+2xz+2yz+\lambda(xyz-32)$, 有方程组

$$\begin{cases}F'_x=y+2z+\lambda yz=0,\\F'_y=x+2z+\lambda xz=0,\\F'_z=2(x+y)+\lambda xy=0,\\F'_\lambda=xyz-32=0.\end{cases}$$

解得唯一驻点 $x=y=4,z=2$. 因为实际问题本身应有最小值, 故得解.

例 16　在经济学中有个 Cobb-Douglas 生产函数的模型 $f(x,y)=Cx^ay^{1-a}$, 式中 x 代表劳动力的数量, y 为资本数量 (确切地说是 y 单位资本), C 与 $a(0<a<1)$ 是常数, 由各工厂的具体情形而定, 函数值表示生产量.

现已知某工厂的 Cobb-Douglas 生产函数是 $f(x,y)=100x^{\frac{3}{4}}y^{\frac{1}{4}}$, 每个劳动力与每单位资本成本是 150 元及 250 元. 该工厂的总预算是 50000 元. 问如何分配这笔钱于雇佣劳动力与资本, 以使生产量最高.

解　这是个条件极值问题, 约束条件为 $150x+250y-50000=0$, 求 $f(x,y)=100x^{\frac{3}{4}}y^{\frac{1}{4}}$ 的最大值.

先构造拉格朗日函数

$$F(x,y,\lambda)=100x^{\frac{3}{4}}y^{\frac{1}{4}}+\lambda(150x+250y-50000),$$

列方程组

$$\begin{cases}F'_x=75x^{-\frac{1}{4}}y^{\frac{1}{4}}+150\lambda=0,\\F'_y=75x^{\frac{3}{4}}y^{-\frac{3}{4}}-250\lambda=0,\\F'_\lambda=50000-150x-250y=0.\end{cases}$$

所以

$$\begin{cases}\lambda=-\dfrac{1}{2}x^{-\frac{1}{4}}y^{\frac{1}{4}}=-\dfrac{1}{10}x^{\frac{3}{4}}y^{-\frac{3}{4}},\\150x+250y=50000,\end{cases}$$

即 $\begin{cases}x=5y,\\150x+250y=50000,\end{cases}$ 解得 $x=250,y=50$. 于是 $(250,50)$ 是唯一驻点, 据题意, 最值存在, 所以雇佣 250 个劳动力及投入 50 个单位资本时, 可以获得最大产量.

第三节　二元函数积分学——一元函数积分学的推广

Integral calculus of functions of two variables —Extension of integral calculus of functions of one variable

一元函数定积分是与求定义在某一区间上的函数有关的某种总量的数学模型, 作为推广, 二元函数的二重积分, 是与求定义在某一平面区域上的函数有关的某种总量的数学模

型. 同样, 三元函数的三重积分是与求定义在某一空间区域上的函数有关的某种总量的数学模型. 这些模型的数学结构相同, 都是和式的极限. 把这种模型用到曲线或曲面上来求曲线的弧长或曲面的面积, 便得到曲线积分或曲面积分, 它们也是求某种总量的数学模型. 本章只介绍二重积分的概念、性质和计算方法.

一、 二重积分的概念和性质 The concept of double integrals and its properties

1. 德谟克利特的求积术及求积的一般方法——二重积分的概念

1) 德谟克利特的求积术

如何求空间物体的体积, 古代已有研究, 比如古希腊数学家、朴素唯物主义哲学家德谟克利特 (约公元前 460—约前 370), 就利用他独创的著名的 "原子论" 观点解决了许多几何中求面积和体积的问题. 他是第一个得出 "圆锥的体积等于等底等高的圆柱或棱柱体积的三分之一" 的计算公式的人. 究竟德谟克利特是用什么具体方法得到这一精确计算公式的, 现在无从考查. 但是, 他的这种求体积的 "原子论" 思想不仅在当时已经得到了精确的答案, 而且对后世产生了深远影响. 所谓 "原子论" 观点, 即认为世界万物都是由无限多个简单的、终极的、不可再分的原子构成. 根据这种观点, 古代求物体体积时总是先分割后求和, 但没有一般普遍的分割方法, 更不可能运用严格的极限理论, 只能是一种朴素的极限思想, 是积分概念的雏形. 下面介绍 17 世纪以来形成的求体积的一般方法, 这种方法对总和一类问题具有普遍方法论意义.

2) 曲顶柱体的体积

设有一立体, 如图 10-25 所示, 它的底是 xOy 面上的闭区域 D, 面是以 D 的边界曲线为准线而母线平行于 z 轴的柱体, 顶面是连续曲面 $z = f(x,y)(f(x,y) > 0$ 且在 D 上连续), 这种立体称为曲顶柱体. 我们现在来讨论如何定义并计算上述曲顶柱体的体积 V.

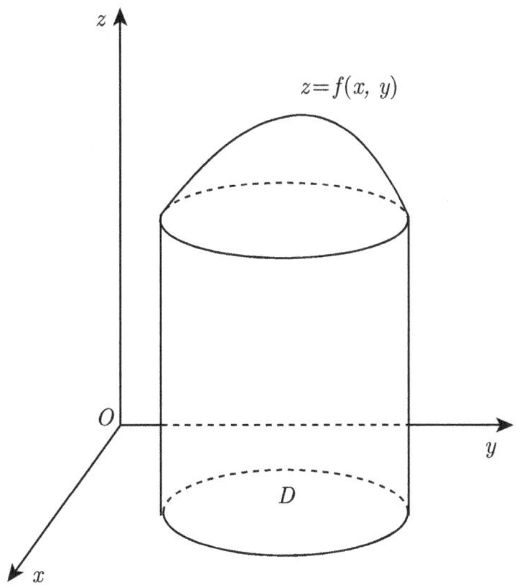

图 10-25

我们知道, 平顶柱体的高是不变的, 其公式为

$$\text{体积} = \text{底面积} \times \text{高}.$$

对于曲顶柱体来说, 由于其顶面是曲面, 当点 (x, y) 在区域 D 上变动时, 该柱体的高 $f(x, y)$ 是一个变量, 这就遇到了柱体的高变与不变的矛盾, 因而不能运用上述柱体体积公式来计算. 如何解决这一矛盾? 如图 10-26, 分四步来解决.

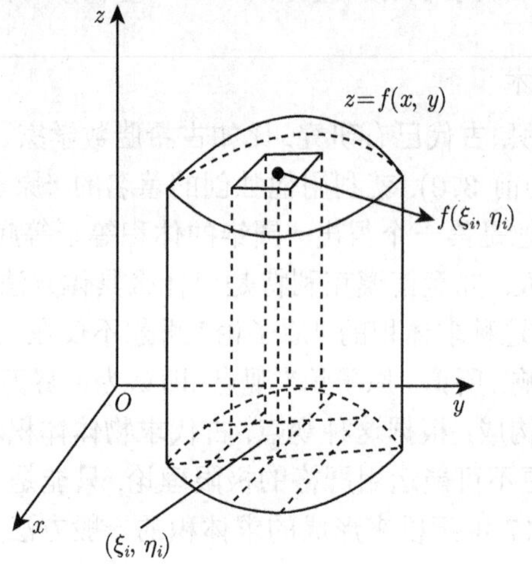

图 10-26

(i) 分割　用一组曲线网把平面区域 D 任意分割成 n 个小区域

$$\Delta\sigma_1, \Delta\sigma_2, \cdots, \Delta\sigma_n,$$

其中 $\Delta\sigma_i(i = 1, 2, \cdots, n)$ 既表示小区域, 又表示小区域的面积. 再分别以这些小区域的边界曲线为准线, 作母线平行于 z 轴的柱面, 这样就得到了 n 个小曲顶柱体 $\Delta V_i(i = 1, 2, \cdots, n)$. 设 $\lambda_1, \lambda_2, \cdots, \lambda_n$ 分别是 $\Delta\sigma_1, \Delta\sigma_2, \cdots, \Delta\sigma_n$ 的直径, 并设 $\lambda = \max\limits_i\{\lambda_i\}$.

(ii) 代替　当这些小区域的直径很小时, 由于 $f(x, y)$ 连续, 对同一个小区域来说, $f(x, y)$ 的变化很小, 这是小曲顶柱形可近似看作平顶柱体. 我们在每个 $\Delta\sigma_i$ 上任取一点 (ξ_i, η_i), 以 $f(\xi_i, \eta_i)$ 为高, 于是, 以 $\Delta\sigma_i$ 为底的小平顶柱体的体积 $f(\xi_i, \eta_i)\Delta\sigma_i$, 显然

$$\Delta V_i \approx f(\xi_i, \eta_i)\Delta\sigma_i \quad (i = 1, 2, \cdots, n).$$

(iii) 求和　将这 n 个小平顶柱体体积加起来, 便得到整个曲顶柱体体积 V 的近似值

$$V \approx \sum_{i=1}^{n} f(\xi_i, \eta_i)\Delta\sigma_i.$$

(iv) 取极限　不难想象, 当分割越来越细, 即 n 越来越大, 同时, 最大的小区域 $\Delta\sigma_i$ 越来越小, 即 n 个小闭区域的直径中最大的 λ 越来越小时, n 个平顶柱体的体积之和就越来

越接近于原曲顶柱体的体积. 于是, 当 $n \to \infty$ 同时 $\lambda \to 0$ 时, 平顶柱体的体积之和的极限就是曲顶柱体的体积 V, 即

$$V = \lim_{\substack{n\to\infty \\ \lambda\to 0}} \sum_{i=1}^{n} f(\xi_i, \eta_i)\Delta\sigma_i.$$

为方便起见, 我们可取两边分别平行于坐标轴的直线网任意分割平面区域 D, 设小矩形 $\Delta\sigma_i$ 两边的长度分别为 Δx_i 和 Δy_i, 于是

$$V \approx \sum_{i=1}^{n} f(\xi_i, \eta_i)\Delta x_i \Delta y_i.$$

显然, 曲顶柱体的体积为

$$V = \lim_{\substack{n\to\infty \\ \lambda\to 0}} \sum_{i=1}^{n} f(\xi_i, \eta_i)\Delta x_i \Delta y_i.$$

3) 二重积分的定义

由上述求曲顶柱体体积的具体问题可抽象出二重积分的概念.

定义 1 设 $f(x, y)$ 是闭区域 D 上的有界函数, 将区域 D 任意分成 n 个小区域 $\Delta\sigma_i (i = 1, 2, \cdots, n)$, 同时 $\Delta\sigma_i$ 也表示第 i 个小区域的面积, 并用 λ_i 表示 $\Delta\sigma_i$ 的直径, 在每个小区域 $\Delta\sigma_i$ 上, 任取一点 (ξ_i, η_i), 做乘积

$$f(\xi_i, \eta_i)\Delta\sigma_i \quad (i = 1, 2, \cdots, n).$$

作和式

$$\sum_{i=1}^{n} f(\xi_i, \eta_i)\Delta\sigma_i.$$

如果当 $n \to \infty$, 同时小区域的最大直径 $\lambda = \max\limits_{i}\{\lambda_i\}$ 趋于零时, 该和式的极限存在, 且该极限值与区域的分法无关, 与点 (ξ_i, η_i) 的取法也无关, 则称此极限为函数 $f(x, y)$ 在区域 D 上的二重积分, 记作 $\iint\limits_{D} f(x, y)\mathrm{d}\sigma$, 即

$$\iint\limits_{D} f(x, y)\mathrm{d}\sigma = \lim_{\substack{n\to\infty \\ \lambda\to 0}} \sum_{i=1}^{n} f(\xi_i, \eta_i)\Delta\sigma_i,$$

其中 $f(x, y)$ 叫做被积函数, $f(x, y)\mathrm{d}\sigma$ 叫做被积表达式, $\mathrm{d}\sigma$ 叫做面积元素, x 和 y 叫做积分变量, D 叫做积分区域, $\sum\limits_{i=1}^{n} f(\xi_i, \eta_i)\Delta\sigma_i$ 叫做积分和. 通常取 $\mathrm{d}\sigma = \mathrm{d}x\mathrm{d}y$ 叫做直角坐标系中的面积元素. 于是二重积分记作

$$\iint\limits_{D} f(x, y)\mathrm{d}x\mathrm{d}y = \lim_{\substack{n\to\infty \\ \lambda\to 0}} \sum_{i=1}^{n} f(\xi_i, \eta_i)\Delta x_i \Delta y_i. \tag{1}$$

二重积分存在称为可积. 与定积分类似, 二元函数可积的必要条件是 $f(x,y)$ 在 D 上有界. 可积的充分条件是 $f(x,y)$ 在 D 上连续, 或者 $f(x,y)$ 在 D 上除去有限个点或有限条曲线外连续, 且在 D 上有界.

如果 $f(x,y) \geqslant 0$, 二重积分 $\iint\limits_D f(x,y)\mathrm{d}x\mathrm{d}y$ 的几何意义表示区域 D 为底, 以曲面 $z=f(x,y)$ 为顶的曲顶柱体的体积.

特别地, 如果在平面区域 D 上, $f(x,y)=1$, σ 为 D 的面积, 则

$$\sigma=\iint\limits_D \mathrm{d}\sigma=\iint\limits_D \mathrm{d}x\mathrm{d}y. \tag{2}$$

它的几何意义表示高为 1 的平顶柱体的体积, 在数值上等于区域 D 的面积, 于是 (2) 又称为面积公式.

2. 二重积分的性质

以前我们曾用定积分的定义、函数极限的运算法则和几何意义证明或介绍了定积分的一些性质. 类似地, 用同样的方法可以得到二重积分与定积分类似的一些性质. 例如, 常数可以提到二重积分符号外面; 有限个函数代数和的二重积分等于各函数二重积分的代数和; 二重积分对积分区域的可加性等, 都是常用的性质. 此外还有关于不等式的保序性, 二重积分的绝对值不等式, 二重积分的有界性, 以及二重积分的中值定理等. 比如, 二重积分的中值定理可叙述为: 设函数 $f(x,y)$ 在闭区域 D 上连续, σ 是 D 的面积, 则在 D 上至少存在一点 (ξ,η), 使

$$\iint\limits_D f(x,y)\mathrm{d}\sigma=f(\xi,\eta)\sigma.$$

二、 二重积分的计算 The formula of double integral

按照二重积分的定义来计算二重积分, 需要分四个步骤: 分割、代替、求和及取极限. 步骤虽然十分明确, 但是这种求和式极限的问题, 只对少数积分区域简单、被积函数也不繁杂的问题是适宜的, 而对多数积分区域较复杂, 或被积函数较繁杂的二重积分来说, 便难以行得通. 因此我们需要寻找一种计算二重积分的切实可行的方法. 本小节将介绍一种计算二重积分的有效方法, 即把二重积分化为两次单次积分 (即两次定积分) 来计算的方法.

把二重积分 $\iint\limits_D f(x,y)\mathrm{d}x\mathrm{d}y$ 的计算转化为求两次单积分, 这是一种化难为易、化繁为简、化生为熟的方法, 在数学思想方法论中称为化归原则. 如何 “化归”, 这是关键, 我们将采用微元法, 结合几何直观来解决二重积分的计算问题.

1. 积分区域是矩形区域

设函数 $f(x,y)$ 的积分区域是矩形

$$D = \{(x,y) | a \leqslant x \leqslant b, c \leqslant y \leqslant d\},$$

如图 10-27 所示. 在函数 $f(x,y)$ 中, 固定 x, 并通过点 $(x,0,0)$ 作平面 yOz 的平行平面, 截曲顶柱体得一截面, 该截面是以线段 $c'd'$ 为底, 以曲线 $z = f(x,y)$ 为顶的曲边梯形 (图 10-28 的阴影部分). 由一元函数定积分的几何意义可知, 该曲边梯形的面积为

$$A(x) = \int_c^d f(x,y)\mathrm{d}y.$$

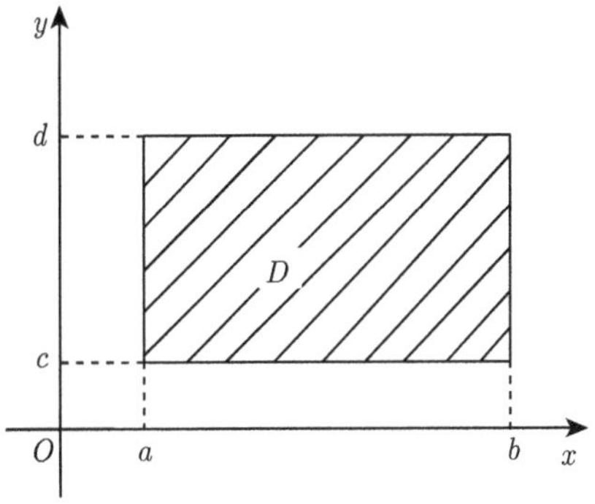

图 10-27

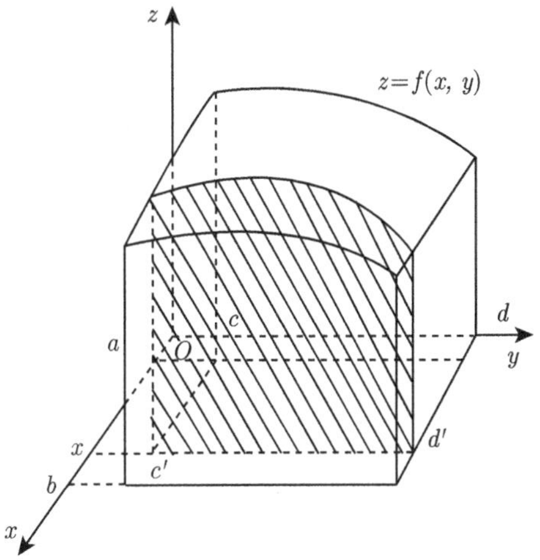

图 10-28

显然, 积分的结果是 x 的函数. 给 x 一个增量 $\mathrm{d}x$, 得体积微元

$$\mathrm{d}V = A(x)\mathrm{d}x = \left[\int_c^d f(x,y)\mathrm{d}y\right]\mathrm{d}x.$$

于是, 曲顶柱体的体积为

$$V = \int_a^b A(x)\mathrm{d}x = \int_a^b \left[\int_c^d f(x,y)\mathrm{d}y\right]\mathrm{d}x.$$

另一方面, 由二重积分的几何意义可知

$$V = \iint_D f(x,y)\mathrm{d}x\mathrm{d}y.$$

于是

$$\iint_D f(x,y)\mathrm{d}x\mathrm{d}y = \int_a^b \left[\int_c^d f(x,y)\mathrm{d}y\right]\mathrm{d}x.$$

这就把二重积分化成了两次单积分. 称 $\int_c^d f(x,y)\mathrm{d}y$ 为里层积分, 而把 $\int_a^b [\cdots]\,\mathrm{d}x$ 称为外层积分. 按照习惯记作

$$\iint_D f(x,y)\mathrm{d}x\mathrm{d}y = \int_a^b \mathrm{d}x \int_c^d f(x,y)\mathrm{d}y. \tag{3}$$

同理有

$$\iint_D f(x,y)\mathrm{d}x\mathrm{d}y = \int_c^d \mathrm{d}y \int_a^b f(x,y)\mathrm{d}x. \tag{4}$$

公式 (3) 是先固定 x, 对 y 作里层积分, 而后再对 x 作外层积分. 而公式 (4) 的积分顺序恰好相反.

例 1 计算二重积分 $I = \iint_D \left(1 - \frac{x}{4} - \frac{y}{3}\right)\mathrm{d}x\mathrm{d}y$, 其中 $D = \{(x,y)| -2 \leqslant x \leqslant 2, -1 \leqslant y \leqslant 1\}$.

解 根据公式 (3), 先固定 x, 对 y 作里层积分, 得

$$\begin{aligned} I &= \iint_D \left(1 - \frac{x}{4} - \frac{y}{3}\right)\mathrm{d}x\mathrm{d}y = \int_{-2}^2 \mathrm{d}x \int_{-1}^1 \left(1 - \frac{x}{4} - \frac{y}{3}\right)\mathrm{d}y \\ &= \int_{-2}^2 \left[y - \frac{xy}{4} - \frac{y^2}{6}\right]_{-1}^1 \mathrm{d}x = \int_{-2}^2 \left(2 - \frac{x}{2}\right)\mathrm{d}x, \end{aligned}$$

再对 x 作里层积分, 得

$$I = \int_{-2}^2 \left(2 - \frac{x}{2}\right)\mathrm{d}x = \left[2x - \frac{x^2}{4}\right]_{-2}^2 = 8.$$

2. 积分区域为任意封闭曲线围成的区域

设积分区域 D 为任意封闭曲线围成的区域, 且平行于 y 轴的直线与 D 的边界的交点至多有两个 (图 10-29),

$$D = \{(x,y)|a \leqslant x \leqslant b, \varphi_1(x) \leqslant y \leqslant \varphi_2(x)\}.$$

先固定函数 $f(x,y)$ 中的 x, 沿 AB 对 y 积分, 因 x 取定时, 对应 y 从 $\varphi_1(x)$ 变化到 $\varphi_2(x)$, 故里层积分为

$$\int_{\varphi_1(x)}^{\varphi_2(x)} f(x,y)\mathrm{d}y.$$

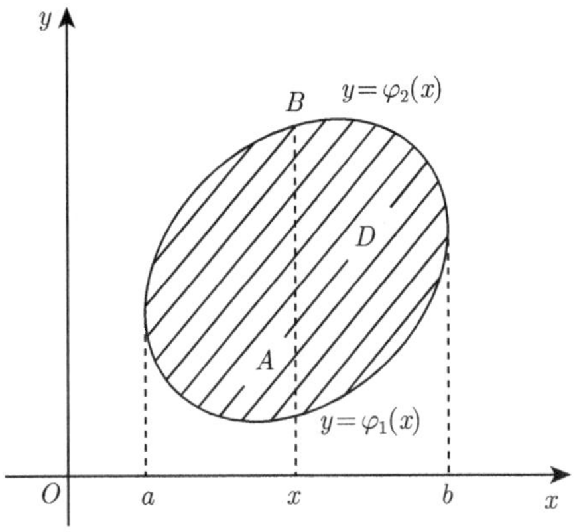

图 10-29

显然, 这是 x 的函数, 因而, 再从 a 到 b 对 x 积分, 得

$$\iint_D f(x,y)\mathrm{d}x\mathrm{d}y = \int_a^b \mathrm{d}x \int_{\varphi_1(x)}^{\varphi_2(x)} f(x,y)\mathrm{d}y. \tag{5}$$

同理, 按图 10-30 所示, 先对 x 积分, 后对 y 积分, 得二次单积分

$$\iint_D f(x,y)\mathrm{d}x\mathrm{d}y = \int_c^d \mathrm{d}y \int_{\psi_1(y)}^{\psi_2(y)} f(x,y)\mathrm{d}x. \tag{6}$$

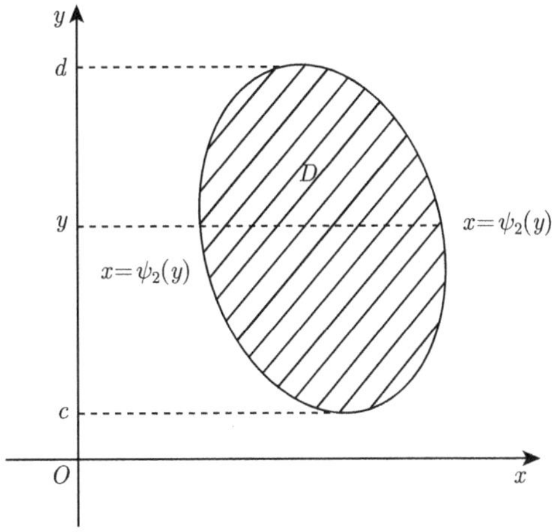

图 10-30

例 2　计算二重积分 $\iint_D xy\mathrm{d}x\mathrm{d}y$, D 是由 x 轴, y 轴和单位圆 $x^2+y^2=1$ 在第一象限所围的区域.

解　画出区域 D 的草图 (图 10-31), 并用不等式表示该区域:

$$D: 0 \leqslant x \leqslant 1, 0 \leqslant y \leqslant \sqrt{1-x^2}.$$

于是

$$\iint_D xy\mathrm{d}x\mathrm{d}y = \int_0^1 \mathrm{d}x \int_0^{\sqrt{1-x^2}} xy\mathrm{d}y = \int_0^1 \left[\frac{1}{2}xy^2\right]_0^{\sqrt{1-x^2}} \mathrm{d}x$$

$$= \int_0^1 \left[\frac{1}{2}x(1-x^2)\right] \mathrm{d}x = \frac{1}{2}\left[\frac{x^2}{2} - \frac{x^4}{4}\right]_0^1 = \frac{1}{8}.$$

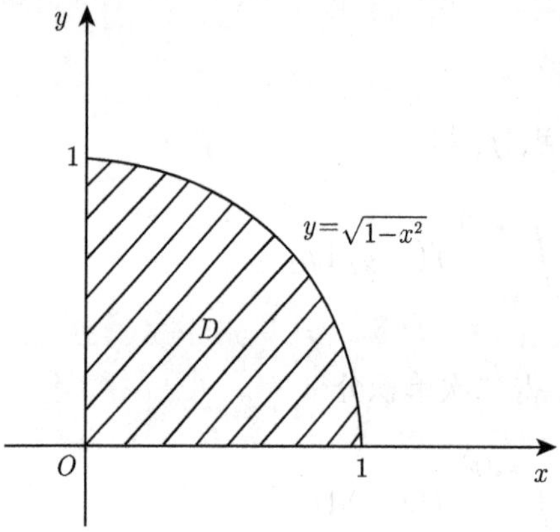

图 10-31

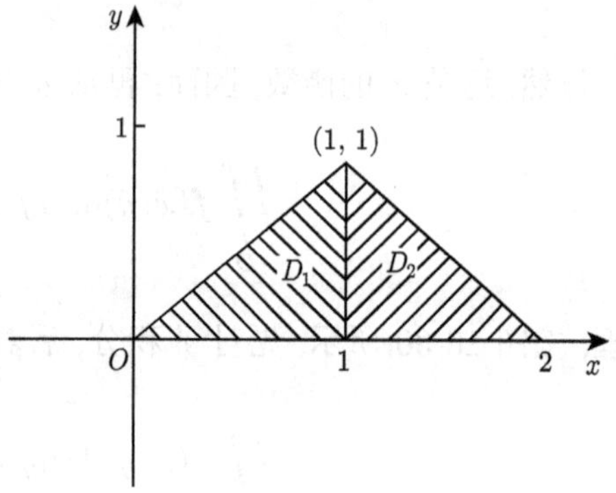

图 10-32

例 3　换下列积分的次序:

$$I = \int_0^1 \mathrm{d}x \int_0^x f(x,y)\mathrm{d}y + \int_1^2 \mathrm{d}x \int_0^{2-x} f(x,y)\mathrm{d}y.$$

解　先根据两个二重积分各自的积分顺序和积分上下限, 分别画出它们的积分区域 D_1 和 D_2 的草图 (图 10-32) 再根据草图用不等式表示先对 x 后对 y 积分的积分区域 D, 即

$$D: 0 \leqslant y \leqslant 1, y \leqslant x \leqslant 2-y,$$

于是有

$$I = \int_0^1 \mathrm{d}y \int_y^{2-y} f(x,y)\mathrm{d}x.$$

例 4　计算 $\iint\limits_D \mathrm{e}^{-y^2}\mathrm{d}x\mathrm{d}y$, 其中 D 是以 $O(0,0), A(1,1), B(0,1)$ 为顶点的三角形区域.

解　先画出积分区域的草图 (图 10-33), 若先对 y, 后对 x 积分, 则

$$D: 0 \leqslant x \leqslant 1, x \leqslant y \leqslant 1.$$

于是

$$\iint\limits_D e^{-y^2}dxdy=\int_0^1 dx\int_x^1 e^{-y^2}dy.$$

因为 e^{-y^2} 的原函数不能用初等函数表示, 所以在这种积分次序下无法求出积分. 我们选择另一种积分次序, 即先对 x 后对 y 积分, 则

$$D: 0\leqslant y\leqslant 1, 0\leqslant x\leqslant y.$$

于是

$$\iint\limits_D e^{-y^2}dxdy=\int_0^1 dy\int_0^y e^{-y^2}dx=\int_0^1 ye^{-y^2}dy=\frac{1}{2}e^{-y^2}\Big|_0^1=\frac{1}{2}\left(1-\frac{1}{e}\right).$$

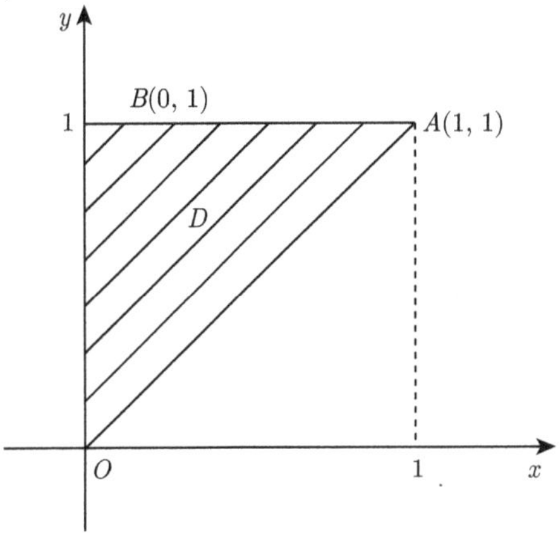

图 10-33

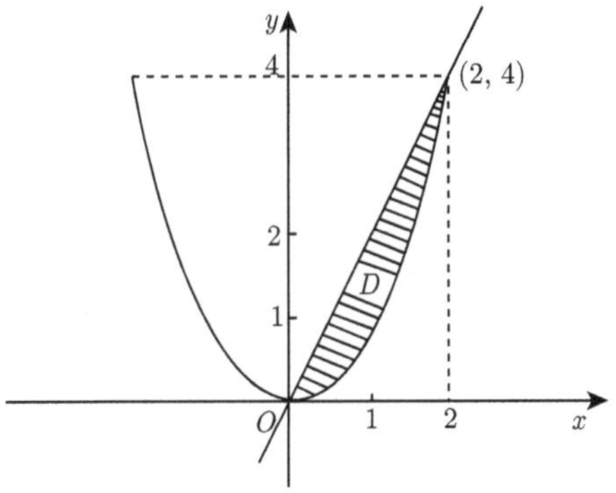

图 10-34

例 3、例 4 说明, 在化二重积分为二次单积分的计算时, 不同的积分次序可能使计算的难易程度不同, 甚至在某个积分次序下是积不出来的. 因此, 在计算时, 应根据积分区域和被积函数的特点, 确定适当的积分次序. 当碰到在某一积分次序下积分有困难时, 可考虑改变积分的次序.

例 5　求由直线 $y=2x$ 和抛物线 $y=x^2$ 所围图形的面积.

解　首先根据题意画草图 (图 10-34), 由方程组 $\begin{cases}y=2x,\\y=x^2,\end{cases}$ 求得交点坐标 $(0,0),(2,4)$. 用不等式表示积分区域 D,

$$D: 0\leqslant x\leqslant 2, x^2\leqslant y\leqslant 2x.$$

于是由面积公式可得

$$\sigma=\iint\limits_D dxdy=\int_0^2 dx\int_{x^2}^{2x}dy=\int_0^2(2x-x^2)dx=\frac{4}{3}.$$

复习题十

1. 已知点 M 在第四卦限, 到 xOy 平面、yOz 平面、zOx 平面的距离分别为 2, 3, 4.

(1) 写出点 M 的坐标;

(2) 写出点 M 关于 yOz 平面的对称点 M_1 的坐标;

(3) 写出点 M 关于 y 的对称点 M_2 的坐标;

(4) 写出点 M 关于原点的对称点 M_3 的坐标.

2. 已知点 $(1,1,3)$ 在平面 $6x-9y+az=4$ 上, 求 a.

3. 已知球面 $(x+1)^2+(y-2)^2+(z+3)^2=49$.

(1) 求球心和半径;

(2) 求球面上横坐标为 1, 纵坐标为 -1 的点;

(3) 判断点 $(2,3,-4)$ 是否在球面上;

(4) 写出球面与三个坐标轴的交点.

4. 求证以三点 $A(4,1,9), B(0,-1,6), C(2,4,3)$ 为顶点的三角形不是等腰直角三角形.

5. 求到点 $M_1(2,-1,2)$ 和 $M_2(3,0,-2)$ 距离相等的点的轨迹.

6. 求平面 $y=h$ 与椭圆抛物面 $\dfrac{x^2}{4}+\dfrac{y^2}{9}=2$ 的交线, 并画出简图.

7. 写出旋转抛物面的标准方程, 并画出简图.

8. 求下列函数的定义域:

(1) $z=\sqrt{4-x^2-y^2}-\ln(xy)$;　　(2) $z=\dfrac{1}{\sqrt{36-9x^2-4y^2}}$;

(3) $z=\sqrt{1-|x|}+\sqrt{|y|-1}$;　　(4) $z=\sqrt{x-\sqrt{y}}$.

9. 求下列极限:

(1) $\lim\limits_{(x,y)\to(0,1)}\dfrac{1-xy}{x^2+y^2}$;　　(2) $\lim\limits_{(x,y)\to(0,0)}\dfrac{2-\sqrt{xy+4}}{xy}$;

(3) $\lim\limits_{(x,y)\to(2,0)}\dfrac{\tan(xy)}{y}$;　　(4) $\lim\limits_{(x,y)\to(0,0)}\dfrac{1-\cos(x^2+y^2)}{x^2y^2+(x-y)^2}$.

10. 求下列函数的偏导数:

(1) $z=x^2-xy+2y^2-3x+5$;　　(2) $z=x^y\arctan y$;

(3) $z=\sin(xy^2)+\tan(x-y)$;　　(4) $z=\ln\left(x+\dfrac{y}{2x}\right)$, 求 $\dfrac{\partial z}{\partial y}\Big|_{(1,0)}$;

(5) $z=(1+xy)^y$, 求 $\left.\dfrac{\partial z}{\partial x}\right|_{(1,1)}, \left.\dfrac{\partial z}{\partial y}\right|_{(1,1)}$.

11. 求下列函数的 $\dfrac{\partial^2 z}{\partial x^2}, \dfrac{\partial^2 z}{\partial y^2}$ 和 $\dfrac{\partial^2 z}{\partial x\partial y}$:

(1) $z=x^4+y^4-4x^2y^2$;　　(2) $z=\arctan\dfrac{y}{x}$.

12. 求下列函数的全微分:

(1) $z=y^x$;　　(2) $z=\mathrm{e}^{x^2-y^2}$;　　(3) $z=\mathrm{e}^{x+y}\cos x\sin y$.

13. 设 $z=u^2+v^2$, 而 $u=x+y,v=x-y$, 求 $\dfrac{\partial z}{\partial x},\dfrac{\partial z}{\partial y}$.

14. 设 $z=\arcsin(x-y)$, 而 $x=3t,y=4t^3$, 求 $\dfrac{\mathrm{d}z}{\mathrm{d}t}$.

15. 设 $z=\arctan(xy)$, 而 $y=\mathrm{e}^x$, 求 $\dfrac{\mathrm{d}z}{\mathrm{d}x}$.

16. 求下列函数的极值:

(1) $f(x,y)=x^2+xy+y^2+x-y+3$;　　(2) $f(x,y)=xy(6-x-y)$.

17. 计算下列二重积分:

(1) $\displaystyle\iint_D xy\mathrm{d}x\mathrm{d}y$, 其中 D 是由直线 $y=x$ 与抛物线 $y=x^2$ 所围成的闭区域;

(2) $\displaystyle\iint_D (x^2+y^2-x)\mathrm{d}x\mathrm{d}y$, 其中 D 是由直线 $y=2,y=x$ 及 $y=2x$ 所围成的闭区域.

18. 改换下列二次积分的积分次序:

(1) $\displaystyle\int_0^2\mathrm{d}y\int_{y^2}^{2y}f(x,y)\mathrm{d}x$;　　(2) $\displaystyle\int_2^2\mathrm{d}x\int_{2-x}^{\sqrt{2x-x^2}}f(x,y)\mathrm{d}y$;

(3) $\displaystyle\int_0^{\pi}\mathrm{d}x\int_{-\sin\frac{x}{2}}^{\sin x}f(x,y)\mathrm{d}y$.

课外阅读 (十)

一、 课程思政简述

1. 多元函数微分学蕴含的多元一体思想

多元函数微分学的基本概念与一元函数微分学的基本概念都是同类数量关系的数学抽象, 只是多元函数反映的数量关系更为复杂. 多元函数微分学是对一元函数微分学的继承、发展与完善, 从产生这些概念的实际背景以及它们的应用来看, 这些概念均与一元函数没有原则上的区别. 这种继承、发展与完善是数学理论自身进步与发展的一种方式, 这种方式也应在学习中被我们所掌握并应用于工作中.

(1) 多元函数概念中的多元一体思想, 设 E 为 $\mathbf{R}^n$ 中的点集, 若按某种对应法则 f, 使得 E 中每一点 $P(x_1,x_2,\cdots,x_n)$ 都有唯一的一个实数与之对应, 则称 f 为定义在 E 上的 n 元函数, 记作 $f:E\to\mathbf{R},(x_1,x_2,\cdots,x_n)\mapsto y$ 或 $y=f(x_1,x_2,\cdots,x_n),(x_1,x_2,\cdots,x_n)\in E$. 从概念本身我们就可以看到“一体包含多元, 多元组成一体”的思想.

(2) 多元函数极限中的多元一体思想, 设 f 为定义在 $E\in\mathbf{R}^n$ 上的多元函数, P_0 为 E 的一个聚点, A 为确定的实数. 若 $\forall\varepsilon>0,\exists\delta>0$, 使得当 $P\in\overset{\circ}{U}(P_0;\delta)\cap E$ 时, 恒有 $|f(p)-A|<\varepsilon$, 则称 f 在 E 上当 $P\to P_0$ 时, 以 A 为极限, 记作 $\lim\limits_{P\to P_0}f(P)=A$.

(3) 多元函数微分中的多元一体思想, 我们从全微分的定义及计算可以看出, 无论是二元函数 $z=f(x,y)$ 还是二元以上的函数, 例如, 三元函数 $u=f(x,y,z)$, 最后全微分的计算公式都归结为微分符合叠加原理, 即: $\mathrm{d}z = \frac{\partial z}{\partial x}\mathrm{d}x + \frac{\partial z}{\partial y}\mathrm{d}y$, $\mathrm{d}u = \frac{\partial u}{\partial x}\mathrm{d}x + \frac{\partial u}{\partial y}\mathrm{d}y + \frac{\partial u}{\partial z}\mathrm{d}z$, 这种多个变量不同组合中的思想恰与“多元一体”的思想相一致, 对于多元函数而言, 偏导数存在并不一定可微分, 所以我们不能把全微分理解为是一种简单的偏导形式上的叠加. 这说明多元一体格局中的“多”和“一”, 有内在的统一, 是有机的联系, 两者辩证统一.

从上述几个概念来看, 数学中的多元函数, 一体包含多元, 多元组成一体, 一体离不开多元, 多元也离不开一体, 两者辩证统一.“多”和“一”是一个不可分割的多元一体.

2. 多元函数积分中蕴含的多元一体思想

我们知道高等数学中积分的本质思想是“分割、近似、求和、取极限”, 用发展的眼光看待积分的发展, 就会发现积分从对一维空间在数轴上的一个闭区间的积分推广到二维平面或三维空间上的有界闭区域上的二重积分和三重积分, 为了更好地理解这一思想, 我们将几种积分的定义概括描述如下.

定义 设 Ω 是一个有界闭集 (它或者是直线段, 或者是曲线段, 或者是一块平面图形, 一块曲面, 一块空间区域等等), $f(p)$ 为定义在有界闭集 Ω 上的函数, 对 Ω 做分割 T, 它把 Ω 分成 n 个小的有界闭集 $\omega_i(i=1,2,\cdots,n)$, 称 $\|T\| = \max\limits_{1\leqslant i\leqslant n}\{d_i|\, d_i = d(\omega_i)\}$ 为分割 T 的细度; 在每一 ω_i 内任取一介点 p_i 作和式 $\sum\limits_{i=1}^{n} f(p_i)\Delta\omega_i$, 称之为函数 $f(p)$ 在有界闭集 Ω 上属于分割 T 的一个积分和. 若极限 $\lim\limits_{\|T\|\to 0}\sum\limits_{i=1}^{n} f(p_i)\Delta\omega_i = J$ 存在, 且此极限的存在性及其极限值与分割 T 及介点 p_i 的取法无关, 则称函数 $f(p)$ 在有界闭集 Ω 上可积, 并称此极限值 J 为函数 $f(p)$ 在 Ω 上的积分, 记作

$$J = \int_{\Omega} f(p)\mathrm{d}\omega. \tag{1}$$

对于上述定义, 当我们把 Ω 限定在特定的积分区域时, 如直线段、曲线段、平面图形、曲面、空间区域等等, 我们就会得到下面熟知的积分概念.

(1) 若 Ω 是直线段 $[a,b]$, 则上述定义就是定积分的定义, 所定义的积分 (1) 就是定积分 $J = \int_a^b f(x)\mathrm{d}x$.

(2) 若 Ω 是可求面积的平面区域 D, 则上述定义就是二重积分的定义, 所定义的积分 (1) 就是二重积分 $J = \iint\limits_D f(x,y)\mathrm{d}\sigma = \iint\limits_D f(x,y)\mathrm{d}x\mathrm{d}y$.

(3) 若 Ω 是可求体积的空间区域 V, 则上述定义就是三重积分的定义, 所定义的积分 (1) 就是三重积分 $J = \iiint\limits_V f(x,y,z)\mathrm{d}v = \iiint\limits_V f(x,y,z)\mathrm{d}x\mathrm{d}y\mathrm{d}z$.

(4) 若 Ω 是 n 维空间可度量的区域 ($f(x_1,x_2,\cdots,x_n)\equiv 1$ 在 Ω 上可积), 则上述定义就是 n 重积分的定义, 所定义的积分 (1) 就是 n 重积分

$$J=\overbrace{\iint\limits_{\Omega}\cdots\int}^{n} f(x_1,x_2,\cdots,x_n)\mathrm{d}\omega=\overbrace{\iint\limits_{\Omega}\cdots\int}^{n} f(x_1,x_2,\cdots,x_n)\mathrm{d}x_1\mathrm{d}x_2\cdots\mathrm{d}x_n.$$

(5) 若 Ω 是可求长的平面曲线 L(或空间曲线段 L), 则上述定义就是第一型曲线积分的定义, 所定义的积分 (1) 就是平面线段 L(或空间曲线段 L) 上的第一型曲线积分 $J=\int_L f(x,y)\mathrm{d}l$(或 $J=\int_L f(x,y,z)\mathrm{d}l$).

(6) 若 Ω 是可求面积的曲面块 Σ, 则上述定义就是第一型曲面积分的定义, 所定义的积分 (1) 就是曲面 Σ 上的第一型曲面积分 $J=\iint\limits_{\Sigma} f(x,y,z)\mathrm{d}s$.

通过对积分区域的限定, 我们进一步体会到了积分概念中所包含的多元一体思想. 当我们把这些公式抽象推广, 把一个具体公式变成一类的抽象公式, 使得该抽象公式包含更多具体元素, 从而能解决更多更复杂的具体问题, 这些更多更复杂的具体问题构成了抽象公式、定义中的一体多元.

二、 数学思维方法简介

加 法 思 维

加法思维是一种含金量很高的思维方式. 加法思维可以理解为一个新想法组合旧成分, 也可理解为在一件东西上添加些什么, 把它加大、加高、加厚一些, 从而产生新的功能. 这种思维方法可以通过此事物和彼事物的有机结合, 或多种事物间的有机组合, 看是否会产生新的事物新的功效, 这是创新的一条主要途径. 掌握加法思维后, 你会发现现实生活中许多创新的产品都是加法思维下的产物, 例：饼干 + 钙 = 钙饼; 钙 + 奶 = 钙奶等.

加法思维是奇妙的联想效果, 就像画龙点睛故事当中那神奇的一笔, 虽然就加那么一小点, 会使原有的价值倍增, 这种 1+1 的结果, 远远大于 2. 在高等数学中, 函数极限的概念和一些数学定理的获得都含有加法思维方法, 例如用两个不等式的叠加给出极限的概念.

设 $P_0(x_0,y_0)$ 为函数 $z=f(x,y)$ 的定义域的聚点, 如果当点 $P(x,y)$ 无限趋于点 $P_0(x_0,y_0)$ 时, 函数 $z=f(x,y)$ 无限趋于一个常数 A, 如果对任给的正数 ε, 存在正数 δ, 使得 $0<|P-P_0|<\delta$ 的一切点 $P(x,y)\in D$, 恒有 $|f(P)-A|<\varepsilon$ 成立, 则称 A 为函数 $z=f(x,y)$ 当 $P\to P_0$ 时的极限, 记作 $\lim\limits_{P\to P_0} f(P)=A$.

从上述定义可以看出极限的概念是由两个绝对值不等式定义的, 而绝对值不等式是初中已知的简单知识, 把一个不等式再加上一个不等式所得的极限概念价值倍增. 用极限又可以把研究对象函数进行分类, 连续类、可导类、可积类, 这充分体现了加法思维的 1+1>2. 加法思维是数学研究的重要思维方法.

三、数学家简介

勒内 · 笛卡儿 (René Descartes, 1596—1650), 1596 年 3 月 31 日生于法国安德尔–卢瓦尔省的图赖讷 (现笛卡儿, 因笛卡儿得名), 1650 年 2 月 11 日逝于瑞典斯德哥尔摩, 法国哲学家、数学家、物理学家. 他对现代数学的发展做出了重要的贡献, 因将几何坐标体系公式化而被认为是解析几何之父.

他还是西方现代哲学思想的奠基人之一, 是近代唯物论的开拓者, 提出了"普遍怀疑"的主张. 他的哲学思想深深影响了之后的几代欧洲人, 并为欧洲的"理性主义"哲学奠定了基础.

笛卡儿最为世人熟知的是其作为数学家的成就. 他于 1637 年发明了现代数学的基础工具之一——坐标系, 将几何和代数相结合, 创立了解析几何学. 同时, 他也推导出了笛卡儿定理等几何学公式. 值得一提的是, 传说著名的心形线方程也是由笛卡儿提出的.

在哲学上, 笛卡儿是一个二元论者以及理性主义者. 他是欧陆"理性主义"的先驱. 关于笛卡儿的哲学思想, 最著名的就是他那句"我思故我在". 他的《第一哲学沉思集》(又名《形而上学的沉思》) 仍然是许多大学哲学系的必读书目之一.

在数学上, 笛卡儿对数学最重要的贡献是创立了解析几何. 在笛卡儿时代, 代数还是一个比较新的学科, 几何学的思维还在数学家的头脑中占有统治地位. 笛卡儿致力于代数和几何联系起来的研究, 并成功地将当时完全分开的代数和几何学联系到了一起. 于 1637 年, 在创立了坐标系后, 成功地创立了解析几何学. 他的这一成就为微积分的创立奠定了基础, 而微积分又是现代数学的重要基石. 解析几何仍是重要的数学方法之一.

笛卡儿不仅提出了解析几何学的主要思想方法, 还指明了其发展方向. 在他的著作《几何》中, 笛卡儿将逻辑、几何、代数方法结合起来, 通过讨论作图问题, 勾勒出解析几何的新方法, 从此, 数和形就走到了一起, 数轴是数和形的第一次接触. 并向世人证明, 几何问题可以归结成代数问题, 也可以通过代数转换来发现、证明几何性质. 笛卡儿引入了坐标系以及线段的运算概念. 他创新地将几何图形 '转译' 代数方程式, 从而将几何问题以代数方法求解, 这就是"解析几何"或称"坐标几何".

解析几何的创立是数学史上一次划时代的转折. 而平面直角坐标系的建立正是解析几何得以创立的基础. 直角坐标系的创建, 在代数和几何上架起了一座桥梁, 它使几何概念可以用代数形式来表示, 几何图形也可以用代数形式来表示, 于是代数和几何就这样合为一家人了.

在方法论上, 1637 年, 笛卡儿发表了巨作《方法论》. 这本专门研究与讨论西方治学方法的书, 提供了许多正确的见解与良好的建议, 对于后来的西方学术发展, 有很大的贡献. 为了显示新方法的优点与效果, 以及对他个人在科学研究方面的帮助, 在《方法论》的附录中, 他增添了另外一本书《几何》. 有关笛卡儿坐标系的研究, 就是出现于《几何》这本书内. 笛卡儿在坐标系这方面的研究结合了代数与欧几里得几何, 对于后来解析几何、微积分、与地图学的建树, 具有关键的开导力.

笛卡儿在《方法论》中指出, 研究问题的方法分四个步骤:

(1) 永远不接受任何我自己不清楚的真理, 就是说要尽量避免鲁莽和偏见, 只能是根据自己的判断非常清楚和确定, 没有任何值得怀疑的地方的真理. 就是说只要没有经过自己切身体会的问题, 不管有什么权威的结论, 都可以怀疑. 这就是著名的"怀疑一切"理论. 例如亚里士多德曾下结论说, 女人的牙齿比男人的少. 但事实并非如此.

(2) 可以将要研究的复杂问题, 尽量分解为多个比较简单的小问题, 一个一个地分开解决.

(3) 将这些小问题从简单到复杂排列, 先从容易解决的问题着手.

(4) 将所有问题解决后, 再综合起来检验, 看是否完全, 是否将问题彻底解决了.

四、 解题方法流程图

1. 二重积分计算解题方法流程图

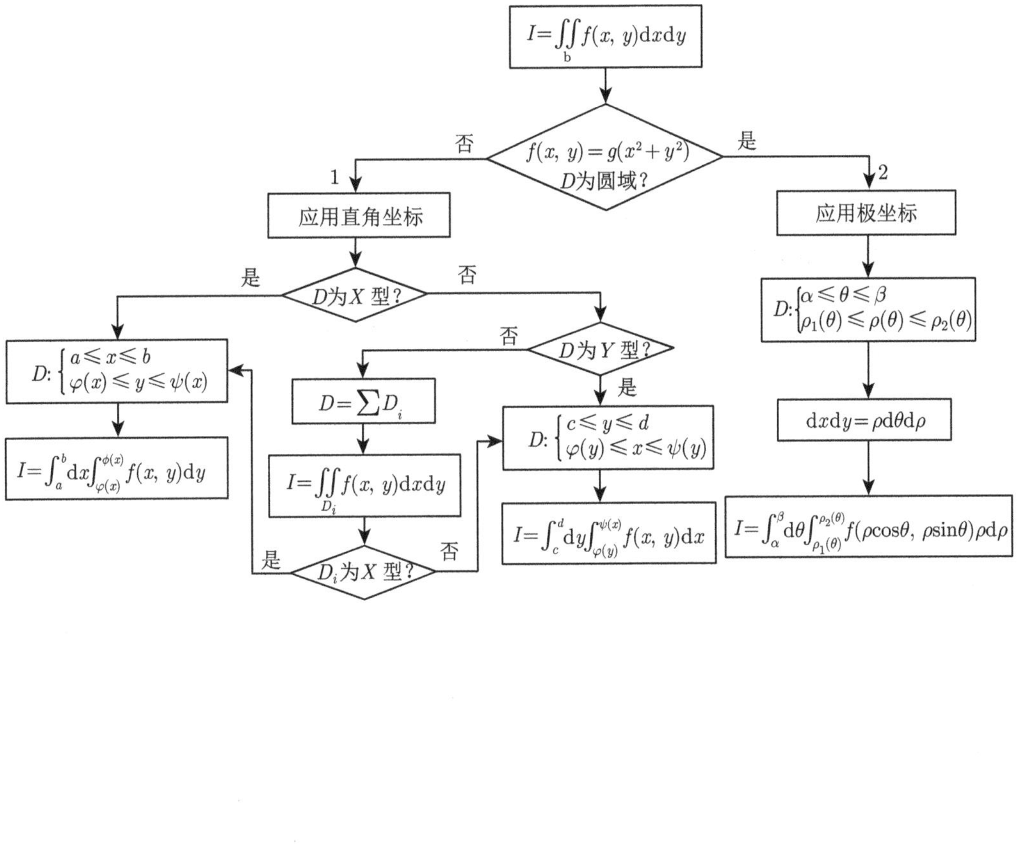

2. 交换二次积分次序解题方法流程图

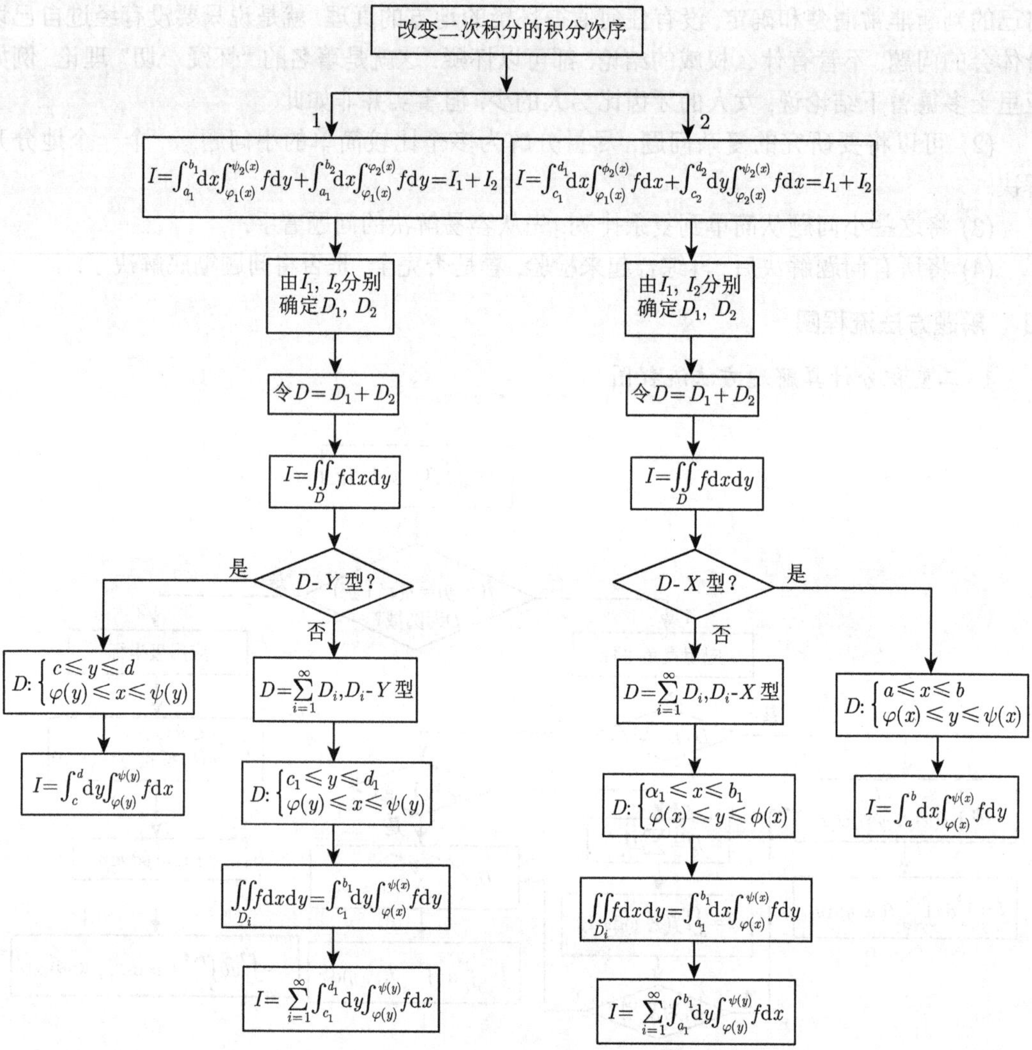

第十一章

无 穷 级 数

Infinite Series

无穷级数几乎与微积分同时诞生, 牛顿就把二项式级数作为研究微积分的工具. 为了解决微积分创建初期混乱的逻辑基础, 拉格朗日也曾经试图用无穷级数重建微积分, 但他与 18 世纪同时代的数学家一样, 对无穷级数的认识还是粗糙的. 无穷级数之所以难以捉摸, 其原因就在于它与无穷 (或无限) 纠缠在一起. 随着运动和变量进入数学, 无限这个孪生鬼怪也就同时降生. 在常量数学时期, 数学家们尽量回避无限, 免得产生困惑恼人. 但进入变量数学时期, 无限这个鬼怪就必须研究重视, 直至 19 世纪中叶才由柯西等人揭开了无限的面纱, 建立了无穷级数的严格化理论.

所谓无穷级数就是无穷多个数 (或函数) 之和的一种形式, 我们只要利用有限与无限的辩证关系, 通过极限方法, 就能确切地理解它的含义. 无穷级数是人们认识客观事物数量关系的一个很重要的工具, 是研究无限个离散之和的数学模型. 它的一个应用是将复杂的量化为简单量的无穷和, 例如将一个函数化为幂级数或三角级数. 因而无穷级数是数学分析的重要内容之一, 是现代数学的重要方法, 它被广泛地应用与数学自身以及自然科学和社会科学等领域.

无穷级数可分为数项级数与函数项级数两大类. 本章着重介绍数项级数, 以及函数项级数中的幂级数和泰勒级数.

第一节　数项级数——特殊的函数项级数

Series of Number Terms—Special series with function terms

一、 数项级数的概念、敛散性及其基本性质 Concept, convergence and divergence and basic properties of series of number terms

1. 数项级数的概念及敛散性

我们先来看一个实例. 为了计算圆的面积, 我们在圆内作内接正六边形, 其面积记为 u_1, 它是圆面积的一个粗糙的近似值; 再以这正六边形的每一边为底边, 在弓形内作顶点在圆周上的等腰三角形, 得圆内接正十二边形, 将这六个等腰三角形的面积和记为 u_2, 则圆的内接正十二边形的面积为 $u_1 + u_2$, 它也是圆面积的一个近似值, 其近似程度比正六边形的要好. 同样地, 在这正十二边形的每一边上分别作顶点在圆上的等腰三角形, 得圆内接正二十四边形的面积为 $u_1 + u_2 + u_3$, 它是圆面积的一个更好的近似值. 依次进行 n 次, 得内接正 3×2^n 边形, 其面积为 $u_1 + u_2 + \cdots +, u_n$, n 越大, 内接正 3×2^n 边形越接近圆, 其面积

$a_1 + a_2 + \cdots + a_n$ 就越接近圆面积 S, 可以猜想圆面积为

$$S = u_1 + u_2 + \cdots u_n + \cdots , \tag{1}$$

上式右端从形式上看是无穷多个数用加号连接起来的一个表达式, 实际上是

$$S = \lim_{n \to \infty} (u_1 + u_2 + \cdots + u_n). \tag{2}$$

式 (1) 右端表示无穷多个数的累加, 称它为无穷级数; 式 (2) 启示我们无穷级数的这种和的运算有别于通常意义上的和, 它是经过极限过程转化而来的. 我们根据前面的具体问题归纳可得

定义 1 设级数 (1) 的前 n 项之和为

$$S_n = u_1 + u_2 + \cdots + u_n = \sum_{k=1}^{n} u_k,$$

称 S_n 为级数 $\sum\limits_{n=1}^{\infty} u_n$ 的前 n 项**部分和**. 当 n 依次取 $1, 2, 3, \cdots$ 时, 得到一个新的数列

$$S_1 = u_1, \quad S_2 = u_1 + u_2, \quad S_3 = u_1 + u_2 + u_3, \quad \cdots ,$$
$$S_n = u_1 + u_2 + \cdots + u_n.$$

数列 $\{S_n\}$ 称为级数 $\sum\limits_{n=1}^{\infty} u_n$ 的**部分和数列**. 如果 $\lim\limits_{n \to \infty} S_n =$(常数), 则 S 称为级数 $\sum\limits_{n=1}^{\infty} u_n$ 的和. 记作

$$\sum_{n=1}^{\infty} u_n = S.$$

此时称级数 $\sum\limits_{n=1}^{\infty} u_n$ **收敛**. 如果数列 $\{S_n\}$ 没有极限, 则称级数 $\sum\limits_{n=1}^{\infty} u_n$ **发散**, 这时级数 $\sum\limits_{n=1}^{\infty} u_n$ 没有和. 当级数收敛时, 其部分和 S_n 是级数和 S 的近似值, 称 $S - S_n$ 为级数的**余项**. 记作 r_n, 即 $r_n = S - S_n = u_{n+1} + u_{n+2} + \cdots$.

例 1 考察级数

$$\sum_{n=1}^{\infty} \frac{1}{n(n+1)} = \frac{1}{1 \cdot 2} + \frac{1}{2 \cdot 3} + \frac{1}{3 \cdot 4} + \cdots + \frac{1}{n\,(n+1)} + \cdots$$

的敛散性.

解 该级数的前 n 项部分和为

$$S_n = \frac{1}{1 \cdot 2} + \frac{1}{2 \cdot 3} + \frac{1}{3 \cdot 4} + \cdots + \frac{1}{n\,(n+1)}$$

$$= \left(1-\frac{1}{2}\right)+\left(\frac{1}{2}-\frac{1}{3}\right)+\cdots+\left(\frac{1}{n}-\frac{1}{n+1}\right)$$

$$= 1-\frac{1}{n+1}.$$

因为 $\lim\limits_{n\to\infty} S_n = \lim\limits_{n\to\infty}\left(1-\frac{1}{n+1}\right)=1$. 所以该级数收敛, 其和为 1, 即 $\sum\limits_{n=1}^{\infty}\frac{1}{n(n+1)}=1$.

例 2　讨论波尔察诺级数 $1-1+1-1+\cdots$ 的敛散性.

解　$S_1=1, S_2=1-1=0, S_3=1-1+1=1, S_4=1-1+1-1=0,\cdots$, 显然波尔察诺级数的部分和数列是摆动数列, 不存在极限, 故波尔察诺级数发散.

例 3　讨论等比级数

$$\sum_{n=0}^{\infty} aq^n = a+aq+aq^2+\cdots+aq^n+\cdots$$

的敛散性.

解　由等比数列前 n 项和公式可知, 如果 $|q|\neq 1$, 则部分和为

$$S_n = a+aq+aq^2+\cdots+aq^{n-1}=\frac{a(1-q^n)}{1-q}.$$

因而, 当 $|q|<1$ 时, $\lim\limits_{n\to\infty} S_n=\frac{a}{1-q}$;

当 $|q|>1$ 时, 因 $\lim\limits_{n\to\infty} q^n=\infty$, 即有 $\lim\limits_{n\to\infty} S_n=\infty$, 故级数发散;

当 $q=1$ 时, 因 $S_n=na$, 即有 $\lim\limits_{n\to\infty} S_n=\infty$, 故级数发散;

当 $q=-1$ 时, 级数成为 $a-a+a-a+a-\cdots$, 其部分和数列为摆动数列 $a,0,a,0,\cdots$. 显然 S_n 的极限不存在, 故级数发散.

根据以上讨论可知：当 $|q|<1$ 时, 等比数列 $\sum\limits_{n=0}^{\infty} aq^n$ 收敛, 其和为 $\frac{a}{1-q}$; 当 $|q|\geqslant 1$ 时, 等比数列 $\sum\limits_{n=0}^{\infty} aq^n$ 发散.

2. 数项级数的基本性质

由上述关于数项级数收敛的定义可知, 级数的收敛问题, 实质上就是其部分和数列的收敛问题. 因此我们可应用数列极限的有关性质来推得级数的一系列重要性质.

性质 1　在级数的前面加上或去掉有限项, 不影响级数的敛散性, 但在收敛的情况下, 级数的和一般要改变.

性质 2(级数收敛的必要条件)　若级数 $\sum\limits_{n=1}^{\infty} u_n$ 收敛, 则 $\lim\limits_{n\to\infty} u_n=0$.

性质 3　设级数 $\sum_{n=1}^{\infty} u_n$ 和 $\sum_{n=1}^{\infty} v_n$ 分别收敛于 σ 和 τ, 则级数 $\sum_{n=1}^{\infty}(u_n \pm v_n)$ 也收敛, 且有

$$\sum_{n=1}^{\infty}(u_n \pm v_n) = \sum_{n=1}^{\infty} u_n \pm \sum_{n=1}^{\infty} v_n = \sigma \pm \tau.$$

性质 4　设 C 为任一非零常数, 则级数 $\sum_{n=1}^{\infty} u_n$ 与级数 $\sum_{n=1}^{\infty} Cu_n$ 具有相同的敛散性, 且当级数 $\sum_{n=1}^{\infty} u_n$ 收敛时, 有 $\sum_{n=1}^{\infty} Cu_n = C\sum_{n=1}^{\infty} u_n$.

性质 5　若级数 $\sum_{n=1}^{\infty} u_n$ 收敛, 则对其各项间任意加括号后所得的级数仍然收敛, 且其和不变.

注　当原级数收敛时, 任意加括号后所得新级数亦收敛, 但反之则不然. 也就是说, 如果加括号后级数收敛, 则原级数未必收敛. 比如对波尔察诺级数这样加括号

$$(1-1)+(1-1)+\cdots+(1-1)+\cdots,$$

显然所得级数是收敛的, 但波尔察诺级数本身却是发散的.

现根据级数收敛的定义来证明性质 2, 其余留给读者作为练习.

设级数 $\sum_{n=1}^{\infty} u_n$ 的部分和为 S_n, 由于 $\sum_{n=1}^{\infty} u_n$ 收敛, 因而 S_n 的极限存在, 记 $\lim_{n\to\infty} S_n = S$. 又因为 $u_n = S_n - S_{n-1}$, 所以 $\lim_{n\to\infty} u_n = \lim_{n\to\infty}(S_n - S_{n-1}) = S - S = 0$.

由此可得下面性质 2 的等价命题.

性质 2′　如果级数的一般项不趋于零, 则级数发散.

性质 2′ 主要用于判断级数的发散性.

比如等比级数 $\sum_{n=1}^{\infty} aq^{n-1}$, 当 $|q| \geqslant 1$ 时, $\left|aq^{n-1}\right| \geqslant |a|$ 不趋于零 $(a \neq 0)$, 故该级数发散.

应当注意, $\lim_{n\to\infty} u_n = 0$ 只是级数收敛的必要条件, 并不是充分条件. 因而, 即使 $\lim_{n\to\infty} u_n = 0$, 也不能由此断定级数 $\sum_{n=1}^{\infty} u_n$ 收敛.

例 4　调和级数

$$\sum_{n=1}^{\infty}\frac{1}{n} = 1+\frac{1}{2}+\frac{1}{3}+\cdots+\frac{1}{n}+\cdots,$$

虽有 $\lim_{n\to\infty}\frac{1}{n} = 0$, 但它是发散的. 下面利用定积分的几何意义加以证明. 调和级数的部分和为 $S_n = 1+\frac{1}{2}+\frac{1}{3}+\cdots+\frac{1}{n}$.

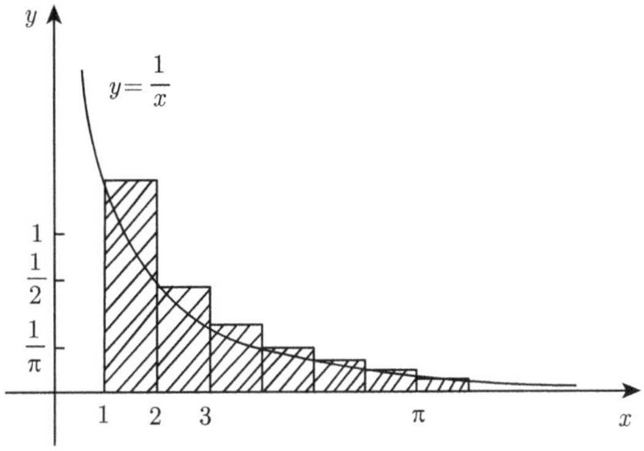

图 11-1

如图 11-1 所示, 考察由曲线 $y=\frac{1}{x}$, $x=1$, $x=n+1$ 和 $y=0$ 所围成的曲边梯形的面积 S 与阴影表示的阶梯矩形面积 A_n 之间的关系. 可以看到阴影部分的第一块矩形面积 $A_1=1$, 第二块矩形面积 $A_2=\frac{1}{2}$, 第三块矩形面积 $A_3=\frac{1}{3}$, 第 n 块矩形面积 $A_n=\frac{1}{n}$, 所以阴影部分的总面积为

$$A_n=\sum_{k=1}^{n}A_k=1+\frac{1}{2}+\frac{1}{3}+\cdots+\frac{1}{n}.$$

它显然大于曲边梯形的面积 S, 即有

$$\begin{aligned}A_n&=\sum_{k=1}^{n}A_k=1+\frac{1}{2}+\frac{1}{3}+\cdots+\frac{1}{n}\\&>\int_1^{n+1}\frac{1}{x}\mathrm{d}x=\ln x|_1^{n+1}=\ln(n+1)\to\infty\quad(n\to\infty).\end{aligned}$$

表明调和级数的部分和 A_n 的极限不存在, 所以该级数发散.

对于有限和来说, 有分配律、结合律和交换律等基本运算律, 但对于一个无穷级数 $\sum\limits_{n=1}^{\infty}a_n$ 来说, 却不能无条件地照搬这些运算律, 否则将导致错误结果. 其实, 在级数的一些性质中, 已指明了哪些运算律在无穷级数中是有效的. 性质 4 实质上是讨论乘法对无限和的分配律问题, 性质 5 是讨论级数的结合律问题, 性质 3 主要讨论交换、结合律问题.

二、 正项级数及审敛法 Positive term series and convergence method

设 $u_n\geqslant 0$, 则级数 $\sum\limits_{n=1}^{\infty}u_n$ 称为**正项级数**. 正项级数比较简单而且重要, 在研究其他类型的级数时, 常常用到正项级数的有关结果.

对于正项级数, 由于 $u_n\geqslant 0$, 因而

$$S_{n+1}=S_n+u_{n+1}\geqslant S_n.$$

所以正项级数 $\sum_{n=1}^{\infty} u_n$ 的部分和数列 $\{S_n\}$ 是单调递增数列. 若数列 S_n 有界, 则 $\lim_{n\to\infty} S_n$ 存在, 从而级数 $\sum_{n=1}^{\infty} u_n$ 收敛; 若 S_n 无界, 则 $\lim_{n\to\infty} S_n = +\infty$, 从而级数 $\sum_{n=1}^{\infty} u_n$ 发散. 由此得

定理 1 正项级数 $\sum_{n=1}^{\infty} u_n$ 收敛的充分必要条件是, 它的部分和数列 S_n 有界.

例 5 证明正项级数

$$\sum_{n=1}^{\infty} \frac{1}{n!} = 1 + \frac{1}{1!} + \frac{1}{2!} + \cdots + \frac{1}{n!} + \cdots$$

是收敛的.

证 因为

$$\frac{1}{n!} = \frac{1}{1\cdot 2\cdot 3\cdots n} \leqslant \frac{1}{1\cdot 2\cdot 2\cdots 2} = \frac{1}{2^{n-1}} \quad (n = 2, 3, 4, \cdots).$$

于是对任意的 n, 有

$$\begin{aligned} S_n &= 1 + \frac{1}{1!} + \frac{1}{2!} + \frac{1}{3!} + \cdots + \frac{1}{(n-1)!} \\ &< 1 + 1 + \frac{1}{2} + \frac{1}{2^2} + \cdots + \frac{1}{2^{n-2}} \\ &= 1 + \frac{1 - 1/2^{n-1}}{1 - 1/2} = 3 - \frac{1}{2^{n-2}} < 3. \end{aligned}$$

即正项级数的部分和数列有界, 故级数 $\sum_{n=1}^{\infty} \frac{1}{n!}$ 收敛.

根据定理 1, 我们便可建立判定正项级数收敛性的一个重要法则.

定理 2(比较判别法) 设 $\sum_{n=1}^{\infty} u_n$ 和 $\sum_{n=1}^{\infty} v_n$ 是两个正项级数, 且 $u_n \leqslant v_n$.

(1) 如果级数 $\sum_{n=1}^{\infty} v_n$ 收敛, 则级数 $\sum_{n=1}^{\infty} u_n$ 也收敛;

(2) 如果级数 $\sum_{n=1}^{\infty} u_n$ 发散, 则级数 $\sum_{n=1}^{\infty} v_n$ 也发散.

证 (1) 设级数 $\sum_{n=1}^{\infty} v_n$ 收敛于和 σ, 因为 $u_n \leqslant v_n (n = 1, 2, 3, \cdots)$, 则级数 $\sum_{n=1}^{\infty} u_n$ 的部分和 S_n 满足

$$S_n = u_1 + u_2 + \cdots + u_n \leqslant v_1 + v_2 + \cdots + v_n \leqslant \sigma,$$

即 $\{S_n\}$ 有界, 由定理 1 知 $\sum\limits_{n=1}^{\infty} u_n$ 收敛.

(2) 设级数 $\sum\limits_{n=1}^{\infty} v_n$ 的部分和为 T_n, 若级数 $\sum\limits_{n=1}^{\infty} u_n$ 发散, 那么它的部分和 $S_n \to \infty(n \to \infty)$. 又因 $u_n \leqslant v_n(n=1,2,3,\cdots)$, 则有

$$S_n = u_1 + u_2 + \cdots + u_n \leqslant v_1 + v_2 + \cdots + v_n = T_n \to +\infty.$$

因而 $\{T_n\}$ 无界, 于是级数 $\sum\limits_{n=1}^{\infty} v_n$ 发散.

例 6 证明级数

$$\sum_{n=1}^{\infty} \frac{1}{2n-1} = 1 + \frac{1}{3} + \frac{1}{5} + \frac{1}{7} + \cdots + \frac{1}{2n-1} + \cdots$$

发散.

证 因为级数的一般项 $u_n = \dfrac{1}{2n-1} > \dfrac{1}{2n} > 0$, 而级数 $\sum\limits_{n=1}^{\infty} \dfrac{1}{2n}$ 与级数 $\sum\limits_{n=1}^{\infty} \dfrac{1}{n}$ 有相同的敛散性, 又因调和级数 $\sum\limits_{n=1}^{\infty} \dfrac{1}{n}$ 是发散的, 故 $\sum\limits_{n=1}^{\infty} \dfrac{1}{2n}$ 亦发散. 由正项级数比较判别法, 可知级数 $\sum\limits_{n=1}^{\infty} \dfrac{1}{2n-1}$ 也发散.

例 7 讨论 p 级数

$$\sum_{n=1}^{\infty} \frac{1}{n^p} = 1 + \frac{1}{2^p} + \frac{1}{3^p} + \cdots + \frac{1}{n^p} + \cdots \quad (p > 0)$$

的敛散性.

解 当 $p \leqslant 1$ 时, $\dfrac{1}{n^p} \geqslant \dfrac{1}{n}$. 由于调和级数是发散的, 故由比较判别法可知, 当 $p \leqslant 1$ 时, p 级数是发散的.

当 $p > 1$ 时, 顺次把 p 级数的第 1 项, 第 2 到 3 项, 第 4 到 7 项, 第 8 到 15 项, $\cdots$, 括在一起, 得

$$1 + \left(\frac{1}{2^p} + \frac{1}{3^p}\right) + \left(\frac{1}{4^p} + \frac{1}{5^p} + \frac{1}{6^p} + \frac{1}{7^p}\right) + \left(\frac{1}{8^p} + \cdots + \frac{1}{15^p}\right) + \cdots, \tag{3}$$

它的各项显然小于级数

$$\begin{aligned} & 1 + \left(\frac{1}{2^p} + \frac{1}{2^p}\right) + \left(\frac{1}{4^p} + \frac{1}{4^p} + \frac{1}{4^p} + \frac{1}{4^p}\right) + \left(\frac{1}{8^p} + \cdots + \frac{1}{8^p}\right) + \cdots \\ = & 1 + \frac{1}{2^{p-1}} + \left(\frac{1}{2^{p-1}}\right)^2 + \left(\frac{1}{2^{p-1}}\right)^3 + \cdots \end{aligned} \tag{4}$$

对应的各项. 而级数 (4) 是等比级数, 其公比 $p=\dfrac{1}{2^{p-1}}<1$, 故收敛. 于是当 $p>1$ 时, 级数 (3) 收敛. 又因为收敛的正项级数去括号后仍收敛. 所以, 当 $p>1$ 时, p 级数收敛.

可见, 当 $p\leqslant 1$ 时, p 级数发散; 当 $p>1$ 时, p 级数收敛.

应用比较判别法的关键, 是把所给的级数与一个敛散性为已知的正项级数作比较. 常用作比较的正项级数有调和级数、等比级数、p 级数等.

例 8　判定级数

$$\frac{1}{2\cdot 5}+\frac{1}{3\cdot 6}+\cdots+\frac{1}{(n+1)(n+4)}+\cdots$$

的敛散性.

解　因为级数的一般项 $u_n=\dfrac{1}{(n+1)(n+4)}$ 满足

$$0<\frac{1}{(n+1)(n+4)}<\frac{1}{n^2},$$

而级数 $\sum\limits_{n=1}^{\infty}\dfrac{1}{n^2}$ 是 $p=2$ 的 p 级数, 它是原级数也是收敛的.

上面介绍了比较判别法, 它的基本思想是把某个已知敛散性的级数作为比较对象, 通过比较对应项的大小, 来判断给定级数的敛散性, 但有时不易找到作比较的已知级数, 这样, 就提出一个问题, 能否找到从级数本身就能判定级数敛散性的判别法呢? 回答是肯定的. 因为"事物发展的根本原因, 不是在事物的外部, 而是在事物的内部, 在于事物内部的矛盾性". 因此一个级数是否收敛, 在于级数本身的内部结构. 由此出发, 有达朗贝尔比值判别法和柯西根值判别法等, 这里只介绍达朗贝尔比值判别法.

定理 3(达朗贝尔比值判别法)　设 $\sum\limits_{n=1}^{\infty}u_n$ 是一个正项级数, 并且 $\lim\limits_{n\to\infty}\dfrac{u_{n+1}}{u_n}=l$. 则

(1) 当 $l<1$ 时, 级数收敛;

(2) 当 $l>1$ 时, 级数发散;

(3) 当 $l=1$ 时, 级数可能收敛, 也可能发散.

证明从略.

如果正项级数的一般项中含有幂或阶乘因式时, 可试用比值判别法.

例 9　判定级数 $\sum\limits_{n=1}^{\infty}\dfrac{1}{n!}$ 的敛散性.

解　由于

$$\lim_{n\to\infty}\frac{u_{n+1}}{u_n}=\lim_{n\to\infty}\frac{\dfrac{1}{(n+1)!}}{\dfrac{1}{n!}}=\lim_{n\to\infty}\frac{1}{n+1}=0<1,$$

所以级数 $\sum\limits_{n=1}^{\infty}\dfrac{1}{n!}$ 收敛.

三、任意项级数及其审敛法

Series of arbitrary terms and their convergence method

如果级数 $\sum_{n=1}^{\infty} u_n$ 中各项可以任意取值, 那么该级数称为**任意项级数**. 本节首先讨论一种特殊形式的任意项级数——交错级数, 继而讨论一般的任意项级数.

1. 交错级数

设 $u_n>0$, 则级数 $\sum_{n=1}^{\infty}(-1)^{n-1}u_n$ 称为交错级数. 关于交错级数收敛性的判定, 有下面的重要定理.

定理 4(莱布尼茨判别法) 如果交错级数 $\sum_{n=1}^{\infty}(-1)^{n-1}u_n\ (u_n>0, n=1,2,\cdots)$ 满足条件

(1)$u_n \geqslant u_{n+1}\ (n=1,2,\cdots)$;

(2) $\lim\limits_{n\to\infty} u_n=0$,

则该级数收敛, 且其和 $S\leqslant u_1$, 其余项 r_n 的绝对值 $|r_n|\leqslant u_{n+1}$.

证 设 S_n 表示级数 $\sum_{n=1}^{\infty}(-1)^{n-1}u_n$ 的部分和, 将级数的前 $2k$ 项写成下面两种形式:

$$S_{2k}=(u_1-u_2)+(u_3-u_4)+\cdots+(u_{2k-1}-u_{2k})$$

及

$$S_{2k}=u_1-(u_2-u_3)-(u_4-u_5)-\cdots-(u_{2k-2}-u_{2k-1})-u_{2k}.$$

由条件 (1) 可知, 两式中所有括号内的差值非负.

由第一式可知 S_{2k} 随着 k 的增大而增大, 由第二式可知 $S_{2k}\leqslant u_1$. 根据单调有界数列必有极限的准则, 可推知交错级数的偶数项部分和数列 $\{S_{2k}\}$ 必有极限, 设该极限为 S, 则有

$$\lim_{k\to\infty} S_{2k}=S\leqslant u_1.$$

再由 $S_{2k+1}=S_{2k}+u_{2k+1}$ 及条件 (2), 得到

$$\lim_{k\to\infty} S_{2k+1}=\lim_{k\to\infty} S_{2k}+\lim_{k\to\infty} u_{2k+1}=S+0=S.$$

因此, 无论 n 是奇数或是偶数, 只要 n 无限增大, S_n 总趋于同一极限 S, 所以交错级数 $\sum_{n=1}^{\infty}(-1)^{n-1}u_n$ 收敛, 且其和 $S\leqslant u_1$. 不难看出, 余项 r_n 可以写成

$$r_n=\pm(u_{n+1}-u_{n+2}+\cdots),$$

其绝对值 $|r|=u_{n+1}-u_{n+2}+\cdots$ 的右端也是一个交错级数, 它也满足莱布尼茨定理中的两个条件, 所以其和小于级数的第一项, 即有 $|r|\leqslant u_{n+1}$.

例 10　判别交错级数 $\sum\limits_{n=1}^{\infty}\dfrac{(-1)^{n-1}}{n}$ 的敛散性.

解　因为 $u_n=\dfrac{1}{n}>\dfrac{1}{n+1}=u_{n+1}$, 且 $\lim\limits_{n\to\infty}u_n=\lim\limits_{n\to\infty}\dfrac{1}{n}=0$, 故由莱布尼茨判别法知该级数收敛.

2. 绝对收敛和条件收敛

前面讨论了正项级数与交错级数的敛散性, 现在来研究一般的任意项级数的敛散性. 对于这类级数的判敛问题, 我们仍本着从已知到未知的原则来处理. 在已知的判别级数敛散性的方法中, 主要掌握的是正项级数的判别法, 因此, 这就使我们自然想到把判别任意项级数的敛散性问题, 转化为判定正项级数的敛散性问题, 这就是下面要讲的绝对收敛问题.

定理 5(绝对收敛定理)　如果任意项级数 $\sum\limits_{n=1}^{\infty}u_n$ 的各项绝对值组成的级数 $\sum\limits_{n=1}^{\infty}|u_n|$ 收敛, 则原级数也收敛; 反之则不然.

证　设 $\sum\limits_{n=1}^{\infty}|u_n|$ 收敛, 作一个新级数 $\sum\limits_{n=1}^{\infty}v_n$, 其中 $v_n=\dfrac{1}{2}(u_n+|u_n|)$. 显然 $v_n\geqslant 0$, 且 $v_n\leqslant|u_n|$, 即级数 $\sum\limits_{n=1}^{\infty}v_n$ 是正项级数, 且各项都不大于收敛的正项级数 $\sum\limits_{n=1}^{\infty}|u_n|$ 的对应项, 则由比较判别法可知 $\sum\limits_{n=1}^{\infty}v_n$ 是收敛的. 由于 $u_n=2v_n-|u_n|$, 而级数 $2\sum\limits_{n=1}^{\infty}v_n$ 与 $\sum\limits_{n=1}^{\infty}|u_n|$ 是收敛级数, 由收敛级数的性质 3 知级数 $\sum\limits_{n=1}^{\infty}u_n$ 收敛.

我们知道交错级数 $\sum\limits_{n=1}^{\infty}\dfrac{(-1)^{n-1}}{n}$ 是收敛的, 但各项取绝对值后得到的级数 $\sum\limits_{n=1}^{\infty}\left|\dfrac{(-1)^{n-1}}{n}\right|=\sum\limits_{n=1}^{\infty}\dfrac{1}{n}$ 为调和级数, 却是发散的.

定理 5 告诉我们, 如果级数 $\sum\limits_{n=1}^{\infty}|u_n|$ 收敛, 那么原级数 $\sum\limits_{n=1}^{\infty}u_n$ 一定收敛. 这样的收敛级数 $\sum\limits_{n=1}^{\infty}u_n$ 称为**绝对收敛**级数.

例 11　证明级数

$$\frac{\sin\theta}{1^2}+\frac{\sin\theta}{2^2}+\frac{\sin\theta}{3^2}+\frac{\sin\theta}{n^2}+\cdots$$

对任何 θ 均收敛.

证　对于任何 θ(不是 π 的整数倍), 因为 $\sin n\theta(n=1,2,3,\cdots)$ 的符号可能为正, 也可

能为负, 所以这一级数是任意项级数. 将其各项取绝对值, 构成新级数

$$\left|\frac{\sin\theta}{1^2}\right|+\left|\frac{\sin\theta}{2^2}\right|+\left|\frac{\sin\theta}{3^2}\right|+\left|\frac{\sin\theta}{n^2}\right|+\cdots,$$

由于 $\left|\frac{\sin\theta}{n^2}\right|\leqslant\frac{1}{n^2}$, 而 $\sum\limits_{n=1}^{\infty}\frac{1}{n^2}$ 收敛, 所以由比较判别法可知, 级数 $\sum\limits_{n=1}^{\infty}\frac{|\sin\theta|}{n^2}$ 收敛, 因此 $\sum\limits_{n=1}^{\infty}\frac{\sin\theta}{n^2}$ 绝对收敛.

由于任意项级数各项的绝对值构成的级数是正项级数, 因此, 一切判别正项级数敛散性的判别法, 都可以用来判定任意项级数是否绝对收敛.

第二节 幂级数——特殊的函数项级数

Power series—Special series with function terms

一、 幂级数的概念 The concept of power series

形如

$$\sum_{n=0}^{\infty}a_nx^n=a_0+a_1x+a_2x^2+\cdots+a_nx^n+\cdots \tag{1}$$

的级数称为**幂级数**. $a_n(n=0,1,2,\cdots)$ 称为幂级数的系数. (1) 的前 n 项之和

$$S_n(x)=\sum_{n=1}^{\infty}u_n(x)=u_1(x)+u_2(x)+\cdots+u_n(x),$$

称为幂级数的前 n 项**部分和**.

当点 x_0 固定时, 幂级数 (1) 对应于一个数项级数

$$\sum_{n=0}^{\infty}a_nx^n=a_0+a_1x_0+a_2x_0^2+\cdots+a_nx_0^n+\cdots, \tag{2}$$

它的敛散性可用第一节中关于数项级数敛散性的判别法来判别. 若级数 (2) 收敛, 则称 x_0 是幂级数 (1) 的**收敛点**; 若级数 (2) 发散, 则称 x_0 是幂级数 (1) 的**发散点**.

显然 $x=0$ 是任何幂级数 $\sum\limits_{n=0}^{\infty}a_nx^n$ 的收敛点.

幂级数 $\sum\limits_{n=0}^{\infty}a_nx^n$ 的收敛点的集合, 称为该级数的**收敛域**. 显然, 幂级数在收敛域中每个点都有和, 并且该幂级数的和是定义在收敛域上的函数, 记作 $S(x)$, 即

$$\sum_{n=0}^{\infty}a_nx^n=\lim_{n\to\infty}S_n(x)=S(x), \tag{3}$$

我们把 $S(x)$ 叫做该幂级数在收敛域上的**和函数**.

幂级数 $\sum\limits_{n=0}^{\infty} a_n x^n$ 的和函数 $S(x)$ 与它的前 n 项 $S_n(x)$ 的差称为该幂级数的第 n 项的**余项**. 记作 $R_n(x)$, 即

$$R_n(x) = S(x) - S_n(x) = a_{n+1}x^{n+1} + a_{n+2}x^{n+2} + \cdots.$$

由 (3) 式可知, 对于收敛域上的任意 x, 有

$$\lim_{n\to\infty} R_n(x) = \lim_{n\to\infty} [S(x) - S_n(x)] = 0.$$

二、 幂级数的收敛半径 The convergence radius of power series

幂级数的收敛域具有一种简单的形态. 现考察下面的几个例子.

例 1　幂级数 $\sum\limits_{n=0}^{\infty} \dfrac{x^n}{n!}$ 在整个数轴上收敛.

证　对任一 $x \in (-\infty, +\infty)$, 因为

$$\lim_{n\to\infty} \left|\frac{a_{n+1}x^{n+1}}{a_n x^n}\right| = \lim_{n\to\infty} \frac{|x|^{n+1}}{(n+1)!} \bigg/ \frac{|x|^n}{n!} = \lim_{n\to\infty} \frac{|x|}{n+1} = 0 < 1,$$

故由比值判别法可知, 该幂级数在整个数轴上绝对收敛.

例 2　幂级数 $\sum\limits_{n=1}^{\infty} \dfrac{x^n}{n}$ 在半开区间 $[-1, 1)$ 上收敛, 在该区间外发散.

证　因为

$$\lim_{n\to\infty} \left|\frac{a_{n+1}x^{n+1}}{a_n x^n}\right| = \lim_{n\to\infty} \frac{|x|^{n+1}}{n+1} \bigg/ \frac{|x|^n}{n} = \lim_{n\to\infty} \frac{n}{n+1} \cdot |x| = |x|,$$

所以, 由比值判别法可知, 当 $|x| < 1$ 时, 级数绝对收敛; 当 $|x| > 1$ 时, 级数发散; 当 $x = 1$ 时, 级数成为调和级数, 它发散; 当 $x = -1$ 时, 级数成为交错级数 $\sum\limits_{n=1}^{\infty} \dfrac{(-1)^n}{n}$, 故原级数条件收敛.

例 3　幂级数 $\sum\limits_{n=1}^{\infty} n^n x^n$ 只在点 $x = 0$ 收敛, 在其他任何点发散.

证　对任意给定的 $x \neq 0$, 只要 $n > \dfrac{1}{|x|}$, 就有

$$|n^n x^n| > \frac{1}{|x|^n}|x|^n = 1.$$

可见对于任意给定的 $x \neq 0$, 级数的一般项 $n^n x^n$ 不趋于零, 不满足级数收敛的必要条件, 故级数在任意点 $x \neq 0$ 处发散.

从上述三个例子可以看出, 幂级数的收敛区域有三种情形:

(1) 在整个数轴上收敛;

(2) 除在点 $x=0$ 收敛外, 还在满足 $|x|<a(a>0)$ 的点收敛, 但不在整个数轴上收敛;

(3) 除原点外, 处处发散.

这三种情形表明, 幂级数的收敛域是以原点为中心的对称区域.

定理 1 (1) 如果幂级数 (1) 当 $x=x_0(x_0\neq 0)$ 时收敛, 则对一切 $|x|<|x_0|$ 的点 x, 幂级数都绝对收敛;

(2) 若 $x=x_0$ 时, 幂级数 (1) 发散, 则对一切 $|x|>|x_0|$ 的点 x, 幂级数发散.

证 (1) 设常数项级数

$$a_0+a_1x_0+a_2x_0^2+\cdots+a_nx_0^n+\cdots$$

收敛, 这时 $\lim\limits_{n\to\infty}a_nx_0^n=0$, 因此数列 $\{a_nx_0^n\}$ 有界, 即 $|a_nx_0^n|\leqslant M(n=1,2,3,\cdots)$, 则对于适合 $|x|<|x_0|$ 的一切 x, 有

$$|a_nx^n|=\left|a_nx_0^n\frac{x^n}{x_0^n}\right|=|a_nx_0^n|\left|\frac{x}{x_0}\right|^n\leqslant M\left|\frac{x}{x_0}\right|^n.$$

当 $|x|<|x_0|$ 时, $\left|\dfrac{x}{x_0}\right|<1$, 所以等比级数 $\sum\limits_{n=1}^{\infty}\left|\dfrac{x}{x_0}\right|^n$ 是收敛的. 于是级数 $\sum\limits_{n=0}^{\infty}|a_nx^n|$ 收敛, 因而幂级数 (1) 绝对收敛.

(2) 用反证法证明. 如果 $x=x_0$ 时, $\sum\limits_{n=0}^{\infty}a_nx^n$ 发散, 而又存在一点 x_1, 满足 $|x_1|>|x_0|$, 使得级数 $\sum\limits_{n=0}^{\infty}a_nx_1^n$ 收敛, 则由已证明的结论 (1) 可知, 级数在 $x=x_0$ 处也收敛, 这与题设矛盾. 因而对一切 $|x|>|x_0|$, 幂级数 $\sum\limits_{n=0}^{\infty}a_nx^n$ 发散.

由此定理可知, 对任一幂级数 $\sum\limits_{n=0}^{\infty}a_nx^n$, 必存在一个非负数 R(R 也可以是无穷大), 使对一切 $|x|<R$ 的点 x, 幂级数都收敛. 如果 $R=0$, 幂级数仅在 $x=0$ 处收敛, 而对一切 $|x|>R$ 的点 x, 幂级数发散. 在 $x=R$ 与 $x=-R$ 时, 幂级数 $\sum\limits_{n=0}^{\infty}a_nx^n$ 可能收敛, 也可能发散.

我们称上述非负数 R 为幂级数的**收敛半径**. 使幂级数收敛的 x 的取值范围为下述区间之一:$(-R,R)$, $[-R,R)$, $(-R,R]$ 和 $[-R,R]$, 这些区间统称为幂级数的**收敛区域**.

当 $0<R<+\infty$ 时, 要对点 $x=\pm R$ 处级数的敛散性单独讨论, 以决定收敛区域是开区间, 还是闭区间或半开区间.

求幂级数收敛区域的关键是求该幂级数的收敛半径 R. 关于收敛半径 R 的求法, 我们有下面的定理.

定理 2　已知幂级数 $\sum\limits_{n=0}^{\infty} a_n x^n$, 如果 $\lim\limits_{n\to\infty}\left|\dfrac{a_{n+1}}{a_n}\right| = l$, 那么

(1) 若 $0 < l < +\infty$, 则 $R = \dfrac{1}{l}$;

(2) 若 $l = 0$, 则 $R = +\infty$;

(3) 若 $l = +\infty$, 则 $R = 0$.

证明从略.

例 4　求幂级数 $\sum\limits_{n=0}^{\infty} \dfrac{x^n}{n^p}(p > 0)$ 的收敛半径.

解　由系数 $a_n = \dfrac{1}{n^p}(p > 0)$ 可求得

$$l = \lim_{n\to\infty}\left|\frac{a_{n+1}}{a_n}\right| = \lim_{n\to\infty}\frac{\dfrac{1}{(n+1)^p}}{\dfrac{1}{n^p}} = \lim_{n\to\infty}\left(\frac{n}{n+1}\right)^p = 1,$$

故幂级数 $\sum\limits_{n=0}^{\infty} \dfrac{x^n}{n^p}(p > 0)$ 的收敛半径为 $R = \dfrac{1}{l} = 1$.

例 5　求幂级数 $\sum\limits_{n=1}^{\infty} (-1)^{n-1}\dfrac{x^n}{\sqrt{n}}$ 的收敛区域.

解　由系数 $a_n = (-1)^{n-1}\dfrac{1}{\sqrt{n}}$ 可求得

$$l = \lim_{n\to\infty}\left|\frac{a_{n+1}}{a_n}\right| = \lim_{n\to\infty}\frac{\dfrac{1}{\sqrt{n+1}}}{\dfrac{1}{\sqrt{n}}} = \lim_{n\to\infty}\frac{\sqrt{n}}{\sqrt{n+1}} = 1,$$

故幂级数的收敛半径为 $R = \dfrac{1}{l} = 1$.

当 $x = 1$ 时, 幂级数成为交错级数

$$\sum_{n=1}^{\infty}(-1)^{n-1}\frac{1}{\sqrt{n}} = 1 - \frac{1}{\sqrt{2}} + \frac{1}{\sqrt{3}} - \frac{1}{\sqrt{4}} + \cdots + (-1)^{n-1}\frac{1}{\sqrt{n}} + \cdots,$$

且满足 $\dfrac{1}{\sqrt{n}} > \dfrac{1}{\sqrt{n+1}}$ 及 $\lim\limits_{n\to\infty}\dfrac{1}{\sqrt{n}} = 0$. 由莱布尼茨判别法, 可知该级数收敛.

当 $x = -1$ 时, 幂级数成为

$$\sum_{n=1}^{\infty}(-1)^{2n-1}\frac{1}{\sqrt{n}} = \sum_{n=1}^{\infty}\frac{-1}{\sqrt{n}} = -1 - \frac{1}{\sqrt{2}} - \frac{1}{\sqrt{3}} - \cdots - \frac{1}{\sqrt{n}} - \cdots,$$

因为 $\sum\limits_{n=1}^{\infty}\dfrac{1}{\sqrt{n}}$ 是 $p = \dfrac{1}{2}$ 的 p 级数, 它是发散的, 故 $\sum\limits_{n=1}^{\infty}\dfrac{-1}{\sqrt{n}}$ 亦发散.

可见幂级数 $\sum\limits_{n=1}^{\infty}(-1)^{n-1}\dfrac{x^n}{\sqrt{n}}$ 的收敛区域为 $(-1,1]$.

例 6 求幂级数 $\sum\limits_{n=1}^{\infty}\dfrac{x^n}{(2n-1)!}$ 的收敛区域.

解 因为

$$l=\lim_{n\to\infty}\frac{1}{[2(n+1)-1]!}\Big/\frac{1}{(2n-1)!}=\lim_{n\to\infty}\frac{(2n-1)!}{(2n+1)!}=\lim_{n\to\infty}\frac{1}{2n(2n+1)}=0,$$

所以收敛半径 $R=+\infty$, 从而收敛区域为 $(-\infty,+\infty)$.

三、 幂级数的运算与性质 Operations of power series and its properties

在利用幂级数解决某种问题时, 往往要对幂级数进行加、减、乘以及求导数和求积分等运算, 这就需要了解幂级数的运算法则和一些基本性质.

在幂级数收敛区域内, 幂级数的运算法则及某些性质与多项式相似, 其正确性本书不加证明, 仅叙述如下:

性质 1 幂级数的和函数在收敛区域上连续, 即若 $\sum\limits_{n=0}^{\infty}a_nx^n=f(x)$, 则 $f(x)$ 在收敛区域上连续.

设有两个幂级数

$$\sum_{n=0}^{\infty}a_nx^n=a_0+a_1x+a_2x^2+\cdots+a_nx^n+\cdots,$$

$$\sum_{n=0}^{\infty}b_nx^n=b_0+b_1x+b_2x^2+\cdots+b_nx^n+\cdots,$$

其和函数为 $g(x)$ (x), 收敛半径分别为 R_1,R_2, 记 $R=\min\{R_1,R_2\}$, 则在 $(-R,R)$ 内有如下运算法则.

性质 2(加法运算)

$$\sum_{n=0}^{\infty}a_nx^n\pm\sum_{n=0}^{\infty}b_nx^n=\sum_{n=0}^{\infty}(a_n\pm b_n)x^n=g(x)\pm f(x),$$

即在 $(-R,R)$ 内两个收敛的幂级数可以求和 (或差), 其和 (或差) 也是幂级数, 其系数为原幂级数的系数之和 (或差), 其和函数为原两幂级数的和函数之和 (或差).

性质 3(乘法运算)

$$\left(\sum_{n=0}^{\infty}a_nx^n\right)\cdot\left(\sum_{n=0}^{\infty}b_nx^n\right)=(a_0+a_1x+\cdots+a_nx^n+\cdots)\cdot(b_0+b_1x+\cdots+b_nx^n)$$
$$=(a_0b_0)+(a_0b_1+a_1b_0)x+(a_0b_2+a_1b_1+a_2b_0)x^2+\cdots$$

$$(a_0b_n+a_1b_{n-1}+\cdots+a_nb_0)x^n+\cdots.$$

即在区间 $(-R,R)$ 内, 两收敛的幂级数的乘积也是一个幂级数. 其中 x^n 的系数由 $n+1$ 项形如 $a_ib_j(i+j=n)$ 之和构成.

设 $\sum\limits_{n=0}^{\infty}a_nx^n=S(x)$, 收敛半径为 R, 则在 $(-R,R)$ 内有如下运算法则.

性质 4(微分法则)

$$\left(\sum_{n=0}^{\infty}a_nx^n\right)'=\sum_{n=0}^{\infty}(a_nx^n)'=\sum_{n=0}^{\infty}na_nx^{n-1}=S'(x),\quad x\in(-R,R).$$

即收敛幂级数可以逐项求导, 得到的仍是幂级数, 且其收敛半径不变, 其和函数为原级数的和函数的导数.

性质 5(积分运算)

$$\int_0^x\left(\sum_{n=0}^{\infty}a_nx^n\right)\mathrm{d}x=\sum_{n=0}^{\infty}\int_0^x a_nx^n\mathrm{d}x=\sum_{n=0}^{\infty}\frac{a_n}{n+1}x^{n+1}=\int_0^x S(x)\mathrm{d}x,\quad x\in(-R,R).$$

即收敛幂级数可以逐项积分, 得到的仍是幂级数, 且其收敛半径不变, 和函数为原级数的和函数在相应区间上的积分.

例 7 求幂级数 $\sum\limits_{n=0}^{\infty}(-1)^n(n+1)x^n$ 的和函数.

直接求幂级数的和函数比较困难. 设想用间接的方法, 即通过已知幂级数的和函数及幂级数的性质来解决这一问题. 因为幂级数 $\sum\limits_{n=0}^{\infty}(-1)^n(n+1)x^n$ 的一般项是 $(-1)^n(n+1)x^n$, 恰有 $\int_0^x(-1)^n(n+1)x^n\mathrm{d}x=(-1)^nx^{n+1}$, 因此想到用性质 5 来解决这一问题.

解 先求幂级数的收敛半径. 由

$$\lim_{n\to\infty}\left|\frac{a_{n+1}}{a_n}\right|=\lim_{n\to\infty}\frac{n+2}{n+1}=1,\quad 得R=1.$$

设幂级数在 $(-1,1)$ 上的和函数为 $S(x)$, 即

$$S(x)=1-2x+3x^2-4x^3+\cdots+(-1)^n(n+1)x^n+\cdots.$$

等式两边求积分

$$\begin{aligned}\int_0^x S(x)\mathrm{d}x&=\sum_{n=0}^{\infty}\int_0^x(-1)^n(n+1)x^n\mathrm{d}x=\sum_{n=0}^{\infty}(-1)^nx^{n+1}\\&=x-x^2+x^3+\cdots+(-1)^nx^{n+1}+\cdots\end{aligned}$$

$$= \frac{x}{1+x}.$$

再对等式两边求导, 使得所求的和函数

$$S(x) = \left(\frac{x}{1+x}\right)' = \frac{1}{(1+x)^2}, \quad x(-1,1).$$

例 8 求幂级数 $\sum_{n=0}^{\infty}(-1)^n\frac{x^{2n+1}}{2n+1}$ 的和函数.

解 设所给级数的和函数为 $S(x)$, 即

$$S(x) = \sum_{n=0}^{\infty}(-1)^n\frac{x^{2n+1}}{2n+1}.$$

利用性质 4, 对级数逐项求导, 得

$$S'(x) = \left(\sum_{n=0}^{\infty}(-1)^n\frac{x^{2n+1}}{2n+1}\right)' = \sum_{n=0}^{\infty}(-1)^n\left(\frac{x^{2n+1}}{2n+1}\right)' = \sum_{n=0}^{\infty}(-1)^n x^{2n}$$
$$= 1 - x^2 + x^4 - x^6 + \cdots + (-1)^n x^{2n} + \cdots.$$

当 $|x^2| < 1$, 即 $|x| < 1$ 时, 上述等比级数收敛, 且其和为 $\frac{1}{1+x^2}$, 所以

$$S'(x) = \frac{1}{1+x^2}.$$

两边再积分, 得

$$\int_0^x S'(x)\mathrm{d}x = \int_0^x \frac{1}{1+x^2}\mathrm{d}x,$$

即

$$S(x) - S(0) = \arctan x|_0^x = \arctan x.$$

因为 $S(0) = 0$, 所以所求的和函数为 $S(x) = \arctan x$, 即

$$\sum_{n=0}^{\infty}(-1)^n\frac{x^{2n+1}}{2n+1} = \arctan x, \quad x(-1,1).$$

第三节 泰勒级数及其应用

Taylor series and its application

学习数学的人, 似乎已经习惯于这样思考问题, 即每当给出一个新定理, 总要问一下它的逆定理是否成立. 在上节的讨论中, 我们已知道, 一个幂级数在其收敛区间内代表某一个

函数. 现在自然提出一个相反的问题, 给出一个函数 $f(x)$, 能否在某一个区间上展为 x 的幂级数呢? 这是一种逆向思维.

还有一种简单性与复杂性的辩证思维. 我们知道世界上一切复杂事物都是简单事物的复合. 如音乐家可以由 7 个简单的音符谱写出美妙的乐曲, 莎士比亚可以由 26 个英文字母创作出不朽的诗歌和戏剧. 数学家也相仿, 他们也可以像音乐家和诗人一样, 用简单的数字和符号弹奏出动人的乐章.

复杂的数学问题与简单的数学问题也存在着辩证关系. 比如, 在实际问题中, 我们经常会遇到计算一些函数值的问题. 但有些函数, 如 $y=\mathrm{e}^x, y=\sin x, y=\ln(1+x)$ 等, 却不知道如何计算其函数值. 或许有人会说：查表计算. 但是, 这些表又是如何来的呢? 对于那些不能用通常的解析式表示的函数, 它们的值又该如何计算呢? 这就遇到了用简单函数去近似表达复杂函数的问题.

在各种函数中, 多项式是结构最为简单的函数, 它只涉及到加、减、乘、除四种算术运算. 另外, 多项式的分析运算也较简单. 因此, 自然想到用多项式来近似表达较复杂的函数, 并且要求精确度较高, 甚至要求无限制地提高, 这就是本节所要研究的“函数的幂级数展开”问题.

一、 泰勒级数 Taylor series

在第五章第三节中我们已经知道, 如果函数 $f(x)$ 在含 x_0 的区间 (a,b) 内 $n+1$ 阶可微, 则有泰勒公式

$$f(x)=f(x_0)+\frac{f'(x_0)}{1!}(x-x_0)+\frac{f''(x_0)}{2!}(x-x_0)^2+\cdots+\frac{f^n(x_0)}{n!}(x-x_0)^n+R_n(x).$$

其中

$$R_n(x)=\frac{f^{n+1}(\xi)}{(n+1)!}(x-x_0)^{n+1}=o(x-x_0)^{n+1}\quad(\xi\text{在}x_0\text{与}x\text{之间}).$$

分别取 $n=0,1,2$, 并略去相应的余项 $R_n(x)$, 便得到函数 $f(x)$ 的各次近似表达式

$$\begin{aligned}&f(x)\approx f(x_0),\\&f(x)\approx f(x_0)+f'(x_0)(x-x_0),\\&f(x)\approx f(x_0)+f'(x_0)(x-x_0)+\frac{f''(x_0)}{2!}(x-x_0)^2.\end{aligned}$$

如果还想提高精度, 可取更大的 n. 但是因为 $f(x)$ 在 (a,b) 内 $n+1$ 阶可微, 所以至多能得到 n 次近似表达式

$$f(x)\approx f(x_0)+f'(x_0)(x-x_0)+\frac{f''(x_0)}{2!}(x-x_0)^2+\cdots+\frac{f^n(x_0)}{n!}(x-x_0)^n.$$

右端为关于 $(x-x_0)$ 的 n 次多项式 $p_n(x)$, 其误差可用

$$|R_n(x)|=\left|\frac{f^{n+1}(\xi)}{(n+1)!}(x-x_0)^{n+1}\right|$$

来估计.

研究数学和运用数学的人常常喜欢运用由特殊到一般的研究方法. 现在要问：函数 $f(x)$ 能否精确地用幂级数

$$\sum_{n=0}^{\infty}\frac{f^n(x_0)}{n!}(x-x_0)^n$$

$$=f(x_0)+f'(x_0)(x-x_0)+\frac{f''(x_0)}{2!}(x-x_0)^2+\cdots+\frac{f^n(x_0)}{n!}(x-x_0)^n+\cdots \tag{4}$$

来表示呢? 即多项式 $p_n(x)$ 能否推广为幂级数 (1), 并且表示 $f(x)$ 的精确值呢? 这涉及下面三个逐层关联的问题?

(1) $f(x)$ 在什么条件下能写出对应的幂级数 (1)? 若能写出, 则称 (1) 为 $f(x)$ **对应的泰勒级数.**

(2) $f(x)$ 对应的泰勒级数 (1) 是否收敛?

(3) 若 $f(x)$ 对应的泰勒级数 (1) 收敛, 其和函数是否就是 $f(x)$ 本身? 若答案是肯定的, 则

$$f(x)=f(x_0)+f'(x_0)(x-x_0)+\frac{f''(x_0)}{2!}(x-x_0)^2+\cdots+\frac{f^n(x_0)}{n!}(x-x_0)^n+\cdots, \tag{5}$$

此时称 (5) 为函数 $f(x)$ 的**泰勒展开式**, 或称函数 $f(x)$ **可展开为幂级数.**

第一个问题容易解决, 这只要函数 $f(x)$ 在含 x_0 的区间内无穷阶可微, 就可以通过计算 $f^n(x_0)(n=0,1,2,\cdots)$ 写出对应的泰勒级数 (1).

(1) 既然是幂级数, 就可以通过计算收敛半径 R 确定其收敛域, 这样就解决了第二个问题. 但应注意幂级数 (1) 虽然在 (a,b) 上收敛, 它的和函数不一定恰是 $f(x)$. 那么, 如何保证 (1) 的和函数就是 $f(x)$ 呢? 下面的定理回答了这个问题.

定理 1 若函数 $f(x)$ 在含点 x_0 的区间 (a,b) 内存在各阶导数, 那么在此区间内, $f(x)$ 的泰勒级数 $\sum\limits_{n=0}^{\infty}\frac{f^n(x_0)}{n!}(x-x_0)^n$ 收敛于 $f(x)$ 的充要条件是：当 $n\to\infty$ 是, 泰勒公式的余项 $R_n(x)\to 0$.

证明从略.

当 $x_0=0$ 时, 函数 $f(x)$ 对应的泰勒级数和泰勒展开式分别为 $f(x)$ 对应的麦克劳林级数和麦克劳林展开式. 后者常称为把 $f(x)$ 展开为麦克劳林级数, 或简称展开为幂级数. 即

$$f(x)=\sum_{n=0}^{\infty}\frac{f^n(0)}{n!}x^n. \tag{6}$$

由以上讨论可知, 把任意阶可微的函数 $f(x)$ 含 x_0 的区间 (a,b) 内展开为麦克劳林级数的步骤是

(1) 计算 $f^n(0)(n=0,1,2,\cdots)$, 写出 $f(x)$ 对应的麦克劳林级数

$$f(x)\sim f(0)+f'(0)x+\frac{f''(0)}{2!}x^2+\cdots+\frac{f^n(0)}{n!}x^n+\cdots; \tag{7}$$

(2) 求出幂级数 (7) 的收敛半径 R, 确定收敛区间 $(-R,R)$;

(3) 考察 $\lim\limits_{n\to\infty} R_n(x)=\lim\limits_{n\to\infty}\dfrac{f^{n+1}(\xi)}{(n+1)!}x^{n+1}$ (ξ 在 0 与 x 之间) 是否等于零. 若 $\lim\limits_{n\to\infty} R_n(x)=0$, 则 $f(x)$ 可展为幂级数

$$f(x)=f(0)+\frac{f'(0)}{1!}x+\frac{f''(0)}{2!}x^2+\cdots+\frac{f^n(0)}{n!}x^n+\cdots.$$

例 1 把 $f(x)=(1+x)^\alpha$ 展开为幂级数 (α 为实数).

解 因为 $f(x)$ 的各阶导数为

$$\begin{aligned}&f'(x)=\alpha(1+x)^{\alpha-1},\\&f''(x)=\alpha(\alpha-1)(1+x)^{\alpha-2},\\&\qquad\cdots\cdots\\&f^n(x)=\alpha(\alpha-1)\cdots(\alpha-n+1)(1+x)^{\alpha-n},\\&\qquad\cdots\cdots\end{aligned}$$

则有

$$f(0)=1,f'(0)=\alpha,f''(0)=\alpha(\alpha-1),\cdots,f^n(0)=\alpha(\alpha-1)\cdots(\alpha-n+1).$$

所以 $f(x)$ 对应的幂级数为

$$f(x)\sim 1+\alpha x+\frac{\alpha(\alpha-1)}{2!}x^2+\cdots+\frac{\alpha(\alpha-1)\cdots(\alpha-n+1)}{n!}x^n+\cdots.$$

由于 $\left|\dfrac{a_{n+1}}{a_n}\right|=\left|\dfrac{\alpha-n}{n+1}\right|\to 1(n\to\infty)$, 所以, 幂级数的收敛半径 $R=1$. 在端点 $x=\pm1$ 处的敛散性取决于 α 的值, 故在 $(-1,1)$ 内级数收敛.

可以证明 $\lim\limits_{n\to\infty} R_n(x)=0$. 由于证明较繁, 这里从略. 于是对于一切实数 α, 有

$$(1+x)^\alpha=1+\alpha x+\frac{\alpha(\alpha-1)}{2!}x^2+\cdots+\frac{\alpha(\alpha-1)\cdots(\alpha-n+1)}{n!}+\cdots,\quad x\in(-1,1).\tag{8}$$

该式称为牛顿二项式定理. 当 α 为正整数 n 时, 就是中学熟悉的与帕斯卡三角形或杨辉三角形相联系的二项式定理. 后者需要依据 $(1+x)^{n-1}$ 的展开式才能写出 $(1+x)^n$ 的展开式. 然而 (8) 式不仅使幂指数从正整数扩展为实数, 而且它不依赖于 $(1+x)^{n-1}$ 的展式便可直接展开. 例如 $\alpha=-1$ 时, 有

$$\frac{1}{1+x}=\sum_{n=0}^{\infty}(-1)^nx^n=1-x+x^2+\cdots+(-1)^nx^n+\cdots.\tag{9}$$

值得一提的是, 这是牛顿 23 岁 (1665) 大学未毕业时做出的贡献.

用类似的方法可以得到函数 $y=\mathrm{e}^x, y=\sin x$ 的幂级数展开式

$$\mathrm{e}^x=1+x+\frac{x^2}{2!}+\cdots+\frac{x^n}{n!}+\cdots,\quad x\in(-\infty,+\infty),$$

$$\sin x=x-\frac{x^3}{3!}+\frac{x^5}{5!}-\frac{x^7}{7!}+\cdots+(-1)^k\frac{x^{2k+1}}{(2k+1)!}+\cdots,\quad x\in(-\infty,+\infty).$$

上面的函数都是依据前面的定理展开为幂级数的. 这样的方法称为**直接法**. 但一般来说, 函数 $f(x)$ 的各阶导数是比较麻烦的, 尤其要检查余项 $R_n(x)$ 是否趋于零, 往往不是一件容易的事. 因此我们总是尽可能不用直接法, 而是采用间接法把已给函数展成幂级数. 所谓**间接法**是指：通过对已知函数的幂级数展开式进行适当的运算 (包括分析运算), 求出给定函数的幂级数展开式. 至于进行什么样的运算, 应当考虑给定的函数与已展成幂级数的函数之间有什么关系来确定.

例 2 求 $f(x)=\cos x$ 的幂级数展开式.

解 我们已经知道

$$\sin x=x-\frac{x^3}{3!}+\frac{x^5}{5!}-\frac{x^7}{7!}+\cdots+(-1)^k\frac{x^{2k+1}}{(2k+1)!}+\cdots\quad(-\infty<x<+\infty),$$

再根据幂级数的性质 4, 对等式两边求导, 便得函数 $\cos x$ 的幂级数展开式

$$\cos x=1-\frac{x^2}{2!}+\frac{x^4}{4!}-\frac{x^6}{6!}+\cdots+(-1)^k\frac{x^{2k}}{(2k)!}+\cdots,\quad x\in(-\infty,+\infty).$$

例 3 求 $f(x)=\ln(1+x)$ 的幂级数展开式.

解 由 (9) 可知

$$\frac{1}{1+x}=1-x+x^2+\cdots+(-1)^n x^n+\cdots,\quad x\in(-1,1),$$

对等式两边求积分, 便得函数 $\ln(1+x)$ 的幂级数展开式

$$\ln(1+x)=x-\frac{x^2}{2}+\frac{x^3}{3}-\frac{x^4}{4}+\cdots+(-1)^n\frac{x^n}{n}+\cdots,\quad x\in(-1,1).$$

二、 函数泰勒展开式在近似计算中的应用 Applications of Taylor expansion of functions in approximate calculation

上面我们介绍了把函数展开成幂级数的方法, 这是一个把有限转化为无限的过程. 从形式上看, 似乎反而复杂化了, 其实不然, 因为幂级数的部分和却是个多项式, 它在进行数值计算时比较简便. 所以, 我们经常用这个多项式来近似表达一些较复杂的函数. 这样做所产生的误差, 可以用函数与这个多项式的差的绝对值进行估计.

1. 圆周率 π 的近似值

古代计算圆周率 π 的近似值, 是利用圆的内接 (或外切) 正多边形的周长, 计算量很大. 后来利用了无穷级数, π 的计算就变得容易多了. 现在介绍应用幂级数计算 π 的一种方法.

根据本章习题第 12 题的 (3), 在 $\arctan x$ 的展开式中令 $x=\dfrac{\sqrt{3}}{3}$, 则有

$$\frac{\pi}{6}=\frac{\sqrt{3}}{3}-\frac{1}{3}\left(\frac{\sqrt{3}}{3}\right)^3+\frac{1}{5}\left(\frac{\sqrt{3}}{3}\right)^5-\cdots+(-1)^k\frac{1}{2k+1}\left(\frac{\sqrt{3}}{3}\right)^{2k+1}+\cdots,$$

$$\pi=2\sqrt{3}\left[1-\frac{1}{3}\left(\frac{1}{3}\right)+\frac{1}{5}\left(\frac{1}{3}\right)^2-\cdots+\frac{(-1)^k}{2k-1}\left(\frac{1}{3}\right)^k+\cdots\right].$$

括号内是一个交错级数, 根据本章第一节中定理 4 知, 如用

$$s_k=2\sqrt{3}\left[1-\frac{1}{3}\left(\frac{1}{3}\right)+\frac{1}{5}\left(\frac{1}{3}\right)^2-\cdots+\frac{(-1)^k}{2k-1}\left(\frac{1}{3}\right)^k\right]$$

近似代替 π, 则产生的误差的绝对值满足

$$\left|R_k\left(\frac{\sqrt{3}}{3}\right)\right|<2\sqrt{3}\cdot\frac{1}{2k+3}\left(\frac{1}{3}\right)^{k+1}.$$

比如, 取 $k=10$, 则

$$|R_{10}|<2\sqrt{3}\cdot\frac{1}{23}\cdot\left(\frac{1}{3}\right)^{11}<0.000001.$$

于是

$$\pi\approx S_{10}=2\sqrt{3}\left[1-\frac{1}{3}\left(\frac{1}{3}\right)+\frac{1}{5}\left(\frac{1}{3}\right)^2-\cdots+\frac{1}{21}\left(\frac{1}{3}\right)^{10}\right]\approx 3.145.$$

其误差便小于 0.000001.

2. 三角函数值的计算

利用幂级数计算正弦、余弦的值是比较方便的, 我们知道

$$\sin x=x-\frac{x^3}{3!}+\frac{x^5}{5!}-\cdots+(-1)^k\frac{x^{2k+1}}{(2k+1)!}+\cdots,\quad x\in(-\infty,+\infty).$$

$$\cos x=1-\frac{x^2}{2!}+\frac{x^4}{4!}-\cdots+(-1)^k\frac{x^{2k}}{(2k)!}+\cdots,\quad x\in(-\infty,+\infty).$$

这里的角 x 以弧度为单位, 所以, 要制作三角函数表, 需要利用换算公式

$$1^\circ = \frac{\pi}{180}\text{弧度} \approx 0.01745329\text{弧度}.$$

此外，由于三角函数中有诱导公式，所以三角函数表只需列出 0 到 $\frac{\pi}{2}$ 之间的三角函数值即可. 同时又因

$$\cos\left(\frac{\pi}{2}-x\right)=\sin x,\quad \sin\left(\frac{\pi}{2}-x\right)=\cos x.$$

所以，对于 $\sin x$ 和 $\cos x$，只需要计算它们在 $0 \leqslant x \leqslant \frac{\pi}{4}$ 的近似值就可以了. 对于，这个区间上 x 来说，上面两个级数收敛得相当快，计算不多几项，就可达到相当好的精确度.

例 4　求 $\sin 18^\circ$ 的近似值，精确到 10^{-5}.

解　首先把角度化为弧度，有 $18^\circ = \frac{\pi}{10}$. 在 $\sin x$ 的幂级数展开式中，令 $x = \frac{\pi}{10}$，得

$$\begin{aligned}\sin\frac{\pi}{10} =& \frac{\pi}{10} - \frac{1}{3!}\left(\frac{\pi}{10}\right)^3 + \frac{1}{5!}\left(\frac{\pi}{10}\right)^5 - \frac{1}{7!}\left(\frac{\pi}{10}\right)^7 + \cdots \\ &+ \frac{(-1)^{n-1}}{(2n-1)!}\left(\frac{\pi}{10}\right)^{2n-1} + \frac{(-1)^n}{(2n+1)!}\left(\frac{\pi}{10}\right)^{2n+1} + \cdots.\end{aligned}$$

等式右边是满足莱布尼茨条件的交错级数，因此，如果取它的前 n 项之和作为它的近似值，则其误差不超过第 $(n+1)$ 项的绝对值

$$\frac{1}{(2n+1)!}\left(\frac{\pi}{10}\right)^{2n+1}.$$

只要 $n = 3$，就有

$$|R_n| < \frac{1}{7!}\left(\frac{\pi}{10}\right)^7 < \frac{1}{7!}\left(\frac{1}{3}\right)^7 = \frac{1}{11022480} < 10^{-7}.$$

所以只要取前三项之和作为 $\sin 18^\circ$ 的近似值 (在小鼠第六位四舍五入)，就可满足本题要求，即得

$$\sin 18^\circ \approx \frac{\pi}{10} - \frac{1}{3!}\left(\frac{\pi}{10}\right)^3 + \frac{1}{5!}\left(\frac{\pi}{10}\right)^5 \approx 0.30902.$$

利用泰勒展开式不仅可以计算一些函数的近似值，而且可以用来证明某些不等式或计算一些定积分的近似值，具体例子从略.

三、 泰勒级数的意义 The meaning of Taylor series

泰勒级数最早出现在 1715 年英国数学家泰勒 (1685—1731) 的著作《增量法》中，当时并没有考虑收敛问题. 因此这个幂级数也被称为 $f(x)$ 在 $x = a$ 的泰勒展开式.$f(x)$ 展开称 x 的幂级数，是泰勒展开式中 $a = 0$ 时的特殊情况，而且几年后斯特林 (1692—1770) 也提到过. 但通常却称为 $f(x)$ 的麦克劳林展开式，这是由苏格兰数学家麦克劳林 (1698—1746) 在他的两卷有影响的巨著《流数论》中得到了有力的应用.

泰勒级数能把有限形式的初等函数 (任意阶可微) 表示为只涉及四则运算的无限形式的幂级数, 因而它具有实际应用和理论研究的现实意义.

在哲学上, 泰勒级数表明了函数 $f(x)$ 的有限形式与级数的无限形式的辩证统一. 把有限的函数 $f(x)$ 化为仅涉及加减乘除算术运算的无限级数的形式, 为研究较复杂的函数 $f(x)$ 提供了方便. 泰勒级数中越靠后的项, 其绝对值越小. 当 n 为有限数时, 泰勒展开式的右端是左端 $f(x)$ 的近似表达式, n 越大近似的程度越高. 只有当 n 无限增大时, 右端的越来越小的无穷多项之和才转化为左端 $f(x)$ 的有限的真值. 泰勒级数中蕴含着这种有限与无限之间的辩证法, 曾使许多人感到惊讶. 难怪雅各布 · 伯努利在序诗里写下那惊奇的赞叹: "在那微小又微小之中, 我看到了无限之神".

只有学过微积分的人才会认识到泰勒展式和麦克劳林展式的功效. 对于只了解初等数学知识, 而对微积分毫无所知的人来说, 那长长的三角函数表、对数函数表、指数函数表等数学用表, 将给他们留下永久的迷惘. 至于对无限中蕴含着那迷人的思辨则更是无缘领略了.

复习题十一

1. 已知级数 $\sum\limits_{n=1}^{\infty}\left(\frac{7}{10}\right)^n$, 写出一般项 u_n 和部分和 S_n, 并求该级数的和 S.

2. 级数收敛的必要条件是什么? 它对判断级数的敛散性有何意义? 试判断级数 $\sum\limits_{n=1}^{\infty}\sqrt[3]{\frac{n}{n+1}}$ 的敛散性.

3. 数学史学家 O. 诺伊格鲍尔 (1899—1990) 在古代巴比伦的泥版书 (约公元前 300 年) 中发现了一些有趣的级数问题, 其中一个可表述为

$$1+2+2^2+\cdots+2^9=2^{10}-1,$$

验证此式.

4. 试证阿基米德和式

$$1+\frac{1}{4}+\frac{1}{4^2}+\cdots+\frac{1}{4^{n-1}}+\cdots=\frac{4}{3}.$$

5. 利用调和级数判别下列正项级数的敛散性:

(1) $\sum\limits_{n=1}^{\infty}\frac{1}{2n}$;　　(2) $\sum\limits_{n=1}^{\infty}\frac{1}{\ln(n+1)}$.

6. 利用几何级数

(1) 判定正项级数的敛散性:

$$1+\frac{1}{\sqrt{2}}+\frac{1}{2}+\frac{1}{2\sqrt{2}}+\frac{1}{4}+\cdots;$$

(2) 把无限循环小数 $0.\dot{3}$ 写成有限数.

7. 利用比值判别法判定下列正项级数的敛散性.

(1) $\frac{1}{2}+\frac{3}{2^2}+\cdots+\frac{5}{2^3}+\cdots$;

(2) $\sum\limits_{n=1}^{\infty}\frac{(n!)^2}{(2n)!}$.

8. 利用两个收敛级数代数和收敛的性质判别级数

$$\left(\frac{1}{2}+\frac{1}{3}\right)+\left(\frac{1}{4}+\frac{1}{9}\right)+\left(\frac{1}{8}+\frac{1}{27}\right)+\cdots$$

的敛散性.

9. 据莱布尼茨判别法判别交错级数

$$a_0-a_1+a_2-a_3+\cdots(-1)^n a_n+\cdots$$

的敛散性. 其中 $a_n=1-\left(\frac{n-1}{n+1}\right)^2$.

10. 下列级数哪些是绝对收敛的? 哪些是条件收敛的?

(1) $\sum_{n=1}^{\infty}(-1)^{n+1}\frac{1}{\sqrt{n}}$;

(2) $1-\frac{1}{3^2}+\frac{1}{5^2}-\frac{1}{7^2}+\cdots$;

(3) $\sum_{n=1}^{\infty}(-1)^{n-1}\sin\frac{1}{n^2}$;

(4) $\sum_{n=1}^{\infty}\frac{(-1)^n}{n+a}$ (a 为非负实数).

11. 求下列幂级数的收敛半径和收敛区域;

(1) $x-\frac{x^2}{2}+\frac{x^3}{3}-\frac{x^4}{4}+\cdots$;

(2) $\sum_{n=1}^{\infty}\frac{x^{n-1}}{3^{n-1}n}$;

(3) $\sum_{n=1}^{\infty}\frac{n^2x^n}{n!}$;

(4) $\sum_{n=1}^{\infty}\frac{(x-2)^n}{n^2}$.

12. 用直接法验证:

(1) $\mathrm{e}^x=1+x+\frac{x^2}{2!}+\cdots+\frac{x^n}{n!}+\cdots,\quad x\in\mathbf{R}$;

(2) $\sin x=x-\frac{x^3}{3!}+\frac{x^5}{5!}-\cdots+(-1)^k\frac{x^{2k+1}}{(2k+1)!}+\cdots,\quad x\in\mathbf{R}$;

(3) $\arctan x=x-\frac{x^3}{3}+\frac{x^5}{5}-\frac{x^7}{7}+\cdots+(-1)^k\frac{x^{2k+1}}{(2k+1)}+\cdots,\quad x\in(-1,1)$.

13. 利用逐项微分法或逐项积分法求下列幂级数的收敛区域:

(1) $\sum_{n=1}^{\infty}\frac{x^{4n+1}}{4n+1}$;

(2) $\sum_{n=1}^{\infty}\frac{x^{n+1}}{n(n+1)}$.

14. 利用已知函数的幂级数展开式将下列函数展开称幂级数, 并指出其展开区间:

(1) $y=\cos^2 x$;

(2) $y=x^2\mathrm{e}^x$;

(3) $y=\frac{1}{\sqrt{1-x^2}}$;

(4) $y=\frac{1}{5-x}$.

15. 利用级数展开式的前三项, 求下列各式的近似值:

(1) $\sin 60^\circ 5'$;

(2) $\sqrt[5]{240}$.

课外阅读 (十一)

一、课程思政简述

数学的研究工作, 都是为了解决各领域的问题而发展起来. 我国著名数学家华罗庚曾说过: "宇宙之大, 粒子之微, 火箭之速, 化工之巧, 地球之变, 日用之繁, 无处不用数学", 这充分说明, 数学的发展是在各个学科共同认同、融合、推动下发展起来的, 数学工作者、学习者在研究问题时形成了优秀的思想, 养成了理解、包容、和谐等思维. 我们在做数学研究时, 都是在理解他人的工作基础上开始的. 在数学的学习研究中形成了和谐美、谨慎美、活力美. 这些美都可在数学研究成果公式中得以体现. 如由 $\mathrm{e}^x, \sin x, \cos x$ 函数的幂级数展式所得到的著名公式 $\mathrm{e}^{\mathrm{i}\pi}+1=0$ 中的五位数字在数学领域中都有其重要的作用.

1. "0", 0 是位置计数法的一个关键数字, 只要有了零, 才有 0.5, 180, $\cdots$ 这样一些数.

在算术中 "0" 是第一个自然数. 表示一切从 0 开始, 没有 0 就没有一切. 0 是道, 在哲学上, 0 生 1, 1 生 2, 2 生 3, 3 生万物. 0 有时是最高分, 有 0 种病就拥有健康. 有 0 种烦恼, 就是拥有幸福.

在代数学中 0 式是加群中的一个特殊元素 (幺元), 代数方程中常常用含有未知数等于零的式子来表示.

在解析几何中 "0" 是数轴的原点, 是正负的分界点; 在微积分中 "0" 是无穷小量的极限, 微积分也称无穷小分析, 这就是说微积分是以 0 为极限的量建立起来的概念; 在概率论中 "0" 是不可能的事件概率, 是计算机软件程序编制的两个基本数字之一.

2. "1" 是人类最早认识的数, 许多重要公式的纽带, 如: $\lim\limits_{x\to 0}\dfrac{\sin x}{x}=1$; $\lim\limits_{x\to 0}\dfrac{\sin x}{\tan x}=1$; $\lim\limits_{x\to 0}\dfrac{\arcsin x}{\arctan x}=1$; $\lim\limits_{x\to 0}\dfrac{\ln(1+x)}{\mathrm{e}^x-1}=1$. 微积分导数基本公式里有一半是由 $\lim\limits_{x\to 0}\dfrac{\sin x}{x}=1$ 推导出来的. 1 是许多重要函数之间关系的纽带, 是计算机编程的另一个重要数字.

3. "i" 是虚数单位, $\mathrm{i}^2=-1$, 虚数的出现, 把实数系扩大为复数系, 是数学发展史上的一次飞跃, 导致了一门重要的数学分支——复变函数论的诞生. 它的出现打破了负数不能开平方的人为禁制, 获得了 N 次代数方程恰好有 N 个复根的结论.

4. "π" 是一个重要的无理数, 在许多重要的数学公式中都有它的身影, 如圆的周长 $C=2\pi R$, 圆的面积 $S=\pi R^2$, 球的体积 $V=\dfrac{4}{3}\pi R^3$, 正态分布的密度函数 $f(x)=\dfrac{1}{\sigma\sqrt{2\pi}}\mathrm{e}^{\frac{-(x-a)^2}{2\sigma^2}}$, 伽利略单摆周期为 $T=2\pi\sqrt{\dfrac{l}{g}}$, 两个带电质点的库仑公式 $\dfrac{1}{4\pi\varepsilon}\dfrac{q_1q_2}{r^2}$.

5. "e" 是自然科学中最重要的常数. $\lim\limits_{x\to\infty}\left(1+\dfrac{1}{x}\right)^x=\mathrm{e}$, 是高等数学中最重要的公式之一, 导数基本公式的一半是由该公式推导出来的, e 也是自然对数的底数, 离开 e 自然科学计算问题都将会遇到极大的困难.

由此可见, 数学公式 $\mathrm{e}^{\mathrm{i}\pi}+1=0$ 中的五个数字 0, 1, π, e, i 在数学中都是地位显赫的数, 都是为数学发展作出重要贡献的数, 有着特别重要的地位和不平凡的历史, 但他们却极为和谐地出于一个简单的公式中, 互为表里, 相得益彰, 体现多元一体的合作精神. 具有"身居高位不骄傲——体现谨慎美, 数学领域作用之大——体现活力美, 同出一体不争功——体现和谐美"的美好品质.

二、 数学思想方法简介

有限与无限转化思维

有限与无限有着本质的不同, 但又是对立的统一. 无限是有限的发展与综合, 我们总是通过有限来认识无限, 而无限又反过来帮助人们描述有限.

数学研究的对象可以是特殊的或一般的, 可以是具体的或抽象的, 可以是静止的或运动的, 可以是有限的或无限的, 它们之间是矛盾的对立统一. 对有限的研究往往先于对无限的研究. 对有限个研究对象的研究往往有章可循, 并积累了一定的经验, 而对无限个研究对象的研究, 却往往不知如何下手, 显得经验不足, 于是将对无限的研究化成对有限的研究, 就成了解决无限问题的必经之路. 反之, 当积累了解决无限问题的经验之后, 可以将有限问题转化成无限问题来解决. 这种无限化有限、有限化无限的解决数学问题的方法就是有限与无限思想.

无限化有限, 问题迎刃而解. 级数的敛散性判别是无穷级数研究的重要内容, 无论是数项级数还是函数项级数, 对于敛散性的判别都蕴含着无限化有限的思想. 所谓无穷级数就是无穷多个数列函数之和的一种形式, 我们只要利用有限与无限的辩证关系, 通过极限方法, 就能确切地理解它的含义.

对于无穷级数, 不能照搬通常的加法规则来求和, 这是因为它有无限多项, 而有限与无限有着本质的区别, 因此如果不加证明地把有限的结果照搬到无限上去, 则可能产生错误的结果. 柯西的研究指出, 不能把有限的交换律以及有限项总存在代数和的观念照搬到无限项的运算之中, 求无穷级数之和应该逐项相加, 但是, 一直做下去, 碰到一个矛盾: 无论 n 多大, 总是有限数, 永远没有完结的时候, 那么应该如何解决无穷多项相加呢? 恩格斯指出: "在数学上, 为了达到不确定的无限的东西, 必须从确定的有限的东西出发." 为此, 我们先把级数的前 n 项相加, 得到前 n 项的和 (有限项之和), 然后运用极限这个法宝, 当 $n \to \infty$ 时, 前 n 项和的极限就反映了无穷多项相加的结果, 这样我们就可以从级数的前 n 项的和这个有限的量出发, 通过取极限, 从而解无穷多项相加的问题. 这里就深刻地反映了人们通过有限去认识无限, 从近似去认识精确, 从具体到抽象, 从特殊到一般的辩证思维过程.

《庄子 • 天下篇》有"一尺之棰, 日取其半, 万世不竭." 意思就是, 有一个一尺长的木棒, 第一天截取它的一半, 以后每天截取其前一天剩余的一半, 这样的截法, 取一万年也取不完 (即截取的总数总也不够一尺长). 用现代数学语言, 只考察所取的"棰"的长度, 这句话可表示如下: 第 n 天共取走 $S_n = \frac{1}{2}+\frac{1}{2^2}+\frac{1}{2^3}+\cdots+\frac{1}{2^n}$. 文中说的"万世"可理解为相当大的有限数, 因此, 所取的长度和: $S_n = \frac{1}{2}+\frac{1}{2^2}+\frac{1}{2^3}+\cdots+\frac{1}{2^n} < 1$. 另一方面,"万世"又是人无法达到的"无限大"的数. 所以, 这句话又含有这样的意义: $\lim\limits_{n\to\infty} S_n = \frac{1}{2}+\frac{1}{2^2}+\frac{1}{2^3}+\cdots+\frac{1}{2^n} = 1$. 就是说, 这里包含了朴素的极限思想, 受此启发, 函数展开成幂级数也有异曲同工之妙.

如果也考察“棰”本身, 那么这句话就表示了一个有限和无限的辩证过程. “一尺之棰, 日取其半”, 就是一个有限向无限的转化过程. 就棰的长度来说, 分的过程是无限的, 无论分得多么小, 总是可以取长度一半的, 这是一个无限的过程. 但是“纯粹的量的分割是有一个极限的, 到了这个极限它就转化为质的差别”, 对作为一定质的棰来说, 具体的分割又是“可竭”的, 即分到一定的关节点时, 就不能保持“棰”之所以为棰了的质了, 这个关节点就是取的一个极限, 它标志着分的过程从无限到有限的转化. 这个关节点大约在分到 30 天时到达, 这时棰的长度大约是十万亿分之一尺, 已小于分子直径的数量级, 这时就再不称其为“棰”了. 可见, “取”的过程是一个有限与无限对立统一的过程.《庄子》中的这种辩证思想后来在中国古代数学中得到发扬, 成为中国古代数学思想的重要特点之一.

三、 数学家简介

泰勒 (Brook Taylor, 1685—1731), 英国数学家. 1685 年 8 月 18 日生于英格兰德尔塞克斯郡的埃德蒙顿市; 1731 年 12 月 29 日卒于伦敦.

泰勒出生于英格兰一个富有且有点贵族血统的家庭. 父亲约翰来自肯特郡的比夫隆家庭. 泰勒是长子. 进大学之前, 泰勒一直在家里读书. 泰勒全家尤其是他的父亲, 都喜欢音乐和艺术, 经常在家里招待艺术家. 这对泰勒一生的工作产生了极大的影响, 这从他的两个主要科学研究课题——弦振动问题及透视画法, 就可以看出来.

1701 年, 泰勒进剑桥大学的圣约翰学院学习. 1709 年, 他获得法学学士学位. 1714 年获法学博士学位. 1712 年, 他被选为英国皇家学会会员, 同年进入促裁牛顿和莱布尼茨发明微积分优先权争论的委员会. 从 1714 年起担任皇家学会第一秘书, 1718 年以健康为由辞去这一职务.

由于工作及健康上的原因, 泰勒曾几次访问法国并和法国数学家蒙莫尔多次通信讨论级数问题和概率论的问题. 1708 年, 23 岁的泰勒得到了“振动中心问题”的解, 引起了人们的注意, 在这个工作中他用了牛顿的瞬的记号. 从 1714 年到 1719 年, 是泰勒在数学上高产的时期. 他的两本著作:《正和反的增量法》及《直线透视》都出版于 1715 年, 它们的第二版分别出于 1717 年和 1719 年. 从 1712 年到 1724 年, 他在《哲学会报》上共发表了 13 篇文章, 其中有些是通信和评论. 文章中还包含毛细管现象、磁学及温度计的实验记录.

泰勒以微积分学中将函数展开成无穷级数的定理著称于世. 这条定理大致可以叙述为: 函数在一个点的邻域内的值可以用函数在该点的值及各阶导数值组成的无穷级数表示出来. 然而, 在半个世纪里, 数学家们并没有认识到泰勒定理的重大价值. 其重要价值是后来由拉格朗日发现的, 他把这一定理刻画为微积分的基本定理. 泰勒定理的严格证明是在定理诞生一个世纪之后, 由柯西给出的.

麦克劳林 (Colin Maclaurin, 1698—1746), 英国数学家. 1698 年 2 月生于苏格兰的基尔莫登; 1746 年 1 月卒于爱丁堡.

麦克劳林是一位牧师的儿子, 半岁丧父, 9 岁丧母. 由其叔父抚养成人. 叔父也是一位牧师. 麦克劳林是一个“神童”, 为了当牧师, 他 11 岁考入格拉斯哥大学学习神学, 但入校不久却对数学产生了浓厚的兴趣, 一年后转攻数学. 17 岁取得了硕士学位并为自己关于重力做功的论文作了精彩的公开答辩; 19 岁担任阿伯丁大学的数学教授并主持该校马里歇尔学院的数学工作; 两年后被选为英国皇家学会会员; 1722—1726 年在巴黎从事研究工作, 并在 1724 年因写了物体碰撞的杰出论文而荣获法国科学院资金, 回国后任爱丁堡大学教授.

麦克劳林 21 岁时发表了第一本重要著作《构造几何》, 在这本书中描述了作圆锥曲线的一些新的巧妙方法, 精辟地讨论了圆锥曲线及高次平面曲线的种种性质.

1742 年撰写的《流数论》以泰勒级数作为基本工具, 是对牛顿的流数法作出符合逻辑的、系统解释的第一本书. 此书之意是为牛顿流数法提供一个几何框架, 以答复贝克莱大主教等人对牛顿的微积分学原理的攻击.

麦克劳林也是一位实验科学家, 设计了很多精巧的机械装置. 他不但学术成就斐然, 而且关心政治, 1745 年参加了爱丁堡保卫战.

麦克劳林终生不忘牛顿对他的栽培, 并为继承、捍卫、发展牛顿的学说而奋斗. 他曾打算写一本《关于伊萨克 · 牛顿爵士的发现说明》, 但未能完成便去世了. 死后在他的墓碑上刻有“曾蒙牛顿推荐”, 以表达他对牛顿的感激之情.

四、 解题方法流程图

1. 常数项级数敛散性判别的解题方法流程图

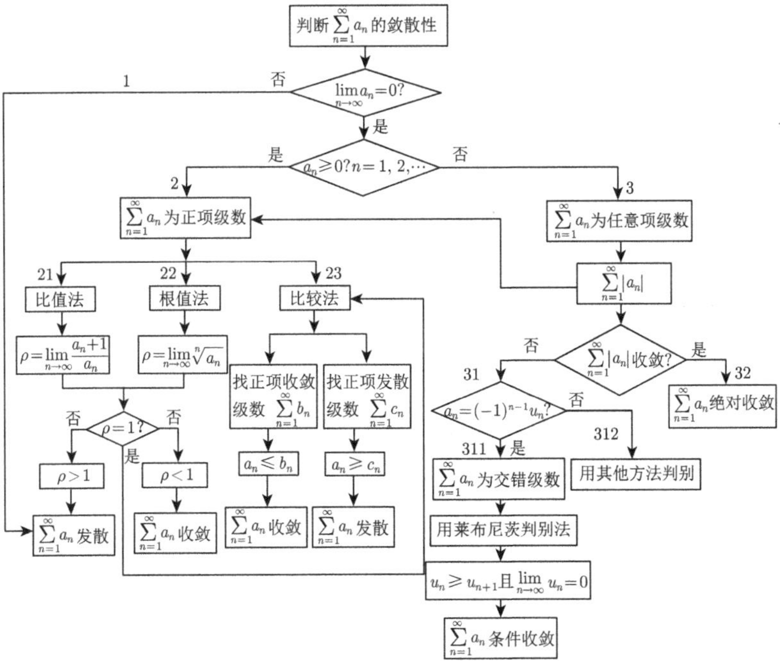

2. 幂级数收敛域解题方法流程图

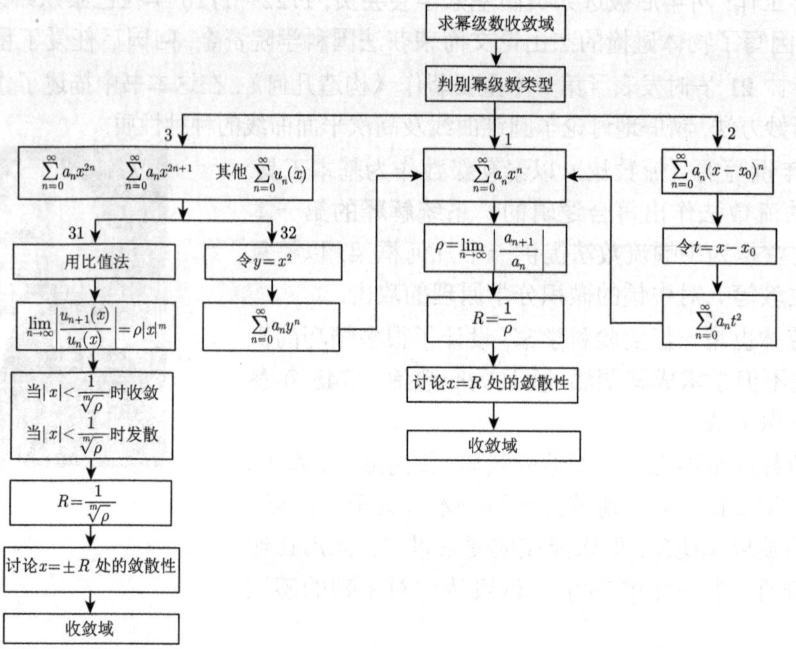

3. 求幂级数和函数的解题方法流程图

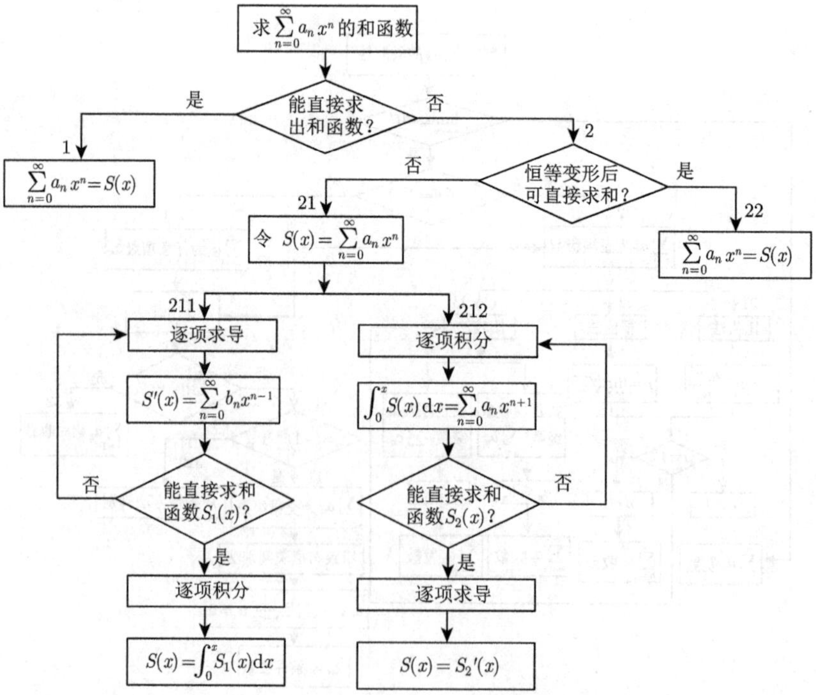

4. 把函数展开成幂级数的解题方法流程图

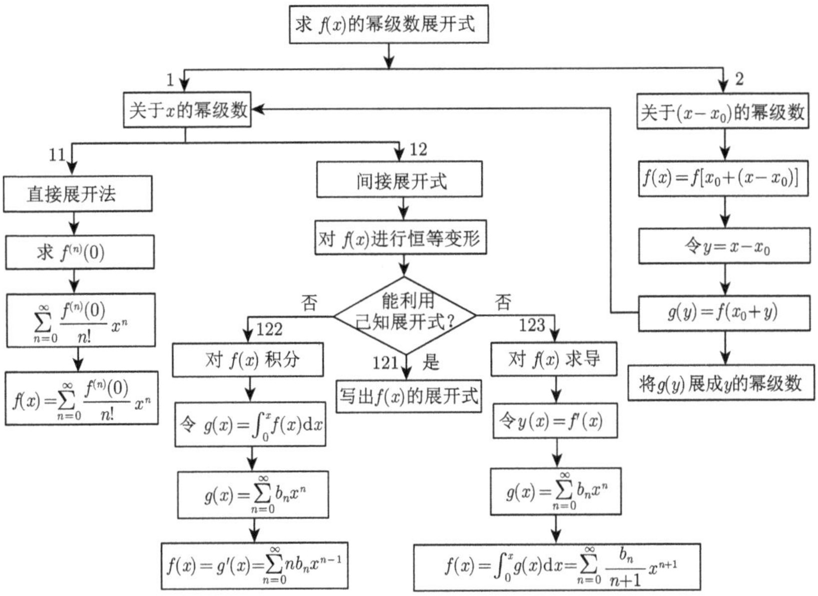

参 考 文 献

费孝通. 2021. 中华民族的多元一体格局. 北京: 生活 · 读书 · 新知三联书店.
李辉来, 王国铭, 白岩. 2014. 大学数学——微积分. 3 版. 北京: 高等教育出版社.
明清河. 2004. 数学分析的思想与方法. 济南: 山东大学出版社.
佟绍成, 王涛, 石月岩. 2006. 高等数学思维训练与解题方法. 沈阳: 东北大学出版社.
王立冬, 齐淑华. 2015. 微积分. 北京: 科学出版社.
张国楚, 徐本顺, 王立冬, 李炜. 2007. 大学文科数学. 2 版. 北京: 高等教育出版社.
朱士信, 唐烁. 2020. 高等数学. 2 版. 北京: 高等教育出版社.

科学出版社“十三五”普通高等教育本科规划教材
首届辽宁省教材建设奖高等教育类优秀教材

高等数学基础

（第二版）
（上册）

主　编　王立冬　吴新星　林屏峰　张春福
副主编　奉黎静　齐淑华　梁建华　刘延涛
主　审　刘　满

科学出版社
北　京

内 容 简 介

本书是以高等学校高等数学本科课程教学大纲和少数民族预科教育一年制数学教学大纲为依据，在首届辽宁省教材建设奖高等教育类优秀教材《高等数学基础》的基础上修订编写而成.

本书着眼素质教育，注重数学内容、思维之间内在的联系，条理、结构、脉络清晰，注重培养学生数学思维能力，便于教学. 在教材内容选取和讲述上，本着从简单到复杂、从特殊到一般的原则，力求深入浅出，难易结合，易教易学. 本书分上、下两册，上册主要内容包括：函数、极限、连续函数、导数与微分、微分中值定理与导数的应用、不定积分；下册主要内容包括：定积分、定积分的应用、微分方程、二元函数微积分、无穷级数. 为了增加可读性与趣味性，同时还增加了一些数学思维方法、数学家简介及解题常见方法，兼顾本科、预科各个层次学生学习状况，配备习题.

本教材主要供普通高校本科经管类学生、预科生以及高职高专院校的学生学习使用，也可供学生自学和教师教学参考用书.

图书在版编目(CIP)数据

高等数学基础：全二册/王立冬等主编. —2 版. —北京：科学出版社，2022.8

科学出版社“十三五”普通高等教育本科规划教材

ISBN 978-7-03-072222-5

Ⅰ. ①高…　Ⅱ. ①王…　Ⅲ. ①高等数学-高等学校-教材　Ⅳ. ①O13

中国版本图书馆 CIP 数据核字(2022) 第 077236 号

责任编辑：张中兴　梁　清　孙翠勤／责任校对：邹慧卿
责任印制：赵　博／封面设计：蓝正设计

科学出版社 出版
北京东黄城根北街 16 号
邮政编码：100717
http://www.sciencep.com
保定市中画美凯印刷有限公司印刷
科学出版社发行　各地新华书店经销
*
2018 年 9 月第　一　版　开本：787×1092　1/16
2022 年 8 月第　二　版　印张：32 1/2
2025 年 9 月第十一次印刷　字数：771 000

定价：89.00 元 (上下册)

(如有印装质量问题，我社负责调换)

前 言

当今时代, 知识的重要性不言而喻. 知识是“方”, 是人类的精神成果, 而思维是“法”, 是知识背后的成因, 是人脑思维方式的结果. 如果人类没有知识和智慧思维, 就不可能创造出高层次的知识和解决复杂问题的方法.

因此, 到大学学习, 如果我们只死记硬背“方”, 而不去探究其背后成因的“法”, 我们就不能掌握解决复杂问题的方法, 只能按照死记的“方”解决一些重复发生的简单问题, 遇到复杂问题时, 就会不得真法、茫然无序、不知所措. 所以, 大学教育的核心任务不是简单地传授更多的知识, 而更重要的是, 给受教育者的头脑“安装上”高阶的思维方式, 这样才能提升他们的创新、创造和解决复杂问题的能力.

现代社会, 数学作为学生受教育阶段学习时间最长的课程之一, 历来有着“训练思维的体操”之美誉. 数学的研究成果也都是创造的“产品”, 因此数学教育, 尤其是高等数学教育应该具备创新思维方法启迪的功能, 但目前的高等数学教材中这方面的内容不足, 这不能不说是数学教育的一种缺憾. 在本教材的编写中, 我们试图来弥补这种缺憾, 或明或隐增加知识背后成因的内容及探究, 以达到以高等数学知识为载体提升受教育者创新、创造思维及解决复杂问题能力的目的.

本教材是以高等学校高等数学本科课程教学大纲和少数民族预科教育一年制数学教学大纲为依据, 以高等数学中的重点、焦点的概念和性质分析为基础; 以启发学生创新、创造思维为任务; 以开阔学生视野, 丰富学生的知识结构, 培养学生的科学精神, 铸牢学生的中华民族共同体意识为目的, 在首届辽宁省教材建设奖高等教育类优秀教材《高等数学基础》的基础上修订编写而成.

本教材编写过程中, 力求突出以下特色:

1. 明确指明本课程研究的主要对象, 研究问题使用的主要工具和主要方法. 借助数学研究问题的规律性, 在概念、性质、运算的学习中注重数学思想的熏陶, 培养学生数学思维能力, 即抓住主要特征, 抽象数学概念, 建立数学模型; 利用联想、判断、类比、归纳、推理做出猜测, 然后通过分析、证明、计算来揭示事物内在规律; 找到简单与复杂之间的过渡媒介和桥梁, 达到用数学思维独特的眼光观察带有数学印记的奇妙规律、领悟数学科学思想的目的.

2. 着眼素质教育, 把创新、创造思维方法和数学专业相关英语词汇融入本教材, 使学生在学习高等数学且不增加课时的情况下, 培养学生创新、创造意识, 使学生掌握创新、创造思维方法, 丰富数学专业英语词汇.

本书遵循“学习数学知识, 掌握数学思想, 强化数学应用, 挖掘课程思政元素”的理念, 比较恰当地选编了一些与数学思想方法有关的内容, 既注意了数学自身逻辑体系叙述上的相对完整性, 又注重了加强学生思维能力的培养. 书中以“课外阅读”的形式介绍了一些有代表性的数学史料, 某些数学概念方法的发现创造过程, 部分数学家的趣闻轶事、严谨的治学精神和科学的思维方法, 相关的数学美学和数学思维方法的基本内容. 编写上注重了知识性、思想性、科学性、趣味性、启迪性. 让学生在学习中吸取先辈大师创建的精神食粮; 用数学运算法则培养学生遵纪守法、按章办事的素养; 让学生通过数学学习提高审美能力和增强思想政治素质.

3. 在教材内容安排与表述上, 本着从简单到复杂、从特殊到一般的原则, 体现从具体到抽象再由抽象解决更复杂的具体问题, 把复杂问题拆成简单问题的方法, 力求深入浅出, 注重讲清数学的基本概念、基本性质, 兼顾学生多层次的特点, 难易结合, 易教易学, 有较强的可读性. 书中增加了创新思维方法的介绍, 注重了知识背后成因的挖掘和课程思政内容的探究, 借以达到以高等数学知识为载体, 提升受教育者的创新创造思维和解决复杂问题的能力, 潜移默化地贯彻课程思政教育. 在习题的安排、选题上, 兼顾各层次学生学习状况, 编排上典型多样, 难度上层次分明, 并注意解题方法的总结.

本书可作为经管类本科、文科类本科、继续教育类、高职高专及少数民族预科高等数学教材和数学创新思维方法课程教材.

参加本书编写的有珠海科技学院王立冬、张春福、李福霞、焦丽欣、赵英翠、蒋杰、王楠、白婧, 西南石油大学吴新星, 西南民族大学林屏峰, 中南民族大学奉黎静, 大连民族大学齐淑华、楚振艳、刘延涛、梁建华, 内蒙古财经大学李妍. 本书出版得到了珠海科技学院、大连民族大学、中南民族大学、西南民族大学的大力支持, 一并致谢!

由于这是对把高等数学课程思政内容融入教材的首次尝试, 编写中难免有不足, 恳请读者和使用者见谅.

凡有生命力的教材, 总是需要不断地听取读者的意见、建议, 进行改进和完善, 以适应教学、学习的要求, 本书也不例外, 所以我们诚挚地希望读者和使用者提出宝贵意见和建议.

编　者

2021 年 10 月

目录

前言
第一章　函数 …… 1
　第一节　集合——微积分的基础, 数学大厦的基石 …… 1
　第二节　函数——微积分的研究对象, 变量依赖关系的数学模型 …… 5
　第三节　初等函数 …… 17
　第四节　隐函数、参数方程确定的函数与极坐标方程确定的函数 …… 35
　第五节*　常用经济函数 …… 42
　复习题一 …… 45
　附录一　一些常用初等代数公式及结论 …… 47
　附录二　一些常用的曲线及其方程 …… 49
　课外阅读 (一) …… 55
第二章　极限 …… 58
　第一节　数列极限 …… 58
　第二节　数列极限运算法则　数列极限存在准则 …… 71
　第三节　函数极限——微积分研究问题使用的工具, 变量无限变化的数学模型 …… 81
　第四节　函数极限的性质和运算 …… 97
　第五节　两个重要极限 …… 106
　第六节　无穷小的比较 …… 116
　复习题二 …… 123
　课外阅读 (二) …… 125
第三章　连续函数 …… 128
　第一节　连续函数——具有特殊极限的函数类, 变量连续变化的数学模型 …… 128
　第二节　连续函数的运算与初等函数的连续性 …… 135
　第三节　闭区间上连续函数的性质 …… 138
　复习题三 …… 143
　课外阅读 (三) …… 145
第四章　导数与微分 …… 147
　第一节　导数的概念 …… 147
　第二节　求导法则与导数公式 …… 162
　第三节　高阶导数 …… 172
　第四节　隐函数与由参数方程所确定的函数的导数相关变化率 …… 179
　第五节　函数的微分 …… 186
　复习题四 …… 193

课外阅读 (四)…………194
第五章　微分中值定理与导数的应用…………198
第一节　微分中值定理——导数的性质及应用…………198
第二节　洛必达法则…………210
第三节*　泰勒公式…………219
第四节　函数的单调性与极值…………228
第五节　函数的最大值与最小值…………237
第六节　函数曲线的凹凸性与拐点…………241
第七节　渐近线、函数图形的描绘…………247
第八节*　曲率…………253
第九节*　导数与微分在经济中的简单应用…………258
复习题五…………268
课外阅读 (五)…………270
第六章　不定积分…………275
第一节　不定积分——微分法则的逆运算…………275
第二节　不定积分的换元积分法…………282
第三节　分部积分法…………301
第四节　有理函数的不定积分…………306
复习题六…………316
课外阅读 (六)…………317
参考文献…………321
附录　积分表…………322

第一章

函　数

Functions

微积分研究的主要对象是函数, 使用的主要工具是极限, 研究问题所使用的主要方法是分类、类比, 具体的内容就是通过极限这个工具对函数进行分类 (无穷小类、无穷大类、连续类、可导类、可积类等). 它与初等数学所研究函数的重要区别是: 初等数学研究的大多都是具体函数的具体性质, 如研究函数的单调性、奇偶性、周期性等, 而微积分除研究具体函数的具体性质外, 主要研究抽象函数的抽象性质, 如连续性、可导性、可积性等.

古典数学与现代数学讨论问题的重要区别之一是: 古典数学主要是在数集上讨论问题, 而现代数学主要是在一般的集合上讨论问题. 所以为了方便把古典数学的思想方法推广到现代数学上去, 并且准确而深刻地理解函数概念, 集合知识是不可缺少的. 本章将简要地介绍集合的一些基本概念, 并在此基础上重点介绍函数的概念.

第一节　集合——微积分的基础, 数学大厦的基石

Sets—the foundation of calculus, the cornerstone of mathematics

一、 集合 Sets

1. 集合的概念 Concepts of sets

集合在数学领域具有无可比拟的特殊重要性. 集合论的基础是由德国数学家康托尔 (Cantor, 1845—1918) 在 19 世纪 70 年代奠定的, 经过一大批卓越的数学家半个世纪的努力, 到 20 世纪 20 年代已确立了其在现代数学理论体系中的基础地位. 可以说, 当今数学各个分支的几乎所有结果都构筑在严格的集合论理论上. 所以, 学习高等数学, 应首先从集合入手.

所谓**集合** (简称**集**) 是指具有某种确定性质的对象的全体. 组成集合的各个对象称为该集合的**元素** (element).

习惯上, 用大写字母 $A, B, C, \cdots$ 表示集合, 用小写字母 $a, b, c, \cdots$ 表示集合的元素. 用 $a \in A$ 表示 a 是集合 A 中的元素, 读作 “a 属于 A”; 用 $a \notin A$(或 $a \overline{\in} A$) 表示 a 不是集合 A 中的元素, 读作 “a 不属于 A”.

例 1　某学校全体男同学组成一个集合 A, 而该学校的每个男同学是集合 A 的元素.

例 2　方程 $x^2-2x-3=0$ 的所有实根构成一个集合 B, 而方程的每个实根是集合 B 的元素.

例 3　全体偶数组成一个集合 E, 而每个偶数是集合 E 的元素.

例 4　圆周 $x^2+y^2=9$ 上所有的点构成一个集合 C, 而圆周上的点是集合 C 的元素.

含有有限多个元素的集合称为**有限集** (finite set), 如上述例题中的集合 A, B; 含有无限多个元素的集合称为**无限集** (infinite set), 如上述例题中的集合 C, E. 不含有任何元素的集合称为**空集** (empty set), 记作 $\varnothing$.

2. 集合的表示方法

表示集合的方法通常有两种. 一种是列举法, 即将集合的元素一一列举出来, 写在一个花括号内. 例如, 所有自然数组成的集合可以表示为 $\mathbf{N}$, 则 $\mathbf{N}$ 可以表示为

$$\mathbf{N}=\{0,1,2,\cdots,n,\cdots\}.$$

另一种是描述法, 这种方法是用集合元素所具有的共同性质来刻画这个集合, 即将具有性质 P 的元素 x 所组成的集合 A 表示为

$$A=\{x\,|x \text{ 具有性质 } P\}.$$

例如, 自然数集 $\mathbf{N}$ 也可表示成

$$\mathbf{N}=\{n\,|n \text{ 是自然数}\};$$

所有实数组成的集合可表示成

$$\mathbf{R}=\{x\,|x \text{ 为实数}\}.$$

又如例 4 中集合 C 可以表示为

$$C=\{(x,y)\,\big|x^2+y^2=9,\ x,y \text{ 为实数}\}.$$

二、 集合的运算

1. 集合的运算

1) 子集

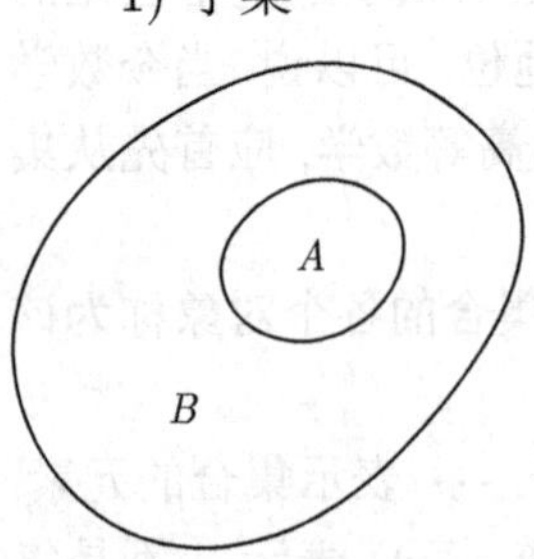

图 1-1

对于集合 A 和 B, 若集合 A 中的每一个元素都是集合 B 中的元素, 即若 $a\in A$, 则 $a\in B$, 这时就称 A 是 B 的一个**子集** (subset), 记作 $A\subseteq B$, 读作 “A 包含于 B”(或 “B 包含 A”). 若 $A\subseteq B$, 且存在[①] $b\in B$, 使得 $b\notin A$, 则称 A 是 B 的一个**真子集** (proper subset), 记作 $A\subset B$ (图 1-1).

规定: $\varnothing$ 是任何集合 A 的子集, 即 $\varnothing\subseteq A$.

全体自然数的集合, 全体整数的集合, 全体有理数的集合, 全体实数的集合和全体复数的集合都是经常遇到的集合, 我们约定分别用粗体字母 $\mathbf{N}$, $\mathbf{Z}$, $\mathbf{Q}$, $\mathbf{R}$ 和 $\mathbf{C}$ 来表示这些集合, 即

$\mathbf{N}$ 表示全体自然数的集合;

① 本书将用符号 $\forall$ 表示 “任意的”, 符号 $\exists$ 表示 “存在”. 例如, 集合 A 中任意的元素 a, 可以表示为 $\forall a\in A$; 集合 B 中存在一个元素 b, 可以表示为 $\exists b\in B$.

$\mathbf{Z}$ 表示全体整数的集合;

$\mathbf{Q}$ 表示全体有理数的集合;

$\mathbf{R}$ 表示全体实数的集合;

$\mathbf{C}$ 表示全体复数的集合.

我们还把正整数、正有理数和正实数的集合分别记为 $\mathbf{Z}_+$, $\mathbf{Q}_+$ 和 $\mathbf{R}_+$, 显然有

$$\mathbf{N} \subset \mathbf{Z} \subset \mathbf{Q} \subset \mathbf{R} \subset \mathbf{C}$$

和

$$\mathbf{Z}_+ \subset \mathbf{Q}_+ \subset \mathbf{R}_+.$$

若 $A \subseteq B$ 且 $B \subseteq A$, 则称集合 A, B **相等** (equality of sets), 记作 $A = B$. 此时 A 中的元素都是 B 中的元素, 反过来, B 中的元素也都是 A 中的元素, 即 A, B 中的元素完全一样.

2) 并集

设 A, B 是两个集合, 称 $\{x \,|x \in A$ 或 $x \in B\}$ 为 A 与 B 的**并集** (union set), 记作 $A \cup B$, 即

$$A \cup B = \{x\,|x \in A \text{ 或 } x \in B\}.$$

它是将 A 和 B 的全部元素合起来构成的一个集合 (图 1-2).

3) 交集

设 A, B 是两个集合, 称 $\{x \,|x \in A$ 且 $x \in B\}$ 为 A 与 B 的**交集** (intersection set), 记作 $A \cap B$, 即

$$A \cap B = \{x\,|x \in A \text{ 且 } x \in B\}.$$

它是由 A 与 B 的公共元素构成的一个集合 (图 1-3).

4) 差集

设 A, B 是两个集合, 称 $\{x \,|x \in A$ 且 $x \notin B\}$ 为 A 与 B 的**差集** (difference set), 记作 $A - B$, 即

$$A - B = \{x\,|x \in A \text{ 且 } x \notin B\}.$$

它是由 A 中那些属于 A 但不属于 B 的元素构成的一个集合 (图 1-4).

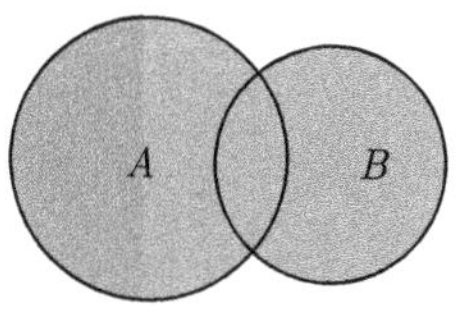

图 1-2

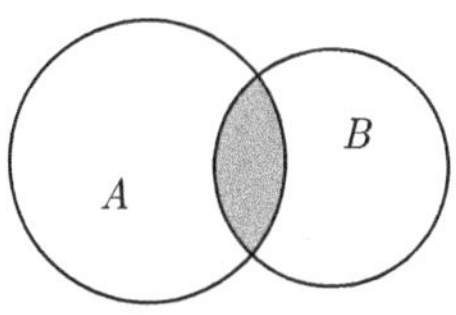

图 1-3

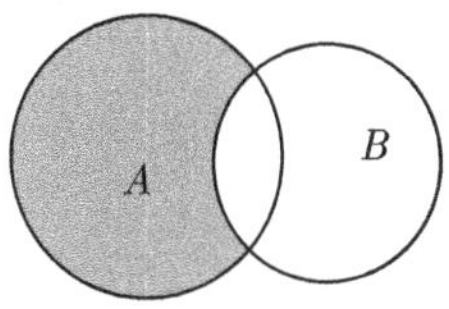

图 1-4

例 5　设 $A = \{x\,|-1 < x < 2\}$, $B = \{x\,|1 < x < 3\}$, 求 $A \cup B$, $A \cap B$, $A - B$.

解　$A \cup B = \{x\,|-1 < x < 3\}$, $A \cap B = \{x\,|1 < x < 2\}$, $A - B = \{x\,|-1 < x \leqslant 1\}$.

2. 集合运算的性质

(1) **交换律**　$A\cup B=B\cup A$, $A\cap B=B\cap A$.

(2) **结合律**　$A\cup(B\cup C)=(A\cup B)\cup C$, $A\cap(B\cap C)=(A\cap B)\cap C$.

(3) **分配律**　$A\cap(B\cup C)=(A\cap B)\cup(A\cap C)$, $A\cup(B\cap C)=(A\cup B)\cap(A\cup C)$.

(4) **幂等律**　$A\cup A=A$, $A\cap A=A$.

(5) **吸收律**　$A\cup\varnothing=A$, $A\cap\varnothing=\varnothing$.

若 $A\subseteq B$, 则 $A\cup B=B$, $A\cap B=A$.

特别地, 由于 $A\cap B\subseteq A\subseteq A\cup B$, 所以有

$$A\cup(A\cap B)=A,\quad A\cap(A\cup B)=A.$$

三、 区间与邻域 Intervals and neighborhoods

1. 区间 Interval

在本书中经常遇到以下形式的实数集的子集——区间. 为了书写简练, 将各种区间的符号、名称、定义列表如下 (表 1)($a,b\in\mathbf{R}$ 且 $a<b$).

表 1　区间的符号、名称及定义

符号	名称		定义
(a,b)	有限区间	开区间	$\{x\,\|a<x<b\}$
$[a,b]$		闭区间	$\{x\,\|a\leqslant x\leqslant b\}$
$(a,b]$		半开半闭区间	$\{x\,\|a<x\leqslant b\}$
$[a,b)$		半闭半开区间	$\{x\,\|a\leqslant x<b\}$
$(a,+\infty)$	无限区间	开区间	$\{x\,\|a<x\}$
$[a,+\infty)$		闭区间	$\{x\,\|a\leqslant x\}$
$(-\infty,a)$		开区间	$\{x\,\|x<a\}$
$(-\infty,a]$		闭区间	$\{x\,\|x\leqslant a\}$
$(-\infty,+\infty)$		实数集	$\mathbf{R}$

2. 邻域 Neighborhood

设 $a\in\mathbf{R}$, $\delta>0$. 数集 $\{x\,||x-a|<\delta\}$ 表示为 $U(a,\delta)$, 即

$$U(a,\delta)=\{x\,||x-a|<\delta\}=(a-\delta,a+\delta),$$

称为 **a 的 δ 邻域**, a 称为**邻域的中心**, δ 称为**邻域的半径**. 当不需要注明邻域的半径 δ 时, 常把它表示为 $U(a)$, 简称为 a 的**邻域**.

数集 $\{x\,|0<|x-a|<\delta\}$ 表示为 $\mathring{U}(a,\delta)$, 即

$$\mathring{U}(a,\delta)=\{x\,|0<|x-a|<\delta\}=(a-\delta,a+\delta)-\{a\},$$

也就是在 a 的 δ 邻域 $U(a,\delta)$ 中去掉中心 a, 称为 **a 的 δ 去心邻域**. 当不需要注明邻域半径 δ 时, 常将它表示为 $\mathring{U}(a)$, 简称为 a **的去心邻域**. $\mathring{U}(a)$ 的子集开区间 $(a,a+\delta)$ 称为 a 的**右半邻域**, 开区间 $(a-\delta,a)$ 称为 a 的**左半邻域**.

习 题 一

1. 设集合 $A=\{a,b,c\}$, 下列式子中正确的是 ( ).

(A) $\varnothing \in A$ (B) $A \subseteq A$ (C) $b \subset A$ (D) $\{a\} < A$

2. 数集 $\left\{x \left| \frac{1}{2} < x < \frac{3}{2}, x \neq 1 \right.\right\}$ 还可表示为 ( ).

(A) 去心邻域 $\mathring{U}\left(1, \frac{1}{2}\right)$ (B) 邻域 $U\left(1, \frac{1}{2}\right)$

(C) 开区间 $\left(-\frac{1}{2}, \frac{1}{2}\right)$ (D) 开区间 $\left(\frac{1}{2}, \frac{3}{2}\right)$

3. 下列集合是空集的是 ( ).

(A) $\{x \,|x+5=0\}$ (B) $\{x \,|x \in \mathbf{R}$, 且 $x^2+y^2=0\}$

(C) $\{x \,|x>0$ 且 $x^2+5=0\}$ (D) $\{x \,|x^2+y^2=0$, 且 $x, y \in \mathbf{R}\}$

4. 设集合 $M=\{x|x^2>4\}$,$N=\{x\,|x<3\}$, 下列式子中正确的是 ( ).

(A) $M \cup N=N$ (B) $M-N=\varnothing$

(C) $M \cap N=\{x\,|2<x<3\}$ (D) $N-M=\{x\,|-2 \leqslant x \leqslant 2\}$

5. 用区间表示下列不等式的解:

(1) $x^2 \leqslant 9$; (2) $|x-1|>1$; (3) $(x-1)(x+2)<0$; (4) $0<|x+1|<0.01$.

第二节 函数——微积分的研究对象, 变量依赖关系的数学模型

Functions—the research object of calculus, the mathematical model of dependent relation between variables

在一个自然现象或技术过程中, 常常有几个量同时变化, 它们的变化并非彼此无关, 而是互相联系的, 这是物质世界的一个普遍规律. 17 世纪初, 数学首先从对运动 (如天文、航海问题等) 的研究中引出了“函数”这个基本概念. 在那以后的二百多年里, 这个概念在几乎所有的科学研究工作中占据了中心位置.

一、 函数的概念 Concepts of functions

1. *函数定义* The definition of functions

定义 1 设非空数集 $D \subseteq \mathbf{R}$, 若对任意的 $x \in D$, 按照某种确定的法则 f, 有唯一确定的 $y \in \mathbf{R}$ 与之对应, 则称 f 为定义在 D 上的**函数** (function), 记作

$$f: D \to \mathbf{R} \text{ 或 } f: x \mapsto y=f(x), \quad x \in D,$$

其中 x 称为**自变量** (independent variable), y 称为**因变量** (dependent variable), D 称为函数 f 的**定义域** (domain of definition), 函数 f 的定义域常记作 D_f(或 $D(f)$). 对于任意的 $x \in D_f$, 称其对应值 y 为函数 f 在点 x 处的**函数值** (functional value), 记作 $f(x)$, 即 $y=f(x)$. 全体函数值构成的集合称为函数 f 的**值域** (range), 常记作 R_f(或 $f(D)$), 即

$$R_f=\{f(x)\,|x \in D_f\}.$$

关于函数概念的几点说明:

(1) 用符号 “$f:D\to\mathbf{R}$” 表示 f 是定义在数集 D 上的函数, 十分清楚、明确. 在本书中, 为方便起见, 我们约定, 将 “f 是定义在数集 D 上的函数” 用符号 “$y=f(x),\ x\in D_f$” 表示. 当不需要指明函数 f 的定义域时, 又可简写为 “$y=f(x)$”, 有时甚至笼统地说 “$f(x)$ 是 x 的函数 (值)”.

(2) 根据函数定义, 虽然函数都存在定义域, 但常常并不明确指出函数 $y=f(x)$ 的定义域, 这时认为函数的定义域是自明的, 即定义域是使函数 $y=f(x)$ 有意义的实数 x 的集合 $D=\{x\,|f(x)\in\mathbf{R}\}$. 例如函数 $f(x)=\sqrt{1-x^2}$, 没有指出它的定义域, 那么它的定义域就是使函数 $f(x)=\sqrt{1-x^2}$ 有意义的实数 x 的集合, 即闭区间

$$[-1,1]=\{x|\sqrt{1-x^2}\in\mathbf{R}\}.$$

具有实际意义的函数, 它的定义域要受实际意义的约束.

(3) 函数定义指出: 对于任意的 $x\in D$, 按照对应法则 f, 对应唯一一个 $y\in\mathbf{R}$, 这样的对应就是所谓的单值对应. 反过来, 一个 $y\in R_f$ 就不一定只有一个 $x\in D$, 使 $y=f(x)$. 例如函数 $y=\sin x$. 对于任意的 $x\in\mathbf{R}$, 对应唯一一个 $y=\sin x\in\mathbf{R}$, 反之, 对于 $y=1$, 有无限多个 $x=2k\pi+\dfrac{\pi}{2}\in\mathbf{R}$, $k\in\mathbf{Z}$, 按照对应关系 $y=\sin x$ 都对应 1, 即

$$\sin\left(2k\pi+\frac{\pi}{2}\right)=1,\quad k\in\mathbf{Z}.$$

(4) 在函数 $y=f(x)$ 的定义中, 要求与 x 值对应的 y 值是唯一确定的, 这种函数也称为**单值函数** (single valued function). 如果取消唯一这个要求, 即对应于 x 值, 可以有两个以上确定的 y 值与之对应, 那么函数 $y=f(x)$ 称为**多值函数** (multiple valued function). 例如函数 $y=\pm\sqrt{r^2-x^2}$ 是多 (双) 值函数.

为讨论的方便起见, 我们总设法避免函数的多值性. 在一定条件下, 多值函数可以分裂为若干单值分支. 例如, 双值函数 $y=\pm\sqrt{r^2-x^2}$ 就可以分成两个单值支: 一支是不小于零的 $y=+\sqrt{r^2-x^2}$, 另一支是不大于零的 $y=-\sqrt{r^2-x^2}$. 我们知道方程 $x^2+y^2=r^2$ 的图形是中心在原点、半径为 r 的圆周, 这同时也就是双值函数 $y=\pm\sqrt{r^2-x^2}$ 的图形. 两个单值支就相当于把整个圆周分为上下两个半圆周. 所以只要把各个分支弄清楚, 由各个分支合起来的多值函数也就了如指掌了. 本书若无特别说明, 所讨论的函数都限于单值函数.

必须注意, 定义域和对应法则是确定函数的两大要素. 在数学中, 两个函数相同是指它们的定义域和对应法则分别相同, 至于自变量和因变量用什么字母来表示, 则是无关紧要的. 例如, 函数 $f(x)=\ln x^2$ 与 $g(x)=2\ln x$ 不是同一函数, 这是因为, $f(x)=\ln x^2$ 的定义域为 $(-\infty,0)\cup(0,+\infty)$, $g(x)=2\ln x$ 的定义域为 $(0,+\infty)$, 它们定义域不同. 而函数 $y=2x$ 与 $s=2t$ 表示同一函数, 因为这两个函数的定义域和对应法则都相同.

从函数的定义我们可以看出函数概念最重要的要素是对应法则, 这种对应法则包含建立已知与未知的对应关系、简单与复杂的对应关系. 所以说函数概念本身也蕴含解决问题的思想方法.

2. 函数的表示法

函数的表示法一般有三种: 表格法、图像法和解析法. 这三种方法各有特点, 表格法一目了然; 图像法形象直观; 解析法便于计算和推导. 在实际中可结合使用这三种方法.

在高等数学中, 主要是研究使用解析法表示的函数, 但常常也借助于函数的图形使研究的问题更形象, 更便于理解. 值得注意的是, 使用解析法表示函数时, 有些函数在整个定义域上不能用同一个解析式表示, 而需将定义域分成若干个不相重叠的真子集, 用不同的解析式表示, 这类函数称为**分段函数** (piecewise function).

例 1　绝对值函数 (absolute value function)

$$y=|x|=\begin{cases} x, & x\geqslant 0,\\ -x, & x<0.\end{cases}$$

这是一个分段函数, 其定义域是 $(-\infty,+\infty)$, 值域是区间 $[0,+\infty)$(图 1-5).

例 2　符号函数 (sign function)

$$y=\operatorname{sgn}x=\begin{cases} 1, & x>0,\\ 0, & x=0,\\ -1, & x<0.\end{cases}$$

这是一个分段函数, 其定义域是 $(-\infty,+\infty)$, 值域为集合 $\{-1,0,1\}$(图 1-6). 对于任何实数 x, 下列关系成立: $x=\operatorname{sgn}x\cdot|x|$.

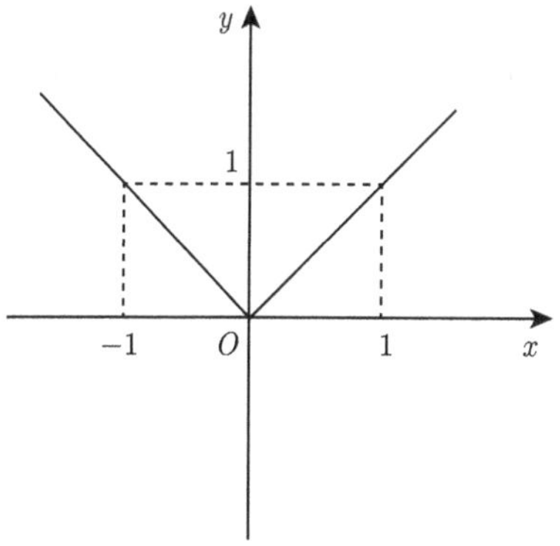

图 1-5

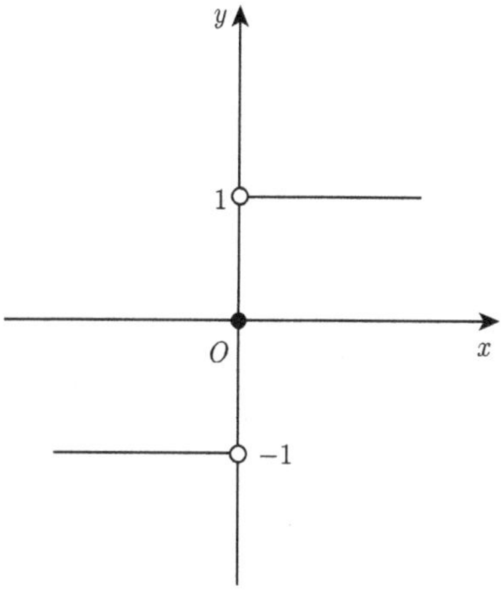

图 1-6

例 3　取整函数 (integer-valued function) $y=[x]$.

在数学上常用 $[x]$ 表示不超过实数 x 的最大整数. 例如 $[2.5]=2$, $[3]=3$, $[0.1]=0$, $[-\pi]=-4$ 等等. 函数

$$y=[x]$$

的定义域为 $(-\infty,+\infty)$, 值域为整数集 $\mathbf{Z}$ (图 1-7).

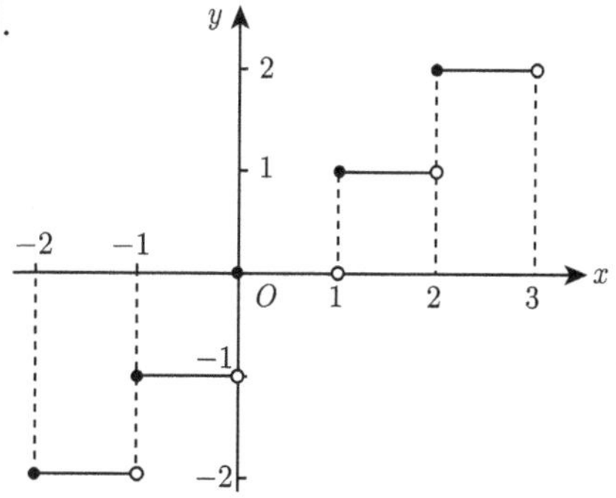

图 1-7

例 4　狄利克雷函数 (Dirichlet function)

$$y=D(x)=\begin{cases} 1, & x\text{为有理数},\\ 0, & x\text{为无理数}.\end{cases}$$

其定义域是 $(-\infty,+\infty)$, 值域为集合 $\{0,1\}$. 由于任何两个有理数之间都有无理数, 并且任何两个无理数之间也都有有理数, 因此我们无法作出它的图形.

例 5 设

$$f(x)=\begin{cases}(x-1)^2, & 0\leqslant x\leqslant 1,\\ 2x, & 1<x\leqslant 2,\end{cases}$$

求 $f(x+1)$ 的表达式.

解 f 是对应法则, $f(x+1)$ 表示对 $x+1$ 进行如同 $f(x)$ 中对 x 进行同样的运算, 因此

$$f(x+1)=\begin{cases}[(x+1)-1]^2, & 0\leqslant x+1\leqslant 1,\\ 2(x+1), & 1<x+1\leqslant 2.\end{cases}$$

即

$$f(x+1)=\begin{cases}x^2, & -1\leqslant x\leqslant 0,\\ 2x+2, & 0<x\leqslant 1.\end{cases}$$

二、 几种具有特殊性质的函数 Several functions with special properties

我们都知道"从特殊到一般"与"由一般到特殊"乃是人类认识客观世界的一个普遍规律. 人类在探索世界奥秘的过程中, 都将受到这一规律的制约, 数学科学的探索也不例外. 相对于"一般抽象函数"而言, 具体的特殊函数往往变得简单、直观和容易掌握. 而事物往往具有特殊性包含普遍性的特征, 因而当我们处理问题时, 若能注意到问题的普遍性往往存在于特殊性之中, 就能较容易地掌握"一般到特殊"抽象化具体的方法. 故本节我们将在具体函数[①]的基础上, 把函数进行分类, 总结概括出几种特殊的函数类.

1. 有界函数 Bounded function

定义 2 设函数 $f(x)$ 的定义域为 D, 数集 $X\subseteq D$, 若存在正数 M, 使得对任意的 $x\in X$, 恒有不等式

$$|f(x)|\leqslant M$$

成立, 则称 $f(x)$ 在 X 上 (内) **有界** (bounded), 或称 $f(x)$ 是 X 上 (内) 的**有界函数** (bounded function). 否则, 称 $f(x)$ 在 X 上 (内) **无界** (unbounded), 或称 $f(x)$ 是 X 上 (内) 的**无界函数** (unbounded function).

例如, 对于任意的 $x\in(-\infty,+\infty)$, $|\sin x|\leqslant 1$, 所以 $y=\sin x$ 是 $(-\infty,+\infty)$ 内的有界函数.

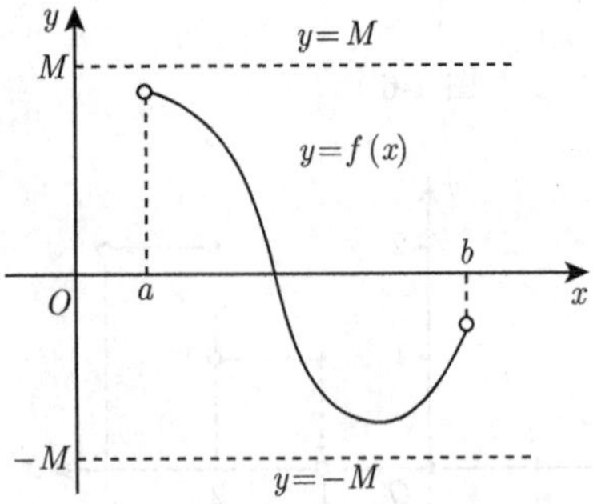

图 1-8

有界函数的几何意义: 设 $y=f(x)$ 在区间 (a,b) 内有界, 即存在 $M>0$, 使得对任意的 $x\in(a,b)$, 有 $|f(x)|\leqslant M$, 即 $-M\leqslant f(x)\leqslant M$. 注意到 $f(x)$ 表示函数 $y=f(x)$ 的图形上点 $(x,f(x))$ 的纵坐标, 因此, $y=f(x)$ 在 (a,b) 内有界在几何上表示 $y=f(x)$ 在

① 具体函数类的概括将在第三节呈现.

区间 (a,b) 内的函数图形必夹在两平行于 x 轴的直线 $y=-M$ 与 $y=M$ 之间. 反之亦然 (图 1-8).

例 6 求证: 函数 $f(x)=\dfrac{1}{x}$ 在 $(0,1)$ 内无界; 在 $(1,2)$ 内有界.

证明 不论正数 M 多么大 $\left(\text{不妨设 } M>\dfrac{1}{2}\right)$, 总存在点 $x_0=\dfrac{1}{2M}\in(0,1)$, 但是

$$|f(x_0)|=\left|\frac{1}{x_0}\right|=2M>M.$$

所以 $f(x)=\dfrac{1}{x}$ 在 $(0,1)$ 内无界.

当 $1<x<2$ 时, $\dfrac{1}{2}<\dfrac{1}{x}<1$, 对于 $(1,2)$ 内任意点 x 有不等式 $|f(x)|=\left|\dfrac{1}{x}\right|=\dfrac{1}{x}<1$ 成立, 所以 $f(x)=\dfrac{1}{x}$ 在 $(1,2)$ 内有界.

从这一例题可以看出, 函数是否有界, 与其所在区间有关. 函数 $f(x)$ 若在定义域上有界, 则它在定义域内的任一部分区间上有界.

定义 3 设函数 $f(x)$ 的定义域为 D, 数集 $X\subseteq D$, 若存在数 A, 使得对任意的 $x\in X$, 都有

$$f(x)\leqslant A \quad (\text{或 } f(x)\geqslant A)$$

成立, 则称 $f(x)$ 在 X 上 (内) **有上界** (或**有下界**), 也称 $f(x)$ 是 X 上 (内) **有上界** (或**有下界**) **的函数**. A 称为 $f(x)$ 在 X 上 (内) 的一个**上界** (upper bound)(或**下界** (lower bound)).

显然, 有界函数必有上界和下界; 反之, 既有上界又有下界的函数必是有界函数. 即函数在 X 上 (内) 有界的充要条件是该函数在 X 上 (内) 既有上界又有下界.

若 $f(x)$ 在 X 上 (内) 有一个上界 (或下界)A, 则对任何 $C>0$, $A+C$ (或 $A-C$) 都是 $f(x)$ 在 X 上 (内) 的上界 (或下界), 可见, $f(x)$ 在 X 上 (内) 的上界 (或下界) 有无穷多个.

例如, 由于 $|\sin x|\leqslant 1$, 故 $f(x)=\sin x$ 在 $(-\infty,+\infty)$ 内有界. 而 $f(x)=\dfrac{1}{x}$ 在 $(0,+\infty)$ 内无界, 这是因为虽然 $f(x)=\dfrac{1}{x}$ 在 $(0,+\infty)$ 内有一个下界 0, 但在 $(0,+\infty)$ 内无上界, 所以 $f(x)=\dfrac{1}{x}$ 在 $(0,+\infty)$ 内无界. 从几何意义上来看, 因为 $f(x)=\dfrac{1}{x}$ 在 $(0,+\infty)$ 内的函数图形不能夹在任何两条平行于 x 轴的直线之间, 所以, $f(x)=\dfrac{1}{x}$ 在 $(0,+\infty)$ 内无界.

2. 单调函数 Monotone function

定义 4 设函数 $f(x)$ 的定义域为 D, 区间 $I\subseteq D$, 若对于区间 I 上的任意两点 x_1, x_2, 当 $x_1<x_2$ 时, 恒有

$$f(x_1)<f(x_2) \quad (\text{或 } f(x_1)>f(x_2)),$$

则称函数 $f(x)$ 在区间 I 上**严格单调增加** (strictly monotone increasing)(或**严格单调减少** (strictly monotone decreasing)), 称区间 I 为函数 $f(x)$ 的**单调增加区间** (monotone increasing interval)(或**单调减少区间** (monotone decreasing interval)). 若把上述不等式改为

$$f(x_1) \leqslant f(x_2) \quad (\text{或 } f(x_1) \geqslant f(x_2)),$$

则称函数 $f(x)$ 在 I 上**单调增加** (monotone increasing) (或**单调减少** (monotone decreasing)).

当函数 $f(x)$ 在区间 I 上单调增加 (或减少) 时, 又称 $f(x)$ 是区间 I 上的**单调增加函数** (monotone increasing function)(或**单调减少函数** (monotone decreasing function)). 单调增加函数和单调减少函数统称为**单调函数**, 区间 I 称为函数 $f(x)$ 的**单调增区间** (或**单调减区间**).

单调增加函数的图形是随着自变量 x 的增加而上升的曲线 (图 1-9); 单调减少函数的图形是随着自变量 x 的增加而下降的曲线 (图 1-10).

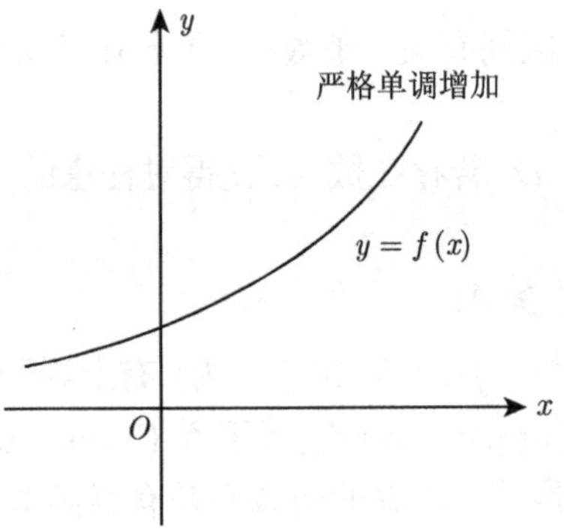

图 1-9

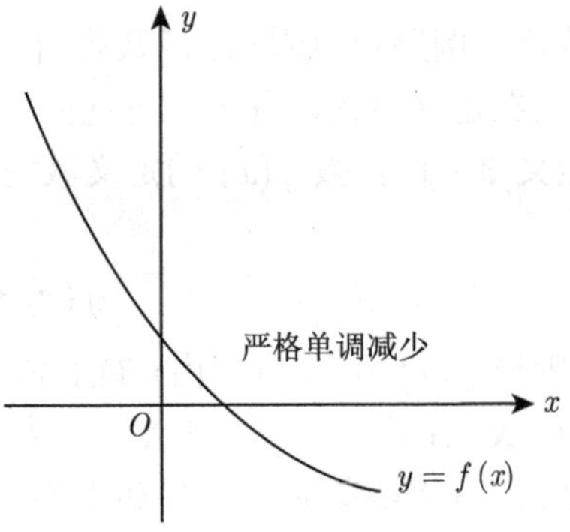

图 1-10

例如, 函数 $y=x^3$ 在其定义域 $(-\infty,+\infty)$ 内是单调增加的; $y=x^2$ 在其定义域内不是单调函数, 但在区间 $(-\infty,0)$ 内单调减少, 在 $(0,+\infty)$ 内单调增加; 余弦函数 $y=\cos x$ 在区间 $(0,\pi)$ 内单调减少, 而在区间 $(\pi,2\pi)$ 内单调增加.

3. 奇、偶函数 Odd function and even function

定义 5 设函数 $f(x)$ 的定义域 D 关于原点 O 对称, 如果对于 D 内任意一点 x, 恒有

$$f(-x)=f(x) \quad (\text{或 } f(-x)=-f(x)),$$

则称函数 $f(x)$ 在 D 内为**偶函数** (even function)(或**奇函数** (odd function)).

如果点 (x_0,y_0) 在奇函数 $y=f(x)$ 的图像 (图 1-11(a)) 上, 即 $y_0=f(x_0)$, 则

$$f(-x_0)=-f(x_0)=-y_0,$$

即 $(-x_0,-y_0)$ 也在奇函数 $y=f(x)$ 的图像上. 于是奇函数的图像关于原点对称.

同理可知, 偶函数的图像关于 y 轴对称 (图 1-11(b)).

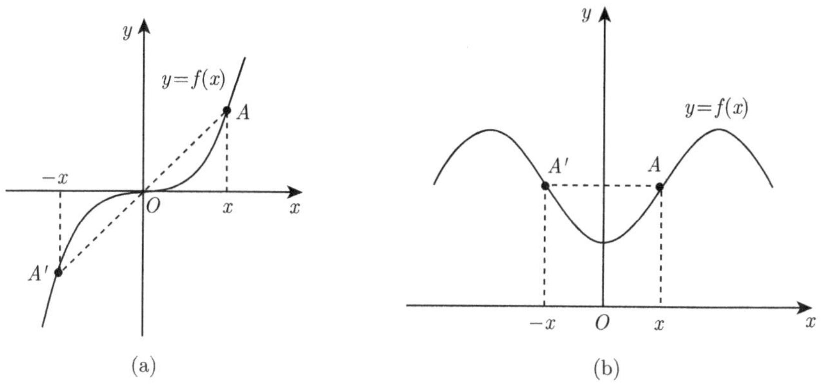

图 1-11

例如, 函数 $y = x^2$, $y = \cos x$ 等在 $(-\infty, +\infty)$ 内是偶函数; 而函数 $y = x^3$, $y = \sin x$ 等在 $(-\infty, +\infty)$ 内是奇函数. 注意 $y = 0$ 既是奇函数也是偶函数.

例 7 证明 $f(x) = \ln(x + \sqrt{x^2+1})$ 是奇函数.

证明 $f(x)$ 的定义域为 $(-\infty, +\infty)$, 对任意 $x \in (-\infty, +\infty)$, 有

$$\begin{aligned} f(-x) &= \ln[-x + \sqrt{(-x)^2+1}] = \ln(-x + \sqrt{x^2+1}) \\ &= \ln \frac{(-x + \sqrt{x^2+1})(x + \sqrt{x^2+1})}{x + \sqrt{x^2+1}} \\ &= \ln \frac{1}{x + \sqrt{x^2+1}} = -\ln(x + \sqrt{x^2+1}) = -f(x), \end{aligned}$$

所以 $f(x) = \ln(x + \sqrt{x^2+1})$ 在 $(-\infty, +\infty)$ 内是奇函数.

例 8 设 $f(x)$ 是定义在对称区间 $(-a, a)(a > 0)$ 内的任意函数, 证明: $F(x) = f(x) + f(-x)$ 是偶函数; $G(x) = f(x) - f(-x)$ 是奇函数.

证明 $F(x), G(x)$ 的定义域是 $(-a, a)$, 对任意 $x \in (-a, a)$, 有

$$F(-x) = f(-x) + f(x) = F(x),$$

$$G(-x) = f(-x) - f(x) = -G(x),$$

所以 $F(x) = f(x) + f(-x)$ 在 $(-a, a)$ 内是偶函数; $G(x) = f(x) - f(-x)$ 在 $(-a, a)$ 内是奇函数.

通过这个例题易知, 若函数 $f(x)$ 的定义域是关于原点对称的区域, 则 $f(x)$ 可以描述为一个奇函数与一个偶函数的和, 即 $f(x) = \dfrac{f(x) - f(-x)}{2} + \dfrac{f(x) + f(-x)}{2}$.

4. 周期函数 Periodic function

定义 6 设函数 $f(x)$ 的定义域为 D, 若存在非零常数 T, 使得对于任意 $x \in D$, 都有 $x + T \in D$, 并且等式

$$f(x + T) = f(x)$$

恒成立, 则称 $f(x)$ 为**周期函数** (periodic function), T 称为 $f(x)$ 的一个**周期** (period).

任何一个周期函数都有无穷多个周期, 事实上, 若 T 是 $f(x)$ 的周期, 则 $kT(k\in\mathbf{Z}$, 且 $k\neq 0)$ 也是 $f(x)$ 的周期. 若在周期函数的无穷多个正周期中存在一个最小数, 则称该数为这个周期函数的**最小正周期** (minimal positive period)(或**基本周期** (fundamental period)), 通常我们说周期函数的周期是指最小正周期.

例如, $y=\sin x$, $y=\cos x$ 的周期为 2π; 函数 $y=\tan x$, $y=\cos^2 x$ 的周期为 π.

并非任何周期函数都有最小正周期. 例如, 函数 $y=C(C$ 为常数) 是周期函数, 任意一个正实数都是它的周期, 但没有最小正周期, 这是因为正实数集没有最小数.

根据周期函数的定义可知, 若函数 $f(x)$ 是以 T 为周期的周期函数, 把定义域依次分成长度为 T 的区间, 则在每个长度为 T 的区间上, 函数 $f(x)$ 的图形有相同的形状.

三、 反函数与复合函数 Inverse function and composite function

人们在解决问题或产品研发时, 往往都是从已知经验和已有的知识出发. 数学的发展尤为如此, 数学定理的创造都是在原有结果的基础上不断开发完善发展起来的. 这就要求我们要做两件事: 一是改进或改造原有产品; 二是建立已知与未知之间的联系, 解决现实与期望之间的落差. 反函数和复合函数的概念就是按照这种思维方法, 用已知函数来创造新函数概念的思维方法.

1. 反函数 Inverse function

在研究两个变量的函数关系时, 可以根据问题的需要, 选定其中一个为自变量, 那么另一个就是因变量. 例如, 在圆的面积公式 $S=\pi r^2$ 中, 圆面积 S 是随半径 r 的变化而变化的, 即任给一个 $r>0$, 就有唯一确定的 S 与之对应, 因此 S 是 r 的一个函数, r 是自变量, S 是因变量. 但如果用圆面积 S 的值来确定半径 r, 则可从 $S=\pi r^2$ 中解出 r, 得 $r=\sqrt{\dfrac{S}{\pi}}$. 可见 r 是随 S 的变化而变化的, 即任给一个 $S>0$, 就有唯一确定的 r 与之对应, 按函数定义, r 就是 S 的函数, 此时自变量是 S, 因变量是 r, 称 $r=\sqrt{\dfrac{S}{\pi}}$ 为 $S=\pi r^2$ 的反函数.

定义 7 设函数 $y=f(x)$ 的定义域为 D, 值域为 $W=R_f$. 根据这个函数中 x,y 的关系, 用 y 表示 x, 得到 $x=\varphi(y)$. 如果对 W 中任意一个 y, 通过 $x=\varphi(y)$, 存在唯一的 $x\in D$ 与之对应, 那么 $x=\varphi(y)$ 表示 x 是自变量 y 的函数. 这个函数 $x=\varphi(y)$ 称为 $y=f(x)$ 的**反函数** (inverse function), 记作 $x=f^{-1}(y)$.

在函数 $x=f^{-1}(y)$ 中, 自变量是 y, 因变量是 x, 定义域是 W, 值域是 D.

若函数 $y=f(x)$, $x\in D$ 存在反函数 $x=f^{-1}(y)$, $y\in W$, 则

(1) 对于 D 上任意不同的两点 x_1, x_2, 必有 $f(x_1)\neq f(x_2)$;

(2) $y=f(x)$ 与 $x=f^{-1}(y)$ 互为反函数, 且 $y=f(x)$ 的定义域、$x=f^{-1}(y)$ 的值域都是 D, $y=f(x)$ 的值域、$x=f^{-1}(y)$ 的定义域都是 W;

(3) 必有恒等式①

$$f^{-1}(f(x))=x,\quad x\in D,$$

① $f^{-1}(f(x))$, $f(f^{-1}(y))$ 为由 $y=f(x)$ 和 $x=f^{-1}(y)$ 构成的复合函数, 复合函数将在本节后面给出定义.

$$f(f^{-1}(y)) = y, \quad y \in W.$$

习惯上用 x 表示自变量, y 表示因变量. 为此我们常常对调函数 $x = f^{-1}(y)$ 中的变量 x 和 y, 把它改写为 $y = f^{-1}(x)$. 例如, 函数 $y = 2x + 1$, $x \in (-\infty, +\infty)$ 的反函数是 $y = \frac{1}{2}(x - 1)$, $x \in (-\infty, +\infty)$; 函数 $y = \sqrt[3]{x}$, $x \in (-\infty, +\infty)$ 的反函数是 $y = x^3$, $x \in (-\infty, +\infty)$.

例 9 讨论函数 $y = x^2$ 的反函数.

解 函数 $y = x^2$ 的定义域为 $(-\infty, +\infty)$, 值域为 $[0, +\infty)$. 由于对同一个值 $y > 0$, 有两个自变量值 $x = \sqrt{y}$, $x = -\sqrt{y}$ 都满足关系式 $y = x^2$, 故函数 $y = x^2$ 在区间 $(-\infty, +\infty)$ 内不存在反函数. 但若将自变量 x 分段考虑, 可知 $y = x^2$ 在 $[0, +\infty)$ 上的反函数是 $y = \sqrt{x}$, $x \in [0, +\infty)$; 而在 $(-\infty, 0]$ 上的反函数是 $y = -\sqrt{x}$, $x \in (-\infty, 0]$.

从这个例子可以看出, 并非每个函数都存在反函数, 不过, 若 $y = f(x)$ 是单调函数, 则 $y = f(x)$ 一定存在反函数, 见下述定理:

定理 1 (反函数存在定理) 设函数 $y = f(x)$ 的定义域为 D, 区间 $I \subseteq D$, $J = \{y | y = f(x), x \in I\}$. 若 $y = f(x)$ 在区间 I 上严格单调增加 (减少) 的, 则 $y = f(x)$ 在区间 I 上必存在反函数

$$y = f^{-1}(x), \quad x \in J,$$

且反函数 $y = f^{-1}(x)$ 在 J 上也是严格单调增加 (减少) 的.

在同一直角坐标系上, 函数 $y = f(x)$ 的图形与它的反函数 $y = f^{-1}(x)$ 的图形关于直线 $y = x$ 对称 (图 1-12). 因为若点 $P(a, b)$ 是 $y = f(x)$ 的函数图形上的任意一点, 即 $b = f(a)$. 由反函数的定义知, $a = f^{-1}(b)$, 因此点 $P'(b, a)$ 是 $y = f^{-1}(x)$ 的函数图形上的点; 反之, 若点 $P'(b, a)$ 是 $y = f^{-1}(x)$ 的函数图形上的任意一点, 则点 $P(a, b)$ 是 $y = f(x)$ 的函数图形上的点. 因点 $P(a, b)$ 与若点 $P'(b, a)$ 关于直线 $y = x$ 对称, 故 $y = f(x)$ 的图形与它 $y = f^{-1}(x)$ 的图形关于直线 $y = x$ 对称.

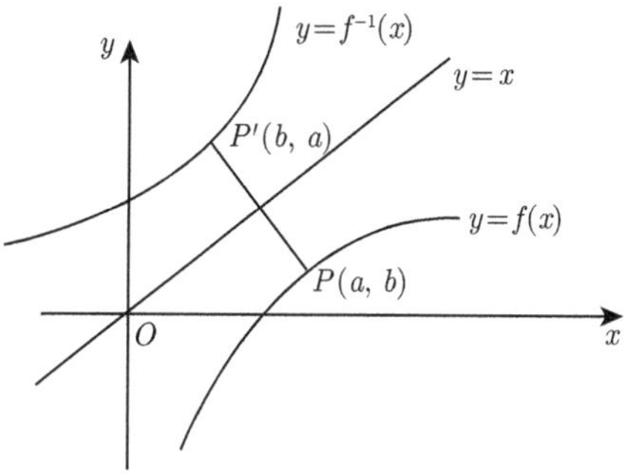

图 1-12

反函数的概念告诉我们, 认识一个事物时, 应该思考与这一事物相反对应的是什么事物. 我们通过一个事物的存在, 可以预见、预测还没有被人们认识到的与之相反对应的事物的存在, 许多发现就是经过这样的假设、验证后获得的成果. 人们也常常通过已知事物去认识未知事物, 或建立已知事物与未知事物之间的联系时, 以另一个或几个事物作为中介, 实现由已知事物到未知事物的认识, 而这正是复合函数体现出来的思想.

2. 复合函数 Composite function

在有些实际问题中, 函数的自变量与因变量是通过另外一些变量才建立起它们之间的对应关系. 例如, 设有一个质量为 m 的物体沿直线运动, 速度是 v, 那么它的动能为

$$E = \frac{1}{2}mv^2.$$

如果这个物体是自由落体, 其速度为 $v = gt$, 其中 g 是重力加速度. 于是它的动能是

$$E = \frac{1}{2}m(gt)^2 = \frac{1}{2}mg^2t^2.$$

现从具体意义中抽象出来, 便得到这样的两个函数:$E = \frac{1}{2}mv^2$, $v = gt$. 将 $v = gt$ 代到 $E = \frac{1}{2}mv^2$ 中去, 得知 E 通过中间变量 v 而转化为 t 的函数. 这种形式的函数称为复合函数. 又例如设 $y = \lg u$, $u = 1 - x^2$, 可以得到一个复合函数 $y = \lg(1 - x^2)$. 虽然 $u = 1 - x^2$ 的定义域是 $(-\infty, +\infty)$, 但作为复合函数, $\lg(1 - x^2)$ 的定义域只能是 $(-1, 1)$. 因为只有在这种情形下才有 $u = 1 - x^2 > 0$, 这时 $y = \lg u$ 才有意义, 即就是说只有限制函数 $1 - x^2$ 的定义域使其值域包含在 $y = \lg u$ 的定义域内时, $y = \lg(1 - x^2)$ 才有意义. 否则, 如考虑 $[0, +\infty)$ 内的 $y = \lg(1 - x^2)$ 就没有意义了.

1) 复合函数的定义

定义 8 设函数 $y = f(u)$ 的定义域是 D, $u = g(x)$ 的定义域是 E. 若

$$E^* = \{x|\, g(x) \in D, x \in E\} \neq \varnothing^{①},$$

则对任意的 $x \in E^*$, 可通过函数 g 对应 D 中唯一一个值 u, 而 u 又通过 f 对应唯一一个值 y. 这样就确定了一个定义在 E^* 上, 以 x 为自变量, y 为因变量的函数, 称为由函数 f 和 g 经过复合运算得到的**复合函数** (composite function), 记作 $y = f(g(x))$, $x \in E^*$. 其中 f 称为**外函数** (outer function), g 称为**内函数** (interior function), u 称为**中间变量** (intermediate variable).

可以用示意图 (图 1-13) 把复合函数 $y = f(g(x))$ 的对应法则形象地表示出来.

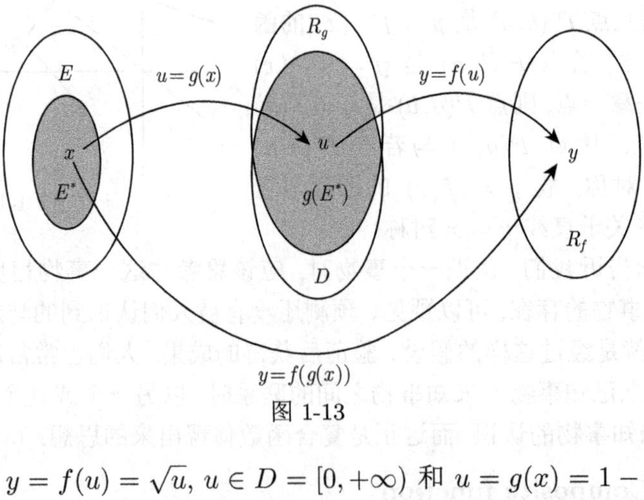

图 1-13

例 10 函数 $y = f(u) = \sqrt{u}$, $u \in D = [0, +\infty)$ 和 $u = g(x) = 1 - x^2$, $x \in E = \mathbf{R}$ 的复合函数是 $y = f(g(x)) = \sqrt{1 - x^2}$, 其定义域是 $E^* = [-1, 1]$, 值域是 $[0, 1]$.

复合函数也可以由多个函数复合而成. 例如, 由以下三个函数:

$$y = \ln u, \quad u \in (0, +\infty); \quad u = \sqrt{z}, \quad z \in [0, +\infty); \quad z = 1 - x^2, \quad x \in (-\infty, +\infty)$$

① 事实上, $E^* \neq \varnothing$ 当且仅当 $R_g \cap D \neq \varnothing$.

相继复合可得复合函数

$$y=\ln\sqrt{1-x^2},\quad x\in(-1,1).$$

说明 仅当 $E^*\neq\varnothing$ 时, 两个函数才能进行复合. 例如, 以 $y=f(u)=\arcsin u$, $u\in D=[-1,1]$ 为外函数, 以 $u=g(x)=x^2+2$, $x\in E=(-\infty,+\infty)$ 为内函数, 就不能进行复合, 因为外函数的定义域 $D=[-1,1]$ 与内函数的值域 $R_g=[2,+\infty)$ 不相交, 即 $E^*=\varnothing$.

例 11 下列函数是由哪些基本初等函数复合而成的?

(1) $y=\cos^2 x$; (2) $y=\mathrm{e}^{\frac{1}{x}}$.

解 (1) 令 $u=\cos x$, 则 $y=\cos^2 x$ 是由基本初等函数 $y=u^2$, $u=\cos x$ 复合而成的.

(2) 令 $u=\dfrac{1}{x}$, 则 $y=\mathrm{e}^{\frac{1}{x}}$ 是由基本初等函数 $y=\mathrm{e}^u$, $u=\dfrac{1}{x}$ 复合而成的.

例 12 设

$$f(x+1)=\begin{cases}x^2, & -1\leqslant x\leqslant 0,\\ 2x+2, & 0<x\leqslant 1.\end{cases}$$

求 $f(x)$ 的表达式.

解 f 是对应法则, 将 $x+1$ 看作是变量, 即 $x+1=t$, $x=t-1$, 所以

$$f(t)=\begin{cases}(t-1)^2, & -1\leqslant t-1\leqslant 0,\\ 2(t-1)+2, & 0<t-1\leqslant 1.\end{cases}$$

于是

$$f(t)=\begin{cases}(t-1)^2, & 0\leqslant t\leqslant 1,\\ 2t, & 1<t\leqslant 2,\end{cases}$$

因此

$$f(x)=\begin{cases}(x-1)^2, & 0\leqslant x\leqslant 1,\\ 2x, & 1<x\leqslant 2.\end{cases}$$

2) 复合函数的性质

定理 2 (复合函数的单调性) 设复合函数 $y=f(g(x))$ 的定义域是 E^*, 区间 $I\subseteq E^*$, $g(x)$ 在 I 上的值域是区间 J.

(1) 若 $g(x)$ 在区间 I 上单调增加, $f(u)$ 在区间 J 上单调增加, 则 $y=f(g(x))$ 在区间 I 上单调增加;

(2) 若 $g(x)$ 在区间 I 上单调增加, $f(u)$ 在区间 J 上单调减少, 则 $y=f(g(x))$ 在区间 I 上单调减少;

(3) 若 $g(x)$ 在区间 I 上单调减少, $f(u)$ 在区间 J 上单调增加, 则 $y=f(g(x))$ 在区间 I 上单调减少;

(4) 若 $g(x)$ 在区间 I 上单调减少, $f(u)$ 在区间 J 上单调减少, 则 $y=f(g(x))$ 在区间 I 上单调增加.

复合函数的单调性可以概括为表 1, 可形象地描述为“同增异减”这四个字.

表 1　复合函数的单调性

函数	单调性			
内函数 $u=g(x)$	增	增	减	减
外函数 $y=f(u)$	增	减	增	减
复合函数 $y=f(g(x))$	增	减	减	增

定理 3 (复合函数的奇偶性)　设复合函数 $y=f(g(x))$ 的定义域 E^* 是关于原点对称的区域, $g(x)$ 在 E^* 上的值域 $g(E^*)$ 也是关于原点对称的区域.

(1) 若 $g(x)$ 在 E^* 上是奇函数, $f(u)$ 在 $g(E^*)$ 上是奇函数, 则 $y=f(g(x))$ 在 E^* 上是奇函数;

(2) 若 $g(x)$ 在 E^* 上是奇函数, $f(u)$ 在 $g(E^*)$ 上是偶函数, 则 $y=f(g(x))$ 在 E^* 上是偶函数;

(3) 若 $g(x)$ 在 E^* 上是偶函数, $f(u)$ 在 $g(E^*)$ 上是奇函数, 则 $y=f(g(x))$ 在 E^* 上是偶函数;

(4) 若 $g(x)$ 在 E^* 上是偶函数, $f(u)$ 在 $g(E^*)$ 上是偶函数, 则 $y=f(g(x))$ 在 E^* 上是偶函数.

复合函数的奇偶性可以概括为表 2, 可形象地描述为“有偶必偶”这四个字.

表 2　复合函数的奇偶性

函数	奇偶性			
内函数 $u=g(x)$	奇	奇	偶	偶
外函数 $y=f(u)$	奇	偶	奇	偶
复合函数 $y=f(g(x))$	奇	偶	偶	偶

事实上, 若复合函数 $y=f(g(x))$ 的定义域 E^* 是关于原点对称的区域, $g(x)$ 在 E^* 上是偶函数, 则一定有 $y=f(g(x))$ 在 E^* 上也是偶函数.

习　题　二

1. 下列函数 $f(x)$ 与 $g(x)$ 是否为同一个函数? 为什么?

(1) $f(x)=\sqrt{x},\ g(x)=\sqrt[4]{x^2}$;　　(2) $f(x)=(\sqrt{x})^2,\ g(x)=x$;

(3) $f(x)=\sqrt{\dfrac{x-2}{x+1}},\ g(x)=\dfrac{\sqrt{x-2}}{\sqrt{x+1}}$;　　(4) $f(x)=\dfrac{x^2-1}{x-1},\ g(x)=x+1$;

(5) $f(x)=\ln x^2,\ g(x)=2\ln x$;　　(6) $f(x)=\sqrt{1-\sin^2 x},\ g(x)=\cos x$.

2. 求下列函数的定义域:

(1) $y=\ln\dfrac{1}{1-x}+\sqrt{x+2}$;　(2) $y=\sqrt{1-|x|}$;　(3) $f(x)=\begin{cases}\dfrac{1}{x}, & x<0,\\ 2x, & 0\leqslant x\leqslant 1,\\ 1, & 1<x\leqslant 2.\end{cases}$

3. 求下列函数的值域:

(1) $f(x)=\lg x$, $x\in[10,+\infty)$; (2) $f(x)=\sqrt{x-x^2}$, $x\in[0,1]$;

(3) $f(x)=\dfrac{1}{1+\sin^2 x}$, $x\in(-\infty,+\infty)$; (4) $f(x)=\dfrac{1}{1-x}$, $x\in(0,1)$.

4. 讨论下列函数在指定区间内的单调性:

(1) $y=x^2,(-1,0)$; (2) $y=\dfrac{x}{1+x},(-1,+\infty)$; (3) $y=\sin x,\left(-\dfrac{\pi}{2},\dfrac{\pi}{2}\right)$.

5. 判定下列函数的奇偶性:

(1) $f(x)=(x^2+x)\sin x$; (2) $f(x)=\ln(\sqrt{1+x^2}-x)$;

(3) $f(x)=\dfrac{1-x^2}{\cos x}$; (4) $f(x)=\begin{cases}1-\mathrm{e}^{-x}, & x\leqslant 0,\\ \mathrm{e}^{x}-1, & x>0.\end{cases}$

6. 证明: 若 $f(x)$ 为奇函数, 且在 $x=0$ 有定义, 则 $f(0)=0$.

7. 求函数 $f(x)=|\sin x|+|\cos x|$ 的最小正周期.

8. 证明函数 $y=\dfrac{x}{x^2+1}$ 在 $(-\infty,+\infty)$ 内是有界的.

9. 求下列函数的反函数:

(1) $y=\sqrt[3]{x+1}$; (2) $y=3^{2x+5}$; (3) $y=1+\ln(x+2)$;

(4) $y=\ln(x+\sqrt{1+x^2})$; (5) $y=\begin{cases}2x-1, & 0\leqslant x\leqslant 1,\\ 2-(x-2)^2, & 1<x\leqslant 2.\end{cases}$

10. 在下列各题中, 求由所给函数复合而成的函数, 并求出这函数分别对应于所给自变量值的函数值:

(1) $y=u^2$, $u=\sec x$, $x_1=\dfrac{\pi}{6}$, $x_2=\dfrac{\pi}{3}$;

(2) $y=\ln u$, $u=1+x^2$, $x_1=0$, $x_2=2$.

11. 求下列函数的定义域, 并且指出由哪些函数复合而成:

(1) $y=(2x+1)^{10}$; (2) $y=2^{\sin^2 x}$; (3) $y=\sin^3(\ln x)$.

12. 设 $f(x)$ 的定义域是 $[0,1]$, 求下列函数的定义域:

(1) $f(\ln x)$; (2) $f(\cos x)$.

13. 求下列函数的表达式:

(1) 设 $\varphi(\sin x)=\cos^2 x+\sin x+5$, 求 $\varphi(x)$;

(2) 设 $g(x-1)=x^2+x+1$, 求 $g(x)$;

(3) 设 $f\left(x+\dfrac{1}{x}\right)=x^2+\dfrac{1}{x^2}$, 求 $f(x)$.

14. 设 $f(x)=x+\dfrac{1}{x}$, $g(x)=x^2$, 求 $g(f(x))-f(g(x))$.

15. 设 $f(x)=\begin{cases}x, & x<0,\\ x^2, & x\geqslant 0,\end{cases}$ 求 $f(f(x))$.

第三节 初 等 函 数

Elementary functions

在科学研究中, 我们经常使用的基本认识方法是从已知到未知、从特殊到一般、从具体到抽象、从简单到复杂. 在本节, 我们将对一些已知的、简单的函数以及由它们所派生出的函数类——初等函数进行探索.

一、 基本初等函数 Basic elementary function

常数函数、幂函数、指数函数、对数函数、三角函数、反三角函数这六类函数统称为**基本初等函数** (basic elementary function).

1. 常数函数 Constant function

常数函数 $y = C$, 其中 C 为常数. 其定义域为 $(-\infty, +\infty)$, 对应规则是对于任何 $x \in (-\infty, +\infty)$, x 所对应的函数值 y 恒等于常数 C. 其函数图形为平行于 x 轴的直线, 如图 1-14 所示.

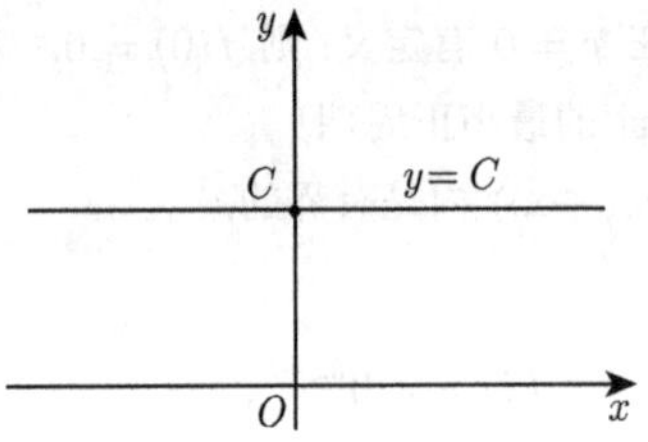

图 1-14

2. 幂函数 Power function

定义 1　形如 $y = x^a$(a 为任意非零常数) 的函数称为**幂函数**.

1) 幂函数的定义域、值域

幂函数的定义域和值域因常数 a 的不同而不同, 但在 $(0, +\infty)$ 内都有定义.

当 a 为正整数时, 定义域为 $(-\infty, +\infty)$; 当 a 为负整数时, 定义域为 $(-\infty, 0) \cup (0, +\infty)$. 当 $a = \dfrac{1}{2k+1}(k \in \mathbf{Z}_+)$ 时, 定义域为 $(-\infty, +\infty)$; 当 $a = \dfrac{1}{2k}(k \in \mathbf{Z}_+)$ 时, 定义域为 $[0, +\infty)$. 当 a 为无理数时, 定义域为 $(0, +\infty)$[①].

2) 幂函数的图形及性质

图 1-15 给出了常见的几个幂函数的图形.

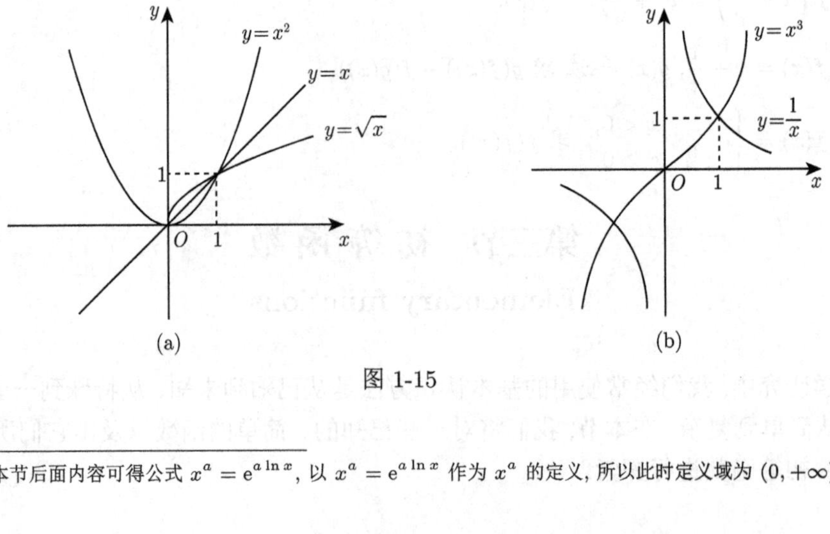

图 1-15

① 根据本节后面内容可得公式 $x^a = \mathrm{e}^{a \ln x}$, 以 $x^a = \mathrm{e}^{a \ln x}$ 作为 x^a 的定义, 所以此时定义域为 $(0, +\infty)$.

当 $a>0$ 时, 幂函数 $y=x^a$ 在 $(0,+\infty)$ 内严格单调增加; 当 $a<0$ 时, 幂函数 $y=x^a$ 在 $(0,+\infty)$ 内严格单调减少; 无论 a 取何值, 图形都经过点 $(1,1)$.

3) 关于同底数幂的运算性质

(1) $x^m x^n = x^{m+n}$; (2) $\dfrac{x^m}{x^n} = x^{m-n}\ (x\neq 0)$;

(3) $(x^m)^n = x^{mn}$; (4) $(xy)^m = x^m y^n$;

(5) $x^{-n} = \dfrac{1}{x^n}\ (x\neq 0)$; (6) $x^{\frac{1}{n}} = \sqrt[n]{x}\ (x>0)$;

(7) $x^{\frac{m}{n}} = (\sqrt[n]{x})^m = \sqrt[n]{x^m}\ (x>0)$; (8) $x^{-\frac{m}{n}} = \dfrac{1}{x^{\frac{m}{n}}}\ (x>0)$.

有关分数指数幂和负指数幂以后会经常用到, 希望大家熟练掌握, 例如 $\dfrac{1}{\sqrt[3]{x}} = x^{-\frac{1}{3}}$, $x^2\cdot\sqrt{x^5} = x^{\frac{9}{2}}$.

3. 指数函数 **Exponential function**

定义 2 形如 $y=a^x (a>0, 且\ a\neq 1)$ 的函数称为**指数函数**.

1) 指数函数的定义域、值域

指数函数 $y=a^x$ 的定义域为 $(-\infty,+\infty)$, 值域为 $(0,+\infty)$.

2) 指数函数的图形及性质

当 $a>1$ 时, $y=a^x$ 严格单调增加; 当 $0<a<1$ 时, $y=a^x$ 严格单调减少. 无论 a 取何值, 图形都经过点 $(0,1)$. 指数函数的图形均在 x 轴上方, 如图 1-16 所示.

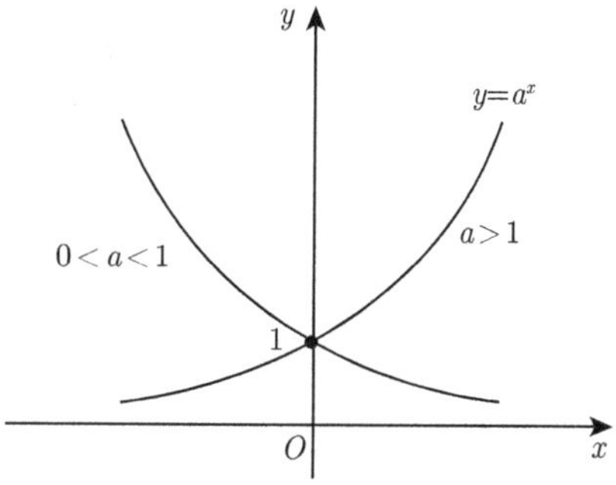

图 1-16

有关指数的运算性质与幂的运算性质类似. 设 a 和 b 是正数, x 和 y 是实数, 则

$$a^{x+y}=a^x\cdot a^y,\quad a^{x-y}=\frac{a^x}{a^y},\quad (a^x)^y=a^{xy},\quad (ab)^x=a^xb^x,\quad \left(\frac{a}{b}\right)^x=\frac{a^x}{b^x}.$$

4. 对数函数 **Logarithmic function**

1) 对数的定义、性质

定义 3 如果 $a\,(a>0, a\neq 1)$ 的 b 次幂等于 M, 即 $a^b=M$, 那么 b 就称为以 a 为底 M 的**对数** (logarithm), 记作 $\log_a M=b$, 其中 a 称为对数的底数, M 称为真数.

根据定义易知, 负数和零没有对数, 即 $M>0$.

设 $a>0$, $a\neq 1$, $M>0$, $N>0$, $n\in\mathbf{R}$, $b>0$, $b\neq 1$. 对数有如下运算性质:

(1) $\log_a 1=0$; (2) $\log_a a=1$;

(3) $\log_a(MN)=\log_a M+\log_a N$; (4) $\log_a\dfrac{M}{N}=\log_a M-\log_a N$;

(5) $\log_a M^n = n\log_a M$; (6) $\log_a M=\dfrac{\log_b M}{\log_b a}$.

2) 对数函数的定义、性质

定义 4 形如 $y=\log_a x\,(a>0$, 且 $a\neq 1)$ 的函数称为**对数函数**.

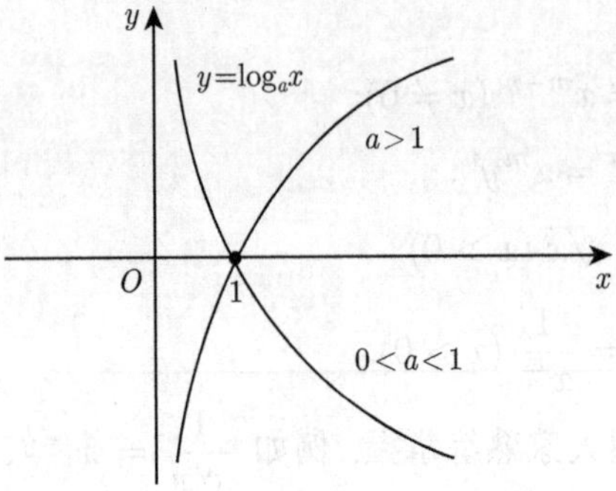

图 1-17

对数函数 $y=\log_a x\,(a>0, a\neq 1)$ 是指数函数 $y=a^x$ 的反函数, 定义域为 $(0,+\infty)$, 值域为 $(-\infty,+\infty)$. 当 $a>1$ 时, $y=\log_a x$ 严格单调增加; 当 $0<a<1$ 时, $y=\log_a x$ 严格单调减少. 无论 a 取何值, 图形始终在 y 轴的右侧, 且均经过点 $(1,0)$, 如图 1-17 所示.

3) 常用对数函数

当 $a=10$ 时, $y=\log_{10}x$, 简记为 $y=\lg x$, 称为**常用对数** (common logarithm), 如 $\lg 100=2$.

当 $a=\mathrm{e}$ 时, $y=\log_{\mathrm{e}}x$, 简记为 $y=\ln x$, 称为**自然对数** (natural logarithm). 其中 $\mathrm{e}=2.71828\cdots$, 为无理数. 显然, $\mathrm{e}^{\ln x}=x$, $\ln\mathrm{e}^x=x$, $\ln\mathrm{e}=1$, $\ln 1=0$.

应用对数的运算性质, 可以对乘、除、乘方、开方等运算进行简化, 如

$$\ln\frac{x^2\cdot\sqrt{y}}{\sqrt[3]{z}}=2\ln x+\frac{1}{2}\ln y-\frac{1}{3}\ln z\quad(x,y,z>0).$$

5. 三角函数

1) 锐角三角函数

i. 锐角三角函数的定义

在直角三角形 ABC 中 (图 1-18) 任意取两边可以组成 6 个不同的比值, 这些比值是依角 A 的大小来确定的, 所以它们是角 A 的函数, 其定义如表 1 所示.

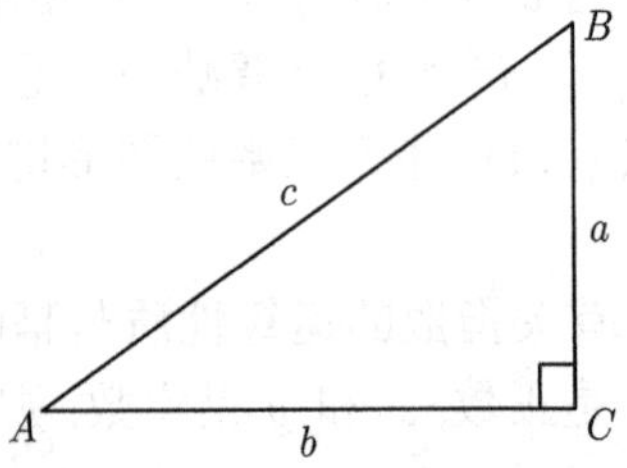

图 1-18

表 1 锐角三角函数的定义

函数名称	记号	定义
角 A 的正弦 (sine)	$\sin A$	$\sin A=\dfrac{a}{c}$
角 A 的余弦 (cosine)	$\cos A$	$\cos A=\dfrac{b}{c}$
角 A 的正切 (tangent)	$\tan A$	$\tan A=\dfrac{a}{b}$
角 A 的余切 (cotangent)	$\cot A$	$\cot A=\dfrac{b}{a}$
角 A 的正割 (secant)	$\sec A$	$\sec A=\dfrac{c}{b}$
角 A 的余割 (cosecant)	$\csc A$	$\csc A=\dfrac{c}{a}$

ii. 余角的三角函数

直角三角形 ABC 中两个锐角 A 与 B 互为余角. 由锐角三角函数的定义, 有

$$\sin\left(\frac{\pi}{2}-A\right)=\cos A,\quad \cos\left(\frac{\pi}{2}-A\right)=\sin A,$$
$$\tan\left(\frac{\pi}{2}-A\right)=\cot A,\quad \cot\left(\frac{\pi}{2}-A\right)=\tan A,$$
$$\sec\left(\frac{\pi}{2}-A\right)=\csc A,\quad \csc\left(\frac{\pi}{2}-A\right)=\sec A.$$

2) 任意角三角函数

i. 角的概念的推广

角可视为一条射线由原来位置 OA (始边), 绕着它的端点 O 旋转到另一位置 OB (终边), 所形成的角 α, O 是角 α 的顶点 (图 1-19). 规定: 按逆时针方向旋转所成的角是正角, 反之为负角, 当一条射线没有作任何旋转时, 这个角叫做零角.

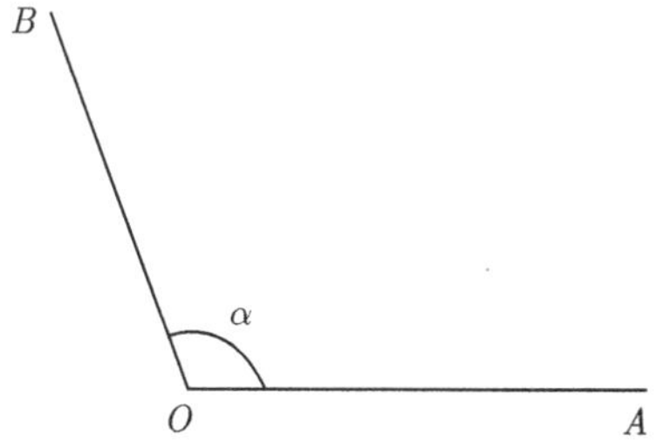

图 1-19

如果角的顶点与直角坐标系的原点重合, 角的始边与 x 轴的正半轴重合, 那么角的终边落在第几象限, 就叫第几象限角. 设 $k\in\mathbf{Z}$,

若 α 的终边与 x 轴的正半轴重合, 则 $\alpha=2k\pi$;

若 α 是第一象限角, 则 $2k\pi<\alpha<2k\pi+\dfrac{\pi}{2}$;

若 α 的终边与 y 轴的正半轴重合, 则 $\alpha=2k\pi+\dfrac{\pi}{2}$;

若 α 是第二象限角, 则 $2k\pi+\dfrac{\pi}{2}<\alpha<2k\pi+\pi$;

若 α 的终边与 x 轴的负半轴重合, 则 $\alpha=2k\pi+\pi$;

若 α 是第三象限角, 则 $2k\pi+\pi<\alpha<2k\pi+\dfrac{3\pi}{2}$;

若 α 的终边与 y 轴的负半轴重合, 则 $\alpha=2k\pi+\dfrac{3\pi}{2}$;

若 α 是第四象限角, 则 $2k\pi+\dfrac{3\pi}{2}<\alpha<2k\pi+2\pi$.

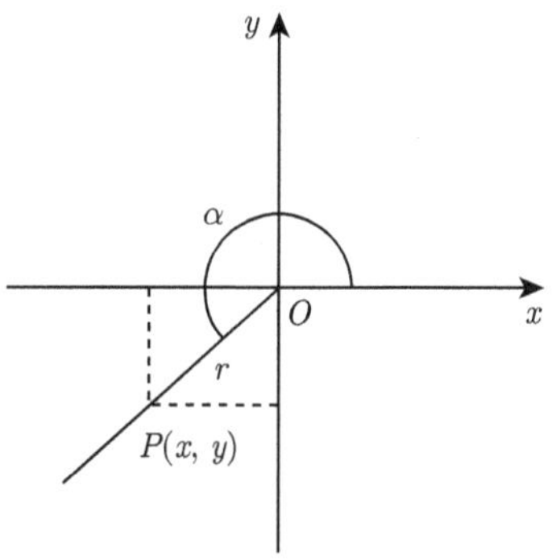

图 1-20

ii. 任意角三角函数的定义

设任意角 α 的终边上任意一点 P 的坐标是 (x,y), 如图 1-20 所示, 它与原点的距离是 r $(r>0)$. 则角 α 的三角函数定义为

$$\sin\alpha=\frac{y}{r},\quad \cos\alpha=\frac{x}{r},$$
$$\tan\alpha=\frac{y}{x},\quad \cot\alpha=\frac{x}{y},$$
$$\sec\alpha=\frac{r}{x},\quad \csc\alpha=\frac{r}{y}.$$

根据任意角三角函数的定义, 易知三角函数有意义时角 α 的范围, 见表 2.

表 2　三角函数有意义时角 α 的范围

角 α 的三角函数	角 α 的范围
$\sin\alpha$	$\mathbf{R}$
$\cos\alpha$	$\mathbf{R}$
$\tan\alpha$	$\left\{\alpha \middle\vert \alpha\in\mathbf{R},\alpha\neq k\pi+\dfrac{\pi}{2},k\in\mathbf{Z}\right\}$
$\cot\alpha$	$\{\alpha\vert\alpha\in\mathbf{R},\alpha\neq k\pi,k\in\mathbf{Z}\}$
$\sec\alpha$	$\left\{\alpha \middle\vert \alpha\in\mathbf{R},\alpha\neq k\pi+\dfrac{\pi}{2},k\in\mathbf{Z}\right\}$
$\csc\alpha$	$\{\alpha\vert\alpha\in\mathbf{R},\alpha\neq k\pi,k\in\mathbf{Z}\}$

也很容易知道三角函数在每个象限的符号, 如图 1-21 所示.

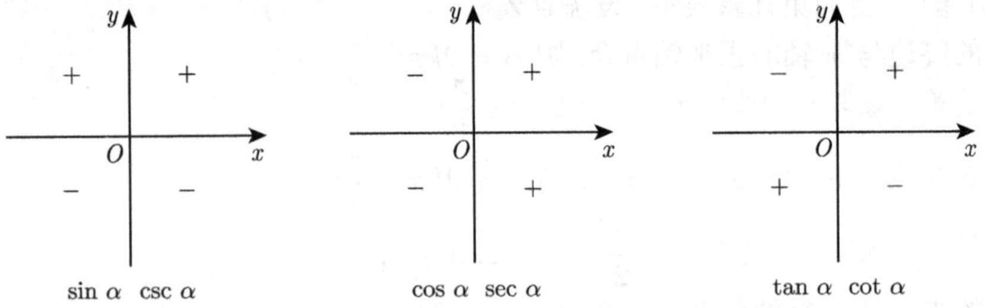

图 1-21

iii. 三角函数的诱导公式

设 α 是任意角, n 是整数, 三角函数的诱导公式如表 3 所示. 诱导公式可以统一为一句口诀: 奇变偶不变, 符号看象限.

表 3　诱导公式

角	sin	cos	tan	cot	sec	csc
$-\alpha$	$-\sin\alpha$	$\cos\alpha$	$-\tan\alpha$	$-\cot\alpha$	$\sec\alpha$	$-\csc\alpha$
$\dfrac{\pi}{2}\pm\alpha$	$\cos\alpha$	$\mp\sin\alpha$	$\mp\cot\alpha$	$\mp\tan\alpha$	$\mp\csc\alpha$	$\sec\alpha$
$\pi\pm\alpha$	$\mp\sin\alpha$	$-\cos\alpha$	$\pm\tan\alpha$	$\pm\cot\alpha$	$-\sec\alpha$	$\mp\csc\alpha$
$\dfrac{3\pi}{2}\pm\alpha$	$-\cos\alpha$	$\pm\sin\alpha$	$\mp\cot\alpha$	$\mp\tan\alpha$	$\pm\csc\alpha$	$-\sec\alpha$
$2\pi\pm\alpha$	$\pm\sin\alpha$	$\cos\alpha$	$\pm\tan\alpha$	$\pm\cot\alpha$	$\sec\alpha$	$\pm\csc\alpha$
$n\pi\pm\alpha$	$\pm(-1)^n\sin\alpha$	$(-1)^n\cos\alpha$	$\pm\tan\alpha$	$\pm\cot\alpha$	$(-1)^n\sec\alpha$	$\pm(-1)^n\csc\alpha$

通过表 3 可以发现, 诱导公式中的角始终可以统一表示为 $k \cdot \frac{\pi}{2} \pm \alpha\,(k \in \mathbf{Z})$ 的形式, 所谓 "奇变偶不变", 当 k 是奇数时, 函数名称要变, 即正弦 (正切、正割) 要变为余弦 (余切、余割), 而余弦 (余切、余割) 要变为正弦 (正切、正割), 当 k 是偶数时, 函数名称不变; 所谓 "符号看象限", 通常将 α 看作是锐角, 再判断角 $k \cdot \frac{\pi}{2} \pm \alpha$ 是第几象限角, 根据各三角函数在每个象限的符号, 可以确定诱导公式得到的正负符号. 下面我们以正切函数的诱导公式举几个例子来帮助理解这一口诀.

(i) 显然 $-\alpha = 0 \cdot \frac{\pi}{2} - \alpha$, 则 $\frac{\pi}{2}$ 前面的系数是 0, 是偶数, 所以函数名称不变, 正切还是正切; 将 α 看作是锐角, 则 $-\alpha$ 应在第四象限, 而第四象限角的正切是负值, 因此

$$\tan(-\alpha) = -\tan\alpha.$$

(ii) 显然 $\frac{\pi}{2} + \alpha = 1 \cdot \frac{\pi}{2} + \alpha$, 则 $\frac{\pi}{2}$ 前面的系数是 1, 是奇数, 所以函数名称要变, 正切变为余切; 将 α 看作是锐角, 则 $\frac{\pi}{2} + \alpha$ 应在第二象限, 而第二象限角的正切是负值, 因此

$$\tan\left(\frac{\pi}{2} + \alpha\right) = -\cot\alpha.$$

(iii) 显然 $\frac{3\pi}{2} - \alpha = 3 \cdot \frac{\pi}{2} - \alpha$, 则 $\frac{\pi}{2}$ 前面的系数是 3, 是奇数, 所以函数名称要变, 正切变为余切; 将 α 看作是锐角, 则 $\frac{3\pi}{2} - \alpha$ 应在第三象限, 而第三象限角的正切是正值, 因此

$$\tan\left(\frac{3\pi}{2} - \alpha\right) = \cot\alpha.$$

(iv) 显然 $2\pi - \alpha = 4 \cdot \frac{\pi}{2} - \alpha$, 则 $\frac{\pi}{2}$ 前面的系数是 4, 是偶数, 所以函数名称不变, 正切还是正切; 将 α 看作是锐角, 则 $2\pi - \alpha$ 应在第四象限, 而第四象限角的正切是负值, 因此

$$\tan(2\pi - \alpha) = -\tan\alpha.$$

3) 三角函数

正弦函数 (sine function) $y = \sin x$, **余弦函数** (cosine function) $y = \cos x$, **正切函数** (tangent function) $y = \tan x$, **余切函数** (cotangent function) $y = \cot x$, **正割函数** (secant function) $y = \sec x$, **余割函数** (cosecant function) $y = \csc x$ 统称为**三角函数** (trigonometric function).

i. 正弦函数、余弦函数的图形与性质

正弦函数、余弦函数的图形如图 1-22 所示.

正弦函数、余弦函数的定义域、值域和一些重要性质见表 4.

ii. 正切函数、余切函数的图形与性质

正切函数、余切函数的图形如图 1-23 所示.

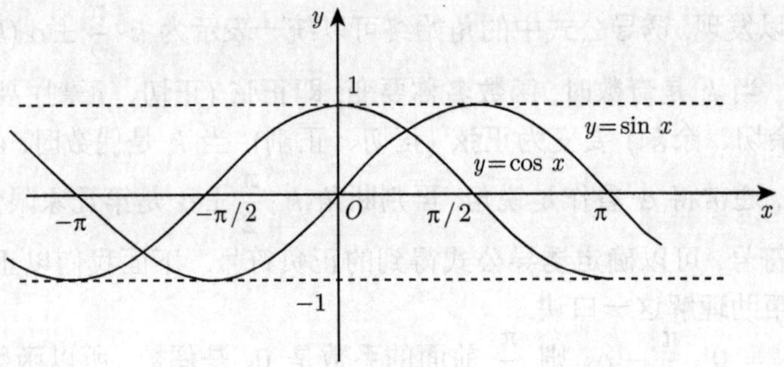

图 1-22

表 4　正弦函数、余弦函数的性质

性质	$y=\sin x$	$y=\cos x$
定义域	$\mathbf{R}$	$\mathbf{R}$
值域	$[-1,1]$	$[-1,1]$
周期性	2π	2π
奇偶性	奇函数	偶函数
有界性	有界	有界
单调性	增区间 $\left[2k\pi-\frac{\pi}{2},2k\pi+\frac{\pi}{2}\right]$ 减区间 $\left[2k\pi+\frac{\pi}{2},2k\pi+\frac{3\pi}{2}\right]$ $(k\in\mathbf{Z})$	增区间 $[2k\pi+\pi,2k\pi+2\pi]$ 减区间 $[2k\pi,2k\pi+\pi]$ $(k\in\mathbf{Z})$
最值	最小值 $\sin\left(2k\pi-\frac{\pi}{2}\right)=-1$ 最大值 $\sin\left(2k\pi+\frac{\pi}{2}\right)=1$ $(k\in\mathbf{Z})$	最小值 $\cos(2k\pi+\pi)=-1$ 最大值 $\cos(2k\pi)=1$ $(k\in\mathbf{Z})$

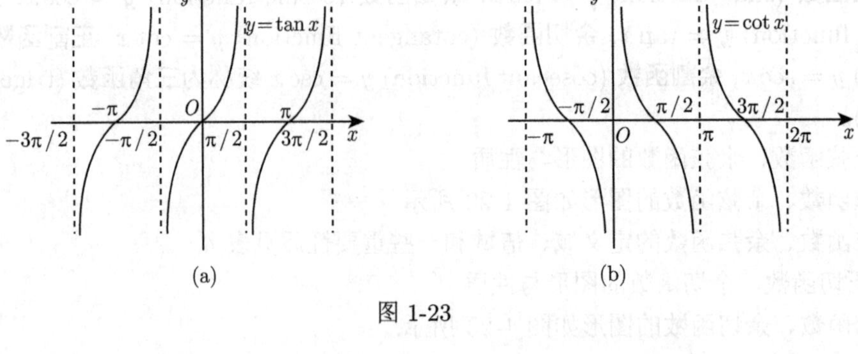

图 1-23

正切函数、余切函数的定义域、值域和一些重要性质见表 5.

表 5 正切函数、余切函数的性质

性质	$y=\tan x$	$y=\cot x$
定义域	$\bigcup\limits_{n\in\mathbf{Z}}\left(n\pi-\dfrac{\pi}{2},n\pi+\dfrac{\pi}{2}\right)$	$\bigcup\limits_{n\in\mathbf{Z}}(n\pi,n\pi+\pi)$
值域	$\mathbf{R}$	$\mathbf{R}$
周期性	π	π
奇偶性	奇函数	奇函数
有界性	无界	无界
单调性	增区间 $\left(n\pi-\dfrac{\pi}{2},n\pi+\dfrac{\pi}{2}\right)(n\in\mathbf{Z})$	减区间 $(n\pi,n\pi+\pi)(n\in\mathbf{Z})$

iii. 正割函数、余割函数的图形与性质

正割函数、余割函数的图形如图 1-24 所示.

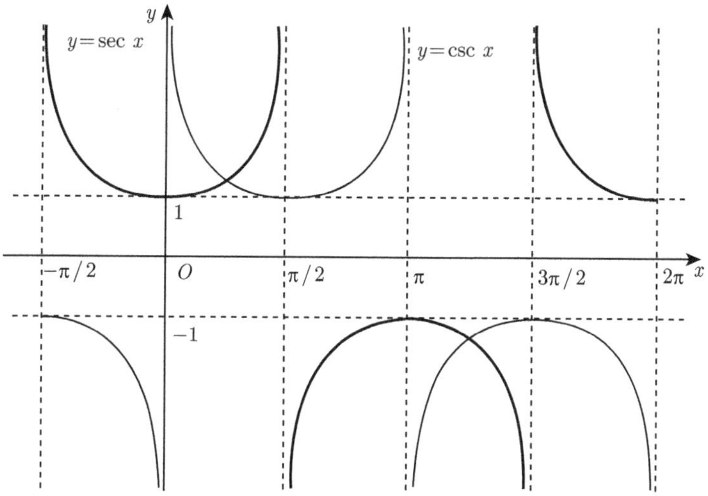

图 1-24

正割函数、余割函数的定义域、值域和一些重要性质见表 6.

表 6 正割函数、余割函数的性质

性质	$y=\sec x$	$y=\csc x$
定义域	$\bigcup\limits_{n\in\mathbf{Z}}\left(n\pi-\dfrac{\pi}{2},n\pi+\dfrac{\pi}{2}\right)$	$\bigcup\limits_{n\in\mathbf{Z}}(n\pi,n\pi+\pi)$
值域	$(-\infty,-1]\cup[1,+\infty)$	$(-\infty,-1]\cup[1,+\infty)$

续表

周期性	2π	2π
奇偶性	偶函数	奇函数
有界性	无界	无界
单调性	增区间 $\left(2k\pi, 2k\pi+\dfrac{\pi}{2}\right)$ $\left(2k\pi+\dfrac{\pi}{2}, 2k\pi+\pi\right)$ 减区间 $\left(2k\pi+\pi, 2k\pi+\dfrac{3\pi}{2}\right)$ $\left(2k\pi+\dfrac{3\pi}{2}, 2(k+1)\pi\right)$ $(k\in\mathbf{Z})$	增区间 $\left(2k\pi+\dfrac{\pi}{2}, 2k\pi+\pi\right)$ $\left(2k\pi+\pi, 2k\pi+\dfrac{3\pi}{2}\right)$ 减区间 $\left(2k\pi-\dfrac{\pi}{2}, 2k\pi\right)$ $\left(2k\pi, 2k\pi+\dfrac{\pi}{2}\right)$ $(k\in\mathbf{Z})$
极值	极小值 $\sec(2k\pi)=1$ 极大值 $\sec(2k\pi+\pi)=-1$ $(k\in\mathbf{Z})$	极小值 $\csc\left(2k\pi+\dfrac{\pi}{2}\right)=1$ 极大值 $\csc\left(2k\pi-\dfrac{\pi}{2}\right)=-1$ $(k\in\mathbf{Z})$

4) 三角函数的关系

i. 同角三角函数的基本关系

(1) 倒数关系:

$$\sin x\cdot\csc x=1,\quad \cos x\cdot\sec x=1,\quad \tan x\cdot\cot x=1.$$

(2) 商数关系:

$$\tan x=\frac{\sin x}{\cos x},\quad \cot x=\frac{\cos x}{\sin x}.$$

(3) 平方关系:

$$\sin^2 x+\cos^2 x=1,\quad \tan^2 x+1=\sec^2 x,\quad \cot^2 x+1=\csc^2 x.$$

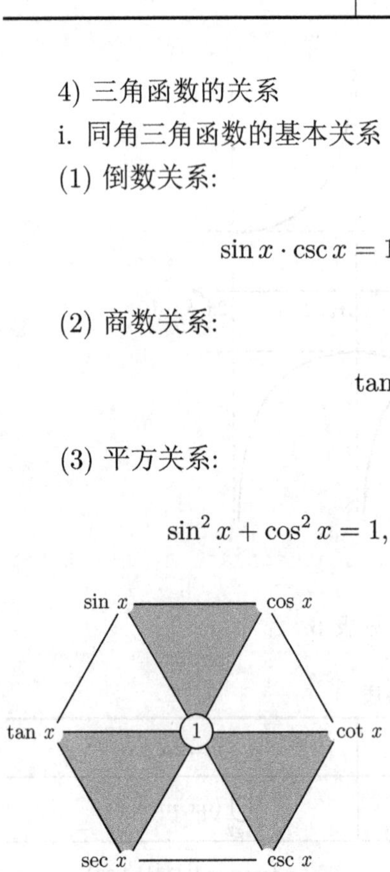

图 1-25

这些关系式可以使用六边形记忆法加强形象记忆(图 1-25): 图形结构 “上弦中切下割, 左正右余中间 1”, 记忆方法 “主对角线上两个函数值的乘积为 1; 任意一个顶点的三角函数值等于相邻两个顶点的三角函数值的乘积; 阴影三角形上边两个顶点的三角函数值的平方和等于下边顶点的三角函数值的平方”.

(4) 三角函数值的相互关系:

三角函数值的相互关系如表 7 所示.

表 7 三角函数值的相互关系

	$\sin x=a$	$\cos x=a$	$\tan x=a$	$\cot x=a$	$\sec x=a$	$\csc x=a$
$\sin x=$	a	$\pm\sqrt{1-a^2}$	$\pm\frac{a}{\sqrt{1+a^2}}$	$\pm\frac{1}{\sqrt{1+a^2}}$	$\pm\frac{\sqrt{a^2-1}}{a}$	$\frac{1}{a}$
$\cos x=$	$\pm\sqrt{1-a^2}$	a	$\pm\frac{1}{\sqrt{1+a^2}}$	$\pm\frac{a}{\sqrt{1+a^2}}$	$\frac{1}{a}$	$\pm\frac{\sqrt{a^2-1}}{a}$
$\tan x=$	$\pm\frac{a}{\sqrt{1-a^2}}$	$\pm\frac{\sqrt{1-a^2}}{a}$	a	$\frac{1}{a}$	$\pm\sqrt{a^2-1}$	$\pm\frac{1}{\sqrt{a^2-1}}$
$\cot x=$	$\pm\frac{\sqrt{1-a^2}}{a}$	$\pm\frac{a}{\sqrt{1-a^2}}$	$\frac{1}{a}$	a	$\pm\frac{1}{\sqrt{a^2-1}}$	$\pm\sqrt{a^2-1}$
$\sec x=$	$\pm\frac{1}{\sqrt{1-a^2}}$	$\frac{1}{a}$	$\pm\sqrt{1+a^2}$	$\pm\frac{\sqrt{1+a^2}}{a}$	a	$\pm\frac{a}{\sqrt{a^2-1}}$
$\csc x=$	$\frac{1}{a}$	$\pm\frac{1}{\sqrt{1-a^2}}$	$\pm\frac{\sqrt{1+a^2}}{a}$	$\pm\sqrt{1+a^2}$	$\pm\frac{a}{\sqrt{a^2-1}}$	a

例如, 若 $\sec x=a$, 则 $\cos x=\frac{1}{a}$, $\sin x=\pm\frac{\sqrt{a^2-1}}{a}$, $\tan x=\pm\sqrt{a^2-1}$.

利用这些关系式可以进行恒等变形, 也可以根据角 x 的某一个三角函数值, 求出角 x 的其他三角函数值. 但当未指定角 x 终边所在象限时, 要根据角 x 终边可能在的两个象限分别求其他三角函数值.

ii. 常用三角函数公式

(1) **两角和与差的三角函数** 我们先记住两角和与差的正弦和余弦公式.

$$\sin(\alpha\pm\beta)=\sin\alpha\cos\beta\pm\cos\alpha\sin\beta,\quad \cos(\alpha\pm\beta)=\cos\alpha\cos\beta\mp\sin\alpha\sin\beta.$$

通常我们便于记忆, 将两角和与差的正弦公式记为 “sccs”(读作散科科散), 两角和与差的余弦公式记为 “ccss”(读作科科散散). 根据这两个公式容易推出两角和与差的正切与余切的公式.

$$\begin{aligned}\tan(\alpha\pm\beta)&=\frac{\sin(\alpha\pm\beta)}{\cos(\alpha\pm\beta)}=\frac{\sin\alpha\cos\beta\pm\cos\alpha\sin\beta}{\cos\alpha\cos\beta\mp\sin\alpha\sin\beta}\\&=\frac{\tan\alpha\pm\tan\beta}{1\mp\tan\alpha\tan\beta}\quad(\text{分子、分母同时除以}\cos\alpha\cos\beta),\end{aligned}$$

$$\begin{aligned}\cot(\alpha\pm\beta)&=\frac{\cos(\alpha\pm\beta)}{\sin(\alpha\pm\beta)}=\frac{\cos\alpha\cos\beta\mp\sin\alpha\sin\beta}{\sin\alpha\cos\beta\pm\cos\alpha\sin\beta}\\&=\frac{\cot\alpha\cot\beta\mp1}{\cot\alpha\pm\cot\beta}\quad(\text{分子、分母同时除以}\sin\alpha\sin\beta),\end{aligned}$$

即

$$\tan(\alpha\pm\beta)=\frac{\tan\alpha\pm\tan\beta}{1\mp\tan\alpha\tan\beta},\quad \cot(\alpha\pm\beta)=\frac{\cot\alpha\cot\beta\mp1}{\cot\alpha\pm\cot\beta}.$$

(2) **二倍角公式** 在两角和的三角函数公式中, 令 $\beta=\alpha$, 得

$$\sin 2\alpha=2\sin\alpha\cos\alpha,\quad \cos 2\alpha=\cos^2\alpha-\sin^2\alpha,$$

$$\tan 2\alpha=\frac{2\tan\alpha}{1-\tan^2\alpha},\quad \cot 2\alpha=\frac{\cot^2\alpha-1}{2\cot\alpha}.$$

结合同角三角函数的基本关系, 进一步可以获得

$$\sin 2\alpha=2\sin\alpha\cos\alpha=\frac{2\sin\alpha\cos\alpha}{\cos^2\alpha+\sin^2\alpha}=\frac{2\tan\alpha}{1+\tan^2\alpha}\ (分子、分母同时除以\ \cos^2\alpha),$$

$$\cos 2\alpha=\cos^2\alpha-\sin^2\alpha=\cos^2\alpha-(1-\cos^2\alpha)=2\cos^2\alpha-1,$$

$$\cos 2\alpha=\cos^2\alpha-\sin^2\alpha=(1-\sin^2\alpha)-\sin^2\alpha=1-2\sin^2\alpha,$$

$$\cos 2\alpha=\cos^2\alpha-\sin^2\alpha=\frac{\cos^2\alpha-\sin^2\alpha}{\cos^2\alpha+\sin^2\alpha}=\frac{1-\tan^2\alpha}{1+\tan^2\alpha}\ (分子、分母同时除以\ \cos^2\alpha),$$

$$\sec 2\alpha=\frac{1}{\cos 2\alpha}=\frac{1}{\cos^2 x-\sin^2 x}=\frac{\cos^2 x+\sin^2 x}{\cos^2 x-\sin^2 x}=\frac{\cot\alpha+\tan\alpha}{\cot\alpha-\tan\alpha}\ (分子、分母同时除以\ \sin\alpha\cos\alpha),$$

$$\sec 2\alpha=\frac{1}{\cos 2\alpha}=\frac{1+\tan^2\alpha}{1-\tan^2\alpha}=\frac{\sec^2\alpha}{1-\tan^2\alpha},$$

$$\csc 2\alpha=\frac{1}{\sin 2\alpha}=\frac{1}{2\sin\alpha\cos\alpha}=\frac{1}{2}\sec\alpha\csc\alpha,$$

$$\csc 2\alpha=\frac{1}{\sin 2\alpha}=\frac{1}{2\sin\alpha\cos\alpha}=\frac{\sin^2\alpha+\cos^2\alpha}{2\sin\alpha\cos\alpha}=\frac{\tan\alpha+\cot\alpha}{2}\ (分子、分母同时除以\ \sin\alpha\cos\alpha).$$

(3) **降幂公式** 由二倍角公式 $\cos 2\alpha=1-2\sin^2\alpha=2\cos^2\alpha-1$ 容易获得降幂公式

$$\sin^2\alpha=\frac{1-\cos 2\alpha}{2},\quad \cos^2\alpha=\frac{1+\cos 2\alpha}{2}.$$

(4) **半角公式** 由降幂公式易知

$$\sin\frac{\alpha}{2}=\pm\sqrt{\frac{1-\cos\alpha}{2}},\quad \cos\frac{\alpha}{2}=\pm\sqrt{\frac{1+\cos\alpha}{2}},$$

结合二倍角公式 $\sin 2\alpha=2\sin\alpha\cos\alpha$, 进一步可以获得

$$\tan^2\frac{\alpha}{2}=\frac{\sin^2\frac{\alpha}{2}}{\cos^2\frac{\alpha}{2}}=\frac{\frac{1-\cos\alpha}{2}}{\frac{1+\cos\alpha}{2}}=\frac{1-\cos\alpha}{1+\cos\alpha},\quad 即\ \tan\frac{\alpha}{2}=\pm\sqrt{\frac{1-\cos\alpha}{1+\cos\alpha}},$$

$$\tan\frac{\alpha}{2}=\frac{\sin\frac{\alpha}{2}}{\cos\frac{\alpha}{2}}=\frac{2\sin^2\frac{\alpha}{2}}{2\sin\frac{\alpha}{2}\cos\frac{\alpha}{2}}=\frac{1-\cos\alpha}{\sin\alpha},$$

$$\tan\frac{\alpha}{2}=\frac{\sin\frac{\alpha}{2}}{\cos\frac{\alpha}{2}}=\frac{2\cos\frac{\alpha}{2}\sin\frac{\alpha}{2}}{2\cos^2\frac{\alpha}{2}}=\frac{\sin\alpha}{1+\cos\alpha},$$

$$\cot\frac{\alpha}{2}=\frac{1}{\tan\frac{\alpha}{2}}=\pm\sqrt{\frac{1+\cos\alpha}{1-\cos\alpha}}=\frac{1+\cos\alpha}{\sin\alpha}=\frac{\sin\alpha}{1-\cos\alpha},$$

$$\sec\frac{\alpha}{2}=\frac{1}{\cos\frac{\alpha}{2}}=\pm\sqrt{\frac{2}{1+\cos\alpha}}=\pm\sqrt{\frac{2\sec\alpha}{\sec\alpha+1}}\text{ (根号内分子分母同时乘以 }\sec\alpha),$$

$$\csc\frac{\alpha}{2}=\frac{1}{\sin\frac{\alpha}{2}}=\pm\sqrt{\frac{2}{1-\cos\alpha}}=\pm\sqrt{\frac{2\sec\alpha}{\sec\alpha-1}}\text{ (根号内分子分母同时乘以 }\sec\alpha).$$

公式中根号所取符号与等式左边的符号一致.

(5) **万能公式** 将二倍角公式中 $\sin2\alpha=\frac{2\tan\alpha}{1+\tan^2\alpha}$, $\cos2\alpha=\frac{1-\tan^2\alpha}{1+\tan^2\alpha}$, $\tan2\alpha=\frac{2\tan\alpha}{1-\tan^2\alpha}$ 的 α 换成 $\frac{\alpha}{2}$, 容易获得下列公式:

$$\sin\alpha=\frac{2\tan\frac{\alpha}{2}}{1+\tan^2\frac{\alpha}{2}},\quad\cos\alpha=\frac{1-\tan^2\frac{\alpha}{2}}{1+\tan^2\frac{\alpha}{2}},\quad\tan\alpha=\frac{2\tan\frac{\alpha}{2}}{1-\tan^2\frac{\alpha}{2}}.$$

(6) **积化和差公式** 由两角和与差的正弦公式

$$\sin(\alpha+\beta)=\sin\alpha\cos\beta+\cos\alpha\sin\beta,\quad\sin(\alpha-\beta)=\sin\alpha\cos\beta-\cos\alpha\sin\beta$$

相加、相减得

$$\sin(\alpha+\beta)+\sin(\alpha-\beta)=2\sin\alpha\cos\beta,\quad\sin(\alpha+\beta)-\sin(\alpha-\beta)=2\cos\alpha\sin\beta,$$

因此有公式

$$\sin\alpha\cos\beta=\frac{1}{2}[\sin(\alpha+\beta)+\sin(\alpha-\beta)],\quad\cos\alpha\sin\beta=\frac{1}{2}[\sin(\alpha+\beta)-\sin(\alpha-\beta)].$$

类似地, 由两角和与差的余弦公式相加、相减可以获得下列公式:

$$\cos\alpha\cos\beta=\frac{1}{2}[\cos(\alpha+\beta)+\cos(\alpha-\beta)],\quad\sin\alpha\sin\beta=-\frac{1}{2}[\cos(\alpha+\beta)-\cos(\alpha-\beta)].$$

(7) **和差化积公式** 令 $\begin{cases}x=\alpha+\beta,\\y=\alpha-\beta,\end{cases}$ 则有 $\begin{cases}\alpha=\frac{x+y}{2},\\\beta=\frac{x-y}{2}.\end{cases}$ 由两角和与差的正弦公式得

$$\sin x+\sin y=\sin(\alpha+\beta)+\sin(\alpha-\beta)=2\sin\alpha\cos\beta=2\sin\frac{x+y}{2}\cos\frac{x-y}{2},$$

即有公式

$$\sin x+\sin y=2\sin\frac{x+y}{2}\cos\frac{x-y}{2}.$$

类似地, 可以获得下列公式:

$$\sin x-\sin y=2\cos\frac{x+y}{2}\sin\frac{x-y}{2},$$

$$\cos x+\cos y=2\cos\frac{x+y}{2}\cos\frac{x-y}{2},$$

$$\cos x-\cos y=-2\sin\frac{x+y}{2}\sin\frac{x-y}{2}.$$

从上述内容可以看出我们只要记住 “sccs, ccss” 两个公式, 再结合同角三角函数的基本关系, 就可以将常用的一些三角函数公式推导出来. 表 8 总结了上述三角函数公式.

表 8　常用的三角函数公式

名称	公式	备注
两角和与差的三角函数公式	$\sin(\alpha\pm\beta)=\sin\alpha\cos\beta\pm\cos\alpha\sin\beta$	sccs
	$\cos(\alpha\pm\beta)=\cos\alpha\cos\beta\mp\sin\alpha\sin\beta$	ccss
	$\tan(\alpha\pm\beta)=\dfrac{\tan\alpha\pm\tan\beta}{1\mp\tan\alpha\tan\beta}$	$\tan(\alpha\pm\beta)=\dfrac{\sin(\alpha\pm\beta)}{\cos(\alpha\pm\beta)}$
	$\cot(\alpha\pm\beta)=\dfrac{\cot\alpha\cot\beta\mp1}{\cot\alpha\pm\cot\beta}$	$\cot(\alpha\pm\beta)=\dfrac{\cos(\alpha\pm\beta)}{\sin(\alpha\pm\beta)}$
倍角公式	$\sin2\alpha=2\sin\alpha\cos\alpha=\dfrac{2\tan\alpha}{1+\tan^2\alpha}$	在两角和的三角函数公式中, 令 $\beta=\alpha$, 结合同角三角函数的基本关系获得
	$\cos2\alpha=\cos^2\alpha-\sin^2\alpha=2\cos^2\alpha-1=1-2\sin^2\alpha=\dfrac{1-\tan^2\alpha}{1+\tan^2\alpha}$	
	$\tan2\alpha=\dfrac{2\tan\alpha}{1-\tan^2\alpha}$	
	$\cot2\alpha=\dfrac{\cot^2\alpha-1}{2\cot\alpha}$	
	$\sec2\alpha=\dfrac{\sec^2\alpha}{1-\tan^2\alpha}=\dfrac{\cot\alpha+\tan\alpha}{\cot\alpha-\tan\alpha}$	
	$\csc2\alpha=\dfrac{1}{2}\sec\alpha\csc\alpha=\dfrac{\tan\alpha+\cot\alpha}{2}$	

续表

名称	公式	备注
降幂公式	$\sin^2\alpha=\dfrac{1-\cos 2\alpha}{2}$	由余弦的二倍角公式获得
	$\cos^2\alpha=\dfrac{1+\cos 2\alpha}{2}$	
半角公式	$\sin\dfrac{\alpha}{2}=\pm\sqrt{\dfrac{1-\cos\alpha}{2}}$	降幂公式, 结合正弦二倍角公式获得
	$\cos\dfrac{\alpha}{2}=\pm\sqrt{\dfrac{1+\cos\alpha}{2}}$	
	$\tan\dfrac{\alpha}{2}=\pm\sqrt{\dfrac{1-\cos\alpha}{1+\cos\alpha}}=\dfrac{1-\cos\alpha}{\sin\alpha}=\dfrac{\sin\alpha}{1+\cos\alpha}$	
	$\cot\dfrac{\alpha}{2}=\pm\sqrt{\dfrac{1+\cos\alpha}{1-\cos\alpha}}=\dfrac{1+\cos\alpha}{\sin\alpha}=\dfrac{\sin\alpha}{1-\cos\alpha}$	
	$\sec\dfrac{\alpha}{2}=\pm\sqrt{\dfrac{2\sec\alpha}{\sec\alpha+1}}$	
	$\csc\dfrac{\alpha}{2}=\pm\sqrt{\dfrac{2\sec\alpha}{\sec\alpha-1}}$	
万能公式	$\sin\alpha=\dfrac{2\tan\dfrac{\alpha}{2}}{1+\tan^2\dfrac{\alpha}{2}}$	将二倍角公式中的 α 换成 $\dfrac{\alpha}{2}$ 获得
	$\cos\alpha=\dfrac{1-\tan^2\dfrac{\alpha}{2}}{1+\tan^2\dfrac{\alpha}{2}}$	
	$\tan\alpha=\dfrac{2\tan\dfrac{\alpha}{2}}{1-\tan^2\dfrac{\alpha}{2}}$	
积化和差公式	$\sin\alpha\cos\beta=\dfrac{1}{2}[\sin(\alpha+\beta)+\sin(\alpha-\beta)]$	由两角和与差的三角函数公式获得
	$\cos\alpha\sin\beta=\dfrac{1}{2}[\sin(\alpha+\beta)-\sin(\alpha-\beta)]$	
	$\cos\alpha\cos\beta=\dfrac{1}{2}[\cos(\alpha+\beta)+\cos(\alpha-\beta)]$	
	$\sin\alpha\sin\beta=-\dfrac{1}{2}[\cos(\alpha+\beta)-\cos(\alpha-\beta)]$	

续表

名称	公式	备注
和差化积公式	$\sin x+\sin y=2\sin\dfrac{x+y}{2}\cos\dfrac{x-y}{2}$	令 $\begin{cases}x=\alpha+\beta,\\ y=\alpha-\beta,\end{cases}$ 由两角和与差的三角公式获得
	$\sin x-\sin y=2\cos\dfrac{x+y}{2}\sin\dfrac{x-y}{2}$	
	$\cos x+\cos y=2\cos\dfrac{x+y}{2}\cos\dfrac{x-y}{2}$	
	$\cos x-\cos y=-2\sin\dfrac{x+y}{2}\sin\dfrac{x-y}{2}$	

6. 反三角函数 **Inverse trigonometric function**

反三角函数是各三角函数在其特定的单调区间上的反函数.

1) 反正弦函数、反余弦函数

定义 5　正弦函数 $y=\sin x$ 在单调增加区间 $\left[-\dfrac{\pi}{2},\dfrac{\pi}{2}\right]$ 上的反函数称为**反正弦函数** (arc-sine function), 记作 $y=\arcsin x$. 反正弦值 $y=\arcsin x$ 表示属于 $\left[-\dfrac{\pi}{2},\dfrac{\pi}{2}\right]$ 且正弦值等于 x 的角.

定义 6　余弦函数 $y=\cos x$ 在单调减少区间 $[0,\pi]$ 上的反函数称为**反余弦函数** (arc-cosine function), 记作 $y=\arccos x$. 反余弦值 $y=\arccos x$ 表示属于 $[0,\pi]$ 且余弦值等于 x 的角.

反正弦函数、反余弦函数的图形如图 1-26 所示.

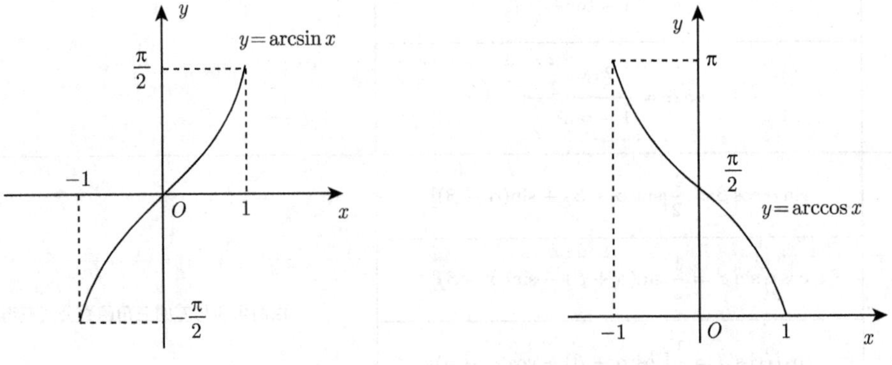

(a)　　(b)

图 1-26

反正弦函数、反余弦函数的定义域、值域及重要性质见表 9.

表 9 反正弦函数、反余弦函数的性质

性质	$y=\arcsin x$	$y=\arccos x$
定义域	$[-1,1]$	$[-1,1]$
值域	$\left[-\frac{\pi}{2},\frac{\pi}{2}\right]$	$[0,\pi]$
单调性	增函数	减函数
奇偶性	因 $\arcsin(-x)=-\arcsin x$, 故为奇函数	因 $\arccos(-x)=\pi-\arccos x$, 故为非奇非偶函数
恒等式	$x\in[-1,1]$, $\sin(\arcsin x)=x$, $\cos(\arcsin x)=\sqrt{1-x^2}$; $x\in\left[-\frac{\pi}{2},\frac{\pi}{2}\right]$, $\arcsin(\sin x)=x$; $x\in[0,\pi]$, $\arcsin(\cos x)=\frac{\pi}{2}-x$	$x\in[-1,1]$, $\cos(\arccos x)=x$, $\sin(\arccos x)=\sqrt{1-x^2}$; $x\in[0,\pi]$, $\arccos(\cos x)=x$; $x\in\left[-\frac{\pi}{2},\frac{\pi}{2}\right]$, $\arccos(\sin x)=\frac{\pi}{2}-x$
互余式	$x\in[-1,1]$, $\arcsin x+\arccos x=\frac{\pi}{2}$	

2) 反正切函数、反余切函数

定义 7 正切函数 $y=\tan x$ 在单调增加区间 $\left(-\frac{\pi}{2},\frac{\pi}{2}\right)$ 上的反函数称为**反正切函数** (arc-tangent function), 记作 $y=\arctan x$. 反正切值 $y=\arctan x$ 表示属于 $\left(-\frac{\pi}{2},\frac{\pi}{2}\right)$ 且正切值等于 x 的角.

定义 8 余切函数 $y=\cot x$ 在单调减少区间 $(0,\pi)$ 上的反函数称为**反余切函数** (arc-cotangent function), 记作 $y=\mathrm{arccot}x$. 反余切值 $y=\mathrm{arccot}x$ 表示属于 $(0,\pi)$ 且余切值等于 x 的角.

反正切函数、反余切函数的图形如图 1-27 所示.

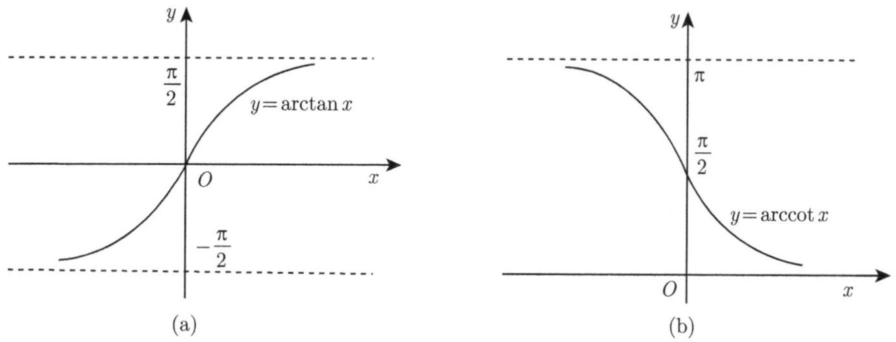

图 1-27

反正切函数、反余切函数的定义域、值域及重要性质见表 10.

表 10 反正切函数、反余切函数的性质

性质	$y=\arctan x$	$y=\operatorname{arccot}x$
定义域	$(-\infty,+\infty)$	$(-\infty,+\infty)$
值域	$\left(-\dfrac{\pi}{2},\dfrac{\pi}{2}\right)$	$(0,\pi)$
单调性	增函数	减函数
奇偶性	因 $\arctan(-x)=-\arctan x$, 故为奇函数	非奇非偶函数
恒等式	$x\in(-\infty,+\infty),\quad \tan(\arctan x)=x;$ $x\in\left(-\dfrac{\pi}{2},\dfrac{\pi}{2}\right),\quad \arctan(\tan x)=x$	$x\in(-\infty,+\infty),\quad \cot(\operatorname{arccot}x)=x;$ $x\in(0,\pi),\quad \operatorname{arccot}(\cot x)=x$
互余式	$x\in(-\infty,+\infty),\quad \arctan x+\operatorname{arccot}x=\dfrac{\pi}{2}$	

根据几个反三角函数的定义, 容易知道反三角函数都不是周期函数.

二、 初等函数 Elementary function

定义 9 设函数 $f(x)$, $g(x)$ 的定义域分别是 D_1, D_2, $D=D_1\cap D_2\neq\varnothing$, 则可以定义函数的下列运算:

和 (差) $f\pm g$ $\quad (f\pm g)(x)=f(x)\pm g(x),\ x\in D;$

积 $f\cdot g$ $\quad (f\cdot g)(x)=f(x)\cdot g(x),\ x\in D;$

商 $\dfrac{f}{g}$ $\quad \left(\dfrac{f}{g}\right)(x)=\dfrac{f(x)}{g(x)},\ x\in D-\{x\,|g(x)=0\}.$

定义 10 由基本初等函数经过有限次四则运算或复合运算得到并且能用一个式子表示的函数, 统称为**初等函数** (elementary function).

例如, **多项式函数** (polynomial function)

$$P_n(x)=a_nx^n+a_{n-1}x^{n-1}+\cdots+a_1x+a_0,\quad x\in(-\infty,+\infty),$$

它是由常数函数与正整数幂函数经过若干次乘法与加法运算而得到.

有理 (分式) 函数 (rational function) $\quad f(x)=\dfrac{P_n(x)}{Q_m(x)}$, 这里 $P_n(x)$, $Q_m(x)$ 是多项式函数, 其定义域是 $\mathbf{R}$ 中去除使 $Q_m(x)=0$ 的根后的数集.

幂指函数 (power exponential function) $\quad f(x)=[u(x)]^{v(x)}$, 这里 $u(x),v(x)$ 是函数, 通常需要 $u(x)>0$ 才有意义, 此时

$$f(x)=[u(x)]^{v(x)}=\mathrm{e}^{v(x)\ln[u(x)]}.$$

显然, 当 $u(x),v(x)$ 都是初等函数, 且 $u(x)>0$ 时, $f(x)$ 是初等函数.

凡不是初等函数的函数, 都称为**非初等函数** (non-elementary functions).

分段函数是按照定义域的不同子集用不同表达式来表示对应关系的函数. 分段函数常常不是初等函数, 比如第二节提到的符号函数、取整函数、狄利克雷函数. 但有些分段函

数却是初等函数. 例如, 绝对值函数 $y=|x|=\begin{cases} x, & x\geqslant 0, \\ -x, & x<0, \end{cases}$ 这是一个分段函数, 由于 $y=|x|=\sqrt{x^2}$, 因此, $y=|x|$ 是初等函数. 同理, $y=|\sin x|$, $y=\ln|x-1|$ 等既是分段函数, 也是初等函数.

由于初等函数是本书研究的主要对象. 为此, 读者除对基本初等函数的图形与性质熟练掌握外, 还要善于确定初等函数的定义域.

习 题 三

1. 若 $0<a<1$, 试比较 $\ln a$, $\ln(a+1)$, $[\ln(a+1)]^2$ 的大小.
2. 试比较 $m_1=\log_2 5$, $m_2=2^{0.5}$, $m_3=\log_4 15$ 的大小.
3. 若 a,b 满足 $0<a<b<1$, 试比较 a^a, a^b, b^a 的大小.
4. 已知 $\sin(\alpha+\beta)=1$, $\sin\beta=\dfrac{1}{5}$, 求 $\sin(2\alpha+\beta)$.
5. 设 $x\neq k\pi$, $k\in\mathbf{Z}$, 证明: $\tan\dfrac{x}{2}=\csc x-\cot x$.
6. 设 $x\neq(2k-1)\pi$ 且 $x\neq k\pi+\dfrac{\pi}{2}$, $k\in\mathbf{Z}$, 证明: $\dfrac{1+\tan\dfrac{x}{2}}{1-\tan\dfrac{x}{2}}=\sec x+\tan x$.
7. 求下列各式的值:

(1) $\sin\left[\arccos\left(-\dfrac{\sqrt{2}}{3}\right)\right]$; (2) $\cos^2\left(\dfrac{1}{2}\arccos\dfrac{3}{5}\right)$;

(3) $\cos\left[\arccos\dfrac{4}{5}+\arccos\left(-\dfrac{5}{13}\right)\right]$; (4) $\sin(\arctan 2\sqrt{2})$.

8. 在下列各题中, 求由所给函数复合而成的函数, 并求出这函数分别对应于所给自变量值的函数值:

(1) $y=\mathrm{e}^u$, $u=v^2$, $v=\cot x$, $x_1=\dfrac{\pi}{4}$, $x_2=\dfrac{\pi}{2}$;

(2) $y=u^2$, $u=\mathrm{e}^v$, $v=\cot x$, $x_1=\dfrac{\pi}{4}$, $x_2=\dfrac{\pi}{2}$.

9. 求下列函数的定义域, 并且指出由哪些函数复合而成:

(1) $y=\arccos\sqrt[3]{\dfrac{x-1}{2}}$; (2) $y=(\arcsin\sqrt{1-x^2})^2$; (3) $y=\ln(\csc \mathrm{e}^{x+1})$.

10. 设 $f(x)$ 的定义域是 $[0,1]$, 求函数 $f(\arctan x)$ 的定义域.

第四节 隐函数、参数方程确定的函数与极坐标方程确定的函数

Implicit functions and a function detertmined by a parametric equation and a function detertmined by a polar coordinate equation

一、 隐函数 Implicit functions

函数 $y=f(x)$ 中 x 是自变量, y 是因变量. 若因变量 y 可以由自变量 x 的某一表达式来表示, 则称函数 $y=f(x)$ 是**显函数** (explicit function). 例如函数

$$y=\mathrm{e}^x+\sin x$$

就是显函数. 若自变量 x 与因变量 y 之间的对应关系是由某一个方程所确定, 则称函数 $y=f(x)$ 是**隐函数** (implicit function). 例如

$$x^{\frac{3}{2}}+y^{\frac{3}{2}}=a^{\frac{3}{2}}\quad(a>0)$$

就是隐函数.

定义 1 设 $F(x,y)=0$ 是实数集上的一个二元方程. 若存在非空数集 $D\subseteq\mathbf{R}, Y\subseteq\mathbf{R}$, 对任意的 $x\in D$, 有唯一的 $y\in Y$ 与之对应, 使得 (x,y) 满足方程 $F(x,y)=0$, 则称方程 $F(x,y)=0$ 确定了一个定义在数集 D 上, 且值域包含于 Y 的**隐函数**. 若将这个隐函数记作

$$y=f(x),\quad x\in D, y\in Y,$$

则有 $F(x,f(x))=0$.

把一个隐函数化成显函数, 称为**隐函数的显化** (representation of implicit function). 例如, 二元方程 $F(x,y)=xy+y-1=0$ 确定了 y 是 x 的隐函数, 并且可以显化为函数 $y=\dfrac{1}{x+1}(x\in(-\infty,-1)\cup(-1,+\infty))$.

说明 (1) 显然, 显函数是一类特殊的隐函数, 但隐函数不一定能够显化. 解决实际问题时, 也不一定需要对隐函数显化. 上面将隐函数仍记作 $y=f(x)$, 这与它能否用显函数表示无关.

(2) 不是任意方程 $F(x,y)=0$ 都能确定隐函数. 例如, 方程 $x^2+y^2+1=0$ 不能确定函数关系. 那么, 二元方程 $F(x,y)=0$ 满足什么条件时才能确定隐函数呢？事实上, 只要方程 $F(x,y)=0$ 有实数解, 即存在 (x_0,y_0) 满足方程 $F(x,y)=0$ 即可.

(3) 隐函数一般需要同时指出自变量与因变量的取值范围. 例如, 由方程 $x^2+y^2=1$ 可以确定如下两个隐函数:

$$y=\sqrt{1-x^2},\quad x\in[-1,1],\ y\in[0,1];$$

$$y=-\sqrt{1-x^2},\quad x\in[-1,1],\ y\in[-1,0].$$

(4) 类似地, 可以定义多元隐函数. 例如, 由方程 $F(x,y,z)=0$ 确定的隐函数 $z=f(x,y)$.

二、 参数方程确定的函数 Functions detertmined by a parametric equation

1. 参数方程

定义 2 在坐标平面内, 曲线上任意一点的坐标 (x,y), x, y 分别表示为某一个第三变量 t 的函数

$$\begin{cases}x=\varphi(t),\\ y=\psi(t),\end{cases}$$

称这个方程为曲线的**参数方程** (parametric equation), 称第三变量 t 为**参数** (parameter).

在同一直角坐标系下, 参数方程与普通方程可以互化, 消去参数方程中的参数, 即可得到普通方程; 反之, 对于曲线的普通方程, 只要选择适当的参数, 也可化为参数方程.

2. 参数方程确定的函数

研究物体运动的轨迹时，常采用参数方程. 例如，研究抛射体的运动，若空气阻力忽略不计，则抛射体的运动轨迹可描述为

$$\begin{cases} x = v_1 t, \\ y = v_2 t - \dfrac{1}{2}gt^2, \end{cases} \tag{1}$$

其中 v_1, v_2 分别是抛射体初始速度的水平、竖直方向的分量，g 是重力加速度，t 是飞行时间，x 和 y 是飞行中抛射体在平面上的位置的横坐标和纵坐标.

在 (1) 式中，x 和 y 都是 t 的函数. 若把对应于同一个 t 的 y 的值与 x 的值看作是对应的，这样就获得 x 与 y 之间的一个函数关系. 消去 (1) 式中的参数 t，有

$$y = \frac{v_2}{v_1}x - \frac{g}{2v_1^2}x^2.$$

这是直接联系因变量 y 与自变量 x 的式子，也是参数方程 (1) 所确定的函数 $y = f(x)$ 的显函数表达式.

定义 3 若参数方程

$$\begin{cases} x = \varphi(t), \\ y = \psi(t) \end{cases}$$

确定了 x 与 y 间的函数关系 $y = f(x)$，则称函数 $y = f(x)$ 为由**参数方程确定的函数** (a function detertmined by a parametric equation).

3. 常用曲线的参数方程

1) 直线的参数方程

过点 $P_0(x_0, y_0)$，且倾斜角为 φ 的直线的参数方程为

$$\begin{cases} x = x_0 + t\cos\varphi = x_0 + at, \\ y = y_0 + t\sin\varphi = y_0 + bt, \end{cases} \quad \text{参数}\, t \in (-\infty, +\infty),$$

其中参数 t 表示点 $P_0(x_0, y_0)$ 到直线上点 $P(x, y)$ 的有向线段 P_0P 的数量 (图 1-28).

2) 圆的参数方程

以点 $O'(a, b)$ 为圆心，r 为半径的圆 $(x-a)^2 + (y-b)^2 = r^2$ 的参数方程为

$$\begin{cases} x = a + r\cos\theta, \\ y = b + r\sin\theta, \end{cases} \quad \text{参数}\, \theta \in [0, 2\pi)(\text{图1-29}).$$

3) 椭圆的参数方程

椭圆 $\dfrac{x^2}{a^2} + \dfrac{y^2}{b^2} = 1(a > 0, b > 0)$ 的参数方程为

$$\begin{cases} x = a\cos\theta, \\ y = b\sin\theta, \end{cases} \quad \text{参数}\, \theta \in [0, 2\pi).$$

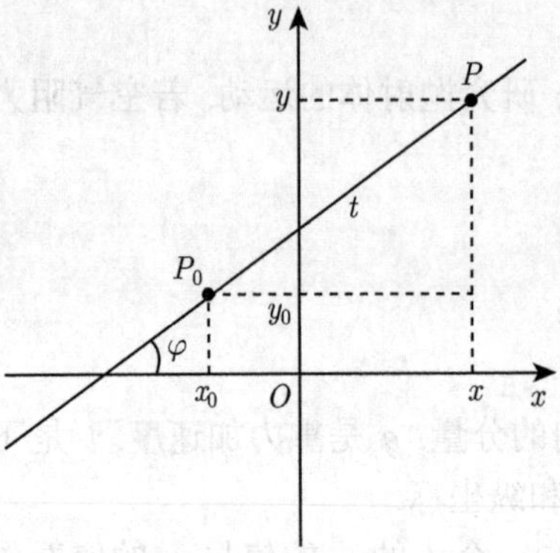

图 1-28

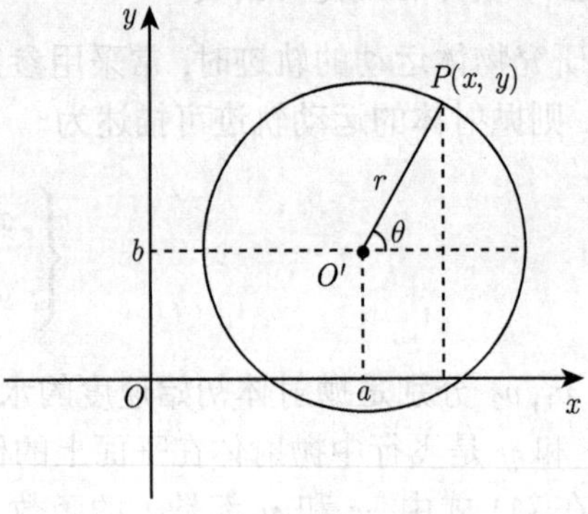

图 1-29

4) 双曲线的参数方程

双曲线 $\dfrac{x^2}{a^2}-\dfrac{y^2}{b^2}=1(a>0,b>0)$ 的参数方程为

$$\begin{cases} x=a\sec\theta, \\ y=b\tan\theta, \end{cases} \quad \text{参数}\,\theta\in\left(-\frac{\pi}{2},\frac{\pi}{2}\right)\cup\left(\frac{\pi}{2},\frac{3\pi}{2}\right).$$

5) 抛物线的参数方程

抛物线 $y^2=2px(p>0)$ 的参数方程为

$$\begin{cases} x=2pt^2, \\ y=2pt, \end{cases} \quad \text{参数}\,t\in(-\infty,+\infty).$$

例 1　已知曲线 C: $\dfrac{x^2}{4}+\dfrac{y^2}{9}=1$, 直线 l: $\begin{cases} x=2+t, \\ y=2-2t, \end{cases}$ t 为参数.

(1) 写出曲线 C 的参数方程, 直线 l 的普通方程;

(2) 如图 1-30 所示, 过曲线 C 上任意一点 P 作与直线 l 夹角为 $\dfrac{\pi}{6}$ 的直线, 交 l 于点 A, 求 $|PA|$ 的最大值和最小值.

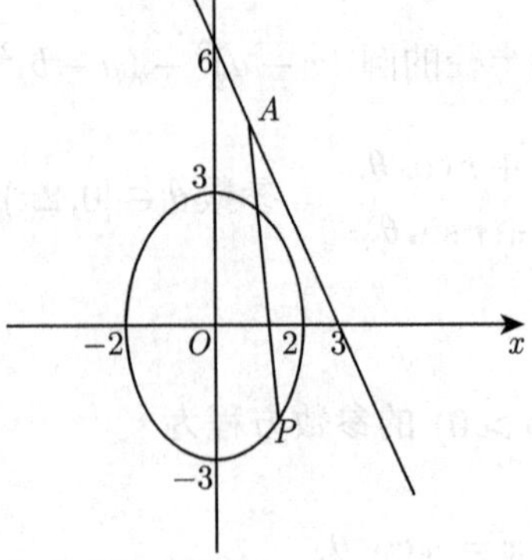

图 1-30

解　(1) 曲线 C 的参数方程为

$$\begin{cases} x = 2\cos\theta, \\ y = 3\sin\theta, \end{cases} \text{参数}\theta \in [0, 2\pi),$$

直线 l 的普通方程为

$$2x + y - 6 = 0.$$

(2) C 上任意一点 $P(2\cos\theta, 3\sin\theta)$ 到直线 l 的距离为

$$d = \frac{\sqrt{5}}{5}\left|4\cos\theta + 3\sin\theta - 6\right|,$$

则

$$|PA| = \frac{d}{\sin\frac{\pi}{6}} = \frac{2\sqrt{5}}{5}\left|5\sin(\theta + \alpha) - 6\right|,$$

其中 α 为锐角, 且 $\tan\alpha = \frac{4}{3}$.

当 $\sin(\theta + \alpha) = -1$ 时, $|PA|$ 取得最大值, 最大值为 $\frac{22\sqrt{5}}{5}$; 当 $\sin(\theta + \alpha) = 1$ 时, $|PA|$ 取得最小值, 最小值为 $\frac{2\sqrt{5}}{5}$.

三、 极坐标方程确定的函数 Functions detertmined by a polar equation

1. 极坐标系与极坐标

在平面上任取一定点 O, 引一条射线 Ox, 选定一个长度单位和度量角的方向 (通常取逆时针方向), 这样就可以建立一个**极坐标系** (system of polar coordinates)(图 1-31), 点 O 称为**极点** (pole), Ox 称为**极轴** (polar axis).

图 1-31

在平面内任取一点 P, 用 ρ 表示线段 OP 的长度, θ 表示从 Ox 到 OP 的角度, 称 ρ 为点 P 的**极径** (polar radius), 称 θ 为点 P 的**极角** (polar angle), 称有序数对 (ρ, θ) 为点 P 的**极坐标** (polar coordinates). 极坐标为 (ρ, θ) 的点 P 可表示为 $P(\rho, \theta)$, 如图 1-32 所示.

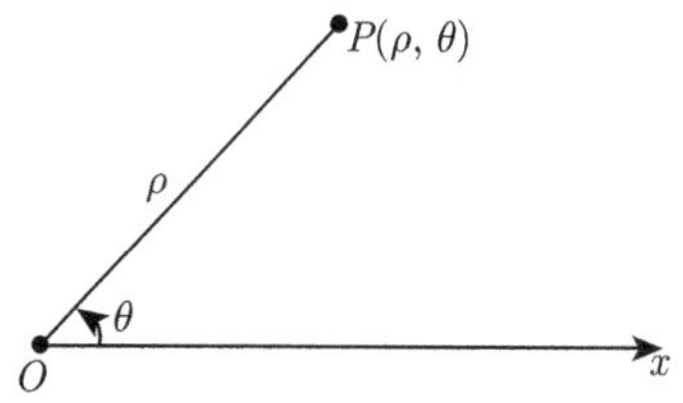

图 1-32

当点 P 在极点时, 它的极径 $\rho=0$, 极角 θ 可取任意值. 在某些情况下, 极径 ρ 也允许取负值, 当点 P 的极径 $\rho<0$ 时, 表示点 P 在极角 θ 终边的反向延长线上, 而到极点的长度是 $|\rho|$.

建立起极坐标系以后, 给定 ρ 和 θ, 就可以在平面内确定唯一的一点 P; 反过来, 给定平面内一点, 也可以找到它的极坐标 (ρ,θ). 但与直角坐标系不同的是, 平面内一点的极坐标可以有无数多种表示法. 这是因为 (ρ,θ) 和 $(-\rho,\pi+\theta)$ 是同一点的坐标, 而且一个角加 $2k\pi\,(k\in\mathbf{Z})$ 后都是和原角终边相同的角. 一般地, 若 (ρ,θ) 是一个点的极坐标, 则 $(\rho,\theta+2k\pi)$, $(-\rho,\theta+(2k+1)\pi)$ 都可以作为它的极坐标. 但如果限定 $\rho>0$, $0\leqslant\theta<2\pi$ 或 $-\pi<\theta\leqslant\pi$, 那么除极点外, 平面内的点和极坐标一一对应.

2. 极坐标与直角坐标的互化

把直角坐标系的原点与极坐标系的极点重合, x 轴正半轴与极轴重合, 并在两种坐标系中取相同的长度单位 (图 1-33). 设点 P 是平面内任意一点, 它的直角坐标是 (x,y), 极坐标是 (ρ,θ). 则有极坐标 (ρ,θ) 转化为直角坐标 (x,y) 的公式

$$\begin{cases} x=\rho\cos\theta, \\ y=\rho\sin\theta; \end{cases}$$

直角坐标 (x,y) 转化为极坐标 (ρ,θ) 的公式

$$\begin{cases} \rho^2=x^2+y^2, \\ \tan\theta=\dfrac{y}{x}, \end{cases} \quad x\neq 0 \quad \text{或} \quad \begin{cases} \rho^2=x^2+y^2, \\ \cos\theta=\dfrac{x}{\pm\sqrt{x^2+y^2}}, \\ \sin\theta=\dfrac{y}{\pm\sqrt{x^2+y^2}}, \end{cases} \quad x^2+y^2\neq 0.$$

由直角坐标 (x,y) 转化为极坐标 (ρ,θ) 时, 要注意点 P 在直角坐标系的哪一象限.

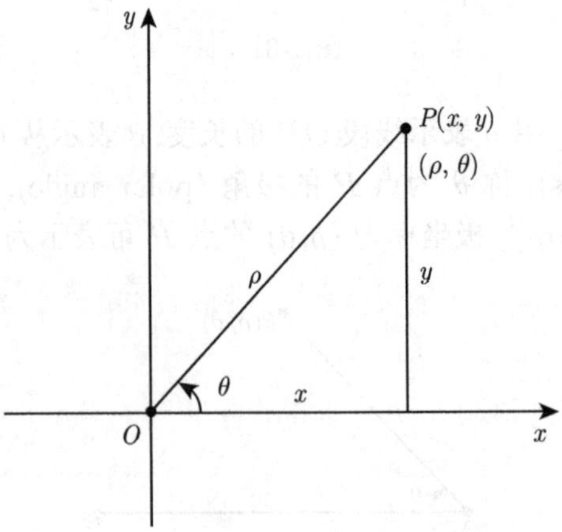

图 1-33

3. 极坐标方程确定的函数

在极坐标系中, 平面内的一条曲线可以用含有 ρ 和 θ 这两个变量的方程 $F(\rho,\theta)=0$ 来表示. 称方程 $F(\rho,\theta)=0$ 为曲线的**极坐标方程** (polar equation).

求曲线的极坐标方程的方法与步骤, 与求直角坐标方程完全类似, 就是把曲线看作适合某种条件的点的集合或轨迹, 用曲线上点的极坐标 (ρ,θ) 的关系式 $F(\rho,\theta)=0$ 表示出来, 就得到曲线的极坐标方程.

作极坐标方程对应的曲线, 步骤大概是

(1) 分析方程的特性. ①找出特殊点. 令 $\theta=0, \dfrac{\pi}{2}, \pi, \dfrac{3\pi}{2}$ 等值, 求出 ρ 的值; 找出图形与极轴、极垂线 (过极点且与极轴成 $\dfrac{\pi}{2}$ 角的射线称为**极垂线** (polar vertical)) 的交点等. ②讨论对称性. 若以 $-\theta$ 代替 θ, 而方程不变, 即 $F(\rho,-\theta)=F(\rho,\theta)$, 则图形关于极轴对称; 若以 $\pi+\theta$ 代替 θ, 而方程不变, 即 $F(\rho,\pi+\theta)=F(\rho,\theta)$, 则图形关于极点对称; 若以 $\pi-\theta$ 代替 θ, 而方程不变, 即 $F(\rho,\pi-\theta)=F(\rho,\theta)$, 则图形关于极垂线对称. ③讨论图形的范围. 若 $|\rho|$ 可以无限增大, 图形就可以无限伸展, 否则图形就在有限范围内.

(2) 根据分析, 适当选取 θ 的值, 列出 ρ, θ 的对应数值表. 在极坐标系中, 作出对应的点, 描绘曲线.

设 $F(\rho,\theta)=0$ 是极坐标方程. 若存在非空数集 $D\subseteq\mathbf{R}$, $Y\subseteq\mathbf{R}$, 对任意的 $\theta\in D$, 有唯一的 $\rho\in Y$ 与之对应, 使得 (ρ,θ) 满足方程 $F(\rho,\theta)=0$, 则极坐标方程 $F(\rho,\theta)=0$ 确定了一个定义在数集 D 上, 且值域包含于 Y 的隐函数 $\rho=\varphi(\theta)$. 则称 $\rho=\varphi(\theta)$ 是**极坐标方程确定的函数** (a function detertmined by a polar equation).

4. 常用曲线的极坐标方程

1) 直线的极坐标方程

设 $P(\rho,\theta)$ 是直线 l 上的任意一点, p 为极点到直线 l 的距离, 则直线 l 的极坐标方程为

$$\rho=\frac{p}{\cos(\alpha-\theta)},$$

其中 α 是极点到直线 l 的垂线与极轴所成的角.

2) 圆的极坐标方程

以点 (ρ_0,θ_0) 为圆心, r 为半径的圆的极坐标方程为

$$\rho^2-2\rho\rho_0\cos(\theta-\theta_0)+\rho_0^2=r^2.$$

[①]3) 圆锥曲线的极坐标方程

椭圆 (包括圆)、双曲线、抛物线统称为**圆锥曲线** (conic section). 圆锥曲线的几何特征: 平面上一个动点到一个定点与到一定直线 (称为**准线** (directrix)) 的距离之比为一个常数 e, 这个动点的轨迹就是圆锥曲线. 当 $0<e<1$ 时, 是椭圆; 当 $e=1$ 时, 是抛物线; 当 $e>1$ 时, 是双曲线. 称 e 为离心率. 椭圆 $\dfrac{x^2}{a^2}+\dfrac{y^2}{b^2}=1(a>b>0)$ 和双曲线 $\dfrac{x^2}{a^2}-\dfrac{y^2}{b^2}=1(a>0, b>0)$ 的准线为 $x=\pm\dfrac{a^2}{c}$, 离心率 $e=\dfrac{c}{a}$.

① 本书部分章节中的小字号部分作为选学内容.

以圆锥曲线的焦点为极点 O, 过 O 作准线的垂线, 以此垂线的反向延长线为极轴, 则圆锥曲线的极坐标方程为

$$\rho=\frac{ep}{1-e\cos\theta},$$

其中 p 为焦点到同一侧的准线的距离.

第五节 *① 常用经济函数

Common economic functions

一、 需求函数 Demand function

在经济学中, 购买者 (消费者) 对商品的需求这一概念的含义是购买者既有购买商品的愿望, 又有购买商品的能力. 也就是说, 只有购买者同时具备了购买商品的欲望和支付能力两个条件, 才称得上需求. 影响需求的因素很多, 如人口、收入、财产、该商品的价格, 其他相关产品的价格、消费者的偏好等. 在所考虑的时间范围内, 如果把除该商品价格以外的上述因素都看作是不变的因素, 则可把该商品价格 P 看作是自变量, 需求量看作是因变量, 即需求量 D 可视为该商品价格 P 的函数, 称为**需求函数** (demand function), 记作

$$D=f(P).$$

需求函数的图形称为**需求曲线** (demand curve). 需求函数一般是价格的递减函数. 需求曲线通常是一条从左向右下方倾斜的曲线. 即价格上涨, 需求量则逐步减少; 价格下降, 需求量则逐步增大. 引起商品价格和需求量反方向变化的原因包括以下两方面. 一是收入效应, 亦即当价格上升或下降时, 都会影响到个人的实际收入, 从而影响购买力. 例如, 价格下降时, 意味着购买者的实际收入增加, 从而增加对该种商品的购买量; 一些在原价格上无力购买的人, 此时成为新的购买者, 也使购买量增加. 二是替代效应, 一些商品之间在使用上存在着彼此可以替代的关系. 当某种商品价格变化高于其他商品价格变化时, 购买者就可能改变购买计划, 以价格变得相对低的商品去替代价格变得较高的商品. 例如, 由于羊肉价格上涨幅度大了, 人们就可能多购买些涨价幅度较小的鱼来代替部分羊肉的消费. 但是, 也有例外情况, 需求曲线出现从左向右上升. 例如, 随着物质生活越来越好, 名画、瓷器等艺术珍品价格越高, 越被认为珍贵, 人们对它们的需求量就越大.

最常用的需求函数类型为线性函数: $D=\dfrac{a-P}{b}(a>0,b>0)$. 线性函数的斜率为 $-\dfrac{1}{b}<0$. 当 $P=0$ 时, $D=\dfrac{a}{b}$, 表示当价格为零时, 购买者对该商品的需求量为 $\dfrac{a}{b}$, $\dfrac{a}{b}$ 也称为市场对该商品的饱和需求量. 当 $P=a$ 时, $D=0$, 表示当价格上涨到 a 时, 已没有人购买该商品 (图 1-34).

若需求函数为

$$D=\frac{a}{P+c}-b\quad(a>0,b>0,c>0).$$

---

① 本书标注星号 "*" 的章节为选修内容.

此时, 若 $P=0$, 则 $D=\frac{a}{c}-b$, 表示该商品的饱和需求量为 $\frac{a}{c}-b$, 当价格上升到 $P=\frac{a}{b}-c$ 时, 商品的需求量下降为 0. 但若免费赠送, 并且给购买者以一定的如运输费用等方面的补贴 (表现为负价格), 鼓励购买, 则当 P 下降接近于 $-c$ 时, 由需求曲线可见, 该商品的需求量将无限增大 (图 1-35).

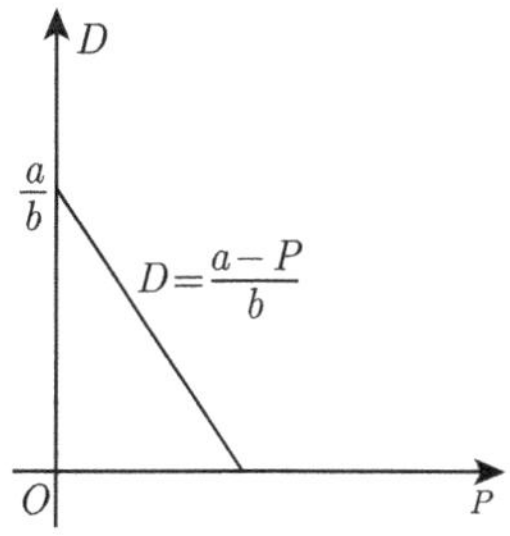

图 1-34

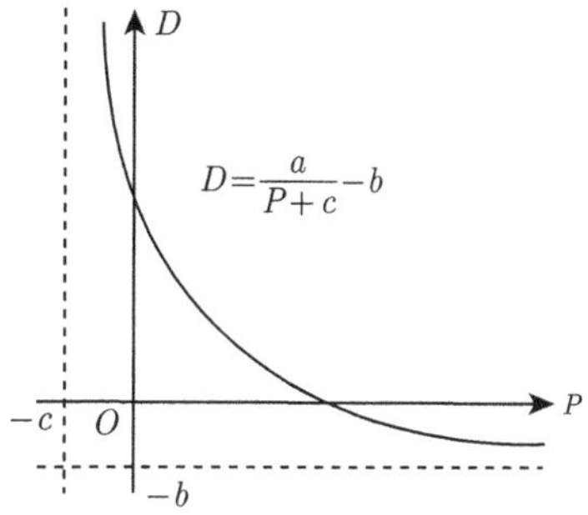

图 1-35

习惯上, 不少经济分析的著作喜欢把需求函数写成反函数形式 $P=\varphi^{-1}(D)$, 但从经济意义上分析时, 仍应将 P 作为自变量, 把 D 作为因变量. 例如前面介绍的两个需求函数的反函数分别为

$$P=a-bD,\quad P=\frac{a}{D+b}-c.$$

常见的需求函数还有如下一些形式:

(1) $D=\frac{a-P^2}{b}(a>0,b>0)$. 需求曲线见图 1-36, 其反函数为 $P=\sqrt{a-bD}$.

(2) $D=\frac{a-\sqrt{P}}{b}(a>0,b>0)$. 需求曲线见图 1-37, 其反函数为 $P=(a-bD)^2$.

(3) $D=\sqrt{\frac{a-P}{b}}$. 需求曲线见图 1-38, 其反函数为 $P=a-bD^2$.

(4) $D=ae^{-bP}(a>0,b>0)$. 需求曲线见图 1-39, 其反函数为 $P=\frac{2.303}{b}\lg\frac{a}{D}$.

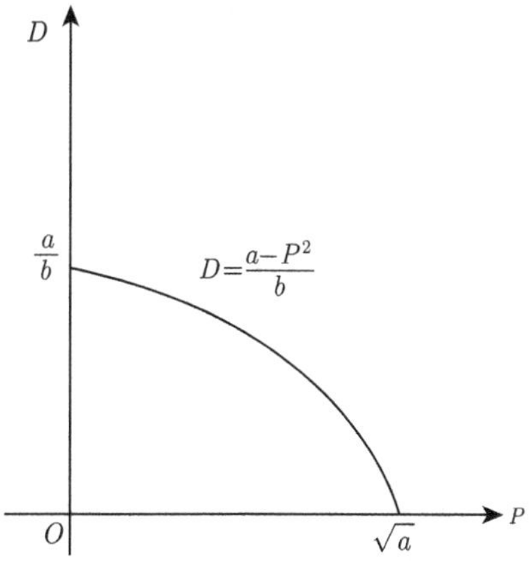

图 1-36

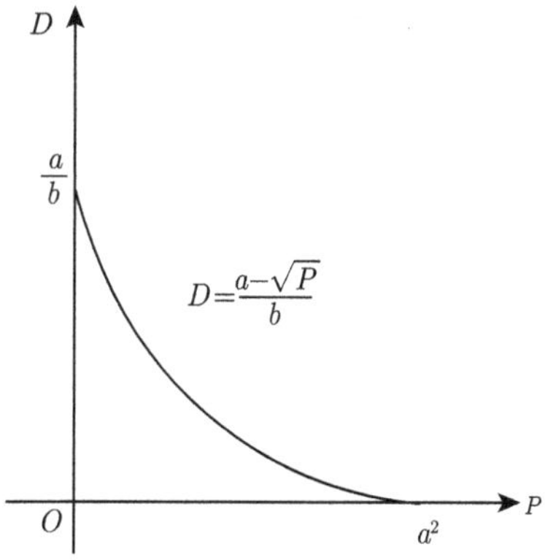

图 1-37

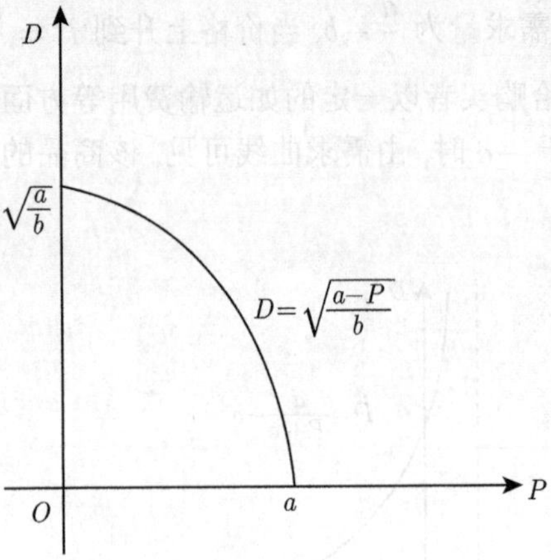

图 1-38

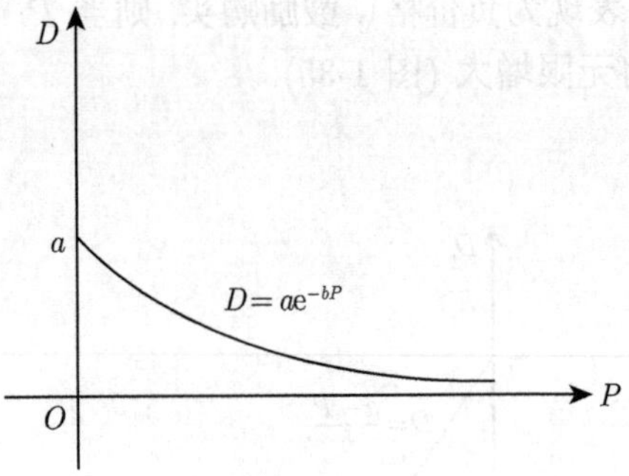

图 1-39

对于具体问题, 可根据实际资料确定需求函数类型及其中的参数.

二、 供给函数 Supply function

供给是与需求相对的概念, 需求是就购买而言的, 而供给是就生产而言的. 供给是指生产者在某一时刻内, 在各种可能的价格水平上, 对某种商品愿意并能够出售的数量. 这就是说作为供给必须具备两个条件: 一是有出售商品的愿望; 二是有供应商品的能力, 二者缺一便不能构成供给, 供给不仅与生产中投入的成本及技术状况有关, 而且与生产者对其他商品和劳务价格的预测等因素有关. **供给函数** (supply function) 是讨论在其他因素不变的条件下供应商品的价格与相应供给量的关系. 即把供应商品的价格 P 作为自变量, 而把相应的供给量 Q 作为因变量. 供给函数一般表示为 $Q=q(P)$, 即价格为 P 时, 生产者愿意提供的商品量.

供给函数的图形称为**供给曲线** (supply curve), 它与需求曲线相反, 一般是一条从左向右上方倾斜的曲线, 即当商品价格上升时, 供给量就会上升. 当价格下降时, 供给量随之下降. 就是说, 供给量随价格变动而发生同方向变动. 但也有例外情况, 例如, 艺术珍品和古董等价格上升后, 人们就会把存货拿出来出售, 从而供给量增加, 而当价格上升到一定限度后, 人们会以为它们可能是更贵重, 就会不再提供到市场出售, 因而价格上升, 供给量反而减少. 此时供给曲线可能呈现不是从左向右上方倾斜的形状.

常用的供给函数有如下几种类型.

(1) 线性供给函数: $Q=-d+cP\ (c>0,d>0)$. 供给曲线如图 1-40 所示. 其反函数为 $P=\frac{1}{c}Q+\frac{d}{c}(c>0,d>0)$. 由上式可见, $\frac{d}{c}$ 为价格的最低限, 只有当价格大于 $\frac{d}{c}$ 时, 生产者才会供应商品.

(2) $Q=\frac{aP-b}{cP+d}(a>0,b>0,c>0,d>0)$. 供给曲线如图 1-41 所示. 由此式可知, 该商品的最低价格为 $P=\frac{b}{a}$, 而当价格上涨时, 该商品有一饱和供给量 $\frac{a}{c}$.

供给函数形式很多, 它与市场组织、市场状况及成本函数有密切关系, 这里不一一列举.

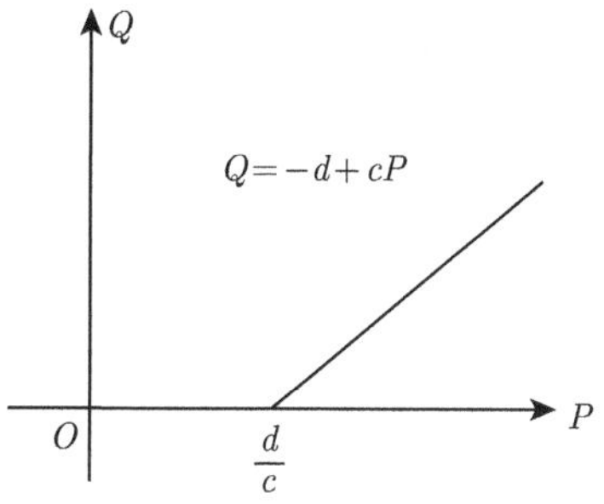

图 1-40

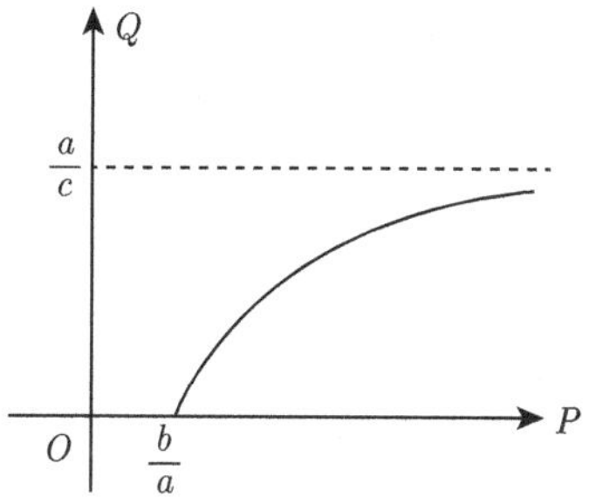

图 1-41

三、 总收益函数 Total revenue function

设某种产品的价格为 P, 相应的需求量为 D, 则销售该产品的总收益 R 为 DP. 又若需求函数为 $D=f(P)$, 其反函数为 $P=g(D)$, 则

$$R=DP=Dg(D).$$

如果取 $P=a-bD$, 则可得**总收益函数** (total revenue function) 为

$$R=(a-bD)D=aD-bD^2=\frac{a^2}{4b}-(\sqrt{b}D-\frac{a}{2\sqrt{b}})^2.$$

由上式可知, 当 $D=\dfrac{a}{2b}$ 时, 所得总收益最大, 其最大收益为 $R_{\max}=\dfrac{a^2}{4b}$.

复习题一

1. 选择题

(1) 函数 $y=3^{|x|}$ 的图形 (　　).

(A) 关于 y 轴对称　　(B) 关于 x 轴对称

(C) 关于原点对称　　(D) 关于原点和坐标轴都不对称

(2) 设 $[x]$ 是取整函数, 则 $y=x-[x]$ 是 (　　).

(A) 无界函数　(B) 单调函数　(C) 偶函数　(D) 周期函数

(3) 函数 $f(x)$ 为奇函数, 则 (　　) 仍为奇函数 (注：此题为多选题).

(A) $f(x+a)-f(x-a)$　　(B) $f(x+a)+f(x-a)$

(C) $f(a+x)-f(a-x)$　　(D) $f(a+x)+f(a-x)$

(4) 若 $F(x)$ 为奇函数, 则函数 $y=F(x)\left(\dfrac{1}{a^x-1}+\dfrac{1}{2}\right)$(其中 $a>0,a\neq 1$) 为 (　　).

(A) 偶函数　　(B) 奇函数

(C) 既是奇函数又是偶函数　　(D) 非奇非偶函数

(5) 设 $M>0$, 函数 $y=\lg(x+1)$ 在区间 (　　) 内有界.

(A) $(-1,0)$　(B) $(0,+\infty)$　(C) $(-1,M)$　(D) $(0,M)$

(6) 若函数 $y=3+a^{x-1}(a>0,a\neq 1)$ 的反函数图形恒过定点 P, 则点 P 是 (　　).

(A) $(3,1)$　(B) $(3+a,2)$　(C) $(4,2)$　(D) $(4,1)$

(7) 当 (　　) 时, 函数 $f(x)=b^{-cx}$ 在 $(-\infty,+\infty)$ 内单调增加.

(A) $b>1,c>0$ (B) $b>1,c<0$ (C) $0<b<1,c\geqslant 0$ (D) $0<b<1,c<0$

(8) 下面函数中, 不是初等函数的是 ( ).

(A) $y=\begin{cases} x, & 0\leqslant x\leqslant 1 \\ 2-x, & 1<x\leqslant 2 \end{cases}$ (B) $y=\begin{cases} x, & x\geqslant 0 \\ -x, & x<0 \end{cases}$

(C) $y=\operatorname{sgn}x$ (D) $y=\sin x$

(9) 函数 $y=\sin\dfrac{\pi x}{2(1+x^2)}$ 的值域是 ( ).

(A) $[-1,1]$ (B) $\left[-\dfrac{\sqrt{2}}{2},\dfrac{\sqrt{2}}{2}\right]$ (C) $[0,1]$ (D) $\left[-\dfrac{1}{2},\dfrac{1}{2}\right]$

2. 填空题

(1) 函数 $f(x)=\dfrac{1}{\ln(2-x)}+\sqrt{100-x^2}$ 的定义域是________;

(2) 设 $f(x)=\begin{cases} 2^x & -1\leqslant x<0, \\ 2, & 0\leqslant x<1, \\ x-1, & 1\leqslant x\leqslant 3, \end{cases}$ 则 $f(x)$ 的定义域为________, $f(0)$=________, $f(1)$=________;

(3) 设 $f(x)=\ln\dfrac{3+x}{3-x}+1$, 则 $f(x)+f\left(\dfrac{3}{x}\right)$ 的定义域为________;

(4) 若 $f(x)=\sqrt{1-x}$, $g(x)=\sin x$, 则 $f[g(x)]=$________;

(5) 若 $f(x)=\dfrac{1}{1-x}$, 则 $f[f(x)]=$________, $f\{f[f(x)]\}=$________;

(6) 设 $f(x)=\begin{cases} 0, & x\leqslant 0, \\ x, & x>0, \end{cases}$ 则 $f[f(x)]=$________;

(7) 已知函数 $y=10^{x-1}-2$, 则它的反函数是________;

(8) 已知 $y=\dfrac{2x}{1+x^2}$, 则它的值域为________;

(9) 函数 $y=5\sin(\pi x)$ 的最小正周期 $T=$________;

(10) 设 $f\left(\dfrac{1}{x}\right)=x+\sqrt{1+x^2}$, 则 $f(x)=$________;

(11) 若 $f\left(x+\dfrac{1}{x}\right)=x^2+\dfrac{1}{x^2}+3$, 则 $f(x)=$________.

3. 解答题

(1) 求下列函数的定义域:

① $y=\ln(x-3)+\sqrt{x^2-3x-4}$; ② $y=\dfrac{1}{(x-4)\ln|x-2|}$;

③ $y=\arccos\ln\dfrac{x}{10}$; ④ $y=\sqrt{x^2-x+1}-\arcsin\dfrac{2x-1}{7}$.

(2) 设 $f(x)$ 的定义域是 $[0,1]$, 确定下列函数的定义域:

① $f(x^2)$; ② $f(\arccos x)$; ③ $f(x+a)+f(x-a)$.

(3) 设 $f(x)$ 是 x 的二次函数, 且 $f(x+1)-f(x)=8x+3$, 求 $f(x)$.

(4) 指出下列函数是怎样复合而成的:

① $y=(\arcsin x^2)^{10}$; ② $y=2^{\sec(x^2+1)}$; ③ $y=\ln[\ln^2(\ln^3 x)]$.

(5) 设 $f(x)=\begin{cases} 2-x, & x\leqslant 0, \\ x+2, & x>0, \end{cases}$ $g(x)=\begin{cases} x^2, & x\leqslant 0, \\ -x, & x>0, \end{cases}$ 求 $f[g(x)]$.

(6) 设下面所考虑的函数都是定义在对称区间 $(-L,L)$ 内的, 证明:

① 两个偶函数的和是偶函数, 两个奇函数的和是奇函数;

② 两个偶函数的乘积是偶函数, 两个奇函数的乘积是偶函数, 偶函数与奇函数的乘积是奇函数.

(7) 定义在 $\mathbf{R}$ 上的函数 $y=f(x)$ 满足 $f(0)\neq 0$, 当 $x>0$ 时, $f(x)>1$, 且对任意 $a,b\in\mathbf{R}$, $f(a+b)=f(a)f(b)$.

① 求 $f(0)$;

② 求证：对任意 $x\in\mathbf{R}$, 有 $f(x)>0$;

③ 求证：$f(x)$ 在 $\mathbf{R}$ 上是增函数.

(8) 判断函数 $f(x)=x\sin x$ 在 $\mathbf{R}$ 上是否有界? 说明理由.

附录一 一些常用初等代数公式及结论

一、多项式展开与因式分解

1. 简略乘法公式

完全平方公式

$(a\pm b)^2=a^2\pm 2ab+b^2$,

$(a+b+c)^2=a^2+b^2+c^2+2ab+2bc+2ca$;

完全立方公式

$(a\pm b)^3=a^3\pm 3a^2b+3ab^2\pm b^3$;

二项式公式

$(a+b)^n=\mathrm{C}_n^0a^n+\mathrm{C}_n^1a^{n-1}b+\cdots+\mathrm{C}_n^ka^{n-k}b^k+\cdots+\mathrm{C}_n^{n-1}ab^{n-1}+\mathrm{C}_n^nb^n$.

其中 $\mathrm{C}_n^k=\dfrac{n(n-1)(n-2)\cdots(n-k+1)}{n!}$, $k=0,1,2,\cdots,n$, 规定 $0!=1$;

一次多项式乘积公式

$(x+a)(x+b)=x^2+(a+b)x+ab$,

$(x+a)(x+b)(x+c)=x^3+(a+b+c)x^2+(ab+bc+ca)x+abc$;

n 次方差公式

平方差 $(a+b)(a-b)=a^2-b^2$,

立方差 (和)$(a\pm b)(a^2\mp ab+b^2)=a^3\pm b^3$,

n 次方差 $(a-b)(a^{n-1}+a^{n-2}b+\cdots+ab^{n-2}+b^{n-1})=a^n-b^n$.

2. 因式分解常用公式

除上述乘法公式可以逆用以外, 还有下列公式:

$a^4+a^2b^2+b^4=(a^2+ab+b^2)(a^2-ab+b^2)$,

$a^4+b^4=(a^2+\sqrt{2}ab+b^2)(a^2-\sqrt{2}ab+b^2)$.

二、常用不等式

1. 设 $a>0$, $0<b<1$, 则有 $ab<a$.

2. 设 $x\in\mathbf{R}$, 则 $|\sin x|\leqslant|x|$[①].

3. 绝对值不等式

---

① 当 $|x|<\dfrac{\pi}{2}$ 时, 该不等式证明参见第二章第一个重要极限; 当 $|x|\geqslant\dfrac{\pi}{2}$ 时, 不等式显然成立.

三角不等式 $||a|-|b|| \leqslant |a \pm b| \leqslant |a|+|b|$;

绝对值不等式

$$|a_1+a_2+\cdots+a_n| \leqslant |a_1|+|a_2|+\cdots+|a_n|,$$

$$\sqrt{a_1^2+a_2^2+\cdots+a_n^2} \leqslant |a_1|+|a_2|+\cdots+|a_n|.$$

4. 均值不等式

$$a^2+b^2 \geqslant 2ab \quad (a,b \in \mathbf{R});$$

$$a+b \geqslant 2\sqrt{ab} \quad (a,b \in \mathbf{R}_+);$$

$$\sqrt{\frac{a^2+b^2}{2}} \geqslant \frac{a+b}{2} \geqslant \sqrt{ab} \geqslant \frac{2}{\dfrac{1}{a}+\dfrac{1}{b}} \quad (a,b \in \mathbf{R}_+);$$

$$\frac{a+b+c}{3} \geqslant \sqrt[3]{abc} \quad (a,b,c \in \mathbf{R}_+);$$

$$\frac{a_1+a_2+\cdots+a_n}{n} \geqslant \sqrt[n]{a_1 \cdot a_2 \cdot \cdots \cdot a_n} \quad (a_1,a_2,\cdots,a_n \in \mathbf{R}_+).$$

上述各不等式中 "=" 成立当且仅当各项 (数) 相等.

5. 柯西不等式

$$(a_1b_1+a_2b_2)^2 \leqslant (a_1^2+a_2^2)(b_1^2+b_2^2), \text{当且仅当} \frac{a_1}{b_1}=\frac{a_2}{b_2} \text{时取等号};$$

$$(a_1b_1+a_2b_2+\cdots+a_nb_n)^2 \leqslant (a_1^2+a_2^2+\cdots+a_n^2)(b_1^2+b_2^2+\cdots+b_n^2),$$

当且仅当 $\dfrac{a_1}{b_1}=\dfrac{a_2}{b_2}=\cdots=\dfrac{a_n}{b_n}$ 时取等号.

6. 伯努利不等式

$$(1+x)^n > 1+nx \quad (x>-1, x \neq 0, n \in \mathbf{N}).$$

三、常用数列公式

1. 等差数列公式

设 $a_1,a_2,\cdots,a_n$ 是等差数列, 公差为 d.

通项公式 $a_n=a_1+(n-1)d$;

前 n 项和公式 $S_n=\dfrac{n(a_1+a_n)}{2}=na_1+\dfrac{n(n-1)}{2}d$.

2. 等比数列公式

设 $a_1,a_2,\cdots,a_n$ 是等比数列, 公比为 q.

通项公式 $a_n=a_1q^{n-1}$;

前 n 项和公式 $S_n=\begin{cases} \dfrac{a_1(1-q^n)}{1-q}, & q \neq 1, \\ nq, & q=1. \end{cases}$

3. 某些数列的前 n 项和

$1+2+\cdots+n=\dfrac{n(n+1)}{2}$;

$1^2+2^2+\cdots+n^2=\dfrac{1}{6}n(n+1)(2n+1)$;

$1^3+2^3+\cdots+n^3=\dfrac{1}{4}n^2(n+1)^2$;

$2+4+\cdots+2n=n(n+1)$;

$1+3+\cdots+(2n-1)=n^2$;

$1\cdot 2+2\cdot 3+3\cdot 4+n(n+1)=\dfrac{1}{3}n(n+1)(2n+1)$;

$\dfrac{1}{1\cdot 2}+\dfrac{1}{2\cdot 3}+\cdots+\dfrac{1}{n(n+1)}=1-\dfrac{1}{n+1}$.

附录二 一些常用的曲线及其方程

曲线	方程	图形
常数函数	$y=C$ (C 是常数)	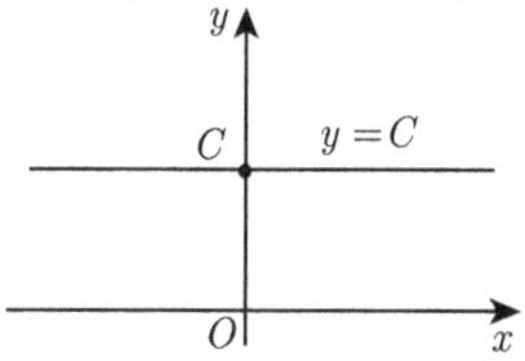
幂函数	$y=x^a$ (a 为任意非零常数)	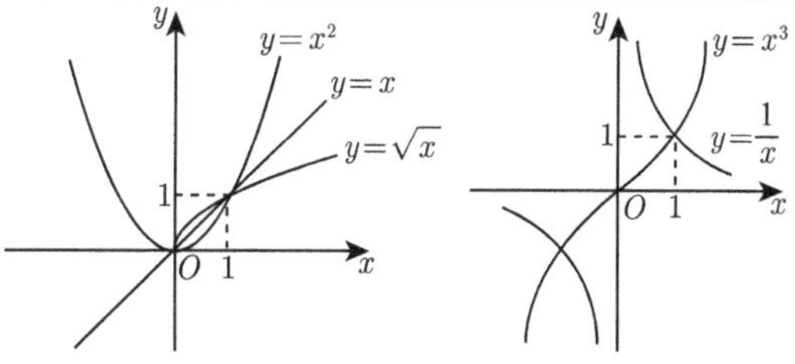 (a) (b)
指数函数	$y=a^x$ (a 为正常数, 且 $a\neq 1$)	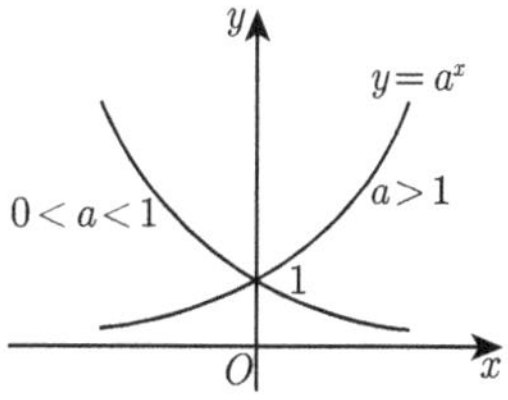
对数函数	$y=\log_a x$ (a 为正常数, 且 $a\neq 1$)	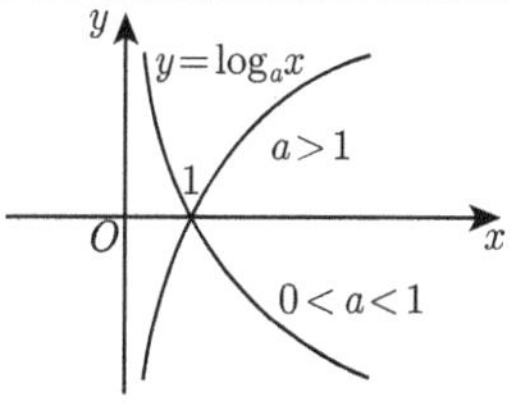

续表

曲线	方程	图形
正弦函数 余弦函数	$y=\sin x$ $y=\cos x$	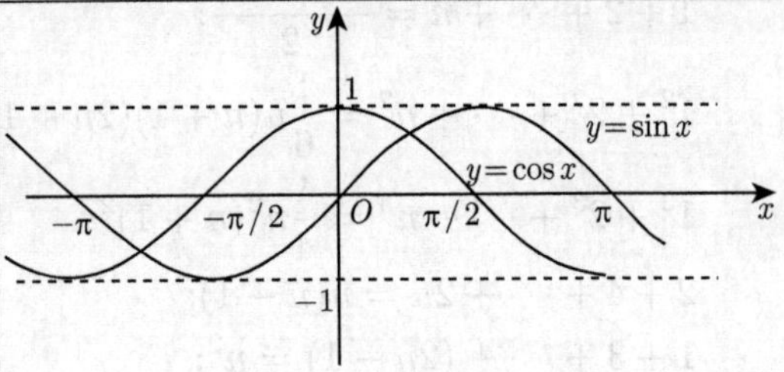
正切函数	$y=\tan x$	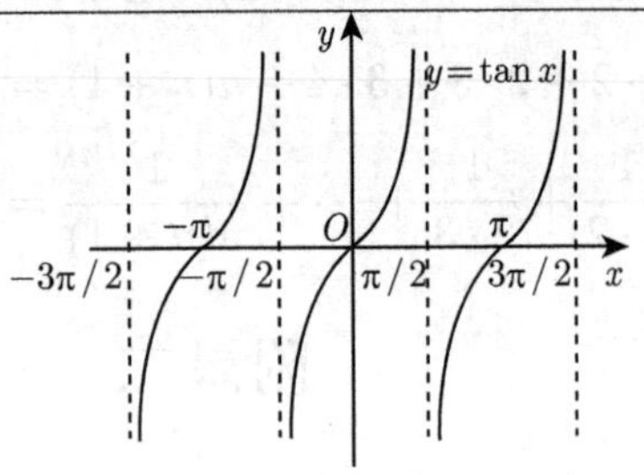
余切函数	$y=\cot x$	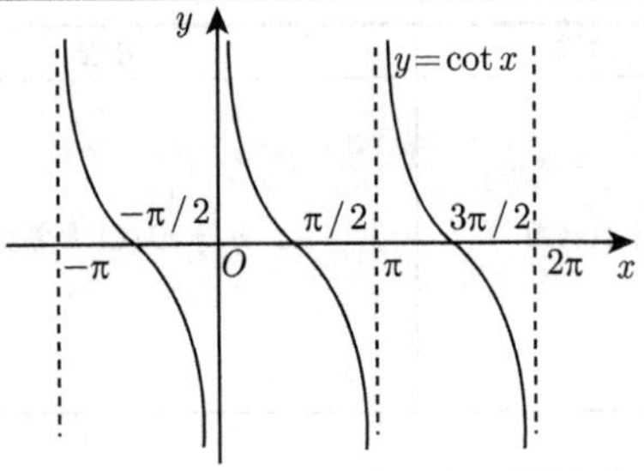
正割函数 余割函数	$y=\sec x$ $y=\csc x$	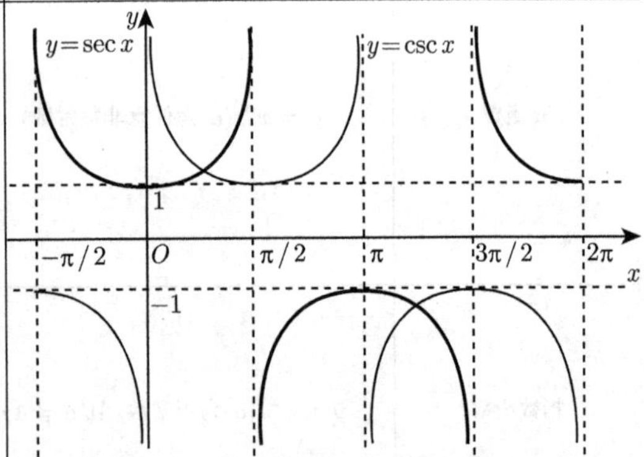
反正弦函数	$y=\arcsin x$	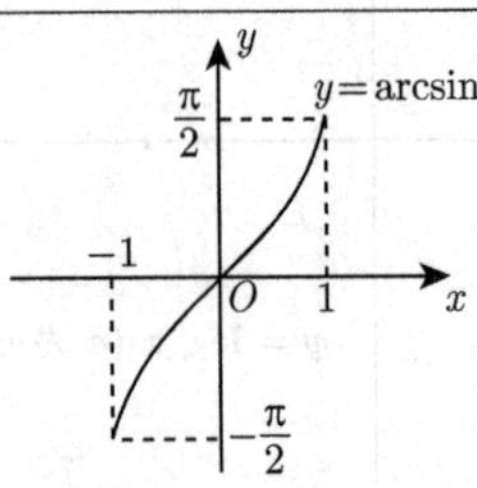

续表

曲线	方程	图形
反余弦函数	$y=\arccos x$	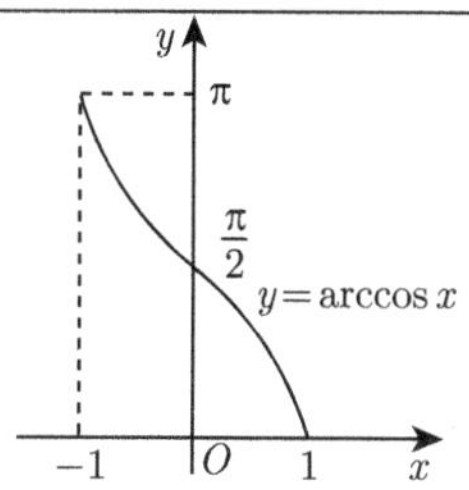
反正切函数	$y=\arctan x$	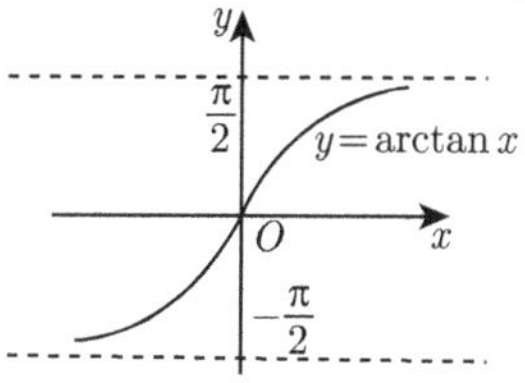
反余切函数	$y=\operatorname{arccot} x$	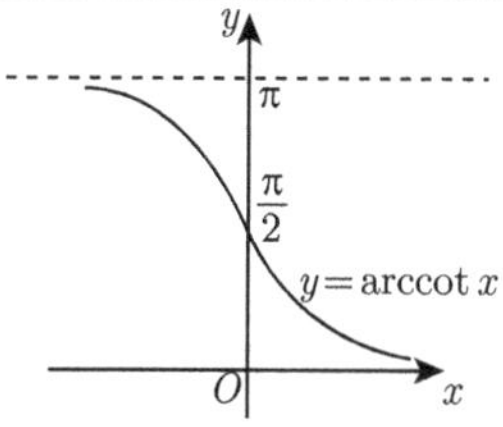
直线	$\cos\varphi\cdot(y-y_0)=\sin\varphi\cdot(x-x_0)$ 或 $\begin{cases} x=x_0+t\cos\varphi=x_0+at \\ y=y_0+t\sin\varphi=y_0+bt \end{cases}$	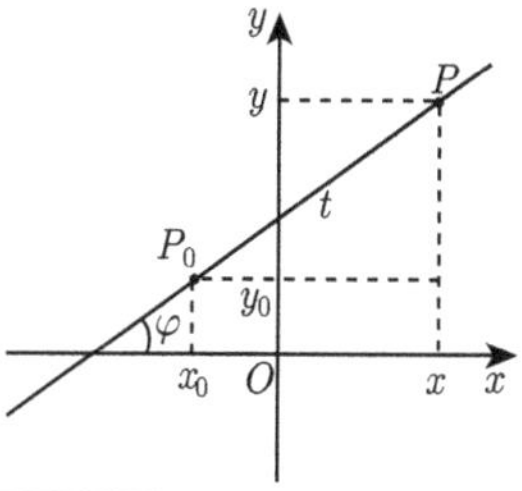
圆	$(x-a)^2+(y-b)^2=r^2$ 或 $\begin{cases} x=a+r\cos\theta \\ y=b+r\sin\theta \end{cases}$	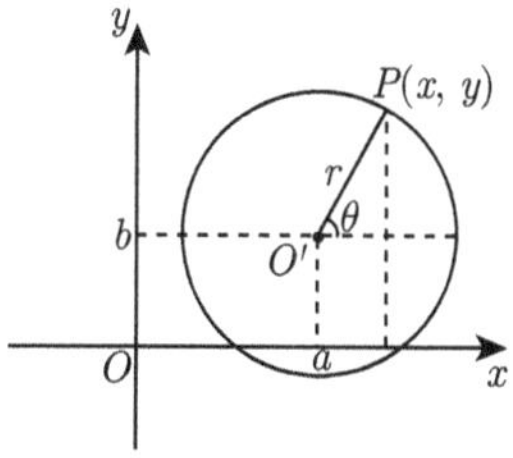
椭圆	$\dfrac{x^2}{a^2}+\dfrac{y^2}{b^2}=1(a>0,b>0)$或 $\begin{cases} x=a\cos\theta \\ y=b\sin\theta \end{cases}$	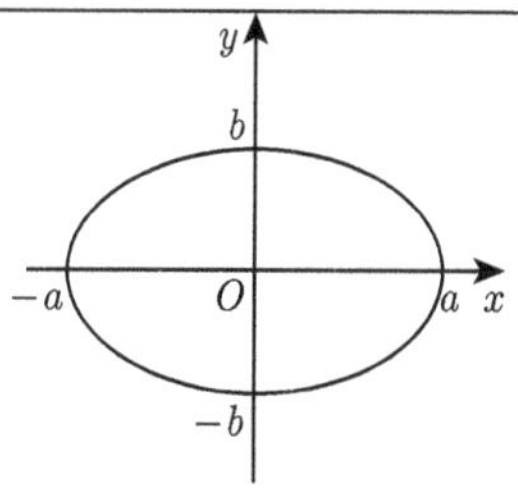

续表

曲线	方程	图形
双曲线	$\dfrac{x^2}{a^2}-\dfrac{y^2}{b^2}=1(a>0,b>0)$ 或 $\begin{cases} x=a\sec\theta \\ y=b\tan\theta \end{cases}$	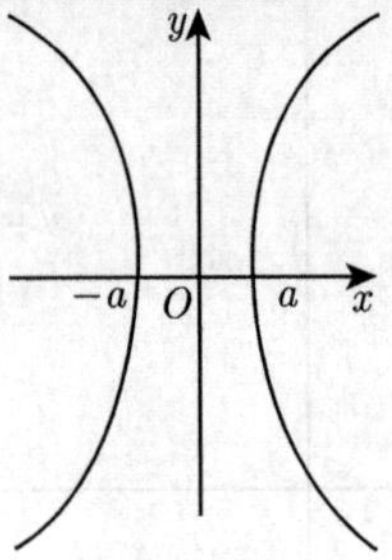
抛物线	$y^2=2px(p>0)$ 或 $\begin{cases} x=2pt^2 \\ y=2pt \end{cases}$	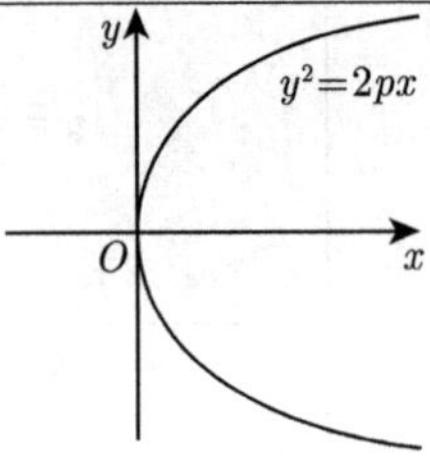
三次抛物线	$y=ax^3$	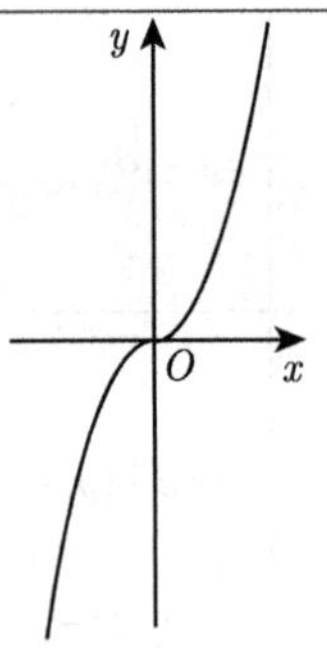
半立方抛物线	$y^2=ax^3$	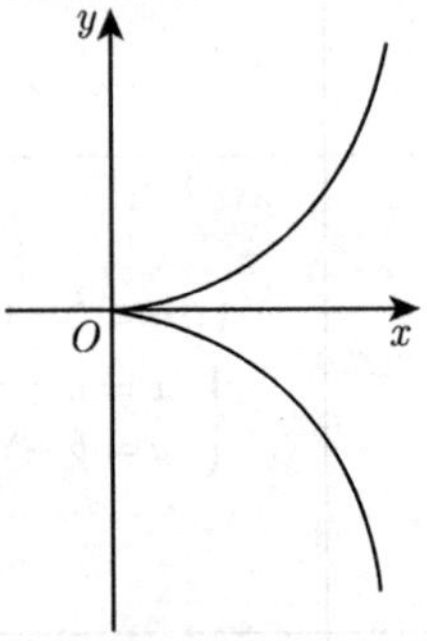
概率曲线	$y=\mathrm{e}^{-x^2}$	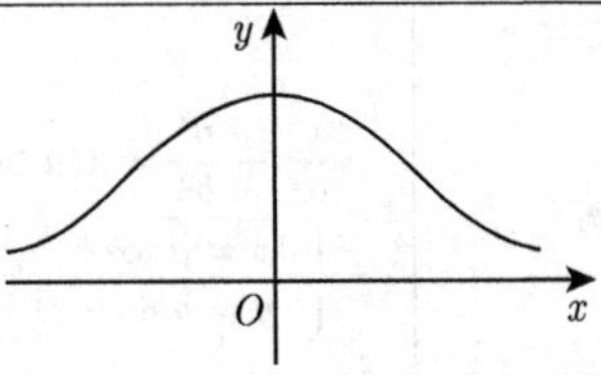

续表

曲线	方程	图形
箕舌线	$y = \dfrac{8a^3}{x^2+4a^2}$	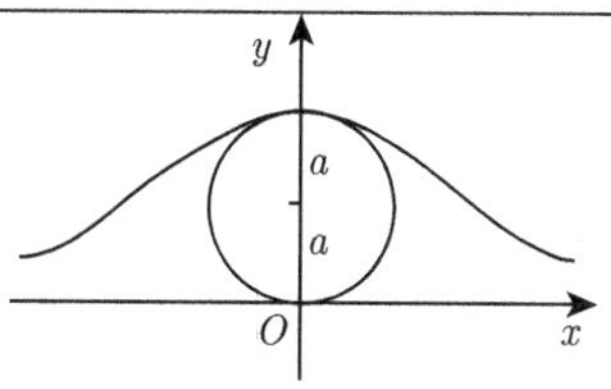
蔓叶线	$y^2(2a-x) = x^3$	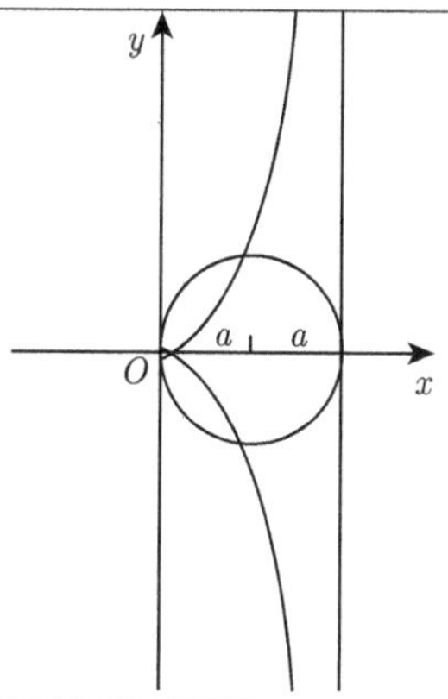
笛卡儿叶形线	$x^3+y^3-3axy=0$ 或 $\begin{cases} x = \dfrac{3at}{1+t^3} \\ y = \dfrac{3at^2}{1+t^3} \end{cases}$	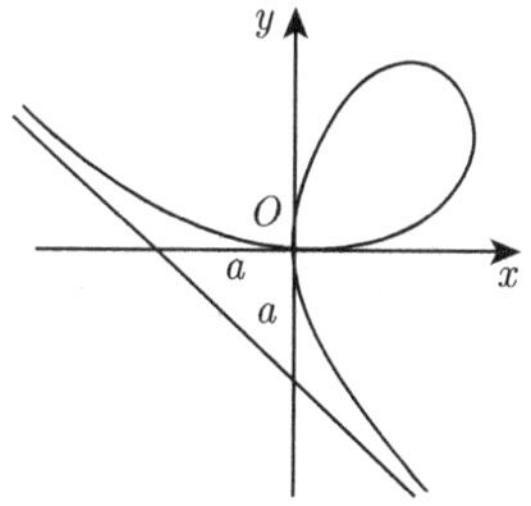
星形线 (内摆线的一种)	$x^{\frac{2}{3}}+y^{\frac{2}{3}}=a^{\frac{2}{3}}$ 或 $\begin{cases} x = a\cos^3\theta \\ y = a\sin^3\theta \end{cases}$	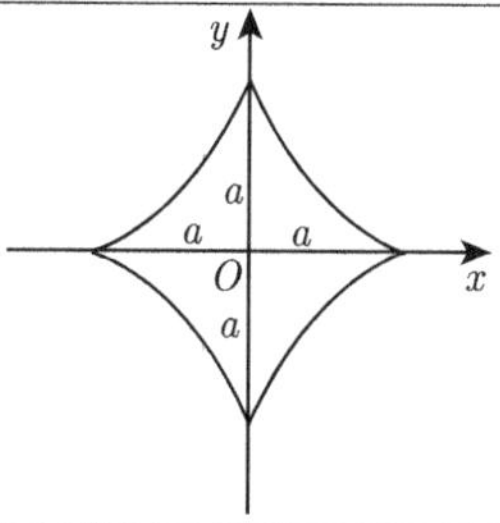
摆线	$\begin{cases} x = a(\theta-\sin\theta) \\ y = a(1-\cos\theta) \end{cases}$	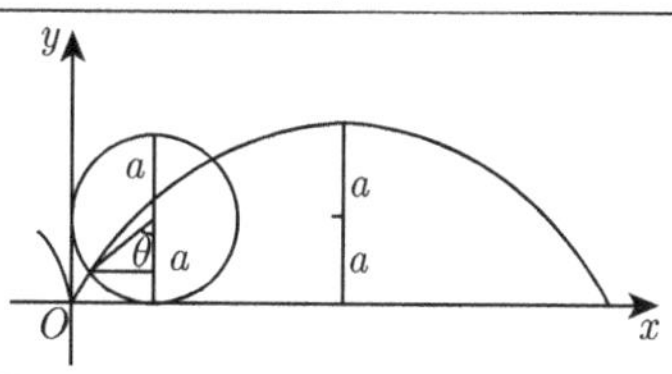

续表

曲线	方程	图形
心形线 (外摆线的一种)	$x^2+y^2+ax=a\sqrt{x^2+y^2}$ 或 $\rho=a(1-\cos\theta)$	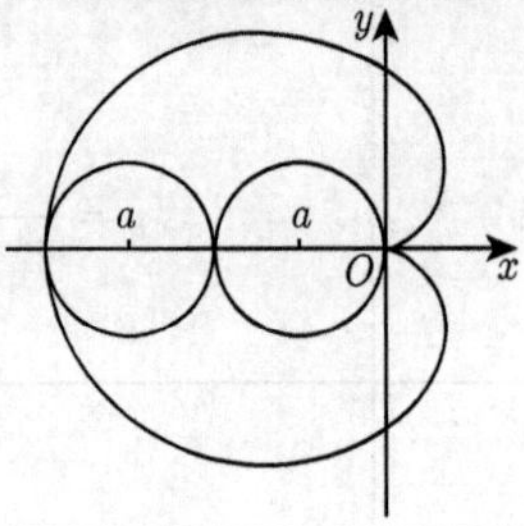
阿基米德螺线	$\rho=a\theta$	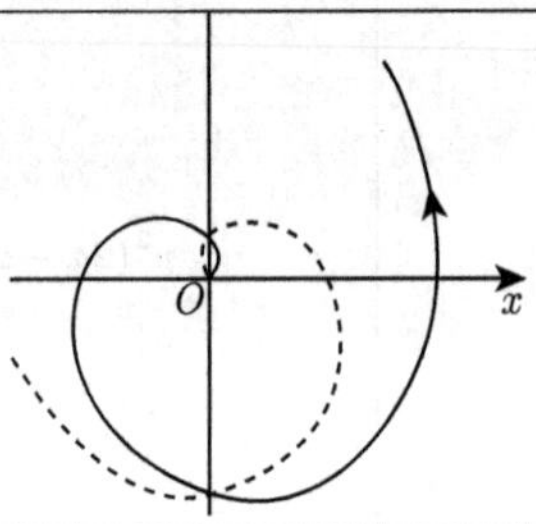
对数螺线	$\rho=\mathrm{e}^{a\theta}$	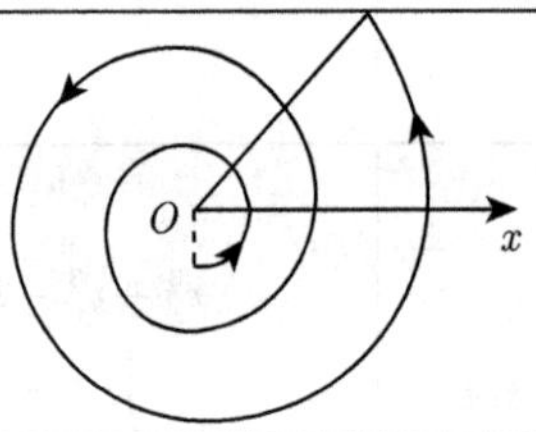
双曲螺线	$\rho\theta=a$	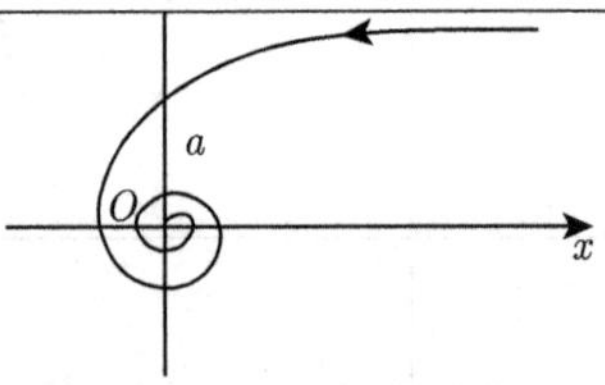
伯努利双纽线	$\left(x^2+y^2\right)^2=2a^2xy$ 或 $\rho^2=a^2\sin\theta$	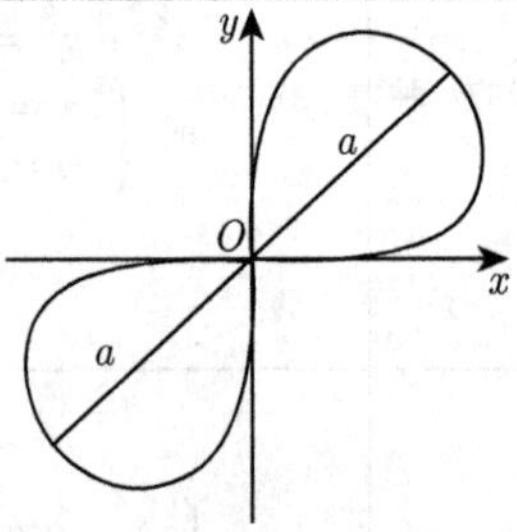
	$\left(x^2+y^2\right)^2=a^2(x^2-y^2)$ 或 $\rho^2=a^2\cos\theta$	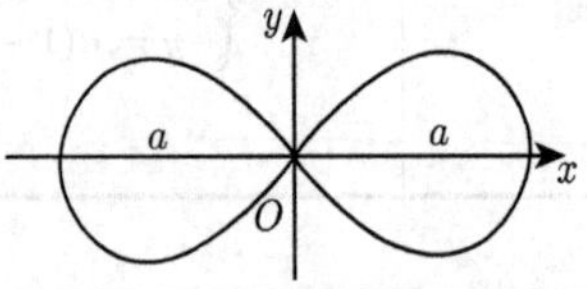

续表

<table>
<tr><th>曲线</th><th>方程</th><th>图形</th></tr>
<tr><td rowspan="2">三叶玫瑰线</td><td>$\rho = a\cos 3\theta$</td><td>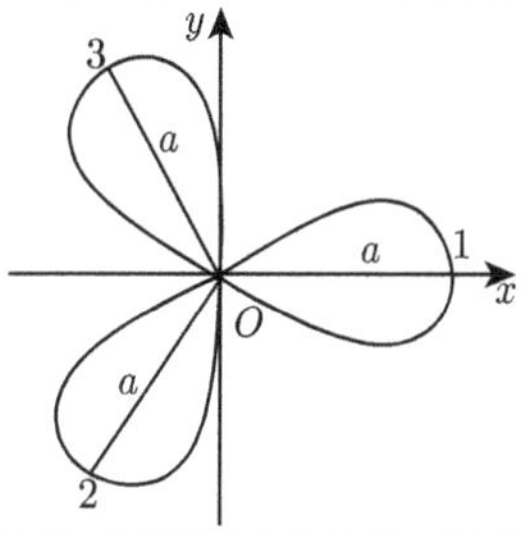
</td></tr>
<tr><td>$\rho = a\sin 3\theta$</td><td>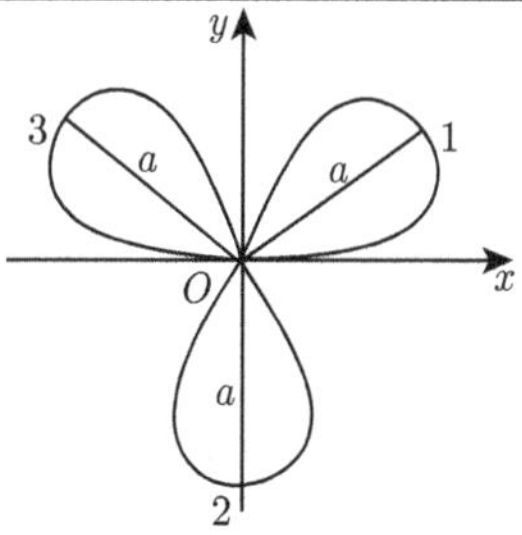
</td></tr>
<tr><td rowspan="2">四叶玫瑰线</td><td>$\rho = a\cos 2\theta$</td><td>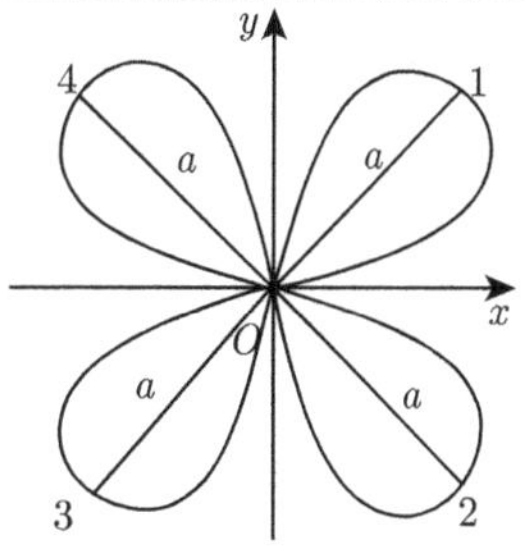
</td></tr>
<tr><td>$\rho = a\sin 2\theta$</td><td>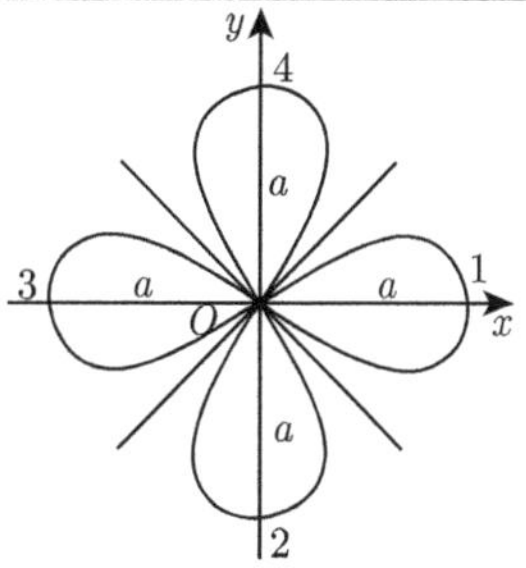
</td></tr>
</table>

课外阅读 (一)

一、课程思政简述

映射中的多元一体思想

数学是一门既能与理工科交叉, 又能与经、管、文渗透跨界思维的学科, 多元一体是数学学科的显著特征.

映射是从一个集合到一个集合的单值对应, 函数是数集到数集的映射. 算子是函数集到函数集的映射, 泛函是函数集到数集的映射, 变换是非空集到自身的一个映射, 各种数学运算, 实质上也都是映射. 映射中的多元一体思想, 是指映射的定义域、值域呈现出多元的特点. 有数集、函数集合、事物集合等等, 呈现出多元的特点. 一体是指无论原像集合和像集合有何差异, 他们都身处于同一对应思想的概念之中. 多元是映射概念内每一个集合是不同的, 是多样化的, 一体是映射作为对应思想抽象出的一个整体概念.

二、数学思维方法简介

函数思维

在高等数学中, 把数集到数集之间的映射叫做函数. 函数是数集之间的一种特殊的对应关系, 它是反映客观事物及运动变化的一种重要形式, 也是解决实际问题的有力工具. 函数是数学中最重要的基本概念, 也是高等数学的研究对象. "用函数来思考" 是大数学家克莱因领导的数学教育改革运动的口号.

函数思维方法就是用联系、变化的观点, 建立各变量之间的依存关系, 必要时插入辅助函数, 以函数为桥梁实现函数与方程之间的转化, 将常量视为变量、化静为动、化离散为连续, 将所讨论函数的自变量用一般的函数代替, 把所讨论的简单函数问题转化为复杂函数问题, 通过函数形式并利用函数有关性质和方法解决问题的一种思想方法. 函数思维方法也是一种解题观念, 其运用范围并不局限于函数问题, 它具有广泛的联系性与渗透性, 常迁移到极限、导数、积分等一些公式中. 运用函数思想解题常可收到用已知认识未知, 用简单认识复杂, 用特殊认识一般, 化难为易, 化繁为简, 化隐为显, 妙不胜收之效! 函数不仅是高等数学研究的对象, 其思想也是贯穿高等数学内容的一种思维方法, 是解决复杂问题的重要思想方法.

函数萌芽于 17 世纪意大利数学家伽利略、英国数学家牛顿、法国数学家笛卡儿等人的研究工作中, 他们的研究工作为函数的概念的产生奠定了基础. 一般认为是德国数学家莱布尼茨给出函数最早的定义, 他在 1673 年的一篇手稿中, 把任何一个随着曲线上点变动而变动的几何量, 如切线、法线、点的纵坐标都称为函数; 并强调这条曲线是由一个方程式给出的. 莱布尼茨又在 1692 年的论文中, 称 x, x^2, x^3 等为 x 的幂数, 并把幂与函数看做是同义语, 以后又用 "函数" 表示依赖于一个变量的量. 莱布尼茨给出函数的定义后, 又经历了瑞士数学家约翰 · 伯努利, 法国数学家达朗贝尔, 瑞士数学家欧拉, 法国数学家柯西, 俄国数学家罗巴切夫斯基等数学家对函数概念的不断完善. 直至 1837 年德国数学家狄利克雷给出函数的概念不再注重描述函数中的依赖关系, 而是通过 x 与 y 之间的关系来确定函数自变量与变量之间的关系, 并给出了著名的狄利克雷函数

$$D(x)=\begin{cases}0, & x\text{为无理数},\\ 1, & x\text{为有理数}.\end{cases}$$

人们可以借助这个表述清晰地掌握函数的核心要素是对应关系, 所以它被所有数学家接受, 成为传统函数定义的原型. 19 世纪末, 德国数学家康托尔给出集合论的概念之后, 美国数学家维布伦用 "集合" 和 "对应" 的概念给出了近代函数定义. "函数" 一词是转译词, 是我国清代数学家李善兰和伟烈亚力合译《代微积拾级》(1859 年) 一书时, 把 "function" 译成 "函数" 的.

三、数学家简介

狄利克雷 (Peter Gustav Lejeune Dirichlet, 1805—1859), 德国数学家. 对数论、数学分析和数学物理有突出贡献, 是解析数论的创始人之一. 1805 年 2 月 13 日生于迪伦, 1859 年 5 月 5 日卒于哥廷根. 中学时曾受教于物理学家 G. S. 欧姆; 1822—1826 年在巴黎求学, 深受傅里叶的影响. 回国后先后在布雷斯劳大学、柏林军事学院和柏林大学任教 27 年, 对德国数学发展产生巨大影响. 1839 年任柏林大学教授, 1855 年接任 C. F. 高斯在哥廷根大学的教授职位.

在分析学方面, 他是最早倡导严格化方法的数学家之一. 1837 年他提出函数是 x 与 y 之间的一种对应关系的现代观点. 在数论方面, 他是高斯思想的传播者和拓广者. 1863 年狄利克雷的《数论讲义》由他的学生和朋友 R. 戴德金编辑出版, 这份讲义对高斯划时代的著作《算术研究》作了明晰的解释并有其创见, 使高斯的思想得以广泛传播. 1837 年, 他构造了狄利克雷级数. 1838—1839 年, 他得到了确定二次型类数的公式. 1846 年, 他使用抽屉原理阐明代数数域中单位数的阿贝尔群的结构. 在数学物理方面, 他对椭球体产生的引力、球在不可压缩流体中的运动、由太阳系稳定性导出的一般稳定性等课题都有重要论著. 1850 年, 他发表了有关位势理论的文章, 论及著名的第一边界值问题, 现称狄利克雷问题.

第二章 极限

Limit

极限的概念起源于古希腊的穷竭法, 而英国数学家约翰·沃利斯 (John Wallis, 1616—1703) 最早引入变量极限的概念, 他说变量的极限是变量所能如此逼近一个常数, 使得它们的差能够小于任何给定的量, 该定义为极限向实用方向的发展做了重要的奠基工作. 此后虽有众多数学家如牛顿、莱布尼茨、达朗贝尔等不断地研究, 但基本上进展不大. 直到 1821 年法国数学家柯西 (Cauchy , 1789—1857) 在他的《分析教程》中给出了极限概念的定性描述. 但数学家魏尔斯特拉斯 (Weierstrass, 1815—1897) 认为柯西完全用直观方法来叙述极限概念并不真正严格, 于是 1856 年在柏林大学的一次讲演时, 魏尔斯特拉斯给出了定量语言的极限定义 "ε-δ" 语言, 使得极限的概念得以完善, 并成为微积分学的理论基础, 也是微积分学研究问题的主要工具之一. 极限作为从有限到无限过渡的分析工具, 从沃利斯给出极限的描述性定义到魏尔斯特拉斯用量化观点完善极限定义, 经历了两个世纪之久. 在微积分发展的历史长河中, 极限始终扮演着十分重要的角色.

我们知道一切创造的起点是简单的, 任何基本的东西也都是简单、最伟大的, 真理常常也是最简单的. 所以我们无论是发明创造和学习知识, 还是掌握基本的理论基础都是本着从简单到复杂的原则. 故对于微积分研究所使用的主要工具的学习, 也应本着从简单到复杂的原则. 而本门课程研究的主要对象函数是从数集到数集的对应, 且在函数概念中有两个重要的要素, 即定义域和对应关系. 这就是说函数的简单与复杂性, 是由其定义域和对应关系所确定的. 我们知道最简单的数集就是正整数集, 而定义在正整数集上的函数就是数列. 因此本着学习认识事物的原则, 我们首先把数列的极限作为学习函数极限的切入点. 从而本章先从较简单的一类函数极限——数列极限开始, 介绍数列与函数极限的概念、性质与运算, 以及无穷小与无穷大的问题.

第一节 数列极限

Limit of sequences of numbers

一、 数列——正整数集上的函数

Sequence of number—Functions on positive integer set

1. 数列的定义

定义 1 按一定次序排列的一列数

$$x_1, x_2, \cdots, x_n, \cdots$$

称为**数列** (sequence of number), 记作 $\{x_n\}$ 或数列 x_n. 数列中的每一个数叫做数列的**项** (item), 第 n 项 x_n 叫做数列的**一般项或通项** (general term).

对于数列 $\{x_n\}$, 我们容易建立下列从正整数 $\mathbf{Z}_+$ 到实数集 $\mathbf{R}$ 的一个对应关系 f:

$$\begin{array}{cccccc} & 1, & 2, & \cdots, & n, & \cdots; \\ f & \downarrow & \downarrow & & \downarrow & \\ & x_1, & x_2, & \cdots, & x_n, & \cdots. \end{array}$$

因此根据函数定义, 数列 $\{x_n\}$ 是定义在正整数集 $\mathbf{Z}_+$ 上的函数 $x_n=f(n)$. 事实上对于定义在正整数集 $\mathbf{Z}_+$ 上的函数 $x_n=f(n)$, 当自变量 n 依次取 $1, 2, 3,\cdots$ 一切正整数时, 对应的函数值 $x_1=f(1)$, $x_2=f(2)$, $x_3=f(3),\cdots$ 就排列成数列 $\{x_n\}$. 所以正整数集上的函数也称为数列, 从而我们可以按研究函数的定义、表示方法、性质等对数列进行研究.

数列 $\{x_n\}$ 的图形, 即正整数集 $\mathbf{Z}_+$ 上的函数 $x_n=f(n)$ 的图形, 是由无限个孤立点构成的 (图 2-1).

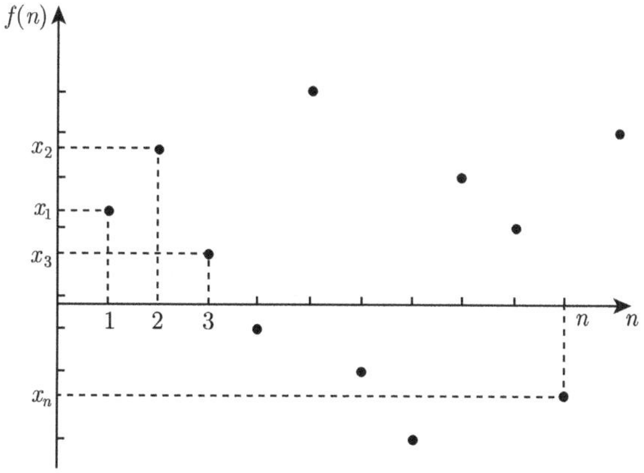

图 2-1

由于这里所讨论的数列 $\{x_n\}$ 的定义域都是正整数集 $\mathbf{Z}_+$, 因此数列 $\{x_n\}$ 的图形横坐标始终是相同的, 而不同的数列应该是存在相同横坐标有不同的纵坐标. 所以在几何上, 数列 $\{x_n\}$ 通常可看作数轴 (纵坐标轴) 上的一个动点, 它依次取数轴上的点 $x_1, x_2, x_3, \cdots$, $x_n, \cdots$(图 2-2).

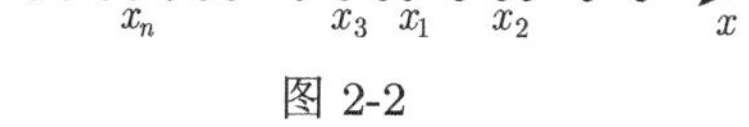

图 2-2

例如, (1) 数列 $\left\{\dfrac{n+1}{n}\right\}$:

$$2, \frac{3}{2}, \frac{4}{3}, \cdots, \frac{n+1}{n}, \cdots$$

的图形如图 2-3 所示.

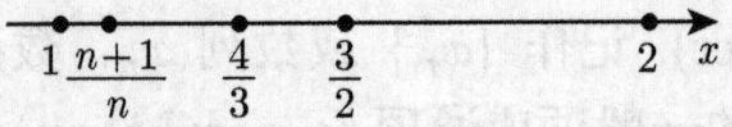

图 2-3

(2) 数列 $\{n^2\}$:

$$1, 4, 9, \cdots, n^2, \cdots$$

的图形如图 2-4 所示.

图 2-4

(3) 数列 $\left\{\frac{1}{2^n}\right\}$:

$$\frac{1}{2}, \frac{1}{4}, \frac{1}{8}, \cdots, \frac{1}{2^n}, \cdots$$

的图形如图 2-5 所示.

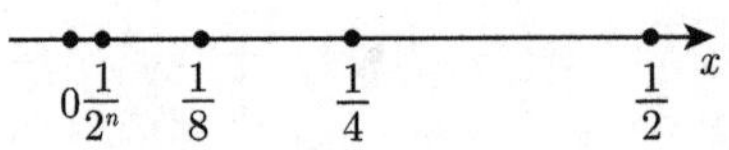

图 2-5

(4) 数列 $\left\{(-1)^{n-1}\frac{1}{n}\right\}$:

$$1, -\frac{1}{2}, \frac{1}{3}, -\frac{1}{4}, \cdots, (-1)^{n-1}\frac{1}{n}, \cdots$$

的图形如图 2-6 所示.

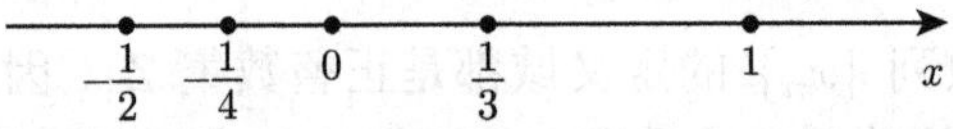

图 2-6

2. 数列的性质

数列既然是正整数集上的函数, 则数列的单调性、有界性可以类似地定义.

定义 2 若数列 $\{x_n\}$ 满足条件

$$x_1 \leqslant x_2 \leqslant \cdots \leqslant x_n \leqslant \cdots,$$

则称数列 $\{x_n\}$ 是**单调增加数列** (monotone increasing sequence). 若数列 $\{x_n\}$ 满足条件

$$x_1 \geqslant x_2 \geqslant \cdots \geqslant x_n \geqslant \cdots,$$

则称数列 $\{x_n\}$ 是**单调减少数列** (monotone decreasing sequence).

单调增加数列与单调减少数列统称为**单调数列** (monotone sequence of numbers).

例如, 数列 $\{n^2\}$ 是单调增加数列; 数列 $\left\{\frac{n+1}{n}\right\}$ 和数列 $\left\{\frac{1}{2^n}\right\}$ 是单调减少数列. 但是数列 $\left\{(-1)^{n-1}\frac{1}{n}\right\}$ 不是单调数列.

定义 3 设 $\{x_n\}$ 是数列, 若存在正数 M, 使得对任意的正整数 n, 恒有

$$|x_n| \leqslant M,$$

则称数列 $\{x_n\}$ 是**有界数列** (bounded sequence of numbers); 否则, 称数列 $\{x_n\}$ 是**无界数列** (unbounded sequence of numbers). 即若对任意的正数 M, 总存在正整数 n_0, 使得

$$|x_{n_0}| > M,$$

则称数列 $\{x_n\}$ 是**无界数列**.

例如, 数列 $\left\{\frac{n+1}{n}\right\}$ 是有界数列, 因为存在 $M=2$, 对一切正整数 n, 都有

$$\left|\frac{n+1}{n}\right| \leqslant M.$$

事实上, 任意取定一个大于等于 2 的数作为 M. 比如, $M=3$ 对一切正整数 n, 都有 $\left|\frac{n+1}{n}\right| < M$. 因此, 这里的 M 并不唯一.

同理, 数列 $\left\{\frac{1}{2^n}\right\}$ 和数列 $\left\{(-1)^{n-1}\frac{1}{n}\right\}$ 也都是有界数列. 但数列 $\{n^2\}$ 是无界数列, 因为对任意的正数 M, 都存在 $n_0=[\sqrt{M}]+1$, 使得 $n_0^2 > M$.

二、 数列极限的定义 Definition of sequence limit

战国时代哲学家庄子所著的《庄子 • 天下篇》引用过一句话, “一尺之棰, 日取其半, 万世不竭”. 也就是说一根长为一尺的木棒, 每天截去一半, 这样的过程可以无限制地进行下去.

把每天截后剩下部分的长度记录如下 (单位为尺①):

第一天剩下 $\frac{1}{2}$; 第二天剩下 $\frac{1}{2^2}$; 第三天剩下 $\frac{1}{2^3}$; $\cdots$; 第 n 天剩下 $\frac{1}{2^n}$; $\cdots$. 这样就得到一个数列 $\left\{\frac{1}{2^n}\right\}$:

$$\frac{1}{2}, \frac{1}{2^2}, \frac{1}{2^3}, \cdots, \frac{1}{2^n}, \cdots.$$

不难看出, 数列 $\left\{\frac{1}{2^n}\right\}$ 的项随着 n 的无限增大而无限地接近于 0 (图 2-5). 这个例子反映了一类数列的某种特性.

① 此处尺为我国古代的一种长度单位.

一般地说, 对于数列 $\{x_n\}$, 若存在某个常数 A, 当 n 无限增大时, x_n 无限地接近这个常数 A, 则称这个数列 $\{x_n\}$ 为**收敛数列** (convergent sequence of numbers), 常数 A 称为它的**极限** (limit). 有的数列则不具备这种特性, 就不是收敛数列, 称之为**发散数列** (divergent sequence of numbers).

在后面的学习中, 将体会数列

$$\frac{1}{2}, \frac{1}{2^2}, \frac{1}{2^3}, \cdots, \frac{1}{2^n}, \cdots$$

涉及的极限概念, 其蕴含着有限与无限、有和无的对立统一思想 (无中可生有, 有生于无), 它也说明如果要想体现到无中如何生有, 就必须要细加工, 从有处观察这个 "有", 而终归于本来的 "无" 的边际 (margin). 在现代经济学中边际被人们用来揭示两个具有因果关系的经济变量之间的动态函数关系. 当某一经济函数中的自变量发生一个微小单位数量变化时, 因变量因此而发生相应的数量变化值, 被称为该因变量的边际值, 即边际量就是每增加一个单位的投入所增加的产量.

再考察一些数列的例子, 例如:

数列 $\left\{\frac{n+1}{n}\right\}$, 即 $2, \frac{3}{2}, \frac{4}{3}, \cdots, \frac{n+1}{n}, \cdots$ 收敛并以 1 为极限 (图 2-3);

数列 $\left\{(-1)^{n-1}\frac{1}{n}\right\}$, 即 $1, -\frac{1}{2}, \frac{1}{3}, -\frac{1}{4}, \cdots, (-1)^{n-1}\frac{1}{n}, \cdots$ 收敛并以 0 为极限;

数列 $\{n^2\}$, 即 $1, 4, 9, \cdots, n^2, \cdots$ 发散;

数列 $\{(-1)^n\}$, 即 $-1, 1, -1, 1, \cdots$ 发散.

其中数列 $\{n^2\}$ 是由于它的项 n^2 随着 n 无限增大也无限制地增大, 从而不能无限地接近任何一个确定的数. 至于数列 $\{(-1)^n\}$ 则由于它的各项的值随着 n 的改变而在 -1 和 1 这两个数值上跳来跳去, 也不能无限地接近于某个确定的数. 所以数列 $\{n^2\}$ 和数列 $\{(-1)^n\}$ 都发散.

为了从数量关系上对极限概念作定量刻画. 下面进一步分析数列 $\left\{\frac{n+1}{n}\right\}$ 以 1 为极限, 即当 n 无限增大时, $x_n = \frac{n+1}{n}$ 无限接近于常数 1.

我们知道, 两个实数 a 和 b 之间的接近程度可以用点 a 和点 b 之间的距离 $|a-b|$ 来度量, $|a-b|$ 越小, a 和 b 越接近. 因此, "当 n 无限增大时, $x_n = \frac{n+1}{n}$ 无限接近于常数 1" 就是指 "随着 n 越来越大, 无限变大, 点 $x_n = \frac{n+1}{n}$ 与点 1 的距离 $\left|\frac{n+1}{n} - 1\right| = \frac{1}{n}$ 越来越小, 要有多小就能有多小".

例如, 要使得 $\left|\frac{n+1}{n} - 1\right| = \frac{1}{n} < \frac{1}{100}$, 只要 $n > 100$. 即当 $n = 101, 102, 103, \cdots$ 时, 恒满足不等式

$$\left|\frac{n+1}{n} - 1\right| = \frac{1}{n} < \frac{1}{100};$$

要使得 $\left|\dfrac{n+1}{n}-1\right|=\dfrac{1}{n}<\dfrac{1}{10000}$, 只要 $n>10000$. 即当 $n=10001,10002,10003,\cdots$ 时, 恒满足不等式

$$\left|\frac{n+1}{n}-1\right|=\frac{1}{n}<\frac{1}{10000};$$

一般地, 对于任意给定的正数 ε (不论 ε 多么小, 不妨设 $0<\varepsilon<1$), 要使得

$$\left|\frac{n+1}{n}-1\right|=\frac{1}{n}<\varepsilon,$$

只要 $n>\dfrac{1}{\varepsilon}$. 若记 $N=\left[\dfrac{1}{\varepsilon}\right]$, 则当 $n=N+1,\ N+2,\ N+3,\cdots$ 时, 恒有不等式

$$\left|\frac{n+1}{n}-1\right|<\varepsilon$$

成立.

综上所述, 当 n 的无限增大时, 数列$\dfrac{n+1}{n}$ 无限接近于常数 1, 是指无论给定的正数 ε 怎样小, 恒存在一个正整数$N=\left[\dfrac{1}{\varepsilon}\right]$, 当 $n>N=\left[\dfrac{1}{\varepsilon}\right]$ 时, 不等式

$$\left|\frac{n+1}{n}-1\right|=\frac{1}{n}<\varepsilon$$

成立. 下面我们给出数列极限的定义.

定义 4 设 $\{x_n\}$ 是数列, A 是常数, 若对于任意给定的正数 ε, 总存在正整数N, 使得当$n>N$, 恒有不等式

$$|x_n-A|<\varepsilon$$

成立, 则称常数 A 为数列 $\{x_n\}$ 当 n 趋于无穷大时的**极限** (limit), 也称**数列** $\{x_n\}$ **收敛于** A, 记作

$$\lim_{n\to\infty}x_n=A \text{ 或 } x_n\to A(n\to\infty),$$

读作 “当 n 趋于无穷大时, x_n 的极限等于 A” 或 “当 n 趋于无穷大时, x_n 趋于 A”.

若数列 $\{x_n\}$ 没有极限, 则这个数列不收敛, 称它为**发散数列**.

该定义可简述为: 设有数列 $\{x_n\}$ 及常数 A, 若 $\forall\varepsilon>0$, $\exists N>0$, 使得当 $n>N$ 时, 恒有 $|x_n-A|<\varepsilon$, 则称当 n 趋于无穷大时, 数列 $\{x_n\}$ 以常数 A 为**极限**.

定义 4 简称为**数列极限的 ε-N 定义**, 对于数列极限定义, 我们应注意下面几点.

(1) ε 的任意性. 定义中的正数 ε 刻画了 x_n 与 A 接近的程度, 它必须是事先且任意给定的, 与 n 无关, 只有这样, 不等式 $|x_n-A|<\varepsilon$ 才能表达出 x_n 与 A 无限接近的意思. ε 越小, 表示接近得越好, 它除限于正数外, 不受任何其他限制, 这表明 x_n 和 A 能够接近到任何程度. 然而, 尽管 ε 有它的任意性, 但当它一经给出, 就应看作是固定不变的, 以便根据它

求 N. 另外, ε 既然是任意正数 (并且从上面可以看出, ε 必须取到充分小的正数), 那么 2ε, $\sqrt{\varepsilon}$ 或 ε^3 等同样也是任意正数, 因此定义中不等式 $|x_n - A| < \varepsilon$, 也可以用 $|x_n - A| < 2\varepsilon$, $|x_n - A| < \sqrt{\varepsilon}$ 或 $|x_n - A| < \varepsilon^3$ 等来代替.

(2) N 的相应存在性. N 刻画了 n 充分大的程度, N 随着 ε 的给定而选定. 一般来说, N 是随着 ε 变小而变大, 所以也可将 N 写着 $N(\varepsilon)$, 来强调 N 是依赖于 ε 的, 但是这种写法并不意味着 N 是由 ε 所唯一确定的, 即 N 不是 ε 的函数 (一个 ε 可以有无数个 N 相对应). 因为对已给定的 ε, 若 $N = 100$ 能够满足要求, 则 $N = 101, 102, \cdots$, 即大于 101 的正整数都能满足要求. 其实在许多场合下, 最重要的是 N 的存在性, 而不在于它的值有多大.

(3) 数列极限的几何意义. 定义中 "使得当 $n > N$ 时, 恒有 $|x_n - A| < \varepsilon$" 这一句话是指, 凡是下标大于 N 的所有的 $x_n(x_{N+1}, x_{N+2}, \cdots)$ 都满足不等式 $|x_n - A| < \varepsilon$. 从几何意义上讲, 就是所有下标大于 N 的 x_n, 即 x_{N+1}, x_{N+2}, $x_{N+3}, \cdots$ 都落在 A 的 ε 邻域内 (图 2-7), 而在这个邻域之外, 至多有 N 项. 或者说收敛数于 A 的数列 x_n, 在 A 的任何邻域内含有数列 $\{x_n\}$ 的从某一项开始后面的所有项. 数列 $\{n^2\}$ 和数列 $\{(-1)^n\}$ 发散, 也正是由于它们不是从某一项开始后面的所有项对应的点都聚集在某一点的任意小邻域内. 从收敛数列的这一特性还看到, 改变数列的有限项, 不会改变数列的收敛性与其极限.

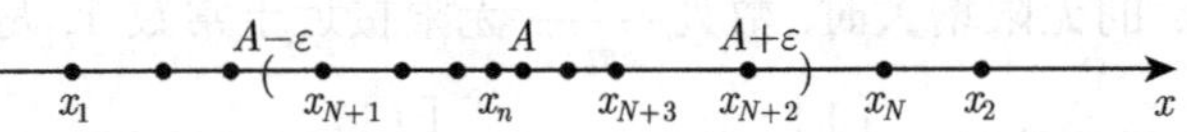

图 2-7

数列极限的定义可以验证已知的某常数是不是数列的极限, 也给了我们跳出无限过程而达到有限真值的方法. 利用 ε-N 定义证明数列的极限存在的关键步骤是, 对于任意给定的 $\varepsilon > 0$, 是否都能找到对应的 N, 使得当 $n > N$, 对应的 x_n 就有 $|x_n - A| < \varepsilon$. 如何找 N, 请看下列例题.

例 1 证明数列 $\left\{\dfrac{1}{n}\right\}$ 的极限是零.

分析 要证 $\lim\limits_{n\to\infty} \dfrac{1}{n} = 0$, 即任意给定 $\varepsilon > 0$, 找出正整数 N, 使得当 $n > N$ 时, 不等式

$$\left|\frac{1}{n} - 0\right| < \varepsilon$$

成立. 由于 $\left|\dfrac{1}{n} - 0\right| = \dfrac{1}{n}$, 要使 $\left|\dfrac{1}{n} - 0\right| < \varepsilon$, 即要 $\dfrac{1}{n} < \varepsilon$, 这只需要 $n > \dfrac{1}{\varepsilon}$ 即可.

证明 对于任意给定 $\varepsilon > 0$(不妨设 $\varepsilon < 1$①), 要使

$$\left|\frac{1}{n} - 0\right| < \varepsilon,$$

由于

$$\left|\frac{1}{n} - 0\right| = \frac{1}{n},$$

① 由于只需保证 ε 可以取到足够小的正数, 因此可以设 $\varepsilon < 1$.

所以只要 $\frac{1}{n} < \varepsilon$, 即 $n > \frac{1}{\varepsilon}$. 于是取 $N = \left[\frac{1}{\varepsilon}\right]$, 则当 $n > N$ 时, 有

$$\left|\frac{1}{n} - 0\right| < \varepsilon,$$

因此根据数列极限的定义知

$$\lim_{n\to\infty} \frac{1}{n} = 0.$$

例 2 设 $x_n = C$(C 为常数), 证明 $\lim\limits_{n\to\infty} x_n = C$(即 $\lim\limits_{n\to\infty} C = C$).

证明 对于任意给定 $\varepsilon > 0$, 取 $N = 1$, 则当 $n > N$ 时, 恒有

$$|x_n - C| = |C - C| = 0 < \varepsilon$$

成立, 所以根据数列极限的定义知

$$\lim_{n\to\infty} x_n = C.$$

例 3 用数列极限的定义证明: 当 $|q| < 1$ 时, 有

$$\lim_{n\to\infty} q^n = 0.$$

分析 要证 $\lim\limits_{n\to\infty} q^n = 0$, 即任意给定 $\varepsilon > 0$, 找出正整数 N, 使得当 $n > N$ 时, 不等式

$$|q^n - 0| < \varepsilon$$

成立. 由于 $|q^n - 0| = |q^n| = |q|^n$, 要 $|q^n - 0| < \varepsilon$, 即要 $|q|^n < \varepsilon (0 < |q| < 1)$, 两边取对数得 $n \ln|q| < \ln\varepsilon$, 只需要 $n > \frac{\ln\varepsilon}{\ln|q|}$ 即可.

证明 当 $q = 0$ 时, 根据例 2 的结论知 $\lim\limits_{n\to\infty} q^n = 0$.

当 $q \neq 0$ 时, 对任意给定的 $\varepsilon > 0$, 要使 $|q^n| = |q|^n < \varepsilon$ 成立, 只要

$$n \ln|q| < \ln\varepsilon,$$

由于 $0 < |q| < 1$, 故 $\ln|q| < 0$, 以负数 $\ln|q|$ 除上面不等式的两边, 有

$$n > \frac{\ln\varepsilon}{\ln|q|}.$$

因此要使 $|q^n| < \varepsilon$, 即 $n > \frac{\ln\varepsilon}{\ln|q|}$, 取 $N = \left[\frac{\ln\varepsilon}{\ln|q|}\right] + 1$, 则当 $n > N$ 时, 必有

$$|q^n - 0| < \varepsilon,$$

于是根据数列极限的定义知

$$\lim_{n\to\infty} q^n = 0 \ (0 < |q| < 1).$$

事实上, 当 $q \neq 0$ 时, 数列 $\{q^n\}$ 是等比数列. 根据例 3 的证明, 对等比数列 $\{q^n\}$ 有下列重要结论: 当 $0<|q|<1$ 时,

$$\lim_{n\to\infty} q^n = 0.$$

例 4　证明 $\lim\limits_{n\to\infty} \dfrac{n}{n+1} = 1$.

分析　要证 $\lim\limits_{n\to\infty} \dfrac{n}{n+1} = 1$, 即任意给定 $\varepsilon>0$, 找出正整数 N, 使得当 $n>N$ 时, 不等式

$$\left|\frac{n}{n+1}-1\right|<\varepsilon$$

成立. 由于

$$\left|\frac{n}{n+1}-1\right| = \frac{1}{n+1},$$

要 $\left|\dfrac{n}{n+1}-1\right|<\varepsilon$, 即要 $\dfrac{1}{n+1}<\varepsilon$, 这只需要 $n>\dfrac{1}{\varepsilon}-1$ 即可.

数列极限的定义中, 对于任意给定 $\varepsilon>0$, 总存在一个正整数 N, 当 $n>N$ 时, 有

$$|x_n - A| < \varepsilon$$

总成立, 当正整数 $N'>N$ 时, 则 $n>N'$ 时, 也一定有

$$|x_n - A| < \varepsilon$$

总成立. 因此, 对于同一个 $\varepsilon>0$, 当 $n>N'$ 或 $n>N$ 时, 都能说明 $|x_n-A|<\varepsilon$, 我们并不刻意去找出最小或最佳的正整数 N, 只要这样的 N 存在就行. 通常在找 N 的过程中, 通过适当地化简、放大 $|x_n-A|$, 可以较容易地找到 N.

比如我们可以把 $\left|\dfrac{n}{n+1}-1\right| = \dfrac{1}{n+1}$ 适当地放大:

$$\frac{1}{n+1} < \frac{1}{n},$$

只要 $\dfrac{1}{n}<\varepsilon$, 就有 $\left|\dfrac{n}{n+1}-1\right|<\varepsilon$ 成立.

证明　因为

$$\left|\frac{n}{n+1}-1\right| = \frac{1}{n+1} < \frac{1}{n}.$$

所以对于任意给定 $\varepsilon>0$ (不妨设 $\varepsilon<1$), 要使

$$\left|\frac{n}{n+1}-1\right|<\varepsilon,$$

只要 $\frac{1}{n}<\varepsilon$, 即 $n>\frac{1}{\varepsilon}$. 于是取 $N=\left[\frac{1}{\varepsilon}\right]$, 当 $n>N$ 时, 有

$$\left|\frac{n}{n+1}-1\right|=\frac{1}{n+1}<\frac{1}{n}<\varepsilon.$$

因此根据数列极限的定义知

$$\lim_{n\to\infty}\frac{n}{n+1}=1.$$

例 5 证明 $\lim\limits_{n\to\infty}\frac{3n^2}{n^2-4}=3$.

证明 因为当 $n>2$ 时, 有

$$\left|\frac{3n^2}{n^2-4}-3\right|=\frac{12}{n^2-4}=\frac{12}{(n-2)(n+2)}\leqslant\frac{12}{n+2}<\frac{12}{n}.$$

所以对于任意给定 $\varepsilon>0$, 要使

$$\left|\frac{3n^2}{n^2-4}-3\right|<\varepsilon,$$

只要 $\frac{12}{n}<\varepsilon$, 即 $n>\frac{12}{\varepsilon}$. 于是取 $N=\max\left\{\left[\frac{12}{\varepsilon}\right],2\right\}$[①], 当 $n>N$ 时, 有

$$\left|\frac{3n^2}{n^2-4}-3\right|=\frac{12}{n^2-4}<\frac{12}{n}<\varepsilon,$$

因此

$$\lim_{n\to\infty}\frac{3n^2}{n^2-4}=3.$$

说明 由例 4、例 5 在找 N 时, 对 $|x_n-A|$ 进行适当放大, 这样求 N 就比较方便. 但应注意放大必须“适当”, 才能根据给定的 ε 确定 N.

用“ε-N”定义证明数列极限 $\lim\limits_{n\to\infty}x_n=A$ 的步骤:

(1) 化简、放大 $|x_n-A|$: 将 $|x_n-A|$ 化简或适当放大为 $|x_n-A|\leqslant f(n)$;

(2) 分析找 N: 任意给定 $\varepsilon>0$, 要使 $|x_n-A|<\varepsilon$, 只需 $f(n)<\varepsilon$, 从而较方便地由 ε 确定出所需要的 N;

(3) 总结得证: 对任意给定 $\varepsilon>0$, 存在并找到 $N>0$, 当 $n>N$ 时, 恒有 $|x_n-A|<\varepsilon$, 故 $\lim\limits_{n\to\infty}x_n=A$.

例 6 证明 $\lim\limits_{n\to\infty}\sqrt{1+\frac{1}{n}}=1$.

证明 因为

$$\left|\sqrt{1+\frac{1}{n}}-1\right|=\frac{\frac{1}{n}}{\sqrt{1+\frac{1}{n}}+1}<\frac{1}{n}.$$

① 记实数 a, b 的最大值为 $\max\{a,b\}$, 最小值为 $\min\{a,b\}$, 该记法可以推广到若干个实数的最大值和最小值.

所以对于任意给定的 $\varepsilon > 0$ (不妨设 $\varepsilon < 1$), 要使

$$\left|\sqrt{1+\frac{1}{n}}-1\right| < \varepsilon,$$

只要 $\frac{1}{n} < \varepsilon$, 即$n > \frac{1}{\varepsilon}$. 于是取 $N = \left[\frac{1}{\varepsilon}\right]$, 当 $n > N$ 时, 有

$$\left|\sqrt{1+\frac{1}{n}}-1\right| < \frac{1}{n} < \varepsilon.$$

因此

$$\lim_{n\to\infty}\sqrt{1+\frac{1}{n}} = 1.$$

例 7 证明 $\lim\limits_{n\to\infty}\sqrt[n]{a} = 1$, 其中 $a > 1$.

证明 由 $a > 1$ 易知 $\sqrt[n]{a} > 1$. 因为

$$\begin{aligned}\left|\sqrt[n]{a}-1\right| = \sqrt[n]{a}-1 &= \frac{(\sqrt[n]{a}-1)[(\sqrt[n]{a})^{n-1}+(\sqrt[n]{a})^{n-2}+\cdots+\sqrt[n]{a}+1]}{(\sqrt[n]{a})^{n-1}+(\sqrt[n]{a})^{n-2}+\cdots+\sqrt[n]{a}+1}\\ &= \frac{a-1}{(\sqrt[n]{a})^{n-1}+(\sqrt[n]{a})^{n-2}+\cdots+\sqrt[n]{a}+1} \leqslant \frac{a}{n},\end{aligned}$$

所以对于任意给定 $\varepsilon > 0$, 要使

$$\left|\sqrt[n]{a}-1\right| < \varepsilon,$$

只要 $\frac{a}{n} < \varepsilon$, 即 $n > \frac{a}{\varepsilon}$. 于是取 $N = \left[\frac{a}{\varepsilon}\right]$, 则当 $n > N$ 时, 有

$$\left|\sqrt[n]{a}-1\right| \leqslant \frac{a}{n} < \varepsilon,$$

因此

$$\lim_{n\to\infty}\sqrt[n]{a} = 1 \quad (a > 1).$$

三、 数列极限的性质 Properties of sequence limits

性质 (properties) 英文还有 "财产" 的意思, 数学上讨论某概念下的性质, 就是挖掘该概念所 "隐含财产、好的东西", 以备不时之需, 进而加深对该概念的理解. 这就如同我们要深入了解一个人一样, 不但要知道他叫什么名, 相貌如何, 还要知道他性格如何, 品德怎样, 有什么爱好, 有何特长等等. 只要我们说出这个人的性格、特长、爱好、品德等特征, 就知道这个人是谁, 则就对这个人达到了深入的了解, 学习数学概念也是如此.

定理 1 (唯一性) 若数列 $\{x_n\}$ 收敛, 则数列 $\{x_n\}$ 的极限唯一.

分析 $\lim\limits_{n\to\infty} x_n = A$, 根据数列极限的定义知, 对于任意给定的 $\varepsilon > 0$, 总存在一个正整数 N, 当 $n > N$ 时, 有

$$|x_n - A| < \varepsilon$$

总成立. 因此, 当 $\lim_{n\to\infty} x_n = A$ 时, 我们取一个特殊的正数 ε_0, 也一定存在对应于 ε_0 的一个正整数 N_0, 当 $n > N_0$ 时, 对应的 x_n 也满足

$$|x_n - A| < \varepsilon_0.$$

此外, 数学中证明唯一性通常使用反证法.

证明 设 $\lim_{n\to\infty} x_n = A$ 且 $\lim_{n\to\infty} x_n = B$, 且 $A < B$. 根据极限的定义, 对于给定的正数 $\varepsilon = \dfrac{B-A}{2}$, 由 $\lim_{n\to\infty} x_n = A$, 存在正整数 N_1, 当 $n > N_1$ 时, 恒有

$$|x_n - A| < \frac{B-A}{2}.$$

同理, 由 $\lim_{n\to\infty} x_n = B$, 存在正整数 N_2, 当 $n > N_2$ 时, 恒有

$$|x_n - B| < \frac{B-A}{2}.$$

取 $N = \max\{N_1, N_2\}$, 则当 $n > N$ 时, 恒有

$$\begin{aligned} B - A &= |B - A| = |(x_n - B) - (x_n - A)| \\ &\leqslant |x_n - B| + |x_n - A| < \frac{B-A}{2} + \frac{B-A}{2} = B - A, \end{aligned}$$

矛盾. 因此定理结论成立.

定理 2 (有界性) 若数列 $\{x_n\}$ 收敛, 则数列 $\{x_n\}$ 有界.

证明 设 $\lim_{n\to\infty} x_n = A$. 则对于给定的 $\varepsilon = 1$, 存在正整数 N, 当 $n > N$ 时, 恒有

$$|x_n - A| < 1.$$

进而有

$$|x_n| = |x_n - A + A| \leqslant |x_n - A| + |A| < 1 + |A|.$$

取 $M = \max\{1 + |A|, |x_1|, |x_2|, \cdots, |x_N|\}$, 对所有 x_n, 都有 $|x_n| \leqslant M$. 因此数列 x_n 有界.

定理 2 的逆否命题是

推论 1 若数列 $\{x_n\}$ 无界, 则数列 $\{x_n\}$ 发散.

说明 有界数列未必收敛. 例如数列 $\{(-1)^n\}$ 是有界数列, 但它没有极限. 因此, 数列有界只是数列收敛的必要条件, 而非充分条件.

定理 3 (保号性) 设 $\lim_{n\to\infty} x_n = A$. 若 $A > 0$ (或 $A < 0$), 则存在正整数 N, 当 $n > N$ 时, $x_n > 0$ (或 $x_n < 0$).

证明 设 $A > 0$, 取 $\varepsilon = \dfrac{A}{2}$, 根据极限的定义, 存在正整数 N, 当 $n > N$ 时, 恒有

$$|x_n - A| < \frac{A}{2},$$

即

$$-\frac{A}{2} < x_n - A < \frac{A}{2},$$

于是

$$\frac{A}{2} < x_n < \frac{3}{2}A,$$

故当 $n > N$ 时, $x_n > \frac{A}{2} > 0$.

类似可证 $A < 0$ 的情形.

定理 3 的逆否命题是

推论 2 设 $\lim\limits_{n\to\infty} x_n = A$. 若存在正整数 N, 当 $n > N$ 时, $x_n \geqslant 0$ (或 $x_n \leqslant 0$), 则必有 $A \geqslant 0$ (或 $A \leqslant 0$).

说明 在推论 2 中, 我们只能推出 $A \geqslant 0$ (或 $A \leqslant 0$), 而不能由 $x_n > 0$ (或 $x_n < 0$) 推出 $A > 0$ (或 $A < 0$). 例如 $x_n = \frac{1}{n} > 0$, 但 $\lim\limits_{n\to\infty} x_n = \lim\limits_{n\to\infty} \frac{1}{n} = 0$.

推论 3 (保序性)① 设 $\lim\limits_{n\to\infty} x_n = A$, $\lim\limits_{n\to\infty} y_n = B$.

(1) 若 $A > B$ (或 $A < B$), 则存在正整数 N, 当 $n > N$ 时, $x_n > y_n$ (或 $x_n < y_n$);

(2) 若存在正整数 N, 当 $n > N$ 时, $x_n \geqslant y_n$ (或 $x_n \leqslant y_n$), 则 $A \geqslant B$ (或 $A \leqslant B$).

下面我们给出数列的子列的概念.

定义 5 在数列 $\{x_n\}$ 中保持原有的次序自左向右任意选取无穷多个项构成一个新的数列, 称之为 $\{x_n\}$ 的一个**子列** (subsequence).

例如, 在数列 $\left\{\frac{1}{n}\right\}$ 中, 取奇数项得到的子列是

$$1, \frac{1}{3}, \frac{1}{5}, \cdots, \frac{1}{2k-1}, \cdots;$$

取偶数项得到的子列是

$$\frac{1}{2}, \frac{1}{4}, \frac{1}{6}, \cdots, \frac{1}{2k}, \cdots.$$

在选出的子列中, 记第一项为 x_{n_1}, 第二项为 $x_{n_2}, \cdots$, 第 k 项为 $x_{n_k}, \cdots$, 则这样得到的子列可记为 $\{x_{n_k}\}$. k 表示 x_{n_k} 在子列 $\{x_{n_k}\}$ 中是第 k 项, n_k 表示 x_{n_k} 在原数列 $\{x_n\}$ 中是第 n_k 项. 显然, 对每一个 k, 有 $n_k \geqslant k$. 对任意正整数 h, k, $h \geqslant k$ 当且仅当 $n_h \geqslant n_k$.

由于在子列 $\{x_{n_k}\}$ 中的下标是 k 而不是 n_k, 因此 x_{n_k} 收敛于 A 的定义是: 任意给定 $\varepsilon > 0$, 存在正整数 K, 当 $k > K$ 时, 有 $|x_{n_k} - A| < \varepsilon$. 这时, 记为 $\lim\limits_{k\to\infty} x_{n_k} = A$.

定理 4 (收敛数列与子列的关系) 数列 $\{x_n\}$ 收敛于 A 的充要条件是: 数列 $\{x_n\}$ 的任何子列 $\{x_{n_k}\}$ 都收敛于 A.

证明 先证充分性. 由于数列 $\{x_n\}$ 也可看成是它自己的一个子列, 故由条件得证.

① 利用数列极限保号性, 结合数列极限的四则运算容易证明该性质.

下面证明必要性. 由于 $\lim\limits_{n\to\infty} x_n = A$, 则对于任意给定的 $\varepsilon > 0$, 存在正整数 N, 当 $n > N$ 时, 有

$$|x_n - A| < \varepsilon.$$

取 $K = N$, 当 $k > K$ 时, 有 $n_k > n_K = n_N \geqslant N$, 于是

$$|x_{n_k} - A| < \varepsilon.$$

故

$$\lim_{k\to\infty} x_{n_k} = A.$$

定理 4 的逆否命题是

推论 4 若数列 $\{x_n\}$ 存在一个子列发散, 或者存在两个子列不收敛同一个值, 则数列 $\{x_n\}$ 发散.

推论 4 常用来判别数列发散. 例如, 判别数列 $\{x_n = (-1)^n\}$ 的收敛性. 数列 $\{x_n = (-1)^n\}$ 中的奇数项构成的子列 $\{x_{2k-1}\}$ 收敛于 -1, 偶数项构成的子列 $\{x_{2k}\}$ 收敛于 1, 因此数列 $x_n = (-1)^n$ 是发散的. 同时这个例子也说明, 一个发散的数列也可能有收敛的子列.

习 题 一

1. 下列各数列是否收敛, 若收敛, 试指出其收敛于何值:

(1) $\dfrac{1}{n}$; (2) $\dfrac{n-1}{n}$; (3) $x_n = \dfrac{1}{3^n}$; (4) $x_n = 2 + \dfrac{1}{n^2}$;

(5) 2^n; (6) $x_n = (-1)^n n$; (7) $(-1)^{n+1}$; (8) $x_n = \dfrac{1+(-1)^n}{1000}$.

2. 根据数列极限的 ε-N 定义, 证明下列各题:

(1) $\lim\limits_{n\to\infty} \dfrac{1}{\sqrt{n}} = 0$; (2) $\lim\limits_{n\to\infty} \dfrac{\sqrt{n^2+a^2}}{n} = 1$; (3) $\lim\limits_{n\to\infty} \dfrac{9-n^2}{2+4n^2} = -\dfrac{1}{4}$.

3. 证明: 若 $\lim\limits_{n\to\infty} x_n = a$, 则对任何自然数$k$, 有 $\lim\limits_{n\to\infty} x_{n+k} = a$.

4. 证明: 若 $\lim\limits_{n\to\infty} x_n = a$, 则 $\lim\limits_{n\to\infty} |x_n| = |a|$. 考察数列 $x_n = (-1)^n$, 说明上述结论反之不成立.

5. 若数列 x_n 有界, 又 $\lim\limits_{n\to\infty} y_n = 0$, 证明 $\lim\limits_{n\to\infty} (x_n \cdot y_n) = 0$.

6. 判别数列 $\left\{x_n = \sin\dfrac{n\pi}{8}, n \in \mathbf{N}\right\}$ 的收敛性.

第二节 数列极限运算法则 数列极限存在准则

Operations of sequence limits and existence criterion of sequence limits

一、 数列极限运算法则 Operations of sequence limits

我们都知道数学研究问题有一个规律性, 即每当给出一个新的概念, 接着就讨论该概念下的性质, 然后讨论它的运算. 关于性质我们已经知道是讨论概念中所包含的有用的“财产”, 而运算则是发展壮大“财产”的手段和方法. 运算从数学特有的角度讲就是把简单推

向复杂, 把复杂拆分成简单, 把未知转化成已知的方法和手段. 所以掌握数学的运算法则是十分重要的.

定理 1 (数列极限四则运算法则)　设 $\lim\limits_{n\to\infty} x_n = A$, $\lim\limits_{n\to\infty} y_n = B$. 则

(1) 数列 $\{x_n \pm y_n\}$ 收敛, 且

$$\lim_{n\to\infty}(x_n \pm y_n) = \lim_{n\to\infty} x_n \pm \lim_{n\to\infty} y_n = A \pm B;$$

(2) 数列 $\{x_n \cdot y_n\}$ 收敛, 且

$$\lim_{n\to\infty}(x_n \cdot y_n) = \lim_{n\to\infty} x_n \cdot \lim_{n\to\infty} y_n = A \cdot B,$$

特别地, $\lim\limits_{n\to\infty}(k \cdot x_n) = k \lim\limits_{n\to\infty} x_n = kA$($k$ 为常数);

(3) 如果 $y_n \neq 0$, 且 $B \neq 0$, 那么数列 $\left\{\dfrac{x_n}{y_n}\right\}$ 收敛, 且

$$\lim_{n\to\infty}\frac{x_n}{y_n} = \frac{\lim\limits_{n\to\infty} x_n}{\lim\limits_{n\to\infty} y_n} = \frac{A}{B}.$$

证明　(1) 由 $\lim\limits_{n\to\infty} x_n = A$, $\lim\limits_{n\to\infty} y_n = B$, 对于任意给定的 $\varepsilon > 0$, 分别存在正整数 N_1, N_2, 使得当 $n > N_1$ 时, 有

$$|x_n - A| < \frac{\varepsilon}{2};$$

当 $n > N_2$ 时, 有

$$|y_n - B| < \frac{\varepsilon}{2}.$$

取 $N = \max\{N_1, N_2\}$, 则当 $n > N$ 时, 上述两个不等式同时成立, 于是

$$|(x_n \pm y_n) - (A \pm B)| = |(x_n - A) \pm (y_n - B)| \leqslant |x_n - A| + |y_n - B| < \frac{\varepsilon}{2} + \frac{\varepsilon}{2} = \varepsilon.$$

所以

$$\lim_{n\to\infty}(x_n \pm y_n) = A \pm B.$$

(2)
$$\begin{aligned}|x_n \cdot y_n - AB| &= |x_n \cdot y_n - Ay_n + Ay_n - AB| = |(x_n - A)y_n + A(y_n - B)| \\ &\leqslant |x_n - A| \cdot |y_n| + |A| \cdot |y_n - B|.\end{aligned}$$

因为 $\lim\limits_{n\to\infty} y_n = B$, 所以存在 $M > 0$, 对任意的正整数 n, 有 $|y_n| \leqslant M$. 进而有

$$|x_n \cdot y_n - AB| \leqslant |x_n - A| \cdot |y_n| + |A| \cdot |y_n - B| \leqslant M \cdot |x_n - A| + |A| \cdot |y_n - B|.$$

由 $\lim\limits_{n\to\infty} x_n = A$, $\lim\limits_{n\to\infty} y_n = B$, 对于任意给定的 $\varepsilon > 0$, 分别存在正整数 N_1,N_2, 使得当 $n > N_1$ 时, 有

$$|x_n - A| < \frac{\varepsilon}{2M};$$

当 $n > N_2$ 时, 有

$$|y_n - B| < \frac{\varepsilon}{2(|A|+1)}.$$

取 $N = \max\{N_1, N_2\}$, 则当 $n > N$ 时, 上述两个不等式同时成立, 于是

$$|x_n \cdot y_n - AB| \leqslant M \cdot |x_n - A| + |A| \cdot |y_n - B| < M \cdot \frac{\varepsilon}{2M} + |A| \cdot \frac{\varepsilon}{2(|A|+1)} \leqslant \frac{\varepsilon}{2} + \frac{\varepsilon}{2} = \varepsilon.$$

所以

$$\lim_{n\to\infty}(x_n \cdot y_n) = A \cdot B.$$

(3)
$$\left|\frac{x_n}{y_n} - \frac{A}{B}\right| = \left|\frac{Bx_n - Ay_n}{By_n}\right| = \frac{|Bx_n - Ay_n|}{|By_n|} = \frac{|B(x_n - A) - A(y_n - B)|}{|B| \cdot |y_n|}$$
$$\leqslant \frac{|B| \cdot |x_n - A| + |A| \cdot |y_n - B|}{|B| \cdot |y_n|} = \frac{|x_n - A|}{|y_n|} + \frac{|A| \cdot |y_n - B|}{|B| \cdot |y_n|}.$$

因为 $\lim\limits_{n\to\infty} y_n = B \neq 0$, 对于 $\varepsilon = \dfrac{|B|}{2} > 0$, 存在正整数 N_0, 当 $n > N_0$ 时,

$$|y_n - B| < \frac{|B|}{2},$$

则有

$$||y_n| - |B|| \leqslant |y_n - B| < \frac{|B|}{2},$$

即

$$-\frac{|B|}{2} < |y_n| - |B| < \frac{|B|}{2},$$

亦即

$$\frac{|B|}{2} < |y_n| < \frac{3|B|}{2}.$$

于是当 $n > N_0$ 时, $|y_n| > \dfrac{|B|}{2} > 0$, 即 $0 < \dfrac{1}{|y_n|} < \dfrac{2}{|B|}$. 进而有

$$\left|\frac{x_n}{y_n} - \frac{A}{B}\right| \leqslant \frac{|x_n - A|}{|y_n|} + \frac{|A| \cdot |y_n - B|}{|B| \cdot |y_n|} < \frac{2}{|B|} \cdot |x_n - A| + \frac{2|A|}{|B|^2} \cdot |y_n - B|.$$

由 $\lim\limits_{n\to\infty} x_n = A$, $\lim\limits_{n\to\infty} y_n = B$, 对于任意给定的 $\varepsilon > 0$, 分别存在正整数 N_1, N_2, 使得当 $n > N_1$ 时, 有

$$|x_n - A| < \frac{|B| \cdot \varepsilon}{4};$$

当 $n > N_2$ 时, 有

$$|y_n - B| < \frac{|B|^2 \cdot \varepsilon}{4(|A|+1)}.$$

取 $N=\max\{N_0,N_1,N_2\}$, 则当 $n>N$ 时, 上述不等式同时成立, 于是

$$\begin{aligned}\left|\frac{x_n}{y_n}-\frac{A}{B}\right| &< \frac{2}{|B|}\cdot|x_n-A|+\frac{2|A|}{|B|^2}\cdot|y_n-B| \\ &< \frac{2}{|B|}\cdot\frac{|B|\cdot\varepsilon}{4}+\frac{2|A|}{|B|^2}\cdot\frac{|B|^2\cdot\varepsilon}{4(|A|+1)}<\frac{\varepsilon}{2}+\frac{\varepsilon}{2}=\varepsilon.\end{aligned}$$

所以

$$\lim_{n\to\infty}\frac{x_n}{y_n}=\frac{A}{B}.$$

推论 1 有限个具有极限的数列的代数和①的极限仍然存在, 且等于每一数列极限的代数和; 有限个具有极限的数列的乘积的极限也存在, 且等于每个数列的极限的乘积.

例如, 设 $\lim\limits_{n\to\infty}x_n=A$, $\lim\limits_{n\to\infty}y_n=B$, $\lim\limits_{n\to\infty}z_n=C$, 则

$$\lim_{n\to\infty}(rx_n+sy_n+tz_n)=r\cdot\lim_{n\to\infty}x_n+s\cdot\lim_{n\to\infty}y_n+t\cdot\lim_{n\to\infty}z_n=rA+sB+tC,$$

$$\lim_{n\to\infty}(x_n\cdot y_n\cdot z_n)=\lim_{n\to\infty}x_n\cdot\lim_{n\to\infty}y_n\cdot\lim_{n\to\infty}z_n=ABC,$$

其中 r, s, t 是常数.

下面利用数列极限四则运算法则计算一些数列极限.

例 1 求极限 $\lim\limits_{n\to\infty}\left(1+\dfrac{1}{\sqrt{n}}-\dfrac{4}{n^3}\right)$.

解 $\lim\limits_{n\to\infty}\left(1+\dfrac{1}{\sqrt{n}}-\dfrac{4}{n^3}\right)=\lim\limits_{n\to\infty}1+\lim\limits_{n\to\infty}\dfrac{1}{\sqrt{n}}-4\lim\limits_{n\to\infty}\dfrac{1}{n^3}=1.$

例 2 求极限 $\lim\limits_{n\to\infty}\left(\dfrac{1}{2^n}\cdot\sqrt{1+\dfrac{1}{n}}\right)$.

解 根据第一节例 3 和例 6 知 $\lim\limits_{n\to\infty}\left(\dfrac{1}{2}\right)^n=0$, $\lim\limits_{n\to\infty}\sqrt{1+\dfrac{1}{n}}=1$, 所以

$$\begin{aligned}\lim_{n\to\infty}\left(\frac{1}{2^n}\cdot\sqrt{1+\frac{1}{n}}\right)&=\lim_{n\to\infty}\left[\left(\frac{1}{2}\right)^n\cdot\sqrt{1+\frac{1}{n}}\right]\\&=\lim_{n\to\infty}\left(\frac{1}{2}\right)^n\cdot\lim_{n\to\infty}\sqrt{1+\frac{1}{n}}=0\times1=0.\end{aligned}$$

例 3 求极限 $\lim\limits_{n\to\infty}\dfrac{3n^2-2n+1}{2n^2-n+5}$.

解 分子、分母同时除以 n^2 得

$$\lim_{n\to\infty}\frac{3n^2-2n+1}{2n^2-n+5}=\lim_{n\to\infty}\frac{3-\dfrac{2}{n}+\dfrac{1}{n^2}}{2-\dfrac{1}{n}+\dfrac{5}{n^2}}=\frac{3}{2}.$$

---

① 数列 $\{x_n\},\{y_n\},\cdots,\{z_n\}$ 的代数和为 $\{\alpha x_n+\beta y_n+\cdots+\gamma z_n\}$, 其中 $\alpha,\beta,\cdots,\gamma$ 为常数, 量 $u_1,u_2,\cdots,u_n$ 的代数和为 $r_1u_1+r_2u_2+\cdots+r_nu_n$, 其中 $r_1,r_2,\cdots,r_n$ 是常数.

例 4 求极限 $\lim\limits_{n\to\infty}(\sqrt{n^2+1}-n)$.

解 有理化分子得

$$\lim_{n\to\infty}(\sqrt{n^2+1}-n)=\lim_{n\to\infty}\frac{1}{\sqrt{n^2+1}+n}=\lim_{n\to\infty}\left(\frac{1}{n}\cdot\frac{1}{\sqrt{1+\dfrac{1}{n^2}}+1}\right)=0\cdot\frac{1}{2}=0.$$

例 5 求极限 $\lim\limits_{n\to\infty}\left[\dfrac{1}{1\cdot 2}+\dfrac{1}{2\cdot 3}+\dfrac{1}{3\cdot 4}+\cdots+\dfrac{1}{n(n+1)}\right]$.

解 由于

$$\begin{aligned}&\frac{1}{1\cdot 2}+\frac{1}{2\cdot 3}+\frac{1}{3\cdot 4}+\cdots+\frac{1}{n(n+1)}\\=&\left(1-\frac{1}{2}\right)+\left(\frac{1}{2}-\frac{1}{3}\right)+\left(\frac{1}{3}-\frac{1}{4}\right)+\cdots+\left(\frac{1}{n}-\frac{1}{n+1}\right)=1-\frac{1}{n+1}.\end{aligned}$$

所以

$$\lim_{n\to\infty}\left[\frac{1}{1\cdot 2}+\frac{1}{2\cdot 3}+\frac{1}{3\cdot 4}+\cdots+\frac{1}{n(n+1)}\right]=\lim_{n\to\infty}\left(1-\frac{1}{n+1}\right)=1.$$

说明 在求数列极限的过程中, 我们往往把一个复杂的数列拆开成两个及以上的数列的和、差、积或商, 此时虽然不知道被拆开的这些数列的极限是否存在, 但我们仍可以应用四则运算法则进行计算: 若被拆开的这些数列的极限存在, 则说明应用法则是对的; 若拆开的这些数列中至少有一个极限不存在, 则说明数列不能如此拆开应用法则, 但此时不能说明原数列一定是发散的, 应该去寻找其他计算方法.

极限的四则运算法则是充分的, 当不满足运算法则中的条件时, 两数列的和差积商仍有可能收敛. 例如数列 $x_n=\dfrac{1}{n^2}$ 是收敛的, 数列 $y_n=n$ 是发散的, 但 $x_ny_n=\dfrac{1}{n}$ 却是收敛的; 数列 $x_n=1+n$, $y_n=1-n$ 都是发散的, 但 $x_n+y_n=2$ 却是收敛的.

二、 数列极限存在准则 Existence criterion of sequence limits

在上面我们讨论的极限运算法则都是假设数列极限存在的情况下成立的. 否则是不能随便应用运算法则的, 所以判断数列极限的存在性是一件重要而又有意义的工作, 这也是本节所要讨论的主题.

1. 夹逼准则 Squeeze rule

定理 2 (夹逼准则) 设数列 $\{x_n\}$, $\{y_n\}$, $\{z_n\}$ 满足

(1) 存在正整数 N_0, 当 $n\geqslant N_0$ 时, $x_n\leqslant y_n\leqslant z_n$;

(2) $\lim\limits_{n\to\infty}x_n=\lim\limits_{n\to\infty}z_n=A$.

则数列 $\{y_n\}$ 收敛, 并且 $\lim\limits_{n\to\infty}y_n=A$.

证明 因为 $\lim\limits_{n\to\infty} x_n = \lim\limits_{n\to\infty} z_n = A$, 所以根据数列极限的定义, 对任意给定的 $\varepsilon > 0$, 分别存在正整数 N_1, N_2, 使得当 $n > N_1$ 时,

$$|x_n - A| < \varepsilon;$$

当 $n > N_2$ 时,

$$|z_n - A| < \varepsilon.$$

现在取 $N = \max\{N_0, N_1, N_2\}$, 则当 $n > N$ 时, 上述两个不等式同时成立, 以及 $x_n \leqslant y_n \leqslant z_n$, 即有

$$A - \varepsilon < x_n < A + \varepsilon, \quad A - \varepsilon < z_n < A + \varepsilon.$$

所以当 $n > N$ 时, 有 $A - \varepsilon < x_n \leqslant y_n \leqslant z_n < A + \varepsilon$, 即 $|y_n - A| < \varepsilon$. 故

$$\lim_{n\to\infty} y_n = A.$$

夹逼准则不仅提供了一个判断数列极限存在的方法, 也提供了一个求极限的方法, 常能解决一些较为困难的求数列极限的问题.

求极限 $\lim\limits_{n\to\infty} y_n$, 实际上只给我们提供了一个已知条件 "数列的通项 y_n", 使用夹逼准则, 必须对通项 y_n 进行适当的缩小 (缩小为 x_n) 和放大 (放大为 z_n), 而这个 "适当" 是由数列 $\{x_n\}$ 和 $\{z_n\}$ 是否收敛于同一个数值来定的.

例 6 求极限 $\lim\limits_{n\to\infty} \dfrac{\sin n}{n}$.

分析 使用夹逼准则求解. 已知 $y_n = \dfrac{\sin n}{n}$, 需要对 $y_n = \dfrac{\sin n}{n}$ 进行适当的缩小和放大. 由于 $-1 < \sin n < 1$, 所以 $-\dfrac{1}{n} < \dfrac{\sin n}{n} < \dfrac{1}{n}$, 即 $y_n = \dfrac{\sin n}{n}$ 缩小为 $x_n = -\dfrac{1}{n}$, 放大为 $z_n = \dfrac{1}{n}$, 而 $\lim\limits_{n\to\infty}\left(-\dfrac{1}{n}\right) = 0$, $\lim\limits_{n\to\infty} \dfrac{1}{n}$=0, 这说明 $x_n \leqslant y_n \leqslant z_n$ 这一放缩是适当的, 因此使用夹逼准则可以获得 $\lim\limits_{n\to\infty} \dfrac{\sin n}{n} = 0$.

解 因为 $-1 < \sin n < 1$, 所以

$$-\frac{1}{n} < \frac{\sin n}{n} < \frac{1}{n}.$$

又由于

$$\lim_{n\to\infty}\left(-\frac{1}{n}\right) = 0, \quad \lim_{n\to\infty} \frac{1}{n} = 0,$$

所以根据夹逼准则知

$$\lim_{n\to\infty} \frac{\sin n}{n} = 0.$$

例 7 求极限 $\lim\limits_{n\to\infty} \dfrac{n!}{n^n}$.

解 由于

$$0<\frac{n!}{n^n}=\frac{1}{n}\cdot\frac{2}{n}\cdot\cdots\cdot\frac{n-1}{n}\cdot\frac{n}{n}\leqslant\frac{1}{n},$$

并且

$$\lim_{n\to\infty}0=0,\quad \lim_{n\to\infty}\frac{1}{n}=0,$$

因此

$$\lim_{n\to\infty}\frac{n!}{n^n}=0.$$

说明 例 7 表明当 n 无限增大时, n^n 无限增大的速度远远比 $n!$ 快.

例 8 求极限 $\lim\limits_{n\to\infty}\left(\dfrac{1}{\sqrt{n^2+1}}+\dfrac{1}{\sqrt{n^2+2}}+\cdots+\dfrac{1}{\sqrt{n^2+n}}\right)$.

解 由于

$$\frac{1}{\sqrt{n^2+n}}\leqslant\frac{1}{\sqrt{n^2+k}}\leqslant\frac{1}{\sqrt{n^2+1}}\quad (k=1,2,\cdots,n),$$

所以

$$\frac{n}{\sqrt{n^2+n}}\leqslant\frac{1}{\sqrt{n^2+1}}+\frac{1}{\sqrt{n^2+2}}+\cdots+\frac{1}{\sqrt{n^2+n}}\leqslant\frac{n}{\sqrt{n^2+1}}.$$

又由于

$$\lim_{n\to\infty}\frac{n}{\sqrt{n^2+n}}=\lim_{n\to\infty}\frac{1}{\sqrt{1+\frac{1}{n}}}=1,\quad \lim_{n\to\infty}\frac{n}{\sqrt{n^2+1}}=\lim_{n\to\infty}\frac{1}{\sqrt{1+\frac{1}{n^2}}}=1,$$

因此

$$\lim_{n\to\infty}\left(\frac{1}{\sqrt{n^2+1}}+\frac{1}{\sqrt{n^2+2}}+\cdots+\frac{1}{\sqrt{n^2+n}}\right)=1.$$

例 9 求极限 $\lim\limits_{n\to\infty}\sqrt[n]{n}$.

解 由于

$$1\leqslant\sqrt[n]{n}=\sqrt[n]{\sqrt{n}\cdot\sqrt{n}\cdot\underbrace{1\cdot\cdots\cdot1}_{n-2\text{个}1}}\leqslant\frac{2\sqrt{n}+n-2}{n}=1+\frac{2}{\sqrt{n}}-\frac{2}{n}\quad (n>2),$$

并且

$$\lim_{n\to\infty}\left(1+\frac{2}{\sqrt{n}}-\frac{2}{n}\right)=1,$$

所以

$$\lim_{n\to\infty}\sqrt[n]{n}=1.$$

2. 单调有界准则 Monotone boundedness principle

应该注意, 有界数列和单调数列都不一定存在极限. 如数列 $\{(-1)^n\}$ 是有界数列, 但其极限不存在. 数列 $\{n^2\}$ 是单调增加数列, 其极限也不存在. 但若一个数列既是单调的, 又是有界的, 则该数列的极限一定存在.

定理 3 (单调有界准则)① 单调有界数列必收敛.

在第一节中已证明: 收敛数列一定有界, 并且也曾指出, 有界的数列不一定收敛. 现在单调有界准则表明: 若数列不仅有界, 并且还是单调的, 则这个数列的极限必定收敛. 对单调有界准则我们在此不作证明, 而给出如下几何解释.

从数轴上看, 对应于单调数列的点 x_n 只能向一个方向移动, 所以只有两种可能的情形: 或者点 x_n 沿数轴移向无穷远; 或者点 x_n 无限趋于某一个顶点 A(图 2-8), 也就是数列 $\{x_n\}$ 趋向一个极限. 现在假定数列是有界的, 而有界数列的 x_n 都落在数轴上某个区间 $[-M, M]$ 内, 因此上述第一种情形就不可能发生了. 这就表示这个数列趋向于一个极限, 并且这个极限的绝对值不超过 M.

图 2-8

例 10 设数列 $x_n = \dfrac{1}{\ln(1+n)}$, 证明数列 $x_n = \dfrac{1}{\ln(1+n)}$ 收敛.

证明 因为 $x_{n+1} - x_n = \dfrac{1}{\ln(2+n)} - \dfrac{1}{\ln(1+n)} < 0$, 故数列 $\{x_n\}$ 单调减少, 且 $x_n > 0$, 进而对任意的正整数 n, 有 $0 < x_n \leqslant x_1 = \dfrac{1}{\ln 2}$, 即数列 $\{x_n\}$ 有界. 因此, 数列 $\{x_n\}$ 单调减少且有界, 则数列 $\{x_n\}$ 收敛.

例 11 设 $x_1 = \sqrt{2}$, $x_{n+1} = \sqrt{2+x_n}$, 证明数列 $\{x_n\}$ 收敛, 并求极限 $\lim\limits_{n\to\infty} x_n$.

证明 (有界性) 当 $n=1$ 时, $0 < x_1 = \sqrt{2} < 2$; 假设 $n=k\,(k>1)$ 时, $0 < x_k < 2$; 则当 $n = k+1$ 时,

$$0 < x_{k+1} = \sqrt{2+x_k} < 2.$$

根据数学归纳法知, 对一切正整数 n, 有 $0 < x_n < 2$. 所以数列 $\{x_n\}$ 有界.

(单调性) 因为

$$x_{n+1} - x_n = \sqrt{2+x_n} - x_n = \frac{2+x_n-x_n^2}{\sqrt{2+x_n}+x_n} = \frac{(2-x_n)(1+x_n)}{\sqrt{2+x_n}+x_n},$$

由于 $0 < x_n < 2$, 所以

$$x_{n+1} - x_n > 0,$$

即数列 $\{x_n\}$ 单调增加.

综上, 数列 $\{x_n\}$ 单调增加且有界, 所以数列 $\{x_n\}$ 收敛.

① 该定理的证明已超出本书的范围, 需使用实数子集的确界原理, 故证明在此从略.

设 $\lim\limits_{n\to\infty} x_n = A$, 则根据第一节推论 2 知, $A \geqslant 0$. 由于

$$x_{n+1} = \sqrt{2 + x_n},$$

即

$$x_{n+1}^2 = 2 + x_n,$$

则有

$$\lim_{n\to\infty} x_{n+1}^2 = \lim_{n\to\infty} (2 + x_n),$$

即

$$A^2 = 2 + A,$$

亦即

$$A^2 - A - 2 = 0,$$

解得 $A = 2$ 或 $A = -1$(舍去), 因此

$$\lim_{n\to\infty} x_n = 2.$$

例 12 证明数列 $\left\{\left(1 + \dfrac{1}{n}\right)^n\right\}$ 收敛.

证明 记 $x_n = \left(1 + \dfrac{1}{n}\right)^n$, 由二项式定理, 有

$$\begin{aligned}
x_n &= \left(1 + \frac{1}{n}\right)^n = \mathrm{C}_n^0 + \mathrm{C}_n^1 \cdot \frac{1}{n} + \mathrm{C}_n^2 \cdot \left(\frac{1}{n}\right)^2 + \mathrm{C}_n^3 \cdot \left(\frac{1}{n}\right)^3 + \cdots + \mathrm{C}_n^n \cdot \left(\frac{1}{n}\right)^n \\
&= 1 + 1 + \frac{n(n-1)}{2!} \cdot \frac{1}{n} + \frac{n(n-1)(n-2)}{3!} \cdot \frac{1}{n^2} + \cdots \\
&\quad + \frac{n(n-1)(n-2)\cdots 2 \cdot 1}{n!} \cdot \frac{1}{n^n} \\
&= 1 + 1 + \frac{1}{2!} \cdot \left(1 - \frac{1}{n}\right) + \frac{1}{3!} \cdot \left(1 - \frac{1}{n}\right)\left(1 - \frac{2}{n}\right) + \cdots \\
&\quad + \frac{1}{n!} \cdot \left(1 - \frac{1}{n}\right)\left(1 - \frac{2}{n}\right) \cdots \left(1 - \frac{n-1}{n}\right).
\end{aligned}$$

类似地, 有

$$\begin{aligned}
x_{n+1} &= \mathrm{C}_{n+1}^0 + \mathrm{C}_{n+1}^1 \cdot \frac{1}{n+1} + \mathrm{C}_{n+1}^2 \cdot \left(\frac{1}{n+1}\right)^2 + \mathrm{C}_{n+1}^3 \cdot \left(\frac{1}{n+1}\right)^3 + \cdots \\
&\quad + \mathrm{C}_{n+1}^n \cdot \left(\frac{1}{n+1}\right)^n + \mathrm{C}_{n+1}^{n+1} \cdot \left(\frac{1}{n+1}\right)^{n+1} \\
&= 1 + 1 + \frac{1}{2!} \cdot \left(1 - \frac{1}{n+1}\right) + \frac{1}{3!} \cdot \left(1 - \frac{1}{n+1}\right)\left(1 - \frac{2}{n+1}\right) + \cdots
\end{aligned}$$

$$+\frac{1}{n!}\cdot\left(1-\frac{1}{n+1}\right)\left(1-\frac{2}{n+1}\right)\cdots\left(1-\frac{n-1}{n+1}\right)$$
$$+\frac{1}{(n+1)!}\cdot\left(1-\frac{1}{n+1}\right)\left(1-\frac{2}{n+1}\right)\cdots\left(1-\frac{n}{n+1}\right).$$

比较 x_n 与 x_{n+1} 的展开式, 可以看出除前两项外 x_n 的每一项都小于 x_{n+1} 的对应项, 并且 x_{n+1} 还多了最后一项, 其值大于 0, 因此,

$$x_n < x_{n+1}.$$

此外, 若将 x_n 的展开式中各括号内的数都用较大的数 1 代替, 并注意到 $2^{n-1} < n!$ $(n>2)$, 有

$$x_n = 1+1+\frac{1}{2!}+\frac{1}{3!}+\cdots+\frac{1}{n!} < 1+1+\frac{1}{2}+\frac{1}{2^2}+\cdots+\frac{1}{2^{n-1}}$$
$$=1+\frac{1-\dfrac{1}{2^n}}{1-\dfrac{1}{2}}=3-\frac{1}{2^{n-1}}<3,$$

因此, $\{x_n\}$ 单调增加且有上界, 故 $\lim\limits_{n\to\infty} x_n$ 存在. 记 $\lim\limits_{n\to\infty} x_n = \mathrm{e}$, 即 $\lim\limits_{n\to\infty}\left(1+\dfrac{1}{n}\right)^n = \mathrm{e}$.

例 12 也可以如此证明, 先证明一个不等式. 设 $0<a<b$, 于是对任意正整数 n 有

$$\frac{b^{n+1}-a^{n+1}}{b-a}=\frac{(b-a)(b^n+b^{n-1}a+\cdots+ba^{n-1}+a^n)}{b-a}$$
$$=b^n+b^{n-1}a+\cdots+ba^{n-1}+a^n<(n+1)b^n,$$

或

$$b^{n+1}-a^{n+1}<(n+1)b^n(b-a).$$

整理后得不等式

$$a^{n+1}>b^n[(n+1)a-nb]. \tag{1}$$

令 $a=1+\dfrac{1}{n+1}$, $b=1+\dfrac{1}{n}$, 代入上述不等式 (1) 得

$$\left(1+\frac{1}{n+1}\right)^{n+1}>\left(1+\frac{1}{n}\right)^n\left[(n+1)\left(1+\frac{1}{n+1}\right)-n\left(1+\frac{1}{n}\right)\right]=\left(1+\frac{1}{n}\right)^n.$$

所以数列 $\left\{\left(1+\dfrac{1}{n}\right)^n\right\}$ 单调增加.

再令 $a=1$, $b=1+\dfrac{1}{2n}$, 代入上述不等式 (1) 得

$$1>\left(1+\frac{1}{2n}\right)^n\left[(n+1)-n\left(1+\frac{1}{2n}\right)\right]=\frac{1}{2}\left(1+\frac{1}{2n}\right)^n,$$

即

$$\left(1+\frac{1}{2n}\right)^n<2,$$

不等式两边平方得

$$\left(1+\frac{1}{2n}\right)^{2n}<4.$$

由于数列 $\left\{\left(1+\frac{1}{n}\right)^n\right\}$ 单调增加, 所以

$$0<\left(1+\frac{1}{n}\right)^n<\left(1+\frac{1}{2n}\right)^{2n}<4,$$

即数列 $\left\{\left(1+\frac{1}{n}\right)^n\right\}$ 有界.

综上, 数列 $\left\{\left(1+\frac{1}{n}\right)^n\right\}$ 单调增加且有界, 所以数列 $\left\{\left(1+\frac{1}{n}\right)^n\right\}$ 收敛.

习 题 二

1. 求下列极限:

(1) $\lim\limits_{x\to\infty}\dfrac{3n^3+2n+4}{5n^3+n^2-n+1}$; (2) $\lim\limits_{n\to\infty}(\sqrt{n^2+2n}-n)$;

(3) $\lim\limits_{n\to\infty}\left(\dfrac{1+2+3+\cdots+n}{n+2}-\dfrac{n}{2}\right)$; (4) $\lim\limits_{n\to\infty}\dfrac{(-2)^n+3^n}{(-2)^{n+1}+3^{n+1}}$.

2. 利用夹逼定理证明:

(1) $\lim\limits_{n\to\infty}\dfrac{1}{n^2}+\dfrac{1}{(n+1)^2}+\cdots+\dfrac{1}{(2n)^2}=0$;

(2) $\lim\limits_{n\to\infty}\left(\dfrac{1}{n^2+1}+\dfrac{2}{n^2+2}+\cdots+\dfrac{n}{n^2+n}\right)=\dfrac{1}{2}$.

3. 利用单调有界数列收敛准则证明下列数列的极限存在.

(1) $x_1=\sqrt{2}$, $x_{n+1}=\sqrt{2x_n}$, $n=1,2,3,\cdots$;

(2) $x_1>0$, $x_{n+1}=\dfrac{1}{2}\left(x_n+\dfrac{3}{x_n}\right)$, $n=1,2,3,\cdots$;

(3) 设 x_n 单调递增, y_n 单调递减, 且 $\lim\limits_{n\to\infty}(x_n-y_n)=0$, 证明 x_n 和 y_n 的极限均存在.

第三节 函数极限——微积分研究问题使用的工具, 变量无限变化的数学模型

Limit of function—Tools used in calculus research and mathematical model with infinite variation of variables

前面已讨论了数列 $x_n=f(n)$ 的极限, 由于数列 $x_n=f(n)$ 也是一个函数, 因此数列的极限是函数极限中的特殊情形. 其特殊性如下: 自变量 n 只取正整数, 且 n 趋向于无穷大,

或者说 n 是离散地变化着趋向于正无穷大的. 在这一节里, 将讨论一般函数 $y=f(x)$ 的极限问题. 这里自变量 x 不是离散变化的, 而是连续变化的, 自变量 x 有两种变化形式情形:

(1) 自变量 x 的绝对值 $|x|$ 无限增大或者说趋于无穷大 (记作 $x\to\infty$) 时, 对应的函数值 $f(x)$ 的变化情形;

(2) 自变量 x 任意地接近有限值 x_0 或者说趋于 x_0 (记作 $x\to x_0$) 时, 对应的函数值 $f(x)$ 的变化情形.

从函数的观点来看, 数列 $x_n=f(n)$ 的极限为 A, 所指的是: 当自变量 n 取正整数而无限增大 (即 $n\to\infty$) 时, 对应的函数值 $f(n)$ 无限接近于确定的数 A. 若把数列极限概念中的函数 $f(n)$, 自变量的变化过程 $n\to\infty$ 等特殊性抽去, 则可以这样描述函数极限的概念: 在自变量 x 的某个变化过程中 (这个变化过程可以是 $x\to\infty$ 或 $x\to x_0$ 等), 若对应的函数值 $f(x)$ 无限接近于某个确定的数 A, 则这个确定的数 A 称为在这一变化过程中**函数的极限** (limit of a function). 下面将讨论如何精确刻画函数极限的概念.

一、 当 $x\to\infty$ 时, 函数 $f(x)$ 的极限 The limit of $f(x)$, as $x\to\infty$

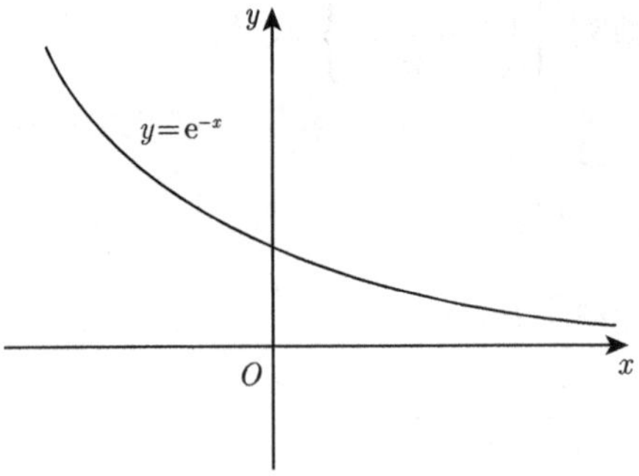

图 2-9

先讨论一种与数列极限类似的情形. 从指数函数 $y=\mathrm{e}^{-x}$ 的图形 (图 2-9) 可以看出, 当自变量 x 取正值且无限增大 (记作 $x\to+\infty$) 时, 函数 $y=\mathrm{e}^{-x}$ 无限接近于常数 0, 即 $\lim\limits_{x\to+\infty}\mathrm{e}^{-x}=0$, 仿造数列极限的定义有如下定义.

定义 1 设函数 $f(x)$ 在区间 $(a,+\infty)$ 内有定义, A 是常数. 若对于任意给定的 $\varepsilon>0$, 存在正数 X, 当 $x>X$ 时, 有

$$|f(x)-A|<\varepsilon,$$

则称常数 A 为函数 $f(x)$ 当 $x\to+\infty$ 时的**极限**, 记作

$$\lim_{x\to+\infty}f(x)=A \quad 或 \quad f(x)\to A(x\to+\infty).$$

函数 $f(x)(x\to+\infty)$ 的极限定义与数列 x_n 的极限定义很相似, 这是因为它们的自变量的变化过程相同 ($x\to+\infty$ 与 $n\to+\infty$).

极限 $\lim\limits_{x\to+\infty}f(x)=A$ 有明显的几何意义. 已知 $|f(x)-A|<\varepsilon\Leftrightarrow A-\varepsilon<f(x)<A+\varepsilon$, 下面将极限 $\lim\limits_{x\to+\infty}f(x)=A$ 定义的几何意义如表 1 所示.

表 1 极限 $\lim\limits_{x\to+\infty}f(x)=A$ 定义的几何意义

定义	几何意义
任意 $\varepsilon>0$, 存在 $X>0$, 当 $x>X$ 时, $\|f(x)-A\|<\varepsilon$	在直线 $y=A$ 两侧, 以任意两直线 $y=A\pm\varepsilon$ 为边界, 宽为 2ε 的带形区域. 在 x 轴上原点右侧总存在一点 X, 对 X 右侧的点 x, 即 $x\in(X,+\infty)$, 函数 $y=f(x)$ 的图像位于上述带形区域之内 (图 2-10).

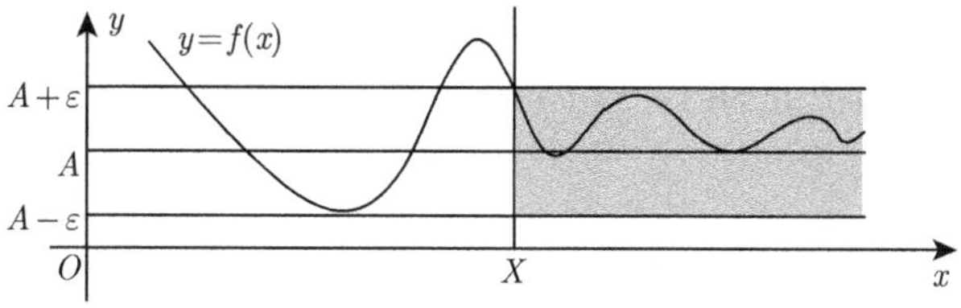

图 2-10

例 1 证明 $\lim\limits_{x\to+\infty}\dfrac{\sin x}{x}=0$.

证明 由于极限过程是 $x\to+\infty$, 不妨设 $x>0$. 对于任意给定 $\varepsilon>0$, 要使

$$\left|\frac{\sin x}{x}-0\right|<\varepsilon,$$

因为

$$\left|\frac{\sin x}{x}-0\right|=\left|\frac{\sin x}{x}\right|=\frac{|\sin x|}{x}\leqslant\frac{1}{x},$$

所以只要 $\dfrac{1}{x}<\varepsilon$, 即$x>\dfrac{1}{\varepsilon}$. 于是取 $X=\dfrac{1}{\varepsilon}$, 当 $x>X$ 时, 有

$$\left|\frac{\sin x}{x}-0\right|\leqslant\frac{1}{x}<\varepsilon,$$

因此

$$\lim_{x\to+\infty}\frac{\sin x}{x}=0.$$

例 2 证明 $\lim\limits_{x\to+\infty}\dfrac{x-1}{x+1}=1$.

证明 由于极限过程是 $x\to+\infty$, 不妨设 $x>0$. 对于任意给定 $\varepsilon>0$, 要使

$$\left|\frac{x-1}{x+1}-1\right|<\varepsilon,$$

因为

$$\left|\frac{x-1}{x+1}-1\right|=\frac{2}{x+1}<\frac{2}{x},$$

所以只要 $\dfrac{2}{x}<\varepsilon$, 即 $x>\dfrac{2}{\varepsilon}$. 于是取 $X=\dfrac{2}{\varepsilon}$, 当 $x>X$ 时, 有

$$\left|\frac{x-1}{x+1}-1\right|<\frac{2}{x}<\varepsilon,$$

因此

$$\lim_{x\to+\infty}\frac{x-1}{x+1}=1.$$

当 $x \to -\infty$ 时, 或当 $x \to \infty$ 时, 函数 $f(x)$ 的极限定义分别是

定义 2 设函数 $f(x)$ 在区间 $(-\infty, a)$ 内有定义, A 是常数. 若对任意给定的 $\varepsilon > 0$, 存在 $X > 0$, 当 $x < -X$ 时, 有

$$|f(x) - A| < \varepsilon,$$

则称常数 A 为函数 $f(x)$ 当 $x \to -\infty$ 时的**极限**, 记作

$$\lim_{x \to -\infty} f(x) = A \quad \text{或} \quad f(x) \to A(x \to -\infty).$$

定义 3 设函数 $f(x)$ 在区域 $(-\infty, -a) \cup (a, +\infty)$(常数 $a > 0$) 内有定义, A 是常数. 若对任意给定的 $\varepsilon > 0$, 存在 $X > 0$, 当 $|x| > X$ 时, 有

$$|f(x) - A| < \varepsilon,$$

则称常数 A 为函数 $f(x)$ 当 $x \to \infty$ 时的**极限**, 记作

$$\lim_{x \to \infty} f(x) = A \quad \text{或} \quad f(x) \to A(x \to \infty).$$

上述函数 $f(x)$ 的极限的三个定义 $(x \to +\infty, x \to -\infty, x \to \infty)$ 很相似. 为了明显地看到它们的异同, 将函数极限的三个定义对比如下:

$\lim\limits_{x \to +\infty} f(x) = A \Leftrightarrow \forall \varepsilon > 0, \exists X > 0$, 当 $x > X$ 时, 有 $|f(x) - A| < \varepsilon$.

$\lim\limits_{x \to -\infty} f(x) = A \Leftrightarrow \forall \varepsilon > 0, \exists X > 0$, 当 $x < -X$ 时, 有 $|f(x) - A| < \varepsilon$.

$\lim\limits_{x \to \infty} f(x) = A \Leftrightarrow \forall \varepsilon > 0, \exists X > 0$, 当 $|x| > X$ 时, 有 $|f(x) - A| < \varepsilon$.

说明 定义中 ε 刻画$f(x)$ 与 A 的接近程度, X 刻画 $|x|$ 充分大的程度; ε 是任意给定的正数, X 是随 ε 而确定的.

根据定义, 容易获得下列结论:

$\lim\limits_{x \to \infty} f(x) = A$ 的充要条件是 $\lim\limits_{x \to +\infty} f(x) = \lim\limits_{x \to -\infty} f(x) = A$.

例 3 证明 $\lim\limits_{x \to -\infty} \dfrac{x+1}{x} = 1$.

证明 由于极限过程是 $x \to -\infty$, 不妨设 $x < 0$. 对于任意给定 $\varepsilon > 0$, 要使

$$\left|\frac{x+1}{x} - 1\right| < \varepsilon,$$

因为

$$\left|\frac{x+1}{x} - 1\right| = \left|\frac{1}{x}\right| = -\frac{1}{x},$$

所以只要 $-\dfrac{1}{x} < \varepsilon$, 即 $x < -\dfrac{1}{\varepsilon}$. 于是取 $X = \dfrac{1}{\varepsilon}$, 当 $x < -X$ 时, 有

$$\left|\frac{x+1}{x} - 1\right| < -\frac{1}{x} < \varepsilon,$$

因此

$$\lim_{x\to-\infty}\frac{x+1}{x}=1.$$

例 4 证明 $\lim\limits_{x\to\infty}\frac{1}{x}=0$.

证明 对于任意给定 $\varepsilon>0$, 要使

$$\left|\frac{1}{x}-0\right|=\frac{1}{|x|}<\varepsilon,$$

只要 $|x|>\frac{1}{\varepsilon}$. 所以取 $X=\frac{1}{\varepsilon}$, 则当 $|x|>X$ 时, 有

$$\left|\frac{1}{x}-0\right|<\varepsilon,$$

因此

$$\lim_{x\to\infty}\frac{1}{x}=0.$$

例 5 证明 $\lim\limits_{x\to\infty}\sqrt{1+\frac{1}{x}}=1$.

证明 由于极限过程是 $x\to\infty$, 不妨设 $|x|>1$. 对于任意给定 $\varepsilon>0$, 要使

$$\left|\sqrt{1+\frac{1}{x}}-1\right|<\varepsilon,$$

因为

$$\left|\sqrt{1+\frac{1}{x}}-1\right|=\frac{\left|\frac{1}{x}\right|}{\sqrt{1+\frac{1}{x}}+1}<\left|\frac{1}{x}\right|=\frac{1}{|x|},$$

所以只要 $\frac{1}{|x|}<\varepsilon$, 即 $|x|>\frac{1}{\varepsilon}$. 于是取 $X=\max\left\{\frac{1}{\varepsilon},1\right\}$, 当 $|x|>X$ 时, 有

$$\left|\sqrt{1+\frac{1}{x}}-1\right|<\frac{1}{|x|}<\varepsilon,$$

因此

$$\lim_{x\to\infty}\sqrt{1+\frac{1}{x}}=1.$$

二、当 $x \to x_0$ 时, 函数 $f(x)$ 的极限 The limit of $f(x)$, as $x \to x_0$.

1. 当 $x \to x_0$ 时, 函数 $f(x)$ 的极限

现在讨论当 x 趋于某一定数 x_0, 且 $x \neq x_0$ 时, 函数的变化趋势. 例如:

(1) 设函数 $f(x) = 2x + 1$. 当 x 无限趋于 2 时, 可以看到它们所对应的函数值就无限趋于 5 (图 2-11).

(2) 设函数 $f(x) = \dfrac{2x^2 - 3x - 2}{x - 2}$. 当 $x \neq 2$ 时, $f(x) = 2x + 1$, 由此可见, 当 x 不等于 2 而无限趋于 2 时, 对应的函数值 $f(x)$ 就无限趋于 5 (图 2-12).

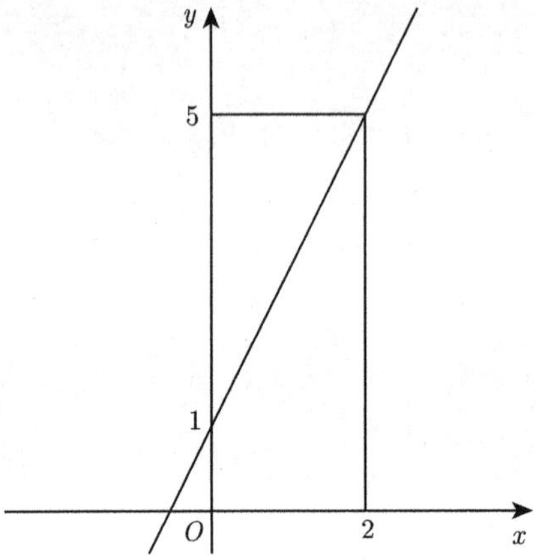

图 2-11

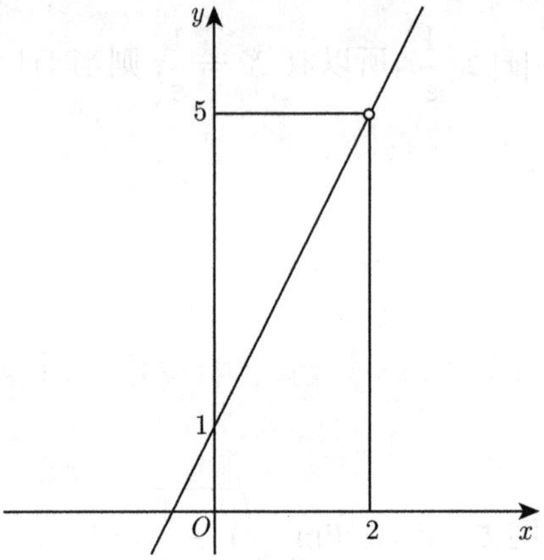

图 2-12

不难看出, 上述两个例子和前面 $x \to \infty$ 时的极限存在情形相似, 这里是"当 x 趋于 x_0 (但不等于 x_0) 时, 对应的函数值 $f(x)$ 就趋于某一确定的数 A". 这两个"趋于"反映了 $f(x)$ 与 A 和 x 与 x_0 无限接近程度之间的关系.

在第一个例子中, 由于

$$|f(x) - A| = |(2x + 1) - 5| = |2x - 4| = 2\,|x - 2|,$$

所以要使 $|f(x) - 5|$ 小于任意给定的正数 ε, 只要 $|x - 2| < \dfrac{\varepsilon}{2}$ 即可. 这里 $\dfrac{\varepsilon}{2}$ 表示 x 与 2 的接近程度, 常把它记作 δ, 因它与 ε 有关, 所以有时也记作 $\delta(\varepsilon)$.

定义 4 (函数极限的 ε-δ 定义) 设函数 $f(x)$ 在 x_0 的某个去心邻域内有定义, A 是常数. 若对于任意给定的 $\varepsilon > 0$, 存在 $\delta > 0$, 当 $0 < |x - x_0| < \delta$, 有

$$|f(x) - A| < \varepsilon.$$

则称常数A 为函数 $f(x)$ 当 x 趋于x_0 时的**极限**, 记作

$$\lim_{x \to x_0} f(x) = A \text{ 或 } f(x) \to A(x \to x_0).$$

说明 在此极限定义中, "$0 < |x - x_0| < \delta$" 指出 $x \neq x_0$, 这说明函数 $f(x)$ 在 x_0 处的极限与函数$f(x)$ 在 x_0 处的情况无关, 其中包含两层意思: 其一, x_0 处可以不属于函数$f(x)$

的定义域; 其二, x_0 可以属于函数$f(x)$ 的定义域, 但这时函数 $f(x)$ 在 x_0 处的极限与$f(x)$ 在 x_0 处的函数值$f(x_0)$ 没有任何联系, 总之, 函数$f(x)$ 在 x_0 处的极限仅与函数$f(x)$ 在 x_0 附近的函数值有关, 而与$f(x)$ 在 x_0 处有无定义或函数值无关.

极限的量化定义是由德国数学家魏尔斯特拉斯于 1856 年给出的, 它是用初等数学的绝对值不等式来刻画的. 其实质是通过简单的量来刻画复杂的量, 进而达到用简单认识复杂的目的. 在将来的课程内容中我们将会看到用这两个初等数学绝对值不等式 $0<|x-x_0|<\delta$, $|f(x)-A|<\varepsilon$ 引进的新的概念——极限是高等数学中研究问题的主要工具, 由该工具所研究的成果方兴未艾, 这充分说明, 简单东西的合成有着奇妙的效果, 这种奇妙的效果就是使这些简单东西的原有价值猛增, 使得 $1+1$ 的结果远大于 2.

极限 $\lim\limits_{x\to x_0} f(x)=A$ 的几何意义: ε-δ 定义表明, 任意画一条以直线 $y=A$ 为中心线, 宽为 2ε 的横带 (无论怎样窄), 必存在一条以 $x=x_0$ 为中心, 宽为 2δ 的直带, 使直带内的函数图像全部落在横带内 (图 2-13).

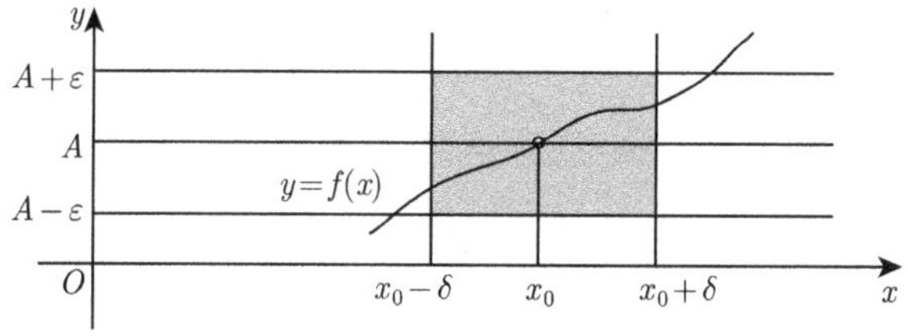

图 2-13

例 6 证明 $\lim\limits_{x\to x_0} c=c$ (c 为常数).

证明 这里 $|f(x)-A|=|c-c|=0$, 因此对于任意给定的正数 ε, 可任取一正数 δ, 当 $0<|x-x_0|<\delta$ 时, 能使不等式

$$|f(x)-A|=0<\varepsilon$$

成立. 所以

$$\lim_{x\to x_0} c=c.$$

例 7 证明 $\lim\limits_{x\to x_0}(2x+1)=2x_0+1$.

证明 对于任意给定的正数 ε, 要使

$$|(2x+1)-(2x_0+1)|=2|x-x_0|<\varepsilon,$$

只要 $|x-x_0|<\dfrac{\varepsilon}{2}$. 所以取正数 $\delta=\dfrac{\varepsilon}{2}$, 当 $0<|x-x_0|<\delta$ 时, 有

$$|(2x+1)-(2x_0+1)|<\varepsilon.$$

因此

$$\lim_{x\to x_0}(2x+1)=2x_0+1.$$

例 8 证明 $\lim\limits_{x\to\frac{1}{2}}\dfrac{4x^2-1}{2x-1}=2$.

证明 对于任意给定的 $\varepsilon>0$, 要使不等式

$$\left|\frac{4x^2-1}{2x-1}-2\right|=|2x+1-2|=2\left|x-\frac{1}{2}\right|<\varepsilon$$

成立, 只要 $\left|x-\dfrac{1}{2}\right|<\dfrac{\varepsilon}{2}$. 于是取 $\delta=\dfrac{\varepsilon}{2}>0$, 当 $0<\left|x-\dfrac{1}{2}\right|<\delta$ 时, 有

$$\left|\frac{4x^2-1}{2x-1}-2\right|<\varepsilon.$$

所以

$$\lim_{x\to\frac{1}{2}}\frac{4x^2-1}{2x-1}=2.$$

用 "ε-δ" 定义证明函数极限 $\lim\limits_{x\to x_0}f(x)=A$ 的步骤:

(1) 化简放大: 将 $|f(x)-A|$ 化简或适当放大为 $|f(x)-A|\leqslant K(|x-x_0|)$;

(2) 分析求 δ: 任意给定 $\varepsilon>0$, 要使 $|f(x)-A|<\varepsilon$, 只需 $K(|x-x_0|)<\varepsilon$, 从而较方便地由 ε 确定出所需要的 δ;

(3) 总结得证: 对任意给定 $\varepsilon>0$, 存在所找到 $\delta>0$, 当 $0<|x-x_0|<\delta$ 时, 恒有 $|f(x)-A|<\varepsilon$, 故 $\lim\limits_{x\to x_0}f(x)=A$.

例 9 证明 $\lim\limits_{x\to x_0}\sqrt{x}=\sqrt{x_0}\,(x_0>0)$.

证明 对于任意给定的 $\varepsilon>0$, 要使不等式

$$\left|\sqrt{x}-\sqrt{x_0}\right|=\left|\frac{x-x_0}{\sqrt{x}+\sqrt{x_0}}\right|=\frac{|x-x_0|}{\sqrt{x}+\sqrt{x_0}}<\frac{|x-x_0|}{\sqrt{x_0}}<\varepsilon$$

成立, 只需 $|x-x_0|<\sqrt{x_0}\varepsilon$, 于是取 $\delta=\sqrt{x_0}\varepsilon$. 当 $0<|x-x_0|<\delta$ 时, 有

$$\left|\sqrt{x}-\sqrt{x_0}\right|<\varepsilon.$$

所以

$$\lim_{x\to x_0}\sqrt{x}=\sqrt{x_0}.$$

例 10 证明 $\lim\limits_{x\to x_0}x^2=x_0^2$.

证明 由于极限过程是 $x\to x_0$, 不妨设 $|x-x_0|<1$, 则有 $|x|<|x_0|+1$.
对于任意给定的 $\varepsilon>0$, 要使 $\left|x^2-x_0^2\right|<\varepsilon$, 因为

$$\left|x^2-x_0^2\right|=|(x-x_0)(x+x_0)|=|x-x_0|\cdot|x+x_0|<|x-x_0|\cdot(|x|+|x_0|)$$

$$< |x - x_0| \cdot [(|x_0| + 1) + |x_0|] = (2|x_0| + 1)|x - x_0|.$$

所以只要 $(2|x_0|+1)|x-x_0| < \varepsilon$, 即 $|x - x_0| < 2\dfrac{\varepsilon}{|x_0|+1}$, 于是取 $\delta = \min\left\{\dfrac{\varepsilon}{2|x_0|+1}, 1\right\}$, 当 $0 < |x - x_0| < \delta$ 时, 有

$$\left|x^2 - x_0^2\right| < (2|x_0| + 1)|x - x_0| < (2|x_0| + 1) \cdot \delta \leqslant (2|x_0| + 1) \cdot \frac{\varepsilon}{2|x_0| + 1} \leqslant \varepsilon.$$

所以

$$\lim_{x \to x_0} x^2 = x_0^2.$$

从例 9 和例 10 可以看出: 设 x_0 是函数 $f(x) = x^u$ (u 是有理数) 定义区间内的点, 则

$$\lim_{x \to x_0} x^u = x_0^u.$$

例 11 证明 $\lim\limits_{x \to x_0} \cos x = \cos x_0$.

证明 对于任意给定的 $\varepsilon > 0$, 要使 $|\cos x - \cos x_0| \leqslant \varepsilon$, 因为

$$\begin{aligned}|\cos x - \cos x_0| &= \left|-2\sin\frac{x + x_0}{2}\sin\frac{x - x_0}{2}\right| \\ &\leqslant \left|2\sin\frac{x - x_0}{2}\right| \leqslant 2 \cdot \left|\frac{x - x_0}{2}\right| = |x - x_0|.\end{aligned}$$

(由于 $|\sin x| \leqslant 1$, $|\sin x| \leqslant |x|$)

所以只要 $|x - x_0| < \varepsilon$, 于是取 $\delta = \varepsilon$, 当 $0 < |x - x_0| < \delta$ 时, 有

$$|\cos x - \cos x_0| \leqslant |x - x_0| < \varepsilon.$$

因此

$$\lim_{x \to x_0} \cos x = \cos x_0.$$

类似地, 我们可以证明: $\lim\limits_{x \to x_0} \sin x = \sin x_0$.

例 12 证明 $\lim\limits_{x \to 0} \mathrm{e}^x = 1$.

证明 对于任意给定 $\varepsilon > 0$, 要 $|\mathrm{e}^x - 1| < \varepsilon$, 只要

$$1 - \varepsilon < \mathrm{e}^x < 1 + \varepsilon,$$

不妨设 $\varepsilon < 1$, 在上述不等式两边取对数得

$$\ln(1 - \varepsilon) < x < \ln(1 + \varepsilon),$$

即只要

$$-\ln\frac{1}{1 - \varepsilon} < x < \ln(1 + \varepsilon).$$

由于 $0<1-\varepsilon<1$, 所以 $\ln\dfrac{1}{1-\varepsilon}>0$.

因此取 $\delta=\min\left\{\ln\dfrac{1}{1-\varepsilon},\ln(1+\varepsilon)\right\}$, 则当 $0<|x-0|<\delta$ 时, 有

$$-\ln\frac{1}{1-\varepsilon}<x<\ln(1+\varepsilon),$$

于是有

$$|\mathrm{e}^x-1|<\varepsilon.$$

所以 $\lim\limits_{x\to 0}\mathrm{e}^x=1$.

一般地, 可以证明, $\lim\limits_{x\to x_0}\mathrm{e}^x=\mathrm{e}^{x_0}$.

通过上述例题, 我们可以总结出以下结论①:

设 $f(x)$ 是基本初等函数, x_0 是 $f(x)$ 的定义区间内的任意一点, 则 $\lim\limits_{x\to x_0}f(x)=f(x_0)$.

2. 当 $x\to x_0$ 时, 函数 $f(x)$ 的左极限和右极限

在函数极限 $\lim\limits_{x\to x_0}f(x)=A$ 的定义中, 极限过程 $x\to x_0$ 是指 x 既可从 x_0 的左侧趋于 x_0, 也可从 x_0 的右侧趋于 x_0. 但有时候, $f(x)$ 只在 x_0 一侧有定义, 或者函数 $f(x)$ 在 x_0 的左、右两侧解析表达式不同, 这就需要考虑自变量 x 从点 x_0 的一侧趋于 x_0 时函数 $f(x)$ 的极限. 例如, 函数 $f(x)=\sqrt{x}$ 的定义域是 $[0,+\infty)$, 在点 $x_0=0$ 处, 只能讨论自变量 x 从点 $x_0=0$ 的右侧趋于 0 时 (记为 $x\to 0^+$) 的极限, 若极限存在, 就称该极限为函数 $f(x)=\sqrt{x}$ 当 x 趋于 0 时的右极限. 一般有下述定义:

定义 5 设函数 $f(x)$ 在 x_0 的左邻域 (右邻域) 有定义, A 是常数. 若对于任意给定的 $\varepsilon>0$, 存在 $\delta>0$, 当 $x_0-\delta<x<x_0\,(x_0<x<x_0+\delta)$ 时, 有

$$|f(x)-A|<\varepsilon,$$

则称常数 A 为函数 $f(x)$ 当 $x\to x_0$ 时的**左极限** (**右极限**). 记作

$$\lim_{x\to x_0^-}f(x)=A \quad 或 \quad f(x_0-0)=A \quad \left(\lim_{x\to x_0^+}f(x)=A\, 或\, f(x_0+0)=A\right).$$

根据定义, 不难证明下述定理:

定理 1 函数 $f(x)$ 当$x\to x_0$ 时以 A 为极限的充要条件是, $f(x)$ 当$x\to x_0$ 时左、右极限均存在而且都等于 A. 即

$$\lim_{x\to x_0}f(x)=A\Leftrightarrow \lim_{x\to x_0^-}f(x)=\lim_{x\to x_0^+}f(x)=A.$$

根据这一定理, 若函数 $f(x)$ 当 x 趋于 x_0 时的左极限、右极限都存在但不相等, 或 $\lim\limits_{x\to x_0^-}f(x)$ 与 $\lim\limits_{x\to x_0^+}f(x)$ 两者中有一个不存在, 则可断言 $f(x)$ 当 $x\to x_0$ 时极限不存在.

① 部分基本初等函数的这一性质我们并未证明, 但可以使用函数极限的运算法则以及后面的结论证明.

例 13 设 $f(x)=\begin{cases}1, & x<0,\\ x, & x\geqslant 0.\end{cases}$ 讨论当 $x\to 0$ 时, $f(x)$ 的极限是否存在.

解 仿例 6, 可证明左极限 $\lim\limits_{x\to 0^-}f(x)=\lim\limits_{x\to 0^-}1=1$, 右极限 $\lim\limits_{x\to 0^+}f(x)=\lim\limits_{x\to 0^+}x=0$. 因为左极限和右极限都存在但不相等, 所以, 由定理 1 可知当 $x\to 0$ 时, $f(x)$ 的极限不存在 (图 2-14).

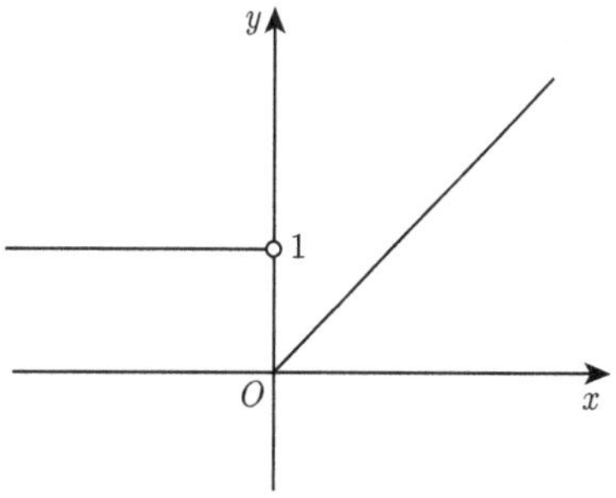

图 2-14

例 14 讨论当 $x\to 0$ 时, $f(x)=|x|$ 的极限.

解 显然 $f(x)=|x|=\begin{cases}x, & x\geqslant 0,\\ -x, & x<0,\end{cases}$ 并且

$$\lim_{x\to 0^+}f(x)=\lim_{x\to 0^+}x=0,$$

$$\lim_{x\to 0^-}f(x)=\lim_{x\to 0^-}(-x)=0,$$

所以, 根据定理 1 可得 $\lim\limits_{x\to 0}|x|=0$.

至此我们讨论了数列极限和函数极限, 归纳起来, 共有七种极限过程:

$$n\to\infty,\quad x\to\infty,\quad x\to+\infty,\quad x\to-\infty,\quad x\to x_0,\quad x\to x_0^+,\quad x\to x_0^-.$$

现将数列极限和函数极限的定义总结如表 2 所示. 今后在讨论极限问题时, 一定要注意是哪一种极限过程.

表 2 极限的定义

	极限	定义			
ε-N 定义	$\lim\limits_{n\to\infty}f(n)=A$	任意给定的 $\varepsilon>0$,	存在正整数 N,	当 $n>N$ 时,	$\|f(n)-A\|<\varepsilon$.
ε-X 定义	$\lim\limits_{x\to+\infty}f(x)=A$		存在正数 X,	当 $x>X$ 时,	$\|f(x)-A\|<\varepsilon$.
	$\lim\limits_{x\to-\infty}f(x)=A$			当 $x<-X$ 时,	
	$\lim\limits_{x\to\infty}f(x)=A$			当 $\|x\|>X$ 时,	
ε-δ 定义	$\lim\limits_{x\to x_0}f(x)=A$		存在正数 δ,	当 $0<\|x-x_0\|<\delta$ 时,	
	$\lim\limits_{x\to x_0^+}f(x)=A$			当 $0<x-x_0<\delta$ 时,	
	$\lim\limits_{x\to x_0^-}f(x)=A$			当 $-\delta<x-x_0<0$ 时,	

三、 无穷小与无穷大 Infinitesimal and infinity

从本节起, 我们就用极限这个工具对函数进行分类, 分类的目的就是把某种有用的特殊性质的函数分离出来. 本节就是用极限这个工具分离出两类有用的函数类: 无穷小类和无穷大类.

1. 无穷小的定义

定义 6 若 $\lim\limits_{x \to x_0} f(x) = 0$, 则函数 $f(x)$ 称为当 $x \to x_0$ 时的**无穷小量** (infinitesimal), 简称无穷小.

在此定义中, 将 $x \to x_0$ 换成 $x \to x_0^+$, $x \to x_0^-$, $x \to +\infty$, $x \to -\infty$, $x \to \infty$ 以及 $n \to \infty$, 可定义不同形式的无穷小. 例如:

当 $x \to 0$ 时, 函数 $x^3, \sin x, \tan x$ 都是无穷小;

当 $x \to +\infty$ 时, 函数 $\left(\dfrac{1}{2}\right)^x$, $\dfrac{\pi}{2} - \arctan x$ 都是无穷小;

当 $x \to \infty$ 时, 函数 $\dfrac{1}{x}, \dfrac{1}{x^2}$ 都是无穷小;

当 $n \to \infty$ 时, 数列 $\dfrac{1}{n}, \dfrac{1}{2^n}, \dfrac{n}{n^2+1}$ 都是无穷小.

根据极限的定义, "函数 $f(x)$ 是当 $x \to x_0$ (或 $x \to \infty$) 时的无穷小" 也可以叙述如下:

若对于任意给定的正数 ε, 存在正数 δ (或 X), 使得当 $0 < |x - x_0| < \delta$ (或 $|x| > X$) 时, 恒有 $|f(x)| < \varepsilon$, 则称函数 $f(x)$ 是当 $x \to x_0$ (或 $x \to \infty$) 时的无穷小.

应当注意, 无穷小总是和某一极限过程联系着的, 一个函数在这一极限过程中是无穷小, 在另一极限过程中不一定是无穷小. 如 $\sin x$ 是 $x \to 0$ 时的无穷小量, 但因 $\lim\limits_{x \to \frac{\pi}{2}} \sin x = 1$, 所以 $\sin x$ 不是 $x \to \dfrac{\pi}{2}$ 时的无穷小量. 无穷小是以零为极限的变量, 不能把无穷小和任何很小的固定常数混淆, 即无穷小不是"很小的常数". 除去零外, 任何常数, 无论它的绝对值怎么小, 都不是无穷小. 如 10^{-100} 很小, 但它不是无穷小量. 常量函数 $f(x) = 0$ 是任一极限过程中的无穷小量.

2. 无穷小的性质

说明 在本书中, 下面关于无穷小、无穷大、极限的讨论和性质, 除特别说明外, 仅讨论了 $x \to x_0$ 的情形, 其他极限过程 $x \to x_0^+$, $x \to x_0^-$, $x \to +\infty$, $x \to -\infty$, $x \to \infty$, 包括数列极限, 相应的讨论和性质同样成立, 并且结论与性质的证明也只就 $x \to x_0$ 时的情形进行证明, 其他极限过程的情形可类似证明.

下面的定理说明了无穷小与函数极限的关系:

定理 2 (函数极限与无穷小的关系) $\lim\limits_{x \to x_0} f(x) = A$ 的充要条件是 $f(x) = A + \alpha(x)$, 其中 $\alpha(x)$ 是 $x \to x_0$ 时的无穷小.

证明 先证明必要性. 设 $\lim\limits_{x \to x_0} f(x) = A$, 令 $\alpha(x) = f(x) - A$, 则 $f(x) = A + \alpha(x)$, 只需证明当 $x \to x_0$ 时 $\alpha(x)$ 是无穷小量.

事实上, 因 $\lim\limits_{x \to x_0} f(x) = A$, 对任意给定的 $\varepsilon > 0$, 存在 $\delta > 0$, 当 $0 < |x - x_0| < \delta$ 时, 有

$$|f(x) - A| < \varepsilon,$$

则有

$$|\alpha(x)| = |f(x) - A| < \varepsilon,$$

由 ε-δ 定义得

$$\lim_{x\to x_0}\alpha(x)=0,$$

进而 $\alpha(x)=f(x)-A$ 是 $x\to x_0$ 时的无穷小.

再证明充分性. 设 $f(x)=A+\alpha(x)$, 其中 $\alpha(x)$ 是 $x\to x_0$ 时的无穷小, 则

$$f(x)-A=\alpha(x).$$

因为 $\lim\limits_{x\to x_0}\alpha(x)=0$, 对任意给定的 $\varepsilon>0$, 存在 $\delta>0$, 当 $0<|x-x_0|<\delta$ 时, 有

$$|f(x)-A|=|\alpha(x)|<\varepsilon,$$

所以 $\lim\limits_{x\to x_0}f(x)=A$.

下面给出无穷小的几条性质.

定理 3 两个无穷小的和、差仍然是无穷小. 即若 $\lim\limits_{x\to x_0}\alpha(x)=0$, $\lim\limits_{x\to x_0}\beta(x)=0$, 则

$$\lim_{x\to x_0}[\alpha(x)\pm\beta(x)]=0.$$

证明[①] 对于任意给定 $\varepsilon>0$, 因为 $\lim\limits_{x\to x_0}\alpha(x)=0$, 故存在 $\delta_1>0$, 当 $0<|x-x_0|<\delta_1$ 时, 有

$$|\alpha(x)|<\frac{\varepsilon}{2};$$

又因为 $\lim\limits_{x\to x_0}\beta(x)=0$, 故存在 $\delta_2>0$, 当 $0<|x-x_0|<\delta_2$ 时, 有

$$|\beta(x)|<\frac{\varepsilon}{2}.$$

取 $\delta=\min\{\delta_1,\delta_2\}$, 则当 $0<|x-x_0|<\delta$ 时,

$$|\alpha(x)\pm\beta(x)|\leqslant|\alpha(x)|+|\beta(x)|<\frac{\varepsilon}{2}+\frac{\varepsilon}{2}=\varepsilon,$$

所以 $\lim\limits_{x\to x_0}[\alpha(x)\pm\beta(x)]=0$.

推论 1 有限个无穷小的代数和仍是无穷小.

定理 4 无穷小量与有界变量的乘积仍然是无穷小. 即若 $\lim\limits_{x\to x_0}\alpha(x)=0$, 且当 $x\to x_0$ 时 $\beta(x)$ 是有界变量, 则

$$\lim_{x\to x_0}[\alpha(x)\cdot\beta(x)]=0.$$

证明 由于当 $x\to x_0$ 时 $\beta(x)$ 是有界变量, 即存在 $\delta_1>0$, 使得函数 $\beta(x)$ 在 x_0 点的去心邻域 $\mathring{U}(x_0,\delta_1)$ 内有界的, 因此存在正数 M, 使得对一切 $x\in\mathring{U}(x_0,\delta_1)$, 都有 $|\beta(x)|\leqslant M$. 因为 $\lim\limits_{x\to x_0}\alpha(x)=0$, 所以对于任意给定 $\varepsilon>0$, 存在 $\delta_2>0$, 当 $0<|x-x_0|<\delta_2$ 时, 有

$$|\alpha(x)|<\frac{\varepsilon}{M}.$$

① 该性质也可使用极限的四则运算法则进行证明.

取 $\delta=\min\{\delta_1,\delta_2\}$, 则当 $0<|x-x_0|<\delta$ 时,

$$|\alpha(x)\cdot\beta(x)|=|\alpha(x)|\cdot|\beta(x)|<\frac{\varepsilon}{M}\cdot M=\varepsilon,$$

故 $\lim\limits_{x\to x_0}[\alpha(x)\cdot\beta(x)]=0$.

推论 2 常数与无穷小的乘积是无穷小.

推论 3 有限个无穷小的乘积是无穷小.

例 15 求极限 $\lim\limits_{x\to 0}\left(x\sin\dfrac{1}{x}\right)$.

解 由于 $\left|\sin\dfrac{1}{x}\right|\leqslant 1(x\neq 0)$, 故 $\sin\dfrac{1}{x}$ 在 $x=0$ 处任一去心邻域内有界. 而函数 x 是 $x\to 0$ 时的无穷小, 根据定理 4 知

$$\lim_{x\to 0}\left(x\sin\frac{1}{x}\right)=0.$$

3. 无穷大

与无穷小相反的一类变量是无穷大. 如果在 $x\to x_0(x\to\infty)$ 时, 对应的函数 $f(x)$ 的绝对值无限地增大, 则函数 $f(x)$ 称为当 $x\to x_0(x\to\infty)$ 时的**无穷大量** (infinity), 简称**无穷大**. 精确地说, 有如下定义:

定义 7 设 $f(x)$ 在 x_0 的某去心邻域有定义 (或在区域 $(-\infty,-a)\cup(a,+\infty)$ 内有定义 $(a>0)$). 若对于任意给定的正数 M (无论它多么大), 存在 $\delta>0$ (或 $X>0$), 当 $0<|x-x_0|<\delta$ (或 $|x|>X$) 时, 恒有

$$|f(x)|>M,$$

则函数 $f(x)$ 称为当 $x\to x_0$ (或 $x\to\infty$) 时的**无穷大**, 记作

$$\lim_{x\to x_0}f(x)=\infty \quad 或 \quad f(x)\to\infty(x\to x_0)$$

$$(或 \lim_{x\to\infty}f(x)=\infty \quad 或 \quad f(x)\to\infty(x\to\infty)).$$

将定义中不等式 $|f(x)|>M$ 改为

$$f(x)>M \quad 或 \quad f(x)<-M,$$

则函数 $f(x)$ 称为当 $x\to x_0$ (或 $x\to\infty$) 时的**正无穷大** (或**负无穷大**). 分别记作

$$\lim_{x\to x_0}f(x)=+\infty \quad 或 \quad f(x)\to+\infty(x\to x_0)$$

$$(或 \lim_{x\to\infty}f(x)=+\infty \quad 或 \quad f(x)\to+\infty(x\to\infty));$$

$$\lim_{x\to x_0}f(x)=-\infty \quad 或 \quad f(x)\to-\infty(x\to x_0)$$

$$(\text{或}\ \lim_{x\to\infty} f(x)=-\infty \quad \text{或} \quad f(x)\to-\infty(x\to\infty)).$$

需要注意的是: 无穷大是一个变量, 不能与很大的数混淆; 函数 $f(x)$ 是当 $x\to x_0$ 时的无穷大, 按通常的意义说, 当 $x\to x_0$ 时 $f(x)$ 的极限不存在, 但有时为了方便, 也说成"当 $x\to x_0$ 时 $f(x)$ 的极限是无穷大"; 无穷大一定是无界变量, 但无界变量却不一定是无穷大. 例如数列 $1,0,2,0,\cdots,n,0,\cdots$ 是无界的, 但它不是 $n\to\infty$ 时的无穷大.

例 16 证明 $\lim\limits_{x\to1}\dfrac{1}{x-1}=\infty$.

证明 对于任意给定正数 M, 要使 $\left|\dfrac{1}{x-1}\right|=\dfrac{1}{|x-1|}>M$, 只需 $|x-1|<\dfrac{1}{M}$, 取 $\delta=\dfrac{1}{M}$, 于是当 $0<|x-1|<\delta$ 时, 有 $\left|\dfrac{1}{x-1}\right|>M$, 即

$$\lim_{x\to1}\frac{1}{x-1}=\infty.$$

例 17 证明 $\lim\limits_{x\to+\infty}a^x=+\infty(a>1)$.

证明 对于任意给定正数 $M(M>1)$, 要使不等式

$$a^x>M$$

成立, 只要 $x>\log_a M$, 取 $X=\log_a M$, 于是当 $x>X$ 时, 有 $a^x>M$, 即

$$\lim_{x\to+\infty}a^x=+\infty(a>1).$$

4. 无穷小与无穷大的关系

定理 5 在自变量的同一变化过程中, 若 $f(x)$ 是无穷大, 则 $\dfrac{1}{f(x)}$ 是无穷小; 反之, 若 $f(x)$ 是无穷小, 且 $f(x)\neq0$, 则 $\dfrac{1}{f(x)}$ 是无穷大.

证明 设 $\lim\limits_{x\to x_0}f(x)=\infty$, 要证 $\lim\limits_{x\to x_0}\dfrac{1}{f(x)}=0$.

对于任意给定的正数 ε, 根据无穷大的定义, 对于 $M=\dfrac{1}{\varepsilon}$, 存在 $\delta>0$, 当 $0<|x-x_0|<\delta$ 时, 有

$$|f(x)|>M=\frac{1}{\varepsilon},$$

从而

$$\left|\frac{1}{f(x)}\right|<\varepsilon,$$

所以

$$\lim_{x\to x_0}\frac{1}{f(x)}=0.$$

反之, 设 $\lim\limits_{x\to x_0} f(x)=0$, 且 $f(x)\neq 0$, 要证 $\lim\limits_{x\to x_0}\dfrac{1}{f(x)}=\infty$.

对于任意给定正数的 M, 根据无穷小的定义, 对于 $\varepsilon=\dfrac{1}{M}$, 存在 $\delta>0$, 当 $0<|x-x_0|<\delta$ 时, 有

$$|f(x)|<\varepsilon=\frac{1}{M},$$

从而

$$\left|\frac{1}{f(x)}\right|>M,$$

所以

$$\lim_{x\to x_0}\frac{1}{f(x)}=\infty.$$

类似地可证 $x\to\infty$ 时的情形.

对于无穷大我们需要注意, 与无穷小不同的是, 在自变量的同一变化过程中, 两个无穷大相加或相减的结果是不确定的, 必须具体问题具体考虑.

习 题 三

1. 设 $y=2x-1$, 问 δ 等于多少时, 有 "当 $|x-4|<\delta$ 时, $|y-7|<0.1$" 成立?

2. 用极限定义证明:

(1) $\lim\limits_{x\to\infty}\dfrac{1+2x^2}{5x^2}=\dfrac{2}{5}$;　　(2) $\lim\limits_{x\to\infty}\dfrac{\sin x}{x}=0$;

(3) $\lim\limits_{x\to 1}(2x-1)=1$;　　(4) $\lim\limits_{x\to -3}\dfrac{x^2-9}{x+3}=-6$.

3. 设 $f(x)=\begin{cases} x, & x<1,\\ 1, & x\geqslant 1,\end{cases}$ 问 $\lim\limits_{x\to 1} f(x)$ 是否存在?

4. 验证 $\lim\limits_{x\to 0}\dfrac{|x|}{x}$ 不存在.

5. 判断极限 $\lim\limits_{x\to\infty}\arctan x$ 是否存在, 并说明理由.

6. 判断下列命题是否正确:

(1) 无穷小与无穷小的商一定是无穷小;

(2) 有界函数与无穷小之积为无穷小;

(3) 有界函数与无穷大之积为无穷大;

(4) 有限个无穷小之和为无穷小;

(5) 有限个无穷大之和为无穷大;

(6) $y=x\sin x$ 在 $(-\infty,+\infty)$ 内无界, 但 $\lim\limits_{x\to\infty} x\sin x\neq\infty$;

(7) 无穷大的倒数都是无穷小;

(8) 无穷小的倒数都是无穷大.

7. 指出下列函数哪些是该极限过程中的无穷小量, 哪些是该极限过程中的无穷大量.

(1) $f(x)=\dfrac{3}{x^2-4}$, $x\to 2$;

(2) $f(x)=\ln x$, $x\to 0^+$, $x\to 1$, $x\to +\infty$;

(3) $f(x) = e^{\frac{1}{x}}$, $x \to 0^+$, $x \to 0^-$;

(4) $f(x) = \frac{\pi}{2} - \arctan x$, $x \to +\infty$;

(5) $f(x) = \frac{1}{x} \cdot \sin x$, $x \to \infty$;

(6) $f(x) = \frac{1}{x^2} \cdot \sqrt{1 + \frac{1}{x^2}}$, $x \to \infty$.

第四节　函数极限的性质和运算

Properties and operations of limit of function

一、 函数极限的性质 Properties of limit of function

上一节给出了两类六种函数极限, 即

$$\lim_{x\to+\infty} f(x),\quad \lim_{x\to-\infty} f(x),\quad \lim_{x\to\infty} f(x),$$

$$\lim_{x\to x_0} f(x),\quad \lim_{x\to x_0^-} f(x),\quad \lim_{x\to x_0^+} f(x).$$

每一种函数极限都有类似的性质和四则运算法则. 本节仅就函数极限 $\lim\limits_{x\to x_0} f(x)$ 给出一些性质及其证明, 读者不难对其他五种函数极限以及数列极限写出相应的性质, 并给出证明.

定理 1 (唯一性)　若极限 $\lim\limits_{x\to x_0} f(x)$ 存在, 则它的极限值是唯一的.

证明[①]　(反证法) 设 $\lim\limits_{x\to x_0} f(x) = A$, $\lim\limits_{x\to x_0} f(x) = B$, 且 $A \neq B$, 由极限定义, 给定的 $\varepsilon = |A - B|$, 存在 $\delta_1 > 0$, 当 $0 < |x - x_0| < \delta_1$ 时,

$$|f(x) - A| < \frac{\varepsilon}{2};$$

存在 $\delta_2 > 0$, 当 $0 < |x - x_0| < \delta_2$ 时,

$$|f(x) - B| < \frac{\varepsilon}{2}.$$

取 $\delta = \min\{\delta_1, \delta_2\}$, 则当 $0 < |x - x_0| < \delta$ 时, 有

$$|A - B| = |[f(x) - B] - [f(x) - A]| \leqslant |f(x) - B| + |f(x) - A| < \frac{\varepsilon}{2} + \frac{\varepsilon}{2} = \varepsilon = |A - B|,$$

导致矛盾. 因此定理成立.

定理 2 (局部有界性)　若 $\lim\limits_{x\to x_0} f(x) = A$, 则存在某个 $\delta_0 > 0$ 与 $M > 0$, 当 $0 < |x - x_0| < \delta_0$ 时, 有 $|f(x)| \leqslant M$.

证明　取 $\varepsilon = 1$, 存在 $\delta_0 > 0$, 当 $0 < |x - x_0| < \delta_0$ 时, 有

$$|f(x) - A| < 1,$$

① 本节函数极限的性质及四则运算法则的证明可类似于数列极限的性质及四则运算法则的证明.

因为

$$|f(x)| - |A| \leqslant |f(x) - A| < 1,$$

从而

$$|f(x)| \leqslant |A| + 1.$$

取 $M = |A| + 1$, 当 $0 < |x - x_0| < \delta_0$ 时, 有

$$|f(x)| \leqslant M.$$

定理 3 (局部保序性) 若 $\lim\limits_{x \to x_0} f(x) = A$, $\lim\limits_{x \to x_0} g(x) = B$, 且 $A > B$, 则存在 $\delta > 0$, 使得当 $0 < |x - x_0| < \delta$ 时, $f(x) > g(x)$.

证明 对 $\varepsilon = \dfrac{A - B}{2}$, 存在 $\delta_1 > 0$, 当 $0 < |x - x_0| < \delta_1$ 时, 有

$$|f(x) - A| < \frac{A - B}{2},$$

从而

$$f(x) > A - \frac{A - B}{2} = \frac{A + B}{2}.$$

存在 $\delta_2 > 0$, 当 $0 < |x - x_0| < \delta_2$ 时, 有

$$|g(x) - B| < \frac{A - B}{2}.$$

从而

$$g(x) < B + \frac{A - B}{2} = \frac{A + B}{2}.$$

取 $\delta = \min\{\delta_1, \delta_2\}$, 则当 $0 < |x - x_0| < \delta$ 时, 有

$$g(x) < \frac{A + B}{2} < f(x).$$

推论 1 (局部保号性) 若 $\lim\limits_{x \to x_0} f(x) = A$, 且 $A > 0$ 或 $(A < 0)$, 则存在 $\delta > 0$, 使得当 $0 < |x - x_0| < \delta$ 时, $f(x) > 0$ 或 $(f(x) < 0)$.

推论 2 (局部保序性) 若 $\lim\limits_{x \to x_0} f(x) = A$, $\lim\limits_{x \to x_0} g(x) = B$, 且存在 $\delta > 0$, 使得当 $0 < |x - x_0| < \delta$ 时, $f(x) \geqslant g(x)$, 则 $A \geqslant B$.

函数是连续量, 数列是离散量, 从而离散量——数列 $\{f(n)\}$ 可以形式地看作连续量——函数 $f(x)$ 的子函数, 因此数列的极限与函数的极限有着密切的关系. 由数列与其子列的关系, 我们可以推断, 若在某一极限过程中, 函数 $f(x)$ 的极限存在, 则数列 $\{f(x_n)\}$ 在对应的 x_n 的变化过程中极限必然存在.

定理 4* (海涅定理) 若 $\lim\limits_{x \to x_0} f(x) = A$. 则对于函数 $f(x)$ 的定义域内任一收敛于 x_0 的数列 $\{x_n\}$, 且满足 $x_n \neq x_0\,(n \in \mathbf{Z}_+)$, 有数列 $\{x_n\}$ 相应的函数值构成的数列 $\{f(x_n)\}$ 收敛, 且

$$\lim_{n \to \infty} f(x_n) = A.$$

证明 设 $\lim\limits_{x \to x_0} f(x) = A$, 则对任意 $\varepsilon > 0$, 存在 $\delta > 0$, 当 $0 < |x - x_0| < \delta$ 时, 有

$$|f(x) - A| < \varepsilon.$$

又因为 $\lim\limits_{n \to \infty} x_n = x_0$, 所以对上述 $\delta > 0$, 存在正整数 N, 当 $n > N$ 时, 有

$$|x_n - x_0| < \delta.$$

由于 $x_n \neq x_0$, 所以当 $n > N$ 时, $0 < |x_n - x_0| < \delta$, 从而

$$|f(x_n) - A| < \varepsilon,$$

所以 $\lim\limits_{n \to \infty} f(x_n) = A$.

海涅定理的逆否命题是：若函数 $f(x)$ 的定义域内存在一个收敛于 x_0 的数列 $\{x_n\}$, 且满足 $x_n \neq x_0(n \in \mathbf{Z}_+)$, 有数列 $\{f(x_n)\}$ 发散, 或函数 $f(x)$ 的定义域内存在两个收敛于 x_0 的数列 $\{x_n\}$ 和 $\{x'_n\}$, 且满足 $x_n \neq x_0$, $x'_n \neq x_0(n \in \mathbf{Z}_+)$, 有数列 $\{f(x_n)\}$, $\{f(x'_n)\}$ 均收敛, 但极限不相同, 则 $\lim\limits_{x \to x_0} f(x)$ 不存在.

海涅定理告诉我们, 数列极限是可以转化为函数极限的. 另外, 可以使用海涅定理的逆否命题, 通过数列的收敛性来讨论函数极限的存在性.

例 1* 证明 $\lim\limits_{x \to 0^+} \sin \dfrac{1}{x}$ 不存在.

证明 设 $x_n = \dfrac{1}{2n\pi + \dfrac{\pi}{2}}$, $x'_n = \dfrac{1}{2n\pi}(n \in \mathbf{Z}_+)$. 显然 $n \to \infty$ 时, $x_n \to 0$, $x'_n \to 0$, 并且

$$\lim_{n \to \infty} \sin \frac{1}{x_n} = \lim_{n \to \infty} \sin\left(2n\pi + \frac{\pi}{2}\right) = 1, \quad \lim_{n \to \infty} \sin \frac{1}{x'_n} = \lim_{n \to \infty} \sin(2n\pi) = 0.$$

所以 $\lim\limits_{x \to 0^+} \sin \dfrac{1}{x}$ 不存在.

二、 函数极限的四则运算 Four arithmetic operations of limit

定理 5 设 $\lim\limits_{x \to x_0} f(x) = A$, $\lim\limits_{x \to x_0} g(x) = B$, 则

(1) $\lim\limits_{x \to x_0} [f(x) \pm g(x)]$ 存在, 且

$$\lim_{x \to x_0} [f(x) \pm g(x)] = \lim_{x \to x_0} f(x) \pm \lim_{x \to x_0} g(x) = A \pm B;$$

(2) $\lim\limits_{x\to x_0}[f(x)\cdot g(x)]$ 存在, 且

$$\lim_{x\to x_0}[f(x)\cdot g(x)]=\lim_{x\to x_0}f(x)\cdot\lim_{x\to x_0}g(x)=A\cdot B;$$

(3) 当 $B\neq 0$ 时, $\lim\limits_{x\to x_0}\dfrac{f(x)}{g(x)}$ 存在, 且

$$\lim_{x\to x_0}\frac{f(x)}{g(x)}=\frac{\lim\limits_{x\to x_0}f(x)}{\lim\limits_{x\to x_0}g(x)}=\frac{A}{B}.$$

从等式的左端往右看, 是把复杂函数的极限拆成简单函数的极限, 也是把未知转化为已知; 从右端往左端看, 则是把简单合成复杂, 也是从已知认识未知, 所以说极限的运算法则是由已知认识未知, 把未知转化为已知的手段和方法. 从思维的角度讲, 四则运算是一种分解思维. 分解思维是一种独特的创新思维方法, 其原理就是化大为小、化整为零, 把大目标化成小目标, 未知化成已知, 然后进行累计得出总和, 以达到大目标或未知问题的解决, 用该种思维方法解决问题, 往往能取到曲径通幽之效, 古代曹冲称象的方法, 在某种程度上就是分解思维的应用.

证明　只证 (2), 其余从略.

由 $\lim\limits_{x\to x_0}f(x)=A$, 则根据定理 2(局部有界性) 知, 存在 $\delta_0>0$ 和 $M>0$, 当 $0<|x-x_0|<\delta_0$ 时, $|f(x)|\leqslant M$.

由于 $\lim\limits_{x\to x_0}f(x)=A$, $\lim\limits_{x\to x_0}g(x)=B$, 则极限定义, 对任意给定的 $\varepsilon>0$, 存在 $\delta_1>0$, 当 $0<|x-x_0|<\delta_1$ 时,

$$|f(x)-A|<\varepsilon;$$

存在 $\delta_2>0$, 当 $0<|x-x_0|<\delta_2$ 时,

$$|g(x)-B|<\varepsilon.$$

取 $\delta=\min\{\delta_0,\delta_1,\delta_2\}$, 则当 $0<|x-x_0|<\delta$ 时, 有

$$\begin{aligned}|f(x)g(x)-AB|&=|f(x)g(x)-f(x)B+f(x)B-AB|\\&\leqslant|f(x)|\cdot|g(x)-B|+|B|\,|f(x)-A|\\&<M\varepsilon+|B|\,\varepsilon=(M+|B|)\varepsilon,\end{aligned}$$

所以

$$\lim_{x\to x_0}[f(x)\cdot g(x)]=\lim_{x\to x_0}f(x)\cdot\lim_{x\to x_0}g(x)=a\cdot b.$$

推论 3　具有极限的有限个函数的代数和、积的极限, 等于函数极限的代数和、积.

推论 4　设 $\lim\limits_{x\to x_0}f(x)=A$, c 是常数, $n\in\mathbf{N}_+$, 则

$$\lim_{x\to x_0}cf(x)=c\lim_{x\to x_0}f(x)=cA,\quad \lim_{x\to x_0}[f(x)]^n=[\lim_{x\to x_0}f(x)]^n=A^n.$$

例 2 求 $\lim\limits_{x\to 1}(2x-1)$.

解 $\lim\limits_{x\to 1}(2x-1)=\lim\limits_{x\to 1}2x-\lim\limits_{x\to 1}1=2\lim\limits_{x\to 1}x-\lim\limits_{x\to 1}1=2\cdot 1-1=1$.

一般地, 设 $f(x)=a_0x^n+a_1x^{n-1}+\cdots+a_n$ 是 n 次多项式函数, $x_0\in(-\infty,+\infty)$, 则

$$\begin{aligned}\lim_{x\to x_0}f(x)&=\lim_{x\to x_0}(a_0x^n+a_1x^{n-1}+\cdots+a_n)\\&=a_0\left(\lim_{x\to x_0}x\right)^n+a_1\left(\lim_{x\to x_0}x\right)^{n-1}+\cdots+a_n\\&=a_0x_0^n+a_1x_0^{n-1}+\cdots+a_n=f(x_0).\end{aligned}$$

这说明, 求多项式函数当 $x\to x_0$ (x_0 是有限数) 时的极限, 只要用 $x=x_0$ 直接代入函数表达式即可.

例 3 求 $\lim\limits_{x\to 2}\dfrac{x^2-1}{x^3+3x-1}$.

解 因为

$$\lim_{x\to 2}(x^2-1)=4-1=3,\quad \lim_{x\to 2}(x^3+3x-1)=8+6-1=13\neq 0.$$

根据极限的除法运算法则知

$$\lim_{x\to 2}\frac{x^2-1}{x^3+3x-1}=\frac{3}{13}.$$

一般地, 设 $f(x)=\dfrac{P(x)}{Q(x)}$ 是有理分式函数, 其中 $P(x)$, $Q(x)$ 均为多项式, 若 $Q(x_0)\neq 0$ (x_0 是有限数), 则

$$\lim_{x\to x_0}f(x)=\lim_{x\to x_0}\frac{P(x)}{Q(x)}=\frac{\lim\limits_{x\to x_0}P(x)}{\lim\limits_{x\to x_0}Q(x)}=\frac{P(x_0)}{Q(x_0)}=f(x_0).$$

这说明, 求有理分式函数当 $x\to x_0$ (x_0 是有限数) 时的极限, 若 $Q(x_0)\neq 0$, 则只要用 $x=x_0$ 直接代入函数表达式即可. 若 $Q(x_0)=0$, 上述结论不能使用.

例 4 求 $\lim\limits_{x\to 2}\dfrac{2-x}{4-x^2}$.

解 因为分母的极限 $\lim\limits_{x\to 2}(4-x^2)=0$, 所以不能直接利用极限的除法运算法则. 但此时分子的极限 $\lim\limits_{x\to 2}(2-x)=0$, 称这一极限为“$\dfrac{0}{0}$”型未定式.

注意到分母 $4-x^2=(2+x)(2-x)$, 极限过程为 $x\to 2$, 于是有 $x\neq 2$, 因此分子、分母可以约去极限为零的因子 $2-x$ (简称为**零因子**), 故

$$\lim_{x\to 2}\frac{2-x}{4-x^2}=\lim_{x\to 2}\frac{2-x}{(2-x)(2+x)}=\lim_{x\to 2}\frac{1}{2+x}=\frac{1}{4}.$$

例 5 求 $\lim\limits_{x\to 1}\dfrac{x^2+1}{x-1}$.

解　因为分母的极限 $\lim\limits_{x\to 1}(x-1)=0$, 所以不能直接利用极限的除法运算法则. 但此时分子的极限 $\lim\limits_{x\to 1}(x^2+1)=2$, 于是

$$\lim_{x\to 1}\frac{x-1}{x^2+1}=\frac{0}{2}=0.$$

再根据非零无穷小的倒数是无穷大可知

$$\lim_{x\to 1}\frac{x^2+1}{x-1}=\infty.$$

例 6　求 $\lim\limits_{x\to\infty}(a_nx^n+a_{n-1}x^{n-1}+\cdots+a_1x+a_0)(a_n\neq 0)$.

解　因为不满足每一项的极限都存在的条件, 所以不能直接利用极限的四则运算法则, 改为考虑函数倒数的极限.

$$\begin{aligned}
&\lim_{x\to\infty}\frac{1}{a_nx^n+a_{n-1}x^{n-1}+\cdots+a_1x+a_0}\\
=&\lim_{x\to\infty}\left(\frac{1}{x^n}\cdot\frac{1}{a_n+\dfrac{a_{n-1}}{x}+\cdots+\dfrac{a_1}{x^{n-1}}+\dfrac{a_0}{x^n}}\right)\\
=&\lim_{x\to\infty}\frac{1}{x^n}\cdot\lim_{x\to\infty}\frac{1}{a_n+\dfrac{a_{n-1}}{x}+\cdots+\dfrac{a_1}{x^{n-1}}+\dfrac{a_0}{x^n}}=0\cdot\frac{1}{a_n}=0.
\end{aligned}$$

因此

$$\lim_{x\to\infty}(a_nx^n+a_{n-1}x^{n-1}+\cdots+a_1x+a_0)=\infty.$$

例 7　求 $\lim\limits_{x\to\infty}\dfrac{2x^3+3x^2+5}{7x^3+4x^2-1}$.

解　当 $x\to\infty$ 时, 分子、分母的极限都不存在, 皆为无穷大, 这一极限称为"$\dfrac{\infty}{\infty}$"型未定式. 不能直接使用极限的除法运算法则, 与数列极限中类似例题一样, 以 x^3 去除分子分母, 并注意到 $\lim\limits_{x\to\infty}\dfrac{1}{x}=0$, 于是

$$\lim_{x\to\infty}\frac{2x^3+3x^2+5}{7x^3+4x^2-1}=\lim_{x\to\infty}\frac{2+\dfrac{3}{x}+\dfrac{5}{x^3}}{7+\dfrac{4}{x}-\dfrac{1}{x^3}}=\frac{2}{7}.$$

例 8　求 $\lim\limits_{x\to\infty}\dfrac{2x^2-1}{3x^4+x^2-2}$.

解　这是"$\dfrac{\infty}{\infty}$"型未定式, 以 x^4 除分子、分母, 可得

$$\lim_{x\to\infty}\frac{2x^2-1}{3x^4+x^2-2}=\lim_{x\to\infty}\frac{\dfrac{2}{x^2}-\dfrac{1}{x^4}}{3+\dfrac{1}{x^2}-\dfrac{2}{x^4}}=\frac{0}{3}=0.$$

例 9 求 $\lim\limits_{x\to\infty}\dfrac{3x^4+x^2-2}{2x^2-1}$.

解 利用例 8 的结论, 再根据无穷小与无穷大的关系可知

$$\lim_{x\to\infty}\frac{3x^4+x^2-2}{2x^2-1}=\infty.$$

归纳例 7—例 9 可得一般情形：

$$\lim_{x\to\infty}\frac{a_0x^m+a_1x^{m-1}+\cdots+a_m}{b_0x^n+b_1x^{n-1}+\cdots+b_n}=\begin{cases}0, & m<n,\\ \infty, & m>n,\\ \dfrac{a_0}{b_0}, & m=n,\end{cases}$$

其中 $a_0\neq 0$, $b_0\neq 0, m$ 和 n 为非负整数. 该结论对极限式中参数的确定有着很好的应用.

例 10 已知 $\lim\limits_{x\to\infty}\left(\dfrac{x^2}{x+1}-ax-b\right)=0$, 其中 a,b 是常数, 则 ( ).

(A)$a=1,b=1$ (B)$a=-1,b=1$ (C)$a=1,b=-1$ (D)$a=-1,b=-1$

解 由题设 $\lim\limits_{x\to\infty}\left(\dfrac{x^2}{x+1}-ax-b\right)=\lim\limits_{x\to\infty}\dfrac{(1-a)x^2-(a+b)x-b}{x+1}=0$, 则由上面结论有 $1-a=0$, $a+b=0$, 得 $a=1,b=-1$, 故有 C 正确.

例 11 求 $\lim\limits_{x\to 2}\left(\dfrac{1}{x-2}-\dfrac{4}{x^2-4}\right)$.

解 当 $x\to 2$ 时, $\dfrac{1}{x-2}\to\infty$, $\dfrac{4}{x^2-4}\to\infty$, 称这类极限是“$\infty-\infty$”型未定式, 不能运用极限的减法运算法则, 先通分得

$$\frac{1}{x-2}-\frac{4}{x^2-4}=\frac{x+2-4}{x^2-4}=\frac{x-2}{x^2-4},$$

可以看出, 当 $x\to 2$ 时, 上述分式的极限是“$\dfrac{0}{0}$”型未定式, 分子、分母可以约去零因子 $x-2$, 于是有

$$\lim_{x\to 2}\left(\frac{1}{x-2}-\frac{4}{x^2-4}\right)=\lim_{x\to 2}\frac{x-2}{x^2-4}=\lim_{x\to 2}\frac{1}{x+2}=\frac{1}{4}.$$

三、 复合函数的极限 Limit of composite functions

定理 6 设函数 $y=f(u)$ 及 $u=\varphi(x)$ 复合成复合函数 $y=f(\varphi(x))$, $f(\varphi(x))$ 在点 x_0 的某去心邻域内有定义, 若

$$\lim_{x\to x_0}\varphi(x)=u_0,\quad \lim_{u\to u_0}f(u)=A,$$

且存在 $\delta_0>0$, 当 $x\in\mathring{U}(x_0,\delta_0)$ 时, 有 $\varphi(x)\neq u_0$, 则当 $x\to x_0$ 时, 复合函数 $y=f(\varphi(x))$ 的极限存在, 且有

$$\lim_{x\to x_0}f(\varphi(x))=A.$$

证明 因为 $\lim\limits_{u \to u_0} f(u) = A$, 所以任意给定 $\varepsilon > 0$, 存在 $\delta' > 0$, 当 $0 < |u - u_0| < \delta'$ 时, 有

$$|f(u) - A| < \varepsilon.$$

又因为 $\lim\limits_{x \to x_0} \varphi(x) = u_0$, 所以对上述 $\delta' > 0$, 存在 $\delta_1 > 0$, 当 $0 < |x - x_0| < \delta_1$ 时, 有

$$|\varphi(x) - u_0| = |u - u_0| < \delta'.$$

根据已知条件, 当 $x \in \mathring{U}(x_0, \delta_0)$ 时, $\varphi(x) \neq u_0$. 取 $\delta = \min\{\delta_0, \delta_1\}$, 则当 $0 < |x - x_0| < \delta$ 时,

$$|\varphi(x) - u_0| < \delta' \text{ 及 } |\varphi(x) - u_0| \neq 0$$

同时成立, 即 $0 < |\varphi(x) - u_0| < \delta'$ 成立, 从而

$$|f(\varphi(x)) - A| = |f(u) - A| < \varepsilon$$

成立, 根据极限的定义可知

$$\lim_{x \to x_0} f(\varphi(x)) = A.$$

由定理条件 $\lim\limits_{u \to u_0} f(u) = A$, 上述等式即为

$$\lim_{x \to x_0} f(\varphi(x)) \xlongequal{\text{令}u=\varphi(x)} \lim_{u \to u_0} f(u).$$

即在求复合函数极限时, 可以作代换 $u = \varphi(x)$, 而且作了代换后, 要将极限过程 $x \to x_0$ 换成 $u \to u_0$, 其中 $u_0 = \lim\limits_{x \to x_0} \varphi(x)$.

在定理 5 中, 若 $\lim\limits_{u \to u_0} f(u) = f(u_0)$, 其他条件不变, 我们容易获得以下结论.

推论 5 设函数 $y = f(u)$ 及 $u = \varphi(x)$ 复合成复合函数 $y = f(\varphi(x))$, $f(\varphi(x))$ 在点 x_0 的某去心邻域内有定义, 若

$$\lim_{x \to x_0} \varphi(x) = u_0, \quad \lim_{u \to u_0} f(u) = f(u_0),$$

且存在 $\delta_0 > 0$, 当 $x \in \mathring{U}(x_0, \delta_0)$ 时, 有 $\varphi(x) \neq u_0$, 则当 $x \to x_0$ 时, 复合函数 $y = f(\varphi(x))$ 的极限存在, 且有

$$\lim_{x \to x_0} f(\varphi(x)) = f(u_0).$$

因为 $\lim\limits_{x \to x_0} \varphi(x) = u_0$, 所以上式可以写成

$$\lim_{x \to x_0} f(\varphi(x)) = f(\lim_{x \to x_0} \varphi(x)).$$

这一公式表明, 在推论 5 的条件下, 求复合函数 $f(\varphi(x))$ 的极限时, 函数符号与极限符号可以交换次序.

若将定理 6 与推论 5 中的极限过程 $x \to x_0$ 换成极限过程 $x \to \infty$, 则可以获得类似的结论.

例 12 求 $\lim\limits_{x\to 0} \mathrm{e}^{\sin x}$.

解 因为 $\lim\limits_{x\to 0} \sin x = 0$, $\lim\limits_{u\to 0} \mathrm{e}^u = 1$, 故

$$\lim_{x\to 0} \mathrm{e}^{\sin x} = 1.$$

例 13 求 $\lim\limits_{x\to 1} \sin(\ln x)$.

解 因为 $\lim\limits_{x\to 1} \ln x = 0$, $\lim\limits_{u\to 0} \sin u = 0$, 故

$$\lim_{x\to 1} \sin(\ln x) = 0.$$

例 14 求 $\lim\limits_{x\to 0} \dfrac{\sqrt{1+x}-1}{x}$.

解 这是 "$\dfrac{0}{0}$" 型未定式, 先将分子有理化, 再结合使用推论 5 的结论, 得

$$\lim_{x\to 0} \frac{\sqrt{1+x}-1}{x} = \lim_{x\to 0} \frac{x}{x(\sqrt{1+x}+1)} = \lim_{x\to 0} \frac{1}{\sqrt{1+x}+1} = \frac{1}{2}.$$

例 15 求 $\lim\limits_{x\to x_0} a^x (a>0, a\neq 1)$, x_0 为任意实数.

解 由于 $a^x = \mathrm{e}^{x\ln a}$, 而 $\lim\limits_{x\to x_0} (x\ln a) = x_0 \ln a$, 所以

$$\lim_{x\to x_0} a^x = \lim_{x\to x_0} \mathrm{e}^{x\ln a} = \mathrm{e}^{\lim\limits_{x\to x_0} x\ln a} = \mathrm{e}^{x_0 \ln a} = a^{x_0}.$$

例 16 求 $\lim\limits_{x\to 0} (1+x^2)^x$.

解 由于 $(1+x^2)^x = \mathrm{e}^{x\ln(1+x^2)}$, 而

$$\lim_{x\to 0}[x\ln(1+x^2)] = \lim_{x\to 0} x \cdot \lim_{x\to 0} \ln(1+x^2) = \lim_{x\to 0} x \cdot \ln[\lim_{x\to 0}(1+x^2)] = 0\cdot \ln 1 = 0,$$

所以

$$\lim_{x\to 0}(1+x^2)^x = \lim_{x\to 0} \mathrm{e}^{x\ln(1+x^2)} = \mathrm{e}^{\lim\limits_{x\to 0} x\ln(1+x^2)} = \mathrm{e}^0 = 1.$$

习 题 四

1. 求下列极限:

(1) $\lim\limits_{x\to -2}(3x^2-5x+2)$; (2) $\lim\limits_{x\to 1} \dfrac{2x-3}{x^2-5x+4}$; (3) $\lim\limits_{x\to 3} \dfrac{x-3}{x^2-9}$;

(4) $\lim\limits_{x\to 4} \dfrac{\sqrt{x}-2}{x-4}$; (5) $\lim\limits_{x\to \infty} \dfrac{6x^3+4}{2x^4+3x^2}$; (6) $\lim\limits_{x\to 3} \dfrac{\sqrt{2x+3}-3}{\sqrt{x+1}-2}$;

(7) $\lim\limits_{x\to 1} \left(\dfrac{1}{1-x} - \dfrac{3}{1-x^3}\right)$; (8) $\lim\limits_{h\to 0} \dfrac{(x+h)^3-x^3}{h}$.

2. 已知 $f(x)=\begin{cases} x-1, & x<0, \\ \dfrac{x^2+3x-1}{x^3+1}, & x\geqslant 0, \end{cases}$ 求 $\lim\limits_{x\to 0}f(x)$, $\lim\limits_{x\to+\infty}f(x)$, $\lim\limits_{x\to-\infty}f(x)$.

3. 设 $\lim\limits_{x\to-1}\dfrac{x^3-ax^2-x+4}{x+1}=m$, 求 a 和 m.

4. 设 $\lim\limits_{x\to\infty}\dfrac{(1+a)x^4+bx^3+2}{x^3+x^2-1}=-2$, 求 a,b.

5. 求下列极限:

(1) $\lim\limits_{x\to+\infty}(\sqrt{x(x+a)}-x)$; (2) $\lim\limits_{x\to+\infty}(\sqrt{x^2+x}-\sqrt{x^2-x})$.

6. 若 $\lim\limits_{x\to x_0}f(x)$ 存在, $\lim\limits_{x\to x_0}g(x)$ 不存在, 问 $\lim\limits_{x\to x_0}[f(x)\pm g(x)]$, $\lim\limits_{x\to x_0}[f(x)g(x)]$ 是否存在, 为什么?

7. 若 $\lim\limits_{x\to x_0}f(x)$ 和 $\lim\limits_{x\to x_0}g(x)$ 均存在, 且 $f(x)\geqslant g(x)$, 证明 $\lim\limits_{x\to x_0}f(x)\geqslant\lim\limits_{x\to x_0}g(x)$.

第五节 两个重要极限

Two important limits

一、 第一个重要极限 $\lim\limits_{x\to 0}\dfrac{\sin x}{x}=1$ The first important limit

第二节定理 2 (夹逼准则) 可以推广到函数的极限. 我们只就 $x\to x_0$ 情形叙述函数极限存在判别准则.

定理 1 (夹逼准则) 若函数 $f(x),g(x),h(x)$ 满足:

(1) 在点 x_0 的某去心邻域内满足条件: $g(x)\leqslant f(x)\leqslant h(x)$;

(2) $\lim\limits_{x\to x_0}g(x)=A$, $\lim\limits_{x\to x_0}h(x)=A$.

则

$$\lim_{x\to x_0}f(x)=A.$$

应用计算机 (或计算器) 容易看出: 当 $x\to 0$ 时, $\dfrac{\sin x}{x}$ 的值趋近于 1(表 1).

表 1 当 $x\to 0$ 时, $\dfrac{\sin x}{x}$ 的值

x	1	0.1	0.01	0.001	0.0001	$\cdots$
$\dfrac{\sin x}{x}$	0.8414709848	0.9983341665	0.9999833334	0.9999998333	0.9999999983	$\cdots$

下面我们将运用夹逼准则来证明 $\lim\limits_{x\to 0}\dfrac{\sin x}{x}=1$, 其关键在于建立相应的不等式:

$$|\sin x|\leqslant|x|\leqslant|\tan x|,$$

其中 $-\dfrac{\pi}{2}<x<\dfrac{\pi}{2}$, 等号只有在 $x=0$ 时成立.

证明 (1) 先证明不等式 $|\sin x|\leqslant|x|\leqslant|\tan x|\left(-\dfrac{\pi}{2}<x<\dfrac{\pi}{2}\right)$.

作单位圆, 如图 2-15 所示. 设圆心角 $\angle AOP$ 为一锐角, 其弧度为 $x\left(0<x<\dfrac{\pi}{2}\right)$. 过 A 作圆弧的切线与 OP 的延长线交于点 T, $PN\perp OA$. 显然有

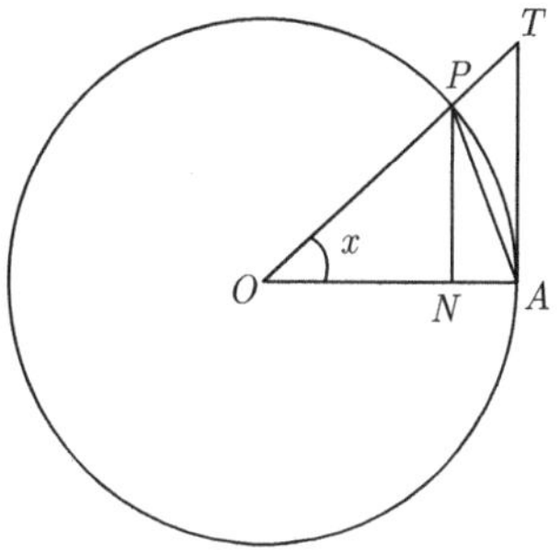

图 2-15

$$\triangle OAP\text{的面积} < \text{扇形}OAP\text{的面积} < \triangle OAT\text{的面积},$$

即

$$\frac{1}{2}\sin x<\frac{x}{2}<\frac{1}{2}\tan x,$$

因此, 当 $0<x<\dfrac{\pi}{2}$ 时,

$$\sin x<x<\tan x.$$

又当 $-\dfrac{\pi}{2}<x<0$ 时, $0<-x<\dfrac{\pi}{2}$, 由上式得到

$$\sin(-x)<-x<\tan(-x),$$

即

$$-\sin x<-x<-\tan x.$$

因此, 当 $-\dfrac{\pi}{2}<x<\dfrac{\pi}{2}$ 时,

$$|\sin x|\leqslant|x|\leqslant|\tan x|.$$

(2) 再证明 $\lim\limits_{x\to 0}\dfrac{\sin x}{x}=1$.

因为改变 x 符号时, 函数值 $\dfrac{\sin x}{x}$ 的符号不变, 所以只需论证 x 由正值趋于零时的情况. 即只需证明 $\lim\limits_{x\to 0^+}\dfrac{\sin x}{x}=1$.

由于当 $0<x<\dfrac{\pi}{2}$ 时, $\sin x<x<\tan x$. 以 $\sin x$ 除各项得

$$1<\frac{x}{\sin x}<\frac{1}{\cos x} \quad \text{或} \quad \cos x<\frac{\sin x}{x}<1.$$

因为 $\lim\limits_{x\to 0}\cos x=\cos 0=1$, 所以运用夹逼准则有

$$\lim_{x\to 0^+}\frac{\sin x}{x}=1,$$

因此

$$\lim_{x\to 0}\frac{\sin x}{x}=1.$$

事实上, $\lim\limits_{x\to 0^-}\dfrac{\sin x}{x}\xlongequal{u=-x}\lim\limits_{u\to 0^+}\dfrac{\sin(-u)}{-u}=\lim\limits_{u\to 0^+}\dfrac{\sin u}{u}=1$.

这是一个十分重要的结果, 在理论推导和实际演算中都有很大用处. 我们知道初等数学研究函数与高等数学研究函数的区别是: 初等数学研究的是具体函数在有限区间的具体

性质, 也就是说一个一个研究函数, 但高等数学研究的是抽象函数, 一类一类研究. 所以在高等数学学习中, 我们应该掌握的最重要思维方法, 就是如何把一个变成一类, 也就是把具体变成抽象, 把特殊转化成一般, 把简单推向复杂.

现在把 $\lim\limits_{x\to 0}\dfrac{\sin x}{x}=1$ 推广为一类, 有 $\lim\limits_{\varphi(x)\to 0}\dfrac{\sin\varphi(x)}{\varphi(x)}=1(\varphi(x)\neq 0)$. 显然, 利用这一推广结论可以解决一类 "$\dfrac{0}{0}$" 型未定式极限.

例 1 求 $\lim\limits_{x\to 0}\dfrac{\tan x}{x}$.

解 $\lim\limits_{x\to 0}\dfrac{\tan x}{x}=\lim\limits_{x\to 0}\left(\dfrac{\sin x}{x}\cdot\dfrac{1}{\cos x}\right)=\lim\limits_{x\to 0}\dfrac{\sin x}{x}\cdot\lim\limits_{x\to 0}\dfrac{1}{\cos x}=1.$

例 2 求 $\lim\limits_{x\to 0}\dfrac{1-\cos x}{x^2}$.

解 $\lim\limits_{x\to 0}\dfrac{1-\cos x}{x^2}=\lim\limits_{x\to 0}\dfrac{2\sin^2\dfrac{x}{2}}{x^2}=\lim\limits_{x\to 0}\dfrac{\sin^2\dfrac{x}{2}}{2\left(\dfrac{x}{2}\right)^2}=\dfrac{1}{2}\lim\limits_{x\to 0}\left(\dfrac{\sin\dfrac{x}{2}}{\dfrac{x}{2}}\right)^2=\dfrac{1}{2}\times 1^2=\dfrac{1}{2}.$

例 3 求 $\lim\limits_{x\to\infty}\left(x\sin\dfrac{1}{x}\right)$.

解 因为 $\lim\limits_{x\to\infty}\dfrac{1}{x}=0$, 所以

$$\lim_{x\to\infty}\left(x\sin\frac{1}{x}\right)=\lim_{x\to\infty}\frac{\sin\dfrac{1}{x}}{\dfrac{1}{x}}=1.$$

例 4 求 $\lim\limits_{x\to 0}\dfrac{\arcsin x}{x}$.

解 令 $x=\sin t$. 则当 $t\to 0$ 时, $x\to 0$, 且 $\arcsin x=t$, 于是

$$\lim_{x\to 0}\frac{\arcsin x}{x}=\lim_{t\to 0}\frac{t}{\sin t}=\lim_{t\to 0}\frac{1}{\dfrac{\sin t}{t}}=1.$$

例 5 求 $\lim\limits_{x\to 0}\dfrac{\sin 2x}{\sin 5x}$.

解 $\lim\limits_{x\to 0}\dfrac{\sin 2x}{\sin 5x}=\lim\limits_{x\to 0}\left(\dfrac{\sin 2x}{2x}\cdot\dfrac{2x}{5x}\cdot\dfrac{5x}{\sin 5x}\right)=\dfrac{2}{5}\lim\limits_{x\to 0}\dfrac{\sin 2x}{2x}\cdot\lim\limits_{x\to 0}\dfrac{5x}{\sin 5x}=\dfrac{2}{5}.$

例 6 求 $\lim\limits_{x\to 0}\dfrac{\tan x-\sin x}{x^3}$.

解 $\lim\limits_{x\to 0}\dfrac{\tan x-\sin x}{x^3}=\lim\limits_{x\to 0}\dfrac{\sin x(1-\cos x)}{x^3\cos x}=\lim\limits_{x\to 0}\left(\dfrac{\sin x}{x}\cdot\dfrac{1-\cos x}{x^2}\cdot\dfrac{1}{\cos x}\right)=\dfrac{1}{2}.$

二、第二个重要极限 $\lim\limits_{x\to\infty}\left(1+\dfrac{1}{x}\right)^x=\mathrm{e}$ The second important limit

第二节例 12 曾运用单调有界准则证明了数列 $\left(1+\dfrac{1}{n}\right)^n$ 收敛, 记 $\lim\limits_{n\to\infty}\left(1+\dfrac{1}{n}\right)^n=\mathrm{e}$. 可以证明, 当实数 x 趋向于 $+\infty$ 或 $-\infty$ 时, 函数 $\left(1+\dfrac{1}{x}\right)^x$ 的极限存在且都等于e, 即

$$\lim_{x\to\infty}\left(1+\frac{1}{x}\right)^x=\mathrm{e}.$$

证明 先讨论 $x\to+\infty$ 的情形. 因为 $[x]\leqslant x<[x]+1$, 所以

$$1+\frac{1}{[x]+1}<1+\frac{1}{x}\leqslant 1+\frac{1}{[x]},$$

进而

$$\left(1+\frac{1}{[x]+1}\right)^{[x]}<\left(1+\frac{1}{x}\right)^{[x]}\leqslant\left(1+\frac{1}{x}\right)^{x}\leqslant\left(1+\frac{1}{[x]}\right)^{x}<\left(1+\frac{1}{[x]}\right)^{[x]+1},$$

即

$$\left(1+\frac{1}{[x]+1}\right)^{[x]}<\left(1+\frac{1}{x}\right)^{x}<\left(1+\frac{1}{[x]}\right)^{[x]+1}.$$

令 $[x]=n$, 则 $x\to+\infty$ 时, $n\to\infty$, 所以

$$\begin{aligned}\lim_{x\to+\infty}\left(1+\frac{1}{[x]+1}\right)^{[x]}&=\lim_{n\to\infty}\left(1+\frac{1}{n+1}\right)^{n}\\&=\lim_{n\to\infty}\frac{\left(1+\dfrac{1}{n+1}\right)^{n+1}}{1+\dfrac{1}{n+1}}=\frac{\mathrm{e}}{1}=\mathrm{e},\end{aligned}$$

$$\begin{aligned}\lim_{x\to+\infty}\left(1+\frac{1}{[x]}\right)^{[x]+1}&=\lim_{n\to\infty}\left(1+\frac{1}{n}\right)^{n+1}\\&=\lim_{n\to\infty}\left[\left(1+\frac{1}{n}\right)^{n}\cdot\left(1+\frac{1}{n}\right)\right]=\mathrm{e}\cdot 1=\mathrm{e},\end{aligned}$$

于是运用夹逼准则得

$$\lim_{x\to+\infty}\left(1+\frac{1}{x}\right)^x=\mathrm{e}.$$

再讨论 $x \to -\infty$ 的情形. 作代换 $x=-t-1$, 则当 $x \to -\infty$ 时 $t \to +\infty$, 于是

$$\begin{aligned}\lim_{x \to -\infty}\left(1+\frac{1}{x}\right)^x &= \lim_{t \to +\infty}\left(1+\frac{1}{-t-1}\right)^{-t-1} = \lim_{t \to +\infty}\left(1-\frac{1}{t+1}\right)^{-t-1} \\ &= \lim_{t \to +\infty}\left(\frac{t}{t+1}\right)^{-t-1} = \lim_{t \to +\infty}\left(1+\frac{1}{t}\right)^{t+1} \\ &= \lim_{t \to +\infty}\left[\left(1+\frac{1}{t}\right)^t \cdot \left(1+\frac{1}{t}\right)\right] = \mathrm{e} \cdot 1 = \mathrm{e}.\end{aligned}$$

因此有 $\lim\limits_{x \to +\infty}\left(1+\dfrac{1}{x}\right)^x = \mathrm{e}$, $\lim\limits_{x \to -\infty}\left(1+\dfrac{1}{x}\right)^x = \mathrm{e}$, 即

$$\lim_{x \to \infty}\left(1+\frac{1}{x}\right)^x = \mathrm{e}.$$

在上式中, 令 $z=\dfrac{1}{x}$, 当 $x \to \infty$ 时, $z \to 0$, 于是有

$$\lim_{z \to 0}(1+z)^{\frac{1}{z}} = \mathrm{e}.$$

也可以写成

$$\lim_{x \to 0}(1+x)^{\frac{1}{x}} = \mathrm{e}.$$

综合起来, 得到以下公式:

$$\lim_{x \to \infty}\left(1+\frac{1}{x}\right)^x = \mathrm{e}, \quad \lim_{x \to 0}(1+x)^{\frac{1}{x}} = \mathrm{e}.$$

同第一个重要极限一样, 可以把 $\lim\limits_{x \to \infty}\left(1+\dfrac{1}{x}\right)^x = \mathrm{e}$, $\lim\limits_{x \to 0}(1+x)^{\frac{1}{x}} = \mathrm{e}$ 推广为一类,

$$\lim_{\psi(x) \to \infty}\left[1+\frac{1}{\psi(x)}\right]^{\psi(x)} = \mathrm{e} \quad \text{或} \quad \lim_{\varphi(x) \to 0}[1+\varphi(x)]^{\frac{1}{\varphi(x)}} = \mathrm{e}\,(\varphi(x) \neq 0).$$

显然, 利用这一推广结论可以解决一类“1^∞”型未定式的极限.

例 7 求 $\lim\limits_{x \to \infty}\left(1-\dfrac{1}{x}\right)^x$.

解
$$\begin{aligned}\lim_{x \to \infty}\left(1-\frac{1}{x}\right)^x &= \lim_{x \to \infty}\left(1+\frac{1}{-x}\right)^x = \lim_{x \to \infty}\left(1+\frac{1}{-x}\right)^{-x \cdot (-1)} \\ &= \lim_{x \to \infty}\frac{1}{\left(1+\frac{1}{-x}\right)^{-x}} = \frac{1}{\lim\limits_{x \to \infty}\left(1+\frac{1}{-x}\right)^{-x}} = \frac{1}{\mathrm{e}}.\end{aligned}$$

例 8 求 $\lim\limits_{x\to\infty}\left(\dfrac{x}{1+x}\right)^x$.

解 $\lim\limits_{x\to\infty}\left(\dfrac{x}{1+x}\right)^x=\lim\limits_{x\to\infty}\dfrac{1}{\left(1+\dfrac{1}{x}\right)^x}=\dfrac{1}{\lim\limits_{x\to\infty}\left(1+\dfrac{1}{x}\right)^x}=\dfrac{1}{\mathrm{e}}$.

例 9 求 $\lim\limits_{x\to\infty}\left(1+\dfrac{2}{x}\right)^{3x}$.

解
$$\lim_{x\to\infty}\left(1+\frac{2}{x}\right)^{3x}=\lim_{x\to\infty}\left(1+\frac{2}{x}\right)^{\frac{x}{2}\cdot 6}=\lim_{x\to\infty}\left[\left(1+\frac{2}{x}\right)^{\frac{x}{2}}\right]^6$$
$$=\left[\lim_{x\to\infty}\left(1+\frac{2}{x}\right)^{\frac{x}{2}}\right]^6=\mathrm{e}^6.$$

例 10 求 $\lim\limits_{x\to\infty}\left(\dfrac{x+1}{x+2}\right)^x$.

解 **解法一**

$$\lim_{x\to\infty}\left(\frac{x+1}{x+2}\right)^x=\lim_{x\to\infty}\left(1+\frac{-1}{x+2}\right)^x=\lim_{x\to\infty}\left(1+\frac{-1}{x+2}\right)^{x+2-2}$$
$$=\lim_{x\to\infty}\left(1+\frac{-1}{x+2}\right)^{x+2}\cdot\lim_{x\to\infty}\left(1+\frac{-1}{x+2}\right)^{-2}=\mathrm{e}^{-1}.$$

解法二
$$\lim_{x\to\infty}\left(\frac{x+1}{x+2}\right)^x=\lim_{x\to\infty}\frac{\left(1+\dfrac{1}{x}\right)^x}{\left(1+\dfrac{2}{x}\right)^x}=\frac{\lim\limits_{x\to\infty}\left(1+\dfrac{1}{x}\right)^x}{\lim\limits_{x\to\infty}\left(1+\dfrac{2}{x}\right)^{\frac{x}{2}\cdot 2}}=\frac{\mathrm{e}}{\mathrm{e}^2}=\mathrm{e}^{-1}.$$

例 8 中的函数可以按如下方式进行恒等变形:

$$\left(\frac{x}{1+x}\right)^x=\left(1-\frac{1}{1+x}\right)^x=\left[1+\frac{1}{-(1+x)}\right]^x$$
$$=\left[1+\frac{1}{-(1+x)}\right]^{-(1+x)\cdot\frac{x}{-(1+x)}}=\left\{\left[1+\frac{1}{-(1+x)}\right]^{-(1+x)}\right\}^{\frac{x}{-(1+x)}},$$

而 $\lim\limits_{x\to\infty}\dfrac{x}{-(1+x)}=-1$, $\lim\limits_{x\to\infty}\left[1+\dfrac{1}{-(1+x)}\right]^{-(1+x)}=\mathrm{e}$, 于是

$$\lim_{x\to\infty}\left(\frac{x}{1+x}\right)^x=\lim_{x\to\infty}\left(1-\frac{1}{1+x}\right)^x$$
$$=\lim_{x\to\infty}\left\{\left[1+\frac{1}{-(1+x)}\right]^{-(1+x)}\right\}^{\frac{x}{-(1+x)}}=\mathrm{e}^{-1}.$$

显然, 这是对底数位置的函数 $\left[1+\dfrac{1}{-(1+x)}\right]^{-(1+x)}$ 和指数位置的函数 $\dfrac{x}{-(1+x)}$ 分别求极限而获得的最终结果. 而 $\lim\limits_{x\to\infty}\dfrac{x}{-(1+x)}$ 恰好是 $\lim\limits_{x\to\infty}\left(1-\dfrac{1}{1+x}\right)^x$ 中底数中的无穷小量 $-\dfrac{1}{1+x}$ 与指数上的无穷大量 x 的乘积的极限.

现在的问题是, 如此计算是否正确呢? 或者是能够这样计算的极限应该满足什么条件呢? 下面我们对 $\lim\limits_{\psi(x)\to\infty}\left[1+\dfrac{1}{\psi(x)}\right]^{\psi(x)}=\mathrm{e}$ 或 $\lim\limits_{\varphi(x)\to 0}[1+\varphi(x)]^{\frac{1}{\varphi(x)}}=\mathrm{e}\,(\varphi(x)\neq 0)$ 作进一步推广来回答这些问题.

设 $\lim\limits_{x\to x_0}\varphi(x)=0(\varphi(x)\neq 0)$, $\lim\limits_{x\to x_0}\psi(x)=\infty$, 并且 $\lim\limits_{x\to x_0}[\varphi(x)\cdot\psi(x)]=A$. 则极限

$$\lim_{x\to x_0}[1+\varphi(x)]^{\psi(x)}$$

是一类 “$(1+0)^\infty$” 型未定式. 由于

$$\begin{aligned}[1+\varphi(x)]^{\psi(x)}&=[1+\varphi(x)]^{\frac{1}{\varphi(x)}\cdot\varphi(x)\cdot\psi(x)}=\left\{[1+\varphi(x)]^{\frac{1}{\varphi(x)}}\right\}^{\varphi(x)\cdot\psi(x)}\\&=\mathrm{e}^{\varphi(x)\cdot\psi(x)\cdot\ln[1+\varphi(x)]^{\frac{1}{\varphi(x)}}},\end{aligned}$$

即转化为复合函数, 因此

$$\lim_{x\to x_0}[1+\varphi(x)]^{\psi(x)}=\lim_{x\to x_0}\mathrm{e}^{\varphi(x)\cdot\psi(x)\cdot\ln[1+\varphi(x)]^{\frac{1}{\varphi(x)}}}.$$

利用第四节推论 5 知,

$$\lim_{x\to x_0}\mathrm{e}^{\varphi(x)\cdot\psi(x)\cdot\ln[1+\varphi(x)]^{\frac{1}{\varphi(x)}}}=\mathrm{e}^{\lim\limits_{x\to x_0}\left\{\varphi(x)\cdot\psi(x)\cdot\ln[1+\varphi(x)]^{\frac{1}{\varphi(x)}}\right\}}.$$

显然 $\lim\limits_{x\to x_0}[1+\varphi(x)]^{\frac{1}{\varphi(x)}}=\mathrm{e}\neq 0$, 则

$$\lim_{x\to x_0}\ln[1+\varphi(x)]^{\frac{1}{\varphi(x)}}=\ln\lim_{x\to x_0}[1+\varphi(x)]^{\frac{1}{\varphi(x)}}=\ln\mathrm{e}=1,$$

于是

$$\lim_{x\to x_0}\left\{\varphi(x)\cdot\psi(x)\cdot\ln[1+\varphi(x)]^{\frac{1}{\varphi(x)}}\right\}=\lim_{x\to x_0}[\varphi(x)\cdot\psi(x)]\cdot\lim_{x\to x_0}\ln[1+\varphi(x)]^{\frac{1}{\varphi(x)}}=A.$$

所以

$$\begin{aligned}\lim_{x\to x_0}[1+\varphi(x)]^{\psi(x)}&=\lim_{x\to x_0}\mathrm{e}^{\varphi(x)\cdot\psi(x)\cdot\ln[1+\varphi(x)]^{\frac{1}{\varphi(x)}}}\\&=\mathrm{e}^{\lim\limits_{x\to x_0}\left\{\varphi(x)\cdot\psi(x)\cdot\ln[1+\varphi(x)]^{\frac{1}{\varphi(x)}}\right\}}=\mathrm{e}^A.\end{aligned}$$

因此我们获得下列结论:

设 $\lim\limits_{x\to x_0}\varphi(x)=0\,(\varphi(x)\neq 0)$, $\lim\limits_{x\to x_0}\psi(x)=\infty$, 并且 $\lim\limits_{x\to x_0}[\varphi(x)\cdot\psi(x)]=A$. 则有

$$\lim_{x\to x_0}[1+\varphi(x)]^{\psi(x)}=\mathrm{e}^A.$$

其他几种极限过程下也有类似结论.

于是例 8—例 10 可以根据这一结论求解.

例 8　求 $\lim\limits_{x\to\infty}\left(\dfrac{x}{1+x}\right)^x$.

解　显然 $\lim\limits_{x\to\infty}\left(\dfrac{x}{1+x}\right)^x=\lim\limits_{x\to\infty}\left(1-\dfrac{1}{1+x}\right)^x$, 因为 $\lim\limits_{x\to\infty}\left(-\dfrac{1}{1+x}\cdot x\right)=-\lim\limits_{x\to\infty}\dfrac{x}{1+x}=-1$, 所以

$$\lim_{x\to\infty}\left(\frac{x}{1+x}\right)^x=\lim_{x\to\infty}\left(1-\frac{1}{1+x}\right)^x=\mathrm{e}^{-1}.$$

例 9　求 $\lim\limits_{x\to\infty}\left(1+\dfrac{2}{x}\right)^{3x}$.

解　因为 $\lim\limits_{x\to\infty}\left(\dfrac{2}{x}\cdot 3x\right)=6$, 所以

$$\lim_{x\to\infty}\left(1+\frac{2}{x}\right)^{3x}=\mathrm{e}^6.$$

例 10　求 $\lim\limits_{x\to\infty}\left(\dfrac{x+1}{x+2}\right)^x$.

解　因为 $\lim\limits_{x\to\infty}\left(\dfrac{x+1}{x+2}\right)^x=\lim\limits_{x\to\infty}\left(1+\dfrac{-1}{x+2}\right)^x$, 并且 $\lim\limits_{x\to\infty}\left(\dfrac{-1}{x+2}\cdot x\right)=-\lim\limits_{x\to\infty}\dfrac{x}{x+2}=-1$, 所以

$$\lim_{x\to\infty}\left(\frac{x+1}{x+2}\right)^x=\lim_{x\to\infty}\left(1+\frac{-1}{x+2}\right)^x=\mathrm{e}^{-1}.$$

例 11　求 $\lim\limits_{n\to\infty}\left(1+\dfrac{1}{n}+\dfrac{1}{n^2}\right)^n$.

解　**解法一**　这是 1^∞ 型极限, 自然想到用 $\lim\limits_{n\to\infty}\left(1+\dfrac{1}{n}\right)^n=\mathrm{e}$. 由于当 $n>1$ 时,

$$\begin{aligned}\left(1+\frac{1}{n}\right)^n&<\left(1+\frac{1}{n}+\frac{1}{n^2}\right)^n=\left(1+\frac{n+1}{n^2}\right)^n\\&<\left(1+\frac{n+1}{n^2-1}\right)^n=\left(1+\frac{1}{n-1}\right)^n\\&=\left(1+\frac{1}{n-1}\right)^{n-1}\cdot\left(1+\frac{1}{n-1}\right),\end{aligned}$$

并且不等式两端数列的极限都为 e, 故得 $\lim\limits_{n\to\infty}\left(1+\dfrac{1}{n}+\dfrac{1}{n^2}\right)^n=\mathrm{e}$.

解法二　这是 1^∞ 型极限. 设 $\varphi(n)=\dfrac{1}{n}+\dfrac{1}{n^2}$, $\psi(n)=n$. 当 $n\to\infty$ 时, $\varphi(n)=\dfrac{1}{n}+\dfrac{1}{n^2}\to 0$, $\psi(n)=n\to\infty$, 并且

$$\lim_{n\to\infty}[\varphi(n)\cdot\psi(n)]=\lim_{n\to\infty}\left[\left(\frac{1}{n}+\frac{1}{n^2}\right)\cdot n\right]=\lim_{n\to\infty}\left(1+\frac{1}{n}\right)=1.$$

所以

$$\lim_{n\to\infty}\left(1+\frac{1}{n}+\frac{1}{n^2}\right)^n=\mathrm{e}.$$

例 12　求 $\lim\limits_{x\to0}(\sin x+\cos x)^{\frac{1}{x}}$.

解　这是一个 1^∞ 型极限, 因为

$$\lim_{x\to0}(\sin x+\cos x)^{\frac{1}{x}}=\lim_{x\to0}(1+\sin x+\cos x-1)^{\frac{1}{x}},$$

当 $x\to0$ 时, $\sin x+\cos x-1\to0$, $\dfrac{1}{x}\to\infty$, 并且

$$\begin{aligned}\lim_{x\to0}\left[(\sin x+\cos x-1)\cdot\frac{1}{x}\right]&=\lim_{x\to0}\left(\frac{\sin x}{x}+\frac{\cos x-1}{x}\right)\\&=\lim_{x\to0}\left(\frac{\sin x}{x}-\frac{1-\cos x}{x^2}\cdot x\right)=1+\frac{1}{2}\times0=1.\end{aligned}$$

所以

$$\lim_{x\to0}(\sin x+\cos x)^{\frac{1}{x}}=\lim_{x\to0}(1+\sin x+\cos x-1)^{\frac{1}{x}}=\mathrm{e}.$$

利用第二个重要极限来计算函数极限时, 常遇到形如 $[f(x)]^{g(x)}(f(x)>0)$ 的函数 (通常称为幂指函数) 的极限. 实际上, 我们可以证明下列结论:

设 $\lim\limits_{x\to x_0}f(x)=A>0$, $\lim\limits_{x\to x_0}g(x)=B$, 则

$$\lim_{x\to x_0}[f(x)]^{g(x)}=A^B.$$

与上一结论的推导过程类似, 由 $[f(x)]^{g(x)}=\mathrm{e}^{g(x)\cdot\ln f(x)}$, 利用第四节推论 5, 可得

$$\lim_{x\to x_0}[f(x)]^{g(x)}=\lim_{x\to x_0}\mathrm{e}^{g(x)\cdot\ln f(x)}=\mathrm{e}^{\lim\limits_{x\to x_0}[g(x)\cdot\ln f(x)]}.$$

由于 $\lim\limits_{x\to x_0}f(x)=A>0$, 所以

$$\lim_{x\to x_0}\ln f(x)=\ln\lim_{x\to x_0}f(x)=\ln A,$$

因此

$$\lim_{x\to x_0}[g(x)\cdot\ln f(x)]=\lim_{x\to x_0}g(x)\cdot\lim_{x\to x_0}\ln f(x)=B\ln A.$$

于是

$$\lim_{x\to x_0}[f(x)]^{g(x)}=\lim_{x\to x_0}\mathrm{e}^{g(x)\cdot\ln f(x)}=\mathrm{e}^{\lim\limits_{x\to x_0}[g(x)\cdot\ln f(x)]}=\mathrm{e}^{B\ln A}=A^B.$$

其他几种极限过程下也有类似结论.

因此例 11、例 12 也可以根据这一结论求解.

例 11　求 $\lim\limits_{n\to\infty}\left(1+\dfrac{1}{n}+\dfrac{1}{n^2}\right)^n$.

解　$\lim\limits_{n\to\infty}\left(1+\dfrac{1}{n}+\dfrac{1}{n^2}\right)^n=\lim\limits_{n\to\infty}\left(1+\dfrac{n+1}{n^2}\right)^n=\lim\limits_{n\to\infty}\left[\left(1+\dfrac{n+1}{n^2}\right)^{\frac{n^2}{n+1}}\right]^{\frac{n+1}{n}}$. 设 $f(n)=\left(1+\dfrac{n+1}{n^2}\right)^{\frac{n^2}{n+1}}$, $g(n)=\dfrac{n}{n+1}$, 则 $\lim\limits_{n\to\infty}f(n)=\mathrm{e}$, $\lim\limits_{n\to\infty}g(n)=1$, 所以

$$\lim_{n\to\infty}\left(1+\frac{1}{n}+\frac{1}{n^2}\right)^n=\lim_{n\to\infty}\left[\left(1+\frac{n+1}{n^2}\right)^{\frac{n^2}{n+1}}\right]^{\frac{n+1}{n}}=\mathrm{e}^1=\mathrm{e}.$$

例 12　求 $\lim\limits_{x\to 0}(\sin x+\cos x)^{\frac{1}{x}}$.

解

$$\begin{aligned}\lim_{x\to 0}(\sin x+\cos x)^{\frac{1}{x}}&=\lim_{x\to 0}(1+\sin x+\cos x-1)^{\frac{1}{x}}\\&=\lim_{x\to 0}\left[(1+\sin x+\cos x-1)^{\frac{1}{\sin x+\cos x-1}}\right]^{\frac{\sin x+\cos x-1}{x}}.\end{aligned}$$

设 $f(x)=(1+\sin x+\cos x-1)^{\frac{1}{\sin x+\cos x-1}}$, $g(x)=\dfrac{\sin x+\cos x-1}{x}$, 则

$$\lim_{x\to 0}f(x)=\lim_{x\to 0}(1+\sin x+\cos x-1)^{\frac{1}{\sin x+\cos x-1}}=\mathrm{e},$$

$$\begin{aligned}\lim_{x\to 0}g(x)&=\lim_{x\to 0}\frac{\sin x+\cos x-1}{x}=\lim_{x\to 0}\left(\frac{\sin x}{x}-\frac{1-\cos x}{x}\right)\\&=\lim_{x\to 0}\left(\frac{\sin x}{x}-\frac{1-\cos x}{x^2}\cdot x\right)=1+\frac{1}{2}\times 0=1,\end{aligned}$$

所以

$$\lim_{x\to 0}(\sin x+\cos x)^{\frac{1}{x}}=\lim_{x\to 0}\left[(1+\sin x+\cos x-1)^{\frac{1}{\sin x+\cos x-1}}\right]^{\frac{\sin x+\cos x-1}{x}}=\mathrm{e}.$$

例 13　求 $\lim\limits_{x\to 0}(2-x^2)^{\cos x}$.

解 因为 $\lim\limits_{x\to 0}(2-x^2)=2$, $\lim\limits_{x\to 0}\cos x=1$, 所以

$$\lim_{x\to 0}(2-x^2)^{\cos x}=2^1=2.$$

习 题 五

求下列极限:

(1) $\lim\limits_{x\to 0}\dfrac{\sin 5x}{3x}$;

(2) $\lim\limits_{x\to\infty}x\sin\dfrac{3}{x}$;

(3) $\lim\limits_{x\to 0}x\cot x$;

(4) $\lim\limits_{x\to 0}\dfrac{\tan 2x}{\sin 5x}$;

(5) $\lim\limits_{x\to 0}\dfrac{\arcsin x}{3x}$;

(6) $\lim\limits_{x\to 0}\dfrac{\arctan x}{x}$;

(7) $\lim\limits_{x\to\infty}\left(\dfrac{x}{1+x}\right)^{2x}$;

(8) $\lim\limits_{x\to\infty}\left(1+\dfrac{1}{x^2}\right)^{x}$;

(9) $\lim\limits_{x\to 0}(1-2x)^{\frac{1}{x}}$;

(10) $\lim\limits_{x\to 0}\left(\dfrac{1+x}{1-x}\right)^{\frac{1}{x}}$;

(11) $\lim\limits_{x\to\infty}\left(\dfrac{x+4}{x+1}\right)^{x+1}$;

(12) $\lim\limits_{x\to 0}\dfrac{\sin 4x}{\sqrt{1+x}-1}$;

(13) $\lim\limits_{x\to 0}\dfrac{\cos 5x-\cos 2x}{x^2}$;

(14) $\lim\limits_{x\to a}\dfrac{\sin^2 x-\sin^2 a}{x-a}$;

(15) $\lim\limits_{x\to\infty}\left(\dfrac{3-2x}{2-2x}\right)^{x}$;

(16) $\lim\limits_{x\to +\infty}x[\ln(1+x)-\ln x]$;

(17) $\lim\limits_{x\to 0}(1+3\tan^2 x)^{\cot^2 x}$.

第六节 无穷小的比较

Comparison between Infinitesimals

一、 无穷小的比较 Comparison between infinitesimals

在同一极限过程中, 两个无穷小的和、差、积仍是无穷小, 但两个非零无穷小的商的极限是“$\dfrac{0}{0}$”型未定式. 例如, $n\to\infty$ 时, $\dfrac{1}{n}, \dfrac{1}{n^2}, \dfrac{1}{n^3}$ 等都是无穷小, 而

$$\lim_{n\to\infty}\frac{\dfrac{1}{n}}{\dfrac{1}{n^2}}=\lim_{n\to\infty}n=\infty,\quad \lim_{n\to\infty}\frac{\dfrac{1}{n^3}}{\dfrac{1}{n^2}}=\lim_{n\to\infty}\frac{1}{n}=0.$$

这反映了当 $n\to\infty$ 时, 不同的无穷小趋向于零的 “快慢” 各不相同, 这可以从表 1 看出. 由表 1 还可以看到, 这三个无穷小数列趋于 0 的速度有明显差异. $\dfrac{1}{n^2}$ 比 $\dfrac{1}{n}$ 快, 而 $\dfrac{1}{n^3}$ 比 $\dfrac{1}{n^2}$ 快.

表 1 $n\to\infty$ 时, $\frac{1}{n}$, $\frac{1}{n^2}$, $\frac{1}{n^3}$ 无穷小趋于 0 的速度

n	1	2	4	8	10	$\cdots$	100	$\cdots$	$\to\infty$
$\frac{1}{n}$	1	0.5	0.25	0.125	0.1	$\cdots$	0.01	$\cdots$	$\to 0$
$\frac{1}{n^2}$	1	0.25	0.0625	0.015625	0.01	$\cdots$	0.0001	$\cdots$	$\to 0$
$\frac{1}{n^3}$	1	0.0625	0.015625	0.001953	0.001	$\cdots$	0.00001	$\cdots$	$\to 0$

定义 1 设 α 与 β 是同一极限过程 (如 $n\to\infty$, 或 $x\to x_0$, $x\to\infty$ 等) 中的两个无穷小量, 且 $\alpha\neq 0$, 若在这一极限过程中, 有

(1) $\lim\frac{\beta}{\alpha}=0$, 则称 β 是比 α **高阶的无穷小** (infinitesimal of higher order), 记作 $\beta=o(\alpha)$;

(2) $\lim\frac{\beta}{\alpha}=\infty$, 则称 β 是比 α **低阶的无穷小** (infinitesimal of lower order);

(3) $\lim\frac{\beta}{\alpha}=c\neq 0$, 则称 β 与 α 是**同阶无穷小** (infinitesimal of the same order).

特别地, 若 $c=1$, 则称 β 与 α 是**等价无穷小** (equivalent infinitesimal), 记作 $\beta\sim\alpha$.

设 α 与 β 是同一极限过程中非零无穷小量, 根据定义 1 易知: β 是比 α 高阶的无穷小, 则 α 是比 β 低阶的无穷小; β 与 α 是同阶无穷小, 即 $\lim\frac{\beta}{\alpha}=c\neq 0$, 则 $\beta\sim c\alpha$.

例如, (1) 当 $n\to\infty$ 时, $\frac{1}{n^3}=o\left(\frac{1}{n^2}\right)$; $\frac{1}{n}$ 是比 $\frac{1}{n^2}$ 低阶的无穷小; $\frac{1}{1-n}$ 与 $\frac{1}{n}$ 是同阶无穷小; $\frac{1}{n}\sim\frac{1}{n+1}$.

(2) 因为 $\lim\limits_{x\to 0}\frac{\tan x}{x}=1$, $\lim\limits_{x\to 0}\frac{1-\cos x}{x^2}=\frac{1}{2}$, 所以当 $x\to 0$ 时, $\tan x\sim x$, $1-\cos x$ 与 x^2 是同阶无穷小.

(3) 因为 $\lim\limits_{x\to 0}\frac{3x^4-x^3+x^2}{5x^2}=\lim\limits_{x\to 0}\left(\frac{3}{5}x^3-\frac{1}{5}x+\frac{1}{5}\right)=\frac{1}{5}$, 所以当 $x\to 0$ 时, $5x^2$ 与 $3x^4-x^3+x^2$ 是同阶无穷小.

当然并不是任意两个非零无穷小量都可以进行无穷小阶的比较, 例如, 当 $x\to 0$ 时, 无穷小 $x\sin\frac{1}{x}$ 与 x 就不能进行阶的比较, 因为

$$\lim_{x\to 0}\frac{x\sin\frac{1}{x}}{x}=\lim_{x\to 0}\sin\frac{1}{x}$$

不存在.

定义 2 设 α 与 β 是同一极限过程中的两个无穷小量, 且 $\alpha\neq 0$, 若存在正数 k, 使得

$$\lim\frac{\beta}{\alpha^k}=c\quad (常数c\neq 0),$$

则称 β 是关于 α 的 k 阶无穷小量.

例如, 当 $x\to 0$ 时, $1-\cos x$ 是关于 x 的二阶无穷小. 因为

$$\lim_{x\to 0}\frac{1-\cos x}{x^2}=\frac{1}{2}.$$

当 $x\to x_0$ 时, 无穷小 $3(x-x_0)^2-5(x-x_0)^4$ 是关于 $x-x_0$ 的二阶无穷小, 因为

$$\lim_{x\to x_0}\frac{3(x-x_0)^2-5(x-x_0)^4}{(x-x_0)^2}=3.$$

二、 等价无穷小的性质 Properties of infinitesimal of the same order

关于等价无穷小, 有下列重要性质.

定理 1 (无穷小的等价代换) 在同一极限过程中, 若 $\alpha\sim\alpha'$, $\beta\sim\beta'$, 且 $\lim\frac{\beta'}{\alpha'}$ 存在, 则 $\lim\frac{\beta}{\alpha}$ 也存在, 且

$$\lim\frac{\beta}{\alpha}=\lim\frac{\beta'}{\alpha'}.$$

证明 因为 $\lim\frac{\beta}{\alpha}=\lim\left(\frac{\beta}{\beta'}\cdot\frac{\beta'}{\alpha'}\cdot\frac{\alpha'}{\alpha}\right)=\lim\frac{\beta}{\beta'}\cdot\lim\frac{\beta'}{\alpha'}\cdot\lim\frac{\alpha'}{\alpha}=\lim\frac{\beta'}{\alpha'}$, 所以

$$\lim\frac{\beta}{\alpha}=\lim\frac{\beta'}{\alpha'}.$$

这个性质表明, 求两个无穷小商的极限时, 分子及分母都可用等价无穷小来代换. 如果用来代换的无穷小选得适当的话, 可以使计算过程简化.

例 1 求 $\lim\limits_{x\to 0}\frac{\tan 2x}{\sin 5x}$.

解 当 $x\to 0$ 时, $\tan 2x\sim 2x$, $\sin 5x\sim 5x$, 所以

$$\lim_{x\to 0}\frac{\tan 2x}{\sin 5x}=\lim_{x\to 0}\frac{2x}{5x}=\frac{2}{5}.$$

例 2 求 $\lim\limits_{x\to 0}\frac{\sin x}{x^3+3x}$.

解 当 $x\to 0$ 时, $\sin x\sim x$, 无穷小 x^3+3x 与它本身显然是等价的, 所以

$$\lim_{x\to 0}\frac{\sin x}{x^3+3x}=\lim_{x\to 0}\frac{x}{x(x^2+3)}=\lim_{x\to 0}\frac{1}{x^2+3}=\frac{1}{3}.$$

下面我们对常用的等价无穷小量进行总结, 并加以抽象推广, 以备之用 (表 2).

表 2[①] **常用的等价无穷小**

当 $x\to 0$ 时		当 $\varphi(x)\to 0$ 时 $(\varphi(x)\neq 0)$
$\sin x\sim x$		$\sin\varphi(x)\sim\varphi(x)$
$\tan x\sim x$		$\tan\varphi(x)\sim\varphi(x)$
$\arcsin x\sim x$		$\arcsin\varphi(x)\sim\varphi(x)$
$\arctan x\sim x$	推广 $\Rightarrow$	$\arctan\varphi(x)\sim\varphi(x)$
$\mathrm{e}^{x}-1\sim x$		$\mathrm{e}^{\varphi(x)}-1\sim\varphi(x)$
$\ln(1+x)\sim x$		$\ln[1+\varphi(x)]\sim\varphi(x)$
$1-\cos x\sim\frac{1}{2}x^{2}$		$1-\cos\varphi(x)\sim\frac{1}{2}\varphi^{2}(x)$
$\sqrt{1+x}-1\sim\frac{1}{2}x$		$\sqrt{1+\varphi(x)}-1\sim\frac{1}{2}\varphi(x)$
$(1+x)^{a}-1\sim ax(a\neq 0)$		$[1+\varphi(x)]^{a}-1\sim a\varphi(x)(a\neq 0)$

注意, 若分子或分母是若干项之和或差, 则一般不能对其中某一项作等价无穷小代换, 否则可能出错. 例如

$$\lim_{n\to\infty}\frac{\dfrac{1}{n}-\dfrac{1}{n+1}}{\dfrac{1}{n^{2}}}=\lim_{n\to\infty}\frac{n^{2}}{n(n+1)}=\lim_{n\to\infty}\frac{1}{1+\dfrac{1}{n}}=1,$$

若把分子上的项 $\dfrac{1}{n+1}$ 换成它的等价无穷小 $\dfrac{1}{n}$, 则会得出错误结果:

$$\lim_{n\to\infty}\frac{\dfrac{1}{n}-\dfrac{1}{n}}{\dfrac{1}{n^{2}}}=0,$$

原因是虽然当 $n\to\infty$ 时, $\dfrac{1}{n+1}\sim\dfrac{1}{n}$, 但整个分子 $\dfrac{1}{n}-\dfrac{1}{n+1}$ 却并不是 $\dfrac{1}{n}-\dfrac{1}{n}$ 的等价无穷小.

例 3 求 $\lim\limits_{x\to 0}\dfrac{\tan x-\sin x}{\sin^{3}x}$.

解 当 $x\to 0$ 时, 显然 $\tan x-\sin x$ 与 $x-x$ 不等价. 因为

$$\lim_{x\to 0}\frac{\tan x-\sin x}{\sin^{3}x}=\lim_{x\to 0}\frac{\tan x\cdot(1-\cos x)}{\sin^{3}x},$$

① 表中部分等价无穷小将在连续性中获得.

并且当 $x \to 0$ 时, $\sin x \sim x, \tan x \sim x, 1-\cos x \sim \dfrac{1}{2}x^2$, 所以

$$\lim_{x\to 0}\frac{\tan x-\sin x}{\sin^3 x}=\lim_{x\to 0}\frac{\tan x\cdot(1-\cos x)}{\sin^3 x}=\lim_{x\to 0}\frac{x\cdot\frac{1}{2}x^2}{x^3}=\frac{1}{2}.$$

例 4 求 $\lim\limits_{x\to 0}\dfrac{\sin(x+x^2+x^3)}{x}$.

解 **解法一**

$$\begin{aligned}\lim_{x\to 0}\frac{\sin(x+x^2+x^3)}{x}&=\lim_{x\to 0}\left[\frac{\sin(x+x^2+x^3)}{x+x^2+x^3}\cdot\frac{x+x^2+x^3}{x}\right]\\&=\lim_{x\to 0}(1+x+x^2)=1.\end{aligned}$$

解法二 当 $x\to 0$ 时, $x+x^2+x^3\to 0$, 因此 $\sin(x+x^2+x^3)\sim x+x^2+x^3$, 于是

$$\lim_{x\to 0}\frac{\sin(x+x^2+x^3)}{x}=\lim_{x\to 0}\frac{x+x^2+x^3}{x}=\lim_{x\to 0}(1+x+x^2)=1.$$

由此可见, 当 $x\to 0$ 时, $x+x^2+x^3\sim x$. 而 $x+x^2+x^3$ 分成二项 $x+(x^2+x^3)$, 后一项是 x 的高阶无穷小. 我们把该结果加以抽象推广得到如下结论:

定理 2 在某一极限过程中, α 是非零无穷小量, $\beta=o(\alpha)$, 则

$$\alpha+\beta\sim\alpha.$$

证明 因为 $\beta=o(\alpha)$, 所以 $\lim\dfrac{\beta}{\alpha}=0$, 于是

$$\lim\frac{\alpha+\beta}{\alpha}=\lim\left(1+\frac{\beta}{\alpha}\right)=1,$$

所以 $\alpha+\beta\sim\alpha$.

该结果说明两个无穷小量的和所得的无穷小量与其中低阶无穷小量等价.

例 5 求 $\lim\limits_{x\to 0}\dfrac{x^3+1-\cos x}{x^4+\sin^2 x}$.

解 $\lim\limits_{x\to 0}\dfrac{x^3+1-\cos x}{x^4+\sin^2 x}=\lim\limits_{x\to 0}\dfrac{1-\cos x}{\sin^2 x}=\lim\limits_{x\to 0}\dfrac{\frac{1}{2}x^2}{x^2}=\dfrac{1}{2}$.

利用定理 2, 以及第五节例 11、例 12 的解答过程, 可将第五节的下列结论作进一步推广, 可以进一步简化极限的计算过程.

第五节的结论 设 $\lim\limits_{x\to x_0}\varphi(x)=0(\varphi(x)\neq 0)$, $\lim\limits_{x\to x_0}\psi(x)=\infty$, 并且 $\lim\limits_{x\to x_0}[\varphi(x)\cdot\psi(x)]=A$. 则有

$$\lim_{x\to x_0}[1+\varphi(x)]^{\psi(x)}=\mathrm{e}^A.$$

其他几种极限过程的极限也有类似结论.

推广 设 $\lim\limits_{x\to x_0}\varphi(x)=0\,(\varphi(x)\neq 0)$, $\lim\limits_{x\to x_0}\psi(x)=\infty$, 并且 $\lim\limits_{x\to x_0}[\varphi(x)\cdot\psi(x)]=A$. 则有

$$\lim_{x\to x_0}[1+\varphi(x)+o(\varphi(x))]^{\psi(x)}=\mathrm{e}^A.$$

其他几种极限过程的极限也有类似结论.

于是第五节例 11、例 12 可以利用这一结论求解.

例 6 求 $\lim\limits_{n\to\infty}\left(1+\dfrac{1}{n}+\dfrac{1}{n^2}\right)^n$.

解 这是 1^∞ 型极限. 设 $\varphi(n)=\dfrac{1}{n}$, $\psi(n)=n$. 当 $n\to\infty$ 时, $\dfrac{1}{n^2}=o\left(\dfrac{1}{n}\right)$. 所以

$$\lim_{n\to\infty}\left(1+\frac{1}{n}+\frac{1}{n^2}\right)^n=\mathrm{e}.$$

例 7 求 $\lim\limits_{x\to 0}(\sin x+\cos x)^{\frac{1}{x}}$.

解 这是一个 1^∞ 型极限, 并且

$$\lim_{x\to 0}(\sin x+\cos x)^{\frac{1}{x}}=\lim_{x\to 0}(1+\sin x+\cos x-1)^{\frac{1}{x}}.$$

设 $\varphi(x)=\sin x$, $\psi(x)=\dfrac{1}{x}$. 当 $x\to 0$ 时, $\varphi(x)=\sin x\to 0$, $\psi(x)=\dfrac{1}{x}\to\infty$, $\cos x-1=o(\sin x)$, 并且

$$\lim_{x\to 0}[\varphi(x)\cdot\psi(x)]=\lim_{x\to 0}\left(\sin x\cdot\frac{1}{x}\right)=\lim_{x\to 0}\frac{\sin x}{x}=1.$$

所以

$$\lim_{x\to 0}(\sin x+\cos x)^{\frac{1}{x}}=\lim_{x\to 0}(1+\sin x+\cos x-1)^{\frac{1}{x}}=\mathrm{e}.$$

复合函数中间变量若为无穷小量, 其等价无穷小代换不具有充分性, 故一般不能对复合函数中间变量作无穷小的等价代换.

例 8 已知 $\lim\limits_{x\to 0}\dfrac{\sin x-x}{x^3}=-\dfrac{1}{6}$, 求极限 $\lim\limits_{x\to 0}\left(\dfrac{1}{x^2}\ln\dfrac{\sin x}{x}\right)$.

解 由于 $x\to 0$ 时, $\ln\dfrac{\sin x}{x}$ 与 $\ln\dfrac{x}{x}$ 不等价, 因此下列计算过程

$$\lim_{x\to 0}\left(\frac{1}{x^2}\ln\frac{\sin x}{x}\right)=\lim_{x\to 0}\left(\frac{1}{x^2}\ln\frac{x}{x}\right)=0$$

是错误的. 其正确的计算是

$$\lim_{x\to 0}\left(\frac{1}{x^2}\ln\frac{\sin x}{x}\right)=\lim_{x\to 0}\left[\frac{1}{x^2}\ln\left(1+\frac{\sin x}{x}-1\right)\right]=\lim_{x\to 0}\left[\frac{1}{x^2}\cdot\left(\frac{\sin x}{x}-1\right)\right]$$

$$= \lim_{x \to 0} \frac{\sin x - x}{x^3} = -\frac{1}{6}.$$

特别地, 幂指函数的底函数无穷小的等价代换也不具有充分性, 故一般也不能对幂指函数的底函数作无穷小的等价代换. 例如极限

$$\lim_{x \to 0} \left(\frac{\sin x}{x}\right)^{\frac{1}{x^2}} \neq \lim_{x \to 0} \left(\frac{x}{x}\right)^{\frac{1}{x^2}} = 1,$$

而可以按照第二个重要极限的方法来计算. 因为

$$\lim_{x \to 0} \left(\frac{\sin x}{x}\right)^{\frac{1}{x^2}} = \lim_{x \to 0} \left(1 + \frac{\sin x}{x} - 1\right)^{\frac{1}{x^2}},$$

并且

$$\lim_{x \to 0} \left[\frac{1}{x^2} \cdot \left(\frac{\sin x}{x} - 1\right)\right] = \lim_{x \to 0} \frac{\sin x - x}{x^3} = -\frac{1}{6},$$

所以根据第五节第二个重要极限的结论知

$$\lim_{x \to 0} \left(\frac{\sin x}{x}\right)^{\frac{1}{x^2}} = \lim_{x \to 0} \left(1 + \frac{\sin x}{x} - 1\right)^{\frac{1}{x^2}} = \mathrm{e}^{-\frac{1}{6}}.$$

定理 3 设 α 与 β 是同一极限过程中的两个无穷小量, 则 $\alpha \sim \beta$ 的充要条件是, $\alpha - \beta$ 是比 α 高阶的无穷小或 $\alpha - \beta$ 是比 β 高阶的无穷小.

证明 必要性. 设 $\alpha \sim \beta$, 则 $\lim \dfrac{\beta}{\alpha} = 1$. 所以

$$\lim \frac{\alpha - \beta}{\alpha} = \lim \left(1 - \frac{\beta}{\alpha}\right) = 1 - 1 = 0,$$

即 $\alpha - \beta$ 是比 α 高阶的无穷小. 同理可证, $\alpha - \beta$ 是比 β 高阶的无穷小.

充分性. 设 $\alpha - \beta$ 是比 α 高阶的无穷小, 即 $\lim \dfrac{\alpha - \beta}{\alpha} = 0$, 则

$$\lim \frac{\beta}{\alpha} = \lim \left(1 - \frac{\alpha - \beta}{\alpha}\right) = 1 - 0 = 1,$$

即 $\lim \dfrac{\beta}{\alpha} = 1$, 所以 $\alpha \sim \beta$.

从定理 3 不难看出, 若当 $x \to x_0$ 时, $\alpha \sim \beta$, 则当 $|x - x_0|$ 充分小时, α 与 β 可以互相近似代替, 而由此产生的误差是比 α 或 β 高阶的无穷小, 通常称 α 是 β 的主部 (或 β 是 α 的主部). 例如, 当 $x \to 0$ 时, $\sin x \sim x$, $\tan x \sim x$, $1 - \cos x \sim \dfrac{1}{2}x^2$, 于是当 $|x|$ 充分小时 (记作 $|x| \ll 1$), 有下述近似等式:

$$\sin x \approx x, \quad \tan x \approx x, \quad 1 - \cos x \approx \frac{1}{2}x^2.$$

通过本章的学习总结得到: 具体特殊化与一般抽象化既是人们正确认识客观事物的认识规律, 也是处理解决数学问题的重要方法. 在微积分中许多公式概念都是由具体特殊到一般抽象方法的体现. 所谓的一般抽象化, 就是把所给或者已知简单的具体特殊方法, 转化为一般的抽象的形式去考察, 从而推广简单具体的方法, 使得原问题方法是推广后方法的一种特殊情况, 进而达到用推广的方法解决更复杂的具体问题的目的. 事实上, 微积分这门课程从头至尾都是贯彻着这种思想方法. 如: 从研究具体数列收敛到研究抽象数列的收敛性, 再到研究函数的收敛性. 下面将看到我们还要从研究具体函数的连续性、可导性、可积性抽象出一般抽象函数的连续性、可导性、可积性. 所以说如果我们不能掌握从具体特殊 $\xrightarrow{\text{推广}}$ 一般抽象 $\xrightarrow{\text{解决}}$ 更复杂具体特殊问题的方法, 就不能说我们能学好这门课程. 因此在学习上简单的知识是重要的, 是学习的重点, 简单的知识思想不简单, 而复杂的知识是学习的难点, 解决难点的关键是如何把复杂拆成或转化为简单, 而把复杂转化为简单的有用手段就是把复杂问题特殊化, 使认识起点降低, 由难变易. 要想具备这样的能力, 我们必须要弄清复杂问题的简单之源是什么, 这就要求我们在平时学习的过程, 注意训练把简单具体问题推向复杂抽象问题的思想方法, 把 "一个" 变 "一类". 例如:

$\lim\limits_{x\to0}\dfrac{\sin x}{x}=1$ 推广为 $\lim\limits_{\varphi(x)\to0}\dfrac{\sin\varphi(x)}{\varphi(x)}=1\,(\varphi(x)\neq0)$;

$\lim\limits_{x\to0}(1+x)^{\frac{1}{x}}=\mathrm{e}$ 推广为 $\lim[1+\varphi(x)]^{\psi(x)}=\mathrm{e}^A$, 其中 $\lim\psi(x)=\infty, \lim\varphi(x)=0$, $\varphi(x)\neq0$, 且 $\lim[\varphi(x)\cdot\psi(x)]=A$;

$\tan x\overset{x\to0}{\sim}x$ 推广为 $\tan\varphi(x)\underset{\varphi(x)\neq0}{\overset{\varphi(x)\to0}{\sim}}\varphi(x)$;

$1-\cos x\overset{x\to0}{\sim}\dfrac{1}{2}x^2$ 推广为 $1-\cos\varphi(x)\underset{\varphi(x)\neq0}{\overset{\varphi(x)\to0}{\sim}}\dfrac{1}{2}\varphi^2(x)$ 等等.

习 题 六

1. 利用等价无穷小量求下列极限:

(1) $\lim\limits_{x\to0}\dfrac{\sin ax}{\tan bx}\ (b\neq0)$; (2) $\lim\limits_{x\to0}\dfrac{\arctan x}{\arcsin x}$; (3) $\lim\limits_{x\to0}\dfrac{1-\cos kx}{x^2}$;

(4) $\lim\limits_{x\to0}\dfrac{\ln(1+x)}{\sqrt{1+x}-1}$; (5) 设 $\lim\limits_{x\to0}\dfrac{f(x)-3}{x^2}=100$, 求 $\lim\limits_{x\to0}f(x)$;

(6) $\lim\limits_{x\to0}\dfrac{\sqrt{2}-\sqrt{1+\cos x}}{\sqrt{1+x^2}-1}$; (7) $\lim\limits_{x\to0}\dfrac{\ln\cos2x}{\ln\cos3x}$; (8) $\lim\limits_{x\to0}\dfrac{\mathrm{e}^{ax}-\mathrm{e}^{bx}}{\sin ax-\sin bx}\ (a\neq b)$.

2. 已知 $\lim\limits_{x\to1}\dfrac{\sqrt{x+a}+b}{x^2-1}=1$, 求 a 和 b.

3. 确定 k 的值, 使下列函数与 x^k, 当 $x\to0$ 时是同阶无穷小.

(1) $\dfrac{1}{1+x}-1+x$; (2) $\sqrt[5]{3x^2-4x^3}$; (3) $\sqrt{1+\tan x}-\sqrt{1+\sin x}$.

复习题二

1. 判断题

(1) 无界数列必定发散; ( )

(2) 若对任意给定的 $\varepsilon>0$, 存在自然数 N, 当 $n>N$ 时, 总有无穷多个 u_n 满足 $|u_n-A|<\varepsilon$, 则数列 $\{u_n\}$ 必以 A 为极限. ( )

2. 填空题

(1) $\lim_{n\to\infty}[(\sqrt{n+2}-\sqrt{n})\sqrt{n-1}]=$ ________;

(2) $\lim_{n\to\infty}\left(\frac{1}{n^2}+\frac{2}{n^2}+\cdots+\frac{n}{n^2}\right)=$ ________;

(3) $\lim_{n\to\infty}\frac{1+\frac{1}{2}+\frac{1}{4}+\cdots+\frac{1}{2^n}}{1+\frac{1}{3}+\frac{1}{9}+\cdots+\frac{1}{3^n}}=$ ________;

(4) 已知 $\lim_{n\to\infty}\frac{a^2n^2+bn+5}{3n-2}=2$, 则 $a=$ ________, $b=$ ________;

(5) $\lim_{x\to 0}\frac{\sin 5x}{x}=$ ________;

(6) $\lim_{x\to\infty}\left(\frac{x+2}{x+1}\right)^{ax}=e^2$, 则 $a=$ ________;

(7) $\lim_{x\to 0}(x+e^{2x})^{\frac{1}{\sin x}}=$ ________;

(8) $\lim_{x\to\infty}\frac{(2x-3)^{20}(3x+2)^{30}}{(5x+1)^{50}}=$ ________;

(9) 当 $x\to 0$ 时, $\sqrt[3]{1+x}-1\sim$ ________;

(10) 已知 $\lim_{x\to 1}\frac{x^2+ax+b}{x-1}=3$, 则 $a=$ ________, $b=$ ________.

3. 选择题

(1) 若函数 $f(x)$ 在某点 x_0 极限存在, 则 (　　)

(A) $f(x)$ 在 x_0 的函数值必存在且等于极限值

(B) $f(x)$ 在 x_0 函数值必存在, 但不一定等于极限值

(C) $f(x)$ 在 x_0 的函数值可以不存在

(D) 如果 $f(x_0)$ 存在, 则必等于极限值

(2) $\lim_{x\to\infty}x\sin\frac{1}{x}=$(　　).

(A) ∞　　(B) 不存在　　(C) 1　　(D) 0

(3) $\lim_{x\to\infty}\left(1-\frac{1}{x}\right)^{2x}=$(　　).

(A) e^{-2}　　(B) ∞　　(C) 0　　(D) $\frac{1}{2}$

4. 利用极限定义证明:

(1) $\lim_{n\to\infty}\frac{3n+1}{2n-1}=\frac{3}{2}$;　　(2) $\lim_{n\to\infty}\underbrace{0\cdot 99\cdots 9}_{n个}=1$.

5. 计算

(1) 设数列 $x_n=(-1)^{n+1}$ 的前 n 项和为 S_n, 求 $\lim_{n\to\infty}\frac{S_1+S_2+\cdots+S_n}{n}$;

(2) 如果 $x\to 0$ 时, 无穷小 $1-\cos x$ 与 $a\sin^2\frac{x}{2}$ 等价, 求 a;

(3) 已知 $\lim_{x\to 2}\frac{x^2+ax+b}{x^2-x-2}=2$, 求 a,b.

6. 求下列极限:

(1) $\lim_{n\to\infty}(\sqrt{1+2+\cdots+n}-\sqrt{1+2+\cdots+(n-1)})$;

(2) $\lim_{n\to\infty}(\sqrt{n+3\sqrt{n}}-\sqrt{n-\sqrt{n}})$;

(3) $\lim\limits_{x\to 0}\dfrac{1-\cos x}{x^2\cos x}$; (4) $\lim\limits_{x\to 0}\dfrac{1-\cos 2x}{x^2}$; (5) $\lim\limits_{x\to 1}\dfrac{\ln(1+\sqrt[3]{x-1})}{\arcsin 2\sqrt[3]{x^2-1}}$;

(6) $\lim\limits_{n\to\infty}\left(\dfrac{n-2}{n+1}\right)^n$; (7) $\lim\limits_{n\to\infty}\left(\dfrac{1}{n^2+n+1}+\dfrac{2}{n^2+n+2}+\cdots+\dfrac{n}{n^2+n+n}\right)$;

(8) $\lim\limits_{n\to\infty}\left[\dfrac{3}{1^2\times 2^2}+\dfrac{5}{2^2\times 3^2}+\cdots+\dfrac{2n+1}{n^2\times(n+1)^2}\right]$;

(9) $\lim\limits_{x\to a^+}\dfrac{\sqrt{x}-\sqrt{a}+\sqrt{x-a}}{\sqrt{x^2-a^2}}\ (a>0)$; (10) $\lim\limits_{n\to\infty}\left[\dfrac{n}{\ln n}(\sqrt[n]{n}-1)\right]$;

(11) $\lim\limits_{n\to\infty}(1+2^n+3^n)^{\frac{1}{n}}$;

(12) 设 $x_{n+1}=\sqrt{11+x_n}(n\geqslant 1), x_1=1$, 求 $\lim\limits_{n\to\infty}x_n$.

7. 设 $\lim\limits_{x\to\infty}\dfrac{(x+1)^{95}(ax+1)^5}{(x^2+1)^{50}}=8$, 求 a 的值.

8. 证明：

(1) $1-\cos x\sim\dfrac{x^2}{2}(x\to 0)$; (2) $\mathrm{e}^x-1\sim x(x\to 0)$;

(3) $\tan x\sim x(x\to 0)$; (4) $\sqrt[n]{1+x}-1\sim\dfrac{x}{n}(x\to 0)$.

课外阅读 (二)

一、课程思政简述

重要极限 $\lim\limits_{x\to 0}\dfrac{\sin x}{x}=1$ 的推广形式 $\lim\limits_{\varphi(x)\to 0}\dfrac{\sin\varphi(x)}{\varphi(x)}=1\ (\varphi(x)\neq 0)$, 体现了多元一体的思想. 由于不同的 $\varphi(x)$ 和 $\sin\varphi(x)$ 具有不同的性质, 故呈现多元性的特点, 但是, 在满足 $\varphi(x)\neq 0$ 且 $\varphi(x)\to 0$ 的条件下, 它们比值的极限都是 1. 因此推广的重要极限公式 $\lim\limits_{\varphi(x)\to 0}\dfrac{\sin\varphi(x)}{\varphi(x)}=1$ 蕴含着多元一体的思想. 同理, 重要极限 $\lim\limits_{x\to 0}(1+x)^{\frac{1}{x}}=\mathrm{e}$ 推广为 $\lim[1+\varphi(x)]^{\psi(x)}=\mathrm{e}^A$, 其中 $\lim\psi(x)=\infty, \lim\varphi(x)=0, \varphi(x)\neq 0$, 且 $\lim[\varphi(x)\cdot\psi(x)]=A$. 一些等价无穷小的极限亦是如此.

二、数学思维方法简介

极限思维方法

极限是高等数学研究问题的主要工具, 所谓极限思维, 是指用极限概念来分析问题和解决问题的一种数学思维. 极限思维在现代数学乃至物理学等学科中有着广泛的应用, 这是由它本身固有的思维功能所决定的. 极限思维揭示了变量与常量、无限与有限的对立统一关系, 是唯物辩证法的对立统一规律在数学领域中的应用. 借助极限思想, 人们可以从“有限”认识“无限”, 从“不变”认识“变”, 从直线形认识曲线形, 从量变认识质变, 从近似认识精确.

无限与有限有本质的不同, 但二者又有联系, 无限是有限的发展. 无限个数的和不是一般的代数和, 把它定义为“部分和”的极限, 就是借助极限的思维方法, 从有限来认识无限的.

“变”与“不变”反映了事物运动变化与相对静止两种不同状态, 但它们在一定条件下又可以相互转化, 这种转化是“数学科学的有力杠杆之一”. 例如, 要求变速直线运动的瞬时的速度, 用初等方法是无法解决的, 困难在于速度是变量. 为此, 人们先在小范围内用匀速代替变速, 并求其平均速度, 把瞬时速度定义为平均速度的极限, 就是借助极限的思想方法, 从"不变"来认识"变"的.

曲线形与直线形有着本质的差异, 但在一定条件下也可以相互转化. 善于利用这种对立统一关系是处理数学问题的重要手段之一. 直线形的面积容易求得, 求曲线形的面积问题用初等的方法是不能解决的. 刘徽用圆内接正多边形接近圆. 一般地, 人们用小矩形的面积来逼近曲边梯形的面积, 都是借助极限的思想方法从直线形来认识曲线形的.

量变和质变既有区别又有联系, 两者之间有着辩证的关系. 量变能引起质变, 质和量的互变规律是辩证法的基本规律之一, 在数学研究工作中起着重要作用. 对任何一个圆内接正多边形来说, 当它的边数加倍后, 得到的还是内接正多边形, 是量变而不是质变; 但是, 不断地让边数加倍, 经过无限过程后, 多边形就"变"成圆, 多边形面积便转化为圆面积. 这就是借助于极限的思想方法, 从量变来认识质变的.

近似与精确是对立统一关系, 两者在一定条件下也可相互转化, 这种转化是数学应用于实际计算的重要诀窍. 前面所讲到的"部分和"、"平均速度"和"圆内接正多边形面积", 分别是相应的"无穷级数和"、"瞬时速度"和"圆面积"的近似值, 取极限后就可得到相应的精确值. 在以后的学习中我们会逐渐看到极限思维方法在上述所提到问题中的应用.

极限的思维方法贯穿于高等数学课程的始终, 可以说高等数学中几乎所有的概念都离不开极限. 在几乎所有高等数学著作中, 都是先介绍函数理论和极限的思想方法, 然后利用极限的思想方法给出函数的连续、可导、可积、级数的敛散性、多元函数的偏导数、广义积分的敛散性、重积分和曲线积分与曲面积分的概念.

极限的思维方法是高等数学必不可少的一个重要思维方法, 也是高等数学与初等数学的本质区别之处. 高等数学之所以能解决许多初等数学无法解决的问题, 正是由于它采用了极限的思维方法.

有时我们要确定某一个量, 首先确定的不是这个量的本身而是它的近似值 (例如求瞬时速度、曲线弧长、曲边形面积、曲面体体积等问题), 而且所确定的近似值也不仅仅是一个而是一连串越来越好的近似值; 然后通过考察这一连串近似值的趋向, 把那个量的准确值确定下来. 这就是运用了极限的思维方法.

三、数学家简介

魏尔斯特拉斯 德国数学家. 魏尔斯特拉斯的父亲威廉是一名政府官员, 受过高等教育, 颇具才智, 但对子女十分严厉. 威廉要儿子长大后进入普鲁士高等文官阶层, 因而于 1834 年 8 月把魏尔斯特拉斯送往波恩大学攻读财务与管理, 使其学到充分的法律、经济和管理知识, 为谋得政府高级职位创造条件.

魏尔斯特拉斯不喜欢父亲所选专业, 立志终身研究数学, 并令人惊讶地放弃成为法学博士候选人, 因此在离开波恩大学时, 他没有取得学位. 在父亲的一位朋友的建议下, 他被送到一所神学哲学院, 然后参加中学教师资格国家考试, 考试通过后在中学任教, 此期间, 他写了 4 篇直到他的全集刊印时才发表的论文, 这些论文已显示了他建立函数论的基本思想和结构. 1853 年夏他在父亲家中度假, 研究阿贝尔和雅可比留下的难题, 精心写作关于阿贝尔函数的论文. 这就是 1854 年发表于《克雷尔杂志》上的《阿贝尔函数论》. 这篇出自一个名不见经传的中学教师的杰作, 引起数学界瞩目.

魏尔斯特拉斯是把严格的论证引进分析学的一位大师, 为分析严密化作出了不可磨灭的贡献, 是分析算术化运动的开创者之一. 他改进了波尔查诺 (Bolzano, 1781—1848)、柯西 (Cauchy, 1789—1857)、阿贝尔 (Abel, 1802—1829) 的方法, 早在 1841 年至 1856 年, 作为中学教师的魏尔斯特拉斯, 就给出了今天大学数学分析教科书中一直沿用的连续函数的定义 (ε-δ 定义), 以及完整的一套类似的表示法, 使数学分析的叙述精确化. 他证明了：任何有界无穷点集, 一定存在一个极限点. 早在 1860 年的一次演讲中, 他从自然数导出了有理数, 然后用递增有界数列的极限来定义无理数, 从而得到了整个实数系. 这是一种成功地为微积分奠定理论基础的理论.

为了说明直觉的不可靠, 1872 年 7 月 18 日魏尔斯特拉斯在柏林科学院的一次讲演中, 构造了一个连续却处处不可微的函数的例子, 震惊了整个数学界. 这个例子促使人们去构造更多的函数, 这样的函数在一个区间上连续或处处连续, 但在一个稠密集或在任何点上都不可微, 从而推动了函数论的发展.

魏尔斯特拉斯不仅是一位伟大的数学家, 而且是一位杰出的教育家, 他高尚的风范和精湛的学术是永远值得全世界数学教师学习的光辉典范. 他培养了一大批有成就的数学人才, 他是当时德国乃至全欧洲知名度最高的数学教授之一. 魏尔斯特拉斯是数学分析算术化的完成者、解析函数论的奠基人之一.

第三章

连 续 函 数

Continuous Function

本章用极限这个工具, 对函数进行分类, 分出另一类有用的函数类——连续函数类.

第一节 连续函数——具有特殊极限的函数类, 变量连续变化的数学模型

Continuous functions—Functions with special limits, Mathematical models with continuous changing variable

一、函数连续性的概念 Concepts of continuous function

自然界中许多现象, 如空气或水的流动、气温的变化、生物的生长, 都是连续不断地在运动和变化. 这种现象反映到数学关系上, 就是函数的连续性.

实际应用中遇到的函数常有这样一个特点: 当自变量的改变非常小时, 相应的函数值的改变也非常小. 例如就气温的变化来看, 当时间变动很微小时, 气温的变化也很微小, 这种特点就是所谓连续性. 为了用数学表达函数的上述特性, 先介绍增量 (改变量) 的概念.

设变量 u 从它的一个初值 u_1 变到终值 u_2, 终值 u_2 与初值 u_1 的差 $u_2 - u_1$ 就称为变量 u 的**增量** (increment)(或**改变量**), 记作 Δu, 即

$$\Delta u = u_2 - u_1.$$

要注意记号 Δu 是一个整体, 不能看成某个量 Δ 与变量 u 的乘积. 并且 Δu 可正可负, 也可为 0. 当 $\Delta u > 0$ 时, 变量 u 是增加的; 当 $\Delta u < 0$ 时, 变量 u 是减少的.

在函数 $y = f(x)$ 的定义域中, 当自变量 x 从它的初值 x_0 变到终值 x_1 时, 函数值相应地从 $f(x_0)$ 变到 $f(x_1)$. 称差 $\Delta x = x_1 - x_0$ 为自变量 x 在点 x_0 处的**增量** (或**改变量**). 相应地, 称两个函数值之差

$$\Delta y = f(x_1) - f(x_0) = f(x_0 + \Delta x) - f(x_0)$$

为函数 $y = f(x)$ 在点 x_0 处的**增量** (或**改变量**). 这一概念的几何解释如图 3-1 所示.

假如保持 x_0 不变而让自变量的增量 Δx 变化, 对应地, 函数 $y = f(x)$ 的增量 Δy 也随着变动. 从而对连续性的概念可以叙述为: 若当 Δx 趋于零时, 函数 $y = f(x)$ 的增量 Δy 也是趋于零, 则称函数 $y = f(x)$ 在点 x_0 处连续, 即有下述定义:

定义 1 设函数 $y=f(x)$ 在点 x_0 的某一邻域内 (包含点 x_0) 有定义. 如果当自变量的增量 $\Delta x = x - x_0$ 趋于零时, 相应地, 函数的增量 $\Delta y = f(x_0+\Delta x)-f(x_0)$ 也趋于零, 即

$$\lim_{\Delta x\to 0}\Delta y = 0 \quad 或 \quad \lim_{\Delta x\to 0}[f(x_0+\Delta x)-f(x_0)] = 0. \tag{1}$$

则称函数 $y=f(x)$ 在点 x_0 处**连续** (continuous), 点 x_0 称为函数 $y=f(x)$ 的**连续点** (continuity point).

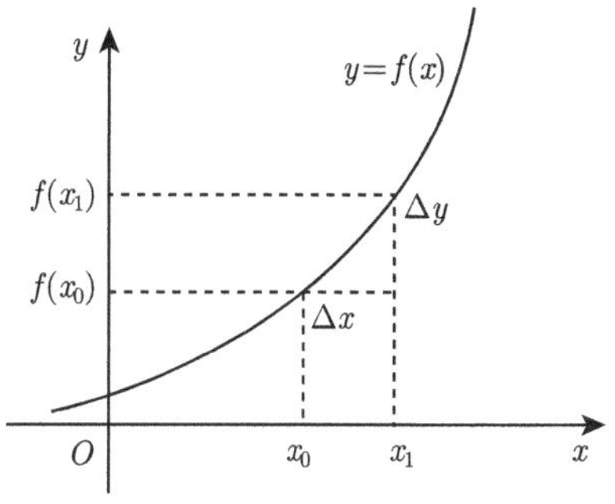

图 3-1

设 $x = x_0+\Delta x$, 则 $\Delta x\to 0$ 就是 $x\to x_0$. 又由于

$$\Delta y = f(x_0+\Delta x) - f(x_0) = f(x) - f(x_0),$$

即

$$f(x) = f(x_0) + \Delta y,$$

所以 $\Delta y\to 0$ 就是 $f(x)\to f(x_0)$. 因此 (1) 式与

$$\lim_{x\to x_0} f(x) = f(x_0)$$

等价. 于是, 函数 $y=f(x)$ 在点 x_0 处连续也可叙述为

定义 2 设函数 $y=f(x)$ 在点 x_0 的某一邻域内 (包含点 x_0) 有定义. 若当 $x\to x_0$ 时, 函数 $f(x)$ 的极限存在, 且等于它在点 x_0 处的函数值 $f(x_0)$, 即

$$\lim_{x\to x_0} f(x) = f(x_0), \tag{2}$$

则称函数 $y=f(x)$ 在点 x_0 处**连续**.

用 "ε - δ" 语言, 也可将函数在一点处连续的定义叙述如下:

定义 3 设函数 $y=f(x)$ 在点 x_0 的某一邻域内 (包含点 x_0) 有定义. 若对任意 $\varepsilon>0$, 存在 $\delta>0$, 当 $|x-x_0|<\delta$ 时, 有

$$|f(x)-f(x_0)|<\varepsilon$$

恒成立, 则称函数 $y=f(x)$ 在点 x_0 处**连续**.

必须注意, 函数 $y=f(x)$ 在点 x_0 处有极限与函数 $y=f(x)$ 在点 x_0 处连续是两个不同的概念. 前者并不要求函数 $y=f(x)$ 在点 x_0 处有定义, 但函数 $y=f(x)$ 在点 x_0 处连续时, 必须满足下列三个条件:

(1) 函数 $y=f(x)$ 在点 x_0 的某个邻域内有定义, 有确切的函数值 $f(x_0)$;

(2) 当 $x\to x_0$ 时, $f(x)$ 有确定的极限;

(3) 这个极限值就等于 $f(x_0)$.

有时只需考虑在点 x_0 处的一侧函数 $y=f(x)$ 的连续性. 下面说明左 (右) 连续的概念:

定义 4 设函数 $y=f(x)$ 在点 x_0 的某一左邻域 (右邻域) 内 (包含点 x_0) 有定义, 若

$$\lim_{x\to x_0^-} f(x)=f(x_0) \quad (\text{或} \lim_{x\to x_0^+} f(x)=f(x_0)),$$

则函数 $f(x)$ 在点 x_0 处**左 (右) 连续** (continuity from the left (right)).

由函数的极限与其左、右极限的关系, 容易得到函数的连续性与其左、右连续性的关系.

定理 1 函数 $y=f(x)$ 在点 x_0 处连续的充要条件是 $f(x)$ 在点 x_0 处左连续且右连续.

定义 5 若函数 $y=f(x)$ 在开区间 (a,b) 内每一点都连续, 则称函数 $y=f(x)$ 在开区间 (a,b) 内**连续**, 或者说 $y=f(x)$ 是开区间 (a,b) 内的**连续函数** (continuous function), 称开区间 (a,b) 为函数 $y=f(x)$ 的**连续区间** (continuous interval).

定义 6 若函数 $y=f(x)$ 在开区间 (a,b) 内每一点都连续, 且在左端点 a 处右连续, 在右端点 b 处左连续, 则称函数 $y=f(x)$ 在闭区间 $[a,b]$ 上**连续**, 或者说 $y=f(x)$ 在闭区间 $[a,b]$ 上的**连续函数**, 称闭区间 $[a,b]$ 为函数 $y=f(x)$ 的**连续区间**.

从几何上看, 函数 $y=f(x)$ 的连续性表示: 当横轴上两点距离充分小时, 函数图形上的对应点的纵坐标之差也很小, 即连续量无最小间隙而言, 这说明连续函数的图形是一条无间隙的连续曲线. 由连续函数的概念可知, 若函数 $f(x)$ 在点 x_0 处连续, 则求 $f(x)$ 当 $x\to x_0$ 时的极限时, 就转化为计算 $f(x)$ 在点 x_0 处函数值问题, 求函数的极限问题就转化为求自变量的极限问题了. 而计算函数值的问题是我们在初等数学中就会的, 求自变量的极限问题要比求函数极限简单得多, 所以对连续函数求极限, 可起到化难为易的作用.

在本书第二章第三节中曾指出, 基本初等函数 $f(x)$ 在其定义域内任意一点 x_0 处满足

$$\lim_{x\to x_0} f(x)=f(x_0).$$

因此根据连续性的概念, 可把此结论叙述为:

基本初等函数在其定义域内每点处都连续, 即基本初等函数在其定义域内是连续函数.

根据第二章第四节例 2、例 3 易知, 多项式函数和有理函数在其定义域内是连续的.

例 1 讨论函数

$$f(x)=\begin{cases} x\sin\dfrac{1}{x}, & x=0, \\ 0, & x\neq 0 \end{cases}$$

在点 $x=0$ 处的连续性.

解 因为 $\lim\limits_{x\to 0} f(x)=\lim\limits_{x\to 0} x\sin\dfrac{1}{x}=0=f(0)$, 所以函数 $f(x)$ 在点 $x=0$ 处连续.

例 2 设函数

$$f(x)=\begin{cases} -1, & x<0, \\ 1, & x\geqslant 0, \end{cases}$$

试问函数 $f(x)$ 在点 $x=0$ 处是否连续?

解 由于 $f(0)=1$, 而 $\lim\limits_{x\to 0^-} f(x)=-1$, 于是函数 $f(x)$ 在点 $x=0$ 处不是左连续的, 从而函数 $f(x)$ 在点 $x=0$ 处不连续.

例 3 设函数

$$f(x)=\begin{cases}x^2+3, & x\geqslant 0,\\ a-x, & x<0,\end{cases}$$

问 a 取何值时, 函数 $f(x)$ 在点 $x=0$ 处连续?

解 因为 $f(0)=3$, 且

$$\lim_{x\to 0^-}f(x)=\lim_{x\to 0^-}(a-x)=a,\quad \lim_{x\to 0^+}f(x)=\lim_{x\to 0^+}(x^2+3)=3,$$

所以当 $a=3$ 时, 函数 $f(x)$ 在点 $x=0$ 处连续.

二、 函数的间断点 Discontinuous points of functions

定义 7 设函数 $f(x)$ 在点 x_0 的某邻域内 (至多除了点 x_0 本身) 有定义. 由函数 $f(x)$ 在点 x_0 处连续的定义式 (2) 可知, 如果函数 $f(x)$ 有下列三种情形之一:

(1) 在点 x_0 处无定义, 即 $f(x_0)$ 不存在;

(2) $\lim\limits_{x\to x_0}f(x)$ 不存在;

(3) $f(x_0)$ 及 $\lim\limits_{x\to x_0}f(x)$ 都存在, 但 $\lim\limits_{x\to x_0}f(x)\neq f(x_0)$.

则称函数 $f(x)$ 在点 x_0 处**不连续** (discontinuity)(或**间断**), 点 x_0 称为函数 $f(x)$ 的**间断点** (point of discontinuity)(或**不连续点**).

现在举几个例子说明函数间断点的几种常见类型.

例 4 函数 $f(x)=\dfrac{x^2-1}{x-1}$ 在点 $x=1$ 处没有定义, 所以 $x=1$ 是函数 $f(x)$ 的间断点 (图 3-2).

这里 $\lim\limits_{x\to 1}f(x)=\lim\limits_{x\to 1}\dfrac{x^2-1}{x-1}=\lim\limits_{x\to 1}(x+1)=2$. $f(x)$ 在 $x=1$ 处间断, 只是因为 $f(x)$ 在 $x=1$ 处没有定义. 如果补充函数在点 $x=1$ 处的定义: $f(1)=2$, 则函数在点 $x=1$ 处变成连续的. 因此, 点 $x=1$ 称为函数 $f(x)$ 的**可去间断点**.

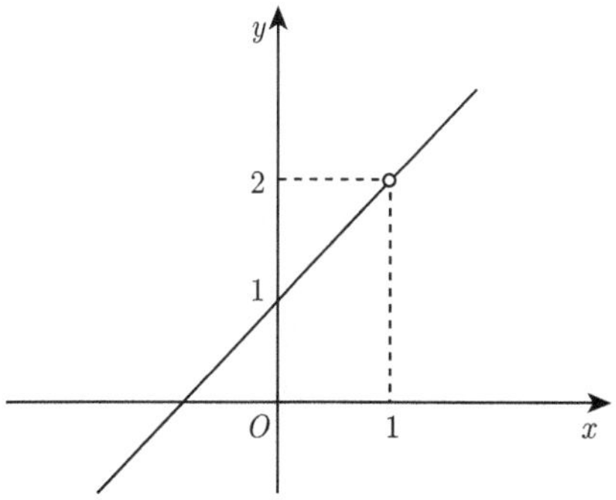

图 3-2

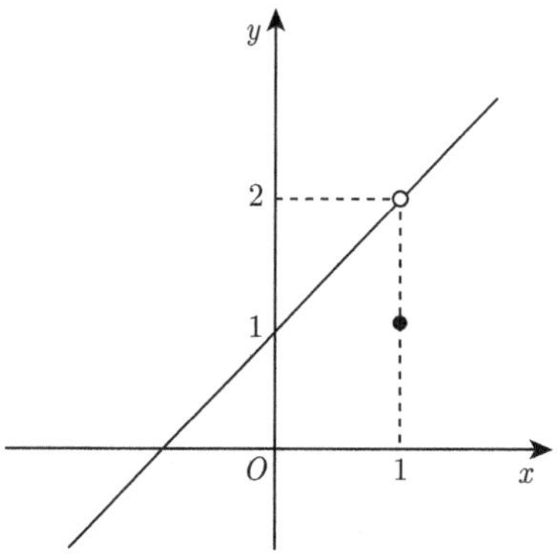

图 3-3

例 5 函数 $f(x)=\begin{cases}\dfrac{x^2-1}{x-1}, & x\neq 1,\\ 1, & x=1,\end{cases}$ 有 $f(1)=1$, $\lim\limits_{x\to 1}f(x)=\lim\limits_{x\to 1}\dfrac{x^2-1}{x-1}=2$. 所以

$$\lim_{x\to 1}f(x)\neq f(1),$$

于是点 $x=1$ 是函数 $f(x)$ 的间断点 (图 3-3).

如果改变函数在点 $x=1$ 处的定义: $f(1)=2$, 则函数在点 $x=1$ 处变成连续的. 因此, 点 $x=1$ 也称为函数 $f(x)$ 的**可去间断点**.

例 6 考虑函数 $f(x)=\operatorname{sgn}x=\begin{cases}1, & x>0,\\ 0, & x=0,\\ -1, & x<0.\end{cases}$ 极限 $\lim\limits_{x\to 0}\operatorname{sgn}x$ 不存在, 所以 $x=0$ 是函数 $f(x)$ 的间断点 (图 3-4).

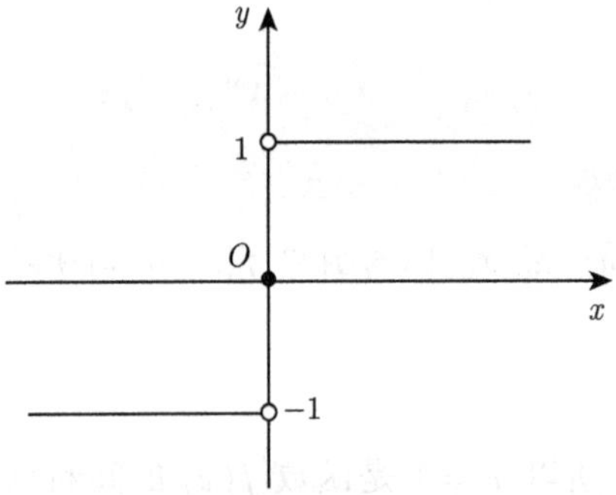

图 3-4

实际上, 左极限 $\lim\limits_{x\to 0^-}f(x)=-1$, 右极限 $\lim\limits_{x\to 0^+}f(x)=1$, 左极限和右极限都存在, 但不相等, 故极限 $\lim\limits_{x\to 0}\operatorname{sgn}x$ 不存在. 所以 $x=0$ 是 $f(x)=\operatorname{sgn}x$ 的间断点. $f(x)=\operatorname{sgn}x$ 的图形在 $x=0$ 处出现跳跃现象, 我们称 $x=0$ 是 $f(x)=\operatorname{sgn}x$ 的**跳跃间断点**.

例 7 函数 $f(x)=\dfrac{1}{x}$ 在点 $x=0$ 处没有定义, 所以 $x=0$ 是函数 $f(x)$ 的间断点 (图 3-5).

因为 $\lim\limits_{x\to 0}f(x)=\lim\limits_{x\to 0}\dfrac{1}{x}=\infty$. 因此, 点 $x=0$ 称为函数 $f(x)$ 的**无穷间断点**.

例 8 函数 $f(x)=\begin{cases}\sin\dfrac{1}{x}, & x\neq 0,\\ 0, & x=0\end{cases}$ 在 $x=0$ 处极限不存在, 所以 $x=0$ 是函数 $f(x)$ 的间断点 (图 3-6).

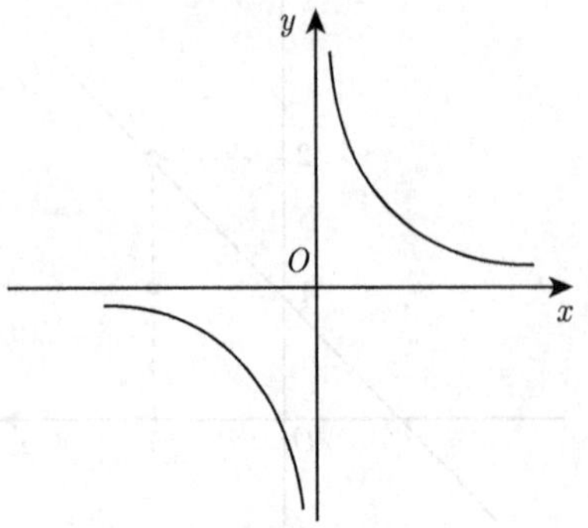

图 3-5

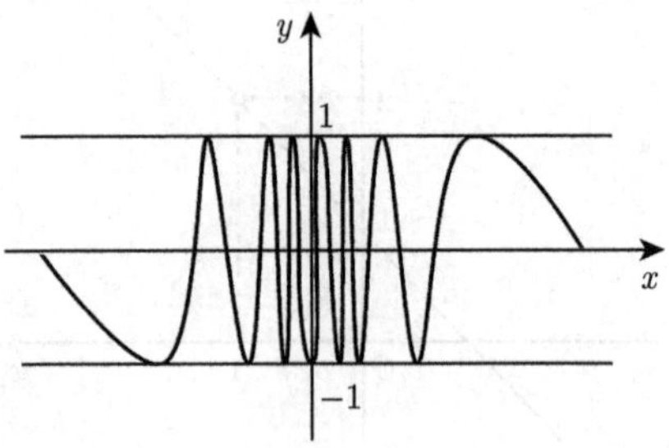

图 3-6

因为 $\lim\limits_{x\to 0} f(x)=\lim\limits_{x\to 0}\sin\dfrac{1}{x}$ 不存在, 但是在 $x\to 0$ 时, 函数 $\sin\dfrac{1}{x}$ 图形在 -1 和 1 之间来回振荡, 因此点 $x=0$ 称为函数 $f(x)$ 的**振荡间断点**.

通常我们把间断点分为两类:

定义 8 设 x_0 是函数 $f(x)$ 的间断点. 若 $\lim\limits_{x\to x_0^-} f(x)$, $\lim\limits_{x\to x_0^+} f(x)$ 存在, 则称点 x_0 是函数 $f(x)$ 的**第一类间断点** (discontinuity point of the first kind). 其中当 $\lim\limits_{x\to x_0^-} f(x)=\lim\limits_{x\to x_0^+} f(x)$ 时, 点 x_0 称为函数 $f(x)$ 的**可去间断点** (removable discontinuity); 当 $\lim\limits_{x\to x_0^-} f(x)\neq\lim\limits_{x\to x_0^+} f(x)$ 时, 点 x_0 称为函数 $f(x)$ 的**跳跃间断点** (jump discontinuity). 点 x_0 不是函数 $f(x)$ 的第一类间断点, 即 $\lim\limits_{x\to x_0^-} f(x)$, $\lim\limits_{x\to x_0^+} f(x)$ 至少有一个不存在, 则称点 x_0 是函数 $f(x)$ 的**第二类间断点** (discontinuity point of the second kind). 其中当 $\lim\limits_{x\to x_0^-} f(x)$, $\lim\limits_{x\to x_0^+} f(x)$ 至少一个为 ∞ 时, 点 x_0 称为函数 $f(x)$ 的**无穷间断点** (infinite discontinuity); 当 $\lim\limits_{x\to x_0^-} f(x)$, $\lim\limits_{x\to x_0^+} f(x)$ 至少一个在一个有界的范围内来回振荡时, 点 x_0 称为函数 $f(x)$ 的**振荡间断点** (oscillatory discontinuity).

例 9 指出函数 $f(x)=\begin{cases}\dfrac{x(1+x)}{\cos\dfrac{\pi}{2}x}, & x\leqslant 0,\\ \sin\dfrac{2}{x^2-4}, & x>0\end{cases}$ 的间断点, 并判断其类型.

解 函数 $f(x)$ 的定义域为 $\left[\bigcup\limits_{k\in\mathbf{Z},k<0}(2k-1,2k+1)\right]\cup(-1,2)\cup(2,+\infty)$. 显然 $f(x)$ 的间断点只可能是 $x=2k+1(k\in\mathbf{Z},k<0)$, $x=0$ 和 $x=2$.

对于 $x=2$, $\lim\limits_{x\to 2}\dfrac{2}{x^2-4}=\infty$, 则有 $\lim\limits_{x\to 2}f(x)=\lim\limits_{x\to 2}\sin\dfrac{2}{x^2-4}$ 不存在, 但是在 -1 到 1 之间来回振荡, 因此 $x=2$ 是 $f(x)$ 的第二类间断点中的振荡间断点.

对于 $x=0$,

$$\lim_{x\to 0^+}f(x)=\lim_{x\to 0^+}\sin\frac{2}{x^2-4}=-\sin\frac{1}{2},\quad \lim_{x\to 0^-}f(x)=\lim_{x\to 0^-}\frac{x(1+x)}{\cos\dfrac{\pi}{2}x}=0,$$

即左、右极限存在但不相等, 因此 $x=0$ 是 $f(x)$ 的第一类间断点中的跳跃间断点.

对于 $x=-1$,

$$\begin{aligned}\lim_{x\to -1}f(x)&=\lim_{x\to -1}\frac{x(1+x)}{\cos\dfrac{\pi}{2}x}\xlongequal{t\to x+1}\lim_{t\to 0}\frac{t(t-1)}{\cos\dfrac{\pi}{2}(t-1)}\\&=\lim_{t\to 0}\frac{t(t-1)}{\sin\dfrac{\pi}{2}t}=\lim_{t\to 0}\frac{t(t-1)}{\dfrac{\pi}{2}t}=\lim_{t\to 0}\frac{2(t-1)}{\pi}=-\frac{2}{\pi},\end{aligned}$$

因此 $x=-1$ 是 $f(x)$ 的第一类间断点中的可去间断点.

对于 $x=2k+1\ (k\in\mathbf{Z},k<-1)$,

$$\lim_{x\to 2k+1}f(x)=\lim_{x\to 2k+1}\frac{x(1+x)}{\cos\dfrac{\pi}{2}x}=\infty,$$

因此 $x=2k+1(k\in\mathbf{Z},k<-1)$ 是 $f(x)$ 的第二类间断点中的无穷间断点.

习 题 一

1. 讨论 $f(x)=\begin{cases}x+2, & x\geqslant 0,\\ x-2, & x<0\end{cases}$ 在 $x=0$ 处的连续性.

2. 设 $f(x)=\begin{cases}\dfrac{\ln(1+2x)}{x}, & x\neq 0,\\ k, & x=0,\end{cases}$ 求 k 值使得 $f(x)$ 在点 $x=0$ 处连续.

3. 欲使

$$f(x)=\begin{cases}a+x^2, & x<-1,\\ 1, & x=-1,\\ \ln(b+x+x^2), & x>-1\end{cases}$$

在 $x=-1$ 处连续, 求 a,b.

4. 当 $x=0$ 时下列函数 $f(x)$ 无定义, 试定义 $f(0)$ 的值, 使 $f(x)$ 在 $x=0$ 处连续.

(1) $f(x)=\dfrac{\sqrt{1+x}-1}{\sqrt[3]{1+x}-1}$;　　(2) $f(x)=\sin x\cdot\sin\dfrac{1}{x}$.

5. 试用 "ε-δ" 语言证明: 函数 $f(x)=\sin\sqrt{x}$ 在 $(0,+\infty)$ 内连续.

6. 设 $f(x)$ 是定义于 $[a,b]$ 上的单调增加函数, $x_0\in(a,b)$, 如果 $\lim\limits_{x\to x_0}f(x)$ 存在, 试证明函数 $f(x)$ 在点 x_0 处连续.

7. 设函数 $f(x)$ 在 $(-\infty,+\infty)$ 内有定义, 且对任何 x_1,x_2 有

$$f(x_1+x_2)=f(x_1)+f(x_2),$$

证明: 若 $f(x)$ 在$x=0$ 处连续, 则$f(x)$ 在$(-\infty,+\infty)$ 内连续.

8. 设 $f(x)$ 在点 x_0 处连续, $g(x)$ 在点 x_0 处不连续, 问 $f(x)+g(x)$ 及 $f(x)\cdot g(x)$ 在点 x_0 处是否连续? 若肯定或否定, 请给出证明; 若不确定试给出例子 (连续的例子与不连续的例子).

9. 指出下列函数的间断点并判定其类型.

(1) $f(x)=\dfrac{1+x}{1+x^3}$;　　(2)$f(x)=\begin{cases}\mathrm{e}^{\frac{1}{x-1}}, & x>0,\\ \ln(1+x), & -1<x\leqslant 0.\end{cases}$

10. 指出下列函数的间断点及其所属类型, 若是可去间断点, 试补充或修改定义, 使函数在该点处连续.

(1) $f(x)=\dfrac{x^2-1}{x^2-3x+2}$;　　(2) $f(x)=\arctan\dfrac{1}{x-1}$;　　(3) $f(x)=\cos^2\dfrac{1}{x}$;

(4) $f(x)=\dfrac{x^2-x}{|x|\,(x^2-1)}$;　(5) $f(x)=\begin{cases}\dfrac{1}{x}, & x<0,\\ \dfrac{x^2-1}{x-1}, & 0<|x-1|\leqslant 1,\\ x+1, & x>2;\end{cases}$　　(6) $f(x)=\dfrac{x}{\tan x}$.

11. 确定 a 和 b, 使函数 $f(x)=\dfrac{\mathrm{e}^x-b}{(x-a)(x-1)}$ 有无穷间断点 $x=0$ 和可去间断点 $x=1$.

第二节 连续函数的运算与初等函数的连续性

Operation of continuous function and continuity of elementary function

由于初等函数是由基本初等函数经过有限次加、减、乘、除运算及有限次复合而成的. 因而只需讨论基本初等函数的连续性, 以及经上述运算后得出的函数的连续性. 又由于三角函数和对应的反三角函数、指数函数与对应的对数函数互为反函数. 因此我们还需证明反函数的连续性.

一、 连续函数的和、差、积、商的连续性 Continuity of Sum, Difference, Product and Quotient of Continuous Functions

根据极限的四则运算法则和函数在一点处连续的定义, 可以获得下列定理.

定理 1 若函数 $f(x)$ 与 $g(x)$ 都在点 x_0 处连续, 则函数

$$f(x)\pm g(x),\quad f(x)g(x),\quad \frac{f(x)}{g(x)}(g(x_0)\neq 0)$$

在点 x_0 处也连续.

推论 1 有限个在点 x_0 处连续的函数的和、差、积仍是一个在点 x_0 处连续的函数.

例 1 函数

$$f(x)=\frac{\ln x}{x^2-1}+x^2\cos x$$

的定义域是 $D=(0,1)\cup(1,+\infty)$, 而基本初等函数 x^2, $\cos x$, $\ln x$ 在 D 内都是连续的, 于是根据定理 1 知, 函数 $f(x)$ 在它的定义域 D 内连续.

二、 反函数与复合函数的连续性 Continuity of inverse and composite functions

设函数 $y=f(x)$ 存在反函数, 则函数 $y=f(x)$ 的图形与它的反函数 $y=f^{-1}(x)$ 的图形关于直线 $y=x$ 对称. 因此, 若 $y=f(x)$ 的图形是一条连续而不间断的曲线, 则它的反函数 $y=f^{-1}(x)$ 的图形也是一条连续而不间断的曲线. 由此易知, 由函数 $y=f(x)$ 的连续性应该可以推出它的反函数 $y=f^{-1}(x)$ 的连续性. 若把反函数存在的充分条件 (第一章第二节定理 1) 考虑进去, 则可得如下关于反函数的连续性的定理:

定理 2[①] 设函数 $y=f(x)$ 的定义域为 D, 区间 $I\subseteq D$, $J=\{y\,|y=f(x),x\in I\}$. 若 $y=f(x)$ 在区间 I 上严格单调增加 (减少) 且连续, 则它的反函数 $y=f^{-1}(x)$ 也在对应区间 J 上严格单调增加 (减少) 且连续.

例如, 由于 $y=\sin x$ 在闭区间 $\left[-\frac{\pi}{2},\frac{\pi}{2}\right]$ 上严格单调增加且连续, 所以它的反函数 $y=\arcsin x$ 在闭区间 $[-1,1]$ 上也是单调增加且连续的; 由于 $y=\tan x$ 在开区间 $\left(-\frac{\pi}{2},\frac{\pi}{2}\right)$ 内

① 该定理单调性根据第一章第二节定理 1 可知, 但连续性的证明, 需要使用实数理论, 已超出本课程的要求, 在此我们不加证明.

严格单调增加且连续, 所以它的反函数 $y=\arctan x$ 在区间 $(-\infty,\infty)$ 内也是单调增加且连续的.

在第二章第四节推论 5 中, 令 $u_0=\varphi(x_0)$, 即假定 $u=\varphi(x)$ 在点 x_0 处连续, 则可以获得

$$\lim_{x\to x_0} f[\varphi(x)]=f[\varphi(x_0)].$$

上式表示复合函数 $y=f[\varphi(x)]$ 在点 x_0 处连续. 于是获得下列关于复合函数连续性的定理.

定理 3 设函数 $y=f(u)$ 及 $u=\varphi(x)$ 复合成复合函数 $y=f[\varphi(x)]$. 若 $u=\varphi(x)$ 在点 x_0 处连续, 且 $u_0=\varphi(x_0)$, 而 $y=f(u)$ 在点 u_0 处连续, 则复合函数 $y=f[\varphi(x)]$ 在点 x_0 处连续.

证明 已知 $y=f(u)$ 在点 u_0 处连续, 即对任意给定 $\varepsilon>0$, 存在 $\eta>0$, 当 $0<|u-u_0|<\eta$ 时, 有

$$|f(u)-f(u_0)|<\varepsilon.$$

又已知 $u=\varphi(x)$ 在 x_0 连续, 且 $u_0=\varphi(x_0)$, 即对上述 $\eta>0$, 存在 $\delta>0$, 当 $0<|x-x_0|<\delta$ 时,

$$|\varphi(x)-\varphi(x_0)|=|u-u_0|<\eta.$$

于是有

$$|f[\varphi(x)]-f[\varphi(x_0)]|=|f(u)-f(u_0)|<\varepsilon.$$

例 2 证明: 幂函数 $y=x^a(a\in\mathbf{R})$ 在区间 $(0,+\infty)$ 内连续.

证明 因为 $y=x^a=\mathrm{e}^{a\ln x}$, $x\in(0,+\infty)$, 即 $y=x^a$ 是由 $y=\mathrm{e}^u$, $u=a\ln x$ 复合而成的复合函数. 由于 $y=\mathrm{e}^u$ 在 $(-\infty,+\infty)$ 内连续, $u=a\ln x$ 在 $(0,+\infty)$ 内连续, 根据定理 3 知, $y=x^a$ 在区间 $(0,+\infty)$ 内连续.

三、 初等函数的连续性 Continuity of the elementary functions

在第一节中我们根据第二章第三节获得结论: **基本初等函数在其定义域内是连续函数**. 即

(1) 常数函数 $y=C$(C 为常数) 在 $(-\infty,+\infty)$ 内连续 (证明见第二章第三节例 6).

(2) 幂函数 $y=x^a(a\in\mathbf{R})$, 其定义域与指数 a 有关, 但都在 $(0,+\infty)$ 内连续 (证明见例 2).

(3) 指数函数 $y=a^x(a>0,a\neq1)$ 在 $(-\infty,+\infty)$ 内连续 (证明与第二章第三节例 12 类似).

(4) 对数函数 $y=\log_a x(a>0,a\neq1)$ 在 $(0,+\infty)$ 内连续. 由于对数函数 $y=\log_a x$ 是指数函数 $y=a^x$ 的反函数, 而指数函数 $y=a^x$ 是严格单调的函数, 在其定义域上符合反函数连续性定理 (定理 2) 的条件. 故对数函数 $y=\log_a x$ 在其定义域内是连续的.

(5) 三角函数的连续性. 正弦函数 $y=\sin x$、余弦函数 $y=\cos x$ 在 $(-\infty,+\infty)$ 内连续 (证明见第二章第三节例 11); 正切函数 $y=\tan x$ 和正割函数 $y=\sec x$ 在 $\left(n\pi-\dfrac{\pi}{2},n\pi+\right.$

$\left.\dfrac{\pi}{2}\right)$ $(n \in \mathbf{Z})$ 内连续, 余切函数 $y=\cot x$ 和余割函数 $y=\csc x$ 在 $(n\pi,(n+1)\pi)$ $(n \in \mathbf{Z})$ 内连续 (利用定理 1 容易证明).

(6) 反三角函数的连续性. 反正弦函数 $y=\arcsin x$ 和反余弦函数 $y=\arccos x$ 在 $[-1,1]$ 上连续, 反正切函数 $y=\arctan x$ 和反余切函数 $y=\operatorname{arc}\cot x$ 在 $(-\infty,+\infty)$ 内连续 (利用定理 2 容易证明).

综合以上讨论可得

定理 4 基本初等函数在其定义域上是连续的.

由基本初等函数的连续性、连续函数的四则运算和复合函数的连续性可得

定理 5 一切初等函数在其定义区间内都是连续的.

说明 所谓**定义区间**, 是指包含在定义域内的区间. 初等函数在其定义域内不一定连续, 例如,

$$f(x)=\sqrt{\sin x-1}$$

的定义域是

$$\left\{x \,\middle|\, x=2n\pi+\frac{\pi}{2}, n \in \mathbf{Z}\right\},$$

这是一个离散点集, 对这样的点不能讨论连续性, 因为 $f(x)$ 在点 x_0 处连续的必要条件是 $f(x)$ 在点 x_0 的某个邻域内有定义.

这个结论对判别函数的连续性和求函数的极限都很方便. 若函数 $f(x)$ 是初等函数, 且 x_0 是函数 $f(x)$ 的定义区间内的点, 则函数 $f(x)$ 在点 x_0 处连续. 求初等函数 $f(x)$ 在定义区间内一点 x_0 的极限就转化为求函数 $f(x)$ 在点 x_0 处的函数值.

例 3 求下列极限:

(1) $\lim\limits_{x \to 1} \dfrac{x^2+\ln(4-3x)}{\arctan x}$; (2) $\lim\limits_{x \to 0} \dfrac{x^2+1}{3x^2+\cos x^2+2}$.

解 (1) $\lim\limits_{x \to 1} \dfrac{x^2+\ln(4-3x)}{\arctan x}=\dfrac{1+\ln(4-3)}{\arctan 1}=\dfrac{4}{\pi}$;

(2) $\lim\limits_{x \to 0} \dfrac{x^2+1}{3x^2+\cos x^2+2}=\dfrac{0+1}{0+\cos 0+2}=\dfrac{1}{3}$.

例 4 求(1) $\lim\limits_{x \to 0}(x+2)^x$; (2) $\lim\limits_{x \to 0}\left(\dfrac{\sin 2x}{x}\right)^{1+x}$.

解 (1) $\lim\limits_{x \to 0}(x+2)^x=\lim\limits_{x \to 0} \mathrm{e}^{x \ln(x+2)}=\mathrm{e}^0=1$;

(2)
$$\lim_{x \to 0}\left(\frac{\sin 2x}{x}\right)^{1+x}=\lim_{x \to 0} \mathrm{e}^{(1+x)\ln \frac{\sin 2x}{x}}=\mathrm{e}^{\lim\limits_{x \to 0}(1+x)\ln \frac{\sin 2x}{x}}=\mathrm{e}^{\lim\limits_{x \to 0}(1+x) \cdot \lim\limits_{x \to 0} \ln \frac{\sin 2x}{x}}$$
$$=\mathrm{e}^{1 \cdot \ln \lim\limits_{x \to 0} \frac{\sin 2x}{x}}=\mathrm{e}^{\ln 2}=2.$$

例 5 求 $\lim\limits_{x \to 0} \dfrac{\log_a(1+x)}{x}(a>0, a \neq 1)$.

解 $\lim\limits_{x \to 0} \dfrac{\log_a(1+x)}{x}=\lim\limits_{x \to 0} \log_a(1+x)^{\frac{1}{x}}=\log_a \lim\limits_{x \to 0}(1+x)^{\frac{1}{x}}=\log_a \mathrm{e}$.

特别地, 我们有

$$\lim_{x \to 0} \frac{\ln(1+x)}{x}=\ln \mathrm{e}=1.$$

例 6 求 $\lim\limits_{x\to 0}\dfrac{e^x-1}{x}$.

解 设 $y=e^x-1$, 则 $x=\ln(1+y)$, 当 $x\to 0$ 时, $y\to 0$, 故有

$$\lim_{x\to 0}\frac{e^x-1}{x}=\lim_{y\to 0}\frac{y}{\ln(1+y)}=\lim_{y\to 0}\frac{1}{\dfrac{\ln(1+y)}{y}}=1.$$

可看出连续函数求极限将复杂变简单, 从而获得两个等价无穷小

$$\ln(1+x)\overset{x\to 0}{\sim}x,\quad e^x-1\overset{x\to 0}{\sim}x.$$

进而推广得

$$\ln[1+\varphi(x)]\underset{\varphi(x)\neq 0}{\overset{\varphi(x)\to 0}{\sim}}\varphi(x),\quad e^{\varphi(x)}-1\underset{\varphi(x)\neq 0}{\overset{\varphi(x)\to 0}{\sim}}\varphi(x).$$

习 题 二

1. 研究下列函数的连续性:

(1) $f(x)=\begin{cases}x^2, & 0\leqslant x\leqslant 1,\\ 2-x, & 1<x\leqslant 2;\end{cases}$ (2) $f(x)=\begin{cases}x, & -1\leqslant x\leqslant 1,\\ 1, & x<-1, x>1.\end{cases}$

2. 常数 C 为何值时, 可使函数 $f(x)=\begin{cases}Cx+1, & x\leqslant 3,\\ Cx^2-1, & x>3\end{cases}$ 在 $(-\infty,+\infty)$ 上连续.

3. 设函数 $f(x)=\begin{cases}e^x, & x<0,\\ a+x, & x\geqslant 0,\end{cases}$ 应当怎样选择数 a, 使 $f(x)$ 成为在 $(-\infty,+\infty)$ 上连续的函数?

4. 求下列极限:

(1) $\lim\limits_{x\to 2}\dfrac{e^x}{2x+1}$; (2) $\lim\limits_{x\to+\infty}\tan\left(\ln\dfrac{4x^2+1}{x^2+4x}\right)$;

(3) $\lim\limits_{x\to 0}(1+2x)^{\frac{3}{\sin x}}$; (4) $\lim\limits_{x\to+\infty}(\sin\sqrt{x+1}-\sin\sqrt{x})$.

5. 设 $f(x)=\lim\limits_{n\to\infty}\dfrac{x^{2n-1}+ax^2+bx}{x^{2n}+1}$ 为连续函数, 试确定 a 与 b 的值.

6. 讨论函数 $f(x)=x\lim\limits_{n\to\infty}\dfrac{1-x^{2n}}{1+x^{2n}}$ 的连续性, 若有间断点, 判别其类型.

第三节 闭区间上连续函数的性质

Properties of continuous functions on closed interval

在闭区间上连续的函数有一些重要性质. 它们可作为分析和论证某些问题时的理论依据. 这些性质的几何意义十分明显, 但它们的证明要以实数理论为基础, 超出本书的要求, 在此我们不予证明.

一、 最大值和最小值定理 Global maximum and minimum theorems

先介绍函数最大值与最小值的概念.

定义 1 设函数 $f(x)$ 在区间 I 上有定义. 若存在一点 $x_1 \in I$, 使得对于任意 $x \in I$ 都满足

$$f(x) \leqslant f(x_1),$$

则称 $f(x_1)$ 是函数 $f(x)$ 在区间 I 上的**最大值** (maximum). 若存在一点 $x_2 \in I$, 使得对于任意 $x \in I$ 都满足

$$f(x) \geqslant f(x_2),$$

则称 $f(x_2)$ 是函数 $f(x)$ 在区间 I 上的**最小值** (minimum).

例如, 函数 $f(x) = \arcsin x$ 在区间 $[-1,1]$ 上有最大值 $\frac{\pi}{2}$ 和最小值 $-\frac{\pi}{2}$; 函数 $f(x) = \sin x$ 在区间 $(-\infty,+\infty)$ 内有最大值 1 和最小值 -1. 又例如, $f(x) = \mathrm{sgn}x$ 在区间 $(-\infty,+\infty)$ 内有最大值 1 和最小值 -1; 而在区间 $(0,+\infty)$ 内最大值和最小值都等于 1[①]. 但函数 $f(x) = x$ 在区间 $[0,1)$ 上只有最小值 0, 而无最大值; 函数 $f(x) = x$ 在开区间 (a,b) 内没有最大值和最小值. 下列定理给出了最大值和最小值存在的一个充分条件.

定理 1(最大值和最小值定理) 若函数 $f(x)$ 在闭区间 $[a,b]$ 上连续, 则 $f(x)$ 在 $[a,b]$ 上必有最小值和最大值. 即在 $[a,b]$ 上至少有一点 ξ_1 和一点 ξ_2, 使得对任意的 $x \in [a,b]$, 有

$$f(\xi_1) \leqslant f(x) \leqslant f(\xi_2).$$

此时 $f(\xi_1)$ 就是 $f(x)$ 在 $[a,b]$ 上的最小值, $f(\xi_2)$ 就是 $f(x)$ 在 $[a,b]$ 上的最大值. 取到最小值和最大值的点 ξ_1 或 ξ_2 有可能是闭区间的端点, 并且这样的点未必是唯一的 (图 3-7).

说明 (1) 开区间内的连续函数不一定有此性质. 如函数 $f(x) = \tan x$ 在 $\left(-\frac{\pi}{2}, \frac{\pi}{2}\right)$ 内连续, 但

$$\lim_{x \to \frac{\pi}{2}^-} \tan x = +\infty, \qquad \lim_{x \to -\frac{\pi}{2}^+} \tan x = -\infty,$$

所以 $f(x) = \tan x$ 在 $\left(-\frac{\pi}{2}, \frac{\pi}{2}\right)$ 内就取不到最大值与最小值.

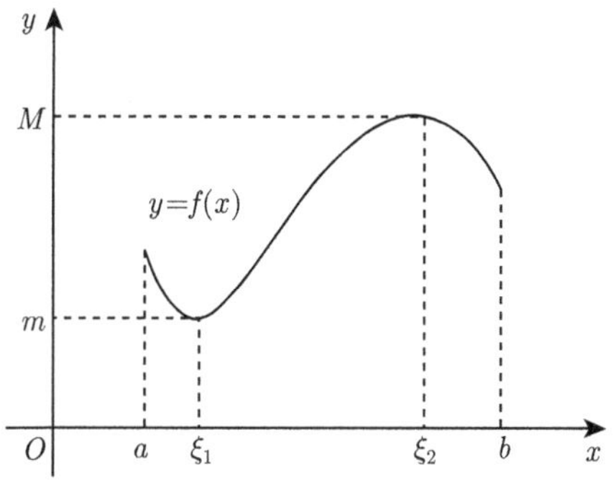

图 3-7

(2) 函数在闭区间上有间断点, 也不一定有此性质. 例如函数

$$y = f(x) = \begin{cases} -x+1, & 0 \leqslant x < 1, \\ 1, & x = 1, \\ -x+3, & 1 < x \leqslant 2 \end{cases}$$

在闭区间 $[0,2]$ 上有一间断点 $x=1$, 它取不到最大值和最小值 (图 3-8).

由定理 1 可获得下列定理.

① 函数最大值和最小值可以相等.

定理 2(有界性定理) 若函数 $f(x)$ 在闭区间 $[a,b]$ 上连续, 则 $f(x)$ 在 $[a,b]$ 上有界. 即存在 $M>0$, 使得对任意的 $x\in[a,b]$, 都有

$$|f(x)|\leqslant M.$$

证明 设函数 $f(x)$ 在闭区间 $[a,b]$ 上连续. 根据定理 1, 在 $[a,b]$ 上至少有一点 ξ_1 和一点 ξ_2, 使得对任意的 $x\in[a,b]$, 有

$$f(\xi_1)\leqslant f(x)\leqslant f(\xi_2).$$

令 $M=\max\{|f(\xi_1)|,|f(\xi_2)|\}$, 则对任意的 $x\in[a,b]$, 都有

$$|f(x)|\leqslant M.$$

一般说来, 开区间内的连续函数不一定有界. 例如 $f(x)=\dfrac{1}{x}$ 在 $(0,1)$ 内连续, 但它无界.

二、零点定理与介值定理

The zero point theorem and intermediate value theorem

定义 2 设 x_0 是函数 $f(x)$ 的定义域内的一点, 若 $f(x_0)=0$, 则称 x_0 是函数 $f(x)$ 的**零点** (zero point).

事实上, 函数 $f(x)$ 的零点 x_0 就是方程 $f(x)=0$ 的一个根.

定理 3(零点定理) 若函数 $f(x)$ 在闭区间 $[a,b]$ 上连续, 且 $f(a)$ 与 $f(b)$ 异号 (即 $f(a)\cdot f(b)<0$), 则在开区间 (a,b) 内至少存在函数 $f(x)$ 的一个零点, 即在开区间 (a,b) 内至少存在一点 ξ, 使

$$f(\xi)=0.$$

其几何意义是: 在闭区间 $[a,b]$ 上定义的连续曲线 $y=f(x)$ 在两个端点 a 与 b 的图像分别在 x 轴的两侧, 则此连续曲线至少与 x 轴有一个交点, 交点的横坐标即 ξ(图 3-9).

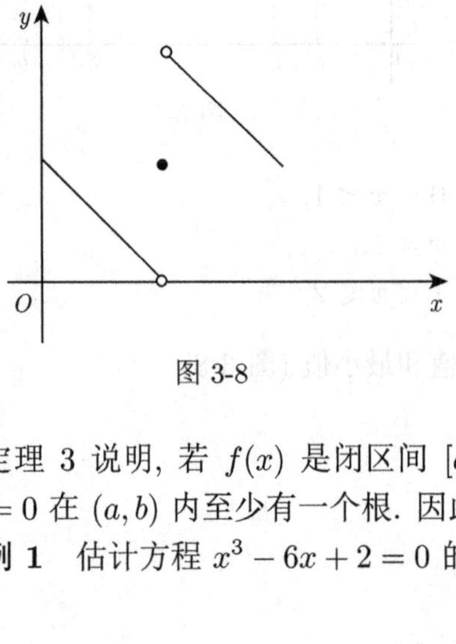

图 3-8

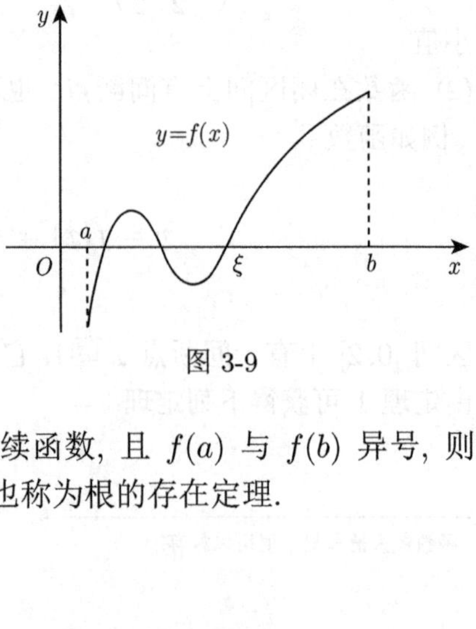

图 3-9

定理 3 说明, 若 $f(x)$ 是闭区间 $[a,b]$ 上的连续函数, 且 $f(a)$ 与 $f(b)$ 异号, 则方程 $f(x)=0$ 在 (a,b) 内至少有一个根. 因此零点定理也称为根的存在定理.

例 1 估计方程 $x^3-6x+2=0$ 的根的位置.

解 设 $f(x)=x^3-6x+2$, 则 $f(x)$ 在 $(-\infty,+\infty)$ 连续. 由于

$$f(-3)=-7<0,\quad f(-2)=6>0,\quad f(0)=2>0,\quad f(1)=-3<0,\quad f(3)=11>0.$$

所以根据定理 3, 方程在 $(-3,-2)$, $(0,1)$, $(2,3)$ 内都至少有一个根. 又由于该方程为三次方程, 至多有三个根, 所以在 $(-3,-2)$, $(0,1)$, $(2,3)$ 内, 分别有方程 $x^3-6x+2=0$ 的一个根.

例 2 设函数 $f(x)$ 在闭区间 $[0,1]$ 上连续, 且 $0\leqslant f(x)\leqslant 1$. 证明: 在闭区间 $[0,1]$ 上至少存在一点 ξ, 使得 $f(\xi)=\xi$(点 ξ 称为函数 $f(x)$ 的**不动点** (fixed point)).

证明 令 $F(x)=f(x)-x$, 则 $F(x)$ 在 $[0,1]$ 上连续. 由于 $0\leqslant f(x)\leqslant 1$, 所以

$$F(0)=f(0)\geqslant 0,\quad F(1)=f(1)-1\leqslant 0.$$

若 $F(0)=0$ 或 $F(1)=0$, 则 $f(0)=0$ 或 $f(1)=1$. 于是点 $x=0$ 或 $x=1$ 即为所求的点 ξ.

若 $F(0)>0$ 且 $F(1)<0$, 根据零点定理, 至少存在一点 $\xi\in(0,1)$, 使得 $F(\xi)=0$, 即 $f(\xi)-\xi=0$. 因此存在一点 $\xi\in(0,1)$, 使得 $f(\xi)=\xi$.

由定理 3 立即可得下列较一般的定理.

定理 4(介值定理) 若函数 $f(x)$ 在闭区间 $[a,b]$ 上连续, $f(a)=A$, $f(b)=B$, 且 $A\neq B$. 则对于介于 A,B 之间的任一值 C, 在开区间 (a,b) 内至少存在一点 ξ, 使得

$$f(\xi)=C.$$

证明 不失一般性, 设 $A<B$, 则 $A<C<B$. 令 $F(x)=f(x)-C$, 则 $F(x)$ 在闭区间 $[a,b]$ 上连续. 又

$$F(a)=f(a)-C=A-C<0,\quad F(b)=f(b)-C=B-C>0.$$

根据零点定理可知, 在开区间 (a,b) 内至少存在一点 ξ, 使得 $F(\xi)=0$, 即 $f(\xi)=C$.

定理 4 的几何意义是: 在闭区间 $[a,b]$ 上的连续曲线 $y=f(x)$ 与水平直线 $y=C$(C 介于 $f(a)$ 与 $f(b)$ 之间) 至少相交于一点 (图 3-10).

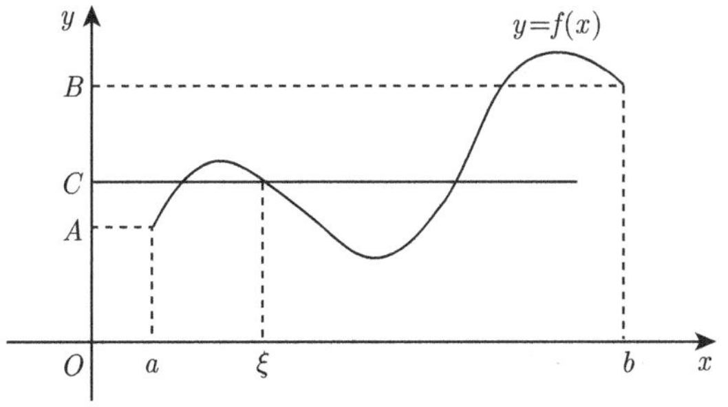

图 3-10

推论 在闭区间上连续函数必取得介于最大值与最小值之间的任何值. 即若函数 $f(x)$ 在闭区间 $[a,b]$ 上连续, M 与 m 分别是 $f(x)$ 在闭区间 $[a,b]$ 上的最大值和最小值, 则对于

介于 M, m 间任意数 C(即 $m \leqslant C \leqslant M$), 在闭区间 $[a,b]$ 上至少存在一点 ξ, 使

$$f(\xi)=C.$$

设 $m=f(x_1)$, $M=f(x_2)$, 而且 $m\neq M$. 在闭区间 $[x_1,x_2]$(或 $[x_2,x_1]$) 上应用介值定理, 容易获得上述推论 (图 3-11).

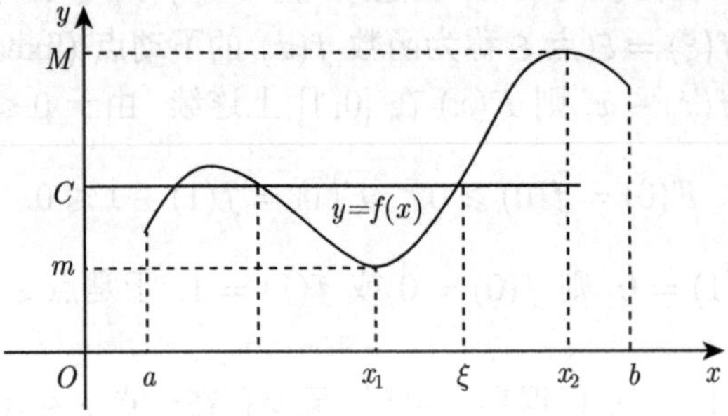

图 3-11

推论说明, 闭区间 $[a,b]$ 上的连续函数 $y=f(x)$, 从最小值 m 变到最大值 M 时, 一定要经过一切中间值而连续不断地变化. 因此, 闭区间 $[a,b]$ 上的连续函数 $y=f(x)$ 的值域构成纵轴上的一个闭区间 $[m,M]$.

例 3 设 $f(x)$ 在闭区间 $[a,b]$ 上连续, $a<x_1<x_2<\cdots<x_n<b$, 证明至少存在一点 $x_0\in[x_1,x_n]$, 使得

$$f(x_0)=\frac{f(x_1)+f(x_2)+\cdots+f(x_n)}{n}.$$

证明 因为 $f(x)$ 在闭区间 $[a,b]$ 上连续, 所以 $f(x)$ 在 $[x_1,x_n]$ 上连续, 并且有最大值 M 和最小值 m. 于是

$$m\leqslant f(x_i)\leqslant M,\quad i=1,2,\cdots,n.$$

从而

$$m\leqslant\frac{f(x_1)+f(x_2)+\cdots+f(x_n)}{n}\leqslant M.$$

由介值定理, 至少存在一点 $x_0\in[x_1,x_n]$, 使

$$f(x_0)=\frac{f(x_1)+f(x_2)+\cdots+f(x_n)}{n}.$$

应该注意, 上述 4 个定理的共同条件 "$f(x)$ 在闭区间 $[a,b]$ 上连续" 不能减弱. 将区间 $[a,b]$ 换成 (a,b), 或去掉 "连续" 的条件, 定理的结论都不一定成立. 例如, $y=\dfrac{1}{x}$ 在 $(0,1)$ 内连续, 但 $\dfrac{1}{x}$ 在 $(0,1)$ 内不能取到最大值, 也无上界. 又如,

$$f(x)=\begin{cases}x, & x\neq 0,\\ 1, & x=0\end{cases}$$

在 $[-1,1]$ 上有定义, 仅在 $x=0$ 处不连续, $f(-1)\cdot f(1)<0$, 但不存在 $x_0\in(-1,1)$, 使 $f(x_0)=0$.

微积分学中研究的主要对象是函数, 研究函数的思想方法和一些特殊性质, 其目的是用研究函数所得结果来解决现实世界中存在的问题, 用函数的特性思想方法来思考、描述、刻画、解释和发现现实世界中所蕴藏的一些数量关系. 所以在学习函数时, 我们必须注重函数思想的应用. 所谓函数的思想, 就是运用函数的方法, 建立现状与期望值之间的联系, 必要时引入辅助函数, 将常量视为某函数的函数值, 化常量为函数, 化离散为连续, 将所讨论的问题转化为某类具有特殊性质的函数问题加以解决的一种思想方法.

例 4 证明方程 $x^3-4x^2+1=0$ 在 $(0,1)$ 内至少有一个根.

证明 根是一个数值. 根据化常量为函数的思想, 把该数值看作是某函数的函数值, 为此可设 $f(x)=x^3-4x^2+1$, 则问题转化为闭区间上连续函数的根的问题.

显然 $f(x)$ 在闭区间 $[0,1]$ 上连续, 又 $f(0)=1>0$, $f(1)=-2<0$, 根据零点定理知, 存在 $\xi\in(0,1)$, 使

$$f(\xi)=\xi^3-4\xi^2+1=0,$$

即 $x^3-4x^2+1=0$ 在 $(0,1)$ 内至少有一个根.

习 题 三

1. 证明方程 $x^5-3x=1$ 至少有一根介于 1 和 2 之间.

2. 证明方程 $x=a\sin x+b(a>0,b>0)$ 至少有一个正根, 并且它不超过 $a+b$.

3. 证明方程 $x\mathrm{e}^{x^2}=1$ 在区间 $\left(\dfrac{1}{2},1\right)$ 内有且仅有一实根.

4. 设函数 $f(x)$ 在区间 $[0,2a]$ 上连续, $f(0)=f(2a)$, 证明在区间 $[0,a]$ 上至少存在一点 x_0 使得 $f(x_0)=f(x_0+a)$.

5. 设多项式 $P_n(x)=x^n+a_1x^{n-1}+\cdots+a_n$. 证明: 当 n 为奇数时, 方程 $P_n(x)=0$ 至少有一实根.

6. 设 $f(x)$ 在 $[a,b]$ 上连续且无零点, 证明: 存在 $m>0$, 使得或者在 $[a,b]$ 上恒有 $f(x)\geqslant m$, 或者在 $[a,b]$ 上恒有 $f(x)\leqslant -m$.

7. 若 $f(x)$ 在 $[a,b)$ 上连续, 且 $\lim\limits_{x\to b^-}f(x)$ 存在, 证明 $f(x)$ 在 $[a,b)$ 上有界.

8. 设 $f(x)$ 在 $[a,+\infty)$ 上连续, $f(a)>0$, 且 $\lim\limits_{x\to+\infty}f(x)=A<0$, 证明: 在 $[a,+\infty)$ 上至少有一点 ξ, 使 $f(\xi)=0$.

9. 设 $f(x)$ 在点 x_0 连续, 且 $f(x_0)\neq 0$, 试证存在 $\delta>0$, 使得当 $x\in(x_0-\delta,x_0+\delta)$ 时

$$|f(x)|>\frac{|f(x_0)|}{2}.$$

复习题三

1. 判断题

(1) 分段函数必存在间断点; ( )

(2) 初等函数在其定义域内必连续; ( )

(3) 若 $f(x)$ 在 x_0 处连续, 则必有 $\lim\limits_{x\to x_0}f(x)=f(\lim\limits_{x\to x_0}x)$. ( )

2. 填空题

(1) 函数 $f(x)=\dfrac{1}{x^2-1}$ 的连续区间是________;

(2) 函数 $f(x)=\begin{cases}\dfrac{e^{2x}-1}{x}, & x<0,\\ a\cos x+x^2, & x\geqslant 0\end{cases}$ 在 $(-\infty,+\infty)$ 上连续, 则 $a=$________;

(3) 函数 $f(x)=\begin{cases}x, & x<1,\\ x-1, & 1\leqslant x<2,\\ 3-x, & x\geqslant 2\end{cases}$ 的间断点为________;

(4) 函数 $f(x)=\sin\dfrac{1}{x}$ 的间断点是________, 是第________类间断点;

(5) 函数 $f(x)=e^{\frac{1}{x}}$ 的间断点是________, 是第________类间断点;

(6) 已知 $\lim\limits_{x\to 0}\dfrac{\ln\left(1+\dfrac{f(x)}{\sin 2x}\right)}{3^x-1}=5$, 则 $\lim\limits_{x\to 0}\dfrac{f(x)}{x^2}=$________;

(7) 设 $f(x)=\begin{cases}ax+b, & x\geqslant 0,\\ (a+b)x^2+x, & x<0,\end{cases}$ $a+b\neq 0$, $f(x)$ 处处连续的充要条件是 $b=$________.

3. 选择题

(1) 设 $f(x)$ 在 $\mathbf{R}$ 上有定义, 函数 $f(x)$ 在点 x_0 处左、右极限都存在且相等是函数 $f(x)$ 在点 x_0 处连续的(　　).

(A) 充分条件　　(B) 充分且必要条件

(C) 必要条件　　(D) 非充分也非必要条件

(2) 若函数 $f(x)=\begin{cases}x^2+a, & x\geqslant 1,\\ \cos\pi x, & x<1\end{cases}$ 在 $\mathbf{R}$ 上连续, 则 a 的值为(　　).

(A) 0　　(B) 1　　(C) -1　　(D) -2

4. 已知函数 $f(x)=\begin{cases}x^2+1, & x<0,\\ 2x-b, & x\geqslant 0\end{cases}$ 在点 $x=0$ 处连续, 求 b 的值.

5. 求下列函数的间断点并判别类型:

(1) $f(x)=\dfrac{x}{(1+x)^2}$;　　(2) $f(x)=\dfrac{|x|}{x}$;

(3) $f(x)=[x]$;　　(4) $f(x)=\dfrac{2^{\frac{1}{x}}-1}{2^{\frac{1}{x}}+1}$.

6. 设 $a>0$, $f(x)=\begin{cases}\dfrac{\cos x}{x+2}, & x\geqslant 0,\\ \dfrac{\sqrt{a}-\sqrt{a-x}}{x}, & x<0.\end{cases}$

(1) a 为何值时, $x=0$ 是 $f(x)$ 的连续点?

(2) a 为何值时, $x=0$ 是 $f(x)$ 的间断点?

(3) 当 $a=2$ 时, 求 $f(x)$ 的连续区间.

7. 讨论函数 $f(x)=\begin{cases}x^{\alpha}\sin\dfrac{1}{x}, & x>0,\\ e^x+\beta, & x\leqslant 0\end{cases}$ 在 $x=0$ 处的连续性.

8. 设 $f(x)=\begin{cases}2, & x=0, x=\pm 2,\\ 4-x^2, & 0<|x|<2,\\ 4, & |x|>2,\end{cases}$ 求出 $f(x)$ 的间断点, 并指出是哪一类间断点; 若是可去

间断点, 则补充或修改定义, 使函数在该点处连续.

9. 验证方程 $x\cdot 2^x=1$ 至少有一个小于 1 的根.

10. 试证方程 $xe^x=x+\cos\dfrac{\pi}{2}x$ 至少有一个实根.

11. 设 $f(x)$, $g(x)$ 在$[a,b]$ 上连续, 且 $f(a)<g(a)$, $f(b)>g(b)$, 试证: 在 (a,b) 内至少存在一个 ξ, 使 $f(\xi)=g(\xi)$.

12. 若 $f(x)$ 在 $[0,a](a>0)$ 上连续, 且 $f(0)=f(a)$, 证明方程 $f(x)=f\left(x+\dfrac{a}{2}\right)$ 在 $(0,a)$ 内至少有一个实根.

13. 证明: 若 $f(x)$ 在 $(-\infty,+\infty)$ 内连续, 且 $\lim\limits_{x\to\infty}f(x)$ 存在, 则 $f(x)$ 必在 $(-\infty,+\infty)$ 内有界.

课外阅读（三）

一、课程思政简述

数 学 美

数学美不是给我们感官以印象的美，也不是质地美和表现美，而是那种比较深奥的美，这种美在于各部分的和谐秩序，并且纯粹的理智能够把握它.——庞加莱

数学作为一种科学的语言，具有一般语言文学与艺术所共有的美的特点，数学的美表现在数学的内容、结构和方法上，它包含简单性、统一性、对称性等具体内容.——徐利治

数学美是一种人的本质力量通过宜人的数学思维结构的呈现，它不以感性对象为审美对象，因此，与其他形式的美有着不同的审美对象，也就失去了美感的“具体性”，是一种抽象的美和“超感觉”的美. 数学美产生于对客观事物的数量关系与空间形式的认识之中. 因为数量关系与空间形式具有普遍意义，因此，数学美具有某种“普适性”. 自然美体现的是自然界的现象和谐（具体、鲜明、易显现），数学美体现的是自然界的内在和谐（抽象、含蓄、严谨、难感受）.

感受数学外在之美，激发人们创造美好世界的联想. 数学符号的创造，表示曲线、曲面及各种图形的各种方程、迭代系统都是数学谱写的美妙乐章. 如：我们通过建立平面直角坐标系，用一些适当函数图像拼接出神态各异的人面图像、心形图等. 数学教育应该向人们充分展示数学成果的外在美，启迪人们的心智，开阔思维，增长知识，提升审美意识，感受、欣赏优美的数、式和数学图形时，将其与现实生活联系起来，引入到人们的精神品格境界，将数、式和形赋以新的含义，进一步丰富寓意美使人们的审美观进入更高层次.

领悟数学内在美，激发人们追求超感美的热情. 数学美不仅在其外，更深藏于内，数学美是一种藏在外在美背后的“含蓄的深奥美”. 真是美的基础，没有真就谈不上美，数学知识的“真”是数学美的基础，数学美是真中见美. 在数学的学习中只有认识真实性和正确性，才能感受和体会到数学的美，数学中的原理、定理、定律看似抽象、枯燥、简单，但实际包含着丰富的内在美. 数学的内在美，表现的是事物本质和属性，而它所呈现的则是数学的严格性、奇巧性，这属于内在美，而简洁性、对称性、和谐性和统一性属于形式美，形式美也是内在美的一种反映.

和任何美感一样，人们对数学的美感有其强烈的主观性，不同的人关于数学美的标准也是有所不同的；但是，从整体上说，数学美感既不是什么虚无缥缈、忽有忽无的东西，也不是什么纯粹主观、不可捉摸的东西，而是有其确定的客观内容的．由于数学的发展及人类文明的进步，数学美的概念也必然有一定的发展与演变；人们在对数学美的认识上，也陆续提出了一些新的观点和形式．目前人们普遍认为数学美的基本内容主要是指：统一美、对称美、简洁美．

二、数学家简介

波尔查诺 (Bernard Bolzano，1781—1848)，捷克数学家、哲学家．他于 1796 年进入布拉格大学哲学院攻读哲学、物理学和数学，1805 年任该校宗教哲学教授．1815 年成为波希米亚皇家学会的会员，1818 年任哲学院院长．

波尔查诺的主要数学成就涉及分析学的基础问题．他在《纯粹分析的证明》(1817) 中对函数性质进行了仔细分析，在柯西之前首次给出了连续性和导数的恰当的定义；对序列和级数的收敛性给出了正确的概念；首次运用与实数理论有关的原理：如果性质 M 不是对变量 x 所有的值成立，而对小于某个 u 的所有 x 的值成立，则必存在一个量 U，它是使 M 不成立的所有 (非空)x 集的最大下界．在 1834 年撰写但未完成的著作《函数论》中，他正确地解释了连续性和可微性之间的区别，在数学史上首次给出了在任何点都没有有限导数的连续函数的例子 (用曲线表示的函数，没有解析表达式)．波尔查诺对建立无穷集合理论也有重要见解，在《无穷的悖论》(1851) 中，他坚持了实无穷集合的存在性，强调了两个集合的等价概念 (即两集合元素间存在一一对应)，注意到无穷集合的真子集可以同整个集合等价．有点不幸的是，他的数学著作多半被他同时代的人所忽视，他的许多成果等到后来才被重新发现．

第四章

导数与微分

Derivative and Differential

导数与微分——具有特殊极限的函数类，刻画变量变化快慢程度与计算改变量的数学模型. 微分学是微积分的重要组成部分，它的基本概念是函数的导数和微分. 函数的导数反映了函数相对于自变量的变化快慢程度. 如实际问题中物体运动的速度、城市人口增长的速度、国民经济发展的速度、劳动生产率等都表现为函数的导数. 微分则刻画了当自变量有微小变化时，函数大体上变化多少.

本章主要讨论导数和微分的概念以及它们的计算方法. 至于导数的应用将在第五章讨论.

第一节　导数的概念

Concept of derivative

导数是微积分的核心概念之一，它是一种特殊的极限，也就是说它是我们用极限这个工具又分出一类有用的函数，它反映了函数变化的快慢程度. 导数是求函数的单调性、极值、曲线的切线以及一些优化问题的重要工具，同时对研究几何、不等式起着重要作用. 导数概念是学习微积分的基础，同时导数在物理学、经济学等领域都有广泛的应用，是开展科学研究必不可少的工具.

一、 导数的引入 Introduction of derivative

1. 微积分的基本思想和方法

微积分的基本方法称为“微元分析法”(又称“无穷小分析”)，为阐明这个方法，首先我们来分析微积分产生的背景和主要矛盾运动，当时提出的问题很多，归纳起来有两类问题.

1) 速度问题

例 1　伽利略 (Galileo, 1564—1642) 通过实验确立自由落体的路程 s 与时间 t 的关系为 $s(t)=\dfrac{1}{2}gt^2$，其中 g 为常数. 问: 在时间 t 时，落体的速度 $v=v(t)$ 是多少?

在初等数学中，有一个公式

$$\text{速度}=\frac{\text{路程}}{\text{通过该路程的时间}},\quad v=\frac{s}{t}. \tag{1}$$

显然用该公式时，要求物体的速度不变，否则等式 (1) 只能得到该物体在相应时间段内的平均速度. 但仅仅得出平均速度, 远远不能满足今天的需要了. 我们需要求出物体在每一时刻的瞬时速度.

2) 面积问题

在初等数学中, 已经学习了计算从矩形到扇形等直边或圆弧边图形的面积. 现在来研究任意曲边图形的面积.

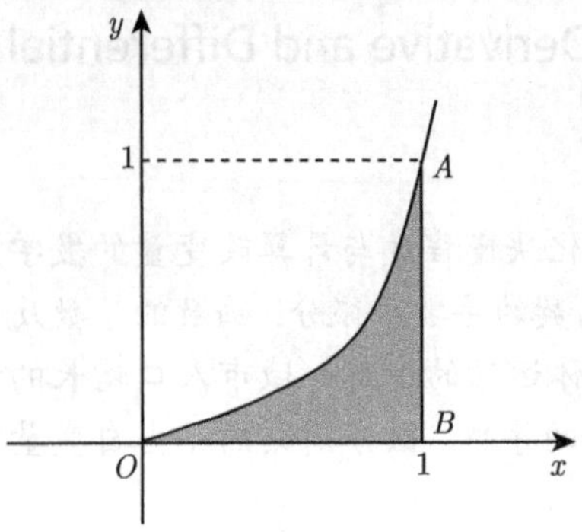

图 4-1

例 2 请计算 $y=x^2, y=0, x=1$ 所围成曲边三角形 OAB 的面积 (图 4-1).

这两类问题遇到的基本矛盾都是归为计算能力与研究一般运动规律的实际需要之间的矛盾. 如何来解决这个矛盾呢? 导数的概念就是解决第一类问题而得到的概念, 而积分的概念则是为了解决第二类问题而得到的.

第一步 把第一类问题为转化为已知, 只能求它的近似值. 在例 1 中给出一个时间间隔 $t \to t+\Delta t(\Delta t \neq 0)$, 这时落体经过的路程为路程:

$$\Delta s = s(t+\Delta t) - s(t) = \frac{1}{2}g(t+\Delta t)^2 - \frac{1}{2}gt^2 = gt\Delta t + \frac{1}{2}g(\Delta t)^2.$$

如果我们假设在这段时间里, 落体作匀速运动, 由等式 (1) 得平均速度 $\bar{v}$, 作为瞬时速度 $v(t)$ 的近似值,

$$\text{平均速度 } \bar{v} = \frac{\Delta s}{\Delta t} = gt + \frac{1}{2}g\Delta t \approx v(t).$$

第二步 求极限. 不难看出

(i) 只要 $\Delta t \neq 0$, 平均速度永远不是瞬时速度 $v(t)$;

(ii) 当 $|\Delta t|$ 变小时, 以上近似程度就增高. 因此, 可以减少 $|\Delta t|$ 提高近似精确度. 虽然这是一个变量过程, 但是变量达到一定界限, 就会引起质变, 也即 $\Delta t \to 0$ 时, 就实现了平均速度向瞬时速度的飞跃.

$$v(t) = \lim_{\Delta t \to 0} \bar{v} = \lim_{\Delta t \to 0} \frac{s(t+\Delta t)-s(t)}{\Delta t} = gt.$$

最后一步运算用到了极限这个概念, 可以看到极限运算不再是有限运算了, 它进一步证实了我们所说的, 极限是研究这门课程的工具. 把以上的思想画成如下微元分析法框图.

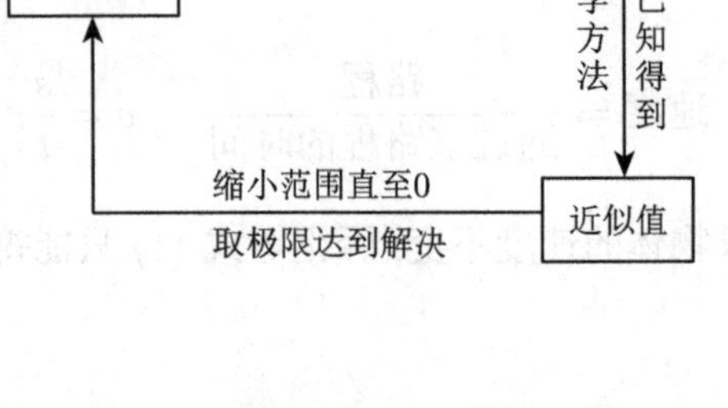

这个框图集中了微积分学的精髓, 要在今后学习中自觉地掌握它和应用它, 到积分部分也会用该图.

为了说明导数, 我们先讨论两个问题: 速度问题和切线问题. 这两个问题在历史上都与导数的形成有密切关系.

2. 质点作变速直线运动的瞬时速度

设质点 P 沿一直线作变速直线运动, 以 t 表示时间, s 表示质点 P 从某一选定时刻开始到时刻 t 为止所走过的路程, 则 s 是时间 t 的函数: $s=s(t)$. 物理上称这个函数为质点 P 的运动规律, 数学上称其为位置函数.

若已知质点 P 的运动规律是 $s=s(t)$, 怎样求质点 P 在时刻 $t=t_0$ 的瞬时速度 $v=v(t_0)$ 呢?

我们知道, 当质点 P 作匀速直线运动时, 速度 v 等于质点 P 所走过的路程 s 除以所用的时间 t, 即

$$v=\frac{s}{t}.$$

这一速度其实是质点 P 走过某段路程的平均速度, 平均速度通常记为 $\overline{v}$. 由于匀速运动时, 质点 P 的速度是不变的, 所以瞬时速度

$$v=\overline{v}.$$

但变速直线运动时, 质点 P 的速度 $v(t)$ 是随时间 t 的变化而变化的, 不同时刻的速度可能不同, 因此, 用上述公式算出的平均速度 $\overline{v}$ 不能真实反映质点 P 在 t_0 时的瞬时速度 $v(t_0)$.

为求 $v(t_0)$, 可先求出质点 P 在 $[t_0,t_0+\Delta t]$ 这一小段时间内的平均速度 $\overline{v}$, 当 Δt 很小时, 通常速度的变化不会很大, 因此平均速度 $\overline{v}$ 可作为 $v(t_0)$ 的近似值. 容易看出, Δt 越小, 则 $\overline{v}$ 越接近于 $v(t_0)$, 当 Δt 无限变小时, 则 $\overline{v}$ 将无限接近于 $v(t_0)$, 即 $v(t_0)=\lim\limits_{\Delta t\to 0}\overline{v}$. 这就是求 $v(t_0)$ 的基本思路. 以下具体求 $v(t_0)$.

在时刻 $t=t_0$ 处取一小的时间段 $[t_0,t_0+\Delta t]$, 在该时间段内位移为

$$\Delta s=s(t_0+\Delta t)-s(t_0).$$

而所用时间长度为 Δt, 故在时间段 $[t_0,t_0+\Delta t]$ 内的平均速度为

$$\frac{\Delta s}{\Delta t}=\frac{s(t_0+\Delta t)-s(t_0)}{\Delta t}.$$

当 Δt 很小时, 平均速度可以作为瞬时速度的近似值 $v(t_0)\approx\dfrac{\Delta s}{\Delta t}$, 且 Δt 越小, 近似程度越高. 令 $\Delta t\to 0$, 平均速度的极限就是瞬时速度, 即

$$v(t_0)=\lim_{\Delta t\to 0}\frac{\Delta s}{\Delta t}=\lim_{\Delta t\to 0}\frac{s(t_0+\Delta t)-s(t_0)}{\Delta t}.$$

例如, 自由落体的运动规律为 $s=\frac{1}{2}gt^2$, 则在时刻 t_0, 自由落体的瞬时速度为

$$v(t_0)=\lim_{\Delta t\to 0}\frac{\Delta s}{\Delta t}=\lim_{\Delta t\to 0}\frac{s(t_0+\Delta t)-s(t_0)}{\Delta t}=\lim_{\Delta t\to 0}\frac{\frac{1}{2}g(t_0+\Delta t)^2-\frac{1}{2}gt_0^2}{\Delta t}$$

$$=\lim_{\Delta t\to 0}\left(gt_0+\frac{1}{2}g\Delta t\right)=gt_0.$$

3. 曲线上一点处切线的斜率

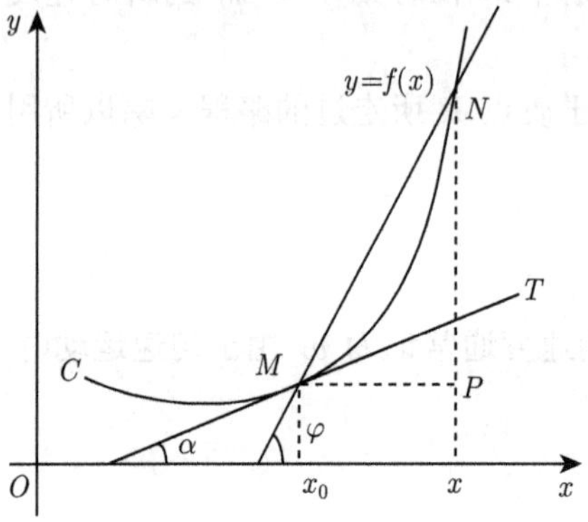

图 4-2

设有曲线 C 及 C 上的一点 M., 在点 M 外另取 C 上一点 N, 作割线 MN. 当点 N 沿曲线 C 趋于点 M 时, 如果割线 MN 绕点 M 旋转而趋于极限位置 MT, 直线 MT 就称为曲线 C 在点 M 处的切线 (图 4-2).

设曲线 C 就是函数 $y=f(x)$ 的图形. 在点 $M(x_0,y_0)$ 外另取 C 上一点 $N(x_0+\Delta x,y_0+\Delta y)$, 于是割线 MN 的斜率为

$$\tan\varphi=\frac{NP}{MP}=\frac{\Delta y}{\Delta x}=\frac{f(x_0+\Delta x)-f(x_0)}{\Delta x},$$

其中 φ 为割线 MN 的倾斜角. 当点 N 沿曲线 C 趋于点 M 时, $x\to x_0$. 如果当 $x\to x_0$ 时, 上式的极限存在, 记为 k, 即

$$k=\tan\alpha=\lim_{\Delta x\to 0}\frac{f(x_0+\Delta x)-f(x_0)}{\Delta x}$$

存在, 则此极限 k 是割线斜率的极限, 也就是切线的斜率. 这里 $k=\tan\alpha$, 其中 α 是切线 MT 的倾斜角. 于是, 通过点 $M(x_0,f(x_0))$ 且以 k 为斜率的直线 MT 便是曲线 C 在点 M 处的切线.

上面两个问题尽管实际意义不同, 但它们最后都归结为求当自变量的改变量趋于 0 时, 函数的改变量与自变量的改变量的比值的极限, 可见这种形式的极限问题是非常重要且普遍存在的, 因此有必要将其抽象出来, 进行重点的讨论和研究. 这种形式的极限就是函数的导数.

二、 导数的定义 Definition of derivative

1. 函数在一点处的导数

定义 1 设函数 $y=f(x)$ 在点 x_0 的某一邻域 $U(x_0)$ 内有定义, 当自变量 x 在点 x_0 处取得增量 Δx 时 (点 $x_0+\Delta x$ 仍在邻域 $U(x_0)$ 内), 函数 y 相应地取得增量

$$\Delta y=f(x_0+\Delta x)-f(x_0).$$

若极限

$$\lim_{\Delta x \to 0} \frac{\Delta y}{\Delta x} = \lim_{\Delta x \to 0} \frac{f(x_0 + \Delta x) - f(x_0)}{\Delta x}$$

存在, 则称函数 $y = f(x)$ 在点 x_0 处**可导** (derivable), 并称这个极限为函数 $y = f(x)$ 在点 x_0 处的**导数** (derivative), 记作 $y'|_{x=x_0}$, 即

$$y'|_{x=x_0} = \lim_{\Delta x \to 0} \frac{\Delta y}{\Delta x} = \lim_{\Delta x \to 0} \frac{f(x_0 + \Delta x) - f(x_0)}{\Delta x}. \tag{2}$$

也可记作 $f'(x_0)$, $\frac{\mathrm{d}f(x)}{\mathrm{d}x}|_{x=x_0}$ 或 $\frac{\mathrm{d}y}{\mathrm{d}x}|_{x=x_0}$.

函数 $y = f(x)$ 在点 x_0 处可导有时也说成函数 $y = f(x)$ 在点 x_0 处**具有导数**或**导数存在** (existence of derivatives). 若极限 (2) 不存在, 则称函数 $y = f(x)$ 在点 x_0 处**不可导** (non- differentiable).

说明　设函数 $y = f(x)$ 在点 x_0 的某一邻域 $U(x_0)$ 内有定义, 若极限

$$\lim_{\Delta x \to 0} \frac{\Delta y}{\Delta x} = \lim_{\Delta x \to 0} \frac{f(x_0 + \Delta x) - f(x_0)}{\Delta x} = \infty \quad (\text{或} -\infty, \text{或} +\infty),$$

根据定义 1 可知, 函数 $y = f(x)$ 在点 x_0 处不可导. 为了方便, 也称 $y = f(x)$ 在点 x_0 处导数是无穷大, 且记作

$$f'(x_0) = \infty \quad (\text{或} -\infty, \text{或} +\infty).$$

今后, 若无特别说明, "函数可导" 是指函数的导数是一个有限的数值.

回顾前面两个实例及导数的定义可知, 质点作变速直线运动的瞬时速度是位置函数 $s = s(t)$ 对时间 t 的导数, 即

$$v(t_0) = s'(x_0) = \lim_{\Delta t \to 0} \frac{s(t_0 + \Delta t) - s(t_0)}{\Delta t}.$$

曲线 $y = f(x)$ 在点 $M(x_0, y_0)$ 处切线的斜率是函数 $y = f(x)$ 在点 x_0 处的导数 $f'(x_0)$, 即

$$k = f'(x_0) = \lim_{\Delta x \to 0} \frac{f(x_0 + \Delta x) - f(x_0)}{\Delta x}.$$

若在极限 (2) 中令 $x = x_0 + \Delta x$, 则可得导数定义的另一种形式:

$$f'(x_0) = \lim_{x \to x_0} \frac{f(x) - f(x_0)}{x - x_0}.$$

为了书写方便, 记 $\Delta x = h$, 则有

$$f'(x_0) = \lim_{h \to 0} \frac{f(x_0 + h) - f(x_0)}{h}.$$

从导数的定义可以看出, 导数的概念是构造性的, 即定义的本身也指明了计算方法.

例 3 求函数 $f(x)=\sqrt{x}$ 在点 $x=1$ 处的导数.

解 在点 $x=1$ 处取自变量 x 的增量 $\Delta x(\Delta x\ll 1)$, 相应地, 得到函数增量

$$\Delta y=f(1+\Delta x)-f(1)=\sqrt{1+\Delta x}-1.$$

于是

$$\frac{\Delta y}{\Delta x}=\frac{\sqrt{1+\Delta x}-1}{\Delta x},$$

令 $\Delta x\to 0$, 取极限, 则

$$f'(1)=\lim_{\Delta x\to 0}\frac{\Delta y}{\Delta x}=\lim_{\Delta x\to 0}\frac{\sqrt{1+\Delta x}-1}{\Delta x}=\lim_{\Delta x\to 0}\frac{\frac{1}{2}\Delta x}{\Delta x}=\frac{1}{2}.$$

例 4 已知 $f(x)=x(x-1)(x-2)\cdots(x-2018)$, 求 $f'(2018)$.

解

$$\begin{aligned}f'(2018)&=\lim_{x\to 2018}\frac{f(x)-f(2018)}{x-2018}=\lim_{x\to 2018}\frac{x(x-1)(x-2)\cdots(x-2018)-0}{x-2018}\\&=\lim_{x\to 2018}x(x-1)(x-2)\cdots(x-2017)=2018!.\end{aligned}$$

由导数的定义可以看出, 函数 $f(x)$ 在某点的导数是用极限 $\lim\limits_{\Delta x\to 0}\dfrac{f(x_0+\Delta x)-f(x_0)}{\Delta x}$ 的存在性来刻画的. 故可知若 $f(x)$ 在点 x_0 处可导, 则可用导数的定义求函数的极限.

例 5 已知 $f(x)$ 在点 x_0 处可导, 且 $f'(x_0)=a$, 求极限 $\lim\limits_{\Delta x\to 0}\dfrac{f(x_0+2\Delta x)-f(x_0)}{\Delta x}$.

解 由于 $f(x)$ 在点 x_0 处可导, 所以

$$f'(x_0)=\lim_{h\to 0}\frac{f(x_0+h)-f(x_0)}{h}=a.$$

令 $\Delta x=\dfrac{1}{2}h$, 则 $\Delta x\to 0$ 当且仅当 $h\to 0$, 于是

$$\begin{aligned}\lim_{\Delta x\to 0}\frac{f(x_0+2\Delta x)-f(x_0)}{\Delta x}&=\lim_{h\to 0}\frac{f(x_0+h)-f(x_0)}{\frac{h}{2}}=2\lim_{h\to 0}\frac{f(x_0+h)-f(x_0)}{h}\\&=2f'(x_0)=2a.\end{aligned}$$

根据从特殊到一般方法可推广得如下结果: 若 $f(x)$ 在点 x_0 处可导, 则极限

$$\lim_{\substack{\varphi(x)\to 0\\ \varphi(x)\neq 0}}\frac{f(x_0+\varphi(x))-f(x_0)}{\varphi(x)}$$

存在, 且

$$\lim_{\substack{\varphi(x)\to 0\\ \varphi(x)\neq 0}}\frac{f(x_0+\varphi(x))-f(x_0)}{\varphi(x)}=f'(x_0).$$

例 6 已知 $f(x)$ 在点 $x=a$ 处可导, 求 $\lim\limits_{x\to0}\dfrac{f(a+2x)-f(a-x)}{x}$.

解

$$\begin{aligned}\lim_{x\to0}\frac{f(a+2x)-f(a-x)}{x}&=\lim_{x\to0}\left[\frac{f(a+2x)-f(a)}{x}-\frac{f(a-x)-f(a)}{x}\right]\\&=\lim_{x\to0}\left[2\cdot\frac{f(a+2x)-f(a)}{2x}+\frac{f(a-x)-f(a)}{-x}\right]\\&=2f'(a)+f'(a)=3f'(a).\end{aligned}$$

2. *左导数、右导数*

由于导数的概念是用极限来定义的, 而极限概念中有左、右极限的概念, 自然想到左、右导数的概念. 在 (2) 式中, 如果自变量的增量 Δx 只从大于 0 的方向或从小于 0 的方向趋近于 0, 则有

定义 2 设函数 $y=f(x)$ 在 $(x_0-\delta,x_0]$(其中 $\delta>0$) 上有定义, 若左极限

$$\lim_{\Delta x\to0^-}\frac{f(x_0+\Delta x)-f(x_0)}{\Delta x}$$

存在, 则称函数 $y=f(x)$ 在点 x_0 处**左侧可导** (left derivable), 并把上述左极限称为函数 $y=f(x)$ 在点 x_0 处的**左导数** (left derivative), 记作 $f'_-(x_0)$, 即

$$f'_-(x_0)=\lim_{\Delta x\to0^-}\frac{f(x_0+\Delta x)-f(x_0)}{\Delta x}=\lim_{x\to x_0^-}\frac{f(x)-f(x_0)}{x-x_0}.$$

定义 3 设函数 $y=f(x)$ 在 $[x_0,x_0+\delta)$(其中 $\delta>0$) 上有定义, 若右极限

$$\lim_{\Delta x\to0^+}\frac{f(x_0+\Delta x)-f(x_0)}{\Delta x}$$

存在, 则称函数 $y=f(x)$ 在点 x_0 处**右侧可导** (right derivable), 并把上述右极限称为函数 $y=f(x)$ 在点 x_0 处的**右导数** (right derivative), 记作 $f'_+(x_0)$, 即

$$f'_+(x_0)=\lim_{\Delta x\to0^+}\frac{f(x_0+\Delta x)-f(x_0)}{\Delta x}=\lim_{x\to x_0^+}\frac{f(x)-f(x_0)}{x-x_0}.$$

由函数 $y=f(x)$ 在点 x_0 处的极限与左、右极限的关系可知:

定理 1 函数 $y=f(x)$ 在点 x_0 处可导的充分必要条件是函数 $f(x)$ 在点 x_0 处的左、右导数都存在并且相等. 即

$$f'(x_0)=a\Leftrightarrow f'_-(x_0)=f'_+(x_0)=a.$$

例 7 讨论函数

$$f(x)=\begin{cases}x, & x<0,\\ \ln(1+x), & x\geqslant0,\end{cases}$$

在点 $x=0$ 处的左、右导数, 并求 $f(x)$ 在点 $x=0$ 处的导数.

解 $f'_+(0)=\lim\limits_{x\to 0^+}\dfrac{f(x)-f(0)}{x-0}=\lim\limits_{x\to 0^+}\dfrac{\ln(1+x)-0}{x}=\lim\limits_{x\to 0^+}\dfrac{x}{x}=1,$

$$f'_-(0)=\lim_{x\to 0^-}\frac{f(x)-f(0)}{x-0}=\lim_{x\to 0^-}\frac{x-0}{x}=1.$$

即 $f'_+(0)=f'_-(0)$, 因此 $f'(1)=1$.

3. 导函数

定义 4 若函数 $y=f(x)$ 在区间 I 上的每一点都可导 (若区间 I 的左 (右) 端点属于 I, 函数 $y=f(x)$ 在左 (右) 端点处右侧可导 (左侧可导)), 则称函数 $f(x)$ 在区间 I 上**可导**.

若函数 $y=f(x)$ 在区间 I 上可导, 则对任意 $x\in I$, 都存在 (对应) 唯一一个导数$f'(x)$, 根据定义, $f'(x)$ 是区间 I 上的函数, 称为函数$y=f(x)$ 在区间 I 上的**导函数** (derived function), 记作

$$f'(x),\quad y' \quad 或 \quad \frac{\mathrm{d}y}{\mathrm{d}x},\quad \frac{\mathrm{d}f(x)}{\mathrm{d}x}.$$

不难看出

$$f'(x)=\lim_{\Delta x\to 0}\frac{f(x+\Delta x)-f(x)}{\Delta x},$$

或

$$f'(x)=\lim_{h\to 0}\frac{f(x+h)-f(x)}{h}.$$

显然, 函数 $y=f(x)$ 在点 x_0 处的导数 $f'(x_0)$ 就是导函数 $f'(x)$ 在点 $x=x_0$ 处的函数值, 即

$$f'(x_0)=f'(x)\big|_{x=x_0}.$$

导函数 $f'(x)$ 简称为导数, 而 $f'(x_0)$ 是函数 $y=f(x)$ 在点 x_0 处的导数或 $f'(x)$ 在点 $x=x_0$ 处的函数值.

根据导数定义, 求函数 $y=f(x)$ 在点 x 处的导数, 应按下列步骤进行:

第一步 求增量: 在点 x 处给自变量增量 Δx, 计算函数增量

$$\Delta y=f(x+\Delta x)-f(x);$$

第二步 作比值: $\dfrac{\Delta y}{\Delta x}=\dfrac{f(x+\Delta x)-f(x)}{\Delta x}$;

第三步 取极限: $\lim\limits_{\Delta x\to 0}\dfrac{\Delta y}{\Delta x}=f'(x)$.

为了简化叙述, 在以下诸例中, Δx 都是表示自变量在点 x 的改变量, Δy 都是表示函数相应的改变量.

例 8 设 $f(x)=C$(C 是常数), 求 $f'(x)$.

解 由于

$$\Delta y=f(x+\Delta x)-f(x)=C-C=0,$$

所以

$$\frac{\Delta y}{\Delta x} = \frac{0}{\Delta x} = 0,$$

则有

$$f'(x) = \lim_{\Delta x \to 0} \frac{\Delta y}{\Delta x} = 0.$$

即

$$(C)' = 0.$$

例 9 设 $f(x) = x^n$(n 是正整数), 求 $f'(x)$.

解 由于

$$\begin{aligned} f(x+\Delta x) &= (x+\Delta x)^n \\ &= \mathrm{C}_n^0 x^n + \mathrm{C}_n^1 x^{n-1} \cdot \Delta x + \mathrm{C}_n^2 x^{n-2} \cdot (\Delta x)^2 + \cdots + \mathrm{C}_n^{n-1} x \cdot (\Delta x)^{n-1} + \mathrm{C}_n^n (\Delta x)^n, \end{aligned}$$

所以

$$\begin{aligned} \Delta y &= f(x+\Delta x) - f(x) = (x+\Delta x)^n - x^n \\ &= \mathrm{C}_n^0 x^n + \mathrm{C}_n^1 x^{n-1} \cdot \Delta x + \mathrm{C}_n^2 x^{n-2} \cdot (\Delta x)^2 + \cdots + \mathrm{C}_n^{n-1} x \cdot (\Delta x)^{n-1} + \mathrm{C}_n^n (\Delta x)^n - x^n \\ &= \mathrm{C}_n^1 x^{n-1} \cdot \Delta x + \mathrm{C}_n^2 x^{n-2} \cdot (\Delta x)^2 + \cdots + \mathrm{C}_n^{n-1} x \cdot (\Delta x)^{n-1} + \mathrm{C}_n^n (\Delta x)^n, \end{aligned}$$

于是

$$\begin{aligned} \frac{\Delta y}{\Delta x} &= \frac{\mathrm{C}_n^1 x^{n-1} \cdot \Delta x + \mathrm{C}_n^2 x^{n-2} \cdot (\Delta x)^2 + \cdots + \mathrm{C}_n^{n-1} x \cdot (\Delta x)^{n-1} + \mathrm{C}_n^n (\Delta x)^n}{\Delta x} \\ &= \mathrm{C}_n^1 x^{n-1} + \mathrm{C}_n^2 x^{n-2} \cdot \Delta x + \cdots + \mathrm{C}_n^{n-1} x \cdot (\Delta x)^{n-2} + \mathrm{C}_n^n (\Delta x)^{n-1}, \end{aligned}$$

进而

$$\begin{aligned} f'(x) &= \lim_{\Delta x \to 0} \frac{\Delta y}{\Delta x} = \lim_{\Delta x \to 0} [\mathrm{C}_n^1 x^{n-1} + \mathrm{C}_n^2 x^{n-2} \cdot \Delta x + \cdots + \mathrm{C}_n^{n-1} x \cdot (\Delta x)^{n-2} + \mathrm{C}_n^n (\Delta x)^{n-1}] \\ &= \mathrm{C}_n^1 x^{n-1} = n x^{n-1}. \end{aligned}$$

即

$$(x^n)' = n x^{n-1} \quad (x \in (-\infty, +\infty)).$$

例如, $x' = 1$, $(x^2)' = 2x$, $(x^3)' = 3x^2$, 等等.

对于一般幂函数 $f(x) = x^a$(a 为任意常数), 将在后面证明下列导数公式:

$$(x^a)' = a x^{a-1} \quad (x \in (0, +\infty)).$$

利用这个公式, 可以方便地求出幂函数的导数, 例如, $y = \sqrt{x}(x > 0)$ 的导数为

$$y' = (\sqrt{x})' = (x^{\frac{1}{2}})' = \frac{1}{2} x^{\frac{1}{2}-1} = \frac{1}{2} x^{-\frac{1}{2}} = \frac{1}{2\sqrt{x}},$$

即

$$(\sqrt{x})' = \frac{1}{2\sqrt{x}}.$$

同样, $y = \frac{1}{x}(x \neq 0)$ 的导数为

$$y' = \left(\frac{1}{x}\right)' = (x^{-1})' = -1 \cdot x^{-1-1} = -1 \cdot x^{-2} = -\frac{1}{x^2},$$

即

$$\left(\frac{1}{x}\right)' = -\frac{1}{x^2}.$$

例 10 设 $f(x) = \sin x$, 求 $f'(x)$.

解 对任意 $x \in \mathbf{R}$, $f(x + \Delta x) = \sin(x + \Delta x)$, 则

$$\Delta y = f(x + \Delta x) - f(x) = \sin(x + \Delta x) - \sin x = 2\cos\left(x + \frac{\Delta x}{2}\right)\sin\frac{\Delta x}{2},$$

因此

$$\frac{\Delta y}{\Delta x} = \frac{\sin(x + \Delta x) - \sin x}{\Delta x} = \frac{2\cos\left(x + \frac{\Delta x}{2}\right)\sin\frac{\Delta x}{2}}{\Delta x} = \cos\left(x + \frac{\Delta x}{2}\right)\frac{\sin\frac{\Delta x}{2}}{\frac{\Delta x}{2}},$$

于是

$$\begin{aligned} f'(x) &= \lim_{\Delta x \to 0}\frac{\Delta y}{\Delta x} = \lim_{\Delta x \to 0}\left[\cos\left(x + \frac{\Delta x}{2}\right)\frac{\sin\frac{\Delta x}{2}}{\frac{\Delta x}{2}}\right] \\ &= \lim_{\Delta x \to 0}\cos\left(x + \frac{\Delta x}{2}\right) \cdot \lim_{\Delta x \to 0}\frac{\sin\frac{\Delta x}{2}}{\frac{\Delta x}{2}} = \cos x \end{aligned}$$

$$\left(\text{因为} \lim_{\Delta x \to 0}\cos\left(x + \frac{\Delta x}{2}\right) = \cos x, \lim_{\Delta x \to 0}\frac{\sin\frac{\Delta x}{2}}{\frac{\Delta x}{2}} = 1\right).$$

即正弦函数 $\sin x$ 在 $\mathbf{R}$ 上可导, 并且

$$(\sin x)' = \cos x.$$

同样, 余弦函数 $\cos x$ 在定义域 $\mathbf{R}$ 上也可导, 并且

$$(\cos x)' = -\sin x.$$

例 11 设 $f(x)=\log_a x(0<a\neq 1,x>0)$, 求 $f'(x)$.

解 由于 $f(x+\Delta x)=\log_a(x+\Delta x)(x+\Delta x>0)$, 所以

$$\Delta y=f(x+\Delta x)-f(x)=\log_a(x+\Delta x)-\log_a x=\log_a\left(1+\frac{\Delta x}{x}\right),$$

于是

$$\frac{\Delta y}{\Delta x}=\frac{1}{\Delta x}\log_a\left(1+\frac{\Delta x}{x}\right)=\frac{1}{x}\frac{x}{\Delta x}\log_a\left(1+\frac{\Delta x}{x}\right)=\frac{1}{x}\log_a\left(1+\frac{\Delta x}{x}\right)^{\frac{x}{\Delta x}},$$

则有

$$\begin{aligned}f'(x)&=\lim_{\Delta x\to 0}\frac{\Delta y}{\Delta x}=\lim_{\Delta x\to 0}\left[\frac{1}{x}\log_a\left(1+\frac{\Delta x}{x}\right)^{\frac{x}{\Delta x}}\right]\\&=\frac{1}{x}\log_a\left[\lim_{\Delta x\to 0}\left(1+\frac{\Delta x}{x}\right)^{\frac{x}{\Delta x}}\right]=\frac{1}{x}\log_a \mathrm{e}=\frac{1}{x\ln a}\end{aligned}$$

$$\left(\text{因为}\lim_{\Delta x\to 0}\left(1+\frac{\Delta x}{x}\right)^{\frac{x}{\Delta x}}=\mathrm{e},\log_a \mathrm{e}=\frac{\ln \mathrm{e}}{\ln a}=\frac{1}{\ln a}\right).$$

即对数函数 $\log_a x$ 在定义域 $(0,+\infty)$ 内可导且

$$(\log_a x)'=\frac{1}{x\ln a}.$$

特别地, 自然对数 $\ln x$ 的导数是

$$(\ln x)'=\frac{1}{x\ln \mathrm{e}}=\frac{1}{x}.$$

例 12 设 $f(x)=a^x(a>0,a\neq 1)$, 求 $f'(x)$.

解 注意到 $u\to 0$ 时, $\mathrm{e}^u-1\sim u$, 从而根据导数的定义有

$$\begin{aligned}f'(x)&=\lim_{\Delta x\to 0}\frac{f(x+\Delta x)-f(x)}{\Delta x}=\lim_{\Delta x\to 0}\frac{a^{x+\Delta x}-a^x}{\Delta x}=\lim_{\Delta x\to 0}\frac{a^x(a^{\Delta x}-1)}{\Delta x}\\&=a^x\cdot\lim_{\Delta x\to 0}\frac{\mathrm{e}^{\Delta x\ln a}-1}{\Delta x}=a^x\cdot\lim_{\Delta x\to 0}\frac{\Delta x\ln a}{\Delta x}=a^x\cdot\ln a,\end{aligned}$$

即

$$(a^x)'=a^x\ln a\quad (a>0,a\neq 1).$$

特别地,

$$(\mathrm{e}^x)'=\mathrm{e}^x.$$

三、 导数的几何意义 Geometric significance of derivative

连续函数 $y=f(x)$ 的图形在直角坐标系中表示一条曲线，如图 4-3 所示. 设曲线 $y=f(x)$ 上某一点 A 的坐标是 (x_0,y_0), 当自变量由 x_0 变到 $x_0+\Delta x$ 时, 点 A 沿曲线移动到点 $B(x_0+\Delta x,y_0+\Delta y)$, 直线 AB 是曲线 $y=f(x)$ 的割线, 它的倾角记作 β. 从图形可知, 在直角三角形 ABC 中, $\dfrac{CB}{AC}=\dfrac{\Delta y}{\Delta x}=\tan\beta$, 所以 $\dfrac{\Delta y}{\Delta x}$ 的几何意义是表示割线 AB 的斜率.

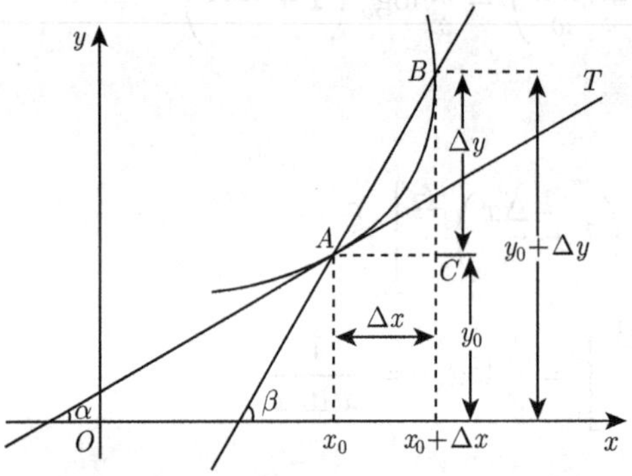

图 4-3

当 $\Delta x\to 0$ 时, B 点沿着曲线趋向于 A 点, 这时割线 AB 将绕着 A 点转动, 它的极限位置为直线 AT, 这条直线 AT 就是曲线在 A 点的**切线** (tangent line), 它的倾角记作 α. 当 $\Delta x\to 0$ 时, 既然割线趋近于切线, 所以割线的斜率 $\dfrac{\Delta y}{\Delta x}=\tan\beta$ 必然趋近于切线的斜率 $\tan\alpha$, 即

$$f'(x_0)=\lim_{\Delta x\to 0}\frac{\Delta y}{\Delta x}=\tan\alpha.$$

由此可知, 函数 $y=f(x)$ 在点 x_0 处的导数 $f'(x_0)$ 的几何意义就是曲线 $y=f(x)$ 在对应点 $A(x_0,y_0)$ 处的切线的斜率.

根据导数的几何意义并应用直线点斜式方程, 可知曲线 $y=f(x)$ 的在点 $A(x_0,y_0)$ 处的切线方程为

$$y-y_0=f'(x_0)(x-x_0).$$

过点 $A(x_0,y_0)$ 且与切线垂直的直线称为曲线 $y=f(x)$ 在点 $A(x_0,y_0)$ 的**法线** (normal line), 如果 $f'(x_0)\neq 0$ 时, 则法线的斜率为 $-\dfrac{1}{f'(x_0)}$, 从而法线方程为

$$y-y_0=-\frac{1}{f'(x_0)}(x-x_0);$$

如果 $f'(x_0)=0$ 时, 则法线垂直于 x 轴, 从而法线方程是

$$x=x_0.$$

如果函数 $y=f(x)$ 在点 x_0 处导数不存在, 但为无穷大, 则易知当 $x\to x_0$ 时, 曲线 $y=f(x)$ 的过点 (x,y) 和点 (x_0,y_0) 的割线以垂直于 x 轴的直线 $x=x_0$ 为极限位置, 即曲线 $y=f(x)$ 在点 (x_0,y_0) 处有垂直于 x 轴的切线

$$x=x_0,$$

平行于 x 轴的法线

$$y=y_0.$$

例 13　求曲线 $y=x^{\frac{3}{2}}$ 在 $(4,8)$ 点的切线和法线方程.

解　在 $y=x^{\frac{3}{2}}$ 上的任一点 $M(x,y)$ 处切线的斜率 k 为

$$k=y'=\left(x^{\frac{3}{2}}\right)'=\frac{3}{2}\sqrt{x}.$$

在 $(4,8)$ 点的切线的斜率 $k=3$, 故切线方程为

$$y-8=3(x-4),$$

即 $y=3x-4$. 法线方程为

$$y-8=-\frac{1}{3}(x-4),$$

即 $y=-\frac{1}{3}x+\frac{28}{3}$.

例 14　在抛物线 $y=x^2$ 上哪一点处切线平行于直线 $y=4x+1$.

解　已知直线 $y=4x+1$ 的斜率为 $k=4$. 根据两条直线平行的条件, 所求切线的斜率也应等于 4.

根据导数的几何意义知, $y=x^2$ 的导数 $y'=(x^2)'=2x$, 表示抛物线 $y=x^2$ 上点 $M(x,x^2)$ 处的切线斜率. 因此, 问题就转化为: 当 x 取何值时, 导数 $y'=2x$ 等于 4, 即

$$2x=4,$$

解得 $x=2$.

将 $x=2$ 代入所给曲线方程, 得 $y=4$. 因此抛物线 $y=x^2$ 在点 $(2,4)$ 处的切线与直线 $y=4x+1$ 平行.

四、 函数的可导性与连续性的关系

Relationship between derivability and continuity

定理 2　若函数 $y=f(x)$ 在点 x_0 处可导, 则函数 $y=f(x)$ 在点 x_0 处连续.

证明　函数 $y=f(x)$ 在点 x_0 处可导, 即

$$f'(x_0)=\lim_{\Delta x\to 0}\frac{\Delta y}{\Delta x}$$

存在. 所以

$$\lim_{\Delta x\to 0}\Delta y=\lim_{\Delta x\to 0}\left(\frac{\Delta y}{\Delta x}\cdot\Delta x\right)=\lim_{\Delta x\to 0}\frac{\Delta y}{\Delta x}\cdot\lim_{\Delta x\to 0}\Delta x=f'(x_0)\cdot 0=0,$$

即函数 $y=f(x)$ 在点 x_0 处连续.

由上述定理知, 函数 $y=f(x)$ 在点 x_0 处连续只是函数 $y=f(x)$ 在点 x_0 处可导的必要条件, 函数在点 x_0 处连续不一定在该点处可导. 例如, 函数

$$f(x)=|x|=\begin{cases} x, & x\geqslant 0,\\ -x, & x<0,\end{cases}$$

在点 $x=0$ 处连续, 但它在点$x=0$ 处不可导 (图 4-4). 因为$\lim\limits_{x\to0}f(x)=\lim\limits_{x\to0}|x|=0$, 所以函数 $f(x)=|x|$ 在 $x=0$ 处连续. 又

$$f'_+(0)=\lim_{x\to0^+}\frac{f(x)-f(0)}{x-0}=\lim_{x\to0^+}\frac{|x|-0}{x-0}=\lim_{x\to0^+}\frac{x}{x}=1,$$

$$f'_-(0)=\lim_{x\to0^-}\frac{f(x)-f(0)}{x-0}=\lim_{x\to0^-}\frac{|x|-0}{x-0}=\lim_{x\to0^-}\frac{-x}{x}=-1,$$

即 $f'_-(x_0)\neq f'_+(x_0)$, 于是函数 $f(x)=|x|$ 在点 $x=0$ 处不可导.

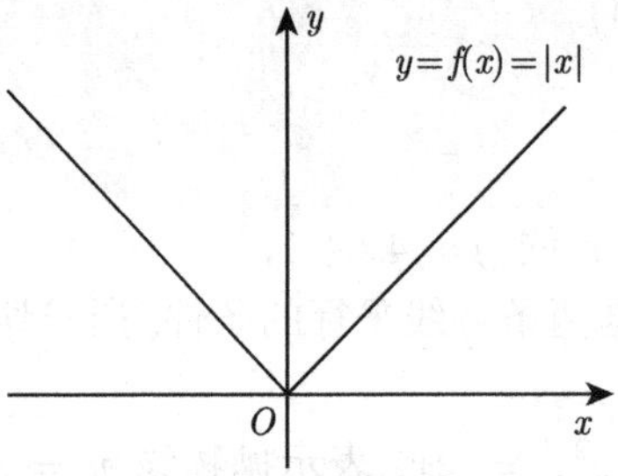

图 4-4

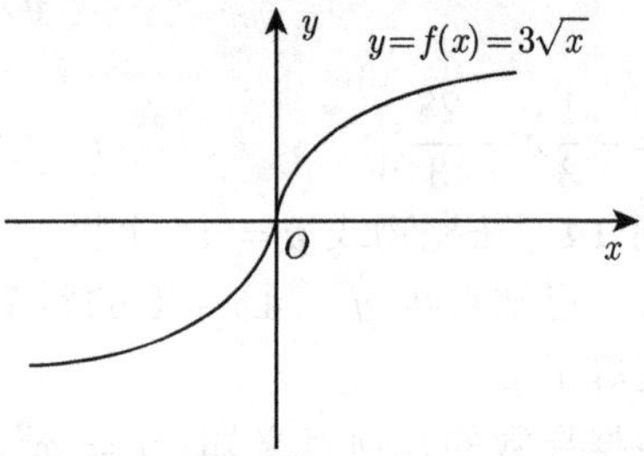

图 4-5

又如, 函数 $f(x)=\sqrt[3]{x}$ 在点 $x=0$ 处连续但不可导 (图 4-5). 显然

$$\lim_{x\to0}f(x)=\lim_{x\to0}\sqrt[3]{x}=0,$$

所以函数 $f(x)=\sqrt[3]{x}$ 在点 $x=0$ 处连续. 又

$$\lim_{x\to0}\frac{f(x)-f(0)}{x-0}=\lim_{x\to0}\frac{\sqrt[3]{x}}{x}=\lim_{x\to0}\frac{1}{\sqrt[3]{x^2}}=+\infty,$$

即函数 $f(x)=\sqrt[3]{x}$ 在点 $x=0$ 处不可导. 它的几何意义是, 曲线 $y=\sqrt[3]{x}$ 在点 (0,0) 处存在切线, 切线就是 y 轴 (它的斜率是 $+\infty$).

例 15　讨论函数

$$f(x)=\begin{cases}x\sin\dfrac{1}{x}, & x\neq0,\\ 0, & x=0\end{cases}$$

在点 $x=0$ 处的连续性和可导性.

解　因为

$$\lim_{x\to0}f(x)=\lim_{x\to0}\left(x\sin\frac{1}{x}\right)=0=f(0),$$

所以 $f(x)$ 在点 $x=0$ 处连续, 但

$$\lim_{x\to0}\frac{f(x)-f(0)}{x-0}=\lim_{x\to0}\frac{x\sin\frac{1}{x}-0}{x}=\lim_{x\to0}\sin\frac{1}{x}$$

不存在, 故 $f(x)$ 在点 $x=0$ 处不可导.

例 16 试确定常数 a,b 之值, 使函数 $f(x)=\begin{cases}2\mathrm{e}^x+a, & x<0,\\ x^2+bx+1, & x\geqslant 0\end{cases}$ 在点 $x=0$ 处可导.

解 由可导与连续的关系, 首先 $f(x)$ 在点 $x=0$ 处连续, 即

$$\lim_{x\to 0^-}f(x)=\lim_{x\to 0^-}(2\mathrm{e}^x+a)=2+a,$$

$$\lim_{x\to 0^+}f(x)=\lim_{x\to 0^-}(x^2+bx+1)=1=f(0),$$

由连续性有 $\lim\limits_{x\to 0^-}f(x)=\lim\limits_{x\to 0^+}f(x)=f(0)$, 即 $2+a=1$, $a=-1$.

又

$$f'_+(0)=\lim_{x\to 0^+}\frac{f(x)-f(0)}{x-0}=\lim_{x\to 0^+}\frac{(x^2+bx+1)-1}{x}=b,$$

$$f'_-(0)=\lim_{x\to 0^-}\frac{f(x)-f(0)}{x-0}=\lim_{x\to 0^-}\frac{(2\mathrm{e}^x-1)-1}{x}=2\lim_{x\to 0^-}\frac{\mathrm{e}^x-1}{x}=2.$$

由 $f(x)$ 在点 $x=0$ 处可导, 有 $f'_-(0)=f'_+(0)$, 即 $b=2$. 故当 $a=-1,b=2$ 时, $f(x)$ 在 $x=0$ 点处可导.

习 题 一

1. 根据导数的定义求下列函数的导数:

(1) $f(x)=(x-1)(x-2)^2(x-3)^3$, 求 $f'(1)$, $f'(2)$, $f'(3)$;

(2) $f(x)=(x-1)\cdot\arcsin\sqrt{\dfrac{x}{1+x}}$, 求 $f'(1)$.

2. 下列各题中均假定 $f'(x_0)$ 存在, 按照导数定义观察下列极限, 指出 A 表示什么:

(1) $\lim\limits_{\Delta x\to 0}\dfrac{f(x_0-\Delta x)-f(x_0)}{\Delta x}=A$;

(2) $\lim\limits_{x\to 0}\dfrac{f(x)}{x}=A$, 其中 $f(0)=0$, 且 $f'(0)$ 存在;

(3) $\lim\limits_{h\to 0}\dfrac{f(x_0+h)-f(x_0-h)}{h}=A$;

(4) $\lim\limits_{n\to\infty}n\left[f\left(x_0+\dfrac{1}{n}\right)-f(x_0)\right]=A$.

3. 设函数 $f(x)$ 在$x=2$ 处连续, 且 $\lim\limits_{x\to 2}\dfrac{f(x)}{x-2}=3$, 求 $f'(2)$.

4. 讨论函数 $f(x)=\begin{cases}x^2\sin\dfrac{1}{x}, & x\neq 0,\\ 0, & x=0\end{cases}$ 在$x=0$ 处的连续性与可导性.

5. 求下列函数 $f(x)$ 的$f'_-(0)$ 和 $f'_+(0)$, 并问 $f'(0)$ 是否存在?

(1) $f(x)=\begin{cases}\sin x, & x<0,\\ \ln(1+x), & x\geqslant 0;\end{cases}$ (2) $f(x)=\begin{cases}\dfrac{x}{1+\mathrm{e}^{\frac{1}{x}}}, & x\neq 0,\\ 0, & x=0.\end{cases}$

6. 如果 $f(x)$ 为偶函数, 且 $f'(0)$ 存在, 证明 $f'(0)=0$.

7. 求曲线 $y=\ln x$ 在 $(1,0)$ 点的切线和法线方程.

8. 在抛物线 $y=x^2$ 上取横坐标为 $x_1=1$ 和 $x_2=3$ 的两点, 作过这两点的割线, 问该抛物线上哪一点的切线可平行于这条割线?

第二节　求导法则与导数公式

Rules of finding derivative and derivative formulas

引入导数的概念后, 我们自然提出两个最基本的问题: ①如何求函数的导数? ②导数有什么用? 由于高等数学中研究的主要对象是初等函数. 由导数的构造性定义和初等函数的结构, 以及数学运算的本质含义, 自然得下面求导示意图.

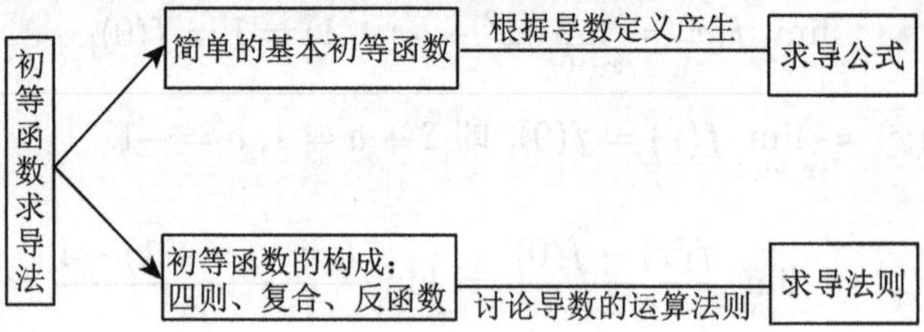

关于部分简单基本初等函数的导数我们前面已经讨论了, 本节将讨论初等函数的求导方法.

一、 函数四则运算的求导法则 Derivative rules of the four operations of functions

求导运算是微积分的基本运算之一. 要迅速准确地求出函数的导数, 如果总是按照定义去求函数的导数, 计算量很大, 费时费力. 为此要把求导运算公式化, 这样就需要求导法则.

定理 1(和与差的求导法则)　若函数 $u(x)$ 与 $v(x)$ 在点 x 处可导, 则它们的和、差都在点 x 处可导, 且

$$[u(x)\pm v(x)]'=u'(x)\pm v'(x).$$

证明　根据导数的定义有

$$\begin{aligned}[u(x)\pm v(x)]' &= \lim_{\Delta x\to 0}\frac{[u(x+\Delta x)\pm v(x+\Delta x)]-[u(x)\pm v(x)]}{\Delta x}\\ &= \lim_{\Delta x\to 0}\left[\frac{u(x+\Delta x)-u(x)}{\Delta x}\pm\frac{v(x+\Delta x)-v(x)}{\Delta x}\right]\\ &= \lim_{\Delta x\to 0}\frac{u(x+\Delta x)-u(x)}{\Delta x}\pm\lim_{\Delta x\to 0}\frac{v(x+\Delta x)-v(x)}{\Delta x}\\ &= u'(x)\pm v'(x).\end{aligned}$$

因此函数 $u(x)\pm v(x)$ 在点x 处可导, 且

$$[u(x)\pm v(x)]'=u'(x)\pm v'(x).$$

根据定理 1 及其证明, 容易获得如下性质:

推论 1　若函数 $u(x)$ 与 $v(x)$ 在点 x 处可导, α,β 是常数, 则 $\alpha u(x)+\beta v(x)$ 在点 x 处可导, 且

$$[\alpha u(x)+\beta v(x)]'=\alpha u'(x)+\beta v'(x).$$

应用数学归纳法, 可将定理 1 推广为任意有限个函数和与差的导数, 即

推论 2　若函数 $u_1(x), u_2(x), \cdots, u_n(x)$ 都在点 x 处可导, 则函数 $u_1(x) \pm u_2(x) \pm \cdots \pm u_n(x)$ 在点 x 处也可导, 且

$$[u_1(x) \pm u_2(x) \pm \cdots \pm u_n(x)]' = u_1'(x) \pm u_2'(x) \pm \cdots \pm u_n'(x).$$

例 1　求函数 $f(x) = \sqrt{x} + \sin x + 5$ 的导数.

解　由于 $(\sqrt{x})' = \dfrac{1}{2\sqrt{x}}$, $(\sin x)' = \cos x$, $(5)' = 0$, 所以

$$f'(x) = (\sqrt{x} + \sin x + 5)' = (\sqrt{x})' + (\sin x)' + (5)' = \frac{1}{2\sqrt{x}} + \cos x.$$

例 2　求函数 $f(x) = 5\log_2 x - 2x^4$ 的导数.

解　$f'(x) = (5\log_2 x - 2x^4)' = (5\log_2 x)' - (2x^4)' = 5(\log_2 x)' - 2(x^4)' = \dfrac{5}{x\ln 2} - 8x^3.$

定理 2(积的求导法则)　若函数 $u(x)$ 与 $v(x)$ 在点 x 处可导, 则函数 $u(x) \cdot v(x)$ 在点 x 处也可导, 且

$$[u(x)v(x)]' = u'(x)v(x) + u(x)v'(x).$$

上式可以简写成

$$(uv)' = u'v + uv'.$$

证明　由于函数 $u(x)$ 与 $v(x)$ 在点 x 处可导, 则函数 $u(x)$ 与 $v(x)$ 在点 x 处必连续. 进而

$$\lim_{\Delta x \to 0} v(x + \Delta x) = v(x),$$

$$\lim_{\Delta x \to 0} \frac{u(x + \Delta x) - u(x)}{\Delta x} = u'(x),$$

$$\lim_{\Delta x \to 0} \frac{v(x + \Delta x) - v(x)}{\Delta x} = v'(x).$$

根据导数的定义有

$$\begin{aligned}
[u(x) \cdot v(x)]' &= \lim_{\Delta x \to 0} \frac{u(x + \Delta x) \cdot v(x + \Delta x) - u(x) \cdot v(x)}{\Delta x} \\
&= \lim_{\Delta x \to 0} \frac{u(x+\Delta x) \cdot v(x+\Delta x) - u(x) \cdot v(x+\Delta x) + u(x) \cdot v(x+\Delta x) - u(x) \cdot v(x)}{\Delta x} \\
&= \lim_{\Delta x \to 0} \left[\frac{u(x + \Delta x) - u(x)}{\Delta x} \cdot v(x + \Delta x) + u(x) \cdot \frac{v(x + \Delta x) - v(x)}{\Delta x}\right] \\
&= u'(x) \cdot v(x) + u(x) \cdot v'(x),
\end{aligned}$$

所以函数 $u(x) \cdot v(x)$ 在点 x 处也可导, 且

$$[u(x) \cdot v(x)]' = u'(x) \cdot v(x) + u(x) \cdot v'(x).$$

说明 一定要注意 $[u(x)v(x)]' \neq u'(x)v'(x)$.

应用归纳法, 可将定理 2 推广为任意有限个函数乘积的导数, 即

推论 3 若函数 $u_1(x), u_2(x), \cdots, u_n(x)$ 都在点 x 处可导, 则函数 $u_1(x)u_2(x)\cdots u_n(x)$ 在点 x 处也可导, 且

$$\begin{aligned}&[u_1(x)u_2(x)\cdots u_n(x)]'\\=&u_1'(x)u_2(x)\cdots u_n(x)+u_1(x)u_2'(x)\cdots u_n(x)+\cdots+u_1(x)u_2(x)\cdots u_n'(x).\end{aligned}$$

定理 2 的特殊情形: 当 $v(x)=c$ 是常数时, 有

$$[cu(x)]' = cu'(x)+u(x)(c)' = cu'(x).$$

例 3 求函数 $f(x)=x^2\sin x+2$ 的导数.

解
$$\begin{aligned}f'(x)&=(x^2\sin x+2)'=(x^2)'\sin x+x^2(\sin x)'+(2)'\\&=2x\sin x+x^2\cos x.\end{aligned}$$

例 4 求函数 $f(x)=x^3\mathrm{e}^x\cos x$ 的导数.

解
$$\begin{aligned}f'(x)&=(x^3\mathrm{e}^x\cos x)'=(x^3)'\cdot\mathrm{e}^x\cos x+x^3\cdot(\mathrm{e}^x)'\cdot\cos x+x^3\mathrm{e}^x\cdot(\cos x)'\\&=3x^2\mathrm{e}^x\cos x+x^3\mathrm{e}^x\cos x-x^3\mathrm{e}^x\sin x.\end{aligned}$$

定理 3(商的求导法则) 若函数 $u(x)$ 与 $v(x)$ 在点 x 处可导, 且 $v(x)\neq 0$, 则函数 $\dfrac{u(x)}{v(x)}$ 在点 x 处也可导, 且

$$\left[\frac{u(x)}{v(x)}\right]'=\frac{u'(x)v(x)-u(x)v'(x)}{v^2(x)}.$$

上式可以简写成

$$\left(\frac{u}{v}\right)'=\frac{u'v-uv'}{v^2}.$$

证明 先考虑 $u(x)=1$ 时的特殊情况. 设 $y=\dfrac{1}{v(x)}$, 根据导数的定义有

$$\left[\frac{1}{v(x)}\right]'=\lim_{\Delta x\to 0}\frac{\dfrac{1}{v(x+\Delta x)}-\dfrac{1}{v(x)}}{\Delta x}=\lim_{\Delta x\to 0}\frac{-\dfrac{v(x+\Delta x)-v(x)}{\Delta x}}{v(x+\Delta x)\cdot v(x)}=-\frac{v'(x)}{v^2(x)}.$$

即函数 $\dfrac{1}{v(x)}$ 在点 x 处可导, 且

$$\left[\frac{1}{v(x)}\right]'=-\frac{v'(x)}{v^2(x)}.$$

于是

$$\left[\frac{u(x)}{v(x)}\right]' = \left[u(x)\cdot\frac{1}{v(x)}\right]' = u'(x)\frac{1}{v(x)} + u(x)\left[\frac{1}{v(x)}\right]'$$

$$= u'(x)\frac{1}{v(x)} + u(x)\frac{-v'(x)}{v^2(x)} = \frac{u'(x)v(x)-u(x)v'(x)}{v^2(x)}.$$

说明　一定要注意 $\left[\frac{u(x)}{v(x)}\right]' \neq \frac{u'(x)}{v'(x)}$.

例 5　求正切函数 $\tan x$ 与余切函数 $\cot x$ 的导数.

解

$$(\tan x)' = \left(\frac{\sin x}{\cos x}\right)' = \frac{(\sin x)'\cos x - \sin x(\cos x)'}{\cos^2 x}$$

$$= \frac{\cos^2 + \sin^2 x}{\cos^2 x} = \frac{1}{\cos^2 x} = \sec^2 x;$$

$$(\cot x)' = \left(\frac{\cos x}{\sin x}\right)' = \frac{(\cos x)'\sin x - \cos x(\sin x)'}{\sin^2 x}$$

$$= \frac{-\sin^2 x - \cos^2 x}{\sin^2 x} = -\frac{1}{\sin^2 x} = -\csc^2 x.$$

即

$$(\tan x)' = \sec^2 x, \quad (\cot x)' = -\csc^2 x.$$

例 6　求正割函数 $\sec x$ 与余割函数 $\csc x$ 的导数.

解

$$(\sec x)' = \left(\frac{1}{\cos x}\right)' = -\frac{(\cos x)'}{\cos^2 x} = \frac{\sin x}{\cos^2 x} = \tan x\cdot\sec x;$$

$$(\csc x)' = \left(\frac{1}{\sin x}\right)' = -\frac{(\sin x)'}{\sin^2 x} = -\frac{\cos x}{\sin^2 x} = -\cot x\cdot\csc x.$$

即

$$(\sec x)' = \tan x\cdot\sec x, \quad (\csc x)' = -\cot x\cdot\csc x.$$

二、 反函数的求导法则 Derivative rules of inverse function

为了求反三角函数的导数, 首先给出反函数求导法则.

定理 4　若函数 $f(x)$ 在 x 的某邻域内连续, 并严格单调, 函数$y=f(x)$ 在 x 处可导, 且$f'(x)\neq 0$, 则它的反函数$x=\varphi(y)$ 在$y(y=f(x))$ 处也可导, 并且

$$\varphi'(y) = \frac{1}{f'(x)},$$

即

$$\frac{\mathrm{d}x}{\mathrm{d}y}=\frac{1}{\frac{\mathrm{d}y}{\mathrm{d}x}}.$$

证明　由第一章第二节定理 1, 函数 $y=f(x)$ 在 x 的某邻域内存在反函数 $x=\varphi(y)$. 设反函数 $x=\varphi(y)$ 在点 y 处的自变量的改变量是 $\Delta y(\Delta y\neq 0)$, 有

$$\Delta x=\varphi(y+\Delta y)-\varphi(y),$$

$$\Delta y=f(x+\Delta x)-f(x).$$

已知函数 $y=f(x)$ 在 x 的某邻域内连续和严格单调, 则反函数 $x=\varphi(y)$ 在 y 的某邻域内也连续和严格单调, 有 $\Delta y\to 0\Leftrightarrow\Delta x\to 0$, $\Delta y\neq 0\Leftrightarrow\Delta x\neq 0$. 于是

$$\frac{\Delta x}{\Delta y}=\frac{1}{\frac{\Delta y}{\Delta x}},$$

进而有

$$\lim_{\Delta y\to 0}\frac{\Delta x}{\Delta y}=\lim_{\Delta x\to 0}\frac{1}{\frac{\Delta y}{\Delta x}}=\frac{1}{\lim\limits_{\Delta x\to 0}\frac{\Delta y}{\Delta x}}=\frac{1}{f'(x)},$$

即反函数 $x=\varphi(y)$ 在 y 处可导, 并且 $\varphi'(y)=\dfrac{1}{f'(x)}$.

说明　由于 $y=f(x)$ 与 $x=\varphi(y)$ 互为反函数, 所以上述公式也可以写成

$$f'(x)=\frac{1}{\varphi'(y)}.$$

例 7　求反三角函数 $y=\arcsin x$ 的导数.

解　$y=\arcsin x$ 在 $(-1,1)$ 上连续, 且严格单调, 存在反函数 $x=\sin y$. 由反函数的求导法则, 有

$$(\arcsin x)'=\frac{1}{(\sin y)'}=\frac{1}{\cos y},$$

但 $\cos y=\sqrt{1-\sin^2 y}=\sqrt{1-x^2}$ $\left(因为当 -\dfrac{\pi}{2}<y<\dfrac{\pi}{2}时, \cos y>0, 所以根号前只取正号\right)$, 从而有

$$(\arcsin x)'=\frac{1}{\sqrt{1-x^2}}.$$

用类似的方法可得

$$(\arccos x)'=-\frac{1}{\sqrt{1-x^2}},\quad (\arctan x)'=\frac{1}{1+x^2},\quad (\mathrm{arccot}x)'=-\frac{1}{1+x^2}.$$

三、复合函数的求导法则 Derivative rules of composite function

我们经常遇到的函数是由几个基本初等函数生成的复合函数. 因此, 复合函数的求导法则是求导运算中经常应用的一个重要法则.

定理 5(链式法则 (chain rule))　若函数 $u=g(x)$ 在点 x 可导, 函数 $y=f(u)$ 在相应的点 $u(u=g(x))$ 处可导, 则复合函数 $y=f[g(x)]$ 在点 x 处也可导, 且

$$\{f[g(x)]\}'=f'(u)g'(x) \quad 或 \quad \frac{\mathrm{d}y}{\mathrm{d}x}=\frac{\mathrm{d}y}{\mathrm{d}u}\frac{\mathrm{d}u}{\mathrm{d}x}.$$

证明　设 x 取得改变量 Δx, 则 u 取得相应的改变量 Δu, 从而 y 取得相应的改变量 Δy.

$$\Delta u=g(x+\Delta x)-g(x), \quad \Delta y=f(u+\Delta u)-f(u).$$

当 $\Delta u\neq 0$ 时, 有

$$\frac{\Delta y}{\Delta x}=\frac{\Delta y}{\Delta u}\cdot\frac{\Delta u}{\Delta x}.$$

因为 $u=g(x)$ 在点 x 处可导, 则必连续, 所以当 $\Delta x\to 0$ 时, $\Delta u\to 0$, 因此

$$\lim_{\Delta x\to 0}\frac{\Delta y}{\Delta x}=\lim_{\Delta x\to 0}\frac{\Delta y}{\Delta u}\cdot\lim_{\Delta x\to 0}\frac{\Delta u}{\Delta x}=\lim_{\Delta u\to 0}\frac{\Delta y}{\Delta u}\cdot\lim_{\Delta x\to 0}\frac{\Delta u}{\Delta x}.$$

于是有

$$\{f[g(x)]\}'=f'(u)g'(x) \quad 或 \quad \frac{\mathrm{d}y}{\mathrm{d}x}=\frac{\mathrm{d}y}{\mathrm{d}u}\frac{\mathrm{d}u}{\mathrm{d}x}.$$

说明　(1) 可以证明, 当 $\Delta u=0$ 时上述公式仍成立.

(2) 应用归纳法, 可将定理 5 推广到任意有限多个函数生成的复合函数的情形. 以三个函数为例. 若 $y=f(u)$, $u=\varphi(v)$, $v=\psi(x)$ 都可导, 则

$$\frac{\mathrm{d}y}{\mathrm{d}x}=\frac{\mathrm{d}y}{\mathrm{d}u}\frac{\mathrm{d}u}{\mathrm{d}v}\frac{\mathrm{d}v}{\mathrm{d}x}=f'(u)\varphi'(v)\psi'(x).$$

(3) 对于复合函数求导来说, 链式法则是重要而且有用的方法. 用这个法则的关键是: 将一个给定的复合函数分解成若干个基本初等函数, 按照从外到内的顺序依次求导.

例 8　求 $y=\sin 5x$ 的导数.

解　函数 $y=\sin 5x$ 是函数 $y=\sin u$ 与 $u=5x$ 的复合函数. 由复合函数求导法则有

$$(\sin 5x)'=(\sin u)'(5x)'=\cos u\cdot 5=5\cos 5x.$$

例 9　求函数 $y=\ln(-x)(x<0)$ 的导数.

解　函数 $y=\ln(-x)$ 是函数 $y=\ln u$ 与 $u=-x$ 的复合函数, 由复合函数求导法则有

$$[\ln(-x)]'=(\ln u)'(-x)'=\frac{1}{u}\cdot(-1)=\frac{1}{x}.$$

将这一结果与 $(\ln x)' = \dfrac{1}{x}$ 合并, 有

$$(\ln|x|)' = \frac{1}{x} \quad (x \neq 0).$$

例 10　求幂函数 $y = x^\alpha$(α 是实数) 的导数.

解　将 $y = x^\alpha$ 两端求自然对数, 有 $\ln y = \alpha \ln x$, 即

$$y = \mathrm{e}^{\alpha \ln x} \quad (x > 0),$$

它是函数 $y = \mathrm{e}^u$ 与 $u = \alpha \ln x$ 的复合函数. 由复合函数求导法则, 有

$$(x^\alpha)' = (\mathrm{e}^{\alpha \ln x})' = (\mathrm{e}^u)'(\alpha \ln x)' = \mathrm{e}^u \frac{\alpha}{x} = \mathrm{e}^{\alpha \ln x} \frac{\alpha}{x} = x^\alpha \frac{\alpha}{x} = \alpha x^{\alpha - 1}.$$

即

$$(x^\alpha)' = \alpha x^{\alpha-1}.$$

若幂函数 $y = x^\alpha$ 的定义域是 $\mathbf{R}$ 或 $\mathbf{R} - \{0\}$, 则幂函数 $y = x^\alpha$ 的导数公式 $(x^\alpha)' = \alpha x^{\alpha-1}$ 也是正确的.

对复合函数的分解比较熟练后, 就不必再写出中间变量, 而可采用下列例题的方式来计算.

例 11　设 $y = \ln \sin x$, 求 y'.

解　$y' = (\ln \sin x)' = \dfrac{1}{\sin x} \cdot (\sin x)' = \dfrac{\cos x}{\sin x} = \cot x.$

例 12　求函数 $y = \tan^3 \ln x$ 的导数.

解

$$\begin{aligned} y' &= 3\tan^2 \ln x \cdot (\tan \ln x)' = 3\tan^2 \ln x \cdot \frac{1}{\cos^2 \ln x} \cdot (\ln x)' \\ &= 3\tan^2 \ln x \cdot \frac{1}{\cos^2 \ln x} \cdot \frac{1}{x} = \frac{3\tan^2 \ln x}{x\cos^2 \ln x}. \end{aligned}$$

四、 初等函数的导数 Derivative of fundamental elementary function

以上我们根据导数的定义和求导法则得到了基本初等函数的导数公式. 它们是求初等函数导数的基础. 把它们集中起来, 就是基本初等函数的导数公式表.

1. 基本初等函数的导数公式

(1) $(c)' = 0$, 其中 c 是常数;

(2) $(x^\alpha)' = \alpha x^{\alpha-1}$, 其中 α 是实数;

(3) $(\log_a x)' = \dfrac{1}{x}\log_a \mathrm{e} = \dfrac{1}{x\ln a}(a > 0且a \neq 1)$, $(\ln x)' = \dfrac{1}{x}$;

(4) $(a^x)' = a^x \ln a (a > 0且a \neq 1)$, $(\mathrm{e}^x)' = \mathrm{e}^x$;

(5) $(\sin x)' = \cos x$,　　　$(\cos x)' = -\sin x$,

$(\tan x)' = \sec^2 x$,　　　$(\cot x)' = -\csc^2 x$,

$(\sec x)' = \tan x \sec x, \qquad (\csc x)' = -\cot x \csc x;$

(6) $(\arcsin x)' = \dfrac{1}{\sqrt{1-x^2}}, \qquad (\arccos x)' = -\dfrac{1}{\sqrt{1-x^2}},$

$(\arctan x)' = \dfrac{1}{1+x^2}, \qquad (\mathrm{arccot} x)' = -\dfrac{1}{1+x^2}.$

2. 函数四则运算的求导法则

若函数 $u(x)$ 与 $v(x)$ 在点 x 处可导, 则

(1) $[u(x) \pm v(x)]' = u'(x) \pm v'(x)$;

(2) $[cu(x)]' = cu'(x)$(c 为常数);

(3) $[u(x)v(x)]' = u'(x)v(x) + u(x)v'(x)$;

(4) $\left[\dfrac{u(x)}{v(x)}\right]' = \dfrac{u'(x)v(x) - u(x)v'(x)}{v^2(x)}(v(x) \neq 0)$.

3. 反函数求导法则

设 $x = \varphi(y)$ 及 $y=f(x)$ 互为反函数, $\varphi'(y) \neq 0$, 则 $f'(x) = \dfrac{1}{\varphi'(y)}$.

4. 复合函数求导法则

设函数 $u = g(x)$ 在点 x 处可导, 函数 $y = f(u)$ 在相应的点 u 处可导, 则

$$\frac{\mathrm{d}y}{\mathrm{d}x} = \frac{\mathrm{d}y}{\mathrm{d}u}\frac{\mathrm{d}u}{\mathrm{d}x} \quad 或 \quad \{f[g(x)]\}' = f'(u)g'(x).$$

根据求导法则和导数公式表, 能求出任意初等函数的导数. 由导数公式表知, 基本初等函数的导数是初等函数. 于是, 初等函数的导数仍是初等函数, 即初等函数对导数运算是封闭的.

五、 再论两个重要极限 Revisiting two important limits

在我们所接触的高等数学教材中都称 $\lim\limits_{x\to 0}\dfrac{\sin x}{x} = 1$, $\lim\limits_{x\to\infty}\left(1+\dfrac{1}{x}\right)^x = \mathrm{e}$(或 $\lim\limits_{x\to 0}(1+x)^{\frac{1}{x}}$) 为两个重要极限, 指出其重要性是由于含有三角函数或多项式之比的 $\dfrac{0}{0}$ 型极限都可转化为 $\lim\limits_{x\to 0}\dfrac{\sin x}{x} = 1$ 的推广形式

$$\lim_{\substack{x\to\square \\ \varphi(x)\to 0}} \frac{\sin\varphi(x)}{\varphi(x)} = 1 \quad (\varphi(x) \neq 0)$$

求得;1^∞ 型极限通常可以转化为 $\lim\limits_{x\to 0}(1+x)^{\frac{1}{x}} = \mathrm{e}$ 的推广形式

$$\lim_{\substack{x\to\square \\ \varphi(x)\to 0}} [1+\varphi(x)]^{\psi(x)} = \mathrm{e}^A \quad (\varphi(x) \neq 0)$$

解决, 其中 $\lim\limits_{x\to\square}\varphi(x) = 0$, $\lim\limits_{x\to\square}\psi(x) = \infty$, 并且 $\lim\limits_{x\to\square}\varphi(x)\cdot\psi(x) = A$.

但可导及导数的概念给出后, 我们知道导数的概念性质及求法是微积分的重要组成部分. 而导数的基本公式又是重中之重, 因为任何可导函数的求得, 最终都得归结到导数的基本公式获得解决. 从前面导数的基本公式的推导可以看出, 导数的基本公式都是由导数的构造性定义, 导数的求导法则及两个重要极限得到的, 如:

(1) $y=\sin x$ 的导数.

$$y'=\lim_{\Delta x\to 0}\frac{\sin(x+\Delta x)-\sin x}{\Delta x}=\lim_{\Delta x\to 0}\cos\frac{2x+\Delta x}{2}\cdot\frac{\sin\dfrac{\Delta x}{2}}{\dfrac{\Delta x}{2}}=\cos x.$$

(2) $y=\cos x$ 的导数.

由于 $y=\cos x=\sin\left(\frac{\pi}{2}-x\right)$, 根据复合函数的求导法则

$$y'=\cos\left(\frac{\pi}{2}-x\right)\cdot\left(\frac{\pi}{2}-x\right)'=-\sin x.$$

(3) $y=\tan x$ 的导数.

由于 $y=\tan x=\dfrac{\sin x}{\cos x}$, 根据商的求导法则有

$$y'=\frac{\cos^2 x+\sin^2 x}{\cos^2 x}=\frac{1}{\cos^2 x}=\sec^2 x.$$

同理有

(4) $y=\cot x$ 的导数.

由于 $y=\cot x=\dfrac{\cos x}{\sin x}$, 所以 $y'=-\csc^2 x$.

(5) $y=\sec x$ 的导数.

由于 $y=\sec x=\dfrac{1}{\cos x}$, 所以 $y'=\sec x\cdot\tan x$.

(6) $y=\csc x$ 的导数.

由于 $y=\csc x=\dfrac{1}{\sin x}$, 所以 $y'=-\csc x\cdot\cot x$.

(7) $y=\arcsin x$ 的导数.

由于 $y=\arcsin x\Rightarrow x=\sin y$, 根据反函数的求导法则有

$$y'=\frac{1}{\dfrac{\mathrm{d}x}{\mathrm{d}y}}=\frac{1}{\cos y}=\frac{1}{\sqrt{1-\sin^2 y}}=\frac{1}{\sqrt{1-x^2}}.$$

同理可得

(8) $y=\arccos x$ 的导数.

由于 $y=\arccos x\Rightarrow x=\cos y$, 根据反函数的求导法则有 $y'=-\dfrac{1}{\sqrt{1-x^2}}$.

(9) $y=\arctan x$ 的导数.

由于 $y=\arctan x \Rightarrow x=\tan y$, 根据反函数的求导法则有 $y'=\dfrac{1}{1+x^2}$.

(10) $y=\operatorname{arc}\cot x$ 的导数.

由于 $y=\operatorname{arc}\cot x \Rightarrow x=\cot y$, 根据反函数的求导法则有 $y'=-\dfrac{1}{1+x^2}$.

(11) $y=\log_a x(a>0,a\neq 1)$ 的导数.

$$y'=\lim_{\Delta x\to 0}\frac{\log_a(x+\Delta x)-\log_a x}{\Delta x}=\lim_{\Delta x\to 0}\frac{\log_a\dfrac{x+\Delta x}{x}}{\Delta x}=\log_a\lim_{\Delta x\to 0}\left(1+\frac{\Delta x}{x}\right)^{\frac{1}{\Delta x}}$$

$$=\log_a \mathrm{e}^{\frac{1}{x}}=\frac{1}{x}\log_a \mathrm{e}=\frac{1}{x}\cdot\frac{1}{\ln a}.$$

特别地, 若 $y=\ln x$, 则 $y'=\dfrac{1}{x}$.

(12) $y=a^x(a>0,a\neq 1)$ 的导数.

由于 $\ln y=x\ln a$, 则 $x=\log_a y$, 根据反函数求导法则有

$$y'=\frac{1}{\dfrac{\mathrm{d}x}{\mathrm{d}y}}=\frac{1}{\dfrac{1}{y\ln a}}=y\ln a=a^x\ln a.$$

特别地，若 $y=\mathrm{e}^x$, 则 $y'=\mathrm{e}^x$.

(13) $y=x^\alpha$(α 为实数) 的导数.

由于 $y=\mathrm{e}^{\alpha\ln x}$, 根据复合函数的求导法则有

$$y'=\mathrm{e}^{\alpha\ln x}\cdot\frac{\alpha}{x}=x^\alpha\cdot\frac{\alpha}{x}=\alpha x^{\alpha-1}.$$

综上可以看出, 导数的基本公式的源是极限 $\lim\limits_{x\to 0}\dfrac{\sin x}{x}=1$, $\lim\limits_{x\to\infty}\left(1+\dfrac{1}{x}\right)^x=\mathrm{e}$(或 $\lim\limits_{x\to 0}(1+x)^{\frac{1}{x}}=\mathrm{e}$), 故我们称这两个极限是重要极限.

习 题 二

1. 求下列函数的导数:

(1) $y=x^3+\dfrac{5}{x^4}-\dfrac{1}{x}+10$;　　(2) $y=5x^3-3^x+3\sin 2$;

(3) $y=\tan x-2\sec x+3$;　　(4) $y=x\ln x-x^2$;

(5) $y=3\mathrm{e}^x\cos x$;　　(6) $y=x(x+1)\tan x$;

(7) $y=\dfrac{1-\cos x}{\sin x}$;　　(8) $y=\dfrac{1}{1+x+x^2}$.

2. 求下列函数在给定点处的导数:

(1) $y=x\sin x+\dfrac{1}{2}\cos x$, 求 $\left.\dfrac{\mathrm{d}y}{\mathrm{d}x}\right|_{x=\frac{\pi}{4}}$;

(2)$f(x)=\dfrac{3}{5-x}+\dfrac{x^2}{5}$, 求$f'(0)$ 和$f'(2)$.

3. 求下列函数的导数:

(1) $y=(2x+5)^4$; (2) $y=\ln(1+x^2)$;

(3) $y=\cos(4-3x)$; (4) $y=\mathrm{e}^{-3x^2}$;

(5) $y=\arctan(\mathrm{e}^x)$; (6) $y=\arcsin\sqrt{x}$;

(7) $y=\ln(\sec x+\tan x)$; (8) $y=\ln(x+\sqrt{a^2+x^2})$;

(9) $y=\sqrt{1+\ln^2 x}$; (10) $y=\mathrm{e}^{\tan\frac{1}{x}}$;

(11) $y=(x+\sin^2 x)^3$; (12) $y=x^2\cdot\sin\dfrac{1}{x^2}$.

4. 求垂直于直线 $2x-6y+1=0$, 且与曲线 $y=x^3-3x^2-5$ 相切的直线方程.

5. 已知 $f(u)$ 可导, 求函数 $y=f(\sec x)$ 的导数.

6. 设 $f(x)=(ax+b)\sin x+(cx+d)\cos x$, 确定 a,b,c,d 使 $f'(x)=x\cos x$.

7. 设 $y=f\left(\dfrac{3x-2}{3x+2}\right)$, 又 $f'(x)=\arctan x^2$, 求 $\left.\dfrac{\mathrm{d}y}{\mathrm{d}x}\right|_{x=0}$.

第三节 高阶导数

Derivatives of higher order

运动的速度是路程对于时间的变化率. 如果以 $s=f(t)$ 表示运动规律, 那么 $f'(t)$ 是速度. 又加速度是速度对于时间的变化率, 所以加速度便是 $f'(t)$ 对于时间 t 的导数

$$a=\frac{\mathrm{d}v}{\mathrm{d}t}=\frac{\mathrm{d}}{\mathrm{d}t}\left(\frac{\mathrm{d}s}{\mathrm{d}t}\right)=(f'(x))',$$

这就引出了求导函数的导数问题.

由第一节导函数的定义知道, 若函数 $y=f(x)$ 在区间 I 内可导, 则其导数 $y'=f'(x)$ 仍是 x 的函数. 若这个函数 $f'(x)$ 在点 $x_0\in I$ 处仍然可导, 则称其导数为函数 $y=f(x)$ 在 x_0 处的**二阶导数** (second derivative), 记作 $y''|_{x=x_0}, f''(x_0)$ 或 $\left.\dfrac{\mathrm{d}^2y}{\mathrm{d}x^2}\right|_{x=x_0}$, 即

$$f''(x_0)=\lim_{\Delta x\to 0}\frac{f'(x_0+\Delta x)-f'(x_0)}{\Delta x} \quad 或 \quad f''(x_0)=\lim_{x\to x_0}\frac{f'(x)-f'(x_0)}{x-x_0}.$$

若函数 $f'(x)$ 在 I 内每一点处都可导, 则称 $f'(x)$ 的导函数为函数 $y=f(x)$ 的**二阶导数** (second derivative), 记作 $y'', f''(x)$ 或 $\dfrac{\mathrm{d}^2y}{\mathrm{d}x^2}$, 即

$$f''(x)=[f'(x)]',\quad \frac{\mathrm{d}^2y}{\mathrm{d}x^2}=\frac{\mathrm{d}}{\mathrm{d}x}\left(\frac{\mathrm{d}y}{\mathrm{d}x}\right).$$

同样, 如果 $y''=f''(x)$ 的导数存在, 则称其导数为函数 $y=f(x)$ 的**三阶导数** (third derivative), 记作 $y''', f'''(x)$ 或 $\dfrac{\mathrm{d}^3y}{\mathrm{d}x^3}$, 即

$$f'''(x)=[f''(x)]',\quad \frac{\mathrm{d}^3y}{\mathrm{d}x^3}=\frac{\mathrm{d}}{\mathrm{d}x}\left(\frac{\mathrm{d}^2y}{\mathrm{d}x^2}\right).$$

如果 $y'''=f'''(x)$ 的导数存在, 则称其导数为函数 $y=f(x)$ 的**四阶导数** (fourth derivative), 记作 $y^{(4)}$, $f^{(4)}(x)$ 或 $\dfrac{\mathrm{d}^4y}{\mathrm{d}x^4}$, 即

$$f^{(4)}(x)=[f'''(x)]',\quad \frac{\mathrm{d}^4y}{\mathrm{d}x^4}=\frac{\mathrm{d}}{\mathrm{d}x}\left(\frac{\mathrm{d}^3y}{\mathrm{d}x^3}\right).$$

一般地, 如果函数 $y=f(x)$ 的 $n-1$ 阶导数 $y^{(n-1)}=f^{(n-1)}(x)$ 的导数存在, 则称其导数为函数 $y=f(x)$ 的 n **阶导数** (derivative of order n of $y=f(x)$), 记作 $y^{(n)}$, $f^{(n)}(x)$ 或 $\dfrac{\mathrm{d}^ny}{\mathrm{d}x^n}$, 即

$$f^{(n)}(x)=[f^{(n-1)}(x)]' \quad 或 \quad \frac{\mathrm{d}^ny}{\mathrm{d}x^n}=\frac{\mathrm{d}}{\mathrm{d}x}\left(\frac{\mathrm{d}^{n-1}y}{\mathrm{d}x^{n-1}}\right).$$

二阶及二阶以上的导数被称为**高阶导数** (higher order derivative). 相对于高阶导数来说, 称 $f'(x)$ 是**一阶导数** (first order derivative), 称 $f(x)$ 为它自己的**零阶导数** (zero order derivative), 通常将零阶导数记作 $f^{(0)}(x)$.

由高阶导数的定义可知, 求函数的高阶导数无非是反复运用求一阶导数的方法. 根据高阶导数的定义和导数的运算法则, 容易获得下列结论:

结论　设函数 $y=f(x)$ 具有 n 阶导数, m,k 都是正整数, 且 $m+k\leqslant n$, 则有

$$[f^{(m)}(x)]^{(k)}=f^{(m+k)}(x).$$

例 1　求 $y=2x^2+\ln x$ 的二阶、三阶导数.

解　由于 $y'=(2x^2+\ln x)'=4x+\dfrac{1}{x}$, 所以

$$y''=\left(4x+\frac{1}{x}\right)'=4-\frac{1}{x^2},\quad y'''=\left(4-\frac{1}{x^2}\right)'=\frac{2}{x^3}.$$

例 2　设 $y=\arctan x$, 求 y'', $y''|_{x=0}$.

解　由于 $y'=(\arctan x)'=\dfrac{1}{1+x^2}$, 所以

$$y''=\left(\frac{1}{1+x^2}\right)'=-\frac{2x}{(1+x^2)^2},$$

进而 $y''|_{x=0}=0$.

例 3　求 $y=\mathrm{e}^{-x}\sin x$ 的二阶导数.

解

$$\begin{aligned} y' &=(\mathrm{e}^{-x}\sin x)'=(\mathrm{e}^{-x})'\cdot\sin x+\mathrm{e}^{-x}\cdot(\sin x)'=-\mathrm{e}^{-x}\sin x+\mathrm{e}^{-x}\cos x\\ &=\mathrm{e}^{-x}(\cos x-\sin x),\\ y'' &=[\mathrm{e}^{-x}(\cos x-\sin x)]'=(\mathrm{e}^{-x})'\cdot(\cos x-\sin x)+\mathrm{e}^{-x}\cdot(\cos x-\sin x)'\end{aligned}$$

$$= -e^{-x} \cdot (\cos x - \sin x) + e^{-x} \cdot (-\sin x - \cos x) = -2e^{-x} \cos x.$$

下面推导几个简单初等函数的 n 阶导数公式.

例 4 求幂函数 $y = x^u$(u 是常数) 的 n 阶导数.

解 由于

$$y' = (x^u)' = ux^{u-1},$$

$$y'' = (ux^{u-1})' = u(u-1)x^{u-2},$$

$$y''' = [u(u-1)x^{u-2}]' = u(u-1)(u-2)x^{u-3},$$

一般地, 由数学归纳法可得

$$y^{(n)} = u(u-1)\cdots(u-n+1)x^{u-n},$$

即幂函数 $y = x^u$(u 是常数) 的 n 阶导数是

$$(x^u)^{(n)} = u(u-1)\cdots(u-n+1)x^{u-n}.$$

特别地, 当 $u = -1$ 时,

$$\left(\frac{1}{x}\right)^{(n)} = (x^{-1})^{(n)} = (-1)(-2)\cdots(-n)x^{-1-n} = \frac{(-1)^n n!}{x^{n+1}}.$$

由例 4 可以得到, 幂函数 $y = x^m$(m 是正整数) 的 n 阶导数是

$$(x^m)^{(n)} = \begin{cases} m(m-1)\cdots(m-n+1)x^{m-n}, & n < m, \\ m!, & n = m, \\ 0, & n > m. \end{cases}$$

例 5 求 n 次多项式 $y = a_0x^n + a_1x^{n-1} + \cdots + a_{n-1}x + a_n$ 的各阶导数.

解

$$y' = na_0x^{n-1} + (n-1)a_1x^{n-2} + \cdots + a_{n-1},$$

$$y'' = n(n-1)a_0x^{n-2} + (n-1)(n-2)a_1x^{n-3} + \cdots + 2a_{n-2},$$

可见, 每经过一次求导运算, 多项式的次数就降一次, 继续求导下去, 易知

$$y^{(n)} = n!a_0$$

是一个常数, 由此

$$y^{(n+1)} = y^{(n+2)} = \cdots = 0,$$

即 n 次多项式的一切高于 n 阶的导数都是零.

例 6 求指数函数 $y = a^x (a > 0, a \neq 1)$ 的 n 阶导数.

解　由于

$$y' = (a^x)' = a^x \cdot \ln a,$$

$$y'' = (a^x \cdot \ln a)' = a^x \cdot \ln^2 a,$$

$$y''' = (a^x \cdot \ln^2 a)' = a^x \cdot \ln^3 a,$$

一般地, 由数学归纳法可得

$$y^{(n)} = a^x \cdot \ln^n a,$$

即指数函数 $y = a^x (a > 0, a \neq 1)$ 的 n 阶导数为

$$(a^x)^{(n)} = a^x \cdot \ln^n a.$$

特别地,

$$(\mathrm{e}^x)^{(n)} = \mathrm{e}^x.$$

例 7　求正弦函数 $y = \sin x$ 的 n 阶导数.

解　由于

$$y' = (\sin x)' = \cos x = \sin\left(x + \frac{\pi}{2}\right),$$

$$y'' = \left[\sin\left(x + \frac{\pi}{2}\right)\right]' = \cos\left(x + \frac{\pi}{2}\right) = \sin\left(x + 2 \cdot \frac{\pi}{2}\right),$$

$$y''' = \left[\sin\left(x + 2 \cdot \frac{\pi}{2}\right)\right]' = \cos\left(x + 2 \cdot \frac{\pi}{2}\right) = \sin\left(x + 3 \cdot \frac{\pi}{2}\right),$$

一般地, 由数学归纳法可得

$$y^{(n)} = \sin\left(x + n \cdot \frac{\pi}{2}\right),$$

即正弦函数 $y = \sin x$ 的 n 阶导数为

$$(\sin x)^{(n)} = \sin\left(x + n \cdot \frac{\pi}{2}\right).$$

同理可得, 余弦函数 $y = \cos x$ 的 n 阶导数为

$$(\cos x)^{(n)} = \cos\left(x + n \cdot \frac{\pi}{2}\right).$$

例 8　求函数 $y = \dfrac{1}{x+1}$ 的 n 阶导数.

解　把函数表达式写作

$$y = (x+1)^{-1},$$

然后利用幂函数求导公式和复合函数求导法则, 可得

$$y' = (-1)(x+1)^{-2} \cdot (x+1)' = (-1) \cdot 1 \cdot (x+1)^{-2},$$

$$y'' = (-1)\cdot(-2)(x+1)^{-3}\cdot(x+1)' = (-1)^2\cdot 1\cdot 2\cdot(x+1)^{-3},$$

$$y''' = (-1)^2\cdot 1\cdot 2\cdot(-3)\cdot(x+1)^{-4}\cdot(x+1)' = (-1)^3\cdot 1\cdot 2\cdot 3\cdot(x+1)^{-4},$$

一般地, 由数学归纳法可得

$$y^{(n)} = (-1)^n\cdot 1\cdot 2\cdot\cdots\cdot n\cdot(x+1)^{-n-1} = (-1)^n\cdot n!\cdot(x+1)^{-n-1} = \frac{(-1)^n\cdot n!}{(x+1)^{n+1}}.$$

即

$$\left(\frac{1}{x+1}\right)^{(n)} = \frac{(-1)^n\cdot n!}{(x+1)^{n+1}}.$$

类似可求得

$$\left(\frac{1}{1-x}\right)^{(n)} = \frac{n!}{(1-x)^{n+1}}.$$

例 9 求函数 $y=\ln(1+x)$ 的 n 阶导数.

解 由于 $y'=\dfrac{1}{1+x}$, 再利用例 8 的结论, 可得

$$y^{(n)} = (y')^{(n-1)} = \left(\frac{1}{1+x}\right)^{(n-1)} = \frac{(-1)^{n-1}\cdot(n-1)!}{(1+x)^n},$$

即

$$[\ln(1+x)]^{(n)} = \frac{(-1)^{n-1}\cdot(n-1)!}{(1+x)^n}.$$

对于高阶导数, 有下列运算法则:

(1) **(代数和的 n 阶导数)** 设函数 $u=u(x)$, $v=v(x)$ 都具有 n 阶导数, a, b 是常数, 则有

$$[au(x)+bv(x)]^{(n)} = au^{(n)}(x)+bv^{(n)}(x).$$

(2) **(乘积 n 阶导数, 即莱布尼茨公式)** 设函数 $u=u(x)$, $v=v(x)$ 都具有 n 阶导数, 则有

$$\begin{aligned}(uv)^{(n)} =& u^{(n)}v + \mathrm{C}_n^1 u^{(n-1)}v' + \mathrm{C}_n^2 u^{(n-2)}v'' + \cdots + \mathrm{C}_n^k u^{(n-k)}v^{(k)} + \cdots + uv^{(n)} \\ =& \sum_{k=0}^{n} \mathrm{C}_n^k u^{(n-k)}v^{(k)}.\end{aligned}$$

其中 $\mathrm{C}_n^k = \dfrac{n(n-1)\cdots(n-k+1)}{k!}$.

代数和的 n 阶导数运算法则利用求导运算结合数学归纳法容易获得. 对于乘积的 n 阶导数运算法则 (莱布尼茨公式), 应用乘积的求导法则, 求出

$$(uv)' = u'v + uv',$$

$$(uv)'' = u''v + 2u'v' + uv'',$$

$$(uv)''' = u'''v + 3u''v' + 3u'v'' + uv''',$$

容易看出, 它们右边的系数恰好与牛顿二项式的系数相同. 应用数学归纳法不难证明

$$(uv)^{(n)} = u^{(n)}v + \mathrm{C}_n^1 u^{(n-1)}v' + \mathrm{C}_n^2 u^{(n-2)}v'' + \cdots + \mathrm{C}_n^k u^{(n-k)}v^{(k)} + \cdots + uv^{(n)}$$

成立, 其中 $\mathrm{C}_n^k = \dfrac{n(n-1)\cdots(n-k+1)}{k!}$.

例 10　求函数 $y = \dfrac{2x}{x^2-1}$ 的 n 阶导数.

解　由于

$$y = \frac{2x}{x^2-1} = \frac{1}{x-1} + \frac{1}{x+1},$$

则由代数和的 n 阶导数运算法则, 可得

$$y^{(n)} = \left(\frac{1}{x-1}\right)^{(n)} + \left(\frac{1}{x+1}\right)^{(n)},$$

再利用例 8 的结论, 可得

$$y^{(n)} = \left(\frac{1}{x-1}\right)^{(n)} + \left(\frac{1}{x+1}\right)^{(n)} = \frac{(-1)^n \cdot n!}{(x-1)^{n+1}} + \frac{(-1)^n \cdot n!}{(x+1)^{n+1}}.$$

例 11　设 $y = x^2\mathrm{e}^{2x}$, 求 $y^{(20)}$.

解　设 $u = \mathrm{e}^{2x}$, $v = x^2$, 则

$$u' = 2\mathrm{e}^{2x}, \quad u'' = 2^2\mathrm{e}^{2x}, \quad \cdots, \quad u^{(20)} = 2^{20}\mathrm{e}^{2x},$$

$$v' = 2x, \quad v'' = 2, \quad v''' = 0, \quad \cdots.$$

由莱布尼茨公式, 有

$$\begin{aligned} y^{(20)} =& u^{(20)}v + \mathrm{C}_{20}^1 u^{(19)}v' + \mathrm{C}_{20}^2 u^{(18)}v'' \\ =& 2^{20}\cdot \mathrm{e}^{2x}\cdot x^2 + 20\cdot 2^{19}\cdot \mathrm{e}^{2x}\cdot 2x + 190\cdot 2^{18}\cdot \mathrm{e}^{2x}\cdot 2 \\ =& 2^{20}\mathrm{e}^{2x}(x^2+20x+95). \end{aligned}$$

例 12　设 $a \neq 0$, $f(x)$ 是 n 阶可导函数, 求 $f(ax+b)$ 的 n 阶导数.

解

$$[f(ax+b)]' = af'(ax+b),$$

$$[f(ax+b)]'' = a[f'(ax+b)]' = a^2 f''(ax+b),$$

$$[f(ax+b)]''' = a^2[f''(ax+b)]' = a^3 f'''(ax+b),$$

$$\cdots\cdots$$

$$[f(ax+b)]^{(n)} = a^n f^{(n)}(ax+b).$$

例 12 中的结论

$$[f(ax+b)]^{(n)}=a^n f^{(n)}(ax+b)$$

可以看作一个公式. 例如 $[\sin(ax+b)]^{(n)}=a^n\sin\left(ax+b+\dfrac{n\pi}{2}\right)$.

例 13 设函数 $y=f(u)$, $u=g(x)$ 均有二阶导数, 求复合函数 $y=f(g(x))$ 的二阶导数.

解

$$\frac{\mathrm{d}y}{\mathrm{d}x}=f'(u)\cdot g'(x)=f'(g(x))\cdot g'(x),$$

$$\begin{aligned}\frac{\mathrm{d}^2y}{\mathrm{d}x^2}&=[f'(g(x))\cdot g'(x)]'=[f'(g(x))]'\cdot g'(x)+f'(g(x))\cdot g''(x)\\&=f''(g(x))\cdot[g'(x)]^2+f'(g(x))\cdot g''(x).\end{aligned}$$

习 题 三

1. 求下列函数在指定点的高阶导数:

(1) $f(x)=\dfrac{x}{\sqrt{1+x^2}}$, 求$f''(0)$;

(2) $f(x)=\mathrm{e}^{2x-1}$, 求$f''(0)$, $f'''(0)$;

(3) $f(x)=(x+10)^6$, 求$f^{(5)}(0)$, $f^{(6)}(0)$.

2. 求下列函数的导数

(1) $y=\mathrm{e}^{2x}\sin 3x$, 求y'';

(2) $y=\dfrac{1}{x^2-3x+2}$, 求$y^{(n)}$.

3. 设 $y=f[x\varphi(x)]$, 其中f,φ 具有二阶导数, 求$\dfrac{\mathrm{d}^2y}{\mathrm{d}x^2}$.

4. 设 $f(x)$ 二阶可导, 求下列函数y 的导数$\dfrac{\mathrm{d}^2y}{\mathrm{d}x^2}$:

(1) $y=f(x^2)$; (2) $y=f(\sin^2 x)$.

5. 设$y=y(x)$ 的反函数为$x=x(y)$ 且$y'(x)\neq 0$, $y''(x)$ 存在, 试由反函数导数公式

$$\frac{\mathrm{d}x}{\mathrm{d}y}=\frac{1}{\dfrac{\mathrm{d}y}{\mathrm{d}x}}=\frac{1}{y'(x)}$$

导出

$$\frac{\mathrm{d}^2x}{\mathrm{d}y^2}=-\frac{y''}{(y')^3}.$$

6. 设$f(x)=(x-a)^3\varphi(x)$, 其中$\varphi(x)$ 有二阶连续导数, 问$f'''(a)$ 是否存在; 若不存在, 请说明理由; 若存在, 求出其值.

7. 问自然数n 至少多大, 才能使

$$f(x)=\begin{cases}x^n\sin\dfrac{1}{x}, & x\neq 0,\\ 0, & x=0\end{cases}$$

在 $x=0$ 处二阶可导, 并求$f''(0)$.

第四节　隐函数与由参数方程所确定的函数的导数相关变化率

Derivative of implicit function and functions with parametric forms related rates

一、 隐函数的导数 Derivative of implicit function

1. 隐函数的导数

由第一章第四节我们知道, 有些隐函数可以显化, 有些隐函数显化很困难, 甚至不能显化. 例如从方程

$$x+y^3-1=0$$

解出

$$y=\sqrt[3]{1-x},$$

就把隐函数化成了显函数; 方程

$$y^5+2y-x-3x^7=0,$$

对于区间 $(-\infty,+\infty)$ 内任意取定的 x 值, 上式成为以 y 为未知数的五次方程. 由代数学知道, 这个方程至少有一个实根, 所以方程在 $(-\infty,+\infty)$ 内确定了一个隐函数, 但是这个函数很难用显式把它表达出来.

在实际问题中, 有时需要计算隐函数的导数. 因此, 我们希望有这样一种方法, 不管函数能否显化, 都能直接由方程算出它所确定的隐函数的导数来. 下面我们通过具体例子来说明这种方法.

例 1　求由方程 $\mathrm{e}^y+xy-\mathrm{e}=0$ 所确定的隐函数 $y=y(x)$ 的导数.

解　把方程所确定的隐函数 $y=y(x)$ 代入方程后就得到一个关于 x 的恒等式, 这意味着等式两端的两个函数是同一个函数, 因此它们的导数也相等. 为此我们在方程两边分别对 x 求导数, 有

$$\frac{\mathrm{d}}{\mathrm{d}x}(\mathrm{e}^y+xy-\mathrm{e})=\frac{\mathrm{d}}{\mathrm{d}x}(0),$$

注意到 y 是 x 的函数 $y=y(x)$, 于是由复合函数求导方法可得

$$\mathrm{e}^y\cdot y'+y+x\cdot y'=0,$$

从而, 解得隐函数的导数

$$y'=-\frac{y}{x+\mathrm{e}^y}\quad(x+\mathrm{e}^y\neq 0).$$

说明　一定要注意, 上式右端中的 y 是由方程 $\mathrm{e}^y+xy-\mathrm{e}=0$ 所确定的隐函数 $y=y(x)$.

通过例 1 不难看出, 求由方程 $F(x,y)=0$ 确定的隐函数 $y=y(x)$ 的导数的方法与步骤: 在方程 $F(x,y)=0$ 中, 把 y 看成函数 $y=y(x)$, 于是方程可看成关于 x 的恒等式

$$F[x,y(x)]=0,$$

利用复合函数求导法则, 对等式两端同时对 x 求导, 解出 y' 即可.

例 2 求由方程 $xy+3x^2-5y-7=0$ 确定的函数 $y=y(x)$ 的导数.

解 在方程两边分别对 x 求导数 (求导时把 y 看作是 x 的函数), 得到

$$y+x\cdot y'+6x-5y'=0,$$

解得隐函数的导数

$$y'=\frac{6x+y}{5-x}(x\neq 5).$$

例 3 求由方程 $y^5+3x^2y+5x^4+x=1$ 所确定的隐函数 $y=y(x)$ 在点 $x=0$ 处的导数 $y'|_{x=0}$.

解 在方程两边分别对 x 求导数, 得到

$$5y^4\cdot y'+6xy+3x^2\cdot y'+20x^3+1=0,$$

解得隐函数的导数

$$y'=-\frac{1+6xy+20x^3}{5y^4+3x^2}.$$

因为当 $x=0$ 时, 可从原方程解得 $y=1$, 所以

$$y'|_{x=0}=y'\Big|_{\substack{x=0\\y=1}}=-\frac{1}{5}.$$

例 4 求过双曲线 $\frac{x^2}{a^2}-\frac{y^2}{b^2}=1$ 上一点 (x_0,y_0) 的切线方程 (其中 $y_0\neq 0$).

解 首先求过点 (x_0,y_0) 的切线斜率 k, 即求方程 $\frac{x^2}{a^2}-\frac{y^2}{b^2}=1$ 确定的隐函数 $y=f(x)$ 的导数在点 (x_0,y_0) 的值.

在方程两边分别对 x 求导数, 得

$$\frac{2x}{a^2}-\frac{2yy'}{b^2}=0,$$

解得

$$y'=\frac{b^2x}{a^2y}.$$

所以所求切线的斜率为

$$k=y'\Big|_{\substack{x=x_0\\y=y_0}}=\frac{b^2x_0}{a^2y_0}.$$

于是, 所求切线的方程是

$$y-y_0=\frac{b^2x_0}{a^2y_0}(x-x_0)\quad 或\quad \frac{x_0x}{a^2}-\frac{y_0y}{b^2}=\frac{x_0^2}{a^2}-\frac{y_0^2}{b^2}.$$

因为点 (x_0,y_0) 在双曲线上, 所以 $\frac{x_0^2}{a^2}-\frac{y_0^2}{b^2}=1$. 于是, 所求的切线方程是

$$\frac{x_0x}{a^2}-\frac{y_0y}{b^2}=1.$$

例 5　求由方程 $x-y+\frac{1}{2}\sin y=0$ 所确定的隐函数 $y=y(x)$ 的二阶导数 $\frac{\mathrm{d}^2y}{\mathrm{d}x^2}$.

解　在方程两边分别对 x 求导数, 得

$$1-\frac{\mathrm{d}y}{\mathrm{d}x}+\frac{1}{2}\cos y\cdot\frac{\mathrm{d}y}{\mathrm{d}x}=0,$$

于是

$$\frac{\mathrm{d}y}{\mathrm{d}x}=\frac{2}{2-\cos y}.$$

因此

$$\begin{aligned}\frac{\mathrm{d}^2y}{\mathrm{d}x^2}&=\frac{\mathrm{d}}{\mathrm{d}x}\left(\frac{\mathrm{d}y}{\mathrm{d}x}\right)=\frac{\mathrm{d}}{\mathrm{d}x}\left(\frac{2}{2-\cos y}\right)=2\cdot\left[-\frac{1}{(2-\cos y)^2}\right]\cdot\sin y\cdot\frac{\mathrm{d}y}{\mathrm{d}x}\\&=-\frac{2\sin y}{(2-\cos y)^2}\cdot\frac{2}{2-\cos y}=-\frac{4\sin y}{(2-\cos y)^3}.\end{aligned}$$

2. 对数求导法

求某些显函数的导数, 直接求它的导数比较繁琐, 这时可将它化为隐函数, 用隐函数求导法求其导数, 比较简便. 将显函数化为隐函数常用的方法是等号两端取对数, 再求导, 称这种方法为**对数求导法**.

例 6　求幂指函数 $y=x^x(x>0)$ 的导数.

解　在等式 $y=x^x$ 两边取对数, 得

$$\ln y=x\ln x,$$

上式两边对 x 求导数 (注意到 y 是 x 的函数), 得

$$\frac{y'}{y}=\ln x+1,$$

于是

$$y'=y(\ln x+1)=x^x(\ln x+1).$$

例 7　设 $y=u(x)^{v(x)}$, $u(x)>0$, 其中 $u(x),v(x)$ 均可导, 求 y'.

解　在等式 $y=u(x)^{v(x)}$ 两边取对数, 得

$$\ln y=v(x)\ln u(x),$$

上式两边对 x 求导, 得

$$\frac{y'}{y}=v'(x)\ln u(x)+v(x)\frac{u'(x)}{u(x)},$$

于是

$$y'=u(x)^{v(x)}\left(v'(x)\ln u(x)+\frac{v(x)u'(x)}{u(x)}\right).$$

特别地, 当 $u(x)=v(x)=x$ 时, $(x^x)'=x^x(1+\ln x)$, 即得到例 6 的结果.

例 8 求函数 $y=\sqrt{\dfrac{(x-1)(x-2)}{(x-3)(x-4)}}$ 的导数.

解 在等式两边取对数①, 有

$$\ln y=\frac{1}{2}[\ln(x-1)+\ln(x-2)-\ln(x-3)-\ln(x-4)],$$

上式两边对 x 求导数, 得

$$\frac{y'}{y}=\frac{1}{2}\left(\frac{1}{x-1}+\frac{1}{x-2}-\frac{1}{x-3}-\frac{1}{x-4}\right),$$

于是

$$y'=\frac{1}{2}\sqrt{\frac{(x-1)(x-2)}{(x-3)(x-4)}}\cdot\left(\frac{1}{x-1}+\frac{1}{x-2}-\frac{1}{x-3}-\frac{1}{x-4}\right).$$

例 9 求函数 $y=\sqrt[3]{(x^2-1)(2-x)}$ 的导数.

解 当 $x^2-1=0$ 或 $2-x=0$ 时, 由导数的定义可知函数 $y=\sqrt[3]{(x^2-1)(2-x)}$ 的导数不存在.

当 $x^2-1\neq 0$ 且 $2-x\neq 0$ 时, $y\neq 0$. 先在表达式 $y=\sqrt[3]{(x^2-1)(2-x)}$ 两边取绝对值得

$$|y|=\sqrt[3]{|x^2-1|\cdot|2-x|},$$

上式两边取对数, 得

$$\ln|y|=\frac{1}{3}(\ln|x+1|+\ln|x-1|+\ln|2-x|),$$

然后两边在对 x 求导数, 得

$$\frac{y'}{y}=\frac{1}{3}\left(\frac{1}{x+1}+\frac{1}{x-1}-\frac{1}{2-x}\right),$$

于是

$$y'=\frac{1}{3}\sqrt[3]{(x^2-1)(2-x)}\cdot\left(\frac{1}{x+1}+\frac{1}{x-1}-\frac{1}{2-x}\right).$$

通过上述例题可以看出, 由许多因子通过乘、除、乘方、开方所构成的函数和幂指函数都可以用对数求导法求导.

① 严格地应分为 $x<1$, $2<x<3$ 和 $x>4$ 三种情形进行讨论, 但这三种情形的结果是相同的.

二、 由参数方程所确定的函数的导数
Derivative of functions with parametric forms

在实际问题中, 需要计算由参数方程

$$\begin{cases} x = \varphi(t), \\ y = \psi(t) \end{cases} \quad (\alpha \leqslant t \leqslant \beta)$$

所确定的函数 $y = y(x)$ 的导数. 由于可能消去参数时会带来困难, 因此需要有一种方法直接由参数方程计算出它所确定函数的导数.

若 $x = \varphi(t)$ 与 $y = \psi(t)$ 都可导, 且 $\varphi'(t) \neq 0$, 又 $x = \varphi(t)$ 存在反函数 $t = \varphi^{-1}(x)$, 则 y 是 x 的复合函数, 即

$$y = \psi(t), \quad t = \varphi^{-1}(x),$$

由复合函数与反函数的求导法则, 有

$$\frac{\mathrm{d}y}{\mathrm{d}x} = \frac{\mathrm{d}y}{\mathrm{d}t}\frac{\mathrm{d}t}{\mathrm{d}x} = \psi'(t)[\varphi^{-1}(x)]' = \psi'(t)\frac{1}{\varphi'(t)} = \frac{\psi'(t)}{\varphi'(t)},$$

即

$$\frac{\mathrm{d}y}{\mathrm{d}x} = \frac{\psi'(t)}{\varphi'(t)}.$$

上式也可以写成

$$\frac{\mathrm{d}y}{\mathrm{d}x} = \frac{\dfrac{\mathrm{d}y}{\mathrm{d}t}}{\dfrac{\mathrm{d}x}{\mathrm{d}t}}.$$

这就是由参数方程所确定的函数的求导公式.

若 $x = \varphi(t)$ 与$y = \psi(t)$ 还具有二阶导数, 进而又可求得由参数方程所确定的函数的二阶导数公式:

$$\begin{aligned} \frac{\mathrm{d}^2y}{\mathrm{d}x^2} &= \frac{\mathrm{d}}{\mathrm{d}x}\left(\frac{\mathrm{d}y}{\mathrm{d}x}\right) = \frac{\mathrm{d}}{\mathrm{d}x}\left(\frac{\psi'(t)}{\varphi'(t)}\right) = \frac{\mathrm{d}}{\mathrm{d}t}\left(\frac{\psi'(t)}{\varphi'(t)}\right)\cdot\frac{\mathrm{d}t}{\mathrm{d}x} \\ &= \frac{\psi''(t)\varphi'(t) - \psi'(t)\varphi''(t)}{[\varphi'(t)]^2}\cdot\frac{1}{\varphi'(t)} = \frac{\psi''(t)\varphi'(t) - \psi'(t)\varphi''(t)}{[\varphi'(t)]^3}, \end{aligned}$$

即

$$\frac{\mathrm{d}^2y}{\mathrm{d}x^2} = \frac{\psi''(t)\varphi'(t) - \psi'(t)\varphi''(t)}{[\varphi'(t)]^3}.$$

例 10 设 $\begin{cases} x = a\cos^3 t, \\ y = a\sin^3 t, \end{cases}$ 求 $\dfrac{\mathrm{d}y}{\mathrm{d}x}$.

解 由参数方程所确定的函数的求导公式, 得

$$\frac{\mathrm{d}y}{\mathrm{d}x}=\frac{(a\sin^3 t)'}{(a\cos^3 t)'}=\frac{3a\sin^2 t\cos t}{3a\cos^2 t(-\sin t)}=-\tan t\quad\left(t\neq\frac{n\pi}{2},n\text{为整数}\right).$$

例 11 已知椭圆的参数方程为 $\begin{cases}x=a\cos t,\\ y=b\sin t,\end{cases}$ 求椭圆在 $t=\frac{\pi}{4}$ 处的切线方程.

解 当 $t=\frac{\pi}{4}$ 时, 椭圆上的相应点 M_0 的坐标是

$$x_0=a\cos\frac{\pi}{4}=\frac{\sqrt{2}}{2}a,\quad y_0=b\sin\frac{\pi}{4}=\frac{\sqrt{2}}{2}b.$$

曲线在点 M_0 处的切线斜率为

$$\left.\frac{\mathrm{d}y}{\mathrm{d}x}\right|_{t=\frac{\pi}{4}}=\left.\frac{(b\sin t)'}{(a\cos t)'}\right|_{t=\frac{\pi}{4}}=\left.\frac{b\cos t}{-a\sin t}\right|_{t=\frac{\pi}{4}}=-\frac{b}{a},$$

从而, 椭圆在点 M_0 处的切线方程为

$$y-\frac{b\sqrt{2}}{2}=-\frac{b}{a}\left(x-\frac{a\sqrt{2}}{2}\right).$$

化简后得

$$bx+ay-\sqrt{2}ab=0.$$

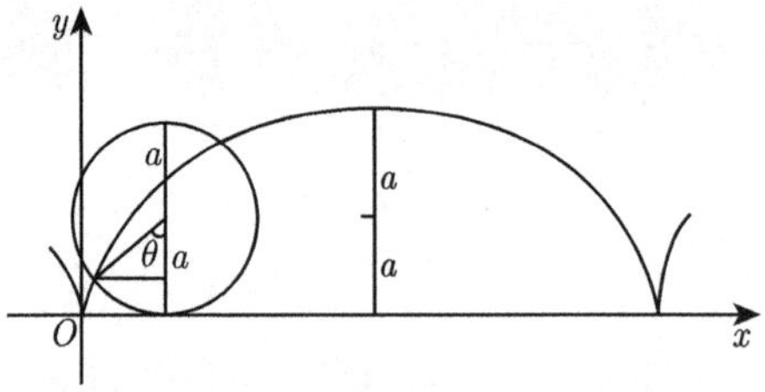

图 4-6

例 12 求由摆线 (图 4-6) 的参数方程

$$\begin{cases}x=a(\theta-\sin\theta),\\ y=a(1-\cos\theta)\end{cases}$$

所确定的函数 $y=y(x)$ 的二阶导数.

解

$$\frac{\mathrm{d}y}{\mathrm{d}x}=\frac{\frac{\mathrm{d}y}{\mathrm{d}\theta}}{\frac{\mathrm{d}x}{\mathrm{d}\theta}}=\frac{a\sin\theta}{a-a\cos\theta}=\frac{\sin\theta}{1-\cos\theta}(\theta\neq 2n\pi,n\in\mathbf{Z}),$$

$$\frac{\mathrm{d}^2y}{\mathrm{d}x^2}=\frac{\mathrm{d}}{\mathrm{d}x}\left(\frac{\mathrm{d}y}{\mathrm{d}x}\right)=\frac{\frac{\mathrm{d}}{\mathrm{d}\theta}\left(\frac{\sin\theta}{1-\cos\theta}\right)}{\frac{\mathrm{d}x}{\mathrm{d}\theta}}=\frac{\frac{\cos\theta(1-\cos\theta)-\sin^2\theta}{(1-\cos\theta)^2}}{a(1-\cos\theta)}$$

$$=\frac{\frac{\cos\theta-1}{(1-\cos\theta)^2}}{a(1-\cos\theta)}=-\frac{1}{a(1-\cos\theta)^2}\quad(\theta\neq 2n\pi,n\in\mathbf{Z}).$$

三*、相关变化率 Correlation rate of change

当我们给气球充气时, 气球的体积 V 和半径 R 同时增加, 它们的增加率 $\frac{\mathrm{d}V}{\mathrm{d}t}$ 和 $\frac{\mathrm{d}R}{\mathrm{d}t}$ 也存在一定的关系. 由于计算体积的增加率 $\frac{\mathrm{d}V}{\mathrm{d}t}$ 比计算半径的增加率 $\frac{\mathrm{d}R}{\mathrm{d}t}$ 容易, 因此可根据它们增加率之间的关系求出半径的增加率.

设 $x = x(t)$ 及 $y = y(t)$ 都是可导函数, 而变量 x 与 y 间存在某种关系, 从而变化率 $\frac{\mathrm{d}x}{\mathrm{d}t}$ 与 $\frac{\mathrm{d}y}{\mathrm{d}t}$ 间也存在一定关系. 这两个相互依赖的变化率称为**相关变化率**. 相关变化率问题就是研究这两个变化率之间的关系, 以便从其中一个变化率求出另一个变化率.

例 13　一气球从离开观察员 500 m 处离地面竖直上升, 当气球高度为 500 m 时, 其速率为 140 m/min. 问此时观察员视线的仰角增加的速率是多少?

解　设气球上升 t min 后, 其高度为 h, 观察员视线的仰角为 θ, 则

$$\tan\theta = \frac{h}{500},$$

其中 θ 及 h 都与 t 存在可导的函数关系. 上式两边对 t 求导, 得

$$\sec^2\theta\cdot\frac{\mathrm{d}\theta}{\mathrm{d}t} = \frac{1}{500}\cdot\frac{\mathrm{d}h}{\mathrm{d}t}.$$

由已知条件, 存在 t_0, 使 $h|_{t=t_0} = 500\text{m}$, $\left.\frac{\mathrm{d}h}{\mathrm{d}t}\right|_{t=t_0} = 140\text{m/ min}$. 又 $\tan\theta|_{t=t_0} = 1$, $\sec^2\theta|_{t=t_0} = 2$. 代入上式得

$$2\cdot\left.\frac{\mathrm{d}\theta}{\mathrm{d}t}\right|_{t=t_0} = \frac{1}{500}\cdot\left.\frac{\mathrm{d}h}{\mathrm{d}t}\right|_{t=t_0} = \frac{140}{500},$$

所以

$$\left.\frac{\mathrm{d}\theta}{\mathrm{d}t}\right|_{t=t_0} = \frac{70}{500} = 0.14\ \text{rad/ min}.$$

习　题　四

1. 求下列函数的导数 $\frac{\mathrm{d}y}{\mathrm{d}x}$:

(1) $x^3 + y^3 - 3axy = 0$;　　(2) $y = \tan(x+y)$;

(3) $y^2 + 2\ln y = x^4$;　　(4) $xy = \mathrm{e}^{x+y}$;

(5) $x\mathrm{e}^y + y\mathrm{e}^x = 10$;　　(6) $\arctan\frac{y}{x} = \ln\sqrt{x^2+y^2}$.

2. 求下列函数的导数:

(1) $y = x^{\sin x}\ (x>0)$;　　(2) $y = \sin x^{\cos x}$;　　(3) $y = \frac{\sqrt{x+2}\cdot(3-x)^4}{(x+1)^5}$;

(4) $y = (1+x^2)^{\sin x}$;　　(5) $y = \frac{\mathrm{e}^{2x}(x+3)}{\sqrt{(x+5)(x-4)}}$.

3. 设 $xy-\ln y=0$, 且 $\left.\dfrac{\mathrm{d}y}{\mathrm{d}x}\right|_{x=0}$, $\left.\dfrac{\mathrm{d}^2y}{\mathrm{d}x^2}\right|_{x=0}$.

4. 已知 $\begin{cases} x=\mathrm{e}^t\sin t, \\ y=\mathrm{e}^t\cos t, \end{cases}$ 求当 $t=\dfrac{\pi}{3}$ 时 $\dfrac{\mathrm{d}y}{\mathrm{d}x}$ 的值.

5. 求下列函数的导数:

(1) 设 $\begin{cases} x=\arctan t, \\ y=\ln(1+t^2), \end{cases}$ 求 $\dfrac{\mathrm{d}y}{\mathrm{d}x}$ 与 $\dfrac{\mathrm{d}^2y}{\mathrm{d}x^2}$;

(2) 设 $x=\alpha\ln\cot\theta, y=\tan\theta$, 求 $\dfrac{\mathrm{d}y}{\mathrm{d}x}$ 与 $\dfrac{\mathrm{d}^2y}{\mathrm{d}x^2}$;

(3) 设 $x=f'(t), y=tf'(t)-f(t)$, 又 $f''(t)$ 存在且不为零, 求 $\dfrac{\mathrm{d}y}{\mathrm{d}x}$ 与 $\dfrac{\mathrm{d}^2y}{\mathrm{d}x^2}$.

第五节 函数的微分
Differential of function

导数是表示函数变化率的概念, 而微分则是表示函数变化量的概念. 这两个概念都是从解决实际问题中提炼出来的概念, 在解决问题过程中我们经常会遇到计算问题, 把实际问题转化成函数, 需要考虑当自变量改变时, 函数变化多少的情况 (见第一节例 1). 我们建立函数的主要目的之一就是能用简单量去认识复杂的量, 而复杂量计算是不易求其值的, 这就促使我们要寻找简单的近似计算的方法, 微分的概念就是为了解决简单化计算方法而得到的.

一、 微分的定义 Definition of differential

微分也是微积分中的一个重要概念, 它与导数等概念有着极为密切的关系. 如果说导数来源于求函数增量与自变量的增量之比在自变量的增量趋近于零时的极限, 那么微分就来源于求函数的增量的近似值. 已知函数 $y=f(x)$ 在点 x_0 处的函数值 $f(x_0)$, 欲求函数 $f(x)$ 在点 x_0 附近一点 $x_0+\Delta x$ 处的函数值 $f(x_0+\Delta x)$, 常常很难求得 $f(x_0+\Delta x)$ 的精确值. 在实际应用中, 只要求出 $f(x_0+\Delta x)$ 的近似值也就够了. 为此, 讨论近似计算函数值 $f(x_0+\Delta x)$ 的方法尤为重要.

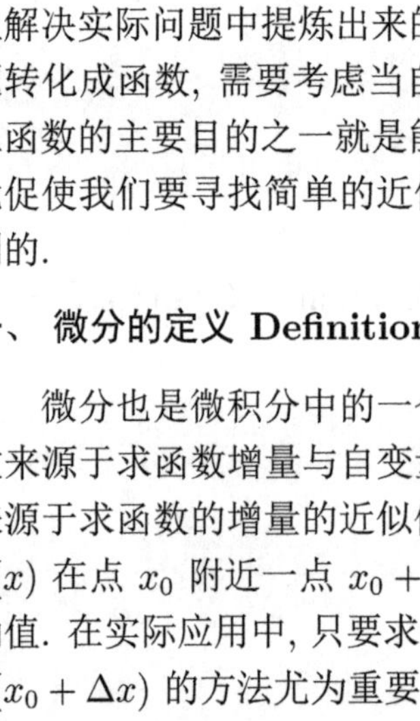

图 4-7

例如, 一块边长为 x_0 的正方形金属薄片受热膨胀, 边长增加了 Δx, 其面积的增量为

$$\Delta y=(x_0+\Delta x)^2-x_0^2=2x_0\Delta x+(\Delta x)^2.$$

这个增量分成两部分, 第一部分 $2x_0\Delta x$ 是 Δx 的线性函数, 第二部分 $(\Delta x)^2$ 是在 $\Delta x\to 0$ 时比 Δx 高阶的无穷小量. 当 Δx 很小时, Δy 的表达式中, 第一部分起主导作用, 第二部分可以忽略不计. 因此, 当给 x 以微小增量 Δx 时, 由此所引起的面积增量 Δy 可近似地用 $2x_0\Delta x$ 来代替, 相差仅是一个以 Δx 为边长的正方形面积, 如图 4-7 所示, 当 $|\Delta x|$ 越小时相差也越小. 于是得到 $\Delta y\approx 2x_0\Delta x$.

一般地, 如函数 $y=f(x)$ 满足一定条件, 则因变量的增量 Δy 可以表示为

$$\Delta y=A\Delta x+o(\Delta x),$$

其中 A 是与 Δx 无关的常数, 因此, $A\Delta x$ 是 Δx 的线性函数, 且它与 Δy 之差

$$\Delta y-A\Delta x=o(\Delta x)$$

是在 $\Delta x\to 0$ 时比 Δx 高阶的无穷小量. 所以, 当 $|\Delta x|$ 很小时, 我们可以近似地用 $A\Delta x$ 来代替 Δy.

定义 1　设函数 $y=f(x)$ 在点 x_0 的某一邻域 $U(x_0)$ 内有定义, $x_0+\Delta x$ 在 $U(x_0)$ 内, 若点 x_0 处函数 $y=f(x)$ 的增量 Δy 可以表示为

$$\Delta y=A\Delta x+o(\Delta x), \tag{1}$$

其中 A 是与 Δx 无关的常数, $o(\Delta x)$ 是在 $\Delta x\to 0$ 时比 Δx 高阶的无穷小量, 则称函数 $y=f(x)$ 在点 x_0 处**可微** (differentiable), 而 $A\Delta x$ 称为函数 $y=f(x)$ 在点 x_0 处的**微分** (differential), 记作 $\mathrm{d}y$ 或 $\mathrm{d}f(x)\,|_{x=x_0}$, 即

$$\mathrm{d}y=A\Delta x \quad 或 \quad \mathrm{d}f(x)\,|_{x=x_0}=A\Delta x.$$

$A\Delta x$ 也称为 (1) 式的**线性主要部分**. "线性" 是因为 $A\Delta x$ 是 Δx 的一次函数,"主要" 是因为 (1) 式的右端 $A\Delta x$ 起主导作用.

由定义可知, $\Delta y-\mathrm{d}y$ 是 Δx 的高阶无穷小, 即

$$\lim_{\Delta x\to 0}\frac{\Delta y-\mathrm{d}y}{\Delta x}=\lim_{\Delta x\to 0}\frac{o(\Delta x)}{\Delta x}=0.$$

二、 微分与导数的关系 The relation between differential and derivative

定理 1　函数 $y=f(x)$ 在点 x_0 处可微的充要条件是 $y=f(x)$ 在点 x_0 处可导, 且有

$$\mathrm{d}y=f'(x_0)\Delta x.$$

证明　设 $y=f(x)$ 在点 x_0 处可微, 即

$$\Delta y=A\Delta x+o(\Delta x).$$

于是

$$\lim_{\Delta x\to 0}\frac{\Delta y}{\Delta x}=\lim_{\Delta x\to 0}\left[A+\frac{o(\Delta x)}{\Delta x}\right]=A.$$

所以, $y=f(x)$ 在点 x_0 处可导, 且有 $A=f'(x_0)$.

反之, 如果 $y=f(x)$ 在点 x_0 处可导, 即

$$\lim_{\Delta x\to 0}\frac{\Delta y}{\Delta x}=f'(x_0).$$

由极限与无穷小的关系得

$$\frac{\Delta y}{\Delta x}=f'(x_0)+\alpha,$$

其中 $\lim\limits_{\Delta x\to 0}\alpha=0$, 于是

$$\Delta y=f'(x_0)\Delta x+\alpha\Delta x.$$

显然, $\Delta x\to 0$ 时, $\alpha\Delta x=o(\Delta x)$, 且 $f'(x_0)$ 与 Δx 无关, 由微分定义可知, $y=f(x)$ 在点 x_0 处可微, 且有 $\mathrm{d}y=f'(x_0)\Delta x$.

该定理说明了函数 $y=f(x)$ 在点 x_0 的可微性与可导性是等价的, 且有关系式 $\mathrm{d}y=f'(x_0)\Delta x$.

通常把自变量 x 的增量 Δx 称为自变量的微分, 记作 $\mathrm{d}x$, 即

$$\mathrm{d}x=\Delta x.$$

于是函数 $y=f(x)$ 在点 x_0 的微分可以写成

$$\mathrm{d}y=f'(x_0)\mathrm{d}x.$$

当函数 $y=f(x)$ 在区间 (a,b) 内的每一点处都可微时, 则称函数 $y=f(x)$ 在区间 (a,b) 内可微, 此时微分表达式写为

$$\mathrm{d}y=f'(x)\mathrm{d}x.$$

上式也可写成

$$\frac{\mathrm{d}y}{\mathrm{d}x}=f'(x).$$

于是, 函数 $y=f(x)$ 的导数等于该函数的微分 $\mathrm{d}y$ 与自变量的微分 $\mathrm{d}x$ 之商, 因此, 导数也叫微商.

说明 微分 $\mathrm{d}y$ 既与 x 有关, 也与 $\mathrm{d}x$ 有关, 而 x 与 $\mathrm{d}x$ 是相互独立的两个变量.

例 1 已知 $y=x^2$, 求 $\mathrm{d}y\Big|_{\substack{x=1\\ \Delta x=0.1}}, \mathrm{d}y\Big|_{x=1}, \mathrm{d}y$.

解

$$\mathrm{d}y=y'\mathrm{d}x=2x\mathrm{d}x.$$

$$\mathrm{d}y\,|_{x=1}=(2x\mathrm{d}x)\,|_{x=1}=2\mathrm{d}x.$$

$$\mathrm{d}y\Big|_{\substack{x=1\\ \Delta x=0.1}}=(2x\mathrm{d}x)\Big|_{\substack{x=1\\ \Delta x=0.1}}=0.2.$$

三、 微分的几何意义 Geometric significance of differential

设函数 $y=f(x)$ 在 x_0 处可微, 在直角坐标系中, 过曲线 $y=f(x)$ 上的点 $P_0(x_0,f(x_0))$ 作切线 P_0T(图 4-8). 设 P_0T 的倾斜角为 α, 则 $\tan\alpha=f'(x_0)$. 给 x 以增量 Δx, 于是切线 P_0T 的纵坐标有相应的增量

$$NT=\tan\alpha\cdot\Delta x=f'(x_0)\Delta x=\mathrm{d}y.$$

由此可见, 函数 $f(x)$ 在点 x_0 处的微分 $\mathrm{d}y$ 就是曲线 $y=f(x)$ 在点 $P_0(x_0,f(x_0))$ 处的切线的纵坐标的增量. 当 $|\Delta x|$ 很小时, $|\Delta y-\mathrm{d}y|$ 比 $|\Delta x|$ 小很多. 因此在点 P_0 的邻近, 我们可以用切线段来近似代替曲线段. 在局部范围内用线性函数近似代替非线性函数, 在几何上就是局部用切线段近似代替曲线段, 这在数学上称为非线性函数的局部线性化, 这是微分学的基本思想方法之一. 这种思想方法在自然科学、经济学和工程学等的问题研究中经常采用.

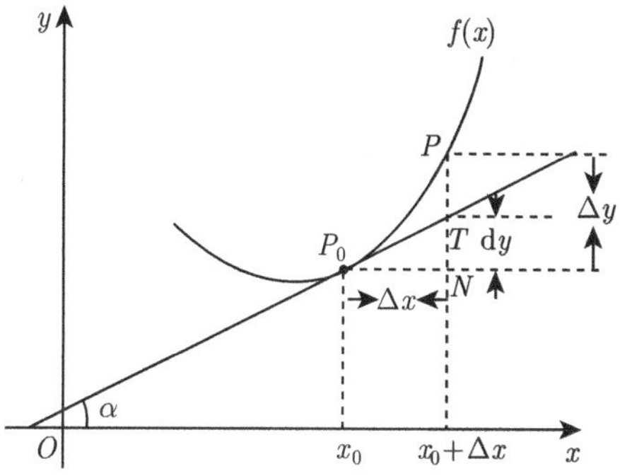

图 4-8

四、 微分的基本公式和运算法则

Arithmetic operation rules and formulas of differential

已知可微与可导是等价的, 且 $\mathrm{d}y=y'\mathrm{d}x$. 由导数的运算法则和导数公式可相应地得到微分运算法则和微分公式.

1. 基本初等函数的微分公式

由基本初等函数的导数公式, 可以直接写出基本初等函数的微分公式. 为了便于对照, 列表如下 (表 1):

表 1　基本初等函数的导数公式和微分公式

导数公式	微分公式
$(c)'=0$	$\mathrm{d}(c)=0$
$(x^\alpha)'=\alpha x^{\alpha-1}$	$\mathrm{d}(x^\alpha)=\alpha x^{\alpha-1}\mathrm{d}x$
$(\log_a x)'=\dfrac{1}{x\ln a}(a>0且a\neq 1)$	$\mathrm{d}(\log_a x)=\dfrac{1}{x\ln a}\mathrm{d}x(a>0且a\neq 1)$
$(\ln x)'=\dfrac{1}{x}$	$\mathrm{d}(\ln x)=\dfrac{1}{x}\mathrm{d}x$
$(a^x)'=a^x\ln a(a>0且a\neq 1)$	$\mathrm{d}(a^x)=a^x\ln a\mathrm{d}x(a>0且a\neq 1)$
$(\mathrm{e}^x)'=\mathrm{e}^x$	$\mathrm{d}(\mathrm{e}^x)=\mathrm{e}^x\mathrm{d}x$
$(\sin x)'=\cos x$	$\mathrm{d}(\sin x)=\cos x\mathrm{d}x$
$(\cos x)'=-\sin x$	$\mathrm{d}(\cos x)=-\sin x\mathrm{d}x$
$(\tan x)'=\sec^2 x$	$\mathrm{d}(\tan x)=\sec^2 x\mathrm{d}x$
$(\cot x)'=-\csc^2 x$	$\mathrm{d}(\cot x)=-\csc^2 x\mathrm{d}x$
$(\sec x)'=\sec x\cdot\tan x$	$\mathrm{d}(\sec x)=\sec x\cdot\tan x\mathrm{d}x$
$(\csc x)'=-\csc x\cdot\cot x$	$\mathrm{d}(\csc x)=-\csc x\cdot\cot x\mathrm{d}x$
$(\arcsin x)'=\dfrac{1}{\sqrt{1-x^2}}$	$\mathrm{d}(\arcsin x)=\dfrac{1}{\sqrt{1-x^2}}\mathrm{d}x$
$(\arccos x)'=-\dfrac{1}{\sqrt{1-x^2}}$	$\mathrm{d}(\arccos x)=-\dfrac{1}{\sqrt{1-x^2}}\mathrm{d}x$
$(\arctan x)'=\dfrac{1}{1+x^2}$	$\mathrm{d}(\arctan x)=\dfrac{1}{1+x^2}\mathrm{d}x$
$(\mathrm{arccot}\, x)'=-\dfrac{1}{1+x^2}$	$\mathrm{d}(\mathrm{arccot}\, x)=-\dfrac{1}{1+x^2}\mathrm{d}x$

2. 函数和、差、积、商的微分法则

由函数和、差、积、商的求导法则, 可推得相应的微分法则. 为了便于对照, 列表如下(表 2)(表中 $u=u(x), v=v(x)$ 都可导, 在商中 $v\neq 0$):

表 2 函数和、差、积、商的微分法则

函数和、差、积、商的求导法则	函数和、差、积、商的微分法则
$(u\pm v)'=u'\pm v'$	$\mathrm{d}(u\pm v)=\mathrm{d}u\pm \mathrm{d}v$
$(cu)'=cu'$	$\mathrm{d}(cu)=c\mathrm{d}u$
$(uv)'=u'v+uv'$	$\mathrm{d}(uv)=v\mathrm{d}u+u\mathrm{d}v$
$\left(\dfrac{u}{v}\right)'=\dfrac{u'v-uv'}{v^2}$	$\mathrm{d}\left(\dfrac{u}{v}\right)=\dfrac{v\mathrm{d}u-u\mathrm{d}v}{v^2}$

现在我们以乘积的微分法则为例加以证明.

事实上, 由微分的表达式及乘积的求导法则, 我们有

$$\mathrm{d}(uv)=(uv)'\mathrm{d}x=(u'v+uv')\mathrm{d}x=v(u'\mathrm{d}x)+u(v'\mathrm{d}x)=v\mathrm{d}u+u\mathrm{d}v.$$

其他法则都可以用类似的方法证明.

3. 复合函数的微分法则

与复合函数的求导法则相应的复合函数的微分法则可推导如下:

设 $y=f(u), u=\varphi(x)$, 则复合函数 $y=f[\varphi(x)]$ 的微分为

$$\mathrm{d}y=y'_x\mathrm{d}x=f'(u)\varphi'(x)\mathrm{d}x.$$

由于 $\varphi'(x)\mathrm{d}x=\mathrm{d}u$, 所以复合函数 $y=f[\varphi(x)]$ 的微分公式可以写成

$$\mathrm{d}y=f'(u)\mathrm{d}u \quad 或 \quad \mathrm{d}y=y'_u\mathrm{d}u.$$

由此可见, 无论 u 是自变量还是中间变量, 微分形式 $\mathrm{d}y=f'(u)\mathrm{d}u$ 保持不变. 这一性质称为**一阶微分形式不变性**.

例 2 求下列函数的微分:

(1) $y=\sin(3x+1)$; (2) $y=\ln(1+\mathrm{e}^{x^2})$.

解 (1) $\mathrm{d}y=\mathrm{d}\sin(3x+1)=\cos(3x+1)\mathrm{d}(3x+1)=3\cos(3x+1)\mathrm{d}x$;

(2) $\mathrm{d}y=\mathrm{d}\ln(1+\mathrm{e}^{x^2})=\dfrac{1}{1+\mathrm{e}^{x^2}}\mathrm{d}(1+\mathrm{e}^{x^2})=\dfrac{1}{1+\mathrm{e}^{x^2}}\cdot \mathrm{e}^{x^2}\mathrm{d}(x^2)$

$$=\frac{1}{1+\mathrm{e}^{x^2}}\cdot \mathrm{e}^{x^2}\cdot 2x\mathrm{d}x=\frac{2x\mathrm{e}^{x^2}}{1+\mathrm{e}^{x^2}}\mathrm{d}x.$$

例 3 设 $y=\mathrm{e}^{1-3x}\cos x$, 求 $\mathrm{d}y$.

解

$$\begin{aligned}\mathrm{d}y&=\mathrm{d}(\mathrm{e}^{1-3x}\cos x)=\cos x\mathrm{d}(\mathrm{e}^{1-3x})+\mathrm{e}^{1-3x}\mathrm{d}(\cos x)\\&=\cos x\cdot \mathrm{e}^{1-3x}\cdot \mathrm{d}(1-3x)+\mathrm{e}^{1-3x}\cdot(-\sin x\mathrm{d}x)\\&=\cos x\cdot \mathrm{e}^{1-3x}\cdot(-3\mathrm{d}x)+\mathrm{e}^{1-3x}\cdot(-\sin x\mathrm{d}x)\end{aligned}$$

$$= -\mathrm{e}^{1-3x}(3\cos x + \sin x)\mathrm{d}x.$$

例 4　在下列等式左端的括号中填入适当的函数, 使等式成立:

(1) $\mathrm{d}(\quad) = x\mathrm{d}x$;　　(2) $\mathrm{d}(\quad) = \cos ax\mathrm{d}x (a \neq 0)$.

解　(1) 容易知道

$$\mathrm{d}(x^2) = 2x\mathrm{d}x,$$

可见

$$x\mathrm{d}x = \frac{1}{2}\mathrm{d}\left(x^2\right) = \mathrm{d}\left(\frac{x^2}{2}\right),$$

即

$$\mathrm{d}\left(\frac{x^2}{2}\right) = x\mathrm{d}x.$$

显然, 对于任意常数 C 都有

$$\mathrm{d}\left(\frac{x^2}{2} + C\right) = x\mathrm{d}x.$$

(2) 因为

$$\mathrm{d}(\sin ax) = a\cos ax\mathrm{d}x,$$

可见

$$\cos ax\mathrm{d}x = \frac{1}{a}\mathrm{d}(\sin ax) = \mathrm{d}\left(\frac{\sin ax}{a}\right),$$

即

$$\mathrm{d}\left(\frac{\sin ax}{a}\right) = \cos ax\mathrm{d}x,$$

或

$$\mathrm{d}\left(\frac{\sin ax}{a} + C\right) = \cos ax\mathrm{d}x \quad (C\text{为常数}).$$

五、 微分在近似计算中的应用 Application of differential in proximate calculation

在一些问题中, 往往需要计算 Δy 或 $f(x_0 + \Delta x)$, 一般说来, 求它们的精确值比较困难. 但是, 对于可微函数, 当 $|\Delta x|$ 充分小时, 可以利用微分来作近似计算.

若函数 $y = f(x)$ 在点 x_0 处可微, 则 $\Delta y = \mathrm{d}y + o(\Delta x)$. 由

$$\Delta y = f(x_0 + \Delta x) - f(x_0), \quad \mathrm{d}y = f'(x_0)\Delta x,$$

有

$$f(x_0 + \Delta x) - f(x_0) = f'(x_0)\Delta x + o(\Delta x),$$

或

$$f(x_0 + \Delta x) = f(x_0) + f'(x_0)\Delta x + o(\Delta x).$$

因此, 当 $|\Delta x|$ 充分小, 并且 $f'(x_0) \neq 0$ 时, 有

$$\Delta y = f(x_0 + \Delta x) - f(x_0) \approx f'(x_0)\Delta x, \tag{2}$$

即

$$f(x_0+\Delta x)\approx f(x_0)+f'(x_0)\Delta x. \tag{3}$$

设 $x=x_0+\Delta x, \Delta x=x-x_0$, 上式又可写成

$$f(x)\approx f(x_0)+f'(x_0)(x-x_0). \tag{4}$$

(4) 式就是函数值 $f(x)$ 的近似计算公式. 特别是, 当 $x_0=0$, 且 $|x|$ 充分小时, (4) 式就是

$$f(x)\approx f(0)+f'(0)\cdot x. \tag{5}$$

若 $f(x_0)$ 及 $f'(x_0)$ 都容易计算, 则可利用 (2) 式近似计算 Δy, 或利用 (3) 和 (4) 两式来近似计算 $f(x_0+\Delta x)$ 和 $f(x)$. 这种近似计算的实质就是利用 x 的线性函数 $f(x_0)+f'(x_0)(x-x_0)$ 来近似表达函数 $f(x)$. 在几何上, 这相当于用曲线 $y=f(x)$ 在点 $(x_0,f(x_0))$ 处的切线近似表示该曲线.

由 (5) 式可以推得几个常用的近似公式 (当 $|x|$ 充分小时):

(1) $\sin x\approx x$; (2) $\tan x\approx x$; (3) $\mathrm{e}^x\approx 1+x$;

(4) $\dfrac{1}{1+x}\approx 1-x$; (5) $\ln(1+x)\approx x$; (6) $\sqrt[n]{1\pm x}\approx 1\pm\dfrac{x}{n}$.

以上几个近似公式易证, 这里只给出最后一个近似公式的证明.

设 $f(x)=\sqrt[n]{1\pm x}$, 则

$$f(0)=1,\quad f'(x)=\pm\frac{1}{n}(1\pm x)^{\frac{1}{n}-1},\quad f'(0)=\pm\frac{1}{n}.$$

由公式 (5), 有

$$\sqrt[n]{1\pm x}\approx 1\pm\frac{x}{n}.$$

例 5 求 $\sin 30°30'$ 的近似值.

解 记 $f(x)=\sin x$, $x_0=30°=\dfrac{\pi}{6}$, $\Delta x=30'=\dfrac{\pi}{360}$, 且 $f'(x)=\cos x$, 有

$$\begin{aligned}\sin 30°30'&=f(x_0+\Delta x)\approx f(x_0)+f'(x_0)\Delta x\\&=\sin\frac{\pi}{6}+\cos\frac{\pi}{6}\cdot\frac{\pi}{360}=\frac{1}{2}+\frac{\sqrt{3}}{2}\cdot\frac{\pi}{360}\approx 0.5076.\end{aligned}$$

习 题 五

1. 求函数$y=x^3+2x$ 在$x=-1$, $\Delta x=0.02$ 时的增量Δy 与微分$\mathrm{d}y$.

2. 在括号内填入适当的函数, 使等式成立:

(1) d(　　) $=\cos t\mathrm{d}t$; (2) d(　　) $=\dfrac{1}{\sqrt{x}}\mathrm{d}x$;

(3) d(　　) $=\dfrac{1}{1+x}\mathrm{d}x$; (4) d(　　) $=\sin\omega x\mathrm{d}x(\omega\neq 0)$;

(5) d(　　) $=\mathrm{e}^{-2x}\mathrm{d}x$; (6) d(　　) $=\sec^2 3x\mathrm{d}x$;

(7) d(　　) $= \frac{1}{x}\ln x\mathrm{d}x$;　　(8) d(　　) $= \frac{x}{\sqrt{1-x^2}}\mathrm{d}x$.

3. 求下列函数的微分:

(1) $y=\cos\sqrt{x}$;　(2) $y=x\mathrm{e}^x$;　(3) $y=\frac{\ln x}{x}$;

(4) $y=\sqrt{\arcsin x}+(\arctan x)^2$;　(5) $y=\ln(2x+1)\cdot\sin x^2$;

(6) $y=5^{\ln\tan x}$;　(7)$y=8x^x-6\mathrm{e}^{2x}$;　(8) $y=\frac{1-x}{x^2}\cdot\sqrt[3]{\frac{7-x}{(x-4)^2}}$.

4. (1) 当 $|x|<<1$ 时, 求出$\sqrt{\frac{1-x}{1+x}}$ 的关于x 的线性近似式;

(2) 计算 $\sqrt[3]{998}$ 的近似值.

复习题四

1. 判断题

(1) 设函数 $f(x)$ 在 x 处可导; 那么 $\lim\limits_{\Delta x\to 0}\frac{f(x)-f(x-\Delta x)}{\Delta x}=f'(x)$ 成立;　(　　)

(2) $(x^2+1)'=2x+1$;　(　　)

(3) 若 $u(x)$,$v(x)$,$w(x)$ 都是x 的可导函数, 则$(uvw)'=u'vw+uv'w+uvw'$;　(　　)

(4) $f''(100)=[f'(100)]'$;　(　　)

(5) 设函数 $y=\mathrm{e}^x$, 则 $y^{(n)}=n\mathrm{e}^x$;　(　　)

(6) 若 $y=f(\mathrm{e}^x)\mathrm{e}^{f(x)}$,$f'(x)$ 存在, 那么有$y'_x=f'(\mathrm{e}^x)\mathrm{e}^{f(x)}+\mathrm{e}^{f(x)}f'(x)f(\mathrm{e}^x)$.　(　　)

2. 填空题

(1) 曲线 $f(x)=\sqrt{x}+1$ 在 $(1,2)$ 点的斜率是__________;

(2) 曲线 $f(x)=\mathrm{e}^x$ 在 $(0,1)$ 点的切线方程是__________;

(3) 函数 $y=x^3-2$, 当 $x=2$, $\Delta x=0.1$ 时, $\frac{\Delta y}{\Delta x}=$__________;

(4) 若函数 $f(x)$ 可导及n 为自然数, 则 $\lim\limits_{n\to\infty} n\left[f\left(x+\frac{1}{n}\right)-f(x)\right]=$__________;

(5) 已知 $f(x)=x^3+3^x$, 则 $f'(3)=$__________;

(6) 设函数$y=y(x)$ 是由方程$x^2+y^2=1$ 确定, 则$y'=$__________;

(7) d__________ $=\sin 3x\mathrm{d}x$;

(8) 曲线 $y=f(x)$ 在点$M(x_0,f(x_0))$ 的法线斜率为__________.

3. 选择题

(1) 设 $f(x)$ 在x_0 处可导, 则 $\lim\limits_{\Delta x\to 0}\frac{f(x_0-\Delta x)-f(x_0)}{\Delta x}=$(　　).

(A) $-f'(x_0)$　(B) $f'(-x_0)$　(C) $f'(x_0)$　(D) $2f'(x_0)$

(2) 下列函数在 $x=0$ 处不可导的是 (　　).

(A) $y=2\sqrt{x}$　(B) $y=\sin x$　(C) $y=\cos x$　(D) $y=x^3$

(3) 设 $f(x)$ 在x_0 处不连续, 则 $f(x)$ 在x_0 处 (　　).

(A) 必不可导　(B) 一定可导　(C) 可能可导　(D) 无极限

(4) 设 $f(x)$ 在 $x=x_0$ 可导, 当 $f'(x_0)=$(　　) 时, 有 $\lim\limits_{x\to 0}\frac{x}{f(x_0-2x)-f(x_0)}=\frac{1}{4}$.

(A)4　(B)-4　(C)2　(D)-2

(5) 下列函数中, 在 $x=0$ 处可导的是 (　　).

(A) $y=|x|$　(B) $y=2\sqrt{x}$　(C) $y=x^3$　(D) $y=|\sin x|$

(6) 设函数 $y=\begin{cases} x^2, & x\leqslant 1, \\ ax+b, & x>1 \end{cases}$ 在$x=1$ 处连续且可导, 则 (　　).

(A) $a=1,b=2$　　(B) $a=3,b=2$　　(C) $a=-2,b=1$　　(D) $a=2,b=-1$

(7) 若 $f(x)=\mathrm{e}^{-x}\cos x$, 则 $f'(0)$=(　　).

(A) 2　　(B) 1　　(C) -1　　(D) -2

(8) 设 $y=f(x)$ 是可微函数, 则 $\mathrm{d}f(\cos 2x)$ =(　　).

(A) $2f'(\cos 2x)\mathrm{d}x$　　(B) $f'(\cos 2x)\sin 2x\mathrm{d}2x$

(C) $2f'(\cos 2x)\sin 2x\mathrm{d}x$　　(D) $-f'(\cos 2x)\sin 2x\mathrm{d}2x$

4. 已知 $f(x)=\begin{cases} \sin x, & x<0, \\ x, & x\geqslant 0, \end{cases}$ 求 $f'(x)$.

5. 求双曲线 $y=\dfrac{1}{x}$ 在点$\left(\dfrac{1}{2},2\right)$ 处的切线的斜率, 并写出在该点处的切线方程和法线方程.

6. 计算下列各题:

(1) 设 $y=\sqrt[7]{x}+\sqrt[x]{7}+\sqrt[7]{7}$, 求$\dfrac{\mathrm{d}y}{\mathrm{d}x}$;

(2) 设 $y=x^2\mathrm{e}^{\frac{1}{x}}$, 求$y'$;

(3) 设 $y=x\sqrt{x}+\ln\cos x$, 求y';

(4) 设 $y=y(x)$ 是由方程$x^2+y^2-xy=4$ 确定的隐函数, 求$\mathrm{d}y$;

(5) 设 $\cos(x+y)+\mathrm{e}^y=1$, 求$\mathrm{d}y$;

(6) 已知 $y=x+x^x$, 求 y'.

7. 求由方程 $xy-\mathrm{e}^x+\mathrm{e}^y=0$ 所确定的隐函数y 的导数$\dfrac{\mathrm{d}y}{\mathrm{d}x}$, $\left.\dfrac{\mathrm{d}y}{\mathrm{d}x}\right|_{x=0}$.

8. 求由方程 $y\sin x-\cos(x-y)=0$ 所确定的函数的导数.

9. 求由方程 $xy+\ln y=1$ 所确定的函数$y=f(x)$ 在点$M(1,1)$ 处的切线方程.

课外阅读（四）

一、课程思政简述

函数导数中的多元一体思想

多元一体思想蕴含着一种包容，也蕴含着一种差异，是包容和差异的辩证统一. 在多元一体的思想中，个体的多样性完全可以通过一种彼此之间的适应，形成共同性的认同. 换言之，一个多元一体的存在，完全可以通过差异性包容而实现其自身一体性的存在. 因此，多元一体是“有差异的包容”和“有包容的差异”的统一. 导数的概念是多元一体的体现，对于不同的问题，例如质点作变速直线运动的瞬时速度求解，曲线上一点处切线的斜率求解，经济学中的边际概念等问题，这些问题尽管实际意义不同，有差异，但都可以舍弃实际问题所产生的差异，抽象出数量关系，形成函数，归结为当自变量的改变量趋于 0 时函数改变量与自变量改变量之比的极限. 这种形式的极限问题是非常重要且普遍存在的，故将其提炼出来进行重点研究，形成了函数导数的概念. 因此，导数的概念正是对于有差异的多样化的实际问题所形成的共同性的认同，体现了多元化为一体的思想.

在认识一个多元一体时，一般先从多元认识到一体，又从一体认识到多元一体，由此实现了一种由偏狭至广阔再至多样统一的普遍性、包容性认识的升华. 在学习导数的概念时，我们先从具体的具有多样性的实际例子（如求变速直线运动的瞬时速度问题、切线问题、经济学中的边际问题等）入手，抽象出数量关系，形成函数，包容了具体实际问题的差异性，把问题归结为当自变量的改变量趋于 0 时函数改变量与自变量改变量之比的极限，最终抽象出具有包容性认识的概念——导数，并使导数具有更广泛的应用，这是一种认识的升华.

二、数学思维方法简介

数 学 抽 象

莱布尼茨从曲线的切线斜率抽象出导数的概念，牛顿从运动的瞬时速度抽象出导数的概念. 数学的这种抽象性是数学的一个最基本的特性，无论是数学概念还是数学方法都是抽象的. 数学抽象方法是数学研究中的一种基本方法. 下面我们根据一些数学家研究的结果，简单概述一下数学抽象方法的含义、特征和类型.

1. 何谓数学抽象

所谓抽象，是指舍弃事物的个别的、非本质的属性，抽取出本质属性的过程和方法. 数学抽象是一种特殊抽象，是仅仅从事物的量的属性进行抽取的抽象.

2. 数学抽象的特点

数学抽象除具有一般抽象的共性外，还具有自身的特点，这可从抽象的内容、方法和程度上来解释.

(1) 数学抽象内容的量的特定性. 客观事物都包含质和量两个方面，是质和量的对立统一. 然而数学抽象完全舍弃了事物的质的属性，仅仅从事物的量的方面进行抽取，即只着眼于事物存在的数量关系和空间形式，从而使数学科学区别于自然科学等其他科学.

(2) 数学抽象方法的逻辑构造性. 数学抽象对象可以是数学中原始概念，数学抽象的方法是逻辑构建. 例如“圆”是在“点”、“距离”和“轨迹”等概念以及“相等”等关系的基础上，按照“圆”的明确“定义”逻辑地构建出来的. 数学的全部研究对象，不是单个的、孤立的概念，而是凭借逻辑构建而成的丰富的概念系统，这也是数学与其他科学的主要区别.

(3) 数学抽象程度的高度性. 数学抽象是一种高度抽象，因而使数学具有高度抽象性，这也是数学学科与其他科学的主要区别. 数学抽象为什么是一种高度抽象呢？这表现在两方面：其一，数学抽象是多层次抽象，即数学对象不是由客观事物抽象出来的原始概念，而是抽象基础上层层抽象. 其二，数学中的一些概念远离现实原型，被称为“思维的自由想象与创造”，如虚数单位 i 的引入等.

3. 数学抽象的两个具体方法

数学抽象的具体方法有多种，这里只介绍两种常用的方法，即强抽象和弱抽象.

(1) 强抽象　从事物具有的若干属性中，强化或者添加某些属性的抽象称为**强抽象**. 例如，对函数逐步添加若干属性，便可抽象出导函数的概念.

函数 —添加连续性→ 连续函数 —添加可微性→ 可微函数

强抽象是扩大内涵缩小外延的抽象; 是从一般到特殊的抽象.

(2) 弱抽象　从事物具有的若干属性中减弱或取掉某些属性的抽象称为**弱抽象**. 如函数概念的形成和发展过程是一系列弱抽象的过程，即由特殊到一般的过程：

弱抽象是缩小内涵，扩大外延的抽象，是从特殊到一般的抽象，也称为概念扩张式抽象.

一般来说，数学科学发展趋势往往是由特殊到一般，即进行弱抽象；而数学科学作为学术总结又常常是由一般到特殊，即表达为强抽象. 无论是数学的认识发展过程，或者作为数学成果的学术表述过程，这两种抽象常常交互使用.

三、数学家简介

柯西 (Cauchy，1789—1857)，法国数学家. 在数学领域，有很高的建树和造诣. 很多数学定理和公式都以他的名字来命名，如柯西不等式、柯西积分公式.

柯西幼年时，他的父亲常带领他到法国参议院内的办公室，并且在那里指导他学习，因此他有机会遇到参议员拉普拉斯 (Pierre-Simon Laplace，1749—1827) 和拉格朗日 (Joseph-Louis Lagrange，1736—1813) 两位大数学家. 他们对柯西的才能十分赏识，拉格朗日认为他将来必定会成为大数学家，但建议他的父亲在他学好文科前不要学数学.

柯西是数学分析严格化的开拓者. 他怀着严格化的明确目标，为数学分析建立了一个基本严谨的完整体系. 他说："至于方法，我力图赋予几何学中存在的严格性，决不求助于从代数一般性导出的推理. 这种推理只能认为是一种推断，有时还适用于揭示真理，但与数学科学的令人叹服的严谨性很不相符. "他说"他通过分析公式成立的条件和规定所用记号的意义，消除了所有不确定性"，并说："我的主要目标是使严谨性 (这是我在《分析教程》中为自己制定的准绳) 与基于无穷小的直接考虑所得到的简单性和谐一致. "柯西简洁而严格地证明了微积分学基本定理即牛顿–莱布尼茨公式. 他利用定积分严格证明了带余项的泰勒公式，还用微分与积分中值定理表示曲边梯形的面积，推导了平面曲线之间图形的面积、曲面面积和立体体积的公式.

柯西是第一个认识到"无穷级数论并非多项式理论的平凡推广，而应当以极限为基础建立其完整理论"的数学家. 他以部分和有限定义级数收敛，并以此极限定义收敛级数之和. 18 世纪中许多数学家都隐约地使用过这种定义，柯西则明确地陈述这一定义，并以此为基础比较严格地建立了完整的级数论. 他给出了"柯西准则"，证明了必要性，并以理所当然的口气断定充分性.

柯西还是复变函数论的奠基人. 19 世纪，复变函数论逐渐成为数学的一个独立分支，柯西为此作了奠基性的工作.《分析教程》中有一半以上篇幅讨论复数与初等复函数，这表明柯西早就把建立复变函数论作为分析的一项重要工程. 他以形式方法引进复数 ("虚表示式")，定义其基本运算，得到这些运算的性质．他比照实数情形定义复无穷小与复函数的连续性．

柯西在分析方面最深刻的贡献在常微分方程领域．他首先证明了方程解的存在和唯一性，在他以前，没有人提出过这种问题．通常认为是柯西提出的三种主要方法，即柯西–李普希茨法、逐渐逼近法和强级数法，实际上，以前也散见于解的近似计算和估计中．柯西的最大贡献就是通过计算强级数，可以证明逼近步骤收敛，其极限就是方程的所求解．

柯西是一位多产的数学家，在数学写作数量上，他被认为仅次于欧拉，他一生一共创作了 789 篇论文．他的全集从 1882 年开始出版到 1974 年才出齐最后一卷，总计 28 卷．由柯西卷帙浩繁的论著和成果，人们不难想象他的一生是怎样孜孜不倦地勤奋工作的．作为一位学者，他思路敏捷，功绩卓著．在数学史上，他是一代宗师．

四、解题方法流程图

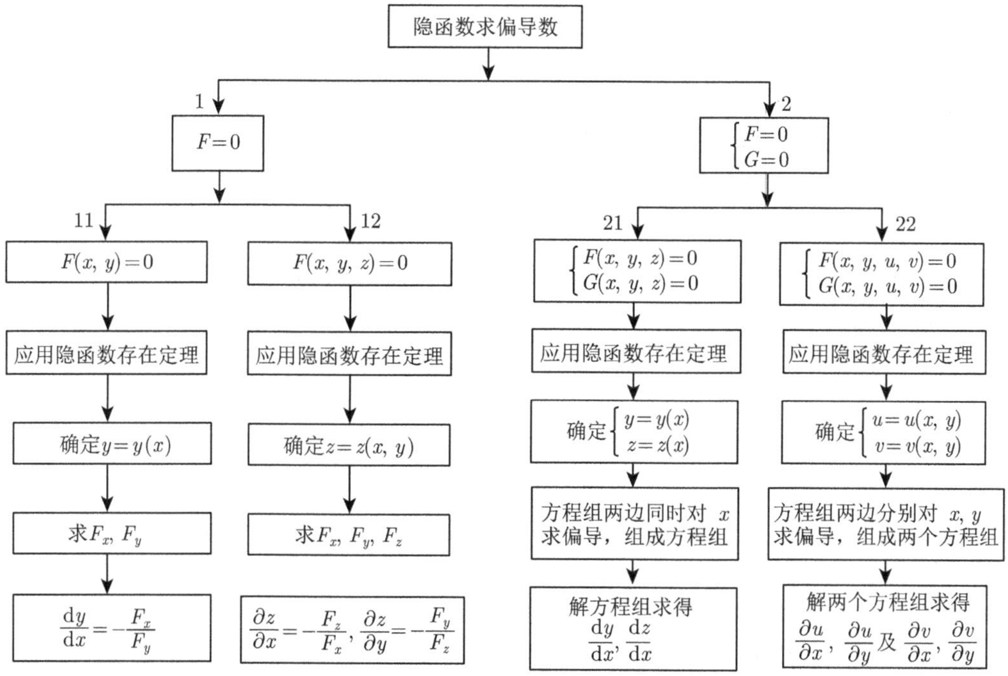

第五章

微分中值定理与导数的应用

Mean Value Theorems of Differential and Derivative's Applications

在这一章里, 我们将利用函数的导数这一有效工具来研究函数自身具有的性质, 首先, 介绍微分中值定理. 然后, 运用微分中值定理, 介绍一种求未定式极限的有效方法——洛必达法则. 最后, 运用微分中值定理, 通过导数来研究函数及其曲线的某些性态, 并利用这些知识解决一些实际问题.

第一节　微分中值定理——导数的性质及应用

Mean value theorem of differential—Properties and applications of derivatives

中值定理揭示了函数在某区间的整体性质与该区间内部某一点的导数之间的关系, 因而称为中值定理. 中值定理既是用微分学知识解决应用问题的理论基础, 又是解决微分学自身发展的一种理论性模型, 因而称为微分中值定理. 微分中值定理包括罗尔定理、拉格朗日中值定理、柯西中值定理.

我们都知道数学研究问题的规律性是概念、性质、运算, 每当给出一个新的概念, 就要讨论它的性质和运算. 那么可导函数除了通过可导与连续之间的关系得到闭区间的可导函数具有闭区间上连续函数的性质外, 它还有什么其他的性质呢? 我们似乎感到茫然没有头绪, 因为性质是其概念中所隐含的"资本、财产". 所以自然想到回到引进导数概念的问题思考, 而引进导数概念的问题之一是速度, 也就是我们把 x 看成时间, $f(x)$ 看成直线运动质点走过的路程时, 则 $f'(x)$ 就是瞬时速度, 从瞬时速度是通过该点附近的平均速度

$$\frac{f(b)-f(a)}{b-a}=\overline{v}$$

求极限而得到的. 因而平均速度一定介于瞬时速度 $f'(x)$ 的最大值与最小值之间, 也就是说应该存在 $\xi\in[a,b]$, 使得 $f'(\xi)=\dfrac{f(b)-f(a)}{b-a}$. 有了基本的猜测后, 需要从理论上给出证明和简化, 而在这方面的讨论中, 常用的方法是从简单到复杂、从特殊到一般, 然后再把复杂拆成简单、把一般化成特殊的方法. 而上述等式中当 $f(a)=f(b)$ 时, 显然是一种简单的特殊情况, 即可得, 若 $f(x)$ 在 $[a,b]$ 上可导, 且 $f(a)=f(b)$, 则存在 $\xi\in[a,b]$, 使得 $f'(\xi)=0$, 这恰恰是罗尔定理的雏形. 进一步, 通过探讨简化就可得到目前的罗尔定理.

一、 罗尔定理 Rolle theorem

定理 1(罗尔 (Rolle) 定理)　如果函数 $f(x)$ 满足:

(1) 在闭区间 $[a,b]$ 上连续;

(2) 在开区间 (a,b) 内可导;

(3) 在区间端点处的函数值相等, 即 $f(a)=f(b)$.

则在开区间 (a,b) 内至少存在一点 ξ, 使得 $f'(\xi)=0$.

如图 5-1 所示, 由定理假设知函数 $f(x)$ 在 $[a,b]$ 上连续, 表明函数 $y=f(x)(a\leqslant x\leqslant b)$ 的图形是一条连续曲线段 AB; 函数 $f(x)$ 在 (a,b) 内可导, 表明函数 $y=f(x)(a<x<b)$ 的图形上每一点处都有切线; $f(a)=f(b)$ 表示直线段 $\overline{AB}$ 平行于 x 轴. 定理的结论表明, 在曲线 AB 上至少存在一点 C, 在该点曲线具有水平切线 (平行于 $\overline{AB}$).

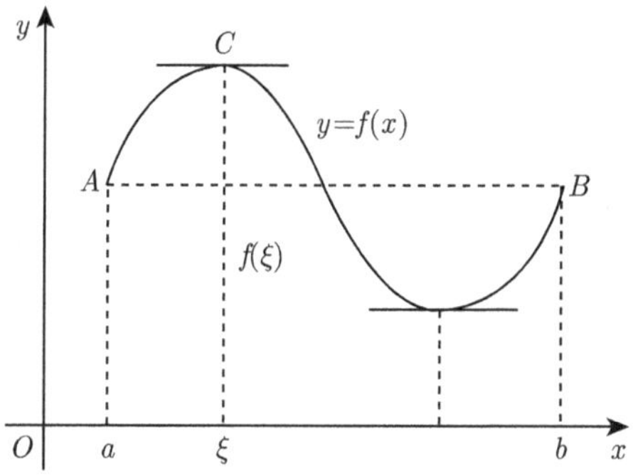

图 5-1

证明　因为 $f(x)$ 在闭区间 $[a,b]$ 上连续, 根据闭区间上连续函数的性质, $f(x)$ 在 $[a,b]$ 上必取得最大值 M 和最小值 m.

(1) 若 $M=m$, 则 $f(x)$ 在 $[a,b]$ 上恒等于常数 M, 因此, 对一切 $x\in(a,b)$, 都有 $f'(x)=0$, 于是定理自然成立.

(2) 若 $M>m$, 由于 $f(a)=f(b)$, 因此 M 和 m 中至少有一个不等于 $f(a)$. 不妨设 $M\neq f(a)$(设 $m\neq f(a)$, 证明完全类似), 则 $f(x)$ 应在 (a,b) 内的某一点 ξ 处取得最大值, 即 $f(\xi)=M$. 下面证明 $f'(\xi)=0$.

因为 $\xi\in(a,b)$, 由定理条件 (2) 知 $f'(\xi)$ 存在, 因而有

$$f'(\xi)=\lim_{\Delta x\to0^+}\frac{f(\xi+\Delta x)-f(\xi)}{\Delta x}=\lim_{\Delta x\to0^-}\frac{f(\xi+\Delta x)-f(\xi)}{\Delta x}.$$

又 $f(x)$ 在 ξ 处达到最大值, 所以不论 Δx 是正的还是负的, 只要 $\xi+\Delta x\in(a,b)$, 总有

$$f(\xi+\Delta x)-f(\xi)\leqslant 0.$$

当 $\Delta x>0$ 时, 有

$$\frac{f(\xi+\Delta x)-f(\xi)}{\Delta x}\leqslant 0,$$

根据极限的保号性及 $f'(\xi)$ 存在知

$$f'(\xi)=\lim_{\Delta x\to 0^+}\frac{f(\xi+\Delta x)-f(\xi)}{\Delta x}\leqslant 0;$$

当 $\Delta x<0$ 时, 有

$$\frac{f(\xi+\Delta x)-f(\xi)}{\Delta x}\geqslant 0,$$

于是

$$f'(\xi)=\lim_{\Delta x\to 0^-}\frac{f(\xi+\Delta x)-f(\xi)}{\Delta x}\geqslant 0.$$

从而必须有

$$f'(\xi)=0.$$

说明 (1) 证明一个数等于 0 往往证其大于或等于 0, 又小于或等于 0, 或证明其等于它的相反数.

(2) 称导数为 0 的点为函数的**驻点** (stationary point)(或**稳定点**, **临界点**).

对于罗尔定理, 我们需要注意:

(1) 定理的条件是充分的. 若三个条件缺少其中任何一个, 则定理的结论将不一定成立. 例如, 函数

$$f(x)=\begin{cases}x^2, & 0\leqslant x<1,\\ 0, & x=1,\end{cases}$$

如图 5-2 所示, $f(x)$ 在闭区间 $[0,1]$ 上的点 $x=1$ 处不左连续, 不满足罗尔定理条件 (1), 但满足罗尔定理条件 (2) 和 (3). 由于在开区间 $(0,1)$ 内 $f'(x)=2x$, 所以在开区间 $(0,1)$ 内找不到使得等式 $f'(\xi)=0$ 成立的点 ξ.

又如, 函数 $g(x)=\sqrt[3]{x^2}$, $x\in[-8,8]$, 如图 5-3 所示, 在 $x=0$ 处不可导, 不满足罗尔定理条件 (2), 但满足罗尔定理条件 (1) 和 (3). 由 $g'(x)=\dfrac{2}{3\sqrt[3]{x}}(x\neq 0)$ 可知, 在 $(-8,8)$ 内不存在使 $g'(x)=0$ 的点.

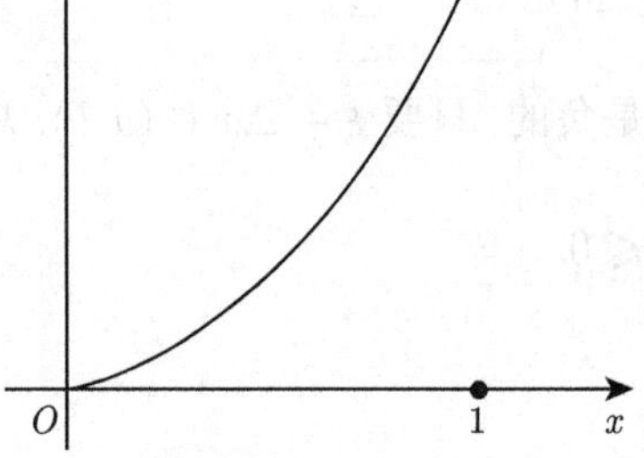

图 5-2

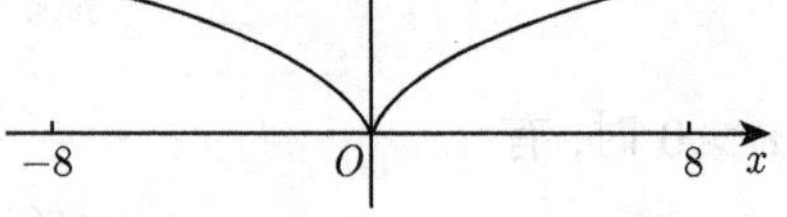

图 5-3

再如, 函数 $h(x)=x, x\in[0,1]$. 如图 5-4 所示, $h(x)$ 满足罗尔定理条件 (1) 和 (2), 但不满足罗尔定理条件 (3). $h(x)$ 在开区间 $(0,1)$ 内不存在导数为 0 的点, 事实上, $h'(x)=1\neq 0$.

(2) 定理的条件不是必要的. 例如, $f(x)=\sin x\left(0\leqslant x\leqslant\dfrac{3}{2}\pi\right)$ 在区间 $\left[0,\dfrac{3}{2}\pi\right]$ 上连续, 在 $\left(0,\dfrac{3}{2}\pi\right)$ 内可导, 但 $f(0)=0\neq -1=f\left(\dfrac{3}{2}\pi\right)$, 而此时仍存在 $\xi=\dfrac{\pi}{2}\in\left(0,\dfrac{3}{2}\pi\right)$, 使 $f'(\xi)=\cos\dfrac{\pi}{2}=0$(图 5-5).

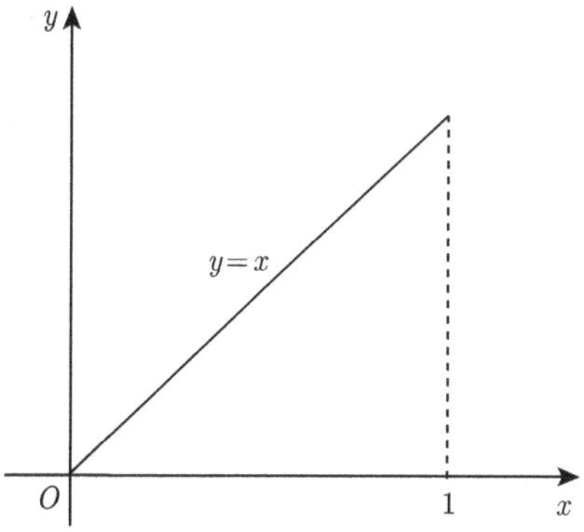

图 5-4

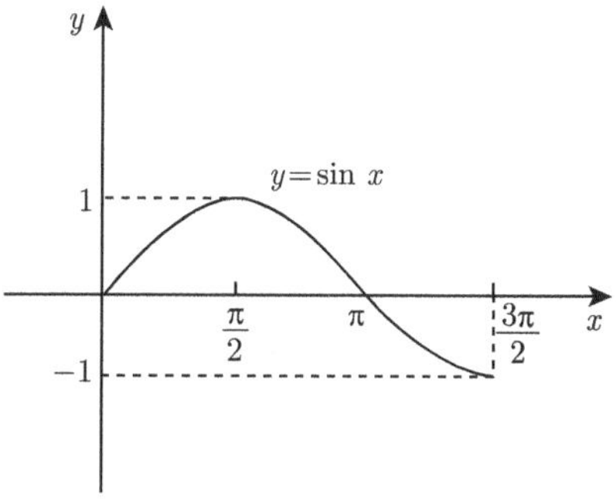

图 5-5

(3) 罗尔定理的结论仅指出使等式 $f'(\xi)=0$ 成立的点 ξ 的存在性, 并没有给出 ξ 的具体数值, 这并不影响罗尔定理的应用.

(4) 若 $f(a)=f(b)=0$, 则罗尔定理可以叙述为: 可微函数的两个零点 (即方程 $f(x)=0$ 的根) 之间至少存在一个导函数的零点 (即方程 $f'(x)=0$ 的根). 利用这一结论可以证明方程根的存在性.

例 1 验证罗尔定理对函数 $f(x)=x^2-2x+3$ 在区间 $[-1,3]$ 上的正确性.

解 显然函数 $f(x)=x^2-2x+3$ 是多项式函数, 则 $f(x)$ 在 $[-1,3]$ 上连续, 在 $(-1,3)$ 内可导, 并且 $f(-1)=6=f(3)$, 所以 $f(x)$ 在 $[-1,3]$ 上满足罗尔定理的条件. 由

$$f'(x)=2x-2=2(x-1),$$

可知 $f'(1)=0$, 因此存在 $\xi=1\in(-1,3)$, 使 $f'(\xi)=0$.

例 2 设 $f(x)$ 在闭区间 $[0,1]$ 上可导, 当 $0\leqslant x\leqslant 1$ 时, $0<f(x)<1$, 且对于开区间 $(0,1)$ 内所有 x 有 $f'(x)\neq 1$, 求证在开区间 $(0,1)$ 内有且仅有一点 x_0, 使 $f(x_0)=x_0$.

证明 令 $F(x)=f(x)-x$, 则 $F(0)=f(0)>0$, $F(1)=f(1)-1<0$. 由零点定理知, 至少存在一点 $x_0\in(0,1)$, 使得 $F(x_0)=0$, 即 $f(x_0)=x_0$. 以下证明在 $(0,1)$ 内仅有一点 x_0, 使 $F(x_0)=0$.

假设另有一点 $x_1\in(0,1)$, 使得 $F(x_1)=0$. 不妨设 $x_0<x_1$, 则由罗尔定理可知, 在 (x_0,x_1) 内至少有一点 ξ, 使 $F'(\xi)=0$, 即 $f'(\xi)=1$, 这与题设矛盾. 这就证明了在 $(0,1)$ 内有且仅有一点 x_0, 使 $f(x_0)=x_0$.

例 3 证明方程 $5x^4-4x+1=0$ 在 $(0,1)$ 内至少有一个实根.

分析　因为根是常量, 根据把常量化函数的思想, 现构造辅助函数 $F(x) = x^5 - 2x^2 + x$, 则问题转化为具有满足罗尔定理特性的函数类问题.

证明　令 $F(x) = x^5 - 2x^2 + x$. 显然 $F(x)$ 是多项式函数, 所以 $F(x)$ 在 $[0,1]$ 上连续, 在 $(0,1)$ 内可导, 且 $F(0) = F(1) = 0$, 根据罗尔定理知, 在 $(0,1)$ 内 $F(x)$ 至少有一实根.

罗尔定理中 $f(a) = f(b)$ 这个条件是相当特殊的, 它使罗尔定理的应用受到限制. 拉格朗日在罗尔定理的基础上作了进一步的研究, 取消了罗尔定理中这个条件的限制, 但仍保留了其余两个条件, 得到了在微分学中具有重要地位的拉格朗日中值定理.

二、 拉格朗日中值定理 Lagrange mean value theorem

去掉罗尔定理中的第三个条件 $f(a) = f(b)$, 会得到什么结论呢 (会不会在曲线上仍存在一点 C, 曲线在 C 点的切线平行于 $\overline{AB}$)? 由图 5-6 可以看出, 连续曲线段 AB 上至少有一点 C, 曲线在这点的切线平行于直线段 $\overline{AB}$, 但这时直线段 $\overline{AB}$ 并不平行于 x 轴.

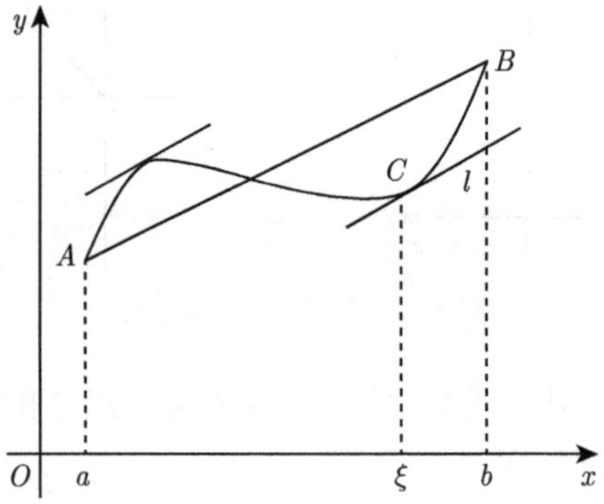

图 5-6

下面的拉格朗日中值定理反映了这个几何事实.

定理 2(拉格朗日 (Lagrange) 中值定理)　如果函数 $f(x)$ 满足:

(1) 在闭区间 $[a,b]$ 上连续;

(2) 在开区间 (a,b) 内可导.

则在开区间 (a,b) 内至少存在一点 ξ, 使得

$$f'(\xi) = \frac{f(b) - f(a)}{b - a}. \tag{1}$$

(1) 式称为**拉格朗日中值公式**. 在证明之前, 先看一下定理的几何意义. 在图 5-6 中, 曲线 AB 的方程是 $y = f(x)(a \leqslant x \leqslant b)$. 由导数的几何意义知, $f'(\xi)$ 是曲线 AB 在点 $C(\xi, f(\xi))$ 处的切线的斜率, 而 $\dfrac{f(b) - f(a)}{b - a}$ 就是直线 $\overline{AB}$ 的斜率. 因此 (1) 式表示点 C 处的切线平行于直线 $\overline{AB}$. 由此可知, 拉格朗日中值定理的几何意义是: 如果连续曲线 $y = f(x)$ 的曲线弧 AB 上除端点外处处有不垂直于 x 轴的切线, 那么在曲线弧 AB 上至少有一点 C 处的切线平行于直线 $\overline{AB}$.

下面再对证明这个定理的方法做一些说明. 比较拉格朗日中值定理和罗尔定理的条件、结论, 可以看出两个定理的内在联系. 主要困难是这里的 $f(x)$ 不一定满足条件 $f(a) =$

$f(b)$. 于是我们设想利用 $f(x)$ 构造一个新的函数 $F(x)$(称为**辅助函数**), 使 $F(x)$ 满足条件 $F(a)=F(b)$. 然后对 $F(x)$ 应用罗尔定理. 最后利用 $F(x)$ 与 $f(x)$ 之间的关系, 把对 $F(x)$ 获得的结论转化到 $f(x)$ 上去, 得出所要的结果.

下面结合图 5-6 来构造一个符合要求的辅助函数. 在图 5-6 中曲线段 AB 的方程是

$$y=f(x)\quad(a\leqslant x\leqslant b),$$

直线段 $\overline{AB}$ 的方程是

$$y=f(a)+\frac{f(b)-f(a)}{b-a}(x-a)\quad(a\leqslant x\leqslant b).$$

对同一横坐标 x, 曲线段 AB 上的点与直线段 $\overline{AB}$ 上的点的纵坐标之差为

$$F(x)=f(x)-\left[f(a)+\frac{f(b)-f(a)}{b-a}(x-a)\right].$$

由于曲线段 AB 与直线段 $\overline{AB}$ 在端点 $x=a$, $x=b$ 处相交, 因此 $F(a)=F(b)=0$, 并且容易看出 $F(x)$ 满足罗尔定理的其他条件. 于是就取这个函数 $F(x)$ 作为辅助函数.

证明 作辅助函数

$$F(x)=f(x)-f(a)-\frac{f(b)-f(a)}{b-a}(x-a).$$

由假设条件可知 $F(x)$ 在闭区间 $[a,b]$ 上连续, 在开区间 (a,b) 内可导, 且 $F(a)=F(b)=0$. 于是 $F(x)$ 满足罗尔定理的条件, 故至少存在一点 $\xi\in(a,b)$, 使得 $F'(\xi)=0$, 即

$$F'(\xi)=f'(\xi)-\frac{f(b)-f(a)}{b-a},$$

因此有

$$f'(\xi)=\frac{f(b)-f(a)}{b-a}.$$

说明 (1) 若函数 $f(x)$ 满足 $f(a)=f(b)$, 由 (1) 式得 $f'(\xi)=0(a<\xi<b)$, 这就是罗尔定理. 因此, 拉格朗日中值定理是罗尔定理的推广.

(2) 拉格朗日中值公式反映了可导函数在 $[a,b]$ 上整体平均变化率 $\dfrac{f(b)-f(a)}{b-a}$ 与在 (a,b) 内某点 ξ 处函数的局部变化率 $f'(\xi)$ 的关系. 因此, 拉格朗日中值定理是连接局部与整体的纽带.

(3) 此定理的证明提供了一个用构造函数法证明数学命题的精彩典范; 同时通过巧妙的数学变换, 将一般化为特殊, 将复杂问题化为简单问题的论证思想, 也是微积分的重要而常用的数学思维的体现.

(4) 拉格朗日中值定理的结论常称为**拉格朗日中值公式**, 它有以下几种常用的等价形式, 可根据不同问题的特点, 在不同场合灵活采用

$$f(b)-f(a)=f'(\xi)(b-a),\quad \xi\in(a,b).\tag{2}$$

值得注意的是, 在公式 (2) 中, 无论 $a<b$ 或 $a>b$, 公式总是成立的, 其中 ξ 是介于 a 与 b 之间的某个数. 显然, $b<a$ 时, (2) 式仍然成立. 事实上, 若 $b<a$, 考虑区间 $[b,a]$, 使得

$$f(a)-f(b)=f'(\xi)(a-b),\quad \xi\in(b,a),$$

两边同时乘以 -1 得

$$f(b)-f(a)=f'(\xi)(b-a),\quad \xi\in(b,a).$$

由于 ξ 介于 a,b 之间, 记 $\dfrac{\xi-a}{b-a}=\theta$, 则 $0<\theta<1$, 且 $\xi=a+\theta(b-a)$, 于是 (2) 式可以表示为

$$f(b)-f(a)=f'[a+\theta(b-a)](b-a),\quad \theta\in(0,1). \tag{3}$$

令 $b=a+h$, 则 (3) 式可以表示为

$$f(a+h)-f(a)=f'(a+\theta h)h,\quad \theta\in(0,1). \tag{4}$$

同样值得注意的是, 无论 $h>0$ 或者 $h<0$, 公式 (4) 都是成立的.

例 4 验证拉格朗日中值定理对函数 $f(x)=\ln x$ 在区间 $[1,2]$ 上的正确性.

解 显然函数 $f(x)=\ln x$ 是基本初等函数, 则 $f(x)$ 在 $[1,2]$ 上连续, 在 $(1,2)$ 内可导, 所以 $f(x)$ 在 $[1,2]$ 上满足拉格朗日中值定理的条件. 令

$$f'(x)=\frac{f(2)-f(1)}{2-1}=\ln 2,$$

即 $\dfrac{1}{x}=\ln 2$, 则 $x=\dfrac{1}{\ln 2}\in(1,2)$. 因此存在 $\xi=\dfrac{1}{\ln 2}\in(1,2)$, 使

$$f'(\xi)=\frac{f(2)-f(1)}{2-1},$$

即拉格朗日中值定理的结论成立.

例 5 证明: 不等式

$$\frac{x}{1+x}<\ln(1+x)<x$$

对一切 $x>0$ 成立.

证明 由于 $f(t)=\ln(1+t)$ 在 $[0,+\infty)$ 上连续、可导, 对任何 $x>0$, 在 $[0,x]$ 上运用拉格朗日中值公式 (2) 可得

$$f(x)-f(0)=f'(\xi)(x-0),\quad 0<\xi<x,$$

即

$$\ln(1+x)-0=\frac{x}{1+\xi},\quad 0<\xi<x.$$

由于

$$\frac{x}{1+x}<\frac{x}{1+\xi}<x,$$

因此当 $x>0$ 时, 有

$$\frac{x}{1+x}<\ln(1+x)<x.$$

例 6 设 $f(x),g(x)$ 在闭区间 $[a,b]$ 上连续, 在开区间 (a,b) 内可导, 证明: 在开区间 (a,b) 内至少存在一点 ξ, 使得

$$\frac{f(a)g(b)-f(b)g(a)}{b-a}=f(a)g'(\xi)-f'(\xi)g(a).$$

分析 观察需要证明的结论 $\dfrac{f(a)g(b)-f(b)g(a)}{b-a}=f(a)g'(\xi)-f'(\xi)g(a)$, 与拉格朗日中值公式 (1) 的形状相似. 因此我们需要在闭区间 $[a,b]$ 上构造一个恰当的函数 $F(x)$, 使得 $F(x)$ 在闭区间 $[a,b]$ 上满足拉格朗日中值定理, 并且

$$F'(\xi)=f(a)g'(\xi)-f'(\xi)g(a),$$

$$F(b)-F(a)=f(a)g(b)-f(b)g(a).$$

由 $F'(\xi)=f(a)g'(\xi)-f'(\xi)g(a)$ 可以看出, $F'(x)=f(a)g'(x)-g(a)f'(x)$, 因此可设

$$F(x)=f(a)g(x)-f(x)g(a),$$

并且有 $F(a)=0$, 从而

$$F(b)-F(a)=f(a)g(b)-f(b)g(a).$$

证明 令函数

$$F(x)=f(a)g(x)-f(x)g(a),$$

则有 $F(x)$ 在闭区间 $[a,b]$ 上连续, 在开区间 (a,b) 内可导. 因此由拉格朗日中值定理知, 在开区间 (a,b) 内至少存在一点 ξ, 使得

$$\frac{F(b)-F(a)}{b-a}=F'(\xi),$$

即

$$\frac{f(a)g(b)-f(b)g(a)}{b-a}=f(a)g'(\xi)-f'(\xi)g(a).$$

下列在微分学中很有用的三个性质可由拉格朗日中值定理获得.

推论 1 设 $f(x)$ 在闭区间 $[a,b]$ 上连续, 在开区间 (a,b) 内可导, 且 $f'(x)>0$, 则 $f(x)$ 在闭区间 $[a,b]$ 上严格单调增加.

证明 任取 $x_1,x_2\in(a,b)$, 不妨设 $x_1<x_2$, 显然 $f(x)$ 在 $[x_1,x_2]$ 上满足拉格朗日中值定理的条件. 则由公式 (2) 可得

$$f(x_2)-f(x_1)=f'(\xi)(x_2-x_1),\quad x_1<\xi<x_2.$$

由于 $f'(x)>0$, 因此 $f'(\xi)>0$, 从而

$$f(x_2)>f(x_1),$$

由 x_1,x_2 的任意性知道 $f(x)$ 在闭区间 $[a,b]$ 上严格单调增加.

类似地可以证明: 若 $f'(x)<0$, 则 $f(x)$ 在 $[a,b]$ 上严格单调减少.

推论 2 如果 $f(x)$ 在开区间 (a,b) 内可导, 且 $f'(x)=0$, 则在开区间 (a,b) 内, $f(x)$ 恒为一个常数.

它的几何意义是斜率处处为零的曲线一定是一条平行于 x 轴的直线.

证明 在 (a,b) 内任取两点 x_1,x_2, 不妨设 $x_1<x_2$, 显然 $f(x)$ 在 $[x_1,x_2]$ 上满足拉格朗日中值定理的条件. 于是

$$f(x_2)-f(x_1)=f'(\xi)(x_2-x_1),\quad x_1<\xi<x_2.$$

因为 $f'(x)\equiv 0$, 所以 $f'(\xi)=0$, 从而 $f(x_2)=f(x_1)$. 这说明区间 (a,b) 内任意两点的函数值相等, 从而在开区间 (a,b) 内, $f(x)$ 恒为一个常数.

例 7 试证 $\arcsin x+\arccos x=\dfrac{\pi}{2}(|x|\leqslant 1)$.

证明 设 $F(x)=\arcsin x+\arccos x(|x|\leqslant 1)$. 当 $|x|<1$ 时, 有

$$F'(x)=\frac{1}{\sqrt{1-x^2}}-\frac{1}{\sqrt{1-x^2}}=0,$$

由推论 2 知, $F(x)$ 在开区间 $(-1,1)$ 内恒为常数, 即 $F(x)\equiv C$, C 为常数. 将 $x=0$ 代入上式, 得 $C=\dfrac{\pi}{2}$. 因此, 当 $|x|<1$ 时, 有

$$\arcsin x+\arccos x=\frac{\pi}{2}.$$

显然, 当 $|x|=1$ 时, $F(x)=\dfrac{\pi}{2}$. 故当 $|x|\leqslant 1$ 时, 有

$$\arcsin x+\arccos x\equiv\frac{\pi}{2}.$$

推论 3 若 $f(x)$ 及 $g(x)$ 在开区间 (a,b) 内可导, 且 $f'(x)=g'(x)$, 则在开区间 (a,b) 内,

$$f(x)=g(x)+C\quad (C\text{为常数}).$$

证明 因为

$$[f(x)-g(x)]'=f'(x)-g'(x)=0,$$

由推论 2, 有

$$f(x)-g(x)=C\quad (C\text{为常数}),$$

即

$$f(x)=g(x)+C\quad (C\text{为常数}).$$

三、 柯西中值定理 Cauchy mean value theorem

拉格朗日中值定理的雏形是根据导数的定义讨论导数的性质而得到的, 然后本着从特殊认识一般的原则, 我们限制 $f(a)=f(b)$, 使问题变得简单化, 获得罗尔定理. 证明了罗尔定理后我们就可通过构造辅助函数的方法证明拉格朗日中值定理, 然后再根据把简单问题推广到复杂的方法获得柯西中值定理.

定理 3(柯西 (Cauchy) 中值定理)　若函数 $f(x)$ 和 $g(x)$ 满足以下条件:

(1) 在闭区间 $[a,b]$ 上连续;

(2) 在开区间 (a,b) 内可导, 且 $g'(x)\neq 0$.

则在 (a,b) 内至少存在一点 ξ, 使得

$$\frac{f(b)-f(a)}{g(b)-g(a)}=\frac{f'(\xi)}{g'(\xi)}. \tag{5}$$

证明　首先明确 $g(a)\neq g(b)$. 假设 $g(a)=g(b)$, 则由罗尔定理, 至少存在一点 $\eta\in(a,b)$, 使 $g'(\eta)=0$, 这与定理的假设矛盾. 故 $g(a)\neq g(b)$.

作辅助函数

$$F(x)=f(x)-f(a)-\frac{f(b)-f(a)}{g(b)-g(a)}(g(x)-g(a)).$$

不难验证, $F(x)$ 满足罗尔定理的三个条件, 于是在 (a,b) 内至少存在一点 ξ, 使得

$$F'(\xi)=f'(\xi)-\frac{f(b)-f(a)}{g(b)-g(a)}g'(\xi)=0,$$

从而有

$$\frac{f(b)-f(a)}{g(b)-g(a)}=\frac{f'(\xi)}{g'(\xi)}.$$

特别地, 若取 $g(x)=x$, 则 $g(b)-g(a)=b-a$, $g'(\xi)=1$, (5) 式就成了 (1) 式, 可见拉格朗日中值定理是柯西中值定理的特殊情形.

例 8　验证柯西中值定理对函数 $f(x)=x^3$ 与 $g(x)=x^2+1$ 在闭区间 $[1,2]$ 上的正确性.

解　显然函数 $f(x)=x^3$ 与 $g(x)=x^2+1$ 在闭区间 $[1,2]$ 上连续, 在开区间 $(1,2)$ 内可导, 且 $g'(x)=2x\neq 0$, 所以 $f(x)$ 与 $g(x)$ 在闭区间 $[1,2]$ 上的满足柯西中值定理的条件. 令

$$\frac{f'(x)}{g'(x)}=\frac{f(2)-f(1)}{g(2)-g(1)}=\frac{8-1}{5-2}=\frac{7}{3},$$

即 $\dfrac{3x^2}{2x}=\dfrac{7}{3}$, 则 $x=\dfrac{14}{9}\in(1,2)$. 因此存在 $\xi=\dfrac{14}{9}\in(1,2)$, 使

$$\frac{f'(\xi)}{g'(\xi)}=\frac{f(2)-f(1)}{g(2)-g(1)},$$

即柯西中值定理的结论成立.

例 9 设 $0<a<b$, 函数 $f(x)$ 在闭区间 $[a,b]$ 上连续, 在开区间 (a,b) 内可导, 试证: 至少存在一点 $\xi\in(a,b)$, 使得

$$f(\xi)-\xi f'(\xi)=\frac{bf(a)-af(b)}{b-a}.$$

证明 将待证等式右端改写为

$$\frac{bf(a)-af(b)}{b-a}=\frac{\dfrac{f(b)}{b}-\dfrac{f(a)}{a}}{\dfrac{1}{b}-\dfrac{1}{a}}.$$

由上式右端可见, 若令 $F(x)=\dfrac{f(x)}{x}$, $G(x)=\dfrac{1}{x}$, 则 $F(x)$ 与 $G(x)$ 在闭区间 $[a,b]$ 上满足柯西中值定理的条件, 因此, 至少存在一点 $\xi\in(a,b)$, 使得

$$\frac{F'(\xi)}{G'(\xi)}=\frac{F(b)-F(a)}{G(b)-G(a)},$$

即

$$\frac{F'(\xi)}{G'(\xi)}=\frac{\dfrac{f(b)}{b}-\dfrac{f(a)}{a}}{\dfrac{1}{b}-\dfrac{1}{a}}=\frac{bf(a)-af(b)}{b-a}.$$

将 $F'(\xi)=\dfrac{\xi f'(\xi)-f(\xi)}{\xi^2}$, $G'(\xi)=-\dfrac{1}{\xi^2}$ 代入上式, 得

$$f(\xi)-\xi f'(\xi)=\frac{bf(a)-af(b)}{b-a}.$$

我们现在已经知道数学研究问题的规律性就是每当给出一个新的概念, 接着就要讨论它的性质, 也就是通过引进概念的具体事实问题中的一些蛛丝马迹, 去发现隐藏在概念表象后面的真理, 这是一种对概念的深层次的挖掘和开发, 并将其推广和应用产生新的产品. 拉格朗日中值定理是对函数导数概念引进具体问题速度所深层次挖掘的结果, 而罗尔定理、柯西中值定理, 以及后面的洛必达法则、泰勒公式则是它的特殊、推广和应用所产生的结果.

因此, 拉格朗日中值定理不但可以看成是讨论导数的性质, 而且它在中值定理中也起承上启下的作用. 所以对拉格朗日中值定理进一步梳理, 这有利于加深从逻辑上、认识上掌握微积分的概念、理论和方法中外延和内涵之间的关系, 掌握由特殊认识一般的思想方法, 和一般问题特殊化导致外延缩小, 其内涵增大, 使问题由难变易, 从而有利于问题解决的思想方法. 此外, 对三个中值定理关系进行梳理, 有助于掌握构建辅助函数的方法, 证明和发现真理的方法.

拉格朗日中值定理	辅助函数的构造
条件: (1) $f(x)$ 在 $[a,b]$ 上连续; (2) $f(x)$ 在 (a,b) 内可导. 结论: 存在 $\xi\in(a,b)$, 使得 $f'(\xi)=\dfrac{f(b)-f(a)}{b-a}$.	$F(x)=f(x)-f(a)-\dfrac{f(b)-f(a)}{b-a}(x-a)$
将结论 $\Downarrow$ 改写	将辅助函数 $\Downarrow$ 改写
$\dfrac{f'(x)\|_{x=\xi}}{x'\|_{x=\xi}}=\dfrac{f(x)\|_a^b}{x\|_a^b}(x'=1\neq 0)$	$F(x)=f(t)\|_a^x-\dfrac{f(x)\|_a^b}{x\|_a^b}\cdot t\|_a^x$
将分母变量 $x\Downarrow$ 推广到函数 $g(x)$	将辅助函数 $\Downarrow$ 推广
$\dfrac{f'(x)\|_{x=\xi}}{g'(x)\|_{x=\xi}}=\dfrac{f(x)\|_a^b}{g(x)\|_a^b}(g'(x)\neq 0)$	$F(x)=f(t)\|_a^x-\dfrac{f(x)\|_a^b}{g(x)\|_a^b}\cdot g(t)\|_a^x$
复原获得 $\Downarrow$ 柯西中值定理	复原获得证明 $\Downarrow$ 柯西中值定理的辅助函数
$\dfrac{f'(\xi)}{g'(\xi)}=\dfrac{f(b)-f(a)}{g(b)-g(a)}(g'(x)\neq 0)$	$F(x)=f(x)-f(a)-\dfrac{f(b)-f(a)}{g(b)-g(a)}(g(x)-g(a))$

习　题　一

1. 验证函数 $f(x)=\ln\sin x$ 在 $\left[\dfrac{\pi}{6},\dfrac{5\pi}{6}\right]$ 上满足罗尔定理的条件, 并求出相应的 ξ, 使 $f'(\xi)=0$.

2. 验证拉格朗日中值定理对函数 $f(x)=x^3+2x$ 在区间 $[0,1]$ 上的正确性.

3. 下列函数在指定区间上是否满足罗尔定理的三个条件? 有没有满足定理结论中的 ξ?

(1) $f(x)=\mathrm{e}^{x^2}-1$, $[-1,1]$;

(2) $f(x)=|x-1|$, $[0,2]$;

(3) $f(x)=\begin{cases}\sin x, & 0<x\leqslant\pi,\\ 1, & x=0,\end{cases}$ $[0,\pi]$.

4. 不用求出函数 $f(x)=(x-1)(x-2)(x-3)$ 的导数, 说明方程 $f'(x)=0$ 有几个实根, 并指出它们所在的区间.

5. 已知函数 $f(x)$ 在 $[a,b]$ 上连续, 在 (a,b) 内可导, 且 $f(a)=f(b)=0$, 试证: 在 (a,b) 内至少存在一点 ξ, 使得

$$f(\xi)+\xi f'(\xi)=0.$$

6. 若方程

$$a_0x^n+a_1x^{n-1}+\cdots+a_{n-1}x=0$$

有一个正根 x_0, 证明方程

$$a_0nx^{n-1}+a_1(n-1)x^{n-2}+\cdots+a_{n-1}=0$$

必有一个小于 x_0 的正根.

7. 设 $f(a)=f(c)=f(b)$, 且 $a<c<b$, $f''(x)$ 在 $[a,b]$ 上存在, 证明在(a,b) 内至少存在一点ξ, 使$f''(\xi)=0$.

8. 设α 是非零实数. 已知函数$f(x)$ 在$[a,b]$ 上连续, 在(a,b) 内可导, 且$f(a)=f(b)=0$, 试证: 在(a,b) 内至少存在一点ξ, 使得

$$f(\xi)+\alpha f'(\xi)=0.$$

9. 证明下列不等式:

(1) $0<a<b, n>1$, 证明$na^{n-1}(b-a)<b^n-a^n<nb^{n-1}(b-a)$;

(2) $a>b>0$, 证明$\dfrac{a-b}{a}<\ln\dfrac{a}{b}<\dfrac{a-b}{b}$;

(3) 若 $x>0$, 试证$\dfrac{x}{1+x^2}<\arctan x<x$;

(4) 当$x>1$ 时, $e^x>e\cdot x$.

10. 设函数$f(x)$ 在$[0,1]$ 上连续, 在$(0,1)$ 内可导. 试证明至少存在一点$\xi\in(0,1)$, 使

$$f'(\xi)=2\xi[f(1)-f(0)].$$

$$\left(\text{提示：问题转化为证}\frac{f(1)-f(0)}{1-0}=\frac{f'(\xi)}{2\xi}=\left.\frac{f'(x)}{(x^2)'}\right|_{x=\xi}\right)$$

第二节 洛必达法则

L′Hospital rule

本节我们将利用微分中值定理来考虑某些重要类型的极限. 由第二章我们知道在某一极限过程中, $f(x)$ 和 $g(x)$ 都是无穷小或都是无穷大时, $\dfrac{f(x)}{g(x)}$ 的极限可能存在, 也可能不存在. 通常称这种极限为未定式 (或待定型), 并分别简记为 $\dfrac{0}{0}$ 或 $\dfrac{\infty}{\infty}$.

洛必达 (L′Hospital) 法则是处理未定式极限的重要工具, 是计算 $\dfrac{0}{0}$ 型、$\dfrac{\infty}{\infty}$ 型极限的简单而有效的法则. 该法则的理论依据是柯西中值定理.

一、$\dfrac{0}{0}$ 型未定式 Indeterminate form with $\dfrac{0}{0}$ type

定理 1 设 $f(x)$ 和 $g(x)$ 在点 x_0 的某个去心邻域 $\mathring{U}(x_0,\delta)$ 内有定义, 并且满足下列条件:

(1) $\lim\limits_{x\to x_0}f(x)=0$, $\lim\limits_{x\to x_0}g(x)=0$;

(2) $f(x)$ 和 $g(x)$ 在 $\mathring{U}(x_0,\delta)$ 内可导, 且 $g'(x)\neq 0$;

(3) $\lim\limits_{x\to x_0}\dfrac{f'(x)}{g'(x)}$ 存在 (或为 ∞).

则 $\lim\limits_{x\to x_0}\dfrac{f(x)}{g(x)}$ 也存在 (或为 ∞), 且

$$\lim_{x\to x_0}\frac{f(x)}{g(x)}=\lim_{x\to x_0}\frac{f'(x)}{g'(x)}.$$

这就是说, 当 $\lim\limits_{x\to x_0}\dfrac{f'(x)}{g'(x)}$ 存在时, $\lim\limits_{x\to x_0}\dfrac{f(x)}{g(x)}$ 也存在且等于 $\lim\limits_{x\to x_0}\dfrac{f'(x)}{g'(x)}$; 当 $\lim\limits_{x\to x_0}\dfrac{f'(x)}{g'(x)}$ 为无穷大时, $\lim\limits_{x\to x_0}\dfrac{f(x)}{g(x)}$ 也为无穷大. 这种在一定条件下通过分子分母分别求导再求极限来确定未定式极限的方法称为**洛必达法则**.

证明 由于函数在点 x_0 处的极限与函数在该点的定义无关, 所以先定义辅助函数

$$F(x)=\begin{cases} f(x), & x\neq x_0, \\ 0, & x=x_0; \end{cases}\qquad G(x)=\begin{cases} g(x), & x\neq x_0, \\ 0, & x=x_0. \end{cases}$$

根据已知条件, 在点 x_0 的某个邻域 $U(x_0,\delta)$ 内 $F(x),G(x)$ 连续, 任取点 $x\in \mathring{U}(x_0,\delta)$, 则 $F(x)$, $G(x)$ 在 $[x_0,x]$ 或 $[x,x_0]$ 上满足柯西中值定理的条件, 于是

$$\frac{f(x)}{g(x)}=\frac{F(x)-F(x_0)}{G(x)-G(x_0)}=\frac{F'(\xi)}{G'(\xi)}=\frac{f'(\xi)}{g'(\xi)}\quad (\xi\text{介于}x,x_0\text{之间}).$$

当 $x\to x_0$ 时, 显然有 $\xi\to x_0$, 由条件 (3) 得

$$\lim_{x\to x_0}\frac{f(x)}{g(x)}=\lim_{x\to x_0}\frac{f'(\xi)}{g'(\xi)}=\lim_{\xi\to x_0}\frac{f'(\xi)}{g'(\xi)}=\lim_{x\to x_0}\frac{f'(x)}{g'(x)}.$$

这个定理的结果可以推广到 $x\to x_0^-$ 或 $x\to x_0^+$ 的情形.

说明 (1) 如果 $\lim\limits_{x\to x_0}\dfrac{f'(x)}{g'(x)}$ 仍为 $\dfrac{0}{0}$ 型未定式, 且 $f'(x),g'(x)$ 满足定理 1 条件, 则可继续使用洛必达法则, 即

$$\lim_{x\to x_0}\frac{f(x)}{g(x)}=\lim_{x\to x_0}\frac{f'(x)}{g'(x)}=\lim_{x\to x_0}\frac{f''(x)}{g''(x)}=\cdots;$$

(2) 洛必达法则仅适用于未定式求极限, 运用洛必达法则时, 要验证定理的条件, 当 $\lim\limits_{x\to x_0}\dfrac{f'(x)}{g'(x)}$ 既不存在也不为 ∞ 时, 不能运用洛必达法则.

例 1 求极限:

(1) $\lim\limits_{x\to 0}\dfrac{\sin ax}{\sin bx}(b\neq 0)$; (2) $\lim\limits_{x\to 1}\dfrac{x^3-3x+2}{x^3-x^2-x+1}$.

解 (1) 该极限属于 $\dfrac{0}{0}$ 型未定式, 由定理 1 得

$$\lim_{x\to 0}\frac{\sin ax}{\sin bx}=\lim_{x\to 0}\frac{(\sin ax)'}{(\sin bx)'}=\lim_{x\to 0}\frac{a\cos ax}{b\cos bx}=\frac{a}{b}.$$

(2) 该极限属于 $\dfrac{0}{0}$ 型未定式, 由定理 1 得

$$\lim_{x\to 1}\frac{x^3-3x+2}{x^3-x^2-x+1}=\lim_{x\to 1}\frac{3x^2-3}{3x^2-2x-1}=\lim_{x\to 1}\frac{6x}{6x-2}=\frac{3}{2}.$$

说明 第 (2) 题中极限 $\lim\limits_{x\to 1}\dfrac{3x^2-3}{3x^2-2x-1}$ 还属于 $\dfrac{0}{0}$ 型未定式, 且满足定理 1 的条件, 因此可以继续使用洛必达法则. 而第 (1) 题中极限 $\lim\limits_{x\to 0}\dfrac{a\cos ax}{b\cos bx}$ 和第 (2) 题中极限 $\lim\limits_{x\to 1}\dfrac{6x}{6x-2}$

已不是未定式, 不能对它们应用洛必达法则, 否则会导致错误结果. 以后使用洛必达法则时应经常注意这一点, 如果不是未定式, 就不能用洛必达法则.

例 2 求极限 $\lim\limits_{x\to 0}\dfrac{x-\tan x}{x-\sin x}$.

解 该极限属于 $\dfrac{0}{0}$ 型未定式, 由定理 1 得

$$\lim_{x\to 0}\frac{x-\tan x}{x-\sin x}=\lim_{x\to 0}\frac{(x-\tan x)'}{(x-\sin x)'}=\lim_{x\to 0}\frac{1-\sec^2 x}{1-\cos x}=\lim_{x\to 0}\frac{-\tan^2 x}{1-\cos x}=\lim_{x\to 0}\frac{-x^2}{\dfrac{1}{2}x^2}=-2.$$

例 3 求极限 $\lim\limits_{x\to 0}\dfrac{\sin^2 x-x\sin x\cos x}{x^4}$.

解 该极限属于 $\dfrac{0}{0}$ 型未定式, 如果直接运用洛必达法则, 分子的导数比较复杂, 但如果利用极限运算法则进行适当化简, 再用洛必达法则就简单多了.

$$\begin{aligned}\lim_{x\to 0}\frac{\sin^2 x-x\sin x\cos x}{x^4}&=\lim_{x\to 0}\frac{\sin x-x\cos x}{x^3}\cdot\lim_{x\to 0}\frac{\sin x}{x}=\lim_{x\to 0}\frac{\sin x-x\cos x}{x^3}\\&=\lim_{x\to 0}\frac{\cos x-\cos x+x\sin x}{3x^2}=\lim_{x\to 0}\frac{x\sin x}{3x^2}=\lim_{x\to 0}\frac{x^2}{3x^2}=\frac{1}{3}.\end{aligned}$$

例 4 求极限 $\lim\limits_{x\to 0}\dfrac{1-\dfrac{\sin x}{x}}{1-\cos x}$.

解 该极限属于 $\dfrac{0}{0}$ 型未定式, 并且

$$\lim_{x\to 0}\frac{1-\dfrac{\sin x}{x}}{1-\cos x}=\lim_{x\to 0}\frac{x-\sin x}{x(1-\cos x)}.$$

由于当 $x\to 0$ 时, $1-\cos x\sim\dfrac{x^2}{2}$, 因此

$$\lim_{x\to 0}\frac{x-\sin x}{x(1-\cos x)}=\lim_{x\to 0}\frac{x-\sin x}{\dfrac{x^3}{2}}=2\lim_{x\to 0}\frac{1-\cos x}{3x^2}=2\lim_{x\to 0}\frac{\dfrac{x^2}{2}}{3x^2}=\frac{1}{3}.$$

说明 通过例 4 可以看到, 在应用洛必达法则求极限的过程中, 遇到可以应用等价无穷小的替代和重要极限的时候, 应尽量应用以简化运算.

例 5 求极限 $\lim\limits_{x\to 0}\dfrac{x^2\sin\dfrac{1}{x}}{\sin x}$.

解 该极限属于 $\dfrac{0}{0}$ 型未定式, 这时若对分子分母分别求导再求极限, 得

$$\lim_{x\to 0}\frac{x^2\sin\dfrac{1}{x}}{\sin x}=\lim_{x\to 0}\frac{2x\sin\dfrac{1}{x}-\cos\dfrac{1}{x}}{\cos x},$$

上式右端的极限不存在且不为 ∞, 所以洛必达法则失效. 事实上可以求得

$$\lim_{x\to 0}\frac{x^2\sin\dfrac{1}{x}}{\sin x}=\lim_{x\to 0}\frac{x}{\sin x}\cdot\lim_{x\to 0}\left(x\sin\frac{1}{x}\right)=1\times 0=0.$$

说明　(1) 上例说明洛必达法则并不是对所有 $\dfrac{0}{0}$ 型未定式都适用;

(2) 当 $\lim\limits_{x\to x_0}\dfrac{f'(x)}{g'(x)}$ 不存在时, $\lim\limits_{x\to x_0}\dfrac{f(x)}{g(x)}$ 仍可能存在.

洛必达法则对 $x\to\infty$ 的情形也成立. 只要把定理中的条件所考虑的点 x_0 的某邻域改成 $|x|$ 充分大.

推论 1　设函数 $f(x)$ 和 $g(x)$ 满足下列条件:

(1) $\lim\limits_{x\to\infty}f(x)=0$, $\lim\limits_{x\to\infty}g(x)=0$;

(2) 存在 $X>0$, 当 $|x|>X$ 时, $f(x)$ 和 $g(x)$ 可导, 且 $g'(x)\neq 0$;

(3) $\lim\limits_{x\to\infty}\dfrac{f'(x)}{g'(x)}$ 存在 (或为 ∞).

则 $\lim\limits_{x\to\infty}\dfrac{f(x)}{g(x)}$ 存在 (或为 ∞), 且

$$\lim_{x\to\infty}\frac{f(x)}{g(x)}=\lim_{x\to\infty}\frac{f'(x)}{g'(x)}.$$

证明　令 $x=\dfrac{1}{t}$, 则 $x\to\infty$ 时, $t\to 0$. 于是

$$\lim_{x\to\infty}\frac{f(x)}{g(x)}=\lim_{t\to 0}\frac{f\left(\dfrac{1}{t}\right)}{g\left(\dfrac{1}{t}\right)}=\lim_{t\to 0}\frac{f'\left(\dfrac{1}{t}\right)\cdot\left(-\dfrac{1}{t^2}\right)}{g'\left(\dfrac{1}{t}\right)\cdot\left(-\dfrac{1}{t^2}\right)}=\lim_{t\to 0}\frac{f'\left(\dfrac{1}{t}\right)}{g'\left(\dfrac{1}{t}\right)}=\lim_{x\to\infty}\frac{f'(x)}{g'(x)}.$$

上述推论中的结果可推广 $x\to-\infty$, $x\to+\infty$ 的情形.

例 6　求极限 $\lim\limits_{x\to+\infty}\dfrac{\dfrac{\pi}{2}-\arctan x}{\dfrac{1}{x}}$.

解　该极限属于 $\dfrac{0}{0}$ 型未定式, 由洛必达法则有

$$\lim_{x\to+\infty}\frac{\dfrac{\pi}{2}-\arctan x}{\dfrac{1}{x}}=\lim_{x\to+\infty}\frac{-\dfrac{1}{1+x^2}}{-\dfrac{1}{x^2}}=\lim_{x\to+\infty}\frac{x^2}{1+x^2}=1.$$

二、$\dfrac{\infty}{\infty}$ 型未定式 Indeterminate form with $\dfrac{\infty}{\infty}$ type

当 $x\to x_0$(或 $x\to\infty$) 时, $f(x)$ 和 $g(x)$ 都是无穷大, 即 $\dfrac{\infty}{\infty}$ 型未定式, 它也有与 $\dfrac{0}{0}$ 型未定式类似的方法.

定理 2 设 $f(x)$ 和 $g(x)$ 在点 x_0 的某个去心邻域 $\mathring{U}(x_0,\delta)$ 内有定义, 并且满足下列条件:

(1) $\lim\limits_{x\to x_0} f(x)=\infty$, $\lim\limits_{x\to x_0} g(x)=\infty$,

(2) $f(x)$ 和 $g(x)$ 在 $\mathring{U}(x_0,\delta)$ 内可导, 且 $g'(x)\neq 0$;

(3) $\lim\limits_{x\to x_0}\dfrac{f'(x)}{g'(x)}$ 存在 (或为 ∞).

则 $\lim\limits_{x\to x_0}\dfrac{f(x)}{g(x)}$ 也存在 (或为 ∞), 且

$$\lim_{x\to x_0}\frac{f(x)}{g(x)}=\lim_{x\to x_0}\frac{f'(x)}{g'(x)}.$$

证明 设 $\lim\limits_{x\to x_0}\dfrac{f'(x)}{g'(x)}=A$. 由条件 (1) 知, 在 $\mathring{U}(x_0,\delta)$ 内, $f(x)$ 和 $g(x)$ 都不等于零. 由条件 (3), 根据极限的定义知, 对任意给定正数 ε, 存在 $0<\delta_1<\delta$, 使得当 $0<|x-x_0|<\delta_1$ 时, 有

$$\left|\frac{f'(x)}{g'(x)}-A\right|<\frac{\varepsilon}{2}. \tag{I}$$

根据柯西中值定理, 任取$x\in(x_0-\delta_1,x_0)$(或$x\in(x_0,x_0+\delta_1)$), 必存在一点ξ, 使得

$$\frac{f(x_0-\delta_1)-f(x)}{g(x_0-\delta_1)-g(x)}=\frac{f'(\xi)}{g'(\xi)}\quad\left(\text{或}\ \frac{f(x_0+\delta_1)-f(x)}{g(x_0+\delta_1)-g(x)}=\frac{f'(\xi)}{g'(\xi)}\right),$$

其中$x_0-\delta_1<\xi<x<x_0$(或$x_0<\xi<x<x_0+\delta_1$). 由 (I) 式有

$$\left|\frac{f(x_0-\delta_1)-f(x)}{g(x_0-\delta_1)-g(x)}-A\right|<\frac{\varepsilon}{2}\quad\left(\text{或}\left|\frac{f(x_0+\delta_1)-f(x)}{g(x_0+\delta_1)-g(x)}-A\right|<\frac{\varepsilon}{2}\right). \tag{II}$$

另一方面

$$\left|\frac{f(x)}{g(x)}-\frac{f(x_0-\delta_1)-f(x)}{g(x_0-\delta_1)-g(x)}\right|=\left|\frac{f(x_0-\delta_1)-f(x)}{g(x_0-\delta_1)-g(x)}\right|\cdot\left|\frac{\dfrac{g(x_0-\delta_1)}{g(x)}-1}{\dfrac{f(x_0-\delta_1)}{f(x)}-1}-1\right|$$

$$\left(\text{或}\left|\frac{f(x)}{g(x)}-\frac{f(x_0+\delta_1)-f(x)}{g(x_0+\delta_1)-g(x)}\right|=\left|\frac{f(x_0+\delta_1)-f(x)}{g(x_0+\delta_1)-g(x)}\right|\cdot\left|\frac{\dfrac{g(x_0+\delta_1)}{g(x)}-1}{\dfrac{f(x_0+\delta_1)}{f(x)}-1}-1\right|\right).$$

由于 (II) 式, 上式右端第一个因子是有界变量; 第二个因子对于固定的δ_1, 由条件 (1) 当$x\to x_0$ 时, 是无穷小量. 因此, 存在$0<\delta_2\leqslant\delta_1$, 使得当$x_0-\delta_2<\xi<x<x_0$(或$x_0<x<\xi<x_0+\delta_2$) 时, 有

$$\left|\frac{f(x)}{g(x)}-\frac{f(x_0-\delta_1)-f(x)}{g(x_0-\delta_1)-g(x)}\right|<\frac{\varepsilon}{2}\quad\left(\text{或}\left|\frac{f(x)}{g(x)}-\frac{f(x_0+\delta_1)-f(x)}{g(x_0+\delta_1)-g(x)}\right|<\frac{\varepsilon}{2}\right). \tag{III}$$

综合 (II) 和 (III), 当$x_0-\delta_2<x<x_0$(或$x_0<x<x_0+\delta_2$) 时, 有

$$\begin{aligned}\left|\frac{f(x)}{g(x)}-A\right| &= \left|\frac{f(x)}{g(x)}-\frac{f(x_0-\delta_1)-f(x)}{g(x_0-\delta_1)-g(x)}+\frac{f(x_0-\delta_1)-f(x)}{g(x_0-\delta_1)-g(x)}-A\right| \\ &\leqslant \left|\frac{f(x)}{g(x)}-\frac{f(x_0-\delta_1)-f(x)}{g(x_0-\delta_1)-g(x)}\right|+\left|\frac{f(x_0-\delta_1)-f(x)}{g(x_0-\delta_1)-g(x)}-A\right|<\frac{\varepsilon}{2}+\frac{\varepsilon}{2}=\varepsilon\end{aligned}$$

$$\left(\text{或}\left|\frac{f(x)}{g(x)}-A\right| = \left|\frac{f(x)}{g(x)}-\frac{f(x_0+\delta_1)-f(x)}{g(x_0+\delta_1)-g(x)}+\frac{f(x_0+\delta_1)-f(x)}{g(x_0+\delta_1)-g(x)}A\right|\right.$$
$$\left.\leqslant \left|\frac{f(x)}{g(x)}-\frac{f(x_0+\delta_1)-f(x)}{g(x_0+\delta_1)-g(x)}\right|+\left|\frac{f(x_0+\delta_1)-f(x)}{g(x_0+\delta_1)-g(x)}-A\right|<\frac{\varepsilon}{2}+\frac{\varepsilon}{2}=\varepsilon\right),$$

即当$0<|x-x_0|<\delta_2$ 时, 有

$$\left|\frac{f(x)}{g(x)}-A\right|<\varepsilon,$$

所以

$$\lim_{x\to x_0}\frac{f(x)}{g(x)}=A.$$

类似地可以证明 $\lim\limits_{x\to x_0}\dfrac{f'(x)}{g'(x)}$ 为无穷大的情形.

推论 2　设函数 $f(x)$ 和 $g(x)$ 满足下列条件:

(1) $\lim\limits_{x\to\infty}f(x)=\infty$, $\lim\limits_{x\to\infty}g(x)=\infty$;

(2) 存在 $X>0$, 当 $|x|>X$ 时, $f(x)$ 和 $g(x)$ 可导, 且 $g'(x)\neq 0$;

(3) $\lim\limits_{x\to\infty}\dfrac{f'(x)}{g'(x)}$ 存在 (或为 ∞).

则 $\lim\limits_{x\to\infty}\dfrac{f(x)}{g(x)}$ 存在 (或为 ∞), 且

$$\lim_{x\to\infty}\frac{f(x)}{g(x)}=\lim_{x\to\infty}\frac{f'(x)}{g'(x)}.$$

说明　上述定理 2 及推论 2 中的结果可分别推广到 $x\to x_0^-$, $x\to x_0^+$, $x\to+\infty$, $x\to-\infty$ 的情形.

例 7　求极限:

(1) $\lim\limits_{x\to 0^+}\dfrac{\ln\cot x}{\ln x}$;　　　　(2) $\lim\limits_{x\to+\infty}\dfrac{\ln(x+10)}{x^2}$.

解　(1) 该极限属于 $\dfrac{\infty}{\infty}$ 型未定式, 由定理 2 有

$$\lim_{x\to 0^+}\frac{\ln\cot x}{\ln x}=\lim_{x\to 0^+}\frac{\dfrac{1}{\cot x}(-\csc^2 x)}{\dfrac{1}{x}}=\lim_{x\to 0^+}\frac{-x}{\sin x\cos x}=-\lim_{x\to 0^+}\left(\frac{x}{\sin x}\cdot\frac{1}{\cos x}\right)=-1.$$

(2) 该极限属于 $\frac{\infty}{\infty}$ 型未定式, 由定理 2 有

$$\lim_{x\to+\infty}\frac{\ln(x+10)}{x^2}=\lim_{x\to+\infty}\frac{\frac{1}{x+10}}{2x}=\lim_{x\to+\infty}\frac{1}{2x(x+10)}=0.$$

例 8 设 n 是正整数, $\lambda>0$. 求极限:

(1) $\lim\limits_{x\to+\infty}\frac{\ln x}{x^n}$; (2) $\lim\limits_{x\to+\infty}\frac{x^n}{\mathrm{e}^{\lambda x}}$.

解 (1) 该极限属于 $\frac{\infty}{\infty}$ 型未定式, 由定理 2 有

$$\lim_{x\to+\infty}\frac{\ln x}{x^n}=\lim_{x\to+\infty}\frac{\frac{1}{x}}{nx^{n-1}}=\lim_{x\to+\infty}\frac{1}{nx^n}=0.$$

(2) 该极限属于 $\frac{\infty}{\infty}$ 型未定式, 连续应用洛必达法则 n 次, 得到

$$\lim_{x\to+\infty}\frac{x^n}{\mathrm{e}^{\lambda x}}=\lim_{x\to+\infty}\frac{nx^{n-1}}{\lambda\mathrm{e}^{\lambda x}}=\lim_{x\to+\infty}\frac{n(n-1)x^{n-2}}{\lambda^2\mathrm{e}^{\lambda x}}=\cdots=\lim_{x\to+\infty}\frac{n!}{\lambda^n\mathrm{e}^{\lambda x}}=0.$$

说明 事实上, 例 8 中当 n 为任意正实数时, 结论也成立. 对数函数 $\ln x$, 幂函数 $x^a(a>0)$, 指数函数 e^x 均为无穷大时, 从例 8 可以看出, 这三个函数增大的"速度"很不一样, 幂函数增大的"速度"比对数函数快得多, 而指数函数增大的"速度"又比幂函数快得多.

例 9 求极限 $\lim\limits_{x\to0^+}\frac{\mathrm{e}^{-\frac{1}{x}}}{x}$.

解 该极限属于 $\frac{0}{0}$ 型未定式, 运用洛必达法则有

$$\lim_{x\to0^+}\frac{\mathrm{e}^{-\frac{1}{x}}}{x}=\lim_{x\to0^+}\frac{\mathrm{e}^{-\frac{1}{x}}\cdot\frac{1}{x^2}}{1}=\lim_{x\to0^+}\frac{\mathrm{e}^{-\frac{1}{x}}}{x^2}=\lim_{x\to0^+}\frac{\mathrm{e}^{-\frac{1}{x}}}{2x^3}=\cdots.$$

可见, 这样做下去得不出结果, 但此时我们可以采用下面的变换技巧来求得其极限.

令 $t=\frac{1}{x}$, 则有

$$\lim_{x\to0^+}\frac{\mathrm{e}^{-\frac{1}{x}}}{x}=\lim_{t\to+\infty}\frac{t}{\mathrm{e}^t}=\lim_{t\to+\infty}\frac{1}{\mathrm{e}^t}=0.$$

三、 其他未定式 Limits of other indeterminate forms

若在某极限过程下, $f(x)\to0$ 且 $g(x)\to\infty$, 则称极限 $\lim[f(x)\cdot g(x)]$ 为 $0\cdot\infty$ 型未定式.

若在某极限过程下, $f(x)\to\infty$ 且 $g(x)\to\infty$, 则称极限 $\lim[f(x)-g(x)]$ 为 $\infty-\infty$ 型未定式.

若在某极限过程下, $f(x)\to 0^+$ 且 $g(x)\to 0$, 则称极限 $\lim f(x)^{g(x)}$ 为 0^0 型未定式.

若在某极限过程下, $f(x)\to 1$ 且 $g(x)\to \infty$, 则称极限 $\lim f(x)^{g(x)}$ 为 1^∞ 型未定式.

若在某极限过程下, $f(x)\to +\infty$ 且 $g(x)\to 0$, 则称极限 $\lim f(x)^{g(x)}$ 为 ∞^0 型未定式.

上面这些未定式都可以经过简单的变换转化成 $\dfrac{0}{0}$ 型或 $\dfrac{\infty}{\infty}$ 型. 因此常常可以用洛必达法则求出其极限, 下面举例说明.

例 10 求 $\lim\limits_{x\to 1^-}[\ln x\cdot\ln(1-x)]$.

解 这是 $0\cdot\infty$ 型未定式, 转化为商, 变成 $\dfrac{0}{0}$ 型.

$$\lim_{x\to 1^-}[\ln x\cdot\ln(1-x)]=\lim_{x\to 1^-}\frac{\ln(1-x)}{(\ln x)^{-1}}=\lim_{x\to 1^-}\frac{\dfrac{1}{x-1}}{-(\ln x)^{-2}\cdot\dfrac{1}{x}}$$
$$=\lim_{x\to 1^-}\frac{x(\ln x)^2}{x-1}=\lim_{x\to 1^-}\frac{\ln^2 x+2\ln x}{1}=0.$$

例 11 求极限 $\lim\limits_{x\to 1}\left(\dfrac{x}{x-1}-\dfrac{1}{\ln x}\right)$.

解 这是 $\infty-\infty$ 型未定式, 通分后可转化成 $\dfrac{0}{0}$ 型.

$$\lim_{x\to 1}\left(\frac{x}{x-1}-\frac{1}{\ln x}\right)=\lim_{x\to 1}\frac{x\ln x-x+1}{(x-1)\ln x}=\lim_{x\to 1}\frac{\ln x}{\ln x+\dfrac{x-1}{x}}=\lim_{x\to 1}\frac{\dfrac{1}{x}}{\dfrac{1}{x}+\dfrac{1}{x^2}}=\frac{1}{2}.$$

例 12 求极限 $\lim\limits_{x\to 0^+}x^{\sin x}$.

解 这是 0^0 型未定式, 我们先运用对数恒等式 $x^{\sin x}=\mathrm{e}^{\ln x^{\sin x}}=\mathrm{e}^{\sin x\ln x}$, 再求极限.

$$\lim_{x\to 0^+}x^{\sin x}=\lim_{x\to 0^+}\mathrm{e}^{\sin x\cdot\ln x}=\mathrm{e}^{\lim\limits_{x\to 0^+}\sin x\cdot\ln x}=\mathrm{e}^{\lim\limits_{x\to 0^+}\frac{\ln x}{\csc x}}=\mathrm{e}^{\lim\limits_{x\to 0^+}\frac{\frac{1}{x}}{\csc x\cdot\cot x}}$$
$$=\mathrm{e}^{\lim\limits_{x\to 0^+}\frac{-\sin^2 x}{x\cos x}}=\mathrm{e}^{-\lim\limits_{x\to 0^+}\left(\frac{\sin x}{x}\tan x\right)}=\mathrm{e}^0=1.$$

例 13 求 $\lim\limits_{x\to 1}(2-x)^{\tan\frac{\pi}{2}x}$.

解 这是 1^∞ 型未定式, 我们还是先运用对数恒等式 $(2-x)^{\tan\frac{\pi}{2}x}=\mathrm{e}^{\tan\frac{\pi}{2}x\cdot\ln(2-x)}$, 再求极限.

$$\lim_{x\to 1}(2-x)^{\tan\frac{\pi}{2}x}=\lim_{x\to 1}\mathrm{e}^{\tan\frac{\pi}{2}x\cdot\ln(2-x)}=\mathrm{e}^{\lim\limits_{x\to 1}\tan\frac{\pi}{2}x\cdot\ln(2-x)}=\mathrm{e}^{\lim\limits_{x\to 1}\frac{\ln(2-x)}{\cot\frac{\pi}{2}x}}$$
$$=\mathrm{e}^{\lim\limits_{x\to 1}\frac{\ln[1+(1-x)]}{\cot\frac{\pi}{2}x}}=\mathrm{e}^{\lim\limits_{x\to 1}\frac{1-x}{\cot\frac{\pi}{2}x}}=\mathrm{e}^{\lim\limits_{x\to 1}\frac{-1}{-\frac{\pi}{2}\csc^2\frac{\pi}{2}x}}$$
$$=\mathrm{e}^{\lim\limits_{x\to 1}\frac{2\sin\frac{2}{2}x}{\pi}}=\mathrm{e}^{\frac{2}{\pi}}.$$

说明 此例也可结合运用第二章第二类重要极限的方法进行计算: 因为

$$\lim_{x\to1}(2-x)^{\tan\frac{\pi}{2}x}=\lim_{x\to1}[1+(1-x)]^{\tan\frac{\pi}{2}x},$$

并且

$$\lim_{x\to1}\left[(1-x)\cdot\tan\frac{\pi}{2}x\right]=\lim_{x\to1}\frac{1-x}{\cot\frac{\pi}{2}x}=\lim_{x\to1}\frac{-1}{-\frac{\pi}{2}\csc^2\frac{\pi}{2}x}=\lim_{x\to1}\frac{2\sin^2\frac{\pi}{2}x}{\pi}=\frac{2}{\pi}.$$

所以

$$\lim_{x\to1}(2-x)^{\tan\frac{\pi}{2}x}=\lim_{x\to1}[1+(1-x)]^{\tan\frac{\pi}{2}x}=\mathrm{e}^{\frac{2}{\pi}}.$$

例 14 求 $\lim\limits_{x\to0^+}\left(1+\dfrac{1}{x}\right)^x$.

解 这是 ∞^0 型未定式, 我们还是先运用对数恒等式 $\left(1+\dfrac{1}{x}\right)^x=\mathrm{e}^{x\ln\left(1+\frac{1}{x}\right)}$, 再求极限.

$$\lim_{x\to0^+}\left(1+\frac{1}{x}\right)^x=\lim_{x\to0^+}\mathrm{e}^{x\ln\left(1+\frac{1}{x}\right)}=\mathrm{e}^{\lim\limits_{x\to0^+}x\ln\left(1+\frac{1}{x}\right)}\xlongequal{x=\frac{1}{t}}\mathrm{e}^{\lim\limits_{t\to+\infty}\frac{\ln(1+t)}{t}}=\mathrm{e}^{\lim\limits_{t\to+\infty}\frac{1}{1+t}}=\mathrm{e}^0=1.$$

说明 洛必达法则是求未定式的一种有效方法, 但不是万能的. 我们要学会善于根据具体问题采取不同的方法求解, 最好能与其他求极限的方法结合使用, 例如能化简时应尽可能先化简; 可以应用等价无穷小代换时, 应尽可能应用, 这样可以使运算简捷.

例 15 求 $\lim\limits_{x\to0}\dfrac{x-\tan x}{x^2\sin x}$.

解 若直接用洛必达法则, 则分母的导函数较繁琐. 我们可先进行等价无穷小的代换. 由 $\sin x\sim x(x\to0)$, 有

$$\lim_{x\to0}\frac{x-\tan x}{x^2\sin x}=\lim_{x\to0}\frac{x-\tan x}{x^3}=\lim_{x\to0}\frac{1-\sec^2x}{3x^2}=\lim_{x\to1}\frac{-\tan^2x}{3x^2}=-\frac{1}{3}.$$

习 题 二

1. 利用洛必达法则求下列极限:

(1) $\lim\limits_{x\to a}\dfrac{x^m-a^m}{x^n-a^n}$;

(2) $\lim\limits_{x\to0}\dfrac{\mathrm{e}^x-\mathrm{e}^{-x}}{\sin x}$;

(3) $\lim\limits_{x\to\pi}\dfrac{\sin3x}{\tan5x}$;

(4) $\lim\limits_{x\to\frac{\pi}{2}}\dfrac{\ln\sin x}{(\pi-2x)^2}$;

(5) $\lim\limits_{x\to0^+}\dfrac{\ln x}{\cot x}$;

(6) $\lim\limits_{x\to+\infty}\dfrac{\ln\left(1+\frac{1}{x}\right)}{\operatorname{arccot}x}$;

(7) $\lim\limits_{x\to\frac{\pi}{2}}\dfrac{\tan x}{\tan3x}$;

(8) $\lim\limits_{x\to0}\dfrac{\mathrm{e}^x-x-1}{x(\mathrm{e}^x-1)}$;

(9) $\lim\limits_{x\to 0^+}\sin x\ln x$;

(10) $\lim\limits_{x\to 0}\left(\dfrac{\mathrm{e}^x}{x}-\dfrac{1}{\mathrm{e}^x-1}\right)$;

(11) $\lim\limits_{x\to 0}(1+\sin x)^{\frac{1}{x}}$;

(12) $\lim\limits_{x\to 0}x^2\mathrm{e}^{\frac{1}{x^2}}$;

(13) $\lim\limits_{x\to +\infty}(\sqrt[3]{x^3+x^2+x+1}-x)$;

(14) $\lim\limits_{x\to +\infty}\left(\dfrac{2\arctan x}{\pi}\right)^x$;

(15) $\lim\limits_{x\to 0}\left(\dfrac{3-\mathrm{e}^x}{2+x}\right)^{\csc x}$;

(16) $\lim\limits_{x\to 0}\dfrac{(a+x)^x-a^x}{x^2}$, $a>0$.

2. 设$\lim\limits_{x\to 1}\dfrac{x^2+mx+n}{x-1}=5$, 求常数$m,n$ 的值.

3. 验证极限 $\lim\limits_{x\to\infty}\dfrac{x+\sin x}{x}$ 存在, 但不能由洛必达法则得出.

4. 设$f(x)$ 二阶可导, 求$\lim\limits_{h\to 0}\dfrac{f(x+h)-2f(x)+f(x-h)}{h^2}$.

5. 讨论函数

$$f(x)=\begin{cases}\left[\dfrac{1}{\mathrm{e}}(1+x)^{\frac{1}{x}}\right]^{\frac{1}{x}}, & x\neq 0,\\ \mathrm{e}^{-\frac{1}{2}}, & x=0\end{cases}$$

在点$x=0$ 处的连续性.

6. 设$f(x)$ 具有二阶连续导数, 且$f(0)=0$, 试证

$$g(x)=\begin{cases}\dfrac{f(x)}{x}, & x\neq 0,\\ f'(0), & x=0\end{cases}$$

可导, 且导函数连续.

第三节* 泰 勒 公 式

Taylor formula

泰勒公式是拉格朗日中值定理的推广, 同时也是把复杂函数转化为简单函数的一种手段和方法. 它体现了简单性与复杂性的辩证统一, 它从简单函数与复杂函数转化关系说明了世界上一些复杂的事物都是简单事物的复合. 如音乐家可以由 7 个简单的音符谱写出美妙的乐曲, 莎士比亚可以由 26 个英文字母创作出不朽诗歌和戏剧. 数学家也相仿, 他们也可以像音乐家和诗人一样, 用简单的数字和符号弹奏出动人的乐章.

在各种函数中, 多项式是结构最为简单的函数, 它只涉及加、减、乘这三种算术运算, 另外多项式的分析运算也较简单. 因此本着把复杂转化为简单的想法, 自然想到能否用多项式来近似表达较复杂的函数, 并且要求精度较高, 这就是本节所要讨论的泰勒公式.

一、 泰勒公式 Taylor formula

在理论分析和近似计算中, 常常希望能将一个复杂函数 $f(x)$ 用一个多项式

$$p_n(x)=a_0+a_1x+a_2x^2+\cdots+a_nx^n$$

来近似表示. 这是因为多项式 $p_n(x)$ 只涉及数的加、减、乘三种运算, 计算起来比较简单, 比如, 利用微分的概念, 可以得到, 当 $|x|$ 很小时, 有

$$\mathrm{e}^x \approx 1+x, \quad \sin x \approx x, \quad \sqrt[n]{1+x} \approx 1+\frac{1}{n}x.$$

这些都是用一次多项式近似表示函数 $f(x)$ 的例子. 但这些近似公式有两点不足: ①精度不高, 误差仅为 x 在 $x \to 0$ 时的高阶无穷小 $o(x)$; ②没有准确好用的误差估计式.

从几何上看, 上述近似公式精度不高是因为在 $x=0$ 附近, 我们以直线 (一次多项式) 来近似代替曲线, 两条线的吻合程度当然不会很好, 从而精度也就不高, 自然会想到, 若改用二次曲线、三次曲线, 甚至 n 次曲线来近似代替曲线 $y=f(x)$, 在 $x=0$ 附近, 两条曲线的吻合程度应该会更好, 其精度也将有所提高. 于是设 $f(x)$ 在点 x_0 的某个邻域 $U(x_0)$ 内有直到 $n+1$ 阶导数, 现在提出下面两个问题:

(1) 试求一个关于 $x-x_0$ 的 n 次多项式

$$P_n(x)=a_0+a_1(x-x_0)+a_2(x-x_0)^2+\cdots+a_n(x-x_0)^n, \tag{1}$$

使得在 x_0 附近, 有 $f(x) \approx P_n(x)$, 换言之, 就是要求

$$f(x_0)=P_n(x_0), f'(x_0)=P_n'(x_0), \cdots, f^{(n)}(x_0)=P_n^{(n)}(x_0), \tag{2}$$

即 $f(x)$ 和 $P_n(x)$ 在 $x=x_0$ 处的函数值及 k 阶 $(k \leqslant n)$ 导数值相等.

从几何上看, 条件 $f(x_0)=P_n(x_0)$ 和 $f'(x_0)=P_n'(x_0)$ 表示两曲线 $y=f(x)$ 和 $y=P_n(x)$ 都过点 $(x_0, f(x_0))$, 且在该点处有相同的切线. 以后还将知道, 条件 $f''(x_0)=P_n''(x_0)$ 表示这两条曲线在点 $(x_0, f(x_0))$ 处的弯曲方向和弯曲程度相同, 从而在该点附近, 两曲线的吻合程度将较好.

(2) 给出误差 $f(x)-P_n(x)$ 的表达式:

首先解决问题 (1). 注意到条件 $f(x_0)=P_n(x_0), f'(x_0)=P_n'(x_0), \cdots, f^{(n)}(x_0)=P_n^{(n)}(x_0)$. 可以利用这些条件来确定系数 $a_0, a_1, \cdots, a_n$. 将 $x=x_0$ 代入 $P_n(x)$ 的表达式, 得到

$$a_0=P_n(x_0)=f(x_0), \text{即} a_0=f(x_0).$$

对 $P_n(x)$ 求导, 再将 $x=x_0$ 代入, 得到

$$a_1=P_n'(x_0)=f'(x_0), \text{即} a_1=f'(x_0).$$

求出 $P_n''(x)$, 再将 $x=x_0$ 代入, 得

$$a_2 \cdot 2!=P_n''(x_0)=f''(x_0), \text{即} a_2=\frac{f''(x_0)}{2!}.$$

一般地

$$a_k=\frac{f^{(k)}(x_0)}{k!}, \quad k=0,1,2,\cdots,n,$$

从而所求多项式

$$P_n(x)=f(x_0)+\frac{f'(x_0)}{1!}(x-x_0)+\frac{f''(x_0)}{2!}(x-x_0)^2+\cdots+\frac{f^{(n)}(x_0)}{n!}(x-x_0)^n. \quad (3)$$

下面的定理表明, 在点 x_0 的附近, 用 $P_n(x)$ 近似代替 $f(x)$, 并且也解决了问题 (2), 即求误差 $f(x)-P_n(x)$ 的表达式, 一般有以下结果:

定理 1(泰勒中值定理)　设函数 $f(x)$ 在 (a,b) 内具有直到 $n+1$ 阶导数, $x_0\in(a,b)$, 则对于任意 $x\in(a,b)$, 有

$$f(x)=f(x_0)+\frac{f'(x_0)}{1!}(x-x_0)+\frac{f''(x_0)}{2!}(x-x_0)^2+\cdots+\frac{f^{(n)}(x_0)}{n!}(x-x_0)^n+R_n(x), \quad (4)$$

其中

$$R_n(x)=\frac{f^{(n+1)}(\xi)}{(n+1)!}(x-x_0)^{n+1}\quad (\xi\text{介于}x_0\text{与}x\text{之间}). \quad (5)$$

证明　令 $G(x)=(x-x_0)^{n+1}$. 由假设可知

$$R_n(x)=f(x)-f(x_0)-\frac{f'(x_0)}{1!}(x-x_0)-\frac{f''(x_0)}{2!}(x-x_0)^2-\cdots-\frac{f^{(n)}(x_0)}{n!}(x-x_0)^n$$

在 (a,b) 内具有直到 $n+1$ 阶的导数, 且易求出

$$\begin{aligned}
&R_n(x_0)=R_n'(x_0)=\cdots=R_n^{(n)}(x_0)=0,\\
&R_n^{(n+1)}(x)=(n+1)!,\\
&G(x_0)=G'(x_0)=\cdots=G^{(n)}(x_0)=0,\\
&G^{(n+1)}(x)=(n+1)!.
\end{aligned}$$

对 $R_n(x)$ 与 $G(x)$ 在相应区间上使用柯西定理 $n+1$ 次, 则有

$$\begin{aligned}
\frac{R_n(x)}{G(x)}&=\frac{R_n(x)-R_n(x_0)}{G(x)-G(x_0)}=\frac{R_n'(\xi_1)}{G'(\xi_1)}\quad (\xi_1\text{介于}x_0\text{与 }x\text{ 之间})\\
&=\frac{R_n'(\xi_1)-R_n'(x_0)}{G'(\xi_1)-G'(x_0)}=\frac{R_n''(\xi_2)}{G''(\xi_2)}\quad (\xi_2\text{介于}x_0\text{与}\xi_1\text{之间})\\
&=\frac{R_n''(\xi_2)-R_n''(x_0)}{G''(\xi_2)-G''(x_0)}\\
&=\cdots=\frac{R_n^{(n)}(\xi_n)}{G^{(n)}(\xi_n)}\quad (\xi_n\text{介于}x_0\text{与}\xi_{n-1}\text{之间})\\
&=\frac{R_n^{(n)}(\xi_n)-R_n^{(n)}(x_0)}{G^{(n)}(\xi_n)-G^{(n)}(x_0)}=\frac{R_n^{(n+1)}(\xi)}{G^{(n+1)}(\xi)}\quad (\xi\text{介于}x_0\text{与}\xi_n\text{之间})\\
&=\frac{f^{(n+1)}(\xi)}{(n+1)!}\quad (\xi\text{介于}x_0\text{与}\xi_n\text{之间, 故}\xi\text{介于}x_0\text{与}x\text{之间}).
\end{aligned}$$

于是

$$R_n(x)=\frac{f^{(n+1)}(\xi)}{(n+1)!}(x-x_0)^{n+1}\quad (\xi\text{介于}x_0\text{与}x\text{之间}).$$

(4) 式称为函数 $f(x)$ 在 $x=x_0$ 点的 n 阶**泰勒展开式** (n order Taylor expansion), 或称为具有**拉格朗日型余项**的 n 阶**泰勒公式** (n order Taylor expansion with Lagrange type remainder). (5) 式中的 $R_n(x)$ 称为**拉格朗日型余项** (Lagrange type remainder), (3) 式中的多项式 $P_n(x)$ 称为 $f(x)$ 在 $x=x_0$ 点的 n 阶**泰勒多项式** (n order Taylor polynomial)(或称为 n 次**近似公式** (n order approximation formula)).

拉格朗日型余项还可写成以下形式:

$$R_n(x)=\frac{f^{(n+1)}(x_0+\theta(x-x_0))}{(n+1)!}(x-x_0)^{n+1}\quad (0<\theta<1).$$

第一节中的拉格朗日中值定理可看作是零阶 ($n=1$) 拉格朗日型余项的泰勒公式:

$$f(x)=f(x_0)+f'(\xi)(x-x_0)\quad (\xi\text{介于}x_0\text{与}x\text{之间}).$$

因此拉格朗日型余项的泰勒公式是拉格朗日中值定理的推广.

由泰勒中值定理可知, 以多项式 $P_n(x)$ 近似表达函数 $f(x)$ 时, 其误差为 $|R_n(x)|$. 如果对于某个固定的 n, 当 x 在开区间 (a,b) 内变动时有 $\left|f^{(n+1)}(x)\right|\leqslant M$($M$ 为常数), 则其误差有估计式 $|R_n(x)|\leqslant\dfrac{M}{(n+1)!}|x-x_0|^{n+1}$, 且 $\lim\limits_{x\to x_0}\dfrac{R_n(x)}{(x-x_0)^n}=0$. 从而当 $x\to x_0$ 时, $R_n(x)$ 是关于 $(x-x_0)^n$ 的高阶无穷小, 即余项又可以表示为 $R_n(x)=o((x-x_0)^n)$, 我们称这种形式的余项为**佩亚诺型余项** (Peano remainder).

当 $x_0=0$ 时的泰勒公式, 又称为**麦克劳林公式** (Maclaurin formula):

$$f(x)=f(0)+\frac{f'(0)}{1!}x+\frac{f''(0)}{2!}x^2+\cdots+\frac{f^{(n)}(0)}{n!}x^n+\frac{f^{(n+1)}(\xi)}{(n+1)!}x^{n+1}(\xi\text{介于}0\text{与}x\text{之间}),$$

或

$$f(x)=f(0)+\frac{f'(0)}{1!}x+\frac{f''(0)}{2!}x^2+\cdots+\frac{f^{(n)}(0)}{n!}x^n+o(x^{n+1}).$$

拉格朗日型余项的麦克劳林公式也可写成

$$f(x)=f(0)+\frac{f'(0)}{1!}x+\frac{f''(0)}{2!}x^2+\cdots+\frac{f^{(n)}(0)}{n!}x^n+\frac{f^{(n+1)}(\theta x)}{(n+1)!}x^{n+1}\quad (0<\theta<1).$$

二、 函数的泰勒展开式举例

An example of the Taylor formula expansion of functions

例 1 写出函数 $f(x)=\mathrm{e}^x$ 的 n 阶麦克劳林公式, 并利用三阶麦克劳林多项式计算 $\sqrt{\mathrm{e}}$ 的近似值, 并估计误差.

解　由 $f'(x)=\mathrm{e}^x,\cdots,f^{(n)}(x)=\mathrm{e}^x,f^{(n+1)}(x)=\mathrm{e}^x$, 得

$$f(0)=1,\quad f'(0)=1,\quad \cdots,\quad f^{(n)}(0)=1,\quad f^{(n+1)}(\xi)=\mathrm{e}^{\xi}.$$

于是 $f(x)=\mathrm{e}^x$ 的麦克劳林公式为

$$f(x)=\mathrm{e}^x=1+x+\frac{x^2}{2!}+\cdots+\frac{x^n}{n!}+\frac{\mathrm{e}^{\xi}}{(n+1)!}x^{n+1}\quad(\xi\text{介于}0\text{与}x\text{之间}),$$

或

$$f(x)=\mathrm{e}^x=1+x+\frac{x^2}{2!}+\cdots+\frac{x^n}{n!}+\frac{\mathrm{e}^{\theta x}}{(n+1)!}x^{n+1}\quad(0<\theta<1).$$

因此, 将 $f(x)=\mathrm{e}^x$ 用它在 $x_0=0$ 处的 n 阶泰勒多项式近似表达为

$$\mathrm{e}^x\approx 1+x+\frac{x^2}{2!}+\cdots+\frac{x^n}{n!},$$

所产生的误差为

$$|R_n(x)|=\left|\frac{\mathrm{e}^{\theta x}}{(n+1)!}x^{n+1}\right|.$$

取 $x=\dfrac{1}{2}$, $n=3$, 则

$$\sqrt{\mathrm{e}}\approx 1+\frac{1}{2}+\frac{1}{2!}\left(\frac{1}{2}\right)^2+\frac{1}{3!}\left(\frac{1}{2}\right)^3\approx 1.6458,$$

其误差

$$\left|R_3\left(\frac{1}{2}\right)\right|=\left|\frac{\mathrm{e}^{\xi}}{4!}\left(\frac{1}{2}\right)^4\right|<\frac{\mathrm{e}^{\frac{1}{2}}}{4!}\left(\frac{1}{2}\right)^4<\frac{3^{\frac{1}{2}}}{4!}\left(\frac{1}{2}\right)^4<\frac{1.8}{4!}\left(\frac{1}{2}\right)^4<\frac{1.8}{24}\cdot\frac{1}{16}$$
$$<0.0047<0.005=5\times 10^{-3}.$$

例 2　写出函数 $f(x)=\sin x$ 的 n 阶麦克劳林公式.

解　由 $f^{(n)}(x)=\sin\left(x+\dfrac{n\pi}{2}\right)(n=1,2,\cdots,n)$, 有

$$f(0)=0,\quad f'(0)=1,\quad f''(0)=0,\quad f'''(0)=-1,\quad f^{(4)}(0)=0,\quad \ldots,$$
$$f^{(2m)}(0)=0,\quad f^{(2m+1)}(0)=(-1)^m,\quad \ldots.$$

于是当 $n=2m$ 时, $\sin x$ 的 n 阶麦克劳林展开式为

$$\sin x=x-\frac{x^3}{3!}+\frac{x^5}{5!}-\frac{x^7}{7!}+\cdots+(-1)^{m-1}\frac{x^{2m-1}}{(2m-1)!}+R_{2m}(x),$$

其中

$$R_{2m}(x)=\frac{\sin\left[\theta x+\dfrac{(2m+1)\pi}{2}\right]}{(2m+1)!}x^{2m+1}\quad(0<\theta<1);$$

当 $n=2m+1$ 时, $\sin x$ 的 n 阶麦克劳林展开式为

$$\sin x=x-\frac{x^3}{3!}+\frac{x^5}{5!}-\frac{x^7}{7!}+\cdots+(-1)^m\frac{x^{2m+1}}{(2m+1)!}+R_{2m+1}(x),$$

其中

$$R_{2m+1}(x)=\frac{\sin[\theta x+(m+1)\pi]}{(2m+2)!}x^{2m+2}\quad(0<\theta<1).$$

类似地, 当 $n=2m$ 时, $\cos x$ 的 n 阶麦克劳林展开式为

$$\cos x=1-\frac{x^2}{2!}+\frac{x^4}{4!}-\frac{x^6}{6!}+\cdots+(-1)^m\frac{x^{2m}}{(2m)!}+R_{2m}(x),$$

其中

$$R_{2m}(x)=\frac{\cos\left[\theta x+\dfrac{(2m+1)\pi}{2}\right]}{(2m+1)!}x^{2m+1}\quad(0<\theta<1);$$

当 $n=2m+1$ 时, $\cos x$ 的 n 阶麦克劳林展开式为

$$\cos x=1-\frac{x^2}{2!}+\frac{x^4}{4!}-\frac{x^6}{6!}+\cdots+(-1)^m\frac{x^{2m}}{(2m)!}+R_{2m}(x),$$

其中

$$R_{2m+1}(x)=\frac{\cos[\theta x+(m+1)\pi]}{(2m+2)!}x^{2m+2}\quad(0<\theta<1).$$

如果 m 分别取 0, 1 和 2, 则可得 $\sin x$ 的 1 次、3 次和 5 次近似多项式

$$\sin x\approx x,\quad \sin x\approx x-\frac{x^3}{3!}\quad 和\quad \sin x\approx x-\frac{x^3}{3!}+\frac{x^5}{5!},$$

其误差的绝对值依次不超过 $\frac{|x|^3}{3!}$, $\frac{|x|^5}{5!}$ 和 $\frac{|x|^7}{7!}$.

以上三个近似多项式及正弦函数的图形画在图 5-7 中, 以便比较.

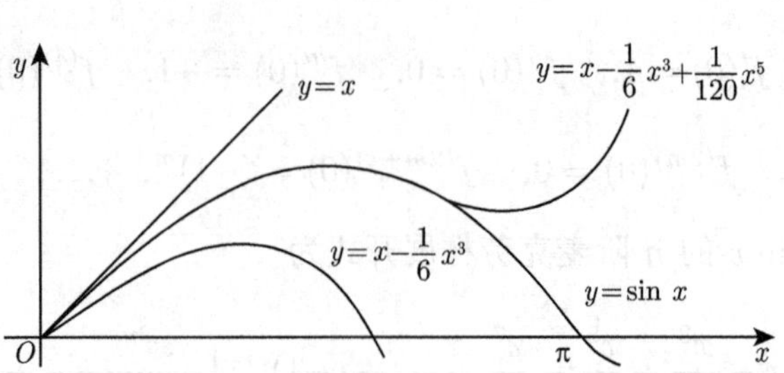

图 5-7

例 3　求函数 $f(x)=(1+x)^\alpha$(α 为任意实数) 在点 $x=0$ 处的泰勒公式.

解　由于

$$f'(x)=\alpha(1+x)^{\alpha-1},\quad f''(x)=\alpha(\alpha-1)(1+x)^{\alpha-2},\quad \cdots,$$
$$f^{(n)}(x)=\alpha(\alpha-1)\cdots(\alpha-n+1)(1+x)^{\alpha-n},\quad \cdots.$$

于是有

$$f(0)=1,\quad f'(0)=\alpha,\quad f''(x)=\alpha(\alpha-1),\quad \cdots,\quad f^{(n)}(0)=\alpha(\alpha-1)\cdots(\alpha-n+1),\quad \cdots.$$

从而 $f(x)=(1+x)^\alpha$ 在点 $x=0$ 处的泰勒公式为

$$(1+x)^\alpha=1+\alpha x+\frac{\alpha(\alpha-1)}{2!}x^2+\cdots+\frac{\alpha(\alpha-1)\cdots(\alpha-n+1)}{n!}x^n+o(x^n).$$

特别地, 当 $\alpha=n$(n 是正整数) 时, 有

$$(1+x)^n=1+nx+\frac{n(n-1)}{2!}x^2+\cdots+nx^{n-1}+x^n+o(x^n).$$

例 4　设 $\lim\limits_{x\to0}\dfrac{f(x)}{x}=1$, 且 $f''(x)>0$, 求证 $f(x)\geqslant x$.

证明　易知 $\lim\limits_{x\to0}f(x)=0$, 则 $f(0)=0$, 所以 $\lim\limits_{x\to0}\dfrac{f(x)-f(0)}{x-0}=f'(0)=1$, 由麦克劳林公式有

$$f(x)=f(0)+f'(0)x+\frac{f''(\xi)}{2!}x^2=x+\frac{f''(\xi)}{2!}x^2,$$

因 $f''(x)>0$, 故 $f(x)=x$.

说明　写泰勒公式时, 余项中含有 $f^{(n+1)}(\xi)$, 若 $f(x)$ 为复合函数或此函数可利用已有的 e^x, $\sin x$, $\cos x$ 的展开式时, 则 $f(x)$ 展开式中的余项不是分别余项再复合, 必须是整个函数求余项.

例 5　利用带有佩亚诺型余项的麦克劳林公式, 求极限 $\lim\limits_{x\to0}\dfrac{\sin x-x\cos x}{\sin^3 x}$.

解　由 $\sin x=x-\dfrac{x^3}{3!}+o(x^3), x\cos x=x-\dfrac{x^3}{2!}+o(x^3)$, 故

$$\lim_{x\to0}\frac{\sin x-x\cos x}{\sin^3 x}=\lim_{x\to0}\frac{\frac{1}{3}x^3+o(x^3)}{x^3}=\frac{1}{3}.$$

说明　两个比 x^3 高阶的无穷小的和仍记 $o(x^3)$.

常用初等函数的麦克劳林公式:

(1) $\mathrm{e}^x=1+x+\dfrac{x^2}{2!}+\cdots+\dfrac{x^n}{n!}+\dfrac{\mathrm{e}^{\theta x}}{(n+1)!}x^{n+1}(0<\theta<1)$;

(2) $\sin x=x-\dfrac{x^3}{3!}+\dfrac{x^5}{5!}-\cdots+(-1)^n\dfrac{x^{2n+1}}{(2n+1)!}+o(x^{2n+2})$;

(3) $\cos x = 1 - \dfrac{x^2}{2!} + \dfrac{x^4}{4!} - \dfrac{x^6}{6!} + \cdots + (-1)^n \dfrac{x^{2n}}{(2n)!} + o(x^{2n})$;

(4) $\ln(1+x) = x - \dfrac{x^2}{2} + \dfrac{x^3}{3} - \cdots + (-1)^n \dfrac{x^{n+1}}{n+1} + o(x^{n+1})$;

(5) $\dfrac{1}{1-x} = 1 + x + x^2 + \cdots + x^n + o(x^n)$;

(6) $(1+x)^\alpha = 1 + \alpha x + \dfrac{\alpha(\alpha-1)}{2!}x^2 + \cdots + \dfrac{\alpha(\alpha-1)\cdots(\alpha-n+1)}{n!}x^n + o(x^n)$.

三、 另一些常用的等价无穷小 Frequently-used equivalent infinitesimal

根据洛必达法则和泰勒公式, 我们不但可以简化某些函数极限的计算, 而且还可以获得一批等价无穷小. 例如, 根据洛必达法则求极限, 容易获得下列等价无穷小量.

(1) 由 $\lim\limits_{x\to0}\dfrac{x-\sin x}{x^3} = \lim\limits_{x\to0}\dfrac{1-\cos x}{3x^2} = \lim\limits_{x\to0}\dfrac{\frac{1}{2}x^2}{3x^2} = \dfrac{1}{6}$, 获得

$$x - \sin x \overset{x\to0}{\sim} \frac{1}{6}x^3,$$

进一步推广获得

$$\varphi(x) - \sin\varphi(x) \underset{\varphi(x)\neq0}{\overset{\varphi(x)\to0}{\sim}} \frac{1}{6}\varphi^3(x).$$

(2) 由 $\lim\limits_{x\to0}\dfrac{\tan x - x}{x^3} = \lim\limits_{x\to0}\dfrac{\sec^2 x - 1}{3x^2} = \lim\limits_{x\to0}\dfrac{\tan^2 x}{3x^2} = \lim\limits_{x\to0}\dfrac{x^2}{3x^2} = \dfrac{1}{3}$, 获得

$$\tan x - x \overset{x\to0}{\sim} \frac{1}{3}x^3,$$

进一步推广获得

$$\tan\varphi(x) - \varphi(x) \underset{\varphi(x)\neq0}{\overset{\varphi(x)\to0}{\sim}} \frac{1}{3}\varphi^3(x).$$

(3) 由 $\lim\limits_{x\to0}\dfrac{\tan x - \sin x}{x^3} = \lim\limits_{x\to0}\dfrac{\tan x\cdot(1-\cos x)}{x^3} = \lim\limits_{x\to0}\dfrac{x\cdot\frac{1}{2}x^2}{x^3} = \dfrac{1}{2}$, 获得

$$\tan x - \sin x \overset{x\to0}{\sim} \frac{1}{2}x^3,$$

进一步推广获得

$$\tan\varphi(x) - \sin\varphi(x) \underset{\varphi(x)\neq0}{\overset{\varphi(x)\to0}{\sim}} \frac{1}{2}\varphi^3(x).$$

(4) 由 $\lim\limits_{x\to0}\dfrac{\arcsin x - x}{x^3} = \lim\limits_{x\to0}\dfrac{\frac{1}{\sqrt{1-x^2}} - 1}{3x^2} = \lim\limits_{x\to0}\dfrac{1-\sqrt{1-x^2}}{3x^2\sqrt{1-x^2}} = \lim\limits_{x\to0}\dfrac{\frac{1}{2}x^2}{3x^2\sqrt{1-x^2}} = \dfrac{1}{6}$, 获得

$$\arcsin x - x \overset{x\to0}{\sim} \frac{1}{6}x^3,$$

进一步推广获得

$$\arcsin\varphi(x)-\varphi(x)\underset{\varphi(x)\neq 0}{\overset{\varphi(x)\to 0}{\sim}}\frac{1}{6}\varphi^3(x).$$

(5) 由 $\lim\limits_{x\to 0}\dfrac{x-\arctan x}{x^3}=\lim\limits_{x\to 0}\dfrac{1-\dfrac{1}{1+x^2}}{3x^2}=\lim\limits_{x\to 0}\dfrac{x^2}{3x^2(1+x^2)}=\dfrac{1}{3}$, 获得

$$x-\arctan x\overset{x\to 0}{\sim}\frac{1}{3}x^3,$$

进一步推广获得

$$\varphi(x)-\arctan\varphi(x)\underset{\varphi(x)\neq 0}{\overset{\varphi(x)\to 0}{\sim}}\frac{1}{3}\varphi^3(x).$$

(6) 由 $\lim\limits_{x\to 0}\dfrac{\arcsin x-\arctan x}{x^3}=\lim\limits_{x\to 0}\dfrac{\arcsin x-x+x-\arctan x}{x^3}=\dfrac{1}{6}+\dfrac{1}{3}=\dfrac{1}{2}$, 获得

$$\arcsin x-\arctan x\overset{x\to 0}{\sim}\frac{1}{2}x^3,$$

进一步推广获得

$$\arcsin\varphi(x)-\arctan\varphi(x)\underset{\varphi(x)\neq 0}{\overset{\varphi(x)\to 0}{\sim}}\frac{1}{2}\varphi^3(x).$$

(7) 由 $\lim\limits_{x\to 0}\dfrac{x-\ln(1+x)}{x^2}=\lim\limits_{x\to 0}\dfrac{1-\dfrac{1}{1+x}}{2x}=\lim\limits_{x\to 0}\dfrac{x}{2x(1+x)}=\dfrac{1}{2}$, 获得

$$x-\ln(1+x)\overset{x\to 0}{\sim}\frac{1}{2}x^2,$$

进一步推广获得

$$\varphi(x)-\ln(1+\varphi(x))\underset{\varphi(x)\neq 0}{\overset{\varphi(x)\to 0}{\sim}}\frac{1}{2}\varphi^2(x).$$

(8) 由 $\lim\limits_{x\to 0}\dfrac{\mathrm{e}^x-1-x}{x^2}=\lim\limits_{x\to 0}\dfrac{\mathrm{e}^x-1}{2x}=\dfrac{1}{2}$, 获得

$$\mathrm{e}^x-1-x^{x\to 0}\frac{1}{2}x^2,$$

进一步推广获得

$$\mathrm{e}^{\varphi(x)}-1-\varphi(x)\underset{\varphi(x)\neq 0}{\overset{\varphi(x)\to 0}{\sim}}\frac{1}{2}\varphi^2(x).$$

(9) 由 $\lim\limits_{x\to 0}\dfrac{\mathrm{e}^x-1-\ln(1+x)}{x^2}=\lim\limits_{x\to 0}\dfrac{(\mathrm{e}^x-1-x)+[x-\ln(1+x)]}{x^2}=\dfrac{1}{2}+\dfrac{1}{2}=1$, 获得

$$\mathrm{e}^x-1-\ln(1+x)\overset{x\to 0}{\sim}x^2,$$

进一步推广获得

$$e^{\varphi(x)}-1-\ln(1+\varphi(x))\underset{\varphi(x)\neq 0}{\overset{\varphi(x)\to 0}{\sim}}\varphi^2(x).$$

以上的极限也可使用泰勒公式求出, 例如

$$\lim_{x\to 0}\frac{x-\sin x}{x^3}=\lim_{x\to 0}\frac{x-\left(x-\dfrac{x^3}{3!}+o(x^3)\right)}{x^3}=\lim_{x\to 0}\frac{\dfrac{x^3}{3!}-o(x^3)}{x^3}=\frac{1}{6}.$$

习 题 三

1. 求函数 $f(x)=xe^x$ 的 n 阶麦克劳林公式.
2. 当$x_0=-1$ 时, 求函数$f(x)=\dfrac{1}{x}$ 的 n 阶泰勒公式.
3. 按$x-4$ 的乘幂展开多项式$f(x)=x^4-5x^3+x^2-3x+4$.
4. 利用泰勒公式求下列极限:

(1) $\lim\limits_{x\to 0}\dfrac{x-\ln(1+x)}{x^2}$; (2) $\lim\limits_{x\to 0}\dfrac{e^{x^2}+2\cos x-3}{x^4}$.

第四节 函数的单调性与极值

Monotonicity and extremum of functions

由于微分中值定理建立了函数在一个区间上的增量与函数在这个区间内某点处的导数之间的联系, 因此就为我们提供了一种可能性: 利用导数来研究函数值的变化情况, 并由此对函数及其图形的某些性态作出判断. 本章后面的内容就来讨论这方面的问题.

一、 函数的单调性 Monotonicity of functions

第一章中已经介绍了函数在区间上单调的概念. 然而直接根据定义来判定函数的单调性, 对很多函数来说, 是比较困难的, 这里我们将利用导数来判别函数的单调性.

函数的单调性在几何上表现为图形的升降 (图 5-8). 单调增加函数的图形在平面直角坐标系中是一条从左至右 (自变量增加的方向) 逐渐上升 (函数值增加的方向) 的曲线, 曲线上各点处的切线 (如果存在的话) 与横轴正向所夹角度为锐角, 即曲线切线的斜率为正, 亦即导数为正. 类似地, 单调减少函数的图形是平面直角坐标系中一条从左至右逐渐下降的曲线, 其上任一点的导数 (如果存在的话) 为负.

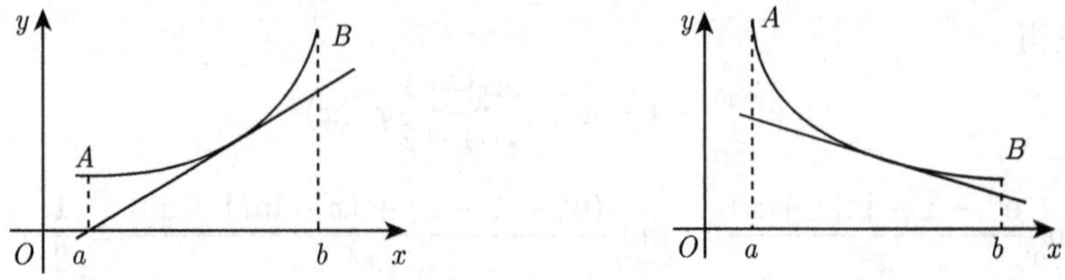

(a) 函数图形上升时, 切线斜率非负 (b) 函数图形下降时, 切线斜率非正

图 5-8

由此可见, 函数的单调性与导数的符号有着密切的关系. 事实上, 有如下定理.

定理 1 设函数 $f(x)$ 在闭区间 $[a,b]$ 上连续, 在开区间 (a,b) 内可导, 则

(1) 若在 (a,b) 内 $f'(x)>0$, 则函数 $f(x)$ 在 $[a,b]$ 上严格单调增加;

(2) 若在 (a,b) 内 $f'(x)<0$, 则函数 $f(x)$ 在 $[a,b]$ 上严格单调减少.

证明 见第一节推论 1.

定理 1 中的闭区间若换成其他区间 (如开的、闭的或无穷区间等), 结论仍成立. 例如, 数 $y=x-\sin x$ 在 $(0,\pi)$ 内单调增加. 这是因为在 $(0,\pi)$, 有

$$y'=(x-\sin x)'=1-\cos x>0.$$

定理 1 的条件可以适当放宽, 若在 (a,b) 内的有限个点上, 有 $f'(x)=0$ 其余点处处满足定理 1 条件, 则定理 1 的结论仍然成立. 例如 $y=x^3$ 在 $x=0$ 处有 $f'(0)=0$, 但它在 $(-\infty,+\infty)$ 上单调增加 (图 5-9).

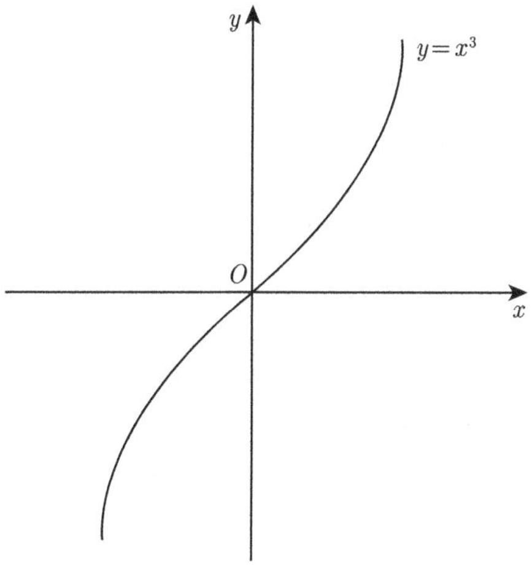

图 5-9

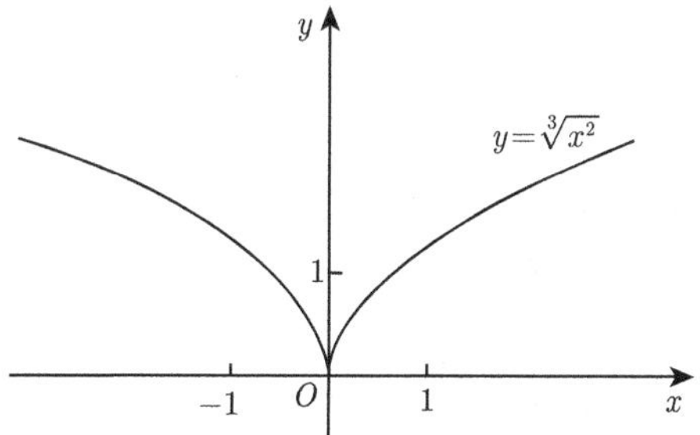

图 5-10

例 1 函数 $y=2x^2-\ln x$ 的单调区间.

解 函数的定义域为 $(0,+\infty)$, 函数在整个定义域内可导, 且 $y'=4x-\dfrac{1}{x}$. 令 $y'=0$, 解得 $x=\dfrac{1}{2}$. 当 $0<x<\dfrac{1}{2}$ 时, $y'<0$; 当 $x>\dfrac{1}{2}$ 时, $y'>0$, 故函数在 $\left(0,\dfrac{1}{2}\right]$ 上单调减少, 在 $\left[\dfrac{1}{2},+\infty\right)$ 上单调增加.

例 2 论函数 $y=\sqrt[3]{x^2}$ 的单调性.

解 函数的定义域为 $(-\infty,+\infty)$, 当 $x\neq 0$ 时, $y'=\dfrac{2}{3\sqrt[3]{x}}$; 当 $x=0$ 时, 函数的导数不存在. 而当 $x>0$ 时, $y'>0$; 当 $x<0$ 时, $y'<0$, 故函数在 $(-\infty,0]$ 上单调减少, 在 $[0,+\infty)$ 上单调增加 (图 5-10).

从例 1、例 2 可以看出, 函数单调增减区间的分界点是导数为零的点或导数不存在的点, 一般地, 如果函数在定义区间上连续, 除去有限个导数不存在的点外导数存在, 那么只

要用 $f'(x)=0$ 的点及 $f'(x)$ 不存在的点来划分函数的定义域, 获得若干个定义区间, 在每一区间上判别导数的符号, 便可求得函数的单调增减区间.

例 3 确定函数 $f(x)=\dfrac{3}{5}x^{\frac{5}{3}}-\dfrac{3}{2}x^{\frac{2}{3}}+5$ 的单调区间.

解 函数的定义域为 $(-\infty,+\infty)$, $f'(x)=x^{\frac{2}{3}}-x^{-\frac{1}{3}}=\dfrac{x-1}{\sqrt[3]{x}}$. 可见, $f(x)$ 在 $x_1=0$ 处导数不存在; 在 $x_2=1$ 处导数为零. 以 x_1 和 x_2 为分点, 将函数定义域 $(-\infty,+\infty)$ 分为三个部分区间, 其讨论结果列表如下:

x	$(-\infty,0)$	$(0,1)$	$(1,+\infty)$
$f'(x)$	+	−	+
$f(x)$	增	减	增

由表可知, $f(x)$ 的单调增加区间为 $(-\infty,0]$ 和 $[1,+\infty)$, 单调减少区间为 $[0,1]$.

在经济学中, 消费品的需求量 y 与消费者的收入 $x(x>0)$ 的关系常常简化为函数 $y=f(x)$, 称为恩格尔 (Engle) 函数, 它有多种形式. 例如有

$$f(x)=Ax^b,\quad A>0,\quad b\text{为常数}.$$

将恩格尔函数求导得

$$f'(x)=Abx^{b-1}.$$

因为 $A>0$, 故当 $b>0$ 时, 有 $f'(x)=Abx^{b-1}>0$, $f(x)$ 为单调增加函数; 当 $b<0$ 时, $f'(x)=Abx^{b-1}<0$, $f(x)$ 为单调减少函数. 恩格尔函数单调性的经济学解释为: 收入越高, 购买力越强, 正常情况下, 该商品的需求量也越多, 即恩格尔函数为增函数; 相反, 若收入增加, 对该商品的需求量反而减少, 只能说明该商品是劣等的. 即因生活水平提高而放弃质量较低的商品转向购买高质量的商品. 因此, 恩格尔函数 $f(x)=Ax^b$, 当 $b>0$ 时, 该商品为正常品; 当 $b<0$ 时, 为劣等品.

利用函数的单调性, 可以证明一些不等式. 例如, 要证在 (a,b) 内 $f(x)>0$ 成立, 只要证明在 $[a,b]$ 上 $f(x)$ 严格单调增加 (减少) 且 $f(a)\geqslant 0(f(b)\geqslant 0)$ 即可.

例 4 证明: 当 $x>0$ 时, $1+\dfrac{1}{2}x>\sqrt{1+x}$.

证明 令 $f(x)=1+\dfrac{1}{2}x-\sqrt{1+x}$, 则

$$f'(x)=\frac{1}{2}-\frac{1}{2\sqrt{1+x}}.$$

由于当 $x>0$ 时, $f'(x)>0$, 因此 $f(x)$ 在 $[0,+\infty)$ 上严格单调增加, 即当 $x>0$ 时, $f(x)>f(0)$. 而 $f(0)=0$, 所以当 $x>0$ 时有 $f(x)>0$, 即

$$1+\frac{1}{2}x>\sqrt{1+x}.$$

例 5 证明: 当 $0<x<\dfrac{\pi}{2}$ 时, $\sin x+\tan x>2x$.

证明　令 $f(x)=\sin x+\tan x-2x$, 则

$$f'(x)=\cos x+\sec^2 x-2,$$

$$f''(x)=-\sin x+2\sec^2 x\tan x=\sin x\cdot(2\sec^3-1).$$

当 $0<x<\dfrac{\pi}{2}$ 时, $f''(x)>0$, 即在 $\left[0,\dfrac{\pi}{2}\right)$ 上 $f'(x)$ 严格单调增加. 由此当 $0<x<\dfrac{\pi}{2}$ 时,

$$f'(x)>f'(0)=0,$$

从而 $f(x)$ 在 $\left[0,\dfrac{\pi}{2}\right)$ 上严格单调增加, 即当 $0<x<\dfrac{\pi}{2}$ 时,

$$f(x)>f(0)=0,$$

亦即

$$\sin x+\tan x>2x.$$

例 6　证明: $\dfrac{|a+b|}{1+|a+b|}\leqslant\dfrac{|a|}{1+|a|}+\dfrac{|b|}{1+|b|}$.

证明　根据常量化为函数和构造辅助函数的思想, 可根据题设构造如下辅助函数

$$f(x)=\frac{x}{1+x}.$$

则

$$f'(x)=\frac{1+x-x}{(1+x)^2}=\frac{1}{(1+x)^2}>0,$$

所以 $f(x)$ 是单调增加的, 上述问题转化为函数的单调性问题, 由 $|a+b|\leqslant|a|+|b|$, 则有

$$f(|a+b|)\leqslant f(|a|+|b|),$$

即

$$\frac{|a+b|}{1+|a+b|}\leqslant\frac{|a|+|b|}{1+|a|+|b|}=\frac{|a|}{1+|a|+|b|}+\frac{|b|}{1+|a|+|b|}\leqslant\frac{|a|}{1+|a|}+\frac{|b|}{1+|b|}.$$

利用函数的单调性还可以证明方程根的唯一性.

例 7　证明方程 $xe^{x^2}-1=0$ 在开区间 $\left(\dfrac{1}{2},1\right)$ 内有且仅有一个实根.

证明　构造辅助函数

$$f(x)=xe^{x^2}-1.$$

易知 $f(x)$ 在闭区间 $\left[\dfrac{1}{2},1\right]$ 上连续. 又

$$f\left(\frac{1}{2}\right)=\frac{1}{2}e^{\frac{1}{4}}-1<\frac{\sqrt{2}}{2}-1<0,\quad f(1)=e-1>0,$$

根据零点定理知, 开区间 $\left(\frac{1}{2},1\right)$ 内至少存在一点 ξ, 使得 $f(\xi)=0$, 即方程 $x\mathrm{e}^{x^2}-1=0$ 在开区间 $\left(\frac{1}{2},1\right)$ 内有一个实根.

又因为

$$f'(x)=\mathrm{e}^{x^2}+2x^2\mathrm{e}^{x^2}=(1+2x^2)\mathrm{e}^{x^2}>0,$$

所以 $f(x)$ 在闭区间 $\left[\frac{1}{2},1\right]$ 上单调增加. 若曲线 $f(x)=x\mathrm{e}^{x^2}-1$ 与 x 轴相交, 则只可能有一个交点.

综上所述, 方程 $x\mathrm{e}^{x^2}-1=0$ 在开区间 $\left(\frac{1}{2},1\right)$ 内有且仅有一个实根.

二、 函数的极值 Extremum of functions

从例 3 可以看出, 点 $x=0$ 是函数 $f(x)=\frac{3}{5}x^{\frac{5}{3}}-\frac{3}{2}x^{\frac{2}{3}}+5$ 单调增加区间 $(-\infty,0]$ 与单调减少区间 $[0,1]$ 的分界点, 因而在点 $x=0$ 处, $f(x)$ 的函数值大于其邻近点处的函数值. 同样点 $x=1$ 是 $f(x)$ 单调减少区间 $[0,1]$ 与单调增加区间 $[1,+\infty)$ 的分界点, 因而在点 $x=1$ 处, $f(x)$ 的函数值小于其邻近点处的函数值. 具有这种性质的点在理论与实践中都很重要, 称为极值点. 其确切定义如下:

定义 1　设函数 $f(x)$ 在点 x_0 的某邻域 $U(x_0,\delta)$ 内有定义. 若对任意 $x\in\mathring{U}(x_0,\delta)$, 有

$$f(x)<f(x_0)\quad(f(x)>f(x_0)),$$

则称 $f(x)$ 在点 x_0 处取得**极大值** (**极小值**)(maximum(minimum))$f(x_0)$, 点 x_0 称为**极大值点** (**极小值点**)(maximum point(minimum point)).

极大值和极小值统称为**极值** (extreme value), 极大值点和极小值点统称为**极值点** (extreme point).

极值是一个局部性概念. $f(x_0)$ 是函数 $f(x)$ 的一个极大值是指, 在点 x_0 的某个邻域内, $f(x_0)$ 是 $f(x)$ 的最大值, 但在整个定义区间上, $f(x_0)$ 未必是函数 $f(x)$ 的最大值. 极小值也类似. 由定义可知, 极值是在一点的邻域内比较函数值的大小而产生的, 因此对于一个定义在 (a,b) 内的函数, 极值往往可能有很多个, 且某一点取得的极大值可能会比另一点取得的极小值还要小 (图 5-11). 从直观上看, 图 5-11 中曲线所对应的函数在取极值的地方, 其切线 (如果存在) 都是水平的, 亦即该点处的导数为零.

事实上, 我们有下面的**函数取得极值的必要条件**.

定理 2(费马 (Fermat) 定理)　设函数 $f(x)$ 在某区间 I 内有定义, 若 $f(x)$ 在该区间内的点 x_0 处取得极值, 且 $f'(x_0)$ 存在, 则必有 $f'(x_0)=0$.

证明　不妨设 $f(x_0)$ 为极大值, 则由定义 1 知, 存在 $U(x_0)\subset I$, 对任意 $x\in\mathring{U}(x_0)$ 有 $f(x)<f(x_0)$. 从而当 $x<x_0$ 时, 有

$$\frac{f(x)-f(x_0)}{x-x_0}>0,$$

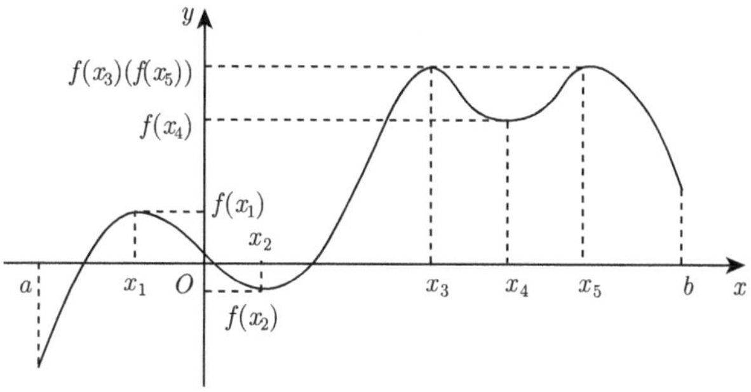

图 5-11

故

$$f'_-(x_0) = \lim_{x \to x_0^-} \frac{f(x) - f(x_0)}{x - x_0} \geqslant 0;$$

又当 $x > x_0$ 时, 有

$$\frac{f(x) - f(x_0)}{x - x_0} < 0,$$

故

$$f'_+(x_0) = \lim_{x \to x_0^+} \frac{f(x) - f(x_0)}{x - x_0} \leqslant 0.$$

因 $f'(x_0)$ 存在, 故 $f'(x_0) = f'_+(x_0) = f'_-(x_0)$, 从而 $f'(x_0) = 0$.

通常称 $f'(x) = 0$ 的根为函数 $f(x)$ 的**驻点**. 定理 2 告诉我们: 可导函数的极值点一定是驻点. 但其逆命题不成立. 例如, $x = 0$ 是 $f(x) = x^3$ 的驻点但不是 $f(x)$ 的极值点. 事实上 $f(x) = x^3$ 在 $(-\infty, +\infty)$ 内是单调增加函数. 另外, 连续函数在导数不存在的点处也可能取得极值, 例如 $y = |x|$ 在 $x = 0$ 处取极小值, 而函数在 $x = 0$ 处不可导. 因此, 对于连续函数来说, 驻点和导数不存在的点均有可能是极值点. 那么, 如何判别它们是否确为极值点呢? 我们有以下的判别准则.

定理 3 (极值的第一充分条件) 设函数 $f(x)$ 在点 x_0 处连续, 在点 x_0 的某个邻域 $\mathring{U}(x_0, \delta)$ 内可导.

(1) 若在 $(x_0 - \delta, x_0)$ 内 $f'(x) > 0$, 在 $(x_0, x_0 + \delta)$ 内 $f'(x) < 0$, 则 $f(x)$ 在点 x_0 处取得极大值;

(2) 若在 $(x_0 - \delta, x_0)$ 内 $f'(x) < 0$, 在 $(x_0, x_0 + \delta)$ 内 $f'(x) > 0$, 则 $f(x)$ 在点 x_0 处取得极小值.

(3) 若在 $\mathring{U}(x_0, \delta)$ 内 $f'(x)$ 不变号, 则 $f(x)$ 在点 x_0 处取不到极值.

证明 只证 (1). 在 $(x_0 - \delta, x_0)$ 内, $f'(x) > 0$, 所以 $f(x)$ 严格单调增加, 因而

$$f(x) < f(x_0);$$

在 $(x_0, x_0 + \delta)$ 内, $f'(x) < 0$, 所以 $f(x)$ 严格单调减少, 因而

$$f(x) < f(x_0).$$

因此 $f(x)$ 在点 x_0 处取得极大值.

在例 1 中, 函数 $y=2x^2-\ln x$ 在 $x=\frac{1}{2}$ 处导数为零, 且导数在 $x=\frac{1}{2}$ 处的左、右两边由负变正, 故 $x=\frac{1}{2}$ 是函数的极小值点; 在例 2 中函数 $y=\sqrt[3]{x^2}$ 在 $x=0$ 处导数不存在, 但其导数在该点左、右两边由负变正, 故 $x=0$ 是函数的极小值点; 在例 3 中函数 $f(x)=\frac{3}{5}x^{\frac{5}{3}}-\frac{3}{2}x^{\frac{2}{3}}+5$ 在 $x=0$ 处导数不存在, 在 $x=1$ 处导数为零, 并且导数在 $x=0$ 处的左、右两边由正变负, 导数在 $x=1$ 处的左右两边由负变正, 因此 $x=0$ 是函数的极大值点, $x=1$ 是函数的最小值点.

例 8　求函数 $f(x)=\frac{1}{\sqrt{2\pi}}\mathrm{e}^{-\frac{x^2}{2}}$ 的极值.

解　函数 $f(x)=\frac{1}{\sqrt{2\pi}}\mathrm{e}^{-\frac{x^2}{2}}$ 的定义域是 $(-\infty,+\infty)$, 并且 $f(x)$ 在 $(-\infty,+\infty)$ 内可导,

$$f'(x)=-\frac{x}{\sqrt{2\pi}}\mathrm{e}^{-\frac{x^2}{2}},$$

由 $f'(x)=0$, 解得 $x=0$. 由于 $x<0$ 时, $f'(x)>0$, 而 $x>0$ 时, $f'(x)<0$, 因此 $x=0$ 是 $f(x)$ 的极大值点, 极大值是 $f(0)=\frac{1}{\sqrt{2\pi}}$.

极值第一充分条件和函数单调性判别法有紧密联系. 此条件在几何上也是很直观的, 如图 5-12 所示.

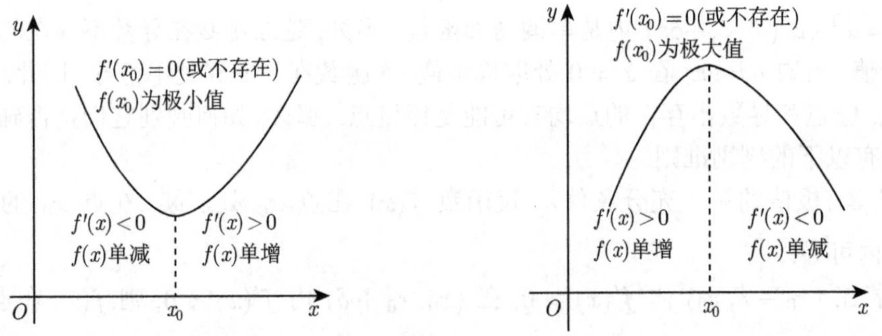

图 5-12

利用定理 1 判定函数 $f(x)$ 的单调区间与定理 3 确定函数 $f(x)$ 的极值的步骤:

(1) 求函数 $f(x)$ 的定义域;

(2) 求 $f'(x)$, 找出函数 $f(x)$ 的导数不存在的点和驻点 (这两类点统称为函数 $f(x)$ 的**极值可疑点**);

(3) 利用 (2) 中找出的点划分定义域, 获得若干定义区间, 列表讨论每个区间上导数符号, 判断其单调性, 从而可以确定 (2) 中找出的点处是否取得极大 (小) 值.

例 9　求函数 $f(x)=\frac{1}{5}x^5-\frac{1}{3}x^3$ 的单调区间和极值.

解　函数的定义域为 $(-\infty,+\infty)$, 且

$$f'(x)=x^4-x^2=x^2(x-1)(x+1).$$

令 $f'(x)=0$, 即 $x^2(x-1)(x+1)=0$, 解得 $f(x)$ 的三个驻点 $x_1=-1$, $x_2=0$, $x_3=1$. 以 x_1, x_2, x_3 为分点, 将函数定义域 $(-\infty,+\infty)$ 分为四个小区间: $(-\infty,-1)$, $(-1,0)$, $(0,1)$, $(1,+\infty)$. 列表讨论:

x	$(-\infty,-1)$	-1	$(-1,0)$	0	$(0,1)$	1	$(1,+\infty)$
$f'(x)$	$+$	0	$-$	0	$-$	0	$+$
$f(x)$	增	$\frac{2}{15}$ 极大值	减	0 非极值	减	$-\frac{2}{15}$ 极小值	增

由表可知, 函数 $f(x)$ 的单调增加区间为 $(-\infty,-1]$ 和 $[1,+\infty)$, 单调减少区间为 $[-1,1]$; 函数 $f(x)$ 在点 $x_1=-1$ 处取得极大值 $f(-1)=\frac{2}{15}$, 在点 $x_3=1$ 处取得极小值 $f(1)=-\frac{2}{15}$.

例 10　求函数 $f(x)=(x-1)\cdot\sqrt[3]{x^2}$ 的单调区间和极值.

解　函数的定义域为 $(-\infty,+\infty)$, 且

$$f'(x)=\sqrt[3]{x^2}+(x-1)\cdot\frac{2}{3}x^{-\frac{1}{3}}=\frac{5x-2}{3\sqrt[3]{x}},\quad x\neq 0.$$

显然在点 $x_1=0$ 处, $f(x)$ 的导数不存在. 令 $f'(x)=0$, 解得 $f(x)$ 的驻点 $x_2=\frac{2}{5}$. 以 x_1, x_2 为分点, 将函数定义域 $(-\infty,+\infty)$ 分为三个小区间: $(-\infty,0)$, $\left(0,\frac{2}{5}\right)$, $\left(\frac{2}{5},+\infty\right)$. 列表讨论:

x	$(-\infty,0)$	0	$\left(0,\frac{2}{5}\right)$	$\frac{2}{5}$	$\left(\frac{2}{5},+\infty\right)$
$f'(x)$	$+$	不存在	$-$	0	$+$
$f(x)$	增	0 极大值	减	$-\frac{3\sqrt[3]{20}}{25}$ 极小值	增

由表可知, 函数 $f(x)$ 的单调增加区间为 $(-\infty,0]$ 和 $\left[\frac{2}{5},+\infty\right)$, 单调减少区间为 $\left[0,\frac{2}{5}\right]$; 函数 $f(x)$ 在点 $x_1=0$ 处取得极大值 $f(0)=0$, 在点 $x_2=\frac{2}{5}$ 处取得极小值 $f\left(\frac{2}{5}\right)=-\frac{3\sqrt[3]{20}}{25}$.

当函数在驻点处二阶导数存在且不为零时, 可以借助下面的定理判别驻点是否为极值点.

定理 4(极值的第二充分条件) 设函数 $f(x)$ 在点 x_0 处具有二阶导数, 且 $f'(x_0)=0$, $f''(x_0)\neq 0$, 则

(1) 当 $f''(x_0)<0$ 时, $f(x)$ 在点 x_0 处取得极大值;

(2) 当 $f''(x_0)>0$ 时, $f(x)$ 在点 x_0 处取得极小值.

证明 只证明 (1), (2) 可类似证明.

由于 $f''(x_0)<0$, 按二阶导数的定义有

$$f''(x_0)=\lim_{x\to x_0}\frac{f'(x)-f'(x_0)}{x-x_0}<0.$$

根据函数极限的局部保号性, 存在 x_0 处的某个去心邻域 $\mathring{U}(x_0,\delta)$, 当 $x\in\mathring{U}(x_0,\delta)$ 时,

$$\frac{f'(x)-f'(x_0)}{x-x_0}<0.$$

由定理条件 $f'(x_0)=0$, 可得

$$\frac{f'(x)}{x-x_0}<0.$$

从而, $x\in\mathring{U}(x_0,\delta)$ 时, $f'(x)$ 与 $x-x_0$ 的符号相反. 因此, 当 $x_0-\delta<x<x_0$ 时, $f'(x)>0$; 当 $x_0<x<x_0+\delta$ 时, $f'(x)<0$. 于是根据定理 3 知, $f(x)$ 在点 x_0 处取得极大值.

定理 4 表明, 若函数 $f(x)$ 在驻点 x_0 处二阶导数 $f''(x_0)\neq 0$, 则该驻点一定是极值点, 并且可以按二阶导数 $f''(x_0)$ 的符号来判定 $f(x_0)$ 是极大值还是极小值. 应该注意到, 若 $f''(x_0)=0$, 则第二充分条件不能使用. 例如, 函数 $f(x)=x^3$, 有 $f'(0)=f''(0)=0$, 但 $f(x)=x^3$ 在点 $x=0$ 处取不到极值. 而函数 $g(x)=x^4$, 有 $g'(0)=g''(0)=0$, 但 $g(0)=0$ 是函数 $g(x)=x^4$ 的极小值. 故此时仍应利用第一充分条件来判别驻点是否为极值点.

例 11 求函数 $f(x)=x^3-3x^2-9x+5$ 的极值.

解 函数的定义域为 $(-\infty,+\infty)$, 且

$$f'(x)=3x^2-6x-9=3(x+1)(x-3),\quad f''(x)=6x-6.$$

令 $f'(x)=0$, 得 $x_1=-1$, $x_2=3$. 而 $f''(x_1)=-12<0$, $f''(x_2)=12>0$, 所以由定理 4 知, 函数 $f(x)$ 在点 $x_1=-1$ 处取得极大值为 $f(-1)=10$, 在点 $x_2=3$ 处取得极小值为 $f(3)=-22$.

例 12 求函数 $f(x)=x^3(x-5)^2$ 的极值.

解 函数的定义域为 $(-\infty,+\infty)$, 且

$$f'(x)=5x^2(x-5)(x-3),\quad f''(x)=10x(2x^2-12x+15).$$

令 $f'(x)=0$, 得 $x_1=0$, $x_2=3$, $x_3=5$.

又 $f''(x_1)=0$, $f''(x_2)=-90<0$, $f''(x_3)=250>0$, 所以由定理 4 知, 函数 $f(x)$ 在点 $x_2=3$ 处取得极大值为 $f(3)=108$, 在点 $x_3=5$ 处取得极小值为 $f(5)=0$.

在点 $x_1=0$ 的左、右两侧邻近时, $f'(x)>0$, 由定理 3 知, 函数 $f(x)$ 在点 $x_1=0$ 处取不到极值.

习　题　四

1. 求下面函数的单调区间与极值:

(1) $f(x)=2x^3-6x^2-18x-7$;　　(2) $f(x)=x-\ln x$;

(3) $f(x)=1-(x-2)^{\frac{2}{3}}$;　　(4) $f(x)=|x|(x-4)$.

2. 试证方程$\sin x=x$ 只有一个根.

3. 已知$f(x)$ 在$[0,+\infty)$ 上连续, 若$f(0)=0$, $f'(x)$ 在$[0,+\infty)$ 上存在且单调增加, 证明$\dfrac{f(x)}{x}$ 在$(0,+\infty)$ 内也单调增加.

4. 证明下列不等式:

(1) $1+x\ln(x+\sqrt{1+x^2})\geqslant\sqrt{1+x^2}, x>0$;　　(2) $x-\dfrac{x^2}{2}<\ln(1+x)<x, x>0$.

5. 试问a 为何值时, $f(x)=a\sin x+\dfrac{1}{3}\sin 3x$ 在$x=\dfrac{\pi}{3}$ 处取得极值, 是极大值还是极小值? 并求出此极值.

第五节　函数的最大值与最小值

Global maximum and global minimum of the function

在许多实际问题中, 经常提出诸如用料最省、成本最低、效益最大等问题, 这就是所谓的最优化问题. 这类问题在数学上常归结为求一个函数 (称为目标函数) 的最大值或最小值问题.

求一个函数的最大值或最小值, 就是要在函数值组成的数集中找出最大元素或最小元素. 这时出现了两个问题: 一是在数集中是否存在最大元素或最小元素; 二是若存在最大元素或最小元素, 用什么方法把它们找出来. 为了解决这两个问题, 我们要对所讨论的函数加上一定的条件, 而这些条件在很多实际问题中是能满足的.

假定 $f(x)$ 在闭区间 $[a,b]$ 上连续, 在开区间 (a,b) 内只有有限个驻点或导数不存在点. 我们就在这样的条件下, 讨论 $f(x)$ 在闭区间 $[a,b]$ 上最大值和最小值的求法. 设 $f(x)$ 在开区间 (a,b) 内的驻点或导数不存在点为 $x_1,x_2,\cdots,x_n$. 由闭区间上连续函数的最值定理知 $f(x)$ 在 $[a,b]$ 上必取得最大值和最小值. 若最值在区间内部取得, 则最值一定也是极值. 最值也可能在区间端点 $x=a$ 或 $x=b$ 处取到. 而极值点只能是驻点或导数不存在的点, 所以 $f(x)$ 在闭区间 $[a,b]$ 上的最大值为

$$\max_{x\in[a,b]} f(x)=\max\{f(a),f(x_1),f(x_2),\cdots,f(x_n),f(b)\};$$

最小值为

$$\min_{x\in[a,b]} f(x)=\min\{f(a),f(x_1),f(x_2),\cdots,f(x_n),f(b)\}.$$

求连续函数 $f(x)$ 在闭区间 $[a,b]$ 上的最大值和最小值的步骤:

(1) 求 $f(x)$ 在开区间 (a,b) 内的所有的驻点或导数不存在点;

(2) 求驻点和不可导点以及区间端点的函数值, 再比较大小.

例 1　求函数 $f(x)=x^4-8x^2+8$ 在闭区间 $[-1,3]$ 上的最大值和最小值.

解 函数 $f(x)=x^4-8x^2+8$ 在闭区间 $[-1,3]$ 上连续, 且

$$f'(x)=4x^3-16x=4x(x-2)(x+2).$$

令 $f'(x)=0$, 在 $(-1,3)$ 内得驻点 $x_1=0, x_2=2$. 计算

$$f(-1)=1,\quad f(0)=8,\quad f(2)=-8,\quad f(3)=17.$$

比较大小得

$$\max_{x\in[-1,3]} f(x)=f(3)=17,\qquad \min_{x\in[-1,3]} f(x)=f(2)=-8.$$

例 2 求函数 $f(x)=\sqrt[3]{5-4x}$ 在闭区间 $[-1,1]$ 上的最大值和最小值.

解 函数 $f(x)=\sqrt[3]{5-4x}$ 在闭区间 $[-1,1]$ 上连续, 且

$$f'(x)=\frac{-4}{3\sqrt[3]{(5-4x)^2}}.$$

显然 $f(x)$ 在开区间 $(-1,1)$ 内没有驻点, 且 $f'(x)<0$. 所以函数 $f(x)$ 在闭区间 $[-1,1]$ 上单调减少, 故函数在闭区间 $[-1,1]$ 上的最大值是 $f(-1)=\sqrt[3]{9}$, 最小值是 $f(1)=1$.

例 3 设函数 $f(x)=x\mathrm{e}^x$, 求它在定义域上的最大值和最小值.

解 函数 $f(x)$ 在定义域 $(-\infty,+\infty)$ 内连续可导, 且

$$f'(x)=(x+1)\mathrm{e}^x.$$

令 $f'(x)=0$, 得驻点 $x=-1$. 当 $x<-1$ 时, $f'(x)<0$; 当 $x>-1$ 时, $f'(x)>0$, 所以 $x=-1$ 是 $f(x)$ 的极小值点. 又

$$\lim_{x\to-\infty} f(x)=\lim_{x\to-\infty} x\mathrm{e}^x=0,\qquad \lim_{x\to+\infty} f(x)=\lim_{x\to+\infty} x\mathrm{e}^x=+\infty,$$

从而 $f(-1)=-\dfrac{1}{\mathrm{e}}$ 是 $f(x)$ 的最小值, $f(x)$ 没有最大值.

下面两个结论在解决应用问题时特别有用:

(1) 若函数 $f(x)$ 在闭区间 $[a,b]$ 上连续, 且在 (a,b) 内只有唯一的一个极值点 x_0, 则当 $f(x_0)$ 为极大值时, 它就是 $f(x)$ 在 $[a,b]$ 上的最大值; 当 $f(x_0)$ 为极小值时, 它就是 $f(x)$ 在 $[a,b]$ 上的最小值.

(2) 若函数 $f(x)$ 在闭区间 $[a,b]$ 上严格单调增加, 则 $f(a)$ 为最小值, $f(b)$ 为最大值; 若 $f(x)$ 在闭区间 $[a,b]$ 上严格单调减少, 则 $f(a)$ 为最大值, $f(b)$ 为最小值.

例 4 铁路线上 AB 段的距离为 100km, 工厂 C 距站 A 处为 20km, $AC\perp AB$ (图 5-13), 为运输需要, 要在 AB 段上选定一点 D 向工厂修筑一条公路. 已知铁路运费与公路运费之比为 $3:5$, 为使货物从供应站 B 运到工厂 C 的运费最省, 问 D 点应选在何处?

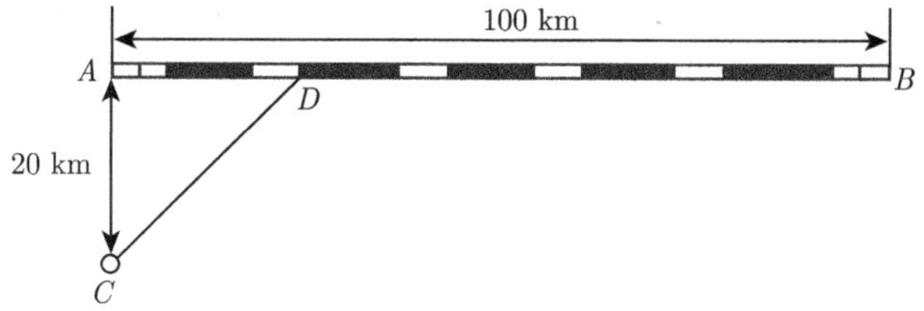

图 5-13

解　设 $AD = x$(km), 则 $DB = 100 - x$. 单位铁路运费为 $3k$, 单位公路运费为 $5k$, 则据题意知总运费 y 为

$$y = 3k \cdot (100 - x) + 5k\sqrt{20^2 + x^2} \quad (0 \leqslant x \leqslant 100),$$

因此

$$y' = -3k + \frac{5kx}{\sqrt{400 + x^2}}.$$

令 $y' = 0$, 得 $x = 15$. 比较

$$y|_{x=15} = 380k, \quad y|_{x=0} = 400k, \quad y|_{x=100} = 500k\sqrt{1 + \frac{1}{5^2}},$$

所以当 $AD = 15$km 时, 总费用最省.

例 5　要制成一个体积为 V 的圆柱形罐头桶, 问怎样设计才能使用料最省?

解　设圆柱的底面半径为 R, 高为 h, 则体积

$$V = \pi R^2 h, \tag{1}$$

使用料最省, 即为表面积最小, 而表面积

$$S = 2\pi R^2 + 2\pi R h, \tag{2}$$

由 (1) 式得 $h = \dfrac{V}{\pi R^2}$, 代入 (2) 式有

$$S = 2\pi R^2 + 2\pi R \frac{V}{\pi R^2} = 2\pi R^2 + 2\frac{V}{R},$$

$$S' = 4\pi R - \frac{2V}{R^2}.$$

令 $S' = 0$, 得 $R = \sqrt[3]{\dfrac{V}{2\pi}}$(唯一驻点), 于是 $h = \sqrt[3]{\dfrac{4V}{\pi}}$. 所以当圆柱形罐头桶底面半径为 $R = \sqrt[3]{\dfrac{V}{2\pi}}$, 高为 $h = \sqrt[3]{\dfrac{4V}{\pi}}$ 才能使用料最省.

例 6 注入人体血液的麻醉药浓度随注入时间的长短而改变. 据临床观测, 某麻醉药在某人血液中的浓度 C 与时间 t 的函数关系为

$$C(t) = 0.29483t + 0.04256t^2 - 0.00035t^3,$$

其中 C 的单位是 mg, t 的单位是 s. 现问: 大夫为给这位患者做手术, 这种麻醉药从注入人体开始, 过多长时间其血液含该麻醉药的浓度最大?

解 我们的问题是要求出函数 $C(t)$ 当 $t > 0$ 时的最大值. 则有

$$C'(t) = 0.29483 + 0.08506t - 0.00105t^2,$$

令 $C'(t) = 0$, 当 $t > 0$ 时有唯一驻点 $t_0 = 84.34\text{s}$. 又因为

$$C''(t_0) = 0.08506 - 0.17711 < 0,$$

所以当该麻醉药注入患者体内 84.34 秒时, 其血液里麻醉剂的浓度最大.

例 7 某女士得到隧道管理局的一份工作, 她的第一项任务是决定每辆汽车以多大速度通过隧道, 可使车流量最大. 经观测, 她找到了一个很好的描述平均车速 v(km/h) 与车流量 $f(v)$(辆/秒) 关系的数学模型

$$f(v) = \frac{35v}{1.6v + \dfrac{v^2}{22} + 31.1}.$$

试问: 平均车速多大时, 车流量最大? 最大车流量是多少?

解
$$f'(v) = \frac{35 \times 31.1 - \dfrac{35}{32}v^2}{\left(1.6v + \dfrac{v^2}{22} + 31.1\right)^2}.$$

令 $f'(v) = 0$, 得唯一驻点 $v = 26.15\text{km/h}$.

由于这是一个实际问题, 所以函数的最大值必存在. 从而可知, 当车速 $v = 26.15\text{km/h}$ 时, 车流量最大, 且最大车流量为 $f(26.15) = 8.8$(辆/秒).

习 题 五

1. 求$y = 2x^3 + 3x^2 - 12x + 14$ 在$[-3, 4]$ 上的最大值与最小值.

2. 求函数$y = \sin 2x - x$ 在$\left[-\dfrac{\pi}{2}, \dfrac{\pi}{2}\right]$ 上的最大值及最小值.

3. 某车间靠墙壁要盖一间长方形小屋, 现有存砖只够砌 20m 长的墙壁, 问应围成怎样的长方形才能使这间小屋的面积最大?

4. 一房地产公司有 50 套公寓要出租, 当月租金定位 180 元时, 公寓会全部租出去. 当月租金每月增加 10 元时, 就会多一套公寓租不出去, 而租出去的公寓每月需花费 20 元维修费. 试问房租定位多少时可获得最大收入.

5. 求内接于椭圆$\dfrac{x^2}{a^2} + \dfrac{y^2}{b^2} = 1$ 而面积最大的矩形的各边之长.

6. 用一块半径为 R 的圆形铁皮, 剪去一圆心角为 α 的扇形后, 做成一个漏斗形容器, 问α 为何值时, 容器的容积最大?

第六节　函数曲线的凹凸性与拐点

Convexity and inflexion points of function curves

一、 函数曲线的凹凸性 Convexity of function curves

考虑两个函数 $f(x) = x^2$ 和 $g(x) = \sqrt{x}$, 它们在 $(0, +\infty)$ 内都是单调增加的 (图 5-14), 但它们增长方式不同, 从几何上来说, 两条曲线弯曲方向不同, 因而图形显著不同. 图形的弯曲方向, 在几何上是用曲线的 "凹凸性" 来描述的. 下面我们就来研究曲线的凹凸性及其判别法.

在曲线 $y = f(x)(a \leqslant x \leqslant b)$ 上任取两点 A, B, 连接这两点间的曲线段称为弧, 直线段称为弦 (图 5-15). 若曲线 $y = f(x)(a \leqslant x \leqslant b)$ 任意两点间的弧总在弦的下方, 则称曲线 $y = f(x)(a \leqslant x \leqslant b)$ 是**凹的** (concave); 若曲线 $y = f(x)(a \leqslant x \leqslant b)$ 任意两点间的弧总在弦的上方, 则称曲线 $y = f(x)(a \leqslant x \leqslant b)$ 是**凸的** (convex).

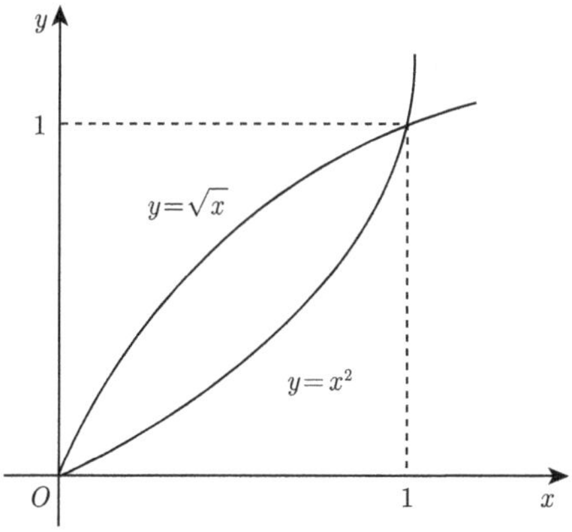

图 5-14

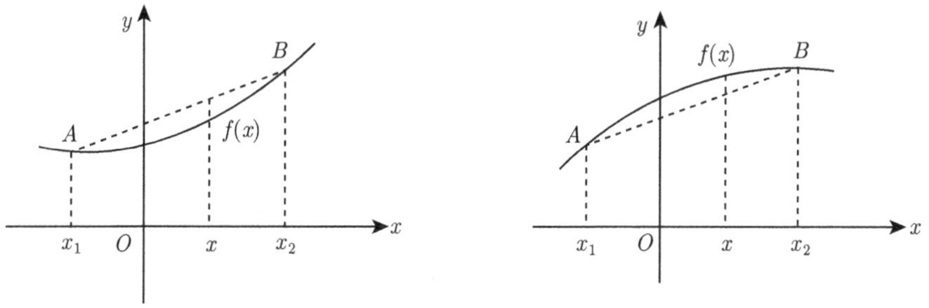

图 5-15

显然曲线 $f(x) = x^2(x \in (0, +\infty))$ 上任意两点间的弧总在弦的下方, 而曲线 $g(x) = \sqrt{x}(x \in (0, +\infty))$ 上任意两点间的弧总在弦的上方, 所以曲线 $f(x) = x^2(x \in (0, +\infty))$ 是凹的, 曲线 $g(x) = \sqrt{x}(x \in (0, +\infty))$ 是凸的.

这样, 关于曲线的凹凸性的直观描述 (弧与弦的位置关系), 我们可以在曲线$y = f(x)$ 上任取两点(x_1, y_1) 和(x_2, y_2), 其中$y_1 = f(x_1)$, $y_2 = f(x_2)$, 不妨设$x_1 < x_2$, 则连接这两点

的弦可用下面的参数方程表示:

$$\begin{cases} x = x_2 + (x_1 - x_2)t, \\ y = y_2 + (y_1 - y_2)t, \end{cases} \quad 0 \leqslant t \leqslant 1.$$

对任意$t \in [0,1]$, 则可得区间$[x_1, x_2]$ 上一点

$$x = x_2 + (x_1 - x_2)t = tx_1 + (1-t)x_2.$$

这时曲线上对应点的纵坐标为

$$y = f(tx_1 + (1-t)x_2),$$

而弦上对应点的坐标为

$$y_2 + (y_1 - y_2)t = ty_1 + (1-t)y_2.$$

从而, 我们可给出如下关于曲线的凹凸性的分析定义.

定义 1 设函数 $f(x)$ 在闭区间 $[a,b]$ 上连续, 对任意 $x_1, x_2 \in [a,b](x_1 \neq x_2)$ 和任意 $t \in [0,1]$, 若有

$$f(tx_1 + (1-t)x_2) \leqslant tf(x_1) + (1-t)f(x_2), \tag{1}$$

则称函数曲线 $y = f(x)$ 在 $[a,b]$ 上是**凹的**; 若有

$$f(tx_1 + (1-t)x_2) \geqslant tf(x_1) + (1-t)f(x_2), \tag{2}$$

则称函数曲线 $y = f(x)$ 在 $[a,b]$ 上是**凸的**.

从图 5-16 来看, 若函数曲线 $y = f(x)$ 在闭区间 $[a,b]$ 上是凹的, 则连接曲线上任意两点 $(x_1, f(x_1)), (x_2, f(x_2))$ 间的弦的中点位于曲线上相应点 (具有相同横坐标的点) 的上面, 也就是曲线上两点间的弧在弦的下方; 若函数曲线 $y = f(x)$ 在闭区间 $[a,b]$ 上是凸的, 则连接曲线上任意两点 $(x_1, f(x_1)), (x_2, f(x_2))$ 间的弦的中点位于曲线上相应点 (具有相同横坐标的点) 的下面, 也就是曲线上两点间的弧在弦的上方.

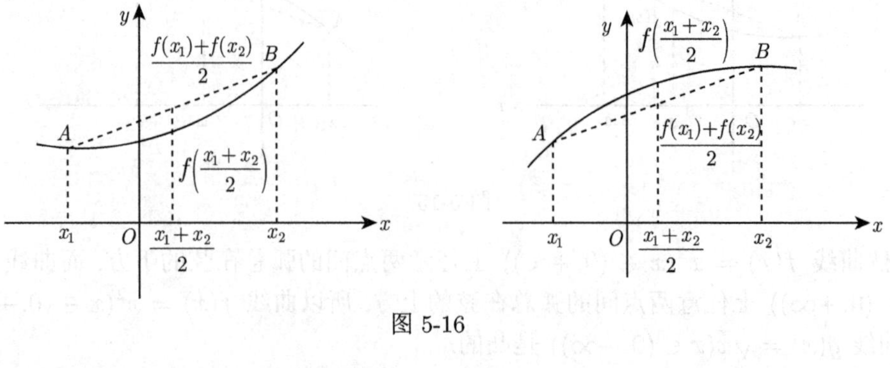

图 5-16

因此, 函数曲线的凹凸性也可以按如下方式定义:

定义 2 设函数 $f(x)$ 在闭区间 $[a,b]$ 上连续, 对任意 $x_1, x_2 \in [a,b](x_1 \neq x_2)$, 恒有

$$f\left(\frac{x_1+x_2}{2}\right) \leqslant \frac{f(x_1)+f(x_2)}{2}, \tag{3}$$

则称函数曲线 $y=f(x)$ 在 $[a,b]$ 上是**凹的**; 若有

$$f\left(\frac{x_1+x_2}{2}\right) \geqslant \frac{f(x_1)+f(x_2)}{2}, \tag{4}$$

则称函数曲线 $y=f(x)$ 在 $[a,b]$ 上是**凸的**.

事实上, 定义 1 中取 $t=\dfrac{1}{2}$ 时, 就是定义 2. 定义 1 为了描述函数曲线上任意不同的两个点间弧和弦的位置关系, 通过弧和弦的所有对应的点 (横坐标相同的点) 都作比较来刻画的, 而定义 2 为了描述函数曲线上任意不同的两个点间弧和弦的位置关系, 选择了弧和弦的一组对应的点 $\left(\text{横坐标都是中点}\dfrac{x_1+x_2}{2}\right)$ 作为代表进行比较大小来刻画的. 相对而言, 定义 1 是精确的定义, 而定义 2 在问题的讨论上要方便简洁些. 下面对函数曲线的凹凸性的讨论, 我们主要使用定义 2.

上述不等式 (1)(或 (2)), (3)(或 (4)) 中的不等号 “$\leqslant$”(或 “$\geqslant$”) 为严格的不等号 “$<$”(或 “$>$”), 则称函数曲线 $y=f(x)$ 在 $[a,b]$ 上是**严格凹** (或**凸**) 的 (strictly concave(convex)).

直接利用定义来判断曲线的凹凸性是比较困难的. 下面我们仍以图 5-14 所示的两函数为考察对象. 不难发现: 在凹的曲线 $f(x)=x^2$ 图形上任一点处的切线总在曲线的下方, 且切线斜率是不断增加的, 即 $f''(x)>0$; 而在凸的曲线 $g(x)=\sqrt{x}$ 的图形上任一点处 ($x=0$ 除外) 的切线总在曲线的上方, 且切线的斜率随 x 增大而减小, 即 $f''(x)<0$. 因此我们发现可利用二阶导数的符号来研究曲线的凹凸性, 有如下定理.

定理 1 设函数 $y=f(x)$ 在闭区间 $[a,b]$ 上连续, 在 (a,b) 内具有二阶导数.

(1) 若在 (a,b) 内 $f''(x)>0$, 则函数曲线 $y=f(x)$ 在 $[a,b]$ 上是严格凹的;

(2) 若在 (a,b) 内 $f''(x)<0$, 则函数曲线 $y=f(x)$ 在 $[a,b]$ 上是严格凸的.

证明 只证明命题 (1), 命题 (2) 可类似地证明.

任意取$x_1,x_2\in[a,b]$, 且$x_1<x_2$, 令$\dfrac{x_1+x_2}{2}=x_0$, 则$x_0-x_1=x_2-x_0>0$. 由于$y=f(x)$ 在闭区间$[a,b]$ 上连续, 在(a,b) 内具有二阶导数, 所以$y=f(x)$ 在 $[x_1,x_0]$ 和 $[x_0,x_2]$ 上满足拉格朗日中值定理的条件, 于是存在 $\xi_1\in(x_1,x_0)$, $\xi_2\in(x_0,x_2)$(显然 $\xi_1<\xi_2$), 使得

$$f(x_0)-f(x_1)=f'(\xi_1)(x_0-x_1),$$

$$f(x_2)-f(x_0)=f'(\xi_2)(x_2-x_0).$$

两式相减可得

$$\begin{aligned}[f(x_1)+f(x_2)]-2f(x_0)&=f'(\xi_2)(x_2-x_0)-f'(\xi_1)(x_0-x_1)\\&=[f'(\xi_2)-f'(\xi_1)](x_2-x_0).\end{aligned}$$

由于$y = f(x)$ 在(a,b) 内具有二阶导数, 所以$y' = f'(x)$ 在 (a,b) 内可导, 因此 $y' = f'(x)$ 在 $[\xi_1,\xi_2] \subset (a,b)$ 上满足拉格朗日中值定理的条件, 于是存在$\xi \in (\xi_1,\xi_2)$, 使得

$$f'(\xi_2) - f'(\xi_1) = f''(\xi)(\xi_2 - \xi_1).$$

进而

$$[f(x_1) + f(x_2)] - 2f(x_0) = f''(\xi)(\xi_2 - \xi_1)(x_2 - x_0).$$

由于$f''(x) > 0$, 所以

$$[f(x_1) + f(x_2)] - 2f(x_0) > 0,$$

即

$$f\left(\frac{x_1 + x_2}{2}\right) = f(x_0) < \frac{f(x_1) + f(x_2)}{2},$$

故函数曲线$y = f(x)$ 在$[a,b]$ 上是严格凹的.

定理 1 中的闭区间可以换成其他类型的区间. 此外, 若在 (a,b) 内除有限个点处有 $f''(x) = 0$ 外, 其余点处均满足定理的条件, 则定理的结论仍然成立. 例如, $y = x^4$ 在 $x = 0$ 处有 $f''(x) = 0$, 但它在 $(-\infty,+\infty)$ 内是严格凹的.

例 1 证明: 函数曲线 $y = \mathrm{e}^x$ 在定义域内是严格凹的, 函数曲线 $y = \ln x$ 在定义域内是严格凸的.

证明 因为对函数 $y = \mathrm{e}^x$ 来说, 在 $(-\infty,+\infty)$ 内, $y'' = \mathrm{e}^x > 0$; 对函数 $y = \ln x$ 来说, 在 $(0,+\infty)$ 内, $y'' = -\dfrac{1}{x^2} < 0$, 故结论成立.

例 2 讨论函数曲线 $y = x^3$ 的凹凸性.

解 函数 $y = x^3$ 的定义域是 $(-\infty,+\infty)$, 且

$$y' = 3x^2, \quad y'' = 6x.$$

令 $y'' = 0$, 解得 $x = 0$. 当 $x > 0$ 时, $y'' > 0$, 当 $x < 0$ 时, $y'' < 0$, 因此曲线 $y = x^3$ 在 $[0,+\infty)$ 内是凹的, 在 $(-\infty,0]$ 内是凸的.

利用函数曲线的凹凸性, 可以证明一些不等式.

例 3 设 $n > 1$, 证明当 $x > 0, y > 0$ 且 $x \neq y$ 时有不等式

$$\left(\frac{x+y}{2}\right)^n < \frac{x^n + y^n}{2}.$$

证明 令 $f(u) = u^n (u > 0)$, 显然 $f(u)$ 在 $(0,+\infty)$ 内二阶导数存在, 且

$$f'(u) = nu^{n-1}, \quad f''(u) = n(n-1)u^{n-2} > 0,$$

因此 $f(u) = u^n$ 在 $(0,+\infty)$ 内是严格凹的. 于是当 $x > 0, y > 0$ 且 $x \neq y$ 时,

$$f\left(\frac{x+y}{2}\right) < \frac{f(x) + f(y)}{2},$$

即

$$\left(\frac{x+y}{2}\right)^n < \frac{x^n + y^n}{2}.$$

二、 函数曲线的拐点 Inflection points of function curves

定义 3 设函数 $y=f(x)$ 在 x_0 的某个邻域内连续, 若曲线 $y=f(x)$ 在点 $(x_0,f(x_0))$ 的左右两侧凹凸性相反, 则称点 $(x_0,f(x_0))$ 为曲线 $y=f(x)$ 的**拐点** (inflection point).

拐点就是连续曲线上凹弧与凸弧的分界点. 由例 2 知, 点 $(0,0)$ 就是曲线 $y=x^3$ 的拐点.

由拐点的定义, 不难得出曲线有拐点的充分条件.

定理 2 设函数 $y=f(x)$ 在点 x_0 的某个去心邻域 $\mathring{U}(x_0,\delta)$ 内有二阶导数, 且 $f''(x_0)=0$ 或 $f(x)$ 在 x_0 处二阶导数不存在. 若在点 x_0 的左半邻域 $(x_0-\delta,x_0)$ 和右半邻域 $(x_0,x_0+\delta)$ 内 $f''(x)$ 异号, 则点 $(x_0,f(x_0))$ 是曲线 $y=f(x)$ 的一个拐点.

由此可见, 若函数 $y=f(x)$ 在 (a,b) 内具有二阶导数, 则求曲线 $y=f(x)$ 的拐点时, 应先求出 $y=f(x)$ 的二阶导数 $f''(x)$; 然后解出方程 $f''(x)=0$ 在区间 (a,b) 内的实根, 得点 $x_0,x_1,\cdots$; 最后考察 $f''(x)$ 在这些点的左半邻域和右半邻域是否异号. 另外, 若函数 $y=f(x)$ 在点 x_0 处连续, 但二阶导数不存在, 则点 $(x_0,f(x_0))$ 仍有可能是曲线 $y=f(x)$ 的拐点.

例 4 求曲线 $y=\arctan x$ 的拐点.

解 函数 $y=\arctan x$ 在定义域 $(-\infty,+\infty)$ 内连续, 且

$$y'=\frac{1}{1+x^2},\quad y''=-\frac{2x}{(1+x^2)^2}.$$

令 $y''=0$, 解得 $x=0$. 当 $x<0$ 时, $y''>0$; 当 $x>0$ 时, $y''<0$. 所以点 $(0,0)$ 是曲线 $y=\arctan x$ 的拐点.

例 5 求曲线 $y=\sqrt[3]{x}$ 的拐点.

解 函数 $y=\sqrt[3]{x}$ 在定义域 $(-\infty,+\infty)$ 内连续, 且当 $x\neq 0$ 时,

$$y'=\frac{1}{3\sqrt[3]{x^2}},\quad y''=-\frac{2}{9x\sqrt[3]{x^2}}.$$

显然函数 $y=\sqrt[3]{x}$ 在 $x=0$ 处二阶导数不存在, 不存在二阶导数为零的点. 当 $x<0$ 时, $y''>0$; 当 $x>0$ 时, $y''<0$. 所以点 $(0,0)$ 是曲线 $y=\sqrt[3]{x}$ 的拐点.

由例 4、例 5 可以看出, 若 $(x_0,f(x_0))$ 是曲线 $y=f(x)$ 的拐点, 则 $f''(x_0)=0$ 或 $f''(x_0)$ 不存在, 但要注意的是 $f''(x)=0$ 的根或 $f''(x)$ 不存在的点处不一定都能取得曲线的拐点. 例如 $f(x)=x^4$, 由 $f''(x)=12x^2=0$, 得 $x=0$, 但在 $x=0$ 的两侧二阶导数的符号不变, 即函数的凹凸性不变, 故 $(0,0)$ 不是拐点. 又如函数 $y=\sqrt[3]{x^2}$ 它在 $x=0$ 处不可导, 但 $(0,0)$ 也不是该曲线的拐点 (详细讨论请读者完成).

利用定理 1 判定函数曲线 $y=f(x)$ 的凹凸区间与确定曲线 $y=f(x)$ 的拐点的步骤:

(1) 求函数 $f(x)$ 的定义域;

(2) 求 $f'(x),f''(x)$, 找出函数 $f(x)$ 的二阶导数不存在的点和二阶导数为零的点;

(3) 利用 (2) 中找出的点划分定义域, 获得若干定义区间, 列表讨论每个区间上二阶导数符号, 判断其凹凸性, 从而可以确定 (2) 中找出的点处是否取得拐点.

例 6　讨论函数曲线 $y=3x^4-4x^3+1$ 的凹凸性, 并求拐点.

解　函数 $y=3x^4-4x^3+1$ 的定义域是 $(-\infty,+\infty)$, 且

$$y'=12x^3-12x^2,\quad y''=36x^2-24x=12x(3x-2).$$

令 $y''=0$, 得 $x_1=0$, $x_2=\dfrac{2}{3}$. 列表如下:

x	$(-\infty,0)$	0	$\left(0,\dfrac{2}{3}\right)$	$\dfrac{2}{3}$	$\left(\dfrac{2}{3},+\infty\right)$
y''	$+$	0	$-$	0	$+$
y	凹	1 拐点	凸	$\dfrac{11}{27}$ 拐点	凹

可见, 曲线在 $(-\infty,0]$ 和 $\left[\dfrac{2}{3},+\infty\right)$ 内是凹的, 在 $\left(0,\dfrac{2}{3}\right)$ 内是凸的, 拐点为 $\left(\dfrac{2}{3},\dfrac{11}{27}\right)$ 和 $(0,1)$.

例 7　讨论函数曲线 $y=(x-1)\cdot\sqrt[3]{x^5}$ 的凹凸性, 并求拐点.

解　函数 $y=(x-1)\cdot\sqrt[3]{x^5}$ 的定义域是 $(-\infty,+\infty)$, 且

$$y'=x^{\frac{5}{3}}+\frac{5}{3}(x-1)\cdot x^{\frac{2}{3}}=\frac{8}{3}x^{\frac{5}{3}}-\frac{5}{3}x^{\frac{2}{3}},$$

$$y''=\frac{40}{9}x^{\frac{2}{3}}-\frac{10}{9}x^{-\frac{1}{3}}=\frac{10}{9}\cdot\frac{4x-1}{\sqrt[3]{x}}\quad (x\neq 0).$$

显然 $y=(x-1)\cdot\sqrt[3]{x^5}$ 在 $x_1=0$ 处二阶导数不存在; 令 $y''=0$, 得 $x_2=\dfrac{1}{4}$. 列表如下:

x	$(-\infty,0)$	0	$\left(0,\dfrac{1}{4}\right)$	$\dfrac{1}{4}$	$\left(\dfrac{1}{4},+\infty\right)$
y''	$+$	不存在	$-$	0	$+$
y	凹	0 拐点	凸	$-\dfrac{3}{32\sqrt[3]{2}}$ 拐点	凹

可见, 曲线 $y=(x-1)\cdot\sqrt[3]{x^5}$ 在 $(-\infty,0]$ 和 $\left[\dfrac{1}{4},+\infty\right)$ 内是凹的, 在 $\left[0,\dfrac{1}{4}\right]$ 内是凸的, 拐点为 $(0,0)$ 和 $\left(\dfrac{1}{4},-\dfrac{3}{32\sqrt[3]{2}}\right)$.

习 题 六

1. 讨论下列函数曲线的凹凸性, 并求曲线的拐点:

(1) $y=x^2-x^3$;　(2) $y=\ln(1+x^2)$;　(3) $y=xe^x$;

(4) $y=(x+1)^4+e^x$;　(5) $y=\dfrac{x}{(x+3)^2}$;　(6) $y=e^{\arctan x}$.

2. 当a, b 为何值时, 点$(1,3)$ 为曲线$y = ax^3 + bx^2$ 的拐点.

3. 利用函数曲线的凹凸性证明下列不等式:

(1) $\dfrac{e^x + e^y}{2} > e^{\frac{x+y}{2}}$, $x \neq y$;

(2) $x \ln x + y \ln y > (x+y) \ln \dfrac{x+y}{2}$, $x, y > 0$, 且$x \neq y$.

第七节　渐近线、函数图形的描绘

Asymptote and graphing function

一、 曲线的渐近线 Asymptote of curves

许多曲线会远离原点无限伸展出去, 如双曲线、抛物线等, 因此需要研究曲线无限伸展时的变化状态. 有的曲线在无穷远处无限逼近一条直线, 这种直线称为曲线的渐近线. 在中学, 我们已学习过双曲线的渐近线的概念.

定义 1　设有曲线 C 及定直线 l. 当动点 P 沿曲线 C 趋于无穷远时, 动点 P 与定直线 l 的距离趋于零, 则称直线 l 为曲线 C 的**渐近线** (图 5-17).

下面我们对曲线的渐近线作进一步的讨论. 当 $x \to x_0$ 或 $x \to \infty$ 时, 有些函数的图形会与某条直线无限地接近. 例如函数 $y = \dfrac{1}{x}$(图 5-18), 当 $x \to \infty$ 时, 曲线上的点无限地接近于直线 $y = 0$; 当 $x \to 0$ 时, 曲线上的点无限地接近于直线 $x = 0$. 数学上把直线 $y = 0$ 和 $x = 0$ 分别称为曲线 $y = \dfrac{1}{x}$ 的水平渐近线和垂直渐近线.

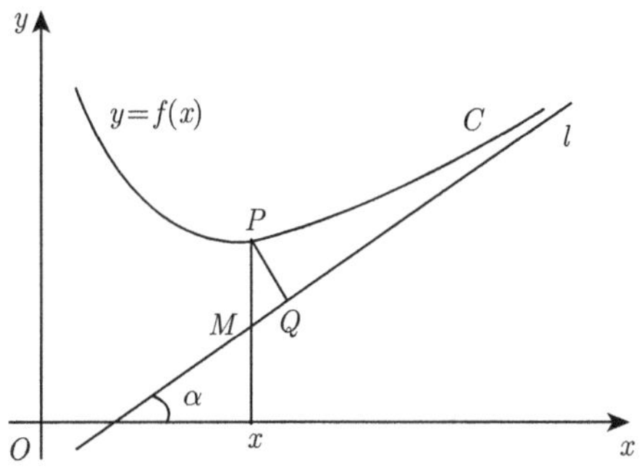

图 5-17

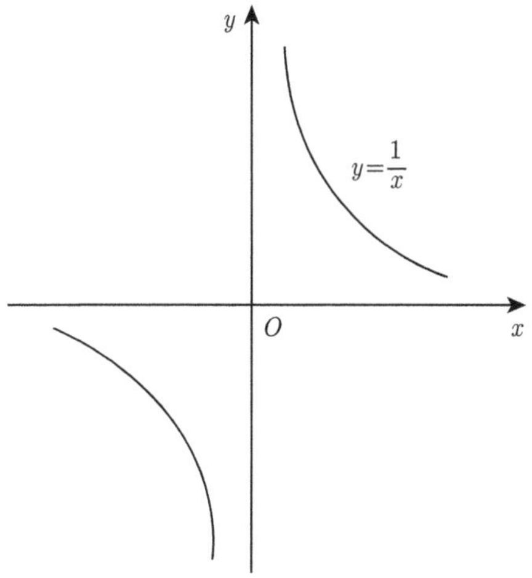

图 5-18

下面分三种情形讨论曲线 $y = f(x)$ 在什么条件下有渐近线, 以及如何求出渐近线的方程.

1. 水平渐近线

定义 2 设函数 $y=f(x)$ 的定义域为无限区间. 若

$$\lim_{x\to-\infty} f(x)=A, \text{或} \quad \lim_{x\to+\infty} f(x)=A, \text{或} \quad \lim_{x\to\infty} f(x)=A(A\text{为常数}),$$

则称直线 $y=A$ 为曲线 $y=f(x)$ 的**水平渐近线** (horizontal asymptote).

例 1 求曲线 $y=\arctan x$ 的水平渐近线.

解 函数 $y=\arctan x$ 的定义域是 $(-\infty,+\infty)$. 因为

$$\lim_{x\to+\infty} \arctan x=\frac{\pi}{2}, \quad \lim_{x\to-\infty} \arctan x=-\frac{\pi}{2},$$

所以曲线 $y=\arctan x$ 有水平渐近线 $y=\frac{\pi}{2}$ 和 $y=-\frac{\pi}{2}$(图 5-19).

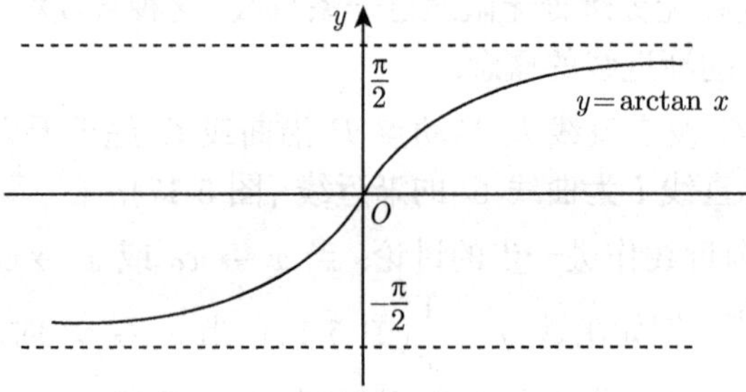

图 5-19

2. 垂直渐近线

定义 3 设点 x_0 是函数 $y=f(x)$ 的间断点, 或是定义区间的端点. 若

$$\lim_{x\to x_0^-} f(x)=\infty, \text{或} \quad \lim_{x\to x_0^+} f(x)=\infty, \text{或} \quad \lim_{x\to x_0} f(x)=\infty,$$

则称直线 $x=x_0$ 为曲线 $y=f(x)$ 的**垂直渐近线** (vertical asymptote)(也称**铅直渐近线**、**竖直渐近线**).

例 2 求曲线 $y=\dfrac{2}{x^2-2x-3}$ 的垂直渐近线.

解 函数 $y=\dfrac{2}{x^2-2x-3}=\dfrac{2}{(x+1)(x-3)}$ 的定义域是 $(-\infty,-1)\cup(-1,3)\cup(3,+\infty)$. 显然函数有两个间断点 $x=3$ 和 $x=-1$, 且

$$\lim_{x\to3} y=\lim_{x\to3}\frac{2}{(x+1)(x-3)}=\infty,$$

$$\lim_{x\to-1} y=\lim_{x\to-1}\frac{2}{(x+1)(x-3)}=\infty,$$

所以曲线 $y=\dfrac{2}{x^2-2x-3}$ 有垂直渐近线 $x=3$ 和 $x=-1$.

3*. 斜渐近线

若直线 l: $y=ax+b$ 是曲线 C: $y=f(x)$ 的一条渐近线, 则直线 l 与曲线 C 应具有下列关系.

定理 1　(1) 直线 l: $y=ax+b$ 是曲线 C: $y=f(x)$ 在 $x\to+\infty$ 时的一条渐近线的充分必要条件是

$$\lim_{x\to+\infty}\frac{f(x)}{x}=a,\quad \lim_{x\to+\infty}(f(x)-ax)=b.$$

(2) 直线 l: $y=ax+b$ 是曲线 C: $y=f(x)$ 在 $x\to-\infty$ 时的一条渐近线的充分必要条件是

$$\lim_{x\to-\infty}\frac{f(x)}{x}=a,\quad \lim_{x\to-\infty}(f(x)-ax)=b.$$

(3) 直线 l: $y=ax+b$ 是曲线 C: $y=f(x)$ 在 $x\to\infty$ 时的一条渐近线的充分必要条件是

$$\lim_{x\to\infty}\frac{f(x)}{x}=a,\quad \lim_{x\to\infty}(f(x)-ax)=b.$$

证明　在图 5-17 中, 直线 l:$y=ax+b$ 是曲线C: $y=f(x)$ 在$x\to+\infty$ 时的一条渐近线. 设直线l 的倾斜角是$\alpha\left(\alpha\neq\dfrac{\pi}{2}\right)$.

在曲线C 上取动点$P(x,f(x))$, 过点P 作直线l 的垂线PQ, 则由渐近线定义可知

$$\lim_{x\to+\infty}|PQ|=0.$$

渐近线l 上与点P 同一横坐标的点为$M(x,ax+b)$, 则有

$$|PM|=|f(x)-(ax+b)|.$$

因为$\alpha\neq\dfrac{\pi}{2}$, 故$\cos\alpha\neq0$, 且

$$|PQ|=|PM|\cdot\cos\alpha.$$

这表明$\lim\limits_{x\to+\infty}|PQ|=0$ 当且仅当$\lim\limits_{x\to+\infty}|PM|=0$. 所以

$$\lim_{x\to+\infty}[f(x)-(ax+b)]=0,$$

即

$$\lim_{x\to+\infty}(f(x)-ax-b)=0.$$

将上式改写为

$$\lim_{x\to+\infty}\left[x\cdot\left(\frac{f(x)}{x}-a-\frac{b}{x}\right)\right]=0,$$

从而有

$$\lim_{x\to+\infty}\left(\frac{f(x)}{x}-a-\frac{b}{x}\right)=0,$$

因此

$$a=\lim_{x\to+\infty}\frac{f(x)}{x}.$$

将求出的 a 代入 $\lim\limits_{x\to+\infty}(f(x)-ax-b)=0$ 中, 可得

$$b=\lim_{x\to-\infty}(f(x)-ax).$$

表明, 若直线l: $y=ax+b$ 是曲线 C: $y=f(x)$ 在$x\to+\infty$ 时的一条渐近线, 则a,b 必须满足

$$\lim_{x\to+\infty}\frac{f(x)}{x}=a,\quad \lim_{x\to+\infty}(f(x)-ax)=b.$$

反之, 若

$$\lim_{x\to+\infty}\frac{f(x)}{x}=a,\quad \lim_{x\to+\infty}(f(x)-ax)=b,$$

则易知必有

$$\lim_{x\to+\infty}[f(x)-(ax+b)]=0.$$

同理可证 (2), 结合 (1), (2) 可以获得 (3).

特别地, 当 $a=0$ 时, 直线 $y=b$ 便是水平渐近线. 而 $a\neq0$ 时, 直线 $y=ax+b$ 称为曲线 C 的**斜渐近线**.

定义 4 设函数 $y=f(x)$ 的定义域为无限区间. 若曲线 $y=f(x)$ 与直线 $y=ax+b(a\neq0)$ 有如下关系:

$$\lim_{x\to+\infty}[f(x)-(ax+b)]=0, \tag{1}$$

或

$$\lim_{x\to-\infty}[f(x)-(ax+b)]=0, \tag{2}$$

或

$$\lim_{x\to\infty}[f(x)-(ax+b)]=0, \tag{3}$$

则称直线 $y=ax+b$ 为曲线 $y=f(x)$ 的**斜渐近线** (slant asymptote).

要求斜渐近线 $y=ax+b$, 关键在于确定常数 a 和 b. 事实上, 定理 1 给出了求 a,b 的方法.

例 3 考察曲线 $y=\dfrac{x^2}{1+x}$ 的渐近线.

解 函数 $y=\dfrac{x^2}{1+x}$ 的定义域是 $(-\infty,-1)\cup(-1,+\infty)$, 显然 $x=-1$ 是函数的间断点. 由于

$$\lim_{x\to-1}y=\lim_{x\to-1}\frac{x^2}{1+x}=\infty,$$

所以直线 $x=-1$ 是曲线 $y=\dfrac{x^2}{1+x}$ 的垂直渐近线.

因为

$$\lim_{x\to\infty}\frac{y}{x}=\lim_{x\to\infty}\frac{x}{1+x}=1,$$

即 $a=1$, 显然曲线 $y=\dfrac{x^2}{1+x}$ 没有水平渐近线. 又

$$\lim_{x\to\infty}(y-ax)=\lim_{x\to\infty}\left(\frac{x^2}{1+x}-x\right)=\lim_{x\to\infty}\frac{-x}{1+x}=-1,$$

所以 $b=-1$, 因此直线 $y=x-1$ 是曲线 $y=\dfrac{x^2}{1+x}$ 的斜渐近线.

二、 函数图形的描绘 Graphing function

我们借助于函数的导数、二阶导数讨论了函数的单调性、极值、凹凸性及曲线的拐点等. 利用函数的这些性态, 可以比较准确地描绘函数的图形, 现将描绘图形的一般步骤概括如下:

(1) 确定函数 $y=f(x)$ 的定义域、间断点、奇偶性、周期性等;

(2) 求曲线 $y=f(x)$ 与坐标轴的交点;

(3) 求 $f'(x)$, $f''(x)$, 找出 $y=f(x)$ 的驻点、二阶导数为零的点, 找出导数、二阶导数不存在的点;

(4) 利用 (3) 中找出的点以及间断点划分函数的定义域, 分成若干部分区间, 列表确定函数的单调区间和极值及曲线的凹凸区间和拐点;

(5) 确定曲线的渐近线;

(6) 算出 (3) 中找出的点所对应的函数值, 定出图形上的相应点 (有时需添加一些辅助点以便把曲线描绘得更精确);

(7) 作图.

例 4 作函数 $y=3x-x^3$ 的图形.

解 (1) 定义域为 $(-\infty,+\infty)$;

(2) 函数是奇函数, 所以函数的图形关于原点对称;

(3) 令 $y'=3-3x^2=3(1-x)(1+x)=0$, 得驻点 $x_1=1$, $x_2=-1$; 令 $y''=-6x=0$, 得 $x_3=0$.

(4) 列表讨论, 由于对称性, 这里也可以只列 $(0,+\infty)$ 上的表格.

x	$(-\infty,-1)$	-1	$(-1,0)$	0	$(0,1)$	1	$(1,+\infty)$
y'	$-$	0	$+$	$+$	$+$	0	$-$
y''	$+$	$+$	$+$	0	$-$	$-$	$-$
y	减、凹	-2 极小值	增、凹	拐点 $(0,0)$	增、凸	2 极大值	减、凸

(5) 无渐近线;

(6) 已知点 $(0,0)$, $(1,2)$, 辅助点 $(\sqrt{3},0)$, $(2,-2)$, 再利用函数的图形关于原点的对称性, 找出对称点 $(-1,-2)$, $(-\sqrt{3},0)$, $(-2,2)$;

(7) 描点作图 (图 5-20).

例 5 描绘 $f(x)=\dfrac{1}{\sqrt{2\pi}}\mathrm{e}^{-\frac{x^2}{2}}$ 的图形.

解 (1) 函数的定义域为 $(-\infty,+\infty)$, 且 $f(x)$ 在 $(-\infty,+\infty)$ 内连续. $f(x)$ 为偶函数, 因此它关于 y 轴对称, 可以只讨论 $(0,+\infty)$ 上该函数的图形. 在定义域内 $f(x)=\dfrac{1}{\sqrt{2\pi}}\mathrm{e}^{-\frac{x^2}{2}}>0$, 所以 $f(x)$ 的图形位于 x 轴的上方.

(2) $f'(x)=-\dfrac{x}{\sqrt{2\pi}}\mathrm{e}^{-\frac{x^2}{2}}$, $f''(x)=\dfrac{1}{\sqrt{2\pi}}\mathrm{e}^{-\frac{x^2}{2}}(x^2-1)$. 令 $f'(x)=0$ 得 $x=0$; 令 $f''(x)=0$ 得 $x=\pm1$.

(3) 列表如下:

x	0	$(0,1)$	1	$(1,+\infty)$
$f'(x)$	0	$-$	$-$	$-$
$f''(x)$	$-$	$-$	0	$+$
$f(x)$	$\dfrac{1}{\sqrt{2\pi}}$ 极大值	减、凸	$\dfrac{1}{\sqrt{2\pi\mathrm{e}}}$ 拐点	减、凹

(4) 因 $\lim\limits_{x\to\infty}f(x)=\lim\limits_{x\to\infty}\dfrac{1}{\sqrt{2\pi}}\mathrm{e}^{\frac{x^2}{2}}=0$, 故有水平渐近线 $y=0$.

(5) $f(0)=\dfrac{1}{\sqrt{2\pi}}$, $f(1)=\dfrac{1}{\sqrt{2\pi\mathrm{e}}}$, $f(2)=\dfrac{1}{\sqrt{2\pi\mathrm{e}^2}}$, 画出函数在 $[0,+\infty)$ 上的图形, 再利用对称性便得到函数在 $(-\infty,0]$ 上的图形 (图 5-21).

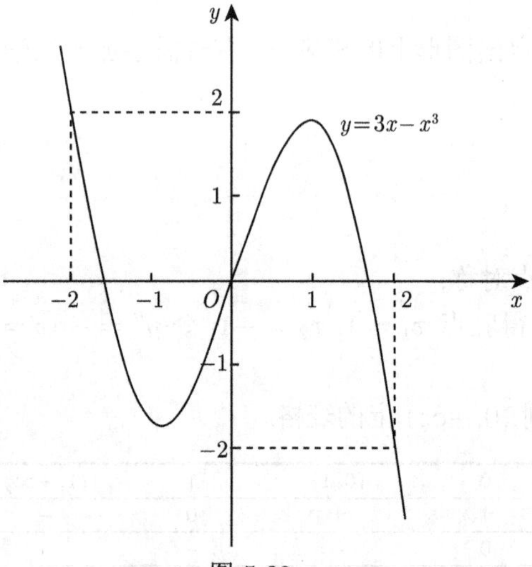

图 5-20

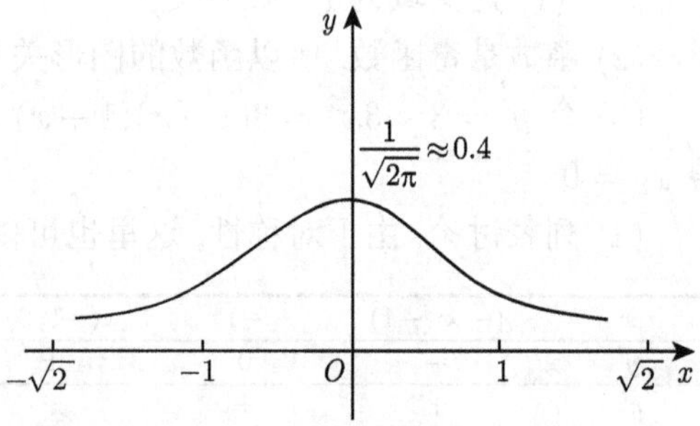

图 5-21

例 5 中的函数是概率论与数理统计中用到的标准正态分布的密度函数.

习 题 七

1. 求下列曲线的渐近线:

(1) $y=\dfrac{x}{3-x^2}$;　　　　(2) $y=\dfrac{x^2}{2x-1}$;

(3) $y=\ln x$;　　　　(4) $y=x-\mathrm{arccot}x$.

2. 作出下列函数的图形:

(1) $f(x) = \dfrac{x}{1+x^2}$;　　(2) $f(x) = x - 2\arctan x$;

(3) $f(x) = 2x\mathrm{e}^{-x}$, $x \in (0, +\infty)$.

第八节* 曲　率

Curvature

在生产实践和工程技术中, 常常需要研究曲线的弯曲程度, 例如, 设计铁路、高速公路的弯道时, 就需要根据最高限速来确定弯道的弯曲程度, 而曲率恰好反映了曲线的弯曲程度. 为此, 本节我们介绍曲率的概念及曲率的计算公式.

一、 弧微分 Arc differential

作为曲率的预备知识, 先介绍弧微分的概念.

1. 有向曲线与有向弧段的概念

设函数 $f(x)$ 在区间 (a,b) 内具有连续导数, 在曲线 $y=f(x)$ 上取一固定点 $M_0(x_0,y_0)$ 作为度量弧长的基点.

规定　曲线的正向为依 x 增大的方向.

定义 1　对曲线上任一点 $M(x,y)$, 弧段 $\widehat{M_0M}$ 称为**有向弧段** (directed arc)(图 5-22), 它的值 s 规定如下:

(1) s 的绝对值 $|s|$ 等于该弧段的长度.

(2) 当有向弧段 $\widehat{M_0M}$ 的方向与曲线正向一致时, $s>0$(即随 x 增加的方向取定的步长增大的为 $s>0$), 相反时 $s<0$.

有向弧段 $\widehat{M_0M}$ 以后简称**弧** (arc)s. 显然, 弧 s 是 x 的函数, 即 $s=s(x)$, 而且是 x 的单调增加函数.

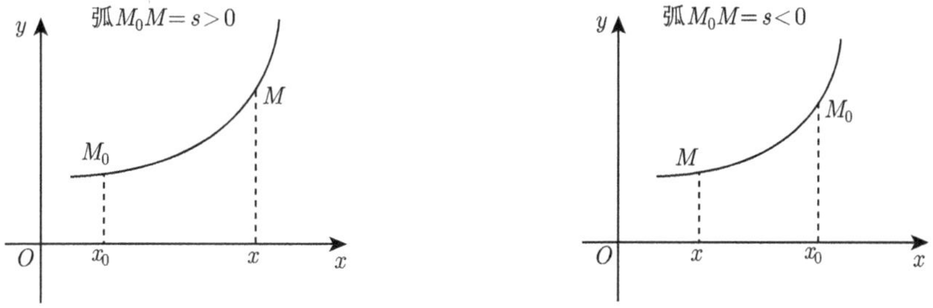

图 5-22

例 1　求曲线 $y=x$ 的弧 s.

解　选择 $M_0(0,0)$, 对其上任一点 $M(x,y)$, 弧 $\widehat{M_0M}$ 的长度是 $|s|=\sqrt{2}|x|$. 依弧 s 的规定有:

若 M 在 M_0 的右侧, 即 $x>0$, 则 $s>0$, 应取 $s=\sqrt{2}x$;

若 M 在 M_0 的左侧, 即 $x<0$, 则 $s<0$, 应取 $s=\sqrt{2}x$.

总之, $s=\sqrt{2}x$, 显然弧 s 确为 x 的单增函数 (图 5-23).

2. 求 $s=s(x)$ 的导数 $\frac{\mathrm{d}s}{\mathrm{d}x}$ 及微分 $\mathrm{d}s$

设函数 $f(x)$ 的导函数 $f'(x)$ 在 (a,b) 内连续. 设 $x, x+\Delta x$ 为 (a,b) 内两点, 在曲线上的对应点分别为 M 与 M', 取曲线上的一固定点为 M_0; 再设对于 x 的增量 Δx, 弧 s 的相应增量为 Δs(图 5-24), 有

$$\Delta s=\overset{\frown}{M_0M'}-\overset{\frown}{M_0M}=\overset{\frown}{MM'},$$

$$\left(\frac{\Delta s}{\Delta x}\right)^2=\left(\frac{\overset{\frown}{MM'}}{\Delta x}\right)^2=\left(\frac{\overset{\frown}{MM'}}{\overline{MM'}}\right)^2\times\left(\frac{\overline{MM'}}{\Delta x}\right)^2$$

$$=\left(\frac{\overset{\frown}{MM'}}{\overline{MM'}}\right)^2\times\frac{(\Delta x)^2+(\Delta y)^2}{(\Delta x)^2}=\left(\frac{\overset{\frown}{MM'}}{\overline{MM'}}\right)^2\times\left[1+\left(\frac{\Delta y}{\Delta x}\right)^2\right],$$

$$\frac{\Delta s}{\Delta x}=\pm\sqrt{\left(\frac{\overset{\frown}{MM'}}{\overline{MM'}}\right)^2\times\left[1+\left(\frac{\Delta y}{\Delta x}\right)^2\right]},$$

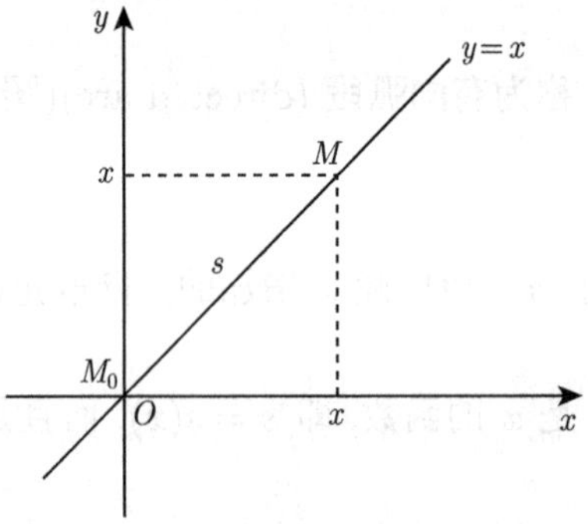

图 5-23

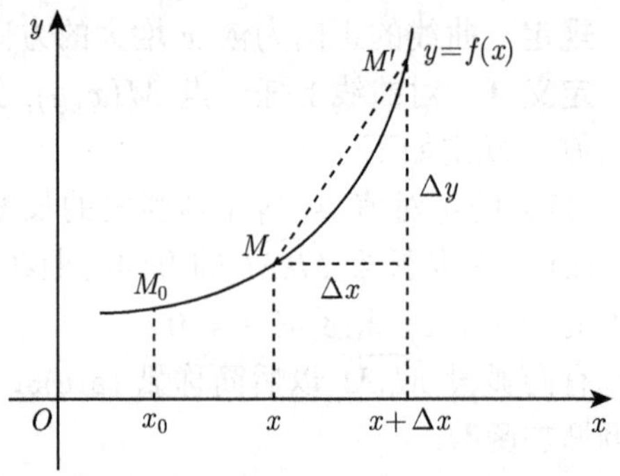

图 5-24

令 $\Delta x\to 0$, 则 $M'\to M$, $\frac{\overset{\frown}{MM'}}{\overline{MM'}}\to 1$, $\frac{\Delta y}{\Delta x}\to f'(x)$, $\frac{\Delta s}{\Delta x}\to\frac{\mathrm{d}s}{\mathrm{d}x}$, 故

$$\frac{\mathrm{d}s}{\mathrm{d}x}=\pm\sqrt{1+[f'(x)]^2}.$$

因 $s=s(x)$ 是 x 的单调函数, 根号前应取正号, 于是

$$\frac{\mathrm{d}s}{\mathrm{d}x}=\sqrt{1+[f'(x)]^2}\quad\text{或}\quad \mathrm{d}s=\sqrt{1+[f'(x)]^2}\mathrm{d}x.$$

进一步改写可得**弧微分公式** (arc differential formula):

$$\mathrm{d}s=\sqrt{1+\left(\frac{\mathrm{d}y}{\mathrm{d}x}\right)^2}\mathrm{d}x\quad\text{或}\quad \mathrm{d}s=\sqrt{(\mathrm{d}x)^2+(\mathrm{d}y)^2}.$$

$\mathrm{d}s$ 所代表的几何意义如图 5-25 所示, 图中三角形是著名的**莱布尼茨微分三角形**.

二、 曲率及其计算公式 Curvature and its calculation formula

直觉与经验告诉我们: 直线没有弯曲, 圆周上每一处的弯曲程度是相同的, 半径较小的圆弯曲得较半径较大的圆要厉害些, 抛物线在顶点附近弯曲得比其他位置厉害些.

何为弯曲得厉害些? 即用怎样的数学量来刻画曲线弯曲的程度呢? 让我们先弄清曲线的弯曲与哪些因素有关.

由图 5-26 可看出, $\widehat{M_2M_3}$ 较 $\widehat{M_1M_2}$ 弯曲得厉害. 动点从 M_1 沿弧移动到 M_2 时, 其切线转过的角度 (转角) 为 $\Delta\alpha_1$; 当从 M_2 移动到 M_3 时, 其切线的转角为 $\Delta\alpha_2$. 显然

$$\Delta\alpha_1 < \Delta\alpha_2.$$

因此曲线的弯曲程度与转角有关.

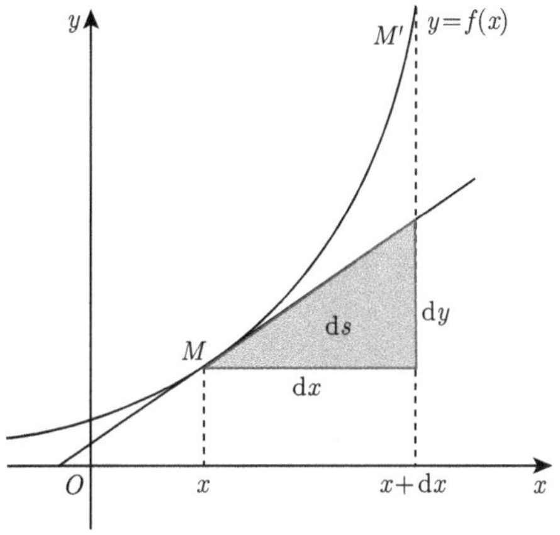

图 5-25

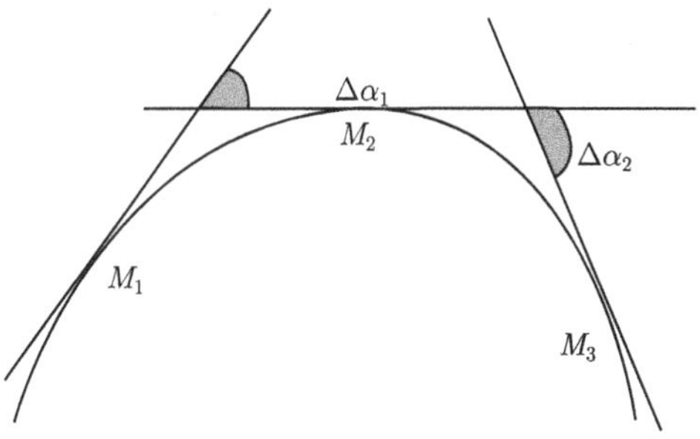

图 5-26

由图 5-27 可看出, 弧 $\widehat{M_1M_2}$ 与弧 $\widehat{N_1N_2}$ 的转角相同. 短弧 $\widehat{N_1N_2}$ 较长弧 $\widehat{M_1M_2}$ 弯曲得厉害. 因此曲线弧段的弯曲程度与弧段的长度有关.

下面给出刻画曲线弯曲程度的数学量——曲率的定义. 首先给出光滑曲线的定义.

定义 2　光滑曲线 (smooth curve) 是指具有连续旋转变动的切线, 即有连续的导数的曲线.

设曲线 C 是光滑的, 在曲线 C 上选定一点 M_0 作为度量弧 s 的基点. 点 M 处切线倾角为 α, M' 处为 $\alpha+\Delta\alpha$, $\Delta\alpha$ 为切线转角. 设 $\widehat{M_0M}=\Delta s$, $\widehat{M_0M'}=s+\Delta s$, 所以 $\widehat{MM'}$ 的长度为 $|\Delta s|$, 动点从 M 移到 M' 时切线转过的角度为 $|\Delta\alpha|$.

由图 5-28 易知: ① Δs 相同时, $\Delta\alpha$ 越大, 弯曲得越严重; ② $\Delta\alpha$ 相同时, Δs 越大, 弯曲得越轻.

平均曲率 $(\bar{k})$: $\bar{k}=\left|\dfrac{\Delta\alpha}{\Delta s}\right|$, 即用单位弧段上切线转过的角度的大小来表达弧段 $\widehat{MM'}$ 的平均弯曲程度, 记作 $\bar{k}$.

定义 3　当 $M'\to M$ 时, 即 $\Delta s\to 0$ 时, $\lim\limits_{\Delta s\to 0}\left|\dfrac{\Delta\alpha}{\Delta s}\right|=k$ 称为曲线 C 在点 M 的**曲率** (curvature).

若 $\lim\limits_{\Delta s\to 0}\dfrac{\Delta\alpha}{\Delta s}=\dfrac{\mathrm{d}\alpha}{\mathrm{d}s}$ 存在, 则 $k=\left|\dfrac{\mathrm{d}\alpha}{\mathrm{d}s}\right|$ (即 $k>0$), 且 k 越大, 弯曲越厉害.

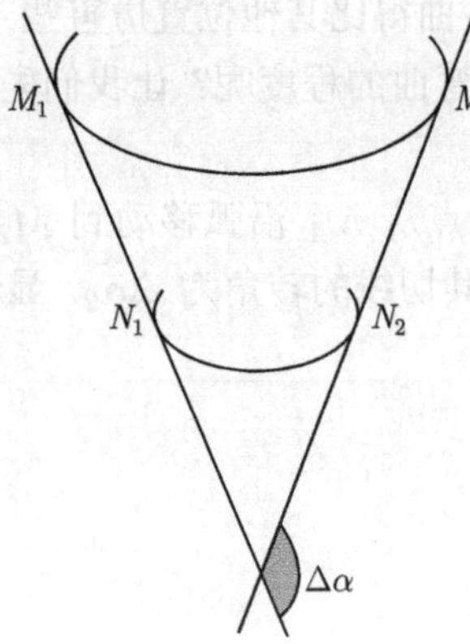

图 5-27

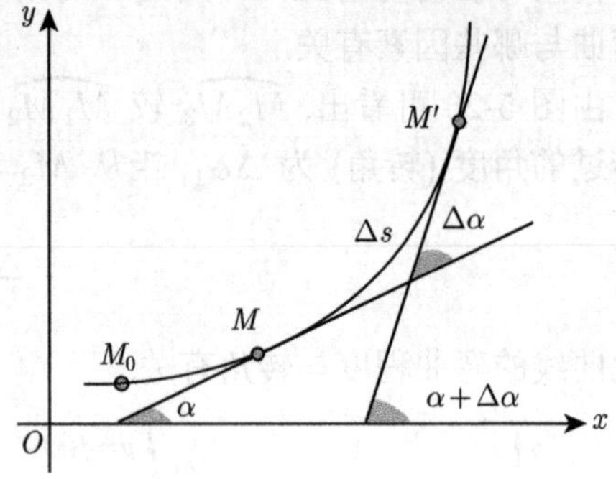

图 5-28

例 2　(1) 若 C 为直线, 则 s 变化 Δs 时, $\Delta\alpha=0$, 如图 5-29 所示. 故 $k=0$, 直线不弯曲.

(2) 若 C 为圆, 如图 5-30 所示. M 点处切线倾角为 α, M' 点处切线倾角为 $\alpha+\Delta\alpha$, 由图 5-30 知, $\angle M'OM=\Delta\alpha$. 若半径为 a, 则

$$\angle M'OM=\frac{\widehat{MM'}}{a}=\frac{\Delta s}{a},$$

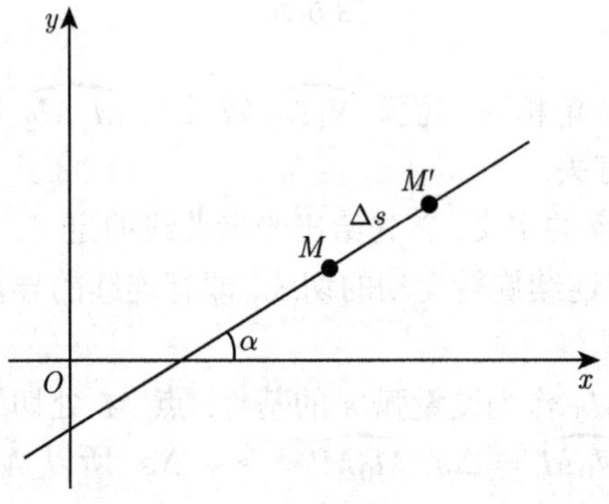

图 5-29

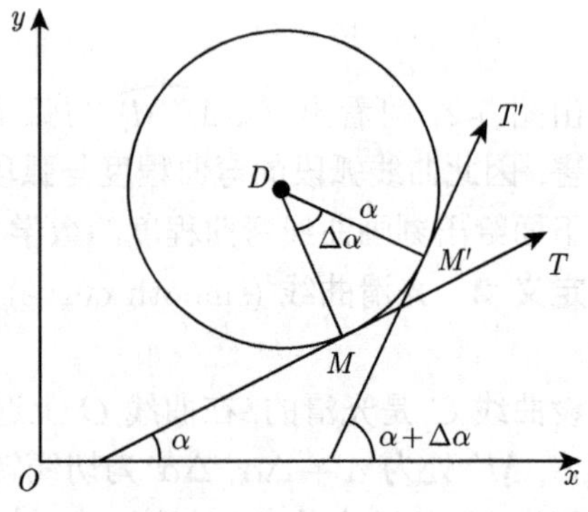

图 5-30

故

$$\frac{\Delta\alpha}{\Delta s}=\frac{\dfrac{\Delta s}{a}}{\Delta s}=\frac{1}{a},$$

所以

$$k=\left|\frac{\mathrm{d}\alpha}{\mathrm{d}s}\right|=\frac{1}{a},$$

即圆上各点处的曲率都等于半径 a 的倒数 $\frac{1}{a}$(各点处弯曲得一样, 且半径越小, 曲率越大, 弯曲越厉害).

若曲线 C 方程为直角坐标方程: $y=f(x)$, 且 $f(x)$ 具有二阶导数, 因 $y'=\tan\alpha$, 故

$$y''=\sec^2\alpha\cdot\frac{\mathrm{d}\alpha}{\mathrm{d}x}\Rightarrow\frac{\mathrm{d}\alpha}{\mathrm{d}x}=\frac{y''}{1+\tan^2 x}=\frac{y''}{1+y'^2}\Rightarrow\mathrm{d}\alpha=\frac{y''}{1+(y')^2}\,\mathrm{d}x,$$

据 $\mathrm{d}s=\sqrt{1+y'^2}\mathrm{d}x$ 得

$$K=\left|\frac{\mathrm{d}\alpha}{\mathrm{d}s}\right|=\frac{|y''|}{(1+y'^2)^{\frac{3}{2}}}.$$

此式为一般曲线在某点处的**曲率计算公式**, 不论方程是参数的还是隐函数的, 此式均适用, 即求出 $\frac{\mathrm{d}y}{\mathrm{d}x}=y',y''$, 代入即可.

例 3　计算曲线 $xy=1$ 在点 $(1,1)$ 处的曲率.

解　由于 $y=\frac{1}{x}$, 所以

$$y'=-\frac{1}{x^2},\quad y''=\frac{2}{x^3},$$

故

$$K=\frac{|y''|}{(1+y'^2)^{3/2}}=\left|\frac{2}{x^3}\cdot\frac{1}{\left(1+\frac{1}{x^4}\right)^{3/2}}\right|,$$

因此在点 $(1,1)$ 处, $K=\frac{1}{\sqrt{2}}$.

例 4　抛物线 $y=ax^2+bx+c$ 上哪点处曲率最大?

解　由 $y'=2ax+b$, $y''=2a$, 得

$$K=\frac{|2a|}{[1+(2ax+b)^2]^{3/2}},$$

故 $x=-\frac{b}{2a}$ 时, K 最大, 即点 $\left(-\frac{b}{2a},\frac{4ac-b^2}{4a}\right)$ 处 K 最大.

三、 曲率圆与曲率半径 Circle of curvature and radius of curvature

设曲线 $y=f(x)$ 在点 $M(x,y)$ 处的曲率为 $k(k\neq 0)$, 在点 M 处的曲线的法线上, 曲线凹的一侧取一点 D, 使 $|DM|=\frac{1}{k}=\rho$, 以 D 为圆心, ρ 为半径作圆, 称此圆为曲线在点 M 处的**曲率圆** (circle of curvature), D 为曲线在点处的**曲率中心** (center of curvature), ρ 为曲线在点处的**曲率半径** (radius of curvature)(图 5-31).

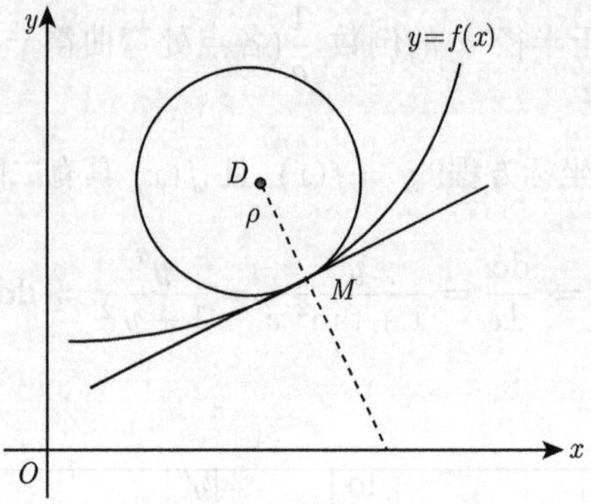

图 5-31

(1) 曲率与曲率半径的关系为: $\rho=\dfrac{1}{k}$.

(2) 曲线与它的曲率圆在同一点处有相同的切线、曲率、凹向. 因此, 可用曲率圆在点处的一段圆弧来近似地替代曲线弧.

例 5 设工件内表面的截线为抛物线 $y=0.4x^2$, 现要用砂轮磨削其内表面, 问选择多大的砂轮才比较合适?

解 因抛物线在顶点处的曲率最大, 即曲率半径最小. 故只求抛物线 $y=0.4x^2$ 在顶点 $O(0,0)$ 的曲率半径. 又 $y'=0.8x, y''=0.8$, 则 $y'|_{x=0}=0, y''|_{x=0}=0.8$, 代入得

$$K=\frac{|y''|}{(1+y'^2)^{3/2}}=0.8,$$

所以 $\rho=\dfrac{1}{K}=1.25$, 即选用砂轮的半径不得超过 1.25 单位长.

习 题 八

1. 求双曲线$xy=1$ 的曲率半径 R, 并分析何处 R 最小?

2. 求椭圆$\begin{cases} x=a\cos t, \\ y=b\sin t \end{cases}$ 在$(0,b)$ 点处的曲率及曲率半径.

3. 飞机沿抛物线$y=\dfrac{x^2}{4000}$(单位: 米) 俯冲飞行, 原点处速度为$v=400$ 米/秒, 飞行员体重 70 千克. 求俯冲到原点时, 飞行员对座椅的压力.

4. 设$y=f(x)$ 为过原点的一条曲线, $f'(0)$, $f''(0)$ 存在, 已知有一条抛物线$y=g(x)$ 与曲线$y=f(x)$ 在原点相切, 在该点处有相同的曲率, 且在该点附近此二曲线有相同的凹向, 求$g(x)$.

第九节 * 导数与微分在经济中的简单应用

Simple application of derivative and differential in economy

一、边际与边际分析 Marginal and marginal analysis

边际概念是经济学中的一个重要概念, 通常指经济变量的变化率, 即经济函数的导数称为边际. 而利用导数研究经济变量的边际变化的方法, 就是边际分析方法.

1. 总成本、平均成本、边际成本

总成本 (total cost) 是生产一定量的产品所需要的成本总额, 通常由固定成本和可变成本两部分构成. 用 $c(x)$ 表示, 其中 x 表示产品的产量, $c(x)$ 表示当产量为 x 时的总成本.

不生产时, $x=0$, 这时 $c(x)=c(0)$, $c(0)$ 就是**固定成本** (constant cost).

平均成本是平均每个单位产品的成本, 若产量由 x_0 变化到 $x_0+\Delta x$, 则

$$\frac{c(x_0+\Delta x)-c(x_0)}{\Delta x}$$

称为 $c(x)$ 在 $(x_0, x_0+\Delta x)$ 内的**平均成本** (average cost), 它表示总成本函数 $c(x)$ 在 $(x_0, x_0+\Delta x)$ 内的平均变化率.

而 $\dfrac{c(x)}{x}$ 称为**平均成本函数** (average cost function), 表示在产量为 x 时平均每单位产品的成本.

例 1　设某种商品的成本函数为

$$c(x)=5000+13x+30\sqrt{x},$$

其中 x 表示产量 (单位: 吨), $c(x)$ 表示产量为 x 吨时的总成本 (单位: 元), 当产量为 400 吨时的总成本及平均成本分别为

$$c(x)\left.\right|_{x=400}=5000+13\times 400+30\times\sqrt{400}=10800(\text{元}),$$

$$\left.\frac{c(x)}{x}\right|_{x=400}=\frac{10800}{400}=27(\text{元/吨}).$$

如果产量由 400 吨增加到 450 吨, 即产量增加 $\Delta x=50$ 吨时, 相应地总成本增加量为

$$\Delta c(x)=c(450)-c(400)=11468.4-10800=686.4(\text{元}),$$

$$\frac{\Delta c(x)}{\Delta x}=\frac{686.4}{50}=13.728(\text{元/吨}),$$

这表示产量由 400 吨增加到 450 吨时, 总成本的平均变化率, 即产量由 400 吨增加到 450 吨时, 平均每吨增加成本 13.728 元.

类似地计算可得: 当产量为 400 吨时再增加 1 吨, 即 $\Delta x=1$ 时, 总成本的变化为

$$\Delta c(x)=c(401)-c(400)=13.7495(\text{元}),$$

$$\left.\frac{\Delta c(x)}{\Delta x}\right|_{\substack{x=400\\ \Delta x=1}}=\frac{13.7495}{1}=13.7495(\text{元/吨}),$$

表示在产量为 400 吨时, 再增加 1 吨产量所增加的成本.

产量由 400 吨减少 1 吨, 即 $\Delta x=-1$ 时, 总成本的变化为

$$\Delta c(x)=c(399)-c(400)=-13.7505(\text{元}),$$

$$\left.\frac{\Delta c(x)}{\Delta x}\right|_{\substack{x=400\\ \Delta x=-1}}=\frac{-13.7495}{-1}=13.7495(\text{元/吨}),$$

表示产量在 400 吨时, 减少 1 吨产量所减少的成本.

在经济学中, 边际成本定义为产量增加或减少一个单位产品时所增加或减少的总成本. 即有如下定义:

定义 1 设总成本函数 $c=c(x)$, 且其他条件不变, 产量为 x_0 时, 增加 (减少)1 个单位产量所增加 (减少) 的成本叫做产量为 x_0 时的**边际成本** (marginal cost). 即

$$\text{边际成本}=\frac{c(x_0+\Delta x)-c(x_0)}{\Delta x},$$

其中 $\Delta x=1$ 或 $\Delta x=-1$.

由例 1 的计算可知, 在产量 $x_0=400$ 吨时, 增加 1 吨 $\Delta x=1$ 吨的产量时, 边际成本为 13.7495 元; 减少 1 吨 $\Delta x=-1$ 的产量时, 边际成本为 13.7505. 由此可见, 按照上述边际成本的定义, 在产量 $x_0=400$ 吨时的边际成本不是一个确定的数值. 这在理论和应用上都是一个缺点, 需要进一步的完善.

注意到总成本函数中自变量 x 的取值, 按经济意义产品的产量通常是取正整数. 如汽车的产量单位 "辆", 机器的产量单位 "台", 服装的产量单件 "件" 等, 都是正整数. 因此, 产量 x 是一个离散的变量, 若在经济学中, 假定产量的单位是无限可分的, 就可以把产量 x 看作一个连续变量, 从而可以引入极限的方法, 用导数表示边际成本.

事实上, 如果总成本函数 $c(x)$ 是可导函数, 则有

$$c'(x)=\lim_{\Delta x\to 0}\frac{c(x_0+\Delta x)-c(x_0)}{\Delta x}.$$

由极限存在与无穷小量的关系可知

$$\frac{c(x_0+\Delta x)-c(x_0)}{\Delta x}=c'(x_0)+\alpha, \tag{1}$$

其中 $\lim\limits_{\Delta x\to 0}\alpha=0$, 当 $|\Delta x|$ 很小时有

$$\frac{c(x_0+\Delta x)-c(x_0)}{\Delta x}\approx c'(x_0). \tag{2}$$

产品的增加 $|\Delta x|=1$ 时, 相对于产品的总产量而言, 已经是很小的变化了, 故当 $|\Delta x|=1$ 时 (2) 成立, 其误差也满足实际问题的需要. 这表明可以用总成本函数在 x_0 处的导数近似地代替产量为 x_0 时的边际成本. 如在例 1 中, 产量 $x_0=400$ 吨时的边际成本近似地为 $c'(x_0)$, 即

$$c'(x)|_{x=400}=\left.\frac{\mathrm{d}c(x)}{\mathrm{d}x}\right|_{x=400}=\left.\left(13+\frac{15}{\sqrt{x}}\right)\right|_{x=400}=13.75(\text{元}),$$

误差为 0.05, 这在经济上是一个很小的数, 完全可以忽略不计. 而且函数在一点的导数如果存在就是唯一确定的. 因此, 现代经济学把边际成本定义为总成本函数 $c(x)$ 在 x_0 处的导数, 这样不仅克服了定义 1 边际成本不唯一的缺点, 也使边际成本的计算更为简便.

定义 2　设总成本函数 $c(x)$ 为一可导函数, 称

$$c'(x_0)=\lim_{\Delta x\to 0}\frac{c(x_0+\Delta x)-c(x_0)}{\Delta x}$$

为产量是 x_0 时的**边际成本**.

其经济意义是: $c'(x_0)$ 近似地等于产量为 x_0 时再增加 (减少) 一个单位产品所增加 (减少) 的总成本.

若成本函数 $c(x)$ 在区间 I 内可导, 则 $c'(x)$ 为 $c(x)$ 在区间 I 内的**边际成本函数** (marginal cost function), 产量为 x_0 时的边际 $c'(x_0)$ 为边际成本函数 $c'(x)$ 在 x_0 处的函数值.

例 2　已知某商品的成本函数为

$$c(Q)=100+\frac{1}{4}Q^2\quad (Q\text{表示产量}).$$

求: (1) 当 $Q=10$ 时的平均成本, 及 Q 为多少时, 平均成本最小?

(2) $Q=10$ 时的边际成本并解释其经济意义.

解　(1) 由 $c(Q)=100+\frac{1}{4}Q^2$ 得平均成本函数为

$$\frac{c(Q)}{Q}=\frac{100+\frac{1}{4}Q^2}{Q}=\frac{100}{Q}+\frac{1}{4}Q.$$

当 $Q=10$ 时, $\left.\frac{c(Q)}{Q}\right|_{Q=10}=\frac{100}{10}+\frac{1}{4}\times 10=12.5$.

记 $\overline{c}=\frac{c(Q)}{Q}$, 则 $\overline{c}'=-\frac{100}{Q^2}+\frac{1}{4}$, $\overline{c}''=\frac{200}{Q^3}$. 令 $\overline{c}'=0$, 得 $Q=20$; 而 $\overline{c}''(20)=\frac{200}{(20)^3}=\frac{1}{40}>0$, 所以当 $Q=20$ 时, 平均成本最小.

(2) 由 $c(Q)=100+\frac{1}{4}Q^2$ 得边际成本函数为: $c'(Q)=\frac{1}{2}Q$, $c'(Q)|_{x=10}=\frac{1}{2}\times 10=5$, 则当产量 $Q=10$ 时的边际成本为 5, 其经济意义为: 当产量为 10 时, 若再增加 (减少) 一个单位产品, 总成本将近似地增加 (减少)5 个单位.

2. 总收益、平均收益、边际收益

总收益 (total revenue) 是生产者出售一定量产品所得到的全部收入, 表示为 $R(x)$, 其中 x 表示销售量 (在以下的讨论中, 我们总是假设销售量、产量、需求量均相等).

平均收益函数 $\frac{R(x)}{x}$ 表示销售量为 x 时单位销售量的平均收益.

在经济学中, 边际收益指生产者每多 (少) 销售一个单位产品所增加 (减少) 的销售总收入.

按照如上边际成本的讨论, 可得如下定义.

定义 3 若总收益函数 $R(x)$ 可导, 称

$$R'(x_0)=\lim_{\Delta x\to 0}\frac{R(x_0+\Delta x)-R(x_0)}{\Delta x}$$

为销售量为 x_0 时该产品的**边际收益** (marginal revenue).

其经济意义为在销售量为 x_0 时, 再增加 (减少) 一个单位的销售量, 总收益将近似地增加 (减少)$R'(x_0)$ 个单位.

$R'(x)$ 称为**边际收益函数** (marginal revenue function), 且 $R'(x_0)=R'(x)|_{x=x_0}$.

3. 总利润、平均利润、边际利润

总利润 (total profit) 是指销售 x 个单位的产品所获得的净收入, 即总收益与总成本之差, 记 $L(x)$ 为总利润, 则 $L(x)=R(x)-c(x)$(其中 x 表示销售量), $\dfrac{L(x)}{x}$ 称为**平均利润函数** (average profit function).

定义 4 若总利润函数 $L(x)$ 为可导函数, 称

$$L'(x_0)=\lim_{\Delta x\to 0}\frac{L(x_0+\Delta x)-L(x_0)}{\Delta x}$$

为 $L(x)$ 在 x_0 处的**边际利润** (marginal profit).

其经济意义为在销售量为 x_0 时, 再多 (少) 销售一个单位产品所增加 (减少) 的利润.

根据总利润函数、总收益函数、总成本函数的定义及函数取得最大值的必要条件与充分条件可得如下结论.

由定义,

$$L(x)=R(x)-c(x),\quad L'(x)=R'(x)-c'(x),$$

令 $L'(x)=0$, 则 $R'(x)=c'(x)$.

结论 1 函数取得最大利润的必要条件是边际收益等于边际成本.

又由 $L(x)$ 取得最大值的充分条件: $L'(x)=0$, 且 $L'(x)<0$, 可得

$$R''(x)=c''(x).$$

结论 2 函数取得最大利润的充分条件是边际收益等于边际成本且边际收益的变化率小于边际成本的变化率.

结论 1 与结论 2 称为**最大利润原则** (maximum profit principle).

例 3 某工厂生产某种产品, 固定成本 20000 元, 每生产一单位产品, 成本增加 100 元. 已知总收益 R 为年产量 Q 的函数, 且

$$R=R(Q)=\begin{cases}400Q-\dfrac{1}{2}Q^2, & 0\leqslant Q\leqslant 400,\\ 80000, & Q>400.\end{cases}$$

问每年生产多少产品时, 总利润最大? 此时总利润是多少?

解　由题意总成本函数为

$$c = c(Q) = 20000 + 100Q,$$

从而可得利润函数为

$$L = L(Q) = R(Q) - c(Q) = \begin{cases} 300Q - \dfrac{1}{2}Q^2 - 20000, & 0 \leqslant Q \leqslant 400, \\ 60000 - 100Q, & Q > 400. \end{cases}$$

令 $L'(Q) = 0$, 得 $Q = 300$, $L''(Q)\,|_{Q=300} = -1 < 0$. 所以 $Q = 300$ 时总利润最大, 此时 $L(300) = 25000$, 即当年产量为 300 个单位时, 总利润最大, 此时总利润为 25000 元.

若已知某产品的需求函数为 $P = P(x)$, P 为单位产品售价, x 为产品需求量, 则需求与收益之间的关系为

$$R(x) = x \cdot P(x),$$

这时 $R'(x) = P(x) + x \cdot P'(x)$. 其中 $P'(x)$ 为边际需求, 表示当需求量为 x 时, 再增加一个单位的需求量, 产品价格近似地增加 $P'(x)$ 个单位. 关于其他经济变量的边际, 这里不再赘述. 我们以一道例题结束边际的讨论.

例 4　设某产品的需求函数为 $x = 100 - 5P$, 其中 P 为价格, x 为需求量, 求边际收入函数以及 $x = 20$, 50 和 70 时的边际收入, 并解释所得结果的经济意义.

解　由题设有 $P = \dfrac{1}{5}(100 - x)$, 于是总收入函数为

$$R(x) = xP = x \cdot \frac{1}{5}(100 - x) = 20x - \frac{1}{5}x^2,$$

边际收入函数为

$$R'(x) = 20 - \frac{2}{5}x = \frac{1}{5}(100 - 2x),$$

$$R'(20) = 12, \quad R'(50) = 0, \quad R'(70) = -8.$$

由所得结果可知, 当销售量 (即需求量) 为 20 个单位时, 再增加销售可使总收入增加, 多销售一个单位产品, 总收入约增加 12 个单位; 当销售量为 50 个单位时, 总收入的变化率为零, 这时总收入达到最大值, 增加一个单位的销售量, 总收入基本不变; 当销售量为 70 个单位时, 再多销售一个单位产品, 反而使总收入约减少 8 个单位, 或者说, 再少销售一个单位产品, 将使总收入少损失约 8 个单位.

二、 弹性与弹性分析 Elasticity and elasticity analysis

弹性概念是经济学中的另一个重要概念, 用来定量地描述一个经济变量对另一个经济变量变化的反应程度.

1. 问题的提出

设某商品的需求函数为 $Q=Q(P)$, 其中 P 为价格. 当价格 P 获得一个增量 ΔP 时, 相应地需求量获得增量 ΔQ, 比值 $\dfrac{\Delta Q}{\Delta P}$ 表示 Q 对 P 的平均变化率, 但这个比值是一个与度量单位有关的量.

比如, 假定该商品价格增加 1 元, 引起需求量降低 10 个单位, 则

$$\frac{\Delta Q}{\Delta P}=\frac{-10}{1}=-10;$$

若以分为单位, 即价格增加 100 分 (1 元), 引起需求量降低 10 个单位, 则

$$\frac{\Delta Q}{\Delta P}=\frac{-10}{100}=-\frac{1}{10}.$$

由此可见, 当价格的计算单位不同时, 会引起比值 $\dfrac{\Delta Q}{\Delta P}$ 的变化. 为了弥补这一缺点, 采用价格与需求量的相对增量 $\dfrac{\Delta P}{P}$ 及 $\dfrac{\Delta Q}{Q}$, 它们分别表示价格和需求量的相对改变量, 这时无论价格和需求量的计算单位怎样变化, 比值 $\dfrac{\frac{\Delta Q}{Q}}{\frac{\Delta P}{P}}$ 都不会发生变化, 它表示 Q 对 P 的平均相对变化率, 反映了需求变化对价格变化的反应程度.

2. 弹性的定义

定义 5　设函数 $y=f(x)$ 在点 $x_0(x_0\neq 0)$ 的某邻域内有定义, 且 $f(x_0)\neq 0$, 如果极限

$$\lim_{\Delta x\to 0}\frac{\dfrac{\Delta y}{f(x_0)}}{\dfrac{\Delta x}{x_0}}=\lim_{\Delta x\to 0}\frac{\dfrac{f(x_0+\Delta x)-f(x_0)}{f(x_0)}}{\dfrac{\Delta x}{x_0}}$$

存在, 则称此极限值为函数 $y=f(x)$ 在点 x_0 处的**点弹性** (point elasticity), 记为 $\left.\dfrac{Ey}{Ex}\right|_{x=x_0}$;
称比值

$$\frac{\dfrac{\Delta y}{f(x_0)}}{\dfrac{\Delta x}{x_0}}=\frac{\dfrac{f(x_0+\Delta x)-f(x_0)}{f(x_0)}}{\dfrac{\Delta x}{x_0}}$$

为函数 $y=f(x)$ 在点 x_0 与 $x_0+\Delta x$ 之间的平均相对变化率, 经济上也叫做点 x_0 与 $x_0+\Delta x$ 之间的**弧弹性** (arc elasticity).

由定义可知: $\left.\dfrac{Ey}{Ex}\right|_{x=x_0}=\dfrac{x_0}{f(x_0)}\cdot\left.\dfrac{\mathrm{d}y}{\mathrm{d}x}\right|_{x=x_0}$, 且当 $|\Delta x|\ll 1$ 时, 有

$$\left.\frac{Ey}{Ex}\right|_{x=x_0}=\frac{\dfrac{\Delta y}{f(x_0)}}{\dfrac{\Delta x}{x_0}},$$

即点弹性近似地等于弧弹性.

如果函数 $y=f(x)$ 在区间 (a,b) 内可导, 且 $f(x)\neq 0$, 则称 $\dfrac{Ey}{Ex}=\dfrac{x}{f(x)}\cdot f'(x)$ 为函数 $y=f(x)$ 在区间 (a,b) 内的点弹性函数, 简称为**弹性函数** (elasticity function).

函数 $y=f(x)$ 在点 x_0 处的点弹性与 $f(x)$ 在 x_0 与 $x_0+\Delta x$ 之间的弧弹性的数值可以是正数, 也可以是负数, 取决于变量 y 与变量 x 是同方向变化 (正数) 还是反方向变化 (负数). 弹性数值绝对值的大小表示变量变化程度的大小, 且弹性数值与变量的度量单位无关. 下面给出证明.

设 $y=f(x)$ 为一经济函数, 变量 x 与 y 的度量单位发生变化后, 自变量由 x 变为 x^*, 函数值由 y 变为 y^*, 且 $x^*=\lambda x$, $y^*=\mu y$, 则 $\dfrac{Ey^*}{Ex^*}=\dfrac{Ey}{Ex}$.

证明 $\dfrac{Ey^*}{Ex^*}=\dfrac{x^*}{y^*}\cdot\dfrac{\mathrm{d}y^*}{\mathrm{d}x^*}=\dfrac{\lambda x}{\mu y}\cdot\dfrac{\mathrm{d}(\mu y)}{\mathrm{d}(\lambda x)}=\dfrac{\lambda}{\mu}\cdot\dfrac{\mu}{\lambda}\cdot\dfrac{x}{y}\cdot\dfrac{\mathrm{d}y}{\mathrm{d}x}=\dfrac{x}{y}\cdot\dfrac{\mathrm{d}y}{\mathrm{d}x}=\dfrac{Ey}{Ex}$, 即弹性不变.

由此可见, 函数的弹性 (点弹性与弧弹性) 与量纲无关, 即与各有关变量所用的计量单位无关. 这使得弹性概念在经济学中得到广泛应用, 因为经济中各种商品的计算单位是不尽相同的, 比较不同商品的弹性时, 可不受计量单位的限制.

下面介绍几个常用的经济函数的弹性.

3. 需求的价格弹性

需求指在一定价格条件下, 消费者愿意购买并且有支付能力购买的商品量. 消费者对某种商品的需求受多种因素影响, 如价格、个人收入、预测价格、消费嗜好等, 而价格是主要因素. 因此在这里我们假设除价格以外的因素不变, 讨论需求对价格的弹性.

定义 6 设某商品的市场需求量为 Q, 价格为 P, 需求函数 $Q=Q(P)$ 可导, 则称

$$\frac{EQ}{EP}=\frac{P}{Q}\cdot\frac{\mathrm{d}Q}{\mathrm{d}P}$$

为该商品的**需求价格弹性** (price elasticity of demand), 简称为**需求弹性** (elasticity of demand), 通常记为 ε_P.

需求弹性 ε_P 表示商品需求量 Q 对价格 P 变动的反应强度. 由于需求量与价格 P 反方向变动, 即需求函数为价格的减函数, 故需求弹性为负值, 即 $\varepsilon_P<0$. 因此需求价格弹性表明当商品的价格上涨 (下降)1% 时, 其需求量将减少 (增加) 约 $\varepsilon_P\%$.

在经济学中, 为了便于比较需求弹性的大小, 通常取 ε_P 的绝对值 $|\varepsilon_P|$, 并根据 $|\varepsilon_P|$ 的大小, 将需求弹性划分为以下几个范围.

(1) 当 $|\varepsilon_P|=1$(即 $\varepsilon_P=-1$) 时, 称为单位弹性, 这时当商品价格增加 (减少)1% 时, 需求量相应地减少 (增加)1%, 即需求量与价格变动的百分比相等.

(2) 当 $|\varepsilon_P|>1$(即 $\varepsilon_P<-1$) 时, 称为高弹性 (或富于弹性), 这时当商品的价格变动 1% 时, 需求量变动的百分比大于 1%, 价格的变动对需求量的影响较大.

(3) 当 $|\varepsilon_P|<1$(即 $-1<\varepsilon_P<0$) 时, 称为低弹性 (或缺乏弹性), 这时当商品的价格变动 1%, 需求量变动的百分比小于 1%, 价格的变动对需求量的影响不大.

(4) 当 $|\varepsilon_P|=0$(即 $\varepsilon_P=0$) 时, 称为需求完全缺乏弹性, 这时, 不论价格如何变动, 需求量固定不变. 即需求函数的形式为 $Q=K$(K 为任何既定常数). 如果以纵坐标表示价格, 横坐标表示需求量, 则需求曲线是垂直于横坐标轴的一条直线 (图 5-32).

(5) 当 $|\varepsilon_P|=\infty$(即 $\varepsilon_P=-\infty$) 时, 称为需求完全富于弹性. 表示在既定价格下, 需求量可以任意变动. 即需求函数的形式是 $P=K$(K 为任何既定常数), 这时需求曲线是与横轴平行的一条直线 (图 5-33).

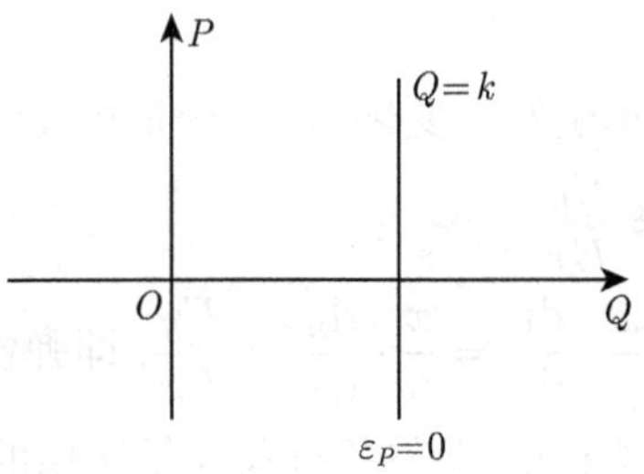

图 5-32

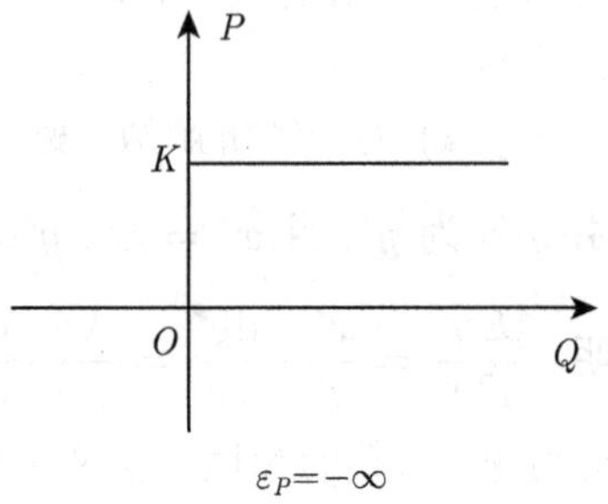

图 5-33

在商品经济中, 商品经营者关心的是提价 ($\Delta P>0$) 或降价 ($\Delta P<0$) 对总收益的影响. 下面我们就利用弹性的概念, 来分析需求的价格弹性与销售者的收益之间的关系.

事实上, 由于

$$\varepsilon_P=\frac{P}{Q}\cdot\frac{\mathrm{d}Q}{\mathrm{d}P} \quad 或 \quad P\mathrm{d}Q=\varepsilon_P Q\mathrm{d}P,$$

可见, 由价格 P 的微小变化 ($|\Delta P|$ 很小时) 而引起的销售收益 $R=PQ$ 的改变量为

$$\Delta R\approx \mathrm{d}R=\mathrm{d}(PQ)=Q\mathrm{d}P+P\mathrm{d}Q=Q\mathrm{d}P+\varepsilon_P Q\mathrm{d}P=(1+\varepsilon_P)Q\mathrm{d}P.$$

由 $\varepsilon_P<0$ 可知, $\varepsilon_P=-|\varepsilon_P|$, 于是

$$\Delta R\approx(1-|\varepsilon_P|)Q\mathrm{d}P.$$

当 $|\varepsilon_P|=1$ 时 (单位弹性) 收益的改变量 ΔR 是较价格改变量 ΔP 的高阶无穷小, 价格的变动对收益没有明显的影响. 当 $|\varepsilon_P|>1$(高弹性), 需求量增加的幅度百分比大于价格下降 (上浮) 的百分比, 降低价格 ($\Delta P<0$) 需求量增加即购买商品的支出增加, 即销售者总收益增加 ($\Delta R>0$), 可以采取薄利多销多收益的经济策略; 提高价格 ($\Delta P>0$) 会使消费者用于购买商品的支出减少, 即销售收益减少 ($\Delta R<0$). 当 $|\varepsilon_P|<1$ 时, (低弹性) 需求

量增加 (减少) 的百分比低于价格下降 (上浮) 的百分比, 降低价格 ($\Delta P < 0$) 会使消费者用于购买商品的支出减少, 即销售收益减少 ($\Delta R > 0$); 提高价格会使总收益增加 ($\Delta R > 0$).

综上所述, 总收益的变化受需求弹性的制约, 随着需求弹性的变化而变化, 其关系如图 5-34 所示.

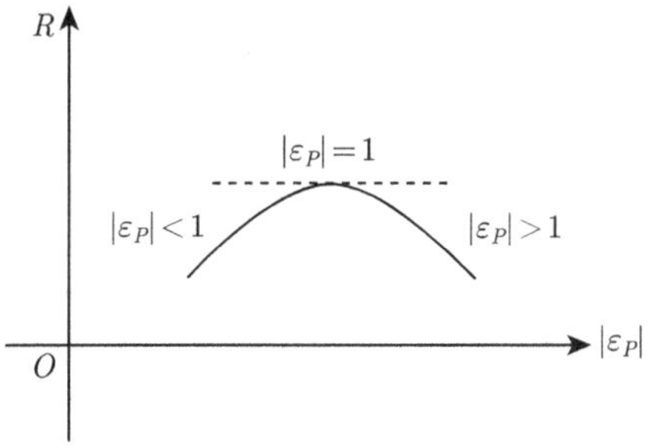

图 5-34

例 5　设某商品的需求函数为 $Q=f(P)=12-\dfrac{1}{2}P$.

(1) 求需求弹性函数及 $P=6$ 时的需求弹性, 并给出经济解释.

(2) 当 P 取什么值时, 总收益最大? 最大总收益是多少?

解　(1) $\varepsilon_P=\dfrac{EQ}{EP}=\dfrac{P}{Q}\cdot\dfrac{\mathrm{d}Q}{\mathrm{d}P}=\dfrac{P}{12-\dfrac{1}{2}P}\cdot\left(-\dfrac{1}{2}\right)=-\dfrac{P}{24-P}$, $\varepsilon(6)=-\dfrac{6}{24-6}=-\dfrac{1}{3}$, $|\varepsilon(6)|=\dfrac{1}{3}<1$ 为低弹性, 经济意义为当价格 $P=6$ 时, 若增加 1%, 则需求量下降 1/3%, 而总收益增加 ($\Delta R>0$).

(2) $R=PQ=P\left(12-\dfrac{1}{2}P\right)$, $R'=12-P$, 令 $R'=0$, 则 $P=12$, $R(12)=72$. 且当 $P=12$ 时, $R''<0$, 故当价格 $P=12$ 时, 总收益最大, 最大总收益为 72.

例 6　已知在某企业某种产品的需求弹性为 1.3—2.1, 如果该企业准备明年将价格降低 10%, 问这种商品的需求量预期会增加多少? 总收益预期会增加多少?

解　由前面的分析可知

$$\frac{\Delta Q}{Q}\approx\varepsilon_P\cdot\frac{\Delta P}{P}\quad(\text{由}P\mathrm{d}Q\approx\varepsilon_P Q\mathrm{d}P),$$

$$\frac{\Delta R}{R}\approx(1-|\varepsilon_P|)\frac{\Delta P}{P}\quad(\text{由}\Delta R\approx(1-|\varepsilon_P|)Q\Delta P),$$

于是当 $|\varepsilon_P|=1.3$ 时,

$$\frac{\Delta Q}{Q}\approx(-1.3)\cdot(-0.1)=13\%,$$

$$\frac{\Delta R}{R}\approx(1-1.3)\cdot(-0.1)=3\%;$$

当 $|\varepsilon_P| = 2.1$ 时,

$$\frac{\Delta Q}{Q} \approx (-2.1)\cdot(-0.1) = 21\%,$$

$$\frac{\Delta R}{R} \approx (1-2.1)\cdot(-0.1) = 11\%.$$

可见, 明年降价 10% 时, 企业销售量预期将增加 13%—21%; 总收益预期将增加 3%—11%.

4. 供给的价格弹性

定义 7 设某商品供给函数 $Q = Q(P)$ 可导, 其中 P 表示价格, Q 表示供给量, 则称

$$\frac{EQ}{EP} = \frac{P}{Q}\cdot\frac{\mathrm{d}Q}{\mathrm{d}P}$$

为该商品的**供给价格弹性** (price elasticity of supply), 简称**供给弹性** (elasticity of supply), 通常用 ε_s 表示.

由于 ΔP 和 ΔQ 同方向变化, 故 $\varepsilon_s > 0$. 它表明当商品价格上涨 1% 时, 供给量将增加 $\varepsilon_s\%$.

对 ε_s 的讨论, 完全类似于需求弹性 ε_P, 这里不再重复. 至于其他经济变量的弹性, 读者可根据上面介绍的需求弹性与供给弹性, 进行类似的讨论.

习 题 九

1. 设某商品的需求函数和成本函数分别为: $P + 0.1x = 80$, $c(x) = 5000 + 20x$, 其中 x 为销售量 (产量), P 为价格. 求边际利润函数, 并计算 $x = 150$ 和 $x = 400$ 时的边际利润, 解释所得结果的经济意义.

2. 某种商品的需求量 Q 与价格 P(单位: 元) 的关系式为: $Q = f(P) = 1600 \times \left(\frac{1}{4}\right)^P$.

(1) 求需求弹性函数 $\frac{EQ}{EP}$;

(2) 当价格 P=10 元时, 再增加 1%, 该商品的需求量 Q 如何变化.

3. 设某种商品的销售额 Q 是价格 P(单位: 元) 的函数, $Q = f(P) = 300P - 2P^2$. 分别求价格 $P = 50$ 元及 $P = 120$ 元时, 销售额对价格 P 的弹性, 并说明其经济意义.

4. 设某商品的需求弹性为 1.5—2.0, 现打算明年将该商品的价格下调 12%, 那么明年该商品的需求量和总收益将如何变化? 变化多少?

复习题五

1. 填空题

(1) 设 $f(x) = x^2$, 则在 $x, x+\Delta x$ 之间满足拉格朗日中值定理结论的 $\xi =$__________;

(2) 设函数 $g(x)$ 在 $[a,b]$ 上连续, (a,b) 内可导, 则至少存在一点 $\xi \in (a,b)$, 使 $\mathrm{e}^{g(b)} - \mathrm{e}^{g(a)} =$__________ 成立;

(3) $f(x) = x^n\mathrm{e}^{-x}(n>0, x\geqslant 0)$ 的单调增加区间是__________, 单调减少区间是__________;

(4) 若点$\left(1,\dfrac{4}{3}\right)$为曲线$y=ax^3-x^2+b$的拐点, 则$a=$____________, $b=$____________;

(5) 曲线$y=\sqrt{\dfrac{x-1}{x+1}}$的水平渐近线为____________, 垂直渐近线为____________.

2. 选择题

(1) 在$[-1,1]$上满足罗尔定理的条件的函数是 (　　).

(A) $\ln|x|$　　(B) e^x　　(C) $1-x^2$　　(D) $\dfrac{2}{1-x^2}$

(2) 正确应用洛必达法则求极限的式子是 (　　).

(A) $\lim\limits_{x\to0}\dfrac{\sin x}{\mathrm{e}^x-1}=\lim\limits_{x\to0}\dfrac{\cos x}{\mathrm{e}^x}=\lim\limits_{x\to0}\dfrac{-\sin x}{\mathrm{e}^x}=0$

(B) $\lim\limits_{x\to0}\dfrac{x+\sin x}{x}=\lim\limits_{x\to0}(1+\cos x)$ 不存在

(C) $\lim\limits_{x\to0}\dfrac{1}{x}\left(\dfrac{1}{x}-\cot x\right)=\lim\limits_{x\to0}\dfrac{\sin x-x\cos x}{x^2\sin x}=\lim\limits_{x\to0}\dfrac{\sin x-x\cos x}{x^3}=\lim\limits_{x\to0}\dfrac{x\sin x}{3x^2}=\dfrac{1}{3}$

(D) $\lim\limits_{x\to\infty}\dfrac{\mathrm{e}^x-\mathrm{e}^{-x}}{\mathrm{e}^x+\mathrm{e}^{-x}}=\lim\limits_{x\to\infty}\dfrac{\mathrm{e}^{-x}(\mathrm{e}^{2x}-1)}{\mathrm{e}^{-x}(\mathrm{e}^{2x}+1)}=\lim\limits_{x\to\infty}\dfrac{\mathrm{e}^{2x}-1}{\mathrm{e}^{2x}+1}=\lim\limits_{x\to\infty}\dfrac{2\mathrm{e}^{2x}}{2\mathrm{e}^{2x}}=1$

(3) 方程$\mathrm{e}^x-x-1=0$(　　).

(A) 没有实根　　(B) 有且仅有一个实根

(C) 有且仅有两个实根　　(D) 有三个不同实根

(4) 函数$y=f(x)$具有下列特征: $f(0)=1, f'(0)=0$, 当$x\neq0$时, $f'(x)>0$; 当$x<0$时, $f''(x)<0$; 当$x>0$时, $f''(x)>0$. 则其图形为 (　　).

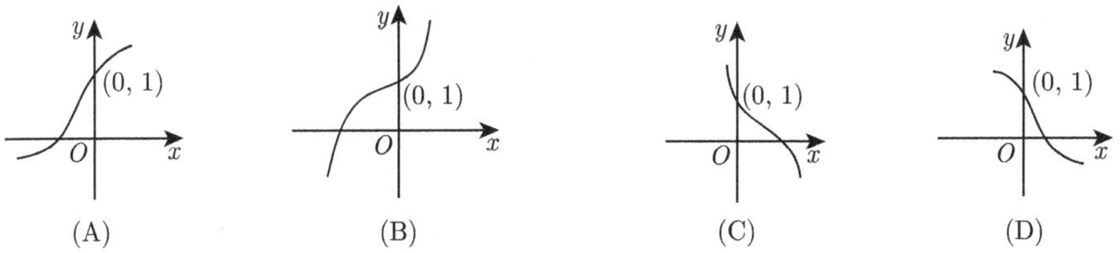

(5) 设$f(x)$在$[a,b]$上连续, $f(a)=f(b)$, 且$f(x)$不恒为常数, 则在(a,b)内 (　　).

(A) 必有最大值或最小值　　(B) 既有极大值又有极小值

(C) 既有最大值又有最小值　　(D) 至少存在一点 ξ, 使 $f'(\xi)=0$

(6) 设$\lim\limits_{x\to x_0}\dfrac{f(x)}{g(x)}$为未定型, 则$\lim\limits_{x\to x_0}\dfrac{f'(x)}{g'(x)}$存在是$\lim\limits_{x\to x_0}\dfrac{f(x)}{g(x)}$也存在的 (　　).

(A) 必要条件　　(B) 充分条件

(C) 充分必要条件　　(D) 既非充分也非必要条件

(7) 已知$f(x)$在$[a,b]$上连续, 在(a,b)内可导, 且当$x\in(a,b)$时, 有$f'(x)>0$, 又已知$f(a)<0$, 则 (　　).

(A) $f(x)$在$[a,b]$上单调增加, 且$f(b)>0$

(B) $f(x)$在$[a,b]$上单调减少, 且$f(b)<0$

(C) $f(x)$在$[a,b]$上单调增加, 且$f(b)<0$

(D) $f(x)$在$[a,b]$上单调增加, 但$f(b)$正负号无法确定

(8) 函数曲线$y=x\arctan x$在 (　　).

(A) $(-\infty,+\infty)$内是凸的　　(B) $(-\infty,+\infty)$内是凹的

(C) $(-\infty,0)$内是凸的, 在$(0,+\infty)$内是凹的　　(D) $(-\infty,0)$内是凸的, 在$(0,+\infty)$内是凸的

(9) 若在区间(a,b) 内, 函数$f(x)$ 的一阶导数$f'(x)>0$, 二阶导数$f''(x)<0$, 则函数$f(x)$ 在此区间内是 (　　).

(A) 单调减少, 曲线是凸的　　(B) 单调增加, 曲线是凹的

(C) 单调减少, 曲线是凸的　　(D) 单调增加, 曲线是凸的

(10) 曲线$y=(x-5)^{\frac{5}{3}}+2$(　　).

(A) 有极值点 $x=5$, 但无拐点　　(B) 有拐点 $(5,2)$, 但无极值点

(C) $x=5$ 有极值点, 且 $(5,2)$ 是拐点　　(D) 既无极值点, 又无拐点

3. 求极限:

(1) $\lim\limits_{x\to 0}\dfrac{\mathrm{e}^x-(1+2x)^{\frac{1}{2}}}{\ln(1+x^2)}$;　　(2) $\lim\limits_{x\to 0}\left(\dfrac{1}{x}-\dfrac{1}{\mathrm{e}^x-1}\right)$;

(3) $\lim\limits_{x\to 0}\left(\dfrac{1}{x^2}-\dfrac{1}{x\tan x}\right)$;　　(4) $\lim\limits_{x\to 0}\left(\dfrac{a^x+b^x}{2}\right)^{\frac{1}{x}}$ $(a>0,b>0)$.

4. 讨论函数$y=2x^3-6x^2-18x+7$ 的单调性、凹凸性, 并求极值与拐点.

5. 证明: 当$0<x<\dfrac{\pi}{2}$ 时, 有$\tan x+2\sin x>3x$ 成立.

6. 当$x>0$ 时, 证明$x-\dfrac{x^3}{3}<\arctan x<x$.

7. 正方形的纸板边长为$2a$, 将其四角各剪去一个边长相等的小正方形, 做成一个无盖的纸盒, 问剪去的小正方形边长等于多少时, 纸盒的容积最大?

8. 某工厂生产某产品, 年产量为x 百台, 总成本为c 万元, 其中固定成本 2 万元, 每生产一百台, 成本增加 2 万元, 市场上可销售此种商品 3 百台, 其销售收入

$$R(x)=\begin{cases}6x-x^2+1, & 0\leqslant x\leqslant 3(\text{万元}),\\ 10, & x>3(\text{万元}).\end{cases}$$

问每年生产多少台, 总利润最大?

9. 糖果厂每周的销售量为Q 千袋, 每袋价格为 2 元, 总成本函数为

$$C(Q)=100Q^2+1300Q+1000(\text{元}).$$

试求: (1) 不盈不亏的销售量; (2) 可取得利润的销售量; (3) 取得最大利润的销售量和最大利润; (4) 平均成本最小的产量.

课外阅读 (五)

一、课程思政简述

泰勒公式中的多元一体思想

泰勒公式是一个用函数在某点的信息描述其附近取值的公式. 如果函数满足一定的条件, 泰勒公式可以用函数在某一点的各阶导数值做系数构建一个多项式来近似表达这一个函数. 函数的多项式展开式是人类在长期历史发展中形成的统一思想方法, 函数的多元一体统一于泰勒公式中. 具体来说, “多元” 是指不同的函数形式、性质各具特点, 相互区别, 呈现出多样化的特点. 各个函数在高等数学的研究中扮演了极为重要的角色, 各种函数的多样

性和差异性, 为高等数学的研究提供了丰富多彩的样本资源, 共同谱写了高等数学的壮丽画卷. “一体” 是指在具有共性 (数学上可以看作函数存在 n 阶导数) 基础之上, 函数都可以以多项式的形式表示出来. 将不同的无法进行加减整合运算的函数都转化成为多项式, 进而转化为能加减运算的同类函数, 只要满足共同的性质.

洛必达法则中的多元一体思想

洛必达法则是在一定条件下, 通过分子分母分别求导再求极限来确定未定式值的方法. 众所周知, 两个无穷小之比或两个无穷大之比的极限可能存在, 也可能不存在, 因此, 求这类极限时往往需要适当的变形, 转化为可利用极限运算法则或重要极限的形式进行计算. 特殊不定型 ($\infty-\infty$ 型, 1^{∞} 型, ∞^0 型, 0^0 型, $0\cdot\infty$ 型) 函数极限的 “多元” 与 “一体” 统一于 $\dfrac{0}{0}$ 型或 $\dfrac{\infty}{\infty}$ 型洛必达法则中. 具体来说, 不同的函数不定型极限呈现不同的特点, 具有不同的性质, 彼此之间相互区别, 因此呈现出多样性的特点. “一体” 是指不论不定型函数极限具有什么样的形式, 只要满足共同的价值基础 (即函数可导且转化为分式后, 分子分母分别求导后之比的极限存在), 都可以利用洛必达法则将其极限求出来. 洛必达法则包容了函数极限的差异与多样性, 将具有多样性的不定型函数极限用统一的方法求出极限, 体现了一致性和包容性. 这正是多元一体的思想所在.

二、数学思维方法简介

数学思维

1. 数学的思维和性质

数学思维是指人关于数学对象的理性认识过程. 广义的数学思维可理解为, 包括运用数学工具解决各种实际问题的思考过程. 所谓数学思维, 其一, 是指一种形式, 这种形式表现人们认识具体的数学科学, 或是应用数学于其他科学、技术和国民经济等过程中的辩证思维. 其二, 应认识它的一种特性, 这种特性是数学学科本身的特点, 以及数学用以认识客观世界现象的方法所决定的, 同时也受到一般思维方式的制约. 数学研究的对象是现实世界的空间形式和数量关系. 20 世纪 80 年代后, 人们认为数学科学是 “模式” 的科学, 其目的是揭示人们从自然界和数学本身的抽象世界中所观察到的结构和对称性. 这些对数学的认识可看到: ①数量关系、模型是抽象和概括的产物, 数学思维具有高度抽象性; ②与科学的抽象性、严谨性、统一性一样, 数学也具有这一特性.

2. 创造性数学思维

所谓创造性数学思维, 是指思维的结果或处理问题的方法带有新颖性、独特性. 这种思维并非一开始就建立在严格的逻辑论证之上, 但它却常常表现出研究者的自信心和个性特点.

有人认为, 创造是变幻莫测的思维活动, 属于不可言喻的直觉、想象和猜测, 这是不全面的. 因为不对已有事实与背景知识做出逻辑分析, 就难以获得清晰的数学问题; 没有在逻辑上对问题的预设思考, 就难以确定为求解问题需要搜索哪些材料; 没有逻辑推理在思维活动中的运用, 不采用它来组织关于新概念和新思想的联系, 新的假设就难以建立. 但是, 新苗头的发现, 新思想的提出, 却主要是靠直觉思维的. 可见创造性数学思维既含有逻辑思维的成分, 也含有直觉思维的成分.

这与现代生理学和心理学的研究结果是一致的. 现代生理学及心理学的研究表明, 人的左右两半脑在思维上是分工合作的, 左半脑主管逻辑思维, 右半脑主管形象思维.

从思维过程的状态来看, 创造性思维在总体上总是表现为

$$\cdots \longrightarrow \text{收敛思维} \longrightarrow \text{发散思维} \longrightarrow \text{收敛思维} \longrightarrow \cdots$$

发散思维即根据已有知识或已有事实, 以某一问题为中心, 从不同角度、不同方向、不同层次思考, 寻求问题的多种答案的一种展开性思维方式, 是一种以已有思维成果为基础, 同时又不满足这种成果, 向新的方面、领域探索和开拓的开放性思维活动. 收敛思维是依据一定知识和事实求得某一问题最佳或最正确答案的聚合性思维方式. 与已有的思维形成连续性, 使多样化的发散过程形成某种统一性而沿着一个方向达到确定的结果, 是收敛思维的基本要求. 发散以便于联想, 寻求各种知识组块之间的可能的组合, 发现推理的起点. 收敛以便于集中思考, 验证由发散思维所得到的方案的可行性, 对其补充、修正或提出新的方案.

三、数学家简介

罗尔 (Michel Rolle, 1652—1719), 法国数学家. 1652 年 4 月 21 日生于昂贝尔特, 1719 年 11 月 8 日卒于巴黎. 罗尔出生于小店主家庭, 只受过初等教育. 他利用业余时间刻苦自学代数与丢番图的著作, 并很有心得.

1682 年, 他解决了数学家奥扎南提出的一个数论难题, 受到了学术界的好评, 从而声名鹊起. 此后, 担任初等数学教师和陆军部行政官员. 1685 年进入法国科学院, 担任低级职务, 1690 年才获得固定薪水. 此后他一直在科学院供职.

罗尔在数学上的成就主要是在代数方面, 他专长于丢番图方程的研究. 罗尔所处的时代正当微积分诞生不久, 由于这一新生事物存在逻辑上的缺陷, 从而遭受多方面的非议, 其中也包括罗尔, 并且他是反对派中最直言不讳的一员. 1700 年, 在法国科学院发生了一场有关无穷小方法是否真实的论战. 在这场论战中, 罗尔认为无穷小方法由于缺乏理论基础将导致谬误, 并说: "微积分是巧妙的谬论的汇集". 他与瓦里格农、索弗尔等人之间, 展开了异常激烈的争论, 约翰 · 伯努利还讽刺罗尔不懂微积分. 由于罗尔对此问题表现得异常激动, 致使科学院不得不屡次出面干预. 直到 1706 年秋天, 罗尔才向瓦里格农、索弗尔等人承认他已经放弃了自己的观点, 并且充分认识到无穷小分析新方法的价值.

罗尔于 1691 年在题为《任意次方程的一个解法的证明》的论文中指出, 在多项式方程 $f(x)=0$ 的两个相邻的实根之间, 方程 $f'(x)=0$ 至少有一个根. 一百多年后的 1846 年, 尤斯托 · 伯拉维提斯将这一定理推广到可微函数, 并把此定理命名为罗尔定理.

拉格朗日 (Joseph-Louis Lagrange, 1736—1813), 法国著名数学家. 1736 年 1 月 25 日生于意大利都灵, 1813 年 4 月 10 日卒于巴黎. 他在数学、力学和天文学领域中都有历史性的贡献, 其中尤以数学方面的成就最为突出.

据拉格朗日回忆, 他幼年家境富裕, 可能不会作数学研究, 但到青年时代, 在数学家雷维里 (R-Evelli) 指导下学习几何学后, 他的数学天才被激发了. 17 岁开始专攻当时迅速发展的数学分析. 他的学术生涯可分为三个时期: 都灵时期 (1766 年以前)、柏林时期 (1766—1786)、巴黎时期 (1787—1813). 拉格朗日全部著作、论文、学术报告记录、学术通讯超过 500 篇.

18 世纪后半期, 数学、物理学和天文学是自然科学主体. 数学的主流是由微积分发展起来的数学分析, 以欧洲大陆为中心; 物理学的主流是力学; 天文学的主流是天体力学. 数学分析的发展使力学和天体力学深化, 而力学和天体力学的课题又成为数学分析发展的动力. 当时的自然科学代表人物都在此三个学科做出了历史性重大贡献.

拉格朗日最早研究的领域是变分法, 以欧拉的思路和结果为依据, 但从纯分析方法出发, 得到更完善的结果. 他的第一篇论文《极大和极小的方法研究》是他研究变分法的序幕; 1760 年发表的《关于确定不定积分式的极大极小的一种新方法》是用分析方法建立变分法的代表作. 文章发表前他写信给欧拉, 称此文中的方法为 “变分方法”. 欧拉肯定了该方法并在他自己的论文中正式将此方法命名为 “变分法”. 变分法这个分支才真正建立起来. 拉格朗日在微分方程理论研究中, 特别是对变系数微分方程研究做出来了重大成果, 还是一阶偏微分方程理论的建立者. 在柏林期间, 拉格朗日将大量时间花在代数方程和超越方程的解法上, 他的想法已蕴含了置换群的概念, 他的思想被后来的阿贝尔和伽罗瓦采用并发展, 终于解决了高于四次的一般方程为何不能用代数方法求解的问题, 他还提出了一种拉格朗日级数.

拉格朗日在 1772 年把欧拉 40 多年没有解决的费马另一猜想 “一个正整数能表示为最多四个平方数的和” 证明出来. 后来还证明了著名的定理: n 是质数的充要条件为 $(n-1)!+1$ 能被 n 整除. 同 18 世纪的其他数学家一样, 拉格朗日也认为函数可以展开为无穷级数, 而无穷级数是多项式的推广, 泰勒级数中的拉格朗日余项就是他在这方面的代表作之一.

拉格朗日还是分析力学的创立者. 拉格朗日在这方面的最大贡献是把变分原理和最小作用原理具体化, 而且用纯分析方法进行推理, 成为拉格朗日方法. 他也是天体力学的奠基者, 他用分析力学中的原理, 建立起各类天体的运动方程. 其中, 根据他在微分方程解法的任意常数变易法, 建立了拉格朗日行星运动方程. 在天体运动方程解法中, 拉格朗日的重大历史性贡献是发现三体问题运动方程的五个特解, 即拉格朗日平动解.

总之, 拉格朗日是 18 世纪的伟大科学家, 他最突出的贡献是在把数学分析的基础脱离几何与力学方面起了决定性的作用. 使数学的独立性更为清楚, 而不仅是其他学科的工具. 同时他在使天文学力学化、力学分析上也起了历史性的作用, 促使力学和天文学 (天体力学) 有了更深入发展.

四、解题方法流程图

1. 方程实根解题方法流程图

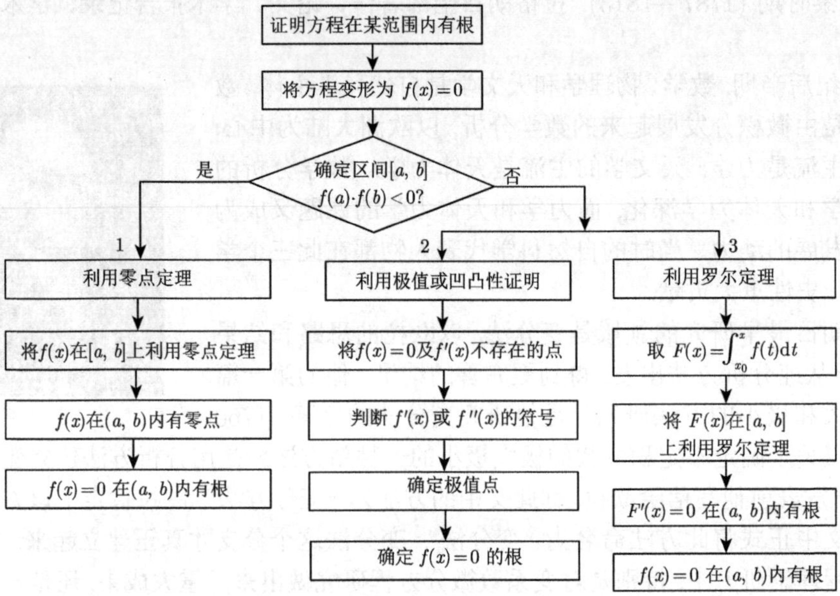

2. 一元函数极值解题方法流程图

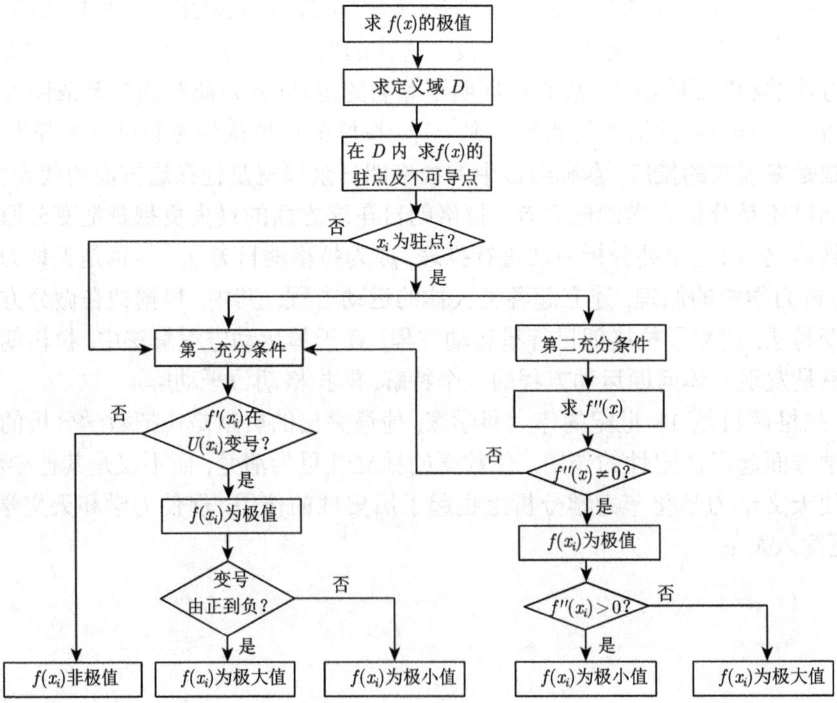

第六章

不 定 积 分

Indefinite Integral

前面已经介绍微分学的基本问题, 即已知函数求其导数的问题. 但在科学技术及应用领域中, 往往会遇到相反问题——已知导数求其函数, 即求一个未知函数, 使其导数恰好是某一已知函数. 例如, 当质点作直线运动时, 若已知它的位置函数 $s(t)$, 则通过求导便可求得速度函数 $v(t)=s'(t)$; 反过来, 若已知它的速度函数 $v(t)$, 如何求它的位置函数呢? 这便是本章所要讨论的问题.

这种由导数或微分求原来函数的逆运算称为不定积分. 本章将介绍不定积分的概念、性质及其计算方法.

第一节　不定积分——微分法则的逆运算

Indefinite integral—Inverse operation of differentiation

一、 原函数与不定积分的概念

Primitive function and the concept of indefinite integral

1. 原函数

定义 1 设 $f(x)$ 是定义在区间 I 上的函数, 若存在函数 $F(x)$, 使得对任何 $x\in I$, 都有

$$F'(x)=f(x)\quad (\text{或}\, \mathrm{d}F(x)=f(x)\mathrm{d}x),$$

则 $F(x)$ 称为 $f(x)$ 的一个**原函数** (primitive function).

例如, 因为在 $(-\infty,+\infty)$ 内, $(\sin x)'=\cos x$, 所以 $\sin x$ 是 $\cos x$ 在 $(-\infty,+\infty)$ 内的一个原函数; 因为在 $(0,+\infty)$ 内, $(\ln x)'=\dfrac{1}{x}$, 所以 $\ln x$ 是 $\dfrac{1}{x}$ 在 $(0,+\infty)$ 内的一个原函数; 因为在 $(-\infty,+\infty)$ 内, $(\arctan x)'=\dfrac{1}{1+x^2}$, 所以 $\arctan x$ 是 $\dfrac{1}{1+x^2}$ 在 $(-\infty,+\infty)$ 内的一个原函数.

一个函数具备什么条件, 其原函数一定存在? 这个问题我们将在下一章讨论, 在此先介绍一个充分条件.

定理 1[①] 如果函数 $f(x)$ 是在区间 I 上的连续函数, 则 $f(x)$ 在区间 I 上一定有原函数.

---

① 证明见定积分中的原函数存在定理.

简单地说就是, 连续函数一定有原函数. 一切初等函数在其定义区间内都是连续函数, 所以初等函数在其定义区间内一定存在原函数.

显然 $\sin x+1, \sin x-2, \sin x+C(C$ 为任意常数) 等都是 $\cos x$ 在 $(-\infty,+\infty)$ 内的原函数, 由此看出, $\cos x$ 的原函数之间只相差一个常数. 对于一般抽象函数是否也有同样的结论呢? 下列定理回答了这个问题.

定理 2 设在区间 I 上, 函数 $F(x)$ 是 $f(x)$ 的一个原函数, 则

(1) 对任意的常数 C, 有 $F(x)+C$ 也是 $f(x)$ 的原函数;

(2) 对 $f(x)$ 的任意原函数 $\Phi(x)$, 存在常数 C, 使得

$$\Phi(x)=F(x)+C.$$

证明 由于 $F(x)$ 是 $f(x)$ 的一个原函数, 则 $F'(x)=f(x)$, 于是对任意的常数 C, 有

$$[F(x)+C]'=F'(x)=f(x),$$

即 $F(x)+C$ 也是 $f(x)$ 的原函数.

任意给定 $f(x)$ 的一个原函数 $\Phi(x)$, 则有 $\Phi'(x)=f(x)$. 令 $g(x)=\Phi(x)-F(x)$, 则有

$$g'(x)=\Phi'(x)-F'(x)=f(x)-f(x)=0, \quad x\in I.$$

所以在区间 I 上 $g(x)=C(C$ 为常数), 即 $\Phi(x)=F(x)+C$.

定理 2 可以说明, 若函数 $F(x)$ 为 $f(x)$ 在区间 I 上的一个原函数, 则 $f(x)$ 的全体原函数为 $F(x)+C(C$ 为任意常数).

2. 不定积分的概念

定义 2 若 $F(x)$ 是函数 $f(x)$ 在区间 I 内的一个原函数, 则函数 $f(x)$ 在区间 I 上全体原函数 $F(x)+C(C$ 为任意常数) 称为 $f(x)$ 在区间 I 内的**不定积分** (indefinite integral), 记作 $\int f(x)\mathrm{d}x$, 即

$$\int f(x)\mathrm{d}x=F(x)+C.$$

其中, 符号 $\int$ 称为**积分号** (integral sign), $f(x)$ 称为**被积函数** (integrand), $f(x)\mathrm{d}x$ 称为**被积表达式** (integral expression), x 称为**积分变量** (integration variable), $F(x)$ 为 $f(x)$ 在区间 I 上的一个原函数, C 为任意常数.

从不积分的定义知, 求一个函数的不定积分只需求这个函数的一个原函数, 再加上任意常数即得.

例 1 求下列不定积分:

(1) $\int x^2\mathrm{d}x$; (2) $\int \sin x\mathrm{d}x$; (3) $\int \frac{1}{1+x^2}\mathrm{d}x$; (4) $\int \frac{1}{\cos^2 x}\mathrm{d}x$.

解 (1) 因为 $\left(\frac{x^3}{3}\right)'=x^2$, 所以 $\frac{x^3}{3}$ 是 x^2 的一个原函数, 从而

$$\int x^2\mathrm{d}x=\frac{x^3}{3}+C \quad (C\text{为任意常数}).$$

(2) 因为 $(-\cos x)' = \sin x$, 所以 $-\cos x$ 是 $\sin x$ 的一个原函数, 从而

$$\int \sin x \mathrm{d}x = -\cos x + C \quad (C\text{为任意常数}).$$

(3) 因为 $(\arctan x)^t = \dfrac{1}{1+x^2}$, 所以 $\arctan x$ 是 $\dfrac{1}{1+x^2}$ 的一个原函数, 从而

$$\int \frac{1}{1+x^2} \mathrm{d}x = \arctan x + C \quad (C\text{为任意常数}).$$

(4) 因为 $(\tan x)' = \dfrac{1}{\cos^2 x}$, 所以 $\tan x$ 是 $\dfrac{1}{\cos^2 x}$ 的一个原函数, 从而

$$\int \frac{1}{\cos^2 x} \mathrm{d}x = \tan x + C \quad (C\text{为任意常数}).$$

例 2　求不定积分 $\displaystyle\int \frac{1}{x} \mathrm{d}x$.

解　当 $x > 0$ 时, 因为 $(\ln x)' = \dfrac{1}{x}$, 所以 $\ln x$ 是 $\dfrac{1}{x}$ 在 $(0, +\infty)$ 内的一个原函数, 从而在 $(0, +\infty)$ 内,

$$\int \frac{1}{x} \mathrm{d}x = \ln x + C \quad (C\text{为任意常数}).$$

当 $x < 0$ 时, 因为 $[\ln(-x)]' = \dfrac{1}{-x} \cdot (-1) = \dfrac{1}{x}$, 所以 $\ln(-x)$ 是 $\dfrac{1}{x}$ 在 $(-\infty, 0)$ 内的一个原函数, 从而在 $(-\infty, 0)$ 内,

$$\int \frac{1}{x} \mathrm{d}x = \ln(-x) + C \quad (C\text{为任意常数}).$$

将 $x > 0$ 和 $x < 0$ 的结果合起来, 可写成

$$\int \frac{1}{x} \mathrm{d}x = \ln |x| + C \quad (C\text{为任意常数}).$$

二、 不定积分的几何意义 The geometric meaning of indefinite integral

若 $F(x)$ 为 $f(x)$ 的一个原函数, 则称 $y = F(x)$ 为 $f(x)$ 的一条**积分曲线** (integral curve), 称 $y = F(x) + C$ 为 $f(x)$ 的**积分曲线族** (family of integral curve). 显然, 族中的任意一条积分曲线可由另一条积分曲线沿 y 轴方向平移而得到, 且族中各条曲线在横坐标相同的点 x_0 处的切线平行 (图 6-1).

例 3　已知曲线 $y = f(x)$ 在任一点 x 处的切线斜率为 $2x$, 且曲线通过点 $(1, 2)$, 求此曲线的方程.

解　根据题意知 $f'(x) = 2x$, 即 $f(x)$ 是 $2x$ 的一个原函数, 从而

$$f(x) = \int 2x \mathrm{d}x = x^2 + C.$$

又由曲线通过点 $(1,2)$ 得 $2=1^2+C$, 于是 $C=1$. 故所求曲线方程为 $y=x^2+1$.

积分曲线 $y=x^2+1$ 由另一条积分曲线抛物线 $y=x^2$ 沿 y 轴方向向上平移 1 个单位得到 (图 6-2).

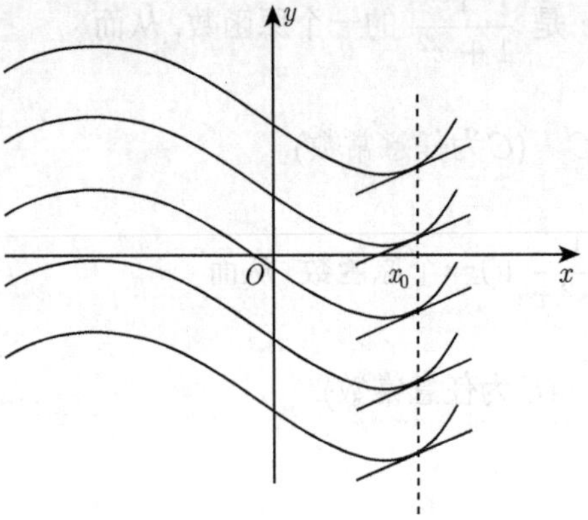

图 6-1

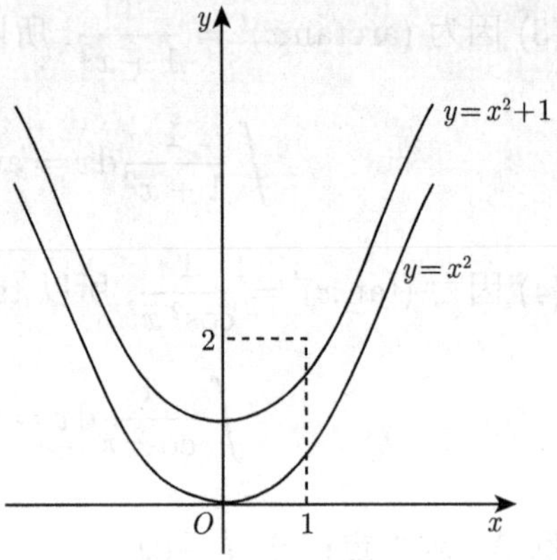

图 6-2

三、 基本积分表 Fundamental integral formulas

根据不定积分的定义, 由导数或微分基本公式, 即可得到不定积分的基本公式. 这里我们列出基本积分表, 请读者务必熟记. 因为许多不定积分最终将归结为这些基本积分公式.

(1) $\int k\mathrm{d}x=kx+C(k为常数)$;　　(2) $\int x^{\alpha}\mathrm{d}x=\dfrac{x^{\alpha+1}}{\alpha+1}+C(\alpha\neq-1)$;

(3) $\int \dfrac{1}{x}\mathrm{d}x=\ln|x|+C$;　　(4) $\int a^x\mathrm{d}x=\dfrac{a^x}{\ln a}+C(a>0且a\neq1)$;

(5) $\int \mathrm{e}^x\mathrm{d}x=\mathrm{e}^x+C$;　　(6) $\int \sin x\mathrm{d}x=-\cos x+C$;

(7) $\int \cos x\mathrm{d}x=\sin x+C$;　　(8) $\int \sec^2 x\mathrm{d}x=\tan x+C$;

(9) $\int \csc^2 x\mathrm{d}x=-\cot x+C$;　　(10) $\int \sec x\tan x\mathrm{d}x=\sec x+C$;

(11) $\int \csc x\cot x\mathrm{d}x=-\csc x+C$;　　(12) $\int \dfrac{1}{\sqrt{1-x^2}}\mathrm{d}x=\arcsin x+C$;

(13) $\int \dfrac{1}{1+x^2}\mathrm{d}x=\arctan x+C$.

在应用这些公式时, 有时需要对被积函数作适当的恒等变形. 请看下面两个例子.

例 4　求不定积分 $\int \dfrac{1}{x\cdot\sqrt[3]{x}}\mathrm{d}x$.

解　把被积函数化成幂函数 x^a 的形式, 应用公式 (2), 便得

$$\int \frac{1}{x\cdot\sqrt[3]{x}}\mathrm{d}x=\int x^{-\frac{4}{3}}\mathrm{d}x=\frac{1}{-\dfrac{4}{3}+1}x^{-\frac{4}{3}+1}+C=-3x^{-\frac{1}{3}}+C.$$

例 5 求不定积分 $\int(2^x\cdot e^x)dx$.

解 因为 $2^x\cdot e^x=(2e)^x$, 把 2e 看成 a, 即被积函数化成指数函数 a^x 的形式, 应用公式 (4), 便得

$$\int(2^x\cdot e^x)\,dx=\int(2e)^x dx=\frac{1}{\ln 2e}\cdot(2e)^x+C=\frac{2^x\cdot e^x}{\ln 2+1}+C.$$

四、不定积分的性质 The properties of indefinite integral

设 $\int f(x)dx=F(x)+C$, 由不定积分的定义 $F(x)$ 是 $f(x)$ 的原函数, 即

$$F'(x)=f(x).$$

所以有不定积分的如下性质.

性质 1 $\frac{d}{dx}\left[\int f(x)\,dx\right]=f(x)$ 或 $d\left[\int f(x)dx\right]=f(x)dx$.

又由于 $F(x)$ 是 $F'(x)$ 的原函数, 故有:

性质 2 $\int F'(x)dx=F(x)+C$ 或 $\int dF(x)=F(x)+C$.

说明 由此可见, 微分运算 (以记号 d 表示) 与求不定积分的运算 (简称积分运算, 以记号 $\int$ 表示) 是互逆的. 当记号 $\int$ 与 d 连在一起时, 或者抵消, 或者抵消后差一个常数.

利用微分运算法则和不定积分的定义, 可得下列运算性质.

性质 3 设函数 $f(x)$ 及 $g(x)$ 的原函数存在, 则

$$\int[f(x)\pm g(x)]dx=\int f(x)dx\pm\int g(x)dx.$$

证明 $\left[\int f(x)dx\pm\int g(x)dx\right]'=\left[\int f(x)dx\right]'\pm\left[\int g(x)dx\right]'=f(x)\pm g(x).$

性质 4 设函数 $f(x)$ 的原函数存在, k 为非零常数, 则

$$\int kf(x)dx=k\int f(x)dx\quad(k\neq 0).$$

证明 $\left[k\int f(x)dx\right]'=k\left[\int f(x)dx\right]'=kf(x)=\left[\int kf(x)dx\right]'.$

说明 性质 3 和性质 4 可推广到有限多个函数的代数和的情形. 设函数 $f_1(x)$, $f_2(x),\cdots,f_n(x)$ 的原函数存在, $k_1,k_2,\cdots,k_n$ 是不全为零的常数, 则

$$\begin{aligned}&\int[k_1f_1(x)+k_2f_2(x)+\cdots+k_nf_n(x)]dx\\=&k_1\int f_1(x)dx+k_2\int f_2(x)dx+\cdots+k_n\int f_n(x)dx.\end{aligned}$$

运用不定积分的性质和基本公式可以直接求一些简单函数的不定积分, 有时需将被积函数经过适当的恒等变形后, 再利用不定积分的性质和基本公式求出结果. 这种积分法称为**直接积分法**.

例 6 求不定积分 $\displaystyle\int \frac{(x-\sqrt{x})^2}{x^3}\,\mathrm{d}x$.

解
$$\begin{aligned}\int \frac{(x-\sqrt{x})^2}{x^3}\mathrm{d}x &= \int \frac{x^2-2x^{\frac{3}{2}}+x}{x^3}\mathrm{d}x = \int\left(\frac{1}{x}-2x^{-\frac{3}{2}}+\frac{1}{x^2}\right)\mathrm{d}x\\ &= \int \frac{1}{x}\mathrm{d}x - 2\int x^{-\frac{3}{2}}\mathrm{d}x + \int \frac{1}{x^2}\mathrm{d}x\\ &= \ln|x| - 2\times(-2)x^{-\frac{1}{2}} - \frac{1}{x} + C\\ &= \ln|x| + \frac{4}{\sqrt{x}} - \frac{1}{x} + C.\end{aligned}$$

说明 使用不定积分的线性性 (性质 3 和性质 4) 将转化为若干个简单的函数的不定积分, 按道理来说, 每个积分都有一个任意常数, 但由于任意常数的代数和仍为任意常数, 所以只要写出一个任意常数即可. 检验结果是否正确, 只要将结果求导, 看它的导数是否等于被积函数.

例 7 求不定积分 $\displaystyle\int (3^x\mathrm{e}^x - 5\sin x)\,\mathrm{d}x$.

解
$$\begin{aligned}\int (3^x\mathrm{e}^x - 5\sin x)\mathrm{d}x &= \int (3\mathrm{e})^x\mathrm{d}x - \int 5\sin x\mathrm{d}x\\ &= \frac{(3\mathrm{e})^x}{\ln(3\mathrm{e})} + 5\cos x + C = \frac{3^x\mathrm{e}^x}{1+\ln 3} + 5\cos x + C.\end{aligned}$$

例 8 求不定积分 $\displaystyle\int \frac{1+x+x^2}{x(1+x^2)}\mathrm{d}x$.

解
$$\begin{aligned}\int \frac{1+x+x^2}{x(1+x^2)}\,\mathrm{d}x &= \int \frac{x+(1+x^2)}{x(1+x^2)}\mathrm{d}x\\ &= \int\left(\frac{1}{1+x^2}+\frac{1}{x}\right)\mathrm{d}x = \int \frac{1}{1+x^2}\mathrm{d}x + \int \frac{1}{x}\,\mathrm{d}x\\ &= \arctan x + \ln|x| + C.\end{aligned}$$

例 9 求不定积分 $\displaystyle\int \frac{x^4}{1+x^2}\mathrm{d}x$.

解 基本积分表中没有这种类型的积分, 需要把被积函数恒等变形, 化为积分表中所列类型, 然后再逐项积分:

$$\begin{aligned}\int \frac{x^4}{1+x^2}\mathrm{d}x &= \int \frac{x^4-1+1}{1+x^2}\mathrm{d}x = \int \frac{(x^2-1)(x^2+1)+1}{1+x^2}\mathrm{d}x\\ &= \int\left(x^2-1+\frac{1}{1+x^2}\right)\mathrm{d}x = \frac{x^3}{3} - x + \arctan x + C.\end{aligned}$$

例 10 求不定积分 $\int (2^x - 3^x)^2 \mathrm{d}x$.

解 $$\int (2^x-3^x)^2\mathrm{d}x = \int (2^{2x}-2\cdot 2^x\cdot 3^x+3^{2x})\mathrm{d}x = \int (4^x-2\cdot 6^x+9^x)\mathrm{d}x$$
$$= \frac{4^x}{\ln 4} - \frac{2}{\ln 6}6^x + \frac{9^x}{\ln 9} + C = \frac{4^x}{2\ln 2} - \frac{2}{\ln 6}6^x + \frac{9^x}{2\ln 3} + C.$$

例 11 求不定积分 $\int \tan^2 x\mathrm{d}x$.

解 先利用三角恒等式对被积函数进行恒等变形, 有

$$\int \tan^2 x\ \mathrm{d}x = \int \left(\sec^2 x - 1\right)\mathrm{d}x = \int \sec^2 x\ \mathrm{d}x - \int 1\ \mathrm{d}x = \tan x - x + C$$

例 12 求不定积分 $\int \frac{1}{\sin^2 x\cos^2 x}\mathrm{d}x$.

解 $$\int \frac{1}{\sin^2 x\cos^2 x}\mathrm{d}x = \int \frac{\sin^2 x+\cos^2 x}{\sin^2 x\cos^2 x}\mathrm{d}x = \int\left(\frac{1}{\cos^2 x}+\frac{1}{\sin^2 x}\right)\mathrm{d}x$$
$$= \int (\sec^2 x + \csc^2 x)\mathrm{d}x = \tan x - \cot x + C.$$

习 题 一

1. 设$f(x) = (2x+1)\mathrm{e}^{-x^2}$, 则$\int f'(x)\ \mathrm{d}x =$__________.

2. 设$\sin x$ 是$f(x)$ 的一个原函数, 则$\int f(x)\ \mathrm{d}x =$__________.

3. 求下列不定积分:

(1) $\int \left(\frac{1}{x} - \frac{3}{\sqrt{1-x^2}}\right)\mathrm{d}x$;　(2) $\int \left(\frac{x}{2} - \frac{1}{x} + \frac{4}{x^3}\right)\mathrm{d}x$;

(3) $\int \left(2^x + x^2 + \frac{3}{x}\right)\mathrm{d}x$;　(4) $\int (1-\sqrt[3]{x^2})^2\mathrm{d}x$;

(5) $\int 2^x\mathrm{e}^{-x}\mathrm{d}x$;　(6) $\int \frac{\mathrm{d}x}{x^2(1+x^2)}$;

(7) $\int \frac{1+2x^2}{x^2(1+x^2)}\mathrm{d}x$;　(8) $\int \frac{\mathrm{e}^{2x}-1}{\mathrm{e}^x-1}\mathrm{d}x$;

(9) $\int \frac{2\cdot 3^x - 5\cdot 2^x}{3^x}\mathrm{d}x$;　(10) $\int \frac{\cos 2x}{\cos x - \sin x}\mathrm{d}x$;

(11) $\int \sin^2\frac{x}{2}\mathrm{d}x$;　(12) $\int \cot^2 x\mathrm{d}x$;

(13) $\int \frac{\mathrm{d}x}{1+\cos 2x}$;　(14) $\int \frac{1+\cos^2 x}{1+\cos 2x}\mathrm{d}x$.

4. 一曲线通过点$(\mathrm{e}^2, 3)$, 且在任一点处的切线的斜率等于该点横坐标的倒数, 求该曲线的方程.

5. 对任意$x \in \mathbf{R}$, $f'(\sin^2 x) = \cos^2 x$ 且 $f(1) = 1$, 求 $f(x)$.

第二节 不定积分的换元积分法

Substitution rule for indefinite integrals

能直接或通过适当的变形后利用积分的基本公式计算的不定积分是十分有限的. 例如, 不定积分

$$\int \cos 2x\mathrm{d}x, \quad \int \mathrm{e}^{-ax}\mathrm{d}x, \quad \int \frac{1}{1+\sqrt{x}}\mathrm{d}x$$

等仍不能计算. 因此有必要寻找其他的求不定积分的方法. 因为求不定积分与求导数互为逆运算, 本节我们将复合函数的求导法则反过来用于不定积分, 通过适当的变量替换 (换元), 把某些不定积分化为基本积分公式表中所列的形式, 再计算出所求的不定积分——这就是本节介绍的**换元积分法** (integration by substitution). 按照选取变量替换的不同方式通常将换元积分法分为两类, 下面分别进行介绍.

一、 第一类换元积分法 (凑微分法)

Integral methods of substitution of the first kind

换元积分法的思想就是用一个简单的积分来代替一个相对复杂的积分, 从原始变量 x 变换到新变量 u 来完成这个代换过程, 这里 u 是 x 的一个函数, 使用换元积分法最重要的, 也是最困难的, 就是找到这个变量 u. 先来看一个例题.

例 1 求不定分 $\int \cos 2x\mathrm{d}x$.

解 基本积分表中查不到这个积分, 与之相接近的有公式

$$\int \cos x\mathrm{d}x = \sin x + C.$$

注意到所求不定积分的被积函数是由 $\cos u$ 及 $u = 2x$ 复合而成. 若将积分变量换成 $2x$, 则有

$$\begin{aligned}\int \cos 2x\mathrm{d}x &= \int \cos 2x \cdot \frac{1}{2}\mathrm{d}(2x) = \frac{1}{2}\int \cos 2x\mathrm{d}(2x)\\ &\xlongequal{2x=u} \frac{1}{2}\int \cos u\mathrm{d}u = \frac{1}{2}\sin u + C\\ &\xlongequal{u=2x} \frac{1}{2}\sin 2x + C.\end{aligned}$$

这里所使用的方法称为**第一类换元积分法**, 简称**第一类换元法 (凑微分法)**.

定理 1(第一类换元积分法) 设 $f(u)$ 具有原函数 $F(u)$, 且 $u = \varphi(x)$ 可导, 则有换元公式

$$\int f[\varphi(x)]\varphi'(x)\mathrm{d}x = \int f(u)\mathrm{d}u = F(u)\big|_{u=\varphi(x)} + C = F[\varphi(x)] + C.$$

证明 因为 $F(u)$ 是 $f(u)$ 的原函数, 所以 $F'(u)=f(u)$. 根据复合函数的求导法则有

$$[F(\varphi(x))]'=F'(u)\varphi'(x)=f(u)\varphi'(x)=f[\varphi(x)]\varphi'(x),$$

再根据不定积分的定义有 $\int f[\varphi(x)]\varphi'(x)\mathrm{d}x=F[\varphi(x)]+C$.

说明 在第一类换元积分法中, 通过选择新的积分变量 $u=\varphi(x)$, 把被积表达式分成两部分, 一部分是关于 u 的函数 $f(u)$, 另一部分是凑成关于 u 的微分 $\mathrm{d}u$, 从而转化成比较容易计算的关于 u 的函数 $f(u)$ 的积分, 因而也把第一类换元积分法称为**凑微分法**.

例 2 求不定分 $\int \frac{1}{2+3x}\,\mathrm{d}x$.

解 被积函数 $\frac{1}{2+3x}=\frac{1}{u}$, $u=2+3x$. 这里缺少 $\frac{\mathrm{d}u}{\mathrm{d}x}=3$ 这样的因子, 但由于 $\frac{\mathrm{d}u}{\mathrm{d}x}$ 是一个常数, 故可改变系数凑出这个因子

$$\frac{1}{2+3x}=\frac{1}{3}\cdot\frac{1}{2+3x}\cdot 3=\frac{1}{3}\cdot\frac{1}{2+3x}\cdot(2+3x)',$$

从而令 $u=2+3x$, 便有

$$\begin{aligned}\int\frac{1}{2+3x}\,\mathrm{d}x&=\int\frac{1}{3}\cdot\frac{1}{2+3x}\cdot(2+3x)'\mathrm{d}x=\frac{1}{3}\int\frac{1}{2+3x}\mathrm{d}(2+3x)\\&=\frac{1}{3}\int\frac{1}{u}\,\mathrm{d}u=\frac{1}{3}\ln|u|+C=\frac{1}{3}\ln|2+3x|+C.\end{aligned}$$

说明 一般地, 对于不定积分 $\int f(ax+b)\,\mathrm{d}x(a\neq 0)$, 总可作变换 $u=ax+b$, 把它转化为

$$\int f(ax+b)\,\mathrm{d}x=\frac{1}{a}\int f(ax+b)\,\mathrm{d}(ax+b)\xlongequal{u=ax+b}\frac{1}{a}\int f(u)\,\mathrm{d}u.$$

例 3 求不定积分 $\int\frac{x^2}{(x+1)^3}\mathrm{d}x$.

解 令 $u=x+1$, 则 $x=u-1$, $\mathrm{d}x=\mathrm{d}u$, 即被积函数 $\frac{x^2}{(x+1)^3}=\frac{(u-1)^2}{u^3}$, $u=x+1$. 于是

$$\begin{aligned}\int\frac{x^2}{(x+1)^3}\mathrm{d}x&=\int\frac{[(x+1)-1]^2}{(x+1)^3}\mathrm{d}(x+1)=\int\frac{(u-1)^2}{u^3}\mathrm{d}u\\&=\int\frac{u^2-2u+1}{u^3}\mathrm{d}u=\int\left(\frac{1}{u}-\frac{2}{u^2}+\frac{1}{u^3}\right)\mathrm{d}u\\&=\ln|u|+\frac{2}{u}-\frac{1}{2u^2}+C=\ln|x+1|+\frac{2}{x+1}-\frac{1}{2(x+1)^2}+C.\end{aligned}$$

例 4 求不定积分 $\int x\mathrm{e}^{x^2}\mathrm{d}x$.

解 被积函数中一个因子为 $e^{x^2}=e^u$, $u=x^2$; 剩下的因子 x 恰好是中间变量 $u=x^2$ 的导数的 $\dfrac{1}{2}$, 于是有

$$\int xe^{x^2}dx=\frac{1}{2}\int e^{x^2}\cdot(2x)dx=\frac{1}{2}\int e^{x^2}d(x^2)=\frac{1}{2}\int e^u du=\frac{1}{2}e^u+C=\frac{1}{2}e^{x^2}+C.$$

说明 一般地, 对于不定积分 $\int x^{n-1}f(x^n)\,dx$, 总可作变换 $u=x^n$, 把它转化为

$$\int x^{n-1}f(x^n)\,dx=\frac{1}{n}\int f(x^n)\,d(x^n)\xlongequal{u=x^n}\frac{1}{n}\int f(u)\,du.$$

运算熟练以后, 我们常常不将 $\varphi(x)$ 记成 u, 即在形式上不出现新的积分变量, 而将 $\varphi(x)$ 视为一个整体变量直接进行计算.

例 5 求不定积分 $\displaystyle\int\frac{1}{x(1+3\ln x)}dx$.

解 $\displaystyle\int\frac{1}{x(1+3\ln x)}\,dx=\frac{1}{3}\int\frac{1}{1+3\ln x}\,d(1+3\ln x)=\frac{1}{3}\ln|1+3\ln x|+C.$

说明 一般地, $\displaystyle\int f(\ln x)\frac{1}{x}dx=\int f(\ln x)d(\ln x)$.

例 6 求不定积分 $\displaystyle\int\frac{1}{\sqrt{a^2-x^2}}\,dx\,(a>0)$.

解 $\displaystyle\int\frac{1}{\sqrt{a^2-x^2}}dx=\int\frac{1}{a}\cdot\frac{1}{\sqrt{1-\left(\frac{x}{a}\right)^2}}dx=\int\frac{1}{\sqrt{1-\left(\frac{x}{a}\right)^2}}d\left(\frac{x}{a}\right)=\arcsin\frac{x}{a}+C.$

例 7 求不定积分 $\displaystyle\int\frac{1-x}{\sqrt{9-4x^2}}dx$.

解
$$\begin{aligned}\int\frac{1-x}{\sqrt{9-4x^2}}dx&=\int\frac{1}{\sqrt{9-4x^2}}dx-\int\frac{x}{\sqrt{9-4x^2}}dx\\&=\frac{1}{2}\int\frac{1}{\sqrt{3^2-(2x)^2}}d(2x)+\frac{1}{8}\int\frac{1}{\sqrt{9-4x^2}}d(9-4x^2)\\&=\frac{1}{2}\arcsin\frac{2x}{3}+\frac{1}{4}\sqrt{9-4x^2}+C.\end{aligned}$$

例 8 求不定积分 $\displaystyle\int\frac{1}{a^2+x^2}\,dx(a\neq0)$.

解 $\displaystyle\int\frac{1}{a^2+x^2}\,dx=\int\frac{1}{a^2}\cdot\frac{1}{1+\left(\frac{x}{a}\right)^2}\,dx=\frac{1}{a}\int\frac{1}{1+\left(\frac{x}{a}\right)^2}\,d\left(\frac{x}{a}\right)=\frac{1}{a}\arctan\frac{x}{a}+C.$

例 9 求不定积分 $\displaystyle\int\frac{1}{x^2-6x+13}dx$.

解
$$\begin{aligned}\int\frac{1}{x^2-6x+13}dx&=\int\frac{1}{(x-3)^2+4}\,dx=\int\frac{1}{(x-3)^2+4}\,d(x-3)\\&=\frac{1}{2}\arctan\frac{x-3}{2}+C.\end{aligned}$$

例 10 求不定积分 $\int \frac{1}{x^2-a^2}\mathrm{d}x(a\neq 0)$.

解 由于 $\frac{1}{x^2-a^2}=\frac{1}{2a}\left(\frac{1}{x-a}-\frac{1}{x+a}\right)$, 所以

$$\begin{aligned}\int \frac{1}{x^2-a^2}\,\mathrm{d}x&=\frac{1}{2a}\int\left(\frac{1}{x-a}-\frac{1}{x+a}\right)\mathrm{d}x\\&=\frac{1}{2a}\left(\int\frac{1}{x-a}\mathrm{d}x-\int\frac{1}{x+a}\mathrm{d}x\right)\\&=\frac{1}{2a}\left[\int\frac{1}{x-a}\mathrm{d}(x-a)-\int\frac{1}{x+a}\mathrm{d}(x+a)\right]\\&=\frac{1}{2a}(\ln|x-a|-\ln|x+a|)+C=\frac{1}{2a}\ln\left|\frac{x-a}{x+a}\right|+C.\end{aligned}$$

例 11 求不定积分 $\int\frac{1}{2x^2+3x-2}\mathrm{d}x$.

解
$$\begin{aligned}\int\frac{1}{2x^2+3x-2}\mathrm{d}x&=\int\frac{1}{(2x-1)(x+2)}\mathrm{d}x=\frac{1}{5}\int\left(\frac{2}{2x-1}-\frac{1}{x+2}\right)\mathrm{d}x\\&=\frac{1}{5}\left[\int\frac{1}{2x-1}\mathrm{d}(2x-1)-\int\frac{1}{x+2}\mathrm{d}(x+2)\right]\\&=\frac{1}{5}(\ln|2x-1|-\ln|x+2|)+C=\frac{1}{5}\ln\left|\frac{2x-1}{x+2}\right|+C.\end{aligned}$$

例 12 求下列不定积分:

(1) $\int\tan x\mathrm{d}x$; (2) $\int\cot x\mathrm{d}x$.

解 (1) $\int\tan x\mathrm{d}x=\int\frac{\sin x}{\cos x}\mathrm{d}x=-\int\frac{1}{\cos x}\mathrm{d}\cos x=-\ln|\cos x|+C$.

(2) $\int\cot x\mathrm{d}x=\int\frac{\cos x}{\sin x}\mathrm{d}x=\int\frac{1}{\sin x}\mathrm{d}\sin x=\ln|\sin x|+C$.

例 13 求不定积分 $\int\sec x\mathrm{d}x$.

解 因为三角函数相关恒等式较多, 因此计算这类不定积分对被积函数进行恒等变形的技巧也较多.

解法一
$$\begin{aligned}\int\sec x\mathrm{d}x&=\int\frac{1}{\cos x}\mathrm{d}x=\int\frac{\cos x}{\cos^2 x}\mathrm{d}x=\int\frac{1}{1-\sin^2 x}\mathrm{d}(\sin x)\\&=\frac{1}{2}\int\left(\frac{1}{1+\sin x}+\frac{1}{1-\sin x}\right)\mathrm{d}(\sin x)\\&=\frac{1}{2}\left(\int\frac{1}{1+\sin x}\mathrm{d}(\sin x)+\int\frac{1}{1-\sin x}\mathrm{d}(\sin x)\right)\end{aligned}$$

$$= \frac{1}{2}\left[\int \frac{1}{1+\sin x}\mathrm{d}(1+\sin x) - \int \frac{1}{1-\sin x}\mathrm{d}(1-\sin x)\right]$$

$$= \frac{1}{2}(\ln|1+\sin x| - \ln|1-\sin x|) + C$$

$$= \frac{1}{2}\ln\frac{|1+\sin x|}{|1-\sin x|} + C = \frac{1}{2}\ln\frac{(1+\sin x)^2}{\cos^2 x} + C$$

$$= \ln\left|\frac{1+\sin x}{\cos x}\right| + C = \ln|\sec x + \tan x| + C.$$

解法二 $$\int \sec x\mathrm{d}x = \int \frac{1}{\cos x}\mathrm{d}x = \int \frac{1}{\cos^2\frac{x}{2} - \sin^2\frac{x}{2}}\mathrm{d}x = \int \frac{\sec^2\frac{x}{2}}{1-\tan^2\frac{x}{2}}\mathrm{d}x$$

$$= \int \frac{2}{1-\tan^2\frac{x}{2}}\mathrm{d}\left(\tan\frac{x}{2}\right)$$

$$= \int \left(\frac{1}{1+\tan\frac{x}{2}} + \frac{1}{1-\tan\frac{x}{2}}\right)\mathrm{d}\left(\tan\frac{x}{2}\right)$$

$$= \int \frac{1}{1+\tan\frac{x}{2}}\mathrm{d}\left(1+\tan\frac{x}{2}\right) - \int \frac{1}{1-\tan\frac{x}{2}}\mathrm{d}\left(1-\tan\frac{x}{2}\right)$$

$$= \ln\left|1+\tan\frac{x}{2}\right| - \ln\left|1-\tan\frac{x}{2}\right| + C$$

$$= \ln\left|\frac{1+\tan\frac{x}{2}}{1-\tan\frac{x}{2}}\right| + C = \ln\left|\frac{\cos\frac{x}{2}+\sin\frac{x}{2}}{\cos\frac{x}{2}-\sin\frac{x}{2}}\right| + C$$

$$= \ln\left|\frac{\left(\cos\frac{x}{2}+\sin\frac{x}{2}\right)^2}{\cos^2\frac{x}{2}-\sin^2\frac{x}{2}}\right| + C = \ln\left|\frac{1+\sin x}{\cos x}\right| + C$$

$$= \ln|\sec x + \tan x| + C.$$

解法三 $$\int \sec x\mathrm{d}x = \int \frac{\sec x\cdot(\sec x + \tan x)}{\sec x + \tan x}\mathrm{d}x = \int \frac{\sec^2 x + \sec x\cdot\tan x}{\sec x + \tan x}\mathrm{d}x$$

$$= \int \frac{1}{\sec x + \tan x}\mathrm{d}(\sec x + \tan x) = \ln|\sec x + \tan x| + C.$$

类似地可求得

$$\int \csc x\,\mathrm{d}x = \ln|\csc x - \cot x| + C.$$

例 14 求下列不定积分:

(1) $\int \cos^2 x\mathrm{d}x$; (2) $\int \cos^3 x\mathrm{d}x$; (3) $\int \cos^4 x\mathrm{d}x$.

解 (1) $\int \cos^2 x \, \mathrm{d}x = \int \frac{1+\cos 2x}{2} \mathrm{d}x = \frac{1}{2}\left(\int \mathrm{d}x + \int \cos 2x \mathrm{d}x\right)$

$$= \frac{1}{2}\int \mathrm{d}x + \frac{1}{4}\int \cos 2x \mathrm{d}(2x)$$

$$= \frac{x}{2} + \frac{\sin 2x}{4} + C.$$

(2) $\int \cos^3 x \mathrm{d}x = \int \cos^2 x \cdot \cos x \mathrm{d}x = \int (1-\sin^2 x)\mathrm{d}(\sin x) = \sin x - \frac{\sin^3 x}{3} + C.$

(3) 因为

$$\cos^4 x = (\cos^2 x)^2 = \left(\frac{1+\cos 2x}{2}\right)^2 = \frac{1}{4}(1+2\cos 2x + \cos^2 2x)$$
$$= \frac{1}{4}\left(1+2\cos 2x + \frac{1+\cos 4x}{2}\right) = \frac{1}{8}(3+4\cos 2x + \cos 4x),$$

所以

$$\int \cos^4 x \mathrm{d}x = \frac{1}{8}\int (3+4\cos 2x+\cos 4x)\mathrm{d}x = \frac{1}{8}\left(\int 3\mathrm{d}x + \int 4\cos 2x \mathrm{d}x + \int \cos 4x \mathrm{d}x\right)$$
$$= \frac{1}{8}\left[3x + 2\int \cos 2x \mathrm{d}(2x) + \frac{1}{4}\int \cos 4x \mathrm{d}(4x)\right]$$
$$= \frac{3}{8}x + \frac{1}{4}\sin 2x + \frac{1}{32}\sin 4x + C.$$

说明 对于不定积分 $\int \cos^n x \mathrm{d}x$($n$ 是大于 1 的整数), 可以按如下方法处理:

(1) $n = 2k+1$ 是奇数时,

$$\int \cos^n x \mathrm{d}x = \int \cos^{2k+1} x \mathrm{d}x = \int \cos^{2k} x \cdot \cos x \mathrm{d}x = \int (1-\sin^2 x)^k \mathrm{d}(\sin x);$$

(2) $n = 2k$ 是偶数时,

$$\int \cos^n x \mathrm{d}x = \int \cos^{2k} x \mathrm{d}x = \int \left(\frac{1+\cos 2x}{2}\right)^k \mathrm{d}x,$$

使用降幂公式 $\cos^2 x = \frac{1+\cos 2x}{2}$ 降低幂次.

对于不定积分 $\int \sin^n x \mathrm{d}x$($n$ 是大于 1 的整数) 也可类似地处理.

例 15 求下列不定积分:

(1) $\int \sin^2 x \cdot \cos^5 x \mathrm{d}x$; (2) $\int \sin^3 x \cdot \cos^2 x \mathrm{d}x$;

(3) $\int \sin^3 x \cdot \cos^5 x \mathrm{d}x$; (4) $\int \sin^2 x \cdot \cos^4 x \mathrm{d}x$.

解 (1) $\int \sin^2 x\cdot\cos^5 x\mathrm{d}x=\int \sin^2 x\cdot\cos^4 x\cdot\cos x\mathrm{d}x=\int \sin^2 x\cdot\cos^4 x\mathrm{d}(\sin x)$

$$\begin{aligned}&=\int \sin^2 x\cdot(1-\sin^2 x)^2\mathrm{d}(\sin x)\\&=\int(\sin^2 x-2\sin^4 x+\sin^6 x)\mathrm{d}(\sin x)\\&=\frac{1}{3}\sin^3 x-\frac{2}{5}\sin^5 x+\frac{1}{7}\sin^7 x+C.\end{aligned}$$

(2) $\int \sin^3 x\cdot\cos^2 x\mathrm{d}x=\int \sin^2 x\cdot\cos^2 x\cdot\sin x\mathrm{d}x=-\int \sin^2 x\cdot\cos^2 x\mathrm{d}\cos x$

$$\begin{aligned}&=-\int(1-\cos^2 x)\cdot\cos^2 x\mathrm{d}(\cos x)\\&=-\int(\cos^2 x-\cos^4 x)\mathrm{d}(\cos x)\\&=-\frac{\cos^3 x}{3}+\frac{\cos^5 x}{5}+C.\end{aligned}$$

(3) $\int \sin^3 x\cdot\cos^5 x\mathrm{d}x=\int \sin^2 x\cdot\cos^5 x\cdot\sin x\mathrm{d}x=-\int \sin^2 x\cdot\cos^5 x\mathrm{d}(\cos x)$

$$\begin{aligned}&=-\int(1-\cos^2 x)\cdot\cos^5 x\mathrm{d}(\cos x)\\&=-\int(\cos^5 x-\cos^7 x)\mathrm{d}(\cos x)\\&=-\frac{\cos^6 x}{6}+\frac{\cos^8 x}{8}+C.\end{aligned}$$

(4) 因为

$$\begin{aligned}\sin^2 x\cdot\cos^4 x&=\frac{1-\cos 2x}{2}\cdot\left(\frac{1+\cos 2x}{2}\right)^2=\frac{1+\cos 2x-\cos^2 2x-\cos^3 2x}{8}\\&=\frac{1}{8}\left(1+\cos 2x-\frac{1+\cos 4x}{2}-\cos^3 2x\right)\\&=\frac{1}{16}+\frac{1}{8}\cos 2x-\frac{\cos 4x}{16}-\frac{1}{8}\cos^3 2x,\end{aligned}$$

所以

$$\begin{aligned}\int \sin^2 x\cdot\cos^4 x\mathrm{d}x&=\int\left(\frac{1}{16}+\frac{1}{8}\cos 2x-\frac{\cos 4x}{16}-\frac{1}{8}\cos^3 2x\right)\mathrm{d}x\\&=\frac{1}{16}\int\mathrm{d}x+\frac{1}{8}\int\cos 2x\mathrm{d}x-\frac{1}{16}\int\cos 4x\mathrm{d}x-\frac{1}{8}\int\cos^3 2x\mathrm{d}x\\&=\frac{x}{16}+\frac{1}{16}\int\cos 2x\mathrm{d}(2x)-\frac{1}{64}\int\cos 4x\mathrm{d}(4x)-\frac{1}{16}\int\cos^2 2x\mathrm{d}(\sin 2x)\\&=\frac{x}{16}+\frac{\sin 2x}{16}-\frac{\sin 4x}{64}-\frac{1}{16}\int(1-\sin^2 2x)\mathrm{d}(\sin 2x)\end{aligned}$$

$$= \frac{x}{16} + \frac{\sin 2x}{16} - \frac{\sin 4x}{64} - \frac{\sin 2x}{16} + \frac{\sin^3 2x}{48} + C$$
$$= \frac{x}{16} - \frac{\sin 4x}{64} + \frac{\sin^3 2x}{48} + C.$$

说明 一般地, 对于形如 $\int \sin^m x \cdot \cos^n x \mathrm{d}x$($m, n$ 是正整数) 的不定积分, 可按如下方法处理:

(1) m, n 中至少有一个是奇数, 如 $n = 2k+1$, 则有

$$\int \sin^m x \cdot \cos^n x \mathrm{d}x = \int \sin^m x \cdot \cos^{2k+1} x \mathrm{d}x = \int \sin^m x \cdot \cos^{2k} x \cdot \cos x \mathrm{d}x$$
$$= \int \sin^m x \cdot (1 - \sin^2 x)^k \mathrm{d}(\sin x);$$

(2) m, n 都是偶数时, 用降幂公式

$$\sin^2 x = \frac{1-\cos 2x}{2}, \quad \cos^2 x = \frac{1+\cos 2x}{2}$$

降低三角函数的幂次.

例 16 求不定积分 $\int \sec^6 x \mathrm{d}x$.

解 $\int \sec^6 x \mathrm{d}x = \int (\sec^2 x)^2 \sec^2 x \, \mathrm{d}x = \int (1+\tan^2 x)^2 \mathrm{d}(\tan x)$

$$= \int (1 + 2\tan^2 x + \tan^4 x) \, \mathrm{d}(\tan x)$$
$$= \tan x + \frac{2}{3}\tan^3 x + \frac{1}{5}\tan^5 x + C.$$

例 17 求不定积分 $\int \tan^3 x \cdot \sec^5 x \mathrm{d}x$.

解 $\int \tan^3 x \cdot \sec^5 x \mathrm{d}x = \int \tan^2 x \cdot \sec^4 x \cdot \tan x \cdot \sec x \mathrm{d}x$

$$= \int (\sec^2 x - 1) \cdot \sec^4 x \mathrm{d}(\sec x)$$
$$= \int (\sec^6 x - \sec^4 x) \mathrm{d}(\sec x) = \frac{\sec^7 x}{7} - \frac{\sec^5 x}{5} + C.$$

例 18 求不定积分 $\int \sin 4x \cos 3x \mathrm{d}x$.

解 可通过三角函数的积化和差公式, 将被积函数化作两项之和, 再求积分.

由 $\sin A \cos B = \frac{1}{2}[\sin(A+B) + \sin(A-B)]$, 得

$$\sin 4x \cos 3x = \frac{1}{2}(\sin 7x + \sin x),$$

所以

$$\int \sin 4x \cos 3x \mathrm{d}x = \frac{1}{2}\int (\sin 7x + \sin x)\mathrm{d}x = \frac{1}{2}\left[\frac{1}{7}\int \sin 7x \mathrm{d}(7x) + \int \sin x \mathrm{d}x\right]$$

$$= -\frac{1}{14}\cos 7x - \frac{1}{2}\cos x + C.$$

例 19 求不定积分 $\int \frac{x+1}{x(1+x\mathrm{e}^x)}\mathrm{d}x$.

解 $$\int \frac{x+1}{x(1+x\mathrm{e}^x)}\mathrm{d}x = \int \frac{(x+1)\mathrm{e}^x}{x\mathrm{e}^x \cdot (1+x\mathrm{e}^x)}\mathrm{d}x = \int \frac{1}{x\mathrm{e}^x \cdot (1+x\mathrm{e}^x)}\mathrm{d}(x\mathrm{e}^x)$$

$$= \int \left(\frac{1}{x\mathrm{e}^x} - \frac{1}{1+x\mathrm{e}^x}\right)\mathrm{d}(x\mathrm{e}^x) = \ln|x\mathrm{e}^x| - \ln|1+x\mathrm{e}^x| + C$$

$$= x + \ln|x| - \ln|1+x\mathrm{e}^x| + C.$$

例 20 求不定积分 $\int \frac{x^2+1}{x^4+1}\mathrm{d}x$.

解 $$\int \frac{x^2+1}{x^4+1}\mathrm{d}x = \int \frac{1+\frac{1}{x^2}}{x^2+\frac{1}{x^2}}\mathrm{d}x = \int \frac{\left(x-\frac{1}{x}\right)'}{\left(x-\frac{1}{x}\right)^2+2}\mathrm{d}x = \int \frac{\mathrm{d}\left(x-\frac{1}{x}\right)}{\left(x-\frac{1}{x}\right)^2+2}$$

$$= \frac{1}{\sqrt{2}}\arctan \frac{x-\frac{1}{x}}{\sqrt{2}} + C.$$

以上各例告诉我们, 在使用第一类换元法求不定积分时, 需要一定的技巧, 关键是要在被积函数中凑出适用的微分因子, 进而进行变量代换, 这方面无一般法则可循, 但熟悉一些常用的微分公式, 如

$x\mathrm{d}x = \frac{1}{2}\mathrm{d}(x^2)$; $x^2\mathrm{d}x = \frac{1}{3}\mathrm{d}(x^3)$; $\frac{\mathrm{d}x}{\sqrt{x}} = 2\mathrm{d}(\sqrt{x})$;

$\frac{\mathrm{d}x}{x^2} = -\mathrm{d}\left(\frac{1}{x}\right)$; $\frac{\mathrm{d}x}{x} = \mathrm{d}(\ln x)$; $\mathrm{e}^x\mathrm{d}x = \mathrm{d}(\mathrm{e}^x)$;

$\sin x\mathrm{d}x = -\mathrm{d}(\cos x)$; $\cos x\mathrm{d}x = \mathrm{d}(\sin x)$; $\sec^2 x\mathrm{d}x = \mathrm{d}(\tan x)$;

$\csc^2 x\mathrm{d}x = -\mathrm{d}(\cos x)$; $\sec x \tan x\mathrm{d}x = \mathrm{d}(\sec x)$; $\csc x \cot x\mathrm{d}x = -\mathrm{d}(\csc x)$;

$\frac{\mathrm{d}x}{\sqrt{1-x^2}} = \mathrm{d}(\arcsin x)$; $\frac{\mathrm{d}x}{1+x^2} = \mathrm{d}(\arctan x)$; $\left(1 \pm \frac{1}{x^2}\right)\mathrm{d}x = \mathrm{d}\left(x \mp \frac{1}{x}\right)$

等等, 是有帮助的. 由这些微分公式, 容易获得下列常用的凑微分形式:

(1) $\int f(ax+b)\mathrm{d}x = \frac{1}{a}\int f(ax+b)\mathrm{d}(ax+b)\ \ (a \neq 0)$;

(2) $\int f(x^\mu)\cdot x^{\mu-1}\mathrm{d}x = \frac{1}{\mu}\int f(x^\mu)\mathrm{d}(x^\mu)(\mu \neq 0)$;

(3) $\int f(\ln x)\cdot \frac{1}{x}\mathrm{d}x = \int f(\ln x)\mathrm{d}(\ln x)$;

(4) $\int f(a^x)\cdot a^x\mathrm{d}x = \dfrac{1}{\ln a}\int f(a^x)\mathrm{d}(a^x)(a > 0且a \neq 1)$, 特别地, $\int f(\mathrm{e}^x)\cdot \mathrm{e}^x\mathrm{d}x = \int f(\mathrm{e}^x)\mathrm{d}(\mathrm{e}^x)$;

(5) $\int f(\sin x)\cdot\cos x\mathrm{d}x = \int f(\sin x)\mathrm{d}(\sin x)$,

$\int f(\cos x)\cdot\sin x\mathrm{d}x = -\int f(\cos x)\mathrm{d}(\cos x)$;

(6) $\int f(\tan x)\cdot\sec^2 x\mathrm{d}x = \int f(\tan x)\mathrm{d}(\tan x)$,

$\int f(\cot x)\cdot\csc^2 x\mathrm{d}x = -\int f(\cot x)\mathrm{d}(\cot x)$;

(7) $\int f(\sec x)\cdot\sec x\tan x\mathrm{d}x = \int f(\sec x)\mathrm{d}(\sec x)$,

$\int f(\csc x)\cdot\csc x\cot x\mathrm{d}x = -\int f(\csc x)\mathrm{d}(\csc x)$;

(8) $\int f(\arcsin x)\cdot\dfrac{1}{\sqrt{1-x^2}}\mathrm{d}x = \int f(\arcsin x)\mathrm{d}(\arcsin x)$;

(9) $\int f(\arctan x)\cdot\dfrac{1}{1+x^2}\mathrm{d}x = \int f(\arctan x)\mathrm{d}(\arctan x)$;

(10) $\int f\left(x+\dfrac{1}{x}\right)\cdot\left(1-\dfrac{1}{x^2}\right)\mathrm{d}x = \int f\left(x+\dfrac{1}{x}\right)\mathrm{d}\left(x+\dfrac{1}{x}\right)$,

$\int f\left(x-\dfrac{1}{x}\right)\cdot\left(1+\dfrac{1}{x^2}\right)\mathrm{d}x = \int f\left(x-\dfrac{1}{x}\right)\mathrm{d}\left(x-\dfrac{1}{x}\right)$.

基本积分公式是不定积分计算中最简单的也是最重要的公式, 因为任何一个可积函数的积分最终都得转化为基本积分公式获得解决, 所以我们必须牢记基本积分公式. 但是单纯记住这些基本积分公式还不够. 我们必须把这些简单公式加以推广, 而推广的方法之一就是把这些具体的、简单的公式化为抽象的、复杂的公式, 把一个变成一类, 具体做法是, 把简单具体函数用满足条件的一般的抽象函数来替换.

例如, 设 $\varphi(x)$ 可导, 在基本公式中有

(1) $\int\cos x\mathrm{d}x = \sin x + C$, 而 $\int\cos x\mathrm{d}x$ 可以进行推广:

$$\int\cos x\mathrm{d}x \Rightarrow \int\cos\varphi(x)\mathrm{d}\varphi(x) = \int\cos\varphi(x)\cdot\varphi'(x)\mathrm{d}x;$$

(2) $\int\dfrac{1}{1+x^2}\,\mathrm{d}x = \arctan x + C$, 而 $\int\dfrac{1}{1+x^2}\mathrm{d}x$ 可以进行推广:

$$\int\frac{1}{1+x^2}\mathrm{d}x \Rightarrow \int\frac{1}{1+\varphi^2(x)}\mathrm{d}\varphi(x) = \int\frac{\varphi'(x)}{1+\varphi^2(x)}\mathrm{d}x;$$

(3) $\int x^{\alpha}\mathrm{d}x=\dfrac{x^{\alpha+1}}{\alpha+1}+C(\alpha\neq-1)$, 而 $\int x^{\alpha}\mathrm{d}x$ 可以进行推广:

$$\int x^{\alpha}\mathrm{d}x \Rightarrow \int \varphi^{\alpha}(x)\mathrm{d}\varphi(x)=\int \varphi^{\alpha}(x)\cdot\varphi'(x)\mathrm{d}x.$$

其他基本积分公式也可作类似推广. 可以看出每个例子中左端的基本公式是一个具体的, 而右端则是半抽象公式, 是一个特殊类, 它是第一类换元积分法的特殊情况, 但它比第一类换元更实用.

例 21 求不定积分 $\int \cos(x\mathrm{e}^{x})\cdot(x+1)\mathrm{e}^{x}\mathrm{d}x$.

解 设 $\varphi(x)=x\mathrm{e}^{x}$, 则 $\mathrm{d}\varphi(x)=\mathrm{d}(x\mathrm{e}^{x})=(x+1)\mathrm{e}^{x}\mathrm{d}x$.

$$\int \cos(x\mathrm{e}^{x})\cdot(x+1)\mathrm{e}^{x}\mathrm{d}x=\int \cos(x\mathrm{e}^{x})\,\mathrm{d}(x\mathrm{e}^{x})=\sin(x\mathrm{e}^{x})+C.$$

下面我们把上述推广了基本公式再进一步对外层函数抽象化得到

(1) $\int \cos\varphi(x)\mathrm{d}\varphi(x)=\int \cos\varphi(x)\cdot\varphi'(x)\mathrm{d}x$

$$\Rightarrow \int f[\varphi(x)]\mathrm{d}\varphi(x)=\int f[\varphi(x)]\cdot\varphi'(x)\mathrm{d}x;$$

(2) $\int \dfrac{1}{1+\varphi^{2}(x)}\mathrm{d}\varphi(x)=\int \dfrac{\varphi'(x)}{1+\varphi^{2}(x)}\mathrm{d}x$

$$\Rightarrow \int f[\varphi(x)]\mathrm{d}\varphi(x)=\int f[\varphi(x)]\cdot\varphi'(x)\mathrm{d}x;$$

(3) $\int \varphi^{\alpha}(x)\mathrm{d}\varphi(x)=\int \varphi^{\alpha}(x)\cdot\varphi'(x)\mathrm{d}x$

$$\Rightarrow \int f[\varphi(x)]\mathrm{d}\varphi(x)=\int f[\varphi(x)]\cdot\varphi'(x)\mathrm{d}x.$$

最终都归结到第一类换元积分公式是基本积分公式推广抽象化的结果, 而基本积分公式则是第一类换元公式的特殊情况.

二、 第二类换元积分法 Integral methods of substitution of the second kind

第一类换元法是把一个比较复杂的 $\int g(x)\mathrm{d}x$ 化成下列形式

$$\int g(x)\mathrm{d}x=\int f[\varphi(x)]\cdot\varphi'(x)\mathrm{d}x=\int f[\varphi(x)]\mathrm{d}\varphi(x)\xlongequal{\varphi(x)=u}\int f(u)\mathrm{d}u,$$

然后通过不定积分的线性运算及基本积分公式或已知结论得出结果. 但是有些不定积分的被积表达式要凑成某函数的微分是很困难的, 即不定积分 $\int f(x)\mathrm{d}x$ 使用前面的方法较难求, 此时, 可以通过适当的变量代换 $x=\psi(t)$, 将积分 $\int f(x)\mathrm{d}x$ 化成下列形式

$$\int f(x)\mathrm{d}x=\int f[\psi(t)]\psi'(t)\mathrm{d}t.$$

使得上式右端的不定积分比较容易计算, 再将求出的不定积分中的 t 以 $t=\psi^{-1}(x)$ 代入即可. 在这里为了保证反函数 $t=\psi^{-1}(x)$ 及积分 $\int f[\psi(t)]\psi'(t)\mathrm{d}t$ 的存在性, 需假定 $x=\psi(t)$ 是单调可导函数, 且 $\psi'(t)\neq 0$, 以及函数 $f[\psi(t)]\psi'(t)$ 具有原函数, 这就是**第二类换元法** (也称为**变量代换法**).

定理 2(第二类换元积分法) 设 $x=\psi(t)$ 是单调可导的函数, 并且 $\psi'(t)\neq 0$, 又设 $F(t)$ 是 $f[\psi(t)]\psi'(t)$ 的一个原函数, 则有换元积分公式

$$\int f(x)\mathrm{d}x=\int f[\psi(t)]\psi'(t)\mathrm{d}t=F(t)+C=F[\psi^{-1}(x)]+C.$$

证明 因为 $F(t)$ 是 $f[\psi(t)]\psi'(t)$ 的一个原函数, 所以 $\dfrac{\mathrm{d}F(t)}{\mathrm{d}t}=f[\psi(t)]\psi'(t)$. 于是

$$\frac{\mathrm{d}F[\psi^{-1}(x)]}{\mathrm{d}x}=\frac{\mathrm{d}F(t)}{\mathrm{d}t}\cdot\frac{\mathrm{d}t}{\mathrm{d}x}=f[\psi(t)]\psi'(t)\cdot\frac{1}{\psi'(t)}=f[\psi(t)]=f(x),$$

因此 $\int f(x)\mathrm{d}x=F[\psi^{-1}(x)]+C$.

下面先举一个简单的例子说明定理 2 的应用.

例 22 求不定积分 $\int\dfrac{x^2}{(x-1)^{100}}\mathrm{d}x$.

解 令 $x=t+1$, $t\neq 0$. 则 $\mathrm{d}x=\mathrm{d}t$, $x-1=t$, 于是

$$\begin{aligned}\int\frac{x^2}{(x-1)^{100}}\mathrm{d}x&=\int\frac{(t+1)^2}{t^{100}}\mathrm{d}x=\int\frac{t^2+2t+1}{t^{100}}\mathrm{d}x=\int\left(\frac{1}{t^{98}}+\frac{2}{t^{99}}+\frac{1}{t^{100}}\right)\mathrm{d}x\\&=-\frac{1}{97t^{97}}-\frac{1}{49t^{98}}-\frac{1}{99t^{99}}+C\\&=-\frac{1}{97(x-1)^{97}}-\frac{1}{49(x-1)^{98}}-\frac{1}{99(x-1)^{99}}+C.\end{aligned}$$

1. 有理代换

例 23 求不定积分 $\int\dfrac{\mathrm{d}x}{1+\sqrt{x}}$.

解 计算这个不定积分的主要困难在于被积函数中含有根式, 为了消去根式, 令 $\sqrt{x}=t$, 即 $x=t^2(t\geqslant 0)$, 则 $\mathrm{d}x=2t\mathrm{d}t$, $\dfrac{1}{1+\sqrt{x}}=\dfrac{1}{1+t}$. 于是

$$\begin{aligned}\int\frac{\mathrm{d}x}{1+\sqrt{x}}&=\int\frac{2t}{1+t}\mathrm{d}t=\int\frac{2(1+t)-2}{1+t}\mathrm{d}t=\int\left(2-\frac{2}{1+t}\right)\mathrm{d}t\\&=2t-2\ln(1+t)+C=2\sqrt{x}-2\ln(1+\sqrt{x})+C.\end{aligned}$$

例 24 求不定积分 $\int\dfrac{x-1}{\sqrt[3]{x+1}}\,\mathrm{d}x$.

解 为了消去被积函数中的根式, 令 $\sqrt[3]{x+1}=t$, 即 $x=t^3-1(t\neq 0)$, 则 $\mathrm{d}x=3t^2\mathrm{d}t$, $\dfrac{x-1}{\sqrt[3]{x+1}}=\dfrac{t^3-2}{t}$. 于是

$$\begin{aligned}\int \frac{x-1}{\sqrt[3]{x+1}}\mathrm{d}x&=\int 3t(t^3-2)\mathrm{d}t=3\int (t^4-2t)\mathrm{d}t=\frac{3}{5}t^5-3t^2+C\\&=\frac{3}{5}(x+1)^{\frac{5}{3}}-3(x+1)^{\frac{2}{3}}+C.\end{aligned}$$

例 25 求不定积分 $\displaystyle\int \frac{1}{\sqrt{x}+\sqrt[3]{x}}\mathrm{d}x$.

解 为了消去被积函数中的根式, 令 $\sqrt[6]{x}=t$, 即 $x=t^6(t>0)$, 则 $\mathrm{d}x=6t^5\mathrm{d}t$, $\dfrac{1}{\sqrt{x}+\sqrt[3]{x}}=\dfrac{1}{t^3+t^2}$. 于是

$$\begin{aligned}\int \frac{1}{\sqrt{x}+\sqrt[3]{x}}\mathrm{d}x&=\int \frac{6t^5}{t^3+t^2}\mathrm{d}t=6\int \frac{t^3}{t+1}\mathrm{d}t=6\int \frac{t^3+1-1}{t+1}\mathrm{d}t\\&=6\int \frac{(t+1)(t^2-t+1)-1}{t+1}\mathrm{d}t\\&=6\int \left(t^2-t+1-\frac{1}{t+1}\right)\mathrm{d}t=2t^3-3t^2+6t-6\ln(t+1)+C\\&=2\sqrt{x}-3\sqrt[3]{x}+6\sqrt[6]{x}-6\ln(\sqrt[6]{x}+1)+C.\end{aligned}$$

从上述三个例子可以看出, 若被积函数由 x 的有理式与根式 $\sqrt[n]{ax+b}(a\neq 0)$ 构成, 则可以令 $x=\dfrac{t^n-b}{a}$ 消去根式; 若被积函数由 x 的有理式与根式 $\sqrt[m]{ax+b}$, $\sqrt[n]{ax+b}(a\neq 0)$ 构成, 则可以令 $x=\dfrac{t^k-b}{a}$ 消去根式, 其中 k 是 m,n 的最小公倍数 (注意, 根式的个数可以推广到有限个, 但要求根号内的被开方式是相同的一次多项式). 使用这类变量代换后, 我们会发现被积函数中无理式化为有理式, 并且不会再产生新的无理式, 所以将这类变量代换称为有理代换.

2. 三角代换

例 26 求不定积分 $\displaystyle\int \sqrt{a^2-x^2}\mathrm{d}x(a>0)$.

解 求这个不定积分的困难在于有根式 $\sqrt{a^2-x^2}$, 我们利用三角公式

$$\sin^2 t+\cos^2 t=1$$

来化去根式.

令 $x=a\sin t$, $t\in\left(-\dfrac{\pi}{2},\dfrac{\pi}{2}\right)$. 则有反函数 $t=\arcsin\dfrac{x}{a}$, 且

$$\mathrm{d}x=a\cos t\mathrm{d}t,\quad \sqrt{a^2-x^2}=\sqrt{a^2-a^2\sin^2 t}=\sqrt{a^2\cos^2 t}=a\cos t,$$

于是被积表达式中就不再含有根式, 所以积分化为

$$\int \sqrt{a^2-x^2}\mathrm{d}x = \int a\cos t \cdot a\cos t\mathrm{d}t = a^2\int \cos^2 t\mathrm{d}t = a^2\int \frac{1+\cos 2t}{2}\mathrm{d}t$$

$$= \frac{a^2}{2}\left(t+\frac{1}{2}\sin 2t\right)+C = \frac{a^2}{2}(t+\sin t\cdot\cos t)+C.$$

由 $x=a\sin t$, 即 $\sin t=\frac{x}{a}$, 作直角三角形 (图 6-3), 由图得 $\cos t=\frac{\sqrt{a^2-x^2}}{a}$. 因此

$$\int \sqrt{a^2-x^2}\mathrm{d}x = \frac{a^2}{2}\left[\frac{x}{a}\cdot\frac{\sqrt{a^2-x^2}}{a}+\arcsin\frac{x}{a}\right]+C$$

$$= \frac{x}{2}\cdot\sqrt{a^2-x^2}+\frac{a^2}{2}\arcsin\frac{x}{a}+C.$$

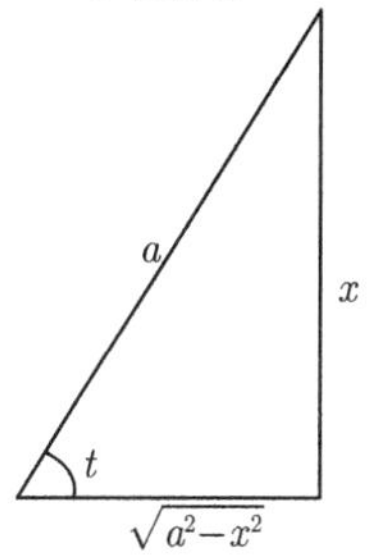

图 6-3

例 27　求不定积分 $\int \frac{1}{\sqrt{a^2-x^2}}\mathrm{d}x(a>0)$.

解　令 $x=a\sin t$, $t\in\left(-\frac{\pi}{2},\frac{\pi}{2}\right)$. 则有反函数 $t=\arcsin\frac{x}{a}$, 且

$$\mathrm{d}x=a\cos t\mathrm{d}t,\quad \sqrt{a^2-x^2}=\sqrt{a^2-a^2\sin^2 t}=\sqrt{a^2\cos^2 t}=a\cos t,$$

于是

$$\int \frac{1}{\sqrt{a^2-x^2}}\mathrm{d}x=\int\frac{a\cos t}{a\cos t}\mathrm{d}t=\int\mathrm{d}t=t+C=\arcsin\frac{x}{a}+C.$$

例 28　求不定积分 $\int \frac{1}{\sqrt{x^2+a^2}}\mathrm{d}x(a>0)$.

解　与例 26 类似, 我们利用三角公式

$$1+\tan^2 t=\sec^2 t$$

来化去根式.

令 $x=a\tan t$, $t\in\left(-\frac{\pi}{2},\frac{\pi}{2}\right)$, 则 $t=\arctan\frac{x}{a}$, 且

$$\mathrm{d}x=a\sec^2 t\mathrm{d}t,\quad \sqrt{x^2+a^2}=a\sec t.$$

于是

$$\int\frac{1}{\sqrt{x^2+a^2}}\mathrm{d}x=\int\frac{1}{a\sec t}\cdot a\sec^2 t\mathrm{d}t=\int\sec t\mathrm{d}t=\ln|\sec t+\tan t|+C_1.$$

由 $x=a\tan t$, 即 $\tan t=\dfrac{x}{a}$, 作直角三角形 (图 6-4), 由图可得 $\sec t=\dfrac{\sqrt{x^2+a^2}}{a}$,

因此

$$\int\frac{1}{\sqrt{x^2+a^2}}\mathrm{d}x=\ln\left|\frac{x}{a}+\frac{\sqrt{x^2+a^2}}{a}\right|+C_1=\ln\left|x+\sqrt{x^2+a^2}\right|+C.$$

其中, $C=C_1-\ln a$.

例 29 求不定积分 $\displaystyle\int\frac{1}{\sqrt{x^2-a^2}}\mathrm{d}x(a>0)$.

解 被积函数的定义域为 $(-\infty,-a)\cup(a,+\infty)$, 我们在 $(a,+\infty)$ 内求不定积分.

与例 26、例 28 这两个例题类似, 我们利用三角公式

$$\sec^2 t-1=\tan^2 t$$

来化去根式.

令 $x=a\sec t$, $t\in\left(0,\dfrac{\pi}{2}\right)$①, 则 $t=\arccos\dfrac{a}{x}$, 且

$$\mathrm{d}x=a\sec t\cdot\tan t\,\mathrm{d}t,\quad \sqrt{x^2-a^2}=a\tan t.$$

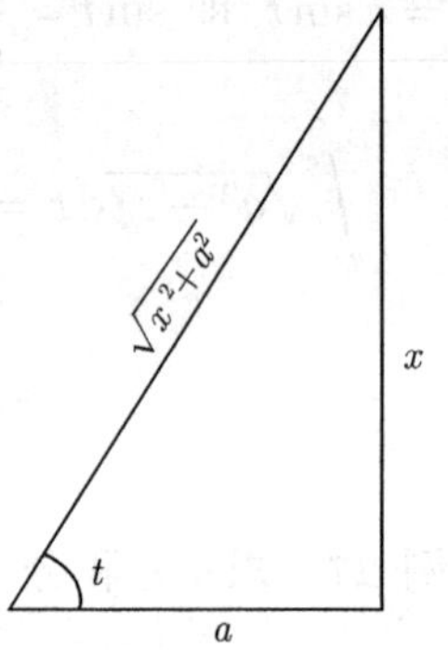

图 6-4

于是

$$\int\frac{1}{\sqrt{x^2-a^2}}\mathrm{d}x=\int\frac{a\sec t\cdot\tan t}{a\tan t}\mathrm{d}t=\int\sec t\mathrm{d}t$$

$$=\ln|\sec t+\tan t|+C_1.$$

由 $x=a\sec t$, 即 $\sec t=\dfrac{x}{a}$, 作直角三角形 (图 6-5), 由图可得 $\tan t=\dfrac{\sqrt{x^2-a^2}}{a}$, 因此

$$\int\frac{1}{\sqrt{x^2-a^2}}\mathrm{d}x=\ln\left|\frac{x}{a}+\frac{\sqrt{x^2-a^2}}{a}\right|+C_1=\ln\left|x+\sqrt{x^2-a^2}\right|+C.$$

其中, $C=C_1-\ln a$. 容易验证上述结果在 $(-\infty,-a)$ 内也成立.

① 在 $(-\infty,-a)$ 内求不定积分. 令 $x=a\sec t$, $t\in\left(\dfrac{\pi}{2},\pi\right)$, 则 $t=\arccos\dfrac{a}{x}$, 且

$$\mathrm{d}x=a\sec t\cdot\tan t\,\mathrm{d}t,\quad \sqrt{x^2-a^2}=-a\tan t.$$

于是

$$\begin{aligned}\int\frac{1}{\sqrt{x^2-a^2}}\mathrm{d}x&=\int\frac{a\sec t\cdot\tan t}{-a\tan t}\mathrm{d}t=-\int\sec t\mathrm{d}t=-\ln|\sec t+\tan t|+C_1\\&=-\ln\left|\frac{x}{a}-\frac{\sqrt{x^2-a^2}}{a}\right|+C_1=-\ln|x-\sqrt{x^2-a^2}|+C_2\\&=\ln\left|\frac{1}{x-\sqrt{x^2-a^2}}\right|+C_2=\ln\left|\frac{x+\sqrt{x^2-a^2}}{a^2}\right|+C_2\\&=\ln\left|x+\sqrt{x^2-a^2}\right|+C.\end{aligned}$$

例 30　求不定积分 $\int \frac{\sqrt{x^2-a^2}}{x}\mathrm{d}x(a>0)$.

解　当 $x>a$ 时, 令 $x=a\sec t$, $t\in\left(0,\frac{\pi}{2}\right)$, 则 $t=\arccos\frac{a}{x}$, 且

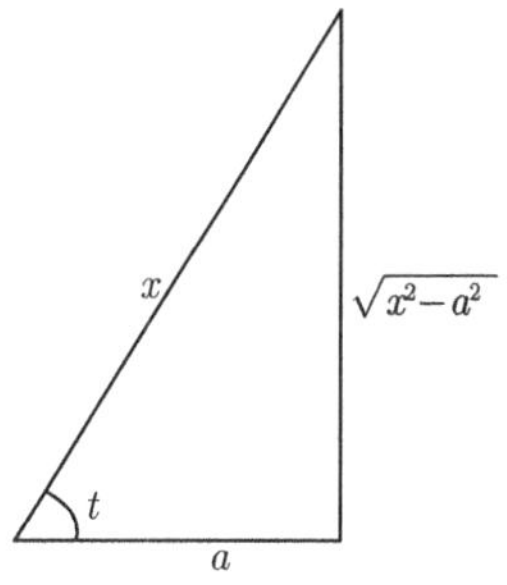

图 6-5

$$\mathrm{d}x=a\sec t\cdot\tan t\,\mathrm{d}t,\quad \sqrt{x^2-a^2}=a\tan t.$$

于是

$$\begin{aligned}\int\frac{\sqrt{x^2-a^2}}{x}\mathrm{d}x&=\int\frac{a\tan t\cdot a\sec t\tan t}{a\sec t}\mathrm{d}t\\&=a\int\tan^2 t\mathrm{d}t=a\int(\sec^2 t-1)\mathrm{d}t\\&=a\tan t-at+C=\sqrt{x^2-a^2}-a\arccos\frac{a}{x}+C.\end{aligned}$$

当 $x<-a$ 时, 有相同的结果.

从例 26 至例 30, 以上几例所使用的变量代换均为**三角代换**, 三角代换的目的是化掉根式, 其一般规律如下: 若当被积函数中含有

(1) $\sqrt{(a^2-x^2)^m}(a>0,m$ 为正整数), 可令 $x=a\sin t\left(t\in\left(-\frac{\pi}{2},\frac{\pi}{2}\right)\right)$, 则有

$$\mathrm{d}x=a\cos t\mathrm{d}t,\quad \sqrt{a^2-x^2}=a\cos t,$$

且

$$t=\arcsin\frac{x}{a},\quad \sin t=\frac{x}{a},\quad \cos t=\frac{\sqrt{a^2-x^2}}{a};$$

(2) $\sqrt{(a^2+x^2)^m}(a>0,m$ 为正整数), 可令 $x=a\tan t\left(t\in\left(-\frac{\pi}{2},\frac{\pi}{2}\right)\right)$, 则有

$$\mathrm{d}x=a\sec^2 t\mathrm{d}t,\quad \sqrt{a^2+x^2}=a\sec t,$$

且

$$t=\arctan\frac{x}{a},\quad \tan t=\frac{x}{a},\quad \sec t=\frac{\sqrt{a^2+x^2}}{a};$$

(3) $\sqrt{(x^2-a^2)^m}(a>0,m$ 为正整数), 可令 $x=a\sec t\left(t\in\left(0,\frac{\pi}{2}\right)\right)$, 则有

$$\mathrm{d}x=a\sec t\tan t\mathrm{d}t,\quad \sqrt{x^2-a^2}=a\tan t,$$

且

$$t=\arccos\frac{a}{x},\quad \sec t=\frac{x}{a},\quad \tan t=\frac{\sqrt{x^2-a^2}}{a}.$$

事实上, 若被积函数含有二次根式

$$\sqrt{Ax^2+Bx+C}(A\neq 0),$$

且二次三项式 Ax^2+Bx+C 不是完全平方式, 我们可以先将其配方为上述三种类型之一, 然后作三角代换.

例 31 求不定积分 $\displaystyle\int\frac{1}{\sqrt{5+2x+x^2}}\mathrm{d}x$.

解 利用例 28 的结果, 得

$$\begin{aligned}\int\frac{1}{\sqrt{5+2x+x^2}}\mathrm{d}x&=\int\frac{1}{\sqrt{(x+1)^2+4}}\mathrm{d}(x+1)=\ln\left|x+1+\sqrt{(x+1)^2+4}\right|+C\\&=\ln\left|x+1+\sqrt{5+2x+x^2}\right|+C.\end{aligned}$$

例 32 求不定积分 $\displaystyle\int\frac{2-x}{\sqrt{2x-x^2}}\mathrm{d}x$.

解 **解法一** 由于

$$\int\frac{2-x}{\sqrt{2x-x^2}}\mathrm{d}x=\int\frac{2-x}{\sqrt{1-(x-1)^2}}\mathrm{d}x,$$

故令 $x=1+\sin t\left(t\in\left(-\dfrac{\pi}{2},\dfrac{\pi}{2}\right)\right)$, 则

$$\mathrm{d}x=\cos t\mathrm{d}t,\quad 2-x=1-\sin t,\quad \sqrt{1-(x-1)^2}=\cos t.$$

于是

$$\begin{aligned}\int\frac{2-x}{\sqrt{2x-x^2}}\mathrm{d}x&=\int\frac{2-x}{\sqrt{1-(x-1)^2}}\mathrm{d}x=\int\frac{1-\sin t}{\cos t}\cdot\cos t\mathrm{d}t=\int(1-\sin t)\mathrm{d}t\\&=t+\cos t+C=\arcsin(x-1)+\sqrt{2x-x^2}+C.\end{aligned}$$

解法二

$$\begin{aligned}\int\frac{2-x}{\sqrt{2x-x^2}}\mathrm{d}x&=\int\frac{1}{\sqrt{2x-x^2}}\mathrm{d}x+\int\frac{1-x}{\sqrt{2x-x^2}}\mathrm{d}x\\&=\int\frac{1}{\sqrt{1-(x-1)^2}}\mathrm{d}(x-1)+\int\frac{1}{2\sqrt{2x-x^2}}\mathrm{d}(2x-x^2)\\&=\arcsin(x-1)+\sqrt{2x-x^2}+C.\end{aligned}$$

3. 倒代换

例 33 求不定积分 $\displaystyle\int\frac{1}{x(x^7+2)}\mathrm{d}x$.

解 令 $x=\frac{1}{t}$, 则 $\mathrm{d}x=-\frac{1}{t^2}\mathrm{d}t$, 于是

$$\begin{aligned}\int\frac{1}{x(x^7+2)}\mathrm{d}x&=\int\frac{t}{\left(\frac{1}{t}\right)^7+2}\cdot\left(-\frac{1}{t^2}\right)\mathrm{d}t=-\int\frac{t^6}{1+2t^7}\mathrm{d}t\\&=-\frac{1}{14}\int\frac{1}{1+2t^7}\mathrm{d}(1+2t^7)=-\frac{1}{14}\ln\left|1+2t^7\right|+C\\&=-\frac{1}{14}\ln\left|2+x^7\right|+\frac{1}{2}\ln|x|+C.\end{aligned}$$

说明 例 33 中使用的代换 $x=\frac{1}{t}$ 称为**倒代换**, 当分式函数中分母的次数较高时常使用.

例 34 求不定积分 $\int\frac{1}{x^2\sqrt{a^2-x^2}}\mathrm{d}x(a>0)$.

解 **解法一** 令 $x=a\sin t\left(t\in\left(-\frac{\pi}{2},0\right)\cup\left(0,\frac{\pi}{2}\right)\right)$, 则

$$\begin{aligned}\int\frac{1}{x^2\sqrt{a^2-x^2}}\mathrm{d}x&=\int\frac{a\cos t}{a^2\sin^2 t\cdot a\cos t}\mathrm{d}t=\frac{1}{a^2}\int\csc^2 t\mathrm{d}t\\&=-\frac{1}{a^2}\cot t+C=-\frac{1}{a^2}\cdot\frac{\cos t}{\sin t}+C=-\frac{\sqrt{a^2-x^2}}{a^2x}+C.\end{aligned}$$

解法二 令 $x=\frac{1}{t}$, 则当 $x>0$ 时,

$$\begin{aligned}\int\frac{1}{x^2\sqrt{a^2-x^2}}\mathrm{d}x&=\int\frac{-\frac{1}{t^2}}{\frac{1}{t^2}\cdot\sqrt{a^2-\frac{1}{t^2}}}\mathrm{d}t=-\int\frac{t}{\sqrt{a^2t^2-1}}\mathrm{d}t\\&=-\frac{1}{2a^2}\int\frac{1}{\sqrt{a^2t^2-1}}\mathrm{d}(a^2t^2-1)=-\frac{1}{a^2}\sqrt{a^2t^2-1}+C\\&=-\frac{\sqrt{a^2-x^2}}{a^2x}+C.\end{aligned}$$

当 $x<0$ 时, 也有相同结果.

当被积函数是 $\frac{1}{x^2\sqrt{x^2+a^2}}$ 或 $\frac{1}{x^2\sqrt{x^2-a^2}}$ 时, 也可作倒代换进行不定积分运算.

在本节的例题中, 有几个结果也可以当作公式使用. 因此常用的积分公式, 除了基本积分表中的几个外, 再添加下面几个:

$\int\tan x\mathrm{d}x=-\ln|\cos x|+C$; $\int\cot x\mathrm{d}x=\ln|\sin x|+C$;

$\int\csc x\mathrm{d}x=\ln|\csc x-\cot x|+C$; $\int\sec x\mathrm{d}x=\ln|\sec x+\tan x|+C$;

$$\int \frac{1}{\sqrt{a^2-x^2}}\mathrm{d}x = \arcsin\frac{x}{a}+C(a\neq 0);\qquad \int\frac{1}{a^2+x^2}\mathrm{d}x=\frac{1}{a}\arctan\frac{x}{a}+C(a\neq 0);$$

$$\int \frac{1}{x^2-a^2}\,\mathrm{d}x = \frac{1}{2a}\ln\left|\frac{x-a}{x+a}\right|+C(a\neq 0);$$

$$\int \frac{1}{\sqrt{x^2+a^2}}\,\mathrm{d}x = \ln\left|x+\sqrt{x^2+a^2}\right|+C(a>0);$$

$$\int \sqrt{a^2-x^2}\mathrm{d}x = \frac{x}{2}\cdot\sqrt{a^2-x^2}+\frac{a^2}{2}\arcsin\frac{x}{a}+C(a>0);$$

$$\int \frac{1}{\sqrt{x^2-a^2}}\mathrm{d}x = \ln\left|x+\sqrt{x^2-a^2}\right|+C(a>0).$$

习 题 二

1. 填空题

(1) $\mathrm{d}x=$__________$\mathrm{d}(5x+2)$;　(2) $\cos 3x\mathrm{d}x=$__________$\mathrm{d}\sin 3x$;

(3) $\mathrm{e}^{3x}\mathrm{d}x=$__________$\mathrm{d}\mathrm{e}^{3x}$;　(4) $x^9\mathrm{d}x=$__________$\mathrm{d}(2x^{10}-5)$;

(5) $\dfrac{1}{x^2}\mathrm{d}x=$__________$\mathrm{d}\left(\dfrac{2}{x}\right)$;　(6) $\dfrac{1}{2x+1}\mathrm{d}x=$__________$\mathrm{d}[7\ln(2x+1)]$;

(7) $\dfrac{\mathrm{d}x}{1+9x^2}=$__________$\mathrm{d}(\arctan 3x)$;　(8) $\dfrac{1}{\sqrt{1-9x^2}}\mathrm{d}x=$__________$\mathrm{d}(\arcsin 3x)$;

(9) $\dfrac{\mathrm{d}x}{\cos^2 2x}=$__________$\mathrm{d}(\tan 2x)$.

2. 求下列不定积分:

(1) $\int \mathrm{e}^{3x-1}\mathrm{d}x$;　(2) $\int (3-2x)^{10}\mathrm{d}x$;　(3) $\int \dfrac{\mathrm{d}x}{\sqrt[3]{2-3x}}$;

(4) $\int \dfrac{1}{1-5x}\mathrm{d}x$;　(5) $\int \dfrac{1}{x^2}\,\mathrm{e}^{-\frac{1}{x}}\,\mathrm{d}x$;　(6) $\int x\cos(x^2)\mathrm{d}x$;

(7) $\int \dfrac{\sin\sqrt{t}}{\sqrt{t}}\mathrm{d}t$;　(8) $\int \dfrac{\sin x}{\cos^3 x}\mathrm{d}x$;　(9) $\int \dfrac{\arccos^2 x}{\sqrt{1-x^2}}\mathrm{d}x$;

(10) $\int \dfrac{10^{\arctan x}}{1+x^2}\mathrm{d}x$;　(11) $\int \dfrac{x\mathrm{d}x}{\sqrt{2-3x^2}}$;　(12) $\int \dfrac{3x^3}{1-x^4}\,\mathrm{d}x$;

(13) $\int \dfrac{\mathrm{d}x}{x(2+5\ln x)}$;　(14) $\int \dfrac{\mathrm{d}x}{x\ln x\ln\ln x}$;　(15) $\int \cos^5 x\mathrm{d}x$;

(16) $\int \dfrac{\mathrm{d}x}{1+\sqrt{1-x^2}}$;　(17) $\int \dfrac{\sqrt{x^2-9}}{x}\mathrm{d}x$;　(18) $\int \dfrac{\mathrm{d}x}{x^2\sqrt{x^2+1}}$;

(19) $\int \dfrac{1-\tan x}{1+\tan x}\mathrm{d}x$;　(20) $\int \dfrac{1+\ln x}{(x\ln x)^2}\mathrm{d}x$;　(21) $\int \dfrac{\mathrm{d}x}{(\arcsin x)^2\sqrt{1-x^2}}$;

(22) $\int \dfrac{1}{1+\mathrm{e}^x}\mathrm{d}x$;　(23) $\int \dfrac{\mathrm{d}x}{\mathrm{e}^x+\mathrm{e}^{-x}}$;　(24) $\int \dfrac{\sin x\cos x}{1+\sin^4 x}\mathrm{d}x$;

(25) $\int \dfrac{x+1}{\sqrt{2-x-x^2}}\mathrm{d}x$;　(26) $\int \dfrac{x^2\mathrm{d}x}{(x-1)^{100}}$;　(27) $\int \dfrac{6^x}{4^x+9^x}\mathrm{d}x$;

(28) $\int \dfrac{\sqrt{a^2-x^2}}{x^2}\mathrm{d}x(a>0)$;　(29) $\int \dfrac{\mathrm{d}x}{(x^2+a^2)^{\frac{3}{2}}}(a>0)$;　(30) $\int \sqrt{5-4x-x^2}\mathrm{d}x$.

3. 已知$F'(x)=\dfrac{\cos 2x}{\sin^2 2x}$, 且$F\left(\dfrac{1}{4}\right)=1$, 求$F(x)$.

第三节　分部积分法

Method of integration by part

前面利用复合函数微分法则的逆运算得到了换元积分法. 下面我们利用乘积微分法则的逆运算, 推导出求不定积分的另一种非常重要的方法——**分部积分法** (integration by part).

设函数 $u=u(x)$, $v=v(x)$ 都有连续导数, 则由乘积的微分法则:

$$\mathrm{d}(uv)=v\mathrm{d}u+u\mathrm{d}v,$$

移项得

$$u\mathrm{d}v=\mathrm{d}(uv)-v\mathrm{d}u,$$

对上式两边求不定积分得

$$\int u\mathrm{d}v=uv-\int v\mathrm{d}u, \tag{1}$$

或

$$\int uv'\mathrm{d}x=uv-\int u'v\mathrm{d}x, \tag{2}$$

公式 (1) 和 (2) 称为**分部积分公式**.

通常我们将 $\int f(x)\mathrm{d}x$ 中的 $f(x)\mathrm{d}x$ 化为 $uv'\mathrm{d}x$ 或 $u\mathrm{d}v$, 然后再使用分部积分公式进行计算. 而使用分部积分公式的关键是正确选择 u 和 v'. 选择 u 和 v' 时, 一般原则是: ①v 要容易求出 (最好是通过观察能够看出); ②$\int u'v\mathrm{d}x$ 要比 $\int uv'\mathrm{d}x$ 容易求得. 假如被积函数是两类基本初等函数的乘积, 那么经验[①]告诉我们, 在很多情况下可以采用如下规律: 选择 u 和 v' 时, 可按照反三角函数、对数函数、幂函数、三角函数、指数函数的顺序 (简记为“反、对、幂、三、指”), 把排在前面的那类函数选作 u, 而把排在后面的那类函数选作 v'.

例 1　求不定积分 $\int x\cos x\mathrm{d}x$.

解　如果令 $u=\cos x$, $\mathrm{d}v=x\mathrm{d}x=\mathrm{d}\left(\dfrac{x^2}{2}\right)$, 则根据分部积分公式有

$$\int x\cos x\mathrm{d}x=\int \cos x\mathrm{d}\left(\frac{x^2}{2}\right)=\frac{x^2}{2}\cos x+\int\frac{x^2}{2}\sin x\mathrm{d}x,$$

显然 $\int v\mathrm{d}u$ 要比 $\int u\mathrm{d}v$ 更难, 所以说明 u, $\mathrm{d}v$ 选择不当.

于是, 令 $u=x$, $\mathrm{d}v=\cos x\mathrm{d}x=\mathrm{d}(\sin x)$, 则有

$$\int x\cos x\mathrm{d}x=\int x\mathrm{d}(\sin x)=x\sin x-\int\sin x\mathrm{d}x=x\sin x+\cos x+C.$$

① 根据下面的例子以及相应的练习我们可以获得.

例 2 求不定积分 $\int x^2\mathrm{e}^{-x}\mathrm{d}x$.

解 令 $u=x^2$, $\mathrm{d}v=\mathrm{e}^{-x}\mathrm{d}x=\mathrm{d}(-\mathrm{e}^{-x})$, 则根据分部积分公式有

$$\begin{aligned}\int x^2\mathrm{e}^{-x}\mathrm{d}x&=\int x^2\mathrm{d}(-\mathrm{e}^{-x})=-x^2\mathrm{e}^{-x}+2\int x\mathrm{e}^{-x}\mathrm{d}x=-x^2\mathrm{e}^{-x}+2\int x\mathrm{d}(-\mathrm{e}^{-x})\\&=-x^2\mathrm{e}^{-x}-2x\mathrm{e}^{-x}-2\mathrm{e}^{-x}+C.\end{aligned}$$

例 2 说明, 分部积分法可以多次应用.

一般地, 下述形式的不定积分均可应用分部积分法求解:

$$\int x^n\mathrm{e}^{ax}\mathrm{d}x,\quad \int x^n\sin(ax+b)\mathrm{d}x,\quad \int x^n\cos(ax+b)\mathrm{d}x,$$

其中 n 是正整数, a,b 是常数, 且 $a\neq 0$. 事实上, 此时可分别令 $u=x^n$, $\mathrm{d}v=\mathrm{e}^{ax}\mathrm{d}x$; $u=x^n$, $\mathrm{d}v=\sin(ax+b)\mathrm{d}x$; $u=x^n$, $\mathrm{d}v=\cos(ax+b)\mathrm{d}x$.

例 3 求不定积分 $\int x^2\ln x\mathrm{d}x$.

解 令 $u=\ln x$, $\mathrm{d}v=x^2\mathrm{d}x=\mathrm{d}\left(\dfrac{x^3}{3}\right)$, 则有

$$\int x^2\ln x\mathrm{d}x=\int \ln x\mathrm{d}\left(\frac{x^3}{3}\right)=\frac{1}{3}x^3\ln x-\frac{1}{3}\int x^2\mathrm{d}x=\frac{1}{3}x^3\ln x-\frac{1}{9}x^3+C.$$

例 4 求不定积分 $\int \arcsin x\mathrm{d}x$.

解 令 $u=\arcsin x$, $\mathrm{d}v=\mathrm{d}x$, 则

$$\begin{aligned}\int\arcsin x\mathrm{d}x&=x\arcsin x-\int x\mathrm{d}(\arcsin x)=x\arcsin x-\int x\cdot\frac{1}{\sqrt{1-x^2}}\mathrm{d}x\\&=x\arcsin x+\frac{1}{2}\int\frac{1}{\sqrt{1-x^2}}\,\mathrm{d}(1-x^2)=x\arcsin x+\sqrt{1-x^2}+C.\end{aligned}$$

例 5 求不定积分 $\int x\arctan x\mathrm{d}x$.

解 令 $u=\arctan x$, $\mathrm{d}v=x\mathrm{d}x=\mathrm{d}\left(\dfrac{x^2}{2}\right)$, 则有

$$\begin{aligned}\int x\arctan x\mathrm{d}x&=\int\arctan x\mathrm{d}\left(\frac{x^2}{2}\right)=\frac{x^2}{2}\arctan x-\int\frac{x^2}{2}\mathrm{d}(\arctan x)\\&=\frac{x^2}{2}\arctan x-\int\frac{x^2}{2}\cdot\frac{1}{1+x^2}\mathrm{d}x=\frac{x^2}{2}\arctan x-\int\frac{1}{2}\cdot\left(1-\frac{1}{1+x^2}\right)\mathrm{d}x\\&=\frac{x^2}{2}\arctan x-\frac{1}{2}(x-\arctan x)+C.\end{aligned}$$

一般地, 下述形式的不定积分均可应用分部积分法求解:

$$\int x^n \ln(ax+b)\mathrm{d}x,\quad \int x^n \arcsin x\mathrm{d}x,\quad \int x^n \arccos x\mathrm{d}x,$$

$$\int x^n \arctan x\mathrm{d}x,\quad \int x^n \mathrm{arc}\cot x\mathrm{d}x,$$

其中 n 是正整数, a,b 是常数, 且 $a \neq 0$. 事实上, 此时可分别令 $u=\ln(ax+b)$, $u=\arcsin x$, $u=\arccos x$, $u=\arctan x$, $u=\mathrm{arccot}x$; 而令 $\mathrm{d}v = x^n\mathrm{d}x$.

为了方便, 应用分部积分法时, 常常将所求的不定积分凑成 $\int u\mathrm{d}v$, 然后直接套用分部积分公式.

例 6 求不定积分 $\int \mathrm{e}^x \cos x\mathrm{d}x$.

解

$$\begin{aligned}\int \mathrm{e}^x \cos x\mathrm{d}x &= \int \mathrm{e}^x\mathrm{d}(\sin x) = \mathrm{e}^x \sin x - \int \sin x\mathrm{d}\mathrm{e}^x = \mathrm{e}^x \sin x - \int \mathrm{e}^x \sin x\mathrm{d}x\\ &= \mathrm{e}^x \sin x + \int \mathrm{e}^x\mathrm{d}(\cos x) = \mathrm{e}^x \sin x + \mathrm{e}^x \cos x - \int \cos x\mathrm{d}\mathrm{e}^x\\ &= \mathrm{e}^x \sin x + \mathrm{e}^x \cos x - \int \mathrm{e}^x \cos x\mathrm{d}x.\end{aligned}$$

经过两次分部积分后, 又出现了所求的那个不定积分, 将不定积分 $\int \mathrm{e}^x \cos x\mathrm{d}x$ 看作未知量, 得到一个方程, 移项得

$$2\int \mathrm{e}^x \cos x\mathrm{d}x = \mathrm{e}^x(\sin x + \cos x) + C_1$$

(注意, 此时等式右端不含积分项, 所以必须加上任意常数 C_1). 解得

$$\int \mathrm{e}^x \cos x\mathrm{d}x = \frac{\mathrm{e}^x}{2}(\sin x + \cos x) + C.$$

例 7 求不定积分 $\int \sec^3 x\mathrm{d}x$.

解

$$\begin{aligned}\int \sec^3 x\mathrm{d}x &= \int \sec x\mathrm{d}\tan x = \sec x\tan x - \int \sec x\tan^2 x\mathrm{d}x\\ &= \sec x\tan x - \int \sec x(\sec^2 x - 1)\mathrm{d}x\\ &= \sec x\tan x - \int \sec^3 x\mathrm{d}x + \int \sec x\mathrm{d}x\\ &= \sec x\tan x + \ln|\sec x + \tan x| - \int \sec^3 x\mathrm{d}x,\end{aligned}$$

由于上式右端的第三项就是所求的积分 $\int \sec^3 x\mathrm{d}x$, 把它移到等号左端, 两端各除以 2, 得

$$\int \sec^3 x\mathrm{d}x = \frac{1}{2}(\sec x\tan x + \ln|\sec x + \tan x|) + C.$$

例 8 设 $f(x)$ 的原函数为 $\frac{\sin x}{x}$, 求不定积分 $\int xf'(x)\mathrm{d}x$.

解 已知 $\int f(x)\mathrm{d}x = \frac{\sin x}{x} + C_1$, 所以 $f(x) = \frac{x\cos x - \sin x}{x^2}$. 于是

$$\begin{aligned}\int xf'(x)\mathrm{d}x &= \int x\mathrm{d}[f(x)] = xf(x) - \int f(x)\mathrm{d}x \\ &= x\cdot\frac{x\cos x - \sin x}{x^2} - \frac{\sin x}{x} + C = \cos x - \frac{2\sin x}{x} + C.\end{aligned}$$

利用分部积分公式可以推导一些递推公式.

例 9 求不定积分 $I_n = \int \sin^n x\mathrm{d}x$($n$ 是正整数).

解 当 $n=1$ 时, $I_1 = \int \sin x\mathrm{d}x = -\cos x + C$.

当 $n=2$ 时, $I_2 = \int \sin^2 x\mathrm{d}x = \frac{1}{2}\int(1-\cos 2x)\mathrm{d}x = \frac{x}{2} - \frac{\sin 2x}{4} + C$.

当 $n \geqslant 3$ 时,

$$\begin{aligned}I_n &= \int \sin^n x\mathrm{d}x = \int \sin^{n-1} x\mathrm{d}(-\cos x) = -\sin^{n-1} x\cdot\cos x + \int \cos x\mathrm{d}(\sin^{n-1} x) \\ &= -\sin^{n-1} x\cdot\cos x + (n-1)\int \sin^{n-2} x\cos^2 x\mathrm{d}x \\ &= -\sin^{n-1} x\cdot\cos x + (n-1)\int \sin^{n-2} x\cdot(1-\sin^2 x)\mathrm{d}x \\ &= -\sin^{n-1} x\cdot\cos x + (n-1)\int \sin^{n-2} x\mathrm{d}x - (n-1)\int \sin^n x\mathrm{d}x.\end{aligned}$$

从而

$$I_n = -\frac{1}{n}\sin^{n-1} x\cdot\cos x + \frac{n-1}{n}I_{n-3} \quad (n \geqslant 3). \tag{3}$$

公式 (3) 称为递推公式, 它将正弦函数高次幂的积分转化为低次幂的积分 (降两次), 连续运用, 最后得到不定积分 $\int \sin x\mathrm{d}x$ 或 $\int \sin^2 x\mathrm{d}x$, 从而可以求出 $I_n(n \geqslant 3)$. 例如, 由递推公式 (3),

$$I_6 = -\frac{1}{6}\sin^5 x\cdot\cos x + \frac{5}{6}\int \sin^4 x\mathrm{d}x,$$

而

$$I_4 = -\frac{1}{4}\sin^3 x \cdot \cos x + \frac{3}{4}\int \sin^2 x\mathrm{d}x = -\frac{1}{4}\sin^3 x \cdot \cos x + \frac{3}{4}\left(\frac{x}{2} - \frac{\sin 2x}{4}\right) + C_1.$$

于是

$$I_6 = -\frac{1}{6}\sin^5 x \cdot \cos x - \frac{5}{24}\sin^3 x \cdot \cos x + \frac{5}{16}x - \frac{5}{32}\sin 2x + C.$$

同理可得递推公式

$$\int \cos^n x\mathrm{d}x = \frac{1}{n}\cos^{n-1} x \cdot \sin x + \frac{n-1}{n}\int \cos^{n-2} x\mathrm{d}x (n \geqslant 3).$$

例 10 求不定积分 $I_n = \int \frac{\mathrm{d}x}{(x^2+a^2)^n}$, 其中 n 为正整数, $a \neq 0$.

解 当 $n=1$ 时,

$$I_1 = \int \frac{1}{x^2+a^2}\mathrm{d}x = \frac{1}{a}\arctan\frac{x}{a} + C.$$

当 $n>1$ 时, 因为

$$\begin{aligned}
I_{n-1} &= \int \frac{\mathrm{d}x}{(x^2+a^2)^{n-1}} = \frac{x}{(x^2+a^2)^{n-1}} - \int x\mathrm{d}\left[\frac{1}{(x^2+a^2)^{n-1}}\right] \\
&= \frac{x}{(x^2+a^2)^{n-1}} + 2(n-1)\int \frac{x^2}{(x^2+a^2)^n}\,\mathrm{d}x \\
&= \frac{x}{(x^2+a^2)^{n-1}} + 2(n-1)\int \frac{x^2+a^2-a^2}{(x^2+a^2)^n}\,\mathrm{d}x \\
&= \frac{x}{(x^2+a^2)^{n-1}} + 2(n-1)\int \left[\frac{1}{(x^2+a^2)^{n-1}} - \frac{a^2}{(x^2+a^2)^n}\right]\mathrm{d}x \\
&= \frac{x}{(x^2+a^2)^{n-1}} + 2(n-1)I_{n-1} - 2(n-1)a^2 I_n,
\end{aligned}$$

于是, 得递推公式

$$I_n = \frac{1}{2a^2(n-1)}\left[\frac{x}{(x^2+a^2)^{n-1}} + (2n-3)I_{n-1}\right] \quad (n>1).$$

从而由 $I_1 = \frac{1}{a}\arctan\frac{x}{a} + C$, 可求得 $I_n (n>1)$.

例 11 求不定积分 $\int \mathrm{e}^{\sqrt{x}}\mathrm{d}x$.

解 令 $t=\sqrt{x}$, 则 $x=t^2$, $\mathrm{d}x = 2t\mathrm{d}t$, 于是

$$\begin{aligned}
\int \mathrm{e}^{\sqrt{x}}\mathrm{d}x &= 2\int \mathrm{e}^t t\mathrm{d}t = 2\int t\mathrm{d}\mathrm{e}^t = 2t\mathrm{e}^t - 2\int \mathrm{e}^t\mathrm{d}t \\
&= 2t\mathrm{e}^t - 2\mathrm{e}^t + C = 2\mathrm{e}^t(t-1) + C = 2\mathrm{e}^{\sqrt{x}}(\sqrt{x}-1) + C.
\end{aligned}$$

习 题 三

1. 求下列不定积分:

(1) $\int xe^{-x}dx$; (2) $\int x\cos 2xdx$; (3) $\int \arccos xdx$;

(4) $\int \arctan xdx$; (5) $\int x\ln(x-1)\,dx$; (6) $\int \ln(x^2+1)dx$;

(7) $\int \ln^2 xdx$; (8) $\int \cos\ln xdx$; (9) $\int \frac{\ln\sin x}{\sin^2 x}\,dx$;

(10) $\int \frac{\ln(1+x)}{(2-x)^2}\,dx$; (11) $\int \frac{x\arcsin x}{\sqrt{1-x^2}}dx$; (12) $\int e^{\sqrt{2x+1}}dx$;

(13) $\int (\arcsin x)^2dx$; (14) $\int x\cos^2 xdx$; (15) $\int e^x\sin^2 xdx$.

2. 设$f(x)$ 的一个原函数为$\frac{\sin x}{x}$, 求$\int xf'(x)\,dx$.

第四节 有理函数的不定积分

Indefinite integral of rational functions

我们已经学习了求不定积分的换元积分法和分部积分法这两种最基本的方法. 灵活运用这两种方法, 可以求出相当广泛的初等函数的不定积分. 本节我们将讨论一些特殊类型的初等函数的不定积分, 包括有理函数的不定积分以及可化为有理函数的不定积分, 如三角函数有理式、简单无理函数的不定积分等. 按照一定的步骤, 原则上总是可以将它们求出来.

一、 有理函数的不定积分 Indefinite integral of rational functions

两个多项式商称为**有理分式** (rational fraction) 或**有理函数** (rational function), 在这里假定分子、分母没有公因式, 其一般形式是

$$R(x)=\frac{P(x)}{Q(x)}=\frac{a_0x^n+a_1x^{n-1}+\cdots+a_n}{b_0x^m+b_1x^{m-1}+\cdots+b_m},$$

其中 m,n 是非负整数, $a_0,a_2,\cdots,a_n,b_0,b_1,\cdots,b_m$ 是常数, 且 $a_0\neq 0, b_0\neq 0$. 当 $m\leqslant n$ 时, $R(x)$ 称为**假分式** (improper fraction); 当 $m>n$ 时, $R(x)$ 称为**真分式** (proper fraction).

任何一个假分式都可以通过多项式除法化为一个多项式与一个真分式的和. 例如, $\frac{x^3+1}{x^2+1}$ 是假分式, 而

$$\frac{x^3+1}{x^2+1}=\frac{(x^3+x)-(x-1)}{x^2+1}=x-\frac{x-1}{x^2+1}.$$

又因为多项式的积分很容易, 所以, 可以将有理函数的不定积分转化为真分式的不定积分问题.

1. **真分式 $\dfrac{P(x)}{Q(x)}$ 的部分分式分解**

根据代数学的部分分式分解定理, 任何一个真分式 $\dfrac{P(x)}{Q(x)}$ 都可以唯一地分解为下列四种形式的部分分式之和:

$$\frac{A}{x-a},\quad \frac{A}{(x-a)^k},\quad \frac{Mx+N}{x^2+px+q},\quad \frac{Mx+N}{(x^2+px+q)^k},$$

其中 A, M, N, a, p, q 都是常数; $p^2-4q<0$, 即二次三项式 x^2+px+q 在实数范围内不能再分解为两个一次因式的乘积; $k=2,3,\cdots$.

分解的具体原则如下.

(1) 若 $Q(x)$ 中含有一次单因式 $x-a$, 则 $\dfrac{P(x)}{Q(x)}$ 的分解式含有一项

$$\frac{A}{x-a}.$$

(2) 若 $Q(x)$ 中含有一次 k 重因式[①] $(x-a)^k(k\geqslant 2)$, 则 $\dfrac{P(x)}{Q(x)}$ 的分解式含有 k 个最简分式之和

$$\frac{A_1}{x-a}+\frac{A_2}{(x-a)^2}+\cdots+\frac{A_k}{(x-a)^k},$$

其中 $A_1, A_2, \cdots, A_k$ 都是常数.

(3) 若 $Q(x)$ 中含有二次因式 $x^2+px+q(p^2-4q<0)$, 则 $\dfrac{P(x)}{Q(x)}$ 的分解式含有一项

$$\frac{Mx+N}{x^2+px+q}.$$

(4) 若 $Q(x)$ 中含有二次 k 重因式 $(x^2+px+q)^k(p^2-4q<0,\ k\geqslant 2)$, 则 $\dfrac{P(x)}{Q(x)}$ 的分解式含有 k 个最简分式之和

$$\frac{M_1x+N_1}{x^2+px+q}+\frac{M_2x+N_2}{(x^2+px+q)^2}+\cdots+\frac{M_kx+N_k}{(x^2+px+q)^k},$$

其中 $M_1, M_2, \cdots, M_k, N_1, N_2, \cdots, N_k$ 都是常数.

设 $\dfrac{P(x)}{Q(x)}$ 为真分式, 多项式 $Q(x)$ 总能在实数范围内分解为如下形式:

$$Q(x)=b_0(x-a)^{\alpha}\cdots(x-b)^{\beta}(x^2+px+q)^{\lambda}\cdots(x^2+rx+s)^{u},$$

其中 $p^2-4q<0,\cdots,r^2-4s<0$. 于是真分式 $\dfrac{P(x)}{Q(x)}$ 必能分解为如下形式的部分分式之和:

① 设 k 是大于等于 2 的正整数, 多项式 $Q_1(x)$(次数大于等于 1) 是多项式 $Q(x)$ 的因式, 若 $Q_1^k(x)$ 是 $Q(x)$ 的因式, 但 $Q_1^{k+1}(x)$ 不是 $Q(x)$ 的因式, 则称 $Q_1(x)$ 是多项式 $Q(x)$ 的 k 重因式.

$$\frac{P(x)}{Q(x)}=\frac{A_1}{x-a}+\frac{A_2}{(x-a)^2}+\cdots+\frac{A_\alpha}{(x-a)^\alpha}+\frac{B_1}{x-b}+\frac{B_2}{(x-b)^2}+\cdots+\frac{B_\beta}{(x-b)^\beta}$$
$$+\frac{M_1x+N_1}{x^2+px+q}+\frac{M_2x+N_2}{(x^2+px+q)^2}+\cdots+\frac{M_\lambda x+N_\lambda}{(x^2+px+q)^\lambda}$$
$$+\frac{U_1x+V_1}{x^2+rx+s}+\frac{U_2x+V_2}{(x^2+rx+s)^2}+\cdots+\frac{U_ux+V_u}{(x^2+rx+s)^u},$$

其中 $A_1,A_2,\cdots,A_\alpha,B_1,B_2,\cdots,B_\beta,M_1,M_2,\cdots,M_\lambda,N_1,N_2,N_\lambda,\cdots,U_1,U_2,\cdots,U_u,V_1,V_2,\cdots,V_u$ 都是常数.

例如, 有理真分式 $\frac{2x^2+2x+13}{(x-2)(x^2+1)^2}$ 可以分解成下列部分分式之和:

$$\frac{2x^2+2x+13}{(x-2)(x^2+1)^2}=\frac{A}{x-2}+\frac{Bx+C}{x^2+1}+\frac{Dx+E}{(x^2+1)^2}.$$

现在的问题是如何确定这些部分分式中的常数 A,B,C,D,E(称之为待定系数)?

将上式两边去分母后, 得

$$2x^2+2x+13=A(x^2+1)^2+(Bx+C)(x^2+1)(x-2)+(Dx+E)(x-2),$$

即

$$2x^2+2x+13=(A+B)x^4+(-2B+C)x^3+(2A+B-2C+D)x^2$$
$$+(-2B+C-2D+E)x+(A-2C-2E).$$

根据多项式相等, 得

$$\begin{cases}A+B=0,\\-2B+C=0,\\2A+B-2C+D=2,\\-2B+C-2D+E=2,\\A-2C-2E=13,\end{cases}$$

解得

$$A=1,\quad B=-1,\quad C=-2,\quad D=-3,\quad E=-4.$$

所以

$$\frac{2x^2+2x+13}{(x-2)(x^2+1)^2}=\frac{1}{x-2}-\frac{x+2}{x^2+1}-\frac{3x+4}{(x^2+1)^2}.$$

上述方法是求待定系数的常用方法, 称为**比较系数法**, 缺点是有时解方程组比较繁琐, 下面我们举例说明求待定系数的另一方法.

例如, 将真分式 $\frac{x^3+1}{x(x-1)^3}$ 分解成部分分式:

$$\frac{x^3+1}{x(x-1)^3}=\frac{A}{x}+\frac{B}{x-1}+\frac{C}{(x-1)^2}+\frac{D}{(x-1)^3}.$$

两边去分母后, 得

$$x^3+1=A(x-1)^3+Bx(x-1)^2+Cx(x-1)+Dx.$$

根据多项式相等的性质, 我们可以选取特殊的 x 值代入, 从而求出待定系数 A,B,C,D.

令 $x=0$, 得 $A=-1$;

令 $x=1$, 得 $D=2$;

令 $x=-1$, 得 $-8A-4B+2C-D=0$, 即 $2B-C=3$;

令 $x=2$, 得 $A+2B+2C+2D=9$, 即 $B+C=3$.

解得

$$A=-1,\quad B=2,\quad C=1,\quad D=2.$$

因此

$$\frac{x^3+1}{x(x-1)^3}=-\frac{1}{x}+\frac{2}{x-1}+\frac{1}{(x-1)^2}+\frac{2}{(x-1)^3}.$$

在很多时候, 我们可以将上述两种方法结合起来使用. 有时, 我们也可以通过对真分式适当变形, 将其分解为部分分式之和. 例如

$$\begin{aligned}\frac{1}{x^2(x^2+1)^2}&=\frac{x^2+1-x^2}{x^2(x^2+1)^2}=\frac{1}{x^2(x^2+1)}-\frac{1}{(x^2+1)^2}\\&=\frac{x^2+1-x^2}{x^2(x^2+1)}-\frac{1}{(x^2+1)^2}=\frac{1}{x^2}-\frac{1}{x^2+1}-\frac{1}{(x^2+1)^2}.\end{aligned}$$

2. 四类部分分式的不定积分

由于真分式都可以分解为部分分式之和, 因此, 真分式的不定积分归结为四类部分分式的不定积分, 下面分别讨论其求解方法.

(1) $\displaystyle\int\frac{A}{x-a}\mathrm{d}x=A\ln|x-a|+C.$

(2) $\displaystyle\int\frac{A}{(x-a)^n}\mathrm{d}x=\frac{A}{(1-n)(x-a)^{n-1}}+C(n\geqslant 2).$

(3)
$$\begin{aligned}\int\frac{Mx+N}{x^2+px+q}\mathrm{d}x&=\int\frac{\frac{M}{2}(2x+p)-\frac{Mp}{2}+N}{x^2+px+q}\mathrm{d}x\\&=\frac{M}{2}\int\frac{\mathrm{d}(x^2+px+q)}{x^2+px+q}+\left(N-\frac{Mp}{2}\right)\\&\quad\int\frac{1}{\left(x+\frac{p}{2}\right)^2+\left(q-\frac{p^2}{4}\right)}\mathrm{d}x\\&=\frac{M}{2}\ln|x^2+px+q|+\frac{N-\frac{Mp}{2}}{\sqrt{q-\frac{p^2}{4}}}\arctan\frac{x+\frac{p}{2}}{\sqrt{q-\frac{p^2}{4}}}+C.\end{aligned}$$

其中 $p^2-4q<0$.

$$(4)\ \int\frac{Mx+N}{(x^2+px+q)^n}\mathrm{d}x=\int\frac{\frac{M}{2}(2x+p)-\frac{Mp}{2}+N}{(x^2+px+q)^n}\mathrm{d}x$$

$$=\frac{M}{2}\int\frac{\mathrm{d}(x^2+px+q)}{(x^2+px+q)^n}+\left(N-\frac{Mp}{2}\right)\int\frac{1}{(x^2+px+q)^n}\mathrm{d}x$$

$$=\frac{M}{2(1-n)(x^2+px+q)^{n-1}}$$

$$+\left(N-\frac{Mp}{2}\right)\int\frac{\mathrm{d}\left(x+\frac{p}{2}\right)}{\left[\left(x+\frac{p}{2}\right)^2+\frac{4q-p^2}{4}\right]^n},$$

其中 $p^2-4q<0$, $n\geqslant 2$. 等式右端第二项的不定积分可以利用第三节例 10 得到的递推公式计算.

3. 有理函数的不定积分

一般地, 求有理函数的不定积分的步骤:

(1) 判断分式是否为真分式, 若为假分式, 则将其表示为一个多项式与真分式的和;

(2) 将有理真分式分解为部分分式和;

(3) 求出各部分分式的不定积分.

例 1 求不定积分 $\int\frac{3x+1}{x^2+3x-10}\mathrm{d}x$.

解 因为 $Q(x)=x^2+3x-10=(x-2)(x+5)$, 于是设

$$\frac{3x+1}{x^2+3x-10}=\frac{A}{x-2}+\frac{B}{x+5},$$

其中 A,B 为待定系数, 比较上面等式两端, 根据分子相等有

$$3x+1=A(x+5)+B(x-2)=(A+B)x+(5A-2B),$$

再由 $A+B=3$, $5A-2B=1$, 解得 $A=1,B=2$. 于是

$$\frac{3x+1}{x^2+3x-10}=\frac{1}{x-2}+\frac{2}{x+5},$$

所以

$$\int\frac{3x+1}{x^2+3x-10}\mathrm{d}x=\int\left(\frac{1}{x-2}+\frac{2}{x+5}\right)\mathrm{d}x=\ln|x-2|+2\ln|x+5|+C$$

$$=\ln\left|(x-2)(x+5)^2\right|+C.$$

例 2 求不定积分 $\int\frac{1}{x(x-1)^2}\mathrm{d}x$.

解 设 $\dfrac{1}{x(x-1)^2}=\dfrac{A}{x}+\dfrac{B}{(x-1)^2}+\dfrac{C}{x-1}$, 其中 A,B,C 为待定系数, 两端比较, 得

$$1=A(x-1)^2+Bx+Cx(x-1),$$

令 $x=0$ 得 $A=1$; 令 $x=1$ 得 $B=1$; 令 $x=2$ 得 $C=-1$, 即

$$\frac{1}{x(x-1)^2}=\frac{1}{x}+\frac{1}{(x-1)^2}-\frac{1}{x-1}.$$

所以

$$\int\frac{1}{x(x-1)^2}\mathrm{d}x=\int\left(\frac{1}{x}+\frac{1}{(x-1)^2}-\frac{1}{x-1}\right)\mathrm{d}x=\ln|x|-\frac{1}{x-1}-\ln|x-1|+C.$$

例 3 求不定积分 $\displaystyle\int\frac{5}{(1+2x)(1+x^2)}\mathrm{d}x$.

解 设 $\dfrac{5}{(1+2x)(1+x^2)}=\dfrac{A}{1+2x}+\dfrac{Bx+C}{1+x^2}$, 于是有

$$5=A(1+x^2)+(Bx+C)(1+2x),$$

整理得

$$5=(A+2B)x^2+(B+2C)x+C+A,$$

即 $A+2B=0,B+2C=0,A+C=5$, 解得 $A=4,B=-2,C=1$, 即

$$\frac{5}{(1+2x)(1+x^2)}=\frac{4}{1+2x}+\frac{-2x+1}{1+x^2}.$$

所以

$$\begin{aligned}\int\frac{5}{(1+2x)(1+x^2)}\,\mathrm{d}x&=\int\left(\frac{4}{1+2x}+\frac{-2x+1}{1+x^2}\right)\mathrm{d}x\\&=\int\frac{4}{1+2x}\mathrm{d}x-\int\frac{2x}{1+x^2}\mathrm{d}x+\int\frac{1}{1+x^2}\mathrm{d}x\\&=2\int\frac{1}{1+2x}\mathrm{d}(1+2x)-\int\frac{1}{1+x^2}\,\mathrm{d}(1+x^2)+\int\frac{1}{1+x^2}\mathrm{d}x\\&=2\ln|1+2x|-\ln(1+x^2)+\arctan x+C.\end{aligned}$$

二、 可化为有理函数的积分

The integrtion that can be reduced to a integral of rational function

1. 简单无理函数的积分

对简单无理函数的积分, 其基本思想是利用适当的变换将其有理化, 转化为有理函数的积分. 设 $R(x,\sqrt[n]{ax+b})$ 是由 x, $\sqrt[n]{ax+b}$ 及常数经过有限次四则运算而得到的函数. 为

了消去函数中的根式, 我们可以使用有理代换, 即令 $\sqrt[n]{ax+b}=t$, 则 $x=\dfrac{t^n-b}{a}$, $\mathrm{d}x=\dfrac{nt^{n-1}}{a}\mathrm{d}t$, 于是

$$\int R(x,\sqrt[n]{ax+b})\mathrm{d}x=\frac{n}{a}\int R\left(\frac{t^n-b}{a},t\right)\cdot t^{n-1}\mathrm{d}t.$$

因为 $R\left(\dfrac{t^n-b}{a},t\right)\cdot t^{n-1}$ 是关于 t 的有理函数, 所以其原函数是初等函数, 从而 $R(x,\sqrt[n]{ax+b})$ 的原函数是初等函数.

例 4 求不定积分 $\displaystyle\int\frac{4x}{\sqrt[3]{2x+1}}\mathrm{d}x$.

解 令 $t=\sqrt[3]{3x+1}$, 则 $x=\dfrac{t^3-1}{2}$, $\mathrm{d}x=\dfrac{3t^2}{2}\mathrm{d}t$. 从而

$$\begin{aligned}\int\frac{4x}{\sqrt[3]{3x+1}}\mathrm{d}x&=4\int\frac{t^3-1}{2t}\frac{3t^2}{2}\mathrm{d}t=3\int(t^4-t)\mathrm{d}t\\&=3\left(\frac{t^5}{5}-\frac{t^2}{2}\right)+C=\frac{3}{5}(3x+1)^{\frac{5}{3}}-\frac{3}{2}(3x+1)^{\frac{2}{3}}+C.\end{aligned}$$

例 5 求不定积分 $\displaystyle\int\frac{1+\sqrt{x+1}}{x+1-\sqrt[3]{x+1}}\mathrm{d}x$.

解 为了同时去掉根式 $\sqrt{x+1}$ 和 $\sqrt[3]{x+1}$, 令 $\sqrt[6]{x+1}=t$, 则 $x=t^6-1$, $\mathrm{d}x=6t^5\mathrm{d}t$, 从而

$$\begin{aligned}\int\frac{1+\sqrt{x+1}}{x+1-\sqrt[3]{x+1}}\,\mathrm{d}x&=\int\frac{1+t^3}{t^6-t^2}\cdot 6t^5\mathrm{d}t=6\int\frac{t^6+t^3}{t^4-1}\,\mathrm{d}t=6\left(\int\frac{t^3+t^2}{t^4-1}+t^2\right)\mathrm{d}t\\&=6\int t^2\mathrm{d}t+6\int\frac{t^3}{t^4-1}\,\mathrm{d}t+6\int\frac{t^2}{t^4-1}\,\mathrm{d}t\\&=2t^3+\frac{3}{2}\int\frac{\mathrm{d}(t^4-1)}{t^4-1}+3\int\left(\frac{1}{t^2-1}+\frac{1}{t^2+1}\right)\mathrm{d}t\\&=2t^3+\frac{3}{2}\ln|t^4-1|+\frac{3}{2}\ln\left|\frac{t-1}{t+1}\right|+3\arctan t+C\\&=2t^3+\frac{3}{2}\ln|t^2+1|+3\ln|t-1|+3\arctan t+C\\&=2\sqrt{x+1}+\frac{3}{2}\ln|\sqrt[3]{x+1}+1|+3\ln|\sqrt[6]{x+1}-1|\\&\quad+3\arctan\sqrt[6]{x+1}+C.\end{aligned}$$

例 6 求不定积分 $\displaystyle\int\frac{1}{\sqrt{1+\mathrm{e}^x}}\mathrm{d}x$.

解 令 $t=\sqrt{1+\mathrm{e}^x}$, 则 $\mathrm{e}^x=t^2-1,\ x=\ln(t^2-1),\ \mathrm{d}x=\dfrac{2t\mathrm{d}t}{t^2-1}$, 所以

$$\begin{aligned}\int\frac{1}{\sqrt{1+\mathrm{e}^x}}\mathrm{d}x&=\int\frac{2}{t^2-1}\mathrm{d}t=\int\left(\frac{1}{t-1}-\frac{1}{t+1}\right)\mathrm{d}t=\ln\left|\frac{t-1}{t+1}\right|+C\\&=2\ln(\sqrt{1+\mathrm{e}^x}-1)-x+C.\end{aligned}$$

2. 三角函数有理式的积分

由三角函数及常数经过有限次四则运算所得的函数称为**三角函数有理式**. 例如,

$$\frac{1}{1+\sin x+\cos x},\quad\frac{1}{2+3\cos x},\quad\frac{1}{1+\sin 2x},\quad\frac{1+\sin x}{\cos x\cdot(1+\tan x)}$$

等. 而 $\tan x,\cot x,\sec x$ 及 $\csc x$ 均可以表示成 $\sin x$ 和 $\cos x$ 的有理式, 所以一切三角函数有理式都可以看成是由 $\sin x,\ \cos x$ 和常数经过有限次四则运算构成的函数, 记为 $R(\sin x,\ \cos x)$. 可以证明三角函数有理式 $R(\sin x,\cos x)$ 的原函数是初等函数.

事实上, 令 $\tan\dfrac{x}{2}=t$, 则 $x=2\arctan t,\ \mathrm{d}x=\dfrac{2}{1+t^2}\mathrm{d}t$, 且

$$\sin x=\frac{2\tan\dfrac{x}{2}}{1+\tan^2\dfrac{x}{2}}=\frac{2t}{1+t^2},\quad \cos x=\frac{1-\tan^2\dfrac{x}{2}}{1+\tan^2\dfrac{x}{2}}=\frac{1-t^2}{1+t^2},$$

于是

$$\int R(\sin x,\ \cos x)\mathrm{d}x=\int R\left(\frac{2t}{1+t^2},\frac{1-t^2}{1+t^2}\right)\cdot\frac{2}{1+t^2}\mathrm{d}t.$$

上式右边是关于变量 t 的有理函数的不定积分, 其原函数是初等函数, 因此, 三角函数有理式 $R(\sin x,\ \cos x)$ 的原函数也是初等函数. 我们称代换 $\tan\dfrac{x}{2}=t$ 为**万能代换**.

例 7 求不定积分 $\displaystyle\int\frac{\mathrm{d}x}{1+\sin x+\cos x}$.

解 令 $\tan\dfrac{x}{2}=t$, 则 $\sin x=\dfrac{2t}{1+t^2},\ \cos x=\dfrac{1-t^2}{1+t^2},\ \mathrm{d}x=\dfrac{2\mathrm{d}t}{1+t^2}$, 于是

$$1+\sin x+\cos x=\frac{2t+2}{1+t^2}.$$

所以

$$\int\frac{\mathrm{d}x}{1+\sin x+\cos x}=\int\frac{\mathrm{d}t}{1+t}=\ln|1+t|+C=\ln\left|1+\tan\frac{x}{2}\right|+C.$$

例 8 求不定积分 $\displaystyle\int\frac{\mathrm{d}x}{2+3\cos x}$.

解 令 $\tan\frac{x}{2}=t$, 则 $\sin x=\frac{2t}{1+t^2}$, $\cos x=\frac{1-t^2}{1+t^2}$, $\mathrm{d}x=\frac{2\mathrm{d}t}{1+t^2}$, 于是

$$\int\frac{\mathrm{d}x}{2+3\cos x}=\int\frac{1}{2+\frac{3(1-t^2)}{1+t^2}}\cdot\frac{2\mathrm{d}t}{1+t^2}=\int\frac{2\mathrm{d}t}{5-t^2}=\frac{1}{\sqrt{5}}\ln\left|\frac{\sqrt{5}+t}{\sqrt{5}-t}\right|+C$$

$$=\frac{1}{\sqrt{5}}\ln\left|\frac{\sqrt{5}+\tan\frac{x}{2}}{\sqrt{5}-\tan\frac{x}{2}}\right|+C.$$

必须注意, 万能代换虽然一定能将三角函数有理式的不定积分化为有理函数的不定积分, 但并不意味着任何时候都是简便的. 因此在计算三角函数有理式的不定积分时, 不能单一套用万能代换, 要选择适当的代换或方法, 以简化运算. 例如,

若 $R(\sin x,-\cos x)=-R(\sin x,\cos x)$, 则可令 $\sin x=t$;

若 $R(-\sin x,\cos x)=-R(\sin x,\cos x)$, 则可令 $\cos x=t$;

若 $R(-\sin x,-\cos x)=R(\sin x,\cos x)$, 则可令 $\tan x=t$.

例 9 求不定积分 $\int\frac{1}{\sin^2 x\cos^4 x}\mathrm{d}x$.

解 显然被积函数满足 $R(-\sin x,-\cos x)=R(\sin x,\cos x)$, 令 $\tan x=t$, 则

$$x=\arctan t,\quad \mathrm{d}x=\frac{\mathrm{d}t}{1+t^2},$$

$$\sin^2 x=\frac{\sin^2 x}{\sin^2 x+\cos^2 x}=\frac{\tan^2 x}{\tan^2 x+1}=\frac{t^2}{1+t^2},$$

$$\cos^2 x=\frac{\cos^2 x}{\sin^2 x+\cos^2 x}=\frac{1}{\tan^2 x+1}=\frac{1}{1+t^2},$$

于是

$$\int\frac{1}{\sin^2 x\cos^4 x}\mathrm{d}x=\int\frac{1}{\frac{t^2}{1+t^2}\cdot\left(\frac{1}{1+t^2}\right)^2}\cdot\frac{\mathrm{d}t}{1+t^2}$$

$$=\int\frac{t^4+2t^2+1}{t^2}\mathrm{d}t=\int\left(t^2+2+\frac{1}{t^2}\right)\mathrm{d}t$$

$$=\frac{t^3}{3}+2t-\frac{1}{t}+C=\frac{\tan^3 x}{3}+2\tan x-\cot x+C.$$

例 10 求不定积分 $\int\frac{\sin^3 x}{2+\cos x}\mathrm{d}x$.

解 显然被积函数满足 $R(-\sin x,\cos x)=-R(\sin x,\cos x)$, 令 $\cos x=t$, 则

$$\int\frac{\sin^3 x}{2+\cos x}\mathrm{d}x=-\int\frac{\sin^2 x}{2+\cos x}\mathrm{d}(\cos x)$$

$$= -\int \frac{1-t^2}{2+t}\mathrm{d}t = \int \frac{t^2-1}{t+2}\mathrm{d}t = \int \left(t-2+\frac{3}{t+2}\right)\mathrm{d}t$$

$$= \frac{t^2}{2} - 2t + 3\ln|t+2| + C = \frac{\cos^2 x}{2} - 2\cos x + 3\ln|\cos x + 2| + C.$$

本章介绍了求不定积分的方法, 从各类方法的使用中我们看到, 求函数的不定积分与求函数的导数不同. 求一个函数的导数总可以循着一定的规则和方法去做, 而求一个函数的不定积分却无统一的规则可循, 需要具体问题具体分析, 灵活运用各类积分方法和技巧.

最后关于不定积分问题作下列几点说明:

(1) 对于初等函数, 在其定义区间内, 它的原函数一定存在, 但并非都能用初等函数表示出来. 正如 $\int \frac{1}{x}\mathrm{d}x$, $\int \frac{1}{1+x^2}\mathrm{d}x$ 等简单的有理函数的不定积分都不能用有理函数表示一样, 初等函数的原函数也不一定是初等函数. 若初等函数 $f(x)$ 的原函数不是初等函数, 我们就说不定积分 $\int f(x)\mathrm{d}x$ 不能表示为有限的形式, 或者说 "积不出来". 例如, 不定积分

$$\int \mathrm{e}^{-x^2}\mathrm{d}x, \quad \int \frac{\sin x}{x}\mathrm{d}x, \quad \int \frac{1}{\ln x}\mathrm{d}x, \quad \int \frac{1}{\sqrt{1+x^4}}\mathrm{d}x, \quad \int \sin x^2\mathrm{d}x$$

等都不能用初等函数来表示.

(2) 关于不定积分, 我们已经有了一套公式、两种积分方法、三类函数的积分法及几个递推公式. 一般地, 一个不定积分往往可以用多种方法求解, 我们必须注意总结和积累, 选择较简单的积分方法以简化运算. 例如, 求不定积分 $\int \sqrt{\frac{1+x}{1-x}}\mathrm{d}x$ 时, 若作变换 $\sqrt{\frac{1+x}{1-x}} = t$, 则运算较繁琐; 如将被积函数分子有理化, 可得较简单的方法:

$$\int \sqrt{\frac{1+x}{1-x}}\mathrm{d}x = \int \frac{1+x}{\sqrt{1-x^2}}\mathrm{d}x = \int \frac{1}{\sqrt{1-x^2}}\mathrm{d}x + \int \frac{x}{\sqrt{1-x^2}}\mathrm{d}x$$

$$= \arcsin x - \sqrt{1-x^2} + C.$$

(3) 在实际运用中, 常常可以根据被积函数的类型, 通过查表得到所要求的结果; 或者对被积函数先经过简单的变形, 将一个给定的不定积分转换成积分表中的形式, 再从表中查出所需的结果.

习 题 四

求下列不定积分:

(1) $\int \frac{1}{x(x^2+1)}\mathrm{d}x$; (2) $\int \frac{\mathrm{d}x}{x(x^6+4)}$; (3) $\int \frac{6x+5}{x^2+4}\mathrm{d}x$;

(4) $\int \frac{2x+3}{x^2+8x+16}\mathrm{d}x$; (5) $\int \frac{\sqrt{x+2}}{x+3}\mathrm{d}x$; (6) $\int \frac{\sqrt{x+1}-1}{\sqrt{x+1}+1}\mathrm{d}x$;

(7) $\int \frac{\mathrm{d}x}{\sqrt{x}+\sqrt[4]{x}}$; (8) $\int \frac{\mathrm{d}x}{x^8(1-x^2)}$; (9) $\int \sqrt{\frac{a+x}{a-x}}\mathrm{d}x$;

(10) $\int \frac{x\mathrm{d}x}{(x+2)(x+3)^2}$; (11) $\int \frac{x\mathrm{d}x}{(x+1)(x+2)(x+3)}$; (12) $\int \frac{\mathrm{d}x}{x^3-8}$;

(13) $\int \frac{2x^2-3x+1}{(x^2+1)(x^2+x)}\mathrm{d}x$; (14) $\int \frac{\mathrm{d}x}{2+\sin x}$; (15) $\int \frac{\mathrm{d}x}{1+3\cos^2 x}$.

复习题六

1. 填空题

(1) 若$f(x)$ 可导, 则$f(x)$ 一定__________原函数 (填有、没有);

(2) 若$f(x)$ 的某个原函数为常数, 则$f(x)=$__________;

(3) 已知$\varphi(x)=2x+\mathrm{e}^{-x}$ 是$f(x)$ 的原函数, 是$g(x)$ 的导函数, 且$g(0)=1$, 则$f(x)=$__________, $g(x)=$__________;

(4) 若$f''(x)$ 连续, 则$\int xf''(x)\mathrm{d}x=$__________;

(5) 若$\mathrm{d}(\cos x)=f(x)\mathrm{d}x$, 则$\int xf(x)\mathrm{d}x=$__________.

2. 选择题

(1) 若$f(x)$ 的一个原函数是$\frac{\ln x}{x}$, 则$\int f'(x)\,\mathrm{d}x=$(　　).

(A)$\frac{\ln x}{x}+C$　　(B) $\frac{1}{2}\ln^2 x+C$　　(C) $\ln|\ln x|+C$　　(D) $\frac{1-\ln x}{x^2}+C$

(2) 原函数族 $f(x)+C$ 可写成 (　　) 形式.

(A)$\int f'(x)\mathrm{d}x$　　(B)$\left[\int f(x)\mathrm{d}x\right]'$　　(C) $\mathrm{d}\int f(x)\mathrm{d}x$　　(D)$\int F'(x)\mathrm{d}x$

(3) 若 $f'(x^2)=\frac{1}{x}(x>0)$, 则$f(x)=$(　　).

(A) $2x+C$　　(B)$\ln|x|+C$　　(C)$2\sqrt{x}+C$　　(D)$\frac{1}{\sqrt{x}+C}$

(4) 若$\int f(x)\,\mathrm{d}x=x^2\mathrm{e}^{2x}+C$, 则$f(x)=$(　　).

(A)$2x\mathrm{e}^{2x}$　　(B)$2x^2\mathrm{e}^{2x}$　　(C)$4x\mathrm{e}^{2x}$　　(D)$2x\mathrm{e}^{2x}(1+x)$

(5) 若$F'(x)=\frac{1}{\sqrt{1-x^2}}$, $F(1)=\frac{3}{2}\pi$, 则$F(x)=$(　　).

(A)$\arcsin x$　　(B)$\arcsin x+\frac{\pi}{2}$　　(C)$\arccos x+\pi$　　(D)$\arcsin x+\pi$

3. 求下列不定积分:

(1)$\int \frac{\mathrm{e}^{-1/x^2}}{x^3}\,\mathrm{d}x$; (2) $\int \frac{x^2}{4+9x^2}\mathrm{d}x$; (3) $\int \frac{x+\arccos x}{\sqrt{1-x^2}}\mathrm{d}x$;

(4)$\int \frac{\mathrm{d}x}{x(2+x^{10})}$; (5) $\int x(1+x)^{100}\mathrm{d}x$; (6) $\int \frac{\mathrm{d}x}{x\sqrt{4-x^2}}$;

(7) $\int \frac{\sqrt{x^2-4}}{x}\,\mathrm{d}x$; (8) $\int \frac{\ln\ln x}{x}\,\mathrm{d}x$; (9) $\int \frac{2}{\mathrm{e}^x+\mathrm{e}^{-x}}\mathrm{d}x$;

(10) $\int \frac{x}{\sqrt{x^2+1}-x}\mathrm{d}x$; (11) $\int \frac{2^x 3^x}{9^x-4^x}\,\mathrm{d}x$; (12) $\int \frac{7\cos x-3\sin x}{5\cos x+2\sin x}\mathrm{d}x$;

(13)$\int \frac{\sqrt{x(x+1)}}{\sqrt{x}+\sqrt{x+1}}\,\mathrm{d}x$; (14) $\int \frac{3x-1}{x^2-4x+8}\,\mathrm{d}x$; (15) $\int \frac{1-x^8}{x(1+x^8)}\,\mathrm{d}x$;

(16) $\int \frac{\sqrt{x}}{\sqrt[4]{x^3}+1}\mathrm{d}x$; (17) $\int \frac{\sqrt{1+\ln x}}{x\ln x}\,\mathrm{d}x$; (18) $\int \frac{\mathrm{d}x}{x\sqrt{1+x^4}}$;

(19) $\int \frac{\ln(1+x^2)}{x^3}\mathrm{d}x$;　(20) $\int \frac{x^2}{1+x^2}\arctan x\mathrm{d}x$;　(21) $\int \ln(x+\sqrt{1+x^2})\,\mathrm{d}x$;

(22) $\int \cos\sqrt{3x+2}\mathrm{d}x$;　(23) $\int \frac{x\mathrm{e}^x}{\sqrt{\mathrm{e}^x-3}}\mathrm{d}x$;　(24) $\int \frac{\mathrm{e}^x(1+\sin x)}{1+\cos x}\mathrm{d}x$;

(25) $\int \frac{\arcsin\sqrt{x}+\ln x}{\sqrt{x}}\mathrm{d}x$;　(26) $\int \frac{x^{11}\mathrm{d}x}{x^8+3x^4+2}$;　(27) $\int \frac{x}{(x^2+1)(x^2+4)}\,\mathrm{d}x$;

(28) $\int \frac{\mathrm{d}x}{(x^2+1)(x^2+x+1)}$;　(29) $\int \frac{1}{(x-1)\sqrt{x^2-2}}\,\mathrm{d}x$.

4. 若$\int f'(\mathrm{e}^x)\mathrm{d}x=\mathrm{e}^{2x}+C$, 求$f(x)$.

5. 设$f(x)=\mathrm{e}^{-x}$, 求$\int \frac{f'(\ln x)}{x}\,\mathrm{d}x$.

6. 设$\int xf(x)\mathrm{d}x=\arcsin x+C$, 求$\int \frac{\mathrm{d}x}{f(x)}$.

7. 已知$f'(\mathrm{e}^x)=1+x$, 求$f(x)$.

8. 设$f(x^2-1)=\ln\frac{x^2}{x^2-2}$, 且$f(\varphi(x))=\ln x$, 求$\int \varphi(x)\mathrm{d}x$.

9. 求不定积分: $\int \left[\frac{f(x)}{f'(x)}-\frac{f^2(x)f''(x)}{f'^3(x)}\right]\mathrm{d}x$.

10. 设$f(\ln x)=\frac{\ln(x+1)}{x}$, 求$\int f(x)\mathrm{d}x$.

11. 设$I_n=\int \tan^n x\mathrm{d}x$, 求证: $I_n=\frac{1}{n-1}\tan^{n-1}x-I_{n-2}$, 并求$\int \tan^5 x\mathrm{d}x$.

12. 设$f(\sin^2 x)=\frac{x}{\sin x}$, 求$\int \frac{\sqrt{x}}{\sqrt{1-x}}f(x)\mathrm{d}x$.

13. 设$f(x)$ 的一个原函数$F(x)>0$, 且$F(0)=1$, 当$x\geqslant 0$ 时, $f(x)F(x)=\sin^2 2x$, 求$f(x)$.

课外阅读 (六)

一、课程思政简述

第一类换元积分公式中的多元一体思想

第一类换元积分法是把被积表达式凑成某个函数的微分的积分方法. 凑微分的公式为

$$\int f(\varphi(x))\varphi'(x)\mathrm{d}x=\int f(\varphi(x))\mathrm{d}\varphi(x).$$

第一类换元积分公式中蕴含着多元一体思想. f 是连续函数, φ 是可微函数, 比如当 φ 是任意可微函数, f 是指数函数 e^x 时, 则第一类换元积分公式就变为不定积分基本公式中 $\int \mathrm{e}^x\mathrm{d}x$ 的推广形式 $\int \mathrm{e}^{\varphi(x)}\mathrm{d}\varphi(x)$. 当 f 是 $\frac{1}{x}$ 时, 第一类换元积分公式就化为不定积分基本公式 $\int \frac{1}{x}\mathrm{d}x$ 的推广形式 $\int \frac{1}{\varphi(x)}\mathrm{d}\varphi(x)$, 当 $f=\frac{1}{1+x^2}$ 时, 第一类换元积分公式就化为不定积分基本公式 $\int \frac{1}{1+x^2}\mathrm{d}x$ 的推广形式.

不定积分的基本公式都可以用类似的方法得到推广形式. 同理我们把 $\varphi(x)$ 再换成具体的函数, 就可以得到更多形式的不定积分, 视为“多元”. 而第一类换元积分公式视为“一体”. 多元一体的“一”贯穿着“多”, 它是主线, 是求解积分的方向. “多”丰富了“一”, 是使“一”充满活力的要素. 在可积函数类的函数族中, 作为成员的各函数都有自己的特征, 发挥“多”的作用, 可以使第一类换元积分公式“一”的内容更加丰富, 应用更加广泛, 对人的思维能力提升的时间更加持久.

二、数学思维方法简介

关系映射反演方法

1. 何谓关系映射反演方法

关系 (relationship) 映射 (mapping) 反演 (inversion) 方法又简称 **RMI 方法**, 是我国数学家、教育家徐利治于 1983 年概括总结出来的, 其含义如下图所示. 设有一个较复杂的问题 S. 其中待求量 x 不易求得, 通过变换 φ 将原问题 S 转化为较简单的新问题 S^*, x 转化为 x^*. 从 S^* 中较容易地求得 x^*, 而后按照逆变换 φ^{-1} 从 x^* 中解出 x, 从而使原问题间接地得到解决. 其中 x 称为原像, x^* 称为映像, S 称为原像关系结构, S^* 称为映像关系结构, φ 称为映射, 逆映射 φ^{-1} 称为反演, 这样解决问题的方法称为**关系映射反演方法**.

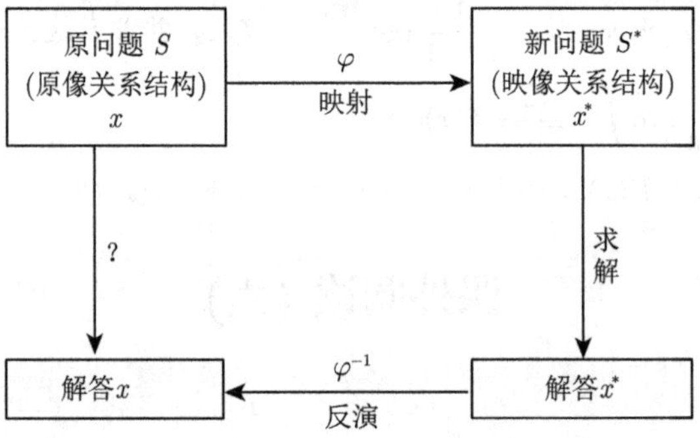

2. 关系映射反演方法的应用

关系映射反演方法, 即 RMI 方法, 实质上是化归方法, 是一种矛盾转化的方法, 它可以化繁为简, 化难为易, 化生为熟, 化未知为已知, 因而是数学中应用非常广泛的一种方法, 数学中的许多方法都属于 RMI 方法. 如分割法、函数法、坐标法、换元法、复数法、向量法、参数法等.

3. 关系映射反演方法的拓展

RMI 方法不仅是数学中一种应用广泛的方法, 而且可以拓展到人文社会科学中去. 比如哲学家处理现实问题的思想方法就可以看作是 RMI 方法的拓展: 客观物质世界可看作原像关系结构, 哲学家的思维可看作映射, 称为概念映射, 哲学理论体系可看作映像关系结构. 哲学家通过一定的逻辑分析, 即逆向概念映射, 从哲学理论中的结论去指导解决客观世界的现实问题.

4. 例谈

例 求 $\int \frac{1}{x^2+2x+3}\mathrm{d}x$.

解 用 RMI 方法求解:

$$\begin{aligned}\int \frac{1}{x^2+2x+3}\mathrm{d}x &= \int \frac{1}{(x^2+2x+1)+2}\mathrm{d}x \\ &= \int \frac{1}{(x+1)^2+2}\mathrm{d}x \\ &= \frac{1}{2}\int \frac{1}{1+\left(\frac{x+1}{\sqrt{2}}\right)^2}\mathrm{d}x.\end{aligned}$$

其后的作法如下图所示:

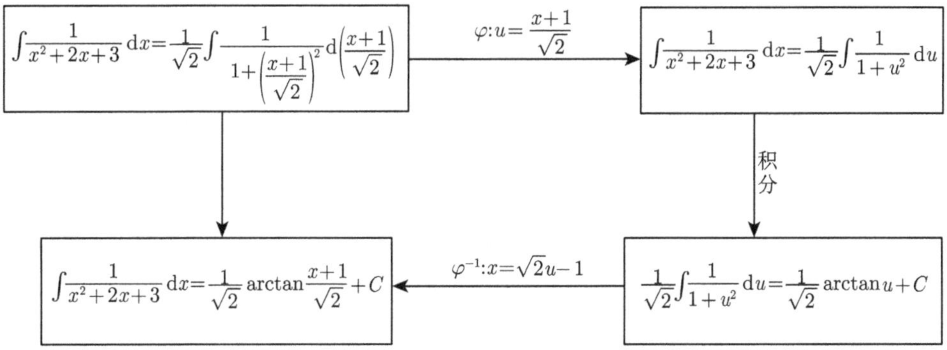

在计算机中, 中间变量 u 可以省略不写, 把 $\frac{x+1}{\sqrt{2}}$ 看作 u 就可以了. 这样简洁, 但仍是 RMI 方法的应用.

三、数学家简介

李善兰是我国清代数学家, 字壬叔, 号秋纫, 浙江海宁人. 他曾任苏州府幕僚, 1868 年被清政府谕召到北京任同文馆数学教授 (Professor, 旧译称教习), 执教 13 年. 李善兰对尖锥求积术 (相当于求多项式的定积分)、三角函数与对数的幂级数展开式、高阶等差级数求和等都有深入的研究; 在素数论方面也有杰出成就, 提出了判别素数的重要法则. 他对有关二项式定理系数的恒等式也进行了深入研究, 曾取各家级数论之长, 归纳出以他的名字命名的 "李善兰恒等式". 李善兰一生著作颇丰, 主要论著有《方圆阐幽》、《弧矢启秘》、《麟德术解》、《四元解》、《垛积比类》、《对数探源》、《考数根法》等. 李善兰不仅在数学研究上有很深造诣, 而且在代数学、微积分学的传播上作出了不朽的贡献.1852 年至 1859 年间, 他与英国传教士伟烈亚力 (Alexander Wylie, 1815—1887) 合作翻译了三部著作: 《几何原本》后 9 卷, 《代微积拾级》18 卷, 《代数学》13 卷, 李善兰不懂外语, 由伟烈亚力口译, 李善兰笔述. 但是

李善兰并非只是抄录整理, 而是基于微积分等的深入理解和对中国传统数学的承袭进行创造加工, 特别是创设了一些名词, 例如, 微分、积分、代数、根、方程式等, 沿用至今.

四、解题方法流程图

不定积分计算解题方法流程图

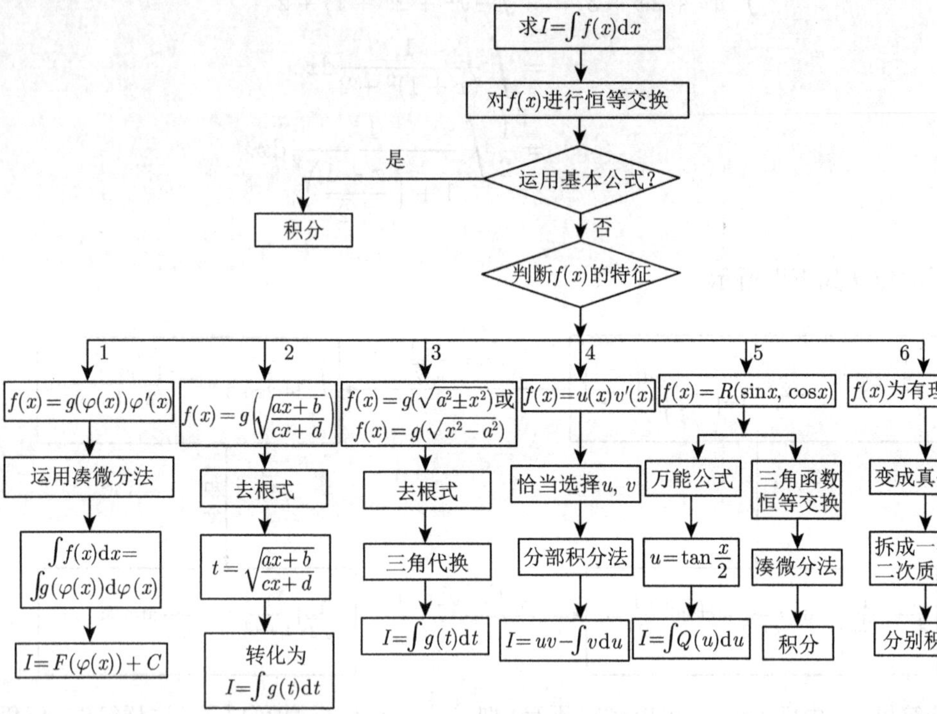

参考文献

费孝通. 2021. 中华民族的多元一体格局. 北京: 生活 · 读书 · 新知三联书店.
李辉来, 王国铭, 白岩. 2014. 大学数学——微积分. 3 版. 北京: 高等教育出版社.
明清河. 2004. 数学分析的思想与方法. 济南: 山东大学出版社.
佟绍成, 王涛, 石月岩. 2006. 高等数学思维训练与解题方法. 沈阳: 东北大学出版社.
王立冬, 齐淑华. 2015. 微积分. 北京: 科学出版社.
张国楚, 徐本顺, 王立冬, 李炜. 2007. 大学文科数学. 2 版. 北京: 高等教育出版社.
朱士信, 唐烁. 2020. 高等数学. 2 版. 北京: 高等教育出版社.

附录

积分表

一、含有 $ax+b(a\neq 0)$ 的积分

1. $\displaystyle\int \frac{\mathrm{d}x}{ax+b}=\frac{1}{a}\ln|ax+b|+C$;

2. $\displaystyle\int (ax+b)^u\mathrm{d}x=\frac{1}{a(u+1)}(ax+b)^{u+1}+C\ (u\neq -1)$;

3. $\displaystyle\int \frac{x}{ax+b}\mathrm{d}x=\frac{x}{a}-\frac{b}{a^2}\ln|ax+b|+C$;

4. $\displaystyle\int \frac{x^2}{ax+b}\mathrm{d}x=\frac{x^2}{2a}-\frac{b}{a^2}x+\frac{b^2}{a^3}\ln|ax+b|+C$;

5. $\displaystyle\int \frac{\mathrm{d}x}{x(ax+b)}=\frac{1}{b}\ln\left|\frac{x}{ax+b}\right|+C$;

6. $\displaystyle\int \frac{\mathrm{d}x}{x^2(ax+b)}=-\frac{1}{bx}-\frac{a}{b^2}\ln\left|\frac{x}{ax+b}\right|+C$;

7. $\displaystyle\int \frac{x}{(ax+b)^2}\mathrm{d}x=\frac{1}{a^2}\left(\ln|ax+b|+\frac{b}{ax+b}\right)+C$;

8. $\displaystyle\int \frac{x^2}{(ax+b)^2}\mathrm{d}x=\frac{x}{a^2}-\frac{2b}{a^3}\ln|ax+b|-\frac{b^2}{a^3}\cdot\frac{b}{ax+b}+C$;

9. $\displaystyle\int \frac{\mathrm{d}x}{x(ax+b)^2}=\frac{1}{b(ax+b)}+\frac{1}{b^2}\ln\left|\frac{x}{ax+b}\right|+C$.

二、含有 $\sqrt{ax+b}(a\neq 0)$ 的积分

10. $\displaystyle\int \sqrt{ax+b}\mathrm{d}x=\frac{2}{3a}\sqrt{(ax+b)^3}+C$;

11. $\displaystyle\int x\sqrt{ax+b}\mathrm{d}x=\frac{2}{15a^2}(3ax-2b)\sqrt{(ax+b)^3}+C$;

12. $\displaystyle\int x^2\sqrt{ax+b}\mathrm{d}x=\frac{2}{105a^3}(15a^2x^2-12abx+8b^2)\sqrt{(ax+b)^3}+C$;

13. $\displaystyle\int \frac{\mathrm{d}x}{\sqrt{ax+b}}=\frac{2}{a}\sqrt{ax+b}+C$;

14. $\int \frac{x}{\sqrt{ax+b}}\mathrm{d}x = \frac{2}{3a^2}(ax-2b)\sqrt{ax+b}+C;$

15. $\int \frac{x^2}{\sqrt{ax+b}}\mathrm{d}x = \frac{2}{15a^3}(3a^2x^2-4abx+8b^2)\sqrt{ax+b}+C;$

16. $\int \frac{\mathrm{d}x}{x\sqrt{ax+b}} = \begin{cases} \frac{1}{\sqrt{b}}\ln\left|\frac{\sqrt{ax+b}-\sqrt{b}}{\sqrt{ax+b}+\sqrt{b}}\right|+C, & b>0, \\ \frac{2}{\sqrt{-b}}\arctan\sqrt{\frac{ax+b}{-b}}+C, & b<0; \end{cases}$

17. $\int \frac{\mathrm{d}x}{x^2\sqrt{ax+b}} = -\frac{\sqrt{ax+b}}{bx}-\frac{a}{2b}\int\frac{\mathrm{d}x}{x\sqrt{ax+b}};$

18. $\int \frac{\sqrt{ax+b}}{x}\mathrm{d}x = 2\sqrt{ax+b}+b\int\frac{\mathrm{d}x}{x\sqrt{ax+b}};$

19. $\int \frac{\sqrt{ax+b}}{x^2}\mathrm{d}x = -\frac{\sqrt{ax+b}}{x}+\frac{a}{2}\int\frac{\mathrm{d}x}{x\sqrt{ax+b}}.$

三、 含有 $x^2 \pm a^2$ 的积分

20. $\int \frac{\mathrm{d}x}{x^2+a^2} = \frac{1}{a}\arctan\frac{x}{a}+C;$

21. $\int \frac{\mathrm{d}x}{(x^2+a^2)^n} = \frac{x}{2(n-1)a^2(x^2+a^2)^{n-1}}+\frac{2n-3}{2(n-1)a^2}\int\frac{\mathrm{d}x}{(x^2+a^2)^{n-1}};$

22. $\int \frac{x}{x^2+a^2}\mathrm{d}x = \frac{1}{2}\ln(x^2+a^2)+C;$

23. $\int \frac{x^2}{x^2+a^2}\mathrm{d}x = x-a\arctan\frac{x}{a}+C;$

24. $\int \frac{1}{x(x^2+a^2)}\mathrm{d}x = \frac{1}{2a^2}\ln\frac{x^2}{x^2+a^2}+C;$

25. $\int \frac{1}{x^2(x^2+a^2)}\mathrm{d}x = -\frac{1}{a^2}\left(\frac{1}{x}+\frac{1}{a}\arctan\frac{x}{a}\right)+C;$

26. $\int \frac{\mathrm{d}x}{x^2-a^2} = \frac{1}{2a}\ln\left|\frac{x-a}{x+a}\right|+C;$

27. $\int \frac{x}{x^2-a^2}\mathrm{d}x = \frac{1}{2}\ln(x^2-a^2)+C;$

28. $\int \frac{x^2}{x^2-a^2}\mathrm{d}x = x-\frac{a}{2}\ln\left|\frac{x-a}{x+a}\right|+C;$

29. $\int \frac{1}{x(x^2-a^2)}\mathrm{d}x = \frac{1}{2a^2}\ln\left|\frac{x^2-a^2}{x^2}\right|+C;$

30. $\int \frac{1}{x^2(x^2-a^2)}\mathrm{d}x = \frac{1}{a^2}\left(\frac{1}{2a}\ln\left|\frac{x-a}{x+a}\right| + \frac{1}{x}\right) + C.$

四、含有 $ax^2+b(a>0)$ 的积分

31. $\int \frac{\mathrm{d}x}{ax^2+b} = \begin{cases} \frac{1}{\sqrt{ab}}\arctan\sqrt{\frac{ax}{b}} + C, & b>0, \\ \frac{1}{2\sqrt{-ab}}\ln\left|\frac{\sqrt{a}x-\sqrt{-b}}{\sqrt{a}x+\sqrt{-b}}\right| + C, & b<0; \end{cases}$

32. $\int \frac{x}{ax^2+b}\mathrm{d}x = \frac{1}{2a}\ln|ax^2+b| + C;$

33. $\int \frac{x^2}{ax^2+b}\mathrm{d}x = \frac{x}{a} - \frac{b}{a}\int \frac{\mathrm{d}x}{ax^2+b};$

34. $\int \frac{\mathrm{d}x}{x(ax^2+b)} = \frac{1}{2b}\ln\left|\frac{x^2}{ax^2+b}\right| + C;$

35. $\int \frac{\mathrm{d}x}{x^2(ax^2+b)} = -\frac{x}{b} - \frac{a}{b}\int \frac{\mathrm{d}x}{ax^2+b};$

36. $\int \frac{\mathrm{d}x}{x^3(ax^2+b)} = \frac{a}{2b^2}\ln\left|\frac{ax^2+b}{x^2}\right| - \frac{1}{2bx^2} + C;$

37. $\int \frac{\mathrm{d}x}{(ax^2+b)^2} = \frac{x}{2b(ax^2+b)} + \frac{1}{2b}\int \frac{\mathrm{d}x}{ax^2+b}.$

五、含有 $ax^2+bx+c(a>0)$ 的积分

38. $\int \frac{\mathrm{d}x}{ax^2+bx+c} = \begin{cases} \frac{1}{\sqrt{4ac-b^2}}\arctan\frac{2ax+b}{\sqrt{4ac-b^2}} + C, & b^2<4ac, \\ \frac{1}{\sqrt{b^2-4ac}}\ln\left|\frac{2ax+b-\sqrt{b^2-4ac}}{2ax+b+\sqrt{b^2-4ac}}\right| + C, & b^2>4ac; \end{cases}$

39. $\int \frac{x}{ax^2+bx+c}\mathrm{d}x = \frac{1}{2a}\ln|ax^2+bx+c| - \frac{b}{2a}\int \frac{\mathrm{d}x}{ax^2+bx+c}.$

六、含有 $\sqrt{x^2\pm a^2}(a>0)$ 的积分

40. $\int \frac{\mathrm{d}x}{\sqrt{x^2\pm a^2}} = \ln\left|x+\sqrt{x^2\pm a^2}\right| + C;$

41. $\int \frac{\mathrm{d}x}{\sqrt{(x^2\pm a^2)^3}} = \pm\frac{x}{a^2\sqrt{x^2\pm a^2}} + C;$

42. $\int \frac{x}{\sqrt{x^2\pm a^2}}\mathrm{d}x = \sqrt{x^2\pm a^2} + C;$

43. $\int \frac{x}{\sqrt{(x^2\pm a^2)^3}}\mathrm{d}x = -\frac{1}{\sqrt{x^2\pm a^2}} + C;$

44. $\int \frac{x^2}{\sqrt{x^2 \pm a^2}}dx = \frac{x}{2}\sqrt{x^2 \pm a^2} \mp \frac{a^2}{2}\ln\left|x + \sqrt{x^2 \pm a^2}\right| + C;$

45. $\int \frac{x^2}{\sqrt{(x^2 \pm a^2)^3}}dx = -\frac{x}{\sqrt{x^2 \pm a^2}} + \ln\left|x + \sqrt{x^2 \pm a^2}\right| + C;$

46. $\int \frac{dx}{x\sqrt{x^2 + a^2}} = \frac{1}{a}\ln\left|\frac{\sqrt{x^2 + a^2} - a}{x}\right| + C;$

47. $\int \frac{dx}{x\sqrt{x^2 - a^2}} = \frac{1}{a}\arccos\frac{a}{|x|} + C;$

48. $\int \frac{dx}{x^2\sqrt{x^2 \pm a^2}} = -\frac{\sqrt{x^2 \pm a^2}}{a^2 x} + C;$

49. $\int \sqrt{x^2 \pm a^2}dx = \frac{x}{2}\sqrt{x^2 \pm a^2} \pm \frac{a^2}{2}\ln\left|x + \sqrt{x^2 \pm a^2}\right| + C;$

50. $\int \sqrt{(x^2 \pm a^2)^3}dx = \frac{x}{8}(2x^2 \pm 5a^2)\sqrt{x^2 \pm a^2} + \frac{3a^4}{8}\ln\left|x + \sqrt{x^2 \pm a^2}\right| + C;$

51. $\int x\sqrt{x^2 \pm a^2}dx = \frac{1}{3}\sqrt{(x^2 \pm a^2)^3} + C;$

52. $\int x^2\sqrt{x^2 \pm a^2}dx = \frac{x}{8}(2x^2 \pm a^2)\sqrt{x^2 \pm a^2} - \frac{a^4}{8}\ln(x + \sqrt{x^2 \pm a^2}) + C;$

53. $\int \frac{\sqrt{x^2 + a^2}}{x}dx = \sqrt{x^2 + a^2} + a\ln\left|\frac{\sqrt{x^2 + a^2} - a}{x}\right| + C;$

54. $\int \frac{\sqrt{x^2 - a^2}}{x}dx = \sqrt{x^2 + a^2} - a\arccos\frac{a}{|x|} + C;$

55. $\int \frac{\sqrt{x^2 \pm a^2}}{x^2}dx = -\frac{\sqrt{x^2 \pm a^2}}{x} + \ln\left|x + \sqrt{x^2 \pm a^2}\right| + C.$

七、含有 $\sqrt{a^2 - x^2}(a > 0)$ 的积分

56. $\int \frac{dx}{\sqrt{a^2 - x^2}} = \arcsin\frac{x}{a} + C;$

57. $\int \frac{dx}{\sqrt{(a^2 - x^2)^3}} = \frac{x}{a^2\sqrt{a^2 - x^2}} + C;$

58. $\int \frac{x}{\sqrt{a^2 - x^2}}dx = -\sqrt{a^2 - x^2} + C;$

59. $\int \frac{x}{\sqrt{(a^2 - x^2)^3}}dx = \frac{1}{\sqrt{a^2 - x^2}} + C;$

60. $\int \frac{x^2}{\sqrt{a^2 - x^2}}dx = -\frac{x}{2}\sqrt{a^2 - x^2} + \frac{a^2}{2}\arcsin\frac{x}{a} + C;$

61. $\displaystyle\int \frac{x^2}{\sqrt{(a^2-x^2)^3}}\mathrm{d}x = \frac{x}{\sqrt{a^2-x^2}} - \arcsin\frac{x}{a} + C;$

62. $\displaystyle\int \frac{\mathrm{d}x}{x\sqrt{a^2-x^2}} = \frac{1}{a}\ln\left|\frac{a-\sqrt{a^2-x^2}}{x}\right| + C;$

63. $\displaystyle\int \frac{\mathrm{d}x}{x^2\sqrt{a^2-x^2}} = -\frac{\sqrt{a^2-x^2}}{a^2x} + C;$

64. $\displaystyle\int \sqrt{a^2-x^2}\mathrm{d}x = \frac{x}{2}\sqrt{a^2-x^2} + \frac{a^2}{2}\arcsin\frac{x}{a} + C;$

65. $\displaystyle\int \sqrt{(a^2-x^2)^3}\mathrm{d}x = \frac{x}{8}(-2x^2+5a^2)\sqrt{a^2-x^2} + \frac{3a^4}{8}\arcsin\frac{x}{a} + C;$

66. $\displaystyle\int x\sqrt{a^2-x^2}\mathrm{d}x = -\frac{1}{3}\sqrt{(a^2-x^2)^3} + C;$

67. $\displaystyle\int x^2\sqrt{a^2-x^2}\mathrm{d}x = \frac{x}{8}(2x^2-a^2)\sqrt{a^2-x^2} + \frac{a^4}{8}\arcsin\frac{x}{a} + C;$

68. $\displaystyle\int \frac{\sqrt{a^2-x^2}}{x}\mathrm{d}x = \sqrt{a^2-x^2} + a\ln\left|\frac{a-\sqrt{x^2+a^2}}{x}\right| + C;$

69. $\displaystyle\int \frac{\sqrt{a^2-x^2}}{x^2}\mathrm{d}x = -\frac{\sqrt{a^2-x^2}}{x} - \arcsin\frac{x}{a} + C.$

八、含有 $\sqrt{\pm ax^2+bx+c}(a>0)$ 的积分

70. $\displaystyle\int \frac{\mathrm{d}x}{\sqrt{ax^2+bx+c}} = \frac{1}{\sqrt{a}}\ln|2ax+b+2\sqrt{a}\sqrt{ax^2+bx+c}| + C;$

71. $$\int \sqrt{ax^2+bx+c}\,\mathrm{d}x = \frac{2ax+b}{4a}\sqrt{ax^2+bx+c} + \frac{4ac-b^2}{8\sqrt{a^3}}\ln|2ax+b+2\sqrt{a}\sqrt{ax^2+bx+c}| + C;$$

72. $$\int \frac{x}{\sqrt{ax^2+bx+c}}\mathrm{d}x = \frac{1}{a}\sqrt{ax^2+bx+c} - \frac{b}{2\sqrt{a^3}}\ln|2ax+b+2\sqrt{a}\sqrt{ax^2+bx+c}| + C;$$

73. $\displaystyle\int \frac{\mathrm{d}x}{\sqrt{c+bx-ax^2}} = -\frac{1}{\sqrt{a}}\arcsin\frac{2ax-b}{\sqrt{b^2+4ac}} + C;$

74. $\displaystyle\int \sqrt{c+bx-ax^2}\mathrm{d}x = \frac{2ax-b}{4a}\sqrt{c+bx-ax^2} + \frac{b^2+4ac}{8\sqrt{a^3}}\arcsin\frac{2ax-b}{\sqrt{b^2+4ac}} + C;$

75. $\displaystyle\int \frac{x}{\sqrt{c+bx-ax^2}}\mathrm{d}x = -\frac{1}{a}\sqrt{c+bx-ax^2} + \frac{b}{2\sqrt{a^3}}\arcsin\frac{2ax-b}{\sqrt{b^2+4ac}} + C.$

九、含有 $\sqrt{\pm\frac{x-a}{x-b}}$ 或 $\sqrt{(x-a)(b-x)}$ 的积分

76. $\int\sqrt{\frac{x-a}{x-b}}\mathrm{d}x=(x-b)\sqrt{\frac{x-a}{x-b}}+(b-a)\ln(\sqrt{|x-a|}+\sqrt{|x-b|})+C;$

77. $\int\sqrt{\frac{x-a}{b-x}}\mathrm{d}x=(x-b)\sqrt{\frac{x-a}{b-x}}+(b-a)\arcsin\sqrt{\frac{x-a}{b-a}}+C(a<b);$

78. $\int\frac{\mathrm{d}x}{\sqrt{(x-a)(b-x)}}=2\arcsin\sqrt{\frac{x-a}{b-a}}+C(a<b);$

79. $\int\sqrt{(x-a)(b-x)}\mathrm{d}x=\frac{2x-a-b}{4}\sqrt{(x-a)(b-x)}+\frac{(b-a)^2}{4}\arcsin\sqrt{\frac{x-a}{b-a}}+C$ $(a<b)$.

十、含有三角函数的积分

80. $\int\sin x\mathrm{d}x=-\cos x+C;$

81. $\int\cos x\mathrm{d}x=\sin x+C;$

82. $\int\tan x\mathrm{d}x=-\ln|\cos x|+C;$

83. $\int\cot x\mathrm{d}x=\ln|\sin x|+C;$

84. $\int\sec x\mathrm{d}x=\ln|\sec x+\tan x|+C;$

85. $\int\csc x\mathrm{d}x=\ln|\csc x-\cot x|+C;$

86. $\int\sec^2 x\mathrm{d}x=\tan x+C;$

87. $\int\csc^2 x\mathrm{d}x=-\cot x+C;$

88. $\int\sec x\tan x\mathrm{d}x=\sec x+C;$

89. $\int\csc x\cot x\mathrm{d}x=-\csc x+C;$

90. $\int\sin^2 x\mathrm{d}x=\frac{x}{2}-\frac{1}{4}\sin 2x+C;$

91. $\int\cos^2 x\mathrm{d}x=\frac{x}{2}+\frac{1}{4}\sin 2x+C;$

92. $\int \sin^n x\mathrm{d}x = -\frac{1}{n}\sin^{n-1} x\cos x + \frac{n-1}{n}\int \sin^{n-2} x\mathrm{d}x$;

93. $\int \cos^n x\mathrm{d}x = \frac{1}{n}\cos^{n-1} x\sin x + \frac{n-1}{n}\int \cos^{n-2} x\mathrm{d}x$;

94. $\int \frac{1}{\sin^n x}\mathrm{d}x = -\frac{1}{n-1}\cdot\frac{\cos x}{\sin^{n-1} x} + \frac{n-2}{n-1}\int \frac{1}{\sin^{n-2} x}\mathrm{d}x$;

95. $\int \frac{1}{\cos^n x}\mathrm{d}x = \frac{1}{n-1}\cdot\frac{\sin x}{\cos^{n-1} x} + \frac{n-2}{n-1}\int \frac{1}{\cos^{n-2} x}\mathrm{d}x$;

96. $$\begin{aligned}\int \sin^m x\cos^n x\mathrm{d}x &= \frac{1}{m+n}\sin^{m+1} x\cos^{n-1} x + \frac{n-1}{m+n}\int \sin^m x\cos^{n-2} x\mathrm{d}x \\ &= -\frac{1}{m+n}\sin^{m-1} x\cos^{n+1} x + \frac{m-1}{m+n}\int \sin^{m-2} x\cos^n x\mathrm{d}x;\end{aligned}$$

97. $\int \sin ax\cos bx\mathrm{d}x = -\frac{1}{2(a+b)}\cos(a+b)x - \frac{1}{2(a-b)}\cos(a-b)x + C$;

98. $\int \sin ax\sin bx\mathrm{d}x = -\frac{1}{2(a+b)}\sin(a+b)x + \frac{1}{2(a-b)}\sin(a-b)x + C$;

99. $\int \cos ax\cos bx\mathrm{d}x = \frac{1}{2(a+b)}\sin(a+b)x + \frac{1}{2(a-b)}\sin(a-b)x + C$;

100. $$\int \frac{\mathrm{d}x}{a+b\sin x} = \begin{cases} \frac{2}{\sqrt{a^2-b^2}}\arctan\frac{a\tan\frac{x}{2}+b}{\sqrt{a^2-b^2}} + C, & |a|>|b|, \\ \frac{1}{\sqrt{b^2-a^2}}\ln\left|\frac{a\tan\frac{x}{2}+b-\sqrt{b^2-a^2}}{a\tan\frac{x}{2}+b+\sqrt{b^2-a^2}}\right| + C, & |a|<|b|; \end{cases}$$

101. $$\int \frac{\mathrm{d}x}{a+b\cos x} = \begin{cases} \frac{2}{\sqrt{a^2-b^2}}\arctan\left(\sqrt{\frac{a+b}{a-b}}\tan\frac{x}{2}\right) + C, & |a|>|b|, \\ \frac{1}{\sqrt{b^2-a^2}}\ln\left|\frac{\tan\frac{x}{2}+\sqrt{\frac{a+b}{b-a}}}{\tan\frac{x}{2}-\sqrt{\frac{a+b}{b-a}}}\right| + C, & |a|<|b|; \end{cases}$$

102. $\int \frac{\mathrm{d}x}{a^2\cos^2 x + b^2\sin^2 x} = \frac{1}{ab}\arctan\frac{b\tan x}{a} + C$;

103. $\int \frac{\mathrm{d}x}{a^2\cos^2 x - b^2\sin^2 x} = \frac{1}{2ab}\ln\left|\frac{b\tan x + a}{b\tan x - a}\right| + C$;

104. $\int x\sin ax\mathrm{d}x = \frac{1}{a^2}\sin ax - \frac{1}{a}x\cos ax + C$;

105. $\int x^2 \sin ax \mathrm{d}x = -\frac{1}{a}x^2 \cos ax + \frac{2}{a^2}x \sin ax + \frac{2}{a^3}\cos ax + C$;

106. $\int x \cos ax \mathrm{d}x = \frac{1}{a^2}\cos ax + \frac{1}{a}x \sin ax + C$;

107. $\int x^2 \cos ax \mathrm{d}x = \frac{1}{a}x^2 \sin ax + \frac{2}{a^2}x \cos ax - \frac{2}{a^3}\sin ax + C$.

十一、 含有反三角函数的积分 (其中 $a > 0$)

108. $\int \arcsin \frac{x}{a} \mathrm{d}x = x \arcsin \frac{x}{a} + \sqrt{a^2 - x^2} + C$;

109. $\int x \arcsin \frac{x}{a} \mathrm{d}x = \frac{2x^2 - a^2}{4} \arcsin \frac{x}{a} + \frac{x}{4}\sqrt{a^2 - x^2} + C$;

110. $\int x^2 \arcsin \frac{x}{a} \mathrm{d}x = \frac{x^3}{3} \arcsin \frac{x}{a} + \frac{x^2 + 2a^2}{9}\sqrt{a^2 - x^2} + C$;

111. $\int \arcsin \frac{x}{a} \mathrm{d}x = x \arccos \frac{x}{a} - \sqrt{a^2 - x^2} + C$;

112. $\int x \arcsin \frac{x}{a} \mathrm{d}x = \frac{2x^2 - a^2}{4} \arccos \frac{x}{a} - \frac{x}{4}\sqrt{a^2 - x^2} + C$;

113. $\int x^2 \arccos \frac{x}{a} \mathrm{d}x = \frac{x^3}{3} \arccos \frac{x}{a} - \frac{x^2 + 2a^2}{9}\sqrt{a^2 - x^2} + C$;

114. $\int \arctan \frac{x}{a} \mathrm{d}x = x \arctan \frac{x}{a} - \frac{a}{2}\ln(x^2 + a^2) + C$;

115. $\int x \arctan \frac{x}{a} \mathrm{d}x = \frac{x^2 + a^2}{2} \arctan \frac{x}{a} - \frac{ax}{2} + C$;

116. $\int x^2 \arctan \frac{x}{a} \mathrm{d}x = \frac{x^3}{3} \arctan \frac{x}{a} - \frac{ax^2}{6} + \frac{a}{6}\ln(x^2 + a^2) + C$.

十二、 含有指数函数的积分

117. $\int a^x \mathrm{d}x = \frac{a^x}{\ln a} + C$;

118. $\int \mathrm{e}^{ax} \mathrm{d}x = \frac{\mathrm{e}^{ax}}{a} + C$;

119. $\int x\mathrm{e}^{ax} \mathrm{d}x = \frac{ax - 1}{a^2}\mathrm{e}^{ax} + C$;

120. $\int x^n \mathrm{e}^{ax} \mathrm{d}x = \frac{1}{a}x^n \mathrm{e}^{ax} - \frac{n}{a}\int x^{n-1}\mathrm{e}^{ax} \mathrm{d}x$;

121. $\int x a^x \mathrm{d}x = \frac{1}{\ln a}x a^x - \frac{1}{\ln^2 a}a^x + C$;

122. $\int x^n a^x \mathrm{d}x = \frac{1}{\ln a} x^n a^x - \frac{n}{\ln a} \int x^{n-1} a^x \mathrm{d}x;$

123. $\int \mathrm{e}^{ax} \sin bx \mathrm{d}x = \frac{\mathrm{e}^{ax}}{a^2+b^2}(a \sin bx - b \cos bx) + C;$

124. $\int \mathrm{e}^{ax} \cos bx \mathrm{d}x = \frac{\mathrm{e}^{ax}}{a^2+b^2}(b \sin bx + a \cos bx) + C;$

125. $\int \mathrm{e}^{ax} \sin^n bx \mathrm{d}x = \frac{\mathrm{e}^{ax} \sin^{n-1} bx}{a^2+b^2n^2}(a \sin bx - nb \cos bx)$

$+ \frac{n(n-1)b^2}{a^2+b^2n^2} \int \mathrm{e}^{ax} \sin^{n-2} bx \mathrm{d}x + C;$

126. $\int \mathrm{e}^{ax} \sin^n bx \mathrm{d}x = \frac{\mathrm{e}^{ax} \cos^{n-1} bx}{a^2+b^2n^2}(a \cos bx + nb \sin bx)$

$+ \frac{n(n-1)b^2}{a^2+b^2n^2} \int \mathrm{e}^{ax} \cos^{n-2} bx \mathrm{d}x + C.$

十三、 含有对数函数的积分

127. $\int \ln x \mathrm{d}x = x \ln x - x + C;$

128. $\int \frac{1}{x \ln x} \mathrm{d}x = \ln |\ln x| + C;$

129. $\int x^n \ln x \mathrm{d}x = \frac{1}{n+1} x^{n+1} \left(\ln x - \frac{1}{n+1} \right) + C;$

130. $\int \ln^n x \mathrm{d}x = x \ln^n x - n \int \ln^{n-1} x \mathrm{d}x;$

131. $\int x^m \ln^n x \mathrm{d}x = \frac{1}{m+1} x^{m+1} \ln^n x - \frac{n}{m+1} \int x^m \ln^{n-1} x \mathrm{d}x.$

十四、 定积分

132. $\int_{-\pi}^{\pi} \sin nx \mathrm{d}x = \int_{-\pi}^{\pi} \cos nx \mathrm{d}x = 0;$

133. $\int_{-\pi}^{\pi} \sin mx \cos nx \mathrm{d}x = 0;$

134. $\int_{-\pi}^{\pi} \sin mx \sin nx \mathrm{d}x = \begin{cases} 0, & m \neq n, \\ \pi, & m = n; \end{cases}$

135. $\int_{-\pi}^{\pi} \cos mx \cos nx \mathrm{d}x = \begin{cases} 0, & m \neq n, \\ \pi, & m = n; \end{cases}$

136. $\int_{0}^{\pi} \sin mx \sin nx \mathrm{d}x = \int_{0}^{\pi} \cos mx \cos nx \mathrm{d}x \begin{cases} 0, & m \neq n, \\ \frac{\pi}{2}, & m = n; \end{cases}$

137. $I_n = \int_0^{\frac{\pi}{2}} \sin^n x \mathrm{d}x = \int_0^{\frac{\pi}{2}} \cos^n x \mathrm{d}x = \frac{n-1}{n} I_{n-2}$

$$= \begin{cases} \frac{2k}{2k+1} \cdot \frac{2k-2}{2k-1} \cdot \cdots \cdot \frac{4}{5} \cdot \frac{2}{3}, & n = 2k+1, k \in \mathbf{Z}_+, \\ \frac{2k-1}{2k} \cdot \frac{2k-3}{2k-2} \cdot \cdots \cdot \frac{3}{4} \cdot \frac{1}{2} \cdot \frac{\pi}{2}, & n = 2k, k \in \mathbf{Z}_+, \\ 1, & n = 1, \\ \frac{\pi}{2}, & n = 0. \end{cases}$$